国家科技支撑计划项目（2012BAD29B01）
国家科技基础性工作专项（2015FY111200）

中国市售水果蔬菜
农药残留报告（2015～2019）
（华北卷）

庞国芳　申世刚　主编

科学出版社

内 容 简 介

《中国市售水果蔬菜农药残留报告》共分8卷：华北卷（北京市、天津市、石家庄市、太原市、呼和浩特市），东北卷（沈阳市、长春市、哈尔滨市），华东卷一（上海市、南京市、杭州市、合肥市），华东卷二（福州市、南昌市、山东蔬菜产区、济南市），华中卷（郑州市、武汉市、长沙市），华南卷（广州市、深圳市、南宁市、海口市、海南蔬菜产区），西南卷（重庆市、成都市、贵阳市、昆明市、拉萨市）和西北卷（西安市、兰州市、西宁市、银川市、乌鲁木齐市）。

每卷包括2015~2019年市售20类135种水果蔬菜农药残留侦测报告和膳食暴露风险与预警风险评估报告。分别介绍了市售水果蔬菜样品采集情况，液相色谱-四极杆飞行时间质谱（LC-Q-TOF/MS）和气相色谱-四极杆飞行时间质谱（GC-Q-TOF/MS）农药残留检测结果，农药残留分布情况，农药残留检出水平与最大残留限量（MRL）标准对比分析，以及农药残留膳食暴露风险评估与预警风险评估结果。

本书对从事农产品安全生产、农药科学管理与施用、食品安全研究与管理的相关人员具有重要参考价值，同时可供高等院校食品安全与质量检测等相关专业的师生参考，广大消费者也可从中获取健康饮食的裨益。

图书在版编目（CIP）数据

中国市售水果蔬菜农药残留报告. 2015～2019. 华北卷 / 庞国芳，申世刚主编. —北京：科学出版社，2019.12

ISBN 978-7-03-063325-5

Ⅰ. ①中… Ⅱ. ①庞… ②申… Ⅲ. ①水果-农药残留物-研究报告-华北地区-2015-2019 ②蔬菜-农药残留物-研究报告-华北地区-2015-2019 Ⅳ. ①X592

中国版本图书馆 CIP 数据核字（2019）第 252142 号

责任编辑：杨 震 刘 冉 杨新改/责任校对：杜子昂
责任印制：肖 兴/封面设计：北京图阅盛世

科 学 出 版 社 出版
北京东黄城根北街 16 号
邮政编码：100717
http://www.sciencep.com

北京汇瑞嘉合文化发展有限公司 印刷
科学出版社发行 各地新华书店经销

*

2019 年 12 月第 一 版 开本：787×1092 1/16
2019 年 12 月第一次印刷 印张：58 1/2
字数：1 380 000
定价：398.00 元
（如有印装质量问题，我社负责调换）

中国市售水果蔬菜农药残留报告（2015～2019）
（华北卷）
编 委 会

主　编：庞国芳　申世刚

副主编：梁淑轩　范春林　徐建中　白若镔

　　　　常巧英　黄晓兰

编　委：（按姓名汉语拼音排序）

　　　　白若镔　曹彦忠　常巧英　陈　辉

　　　　崔宗岩　范春林　葛　娜　黄晓兰

　　　　李笑颜　梁淑轩　倪　新　庞国芳

　　　　申世刚　宋　伟　徐建中

序

据世界卫生组织统计，全世界每年至少发生 50 万例农药中毒事件，死亡 11.5 万人，数十种疾病与农药残留有关。为此，世界各国均制定了严格的食品标准，对不同农产品设置了农药最大残留限量（MRL）标准。我国将于 2020 年 2 月实施《食品安全国家标准 食品中农药最大残留限量》（GB 2763—2019），规定食品中 483 种农药的 7107 项最大残留限量标准；欧盟、美国和日本等发达国家和地区分别制定了 162248 项、39147 项和 51600 项农药最大残留限量标准。作为农业大国，我国是世界上农药生产和使用最多的国家。据中国统计年鉴数据统计，2000～2015 年我国化学农药原药产量从 60 万吨/年增加到 374 万吨/年，农药化学污染物已经是当前食品安全源头污染的主要来源之一。

因此，深受广大消费者及政府相关部门关注的各种问题也随之而来：我国"菜篮子"的农药残留污染状况和风险水平到底如何？我国农产品农药残留水平是否影响我国农产品走向国际市场？这些看似简单实则难度相当大的问题，涉及农药的科学管理与施用，食品农产品的安全监管，农药残留检测技术标准以及资源保障等多方面因素。

可喜的是，此次由庞国芳院士科研团队承担完成的国家科技支撑计划项目（2012BAD29B01）和国家科技基础性工作专项（2015FY111200）研究成果之一《中国市售水果蔬菜农药残留报告》（以下简称《报告》），对上述问题给出了全面、深入、直观的答案，为形成我国农药残留监控体系提供了海量的科学数据支撑。

该《报告》包括水果蔬菜农药残留侦测报告和水果蔬菜农药残留膳食暴露风险与预警风险评估报告两大重点内容。其中，"水果蔬菜农药残留侦测报告"是庞国芳院士科研团队利用他们所取得的具有国际领先水平的多元融合技术，包括高通量非靶向农药残留侦测技术、农药残留侦测数据智能分析及残留侦测结果可视化等研究成果，对我国 46 个城市 1443 个采样点的 40151 例 135 种市售水果蔬菜进行非靶向农药残留侦测的结果汇总；同时，解决了数据维度多、数据关系复杂、数据分析要求高等技术难题，运用自主研发的海量数据智能分析软件，深入比较分析了农药残留侦测数据结果，初步普查了我国主要城市水果蔬菜农药残留的"家底"。而"水果蔬菜农药残留膳食暴露风险与预警风险评估报告"是在上述农药残留侦测数据的基础上，利用食品安全指数模型和风险系数模型，结合农药残留水平、特性、致害效应，进行系统的农药残留风险评价，最终给出了我国主要城市市售水果蔬菜农药残留的膳食暴露风险和预警风险结论。

该《报告》包含了海量的农药残留侦测结果和相关信息，数据准确、真实可靠，具有以下几个特点：

一、样品采集具有代表性。侦测地域范围覆盖全国除港澳台以外省级行政区的 46 个城市（包括 4 个直辖市，27 个省会城市，15 个水果蔬菜主产区城市的 288 个区县）的 1443 个采样点。随机从超市或农贸市场采集样品 22000 多批。样品采集地覆盖全国 25% 人口的生活区域，具有代表性。

二、紧扣国家标准反映市场真实情况。侦测所涉及的水果蔬菜样品种类覆盖范围达到 20 类 135 种，其中 85% 属于国家农药最大残留限量标准列明品种，彰显了方法的普遍适用性，反映了市场的真实情况。

三、检测过程遵循统一性和科学性原则。所有侦测数据均来源于 10 个网络联盟实验室，按"五统一"规范操作（统一采样标准、统一制样技术、统一检测方法、统一格式数据上传、统一模式统计分析报告）全封闭运行，保障数据的准确性、统一性、完整性、安全性和可靠性。

四、农残数据分析与评价的自动化。充分运用互联网的智能化技术，实现从农产品、农药残留、地域、农药残留最高限量标准等多维度的自动统计和综合评价与预警。

总之，该《报告》数据庞大，信息丰富，内容翔实，图文并茂，直观易懂。它的出版，将有助于广大读者全面了解我国主要城市市售水果蔬菜农药残留的现状、动态变化及风险水平。这对于全面认识我国水果蔬菜食用安全水平、掌握各种农药残留对人体健康的影响，具有十分重要的理论价值和实用意义。

该书适合政府监管部门、食品安全专家、农产品生产和经营者以及广大消费者等各类人员阅读参考，其受众之广、影响之大是该领域内前所未有的，值得大家高度关注。

魏复盛

2019 年 11 月

前　言

　　食品是人类生存和发展的基本物质基础。食品安全是全球的重大民生问题，也是世界各国目前所面临的共同难题，而食品中农药残留问题是引发食品安全事件的重要因素，尤其受到关注。目前，世界上常用的农药种类超过 1000 种，而且不断地有新的农药被研发和应用，在关注农药残留对人类身体健康和生存环境造成新的潜在危害的同时，也对农药残留的检测技术、监控手段和风险评估能力提出了更高的要求和全新的挑战。

　　为解决上述难题，作者团队此前一直围绕世界常用的 1200 多种农药和化学污染物展开多学科合作研究，例如，采用高分辨质谱技术开展无需实物标准品作参比的高通量非靶向农药残留检测技术研究；运用互联网技术与数据科学理论对海量农药残留检测数据的自动采集和智能分析研究；引入网络地理信息系统（Web-GIS）技术用于农药残留检测结果的空间可视化研究等等。与此同时，对这些前沿及主流技术进行多元融合研究，在农药残留检测技术、农药残留数据智能分析及结果可视化等多个方面取得了原创性突破，实现了农药残留检测技术信息化、检测结果大数据处理智能化、风险溯源可视化。这些创新研究成果已整理成《食用农产品农药残留监测与风险评估溯源技术研究》一书另行出版。

　　《中国市售水果蔬菜农药残留报告》（以下简称《报告》）是上述多项研究成果综合应用于我国农产品农药残留检测与风险评估的科学报告。为了真实反映我国百姓餐桌上水果蔬菜中农药残留污染状况以及残留农药的相关风险，2015～2019 年期间，作者团队采用液相色谱-四极杆飞行时间质谱（LC-Q-TOF/MS）及气相色谱-四极杆飞行时间质谱（GC-Q-TOF/MS）两种高分辨质谱技术，从全国 46 个城市（包括 27 个省会城市、4 个直辖市及 15 个水果蔬菜主产区城市）的 1443 个采样点（包括超市及农贸市场等），随机采集了 20 类 135 种市售水果蔬菜（其中 85% 属于国家农药最大残留限量标准列明品种）40151 例进行了非靶向农药残留筛查，初步摸清了这些城市市售水果蔬菜农药残留的"家底"，形成了 2015～2019 年全国重点城市市售水果蔬菜农药残留检测报告。在这基础上，运用食品安全指数模型和风险系数模型，开发了风险评价应用程序，对上述水果蔬菜农药残留分别开展膳食暴露风险评估和预警风险评估，形成了 2015～2019 年全国重点城市市售水果蔬菜农药残留膳食暴露风险与预警风险评估报告。现将这两大报告整理成书，以飨读者。

　　为了便于查阅，本次出版的《报告》按我国自然地理区域共分为八卷：华北卷（北京市、天津市、石家庄市、太原市、呼和浩特市），东北卷（沈阳市、长春市、哈尔滨市），华东卷一（上海市、南京市、杭州市、合肥市），华东卷二（福州市、南昌市、山东蔬菜产区、济南市），华中卷（郑州市、武汉市、长沙市），华南卷（广州市、深圳市、南宁市、海口市、海南蔬菜产区），西南卷（重庆市、成都市、贵阳市、昆明市、拉萨市）和西北卷（西安市、兰州市、西宁市、银川市、乌鲁木齐市）。

　　《报告》的每一卷内容均采用统一的结构和方式进行叙述，对每个城市的市售水果蔬菜农药残留状况和风险评估结果均按照 LC-Q-TOF/MS 及 GC-Q-TOF/MS 两种技术分别阐述。主要包括以下几方面内容：①每个城市的样品采集情况与农药残留检测结果；②每个城市的农药残留检出水平与最大残留限量（MRL）标准对比分析；③每个城市的水果（蔬菜）中农药残留分布情况；④每个城市水果蔬菜农药残留报告的初步结论；⑤农药残留风险评估方法及风险评价应用程序的开发；⑥每个城市的水果蔬菜农药残留膳食暴露风险评估；⑦每个城市的水果蔬菜农药残留预警风险评估；⑧每个城市水果蔬菜农药残留风险评估结论与建议。

本《报告》是我国"十二五"国家科技支撑计划项目（2012BAD29B01）和"十三五"国家科技基础性工作专项（2015FY111200）的研究成果之一。该项研究成果紧扣国家"十三五"规划纲要"增强农产品安全保障能力"和"推进健康中国建设"的主题，可在这些领域的发展中发挥重要的技术支撑作用。本《报告》的出版得到河北大学高层次人才科研启动经费项目（521000981273）的支持。

由于作者水平有限，书中不妥之处在所难免，恳请广大读者批评指正。

2019 年 11 月

缩 略 语 表

ADI	allowable daily intake	每日允许最大摄入量
CAC	Codex Alimentarius Commission	国际食品法典委员会
CCPR	Codex Committee on Pesticide Residues	农药残留法典委员会
FAO	Food and Agriculture Organization	联合国粮食及农业组织
GAP	Good Agricultural Practices	农业良好管理规范
GC-Q-TOF/MS	gas chromatograph/quadrupole time-of-flight mass spectrometry	气相色谱-四极杆飞行时间质谱
GEMS	Global Environmental Monitoring System	全球环境监测系统
IFS	index of food safety	食品安全指数
JECFA	Joint FAO/WHO Expert Committee on Food and Additives	FAO、WHO 食品添加剂联合专家委员会
JMPR	Joint FAO/WHO Meeting on Pesticide Residues	FAO、WHO 农药残留联合会议
LC-Q-TOF/MS	liquid chromatograph/quadrupole time-of-flight mass spectrometry	液相色谱-四极杆飞行时间质谱
MRL	maximum residue limit	最大残留限量
R	risk index	风险系数
WHO	World Health Organization	世界卫生组织

凡　例

- 采样城市包括31个直辖市及省会城市（未含台北市、香港特别行政区和澳门特别行政区）及山东蔬菜产区、深圳市和海南蔬菜产区，分成华北卷（北京市、天津市、石家庄市、太原市、呼和浩特市）、东北卷（沈阳市、长春市、哈尔滨市）、华东卷一（上海市、南京市、杭州市、合肥市）、华东卷二（福州市、南昌市、山东蔬菜产区、济南市）、华中卷（郑州市、武汉市、长沙市）、华南卷（广州市、深圳市、南宁市、海口市海南蔬菜产区）、西南卷（重庆市、成都市、贵阳市、昆明市、拉萨市）、西北卷（西安市、兰州市、西宁市、银川市、乌鲁木齐市）共8卷。

- 表中标注*表示剧毒农药；标注◇表示高毒农药；标注▲表示禁用农药；标注 a 表示超标。

- 书中提及的附表（侦测原始数据），请扫描封底二维码，按对应城市获取。

目　　录

北　京　市

天　津　市

石 家 庄 市

太　原　市

呼和浩特市

北　京　市

第 1 章　LC-Q-TOF/MS 侦测北京市 4571 例市售水果蔬菜样品农药残留报告

从北京市所属 16 个区，随机采集了 4571 例水果蔬菜样品，使用液相色谱-四极杆飞行时间质谱（LC-Q-TOF/MS）对 565 种农药化学污染物进行示范侦测（7 种负离子模式 ESI⁻未涉及）。

1.1　样品种类、数量与来源

1.1.1　样品采集与检测

为了真实反映百姓餐桌上水果蔬菜中农药残留污染状况，本次所有检测样品均由检验人员于 2016 年 1 月至 2017 年 9 月期间，从北京市所属 134 个采样点，包括 31 个农贸市场、102 个超市、1 个农场，以随机购买方式采集，总计 182 批 4571 例样品，从中检出农药 157 种，9207 频次。采样及监测概况见图 1-1 及表 1-1，样品及采样点明细见表 1-2 及表 1-3（侦测原始数据见附表 1）。

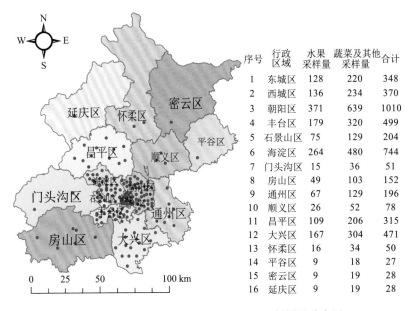

序号	行政区域	水果采样量	蔬菜及其他采样量	合计
1	东城区	128	220	348
2	西城区	136	234	370
3	朝阳区	371	639	1010
4	丰台区	179	320	499
5	石景山区	75	129	204
6	海淀区	264	480	744
7	门头沟区	15	36	51
8	房山区	49	103	152
9	通州区	67	129	196
10	顺义区	26	52	78
11	昌平区	109	206	315
12	大兴区	167	304	471
13	怀柔区	16	34	50
14	平谷区	9	18	27
15	密云区	9	19	28
16	延庆区	9	19	28

图 1-1　北京市所属 134 个采样点 4571 例样品分布图

表 1-1　农药残留监测总体概况

采样地区	北京市所属 16 个区
采样点（超市+农贸市场+农场）	134
样本总数	4571
检出农药品种/频次	157/9207
各采样点样本农药残留检出率范围	32.0%~94.4%

表 1-2　样品分类及数量

样品分类	样品名称（数量）	数量小计
1. 水果		1629
1）仁果类水果	苹果（174），梨（146）	320
2）核果类水果	桃（45），油桃（4），枣（12），李子（43），樱桃（15）	119
3）浆果和其他小型水果	猕猴桃（144），葡萄（152），草莓（79）	375
4）瓜果类水果	西瓜（64），哈密瓜（10），甜瓜（39）	113
5）热带和亚热带水果	山竹（18），柿子（15），龙眼（11），木瓜（37），芒果（132），荔枝（16），火龙果（106），菠萝（34）	369
6）柑橘类水果	柑（15），橘（67），柠檬（148），橙（103）	333
2. 食用菌		162
1）蘑菇类	香菇（46），平菇（14），金针菇（58），杏鲍菇（44）	162
3. 蔬菜		2780
1）豆类蔬菜	豇豆（13），菜用大豆（1），菜豆（130）	144
2）鳞茎类蔬菜	洋葱（134），韭菜（108），蒜黄（11），葱（17），蒜薹（47）	317
3）叶菜类蔬菜	小茴香（57），芹菜（117），菠菜（72），油麦菜（155），小白菜（62），娃娃菜（10），大白菜（60），生菜（170），小油菜（133），茼蒿（18），莴笋（23）	877
4）芸薹属类蔬菜	结球甘蓝（73），花椰菜（52），紫甘蓝（87），青花菜（69）	281
5）茄果类蔬菜	番茄（171），甜椒（125），辣椒（48），樱桃番茄（7），茄子（166）	517
6）瓜类蔬菜	黄瓜（176），西葫芦（147），冬瓜（117），丝瓜（64）	504
7）芽菜类蔬菜	绿豆芽（10）	10
8）根茎类和薯芋类蔬菜	胡萝卜（81），萝卜（49）	130
合计	1. 水果 25 种 2. 食用菌 4 种 3. 蔬菜 35 种	4571

表 1-3　北京市采样点信息

采样点序号	行政区域	采样点
农场（1）		
1	通州区	***农场

续表

采样点序号	行政区域	采样点
农贸市场（31）		
1	东城区	***市场
2	东城区	***市场
3	东城区	***市场
4	东城区	***直营店（南花市店）
5	东城区	***市场
6	丰台区	***市场
7	丰台区	***市场
8	丰台区	***市场
9	大兴区	***市场
10	大兴区	***市场
11	房山区	***市场
12	昌平区	***市场
13	昌平区	***市场
14	朝阳区	***市场
15	朝阳区	***市场
16	朝阳区	***市场
17	朝阳区	***市场
18	朝阳区	***市场
19	朝阳区	***市场
20	朝阳区	***市场
21	海淀区	***市场
22	海淀区	***市场
23	海淀区	***市场
24	海淀区	***市场
25	海淀区	***市场
26	石景山区	***市场
27	石景山区	***市场
28	西城区	***市场
29	西城区	***市场
30	门头沟区	***市场
31	顺义区	***市场

续表

采样点序号	行政区域	采样点
超市（102）		
1	东城区	***超市（崇文门店）
2	东城区	***超市（广渠门店）
3	东城区	***超市（崇文门店）
4	东城区	***超市（和平新城店）
5	东城区	***超市（法华寺店）
6	丰台区	***超市（公益西桥店）
7	丰台区	***超市（洋桥店）
8	丰台区	***超市（宋家庄店）
9	丰台区	***超市（分钟寺店）
10	丰台区	***超市（方庄店）
11	丰台区	***超市（马家堡店）
12	丰台区	***超市（云岗店）
13	丰台区	***超市（玉蜓桥店）
14	丰台区	***超市（丰台店）
15	大兴区	***超市（金星店）
16	大兴区	***超市（黄村店）
17	大兴区	***超市（瀛海店）
18	大兴区	***超市（亦庄店）
19	大兴区	***超市（西红门店）
20	大兴区	***超市（万科店）
21	大兴区	***超市（旧宫店）
22	大兴区	***超市（万源店）
23	大兴区	***超市（富兴国际店）
24	大兴区	***超市（旧宫店）
25	大兴区	***超市（泰河园店）
26	大兴区	***超市（亦庄店）
27	密云区	***超市（鼓楼店）
28	平谷区	***超市（平谷店）
29	延庆区	***超市（妫水北街店）
30	怀柔区	***超市（怀柔店）

续表

采样点序号	行政区域	采样点
31	怀柔区	***超市（丽湖店）
32	房山区	***超市（良乡购物广场店）
33	房山区	***超市（良乡店）
34	房山区	***超市（长阳半岛店）
35	房山区	***超市（良乡店）
36	昌平区	***超市（西关环岛店）
37	昌平区	***超市（府学路二店）
38	昌平区	***超市（温都水城店）
39	昌平区	***超市（龙旗广场店）
40	昌平区	***超市（东关分店）
41	昌平区	***超市（回龙观东店）
42	昌平区	***超市（回龙观二店）
43	朝阳区	***超市（望京店）
44	朝阳区	***超市（劲松商城）
45	朝阳区	***超市（华安店）
46	朝阳区	***超市（望京店）
47	朝阳区	***超市（西坝河店）
48	朝阳区	***超市（华威桥店）
49	朝阳区	***超市（安贞店）
50	朝阳区	***超市（健翔桥店）
51	朝阳区	***超市（双井店）
52	朝阳区	***超市（姚家园店）
53	朝阳区	***超市（慈云寺店）
54	朝阳区	***超市（望京店）
55	朝阳区	***超市（佛营店）
56	朝阳区	***超市（朝阳路店）
57	朝阳区	***超市（朝阳北路店）
58	朝阳区	***超市（山水文园店）
59	朝阳区	***超市（金泉店）
60	朝阳区	***超市（大望路店）
61	朝阳区	***超市（大郊亭店）

采样点序号	行政区域	采样点
62	朝阳区	***超市（建国路店）
63	朝阳区	***超市（望京店）
64	朝阳区	***超市（大成东店）
65	朝阳区	***超市（家和店）
66	朝阳区	***超市（惠新店）
67	海淀区	***超市（四道口店）
68	海淀区	***超市（西三旗店）
69	海淀区	***超市（航天桥店）
70	海淀区	***超市（中关村广场店）
71	海淀区	***超市（大钟寺店）
72	海淀区	***超市（定慧桥店）
73	海淀区	***超市（方圆店）
74	海淀区	***超市（白石桥店）
75	海淀区	***超市（文慧园店）
76	海淀区	***超市（五棵松店）
77	海淀区	***超市（知春路店）
78	海淀区	***超市（华天店）
79	海淀区	***超市（城建店）
80	海淀区	***超市（花园路店）
81	海淀区	***超市（增光路店）
82	海淀区	***超市（安宁庄店）
83	石景山区	***超市（金顶街店）
84	石景山区	***超市（鲁谷店）
85	石景山区	***超市（石景山店）
86	石景山区	***超市（喜隆多店）
87	西城区	***超市（永安路店）
88	西城区	***超市（西单店）
89	西城区	***超市（里仁街店）
90	西城区	***超市（菜百店）
91	西城区	***超市（马连道店）
92	西城区	***超市（陶然亭店）

续表

采样点序号	行政区域	采样点
93	西城区	***超市（三里河店）
94	西城区	***超市（德胜门店）
95	西城区	***超市（白纸坊超市）
96	通州区	***超市（东关店）
97	通州区	***超市（通州区店）
98	通州区	***超市（通州店）
99	通州区	***超市（世界村店）
100	通州区	***超市（西门店）
101	门头沟区	***超市（新隆店）
102	顺义区	***超市（后沙峪店）

1.1.2　检测结果

　　这次使用的检测方法是庞国芳院士团队最新研发的不需使用标准品对照，而以高分辨精确质量数（0.0001 m/z）为基准的 LC-Q-TOF/MS 检测技术，对于 4571 例样品，每个样品均侦测了 565 种农药化学污染物的残留现状。通过本次侦测，在 4571 例样品中共计检出农药化学污染物 157 种，检出 9207 频次。

1.1.2.1　各采样点样品检出情况

　　统计分析发现 134 个采样点中，被测样品的农药检出率范围为 32.0%~94.4%。其中，***超市（望京店）的检出率最高，为 94.4%。***超市（定慧桥店）的检出率最低，为 32.0%，见图 1-2。

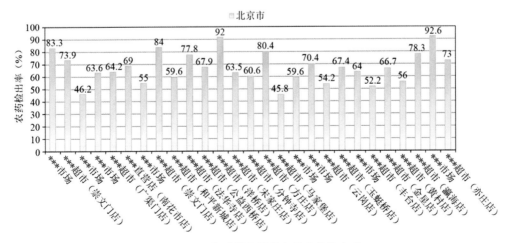

图 1-2-1　各采样点样品中的农药检出率

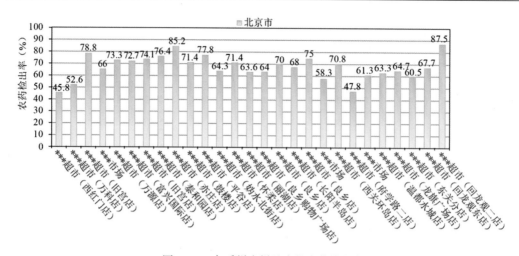

图 1-2-2　各采样点样品中的农药检出率

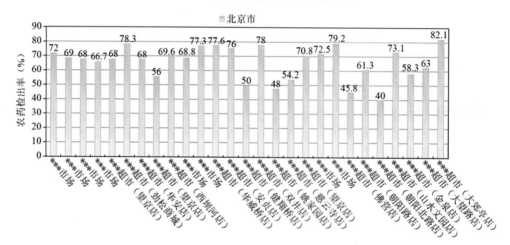

图 1-2-3　各采样点样品中的农药检出率

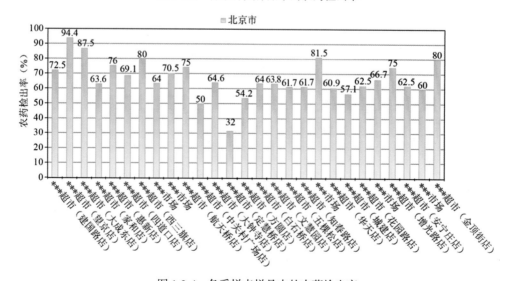

图 1-2-4　各采样点样品中的农药检出率

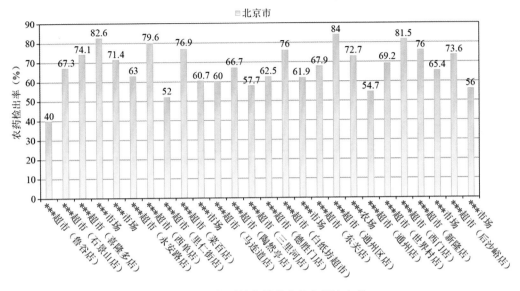

图 1-2-5　各采样点样品中的农药检出率

1.1.2.2　检出农药的品种总数与频次

统计分析发现，对于 4571 例样品中 565 种农药化学污染物的侦测，共检出农药 9207 频次，涉及农药 157 种，结果如图 1-3 所示。其中多菌灵检出频次最高，共检出 1059 次。检出频次排名前 10 的农药如下：①多菌灵（1059）；②烯酰吗啉（858）；③啶虫脒（709）；④霜霉威（446）；⑤吡虫啉（429）；⑥嘧菌酯（422）；⑦甲霜灵（396）；⑧苯醚甲环唑（333）；⑨噻虫嗪（312）；⑩吡唑醚菌酯（298）。

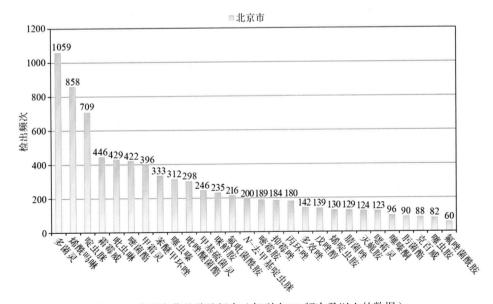

图 1-3　检出农药品种及频次（仅列出 60 频次及以上的数据）

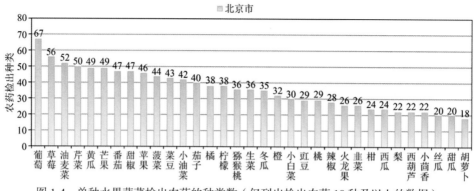

图 1-4　单种水果蔬菜检出农药的种类数（仅列出检出农药 18 种及以上的数据）

由图 1-4 可见，葡萄、草莓、油麦菜、芹菜、黄瓜、芒果、番茄、甜椒、苹果、菠菜、菜豆、小油菜、茄子、橘、柠檬、猕猴桃、生菜、冬瓜和橙这 19 种果蔬样品中检出的农药品种数较高，均超过 30 种，其中，葡萄检出农药品种最多，为 67 种。由图 1-5 可见，油麦菜、葡萄、芒果、黄瓜、番茄、小油菜、柠檬、茄子、甜椒、草莓、芹菜、苹果、冬瓜、橘、生菜、菜豆、橙、梨、火龙果、菠菜、猕猴桃、小白菜、辣椒和西葫芦这 24 种果蔬样品中的农药检出频次较高，均超过 100 次，其中，油麦菜检出农药频次最高，为 807 次。

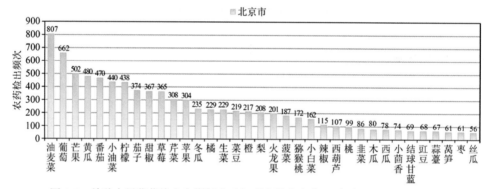

图 1-5　单种水果蔬菜检出农药频次（仅列出检出农药 56 频次及以上的数据）

1.1.2.3　单例样品农药检出种类与占比

对单例样品检出农药种类和频次进行统计发现，未检出农药的样品占总样品数的 32.7%，检出 1 种农药的样品占总样品数的 21.2%，检出 2~5 种农药的样品占总样品数的 37.7%，检出 6~10 种农药的样品占总样品数的 7.6%，检出大于 10 种农药的样品占总样品数的 0.8%。每例样品中平均检出农药为 2.0 种，数据见表 1-4 及图 1-6。

表 1-4　单例样品检出农药品种占比

检出农药品种数	样品数量/占比（%）
未检出	1495/32.7

续表

检出农药品种数	样品数量/占比（%）
1 种	969/21.2
2~5 种	1721/37.7
6~10 种	349/7.6
大于 10 种	37/0.8
单例样品平均检出农药品种	2.0 种

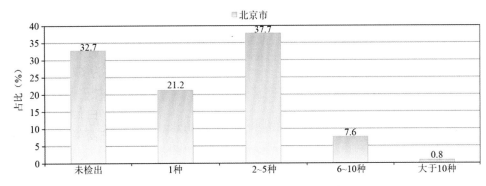

图 1-6　单例样品平均检出农药品种及占比

1.1.2.4　检出农药类别与占比

所有检出农药按功能分类，包括杀虫剂、杀菌剂、除草剂、植物生长调节剂、驱避剂、增塑剂、增效剂共 7 类。其中杀虫剂与杀菌剂为主要检出的农药类别，分别占总数的 42.0% 和 37.6%，见表 1-5 及图 1-7。

表 1-5　检出农药所属类别及占比

农药类别	数量/占比（%）
杀虫剂	66/42.0
杀菌剂	59/37.6
除草剂	22/14.0
植物生长调节剂	7/4.5
驱避剂	1/0.6
增塑剂	1/0.6
增效剂	1/0.6

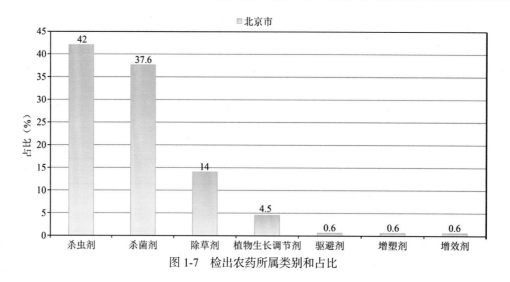

图 1-7　检出农药所属类别和占比

1.1.2.5　检出农药的残留水平

按检出农药残留水平进行统计，残留水平在 1~5 μg/kg（含）的农药占总数的 30.0%，在 5~10 μg/kg（含）的农药占总数的 15.3%，在 10~100 μg/kg（含）的农药占总数的 42.5%，在 100~1000 μg/kg（含）的农药占总数的 11.3%，在＞1000 μg/kg 的农药占总数的 0.9%。

由此可见，这次检测的 182 批 4571 例水果蔬菜样品中农药多数处于中高残留水平。结果见表 1-6 及图 1-8，数据见附表 2。

表 1-6　农药残留水平及占比

残留水平（μg/kg）	检出频次数/占比（%）
1~5（含）	2761/30.0
5~10（含）	1409/15.3
10~100（含）	3911/42.5
100~1000（含）	1041/11.3
＞1000	85/0.9

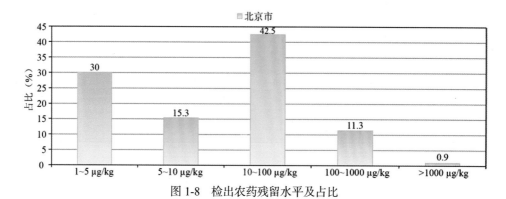

图 1-8　检出农药残留水平及占比

1.1.2.6　检出农药的毒性类别、检出频次和超标频次及占比

对这次检出的 157 种 9207 频次的农药，按剧毒、高毒、中毒、低毒和微毒这五个毒性类别进行分类，从中可以看出，北京市目前普遍使用的农药为中低微毒农药，品种占 89.2%，频次占 97.3%，结果见表 1-7 及图 1-9。

表 1-7　检出农药毒性类别及占比

毒性分类	农药品种/占比（%）	检出频次/占比（%）	超标频次/超标率（%）
剧毒农药	5/3.2	57/0.6	25/43.9
高毒农药	12/7.6	191/2.1	63/33.0
中毒农药	54/34.4	4017/43.6	13/0.3
低毒农药	60/38.2	2125/23.1	1/0.0
微毒农药	26/16.6	2817/30.6	3/0.1

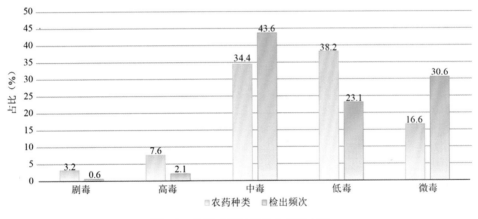

图 1-9　检出农药的毒性分类及占比

1.1.2.7　检出剧毒/高毒类农药的品种和频次

值得特别关注的是，在此次侦测的 4571 例样品中有 23 种蔬菜 16 种水果的 218 例样品检出了 17 种 248 频次的剧毒和高毒农药，占样品总量的 4.8%，详见表 1-8、表 1-9 及图 1-10。

表 1-8　剧毒农药检出情况

序号	农药名称	检出频次	超标频次	超标率
从 5 种水果中检出 3 种剧毒农药，共计检出 7 次				
1	甲拌磷*	4	0	0.0%
2	砜拌磷*	2	0	0.0%
3	灭线磷*	1	0	0.0%
	小计	7	0	超标率: 0.0%

续表

序号	农药名称	检出频次	超标频次	超标率
从 14 种蔬菜中检出 4 种剧毒农药，共计检出 50 次				
1	甲拌磷*	47	25	53.2%
2	砜拌磷*	1	0	0.0%
3	速灭磷*	1	0	0.0%
4	特丁硫磷*	1	0	0.0%
	小计	50	25	超标率：50.0%
	合计	57	25	超标率：43.9%

表 1-9　高毒农药检出情况

序号	农药名称	检出频次	超标频次	超标率
从 16 种水果中检出 10 种高毒农药，共计检出 105 次				
1	克百威	44	13	29.5%
2	三唑磷	34	3	8.8%
3	氧乐果	14	6	42.9%
4	灭多威	4	0	0.0%
5	苯线磷	2	0	0.0%
6	甲胺磷	2	2	100.0%
7	久效磷	2	0	0.0%
8	地胺磷	1	0	0.0%
9	嘧啶磷	1	0	0.0%
10	灭害威	1	0	0.0%
	小计	105	24	超标率：22.9%
从 20 种蔬菜中检出 7 种高毒农药，共计检出 86 次				
1	克百威	44	25	56.8%
2	氧乐果	23	14	60.9%
3	三唑磷	15	0	0.0%
4	苯线磷	1	0	0.0%
5	硫线磷	1	0	0.0%
6	灭多威	1	0	0.0%
7	水胺硫磷	1	0	0.0%
	小计	86	39	超标率：45.3%
	合计	191	63	超标率：33.0%

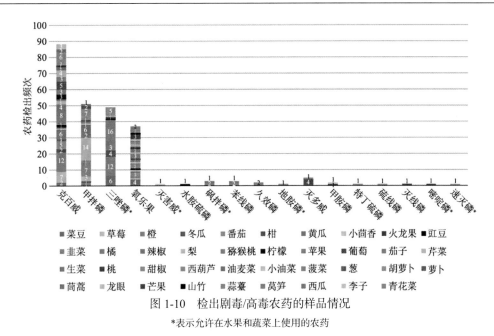

图 1-10　检出剧毒/高毒农药的样品情况

*表示允许在水果和蔬菜上使用的农药

在检出的剧毒和高毒农药中，有 12 种是我国早已禁止在果树和蔬菜上使用的，为克百威、氧乐果、甲拌磷、灭多威、苯线磷、丁酰肼、甲胺磷、久效磷、灭线磷、硫线磷、水胺硫磷、特丁硫磷。禁用农药的检出情况见表 1-10。

表 1-10　禁用农药检出情况

序号	农药名称	检出频次	超标频次	超标率
从 16 种水果中检出 9 种禁用农药，共计检出 75 次				
1	克百威	44	13	29.5%
2	氧乐果	14	6	42.9%
3	甲拌磷*	4	0	0.0%
4	灭多威	4	0	0.0%
5	苯线磷	2	0	0.0%
6	丁酰肼	2	0	0.0%
7	甲胺磷	2	2	100.0%
8	久效磷	2	0	0.0%
9	灭线磷*	1	0	0.0%
	小计	75	21	超标率：28.0%
从 22 种蔬菜中检出 8 种禁用农药，共计检出 119 次				
1	甲拌磷*	47	25	53.2%
2	克百威	44	25	56.8%

续表

序号	农药名称	检出频次	超标频次	超标率
3	氧乐果	23	14	60.9%
4	苯线磷	1	0	0.0%
5	硫线磷	1	0	0.0%
6	灭多威	1	0	0.0%
7	水胺硫磷	1	0	0.0%
8	特丁硫磷*	1	0	0.0%
	小计	119	64	超标率：53.8%
	合计	194	85	超标率：43.8%

注：超标结果参考 MRL 中国国家标准计算

此次抽检的果蔬样品中，有 5 种水果 14 种蔬菜检出了剧毒农药，分别是：柑中检出甲拌磷 1 次；橘中检出甲拌磷 1 次；猕猴桃中检出甲拌磷 1 次；芒果中检出灭线磷 1 次；苹果中检出甲拌磷 1 次，检出砜拌磷 2 次；小油菜中检出甲拌磷 1 次；小茴香中检出甲拌磷 3 次；油麦菜中检出甲拌磷 6 次；生菜中检出甲拌磷 2 次；番茄中检出甲拌磷 1 次；胡萝卜中检出甲拌磷 7 次；芹菜中检出甲拌磷 14 次；茼蒿中检出甲拌磷 1 次；菜豆中检出甲拌磷 1 次；菠菜中检出特丁硫磷 1 次，检出甲拌磷 1 次，检出砜拌磷 1 次；萝卜中检出甲拌磷 2 次；葱中检出甲拌磷 1 次；青花菜中检出速灭磷 1 次；韭菜中检出甲拌磷 7 次。

样品中检出剧毒和高毒农药残留水平超过 MRL 中国国家标准的频次为 88 次，其中：李子检出甲胺磷超标 1 次；柑检出克百威超标 1 次；桃检出克百威超标 1 次，检出甲胺磷超标 1 次；橘检出克百威超标 1 次，检出氧乐果超标 1 次；橙检出三唑磷超标 3 次，检出克百威超标 1 次；猕猴桃检出氧乐果超标 1 次；芒果检出氧乐果超标 1 次；草莓检出克百威超标 4 次；葡萄检出克百威超标 5 次；西瓜检出氧乐果超标 2 次；龙眼检出氧乐果超标 1 次；冬瓜检出克百威超标 2 次；小油菜检出克百威超标 1 次，检出氧乐果超标 1 次，检出甲拌磷超标 1 次；小茴香检出甲拌磷超标 2 次；油麦菜检出克百威超标 2 次，检出甲拌磷超标 4 次；甜椒检出克百威超标 1 次，检出氧乐果超标 1 次；生菜检出克百威超标 1 次，检出氧乐果超标 1 次；番茄检出克百威超标 1 次，检出氧乐果超标 1 次，检出甲拌磷超标 1 次；胡萝卜检出甲拌磷超标 5 次；芹菜检出克百威超标 2 次，检出甲拌磷超标 4 次；茄子检出克百威超标 3 次，检出氧乐果超标 3 次；莴笋检出氧乐果超标 1 次；菜豆检出氧乐果超标 3 次，检出克百威超标 1 次；菠菜检出甲拌磷超标 1 次；萝卜检出甲拌磷超标 1 次；葱检出甲拌磷超标 1 次；西葫芦检出克百威超标 4 次；豇豆检出克百威超标 1 次；辣椒检出克百威超标 1 次；韭菜检出氧乐果超标 2 次，检出克百威超标 1 次，检出甲拌磷超标 5 次；黄瓜检出克百威超标 4 次，检出氧乐果超标 1 次。本次检出结果表明，高毒、剧毒农药的使用现象依旧存在，详见表 1-11。

表 1-11　各样本中检出剧毒/高毒农药情况

样品名称	农药名称	检出频次	超标频次	检出浓度（μg/kg）
水果 16 种				
山竹	氧乐果▲	1	0	15.0
李子	甲胺磷▲	1	1	58.4ᵃ
柑	三唑磷	4	0	1.3，3.7，73.4，94.1
柑	克百威▲	1	1	55.9ᵃ
柑	甲拌磷*▲	1	0	2.4
柠檬	克百威▲	3	0	16.1，15.2，5.7
柠檬	三唑磷	1	0	48.6
桃	克百威▲	1	1	25.3ᵃ
桃	甲胺磷▲	1	1	53.0ᵃ
桃	氧乐果▲	1	0	4.2
梨	克百威▲	2	0	10.6，4.6
梨	氧乐果▲	1	0	5.7
橘	三唑磷	16	0	5.1，84.6，1.3，1.7，2.6，26.8，27.5，5.3，19.8，3.6，5.9，19.5，36.2，8.8，49.4，96.2
橘	克百威▲	8	1	77.4ᵃ，3.7，8.9，8.3，4.4，9.0，8.1，4.8
橘	氧乐果▲	1	1	75.2ᵃ
橘	甲拌磷*▲	1	0	2.1
橙	三唑磷	12	3	257.4ᵃ，3.3，21.1，2.5，27.3，218.6ᵃ，5.7，3.8，209.3ᵃ，184.1，10.5，29.8
橙	克百威▲	12	1	2.9，11.7，3.0，10.4，18.2，8.8，50.0ᵃ，13.0，1.3，15.7，15.8，2.4
橙	氧乐果▲	1	0	13.4
火龙果	克百威▲	1	0	3.0
猕猴桃	氧乐果▲	1	1	425.6ᵃ
猕猴桃	克百威▲	1	0	15.5
猕猴桃	甲拌磷*▲	1	0	6.3
芒果	氧乐果▲	3	1	11.0，22.3ᵃ，14.1
芒果	嘧啶磷	1	0	2.0
芒果	灭线磷*▲	1	0	2.4
苹果	克百威▲	3	0	7.8，5.3，6.5
苹果	久效磷▲	2	0	3.7，5.8
苹果	苯线磷▲	2	0	3.2，5.0

续表

样品名称	农药名称	检出频次	超标频次	检出浓度（μg/kg）
苹果	地胺磷	1	0	1.5
苹果	砜拌磷*	2	0	2.4，3.3
苹果	甲拌磷*▲	1	0	1.7
草莓	克百威▲	7	4	4.2，6.5，30.4^a，187.8^a，22.7^a，43.4^a，3.0
草莓	氧乐果▲	1	0	16.0
草莓	灭害威	1	0	32.5
葡萄	克百威▲	5	5	179.4^a，457.5^a，544.1^a，105.2^a，1025.4^a
葡萄	灭多威▲	4	0	91.3，207.7，90.1，19.1
葡萄	三唑磷	1	0	1.0
葡萄	氧乐果▲	1	0	2.4
西瓜	氧乐果▲	2	2	378.1^a，31.4^a
龙眼	氧乐果▲	1	1	53.8^a
	小计	112	24	超标率：21.4%
蔬菜 23 种				
冬瓜	克百威▲	2	2	28.8^a，86.6^a
小油菜	克百威▲	3	1	59.7^a，6.8，11.8
小油菜	氧乐果▲	1	1	97.6^a
小油菜	甲拌磷*▲	1	1	11.2^a
小茴香	克百威▲	1	0	9.4
小茴香	氧乐果▲	1	0	3.4
小茴香	甲拌磷*▲	3	2	23.7^a，37.7^a，8.3
油麦菜	克百威▲	2	2	47.1^a，22.7^a
油麦菜	甲拌磷*▲	6	4	273.2^a，11.9^a，2.5，163.1^a，1.9，49.3^a
甜椒	克百威▲	2	1	9.5，42.0^a
甜椒	氧乐果▲	1	1	196.9^a
生菜	克百威▲	2	1	4.2，28.8^a
生菜	氧乐果▲	2	1	48.6^a，10.5
生菜	甲拌磷*▲	2	0	3.6，3.2
番茄	克百威▲	5	1	3.2，13.1，58.5^a，8.0，11.8
番茄	氧乐果▲	2	1	16.2，28.7^a
番茄	甲拌磷*▲	1	1	98.5^a
胡萝卜	三唑磷	5	0	1.0，1.0，1.0，1.0，1.0
胡萝卜	氧乐果▲	1	0	13.2

续表

样品名称	农药名称	检出频次	超标频次	检出浓度（μg/kg）
胡萝卜	硫线磷▲	1	0	1.7
胡萝卜	甲拌磷*▲	7	5	12.4^a, 2.6, 3.8, 16.6^a, 33.4^a, 17.7^a, 235.5^a
芹菜	克百威▲	4	2	93.7^a, 5.3, 8.6, 52.0^a
芹菜	三唑磷	1	0	29.8
芹菜	氧乐果▲	1	0	19.8
芹菜	甲拌磷*▲	14	4	4.6, 3.0, 3.5, 1.7, 15.1^a, 2.5, 1.4, 2.0, 6.0, 3.5, 1.5, 1006.4^a, 67.5^a, 46.8^a
茄子	克百威▲	3	3	39.1^a, 32.0^a, 51.2^a
茄子	氧乐果▲	3	3	26.1^a, 82.9^a, 2210.6^a
茼蒿	氧乐果▲	1	0	4.5
茼蒿	甲拌磷*▲	1	0	8.7
莴笋	氧乐果▲	1	1	89.1^a
莴笋	灭多威▲	1	0	37.1
菜豆	三唑磷	6	0	1.3, 3.9, 47.2, 115.0, 2.3, 362.0
菜豆	氧乐果▲	4	3	13.9, 61.9^a, 32.2^a, 418.7^a
菜豆	克百威▲	2	1	74.2^a, 3.6
菜豆	甲拌磷*▲	1	0	2.5
菠菜	苯线磷▲	1	0	2.0
菠菜	甲拌磷*▲	1	1	13.4^a
菠菜	特丁硫磷*▲	1	0	1.6
菠菜	砜拌磷*	1	0	1.7
萝卜	甲拌磷*▲	2	1	38.5^a, 1.6
葱	甲拌磷*▲	1	1	48.1^a
蒜薹	氧乐果▲	1	0	14.6
西葫芦	克百威▲	6	4	20.6^a, 40.6^a, 16.8, 41.3^a, 7.2, 24.8^a
豇豆	克百威▲	1	1	119.4^a
豇豆	氧乐果▲	1	0	1.1
豇豆	水胺硫磷▲	1	0	558.5
辣椒	克百威▲	4	1	5.1, 6.8, 18.0, 56.5^a
青花菜	速灭磷*	1	0	39.4
韭菜	三唑磷	3	0	4.4, 6.6, 2.2
韭菜	氧乐果▲	2	2	95.9^a, 34.0^a

续表

样品名称	农药名称	检出频次	超标频次	检出浓度（μg/kg）
韭菜	克百威▲	1	1	147.9[a]
韭菜	甲拌磷*▲	7	5	11.1[a]，25.4[a]，2229.0[a]，3.6，8.1，806.3[a]，615.6[a]
黄瓜	克百威▲	6	4	1.1，77.3[a]，2.8，32.5[a]，26.8[a]，166.3[a]
黄瓜	氧乐果▲	1	1	52.0[a]
	小计	136	64	超标率：47.1%
	合计	248	88	超标率：35.5%

1.2 农药残留检出水平与最大残留限量标准对比分析

我国于 2014 年 3 月 20 日正式颁布并于 2014 年 8 月 1 日正式实施食品农药残留限量国家标准《食品中农药最大残留限量》（GB 2763—2014）。该标准包括 371 个农药条目，涉及最大残留限量（MRL）标准 3653 项。将 9207 频次检出农药的浓度水平与 3653 项 MRL 中国国家标准进行核对，其中只有 3316 频次的农药找到了对应的 MRL 标准，占 36.0%，还有 5891 频次的侦测数据则无相关 MRL 标准供参考，占 64.0%。

将此次侦测结果与国际上现行 MRL 标准对比发现，在 9207 频次的检出结果中有 9207 频次的结果找到了对应的 MRL 欧盟标准，占 100.0%，其中，8593 频次的结果有明确对应的 MRL 标准，占 93.3%，其余 614 频次按照欧盟一律标准判定，占 6.7%；有 9207 频次的结果找到了对应的 MRL 日本标准，占 100.0%，其中，6903 频次的结果有明确对应的 MRL 标准，占 75.0%，其余 2302 频次按照日本一律标准判定，占 25.0%；有 5422 频次的结果找到了对应的 MRL 中国香港标准，占 58.9%；有 5032 频次的结果找到了对应的 MRL 美国标准，占 54.7%；有 4192 频次的结果找到了对应的 MRL CAC 标准，占 45.5%（见图 1-11 和图 1-12，数据见附表 3 至附表 8）。

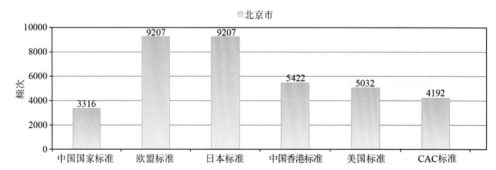

图 1-11　9207 频次检出农药可用 MRL 中国国家标准、欧盟标准、日本标准、中国香港标准、美国标准、CAC 标准判定衡量的数量

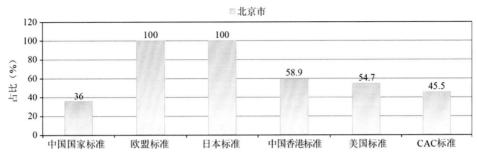

图 1-12　9207 频次检出农药可用 MRL 中国国家标准、欧盟标准、日本标准、中国香港标准、美国标准、CAC 标准衡量的占比

1.2.1　超标农药样品分析

本次侦测的 4571 例样品中，1495 例样品未检出任何残留农药，占样品总量的 32.7%，3076 例样品检出不同水平、不同种类的残留农药，占样品总量的 67.3%。在此，我们将本次侦测的农残检出情况与 MRL 中国国家标准、欧盟标准、日本标准、中国香港标准、美国标准和 CAC 标准这 6 大国际主流 MRL 标准进行对比分析，样品农残检出与超标情况见表 1-12、图 1-13 和图 1-14，详细数据见附表 9 至附表 14。

表 1-12　各 MRL 标准下样本农残检出与超标数量及占比

	中国国家标准 数量/占比(%)	欧盟标准 数量/占比(%)	日本标准 数量/占比(%)	中国香港标准 数量/占比(%)	美国标准 数量/占比(%)	CAC 标准 数量/占比(%)
未检出	1495/32.7	1495/32.7	1495/32.7	1495/32.7	1495/32.7	1495/32.7
检出未超标	2975/65.1	2147/47.0	2201/48.2	3007/65.8	3047/66.7	3007/65.8
检出超标	101/2.2	929/20.3	875/19.1	69/1.5	29/0.6	69/1.5

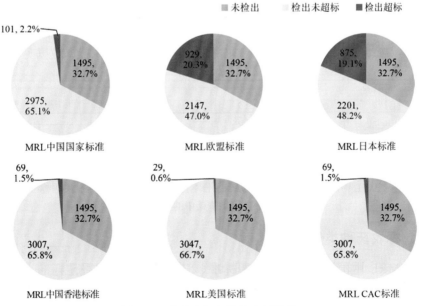

图 1-13　检出和超标样品比例情况

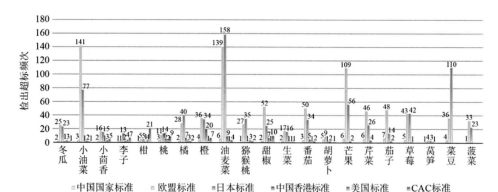

图 1-14-1　超过 MRL 中国国家标准、欧盟标准、日本标准、中国香港标准、美国标准和 CAC 标准结果在水果蔬菜中的分布

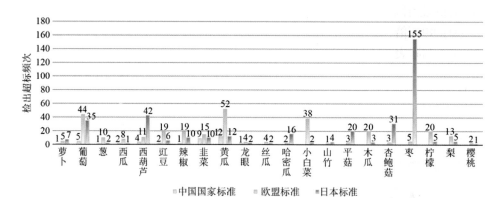

图 1-14-2　超过 MRL 中国国家标准、欧盟标准、日本标准、中国香港标准、美国标准和 CAC 标准结果在水果蔬菜中的分布

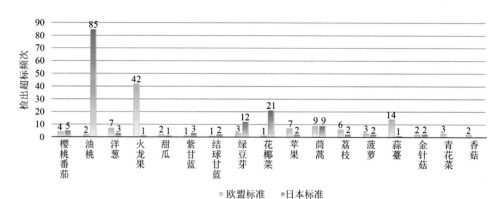

图 1-14-3　超过 MRL 中国国家标准、欧盟标准、日本标准、中国香港标准、美国标准和 CAC 标准结果在水果蔬菜中的分布

1.2.2　超标农药种类分析

按照 MRL 中国国家标准、欧盟标准、日本标准、中国香港标准、美国标准和 CAC 标准这 6 大国际主流 MRL 标准衡量，本次侦测检出的农药超标品种及频次情况见表 1-13。

表 1-13　各 MRL 标准下超标农药品种及频次

	中国国家标准	欧盟标准	日本标准	中国香港标准	美国标准	CAC 标准
超标农药品种	16	91	91	15	12	13
超标农药频次	105	1282	1287	74	29	73

1.2.2.1　按 MRL 中国国家标准衡量

按 MRL 中国国家标准衡量，共有 16 种农药超标，检出 105 频次，分别为剧毒农药甲拌磷，高毒农药甲胺磷、克百威、三唑磷和氧乐果，中毒农药噻唑磷、戊唑醇、噻虫嗪、苯醚甲环唑、辛硫磷、氟硅唑、倍硫磷和异丙威，低毒农药烯酰吗啉，微毒农药吡唑醚菌酯和霜霉威。

按超标程度比较，韭菜中甲拌磷超标 221.9 倍，茄子中氧乐果超标 109.5 倍，芹菜中甲拌磷超标 99.6 倍，葡萄中克百威超标 50.3 倍，油麦菜中甲拌磷超标 26.3 倍。检测结果见图 1-15 和附表 15。

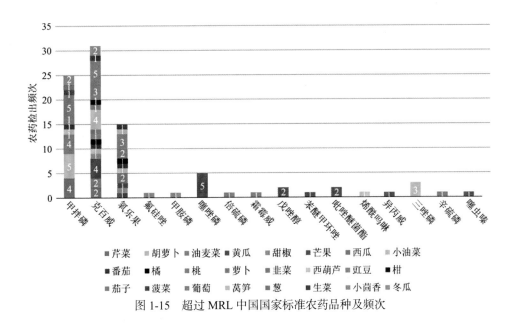

图 1-15　超过 MRL 中国国家标准农药品种及频次

1.2.2.2　按 MRL 欧盟标准衡量

按 MRL 欧盟标准衡量，共有 91 种农药超标，检出 1282 频次，分别为剧毒农药甲拌磷和速灭磷，高毒农药灭多威、克百威、甲胺磷、三唑磷、水胺硫磷、氧乐果和灭害威，中毒农药乐果、粉唑醇、噻唑磷、咪鲜胺、甲哌、多效唑、戊唑醇、烯效唑、噻虫胺、烯唑醇、甲霜灵、甲萘威、喹螨醚、噻虫嗪、三唑酮、炔丙菊酯、三唑醇、苯醚甲环唑、甲氨基阿维菌素、稻瘟灵、噁霜灵、辛硫磷、丙环唑、噻虫啉、速灭威、唑虫酰胺、去甲基抗蚜威、啶虫脒、氟硅唑、腈菌唑、哒螨灵、四氟醚唑、倍硫磷、抑霉唑、吡虫啉、丙溴磷、异丙威、鱼藤酮和 N-去甲基啶虫脒，低毒农药灭蝇胺、烯酰吗啉、呋虫胺、嘧霉胺、嘧草醚-Z、环丙津、氟丁酰草胺、磷酸三苯酯、二甲嘧酚、敌草隆、氟吡菌酰胺、虫酰肼、扑草净、4-十二烷基-2,6-二甲基吗啉、吡虫啉脲、乙草胺、苯噻菌胺、氟环唑、己唑醇、烯啶虫胺、噻苯咪唑-5-羟基、乙虫腈、甲磺草胺、氟唑菌酰胺、去乙基阿特拉津、马拉硫磷和胺唑草酮，微毒农药多菌灵、乙嘧酚、吡唑醚菌酯、丁酰肼、乙霉威、乙螨唑、缬霉威、嘧菌酯、联苯肼酯、啶氧菌酯、甲基硫菌灵、灭草烟、吡丙醚、肟菌酯、醚菌酯和霜霉威。

按超标程度比较，葡萄中克百威超标 511.7 倍，油麦菜中腈菌唑超标 225.2 倍，茄子中氧乐果超标 220.1 倍，油麦菜中多效唑超标 170.0 倍，韭菜中甲拌磷超标 110.5 倍。检测结果见图 1-16 和附表 16。

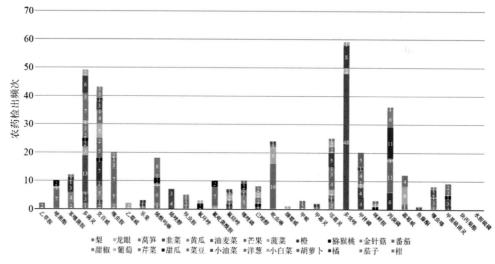

图 1-16-1　超过 MRL 欧盟标准农药品种及频次

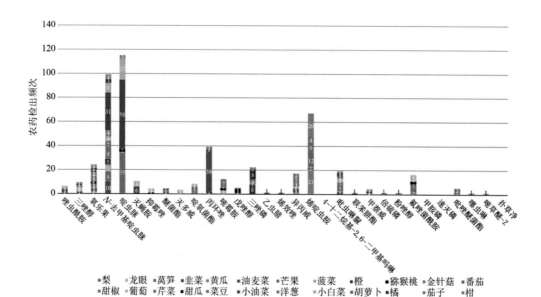

图 1-16-2　超过 MRL 欧盟标准农药品种及频次

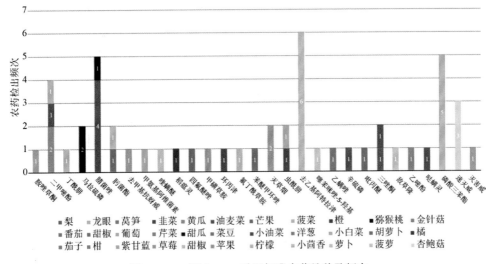

图 1-16-3 超过 MRL 欧盟标准农药品种及频次

1.2.2.3 按 MRL 日本标准衡量

按 MRL 日本标准衡量，共有 91 种农药超标，检出 1287 频次，分别为剧毒农药甲拌磷、高毒农药克百威、甲胺磷、三唑磷、水胺硫磷、氧乐果和灭害威，中毒农药环丙唑醇、乐果、粉唑醇、噻唑磷、咪鲜胺、甲哌、多效唑、戊唑醇、三环唑、烯效唑、噻虫胺、甲霜灵、烯唑醇、甲萘威、噻虫嗪、三唑酮、三唑醇、炔丙菊酯、喹螨醚、苯醚甲环唑、甲氨基阿维菌素、茚虫威、稻瘟灵、辛硫磷、丙环唑、噻虫啉、唑虫酰胺、速灭威、去甲基抗蚜威、啶虫脒、氟硅唑、腈菌唑、哒螨灵、四氟醚唑、倍硫磷、抑霉唑、吡虫啉、异丙威、丙溴磷、鱼藤酮和 N-去甲基啶虫脒，低毒农药灭蝇胺、烯酰吗啉、呋虫胺、嘧霉胺、嘧草醚-Z、环丙津、吡蚜酮、磷酸三苯酯、氟丁酰草胺、二甲嘧酚、氟吡菌酰胺、4-十二烷基-2,6-二甲基吗啉、吡虫啉脲、乙草胺、苯噻菌胺、氟环唑、己唑醇、烯啶虫胺、噻苯咪唑-5-羟基、乙虫腈、甲磺草胺、唑嘧菌胺、氟唑菌酰胺、去乙基阿特拉津、乙嘧酚磺酸酯、噻嗪酮和胺唑草酮，微毒农药多菌灵、环酰菌胺、吡唑醚菌酯、乙嘧酚、乙螨唑、缬霉威、丁酰肼、嘧菌酯、联苯肼酯、啶氧菌酯、甲基硫菌灵、苯菌酮、灭草烟、肟菌酯、醚菌酯和霜霉威。

按超标程度比较，猕猴桃中环酰菌胺超标 629.4 倍，柠檬中甲基硫菌灵超标 592.1 倍，油麦菜中多效唑超标 340.9 倍，芹菜中甲基硫菌灵超标 313.4 倍，柠檬中腈菌唑超标 276.6 倍。检测结果见图 1-17 和附表 17。

1.2.2.4 按 MRL 中国香港标准衡量

按 MRL 中国香港标准衡量，共有 15 种农药超标，检出 74 频次，分别为高毒农药克百威，中毒农药戊唑醇、噻虫胺、甲霜灵、噻虫嗪、苯醚甲环唑、辛硫磷、啶虫脒、氟硅唑、倍硫磷、吡虫啉和丙溴磷，低毒农药烯酰吗啉，微毒农药吡唑醚菌酯和霜霉威。

按超标程度比较，菜豆中噻虫嗪超标 144.9 倍，豇豆中噻虫嗪超标 50.4 倍，黄瓜中噻虫胺超标 15.1 倍，甜椒中噻虫胺超标 10.8 倍，豇豆中噻虫胺超标 8.5 倍。检测结果见图 1-18 和附表 18。

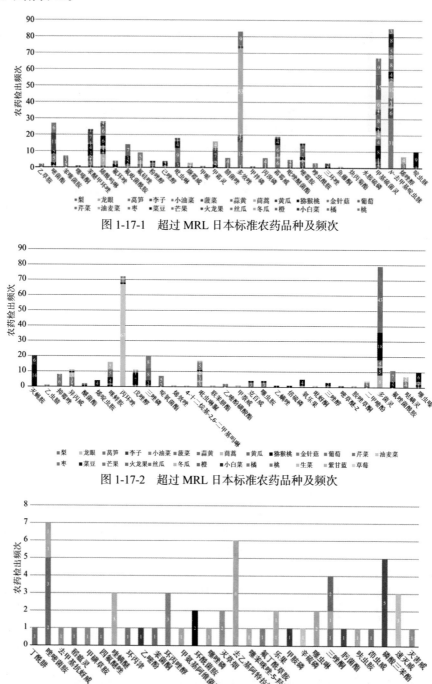

图 1-17-1　超过 MRL 日本标准农药品种及频次

图 1-17-2　超过 MRL 日本标准农药品种及频次

图 1-17-3　超过 MRL 日本标准农药品种及频次

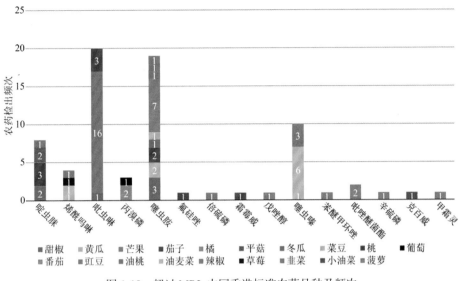

图 1-18 超过 MRL 中国香港标准农药品种及频次

1.2.2.5 按 MRL 美国标准衡量

按 MRL 美国标准衡量，共有 12 种农药超标，检出 29 频次，分别为中毒农药戊唑醇、毒死蜱、甲霜灵、噻虫胺、噻虫嗪、苯醚甲环唑、甲氨基阿维菌素、腈菌唑、啶虫脒和吡虫啉，低毒农药烯酰吗啉和甲磺草胺。

按超标程度比较，菜豆中噻虫嗪超标 72.0 倍，豇豆中噻虫嗪超标 24.7 倍，菠萝中甲霜灵超标 10.6 倍，黄瓜中噻虫胺超标 4.4 倍，茄子中啶虫脒超标 2.8 倍。检测结果见图 1-19 和附表 19。

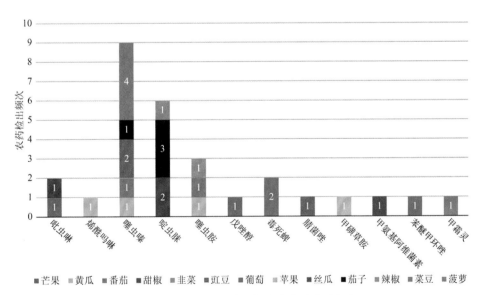

图 1-19 超过 MRL 美国标准农药品种及频次

1.2.2.6　按 MRL CAC 标准衡量

按 MRL CAC 标准衡量，共有 13 种农药超标，检出 73 频次，分别为中毒农药戊唑醇、噻虫胺、噻虫嗪、苯醚甲环唑、甲氨基阿维菌素、啶虫脒、氟硅唑和吡虫啉，低毒农药烯酰吗啉和氟吡菌酰胺，微毒农药多菌灵、吡唑醚菌酯和霜霉威。

按超标程度比较，菜豆中噻虫嗪超标 144.9 倍，豇豆中噻虫嗪超标 50.4 倍，黄瓜中噻虫胺超标 15.1 倍，甜椒中噻虫胺超标 10.8 倍，豇豆中噻虫胺超标 8.5 倍。检测结果见图 1-20 和附表 20。

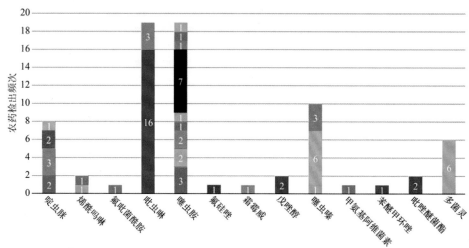

图 1-20　超过 MRL CAC 标准农药品种及频次

1.2.3　134 个采样点超标情况分析

1.2.3.1　按 MRL 中国国家标准衡量

按 MRL 中国国家标准衡量，有 67 个采样点的样品存在不同程度的超标农药检出，其中***农场的超标率最高，为 12.5%，如表 1-14 和图 1-21 所示。

表 1-14　超过 MRL 中国国家标准水果蔬菜在不同采样点分布

序号	采样点	样品总数	超标数量	超标率（%）	行政区域
1	***超市（大钟寺店）	79	2	2.5	海淀区
2	***超市（东关分店）	76	1	1.3	昌平区
3	***超市（分钟寺店）	71	1	1.4	丰台区
4	***超市（泰河园店）	55	2	3.6	大兴区
5	***超市（广渠门店）	53	1	1.9	东城区
6	***超市（通州店）	53	1	1.9	通州区
7	***超市（和平新城店）	52	2	3.8	东城区

续表

序号	采样点	样品总数	超标数量	超标率（%）	行政区域
8	***超市（宋家庄店）	52	1	1.9	丰台区
9	***超市（山水文园店）	52	1	1.9	朝阳区
10	***超市（世界村店）	52	3	5.8	通州区
11	***超市（旧宫店）	52	1	1.9	大兴区
12	***市场	52	3	5.8	丰台区
13	***市场	51	1	2.0	朝阳区
14	***超市（龙旗广场店）	51	3	5.9	昌平区
15	***超市（方庄店）	51	2	3.9	丰台区
16	***超市（惠新店）	50	1	2.0	朝阳区
17	***超市（双井店）	50	2	4.0	朝阳区
18	***市场	50	2	4.0	大兴区
19	***市场	50	1	2.0	朝阳区
20	***超市（良乡店）	50	3	6.0	房山区
21	***超市（西单店）	49	3	6.1	西城区
22	***超市（石景山店）	49	2	4.1	石景山区
23	***超市（华威桥店）	49	1	2.0	朝阳区
24	***市场	48	1	2.1	海淀区
25	***市场	48	1	2.1	朝阳区
26	***超市（文慧园店）	47	1	2.1	海淀区
27	***超市（玉蜓桥店）	46	1	2.2	丰台区
28	***超市（崇文门店）	46	1	2.2	东城区
29	***超市（万源店）	30	1	3.3	大兴区
30	***直营店（南花市店）	29	1	3.4	东城区
31	***超市（大郊亭店）	28	1	3.6	朝阳区
32	***超市（中关村广场店）	28	2	7.1	海淀区
33	***超市（航天桥店）	28	1	3.6	海淀区
34	***超市（西门店）	27	3	11.1	通州区
35	***超市（金星店）	27	1	3.7	大兴区
36	***市场	27	2	7.4	大兴区
37	***超市（亦庄店）	27	2	7.4	大兴区
38	***超市（大望路店）	27	1	3.7	朝阳区
39	***市场	27	1	3.7	海淀区
40	***超市（平谷店）	27	3	11.1	平谷区
41	***市场	26	2	7.7	门头沟区
42	***超市（白纸坊超市）	25	1	4.0	西城区
43	***超市（里仁街店）	25	1	4.0	西城区
44	***超市（姚家园店）	25	1	4.0	朝阳区
45	***超市（长阳半岛店）	25	2	8.0	房山区

续表

序号	采样点	样品总数	超标数量	超标率（%）	行政区域
46	***超市（新隆店）	25	1	4.0	门头沟区
47	***超市（通州区店）	25	2	8.0	通州区
48	***市场	25	1	4.0	顺义区
49	***超市（良乡购物广场店）	25	1	4.0	房山区
50	***超市（望京店）	25	1	4.0	朝阳区
51	***超市（安宁庄店）	24	1	4.2	海淀区
52	***市场	24	1	4.2	朝阳区
53	***超市（回龙观二店）	24	2	8.3	昌平区
54	***超市（健翔桥店）	24	2	8.3	朝阳区
55	***超市（大成东店）	24	1	4.2	朝阳区
56	***超市（增光路店）	24	1	4.2	海淀区
57	***农场	24	3	12.5	东城区
58	***市场	24	1	4.2	朝阳区
59	***超市（劲松商城）	23	2	8.7	朝阳区
60	***超市（西坝河店）	23	1	4.3	朝阳区
61	***市场	23	1	4.3	石景山区
62	***超市（瀛海店）	23	1	4.3	大兴区
63	***市场	22	1	4.5	朝阳区
64	***超市（家和店）	22	2	9.1	朝阳区
65	***超市（丽湖店）	22	1	4.5	怀柔区
66	***超市（富兴国际店）	22	1	4.5	大兴区
67	***超市（万科店）	19	2	10.5	大兴区

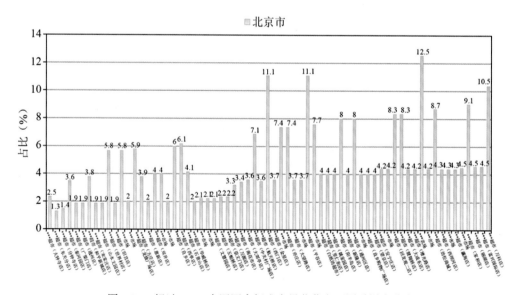

图 1-21　超过 MRL 中国国家标准水果蔬菜在不同采样点分布

1.2.3.2　按 MRL 欧盟标准衡量

按 MRL 欧盟标准衡量，有 133 个采样点的样品存在不同程度的超标农药检出，其中***超市（丽湖店）的超标率最高，为 50.0%，如表 1-15 和图 1-22 所示。

表 1-15　超过 MRL 欧盟标准水果蔬菜在不同采样点分布

序号	采样点	样品总数	超标数量	超标率（%）	行政区域
1	***超市（大钟寺店）	79	20	25.3	海淀区
2	***超市（东关分店）	76	14	18.4	昌平区
3	***超市（朝阳路店）	75	11	14.7	朝阳区
4	***超市（分钟寺店）	71	12	16.9	丰台区
5	***超市（亦庄店）	63	13	20.6	大兴区
6	***超市（泰河园店）	55	12	21.8	大兴区
7	***超市（四道口店）	55	11	20.0	海淀区
8	***市场	54	10	18.5	丰台区
9	***超市（喜隆多店）	54	15	27.8	石景山区
10	***超市（广渠门店）	53	7	13.2	东城区
11	***超市（后沙峪店）	53	13	24.5	顺义区
12	***超市（通州店）	53	6	11.3	通州区
13	***超市（和平新城店）	52	9	17.3	东城区
14	***超市（菜百店）	52	11	21.2	西城区
15	***超市（宋家庄店）	52	8	15.4	丰台区
16	***超市（山水文园店）	52	13	25.0	朝阳区
17	***超市（世界村店）	52	17	32.7	通州区
18	***超市（旧宫店）	52	15	28.8	大兴区
19	***市场	52	11	21.2	丰台区
20	***超市（建国路店）	51	8	15.7	朝阳区
21	***市场	51	12	23.5	朝阳区
22	***超市（龙旗广场店）	51	16	31.4	昌平区
23	***超市（方庄店）	51	16	31.4	丰台区
24	***超市（惠新店）	50	11	22.0	朝阳区
25	***超市（双井店）	50	15	30.0	朝阳区
26	***市场	50	8	16.0	大兴区
27	***市场	50	11	22.0	朝阳区
28	***市场	50	8	16.0	海淀区
29	***超市（良乡店）	50	15	30.0	房山区

续表

序号	采样点	样品总数	超标数量	超标率（%）	行政区域
30	***超市（西单店）	49	13	26.5	西城区
31	***超市（石景山店）	49	13	26.5	石景山区
32	***超市（城建店）	49	10	20.4	海淀区
33	***超市（华威桥店）	49	11	22.4	朝阳区
34	***超市（德胜门店）	48	9	18.8	西城区
35	***市场	48	6	12.5	海淀区
36	***市场	48	9	18.8	朝阳区
37	***超市（马家堡店）	48	10	20.8	丰台区
38	***超市（知春路店）	47	6	12.8	海淀区
39	***超市（文慧园店）	47	11	23.4	海淀区
40	***超市（五棵松店）	47	7	14.9	海淀区
41	***超市（玉蜓桥店）	46	11	23.9	丰台区
42	***超市（崇文门店）	46	10	21.7	东城区
43	***超市（马连道店）	45	5	11.1	西城区
44	***市场	44	7	15.9	海淀区
45	***市场	31	3	9.7	昌平区
46	***超市（回龙观东店）	31	4	12.9	昌平区
47	***超市（温都水城店）	30	6	20.0	昌平区
48	***超市（万源店）	30	6	20.0	大兴区
49	***市场	29	7	24.1	朝阳区
50	***直营店（南花市店）	29	5	17.2	东城区
51	***超市（大郊亭店）	28	4	14.3	朝阳区
52	***超市（中关村广场店）	28	5	17.9	海淀区
53	***超市（航天桥店）	28	6	21.4	海淀区
54	***超市（公益西桥店）	28	1	3.6	丰台区
55	***市场	28	3	10.7	石景山区
56	***市场	28	2	7.1	西城区
57	***超市（怀柔店）	28	5	17.9	怀柔区
58	***超市（良乡店）	28	4	14.3	房山区
59	***超市（鼓楼店）	28	3	10.7	密云区
60	***超市（妫水北街店）	28	1	3.6	延庆区
61	***超市（东关店）	28	3	10.7	通州区
62	***超市（永安路店）	27	3	11.1	西城区
63	***超市（西门店）	27	8	29.6	通州区
64	***超市（旧宫店）	27	5	18.5	大兴区

续表

序号	采样点	样品总数	超标数量	超标率（%）	行政区域
65	***超市（金星店）	27	6	22.2	大兴区
66	***市场	27	12	44.4	大兴区
67	***超市（亦庄店）	27	5	18.5	大兴区
68	***超市（法华寺店）	27	3	11.1	东城区
69	***超市（大望路店）	27	6	22.2	朝阳区
70	***市场	27	6	22.2	海淀区
71	***超市（平谷店）	27	4	14.8	平谷区
72	***超市（三里河店）	26	5	19.2	西城区
73	***市场	26	5	19.2	东城区
74	***市场	26	5	19.2	门头沟区
75	***超市（白纸坊超市）	25	6	24.0	西城区
76	***超市（里仁街店）	25	6	24.0	西城区
77	***超市（安贞店）	25	5	20.0	朝阳区
78	***超市（姚家园店）	25	5	20.0	朝阳区
79	***超市（望京店）	25	7	28.0	朝阳区
80	***超市（华安店）	25	6	24.0	朝阳区
81	***超市（西三旗店）	25	7	28.0	海淀区
82	***超市（定慧桥店）	25	2	8.0	海淀区
83	***超市（洋桥店）	25	6	24.0	丰台区
84	***超市（鲁谷店）	25	1	4.0	石景山区
85	***超市（金顶街店）	25	2	8.0	石景山区
86	***超市（黄村店）	25	3	12.0	大兴区
87	***超市（长阳半岛店）	25	8	32.0	房山区
88	***超市（新隆店）	25	6	24.0	门头沟区
89	***超市（朝阳北路店）	25	1	4.0	朝阳区
90	***超市（白石桥店）	25	6	24.0	海淀区
91	***超市（通州区店）	25	8	32.0	通州区
92	***市场	25	4	16.0	顺义区
93	***市场	25	6	24.0	海淀区
94	***市场	25	5	20.0	丰台区
95	***市场	25	4	16.0	昌平区
96	***超市（良乡购物广场店）	25	5	20.0	房山区
97	***超市（望京店）	25	7	28.0	朝阳区
98	***超市（崇文门店）	25	4	16.0	东城区
99	***超市（花园路店）	24	5	20.8	海淀区

续表

序号	采样点	样品总数	超标数量	超标率（%）	行政区域
100	***超市（安宁庄店）	24	6	25.0	海淀区
101	***市场	24	6	25.0	朝阳区
102	***市场	24	5	20.8	房山区
103	***超市（回龙观二店）	24	10	41.7	昌平区
104	***超市（健翔桥店）	24	2	8.3	朝阳区
105	***超市（金泉店）	24	3	12.5	朝阳区
106	***超市（望京店）	24	5	20.8	朝阳区
107	***超市（大成东店）	24	9	37.5	朝阳区
108	***超市（方圆店）	24	2	8.3	海淀区
109	***超市（增光路店）	24	8	33.3	海淀区
110	***超市（云岗店）	24	4	16.7	丰台区
111	***超市（佛营店）	24	3	12.5	朝阳区
112	***超市（西关环岛店）	24	2	8.3	昌平区
113	***超市（陶然亭店）	24	5	20.8	西城区
114	***市场	24	10	41.7	东城区
115	***超市（西红门店）	24	2	8.3	大兴区
116	***市场	24	7	29.2	朝阳区
117	***超市（府学路二店）	23	3	13.0	昌平区
118	***超市（丰台店）	23	6	26.1	丰台区
119	***超市（华天店）	23	5	21.7	海淀区
120	***超市（劲松商城）	23	8	34.8	朝阳区
121	***超市（西坝河店）	23	6	26.1	朝阳区
122	***市场	23	6	26.1	石景山区
123	***超市（瀛海店）	23	6	26.1	大兴区
124	***市场	22	5	22.7	东城区
125	***市场	22	6	27.3	朝阳区
126	***超市（家和店）	22	6	27.3	朝阳区
127	***超市（丽湖店）	22	11	50.0	怀柔区
128	***超市（富兴国际店）	22	3	13.6	大兴区
129	***市场	21	3	14.3	西城区
130	***市场	20	3	15.0	东城区
131	***超市（万科店）	19	3	15.8	大兴区
132	***超市（望京店）	18	5	27.8	朝阳区
133	***农场	11	3	27.3	通州区

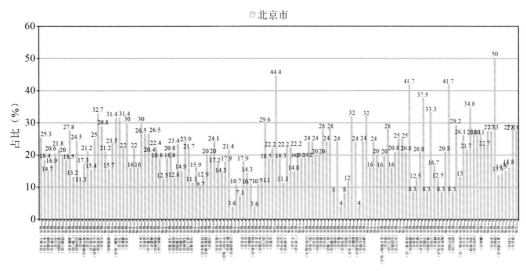

图 1-22　超过 MRL 欧盟标准水果蔬菜在不同采样点分布

1.2.3.3　按 MRL 日本标准衡量

按 MRL 日本标准衡量，所有采样点的样品均存在不同程度的超标农药检出，其中***超市（崇文门店）的超标率最高，为 44.0%，如表 1-16 和图 1-23 所示。

表 1-16　超过 MRL 日本标准水果蔬菜在不同采样点分布

序号	采样点	样品总数	超标数量	超标率（%）	行政区域
1	***超市（大钟寺店）	79	14	17.7	海淀区
2	***超市（东关分店）	76	12	15.8	昌平区
3	***超市（朝阳路店）	75	11	14.7	朝阳区
4	***超市（分钟寺店）	71	14	19.7	丰台区
5	***超市（亦庄店）	63	13	20.6	大兴区
6	***超市（泰河园店）	55	9	16.4	大兴区
7	***超市（四道口店）	55	10	18.2	海淀区
8	***市场	54	10	18.5	丰台区
9	***超市（喜隆多店）	54	14	25.9	石景山区
10	***超市（广渠门店）	53	9	17.0	东城区
11	***超市（后沙峪店）	53	8	15.1	顺义区
12	***超市（通州店）	53	8	15.1	通州区
13	***超市（和平新城店）	52	3	5.8	东城区
14	***超市（菜百店）	52	10	19.2	西城区
15	***超市（宋家庄店）	52	12	23.1	丰台区

序号	采样点	样品总数	超标数量	超标率（%）	行政区域
16	***超市（山水文园店）	52	13	25.0	朝阳区
17	***超市（世界村店）	52	19	36.5	通州区
18	***超市（旧宫店）	52	14	26.9	大兴区
19	***市场	52	9	17.3	丰台区
20	***超市（建国路店）	51	10	19.6	朝阳区
21	***市场	51	15	29.4	朝阳区
22	***超市（龙旗广场店）	51	10	19.6	昌平区
23	***超市（方庄店）	51	14	27.5	丰台区
24	***超市（惠新店）	50	12	24.0	朝阳区
25	***超市（双井店）	50	7	14.0	朝阳区
26	***市场	50	16	32.0	大兴区
27	***市场	50	9	18.0	朝阳区
28	***市场	50	11	22.0	海淀区
29	***超市（良乡店）	50	9	18.0	房山区
30	***超市（西单店）	49	14	28.6	西城区
31	***超市（石景山店）	49	11	22.4	石景山区
32	***超市（城建店）	49	8	16.3	海淀区
33	***超市（华威桥店）	49	13	26.5	朝阳区
34	***超市（德胜门店）	48	7	14.6	西城区
35	***市场	48	6	12.5	海淀区
36	***市场	48	7	14.6	朝阳区
37	***超市（马家堡店）	48	7	14.6	丰台区
38	***超市（知春路店）	47	7	14.9	海淀区
39	***超市（文慧园店）	47	5	10.6	海淀区
40	***超市（五棵松店）	47	7	14.9	海淀区
41	***超市（玉蜓桥店）	46	7	15.2	丰台区
42	***超市（崇文门店）	46	8	17.4	东城区
43	***超市（马连道店）	45	8	17.8	西城区
44	***市场	44	9	20.5	海淀区
45	***市场	31	6	19.4	昌平区
46	***超市（回龙观东店）	31	5	16.1	昌平区
47	***超市（温都水城店）	30	3	10.0	昌平区
48	***超市（万源店）	30	9	30.0	大兴区

续表

序号	采样点	样品总数	超标数量	超标率（%）	行政区域
49	***市场	29	6	20.7	朝阳区
50	***直营店（南花市店）	29	6	20.7	东城区
51	***超市（大郊亭店）	28	4	14.3	朝阳区
52	***超市（中关村广场店）	28	4	14.3	海淀区
53	***超市（航天桥店）	28	4	14.3	海淀区
54	***超市（公益西桥店）	28	4	14.3	丰台区
55	***市场	28	6	21.4	石景山区
56	***市场	28	4	14.3	西城区
57	***超市（怀柔店）	28	6	21.4	怀柔区
58	***超市（良乡店）	28	3	10.7	房山区
59	***超市（鼓楼店）	28	3	10.7	密云区
60	***超市（妫水北街店）	28	3	10.7	延庆区
61	***超市（东关店）	28	3	10.7	通州区
62	***超市（永安路店）	27	3	11.1	西城区
63	***超市（西门店）	27	4	14.8	通州区
64	***超市（旧宫店）	27	5	18.5	大兴区
65	***超市（金星店）	27	5	18.5	大兴区
66	***市场	27	10	37.0	大兴区
67	***超市（亦庄店）	27	3	11.1	大兴区
68	***超市（法华寺店）	27	4	14.8	东城区
69	***超市（大望路店）	27	6	22.2	朝阳区
70	***市场	27	5	18.5	海淀区
71	***超市（平谷店）	27	4	14.8	平谷区
72	***超市（三里河店）	26	5	19.2	西城区
73	***市场	26	3	11.5	东城区
74	***市场	26	5	19.2	门头沟区
75	***超市（白纸坊超市）	25	6	24.0	西城区
76	***超市（里仁街店）	25	5	20.0	西城区
77	***超市（安贞店）	25	6	24.0	朝阳区
78	***超市（姚家园店）	25	4	16.0	朝阳区
79	***超市（望京店）	25	7	28.0	朝阳区
80	***超市（华安店）	25	8	32.0	朝阳区
81	***超市（西三旗店）	25	6	24.0	海淀区

续表

序号	采样点	样品总数	超标数量	超标率（%）	行政区域
82	***超市（定慧桥店）	25	3	12.0	海淀区
83	***超市（洋桥店）	25	7	28.0	丰台区
84	***超市（鲁谷店）	25	2	8.0	石景山区
85	***超市（金顶街店）	25	3	12.0	石景山区
86	***超市（黄村店）	25	5	20.0	大兴区
87	***超市（长阳半岛店）	25	6	24.0	房山区
88	***超市（新隆店）	25	3	12.0	门头沟区
89	***超市（朝阳北路店）	25	3	12.0	朝阳区
90	***超市（白石桥店）	25	3	12.0	海淀区
91	***超市（通州区店）	25	7	28.0	通州区
92	***市场	25	2	8.0	顺义区
93	***市场	25	6	24.0	海淀区
94	***市场	25	6	24.0	丰台区
95	***市场	25	4	16.0	昌平区
96	***超市（良乡购物广场店）	25	5	20.0	房山区
97	***超市（望京店）	25	5	20.0	朝阳区
98	***超市（崇文门店）	25	11	44.0	东城区
99	***超市（花园路店）	24	4	16.7	海淀区
100	***超市（安宁庄店）	24	4	16.7	海淀区
101	***市场	24	4	16.7	朝阳区
102	***市场	24	4	16.7	房山区
103	***超市（回龙观二店）	24	5	20.8	昌平区
104	***超市（健翔桥店）	24	2	8.3	朝阳区
105	***超市（金泉店）	24	3	12.5	朝阳区
106	***超市（望京店）	24	6	25.0	朝阳区
107	***超市（慈云寺店）	24	2	8.3	朝阳区
108	***超市（大成东店）	24	8	33.3	朝阳区
109	***超市（方圆店）	24	3	12.5	海淀区
110	***超市（增光路店）	24	1	4.2	海淀区
111	***超市（云岗店）	24	5	20.8	丰台区
112	***超市（佛营店）	24	2	8.3	朝阳区
113	***超市（西关环岛店）	24	4	16.7	昌平区
114	***超市（陶然亭店）	24	7	29.2	西城区

续表

序号	采样点	样品总数	超标数量	超标率（%）	行政区域
115	***市场	24	7	29.2	东城区
116	***超市（西红门店）	24	5	20.8	大兴区
117	***市场	24	7	29.2	朝阳区
118	***超市（府学路二店）	23	3	13.0	昌平区
119	***超市（丰台店）	23	6	26.1	丰台区
120	***超市（华天店）	23	1	4.3	海淀区
121	***超市（劲松商城）	23	7	30.4	朝阳区
122	***超市（西坝河店）	23	7	30.4	朝阳区
123	***市场	23	5	21.7	石景山区
124	***超市（瀛海店）	23	9	39.1	大兴区
125	***市场	22	5	22.7	东城区
126	***市场	22	5	22.7	朝阳区
127	***超市（家和店）	22	3	13.6	朝阳区
128	***超市（丽湖店）	22	8	36.4	怀柔区
129	***超市（富兴国际店）	22	1	4.5	大兴区
130	***市场	21	3	14.3	西城区
131	***市场	20	3	15.0	东城区
132	***超市（万科店）	19	3	15.8	大兴区
133	***超市（望京店）	18	6	33.3	朝阳区
134	***农场	11	4	36.4	通州区

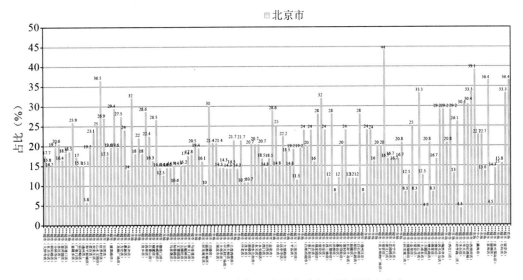

图 1-23　超过 MRL 日本标准水果蔬菜在不同采样点分布

1.2.3.4 按 MRL 中国香港标准衡量

按 MRL 中国香港标准衡量，有 57 个采样点的样品存在不同程度的超标农药检出，其中***市场的超标率最高，为 11.5%，如表 1-17 和图 1-24 所示。

表 1-17 超过 MRL 中国香港标准水果蔬菜在不同采样点分布

序号	采样点	样品总数	超标数量	超标率（%）	行政区域
1	***超市（大钟寺店）	79	1	1.3	海淀区
2	***超市（分钟寺店）	71	1	1.4	丰台区
3	***超市（泰河园店）	55	1	1.8	大兴区
4	***超市（四道口店）	55	1	1.8	海淀区
5	***市场	54	1	1.9	丰台区
6	***超市（和平新城店）	52	1	1.9	东城区
7	***超市（宋家庄店）	52	2	3.8	丰台区
8	***超市（世界村店）	52	1	1.9	通州区
9	***超市（旧宫店）	52	4	7.7	大兴区
10	***市场	52	1	1.9	丰台区
11	***超市（龙旗广场店）	51	1	2.0	昌平区
12	***超市（惠新店）	50	1	2.0	朝阳区
13	***超市（双井店）	50	1	2.0	朝阳区
14	***市场	50	1	2.0	大兴区
15	***市场	50	1	2.0	朝阳区
16	***市场	50	1	2.0	海淀区
17	***超市（西单店）	49	1	2.0	西城区
18	***超市（石景山店）	49	3	6.1	石景山区
19	***超市（华威桥店）	49	1	2.0	朝阳区
20	***超市（德胜门店）	48	1	2.1	西城区
21	***市场	48	1	2.1	海淀区
22	***市场	48	1	2.1	朝阳区
23	***超市（马家堡店）	48	1	2.1	丰台区
24	***超市（五棵松店）	47	1	2.1	海淀区
25	***超市（玉蜓桥店）	46	1	2.2	丰台区
26	***超市（崇文门店）	46	1	2.2	东城区
27	***市场	44	2	4.5	海淀区

续表

序号	采样点	样品总数	超标数量	超标率（%）	行政区域
28	***超市（南花市店）	29	1	3.4	东城区
29	***市场	28	1	3.6	石景山区
30	***市场	28	1	3.6	西城区
31	***市场	27	1	3.7	大兴区
32	***超市（亦庄店）	27	1	3.7	大兴区
33	***超市（大望路店）	27	1	3.7	朝阳区
34	***超市（平谷店）	27	1	3.7	平谷区
35	***超市（三里河店）	26	1	3.8	西城区
36	***市场	26	3	11.5	东城区
37	***超市（华安店）	25	1	4.0	朝阳区
38	***超市（长阳半岛店）	25	1	4.0	房山区
39	***超市（新隆店）	25	1	4.0	门头沟区
40	***超市（良乡购物广场店）	25	2	8.0	房山区
41	***超市（望京店）	25	1	4.0	朝阳区
42	***超市（花园路店）	24	1	4.2	海淀区
43	***超市（安宁庄店）	24	1	4.2	海淀区
44	***市场	24	1	4.2	房山区
45	***超市（回龙观二店）	24	1	4.2	昌平区
46	***超市（金泉店）	24	1	4.2	朝阳区
47	***超市（望京店）	24	1	4.2	朝阳区
48	***超市（大成东店）	24	2	8.3	朝阳区
49	***超市（增光路店）	24	1	4.2	海淀区
50	***市场	24	1	4.2	朝阳区
51	***超市（劲松商城）	23	1	4.3	朝阳区
52	***市场	23	1	4.3	石景山区
53	***超市（瀛海店）	23	1	4.3	大兴区
54	***超市（家和店）	22	2	9.1	朝阳区
55	***超市（丽湖店）	22	1	4.5	怀柔区
56	***超市（万科店）	19	1	5.3	大兴区
57	***超市（望京店）	18	1	5.6	朝阳区

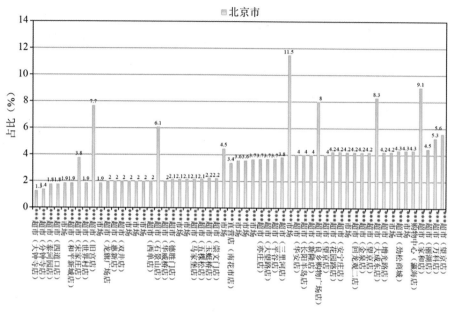

图 1-24　超过 MRL 中国香港标准水果蔬菜在不同采样点分布

1.2.3.5　按 MRL 美国标准衡量

按 MRL 美国标准衡量，有 26 个采样点的样品存在不同程度的超标农药检出，其中 ***超市（家和店）和***超市（丽湖店）的超标率最高，为 4.5%，如表 1-18 和图 1-25 所示。

表 1-18　超过 MRL 美国标准水果蔬菜在不同采样点分布

序号	采样点	样品总数	超标数量	超标率（%）	行政区域
1	***超市（大钟寺店）	79	1	1.3	海淀区
2	***超市（宋家庄店）	52	2	3.8	丰台区
3	***超市（旧宫店）	52	1	1.9	大兴区
4	***市场	52	2	3.8	丰台区
5	***超市（龙旗广场店）	51	1	2.0	昌平区
6	***超市（方庄店）	51	1	2.0	丰台区
7	***超市（惠新店）	50	1	2.0	朝阳区
8	***市场	50	1	2.0	大兴区
9	***市场	50	1	2.0	海淀区
10	***超市（西单店）	49	1	2.0	西城区
11	***超市（石景山店）	49	2	4.1	石景山区
12	***超市（华威桥店）	49	1	2.0	朝阳区
13	***市场	48	1	2.1	海淀区

续表

序号	采样点	样品总数	超标数量	超标率（%）	行政区域
14	***超市（玉蜓桥店）	46	1	2.2	丰台区
15	***市场	28	1	3.6	石景山区
16	***市场	28	1	3.6	西城区
17	***市场	27	1	3.7	大兴区
18	***超市（大望路店）	27	1	3.7	朝阳区
19	***市场	26	1	3.8	东城区
20	***超市（新隆店）	25	1	4.0	门头沟区
21	***超市（望京店）	25	1	4.0	朝阳区
22	***市场	24	1	4.2	朝阳区
23	***超市（回龙观二店）	24	1	4.2	昌平区
24	***市场	24	1	4.2	东城区
25	***超市（家和店）	22	1	4.5	朝阳区
26	***超市（丽湖店）	22	1	4.5	怀柔区

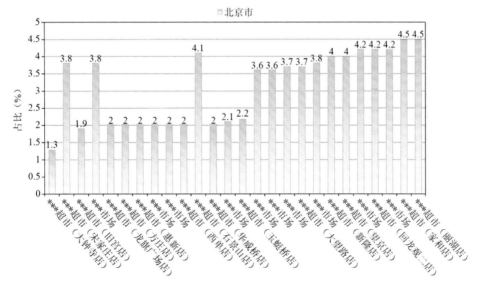

图 1-25 超过 MRL 美国标准水果蔬菜在不同采样点分布

1.2.3.6 按 MRL CAC 标准衡量

按 MRL CAC 标准衡量，有 55 个采样点的样品存在不同程度的超标农药检出，其中***市场的超标率最高，为 11.5%，如表 1-19 和图 1-26 所示。

表 1-19 超过 MRL CAC 标准水果蔬菜在不同采样点分布

序号	采样点	样品总数	超标数量	超标率（%）	行政区域
1	***超市（大钟寺店）	79	1	1.3	海淀区
2	***超市（东关分店）	76	1	1.3	昌平区
3	***超市（分钟寺店）	71	1	1.4	丰台区
4	***超市（亦庄店）	63	1	1.6	大兴区
5	***超市（泰河园店）	55	1	1.8	大兴区
6	***超市（四道口店）	55	1	1.8	海淀区
7	***市场	54	1	1.9	丰台区
8	***超市（和平新城店）	52	1	1.9	东城区
9	***超市（宋家庄店）	52	2	3.8	丰台区
10	***超市（世界村店）	52	3	5.8	通州区
11	***超市（旧宫店）	52	4	7.7	大兴区
12	***超市（龙旗广场店）	51	1	2.0	昌平区
13	***超市（惠新店）	50	1	2.0	朝阳区
14	***超市（双井店）	50	1	2.0	朝阳区
15	***市场	50	1	2.0	大兴区
16	***市场	50	1	2.0	朝阳区
17	***市场	50	1	2.0	海淀区
18	***超市（西单店）	49	1	2.0	西城区
19	***超市（石景山店）	49	2	4.1	石景山区
20	***超市（华威桥店）	49	1	2.0	朝阳区
21	***超市（德胜门店）	48	1	2.1	西城区
22	***市场	48	1	2.1	海淀区
23	***超市（马家堡店）	48	1	2.1	丰台区
24	***超市（五棵松店）	47	1	2.1	海淀区
25	***超市（玉蜓桥店）	46	1	2.2	丰台区
26	***市场	44	2	4.5	海淀区
27	***直营店（南花市店）	29	1	3.4	东城区
28	***市场	28	1	3.6	石景山区
29	***市场	28	1	3.6	西城区
30	***超市（良乡店）	28	1	3.6	房山区
31	***超市（永安路店）	27	1	3.7	西城区
32	***市场	27	1	3.7	大兴区
33	***超市（亦庄店）	27	1	3.7	大兴区
34	***超市（大望路店）	27	1	3.7	朝阳区

续表

序号	采样点	样品总数	超标数量	超标率（%）	行政区域
35	***超市（三里河店）	26	1	3.8	西城区
36	***市场	26	3	11.5	东城区
37	***超市（华安店）	25	1	4.0	朝阳区
38	***超市（长阳半岛店）	25	1	4.0	房山区
39	***超市（新隆店）	25	1	4.0	门头沟区
40	***超市（良乡购物广场店）	25	2	8.0	房山区
41	***超市（望京店）	25	1	4.0	朝阳区
42	***超市（花园路店）	24	1	4.2	海淀区
43	***超市（安宁庄店）	24	1	4.2	海淀区
44	***市场	24	1	4.2	房山区
45	***超市（回龙观二店）	24	1	4.2	昌平区
46	***超市（金泉店）	24	1	4.2	朝阳区
47	***超市（大成东店）	24	2	8.3	朝阳区
48	***超市（增光路店）	24	2	8.3	海淀区
49	***市场	24	1	4.2	东城区
50	***超市（劲松商城）	23	1	4.3	朝阳区
51	***市场	23	1	4.3	石景山区
52	***超市（瀛海店）	23	1	4.3	大兴区
53	***超市（家和店）	22	2	9.1	朝阳区
54	***超市（丽湖店）	22	1	4.5	怀柔区
55	***超市（望京店）	18	1	5.6	朝阳区

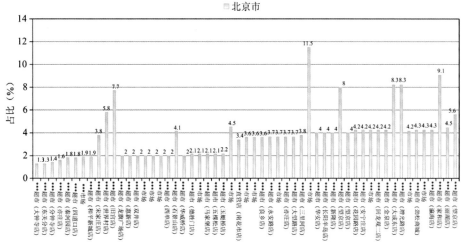

图 1-26　超过 MRL CAC 标准水果蔬菜在不同采样点分布

1.3 水果中农药残留分布

1.3.1 检出农药品种和频次排前 10 的水果

本次残留侦测的水果共 25 种，包括猕猴桃、西瓜、桃、山竹、哈密瓜、柿子、龙眼、木瓜、油桃、苹果、柑、葡萄、草莓、芒果、梨、枣、荔枝、李子、橘、樱桃、柠檬、橙、火龙果、甜瓜和菠萝。

根据检出农药品种及频次进行排名，将各项排名前 10 位的水果样品检出情况列表说明，详见表 1-20。

表 1-20　检出农药品种和频次排名前 10 的水果

检出农药品种排名前 10（品种）	①葡萄（67），②草莓（56），③芒果（49），④苹果（46），⑤橘（38），⑥柠檬（38），⑦猕猴桃（36），⑧橙（32），⑨桃（29），⑩火龙果（26）
检出农药频次排名前 10（频次）	①葡萄（662），②芒果（502），③柠檬（438），④草莓（365），⑤苹果（304），⑥橘（229），⑦橙（217），⑧梨（208），⑨火龙果（201），⑩猕猴桃（172）
检出禁用、高毒及剧毒农药品种排名前 10（品种）	①苹果（6），②葡萄（5），③草莓（4），④橘（4），⑤橙（3），⑥柑（3），⑦芒果（3），⑧猕猴桃（3），⑨桃（3），⑩梨（2）
检出禁用、高毒及剧毒农药频次排名前 10（频次）	①橘（26），②橙（25），③葡萄（12），④苹果（11），⑤草莓（10），⑥柑（6），⑦芒果（5），⑧柠檬（4），⑨梨（3），⑩猕猴桃（3）

1.3.2 超标农药品种和频次排前 10 的水果

鉴于 MRL 欧盟标准和日本标准制定比较全面且覆盖率较高，我们参照 MRL 中国国家标准、欧盟标准和日本标准衡量水果样品中农残检出情况，将超标农药品种及频次排名前 10 的水果列表说明，详见表 1-21。

表 1-21　超标农药品种和频次排名前 10 的水果

超标农药品种排名前 10（农药品种数）	MRL 中国国家标准	①芒果（4），②桃（3），③草莓（2），④橙（2），⑤橘（2），⑥柑（1），⑦李子（1），⑧龙眼（1），⑨猕猴桃（1），⑩葡萄（1）
	MRL 欧盟标准	①芒果（21），②草莓（19），③葡萄（18），④猕猴桃（17），⑤橙（10），⑥柠檬（10），⑦橘（9），⑧木瓜（8），⑨火龙果（7），⑩桃（7）
	MRL 日本标准	①草莓（18），②葡萄（16），③芒果（15），④火龙果（13），⑤猕猴桃（13），⑥枣（11），⑦柠檬（10），⑧橘（9），⑨木瓜（8），⑩橙（7）
超标农药频次排名前 10（农药频次数）	MRL 中国国家标准	①芒果（6），②草莓（5），③葡萄（5），④橙（4），⑤桃（3），⑥橘（2），⑦西瓜（2），⑧柑（1），⑨李子（1），⑩龙眼（1）
	MRL 欧盟标准	①芒果（109），②葡萄（44），③草莓（42），④火龙果（42），⑤橙（36），⑥橘（28），⑦猕猴桃（27），⑧木瓜（20），⑨柠檬（20），⑩梨（13）
	MRL 日本标准	①柠檬（155），②火龙果（85），③芒果（56），④草莓（43），⑤橘（40），⑥猕猴桃（35），⑦葡萄（35），⑧橙（34），⑨枣（31），⑩荔枝（21）

通过对各品种水果样本总数及检出率进行综合分析发现，葡萄、芒果和苹果的残留污染最为严重，在此，我们参照 MRL 中国国家标准、欧盟标准和日本标准对这 3 种水果的农残检出情况进行进一步分析。

1.3.3　农药残留检出率较高的水果样品分析

1.3.3.1　葡萄

这次共检测 152 例葡萄样品，147 例样品中检出了农药残留，检出率为 96.7%，检出农药共计 67 种。其中嘧菌酯、吡唑醚菌酯、烯酰吗啉、嘧霉胺和苯醚甲环唑检出频次较高，分别检出了 62、56、55、44 和 43 次。葡萄中农药检出品种和频次见图 1-27，超标农药见图 1-28 和表 1-22。

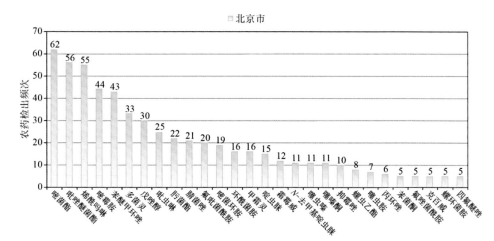

图 1-27　葡萄样品检出农药品种和频次分析（仅列出 5 频次及以上的数据）

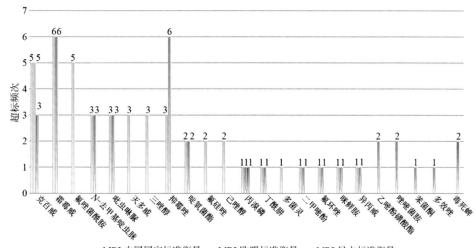

图 1-28　葡萄样品中超标农药分析

表 1-22　葡萄中农药残留超标情况明细表

样品总数			检出农药样品数	样品检出率（%）	检出农药品种总数
152			147	96.7	67
	超标农药品种	超标农药频次	按照 MRL 中国国家标准、欧盟标准和日本标准衡量超标农药名称及频次		
中国国家标准	1	5	克百威（5）		
欧盟标准	18	44	霜霉威（6），氟唑菌酰胺（5），克百威（5），N-去甲基啶虫脒（3），吡虫啉脲（3），灭多威（3），三唑醇（3），抑霉唑（3），啶氧菌酯（2），氟硅唑（2），己唑醇（2），丙溴磷（1），丁酰肼（1），多菌灵（1），二甲嘧酚（1），氟环唑（1），咪鲜胺（1），异丙威（1）		
日本标准	16	35	霜霉威（6），抑霉唑（6），N-去甲基啶虫脒（3），吡虫啉脲（3），克百威（3），啶氧菌酯（2），乙嘧酚磺酸酯（2），唑嘧菌胺（2），苯菌酮（1），丙溴磷（1），丁酰肼（1），多效唑（1），二甲嘧酚（1），氟环唑（1），咪鲜胺（1），异丙威（1）		

1.3.3.2　芒果

这次共检测 132 例芒果样品，114 例样品中检出了农药残留，检出率为 86.4%，检出农药共计 49 种。其中嘧菌酯、吡虫啉、啶虫脒、苯醚甲环唑和吡唑醚菌酯检出频次较高，分别检出了 71、61、49、42 和 38 次。芒果中农药检出品种和频次见图 1-29，超标农药见图 1-30 和表 1-23。

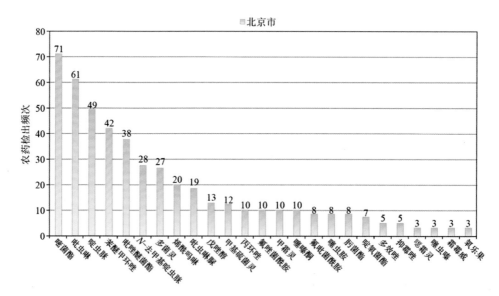

图 1-29　芒果样品检出农药品种和频次分析（仅列出 3 频次及以上的数据）

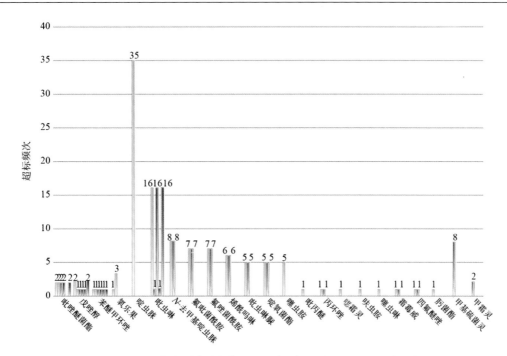

图 1-30　芒果样品中超标农药分析

表 1-23　芒果中农药残留超标情况明细表

样品总数		检出农药样品数	样品检出率（%）	检出农药品种总数
132		114	86.4	49

	超标农药品种	超标农药频次	按照 MRL 中国国家标准、欧盟标准和日本标准衡量超标农药名称及频次
中国国家标准	4	6	吡唑醚菌酯（2），戊唑醇（2），苯醚甲环唑（1），氧乐果（1）
欧盟标准	21	109	啶虫脒（35），吡虫啉（16），N-去甲基啶虫脒（8），氟吡菌酰胺（7），氟唑菌酰胺（7），烯酰吗啉（6），吡虫啉脲（5），啶氧菌酯（5），噻虫胺（5），氧乐果（3），吡唑醚菌酯（2），苯醚甲环唑（1），吡丙醚（1），丙环唑（1），噁霜灵（1），呋虫胺（1），噻虫啉（1），霜霉威（1），四氟醚唑（1），肟菌酯（1），戊唑醇（1）
日本标准	15	56	N-去甲基啶虫脒（8），甲基硫菌灵（8），氟吡菌酰胺（7），氟唑菌酰胺（7），烯酰吗啉（6），吡虫啉脲（5），啶氧菌酯（5），吡唑醚菌酯（2），甲霜灵（2），苯醚甲环唑（1），吡虫啉（1），丙环唑（1），霜霉威（1），四氟醚唑（1），戊唑醇（1）

1.3.3.3　苹果

这次共检测 174 例苹果样品，151 例样品中检出了农药残留，检出率为 86.8%，检出农药共计 46 种。其中多菌灵、啶虫脒、烯酰吗啉、戊唑醇和抑霉唑检出频次较高，分别检出了 132、57、21、10 和 9 次。苹果中农药检出品种和频次见图 1-31，超标农药见图 1-32 和表 1-24。

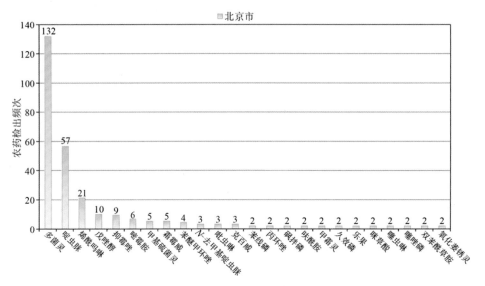

图 1-31　苹果样品检出农药品种和频次分析（仅列出 2 频次及以上的数据）

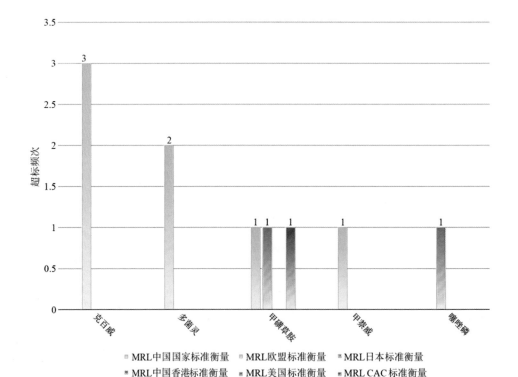

图 1-32　苹果样品中超标农药分析

表 1-24　苹果中农药残留超标情况明细表

样品总数		检出农药样品数	样品检出率（%）	检出农药品种总数
174		151	86.8	46
	超标农药品种	超标农药频次	按照 MRL 中国国家标准、欧盟标准和日本标准衡量超标农药名称及频次	
中国国家标准	0	0		
欧盟标准	4	7	克百威（3），多菌灵（2），甲磺草胺（1），甲萘威（1）	
日本标准	2	2	甲磺草胺（1），噻唑磷（1）	

1.4　蔬菜中农药残留分布

1.4.1　检出农药品种和频次排前 10 的蔬菜

本次残留侦测的蔬菜共 35 种，包括黄瓜、洋葱、韭菜、结球甘蓝、小茴香、芹菜、番茄、菠菜、花椰菜、豇豆、蒜黄、西葫芦、甜椒、菜用大豆、辣椒、葱、樱桃番茄、紫甘蓝、油麦菜、小白菜、青花菜、胡萝卜、绿豆芽、茄子、萝卜、娃娃菜、大白菜、菜豆、生菜、小油菜、冬瓜、茼蒿、莴笋、蒜薹和丝瓜。

根据检出农药品种及频次进行排名，将各项排名前 10 位的蔬菜样品检出情况列表说明，详见表 1-25。

表 1-25　检出农药品种和频次排名前 10 的蔬菜

检出农药品种排名前 10（品种）	①油麦菜（52），②芹菜（50），③黄瓜（49），④番茄（47），⑤甜椒（47），⑥菠菜（44），⑦菜豆（43），⑧小油菜（42），⑨茄子（40），⑩生菜（36）
检出农药频次排名前 10（频次）	①油麦菜（807），②黄瓜（480），③番茄（470），④小油菜（440），⑤茄子（374），⑥甜椒（367），⑦芹菜（308），⑧冬瓜（235），⑨生菜（229），⑩菜豆（219）
检出禁用、高毒及剧毒农药品种排名前 10（品种）	①菠菜（4），②菜豆（4），③胡萝卜（4），④韭菜（4），⑤芹菜（4），⑥番茄（3），⑦豇豆（3），⑧生菜（3），⑨小茴香（3），⑩小油菜（3）
检出禁用、高毒及剧毒农药频次排名前 10（频次）	①芹菜（20），②胡萝卜（14），③菜豆（13），④韭菜（13），⑤番茄（8），⑥油麦菜（8），⑦黄瓜（7），⑧茄子（6），⑨生菜（6），⑩西葫芦（6）

1.4.2　超标农药品种和频次排前 10 的蔬菜

鉴于 MRL 欧盟标准和日本标准制定比较全面且覆盖率较高，我们参照 MRL 中国国家标准、欧盟标准和日本标准衡量蔬菜样品中农残检出情况，将超标农药品种及频次排名前 10 的蔬菜列表说明，详见表 1-26。

表 1-26　超标农药品种和频次排名前 10 的蔬菜

超标农药品种排名前 10（农药品种数）	MRL 中国国家标准	①黄瓜（5），②韭菜（4），③番茄（3），④茄子（3），⑤小油菜（3），⑥菜豆（2），⑦豇豆（2），⑧芹菜（2），⑨生菜（2），⑩甜椒（2）

续表

	MRL 欧盟标准	①小油菜（24），②油麦菜（21），③芹菜（19），④甜椒（17），⑤菜豆（16），⑥黄瓜（15），⑦番茄（13），⑧豇豆（13），⑨茄子（13），⑩菠菜（12）
超标农药品种排名前 10（农药品种数）		
	MRL 日本标准	①菜豆（31），②豇豆（21），③油麦菜（20），④小油菜（17），⑤芹菜（12），⑥菠菜（10），⑦冬瓜（10），⑧生菜（9），⑨番茄（8），⑩黄瓜（8）
	MRL 中国国家标准	①黄瓜（12），②韭菜（9），③茄子（7），④芹菜（6），⑤油麦菜（6），⑥胡萝卜（5），⑦菜豆（4），⑧西葫芦（4），⑨番茄（3），⑩小油菜（3）
超标农药频次排名前 10（农药频次数）	MRL 欧盟标准	①小油菜（141），②油麦菜（139），③黄瓜（52），④甜椒（52），⑤番茄（50），⑥茄子（48），⑦芹菜（46），⑧小白菜（38），⑨菜豆（36），⑩菠菜（33）
	MRL 日本标准	①油麦菜（158），②菜豆（110），③小油菜（77），④豇豆（42），⑤番茄（34），⑥芹菜（26），⑦甜椒（25），⑧菠菜（23），⑨冬瓜（23），⑩生菜（16）

通过对各品种蔬菜样本总数及检出率进行综合分析发现，油麦菜、芹菜和黄瓜的残留污染最为严重，在此，我们参照 MRL 中国国家标准、欧盟标准和日本标准对这 3 种蔬菜的农残检出情况进行进一步分析。

1.4.3　农药残留检出率较高的蔬菜样品分析

1.4.3.1　油麦菜

这次共检测 155 例油麦菜样品，150 例样品中检出了农药残留，检出率为 96.8%，检出农药共计 52 种。其中烯酰吗啉、丙环唑、多菌灵、甲霜灵和多效唑检出频次较高，分别检出了 129、87、78、71 和 65 次。油麦菜中农药检出品种和频次见图 1-33，超标农药见图 1-34 和表 1-27。

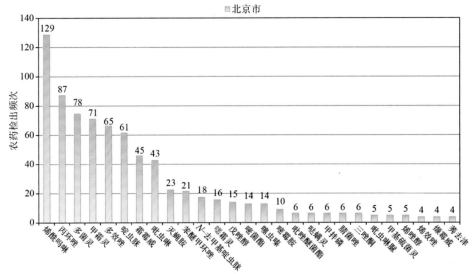

图 1-33　油麦菜样品检出农药品种和频次分析（仅列出 4 频次及以上的数据）

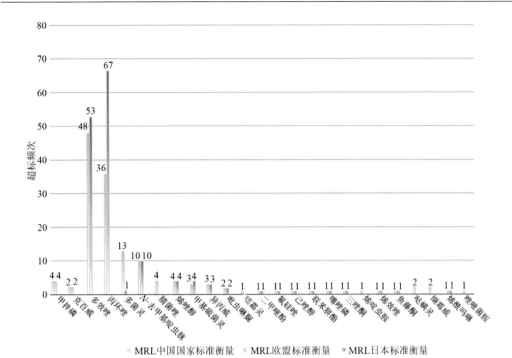

图 1-34　油麦菜样品中超标农药分析

表 1-27　油麦菜中农药残留超标情况明细表

样品总数	检出农药样品数	样品检出率（%）	检出农药品种总数
155	150	96.8	52

	超标农药品种	超标农药频次	按照 MRL 中国国家标准、欧盟标准和日本标准衡量超标农药名称及频次
中国国家标准	2	6	甲拌磷（4），克百威（2）
欧盟标准	21	139	多效唑（48），丙环唑（36），多菌灵（13），N-去甲基啶虫脒（10），甲拌磷（4），腈菌唑（4），烯唑醇（4），甲基硫菌灵（3），异丙威（3），吡虫啉脲（2），克百威（2），噁霜灵（1），二甲嘧酚（1），氟硅唑（1），己唑醇（1），联苯肼酯（1），噻唑磷（1），三唑酮（1），烯啶虫胺（1），烯效唑（1），鱼藤酮（1）
日本标准	20	158	丙环唑（67），多效唑（53），N-去甲基啶虫脒（10），甲基硫菌灵（4），烯唑醇（4），异丙威（3），吡虫啉脲（2），哒螨灵（2），缬霉威（2），多菌灵（1），二甲嘧酚（1），氟硅唑（1），己唑醇（1），联苯肼酯（1），噻唑磷（1），三唑酮（1），烯酰吗啉（1），烯效唑（1），鱼藤酮（1），唑嘧菌胺（1）

1.4.3.2　芹菜

这次共检测 117 例芹菜样品，96 例样品中检出了农药残留，检出率为 82.1%，检出农药共计 50 种。其中多菌灵、烯酰吗啉、苯醚甲环唑、噁霜灵和丙环唑检出频次较高，分别检出了 42、38、26、16 和 15 次。芹菜中农药检出品种和频次见图 1-35，超标农药见图 1-36 和表 1-28。

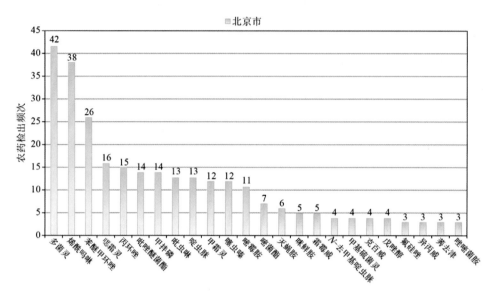

图 1-35　芹菜样品检出农药品种和频次分析（仅列出 3 频次及以上的数据）

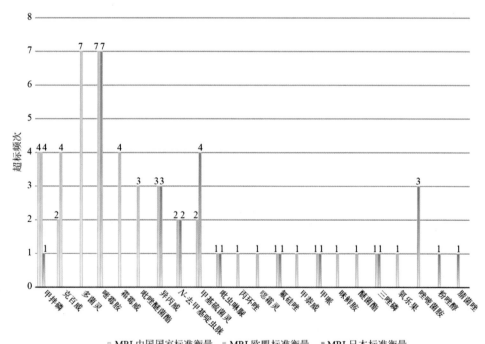

图 1-36　芹菜样品中超标农药分析

表 1-28　芹菜中农药残留超标情况明细表

样品总数		检出农药样品数	样品检出率（％）		检出农药品种总数
117		96	82.1		50

	超标农药品种	超标农药频次	按照 MRL 中国国家标准、欧盟标准和日本标准衡量超标农药名称及频次
中国国家标准	2	6	甲拌磷（4），克百威（2）
欧盟标准	19	46	多菌灵（7），嘧霉胺（7），甲拌磷（4），克百威（4），霜霉威（4），吡唑醚菌酯（3），异丙威（3），N-去甲基啶虫脒（2），甲基硫菌灵（2），吡虫啉脲（1），丙环唑（1），噁霜灵（1），氟硅唑（1），甲萘威（1），甲哌（1），咪鲜胺（1），醚菌酯（1），三唑磷（1），氧乐果（1）
日本标准	12	26	嘧霉胺（7），甲基硫菌灵（4），异丙威（3），唑嘧菌胺（3），N-去甲基啶虫脒（2），吡虫啉脲（1），粉唑醇（1），氟硅唑（1），甲拌磷（1），甲哌（1），腈菌唑（1），三唑磷（1）

1.4.3.3　黄瓜

这次共检测 176 例黄瓜样品，155 例样品中检出了农药残留，检出率为 88.1%，检出农药共计 49 种。其中霜霉威、甲霜灵、多菌灵、氟吡菌酰胺和烯酰吗啉检出频次较高，分别检出了 67、64、47、39 和 38 次。黄瓜中农药检出品种和频次见图 1-37，超标农药见图 1-38 和表 1-29。

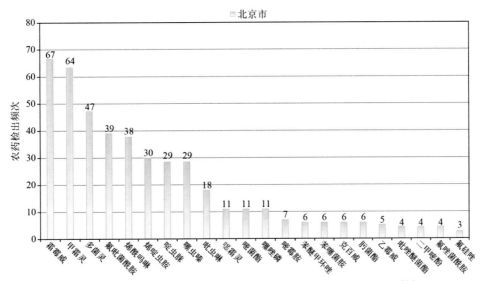

图 1-37　黄瓜样品检出农药品种和频次分析（仅列出 3 频次及以上的数据）

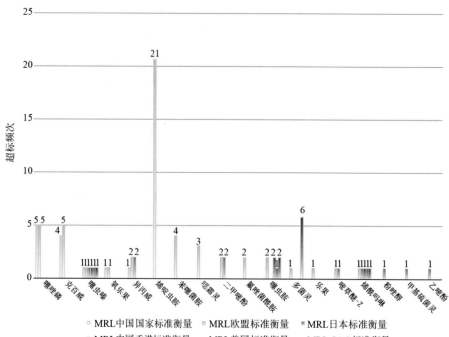

图 1-38　黄瓜样品中超标农药分析

表 1-29　黄瓜中农药残留超标情况明细表

样品总数		检出农药样品数	样品检出率（%）	检出农药品种总数
176		155	88.1	49
	超标农药品种	超标农药频次	按照 MRL 中国国家标准、欧盟标准和日本标准衡量超标农药名称及频次	
中国国家标准	5	12	噻唑磷（5），克百威（4），噻虫嗪（1），氧乐果（1），异丙威（1）	
欧盟标准	15	52	烯啶虫胺（21），克百威（5），噻唑磷（5），苯噻菌胺（4），噁霜灵（3），二甲嘧酚（2），氟唑菌酰胺（2），噻虫胺（2），异丙威（2），多菌灵（1），乐果（1），嘧草醚-Z（1），噻虫嗪（1），烯酰吗啉（1），氧乐果（1）	
日本标准	8	10	二甲嘧酚（2），异丙威（2），粉唑醇（1），甲基硫菌灵（1），嘧草醚-Z（1），噻虫嗪（1），烯酰吗啉（1），乙嘧酚（1）	

1.5　初　步　结　论

1.5.1　北京市市售水果蔬菜按 MRL 中国国家标准和国际主要 MRL 标准衡量的合格率

本次侦测的 4571 例样品中，1495 例样品未检出任何残留农药，占样品总量的 32.7%，

3076 例样品检出不同水平、不同种类的残留农药，占样品总量的 67.3%。在这 3076 例检出农药残留的样品中，按照 MRL 中国国家标准衡量，有 2975 例样品检出残留农药但含量没有超标，占样品总数的 65.1%，有 101 例样品检出了超标农药，占样品总数的 2.2%。

按照 MRL 欧盟标准衡量，有 2147 例样品检出残留农药但含量没有超标，占样品总数的 47.0%，有 929 例样品检出了超标农药，占样品总数的 20.3%。

按照 MRL 日本标准衡量，有 2201 例样品检出残留农药但含量没有超标，占样品总数的 48.2%，有 875 例样品检出了超标农药，占样品总数的 19.1%。

按照 MRL 中国香港标准衡量，有 3007 例样品检出残留农药但含量没有超标，占样品总数的 65.8%，有 69 例样品检出了超标农药，占样品总数的 1.5%。

按照 MRL 美国标准衡量，有 3047 例样品检出残留农药但含量没有超标，占样品总数的 66.7%，有 29 例样品检出了超标农药，占样品总数的 0.6%。

按照 MRL CAC 标准衡量，有 3007 例样品检出残留农药但含量没有超标，占样品总数的 65.8%，有 69 例样品检出了超标农药，占样品总数的 1.5%。

1.5.2　北京市市售水果蔬菜中检出农药以中低微毒农药为主，占市场主体的 89.2%

这次侦测的 4571 例样品包括食用菌 4 种 162 例，水果 25 种 1629 例，蔬菜 35 种 2780 例，共检出了 157 种农药，检出农药的毒性以中低微毒为主，详见表 1-30。

表 1-30　市场主体农药毒性分布

毒性	检出品种	占比	检出频次	占比
剧毒农药	5	3.2%	57	0.6%
高毒农药	12	7.6%	191	2.1%
中毒农药	54	34.4%	4017	43.6%
低毒农药	60	38.2%	2125	23.1%
微毒农药	26	16.6%	2817	30.6%
中低微毒农药，品种占比 89.2%，频次占比 97.3%				

1.5.3　检出剧毒、高毒和禁用农药现象应该警醒

在此次侦测的 4571 例样品中有 23 种蔬菜和 16 种水果的 220 例样品检出了 18 种 250 频次的剧毒和高毒或禁用农药，占样品总量的 4.8%。其中剧毒农药甲拌磷、砜拌磷和灭线磷以及高毒农药克百威、三唑磷和氧乐果检出频次较高。

按 MRL 中国国家标准衡量，剧毒农药甲拌磷，检出 51 次，超标 25 次；高毒农药克百威，检出 88 次，超标 38 次；三唑磷，检出 49 次，超标 3 次；氧乐果，检出 37 次，超标 20 次；按超标程度比较，韭菜中甲拌磷超标 221.9 倍，茄子中氧乐果超标 109.5 倍，芹菜中甲拌磷超标 99.6 倍，葡萄中克百威超标 50.3 倍，油麦菜中甲拌磷超标 26.3 倍。

剧毒、高毒或禁用农药的检出情况及按照 MRL 中国国家标准衡量的超标情况见表 1-31。

表 1-31　剧毒、高毒或禁用农药的检出及超标明细

序号	农药名称	样品名称	检出频次	超标频次	最大超标倍数	超标率
1.1	灭线磷*▲	芒果	1	0	0	0.0%
2.1	特丁硫磷*▲	菠菜	1	0	0	0.0%
3.1	甲拌磷*▲	芹菜	14	4	99.64	28.6%
3.2	甲拌磷*▲	韭菜	7	5	221.9	71.4%
3.3	甲拌磷*▲	胡萝卜	7	5	22.55	71.4%
3.4	甲拌磷*▲	油麦菜	6	4	26.32	66.7%
3.5	甲拌磷*▲	小茴香	3	2	2.77	66.7%
3.6	甲拌磷*▲	萝卜	2	1	2.85	50.0%
3.7	甲拌磷*▲	生菜	2	0	0	0.0%
3.8	甲拌磷*▲	番茄	1	1	8.85	100.0%
3.9	甲拌磷*▲	葱	1	1	3.81	100.0%
3.10	甲拌磷*▲	菠菜	1	1	0.34	100.0%
3.11	甲拌磷*▲	小油菜	1	1	0.12	100.0%
3.12	甲拌磷*▲	柑	1	0	0	0.0%
3.13	甲拌磷*▲	橘	1	0	0	0.0%
3.14	甲拌磷*▲	猕猴桃	1	0	0	0.0%
3.15	甲拌磷*▲	苹果	1	0	0	0.0%
3.16	甲拌磷*▲	茼蒿	1	0	0	0.0%
3.17	甲拌磷*▲	菜豆	1	0	0	0.0%
4.1	砜拌磷*	苹果	2	0	0	0.0%
4.2	砜拌磷*	菠菜	1	0	0	0.0%
5.1	速灭磷*	青花菜	1	0	0	0.0%
6.1	三唑磷°	橘	16	0	0	0.0%
6.2	三唑磷°	橙	12	3	0.29	25.0%
6.3	三唑磷°	菜豆	6	0	0	0.0%
6.4	三唑磷°	胡萝卜	5	0	0	0.0%
6.5	三唑磷°	柑	4	0	0	0.0%
6.6	三唑磷°	韭菜	3	0	0	0.0%
6.7	三唑磷°	柠檬	1	0	0	0.0%
6.8	三唑磷°	芹菜	1	0	0	0.0%
6.9	三唑磷°	葡萄	1	0	0	0.0%
7.1	久效磷°▲	苹果	2	0	0	0.0%
8.1	克百威°▲	橙	12	1	1.5	8.3%

续表

序号	农药名称	样品名称	检出频次	超标频次	最大超标倍数	超标率
8.2	克百威^{◇▲}	橘	8	1	2.87	12.5%
8.3	克百威^{◇▲}	草莓	7	4	8.39	57.1%
8.4	克百威^{◇▲}	黄瓜	6	4	7.32	66.7%
8.5	克百威^{◇▲}	西葫芦	6	4	1.07	66.7%
8.6	克百威^{◇▲}	葡萄	5	5	50.27	100.0%
8.7	克百威^{◇▲}	番茄	5	1	1.93	20.0%
8.8	克百威^{◇▲}	芹菜	4	2	3.69	50.0%
8.9	克百威^{◇▲}	辣椒	4	1	1.83	25.0%
8.10	克百威^{◇▲}	茄子	3	3	1.56	100.0%
8.11	克百威^{◇▲}	小油菜	3	1	1.99	33.3%
8.12	克百威^{◇▲}	柠檬	3	0	0	0.0%
8.13	克百威^{◇▲}	苹果	3	0	0	0.0%
8.14	克百威^{◇▲}	冬瓜	2	2	3.33	100.0%
8.15	克百威^{◇▲}	油麦菜	2	2	1.36	100.0%
8.16	克百威^{◇▲}	菜豆	2	1	2.71	50.0%
8.17	克百威^{◇▲}	甜椒	2	1	1.1	50.0%
8.18	克百威^{◇▲}	生菜	2	1	0.44	50.0%
8.19	克百威^{◇▲}	梨	2	0	0	0.0%
8.20	克百威^{◇▲}	韭菜	1	1	6.40	100.0%
8.21	克百威^{◇▲}	豇豆	1	1	4.97	100.0%
8.22	克百威^{◇▲}	柑	1	1	1.80	100.0%
8.23	克百威^{◇▲}	桃	1	1	0.27	100.0%
8.24	克百威^{◇▲}	小茴香	1	0	0	0.0%
8.25	克百威^{◇▲}	火龙果	1	0	0	0.0%
8.26	克百威^{◇▲}	猕猴桃	1	0	0	0.0%
9.1	嘧啶磷[◇]	芒果	1	0	0	0.0%
10.1	地胺磷[◇]	苹果	1	0	0	0.0%
11.1	氧乐果^{◇▲}	菜豆	4	3	19.94	75.0%
11.2	氧乐果^{◇▲}	茄子	3	3	109.53	100.0%
11.3	氧乐果^{◇▲}	芒果	3	1	0.12	33.3%
11.4	氧乐果^{◇▲}	西瓜	2	2	17.91	100.0%
11.5	氧乐果^{◇▲}	韭菜	2	2	3.80	100.0%
11.6	氧乐果^{◇▲}	生菜	2	1	1.43	50.0%

续表

序号	农药名称	样品名称	检出频次	超标频次	最大超标倍数	超标率
11.7	氧乐果◊▲	番茄	2	1	0.44	50.0%
11.8	氧乐果◊▲	猕猴桃	1	1	20.28	100.0%
11.9	氧乐果◊▲	甜椒	1	1	8.85	100.0%
11.10	氧乐果◊▲	小油菜	1	1	3.88	100.0%
11.11	氧乐果◊▲	莴笋	1	1	3.46	100.0%
11.12	氧乐果◊▲	橘	1	1	2.76	100.0%
11.13	氧乐果◊▲	龙眼	1	1	1.69	100.0%
11.14	氧乐果◊▲	黄瓜	1	1	1.6	100.0%
11.15	氧乐果◊▲	小茴香	1	0	0	0.0%
11.16	氧乐果◊▲	山竹	1	0	0	0.0%
11.17	氧乐果◊▲	桃	1	0	0	0.0%
11.18	氧乐果◊▲	梨	1	0	0	0.0%
11.19	氧乐果◊▲	橙	1	0	0	0.0%
11.20	氧乐果◊▲	胡萝卜	1	0	0	0.0%
11.21	氧乐果◊▲	芹菜	1	0	0	0.0%
11.22	氧乐果◊▲	茼蒿	1	0	0	0.0%
11.23	氧乐果◊▲	草莓	1	0	0	0.0%
11.24	氧乐果◊▲	葡萄	1	0	0	0.0%
11.25	氧乐果◊▲	蒜薹	1	0	0	0.0%
11.26	氧乐果◊▲	豇豆	1	0	0	0.0%
12.1	水胺硫磷◊▲	豇豆	1	0	0	0.0%
13.1	灭多威◊▲	葡萄	4	0	0	0.0%
13.2	灭多威◊▲	莴笋	1	0	0	0.0%
14.1	灭害威◊	草莓	1	0	0	0.0%
15.1	甲胺磷◊▲	李子	1	1	0.17	100.0%
15.2	甲胺磷◊▲	桃	1	1	0.06	100.0%
16.1	硫线磷◊▲	胡萝卜	1	0	0	0.0%
17.1	苯线磷◊▲	苹果	2	0	0	0.0%
17.2	苯线磷◊▲	菠菜	1	0	0	0.0%
18.1	丁酰肼▲	草莓	1	0	0	0.0%
18.2	丁酰肼▲	葡萄	1	0	0	0.0%
合计			250	88		35.2%

注：超标倍数参照 MRL 中国国家标准衡量

这些超标的剧毒和高毒农药都是中国政府早有规定禁止在水果蔬菜中使用的,为什么还屡次被检出,应该引起警惕。

1.5.4 残留限量标准与先进国家或地区标准差距较大

9207 频次的检出结果与我国公布的《食品中农药最大残留限量》(GB 2763—2014)对比,有 3316 频次能找到对应的 MRL 中国国家标准,占 36.0%;还有 5891 频次的侦测数据无相关 MRL 标准供参考,占 64.0%。

与国际上现行 MRL 标准对比发现:

有 9207 频次能找到对应的 MRL 欧盟标准,占 100.0%;

有 9207 频次能找到对应的 MRL 日本标准,占 100.0%;

有 5422 频次能找到对应的 MRL 中国香港标准,占 58.9%;

有 5032 频次能找到对应的 MRL 美国标准,占 54.7%;

有 4192 频次能找到对应的 MRL CAC 标准,占 45.5%。

由上可见,MRL 中国国家标准与先进国家或地区标准还有很大差距,我们无标准,境外有标准,这就会导致我们在国际贸易中,处于受制于人的被动地位。

1.5.5 水果蔬菜单种样品检出 49~67 种农药残留,拷问农药使用的科学性

通过此次监测发现,葡萄、草莓和芒果是检出农药品种最多的 3 种水果,油麦菜、芹菜和黄瓜是检出农药品种最多的 3 种蔬菜,从中检出农药品种及频次详见表 1-32。

表 1-32 单种样品检出农药品种及频次

样品名称	样品总数	检出农药样品数	检出率	检出农药品种数	检出农药(频次)
油麦菜	155	150	96.8%	52	烯酰吗啉(129),丙环唑(87),多菌灵(78),甲霜灵(71),多效唑(65),啶虫脒(61),霜霉威(45),吡虫啉(43),灭蝇胺(23),苯醚甲环唑(21),*N*-去甲基啶虫脒(18),噁霜灵(16),戊唑醇(15),嘧菌酯(14),噻虫嗪(14),嘧霉胺(10),吡唑醚菌酯(6),哒螨灵(6),甲拌磷(6),腈菌唑(6),三唑酮(6),吡虫啉脲(5),甲基硫菌灵(5),烯唑醇(5),烯效唑(4),缬霉威(4),莠去津(4),噻虫胺(3),噻嗪酮(3),异丙威(3),虫酰肼(2),氟硅唑(2),己唑醇(2),甲氨基阿维菌素(2),甲氧虫酰肼(2),克百威(2),咪鲜胺(2),烯啶虫胺(2),异丙甲草胺(2),吡丙醚(1),稻瘟灵(1),二甲嘧酚(1),氟吡菌酰胺(1),甲哌(1),联苯肼酯(1),去乙基阿特拉津(1),噻菌灵(1),噻唑磷(1),乙霉威(1),茚虫威(1),鱼藤酮(1),唑嘧菌胺(1)

样品名称	样品总数	检出农药样品数	检出率	检出农药品种数	检出农药（频次）
芹菜	117	96	82.1%	50	多菌灵（42），烯酰吗啉（38），苯醚甲环唑（26），噁霜灵（16），丙环唑（15），吡唑醚菌酯（14），甲拌磷（14），吡虫啉（13），啶虫脒（13），甲霜灵（12），噻虫嗪（12），嘧霉胺（11），嘧菌酯（7），灭蝇胺（6），咪鲜胺（5），霜霉威（5），N-去甲基啶虫脒（4），甲基硫菌灵（4），克百威（4），戊唑醇（4），氟硅唑（3），异丙威（3），莠去津（3），唑嘧菌胺（3），吡虫啉脲（2），己唑醇（2），噻唑灵（2），噻唑磷（2），三唑酮（2），吡丙醚（1），哒螨灵（1），粉唑醇（1），氟吡菌酰胺（1），甲萘威（1），甲哌（1），腈菌唑（1），马拉硫磷（1），醚菌酯（1），扑草净（1），噻嗪酮（1），三环唑（1），三唑磷（1），双苯酰草胺（1），肟菌酯（1），缬霉威（1），氧乐果（1），乙草胺（1），异丙甲草胺（1），茚虫威（1），唑啉草酯（1）
黄瓜	176	155	88.1%	49	霜霉威（67），甲霜灵（64），多菌灵（47），氟吡菌酰胺（39），烯酰吗啉（38），烯啶虫胺（30），啶虫脒（29），噻虫嗪（29），吡虫啉（18），噁霜灵（11），嘧菌酯（11），噻唑磷（11），嘧霉胺（7），苯醚甲环唑（6），苯噻菌胺（6），克百威（6），肟菌酯（6），乙霉威（5），吡唑醚菌酯（4），二甲嘧酚（4），氟唑菌酰胺（4），氟硅唑（3），N-去甲基啶虫脒（2），嘧草醚-Z（2），灭蝇胺（2），噻虫胺（2），戊唑醇（2），乙基多杀菌素（2），乙嘧酚（2），异丙威（2），吡虫啉脲（1），啶氧菌酯（1），粉唑醇（1），甲氨基阿维菌素（1），甲基硫菌灵（1），乐果（1），磷酸三苯酯（1），咪鲜胺（1），醚菌酯（1），去甲基抗蚜威（1），噻菌灵（1），三唑酮（1），双炔酰菌胺（1），氧乐果（1），乙螨唑（1），乙嘧酚磺酸酯（1），抑霉唑（1），莠去津（1），唑嘧菌胺（1）
葡萄	152	147	96.7%	67	嘧菌酯（62），吡唑醚菌酯（56），烯酰吗啉（55），嘧霉胺（44），苯醚甲环唑（43），多菌灵（33），戊唑醇（30），吡虫啉（25），肟菌酯（22），腈菌唑（21），氟吡菌酰胺（20），嘧菌环胺（19），环酰菌胺（16），甲霜灵（16），啶虫脒（15），霜霉威（12），N-去甲基啶虫脒（11），噻虫嗪（11），噻嗪酮（11），抑霉唑（10），螺虫乙酯（8），噻虫胺（7），丙环唑（6），苯菌酮（5），氟唑菌酰胺（5），克百威（5），螺环菌胺（5），四氟醚唑（5），多效唑（4），氟硅唑（4），喹氧灵（4），醚菌酯（4），灭多威（4），三唑醇（4），6-苄氨基嘌呤（3），吡虫啉脲（3），啶氧菌酯（3），己唑醇（3），甲氧虫酰肼（3），咪鲜胺（3），

续表

样品名称	样品总数	检出农药样品数	检出率	检出农药品种数	检出农药（频次）
葡萄	152	147	96.7%	67	双苯基脲（3）、缬霉威（3）、唑嘧菌胺（3）、吡丙醚（2）、毒死蜱（2）、二甲嘧酚（2）、双炔酰菌胺（2）、戊菌唑（2）、烯效唑（2）、乙基多杀菌素（2）、乙嘧酚磺酸酯（2）、异丙威（2）、丙溴磷（1）、虫酰肼（1）、哒螨灵（1）、丁酰肼（1）、噁霜灵（1）、氟环唑（1）、氟嘧菌酯（1）、环丙唑醇（1）、腈苯唑（1）、三唑磷（1）、三唑酮（1）、氧乐果（1）、乙嘧酚（1）、莠去津（1）、唑螨酯（1）
草莓	79	78	98.7%	56	氟吡菌酰胺（38）、啶虫脒（28）、乙嘧酚磺酸酯（26）、多菌灵（21）、嘧霉胺（20）、嘧菌酯（17）、氟唑菌酰胺（16）、肟菌酯（16）、霜霉威（15）、联苯肼酯（14）、吡唑醚菌酯（13）、苯醚甲环唑（11）、甲霜灵（10）、腈菌唑（10）、烯酰吗啉（8）、甲基硫菌灵（7）、克百威（7）、嘧菌环胺（7）、二甲嘧酚（6）、乙霉威（6）、咪鲜胺（5）、乙基多杀菌素（5）、己唑醇（4）、醚菌酯（4）、三唑酮（4）、乙螨唑（4）、乙嘧酚（4）、抑霉唑（4）、吡虫啉（3）、N-去甲基啶虫脒（2）、氟硅唑（2）、灭草烟（2）、噻嗪酮（2）、四氟醚唑（2）、4-十二烷基-2,6-二甲基吗啉（1）、苯菌酮（1）、吡虫啉脲（1）、吡螨胺（1）、丁酰肼（1）、啶氧菌酯（1）、多效唑（1）、粉唑醇（1）、氟菌唑（1）、甲氧虫酰肼（1）、螺虫乙酯（1）、灭害威（1）、去甲基抗蚜威（1）、炔丙菊酯（1）、噻虫嗪（1）、三唑醇（1）、十三吗啉（1）、双苯基脲（1）、戊唑醇（1）、烯效唑（1）、氧乐果（1）、唑螨酯（1）
芒果	132	114	86.4%	49	嘧菌酯（71）、吡虫啉（61）、啶虫脒（49）、苯醚甲环唑（42）、吡唑醚菌酯（38）、N-去甲基啶虫脒（28）、多菌灵（27）、烯酰吗啉（20）、吡虫啉脲（19）、戊唑醇（13）、甲基硫菌灵（12）、丙环唑（10）、氟唑菌酰胺（10）、甲霜灵（10）、噻嗪酮（10）、氟吡菌酰胺（8）、噻虫胺（8）、肟菌酯（8）、啶氧菌酯（7）、多效唑（5）、抑霉唑（5）、噁霜灵（3）、噻虫嗪（3）、霜霉威（3）、氧乐果（3）、吡丙醚（2）、腈苯唑（2）、咪鲜胺（2）、戊菌唑（2）、乙基多杀菌素（2）、稻瘟灵（1）、丁草胺（1）、呋虫胺（1）、呋嘧醇（1）、甲基嘧啶磷（1）、甲哌（1）、醚菌酯（1）、嘧啶磷（1）、灭线磷（1）、噻虫啉（1）、双苯基脲（1）、双苯酰草胺（1）、四氟醚唑（1）、戊草丹（1）、烯啶虫胺（1）、烯唑醇（1）、新燕灵（1）、乙螨唑（1）、异丙威（1）

　　上述 6 种水果蔬菜，检出农药 49~67 种，是多种农药综合防治，还是未严格实施农业良好管理规范（GAP），抑或根本就是乱施药，值得我们思考。

第 2 章　LC-Q-TOF/MS 侦测北京市市售水果蔬菜农药残留膳食暴露风险与预警风险评估

2.1　农药残留风险评估方法

2.1.1　北京市农药残留侦测数据分析与统计

庞国芳院士科研团队建立的农药残留高通量侦测技术以高分辨精确质量数（0.0001 *m/z* 为基准）为识别标准，采用 LC-Q-TOF/MS 技术对 565 种农药化学污染物进行侦测。

科研团队于 2016 年 1 月至 2017 年 9 月在北京市所属 16 个区的 134 个采样点，随机采集了 4571 例水果蔬菜样品，采样点分布在超市、农贸市场和农场，具体位置如图 2-1 所示，各月内水果蔬菜样品采集数量如表 2-1 所示。

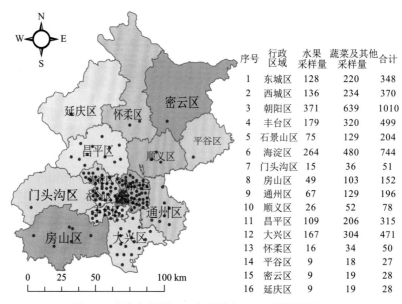

序号	行政区域	水果采样量	蔬菜及其他采样量	合计
1	东城区	128	220	348
2	西城区	136	234	370
3	朝阳区	371	639	1010
4	丰台区	179	320	499
5	石景山区	75	129	204
6	海淀区	264	480	744
7	门头沟区	15	36	51
8	房山区	49	103	152
9	通州区	67	129	196
10	顺义区	26	52	78
11	昌平区	109	206	315
12	大兴区	167	304	471
13	怀柔区	16	34	50
14	平谷区	9	18	27
15	密云区	9	19	28
16	延庆区	9	19	28

图 2-1　北京市所属 134 个采样点 4571 例样品分布图

表 2-1　北京市各月内采集水果蔬菜样品数列表

时间	样品数（例）
2016 年 1 月	160
2016 年 2 月	278
2016 年 3 月	165
2016 年 4 月	324

续表

时间	样品数（例）
2016 年 5 月	304
2016 年 6 月	96
2016 年 7 月	222
2016 年 8 月	146
2016 年 9 月	342
2016 年 10 月	165
2016 年 11 月	171
2016 年 12 月	196
2017 年 1 月	195
2017 年 2 月	195
2017 年 3 月	195
2017 年 4 月	295
2017 年 5 月	195
2017 年 6 月	237
2017 年 7 月	297
2017 年 8 月	193
2017 年 9 月	200

　　利用 LC-Q-TOF/MS 技术对 4571 例样品中的农药进行侦测，侦测出残留农药 157 种，9207 频次。侦测出农药残留水平如表 2-2 和图 2-2 所示。检出频次最高的前 10 种农药如表 2-3 所示。从侦测结果中可以看出，在水果蔬菜中农药残留普遍存在，且有些水果蔬菜存在高浓度的农药残留，这些可能存在膳食暴露风险，对人体健康产生危害，因此，为了定量地评价水果蔬菜中农药残留的风险程度，有必要对其进行风险评价。

表 2-2　侦测出农药的不同残留水平及其所占比例列表

残留水平（μg/kg）	检出频次	占比（%）
1~5（含）	2761	30.0
5~10（含）	1409	15.3
10~100（含）	3911	42.5
100~1000（含）	1041	11.3
>1000	85	0.9
合计	9207	100

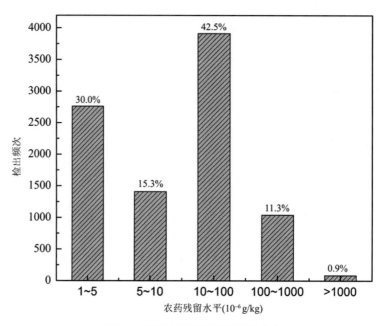

图 2-2　残留农药检出浓度频数分布

表 2-3　检出频次最高的前 10 种农药列表

序号	农药	检出频次（次）
1	多菌灵	1059
2	烯酰吗啉	858
3	啶虫脒	709
4	霜霉威	446
5	吡虫啉	429
6	嘧菌酯	422
7	甲霜灵	396
8	苯醚甲环唑	333
9	噻虫嗪	312
10	吡唑醚菌酯	298

2.1.2　农药残留风险评价模型

对北京市水果蔬菜中农药残留分别开展暴露风险评估和预警风险评估。膳食暴露风险评估利用食品安全指数模型对水果蔬菜中的残留农药对人体可能产生的危害程度进行评价，该模型结合残留监测和膳食暴露评估评价化学污染物的危害；预警风险评价模型运用风险系数（risk index，R），其综合考虑了危害物的超标率、施检频率及其本身敏感性的影响，能直观而全面地反映出危害物在一段时间内的风险程度。

2.1.2.1　食品安全指数模型

为了加强食品安全管理，《中华人民共和国食品安全法》第二章第十七条规定"国家建立食品安全风险评估制度，运用科学方法，根据食品安全风险监测信息、科学数据以及有关信息，对食品、食品添加剂、食品相关产品中生物性、化学性和物理性危害因素进行风险评估"[1]，膳食暴露评估是食品危险度评估的重要组成部分，也是膳食安全性的衡量标准[2]。国际上最早研究膳食暴露风险评估的机构主要是 JMPR（FAO、WHO 农药残留联合会议），该组织自 1995 年就已制定了急性毒性物质的风险评估急性毒性农药残留摄入量的预测。1960 年美国规定食品中不得加入致癌物质进而提出零阈值理论，渐渐零阈值理论发展成在一定概率条件下可接受风险的概念[3]，后衍变为食品中每日允许最大摄入量（ADI），而农药残留法典委员会（CCPR）认为 ADI 不是独立风险评估的唯一标准[4]，1995 年 JMPR 开始研究农药急性膳食暴露风险评估，并对食品国际短期摄入量的计算方法进行了修正，亦对膳食暴露评估准则及评估方法进行了修正[5]，2002 年，在对世界上现行的食品安全评价方法，尤其是国际公认的 CAC 的评价方法、WHO GEMS/Food（全球环境监测系统/食品污染监测和评估规划）及 JECFA（FAO、WHO 食品添加剂联合专家委员会）和 JMPR 对食品安全风险评估工作研究的基础之上，检验检疫食品安全管理的研究人员提出了结合残留监控和膳食暴露评估，以食品安全指数（IFS）计算食品中各种化学污染物对消费者的健康危害程度[6]。IFS 是表示食品安全状态的新方法，可有效地评价某种农药的安全性，进而评价食品中各种农药化学污染物对消费者健康的整体危害程度[7,8]。从理论上分析，IFS 可指出食品中的污染物 c 对消费者健康是否存在危害及危害的程度[9]。其优点在于操作简单且结果容易被接受和理解，不需要大量的数据来对结果进行验证，使用默认的标准假设或者模型即可[10,11]。

1）$\mathrm{IFS_c}$ 的计算

$\mathrm{IFS_c}$ 计算公式如下：

$$\mathrm{IFS_c} = \frac{\mathrm{EDI_c} \times f}{\mathrm{SI_c} \times \mathrm{bw}} \qquad (2\text{-}1)$$

式中，c 为所研究的农药；$\mathrm{EDI_c}$ 为农药 c 的实际日摄入量估算值，等于 $\sum (R_i \times F_i \times E_i \times P_i)$（i 为食品种类；$R_i$ 为食品 i 中农药 c 的残留水平，mg/kg；F_i 为食品 i 的估计日消费量，g/（人·天）；E_i 为食品 i 的可食用部分因子；P_i 为食品 i 的加工处理因子）；$\mathrm{SI_c}$ 为安全摄入量，可采用每日允许最大摄入量 ADI；bw 为人平均体重，kg；f 为校正因子，如果安全摄入量采用 ADI，则 f 取 1。

$\mathrm{IFS_c} \ll 1$，农药 c 对食品安全没有影响；$\mathrm{IFS_c} \leqslant 1$，农药 c 对食品安全的影响可以接受；$\mathrm{IFS_c} > 1$，农药 c 对食品安全的影响不可接受。

本次评价中：

$\mathrm{IFS_c} \leqslant 0.1$，农药 c 对水果蔬菜安全没有影响；

$0.1 < \mathrm{IFS_c} \leqslant 1$，农药 c 对水果蔬菜安全的影响可以接受；

$\mathrm{IFS_c} > 1$，农药 c 对水果蔬菜安全的影响不可接受。

本次评价中残留水平 R_i 取值为中国检验检疫科学研究院庞国芳院士课题组利用以高分辨精确质量数（0.0001 m/z）为基准的 LC-Q-TOF/MS 侦测技术于 2016 年 1 月~2017 年 9 月对北京市水果蔬菜农药残留的侦测结果，估计日消费量 F_i 取值 0.38 kg/（人·天），E_i=1，P_i=1，f=1，SI_c 采用《食品安全国家标准　食品中农药最大残留限量》（GB 2763—2016）中 ADI 值（具体数值见表 2-4），人平均体重（bw）取值 60 kg。

表 2-4　北京市水果蔬菜中侦测出农药的 ADI 值

序号	农药	ADI	序号	农药	ADI	序号	农药	ADI
1	氧乐果	0.0003	29	灭多威	0.02	57	戊唑醇	0.03
2	水胺硫磷	0.003	30	苯线磷	0.0008	58	啶虫脒	0.07
3	甲拌磷	0.0007	31	唑虫酰胺	0.006	59	噻虫胺	0.1
4	异丙威	0.002	32	硫线磷	0.0005	60	烯酰吗啉	0.2
5	鱼藤酮	0.0004	33	三唑醇	0.03	61	多效唑	0.1
6	克百威	0.001	34	毒死蜱	0.01	62	嘧霉胺	0.2
7	三唑磷	0.001	35	联苯肼酯	0.01	63	三唑酮	0.03
8	甲萘威	0.008	36	喹螨醚	0.005	64	环丙唑醇	0.02
9	乐果	0.002	37	特丁硫磷	0.0006	65	噻虫嗪	0.08
10	辛硫磷	0.004	38	甲基硫菌灵	0.08	66	哒螨灵	0.01
11	乙虫腈	0.005	39	粉唑醇	0.01	67	丙环唑	0.07
12	乙霉威	0.004	40	噁霜灵	0.01	68	乙草胺	0.02
13	甲氨基阿维菌素	0.0005	41	嘧菌环胺	0.03	69	吡唑醚菌酯	0.03
14	甲胺磷	0.004	42	环酰菌胺	0.2	70	特丁津	0.003
15	噻唑磷	0.004	43	氟吡菌酰胺	0.01	71	霜霉威	0.4
16	虫酰肼	0.02	44	多菌灵	0.03	72	噻菌灵	0.1
17	倍硫磷	0.007	45	灭蝇胺	0.06	73	丁酰肼	0.5
18	咪鲜胺	0.01	46	噻嗪酮	0.009	74	稻瘟灵	0.016
19	久效磷	0.0006	47	噻虫啉	0.01	75	甲霜灵	0.08
20	己唑醇	0.005	48	二嗪磷	0.005	76	螺虫乙酯	0.05
21	腈菌唑	0.03	49	吡虫啉	0.06	77	肟菌酯	0.04
22	喹硫磷	0.0005	50	苯醚甲环唑	0.01	78	氟菌唑	0.035
23	烯唑醇	0.005	51	吡蚜酮	0.03	79	烯效唑	0.02
24	灭线磷	0.0004	52	甲磺草胺	0.14	80	腈苯唑	0.03
25	敌草隆	0.001	53	丙溴磷	0.03	81	啶氧菌酯	0.09
26	抑霉唑	0.03	54	茚虫威	0.01	82	唑螨酯	0.01
27	亚胺硫磷	0.01	55	氟环唑	0.02	83	三环唑	0.04
28	氟硅唑	0.007	56	乙嘧酚	0.035	84	双炔酰菌胺	0.2

续表

序号	农药	ADI	序号	农药	ADI	序号	农药	ADI
85	莠去津	0.02	110	十三吗啉	—	135	氟草敏	—
86	嘧菌酯	0.2	111	去乙基阿特拉津	—	136	氧化萎锈灵	—
87	呋虫胺	0.2	112	去甲基抗蚜威	—	137	溴丁酰草胺	—
88	戊菌唑	0.03	113	双苯基脲	—	138	灭害威	—
89	乙螨唑	0.05	114	双苯酰草胺	—	139	灭草烟	—
90	扑草净	0.04	115	吡咪唑	—	140	炔丙菊酯	—
91	马拉硫磷	0.3	116	吡虫啉脲	—	141	环丙津	—
92	甲基嘧啶磷	0.03	117	吡螨胺	—	142	甲哌	—
93	乙基多杀菌素	0.05	118	呋嘧醇	—	143	甲基吡噁磷	—
94	醚菌酯	0.4	119	呋酰胺	—	144	砜拌磷	—
95	甲氧虫酰肼	0.1	120	咪草酸	—	145	磷酸三苯酯	—
96	吡丙醚	0.1	121	嘧啶磷	—	146	缬霉威	—
97	丁草胺	0.1	122	嘧草醚-Z	—	147	胺唑草酮	—
98	烯啶虫胺	0.53	123	噻苯咪唑-5-羟基	—	148	苄氯三唑醇	—
99	异丙甲草胺	0.1	124	四氟醚唑	—	149	苯噻菌胺	—
100	喹氧灵	0.2	125	地胺磷	—	150	苯氧菌胺-(Z)	—
101	增效醚	0.2	126	埃卡瑞丁	—	151	苯菌酮	—
102	唑啉草酯	0.3	127	戊草丹	—	152	螺环菌胺	—
103	唑嘧菌胺	10	128	新燕灵	—	153	速灭威	—
104	4-十二烷基-2,6-二甲基吗啉	—	129	枯莠隆	—	154	速灭磷	—
105	6-苄氨基嘌呤	—	130	氟丁酰草胺	—	155	醚菌胺	—
106	N-去甲基啶虫脒	—	131	氟唑菌酰胺	—	156	阿苯达唑	—
107	丁噻隆	—	132	氟嘧菌酯	—	157	马拉氧磷	—
108	乙嘧酚磺酸酯	—	133	去异丙基莠去津	—			
109	二甲嘧酚	—	134	氟甲喹	—			

注：“—”表示为国家标准中无 ADI 值规定；ADI 值单位为 mg/kg bw

2）计算 IFS_c 的平均值 $\overline{IFS}$，评价农药对食品安全的影响程度

以 $\overline{IFS}$ 评价各种农药对人体健康危害的总程度，评价模型见公式（2-2）。

$$\overline{IFS}=\frac{\sum_{i=1}^{n}IFS_c}{n} \qquad (2-2)$$

$\overline{IFS}\ll1$，所研究消费者人群的食品安全状态很好；$\overline{IFS}\leqslant1$，所研究消费者人群的食品安全状态可以接受；$\overline{IFS}>1$，所研究消费者人群的食品安全状态不可接受。

本次评价中：

$\overline{\mathrm{IFS}} \leqslant 0.1$，所研究消费者人群的水果蔬菜安全状态很好；

$0.1 < \overline{\mathrm{IFS}} \leqslant 1$，所研究消费者人群的水果蔬菜安全状态可以接受；

$\overline{\mathrm{IFS}} > 1$，所研究消费者人群的水果蔬菜安全状态不可接受。

2.1.2.2　预警风险评估模型

2003 年，我国检验检疫食品安全管理的研究人员根据 WTO 的有关原则和我国的具体规定，结合危害物本身的敏感性、风险程度及其相应的施检频率，首次提出了食品中危害物风险系数 R 的概念[12]。R 是衡量一个危害物的风险程度大小最直观的参数，即在一定时期内其超标率或阳性检出率的高低，但受其施检频率的高低及其本身的敏感性（受关注程度）影响。该模型综合考察了农药在蔬菜中的超标率、施检频率及其本身敏感性，能直观而全面地反映出农药在一段时间内的风险程度[13]。

1）R 计算方法

危害物的风险系数综合考虑了危害物的超标率或阳性检出率、施检频率和其本身的敏感性影响，并能直观而全面地反映出危害物在一段时间内的风险程度。风险系数 R 的计算公式如式（2-3）：

$$R = aP + \frac{b}{F} + S \qquad\qquad （2\text{-}3）$$

式中，P 为该种危害物的超标率；F 为危害物的施检频率；S 为危害物的敏感因子；a，b 分别为相应的权重系数。

本次评价中 $F=1$；$S=1$；$a=100$；$b=0.1$，对参数 P 进行计算，计算时首先判断是否为禁用农药，如果为非禁用农药，P=超标的样品数（侦测出的含量高于食品最大残留限量标准值，即 MRL）除以总样品数（包括超标、不超标、未检出）；如果为禁用农药，则即为超标，P=能检出的样品数除以总样品数。判断北京市水果蔬菜农药残留是否超标的标准限值 MRL 分别以 MRL 中国国家标准[14]和 MRL 欧盟标准作为对照，具体值列于本报告附表一中。

2）评价风险程度

$R \leqslant 1.5$，受检农药处于低度风险；

$1.5 < R \leqslant 2.5$，受检农药处于中度风险；

$R > 2.5$，受检农药处于高度风险。

2.1.2.3　食品膳食暴露风险和预警风险评估应用程序的开发

1）应用程序开发的步骤

为成功开发膳食暴露风险和预警风险评估应用程序，与软件工程师多次沟通讨论，逐步提出并描述清楚计算需求，开发了初步应用程序。为明确出不同水果蔬菜、不同农药、不同地域和不同季节的风险水平，向软件工程师提出不同的计算需求，软件工程师对计算需求进行逐一地分析，经过反复的细节沟通，需求分析得到明确后，开始进行解决方案的设计，在保证需求的完整性、一致性的前提下，编写出程序代码，最后设计出满足需求的风险评估专用计算软件，并通过一系列的软件测试和改进，完成专用程序的开发。软件开发基本步骤见图 2-3。

图 2-3　专用程序开发总体步骤

2）膳食暴露风险评估专业程序开发的基本要求

首先直接利用公式（2-1），分别计算 LC-Q-TOF/MS 和 GC-Q-TOF/MS 仪器侦测出的各水果蔬菜样品中每种农药 IFS_c，将结果列出。为考察超标农药和禁用农药的使用安全性，分别以我国《食品安全国家标准　食品中农药最大残留限量》（GB 2763—2016）和欧盟食品中农药最大残留限量（以下简称 MRL 中国国家标准和 MRL 欧盟标准）为标准，对侦测出的禁用农药和超标的非禁用农药 IFS_c 单独进行评价；按 IFS_c 大小列表，找出 IFS_c 值排名前 20 的样本重点关注。

对不同水果蔬菜 i 中每一种侦测出的农药 c 的安全指数进行计算，多个样品时求平均值。若监测数据为该市多个月的数据，则逐月、逐季度分别列出每个月、每个季度内每一种水果蔬菜 i 对应的每一种农药 c 的 IFS_c。

按农药种类，计算整个监测时间段内每种农药的 IFS_c，不区分水果蔬菜。若侦测数据为该市多个月的数据，则需分别计算每个月、每个季度内每种农药的 IFS_c。

3）预警风险评估专业程序开发的基本要求

分别以 MRL 中国国家标准和 MRL 欧盟标准，按公式（2-3）逐个计算不同水果蔬菜、不同农药的风险系数，禁用农药和非禁用农药分别列表。

为清楚了解各种农药的预警风险，不分时间，不分水果蔬菜，按禁用农药和非禁用农药分类，分别计算各种侦测出农药全部侦测时段内风险系数。由于有 MRL 中国国家标准的农药种类太少，无法计算超标数，非禁用农药的风险系数只以 MRL 欧盟标准为标准，进行计算。若侦测数据为多个月的，则按月计算每个月、每个季度内每种禁用农药残留的风险系数和以 MRL 欧盟标准为标准的非禁用农药残留的风险系数。

4）风险程度评价专业应用程序的开发方法

采用 Python 计算机程序设计语言，Python 是一个高层次地结合了解释性、编译性、互动性和面向对象的脚本语言。风险评价专用程序主要功能包括：分别读入每例样品 LC-Q-TOF/MS 和 GC-Q-TOF/MS 农药残留侦测数据，根据风险评价工作要求，依次对不同农药、不同食品、不同时间、不同采样点的 IFS_c 值和 R 值分别进行数据计算，筛选出禁用农药、超标农药（分别与 MRL 中国国家标准、MRL 欧盟标准限值进行对比）单独重点分析，再分别对各农药、各水果蔬菜种类分类处理，设计出计算和排序程序，编写计算机代码，最后将生成的膳食暴露风险评估和超标风险评估定量计算结果列入设计好的各个表格中，并定性判断风险对目标的影响程度，直接用文字描述风险发生的高低，如"不可接受"、"可以接受"、"没有影响"、"高度风险"、"中度风险"、"低度风险"。

2.2　LC-Q-TOF/MS 侦测北京市市售水果蔬菜农药残留膳食暴露风险评估

2.2.1　每例水果蔬菜样品中农药残留安全指数分析

基于农药残留侦测数据，发现 4571 例样品中侦测出农药 9207 频次，计算样品中每种残留农药的安全指数 IFS_c，并分析农药对样品安全的影响程度，结果详见附表二，农药残留对水果蔬菜样品安全的影响程度频次分布情况如图 2-4 所示。

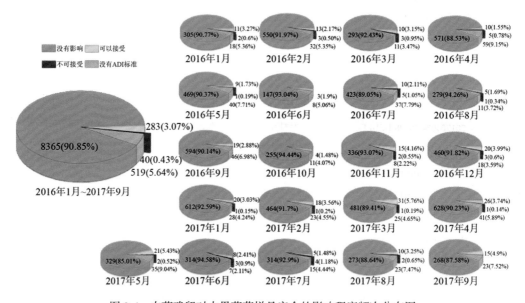

图 2-4　农药残留对水果蔬菜样品安全的影响程度频次分布图

由图 2-4 可以看出，农药残留对样品安全的影响不可接受的频次为 40，占 0.43%；农药残留对样品安全的影响可以接受的频次为 283，占 3.07%；农药残留对样品安全的没有影响的频次为 8365，占 90.85%。分析发现，在 21 个月份内有 18 个月份出现不可接受频次，排序为：2016 年 4 月（5）=2016 年 7 月（5）＞2017 年 4 月（4）＞2016 年 2 月（3）=2016 年 3 月（3）=2016 年 12 月（3）=2017 年 6 月（3）＞2016 年 1 月（2）=2016 年 11 月（2）=2017 年 5 月（2）=2017 年 8 月（2）＞2016 年 5 月（1）=2016 年 6 月（1）=2016 年 8 月（1）=2017 年 1 月（1）=2017 年 2 月（1）=2017 年 3 月（1）=2017 年 4 月（1），其他月份内农药对样品安全的影响均在可以接受和没有影响的范围内。表 2-5 为对水果蔬菜样品安全影响不可接受的残留农药安全指数表。

表 2-5　水果蔬菜样品中安全影响不可接受的农药残留列表

序号	样品编号	采样点	基质	农药	含量（mg/kg）	IFS$_c$
1	20170802-110115-USI-EP-05A	***市场	茄子	氧乐果	2.2106	46.6682
2	20160315-110117-USI-JC-04A	***超市（平谷店）	韭菜	甲拌磷	2.229	20.1671
3	20160713-110105-USI-CE-06A	***市场	芹菜	甲拌磷	1.0064	9.1055
4	20170502-110102-USI-MH-02A	***超市（白纸坊超市）	猕猴桃	氧乐果	0.4256	8.9849
5	20160712-110115-USI-DJ-03A	***超市（泰河园店）	菜豆	氧乐果	0.4187	8.8392
6	20160822-110105-USI-WM-03A	***超市（家和店）	西瓜	氧乐果	0.3781	7.9821
7	20170209-110112-USI-JC-04A	***超市（世界村店）	韭菜	甲拌磷	0.8063	7.2951
8	20170703-110114-USI-GP-08A	***超市（龙旗广场店）	葡萄	克百威	1.0254	6.4942
9	20170308-110115-USI-JC-11A	***市场	韭菜	甲拌磷	0.6156	5.5697
10	20170802-110114-USI-PP-08A	***超市（东关分店）	甜椒	氧乐果	0.1969	4.1568
11	20170705-110111-USI-GP-10A	***超市（长阳半岛店）	葡萄	克百威	0.5441	3.4460
12	20160222-110106-USI-CU-02A	***市场	黄瓜	异丙威	0.9707	3.0739
13	20170705-110112-USI-GP-09A	***超市（通州店）	葡萄	克百威	0.4575	2.8975
14	20160713-110105-USI-GP-06A	***市场	葡萄	异丙威	0.8543	2.7053
15	20170407-110108-USI-LE-16A	***超市（西三旗店）	生菜	异丙威	0.8245	2.6109
16	20160314-110102-USI-CE-03A	***超市（菜百店）	芹菜	异丙威	0.7983	2.52795
17	20160405-110105-USI-YM-04A	***市场	油麦菜	甲拌磷	0.2732	2.4718
18	20160221-110116-USI-DJ-02A	***超市（怀柔店）	菜豆	三唑磷	0.362	2.2927
19	20160130-110102-USI-HU-05A	***超市（西单店）	胡萝卜	甲拌磷	0.2355	2.1307
20	20160406-110107-USI-CL-14A	***市场	小油菜	氧乐果	0.0976	2.0604
21	20170703-110114-USI-JC-08A	***超市（龙旗广场店）	韭菜	氧乐果	0.0959	2.0246
22	20160516-110113-USI-WS-02A	***市场	莴笋	氧乐果	0.0891	1.8810
23	20160713-110105-USI-EP-04A	***超市（大郊亭店）	茄子	氧乐果	0.0829	1.7501
24	20160314-110101-USI-CE-02A	***超市（法华寺店）	芹菜	异丙威	0.5456	1.7277
25	20161209-110114-USI-CZ-13A	***超市（回龙观二店）	橙	三唑磷	0.2574	1.6302
26	20170505-110115-USI-OR-10A	***超市（富兴国际店）	橘	氧乐果	0.0752	1.5876
27	20170120-110106-USI-YM-16A	***超市（宋家庄店）	油麦菜	甲拌磷	0.1631	1.4757
28	20160220-110109-USI-BO-02A	***超市（新隆店）	菠菜	乙霉威	0.908	1.4377
29	20160406-110108-USI-CZ-16A	***市场	橙	三唑磷	0.2186	1.3844
30	20160406-110112-USI-CZ-05A	***超市（西门店）	橙	三唑磷	0.2093	1.3256
31	20160713-110101-USI-DJ-07A	***超市（广渠门店）	菜豆	氧乐果	0.0619	1.3068
32	20160406-110112-USI-ST-05A	***超市（西门店）	草莓	克百威	0.1878	1.1894
33	20161101-110105-USI-JD-06A	***市场	豇豆	水胺硫磷	0.5585	1.1791

续表

序号	样品编号	采样点	基质	农药	含量（mg/kg）	IFS$_c$
34	20161202-110115-USI-CZ-03A	***超市（瀛海店）	橙	三唑磷	0.1841	1.1660
35	20170602-110115-USI-GP-03A	***超市（万科店）	葡萄	克百威	0.1794	1.1362
36	20161207-110106-USI-LY-11A	***超市（方庄店）	龙眼	氧乐果	0.0538	1.1358
37	20170609-110106-USI-CU-10A	***市场	黄瓜	氧乐果	0.052	1.0978
38	20160130-110105-USI-CU-03A	***超市（山水文园店）	黄瓜	克百威	0.1663	1.0532
39	20170606-110108-USI-LE-09A	***超市（文慧园店）	生菜	氧乐果	0.0486	1.0260
40	20161102-110108-USI-YM-07A	***市场	油麦菜	噻唑磷	0.6472	1.0247

　　部分样品侦测出禁用农药 12 种 194 频次，为了明确残留的禁用农药对样品安全的影响，分析侦测出禁用农药残留的样品安全指数，禁用农药残留对水果蔬菜样品安全的影响程度频次分布情况如图 2-5 所示，农药残留对样品安全的影响不可接受的频次为 28，占 14.43%；农药残留对样品安全的影响可以接受的频次为 73，占 37.63%；农药残留对样品安全没有影响的频次为 93，占 47.94%。由图中可以看出 2016 年 1 月至 2017 年 9 月间，每月的水果蔬菜样品均侦测出禁用农药残留，不可接受频次排序为：2016 年 4 月（3）>2016 年 1 月（2）=2016 年 7 月（2）=2017 年 6 月（2）=2017 年 7 月（2）>2016 年 3 月（1）=2016 年 5 月（1）=2016 年 8 月（1）=2016 年 11 月（1）=2016 年 12 月（1）=2017 年 1 月（1）>2017 年 2 月（1）=2017 年 3 月（1）=2017 年 5 月（1）=2017 年 8 月（1），其他月份内，禁用农药对样品安全的影响均在可以接受和没有影响的范围内。表 2-6 列出了对水果蔬菜样品安全影响不可接受的残留禁用农药安全指数表情况。

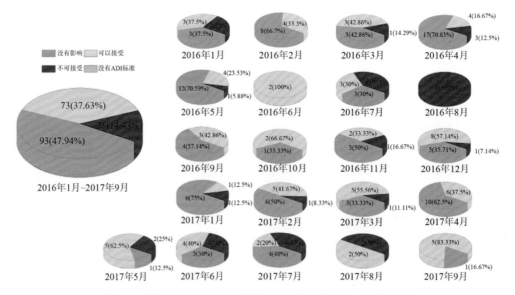

图 2-5　禁用农药对水果蔬菜样品安全影响程度的频次分布图

表 2-6　水果蔬菜样品中侦测出的禁用农药残留不可接受的安全指数表

序号	样品编号	采样点	基质	农药	含量 (mg/kg)	IFS$_c$
1	20170802-110115-USI-EP-05A	***市场	茄子	氧乐果	2.2106	46.6682
2	20160315-110117-USI-JC-04A	***超市（平谷店）	韭菜	甲拌磷	2.229	20.1671
3	20160713-110105-USI-CE-06A	***市场	芹菜	甲拌磷	1.0064	9.1055
4	20170502-110102-USI-MH-02A	***超市（白纸坊超市）	猕猴桃	氧乐果	0.4256	8.9849
5	20160712-110115-USI-DJ-03A	***超市（泰河园店）	菜豆	氧乐果	0.4187	8.8392
6	20160822-110105-USI-WM-03A	***超市（家和店）	西瓜	氧乐果	0.3781	7.9821
7	20170209-110112-USI-JC-04A	***超市（世界村店）	韭菜	甲拌磷	0.8063	7.2951
8	20170703-110114-USI-GP-08A	***超市（龙旗广场店）	葡萄	克百威	1.0254	6.4942
9	20170308-110115-USI-JC-11A	***市场	韭菜	甲拌磷	0.6156	5.5697
10	20170802-110114-USI-PP-08A	***超市（东关分店）	甜椒	氧乐果	0.1969	4.1568
11	20170705-110111-USI-GP-10A	***超市（长阳半岛店）	葡萄	克百威	0.5441	3.4460
12	20170705-110112-USI-GP-09A	***超市（通州店）	葡萄	克百威	0.4575	2.8975
13	20160405-110105-USI-YM-04A	***市场	油麦菜	甲拌磷	0.2732	2.4718
14	20160130-110102-USI-HU-05A	***超市（西单店）	胡萝卜	甲拌磷	0.2355	2.1307
15	20160406-110107-USI-CL-14A	***市场	小油菜	氧乐果	0.0976	2.0604
16	20170703-110114-USI-JC-08A	***超市（龙旗广场店）	韭菜	氧乐果	0.0959	2.0246
17	20160516-110113-USI-WS-02A	***市场	莴笋	氧乐果	0.0891	1.8810
18	20160713-110105-USI-EP-04A	***超市（大郊亭店）	茄子	氧乐果	0.0829	1.7501
19	20170505-110115-USI-OR-10A	***超市（富兴国际店）	橘	氧乐果	0.0752	1.5876
20	20170120-110106-USI-YM-16A	***超市（宋家庄店）	油麦菜	甲拌磷	0.1631	1.4757
21	20160713-110101-USI-DJ-07A	***超市（广渠门店）	菜豆	氧乐果	0.0619	1.3068
22	20160406-110112-USI-ST-05A	***超市（西门店）	草莓	克百威	0.1878	1.1894
23	20161101-110105-USI-JD-06A	***市场	豇豆	水胺硫磷	0.5585	1.1791
24	20170602-110115-USI-GP-03A	***超市（万科店）	葡萄	克百威	0.1794	1.1362
25	20161207-110106-USI-LY-11A	***超市（方庄店）	龙眼	氧乐果	0.0538	1.1358
26	20170609-110106-USI-CU-10A	***市场	黄瓜	氧乐果	0.052	1.0978
27	20160130-110105-USI-CU-03A	***超市（山水文园店）	黄瓜	克百威	0.1663	1.0532
28	20170606-110108-USI-LE-09A	***超市（文慧园店）	生菜	氧乐果	0.0486	1.0260

　　此外，本次侦测发现部分样品中非禁用农药残留量超过了 MRL 中国国家标准和 MRL 欧盟标准，为了明确超标的非禁用农药对样品安全的影响，分析了非禁用农药残留超标的样品安全指数。

　　水果蔬菜残留量超过 MRL 中国国家标准的非禁用农药对水果蔬菜样品安全的影响

程度频次分布情况如图 2-6 所示。可以看出侦测出超过 MRL 中国国家标准的非禁用农药共 12 频次，其中农药残留对样品安全的影响不可接受的频次为 1，占 8.3%；农药残留对样品安全的影响可以接受的频次为 3，占 25%；农药残留对样品安全没有影响的频次为 8，占 66.7%。表 2-7 为水果蔬菜样品中侦测出的非禁用农药残留安全指数表。

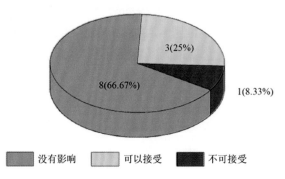

图 2-6 残留超标的非禁用农药对水果蔬菜样品安全的影响程度频次分布图（MRL 中国国家标准）

表 2-7 水果蔬菜样品中侦测出的非禁用农药残留安全指数表（MRL 中国国家标准）

序号	样品编号	采样点	基质	农药	含量（mg/kg）	中国国家标准	IFS$_c$	影响程度
1	20160222-110106-USI-CU-02A	***市场	黄瓜	异丙威	0.9707	0.5	3.0739	不可接受
2	20160911-110111-USI-PH-11A	***超市（良乡购物广场店）	桃	氟硅唑	0.3492	0.2	0.3159	可以接受
3	20160315-110117-USI-JC-04A	***超市（平谷店）	韭菜	辛硫磷	0.116	0.05	0.1837	可以接受
4	20161209-110108-USI-JD-14A	***超市（安宁庄店）	豇豆	倍硫磷	0.1649	0.05	0.1492	可以接受
5	20170405-110105-USI-EP-06A	***超市（大成东店）	茄子	霜霉威	1.5844	0.3	0.0251	没有影响
6	20161101-110112-USI-MG-02A	***超市（世界村店）	芒果	戊唑醇	0.0909	0.05	0.0192	没有影响
7	20160822-110105-USI-MG-03A	***超市（家和店）	芒果	戊唑醇	0.2877	0.05	0.0607	没有影响
8	20170210-110105-USI-MG-08A	***超市（劲松商城）	芒果	吡唑醚菌酯	0.0728	0.05	0.0154	没有影响
9	20170502-110108-USI-MG-12A	***超市（大钟寺店）	芒果	吡唑醚菌酯	0.2223	0.05	0.0469	没有影响
10	20170502-110108-USI-MG-12A	***超市（大钟寺店）	芒果	苯醚甲环唑	0.1276	0.07	0.0808	没有影响
11	20160222-110107-USI-CU-04A	***超市（石景山店）	黄瓜	噻虫嗪	0.527	0.5	0.0417	没有影响
12	20170207-110106-USI-ST-03A	***超市（分钟寺店）	草莓	烯酰吗啉	0.0694	0.05	0.0022	没有影响

残留量超过 MRL 欧盟标准的非禁用农药对水果蔬菜样品安全的影响程度频次分布情况如图 2-7 所示。可以看出超过 MRL 欧盟标准的非禁用农药共 1150 频次，其中农药没有 ADI 标准的频次为 217，占 18.87%；农药残留对样品安全不可接受的频次为 12，占 1.04%；农药残留对样品安全的影响可以接受的频次为 102，占 8.87%；农药残留对样品安全没有影响的频次为 819，占 71.22%。表 2-8 为水果蔬菜样品中不可接受的残留超标非禁用农药安全指数列表。

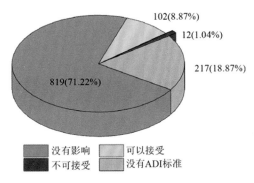

图 2-7 残留超标的非禁用农药对水果蔬菜样品安全的影响程度频次分布图（MRL 欧盟标准）

表 2-8 对水果蔬菜样品中不可接受的残留超标非禁用农药安全指数列表（**MRL 欧盟标准**）

序号	样品编号	采样点	基质	农药	含量（mg/kg）	欧盟标准	IFS$_c$
1	20160222-110106-USI-CU-02A	***市场	黄瓜	异丙威	0.9707	0.01	3.0739
2	20160713-110105-USI-GP-06A	***市场	葡萄	异丙威	0.8543	0.01	2.7053
3	20170407-110108-USI-LE-16A	***超市（西三旗店）	生菜	异丙威	0.8245	0.01	2.6109
4	20160314-110102-USI-CE-03A	***超市（菜百店）	芹菜	异丙威	0.7983	0.01	2.5280
5	20160221-110116-USI-DJ-02A	***超市（怀柔店）	菜豆	三唑磷	0.362	0.01	2.2927
6	20160314-110101-USI-CE-02A	***超市（法华寺店）	芹菜	异丙威	0.5456	0.01	1.7277
7	20161209-110114-USI-CZ-13A	***超市（回龙观二店）	橙	三唑磷	0.2574	0.01	1.6302
8	20160220-110109-USI-BO-02A	***超市（新隆店）	菠菜	乙霉威	0.908	0.05	1.4377
9	20160406-110108-USI-CZ-16A	***市场	橙	三唑磷	0.2186	0.01	1.3845
10	20160406-110112-USI-CZ-05A	***超市（西门店）	橙	三唑磷	0.2093	0.01	1.3256
11	20161202-110115-USI-CZ-03A	***超市（瀛海店）	橙	三唑磷	0.1841	0.01	1.1660
12	20161102-110108-USI-YM-07A	***市场	油麦菜	噻唑磷	0.6472	0.02	1.0247

　　在 4571 例样品中，1495 例样品未侦测出农药残留，3076 例样品中侦测出农药残留，计算每例有农药侦测出样品的 $\overline{\text{IFS}}$ 值，进而分析样品的安全状态，结果如图 2-8 所示（未检出农药的样品安全状态视为很好）。可以看出，0.35% 的样品安全状态不可接受；2.41% 的样品安全状态可以接受；96.83% 的样品安全状态很好。此外，2016 年 1 月、2016 年 3 月、2016 年 4 月、2016 年 8 月、2017 年 2 月、2017 年 3 月、2017 年 5 月分别有 1 例样品安全状态不可接受，2017 年 8 月有 2 例样品安全状态不可接受，2016 年 7 月分别有 3 例样品安全状态不可接受，2017 年 7 月有 4 例样品安全状态不可接受，其他月份内的样品安全状态均在很好和可以接受的范围内。表 2-9 列出了安全状态不可接受的水果蔬菜样品。

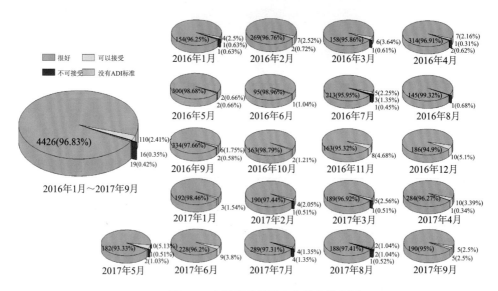

图 2-8　水果蔬菜样品安全状态分布图

表 2-9　水果蔬菜安全状态不可接受的样品列表

序号	样品编号	采样点	基质	$\overline{\text{IFS}}$
1	20170802-110115-USI-EP-05A	***市场	茄子	15.5667
2	20160315-110117-USI-JC-04A	***超市（平谷店）	韭菜	6.7837
3	20160712-110115-USI-DJ-03A	***超市（泰河园店）	菜豆	4.4254
4	20170209-110112-USI-JC-04A	***超市（世界村店）	韭菜	3.6515
5	20170308-110115-USI-JC-11A	***市场	韭菜	3.2532
6	20170703-110114-USI-GP-08A	***超市（龙旗广场店）	葡萄	3.2507
7	20170502-110102-USI-MH-02A	***超市（白纸坊超市）	猕猴桃	2.2509
8	20160130-110102-USI-HU-05A	***超市（西单店）	胡萝卜	2.1307
9	20170802-110114-USI-PP-08A	***超市（东关分店）	甜椒	2.0893
10	20170703-110114-USI-JC-08A	***超市（龙旗广场店）	韭菜	2.0246

续表

序号	样品编号	采样点	基质	IFS
11	20160822-110105-USI-WM-03A	***超市（家和店）	西瓜	1.9974
12	20160713-110105-USI-EP-04A	***超市（大郊亭店）	茄子	1.7501
13	20170705-110112-USI-GP-09A	***超市（通州店）	葡萄	1.4492
14	20170705-110111-USI-GP-10A	***超市（长阳半岛店）	葡萄	1.1494
15	20160406-110107-USI-CL-14A	***市场	小油菜	1.0323
16	20160713-110105-USI-CE-06A	***市场	芹菜	1.0173

2.2.2　单种水果蔬菜中农药残留安全指数分析

本次 64 种水果蔬菜侦测出 157 种农药，检出频次为 9207 次，其中 54 种农药没有 ADI 标准，103 种农药存在 ADI 标准。菜用大豆中未侦测出任何农药，按不同种类分别计算检出的具有 ADI 标准的各种农药的 IFS_c 值，农药残留对水果蔬菜的安全指数分布图如图 2-9 所示。

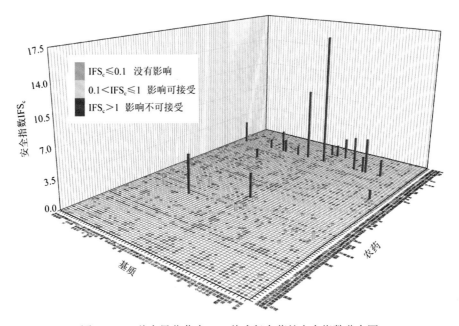

图 2-9　63 种水果蔬菜中 103 种残留农药的安全指数分布图

分析发现 17 种水果蔬菜中的农药残留对食品安全影响不可接受，其中包括韭菜中的甲拌磷，葡萄中的克百威，油麦菜中的噻唑磷，豇豆中的水胺硫磷，茄子、猕猴桃、西瓜、甜椒、菜豆、小油菜、莴笋、橘、韭菜、龙眼、黄瓜中的氧乐果，生菜、黄瓜、芹菜、葡萄中的异丙威。如表 2-10 所示。

表 2-10　单种水果蔬菜中安全影响不可接受的残留农药安全指数表

序号	基质	农药	检出频次	检出率（%）	IFS>1 的频次	IFS>1 的比例（%）	IFS$_c$
1	茄子	氧乐果	3	0.80	2	0.53	16.3231
2	猕猴桃	氧乐果	1	0.58	1	0.58	8.9849
3	韭菜	甲拌磷	7	8.14	3	3.49	4.7811
4	西瓜	氧乐果	2	2.56	1	1.28	4.3225
5	甜椒	氧乐果	1	0.27	1	0.27	4.1568
6	葡萄	克百威	5	0.76	4	0.60	2.9280
7	菜豆	氧乐果	4	1.83	2	0.91	2.7798
8	生菜	异丙威	1	0.44	1	0.44	2.6109
9	小油菜	氧乐果	1	0.23	1	0.23	2.0604
10	莴笋	氧乐果	1	1.64	1	1.64	1.8810
11	橘	氧乐果	1	0.44	1	0.44	1.5876
12	黄瓜	异丙威	2	0.42	1	0.21	1.5859
13	芹菜	异丙威	3	0.97	2	0.65	1.4633
14	韭菜	氧乐果	2	2.33	1	1.16	1.3712
15	葡萄	异丙威	2	0.30	1	0.15	1.3674
16	豇豆	水胺硫磷	1	1.47	1	1.47	1.1791
17	龙眼	氧乐果	1	4.76	1	4.76	1.1358
18	黄瓜	氧乐果	1	0.21	1	0.21	1.0978
19	油麦菜	噻唑磷	1	0.12	1	0.12	1.0247

　　本次侦测中，63 种水果蔬菜和 157 种残留农药（包括没有 ADI 标准）共涉及 1452 个分析样本，农药对单种水果蔬菜安全的影响程度分布情况如图 2-10 所示。可以看出，82.23%的样本中农药对水果蔬菜安全没有影响，5.1%的样本中农药对水果蔬菜安全的影响可以接受，1.31%的样本中农药对水果蔬菜安全的影响不可接受。

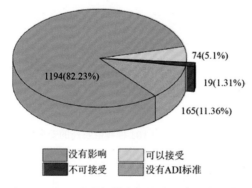

图 2-10　1452 个分析样本的影响程度频次分布图

　　此外，分别计算 63 种水果蔬菜中所有侦测出农药 IFS$_c$ 的平均值$\overline{\text{IFS}}$，分析每种水果蔬菜的安全状态，结果如图 2-11 所示，分析发现，12 种水果蔬菜（19.05%）的安全状态可接受，51 种（80.95%）水果蔬菜的安全状态很好。

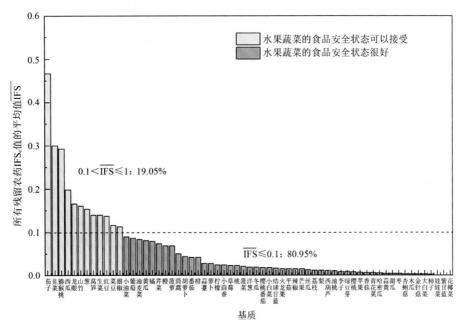

图 2-11　63 种水果蔬菜的$\overline{\text{IFS}}$值和安全状态统计图

对每个月内每种水果蔬菜中农药的 IFS_c 进行分析,并计算每月内每种水果蔬菜的 $\overline{\text{IFS}}$ 值,以评价每种水果蔬菜的安全状态,结果如图 2-12 所示,可以看出,2017 年 8 月的茄子的安全状态不可接受,2016 年 3 月、2017 年 2 月、2017 年 3 月的韭菜的安全状态不可接受,2017 年 5 月的猕猴桃的安全状态不可接受,这五个月份其余水果蔬菜和其他月份的所有水果蔬菜的安全状态均处于很好和可以接受的范围内,各月份内单种水果蔬菜安全状态统计情况如图 2-13 所示。

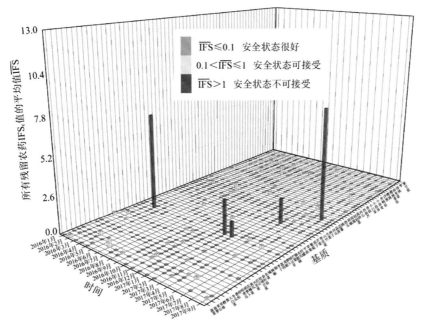

图 2-12　各月内每种水果蔬菜的$\overline{\text{IFS}}$值与安全状态分布图

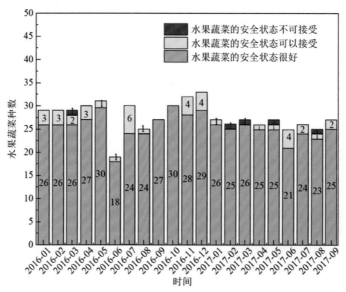

图 2-13　各月份内单种水果蔬菜安全状态统计图

2.2.3　所有水果蔬菜中农药残留安全指数分析

计算所有水果蔬菜中 103 种农药的 $\overline{IFS_c}$ 值，结果如图 2-14 及表 2-11 所示。

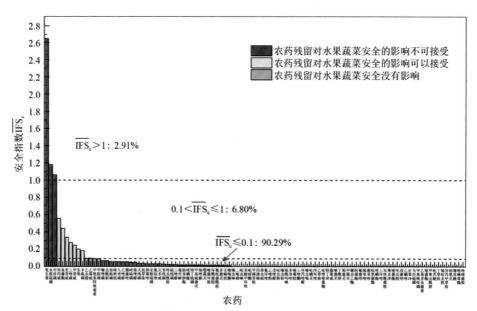

图 2-14　103 种残留农药对水果蔬菜的安全影响程度统计图

分析发现，氧乐果、水胺硫磷、甲拌磷的 $\overline{IFS}$ 大于 1，其他农药的 $\overline{IFS_c}$ 均小于 1，说明氧乐果、水胺硫磷、甲拌磷对水果蔬菜安全的影响不可接受，其他农药对水果蔬菜安全的影响均在没有影响和可接受的范围内，其中 6.80%的农药对水果蔬菜安全的影响可以接受，90.29%的农药对水果蔬菜安全没有影响。

表 2-11　水果蔬菜中 103 种农药残留的安全指数表

序号	农药	检出频次	检出率（%）	$\overline{IFS}_c$	影响程度	序号	农药	检出频次	检出率（%）	$\overline{IFS}_c$	影响程度
1	氧乐果	37	0.40	2.6478	不可接受	32	硫线磷	1	0.01	0.0215	没有影响
2	水胺硫磷	1	0.01	1.1791	不可接受	33	三唑醇	15	0.16	0.0213	没有影响
3	甲拌磷	51	0.55	1.0644	不可接受	34	毒死蜱	4	0.04	0.0207	没有影响
4	异丙威	28	0.30	0.5537	可以接受	35	联苯肼酯	15	0.16	0.0189	没有影响
5	鱼藤酮	3	0.03	0.4428	可以接受	36	喹螨醚	4	0.04	0.0177	没有影响
6	克百威	88	0.96	0.3370	可以接受	37	特丁硫磷	1	0.01	0.0169	没有影响
7	三唑磷	49	0.53	0.2804	可以接受	38	甲基硫菌灵	246	2.67	0.0169	没有影响
8	甲萘威	5	0.05	0.2431	可以接受	39	粉唑醇	11	0.12	0.0167	没有影响
9	乐果	8	0.09	0.2006	可以接受	40	噁霜灵	123	1.34	0.0159	没有影响
10	辛硫磷	1	0.01	0.1837	可以接受	41	嘧菌环胺	29	0.31	0.0155	没有影响
11	乙虫腈	2	0.02	0.0954	没有影响	42	环酰菌胺	20	0.22	0.0152	没有影响
12	乙霉威	37	0.40	0.0940	没有影响	43	氟吡菌酰胺	216	2.35	0.0149	没有影响
13	甲氨基阿维菌素	14	0.15	0.0926	没有影响	44	多菌灵	1059	11.50	0.0136	没有影响
14	甲胺磷	2	0.02	0.0882	没有影响	45	灭蝇胺	124	1.35	0.0129	没有影响
15	噻唑磷	36	0.39	0.0621	没有影响	46	噻嗪酮	96	1.04	0.0108	没有影响
16	虫酰肼	19	0.21	0.0619	没有影响	47	噻虫啉	10	0.11	0.0104	没有影响
17	倍硫磷	4	0.04	0.0541	没有影响	48	二嗪磷	3	0.03	0.0091	没有影响
18	咪鲜胺	235	2.55	0.0526	没有影响	49	吡虫啉	429	4.66	0.0090	没有影响
19	久效磷	2	0.02	0.0501	没有影响	50	苯醚甲环唑	333	3.62	0.0084	没有影响
20	己唑醇	27	0.29	0.0496	没有影响	51	吡蚜酮	5	0.05	0.0084	没有影响
21	腈菌唑	129	1.40	0.0479	没有影响	52	甲磺草胺	1	0.01	0.0079	没有影响
22	喹硫磷	1	0.01	0.0456	没有影响	53	丙溴磷	48	0.52	0.0078	没有影响
23	烯唑醇	13	0.14	0.0455	没有影响	54	茚虫威	5	0.05	0.0073	没有影响
24	灭线磷	1	0.01	0.0380	没有影响	55	氟环唑	13	0.14	0.0073	没有影响
25	敌草隆	3	0.03	0.0338	没有影响	56	乙嘧酚	10	0.11	0.0070	没有影响
26	抑霉唑	184	2.00	0.0336	没有影响	57	戊唑醇	139	1.51	0.0062	没有影响
27	亚胺硫磷	1	0.01	0.0291	没有影响	58	啶虫脒	709	7.70	0.0057	没有影响
28	氟硅唑	54	0.59	0.0291	没有影响	59	噻虫胺	82	0.89	0.0055	没有影响
29	灭多威	5	0.05	0.0282	没有影响	60	烯酰吗啉	858	9.32	0.0054	没有影响
30	苯线磷	3	0.03	0.0269	没有影响	61	多效唑	142	1.54	0.0053	没有影响
31	唑虫酰胺	10	0.11	0.0221	没有影响	62	嘧霉胺	189	2.05	0.0052	没有影响

续表

序号	农药	检出频次	检出率（%）	$\overline{IFS_c}$	影响程度	序号	农药	检出频次	检出率（%）	$\overline{IFS_c}$	影响程度
63	三唑酮	27	0.29	0.0051	没有影响	84	双炔酰菌胺	8	0.09	0.0012	没有影响
64	环丙唑醇	6	0.07	0.0050	没有影响	85	莠去津	38	0.41	0.0012	没有影响
65	噻虫嗪	312	3.39	0.0045	没有影响	86	嘧菌酯	422	4.58	0.0011	没有影响
66	哒螨灵	41	0.45	0.0045	没有影响	87	呋虫胺	7	0.08	0.0011	没有影响
67	丙环唑	180	1.96	0.0043	没有影响	88	戊菌唑	5	0.05	0.0011	没有影响
68	乙草胺	13	0.14	0.0042	没有影响	89	乙螨唑	27	0.29	0.0010	没有影响
69	吡唑醚菌酯	298	3.24	0.0030	没有影响	90	扑草净	2	0.02	0.0010	没有影响
70	特丁津	1	0.01	0.0030	没有影响	91	马拉硫磷	21	0.23	0.0009	没有影响
71	霜霉威	446	4.84	0.0024	没有影响	92	甲基嘧啶磷	1	0.01	0.0007	没有影响
72	噻菌灵	46	0.50	0.0023	没有影响	93	乙基多杀菌素	24	0.26	0.0007	没有影响
73	丁酰肼	2	0.02	0.0023	没有影响	94	醚菌酯	22	0.24	0.0006	没有影响
74	稻瘟灵	4	0.04	0.0022	没有影响	95	甲氧虫酰肼	10	0.11	0.0004	没有影响
75	甲霜灵	396	4.30	0.0020	没有影响	96	吡丙醚	32	0.35	0.0004	没有影响
76	螺虫乙酯	10	0.11	0.0018	没有影响	97	丁草胺	1	0.01	0.0003	没有影响
77	肟菌酯	90	0.98	0.0018	没有影响	98	烯啶虫胺	130	1.41	0.0003	没有影响
78	氟菌唑	1	0.01	0.0018	没有影响	99	异丙甲草胺	7	0.08	0.0002	没有影响
79	烯效唑	10	0.11	0.0017	没有影响	100	喹氧灵	4	0.04	0.0002	没有影响
80	腈苯唑	4	0.04	0.0017	没有影响	101	增效醚	6	0.07	0.0001	没有影响
81	啶氧菌酯	15	0.16	0.0017	没有影响	102	唑啉草酯	2	0.02	0.0000	没有影响
82	唑螨酯	4	0.04	0.0017	没有影响	103	唑嘧菌胺	9	0.10	0.0000	没有影响
83	三环唑	11	0.12	0.0014	没有影响						

　　对每个月内所有水果蔬菜中残留农药的 $\overline{IFS_c}$ 进行分析，结果如图 2-15 所示。分析发现，2016 年 4 月、2016 年 7 月、2016 年 8 月、2017 年 5 月、2017 年 7 月、2017 年 8 月的氧乐果对水果蔬菜安全的影响不可接受，2016 年 3 月、2016 年 7 月、2017 年 1 月、2017 年 2 月、2017 年 3 月的甲拌磷对水果蔬菜安全的影响不可接受，2016 年 2 月、2016 年 3 月、2017 年 4 月的异丙威对水果蔬菜安全的影响不可接受，2016 年 11 月的水胺硫磷对水果蔬菜安全的影响不可接受，2017 年 7 月的克百威对水果蔬菜安全的影响不可接受，该 13 个月份的其他农药和其他月份的所有农药对水果蔬菜安全的影响均处于没有影响和可以接受的范围内。每月内不同农药对水果蔬菜安全影响程度的统计如图 2-16 所示。

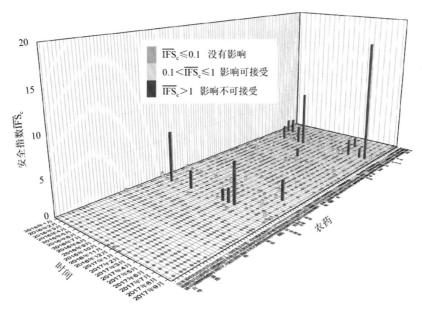

图 2-15　各月份内水果蔬菜中每种残留农药的安全指数分布图

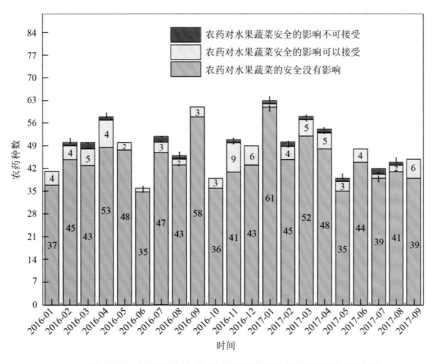

图 2-16　各月份内农药对水果蔬菜安全影响程度的统计图

　　计算每个月内水果蔬菜的 $\overline{\text{IFS}}$，以分析每月内水果蔬菜的安全状态，结果如图 2-17 所示，可以看出，所有月份的水果蔬菜安全状态均处于很好和可以接受的范围内。分析发现，在 28.57% 的月份内，水果蔬菜安全状态可以接受，71.43% 的月份内水果蔬菜的安全状态很好。

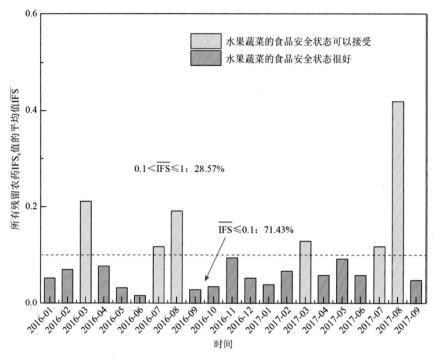

图 2-17　各月份内水果蔬菜的 $\overline{\text{IFS}}$ 值与安全状态统计图

2.3　LC-Q-TOF/MS 侦测北京市市售水果蔬菜农药残留预警风险评估

基于北京市水果蔬菜样品中农药残留 LC-Q-TOF/MS 侦测数据，分析禁用农药的检出率，同时参照中华人民共和国国家标准 GB 2763—2016 和欧盟农药最大残留限量（MRL）标准分析非禁用农药残留的超标率，并计算农药残留风险系数。分析单种水果蔬菜中农药残留以及所有水果蔬菜中农药残留的风险程度。

2.3.1　单种水果蔬菜中农药残留风险系数分析

2.3.1.1　单种水果蔬菜中禁用农药残留风险系数分析

侦测出的 157 种残留农药中有 12 种为禁用农药，且它们分布在 38 种水果蔬菜中。计算 38 种水果蔬菜中禁用农药的超标率，根据超标率计算风险系数 R，进而分析水果蔬菜中禁用农药的风险程度，结果如表 2-12 及图 2-18 所示。分析发现 6 种禁用农药在 33 种水果蔬菜中的残留处于高度风险。

表 2-12　33 种水果蔬菜中 6 种禁用农药的风险系数列表

序号	基质	农药	检出频次	检出率（%）	风险系数 R	风险程度
1	芹菜	甲拌磷	14	11.97	13.07	高度风险

续表

序号	基质	农药	检出频次	检出率（%）	风险系数 R	风险程度
2	橘	克百威	8	11.94	13.04	高度风险
3	橙	克百威	12	11.65	12.75	高度风险
4	龙眼	氧乐果	1	9.09	10.19	高度风险
5	草莓	克百威	7	8.86	9.96	高度风险
6	胡萝卜	甲拌磷	7	8.64	9.74	高度风险
7	辣椒	克百威	4	8.33	9.43	高度风险
8	豇豆	克百威	1	7.69	8.79	高度风险
9	豇豆	氧乐果	1	7.69	8.79	高度风险
10	豇豆	水胺硫磷	1	7.69	8.79	高度风险
11	柑	克百威	1	6.67	7.77	高度风险
12	柑	甲拌磷	1	6.67	7.77	高度风险
13	韭菜	甲拌磷	7	6.48	7.58	高度风险
14	葱	甲拌磷	1	5.88	6.98	高度风险
15	山竹	氧乐果	1	5.56	6.66	高度风险
16	茼蒿	氧乐果	1	5.56	6.66	高度风险
17	茼蒿	甲拌磷	1	5.56	6.66	高度风险
18	小茴香	甲拌磷	3	5.26	6.36	高度风险
19	莴笋	氧乐果	1	4.35	5.45	高度风险
20	莴笋	灭多威	1	4.35	5.45	高度风险
21	萝卜	甲拌磷	2	4.08	5.18	高度风险
22	西葫芦	克百威	6	4.08	5.18	高度风险
23	油麦菜	甲拌磷	6	3.87	4.97	高度风险
24	芹菜	克百威	4	3.42	4.52	高度风险
25	黄瓜	克百威	6	3.41	4.51	高度风险
26	葡萄	克百威	5	3.29	4.39	高度风险
27	西瓜	氧乐果	2	3.13	4.23	高度风险
28	菜豆	氧乐果	4	3.08	4.18	高度风险
29	番茄	克百威	5	2.92	4.02	高度风险
30	葡萄	灭多威	4	2.63	3.73	高度风险
31	李子	甲胺磷	1	2.33	3.43	高度风险
32	芒果	氧乐果	3	2.27	3.37	高度风险
33	小油菜	克百威	3	2.26	3.36	高度风险
34	桃	克百威	1	2.22	3.32	高度风险

序号	基质	农药	检出频次	检出率（%）	风险系数 R	风险程度
35	桃	氧乐果	1	2.22	3.32	高度风险
36	桃	甲胺磷	1	2.22	3.32	高度风险
37	蒜薹	氧乐果	1	2.13	3.23	高度风险
38	柠檬	克百威	3	2.03	3.13	高度风险
39	韭菜	氧乐果	2	1.85	2.95	高度风险
40	茄子	克百威	3	1.81	2.91	高度风险
41	茄子	氧乐果	3	1.81	2.91	高度风险
42	小茴香	克百威	1	1.75	2.85	高度风险
43	小茴香	氧乐果	1	1.75	2.85	高度风险
44	苹果	克百威	3	1.72	2.82	高度风险
45	冬瓜	克百威	2	1.71	2.81	高度风险
46	甜椒	克百威	2	1.60	2.70	高度风险
47	菜豆	克百威	2	1.54	2.64	高度风险
48	橘	氧乐果	1	1.49	2.59	高度风险
49	橘	甲拌磷	1	1.49	2.59	高度风险
50	菠菜	特丁硫磷	1	1.39	2.49	中度风险
51	菠菜	甲拌磷	1	1.39	2.49	中度风险
52	菠菜	苯线磷	1	1.39	2.49	中度风险
53	梨	克百威	2	1.37	2.47	中度风险
54	油麦菜	克百威	2	1.29	2.39	中度风险
55	草莓	丁酰肼	1	1.27	2.37	中度风险
56	草莓	氧乐果	1	1.27	2.37	中度风险
57	胡萝卜	氧乐果	1	1.23	2.33	中度风险
58	胡萝卜	硫线磷	1	1.23	2.33	中度风险
59	生菜	克百威	2	1.18	2.28	中度风险
60	生菜	氧乐果	2	1.18	2.28	中度风险
61	生菜	甲拌磷	2	1.18	2.28	中度风险
62	番茄	氧乐果	2	1.17	2.27	中度风险
63	苹果	久效磷	2	1.15	2.25	中度风险
64	苹果	苯线磷	2	1.15	2.25	中度风险
65	橙	氧乐果	1	0.97	2.07	中度风险
66	火龙果	克百威	1	0.94	2.04	中度风险
67	韭菜	克百威	1	0.93	2.03	中度风险

续表

序号	基质	农药	检出频次	检出率（%）	风险系数 R	风险程度
68	芹菜	氧乐果	1	0.85	1.95	中度风险
69	甜椒	氧乐果	1	0.80	1.90	中度风险
70	菜豆	甲拌磷	1	0.77	1.87	中度风险
71	芒果	灭线磷	1	0.76	1.86	中度风险
72	小油菜	氧乐果	1	0.75	1.85	中度风险
73	小油菜	甲拌磷	1	0.75	1.85	中度风险
74	猕猴桃	克百威	1	0.69	1.79	中度风险
75	猕猴桃	氧乐果	1	0.69	1.79	中度风险
76	猕猴桃	甲拌磷	1	0.69	1.79	中度风险
77	梨	氧乐果	1	0.68	1.78	中度风险
78	葡萄	丁酰肼	1	0.66	1.76	中度风险
79	葡萄	氧乐果	1	0.66	1.76	中度风险
80	番茄	甲拌磷	1	0.58	1.68	中度风险
81	苹果	甲拌磷	1	0.57	1.67	中度风险
82	黄瓜	氧乐果	1	0.57	1.67	中度风险

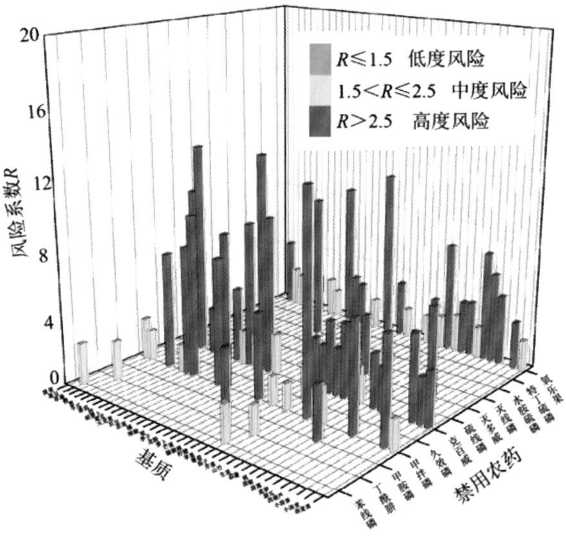

图 2-18 38 种水果蔬菜中 12 种禁用农药的风险系数分布图

2.3.1.2 基于 MRL 中国国家标准的单种水果蔬菜中非禁用农药残留风险系数分析

参照中华人民共和国国家标准 GB 2763—2016 中农药残留限量计算每种水果蔬菜中每种非禁用农药的超标率，进而计算其风险系数，根据风险系数大小判断残留农药的预警风险程度。水果蔬菜中非禁用农药残留风险程度分布情况如图 2-19 所示。

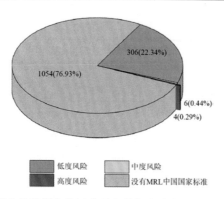

图 2-19　水果蔬菜中非禁用农药风险程度的频次分布图（MRL 中国国家标准）

　　本次分析中，发现在 63 种水果蔬菜侦测出 145 种残留非禁用农药，涉及样本 1370 个，在 1370 个样本中，0.29%处于高度风险，0.44%处于中度风险，22.34%处于低度风险，此外发现有 1054 个样本没有 MRL 中国国家标准值，无法判断其风险程度，有 MRL 中国国家标准值的 316 个样本涉及 48 种水果蔬菜中的 66 种非禁用农药，其风险系数 R 值如图 2-20 所示。表 2-13 为非禁用农药残留处于高度风险的水果蔬菜列表。

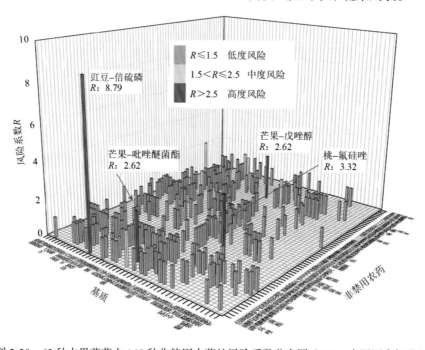

图 2-20　63 种水果蔬菜中 145 种非禁用农药的风险系数分布图（MRL 中国国家标准）

表 2-13　单种水果蔬菜中处于高度风险的非禁用农药风险系数表（MRL 中国国家标准）

序号	基质	农药	超标频次	超标率 P（%）	风险系数 R
1	豇豆	倍硫磷	1	7.69	8.79
2	桃	氟硅唑	1	2.22	3.32
3	芒果	吡唑醚菌酯	2	1.52	2.62
4	芒果	戊唑醇	2	1.52	2.62

2.3.1.3　基于 MRL 欧盟标准的单种水果蔬菜中非禁用农药残留风险系数分析

参照 MRL 欧盟标准计算每种水果蔬菜中每种非禁用农药的超标率，进而计算其风险系数，根据风险系数大小判断农药残留的预警风险程度。水果蔬菜中非禁用农药残留风险程度分布情况如图 2-21 所示。

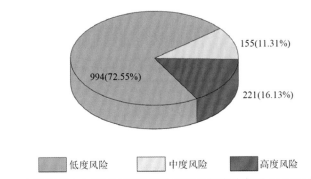

图 2-21　水果蔬菜中非禁用农药的风险程度的频次分布图（MRL 欧盟标准）

本次分析中，发现在 63 种水果蔬菜中共侦测出 145 种非禁用农药，涉及样本 1370 个，其中，16.13% 处于高度风险，涉及 53 种水果蔬菜和 57 种农药；11.31% 处于中度风险，涉及 26 种水果蔬菜和 70 种农药；72.55% 处于低度风险，涉及 63 种水果蔬菜和 127 种农药。单种水果蔬菜中的非禁用农药风险系数分布图如图 2-22 所示。单种水果蔬菜中处于高度风险的非禁用农药风险系数如图 2-23 及表 2-14 所示。

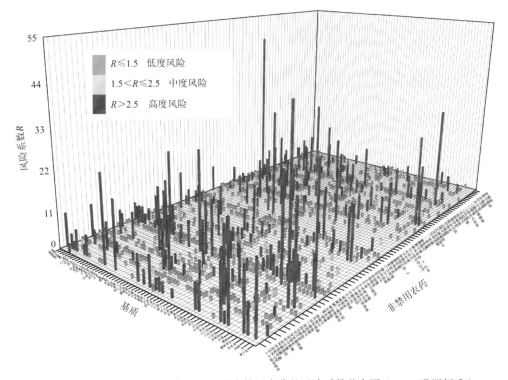

图 2-22　63 种水果蔬菜中 145 种非禁用农药的风险系数分布图（MRL 欧盟标准）

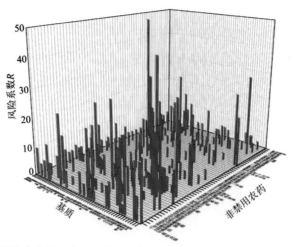

图 2-23　单种水果蔬菜中处于高度风险的非禁用农药的风险系数分布图（MRL 欧盟标准）

表 2-14　单种水果蔬菜中处于高度风险的非禁用农药的风险系数表（MRL 欧盟标准）

序号	基质	农药	超标频次	超标率 P（%）	风险系数 R
1	葱	噻虫嗪	8	47.06	48.16
2	小油菜	啶虫脒	58	43.61	44.71
3	油麦菜	多效唑	48	30.97	32.07
4	绿豆芽	喹螨醚	3	30.00	31.10
5	樱桃番茄	烯啶虫胺	2	28.57	29.67
6	小白菜	啶虫脒	17	27.42	28.52
7	芒果	啶虫脒	35	26.52	27.62
8	油桃	丙溴磷	1	25.00	26.10
9	油桃	噻虫胺	1	25.00	26.10
10	小油菜	N-去甲基啶虫脒	31	23.31	24.41
11	油麦菜	丙环唑	36	23.23	24.33
12	豇豆	N-去甲基啶虫脒	3	23.08	24.18
13	豇豆	烯酰吗啉	3	23.08	24.18
14	火龙果	多菌灵	24	22.64	23.74
15	辣椒	烯啶虫胺	8	16.67	17.77
16	茼蒿	吡虫啉	3	16.67	17.77
17	枣	N-去甲基啶虫脒	2	16.67	17.77
18	枣	噻虫胺	2	16.67	17.77
19	橘	丙溴磷	11	16.42	17.52
20	豇豆	倍硫磷	2	15.38	16.48
21	豇豆	啶虫脒	2	15.38	16.48

续表

序号	基质	农药	超标频次	超标率 P（%）	风险系数 R
22	蒜薹	咪鲜胺	7	14.89	15.99
23	平菇	啶虫脒	2	14.29	15.39
24	樱桃番茄	N-去甲基啶虫脒	1	14.29	15.39
25	樱桃番茄	己唑醇	1	14.29	15.39
26	木瓜	吡虫啉	5	13.51	14.61
27	木瓜	啶虫脒	5	13.51	14.61
28	柑	三唑磷	2	13.33	14.43
29	樱桃	己唑醇	2	13.33	14.43
30	小白菜	N-去甲基啶虫脒	8	12.90	14.00
31	荔枝	烯酰吗啉	2	12.50	13.60
32	芒果	吡虫啉	16	12.12	13.22
33	茄子	烯啶虫胺	20	12.05	13.15
34	橘	三唑磷	8	11.94	13.04
35	黄瓜	烯啶虫胺	21	11.93	13.03
36	桃	氟硅唑	5	11.11	12.21
37	茼蒿	甲霜灵	2	11.11	12.21
38	木瓜	霜霉威	4	10.81	11.91
39	小茴香	去乙基阿特拉津	6	10.53	11.63
40	火龙果	嘧菌酯	11	10.38	11.48
41	草莓	氟唑菌酰胺	8	10.13	11.23
42	哈密瓜	噁霜灵	1	10.00	11.10
43	哈密瓜	烯啶虫胺	1	10.00	11.10
44	龙眼	嘧菌酯	1	9.09	10.19
45	龙眼	氟吡菌酰胺	1	9.09	10.19
46	龙眼	甲萘威	1	9.09	10.19
47	甜椒	丙溴磷	11	8.80	9.90
48	莴笋	苯噻菌胺	2	8.70	9.80
49	油麦菜	多菌灵	13	8.39	9.49
50	菠菜	N-去甲基啶虫脒	6	8.33	9.43
51	菠菜	吡虫啉	6	8.33	9.43
52	枣	啶虫脒	1	8.33	9.43
53	橙	三唑磷	8	7.77	8.87
54	冬瓜	噁霜灵	9	7.69	8.79

序号	基质	农药	超标频次	超标率 P（%）	风险系数 R
55	豇豆	乐果	1	7.69	8.79
56	豇豆	乙虫腈	1	7.69	8.79
57	豇豆	咪鲜胺	1	7.69	8.79
58	豇豆	噻虫嗪	1	7.69	8.79
59	豇豆	多菌灵	1	7.69	8.79
60	豇豆	异丙威	1	7.69	8.79
61	豇豆	甲氨基阿维菌素	1	7.69	8.79
62	草莓	霜霉威	6	7.59	8.69
63	甜椒	烯啶虫胺	9	7.20	8.30
64	平菇	N-去甲基啶虫脒	1	7.14	8.24
65	番茄	烯啶虫胺	12	7.02	8.12
66	小茴香	多效唑	4	7.02	8.12
67	菠菜	磷酸三苯酯	5	6.94	8.04
68	杏鲍菇	速灭威	3	6.82	7.92
69	柑	丙溴磷	1	6.67	7.77
70	柑	苯噻菌胺	1	6.67	7.77
71	小白菜	灭蝇胺	4	6.45	7.55
72	油麦菜	N-去甲基啶虫脒	10	6.45	7.55
73	荔枝	乐果	1	6.25	7.35
74	荔枝	咪鲜胺	1	6.25	7.35
75	荔枝	啶虫脒	1	6.25	7.35
76	荔枝	嘧菌酯	1	6.25	7.35
77	西瓜	烯啶虫胺	4	6.25	7.35
78	萝卜	多效唑	3	6.12	7.22
79	芒果	N-去甲基啶虫脒	8	6.06	7.16
80	小油菜	多效唑	8	6.02	7.12
81	芹菜	嘧霉胺	7	5.98	7.08
82	芹菜	多菌灵	7	5.98	7.08
83	葱	噻虫胺	1	5.88	6.98
84	橙	丙溴磷	6	5.83	6.93
85	甜椒	N-去甲基啶虫脒	7	5.60	6.70
86	茼蒿	N-去甲基啶虫脒	1	5.56	6.66
87	茼蒿	吡虫啉脲	1	5.56	6.66

续表

序号	基质	农药	超标频次	超标率 P（%）	风险系数 R
88	茼蒿	嘧霉胺	1	5.56	6.66
89	茼蒿	噁霜灵	1	5.56	6.66
90	木瓜	烯酰吗啉	2	5.41	6.51
91	芒果	氟吡菌酰胺	7	5.30	6.40
92	芒果	氟唑菌酰胺	7	5.30	6.40
93	甜瓜	噻唑磷	2	5.13	6.23
94	橙	N-去甲基啶虫脒	5	4.85	5.95
95	梨	嘧菌酯	7	4.79	5.89
96	番茄	N-去甲基啶虫脒	8	4.68	5.78
97	菜豆	烯酰吗啉	6	4.62	5.72
98	芒果	烯酰吗啉	6	4.55	5.65
99	小油菜	多菌灵	6	4.51	5.61
100	小油菜	灭蝇胺	6	4.51	5.61
101	橘	N-去甲基啶虫脒	3	4.48	5.58
102	莴笋	多菌灵	1	4.35	5.45
103	香菇	甲基硫菌灵	2	4.35	5.45
104	冬瓜	咪鲜胺	5	4.27	5.37
105	蒜薹	异丙威	2	4.26	5.36
106	菠菜	嘧霉胺	3	4.17	5.27
107	菠菜	多菌灵	3	4.17	5.27
108	辣椒	三唑醇	2	4.17	5.27
109	番茄	噻虫胺	7	4.09	5.19
110	葡萄	霜霉威	6	3.95	5.05
111	草莓	多菌灵	3	3.80	4.90
112	草莓	己唑醇	3	3.80	4.90
113	芒果	吡虫啉脲	5	3.79	4.89
114	芒果	啶氧菌酯	5	3.79	4.89
115	芒果	噻虫胺	5	3.79	4.89
116	小油菜	噁霜灵	5	3.76	4.86
117	洋葱	异丙威	5	3.73	4.83
118	茄子	丙溴磷	6	3.61	4.71
119	芹菜	霜霉威	4	3.42	4.52
120	柠檬	氟唑菌酰胺	5	3.38	4.48

续表

序号	基质	农药	超标频次	超标率 P（%）	风险系数 R
121	葡萄	氟唑菌酰胺	5	3.29	4.39
122	小白菜	唑虫酰胺	2	3.23	4.33
123	小白菜	噁霜灵	2	3.23	4.33
124	小白菜	多菌灵	2	3.23	4.33
125	菜豆	N-去甲基啶虫脒	4	3.08	4.18
126	菜豆	烯啶虫胺	4	3.08	4.18
127	菠萝	异丙威	1	2.94	4.04
128	菠萝	敌草隆	1	2.94	4.04
129	菠萝	甲霜灵	1	2.94	4.04
130	橙	苯噻菌胺	3	2.91	4.01
131	青花菜	噁霜灵	2	2.90	4.00
132	黄瓜	噻唑磷	5	2.84	3.94
133	菠菜	乙霉威	2	2.78	3.88
134	菠菜	噁霜灵	2	2.78	3.88
135	菠菜	多效唑	2	2.78	3.88
136	韭菜	多菌灵	3	2.78	3.88
137	西葫芦	烯啶虫胺	4	2.72	3.82
138	木瓜	N-去甲基啶虫脒	1	2.70	3.80
139	木瓜	吡虫啉脲	1	2.70	3.80
140	木瓜	呋虫胺	1	2.70	3.80
141	木瓜	氟吡菌酰胺	1	2.70	3.80
142	柠檬	醚菌酯	4	2.70	3.80
143	油麦菜	烯唑醇	4	2.58	3.68
144	油麦菜	腈菌唑	4	2.58	3.68
145	芹菜	吡唑醚菌酯	3	2.56	3.66
146	芹菜	异丙威	3	2.56	3.66
147	草莓	二甲嘧酚	2	2.53	3.63
148	草莓	灭草烟	2	2.53	3.63
149	草莓	甲基硫菌灵	2	2.53	3.63
150	茄子	N-去甲基啶虫脒	4	2.41	3.51
151	甜椒	吡虫啉脲	3	2.40	3.50
152	甜椒	噁霜灵	3	2.40	3.50
153	甜椒	噻虫胺	3	2.40	3.50

续表

序号	基质	农药	超标频次	超标率 P（%）	风险系数 R
154	甜椒	多菌灵	3	2.40	3.50
155	番茄	噁霜灵	4	2.34	3.44
156	菜豆	三唑磷	3	2.31	3.41
157	菜豆	多菌灵	3	2.31	3.41
158	黄瓜	苯噻菌胺	4	2.27	3.37
159	小油菜	吡虫啉脲	3	2.26	3.36
160	小油菜	唑虫酰胺	3	2.26	3.36
161	小油菜	烯唑醇	3	2.26	3.36
162	桃	丙溴磷	1	2.22	3.32
163	桃	多菌灵	1	2.22	3.32
164	桃	烯酰吗啉	1	2.22	3.32
165	桃	腈菌唑	1	2.22	3.32
166	蒜薹	啶虫脒	1	2.13	3.23
167	蒜薹	嘧霉胺	1	2.13	3.23
168	蒜薹	扑草净	1	2.13	3.23
169	蒜薹	氟硅唑	1	2.13	3.23
170	辣椒	丙溴磷	1	2.08	3.18
171	辣椒	唑虫酰胺	1	2.08	3.18
172	辣椒	啶虫脒	1	2.08	3.18
173	辣椒	噻唑磷	1	2.08	3.18
174	辣椒	噻虫胺	1	2.08	3.18
175	猕猴桃	戊唑醇	3	2.08	3.18
176	萝卜	噻苯咪唑-5-羟基	1	2.04	3.14
177	柠檬	氟硅唑	3	2.03	3.13
178	葡萄	N-去甲基啶虫脒	3	1.97	3.07
179	葡萄	三唑醇	3	1.97	3.07
180	葡萄	吡虫啉脲	3	1.97	3.07
181	葡萄	抑霉唑	3	1.97	3.07
182	橙	多菌灵	2	1.94	3.04
183	橙	甲萘威	2	1.94	3.04
184	油麦菜	异丙威	3	1.94	3.04
185	油麦菜	甲基硫菌灵	3	1.94	3.04
186	花椰菜	霜霉威	1	1.92	3.02

续表

序号	基质	农药	超标频次	超标率 P（%）	风险系数 R
187	火龙果	咪鲜胺	2	1.89	2.99
188	火龙果	烯酰吗啉	2	1.89	2.99
189	茄子	啶虫脒	3	1.81	2.91
190	番茄	噻虫嗪	3	1.75	2.85
191	小茴香	N-去甲基啶虫脒	1	1.75	2.85
192	小茴香	噁霜灵	1	1.75	2.85
193	小茴香	多菌灵	1	1.75	2.85
194	小茴香	甲基硫菌灵	1	1.75	2.85
195	金针菇	烯酰吗啉	1	1.72	2.82
196	金针菇	霜霉威	1	1.72	2.82
197	冬瓜	N-去甲基啶虫脒	2	1.71	2.81
198	芹菜	N-去甲基啶虫脒	2	1.71	2.81
199	芹菜	甲基硫菌灵	2	1.71	2.81
200	黄瓜	噁霜灵	3	1.70	2.80
201	小白菜	多效唑	1	1.61	2.71
202	小白菜	甲氨基阿维菌素	1	1.61	2.71
203	小白菜	虫酰肼	1	1.61	2.71
204	甜椒	己唑醇	2	1.60	2.70
205	甜椒	甲基硫菌灵	2	1.60	2.70
206	丝瓜	呋虫胺	1	1.56	2.66
207	丝瓜	噻唑磷	1	1.56	2.66
208	丝瓜	烯啶虫胺	1	1.56	2.66
209	丝瓜	甲氨基阿维菌素	1	1.56	2.66
210	西瓜	噁霜灵	1	1.56	2.66
211	西瓜	多菌灵	1	1.56	2.66
212	菜豆	三唑醇	2	1.54	2.64
213	菜豆	己唑醇	2	1.54	2.64
214	芒果	吡唑醚菌酯	2	1.52	2.62
215	小油菜	噻虫嗪	2	1.50	2.60
216	橘	乐果	1	1.49	2.59
217	橘	稻瘟灵	1	1.49	2.59
218	橘	苯噻菌胺	1	1.49	2.59
219	橘	醚菌酯	1	1.49	2.59
220	洋葱	噁霜灵	2	1.49	2.59
221	青花菜	速灭磷	1	1.45	2.55

2.3.2　所有水果蔬菜中农药残留风险系数分析

2.3.2.1　所有水果蔬菜中禁用农药残留风险系数分析

在侦测出的 157 种农药中有 12 种为禁用农药，计算所有水果蔬菜中禁用农药的风险系数，结果如表 2-15 所示。禁用农药克百威处于高度风险，甲拌磷、氧乐果 2 种禁用农药处于中度风险，剩余 9 种禁用农药处于低度风险。

表 2-15　水果蔬菜中 12 种禁用农药的风险系数表

序号	农药	检出频次	检出率（%）	风险系数 R	风险程度
1	克百威	88	1.93	3.03	高度风险
2	甲拌磷	51	1.12	2.22	中度风险
3	氧乐果	37	0.81	1.91	中度风险
4	灭多威	5	0.11	1.21	低度风险
5	苯线磷	3	0.07	1.17	低度风险
6	丁酰肼	2	0.04	1.14	低度风险
7	甲胺磷	2	0.04	1.14	低度风险
8	久效磷	2	0.04	1.14	低度风险
9	硫线磷	1	0.02	1.12	低度风险
10	灭线磷	1	0.02	1.12	低度风险
11	水胺硫磷	1	0.02	1.12	低度风险
12	特丁硫磷	1	0.02	1.12	低度风险

对每个月内的禁用农药的风险系数进行分析，结果如图 2-24 及表 2-16 所示。

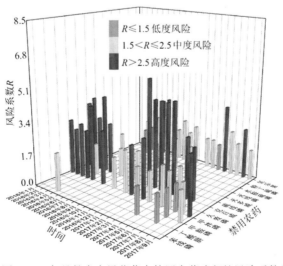

图 2-24　各月份内水果蔬菜中禁用农药残留的风险系数分布图

表 2-16　各月份内水果蔬菜中禁用农药的风险系数表

序号	年月	农药	检出频次	检出率（%）	风险系数 R	风险程度
1	2016 年 1 月	克百威	4	2.50	3.60	高度风险
2	2016 年 1 月	甲拌磷	3	1.88	2.98	高度风险
3	2016 年 1 月	硫线磷	1	0.63	1.73	中度风险
4	2016 年 2 月	克百威	8	2.88	3.98	高度风险
5	2016 年 2 月	甲拌磷	4	1.44	2.54	高度风险
6	2016 年 3 月	甲拌磷	3	1.82	2.92	高度风险
7	2016 年 3 月	克百威	3	1.82	2.92	高度风险
8	2016 年 3 月	氧乐果	1	0.61	1.71	中度风险
9	2016 年 4 月	克百威	10	3.09	4.19	高度风险
10	2016 年 4 月	甲拌磷	5	1.54	2.64	高度风险
11	2016 年 4 月	苯线磷	3	0.93	2.03	中度风险
12	2016 年 4 月	久效磷	2	0.62	1.72	中度风险
13	2016 年 4 月	灭多威	2	0.62	1.72	中度风险
14	2016 年 4 月	特丁硫磷	1	0.31	1.41	低度风险
15	2016 年 4 月	氧乐果	1	0.31	1.41	低度风险
16	2016 年 5 月	甲拌磷	9	2.96	4.06	高度风险
17	2016 年 5 月	克百威	5	1.64	2.74	高度风险
18	2016 年 5 月	氧乐果	3	0.99	2.09	中度风险
19	2016 年 6 月	氧乐果	2	2.08	3.18	高度风险
20	2016 年 7 月	氧乐果	5	2.25	3.35	高度风险
21	2016 年 7 月	甲拌磷	4	1.80	2.90	高度风险
22	2016 年 7 月	克百威	1	0.45	1.55	中度风险
23	2016 年 8 月	氧乐果	1	0.68	1.78	中度风险
24	2016 年 9 月	甲拌磷	2	0.58	1.68	中度风险
25	2016 年 9 月	克百威	2	0.58	1.68	中度风险
26	2016 年 9 月	氧乐果	2	0.58	1.68	中度风险
27	2016 年 9 月	灭线磷	1	0.29	1.39	低度风险
28	2016 年 10 月	氧乐果	2	1.21	2.31	中度风险
29	2016 年 10 月	克百威	1	0.61	1.71	中度风险
30	2016 年 11 月	甲拌磷	2	1.17	2.27	中度风险
31	2016 年 11 月	克百威	2	1.17	2.27	中度风险
32	2016 年 11 月	水胺硫磷	1	0.58	1.68	中度风险
33	2016 年 11 月	氧乐果	1	0.58	1.68	中度风险

序号	年月	农药	检出频次	检出率（%）	风险系数 R	风险程度
34	2016 年 12 月	克百威	9	4.59	5.69	高度风险
35	2016 年 12 月	甲拌磷	3	1.53	2.63	高度风险
36	2016 年 12 月	氧乐果	2	1.02	2.12	中度风险
37	2017 年 1 月	克百威	7	3.59	4.69	高度风险
38	2017 年 1 月	甲拌磷	1	0.51	1.61	中度风险
39	2017 年 2 月	克百威	7	3.59	4.69	高度风险
40	2017 年 2 月	甲拌磷	4	2.05	3.15	高度风险
41	2017 年 2 月	氧乐果	1	0.51	1.61	中度风险
42	2017 年 3 月	克百威	7	3.59	4.69	高度风险
43	2017 年 3 月	甲拌磷	1	0.51	1.61	中度风险
44	2017 年 3 月	氧乐果	1	0.51	1.61	中度风险
45	2017 年 4 月	克百威	11	3.73	4.83	高度风险
46	2017 年 4 月	灭多威	3	1.02	2.12	中度风险
47	2017 年 4 月	丁酰肼	1	0.34	1.44	低度风险
48	2017 年 4 月	氧乐果	1	0.34	1.44	低度风险
49	2017 年 5 月	氧乐果	5	2.56	3.66	高度风险
50	2017 年 5 月	甲拌磷	2	1.03	2.13	中度风险
51	2017 年 5 月	克百威	1	0.51	1.61	中度风险
52	2017 年 6 月	克百威	5	2.11	3.21	高度风险
53	2017 年 6 月	氧乐果	3	1.27	2.37	中度风险
54	2017 年 6 月	甲拌磷	2	0.84	1.94	中度风险
55	2017 年 7 月	克百威	5	1.68	2.78	高度风险
56	2017 年 7 月	氧乐果	2	0.67	1.77	中度风险
57	2017 年 7 月	丁酰肼	1	0.34	1.44	低度风险
58	2017 年 7 月	甲胺磷	1	0.34	1.44	低度风险
59	2017 年 7 月	甲拌磷	1	0.34	1.44	低度风险
60	2017 年 8 月	氧乐果	3	1.55	2.65	高度风险
61	2017 年 8 月	甲拌磷	1	0.52	1.62	中度风险
62	2017 年 9 月	甲拌磷	4	2.00	3.10	高度风险
63	2017 年 9 月	甲胺磷	1	0.50	1.60	中度风险
64	2017 年 9 月	氧乐果	1	0.50	1.60	中度风险

2.3.2.2　所有水果蔬菜中非禁用农药残留风险系数分析

参照 MRL 欧盟标准计算所有水果蔬菜中每种非禁用农药残留的风险系数，如图 2-25

与表 2-17 所示。在侦测出的 145 种非禁用农药中，5 种农药（3.45%）残留处于高度风险，14 种农药（9.65%）残留处于中度风险，126 种农药（86.90%）残留处于低度风险。

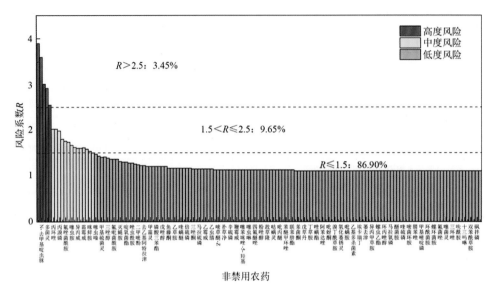

图 2-25　水果蔬菜中 145 种非禁用农药的风险程度统计图

表 2-17　水果蔬菜中 145 种非禁用农药的风险系数表

序号	农药	超标频次	超标率 P（%）	风险系数 R	风险程度
1	啶虫脒	128	2.80	3.90	高度风险
2	N-去甲基啶虫脒	114	2.49	3.59	高度风险
3	烯啶虫胺	87	1.90	3.00	高度风险
4	多菌灵	83	1.82	2.92	高度风险
5	多效唑	66	1.44	2.54	高度风险
6	丙环唑	42	0.92	2.02	中度风险
7	噁霜灵	42	0.92	2.02	中度风险
8	丙溴磷	40	0.88	1.98	中度风险
9	吡虫啉	32	0.70	1.80	中度风险
10	氟唑菌酰胺	30	0.66	1.76	中度风险
11	烯酰吗啉	29	0.63	1.73	中度风险
12	噻虫胺	26	0.57	1.67	中度风险
13	吡虫啉脲	24	0.53	1.63	中度风险
14	异丙威	23	0.50	1.60	中度风险
15	三唑磷	23	0.50	1.60	中度风险
16	霜霉威	23	0.50	1.60	中度风险
17	嘧菌酯	22	0.48	1.58	中度风险

续表

序号	农药	超标频次	超标率 P（%）	风险系数 R	风险程度
18	咪鲜胺	20	0.44	1.54	中度风险
19	氟硅唑	19	0.42	1.52	中度风险
20	噻虫嗪	17	0.37	1.47	低度风险
21	己唑醇	15	0.33	1.43	低度风险
22	甲基硫菌灵	14	0.31	1.41	低度风险
23	嘧霉胺	14	0.31	1.41	低度风险
24	三唑醇	13	0.28	1.38	低度风险
25	苯噻菌胺	12	0.26	1.36	低度风险
26	氟吡菌酰胺	12	0.26	1.36	低度风险
27	噻唑磷	12	0.26	1.36	低度风险
28	灭蝇胺	10	0.22	1.32	低度风险
29	醚菌酯	9	0.20	1.30	低度风险
30	啶氧菌酯	9	0.20	1.30	低度风险
31	烯唑醇	8	0.18	1.28	低度风险
32	唑虫酰胺	8	0.18	1.28	低度风险
33	呋虫胺	7	0.15	1.25	低度风险
34	二甲嘧酚	6	0.13	1.23	低度风险
35	腈菌唑	6	0.13	1.23	低度风险
36	去乙基阿特拉津	6	0.13	1.23	低度风险
37	乐果	5	0.11	1.21	低度风险
38	甲霜灵	5	0.11	1.21	低度风险
39	甲萘威	5	0.11	1.21	低度风险
40	磷酸三苯酯	5	0.11	1.21	低度风险
41	吡唑醚菌酯	5	0.11	1.21	低度风险
42	戊唑醇	5	0.11	1.21	低度风险
43	抑霉唑	5	0.11	1.21	低度风险
44	鱼藤酮	3	0.07	1.17	低度风险
45	速灭威	3	0.07	1.17	低度风险
46	乙草胺	3	0.07	1.17	低度风险
47	氟环唑	3	0.07	1.17	低度风险
48	喹螨醚	3	0.07	1.17	低度风险
49	甲哌	3	0.07	1.17	低度风险
50	倍硫磷	3	0.07	1.17	低度风险

续表

序号	农药	超标频次	超标率 P（%）	风险系数 R	风险程度
51	甲氨基阿维菌素	3	0.07	1.17	低度风险
52	三唑酮	2	0.04	1.14	低度风险
53	灭草烟	2	0.04	1.14	低度风险
54	马拉硫磷	2	0.04	1.14	低度风险
55	虫酰肼	2	0.04	1.14	低度风险
56	乙霉威	2	0.04	1.14	低度风险
57	肟菌酯	2	0.04	1.14	低度风险
58	乙虫腈	2	0.04	1.14	低度风险
59	乙嘧酚	1	0.02	1.12	低度风险
60	嘧草醚-Z	1	0.02	1.12	低度风险
61	乙螨唑	1	0.02	1.12	低度风险
62	扑草净	1	0.02	1.12	低度风险
63	灭害威	1	0.02	1.12	低度风险
64	辛硫磷	1	0.02	1.12	低度风险
65	去甲基抗蚜威	1	0.02	1.12	低度风险
66	缬霉威	1	0.02	1.12	低度风险
67	炔丙菊酯	1	0.02	1.12	低度风险
68	噻苯咪唑-5-羟基	1	0.02	1.12	低度风险
69	烯效唑	1	0.02	1.12	低度风险
70	噻虫啉	1	0.02	1.12	低度风险
71	速灭磷	1	0.02	1.12	低度风险
72	四氟醚唑	1	0.02	1.12	低度风险
73	4-十二烷基-2,6-二甲基吗啉	1	0.02	1.12	低度风险
74	粉唑醇	1	0.02	1.12	低度风险
75	胺唑草酮	1	0.02	1.12	低度风险
76	敌草隆	1	0.02	1.12	低度风险
77	稻瘟灵	1	0.02	1.12	低度风险
78	哒螨灵	1	0.02	1.12	低度风险
79	氟丁酰草胺	1	0.02	1.12	低度风险
80	吡丙醚	1	0.02	1.12	低度风险
81	甲磺草胺	1	0.02	1.12	低度风险
82	苯醚甲环唑	1	0.02	1.12	低度风险
83	环丙津	1	0.02	1.12	低度风险

续表

序号	农药	超标频次	超标率 P（%）	风险系数 R	风险程度
84	联苯肼酯	1	0.02	1.12	低度风险
85	茚虫威	0	0	1.1	低度风险
86	苯菌酮	0	0	1.1	低度风险
87	丁噻隆	0	0	1.1	低度风险
88	戊草丹	0	0	1.1	低度风险
89	戊菌唑	0	0	1.1	低度风险
90	丁草胺	0	0	1.1	低度风险
91	地胺磷	0	0	1.1	低度风险
92	唑螨酯	0	0	1.1	低度风险
93	唑啉草酯	0	0	1.1	低度风险
94	阿苯达唑	0	0	1.1	低度风险
95	苄氯三唑醇	0	0	1.1	低度风险
96	吡蚜酮	0	0	1.1	低度风险
97	新燕灵	0	0	1.1	低度风险
98	溴丁酰草胺	0	0	1.1	低度风险
99	亚胺硫磷	0	0	1.1	低度风险
100	氧化萎锈灵	0	0	1.1	低度风险
101	吡咪唑	0	0	1.1	低度风险
102	吡螨胺	0	0	1.1	低度风险
103	毒死蜱	0	0	1.1	低度风险
104	乙基多杀菌素	0	0	1.1	低度风险
105	增效醚	0	0	1.1	低度风险
106	埃卡瑞丁	0	0	1.1	低度风险
107	苯氧菌胺-（Z）	0	0	1.1	低度风险
108	莠去津	0	0	1.1	低度风险
109	乙嘧酚磺酸酯	0	0.02	1.1	低度风险
110	异丙甲草胺	0	0	1.1	低度风险
111	特丁津	0	0	1.1	低度风险
112	螺虫乙酯	0	0	1.1	低度风险
113	二嗪磷	0	0	1.1	低度风险
114	环丙唑醇	0	0	1.1	低度风险
115	6-苄氨基嘌呤	0	0	1.1	低度风险
116	马拉氧磷	0	0	1.1	低度风险

续表

序号	农药	超标频次	超标率 P（%）	风险系数 R	风险程度
117	咪草酸	0	0	1.1	低度风险
118	醚菌胺	0	0	1.1	低度风险
119	喹氧灵	0	0	1.1	低度风险
120	喹硫磷	0	0	1.1	低度风险
121	嘧啶磷	0	0	1.1	低度风险
122	嘧菌环胺	0	0	1.1	低度风险
123	枯莠隆	0	0	1.1	低度风险
124	腈苯唑	0	0	1.1	低度风险
125	甲氧虫酰肼	0	0	1.1	低度风险
126	甲基嘧啶磷	0	0	1.1	低度风险
127	甲基吡噁磷	0	0	1.1	低度风险
128	环酰菌胺	0	0	1.1	低度风险
129	氟嘧菌酯	0	0	1.1	低度风险
130	螺环菌胺	0	0	1.1	低度风险
131	去异丙基莠去津	0	0	1.1	低度风险
132	氟菌唑	0	0	1.1	低度风险
133	氟甲喹	0	0	1.1	低度风险
134	噻菌灵	0	0	1.1	低度风险
135	噻嗪酮	0	0	1.1	低度风险
136	三环唑	0	0	1.1	低度风险
137	氟草敏	0	0	1.1	低度风险
138	呋酰胺	0	0	1.1	低度风险
139	呋嘧醇	0	0	1.1	低度风险
140	十三吗啉	0	0	1.1	低度风险
141	双苯基脲	0	0	1.1	低度风险
142	双苯酰草胺	0	0	1.1	低度风险
143	双炔酰菌胺	0	0	1.1	低度风险
144	砜拌磷	0	0	1.1	低度风险
145	唑嘧菌胺	0	0	1.1	低度风险

对每个月份内的非禁用农药的风险系数分析，每月内非禁用农药风险程度分布图如图 2-26 所示。20 个月份内处于高度风险的农药数排序为 2017 年 2 月（12）＞2016 年 12 月（11）＞2017 年 1 月（9）＞2017 年 3 月（8）＝2017 年 5 月（8）＞2017 年 9 月（7）＞2016 年 4 月（6）＝2016 年 6 月（6）＝2016 年 10 月（6）＞2016 年 5 月（5）＝2016 年 8 月（5）＝2016 年 9 月（5）＝2016 年 11 月（5）＝2017 年 4 月（5）＝2017 年 7 月（5）＝2017

年 8 月（5）＞2016 年 2 月（4）＝2016 年 7 月（4）＞2016 年 1 月（3）＝2017 年 6 月（3）。

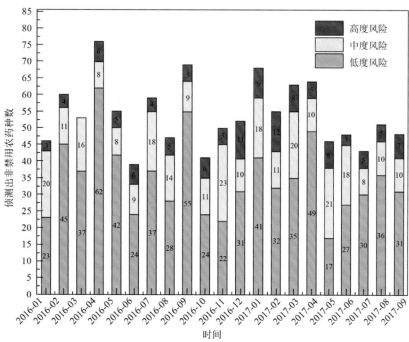

图 2-26　各月份水果蔬菜中非禁用农药残留的风险程度分布图

21 个月份内水果蔬菜中非禁用农药处于中度风险和高度风险的风险系数如图 2-27 所示。

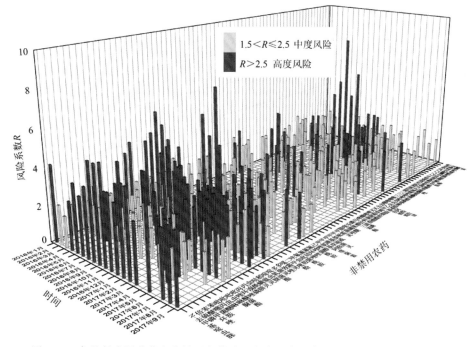

图 2-27　各月份水果蔬菜中非禁用农药处于中度风险和高度风险的风险系数分布图

21 个月份内水果蔬菜中非禁用农药处于高度风险的风险系数表 2-18 所示。

表 2-18　各月份水果蔬菜中非禁用农药处于高度风险的风险系数表

序号	年月	农药	超标频次	超标率 P（%）	风险系数 R	风险程度
1	2016 年 1 月	N-去甲基啶虫脒	5	3.13	4.23	高度风险
2	2016 年 1 月	啶虫脒	4	2.50	3.60	高度风险
3	2016 年 1 月	霜霉威	3	1.88	2.98	高度风险
4	2016 年 2 月	啶虫脒	9	3.24	4.34	高度风险
5	2016 年 2 月	三唑磷	6	2.16	3.26	高度风险
6	2016 年 2 月	嘧菌酯	5	1.80	2.90	高度风险
7	2016 年 2 月	吡虫啉脲	4	1.44	2.54	高度风险
8	2016 年 4 月	噁霜灵	8	2.47	3.57	高度风险
9	2016 年 4 月	啶虫脒	6	1.85	2.95	高度风险
10	2016 年 4 月	N-去甲基啶虫脒	5	1.54	2.64	高度风险
11	2016 年 4 月	丙溴磷	5	1.54	2.64	高度风险
12	2016 年 4 月	磷酸三苯酯	5	1.54	2.64	高度风险
13	2016 年 4 月	烯啶虫胺	5	1.54	2.64	高度风险
14	2016 年 5 月	啶虫脒	11	3.62	4.72	高度风险
15	2016 年 5 月	N-去甲基啶虫脒	8	2.63	3.73	高度风险
16	2016 年 5 月	多效唑	8	2.63	3.73	高度风险
17	2016 年 5 月	吡虫啉	5	1.64	2.74	高度风险
18	2016 年 5 月	烯啶虫胺	5	1.64	2.74	高度风险
19	2016 年 6 月	啶虫脒	4	4.17	5.27	高度风险
20	2016 年 6 月	多效唑	3	3.13	4.23	高度风险
21	2016 年 6 月	N-去甲基啶虫脒	2	2.08	3.18	高度风险
22	2016 年 6 月	吡虫啉脲	2	2.08	3.18	高度风险
23	2016 年 6 月	灭蝇胺	2	2.08	3.18	高度风险
24	2016 年 6 月	去乙基阿特拉津	2	2.08	3.18	高度风险
25	2016 年 7 月	啶虫脒	12	5.41	6.51	高度风险
26	2016 年 7 月	N-去甲基啶虫脒	6	2.70	3.80	高度风险
27	2016 年 7 月	异丙威	6	2.70	3.80	高度风险
28	2016 年 7 月	去乙基阿特拉津	4	1.80	2.90	高度风险
29	2016 年 8 月	啶虫脒	7	4.79	5.89	高度风险
30	2016 年 8 月	N-去甲基啶虫脒	6	4.11	5.21	高度风险
31	2016 年 8 月	烯啶虫胺	5	3.42	4.52	高度风险

续表

序号	年月	农药	超标频次	超标率 P（%）	风险系数 R	风险程度
32	2016 年 8 月	多菌灵	3	2.05	3.15	高度风险
33	2016 年 8 月	异丙威	3	2.05	3.15	高度风险
34	2016 年 9 月	烯啶虫胺	15	4.39	5.49	高度风险
35	2016 年 9 月	N-去甲基啶虫脒	14	4.09	5.19	高度风险
36	2016 年 9 月	啶虫脒	14	4.09	5.19	高度风险
37	2016 年 9 月	多菌灵	12	3.51	4.61	高度风险
38	2016 年 9 月	多效唑	6	1.75	2.85	高度风险
39	2016 年 10 月	烯啶虫胺	12	7.27	8.37	高度风险
40	2016 年 10 月	N-去甲基啶虫脒	7	4.24	5.34	高度风险
41	2016 年 10 月	啶虫脒	5	3.03	4.13	高度风险
42	2016 年 10 月	噻虫嗪	4	2.42	3.52	高度风险
43	2016 年 10 月	丙溴磷	3	1.82	2.92	高度风险
44	2016 年 10 月	咪鲜胺	3	1.82	2.92	高度风险
45	2016 年 11 月	N-去甲基啶虫脒	5	2.92	4.02	高度风险
46	2016 年 11 月	啶虫脒	5	2.92	4.02	高度风险
47	2016 年 11 月	烯啶虫胺	5	2.92	4.02	高度风险
48	2016 年 11 月	喹螨醚	3	1.75	2.85	高度风险
49	2016 年 11 月	噻虫嗪	3	1.75	2.85	高度风险
50	2016 年 12 月	烯啶虫胺	10	5.10	6.20	高度风险
51	2016 年 12 月	N-去甲基啶虫脒	5	2.55	3.65	高度风险
52	2016 年 12 月	啶虫脒	4	2.04	3.14	高度风险
53	2016 年 12 月	多菌灵	4	2.04	3.14	高度风险
54	2016 年 12 月	咪鲜胺	4	2.04	3.14	高度风险
55	2016 年 12 月	噻虫胺	4	2.04	3.14	高度风险
56	2016 年 12 月	三唑磷	4	2.04	3.14	高度风险
57	2016 年 12 月	多效唑	3	1.53	2.63	高度风险
58	2016 年 12 月	噁霜灵	3	1.53	2.63	高度风险
59	2016 年 12 月	烯酰吗啉	3	1.53	2.63	高度风险
60	2016 年 12 月	异丙威	3	1.53	2.63	高度风险
61	2017 年 1 月	多菌灵	11	5.64	6.74	高度风险
62	2017 年 1 月	N-去甲基啶虫脒	9	4.62	5.72	高度风险
63	2017 年 1 月	咪鲜胺	4	2.05	3.15	高度风险
64	2017 年 1 月	啶虫脒	3	1.54	2.64	高度风险

序号	年月	农药	超标频次	超标率 P（%）	风险系数 R	风险程度
65	2017年1月	多效唑	3	1.54	2.64	高度风险
66	2017年1月	噁霜灵	3	1.54	2.64	高度风险
67	2017年1月	嘧菌酯	3	1.54	2.64	高度风险
68	2017年1月	烯啶虫胺	3	1.54	2.64	高度风险
69	2017年1月	烯酰吗啉	3	1.54	2.64	高度风险
70	2017年2月	多菌灵	9	4.62	5.72	高度风险
71	2017年2月	N-去甲基啶虫脒	7	3.59	4.69	高度风险
72	2017年2月	丙溴磷	7	3.59	4.69	高度风险
73	2017年2月	烯啶虫胺	5	2.56	3.66	高度风险
74	2017年2月	三唑磷	4	2.05	3.15	高度风险
75	2017年2月	吡虫啉	3	1.54	2.64	高度风险
76	2017年2月	啶虫脒	3	1.54	2.64	高度风险
77	2017年2月	啶氧菌酯	3	1.54	2.64	高度风险
78	2017年2月	氟吡菌酰胺	3	1.54	2.64	高度风险
79	2017年2月	氟唑菌酰胺	3	1.54	2.64	高度风险
80	2017年2月	噻虫胺	3	1.54	2.64	高度风险
81	2017年2月	霜霉威	3	1.54	2.64	高度风险
82	2017年3月	多菌灵	14	7.18	8.28	高度风险
83	2017年3月	烯啶虫胺	5	2.56	3.66	高度风险
84	2017年3月	N-去甲基啶虫脒	4	2.05	3.15	高度风险
85	2017年3月	吡虫啉	4	2.05	3.15	高度风险
86	2017年3月	丙溴磷	4	2.05	3.15	高度风险
87	2017年3月	啶虫脒	4	2.05	3.15	高度风险
88	2017年3月	三唑醇	4	2.05	3.15	高度风险
89	2017年3月	噁霜灵	3	1.54	2.64	高度风险
90	2017年4月	啶虫脒	6	2.03	3.13	高度风险
91	2017年4月	氟唑菌酰胺	6	2.03	3.13	高度风险
92	2017年4月	吡虫啉	5	1.69	2.79	高度风险
93	2017年4月	多菌灵	5	1.69	2.79	高度风险
94	2017年4月	噁霜灵	5	1.69	2.79	高度风险
95	2017年5月	N-去甲基啶虫脒	9	4.62	5.72	高度风险
96	2017年5月	啶虫脒	9	4.62	5.72	高度风险
97	2017年5月	苯噻菌胺	4	2.05	3.15	高度风险

续表

序号	年月	农药	超标频次	超标率 P（%）	风险系数 R	风险程度
98	2017 年 5 月	吡虫啉	4	2.05	3.15	高度风险
99	2017 年 5 月	丙环唑	4	2.05	3.15	高度风险
100	2017 年 5 月	多效唑	3	1.54	2.64	高度风险
101	2017 年 5 月	噁霜灵	3	1.54	2.64	高度风险
102	2017 年 5 月	烯啶虫胺	3	1.54	2.64	高度风险
103	2017 年 6 月	多效唑	8	3.38	4.48	高度风险
104	2017 年 6 月	丙环唑	7	2.95	4.05	高度风险
105	2017 年 6 月	啶虫脒	4	1.69	2.79	高度风险
106	2017 年 7 月	啶虫脒	10	3.37	4.47	高度风险
107	2017 年 7 月	多效唑	10	3.37	4.47	高度风险
108	2017 年 7 月	丙环唑	8	2.69	3.79	高度风险
109	2017 年 7 月	N-去甲基啶虫脒	7	2.36	3.46	高度风险
110	2017 年 7 月	噻虫胺	5	1.68	2.78	高度风险
111	2017 年 8 月	N-去甲基啶虫脒	5	2.59	3.69	高度风险
112	2017 年 8 月	多菌灵	5	2.59	3.69	高度风险
113	2017 年 8 月	丙环唑	4	2.07	3.17	高度风险
114	2017 年 8 月	啶虫脒	3	1.55	2.65	高度风险
115	2017 年 8 月	多效唑	3	1.55	2.65	高度风险
116	2017 年 9 月	N-去甲基啶虫脒	5	2.50	3.60	高度风险
117	2017 年 9 月	多效唑	5	2.50	3.60	高度风险
118	2017 年 9 月	啶虫脒	4	2.00	3.10	高度风险
119	2017 年 9 月	氟硅唑	4	2.00	3.10	高度风险
120	2017 年 9 月	己唑醇	3	1.50	2.60	高度风险
121	2017 年 9 月	三唑醇	3	1.50	2.60	高度风险
122	2017 年 9 月	速灭威	3	1.50	2.60	高度风险

2.4　LC-Q-TOF/MS 侦测北京市市售水果蔬菜农药残留风险评估结论与建议

　　农药残留是影响水果蔬菜安全和质量的主要因素，也是我国食品安全领域备受关注的敏感话题和亟待解决的重大问题之一[15,16]。各种水果蔬菜均存在不同程度的农药残留现象,本研究主要针对北京市各类水果蔬菜存在的农药残留问题,基于 2016 年 1 月~2017 年 9 月对北京市 4571 例水果蔬菜样品中农药残留侦测得出的 9207 个侦测结果，分别采用食品安全指数模型和风险系数模型，开展水果蔬菜中农药残留的膳食暴露风险和预警风险评估。水果蔬菜样品取自超市和农贸市场，符合大众的膳食来源，风险评价时更具有代表性和可信度。

本研究力求通用简单地反映食品安全中的主要问题，且为管理部门和大众容易接受，为政府及相关管理机构建立科学的食品安全信息发布和预警体系提供科学的规律与方法，加强对农药残留的预警和食品安全重大事件的预防，控制食品风险。

2.4.1 北京市水果蔬菜中农药残留膳食暴露风险评价结论

1）水果蔬菜样品中农药残留安全状态评价结论

采用食品安全指数模型，对 2016 年 1 月~2017 年 9 月期间北京市水果蔬菜食品农药残留膳食暴露风险进行评价，根据 IFS_c 的计算结果发现，水果蔬菜中农药的 $\overline{IFS}$ 为 0.0355，说明北京市水果蔬菜总体处于很好的安全状态，但部分禁用农药、高残留农药在蔬菜、水果中仍有侦测出，导致膳食暴露风险的存在，成为不安全因素。

2）单种水果蔬菜中农药膳食暴露风险不可接受情况评价结论

分析发现 19 种水果蔬菜中的农药残留对食品安全影响不可接受，其中包括韭菜中的甲拌磷，葡萄中的克百威，油麦菜中的噻唑磷，豇豆中的水胺硫磷，茄子、猕猴桃、西瓜、甜椒、菜豆、小油菜、莴笋、橘、韭菜、龙眼、黄瓜中的氧乐果，生菜、黄瓜、芹菜、葡萄中的异丙威。

单种水果蔬菜中农药残留安全指数分析结果显示，农药对单种水果蔬菜安全影响不可接受（$IFS_c>1$）的样本数共 19 个，占总样本数的 1.31%，19 个样本分别包括韭菜中的甲拌磷，葡萄中的克百威，油麦菜中的噻唑磷，豇豆中的水胺硫磷，茄子、猕猴桃、西瓜、甜椒、菜豆、小油菜、莴笋、橘、韭菜、龙眼、黄瓜中的氧乐果，生菜、黄瓜、芹菜、葡萄中的异丙威。氧乐果、甲拌磷、克百威、水胺硫磷均属于禁用的剧毒农药，且上述均为较常见的水果蔬菜，百姓日常食用量较大，长期食用大量残留禁用农药的水果蔬菜会对人体造成不可接受的影响，对消费者身体健康造成较大的膳食暴露风险。本次侦测发现禁用农药尤其是氧乐果、甲拌磷、克百威在水果蔬菜样品中多次并大量侦测出，是未严格实施农业良好管理规范（GAP），抑或是农药滥用，这应该引起相关管理部门的警惕，应加强对禁用农药的严格管控。

3）禁用农药膳食暴露风险评价

本次侦测发现部分水果蔬菜样品中有禁用农药侦测出，侦测出禁用农药 12 种，检出频次为 194，水果蔬菜样品中的禁用农药 IFS_c 计算结果表明，禁用农药残留膳食暴露风险不可接受的频次为 28，占 14.43%；可以接受的频次为 73，占 37.63%；没有影响的频次为 93，占 47.94%。对于水果蔬菜样品中所有农药而言，膳食暴露风险不可接受的频次为 40，仅占总体频次的 0.43%。可以看出，禁用农药的膳食暴露风险不可接受的比例远高于总体水平，这在一定程度上说明禁用农药更容易导致严重的膳食暴露风险。此外，膳食暴露风险不可接受的残留禁用农药为氧乐果、甲拌磷、克百威、水胺硫磷，因此，应该加强对禁用农药氧乐果、甲拌磷、克百威、水胺硫磷的管控力度。为何在国家明令禁止禁用农药喷洒的情况下，还能在多种水果蔬菜中多次侦测出禁用农药残留并造成不可接受的膳食暴露风险，这应该引起相关部门的高度警惕，应该在禁止禁用农药喷洒的同时，严格管控禁用农药的生产和售卖，从根本上杜绝安全隐患。

2.4.2　北京市水果蔬菜中农药残留预警风险评价结论

1）单种水果蔬菜中禁用农药残留的预警风险评价结论

本次侦测过程中，在 38 种水果蔬菜中侦测超出 12 种禁用农药，禁用农药为：特丁硫、甲拌磷、苯线磷、克百威、氧乐果、丁酰肼、硫线磷、水胺硫磷、甲胺磷、灭线磷、久效磷、灭多威，水果蔬菜为：菠菜、菜豆、草莓、橙、葱、冬瓜、番茄、柑、胡萝卜、黄瓜、火龙果、豇豆、韭菜、橘、辣椒、梨、李子、龙眼、萝卜、芒果、猕猴桃、柠檬、苹果、葡萄、茄子、芹菜、山竹、生菜、蒜薹、桃、甜椒、茼蒿、莴笋、西瓜、西葫芦、小茴香、小油菜、油麦菜。水果蔬菜中禁用农药的风险系数分析结果显示，6 种禁用农药在 33 种水果蔬菜中的残留处于高度风险，9 种禁用农药在 19 种水果蔬菜中的残留处于中度风险，说明在单种水果蔬菜中禁用农药的残留会导致较高的预警风险。

2）单种水果蔬菜中非禁用农药残留的预警风险评价结论

以 MRL 中国国家标准为标准，计算水果蔬菜中非禁用农药风险系数情况下，1370 个样本中，4 个处于高度风险（0.29%），6 个处于中度风险（0.44%），306 个处于低度风险（22.34%），1054 个样本没有 MRL 中国国家标准（76.93%）。以 MRL 欧盟标准为标准，计算水果蔬菜中非禁用农药风险系数情况下，发现有 221 个处于高度风险（16.13%），155 个处于中度风险（11.31%），994 个处于低度风险（72.55%）。基于两种 MRL 标准，评价的结果差异显著，可以看出 MRL 欧盟标准比 MRL 中国国家标准更加严格和完善，过于宽松的 MRL 中国国家标准值能否有效保障人体的健康有待研究。

2.4.3　加强北京市水果蔬菜食品安全建议

我国食品安全风险评价体系仍不够健全，相关制度不够完善，多年来，由于农药用药次数多、用药量大或用药间隔时间短，产品残留量大，农药残留所造成的食品安全问题日益严峻，给人体健康带来了直接或间接的危害。据估计，美国与农药有关的癌症患者数约占全国癌症患者总数的 50%，中国更高。同样，农药对其他生物也会形成直接杀伤和慢性危害，植物中的农药可经过食物链逐级传递并不断蓄积，对人和动物构成潜在威胁，并影响生态系统。

基于本次农药残留侦测数据的风险评价结果，提出以下几点建议：

1）加快食品安全标准制定步伐

我国食品标准中对农药每日允许最大摄入量（ADI）的数据严重缺乏，在本次评价所涉及的 157 种农药中，仅有 72.0%的农药具有 ADI 值，而 28.0%的农药中国尚未规定相应的 ADI 值，亟待完善。

我国食品中农药最大残留限量值的规定严重缺乏，对评估涉及的不同水果蔬菜中不同农药 1452 个 MRL 限值进行统计来看，我国仅制定出 396 个标准，标准完整率仅为 27.3%，欧盟的完整率达到 100%（表 2-19）。因此，中国更应加快 MRL 标准的制定步伐。

表 2-19　我国国家食品标准农药的 ADI、MRL 值与欧盟标准的数量差异

分类		ADI	MRL 中国国家标准	MRL 欧盟标准
标准限值（个）	有	103	396	1452
	无	44	1056	0
总数（个）		157	1452	1452
无标准限值比例		28.0%	72.7%	0

此外，MRL 中国国家标准限值普遍高于 MRL 欧盟标准限值，这些标准中共有 218 个高于欧盟。过高的 MRL 值难以保障人体健康，建议继续加强对限值基准和标准的科学研究，将农产品中的危险性减少到尽可能低的水平。

2）加强农药的源头控制和分类监管

在北京市某些水果蔬菜中仍有禁用农药残留，利用 LC-Q-TOF/MS 技术侦测出 12 种禁用农药，检出频次为 194 次，残留禁用农药均存在较大的膳食暴露风险和预警风险。早已列入黑名单的禁用农药在我国并未真正退出，有些药物由于价格便宜、工艺简单，此类高毒农药一直生产和使用。建议在我国采取严格有效的控制措施，从源头控制禁用农药。

对于非禁用农药，在我国作为"田间地头"最典型单位的县级蔬果产地中，农药残留的侦测几乎缺失。建议根据农药的毒性，对高毒、剧毒、中毒农药实现分类管理，减少使用高毒和剧毒高残留农药，进行分类监管。

3）加强残留农药的生物修复及降解新技术

市售果蔬中残留农药的品种多、频次高、禁用农药多次检出这一现状，说明了我国的田间土壤和水体因农药长期、频繁、不合理的使用而遭到严重污染。为此，建议中国相关部门出台相关政策，鼓励高校及科研院所积极开展分子生物学、酶学等研究，加强土壤、水体中残留农药的生物修复及降解新技术研究，切实加大农药监管力度，以控制农药的面源污染问题。

综上所述，在本工作基础上，根据蔬菜残留危害，可进一步针对其成因提出和采取严格管理、大力推广无公害蔬菜种植与生产、健全食品安全控制技术体系、加强蔬菜食品质量侦测体系建设和积极推行蔬菜食品质量追溯制度等相应对策。建立和完善食品安全综合评价指数与风险监测预警系统，对食品安全进行实时、全面的监控与分析，为我国的食品安全科学监管与决策提供新的技术支持，可实现各类检验数据的信息化系统管理，降低食品安全事故的发生。

第3章 GC-Q-TOF/MS 侦测北京市 4571 例市售水果蔬菜样品农药残留报告

从北京市所属 16 个区，随机采集了 4571 例水果蔬菜样品，使用气相色谱-四极杆飞行时间质谱（GC-Q-TOF/MS）对 507 种农药化学污染物进行示范侦测。

3.1 样品种类、数量与来源

3.1.1 样品采集与检测

为了真实反映百姓餐桌上水果蔬菜中农药残留污染状况，本次所有检测样品均由检验人员于 2016 年 1 月至 2017 年 9 月期间，从北京市所属 134 个采样点，包括 31 个农贸市场、102 个超市、1 个农场，以随机购买方式采集，总计 182 批 4571 例样品，从中检出农药 197 种，9065 频次。采样及监测概况见图 3-1 及表 3-1，样品及采样点明细见表 3-2 及表 3-3（侦测原始数据见附表 1）。

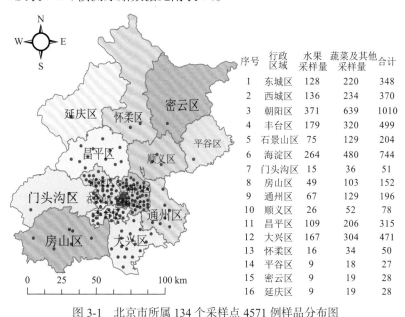

序号	行政区域	水果采样量	蔬菜及其他采样量	合计
1	东城区	128	220	348
2	西城区	136	234	370
3	朝阳区	371	639	1010
4	丰台区	179	320	499
5	石景山区	75	129	204
6	海淀区	264	480	744
7	门头沟区	15	36	51
8	房山区	49	103	152
9	通州区	67	129	196
10	顺义区	26	52	78
11	昌平区	109	206	315
12	大兴区	167	304	471
13	怀柔区	16	34	50
14	平谷区	9	18	27
15	密云区	9	19	28
16	延庆区	9	19	28

图 3-1 北京市所属 134 个采样点 4571 例样品分布图

表 3-1 农药残留监测总体概况

采样地区	北京市所属 16 个区
采样点（超市+农贸市场+农场）	134
样本总数	4571

续表

检出农药品种/频次	197/9065
各采样点样本农药残留检出率范围	41.7%～100.0%

表 3-2　样品分类及数量

样品分类	样品名称（数量）	数量小计
1. 水果		1629
1）仁果类水果	苹果（174），梨（146）	320
2）核果类水果	桃（45），油桃（4），枣（12），李子（43），樱桃（15）	119
3）浆果和其他小型水果	猕猴桃（144），葡萄（152），草莓（79）	375
4）瓜果类水果	西瓜（64），哈密瓜（10），甜瓜（39）	113
5）热带和亚热带水果	山竹（18），柿子（15），龙眼（11），木瓜（37），芒果（132），荔枝（16），火龙果（106），菠萝（34）	369
6）柑橘类水果	柑（15），橘（67），柠檬（148），橙（103）	333
2. 食用菌		162
1）蘑菇类	香菇（46），平菇（14），金针菇（58），杏鲍菇（44）	162
3. 蔬菜		2780
1）豆类蔬菜	豇豆（13），菜用大豆（1），菜豆（130）	144
2）鳞茎类蔬菜	洋葱（134），韭菜（108），蒜黄（11），葱（17），蒜薹（47）	317
3）叶菜类蔬菜	小茴香（57），芹菜（117），菠菜（72），油麦菜（155），小白菜（62），娃娃菜（10），大白菜（60），生菜（170），小油菜（133），茼蒿（18），莴笋（23）	877
4）芸薹属类蔬菜	结球甘蓝（73），花椰菜（52），紫甘蓝（87），青花菜（69）	281
5）茄果类蔬菜	番茄（171），甜椒（125），辣椒（48），樱桃番茄（7），茄子（166）	517
6）瓜类蔬菜	黄瓜（176），西葫芦（147），冬瓜（117），丝瓜（64）	504
7）芽菜类蔬菜	绿豆芽（10）	10
8）根茎类和薯芋类蔬菜	胡萝卜（81），萝卜（49）	130
合计	1.水果 25 种 2.食用菌 4 种 3.蔬菜 35 种	4571

表 3-3　北京市采样点信息

采样点序号	行政区域	采样点
农场（1）		
1	通州区	***农场
农贸市场（31）		
1	东城区	***市场
2	东城区	***市场
3	东城区	***市场
4	东城区	***直营店（南花市店）

续表

采样点序号	行政区域	采样点
5	东城区	***市场
6	丰台区	***市场
7	丰台区	***市场
8	丰台区	***市场
9	大兴区	***市场
10	大兴区	***市场
11	房山区	***市场
12	昌平区	***市场
13	昌平区	***市场
14	朝阳区	***市场
15	朝阳区	***市场
16	朝阳区	***市场
17	朝阳区	***市场
18	朝阳区	***市场
19	朝阳区	***市场
20	朝阳区	***市场
21	海淀区	***市场
22	海淀区	***市场
23	海淀区	***市场
24	海淀区	***市场
25	海淀区	***市场
26	石景山区	***市场
27	石景山区	***市场
28	西城区	***市场
29	西城区	***市场
30	门头沟区	***市场
31	顺义区	***市场

超市（102）

	行政区域	采样点
1	东城区	***超市（崇文门店）
2	东城区	***超市（广渠门店）
3	东城区	***超市（崇文门店）
4	东城区	***超市（和平新城店）
5	东城区	***超市（法华寺店）

续表

采样点序号	行政区域	采样点
6	丰台区	***超市（公益西桥店）
7	丰台区	***超市（洋桥店）
8	丰台区	***超市（宋家庄店）
9	丰台区	***超市（分钟寺店）
10	丰台区	***超市（方庄店）
11	丰台区	***超市（马家堡店）
12	丰台区	***超市（云岗店）
13	丰台区	***超市（玉蜓桥店）
14	丰台区	***超市（丰台店）
15	大兴区	***超市（金星店）
16	大兴区	***超市（黄村店）
17	大兴区	***超市（瀛海店）
18	大兴区	***超市（亦庄店）
19	大兴区	***超市（西红门店）
20	大兴区	***超市（万科店）
21	大兴区	***超市（旧宫店）
22	大兴区	***超市（万源店）
23	大兴区	***超市（富兴国际店）
24	大兴区	***超市（旧宫店）
25	大兴区	***超市（泰河园店）
26	大兴区	***超市（亦庄店）
27	密云区	***超市（鼓楼店）
28	平谷区	***超市（平谷店）
29	延庆区	***超市（妫水北街店）
30	怀柔区	***超市（怀柔店）
31	怀柔区	***超市（丽湖店）
32	房山区	***超市（良乡购物广场店）
33	房山区	***超市（良乡店）
34	房山区	***超市（长阳半岛店）
35	房山区	***超市（良乡店）
36	昌平区	***超市（西关环岛店）
37	昌平区	***超市（府学路二店）
38	昌平区	***超市（温都水城店）

续表

采样点序号	行政区域	采样点
39	昌平区	***超市（龙旗广场店）
40	昌平区	***超市（东关分店）
41	昌平区	***超市（回龙观东店）
42	昌平区	***超市（回龙观二店）
43	朝阳区	***超市（望京店）
44	朝阳区	***超市（劲松商城）
45	朝阳区	***超市（华安店）
46	朝阳区	***超市（望京店）
47	朝阳区	***超市（西坝河店）
48	朝阳区	***超市（华威桥店）
49	朝阳区	***超市（安贞店）
50	朝阳区	***超市（健翔桥店）
51	朝阳区	***超市（双井店）
52	朝阳区	***超市（姚家园店）
53	朝阳区	***超市（慈云寺店）
54	朝阳区	***超市（望京店）
55	朝阳区	***超市（佛营店）
56	朝阳区	***超市（朝阳路店）
57	朝阳区	***超市（朝阳北路店）
58	朝阳区	***超市（山水文园店）
59	朝阳区	***超市（金泉店）
60	朝阳区	***超市（大望路店）
61	朝阳区	***超市（大郊亭店）
62	朝阳区	***超市（建国路店）
63	朝阳区	***超市（望京店）
64	朝阳区	***超市（大成东店）
65	朝阳区	***超市（家和店）
66	朝阳区	***超市（惠新店）
67	海淀区	***超市（四道口店）
68	海淀区	***超市（西三旗店）
69	海淀区	***超市（航天桥店）
70	海淀区	***超市（中关村广场店）
71	海淀区	***超市（大钟寺店）

采样点序号	行政区域	采样点
72	海淀区	***超市（定慧桥店）
73	海淀区	***超市（方圆店）
74	海淀区	***超市（白石桥店）
75	海淀区	***超市（文慧园店）
76	海淀区	***超市（五棵松店）
77	海淀区	***超市（知春路店）
78	海淀区	***超市（华天店）
79	海淀区	***超市（城建店）
80	海淀区	***超市（花园路店）
81	海淀区	***超市（增光路店）
82	海淀区	***超市（安宁庄店）
83	石景山区	***超市（金顶街店）
84	石景山区	***超市（鲁谷店）
85	石景山区	***超市（石景山店）
86	石景山区	***超市（喜隆多店）
87	西城区	***超市（永安路店）
88	西城区	***超市（西单店）
89	西城区	***超市（里仁街店）
90	西城区	***超市（菜百店）
91	西城区	***超市（马连道店）
92	西城区	***超市（陶然亭店）
93	西城区	***超市（三里河店）
94	西城区	***超市（德胜门店）
95	西城区	***超市（白纸坊超市）
96	通州区	***超市（东关店）
97	通州区	***超市（通州区店）
98	通州区	***超市（通州店）
99	通州区	***超市（世界村店）
100	通州区	***超市（西门店）
101	门头沟区	***超市（新隆店）
102	顺义区	***超市（后沙峪店）

3.1.2 检测结果

这次使用的检测方法是庞国芳院士团队最新研发的不需使用标准品对照，而以高分辨精确质量数（0.0001 m/z）为基准的 GC-Q-TOF/MS 检测技术，对于 4571 例样品，每个样品均侦测了 507 种农药化学污染物的残留现状。通过本次侦测，在 4571 例样品中共计检出农药化学污染物 197 种，检出 9065 频次。

3.1.2.1　各采样点样品检出情况

统计分析发现 134 个采样点中，被测样品的农药检出率范围为 41.7%~100.0%。其中，***超市（西三旗店）的检出率最高，为 100.0%。***超市（望京店）的检出率最低，为 41.7%，见图 3-2。

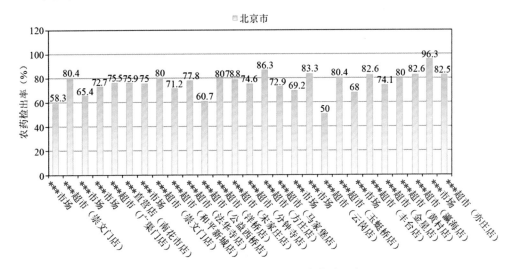

图 3-2-1　各采样点样品中的农药检出率

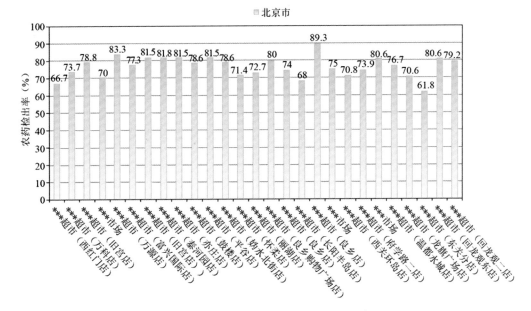

图 3-2-2　各采样点样品中的农药检出率

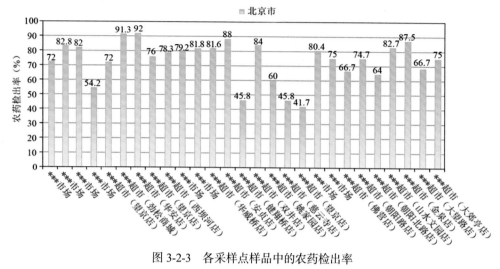

图 3-2-3　各采样点样品中的农药检出率

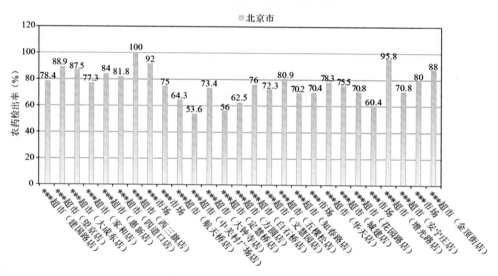

图 3-2-4　各采样点样品中的农药检出率

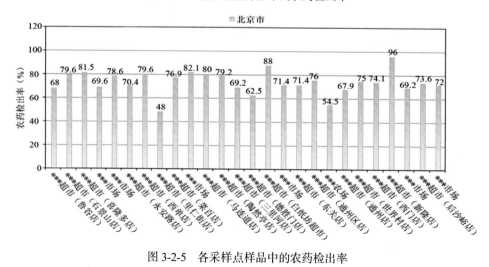

图 3-2-5　各采样点样品中的农药检出率

3.1.2.2　检出农药的品种总数与频次

统计分析发现,对于 4571 例样品中 507 种农药化学污染物的侦测,共检出农药 9065 频次,涉及农药 197 种,结果如图 3-3 所示。其中威杀灵检出频次最高,共检出 1103 次。检出频次排名前 10 的农药如下:①威杀灵(1103);②毒死蜱(778);③腐霉利(528);④嘧霉胺(311);⑤联苯(305);⑥联苯菊酯(292);⑦仲丁威(289);⑧烯丙菊酯(265);⑨哒螨灵(233);⑩γ-氟氯氰菌酯(206)。

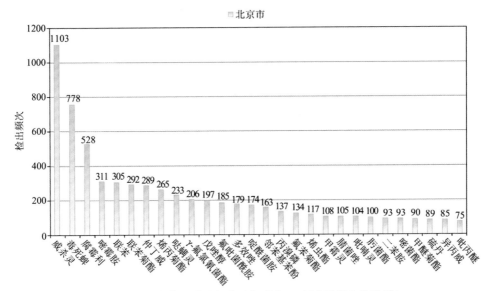

图 3-3　检出农药品种及频次(仅列出 75 频次及以上的数据)

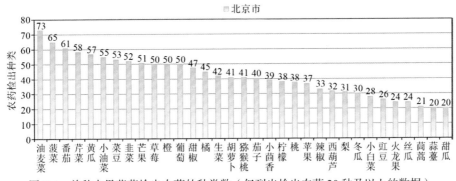

图 3-4　单种水果蔬菜检出农药的种类数(仅列出检出农药 20 种及以上的数据)

由图 3-4 可见,油麦菜、菠菜、番茄、芹菜、黄瓜、小油菜、菜豆、韭菜、芒果、草莓、橙、葡萄、甜椒、橘、生菜、胡萝卜、猕猴桃、茄子、小茴香、柠檬、桃、苹果、辣椒、西葫芦和梨这 25 种果蔬样品中检出的农药品种数较高,均超过 30 种,其中,油麦菜检出农药品种最多,为 73 种。由图 3-5 可见,油麦菜、葡萄、番茄、茄子、黄瓜、小油菜、柠檬、菜豆、橙、韭菜、甜椒、芒果、芹菜、橘、草莓、梨、小茴香、苹果、猕猴桃、胡萝卜、菠菜、生菜、冬瓜、西葫芦、辣椒、火龙果、桃和小白菜这28种果蔬样品中的农药检出频次较高，均超过100次，其中，油麦菜检出农药频次最高，为501次。

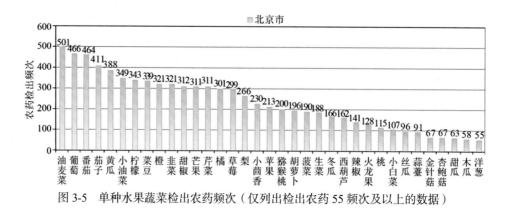

图 3-5　单种水果蔬菜检出农药频次（仅列出检出农药55频次及以上的数据）

3.1.2.3　单例样品农药检出种类与占比

对单例样品检出农药种类和频次进行统计发现，未检出农药的样品占总样品数的24.6%，检出1种农药的样品占总样品数的25.7%，检出2~5种农药的样品占总样品数的43.7%，检出6~10种农药的样品占总样品数的5.9%，检出大于10种农药的样品占总样品数的0.2%。每例样品中平均检出农药为2.0种，数据见表3-4及图3-6。

表 3-4　单例样品检出农药品种占比

检出农药品种数	样品数量/占比（%）
未检出	1124/24.6
1种	1173/25.7
2~5种	1996/43.7
6~10种	270/5.9
大于10种	8/0.2
单例样品平均检出农药品种	2.0种

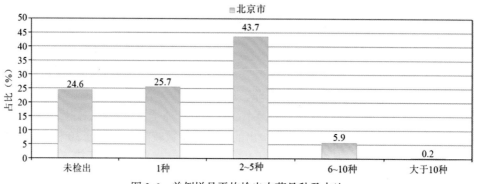

图 3-6　单例样品平均检出农药品种及占比

3.1.2.4　检出农药类别与占比

所有检出农药按功能分类,包括杀虫剂、杀菌剂、除草剂、植物生长调节剂、除草剂安全剂、增效剂和其他共 7 类。其中杀虫剂与杀菌剂为主要检出的农药类别,分别占总数的 46.2% 和 29.4%,见表 3-5 及图 3-7。

表 3-5　检出农药所属类别及占比

农药类别	数量/占比（%）
杀虫剂	91/46.2
杀菌剂	58/29.4
除草剂	38/19.3
植物生长调节剂	6/3.0
除草剂安全剂	1/0.5
增效剂	1/0.5
其他	2/1.0

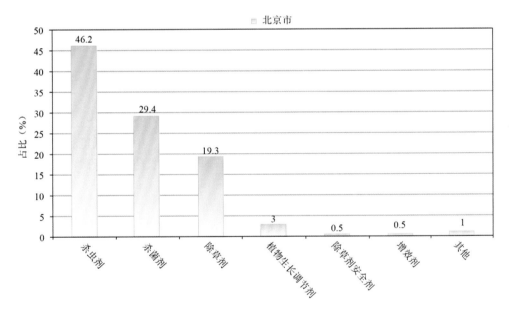

图 3-7　检出农药所属类别和占比

3.1.2.5　检出农药的残留水平

按检出农药残留水平进行统计,残留水平在 1~5 μg/kg（含）的农药占总数的 21.7%,在 5~10 μg/kg（含）的农药占总数的 15.9%,在 10~100 μg/kg（含）的农药占总数的 47.5%,在 100~1000 μg/kg（含）的农药占总数的 14.0%,在 >1000 μg/kg 的农药占总数的 0.9%。

由此可见,这次检测的 182 批 4571 例水果蔬菜样品中农药多数处于中高残留水平。

结果见表 3-6 及图 3-8，数据见附表 2。

表 3-6　农药残留水平/占比

残留水平（μg/kg）	检出频次数/占比（%）
1~5（含）	1970/21.7
5~10（含）	1445/15.9
10~100（含）	4307/47.5
100~1000（含）	1265/14.0
>1000	78/0.9

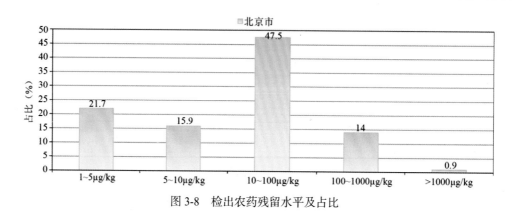

图 3-8　检出农药残留水平及占比

3.1.2.6　检出农药的毒性类别、检出频次和超标频次及占比

对这次检出的 197 种 9065 频次的农药，按剧毒、高毒、中毒、低毒和微毒这五个毒性类别进行分类，从中可以看出，北京市目前普遍使用的农药为中低微毒农药，品种占 90.4%，频次占 96.7%，结果见图 3-9 及表 3-7。

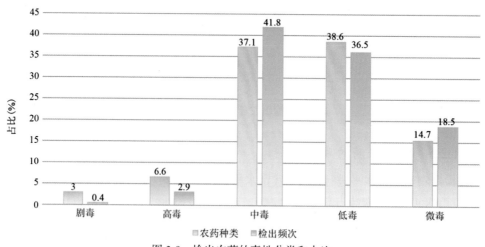

图 3-9　检出农药的毒性分类和占比

表 3-7　检出农药毒性类别及占比

毒性分类	农药品种/占比（%）	检出频次/占比（%）	超标频次/超标率（%）
剧毒农药	6/3.0	35/0.4	19/54.3
高毒农药	13/6.6	264/2.9	49/18.6
中毒农药	73/37.1	3785/41.8	50/1.3
低毒农药	76/38.6	3307/36.5	1/0.0
微毒农药	29/14.7	1674/18.5	8/0.5

3.1.2.7　检出剧毒/高毒类农药的品种和频次

值得特别关注的是，在此次侦测的 4571 例样品中有 24 种蔬菜 15 种水果 1 种食用菌的 270 例样品检出了 19 种 299 频次的剧毒和高毒农药，占样品总量的 5.9%，详见图 3-10、表 3-8 及表 3-9。

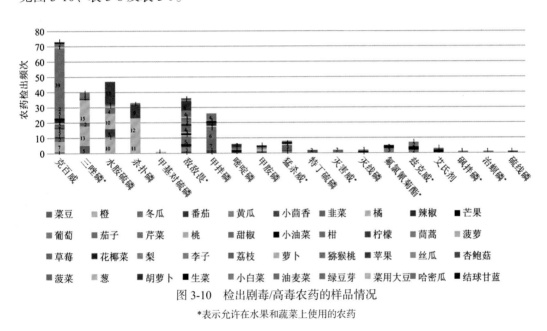

图 3-10　检出剧毒/高毒农药的样品情况

*表示允许在水果和蔬菜上使用的农药

表 3-8　剧毒农药检出情况

序号	农药名称	检出频次	超标频次	超标率
		从 2 种水果中检出 2 种剧毒农药，共计检出 2 次		
1	甲基对硫磷*	1	0	0.0%
2	灭线磷*	1	0	0.0%
	小计	2	0	超标率: 0.0%
		从 12 种蔬菜中检出 5 种剧毒农药，共计检出 33 次		
1	甲拌磷*	26	18	69.2%

续表

序号	农药名称	检出频次	超标频次	超标率
2	艾氏剂*	3	0	0.0%
3	特丁硫磷*	2	1	50.0%
4	砜拌磷*	1	0	0.0%
5	灭线磷*	1	0	0.0%
	小计	33	19	超标率：57.6%
	合计	35	19	超标率：54.3%

表3-9 高毒农药检出情况

序号	农药名称	检出频次	超标频次	超标率
从15种水果中检出9种高毒农药，共计检出144次				
1	水胺硫磷	37	13	35.1%
2	杀扑磷	33	0	0.0%
3	三唑磷	29	2	6.9%
4	敌敌畏	21	4	19.0%
5	克百威	15	6	40.0%
6	氟氯氰菊酯	3	0	0.0%
7	甲胺磷	2	1	50.0%
8	猛杀威	2	0	0.0%
9	嘧啶磷	2	0	0.0%
	小计	144	26	超标率：18.1%
从23种蔬菜中检出12种高毒农药，共计检出119次				
1	克百威	58	18	31.0%
2	敌敌畏	14	4	28.6%
3	三唑磷	11	0	0.0%
4	水胺硫磷	10	0	0.0%
5	兹克威	7	0	0.0%
6	猛杀威	6	0	0.0%
7	嘧啶磷	4	0	0.0%
8	甲胺磷	3	0	0.0%
9	氟氯氰菊酯	2	1	50.0%
10	灭害威	2	0	0.0%
11	硫线磷	1	0	0.0%
12	治螟磷	1	0	0.0%
	小计	119	23	超标率：19.3%
	合计	263	49	超标率：18.6%

在检出的剧毒和高毒农药中，有 11 种是我国早已禁止在果树和蔬菜上使用的，分别是：克百威、艾氏剂、甲拌磷、治螟磷、甲胺磷、杀扑磷、灭线磷、甲基对硫磷、特丁硫磷、水胺硫磷和硫线磷。禁用农药的检出情况见表 3-10。

表 3-10　禁用农药检出情况

序号	农药名称	检出频次	超标频次	超标率
从 16 种水果中检出 10 种禁用农药，共计检出 128 次				
1	水胺硫磷	37	13	35.1%
2	杀扑磷	33	0	0.0%
3	硫丹	23	0	0.0%
4	克百威	15	6	40.0%
5	氰戊菊酯	10	0	0.0%
6	氟虫腈	4	0	0.0%
7	甲胺磷	2	1	50.0%
8	六六六	2	0	0.0%
9	甲基对硫磷[*]	1	0	0.0%
10	灭线磷[*]	1	0	0.0%
	小计	128	20	超标率：15.6%
从 23 种蔬菜中检出 15 种禁用农药，共计检出 184 次				
1	硫丹	66	0	0.0%
2	克百威	58	18	31.0%
3	甲拌磷[*]	26	18	69.2%
4	水胺硫磷	10	0	0.0%
5	除草醚	5	0	0.0%
6	艾氏剂[*]	3	0	0.0%
7	氟虫腈	3	2	66.7%
8	甲胺磷	3	0	0.0%
9	氰戊菊酯	3	0	0.0%
10	特丁硫磷[*]	2	1	50.0%
11	林丹	1	0	0.0%
12	硫线磷	1	0	0.0%
13	六六六	1	0	0.0%
14	灭线磷[*]	1	0	0.0%
15	治螟磷	1	0	0.0%
	小计	184	39	超标率：21.2%
	合计	312	59	超标率：18.9%

注：超标结果参考 MRL 中国国家标准计算

此次抽检的果蔬样品中，有 2 种水果 12 种蔬菜检出了剧毒农药，分别是：橙中检出甲基对硫磷 1 次；芒果中检出灭线磷 1 次；小油菜中检出艾氏剂 2 次；小白菜中检出甲拌磷 1 次；小茴香中检出甲拌磷 1 次，检出特丁硫磷 2 次；油麦菜中检出甲拌磷 4 次；生菜中检出甲拌磷 1 次；番茄中检出甲拌磷 1 次；胡萝卜中检出甲拌磷 2 次；芹菜中检出甲拌磷 6 次；茼蒿中检出甲拌磷 1 次；菠菜中检出灭线磷 1 次，检出甲拌磷 1 次，检出砜拌磷 1 次，检出艾氏剂 1 次；葱中检出甲拌磷 1 次；韭菜中检出甲拌磷 7 次。

样品中检出剧毒和高毒农药残留水平超过 MRL 中国国家标准的频次为 68 次，其中：柑检出三唑磷超标 1 次，检出水胺硫磷超标 1 次；桃检出克百威超标 1 次，检出甲胺磷超标 1 次；梨检出敌敌畏超标 1 次；橘检出水胺硫磷超标 8 次，检出克百威超标 1 次；橙检出三唑磷超标 1 次，检出水胺硫磷超标 4 次，检出克百威超标 2 次；猕猴桃检出敌敌畏超标 1 次；草莓检出敌敌畏超标 1 次；荔枝检出敌敌畏超标 1 次；葡萄检出克百威超标 2 次；冬瓜检出克百威超标 2 次；小油菜检出氟氯氰菊酯超标 1 次，检出克百威超标 1 次；小茴香检出特丁硫磷超标 1 次；油麦菜检出甲拌磷超标 4 次；甜椒检出克百威超标 2 次；番茄检出甲拌磷超标 1 次；胡萝卜检出甲拌磷超标 2 次；花椰菜检出敌敌畏超标 1 次；芹菜检出克百威超标 7 次，检出甲拌磷超标 4 次；茼蒿检出甲拌磷超标 1 次；萝卜检出敌敌畏超标 1 次；葱检出甲拌磷超标 1 次；辣椒检出克百威超标 2 次；韭菜检出克百威超标 2 次，检出甲拌磷超标 5 次；黄瓜检出克百威超标 2 次，检出敌敌畏超标 2 次。本次检出结果表明，高毒、剧毒农药的使用现象依旧存在，详见表 3-11。

表 3-11　各样本中检出剧毒/高毒农药情况

样品名称	农药名称	检出频次	超标频次	检出浓度（μg/kg）
水果 15 种				
哈密瓜	甲胺磷▲	1	0	31.8
李子	敌敌畏	1	0	99.4
柑	三唑磷	1	1	225.0ᵃ
柑	水胺硫磷▲	1	1	69.3ᵃ
柠檬	水胺硫磷▲	15	0	26.7, 159.7, 54.4, 73.6, 97.0, 76.0, 1.8, 1.3, 67.0, 2.3, 38.6, 50.6, 18.3, 7.4, 41.0
柠檬	杀扑磷▲	9	0	931.4, 47.9, 334.8, 42.8, 16.4, 122.6, 21.7, 238.4, 80.2
桃	克百威▲	1	1	48.8ᵃ
桃	甲胺磷▲	1	1	54.2ᵃ
桃	敌敌畏	1	0	8.2
桃	水胺硫磷▲	1	0	71.6
梨	敌敌畏	2	1	956.7ᵃ, 20.5
梨	嘧啶磷	1	0	2.4
橘	三唑磷	15	0	10.3, 93.5, 1.0, 1.2, 21.0, 25.2, 8.2, 26.2, 143.1, 2.7, 17.0, 94.8, 10.5, 23.9, 177.1
橘	杀扑磷▲	12	0	1.5, 37.7, 12.1, 151.2, 39.9, 153.3, 202.3, 1.4, 17.8, 32.9, 4.1, 1.2

续表

样品名称	农药名称	检出频次	超标频次	检出浓度（μg/kg）
橘	水胺硫磷▲	10	8	175.5ᵃ, 993.3ᵃ, 71.4ᵃ, 82.7ᵃ, 33.2ᵃ, 615.1ᵃ, 47.9ᵃ, 18.3, 147.1ᵃ, 6.1
橘	克百威▲	1	1	38.7ᵃ
橘	猛杀威	1	0	18.6
橙	三唑磷	13	1	982.3ᵃ, 80.9, 105.4, 93.9, 8.7, 174.5, 8.7, 7.1, 14.3, 80.2, 192.1, 22.4, 54.3
橙	杀扑磷▲	11	0	62.3, 31.3, 108.4, 163.5, 6.7, 33.2, 118.1, 7.4, 10.2, 17.4, 8.2
橙	水胺硫磷▲	10	4	47.6ᵃ, 10.4, 94.7ᵃ, 1546.4ᵃ, 80.4ᵃ, 3.0, 10.1, 4.9, 8.4, 11.1
橙	克百威▲	7	2	20.0, 20.4ᵃ, 11.1, 30.1ᵃ, 11.9, 5.1, 10.1
橙	甲基对硫磷*▲	1	0	7.4
猕猴桃	敌敌畏	4	1	1552.2ᵃ, 3.9, 29.1, 4.4
猕猴桃	杀扑磷▲	1	0	17.4
芒果	克百威▲	1	0	3.9
芒果	嘧啶磷	1	0	17.4
芒果	敌敌畏	1	0	15.3
芒果	猛杀威	1	0	16.9
芒果	灭线磷*▲	1	0	4.8
苹果	敌敌畏	6	0	6.7, 71.8, 5.4, 4.7, 15.7, 78.2
草莓	敌敌畏	4	1	7.8, 17.9, 2800.7ᵃ, 57.1
荔枝	敌敌畏	1	1	1233.7ᵃ
菠萝	敌敌畏	1	0	69.1
葡萄	克百威▲	5	2	15.4, 16.7, 19.1, 20.9ᵃ, 426.3ᵃ
葡萄	氟氯氰菊酯	3	0	591.9, 625.1, 3272.9
	小计	146	26	超标率：17.8%
		蔬菜 24 种		
丝瓜	敌敌畏	1	0	142.9
冬瓜	克百威▲	2	2	54.0ᵃ, 57.9ᵃ
小油菜	氟氯氰菊酯	2	1	303.9, 987.2ᵃ
小油菜	克百威▲	1	1	33.2ᵃ
小油菜	敌敌畏	1	0	5.3
小油菜	艾氏剂*▲	2	0	16.0, 9.5
小白菜	兹克威	2	0	65.0, 166.1
小白菜	甲拌磷*▲	1	0	3.0
小茴香	水胺硫磷▲	5	0	47.6, 30.2, 41.0, 2.7, 49.5
小茴香	克百威▲	1	0	6.4
小茴香	猛杀威	1	0	215.9
小茴香	特丁硫磷*▲	2	1	32.7ᵃ, 9.9

续表

样品名称	农药名称	检出频次	超标频次	检出浓度（μg/kg）
小茴香	甲拌磷*▲	1	0	7.7
油麦菜	兹克威	1	0	22.5
油麦菜	甲拌磷*▲	4	4	498.3ᵃ，35.6ᵃ，40.9ᵃ，32.5ᵃ
甜椒	克百威▲	2	2	140.8ᵃ，52.4ᵃ
生菜	兹克威	2	0	46.2，60.2
生菜	甲拌磷*▲	1	0	9.1
番茄	克百威▲	1	0	18.7
番茄	嘧啶磷	1	0	5.7
番茄	敌敌畏	1	0	39.3
番茄	甲胺磷▲	1	0	10.9
番茄	甲拌磷*▲	1	1	102.4ᵃ
结球甘蓝	甲胺磷▲	1	0	13.6
绿豆芽	猛杀威	1	0	37.1
胡萝卜	嘧啶磷	2	0	2.0，1.0
胡萝卜	硫线磷▲	1	0	3.1
胡萝卜	甲拌磷*▲	2	2	28.0ᵃ，132.1ᵃ
花椰菜	敌敌畏	1	1	3819.5ᵃ
芹菜	克百威▲	39	7	3.0，4.2，6.8，3.9，52.0ᵃ，5.7，8.2，1.8，3.8，3.4，1.5，1.8，26.0ᵃ，5.9，2.0，4.7，15.9，4.6，3.8，7.1，10.8，7.3，10.8，9.5，6.9，54.4ᵃ，8.7，23.4ᵃ，35.6ᵃ，1.7，1.5，5.2，24.6ᵃ，6.5，5.8，2.3，2.2，108.0ᵃ，19.1
芹菜	兹克威	2	0	20.7，142.5
芹菜	三唑磷	1	0	7.3
芹菜	甲拌磷*▲	6	4	65.1ᵃ，3.9，786.3ᵃ，3.3，68.7ᵃ，89.5ᵃ
茄子	敌敌畏	5	0	88.3，5.1，76.6，12.6，16.2
茄子	水胺硫磷▲	4	0	3.3，12.2，4.9，17.6
茄子	克百威▲	2	0	8.3，15.5
茄子	三唑磷	1	0	6.9
茼蒿	三唑磷	1	0	8.3
茼蒿	甲拌磷*▲	1	1	13.7ᵃ
菜用大豆	甲胺磷▲	1	0	4.9
菜豆	三唑磷	5	0	23.8，161.3，498.6，1461.2，193.7
菜豆	克百威▲	1	0	8.7
菠菜	嘧啶磷	1	0	14.8
菠菜	治螟磷▲	1	0	6.0
菠菜	灭线磷*▲	1	0	3.7
菠菜	甲拌磷*▲	1	0	4.7
菠菜	砜拌磷*	1	0	3.1

续表

样品名称	农药名称	检出频次	超标频次	检出浓度（μg/kg）
菠菜	艾氏剂[*▲]	1	0	8.0
萝卜	敌敌畏	1	1	679.4[a]
葱	甲拌磷[*▲]	1	1	55.9[a]
辣椒	克百威[▲]	2	2	51.7[a]，28.8[a]
辣椒	三唑磷	1	0	16.7
辣椒	敌敌畏	1	0	14.1
韭菜	猛杀威	3	0	29.3，31.3，26.8
韭菜	克百威[▲]	2	2	22.1[a]，76.5[a]
韭菜	三唑磷	2	0	39.3，63.7
韭菜	灭害威	2	0	28.6，20.3
韭菜	甲拌磷[*▲]	7	5	57.6[a]，21.2[a]，1088.4[a]，18.4[a]，955.4[a]，9.1，3.3
黄瓜	克百威[▲]	5	2	22.4[a]，5.2，70.4[a]，19.5，9.6
黄瓜	敌敌畏	3	2	675.4[a]，284.0[a]，68.6
黄瓜	水胺硫磷[▲]	1	0	40.0
黄瓜	猛杀威	1	0	4.4
	小计	152	42	超标率：27.6%
	合计	298	68	超标率：22.8%

3.2　农药残留检出水平与最大残留限量标准对比分析

我国于 2014 年 3 月 20 日正式颁布并于 2014 年 8 月 1 日正式实施食品农药残留限量国家标准《食品中农药最大残留限量》（GB 2763—2014）。该标准包括 371 个农药条目，涉及最大残留限量（MRL）标准 3653 项。将 9065 频次检出农药的浓度水平与 3653 项 MRL 中国国家标准进行核对，其中只有 2096 频次的农药找到了对应的 MRL 标准，占 23.1%，还有 6969 频次的侦测数据则无相关 MRL 标准供参考，占 76.9%。

将此次侦测结果与国际上现行 MRL 标准对比发现，在 9065 频次的检出结果中有 9065 频次的结果找到了对应的 MRL 欧盟标准，占 100.0%，其中，6105 频次的结果有明确对应的 MRL 标准，占 67.3%，其余 2960 频次按照欧盟一律标准判定，占 32.7%；有 9065 频次的结果找到了对应的 MRL 日本标准，占 100.0%，其中，4459 频次的结果有明确对应的 MRL 标准，占 49.2%，其余 4606 频次按照日本一律标准判定，占 50.8%；有 2834 频次的结果找到了对应的 MRL 中国香港标准，占 31.3%；有 2545 频次的结果找到了对应的 MRL 美国标准，占 28.1%；有 1651 频次的结果找到了对应的 MRL CAC 标准，占 18.2%（见图 3-11 和图 3-12，数据见附表 3 至附表 8）。

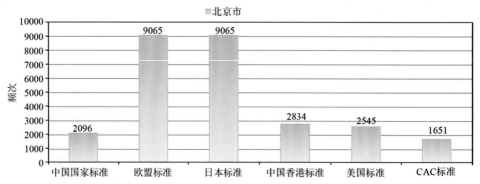

图 3-11　9065 频次检出农药可用 MRL 中国国家标准、欧盟标准、日本标准、中国香港标准、美国标准和 CAC 标准判定衡量的数量

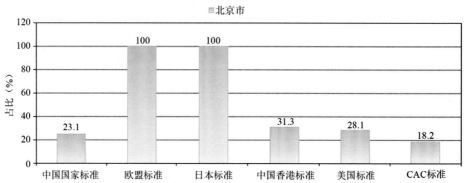

图 3-12　9065 频次检出农药可用 MRL 中国国家标准、欧盟标准、日本标准、中国香港标准、美国标准和 CAC 标准衡量的占比

3.2.1　超标农药样品分析

本次侦测的 4571 例样品中，1124 例样品未检出任何残留农药，占样品总量的 24.6%，3447 例样品检出不同水平、不同种类的残留农药，占样品总量的 75.4%。在此，我们将本次侦测的农残检出情况与 MRL 中国国家标准、欧盟标准、日本标准、中国香港标准、美国标准和 CAC 标准这 6 大国际主流 MRL 标准进行对比分析，样品农残检出与超标情况见表 3-12、图 3-13 和图 3-14，详细数据见附表 9 至附表 14。

表 3-12　各 MRL 标准下样本农残检出与超标数量及占比

	中国国家标准 数量/占比（%）	欧盟标准 数量/占比（%）	日本标准 数量/占比（%）	中国香港标准 数量/占比（%）	美国标准 数量/占比（%）	CAC 标准 数量/占比（%）
未检出	1124/24.6	1124/24.6	1124/24.6	1124/24.6	1124/24.6	1124/24.6
检出未超标	3327/72.8	1147/25.1	1442/31.5	3349/73.3	3380/73.9	3426/75.0
检出超标	120/2.6	2300/50.3	2005/43.9	98/2.1	67/1.5	21/0.5

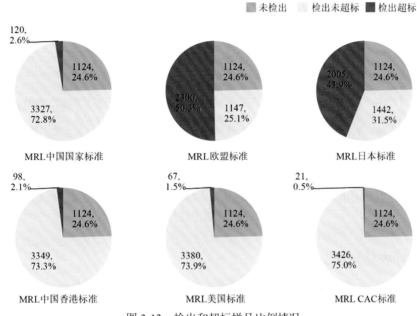

图 3-13　检出和超标样品比例情况

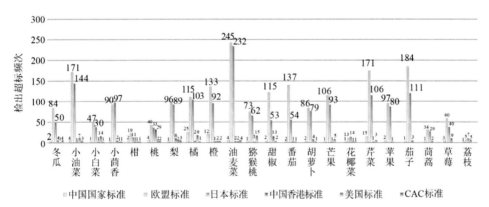

图 3-14-1　超过 MRL 中国国家标准、欧盟标准、日本标准、中国香港标准、美国标准和 CAC 标准结果在水果蔬菜中的分布

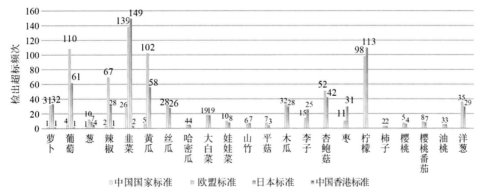

图 3-14-2　超过 MRL 中国国家标准、欧盟标准、日本标准、中国香港标准、美国标准和 CAC 标准结果在水果蔬菜中的分布

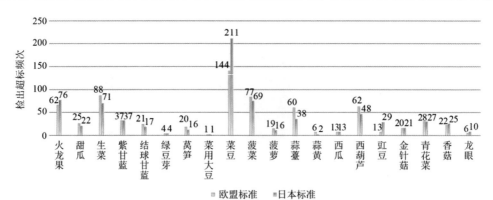

图 3-14-3　超过 MRL 中国国家标准、欧盟标准、日本标准、中国香港标准、美国标准和 CAC 标准结果在水果蔬菜中的分布

3.2.2　超标农药种类分析

按照 MRL 中国国家标准、欧盟标准、日本标准、中国香港标准、美国标准和 CAC 标准这 6 大国际主流 MRL 标准衡量，本次侦测检出的农药超标品种及频次情况见表 3-13。

表 3-13　各 MRL 标准下超标农药品种及频次

	中国国家标准	欧盟标准	日本标准	中国香港标准	美国标准	CAC 标准
超标农药品种	20	143	137	18	13	8
超标农药频次	127	3643	3048	100	69	22

3.2.2.1　按 MRL 中国国家标准衡量

按 MRL 中国国家标准衡量，共有 20 种农药超标，检出 127 频次，分别为剧毒农药特丁硫磷和甲拌磷，高毒农药甲胺磷、克百威、三唑磷、水胺硫磷、敌敌畏和氟氯氰菊酯，中毒农药氟虫腈、戊唑醇、毒死蜱、甲氰菊酯、丁硫克百威、氟硅唑、丙溴磷、氯氰菊酯和异丙威，低毒农药萘乙酸，微毒农药腐霉利和联苯肼酯。

按超标程度比较，韭菜中甲拌磷超标 107.8 倍，芹菜中甲拌磷超标 77.6 倍，橙中水胺硫磷超标 76.3 倍，油麦菜中甲拌磷超标 48.8 倍，橘中水胺硫磷超标 48.7 倍。检测结果见图 3-15 和附表 15。

3.2.2.2　按 MRL 欧盟标准衡量

按 MRL 欧盟标准衡量，共有 143 种农药超标，检出 3643 频次，分别为剧毒农药艾氏剂、特丁硫磷和甲拌磷，高毒农药猛杀威、嘧啶磷、杀扑磷、克百威、甲胺磷、三唑磷、水胺硫磷、兹克威、氟氯氰菊酯、敌敌畏和灭害威，中毒农药联苯菊酯、粉唑醇、六六六、氯菊酯、哌草磷、二氧威、除虫菊素Ⅰ、氟虫腈、多效唑、戊唑醇、烯效唑、仲丁威、毒死蜱、烯唑醇、硫丹、甲霜灵、甲萘威、喹螨醚、甲氰菊酯、禾草敌、除草

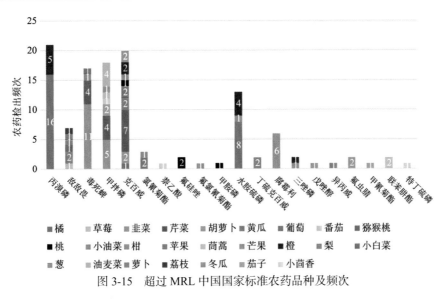

图 3-15　超过 MRL 中国国家标准农药品种及频次

醚、三唑酮、炔丙菊酯、三唑醇、γ-氟氯氰菌酯、2,6-二氯苯甲酰胺、虫螨腈、稻瘟灵、高效氯氟氰菊酯、噁霜灵、稻丰散、速灭威、唑虫酰胺、双甲脒、仲丁灵、丁硫克百威、氟硅唑、林丹、腈菌唑、二甲戊灵、哒螨灵、四氟醚唑、氯氰菊酯、倍硫磷、丙溴磷、异丙威、棉铃威、除线磷、氰戊菊酯、安硫磷、特丁通和烯丙菊酯，低毒农药嘧霉胺、西草净、牧草胺、杀螨醚、二苯胺、2,3,5,6-四氯苯胺、氟吡菌酰胺、螺螨酯、仲丁通、扑草净、胺丙畏、双苯噁唑酸、枯莠隆、吡喃灵、乙草胺、杀螨特、己唑醇、吡咪唑、丁羟茴香醚、五氯苯、烯虫炔酯、戊草丹、五氯苯甲腈、氯硝胺、三氟甲吡醚、丙硫磷、四氢吩胺、新燕灵、去异丙基莠去津、敌草腈、氟唑菌酰胺、邻苯二甲酰亚胺、甲醚菊酯、威杀灵、八氯苯乙烯、去乙基阿特拉津、联苯、杀螨酯、马拉硫磷、氟吡酰草胺、丁噻隆、八氯二丙醚、特草灵、萘乙酸、炔螨特、啶斑肟、拌种胺、3,5-二氯苯胺、间羟基联苯、五氯苯胺和丁草胺，微毒农药萘乙酰胺、醚菊酯、喹氧灵、乙霉威、缬霉威、氟丙菊酯、腐霉利、溴丁酰草胺、嘧菌酯、五氯硝基苯、增效醚、拌种咯、联苯肼酯、啶氧菌酯、氟硫草定、百菌清、氟乐灵、吡丙醚、四氯硝基苯、肟菌酯、生物苄呋菊酯、氟酰胺、醚菌酯、烯虫酯、霜霉威和仲草丹。

按超标程度比较，生菜中百菌清超标 1291.3 倍，小油菜中 γ-氟氯氰菌酯超标 882.6 倍，油麦菜中 γ-氟氯氰菌酯超标 653.2 倍，韭菜中腐霉利超标 413.4 倍，芹菜中嘧霉胺超标 390.1 倍。检测结果见图 3-16 和附表 16。

3.2.2.3　按 MRL 日本标准衡量

按 MRL 日本标准衡量，共有 137 种农药超标，检出 3048 频次，分别为剧毒农药艾氏剂和甲拌磷，高毒农药猛杀威、嘧啶磷、克百威、三唑磷、水胺硫磷、兹克威、氟氯氰菊酯、敌敌畏和灭害威，中毒农药联苯菊酯、粉唑醇、氯菊酯、哌草磷、二氧威、除虫菊素Ⅰ、仲丁威、氟虫腈、多效唑、戊唑醇、烯效唑、毒死蜱、硫丹、甲霜灵、烯唑醇、甲氰菊酯、氟吡禾灵、禾草敌、三唑酮、三唑醇、炔丙菊酯、γ-氟氯氰菌酯、2,6-

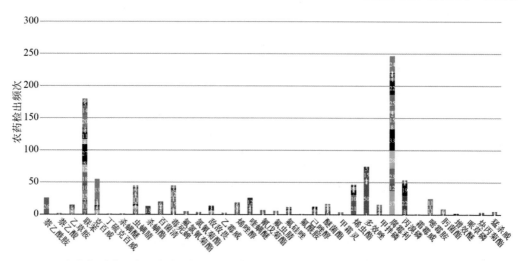

图 3-16-1　超过 MRL 欧盟标准农药品种及频次

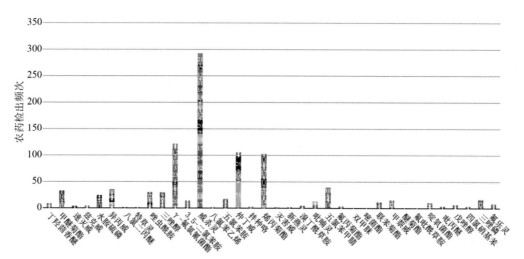

图 3-16-2　超过 MRL 欧盟标准农药品种及频次

二氯苯甲酰胺、除草醚、喹螨醚、虫螨腈、稻瘟灵、稻丰散、唑虫酰胺、速灭威、高效氯氟氰菊酯、双甲脒、丁硫克百威、氟硅唑、腈菌唑、二甲戊灵、哒螨灵、吡螨胺、四氟醚唑、仲丁灵、氯氰菊酯、异丙威、丙溴磷、除线磷、烯丙菊酯、氰戊菊酯、特丁通和安硫磷，低毒农药嘧霉胺、西草净、牧草胺、嘧菌环胺、二苯胺、邻苯基苯酚、2, 3, 5, 6-四氯苯胺、杀螨醚、氟吡菌酰胺、双苯恶唑酸、扑草净、胺丙畏、螺螨酯、仲丁通、枯莠隆、吡喃灵、乙草胺、丁羟茴香醚、戊草丹、己唑醇、异丙甲草胺、吡咪唑、五氯苯、杀螨特、烯虫炔酯、五氯苯甲腈、氯硝胺、四氢吩胺、新燕灵、去异丙基莠去津、敌草腈、氟唑菌酰胺、邻苯二甲酰亚胺、甲醚菊酯、威杀灵、八氯苯乙烯、去乙基阿特拉津、联苯、氟吡酰草胺、八氯二丙醚、特草灵、杀螨酯、乙嘧酚磺酸酯、噻嗪酮、丁草胺、

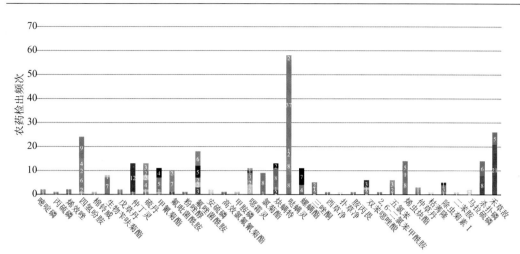

图 3-16-3　超过 MRL 欧盟标准农药品种及频次

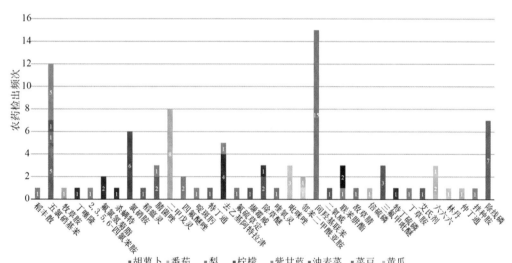

图 3-16-4　超过 MRL 欧盟标准农药品种及频次

二氯吡啶酸、萘乙酸、炔螨特、啶斑肟、拌种胺、3, 5-二氯苯胺、间羟基联苯和五氯苯胺，微毒农药醚菊酯、萘乙酰胺、喹氧灵、缬霉威、氟丙菊酯、溴丁酰草胺、异噁唑草酮、腐霉利、嘧菌酯、五氯硝基苯、拌种咯、联苯肼酯、氟硫草定、啶氧菌酯、百菌清、生物苄呋菊酯、啶酰菌胺、吡丙醚、四氯硝基苯、肟菌酯、氟酰胺、醚菌酯、烯虫酯、霜霉威和仲草丹。

　　按超标程度比较，猕猴桃中萘乙酸超标 940.0 倍，小油菜中 γ-氟氯氰菌酯超标 882.6 倍，油麦菜中 γ-氟氯氰菌酯超标 653.2 倍，芹菜中嘧霉胺超标 390.1 倍，韭菜中毒死蜱超标 322.7 倍。检测结果见图 3-17 和附表 17。

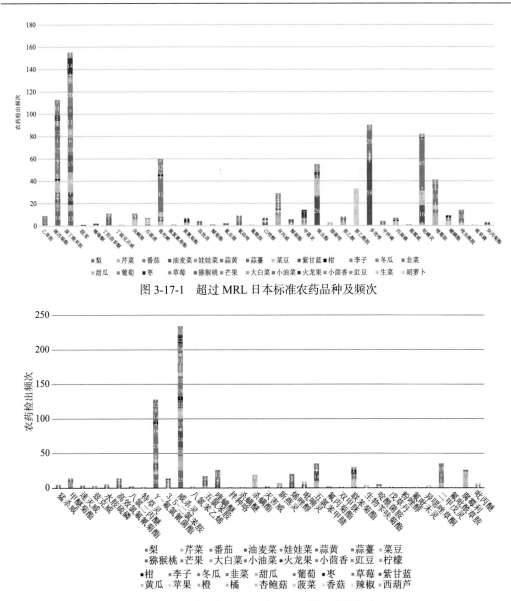

图 3-17-1 超过 MRL 日本标准农药品种及频次

图 3-17-2 超过 MRL 日本标准农药品种及频次

3.2.2.4 按 MRL 中国香港标准衡量

按 MRL 中国香港标准衡量，共有 18 种农药超标，检出 100 频次，分别为高毒农药克百威、水胺硫磷、氟氯氰菊酯和敌敌畏，中毒农药戊唑醇、毒死蜱、硫丹、甲霜灵、甲氰菊酯、氟硅唑、哒螨灵、氯氰菊酯、丙溴磷和氰戊菊酯，微毒农药腐霉利、百菌清、吡丙醚和肟菌酯。

按超标程度比较，菜豆中毒死蜱超标 52.0 倍，橘中水胺硫磷超标 48.7 倍，韭菜中腐霉利超标 40.4 倍，橘中丙溴磷超标 22.1 倍，花椰菜中敌敌畏超标 18.1 倍。检测结果见图 3-18 和附表 18。

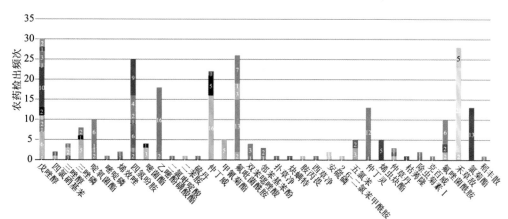

图 3-17-3　超过 MRL 日本标准农药品种及频次

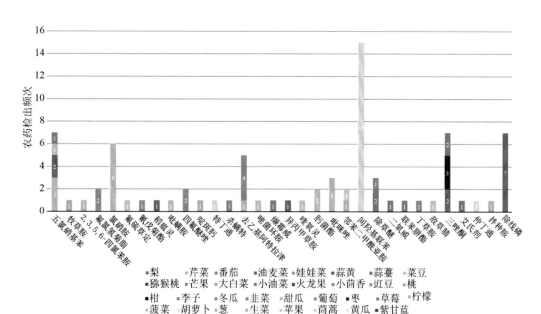

图 3-17-4　超过 MRL 日本标准农药品种及频次

3.2.2.5　按 MRL 美国标准衡量

按 MRL 美国标准衡量，共有 13 种农药超标，检出 69 频次，分别为高毒农药氟氯氰菊酯，中毒农药联苯菊酯、戊唑醇、毒死蜱、甲霜灵、γ-氟氯氰菌酯、甲氰菊酯、二甲戊灵、哒螨灵和氯氰菊酯，低毒农药萘乙酸，微毒农药联苯肼酯和氟乐灵。

按超标程度比较，葡萄中毒死蜱超标 17.6 倍，菠萝中甲霜灵超标 17.3 倍，苹果中毒死蜱超标 14.1 倍，桃中毒死蜱超标 12.3 倍，菜豆中毒死蜱超标 9.6 倍。检测结果见图 3-19 和附表 19。

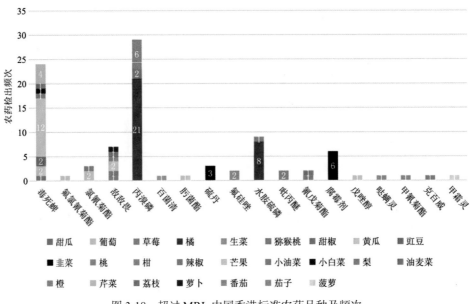

图 3-18　超过 MRL 中国香港标准农药品种及频次

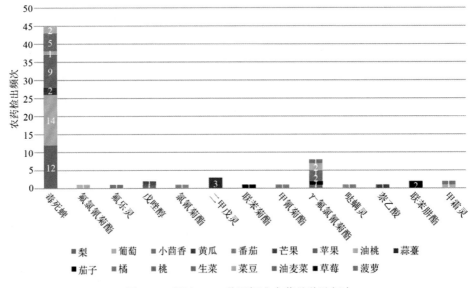

图 3-19　超过 MRL 美国标准农药品种及频次

3.2.2.6　按 MRL CAC 标准衡量

按 MRL CAC 标准衡量，共有 8 种农药超标，检出 22 频次，分别为中毒农药戊唑醇、毒死蜱、甲氰菊酯、氟硅唑和氯氰菊酯，微毒农药嘧菌酯、联苯肼酯和肟菌酯。

按超标程度比较，菜豆中毒死蜱超标 52.0 倍，芒果中戊唑醇超标 8.1 倍，小油菜中氯氰菊酯超标 3.9 倍，草莓中联苯肼酯超标 3.3 倍，葡萄中氯氰菊酯超标 1.5 倍。检测结果见图 3-20 和附表 20。

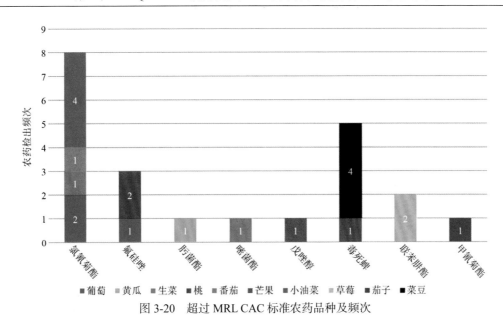

图 3-20　超过 MRL CAC 标准农药品种及频次

3.2.3　134 个采样点超标情况分析

3.2.3.1　按 MRL 中国国家标准衡量

按 MRL 中国国家标准衡量，有 77 个采样点的样品存在不同程度的超标农药检出，其中***超市（华安店）和***超市（良乡购物广场店）的超标率最高，为 12.0%，如表 3-14 和图 3-21 所示。

表 3-14　超过 MRL 中国国家标准水果蔬菜在不同采样点分布

序号	采样点	样品总数	超标数量	超标率（%）	行政区域
1	***超市（大钟寺店）	79	3	3.8	海淀区
2	***超市（分钟寺店）	71	2	2.8	丰台区
3	***超市（亦庄店）	63	3	4.8	大兴区
4	***超市（泰河园店）	55	1	1.8	大兴区
5	***超市（四道口店）	55	1	1.8	海淀区
6	***市场	54	2	3.7	丰台区
7	***超市（喜隆多店）	54	2	3.7	石景山区
8	***超市（后沙峪店）	53	1	1.9	顺义区
9	***超市（和平新城店）	52	2	3.8	东城区
10	***超市（宋家庄店）	52	4	7.7	丰台区
11	***超市（山水文园店）	52	1	1.9	朝阳区
12	***超市（世界村店）	52	3	5.8	通州区
13	***超市（旧宫店）	52	4	7.7	大兴区

序号	采样点	样品总数	超标数量	超标率（%）	行政区域
14	***市场	52	1	1.9	丰台区
15	***市场	51	2	3.9	朝阳区
16	***超市（龙旗广场店）	51	3	5.9	昌平区
17	***超市（方庄店）	51	3	5.9	丰台区
18	***超市（惠新店）	50	1	2.0	朝阳区
19	***超市（双井店）	50	1	2.0	朝阳区
20	***市场	50	1	2.0	大兴区
21	***市场	50	2	4.0	朝阳区
22	***市场	50	2	4.0	海淀区
23	***超市（良乡店）	50	1	2.0	房山区
24	***超市（西单店）	49	3	6.1	西城区
25	***超市（石景山店）	49	3	6.1	石景山区
26	***超市（华威桥店）	49	1	2.0	朝阳区
27	***市场	48	1	2.1	海淀区
28	***市场	48	1	2.1	朝阳区
29	***超市（马家堡店）	48	2	4.2	丰台区
30	***超市（文慧园店）	47	1	2.1	海淀区
31	***超市（玉蜓桥店）	46	1	2.2	丰台区
32	***超市（崇文门店）	46	1	2.2	东城区
33	***超市（马连道店）	45	1	2.2	西城区
34	***超市（回龙观东店）	31	1	3.2	昌平区
35	***市场	29	1	3.4	朝阳区
36	***直营店（南花市店）	29	1	3.4	东城区
37	***超市（公益西桥店）	28	1	3.6	丰台区
38	***超市（良乡店）	28	2	7.1	房山区
39	***超市（鼓楼店）	28	1	3.6	密云区
40	***超市（妫水北街店）	28	1	3.6	延庆区
41	***超市（东关店）	28	2	7.1	通州区
42	***超市（西门店）	27	1	3.7	通州区
43	***市场	27	2	7.4	大兴区
44	***超市（法华寺店）	27	1	3.7	东城区
45	***超市（大望路店）	27	1	3.7	朝阳区
46	***超市（平谷店）	27	3	11.1	平谷区

续表

序号	采样点	样品总数	超标数量	超标率（%）	行政区域
47	***市场	26	1	3.8	东城区
48	***市场	26	3	11.5	门头沟区
49	***超市（里仁街店）	25	1	4.0	西城区
50	***超市（安贞店）	25	1	4.0	朝阳区
51	***超市（姚家园店）	25	1	4.0	朝阳区
52	***超市（望京店）	25	1	4.0	朝阳区
53	***超市（华安店）	25	3	12.0	朝阳区
54	***超市（西三旗店）	25	1	4.0	海淀区
55	***超市（白石桥店）	25	1	4.0	海淀区
56	***超市（通州区店）	25	1	4.0	通州区
57	***市场	25	1	4.0	丰台区
58	***超市（良乡购物广场店）	25	3	12.0	房山区
59	***市场	24	1	4.2	朝阳区
60	***市场	24	1	4.2	房山区
61	***超市（回龙观二店）	24	1	4.2	昌平区
62	***超市（金泉店）	24	2	8.3	朝阳区
63	***超市（大成东店）	24	1	4.2	朝阳区
64	***超市（方圆店）	24	1	4.2	海淀区
65	***超市（增光路店）	24	1	4.2	海淀区
66	***超市（佛营店）	24	1	4.2	朝阳区
67	***超市（西关环岛店）	24	1	4.2	昌平区
68	***超市（陶然亭店）	24	1	4.2	西城区
69	***市场	24	1	4.2	朝阳区
70	***超市（府学路二店）	23	2	8.7	昌平区
71	***超市（劲松商城）	23	2	8.7	朝阳区
72	***超市（西坝河店）	23	1	4.3	朝阳区
73	***市场	23	1	4.3	石景山区
74	***市场	22	1	4.5	朝阳区
75	***超市（家和店）	22	1	4.5	朝阳区
76	***超市（富兴国际店）	22	2	9.1	大兴区
77	***超市（万科店）	19	1	5.3	大兴区

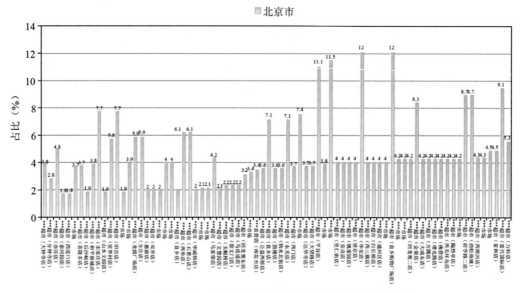

图 3-21　超过 MRL 中国国家标准水果蔬菜在不同采样点分布

3.2.3.2　按 MRL 欧盟标准衡量

按 MRL 欧盟标准衡量，所有采样点的样品存在不同程度的超标农药检出，其中***
超市（西三旗店）的超标率最高，为 84.0%，如图 3-22 和表 3-15 所示。

表 3-15　超过 MRL 欧盟标准水果蔬菜在不同采样点分布

序号	采样点	样品总数	超标数量	超标率（%）	行政区域
1	***超市（大钟寺店）	79	35	44.3	海淀区
2	***超市（东关分店）	76	36	47.4	昌平区
3	***超市（朝阳路店）	75	38	50.7	朝阳区
4	***超市（分钟寺店）	71	37	52.1	丰台区
5	***超市（亦庄店）	63	33	52.4	大兴区
6	***超市（泰河园店）	55	28	50.9	大兴区
7	***超市（四道口店）	55	24	43.6	海淀区
8	***市场	54	21	38.9	丰台区
9	***超市（喜隆多店）	54	25	46.3	石景山区
10	***超市（广渠门店）	53	30	56.6	东城区
11	***超市（后沙峪店）	53	22	41.5	顺义区
12	***超市（通州店）	53	24	45.3	通州区
13	***超市（和平新城店）	52	27	51.9	东城区
14	***超市（菜百店）	52	21	40.4	西城区
15	***超市（宋家庄店）	52	28	53.8	丰台区

续表

序号	采样点	样品总数	超标数量	超标率（%）	行政区域
16	***超市（山水文园店）	52	23	44.2	朝阳区
17	***超市（世界村店）	52	28	53.8	通州区
18	***超市（旧宫店）	52	28	53.8	大兴区
19	***市场	52	30	57.7	丰台区
20	***超市（建国路店）	51	26	51.0	朝阳区
21	***市场	51	21	41.2	朝阳区
22	***超市（龙旗广场店）	51	21	41.2	昌平区
23	***超市（方庄店）	51	30	58.8	丰台区
24	***超市（惠新店）	50	31	62.0	朝阳区
25	***超市（双井店）	50	31	62.0	朝阳区
26	***市场	50	27	54.0	大兴区
27	***市场	50	31	62.0	朝阳区
28	***市场	50	28	56.0	海淀区
29	***超市（良乡店）	50	32	64.0	房山区
30	***超市（西单店）	49	29	59.2	西城区
31	***超市（石景山店）	49	31	63.3	石景山区
32	***超市（城建店）	49	26	53.1	海淀区
33	***超市（华威桥店）	49	32	65.3	朝阳区
34	***超市（德胜门店）	48	16	33.3	西城区
35	***市场	48	20	41.7	海淀区
36	***市场	48	26	54.2	朝阳区
37	***超市（马家堡店）	48	31	64.6	丰台区
38	***超市（知春路店）	47	25	53.2	海淀区
39	***超市（文慧园店）	47	21	44.7	海淀区
40	***超市（五棵松店）	47	32	68.1	海淀区
41	***超市（玉蜓桥店）	46	25	54.3	丰台区
42	***超市（崇文门店）	46	28	60.9	东城区
43	***超市（马连道店）	45	25	55.6	西城区
44	***市场	44	20	45.5	海淀区
45	***市场	31	20	64.5	昌平区
46	***超市（回龙观东店）	31	17	54.8	昌平区
47	***超市（温都水城店）	30	14	46.7	昌平区
48	***超市（万源店）	30	14	46.7	大兴区

续表

序号	采样点	样品总数	超标数量	超标率（%）	行政区域
49	***市场	29	19	65.5	朝阳区
50	***直营店（南花市店）	29	16	55.2	东城区
51	***超市（大郊亭店）	28	16	57.1	朝阳区
52	***超市（中关村广场店）	28	7	25.0	海淀区
53	***超市（航天桥店）	28	11	39.3	海淀区
54	***超市（公益西桥店）	28	9	32.1	丰台区
55	***市场	28	16	57.1	石景山区
56	***市场	28	11	39.3	西城区
57	***超市（怀柔店）	28	10	35.7	怀柔区
58	***超市（良乡店）	28	12	42.9	房山区
59	***超市（鼓楼店）	28	10	35.7	密云区
60	***超市（妫水北街店）	28	10	35.7	延庆区
61	***超市（东关店）	28	9	32.1	通州区
62	***超市（永安路店）	27	10	37.0	西城区
63	***超市（西门店）	27	9	33.3	通州区
64	***超市（旧宫店）	27	9	33.3	大兴区
65	***超市（金星店）	27	13	48.1	大兴区
66	***市场	27	21	77.8	大兴区
67	***超市（亦庄店）	27	10	37.0	大兴区
68	***超市（法华寺店）	27	11	40.7	东城区
69	***超市（大望路店）	27	10	37.0	朝阳区
70	***市场	27	11	40.7	海淀区
71	***超市（平谷店）	27	13	48.1	平谷区
72	***超市（三里河店）	26	12	46.2	西城区
73	***市场	26	14	53.8	东城区
74	***市场	26	12	46.2	门头沟区
75	***超市（白纸坊超市）	25	16	64.0	西城区
76	***超市（里仁街店）	25	10	40.0	西城区
77	***超市（安贞店）	25	14	56.0	朝阳区
78	***超市（姚家园店）	25	12	48.0	朝阳区
79	***超市（望京店）	25	15	60.0	朝阳区
80	***超市（华安店）	25	17	68.0	朝阳区
81	***超市（西三旗店）	25	21	84.0	海淀区

续表

序号	采样点	样品总数	超标数量	超标率（%）	行政区域
82	***超市（定慧桥店）	25	7	28.0	海淀区
83	***超市（洋桥店）	25	16	64.0	丰台区
84	***超市（鲁谷店）	25	6	24.0	石景山区
85	***超市（金顶街店）	25	15	60.0	石景山区
86	***超市（黄村店）	25	12	48.0	大兴区
87	***超市（长阳半岛店）	25	12	48.0	房山区
88	***超市（新隆店）	25	15	60.0	门头沟区
89	***超市（朝阳北路店）	25	11	44.0	朝阳区
90	***超市（白石桥店）	25	14	56.0	海淀区
91	***超市（通州区店）	25	15	60.0	通州区
92	***市场	25	10	40.0	顺义区
93	***市场	25	15	60.0	海淀区
94	***市场	25	10	40.0	丰台区
95	***市场	25	10	40.0	昌平区
96	***超市（良乡购物广场店）	25	14	56.0	房山区
97	***超市（望京店）	25	11	44.0	朝阳区
98	***超市（崇文门店）	25	16	64.0	东城区
99	***超市（花园路店）	24	15	62.5	海淀区
100	***超市（安宁庄店）	24	13	54.2	海淀区
101	***市场	24	10	41.7	朝阳区
102	***市场	24	8	33.3	房山区
103	***超市（回龙观二店）	24	14	58.3	昌平区
104	***超市（健翔桥店）	24	5	20.8	朝阳区
105	***超市（金泉店）	24	15	62.5	朝阳区
106	***超市（望京店）	24	8	33.3	朝阳区
107	***超市（慈云寺店）	24	6	25.0	朝阳区
108	***超市（大成东店）	24	16	66.7	朝阳区
109	***超市（方圆店）	24	11	45.8	海淀区
110	***超市（增光路店）	24	18	75.0	海淀区
111	***超市（云岗店）	24	11	45.8	丰台区
112	***超市（佛营店）	24	13	54.2	朝阳区
113	***超市（西关环岛店）	24	12	50.0	昌平区
114	***超市（陶然亭店）	24	18	75.0	西城区

序号	采样点	样品总数	超标数量	超标率（%）	行政区域
115	***市场	24	8	33.3	东城区
116	***超市（西红门店）	24	8	33.3	大兴区
117	***市场	24	9	37.5	朝阳区
118	***超市（府学路二店）	23	13	56.5	昌平区
119	***超市（丰台店）	23	7	30.4	丰台区
120	***超市（华天店）	23	11	47.8	海淀区
121	***超市（劲松商城）	23	18	78.3	朝阳区
122	***超市（西坝河店）	23	13	56.5	朝阳区
123	***市场	23	4	17.4	石景山区
124	***超市（瀛海店）	23	15	65.2	大兴区
125	***市场	22	10	45.5	东城区
126	***市场	22	13	59.1	朝阳区
127	***超市（家和店）	22	13	59.1	朝阳区
128	***超市（丽湖店）	22	12	54.5	怀柔区
129	***超市（富兴国际店）	22	12	54.5	大兴区
130	***市场	21	9	42.9	西城区
131	***市场	20	11	55.0	东城区
132	***超市（万科店）	19	11	57.9	大兴区
133	***超市（望京店）	18	14	77.8	朝阳区
134	***农场	11	3	27.3	通州区

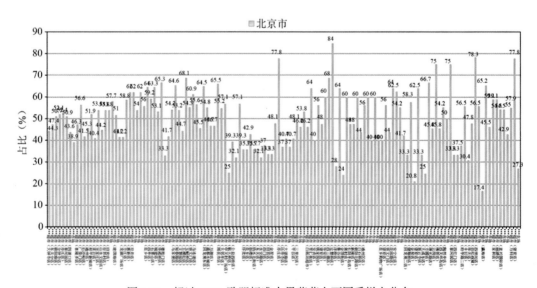

图 3-22　超过 MRL 欧盟标准水果蔬菜在不同采样点分布

3.2.3.3　按 MRL 日本标准衡量

按 MRL 日本标准衡量，所有采样点的样品存在不同程度的超标农药检出，其中***超市（西三旗店）的超标率最高，为 72.0%，如图 3-23 和表 3-16 所示。

表 3-16　超过 MRL 日本标准水果蔬菜在不同采样点分布

序号	采样点	样品总数	超标数量	超标率（%）	行政区域
1	***超市（大钟寺店）	79	29	36.7	海淀区
2	***超市（东关分店）	76	31	40.8	昌平区
3	***超市（朝阳路店）	75	38	50.7	朝阳区
4	***超市（分钟寺店）	71	33	46.5	丰台区
5	***会员店（亦庄店）	63	29	46.0	大兴区
6	***超市（泰河园店）	55	24	43.6	大兴区
7	***超市（四道口店）	55	20	36.4	海淀区
8	***市场	54	20	37.0	丰台区
9	***超市（喜隆多店）	54	20	37.0	石景山区
10	***超市（广渠门店）	53	26	49.1	东城区
11	***超市（后沙峪店）	53	21	39.6	顺义区
12	***超市（通州店）	53	17	32.1	通州区
13	***超市（和平新城店）	52	21	40.4	东城区
14	***超市（菜百店）	52	20	38.5	西城区
15	***超市（宋家庄店）	52	21	40.4	丰台区
16	***超市（山水文园店）	52	22	42.3	朝阳区
17	***超市（世界村店）	52	24	46.2	通州区
18	***超市（旧宫店）	52	31	59.6	大兴区
19	***市场	52	22	42.3	丰台区
20	***超市（建国路店）	51	16	31.4	朝阳区
21	***市场	51	20	39.2	朝阳区
22	***超市（龙旗广场店）	51	17	33.3	昌平区
23	***超市（方庄店）	51	27	52.9	丰台区
24	***超市（惠新店）	50	28	56.0	朝阳区
25	***超市（双井店）	50	28	56.0	朝阳区
26	***市场	50	23	46.0	大兴区
27	***市场	50	29	58.0	朝阳区
28	***市场	50	23	46.0	海淀区
29	***超市（良乡店）	50	27	54.0	房山区

续表

序号	采样点	样品总数	超标数量	超标率（%）	行政区域
30	***超市（西单店）	49	25	51.0	西城区
31	***超市（石景山店）	49	27	55.1	石景山区
32	***超市（城建店）	49	22	44.9	海淀区
33	***超市（华威桥店）	49	28	57.1	朝阳区
34	***超市（德胜门店）	48	16	33.3	西城区
35	***市场	48	17	35.4	海淀区
36	***市场	48	22	45.8	朝阳区
37	***超市（马家堡店）	48	24	50.0	丰台区
38	***超市（知春路店）	47	25	53.2	海淀区
39	***超市（文慧园店）	47	18	38.3	海淀区
40	***超市（五棵松店）	47	30	63.8	海淀区
41	***超市（玉蜓桥店）	46	20	43.5	丰台区
42	***超市（崇文门店）	46	26	56.5	东城区
43	***超市（马连道店）	45	21	46.7	西城区
44	***市场	44	20	45.5	海淀区
45	***市场	31	16	51.6	昌平区
46	***超市（回龙观东店）	31	11	35.5	昌平区
47	***超市（温都水城店）	30	9	30.0	昌平区
48	***超市（万源店）	30	11	36.7	大兴区
49	***市场	29	15	51.7	朝阳区
50	***直营店（南花市店）	29	16	55.2	东城区
51	***超市（大郊亭店）	28	17	60.7	朝阳区
52	***超市（中关村广场店）	28	6	21.4	海淀区
53	***超市（航天桥店）	28	5	17.9	海淀区
54	***超市（公益西桥店）	28	7	25.0	丰台区
55	***市场	28	12	42.9	石景山区
56	***市场	28	5	17.9	西城区
57	***超市（怀柔店）	28	6	21.4	怀柔区
58	***超市（良乡店）	28	6	21.4	房山区
59	***超市（鼓楼店）	28	9	32.1	密云区
60	***超市（妫水北街店）	28	9	32.1	延庆区
61	***超市（东关店）	28	9	32.1	通州区
62	***超市（永安路店）	27	7	25.9	西城区

续表

序号	采样点	样品总数	超标数量	超标率（%）	行政区域
63	***超市（西门店）	27	6	22.2	通州区
64	***超市（旧宫店）	27	7	25.9	大兴区
65	***超市（金星店）	27	12	44.4	大兴区
66	***市场	27	19	70.4	大兴区
67	***超市（亦庄店）	27	6	22.2	大兴区
68	***超市（法华寺店）	27	6	22.2	东城区
69	***超市（大望路店）	27	10	37.0	朝阳区
70	***市场	27	8	29.6	海淀区
71	***超市（平谷店）	27	8	29.6	平谷区
72	***超市（三里河店）	26	11	42.3	西城区
73	***市场	26	14	53.8	东城区
74	***市场	26	12	46.2	门头沟区
75	***超市（白纸坊超市）	25	15	60.0	西城区
76	***超市（里仁街店）	25	11	44.0	西城区
77	***超市（安贞店）	25	12	48.0	朝阳区
78	***超市（姚家园店）	25	11	44.0	朝阳区
79	***超市（望京店）	25	13	52.0	朝阳区
80	***超市（华安店）	25	15	60.0	朝阳区
81	***超市（西三旗店）	25	18	72.0	海淀区
82	***超市（定慧桥店）	25	9	36.0	海淀区
83	***超市（洋桥店）	25	14	56.0	丰台区
84	***超市（鲁谷店）	25	6	24.0	石景山区
85	***超市（金顶街店）	25	10	40.0	石景山区
86	***超市（黄村店）	25	11	44.0	大兴区
87	***超市（长阳半岛店）	25	10	40.0	房山区
88	***超市（新隆店）	25	12	48.0	门头沟区
89	***超市（朝阳北路店）	25	11	44.0	朝阳区
90	***超市（白石桥店）	25	13	52.0	海淀区
91	***超市（通州区店）	25	13	52.0	通州区
92	***市场	25	9	36.0	顺义区
93	***市场	25	15	60.0	海淀区
94	***市场	25	12	48.0	丰台区
95	***市场	25	11	44.0	昌平区

序号	采样点	样品总数	超标数量	超标率（%）	行政区域
96	***超市（良乡购物广场店）	25	14	56.0	房山区
97	***超市（望京店）	25	10	40.0	朝阳区
98	***超市（崇文门店）	25	16	64.0	东城区
99	***超市（花园路店）	24	12	50.0	海淀区
100	***超市（安宁庄店）	24	11	45.8	海淀区
101	***市场	24	9	37.5	朝阳区
102	***市场	24	8	33.3	房山区
103	***超市（回龙观二店）	24	15	62.5	昌平区
104	***超市（健翔桥店）	24	7	29.2	朝阳区
105	***超市（金泉店）	24	14	58.3	朝阳区
106	***超市（望京店）	24	7	29.2	朝阳区
107	***超市（慈云寺店）	24	6	25.0	朝阳区
108	***超市（大成东店）	24	12	50.0	朝阳区
109	***超市（方圆店）	24	10	41.7	海淀区
110	***超市（增光路店）	24	14	58.3	海淀区
111	***超市（云岗店）	24	10	41.7	丰台区
112	***超市（佛营店）	24	11	45.8	朝阳区
113	***超市（西关环岛店）	24	11	45.8	昌平区
114	***超市（陶然亭店）	24	16	66.7	西城区
115	***市场	24	9	37.5	东城区
116	***超市（西红门店）	24	9	37.5	大兴区
117	***市场	24	8	33.3	朝阳区
118	***超市（府学路二店）	23	11	47.8	昌平区
119	***超市（丰台店）	23	6	26.1	丰台区
120	***超市（华天店）	23	10	43.5	海淀区
121	***超市（劲松商城）	23	16	69.6	朝阳区
122	***超市（西坝河店）	23	12	52.2	朝阳区
123	***市场	23	6	26.1	石景山区
124	***超市（瀛海店）	23	13	56.5	大兴区
125	***市场	22	8	36.4	东城区
126	***市场	22	13	59.1	朝阳区
127	***超市（家和店）	22	12	54.5	朝阳区
128	***超市（丽湖店）	22	12	54.5	怀柔区

续表

序号	采样点	样品总数	超标数量	超标率（%）	行政区域
129	***超市（富兴国际店）	22	10	45.5	大兴区
130	***市场	21	8	38.1	西城区
131	***市场	20	10	50.0	东城区
132	***超市（万科店）	19	9	47.4	大兴区
133	***超市（望京店）	18	12	66.7	朝阳区
134	***农场	11	4	36.4	通州区

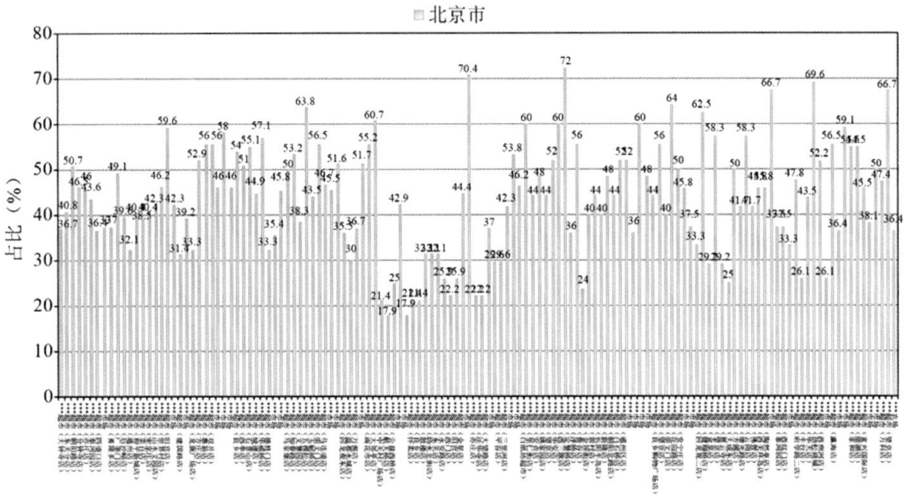

图 3-23　超过 MRL 日本标准水果蔬菜在不同采样点分布

3.2.3.4　按 MRL 中国香港标准衡量

按 MRL 中国香港标准衡量，有 68 个采样点的样品存在不同程度的超标农药检出，其中***超市（金泉店）的超标率最高，为 12.5%，如图 3-24 和表 3-17 所示。

表 3-17　超过 MRL 中国香港标准水果蔬菜在不同采样点分布

序号	采样点	样品总数	超标数量	超标率（%）	行政区域
1	***超市（大钟寺店）	79	3	3.8	海淀区
2	***超市（分钟寺店）	71	2	2.8	丰台区
3	***会员店（亦庄店）	63	5	7.9	大兴区
4	***超市（泰河园店）	55	1	1.8	大兴区
5	***超市（四道口店）	55	1	1.8	海淀区
6	***市场	54	1	1.9	丰台区
7	***超市（喜隆多店）	54	2	3.7	石景山区

序号	采样点	样品总数	超标数量	超标率（%）	行政区域
8	***超市（后沙峪店）	53	1	1.9	顺义区
9	***超市（通州店）	53	1	1.9	通州区
10	***超市（和平新城店）	52	1	1.9	东城区
11	***超市（宋家庄店）	52	4	7.7	丰台区
12	***超市（山水文园店）	52	1	1.9	朝阳区
13	***超市（世界村店）	52	3	5.8	通州区
14	***超市（旧宫店）	52	3	5.8	大兴区
15	***市场	52	2	3.8	丰台区
16	***超市（建国路店）	51	1	2.0	朝阳区
17	***市场	51	2	3.9	朝阳区
18	***超市（龙旗广场店）	51	1	2.0	昌平区
19	***超市（方庄店）	51	3	5.9	丰台区
20	***市场	50	1	2.0	大兴区
21	***市场	50	1	2.0	朝阳区
22	***超市（良乡店）	50	1	2.0	房山区
23	***超市（石景山店）	49	2	4.1	石景山区
24	***超市（城建店）	49	1	2.0	海淀区
25	***超市（华威桥店）	49	1	2.0	朝阳区
26	***市场	48	1	2.1	海淀区
27	***市场	48	1	2.1	朝阳区
28	***超市（马家堡店）	48	2	4.2	丰台区
29	***超市（文慧园店）	47	1	2.1	海淀区
30	***超市（玉蜓桥店）	46	2	4.3	丰台区
31	***超市（崇文门店）	46	1	2.2	东城区
32	***超市（马连道店）	45	2	4.4	西城区
33	***超市（回龙观东店）	31	1	3.2	昌平区
34	***超市（温都水城店）	30	1	3.3	昌平区
35	***市场	29	2	6.9	朝阳区
36	***超市（怀柔店）	28	1	3.6	怀柔区
37	***超市（良乡店）	28	1	3.6	房山区
38	***超市（鼓楼店）	28	1	3.6	密云区

续表

序号	采样点	样品总数	超标数量	超标率（%）	行政区域
39	***超市（法华寺店）	27	1	3.7	东城区
40	***市场	27	1	3.7	海淀区
41	***超市（平谷店）	27	1	3.7	平谷区
42	***市场	26	3	11.5	东城区
43	***市场	26	1	3.8	门头沟区
44	***超市（安贞店）	25	1	4.0	朝阳区
45	***超市（华安店）	25	1	4.0	朝阳区
46	***超市（洋桥店）	25	1	4.0	丰台区
47	***超市（黄村店）	25	1	4.0	大兴区
48	***超市（新隆店）	25	1	4.0	门头沟区
49	***超市（白石桥店）	25	1	4.0	海淀区
50	***市场	25	1	4.0	丰台区
51	***超市（良乡购物广场店）	25	1	4.0	房山区
52	***超市（安宁庄店）	24	1	4.2	海淀区
53	***市场	24	1	4.2	房山区
54	***超市（回龙观二店）	24	1	4.2	昌平区
55	***超市（金泉店）	24	3	12.5	朝阳区
56	***超市（大成东店）	24	1	4.2	朝阳区
57	***超市（方圆店）	24	1	4.2	海淀区
58	***超市（云岗店）	24	1	4.2	丰台区
59	***超市（西关环岛店）	24	1	4.2	昌平区
60	***超市（陶然亭店）	24	2	8.3	西城区
61	***市场	24	1	4.2	朝阳区
62	***超市（府学路二店）	23	1	4.3	昌平区
63	***超市（西坝河店）	23	1	4.3	朝阳区
64	***市场	23	1	4.3	石景山区
65	***超市（家和店）	22	1	4.5	朝阳区
66	***超市（丽湖店）	22	1	4.5	怀柔区
67	***超市（富兴国际店）	22	2	9.1	大兴区
68	***超市（望京店）	18	1	5.6	朝阳区

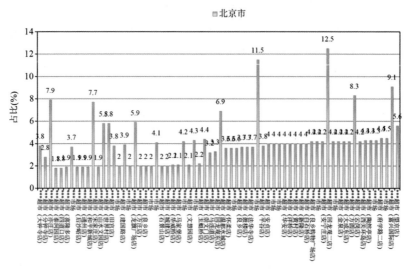

图 3-24　超过 MRL 中国香港标准水果蔬菜在不同采样点分布

3.2.3.5　按 MRL 美国标准衡量

按 MRL 美国标准衡量，有 56 个采样点的样品存在不同程度的超标农药检出，其中***超市（姚家园店）和***超市（华安店）的超标率最高，为 8.0%，如图 3-25 和表 3-18 所示。

表 3-18　超过 MRL 美国标准水果蔬菜在不同采样点分布

序号	采样点	样品总数	超标数量	超标率（%）	行政区域
1	***超市（大钟寺店）	79	3	3.8	海淀区
2	***超市（东关分店）	76	1	1.3	昌平区
3	***超市（朝阳路店）	75	1	1.3	朝阳区
4	***超市（分钟寺店）	71	2	2.8	丰台区
5	***超市（四道口店）	55	1	1.8	海淀区
6	***超市（广渠门店）	53	1	1.9	东城区
7	***超市（通州店）	53	1	1.9	通州区
8	***超市（宋家庄店）	52	2	3.8	丰台区
9	***超市（旧宫店）	52	1	1.9	大兴区
10	***市场	52	1	1.9	丰台区
11	***超市（建国路店）	51	1	2.0	朝阳区
12	***市场	51	2	3.9	朝阳区
13	***超市（龙旗广场店）	51	2	3.9	昌平区
14	***超市（方庄店）	51	1	2.0	丰台区
15	***超市（惠新店）	50	2	4.0	朝阳区

序号	采样点	样品总数	超标数量	超标率（%）	行政区域
16	***超市（双井店）	50	2	4.0	朝阳区
17	***市场	50	1	2.0	朝阳区
18	***超市（西单店）	49	1	2.0	西城区
19	***超市（石景山店）	49	1	2.0	石景山区
20	***超市（城建店）	49	1	2.0	海淀区
21	***超市（华威桥店）	49	1	2.0	朝阳区
22	***超市（德胜门店）	48	1	2.1	西城区
23	***市场	48	1	2.1	海淀区
24	***超市（文慧园店）	47	1	2.1	海淀区
25	***超市（马连道店）	45	1	2.2	西城区
26	***市场	44	2	4.5	海淀区
27	***市场	31	1	3.2	昌平区
28	***超市（温都水城店）	30	1	3.3	昌平区
29	***超市（万源店）	30	1	3.3	大兴区
30	***超市（航天桥店）	28	1	3.6	海淀区
31	***超市（公益西桥店）	28	1	3.6	丰台区
32	***市场	28	1	3.6	石景山区
33	***市场	28	1	3.6	西城区
34	***超市（怀柔店）	28	1	3.6	怀柔区
35	***超市（旧宫店）	27	1	3.7	大兴区
36	***超市（亦庄店）	27	1	3.7	大兴区
37	***超市（法华寺店）	27	1	3.7	东城区
38	***市场	26	1	3.8	东城区
39	***超市（里仁街店）	25	1	4.0	西城区
40	***超市（安贞店）	25	1	4.0	朝阳区
41	***超市（姚家园店）	25	2	8.0	朝阳区
42	***超市（华安店）	25	2	8.0	朝阳区
43	***超市（新隆店）	25	1	4.0	门头沟区
44	***市场	25	1	4.0	海淀区
45	***市场	25	1	4.0	丰台区
46	***市场	25	1	4.0	昌平区
47	***超市（健翔桥店）	24	1	4.2	朝阳区
48	***超市（金泉店）	24	1	4.2	朝阳区

续表

序号	采样点	样品总数	超标数量	超标率（%）	行政区域
49	***超市（大成东店）	24	1	4.2	朝阳区
50	***超市（增光路店）	24	1	4.2	海淀区
51	***超市（云岗店）	24	1	4.2	丰台区
52	***超市（西红门店）	24	1	4.2	大兴区
53	***超市（府学路二店）	23	1	4.3	昌平区
54	***超市（瀛海店）	23	1	4.3	大兴区
55	***超市（家和店）	22	1	4.5	朝阳区
56	***超市（富兴国际店）	22	1	4.5	大兴区

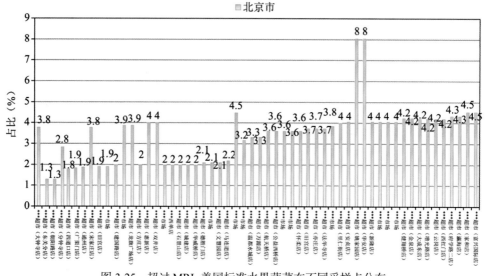

图 3-25　超过 MRL 美国标准水果蔬菜在不同采样点分布

3.2.3.6　按 MRL CAC 标准衡量

按 MRL CAC 标准衡量，有 19 个采样点的样品存在不同程度的超标农药检出，其中 ***超市（家和店）的超标率最高，为 4.5%，如图 3-26 和表 3-19 所示。

表 3-19　超过 MRL CAC 标准水果蔬菜在不同采样点分布

序号	采样点	样品总数	超标数量	超标率（%）	行政区域
1	***超市（分钟寺店）	71	1	1.4	丰台区
2	***超市（宋家庄店）	52	2	3.8	丰台区
3	***市场	52	1	1.9	丰台区
4	***超市（惠新店）	50	1	2.0	朝阳区
5	***超市（良乡店）	50	1	2.0	房山区

续表

序号	采样点	样品总数	超标数量	超标率（%）	行政区域
6	***超市（华威桥店）	49	1	2.0	朝阳区
7	***市场	48	2	4.2	海淀区
8	***超市（玉蜓桥店）	46	1	2.2	丰台区
9	***市场	29	1	3.4	朝阳区
10	***超市（怀柔店）	28	1	3.6	怀柔区
11	***市场	27	1	3.7	大兴区
12	***超市（平谷店）	27	1	3.7	平谷区
13	***超市（姚家园店）	25	1	4.0	朝阳区
14	***超市（华安店）	25	1	4.0	朝阳区
15	***超市（新隆店）	25	1	4.0	门头沟区
16	***超市（白石桥店）	25	1	4.0	海淀区
17	***超市（良乡购物广场店）	25	1	4.0	房山区
18	***超市（方圆店）	24	1	4.2	海淀区
19	***超市（家和店）	22	1	4.5	朝阳区

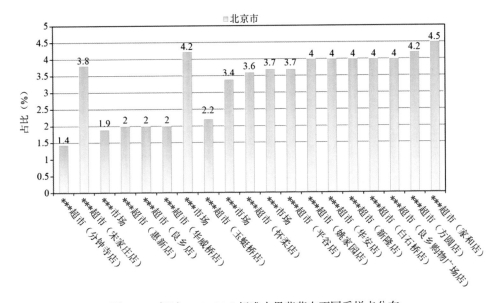

图 3-26　超过 MRL CAC 标准水果蔬菜在不同采样点分布

3.3　水果中农药残留分布

3.3.1　检出农药品种和频次排前 10 的水果

本次残留侦测的水果共 25 种，包括猕猴桃、西瓜、桃、山竹、哈密瓜、柿子、龙眼、木瓜、油桃、苹果、柑、葡萄、草莓、芒果、梨、枣、荔枝、李子、橘、樱桃、柠檬、橙、火龙果、甜瓜和菠萝。

根据检出农药品种及频次进行排名，将各项排名前 10 位的水果样品检出情况列表说明，详见表 3-20。

表 3-20　检出农药品种和频次排名前 10 的水果

检出农药品种排名前 10（品种）	①芒果（51），②草莓（50），③橙（50），④葡萄（50），⑤橘（45），⑥猕猴桃（41），⑦柠檬（38），⑧桃（38），⑨苹果（37），⑩梨（31）
检出农药频次排名前 10（频次）	①葡萄（466），②柠檬（343），③橙（321），④芒果（311），⑤橘（301），⑥草莓（299），⑦梨（266），⑧苹果（213），⑨猕猴桃（200），⑩火龙果（128）
检出禁用、高毒及剧毒农药品种排名前 10（品种）	①橙（6），②橘（6），③芒果（6），④桃（6），⑤梨（4），⑥柑（3），⑦猕猴桃（3），⑧草莓（2），⑨李子（2），⑩柠檬（2）
检出禁用、高毒及剧毒农药频次排名前 10（频次）	①橙（43），②橘（40），③柠檬（24），④草莓（13），⑤梨（9），⑥苹果（8），⑦葡萄（8），⑧甜瓜（8），⑨猕猴桃（7），⑩桃（7）

3.3.2　超标农药品种和频次排前 10 的水果

鉴于 MRL 欧盟标准和日本标准的制定比较全面且覆盖率较高，我们参照 MRL 中国国家标准、欧盟和日本标准衡量水果样品中农残检出情况，将超标农药品种及频次排名前 10 的水果列表说明，详见表 3-21。

表 3-21　超标农药品种和频次排名前 10 的水果

	MRL 中国国家标准	①橙（4），②橘（3），③桃（3），④草莓（2），⑤柑（2），⑥葡萄（2），⑦梨（1），⑧荔枝（1），⑨芒果（1），⑩猕猴桃（1）
超标农药品种排名前 10（农药品种数）	MRL 欧盟标准	①芒果（28），②橘（25），③橙（23），④苹果（22），⑤柠檬（21），⑥葡萄（21），⑦猕猴桃（20），⑧桃（16），⑨草莓（15），⑩火龙果（14）
	MRL 日本标准	①芒果（25），②橘（20），③火龙果（16），④橙（15），⑤猕猴桃（14），⑥柠檬（14），⑦草莓（13），⑧苹果（13），⑨葡萄（13），⑩桃（12）
	MRL 中国标准	①橘（25），②橙（12），③葡萄（4），④桃（4），⑤草莓（3），⑥柑（2），⑦苹果（2），⑧梨（1），⑨荔枝（1），⑩芒果（1）
超标农药频次排名前 10（农药频次数）	MRL 欧盟标准	①橙（133），②橘（115），③葡萄（110），④芒果（106），⑤柠檬（98），⑥苹果（97），⑦梨（96），⑧猕猴桃（73），⑨火龙果（62），⑩草莓（60）
	MRL 日本标准	①柠檬（113），②橘（103），③芒果（93），④橙（92），⑤梨（89），⑥苹果（80），⑦火龙果（76），⑧猕猴桃（62），⑨葡萄（61），⑩草莓（40）

通过对各品种水果样本总数及检出率进行综合分析发现，芒果、葡萄和橙的残留污染最为严重，在此，我们参照 MRL 中国国家标准、欧盟标准和日本标准对这 3 种水果的农残检出情况进行进一步分析。

3.3.3　农药残留检出率较高的水果样品分析

3.3.3.1　芒果

这次共检测 132 例芒果样品，103 例样品中检出了农药残留，检出率为 78.0%，检出农药共计 51 种。其中毒死蜱、联苯菊酯、威杀灵、联苯和嘧菌酯检出频次较高，分别检出了 50、31、26、23 和 23 次。芒果中农药检出品种和频次见图 3-27，超标农药见图 3-28 和表 3-22。

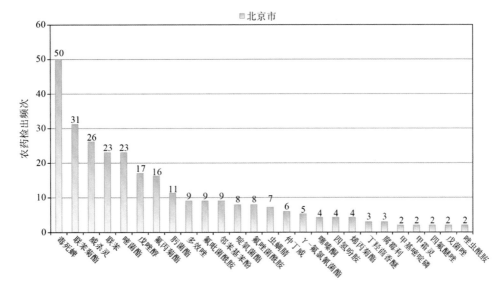

图 3-27　芒果样品检出农药品种和频次分析（仅列出 2 频次及以上的数据）

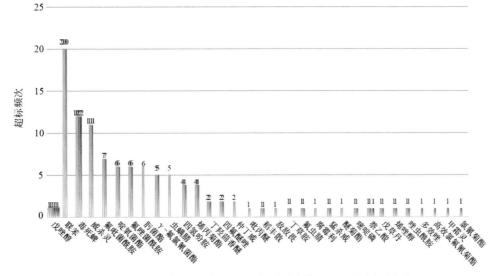

图 3-28　芒果样品中超标农药分析

表 3-22　芒果中农药残留超标情况明细表

样品总数		检出农药样品数	样品检出率（%）	检出农药品种总数
132		103	78	51

	超标农药品种	超标农药频次	按照 MRL 中国国家标准、欧盟标准和日本标准衡量超标农药名称及频次
中国国家标准	1	1	戊唑醇（1）
欧盟标准	28	106	联苯（20），毒死蜱（12），威杀灵（11），氟吡菌酰胺（7），啶氧菌酯（6），氟唑菌酰胺（6），肟菌酯（6），γ-氟氯氰菌酯（5），虫螨腈（5），四氢吩胺（4），烯丙菊酯（4），丁羟茴香醚（2），四氟醚唑（2），仲丁威（2），吡丙醚（1），稻丰散（1），敌敌畏（1），丁草胺（1），氟虫腈（1），腐霉利（1），猛杀威（1），醚菊酯（1），嘧啶磷（1），萘乙酸（1），戊草丹（1），戊唑醇（1），烯唑醇（1），唑虫酰胺（1）
日本标准	25	93	联苯（20），毒死蜱（12），威杀灵（11），氟吡菌酰胺（7），啶氧菌酯（6），氟唑菌酰胺（6），γ-氟氯氰菌酯（5），四氢吩胺（4），烯丙菊酯（4），丁羟茴香醚（2），四氟醚唑（2），稻丰散（1），丁草胺（1），多效唑（1），氟虫腈（1），高效氯氟氰菊酯（1），甲霜灵（1），氯氰菊酯（1），猛杀威（1），嘧啶磷（1），萘乙酸（1），戊草丹（1），戊唑醇（1），烯唑醇（1），唑虫酰胺（1）

3.3.3.2　葡萄

这次共检测 152 例葡萄样品，133 例样品中检出了农药残留，检出率为 87.5%，检出农药共计 50 种。其中嘧霉胺、戊唑醇、嘧菌环胺、啶酰菌胺和腐霉利检出频次较高，分别检出了 48、37、36、34 和 32 次。葡萄中农药检出品种和频次见图 3-29，超标农药见图 3-30 和表 3-23。

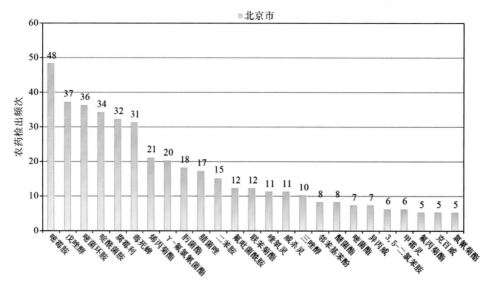

图 3-29　葡萄样品检出农药品种和频次分析（仅列出 5 频次及以上的数据）

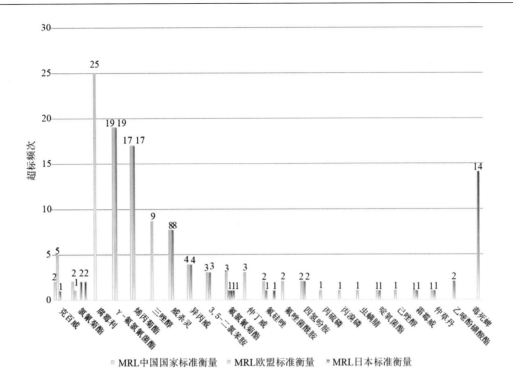

图 3-30　葡萄样品中超标农药分析

表 3-23　葡萄中农药残留超标情况明细表

样品总数		检出农药样品数	样品检出率（%）	检出农药品种总数
152		133	87.5	50
	超标农药品种	超标农药频次	按照 MRL 中国国家标准、欧盟标准和日本标准衡量超标农药名称及频次	
中国国家标准	2	4	克百威（2），氯氰菊酯（2）	
欧盟标准	21	110	腐霉利（25），γ-氟氯氰菌酯（19），烯丙菊酯（17），三唑醇（9），威杀灵（8），克百威（5），异丙威（4），3,5-二氯苯胺（3），氟氯氰菊酯（3），仲丁威（3），氟硅唑（2），氟唑菌酰胺（2），四氢吩胺（2），丙硫磷（1），丙溴磷（1），虫螨腈（1），啶氧菌酯（1），己唑醇（1），氯氰菊酯（1），霜霉威（1），仲草丹（1）	
日本标准	13	61	γ-氟氯氰菌酯（19），烯丙菊酯（17），威杀灵（8），异丙威（4），3,5-二氯苯胺（3），四氢吩胺（2），乙嘧酚磺酸酯（2），啶氧菌酯（1），氟硅唑（1），氟氯氰菊酯（1），克百威（1），霜霉威（1），仲草丹（1）	

3.3.3.3　橙

这次共检测 103 例橙样品，96 例样品中检出了农药残留，检出率为 93.2%，检出农药共计 50 种。其中毒死蜱、丙溴磷、威杀灵、甲醚菊酯和杀螨酯检出频次较高，分别检出了 69、25、22、16 和 14 次。橙中农药检出品种和频次见图 3-31，超标农药见图 3-32 和表 3-24。

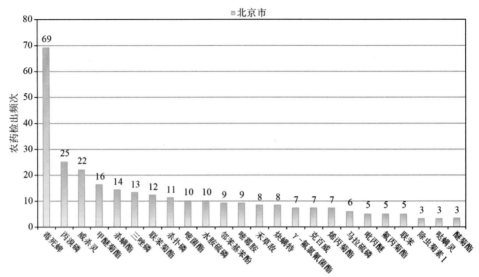

图 3-31　橙样品检出农药品种和频次分析（仅列出 3 频次及以上的数据）

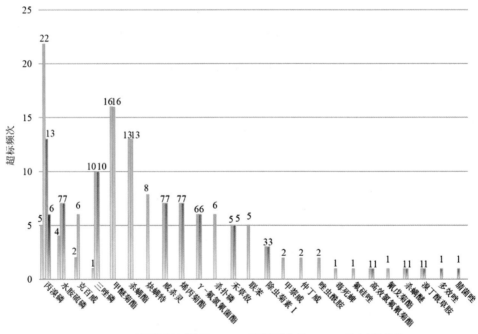

图 3-32　橙样品中超标农药分析

表 3-24　橙中农药残留超标情况明细表

样品总数	检出农药样品数	样品检出率（%）	检出农药品种总数
103	96	93.2	50

超标农药品种	超标农药频次	按照 MRL 中国国家标准、欧盟标准和日本标准衡量超标农药名称及频次

续表

	样品总数		检出农药样品数	样品检出率（%）	检出农药品种总数
	103		96	93.2	50
中国国家标准	4	12	丙溴磷（5），水胺硫磷（4），克百威（2），三唑磷（1）		
欧盟标准	23	133	丙溴磷（22），甲醚菊酯（16），杀螨酯（13），三唑磷（10），炔螨特（8），水胺硫磷（7），威杀灵（7），烯丙菊酯（7），γ-氟氯氰菌酯（6），克百威（6），杀扑磷（6），禾草敌（5），联苯（5），除虫菊素 I（3），甲萘威（2），仲丁威（2），唑虫酰胺（2），毒死蜱（1），氟硅唑（1），高效氯氟氰菊酯（1），氰戊菊酯（1），杀螨醚（1），溴丁酰草胺（1）		
日本标准	15	92	甲醚菊酯（16），丙溴磷（13），杀螨酯（13），三唑磷（10），水胺硫磷（7），威杀灵（7），烯丙菊酯（7），γ-氟氯氰菌酯（6），禾草敌（5），除虫菊素 I（3），多效唑（1），高效氯氟氰菊酯（1），腈菌唑（1），杀螨醚（1），溴丁酰草胺（1）		

3.4　蔬菜中农药残留分布

3.4.1　检出农药品种和频次排前 10 的蔬菜

本次残留侦测的蔬菜共 35 种，包括黄瓜、洋葱、韭菜、结球甘蓝、小茴香、芹菜、番茄、菠菜、花椰菜、豇豆、蒜黄、西葫芦、甜椒、菜用大豆、辣椒、葱、樱桃番茄、紫甘蓝、油麦菜、小白菜、青花菜、胡萝卜、绿豆芽、茄子、萝卜、娃娃菜、大白菜、菜豆、生菜、小油菜、冬瓜、茼蒿、莴笋、蒜薹和丝瓜。

根据检出农药品种及频次进行排名，将各项排名前 10 位的蔬菜样品检出情况列表说明，详见表 3-25。

表 3-25　检出农药品种和频次排名前 10 的蔬菜

检出农药品种排名前 10（品种）	①油麦菜（73），②菠菜（65），③番茄（61），④芹菜（58），⑤黄瓜（57），⑥小油菜（55），⑦菜豆（53），⑧韭菜（52），⑨甜椒（47），⑩生菜（42）
检出农药频次排名前 10（频次）	①油麦菜（501），②番茄（464），③茄子（411），④黄瓜（388），⑤小油菜（349），⑥菜豆（339），⑦韭菜（321），⑧甜椒（312），⑨芹菜（311），⑩小茴香（230）
检出禁用、高毒及剧毒农药品种排名前 10（品种）	①菠菜（7），②韭菜（7），③小油菜（7），④番茄（6），⑤小茴香（6），⑥黄瓜（5），⑦茄子（5），⑧芹菜（5），⑨胡萝卜（4），⑩油麦菜（4）
检出禁用、高毒及剧毒农药频次排名前 10（频次）	①芹菜（54），②韭菜（28），③黄瓜（25），④西葫芦（14），⑤小油菜（14），⑥茄子（13），⑦番茄（11），⑧小茴香（11），⑨油麦菜（9），⑩菠菜（7）

3.4.2　超标农药品种和频次排前 10 的蔬菜

鉴于 MRL 欧盟标准和日本标准的制定比较全面且覆盖率较高，我们参照 MRL 中国国家标准、欧盟标准和日本标准衡量蔬菜样品中农残检出情况，将超标农药品种及频次排名前 10 的蔬菜列表说明，详见表 3-26。

表 3-26　超标农药品种和频次排名前 10 的蔬菜

超标农药品种排名前 10 （农药品种数）	MRL 中国 国家标准	①韭菜（5），②小油菜（4），③黄瓜（3），④芹菜（3），⑤番茄（2），⑥葱（1），⑦冬瓜（1），⑧胡萝卜（1），⑨花椰菜（1），⑩辣椒（1）
	MRL 欧盟 标准	①油麦菜（45），②小油菜（38），③芹菜（34），④韭菜（33），⑤菠菜（32），⑥菜豆（28），⑦黄瓜（24），⑧生菜（24），⑨小茴香（22），⑩番茄（21）
	MRL 日本 标准	①菜豆（42），②油麦菜（38），③菠菜（32），④韭菜（31），⑤芹菜（29），⑥小油菜（24），⑦豇豆（18），⑧黄瓜（17），⑨生菜（17），⑩小茴香（16）
超标农药频次排名前 10 （农药频次数）	MRL 中国 国家标准	①韭菜（26），②芹菜（15），③黄瓜（5），④小油菜（4），⑤油麦菜（4），⑥冬瓜（2），⑦番茄（2），⑧胡萝卜（2），⑨辣椒（2），⑩甜椒（2）
	MRL 欧盟 标准	①油麦菜（245），②茄子（184），③芹菜（171），④小油菜（171），⑤菜豆（144），⑥韭菜（139），⑦番茄（137），⑧甜椒（115），⑨黄瓜（102），⑩小茴香（90）
	MRL 日本 标准	①油麦菜（232），②菜豆（211），③韭菜（149），④小油菜（144），⑤茄子（111），⑥芹菜（106），⑦小茴香（97），⑧胡萝卜（79），⑨生菜（71），⑩菠菜（69）

通过对各品种蔬菜样本总数及检出率进行综合分析发现，油麦菜、番茄和芹菜的残留污染最为严重，在此，我们参照 MRL 中国国家标准、欧盟标准和日本标准对这 3 种蔬菜的农残检出情况进行进一步分析。

3.4.3　农药残留检出率较高的蔬菜样品分析

3.4.3.1　油麦菜

这次共检测 155 例油麦菜样品，150 例样品中检出了农药残留，检出率为 96.8%，检出农药共计 73 种。其中多效唑、威杀灵、烯虫酯、腐霉利和甲霜灵检出频次较高，分别检出了 65、49、27、24 和 23 次。油麦菜中农药检出品种和频次见图 3-33，超标农药见图 3-34 和表 3-27。

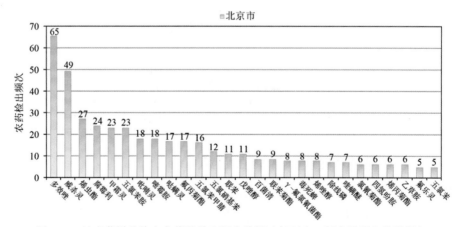

图 3-33　油麦菜样品检出农药品种和频次分析（仅列出 5 频次及以上的数据）

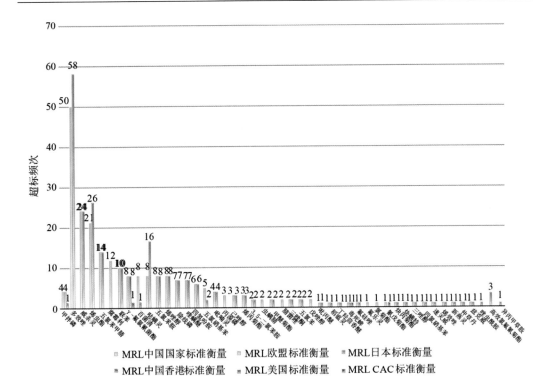

图 3-34　油麦菜样品中超标农药分析

表 3-27　油麦菜中农药残留超标情况明细表

样品总数	检出农药样品数	样品检出率（%）	检出农药品种总数
155	150	96.8	73

	超标农药品种	超标农药频次	按照 MRL 中国国家标准、欧盟标准和日本标准衡量超标农药名称及频次
中国国家标准	1	4	甲拌磷（4）
欧盟标准	45	245	多效唑（50），威杀灵（24），烯虫酯（21），五氯苯甲腈（14），腐霉利（12），联苯（10），γ-氟氯氰菌酯（8），百菌清（8），哒螨灵（8），五氯苯胺（8），烯唑醇（8），除线磷（7），喹螨醚（7），四氢呋胺（6），五氯硝基苯（5），吡喃灵（4），甲拌磷（4），丙溴磷（3），己唑醇（3），烯丙菊酯（3），3,5-二氯苯胺（2），虫螨腈（2），甲醚菊酯（2），腈菌唑（2），三唑酮（2），五氯苯（2），戊唑醇（2），吡丙醚（1），稻瘟灵（1），丁羟茴香醚（1），毒死蜱（1），氟硅唑（1），氟乐灵（1），氯菊酯（1），氰戊菊酯（1），炔丙菊酯（1），炔螨特（1），三唑醇（1），四氯硝基苯（1），速灭威（1），烯效唑（1），新燕灵（1），仲草丹（1），兹克威（1），唑虫酰胺（1）
日本标准	38	232	多效唑（58），烯虫酯（26），威杀灵（24），哒螨灵（16），五氯苯甲腈（14），联苯（10），γ-氟氯氰菌酯（8），五氯苯胺（8），烯唑醇（8），除线磷（7），喹螨醚（7），四氢呋胺（6），吡喃灵（4），高效氯氟氰菊酯（3），己唑醇（3），烯丙菊酯（3），3,5-二氯苯胺（2），甲醚菊酯（2），三唑酮（2），五氯苯（2），五氯硝基苯（2），百菌清（1），吡丙醚（1），稻瘟灵（1），丁羟茴香醚（1），毒死蜱（1），氟硅唑（1），甲拌磷（1），炔丙菊酯（1），炔螨特（1），三唑醇（1），四氯硝基苯（1），速灭威（1），烯效唑（1），新燕灵（1），异丙甲草胺（1），仲草丹（1），兹克威（1）

3.4.3.2　番茄

这次共检测 171 例番茄样品，156 例样品中检出了农药残留，检出率为 91.2%，检出农药共计 61 种。其中仲丁威、腐霉利、氟吡菌酰胺、嘧霉胺和威杀灵检出频次较高，分别检出了 82、59、37、28 和 28 次。番茄中农药检出品种和频次见图 3-35，超标农药见图 3-36 和表 3-28。

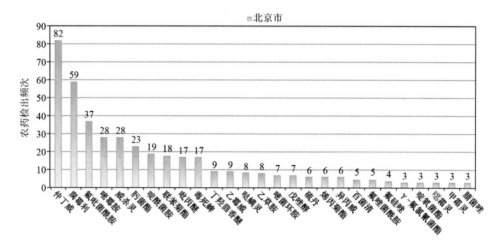

图 3-35　番茄样品检出农药品种和频次分析（仅列出 3 频次及以上的数据）

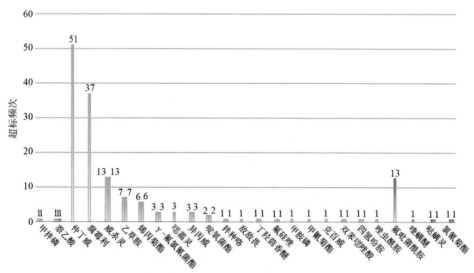

图 3-36　番茄样品中超标农药分析

表 3-28　番茄中农药残留超标情况明细表

样品总数		检出农药样品数	样品检出率（%）	检出农药品种总数
171		156	91.2	61
	超标农药品种	超标农药频次	按照 MRL 中国国家标准、欧盟标准和日本标准衡量超标农药名称及频次	
中国国家标准	2	2	甲拌磷（1），萘乙酸（1）	
欧盟标准	21	137	仲丁威（51），腐霉利（37），威杀灵（13），乙草胺（7），烯丙菊酯（6），γ-氟氯氰菌酯（3），噁霜灵（3），异丙威（3），啶氧菌酯（2），拌种咯（1），敌敌畏（1），丁羟茴香醚（1），氟硅唑（1），甲胺磷（1），甲拌磷（1），甲氰菊酯（1），克百威（1），萘乙酸（1），双苯噁唑酸（1），四氢呋胺（1），唑虫酰胺（1）	
日本标准	14	54	氟吡菌酰胺（13），威杀灵（13），乙草胺（7），烯丙菊酯（6），γ-氟氯氰菌酯（3），异丙威（3），啶氧菌酯（2），拌种咯（1），丁羟茴香醚（1），氟硅唑（1），喹螨醚（1），萘乙酸（1），双苯噁唑酸（1），四氢呋胺（1）	

3.4.3.3　芹菜

　　这次共检测 117 例芹菜样品，105 例样品中检出了农药残留，检出率为 89.7%，检出农药共计 58 种。其中威杀灵、克百威、腐霉利、毒死蜱和嘧霉胺检出频次较高，分别检出了 40、39、31、20 和 12 次。芹菜中农药检出品种和频次见图 3-37，超标农药见图 3-38 和表 3-29。

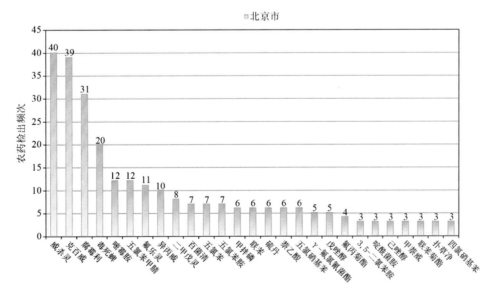

图 3-37　芹菜样品检出农药品种和频次分析（仅列出 3 频次及以上的数据）

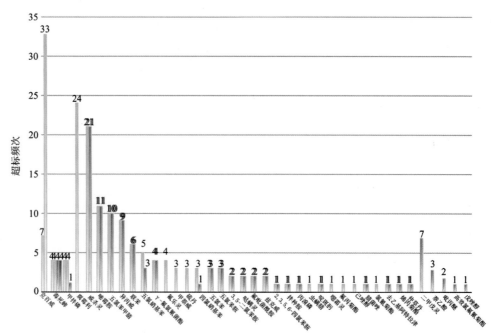

图 3-38 芹菜样品中超标农药分析

表 3-29 芹菜中农药残留超标情况明细表

样品总数		检出农药样品数	样品检出率（%）	检出农药品种总数
117		105	89.7	58

	超标农药品种	超标农药频次	按照 MRL 中国国家标准、欧盟标准和日本标准衡量超标农药名称及频次
中国国家标准	3	15	克百威（7），毒死蜱（4），甲拌磷（4）
欧盟标准	34	171	克百威（33），腐霉利（24），威杀灵（21），嘧霉胺（11），五氯苯甲腈（10），异丙威（9），联苯（6），五氯硝基苯（5），γ-氟氯氰菌酯（4），毒死蜱（4），氟乐灵（4），甲拌磷（4），甲萘威（3），硫丹（3），四氯硝基苯（3），五氯苯（3），五氯苯胺（3），3,5-二氯苯胺（2），哒螨灵（2），氟吡菌酰胺（2），兹克威（2），2,3,5,6-四氯苯胺（1），拌种胺（1），丙溴磷（1），虫螨腈（1），啶斑肟（1），噁霜灵（1），氟丙菊酯（1），己唑醇（1），腈菌唑（1），氯氰菊酯（1），去乙基阿特拉津（1），烯丙菊酯（1），仲草丹（1）
日本标准	29	106	威杀灵（21），嘧霉胺（11），五氯苯甲腈（10），异丙威（9），二甲戊灵（7），联苯（6），γ-氟氯氰菌酯（4），毒死蜱（4），萘乙酸（3），五氯苯（3），五氯苯胺（3），五氯硝基苯（3），3,5-二氯苯胺（2），吡丙醚（2），哒螨灵（2），氟吡菌酰胺（2），兹克威（2），2,3,5,6-四氯苯胺（1），拌种胺（1），丙溴磷（1），啶斑肟（1），高效氯氟氰菊酯（1），甲拌磷（1），腈菌唑（1），去乙基阿特拉津（1），四氯硝基苯（1），戊唑醇（1），烯丙菊酯（1），仲草丹（1）

3.5　初　步　结　论

3.5.1　北京市市售水果蔬菜按 MRL 中国国家标准和国际主要 MRL 标准衡量的合格率

本次侦测的 4571 例样品中，1124 例样品未检出任何残留农药，占样品总量的 24.6%，3447 例样品检出不同水平、不同种类的残留农药，占样品总量的 75.4%。在这 3447 例检出农药残留的样品中：

按照 MRL 中国国家标准衡量，有 3327 例样品检出残留农药但含量没有超标，占样品总数的 72.8%，有 120 例样品检出了超标农药，占样品总数的 2.6%。

按照 MRL 欧盟标准衡量，有 1147 例样品检出残留农药但含量没有超标，占样品总数的 25.1%，有 2300 例样品检出了超标农药，占样品总数的 50.3%。

按照 MRL 日本标准衡量，有 1442 例样品检出残留农药但含量没有超标，占样品总数的 31.5%，有 2005 例样品检出了超标农药，占样品总数的 43.9%。

按照 MRL 中国香港标准衡量，有 3349 例样品检出残留农药但含量没有超标，占样品总数的 73.3%，有 98 例样品检出了超标农药，占样品总数的 2.1%。

按照 MRL 美国标准衡量，有 3380 例样品检出残留农药但含量没有超标，占样品总数的 73.9%，有 67 例样品检出了超标农药，占样品总数的 1.5%。

按照 MRL CAC 标准衡量，有 3426 例样品检出残留农药但含量没有超标，占样品总数的 75.0%，有 21 例样品检出了超标农药，占样品总数的 0.5%。

3.5.2　北京市市售水果蔬菜中检出农药以中低微毒农药为主，占市场主体的 90.4%

这次侦测的 4571 例样品包括水果 25 种 1629 例，食用菌 4 种 162 例，蔬菜 35 种 2780 例，共检出了 197 种农药，检出农药的毒性以中低微毒为主，详见表 3-30。

表 3-30　市场主体农药毒性分布

毒性	检出品种	占比	检出频次	占比
剧毒农药	6	3.0%	35	0.4%
高毒农药	13	6.6%	264	2.9%
中毒农药	73	37.1%	3785	41.8%
低毒农药	76	38.6%	3307	36.5%
微毒农药	29	14.7%	1674	18.5%
中低微毒农药，品种占比 90.4%，频次占比 96.7%				

3.5.3　检出剧毒、高毒和禁用农药现象应该警醒

在此次侦测的 4571 例样品中有 26 种蔬菜和 18 种水果的 368 例样品检出了 25 种 417 频次的剧毒和高毒或禁用农药，占样品总量的 8.1%。其中剧毒农药甲拌磷、艾氏剂和灭线磷以及高毒农药克百威、水胺硫磷和三唑磷检出频次较高。

按 MRL 中国国家标准衡量，剧毒农药甲拌磷，检出 26 次，超标 18 次；高毒农药克百威，检出 73 次，超标 24 次；水胺硫磷，检出 47 次，超标 13 次；三唑磷，检出 40 次，超标 2 次；按超标程度比较，韭菜中甲拌磷超标 107.8 倍，芹菜中甲拌磷超标 77.6 倍，橙中水胺硫磷超标 76.3 倍，油麦菜中甲拌磷超标 48.8 倍，橘中水胺硫磷超标 48.7 倍。

剧毒、高毒或禁用农药的检出情况及按照 MRL 中国国家标准衡量的超标情况见表 3-31。

表 3-31　剧毒、高毒或禁用农药的检出及超标明细

序号	农药名称	样品名称	检出频次	超标频次	最大超标倍数	超标率
1.1	灭线磷*▲	芒果	1	0	0	0.0%
1.2	灭线磷*▲	菠菜	1	0	0	0.0%
2.1	特丁硫磷*▲	小茴香	2	1	2.27	50.0%
3.1	甲基对硫磷*▲	橙	1	0	0	0.0%
4.1	甲拌磷*▲	韭菜	7	5	107.84	71.4%
4.2	甲拌磷*▲	芹菜	6	4	77.63	66.7%
4.3	甲拌磷*▲	油麦菜	4	4	48.83	100.0%
4.4	甲拌磷*▲	胡萝卜	2	2	12.21	100.0%
4.5	甲拌磷*▲	番茄	1	1	9.24	100.0%
4.6	甲拌磷*▲	葱	1	1	4.59	100.0%
4.7	甲拌磷*▲	茼蒿	1	1	0.37	100.0%
4.8	甲拌磷*▲	小白菜	1	0	0	0.0%
4.9	甲拌磷*▲	小茴香	1	0	0	0.0%
4.10	甲拌磷*▲	生菜	1	0	0	0.0%
4.11	甲拌磷*▲	菠菜	1	0	0	0.0%
5.1	砜拌磷*	菠菜	1	0	0	0.0%
6.1	艾氏剂*▲	小油菜	2	0	0	0.0%
6.2	艾氏剂*▲	菠菜	1	0	0	0.0%
7.1	三唑磷◇	橘	15	0	0	0.0%
7.2	三唑磷◇	橙	13	1	3.9115	7.7%
7.3	三唑磷◇	菜豆	5	0	0	0.0%

续表

序号	农药名称	样品名称	检出频次	超标频次	最大超标倍数	超标率
7.4	三唑磷[◊]	韭菜	2	0	0	0.0%
7.5	三唑磷[◊]	柑	1	1	0.125	100.0%
7.6	三唑磷[◊]	芹菜	1	0	0	0.0%
7.7	三唑磷[◊]	茄子	1	0	0	0.0%
7.8	三唑磷[◊]	茼蒿	1	0	0	0.0%
7.9	三唑磷[◊]	辣椒	1	0	0	0.0%
8.1	克百威^{◊▲}	芹菜	39	7	4.4	17.9%
8.2	克百威^{◊▲}	橙	7	2	0.505	28.6%
8.3	克百威^{◊▲}	葡萄	5	2	20.315	40.0%
8.4	克百威^{◊▲}	黄瓜	5	2	2.52	40.0%
8.5	克百威^{◊▲}	甜椒	2	2	6.04	100.0%
8.6	克百威^{◊▲}	韭菜	2	2	2.825	100.0%
8.7	克百威^{◊▲}	冬瓜	2	2	1.895	100.0%
8.8	克百威^{◊▲}	辣椒	2	2	1.585	100.0%
8.9	克百威^{◊▲}	茄子	2	0	0	0.0%
8.10	克百威^{◊▲}	桃	1	1	1.44	100.0%
8.11	克百威^{◊▲}	橘	1	1	0.935	100.0%
8.12	克百威^{◊▲}	小油菜	1	1	0.66	100.0%
8.13	克百威^{◊▲}	小茴香	1	0	0	0.0%
8.14	克百威^{◊▲}	番茄	1	0	0	0.0%
8.15	克百威^{◊▲}	芒果	1	0	0	0.0%
8.16	克百威^{◊▲}	菜豆	1	0	0	0.0%
9.1	兹克威[◊]	小白菜	2	0	0	0.0%
9.2	兹克威[◊]	生菜	2	0	0	0.0%
9.3	兹克威[◊]	芹菜	2	0	0	0.0%
9.4	兹克威[◊]	油麦菜	1	0	0	0.0%
10.1	嘧啶磷[◊]	胡萝卜	2	0	0	0.0%
10.2	嘧啶磷[◊]	梨	1	0	0	0.0%
10.3	嘧啶磷[◊]	番茄	1	0	0	0.0%
10.4	嘧啶磷[◊]	芒果	1	0	0	0.0%
10.5	嘧啶磷[◊]	菠菜	1	0	0	0.0%
11.1	敌敌畏[◊]	苹果	6	0	0	0.0%
11.2	敌敌畏[◊]	茄子	5	0	0	0.0%

续表

序号	农药名称	样品名称	检出频次	超标频次	最大超标倍数	超标率
11.3	敌敌畏◇	草莓	4	1	13.0035	25.0%
11.4	敌敌畏◇	猕猴桃	4	1	6.761	25.0%
11.5	敌敌畏◇	黄瓜	3	2	2.377	66.7%
11.6	敌敌畏◇	梨	2	1	3.7835	50.0%
11.7	敌敌畏◇	花椰菜	1	1	18.0975	100.0%
11.8	敌敌畏◇	荔枝	1	1	5.1685	100.0%
11.9	敌敌畏◇	萝卜	1	1	0.3588	100.0%
11.10	敌敌畏◇	丝瓜	1	0	0	0.0%
11.11	敌敌畏◇	小油菜	1	0	0	0.0%
11.12	敌敌畏◇	李子	1	0	0	0.0%
11.13	敌敌畏◇	杏鲍菇	1	0	0	0.0%
11.14	敌敌畏◇	桃	1	0	0	0.0%
11.15	敌敌畏◇	番茄	1	0	0	0.0%
11.16	敌敌畏◇	芒果	1	0	0	0.0%
11.17	敌敌畏◇	菠萝	1	0	0	0.0%
11.18	敌敌畏◇	辣椒	1	0	0	0.0%
12.1	杀扑磷◇▲	橘	12	0	0	0.0%
12.2	杀扑磷◇▲	橙	11	0	0	0.0%
12.3	杀扑磷◇▲	柠檬	9	0	0	0.0%
12.4	杀扑磷◇▲	猕猴桃	1	0	0	0.0%
13.1	氟氯氰菊酯◇	葡萄	3	0	0	0.0%
13.2	氟氯氰菊酯◇	小油菜	2	1	0.9744	50.0%
14.1	水胺硫磷◇▲	柠檬	15	0	0	0.0%
14.2	水胺硫磷◇▲	橘	10	8	48.665	80.0%
14.3	水胺硫磷◇▲	橙	10	4	76.32	40.0%
14.4	水胺硫磷◇▲	小茴香	5	0	0	0.0%
14.5	水胺硫磷◇▲	茄子	4	0	0	0.0%
14.6	水胺硫磷◇▲	柑	1	1	2.465	100.0%
14.7	水胺硫磷◇▲	桃	1	0	0	0.0%
14.8	水胺硫磷◇▲	黄瓜	1	0	0	0.0%
15.1	治螟磷◇▲	菠菜	1	0	0	0.0%
16.1	灭害威◇	韭菜	2	0	0	0.0%
17.1	猛杀威◇	韭菜	3	0	0	0.0%

续表

序号	农药名称	样品名称	检出频次	超标频次	最大超标倍数	超标率
17.2	猛杀威◇	小茴香	1	0	0	0.0%
17.3	猛杀威◇	橘	1	0	0	0.0%
17.4	猛杀威◇	绿豆芽	1	0	0	0.0%
17.5	猛杀威◇	芒果	1	0	0	0.0%
17.6	猛杀威◇	黄瓜	1	0	0	0.0%
18.1	甲胺磷◇▲	桃	1	1	0.084	100.0%
18.2	甲胺磷◇▲	哈密瓜	1	0	0	0.0%
18.3	甲胺磷◇▲	番茄	1	0	0	0.0%
18.4	甲胺磷◇▲	结球甘蓝	1	0	0	0.0%
18.5	甲胺磷◇▲	菜用大豆	1	0	0	0.0%
19.1	硫线磷◇▲	胡萝卜	1	0	0	0.0%
20.1	六六六▲	苹果	2	0	0	0.0%
20.2	六六六▲	西葫芦	1	0	0	0.0%
21.1	林丹▲	西葫芦	1	0	0	0.0%
22.1	氟虫腈▲	韭菜	3	2	0.845	66.7%
22.2	氟虫腈▲	火龙果	3	0	0	0.0%
22.3	氟虫腈▲	芒果	1	0	0	0.0%
23.1	氰戊菊酯▲	梨	3	0	0	0.0%
23.2	氰戊菊酯▲	猕猴桃	2	0	0	0.0%
23.3	氰戊菊酯▲	小油菜	1	0	0	0.0%
23.4	氰戊菊酯▲	小白菜	1	0	0	0.0%
23.5	氰戊菊酯▲	李子	1	0	0	0.0%
23.6	氰戊菊酯▲	柑	1	0	0	0.0%
23.7	氰戊菊酯▲	桃	1	0	0	0.0%
23.8	氰戊菊酯▲	橘	1	0	0	0.0%
23.9	氰戊菊酯▲	橙	1	0	0	0.0%
23.10	氰戊菊酯▲	油麦菜	1	0	0	0.0%
24.1	硫丹▲	黄瓜	15	0	0	0.0%
24.2	硫丹▲	西葫芦	12	0	0	0.0%
24.3	硫丹▲	草莓	9	0	0	0.0%
24.4	硫丹▲	韭菜	9	0	0	100.0%
24.5	硫丹▲	甜瓜	8	0	0	0.0%
24.6	硫丹▲	番茄	6	0	0	0.0%

续表

序号	农药名称	样品名称	检出频次	超标频次	最大超标倍数	超标率
24.7	硫丹▲	芹菜	6	0	0	0.0%
24.8	硫丹▲	小油菜	4	0	0	0.0%
24.9	硫丹▲	梨	3	0	0	0.0%
24.10	硫丹▲	油麦菜	3	0	0	0.0%
24.11	硫丹▲	甜椒	3	0	0	0.0%
24.12	硫丹▲	生菜	3	0	0	0.0%
24.13	硫丹▲	桃	2	0	0	0.0%
24.14	硫丹▲	丝瓜	1	0	0	0.0%
24.15	硫丹▲	冬瓜	1	0	0	0.0%
24.16	硫丹▲	樱桃番茄	1	0	0	0.0%
24.17	硫丹▲	油桃	1	0	0	0.0%
24.18	硫丹▲	茄子	1	0	0	0.0%
24.19	硫丹▲	菠菜	1	0	0	0.0%
25.1	除草醚▲	小油菜	3	0	0	0.0%
25.2	除草醚▲	小茴香	1	0	0	0.0%
25.3	除草醚▲	胡萝卜	1	0	0	0.0%
合计			417	70		16.8%

注：超标倍数参照 MRL 中国国家标准衡量

这些超标的剧毒和高毒农药都是中国政府早有规定禁止在水果蔬菜中使用的，为什么还屡次被检出，应该引起警惕。

3.5.4　残留限量标准与先进国家或地区标准差距较大

9065 频次的检出结果与我国公布的《食品中农药最大残留限量》（GB 2763—2014）对比，有 2096 频次能找到对应的 MRL 中国国家标准，占 23.1%；还有 6969 频次的侦测数据无相关 MRL 标准供参考，占 76.9%。

与国际上现行 MRL 标准对比发现：

有 9065 频次能找到对应的 MRL 欧盟标准，占 100.0%；

有 9065 频次能找到对应的 MRL 日本标准，占 100.0%；

有 2834 频次能找到对应的 MRL 中国香港标准，占 31.3%；

有 2545 频次能找到对应的 MRL 美国标准，占 28.1%；

有 1651 频次能找到对应的 MRL CAC 标准，占 18.2%。

由上可见，MRL 中国国家标准与先进国家或地区标准还有很大差距，我们无标准，境外有标准，这就会导致我们在国际贸易中，处于受制于人的被动地位。

3.5.5　水果蔬菜单种样品检出 50~73 种农药残留，拷问农药使用的科学性

通过此次监测发现，芒果、草莓和橙是检出农药品种最多的 3 种水果，油麦菜、菠菜和番茄是检出农药品种最多的 3 种蔬菜，从中检出农药品种及频次详见表 3-32。

表 3-32　单种样品检出农药品种及频次

样品名称	样品总数	检出农药样品数	检出率	检出农药品种数	检出农药（频次）
油麦菜	155	150	96.8%	73	多效唑（65），威杀灵（49），烯虫酯（27），腐霉利（24），甲霜灵（23），五氯苯胺（23），吡喃灵（18），嘧霉胺（18），哒螨灵（17），氟丙菊酯（17），五氯苯甲腈（16），五氯硝基苯（12），联苯（11），戊唑醇（11），百菌清（9），联苯菊酯（9），γ-氟氯氰菌酯（8），毒死蜱（8），烯唑醇（8），除线磷（7），喹螨醚（7），氯氰菊酯（6），四氢吩胺（6），烯丙菊酯（6），乙草胺（6），氟乐灵（5），五氯苯（5），2,3,5,6-四氯苯胺（4），甲拌磷（4），腈菌唑（4），三唑酮（4），霜霉威（4），2,6-二氯苯甲酰胺（3），丙溴磷（3），高效氯氟氰菊酯（3），己唑醇（3），硫丹（3），四氯硝基苯（3），3,5-二氯苯胺（2），虫螨腈（2），二苯胺（2），甲醚菊酯（2），邻苯二甲酰亚胺（2），邻苯基苯酚（2），去乙基阿特拉津（2），吡丙醚（1），稻瘟灵（1），丁羟茴香醚（1），啶酰菌胺（1），二甲戊灵（1），氟吡菌酰胺（1），氟硅唑（1），甲基嘧啶磷（1），氯菊酯（1），醚菌酯（1），嘧菌环胺（1），嘧菌酯（1），氰戊菊酯（1），炔丙菊酯（1），炔螨特（1），噻嗪酮（1），三唑醇（1），速灭威（1），肟菌酯（1），烯效唑（1），新燕灵（1），乙霉威（1），异丙甲草胺（1），茚虫威（1），莠去津（1），仲草丹（1），兹克威（1），唑虫酰胺（1）
菠菜	72	59	81.9%	65	威杀灵（30），甲萘威（15），嘧霉胺（13），邻苯基苯酚（12），毒死蜱（10），氟丙菊酯（8），烯虫酯（7），3,5-二氯苯胺（4），腐霉利（4），联苯（4），五氯苯甲腈（4），百菌清（3），哒螨灵（3），多效唑（3），氟硅唑（3），甲霜灵（3），肟菌酯（3），戊唑醇（3），烯虫炔酯（3），乙霉威（3），2,6-二氯苯甲酰胺（2），γ-氟氯氰菌酯（2），拌种咯（2），嘧菌酯（2），五氯硝基苯（2），烯唑醇（2），仲丁威（2），艾氏剂（1），胺丙畏（1），吡螨胺（1），虫螨腈（1），稻瘟灵（1），敌草腈（1），啶酰菌胺（1），噁虫威（1），砜拌磷（1），氟吡禾灵（1），氟吡菌酰胺（1），氟吡酰草胺（1），氟硫草定（1），甲拌磷（1），甲基立枯磷（1），甲基嘧啶磷（1），抗蚜唑（1），抗蚜威（1），喹螨醚（1），喹氧灵（1），联苯菊酯（1），硫丹（1），氯氰菊酯（1），醚菊酯（1），嘧啶磷（1），嘧菌环胺（1），灭线磷（1），扑灭津（1），去乙基阿特拉津（1），三唑酮（1），四氟醚唑（1），五氯苯胺（1），戊草丹（1），戊菌唑（1），异噁唑草酮（1），莠去津（1），治螟磷（1），唑虫酰胺（1）

续表

样品名称	样品总数	检出农药样品数	检出率	检出农药品种数	检出农药（频次）
番茄	171	156	91.2%	61	仲丁威（82），腐霉利（59），氟吡菌酰胺（37），嘧霉胺（28），威杀灵（28），肟菌酯（23），啶酰菌胺（19），联苯菊酯（18），吡丙醚（17），毒死蜱（17），丁羟茴香醚（9），乙霉威（9），哒螨灵（8），乙草胺（8），嘧菌环胺（7），戊唑醇（7），硫丹（6），烯丙菊酯（6），异丙威（6），百菌清（5），氟唑菌酰胺（5），氟硅唑（4），γ-氟氯氰菌酯（3），啶氧菌酯（3），噁霜灵（3），甲霜灵（3），腈菌唑（3），二苯胺（2），甲基嘧啶磷（2），氯氰菊酯（2），醚菌酯（2），噻嗪酮（2），四氢吩胺（2），新燕灵（2），3,5-二氯苯胺（1），胺菊酯（1），拌种咯（1），吡喃灵（1），敌敌畏（1），丁草胺（1），二甲戊灵（1），氟丙菊酯（1），己唑醇（1），甲胺磷（1），甲拌磷（1），甲氰菊酯（1），克百威（1），喹螨醚（1），螺螨酯（1），氯草敏（1），嘧啶磷（1），萘乙酸（1），去乙基阿特拉津（1），噻菌灵（1），三唑醇（1），双苯噁唑酸（1），五氯苯甲腈（1），戊草丹（1），戊菌唑（1），溴丁酰草胺（1），唑虫酰胺（1）
芒果	132	103	78.0%	51	毒死蜱（50），联苯菊酯（31），威杀灵（26），联苯（23），嘧菌酯（23），戊唑醇（17），氟丙菊酯（16），肟菌酯（11），多效唑（9），氟吡菌酰胺（9），邻苯基苯酚（9），啶氧菌酯（8），氟唑菌酰胺（8），虫螨腈（7），仲丁威（6），γ-氟氯氰菌酯（5），噻嗪酮（4），四氢吩胺（4），烯丙菊酯（4），丁羟茴香醚（3），腐霉利（3），甲基嘧啶磷（2），甲霜灵（2），四氟醚唑（2），戊菌唑（2），唑虫酰胺（2），吡丙醚（1），哒螨灵（1），稻丰散（1），敌敌畏（1），丁草胺（1），呋草黄（1），呋嘧醇（1），氟虫腈（1），高效氯氟氰菊酯（1），克百威（1），邻苯二甲酰亚胺（1），氯氰菊酯（1），猛杀威（1），醚菊酯（1），嘧啶磷（1），灭线磷（1），萘乙酸（1），噻菌灵（1），五氯苯胺（1），戊草丹（1），烯唑醇（1），溴丁酰草胺（1），乙草胺（1），乙霉威（1），异丙草胺（1）
草莓	79	75	94.9%	50	嘧霉胺（26），氟吡菌酰胺（24），腐霉利（24），乙嘧酚磺酸酯（22），啶酰菌胺（20），联苯（16），肟菌酯（16），嘧菌环胺（14），增效醚（12），腈菌唑（11），联苯肼酯（10），醚菌酯（10），硫丹（9），威杀灵（8），乙霉威（8），氟唑菌酰胺（7），仲丁威（6），敌敌畏（4），己唑醇（4），嘧菌酯（4），甲霜灵（3），四氟醚唑（3），百菌清（2），毒死蜱（2），多效唑（2），氟硅唑（2），甲醚菊酯（2），邻苯基苯酚（2），醚菊酯（2），三唑醇（2），三唑酮（2），异丙威（2），3,5-二氯苯胺（1），γ-氟氯氰菌酯（1），吡丙醚（1），吡螨胺（1），除虫菊素Ⅰ（1），哒螨灵（1），丁草胺（1），啶氧菌酯（1），氟丙菊酯（1），甲萘威（1），抗蚜威（1），联苯菊酯（1），螺螨酯（1），噻菌灵（1），五氯苯胺（1），戊菌唑（1），戊唑醇（1），烯丙菊酯（1）

续表

样品名称	样品总数	检出农药样品数	检出率	检出农药品种数	检出农药（频次）
橙	103	96	93.2%	50	毒死蜱（69），丙溴磷（25），威杀灵（22），甲醚菊酯（16），杀螨酯（14），三唑磷（13），联苯菊酯（12），杀扑磷（11），嘧菌酯（10），水胺硫磷（10），邻苯基苯酚（9），嘧霉胺（9），禾草敌（8），炔螨特（8），γ-氟氯氰菊酯（7），克百威（7），烯丙菊酯（7），马拉硫磷（6），吡丙醚（5），氟丙菊酯（5），联苯（5），除虫菊素Ⅰ（3），哒螨灵（3），醚菊酯（3），多效唑（2），二苯胺（2），甲萘威（2），甲氰菊酯（2），噻菌灵（2），戊唑醇（2），仲丁威（2），唑虫酰胺（2），安硫磷（1），氟吡禾灵（1），氟硅唑（1），高效氯氟氰菊酯（1），甲基毒死蜱（1），甲基对硫磷（1），甲霜灵（1），腈菌唑（1），喹硫磷（1），醚菌酯（1），氰戊菊酯（1），三氯杀螨砜（1），杀螨醚（1），四氢吩胺（1），戊菌唑（1），溴丁酰草胺（1），异丙净（1），增效醚（1）

上述 6 种水果蔬菜，检出农药 50~73 种，是多种农药综合防治，还是未严格实施农业良好管理规范（GAP），抑或根本就是乱施药，值得我们思考。

第4章 GC-Q-TOF/MS 侦测北京市市售水果蔬菜农药残留膳食暴露风险与预警风险评估

4.1 农药残留风险评估方法

4.1.1 北京市农药残留侦测数据分析与统计

庞国芳院士科研团队建立的农药残留高通量侦测技术以高分辨精确质量数（0.0001 *m/z* 为基准）为识别标准，采用 GC-Q-TOF/MS 技术对 507 种农药化学污染物进行侦测。

科研团队于 2016 年 1 月~2017 年 9 月在北京市所属 16 个区的 134 个采样点，随机采集了 4571 例水果蔬菜样品，采样点分布在超市、农贸市场和农场，具体位置如图 4-1 所示，各月内水果蔬菜样品采集数量如表 4-1 所示。

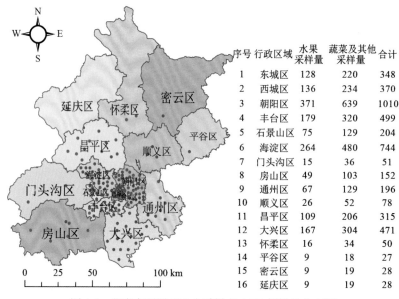

序号	行政区域	水果采样量	蔬菜及其他采样量	合计
1	东城区	128	220	348
2	西城区	136	234	370
3	朝阳区	371	639	1010
4	丰台区	179	320	499
5	石景山区	75	129	204
6	海淀区	264	480	744
7	门头沟区	15	36	51
8	房山区	49	103	152
9	通州区	67	129	196
10	顺义区	26	52	78
11	昌平区	109	206	315
12	大兴区	167	304	471
13	怀柔区	16	34	50
14	平谷区	9	18	27
15	密云区	9	19	28
16	延庆区	9	19	28

图 4-1 北京市所属 134 个采样点 4571 例样品分布图

表 4-1 北京市各月内采集水果蔬菜样品数列表

时间	样品数（例）
2016 年 1 月	160
2016 年 2 月	278
2016 年 3 月	165
2016 年 4 月	324
2016 年 5 月	304

续表

时间	样品数（例）
2016 年 6 月	96
2016 年 7 月	222
2016 年 8 月	146
2016 年 9 月	342
2016 年 10 月	165
2016 年 11 月	171
2016 年 12 月	196
2017 年 1 月	195
2017 年 2 月	195
2017 年 3 月	195
2017 年 4 月	295
2017 年 5 月	195
2017 年 6 月	237
2017 年 7 月	297
2017 年 8 月	193
2017 年 9 月	200

利用 GC-Q-TOF/MS 技术对 4571 例样品中的农药进行侦测，侦测出残留农药 197种，9059 频次。侦测出农药残留水平如表 4-2 和图 4-2 所示。检出频次最高的前 10 种农药如表 4-3 所示。从侦测结果中可以看出，在水果蔬菜中农药残留普遍存在，且有些水果蔬菜存在高浓度的农药残留，这些可能存在膳食暴露风险，对人体健康产生危害，因此，为了定量地评价水果蔬菜中农药残留的风险程度，有必要对其进行风险评价。

表 4-2　侦测出农药的不同残留水平及其所占比例列表

残留水平（μg/kg）	检出频次	占比（%）
1~5（含）	1970	21.7
5~10（含）	1444	15.9
10~100（含）	4303	47.5
100~1000（含）	1264	14.0
>1000	78	0.9
合计	9059	100

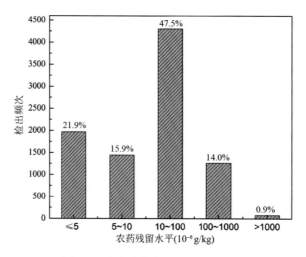

图 4-2　残留农药检出浓度频数分布

表 4-3　检出频次最高的前 10 种农药列表

序号	农药	检出频次（次）
1	毒死蜱	778
2	腐霉利	528
3	嘧霉胺	311
4	联苯菊酯	292
5	仲丁威	289
6	哒螨灵	233
7	戊唑醇	197
8	氟吡菌酰胺	185
9	多效唑	179
10	啶酰菌胺	174

4.1.2　农药残留风险评价模型

对北京市水果蔬菜中农药残留分别开展暴露风险评估和预警风险评估。膳食暴露风险评估利用食品安全指数模型以水果蔬菜中的残留农药对人体可能产生的危害程度进行评价，该模型结合残留监测和膳食暴露评估评价化学污染物的危害；预警风险评价模型运用风险系数（risk index，R），风险系数综合考虑了危害物的超标率、施检频率及其本身敏感性的影响，能直观而全面地反映出危害物在一段时间内的风险程度。

4.1.2.1　食品安全指数模型

为了加强食品安全管理，《中华人民共和国食品安全法》第二章第十七条规定"国家建立食品安全风险评估制度，运用科学方法，根据食品安全风险监测信息、科学数据以及有关信息，对食品、食品添加剂、食品相关产品中生物性、化学性和物理性危害因素进行风险评估"[1]，膳食暴露评估是食品危险度评估的重要组成部分，也是膳食安全性的衡量标准[2]。国际上最早研究膳食暴露风险评估的机构主要是 JMPR（FAO、WHO 农药残留联合会议），该组织自 1995 年就已制定了急性毒性物质的风险评估急性毒性农药残留摄入量的预测。1960 年美国规定食品中不得加入致癌物质进而提出零阈值理论，渐渐零阈值理论发展成在一定概率条件下可接受风险的概念[3]，后衍变为食品中每日允许最大摄入量（ADI），而国际食品农药残留法典委员会（CCPR）认为 ADI 不是独立风险评估的唯一标准[4]，1995 年 JMPR 开始研究农药急性膳食暴露风险评估，并对食品国际短期摄入量的计算方法进行了修正，亦对膳食暴露评估准则及评估方法进行了修正[5]，2002 年，在对世界上现行的食品安全评价方法，尤其是国际公认的 CAC 的评价方法、全球环境监测系统/食品污染监测和评估规划（WHO GEMS/Food）及 FAO、WHO 食品添加剂联合专家委员会（JECFA）和 JMPR 对食品安全风险评估工作研究的基础之上，检验检疫食品安全管理的研究人员提出了结合残留监控和膳食暴露评估，以食品安全指数 IFS 计算食品中各种化学污染物对消费者的健康危害程度[6]。IFS 是表示食品安全状态的新方法，可有效地评价某种农药的安全性，进而评价食品中各种农药化学污染物对消费者健康的整体危害程度[7, 8]。从理论上分析，IFS_c 可指出食品中的污染物 c 对消费者健康是否存在危害及危害的程度[9]。其优点在于操作简单且结果容易被接受和理解，不需要大量的数据来对结果进行验证，使用默认的标准假设或者模型即可[10, 11]。

1）IFS_c 的计算

IFS_c 计算公式如下：

$$\text{IFS}_c = \frac{\text{EDI}_c \times f}{\text{SI}_c \times \text{bw}} \tag{4-1}$$

式中，c 为所研究的农药；EDI_c 为农药 c 的实际日摄入量估算值，等于 $\sum(R_i \times F_i \times E_i \times P_i)$（i 为食品种类；$R_i$ 为食品 i 中农药 c 的残留水平，mg/kg；F_i 为食品 i 的估计日消费量，g/（人·天）；E_i 为食品 i 的可食用部分因子；P_i 为食品 i 的加工处理因子）；SI_c 为安全摄入量，可采用每日允许最大摄入量 ADI；bw 为人平均体重，kg；f 为校正因子，如果安全摄入量采用 ADI，则 f 取 1。

$\text{IFS}_c \ll 1$，农药 c 对食品安全没有影响；$\text{IFS}_c \leqslant 1$，农药 c 对食品安全的影响可以接受；$\text{IFS}_c > 1$，农药 c 对食品安全的影响不可接受。

本次评价中：

$\text{IFS}_c \leqslant 0.1$，农药 c 对水果蔬菜安全没有影响；

$0.1 < \text{IFS}_c \leqslant 1$，农药 c 对水果蔬菜安全的影响可以接受；

$\text{IFS}_c > 1$，农药 c 对水果蔬菜安全的影响不可接受。

本次评价中残留水平 R_i 取值为中国检验检疫科学研究院庞国芳院士课题组利用以高分辨精确质量数（0.0001 m/z）为基准的 GC-Q-TOF/MS 检测技术于 2016 年 1 月~2017 年 9 月对北京市水果蔬菜农药残留的侦测结果，估计日消费量 F_i 取值 0.38 kg/（人·天），

E_i=1，P_i=1，f=1，SI_c 采用《食品安全国家标准 食品中农药最大残留限量》（GB 2763—2016）中 ADI 值（具体数值见表 4-4），人平均体重（bw）取值 60 kg。

表 4-4 北京市水果蔬菜中侦测出农药的 ADI 值

序号	农药	ADI	序号	农药	ADI	序号	农药	ADI
1	甲拌磷	0.0007	33	双甲脒	0.01	65	啶酰菌胺	0.04
2	三唑磷	0.001	34	甲氰菊酯	0.03	66	嘧菌环胺	0.03
3	艾氏剂	0.0001	35	氟硅唑	0.007	67	仲丁灵	0.2
4	联苯肼酯	0.01	36	甲萘威	0.008	68	四氯硝基苯	0.02
5	杀扑磷	0.001	37	虫螨腈	0.03	69	氟酰胺	0.09
6	敌敌畏	0.004	38	硫线磷	0.0005	70	倍硫磷	0.007
7	氟虫腈	0.0002	39	己唑醇	0.005	71	腐霉利	0.1
8	禾草敌	0.001	40	抗蚜威	0.02	72	烯效唑	0.02
9	炔螨特	0.01	41	治螟磷	0.001	73	多效唑	0.1
10	唑虫酰胺	0.006	42	丙溴磷	0.03	74	肟菌酯	0.04
11	水胺硫磷	0.003	43	甲胺磷	0.004	75	甲霜灵	0.08
12	特丁硫磷	0.0006	44	螺螨酯	0.01	76	嘧菌酯	0.2
13	异丙威	0.002	45	茚虫威	0.01	77	醚菊酯	0.03
14	氟氯氰菊酯	0.04	46	萘乙酸	0.15	78	异丙草胺	0.013
15	克百威	0.001	47	喹螨醚	0.005	79	霜霉威	0.4
16	百菌清	0.02	48	毒死蜱	0.01	80	稻瘟灵	0.016
17	丁硫克百威	0.01	49	三唑醇	0.03	81	氟乐灵	0.025
18	五氯硝基苯	0.01	50	联苯菊酯	0.01	82	扑草净	0.04
19	稻丰散	0.003	51	噻嗪酮	0.009	83	嘧霉胺	0.2
20	氟吡禾灵	0.0007	52	六六六	0.005	84	甲基立枯磷	0.07
21	氯氰菊酯	0.02	53	氯菊酯	0.05	85	仲丁威	0.06
22	西草净	0.025	54	林丹	0.005	86	三环唑	0.04
23	乙霉威	0.004	55	粉唑醇	0.01	87	乙草胺	0.02
24	亚胺硫磷	0.01	56	氟吡菌酰胺	0.01	88	萎锈灵	0.008
25	氰戊菊酯	0.02	57	二甲戊灵	0.03	89	啶氧菌酯	0.09
26	噁霜灵	0.01	58	二氯吡啶酸	0.15	90	莠去津	0.02
27	喹硫磷	0.0005	59	氯硝胺	0.01	91	甲基毒死蜱	0.01
28	灭线磷	0.0004	60	三唑酮	0.03	92	吡丙醚	0.1
29	哒螨灵	0.01	61	腈菌唑	0.03	93	噁草酮	0.0036
30	硫丹	0.006	62	甲基对硫磷	0.003	94	噻菌灵	0.1
31	烯唑醇	0.005	63	生物苄呋菊酯	0.03	95	喹氧灵	0.2
32	高效氯氟氰菊酯	0.02	64	戊唑醇	0.03	96	马拉硫磷	0.3

续表

序号	农药	ADI	序号	农药	ADI	序号	农药	ADI
97	戊菌唑	0.03	131	双氯氰菌胺	—	165	氟吡酰草胺	—
98	三氯杀螨砜	0.02	132	双苯噁唑酸	—	166	氟唑菌酰胺	—
99	西玛津	0.018	133	双苯酰草胺	—	167	去异丙基莠去津	—
100	醚菌酯	0.4	134	吡咪唑	—	168	氟硫草定	—
101	甲基嘧啶磷	0.03	135	吡喃灵	—	169	氧环唑	—
102	二苯胺	0.08	136	吡螨胺	—	170	氯苯甲醚	—
103	异丙甲草胺	0.1	137	呋嘧醇	—	171	氯草敏	—
104	丁草胺	0.1	138	呋草黄	—	172	氯酞酸甲酯	—
105	苯霜灵	0.07	139	咯喹酮	—	173	溴丁酰草胺	—
106	邻苯基苯酚	0.4	140	哌草磷	—	174	灭害威	—
107	增效醚	0.2	141	啶斑肟	—	175	炔丙菊酯	—
108	2, 3, 5, 6-四氯苯胺	—	142	嘧啶磷	—	176	烯丙菊酯	—
109	2, 6-二氯苯甲酰胺	—	143	噁虫威	—	177	烯虫炔酯	—
110	3, 4, 5-混杀威	—	144	四氟醚唑	—	178	烯虫酯	—
111	3, 5-二氯苯胺	—	145	四氢吩胺	—	179	牧草胺	—
112	o, p'-滴滴伊	—	146	威杀灵	—	180	特丁通	—
113	o, p'-滴滴滴	—	147	安硫磷	—	181	特草灵	—
114	γ-氟氯氰菌酯	—	148	异丙净	—	182	猛杀威	—
115	丁噻隆	—	149	异噁唑草酮	—	183	甲醚菊酯	—
116	丁羟茴香醚	—	150	戊草丹	—	184	砜拌磷	—
117	三氟甲吡醚	—	151	扑灭津	—	185	缬霉威	—
118	丙硫磷	—	152	抑芽唑	—	186	联苯	—
119	乙嘧酚磺酸酯	—	153	抗螨唑	—	187	胺丙畏	—
120	二氧威	—	154	拌种咯	—	188	胺菊酯	—
121	二甲吩草胺	—	155	拌种胺	—	189	萘乙酰胺	—
122	五氯苯	—	156	敌草腈	—	190	速灭威	—
123	五氯苯甲腈	—	157	新燕灵	—	191	邻苯二甲酰亚胺	—
124	五氯苯胺	—	158	杀螨特	—	192	间羟基联苯	—
125	仲丁通	—	159	杀螨酯	—	193	除线磷	—
126	仲草丹	—	160	杀螨醚	—	194	除草醚	—
127	八氯二丙醚	—	161	杀螺吗啉	—	195	除虫菊素 I	—
128	八氯苯乙烯	—	162	枯莠隆	—	196	除虫菊酯	—
129	兹克威	—	163	棉铃威	—	197	麦穗宁	—
130	去乙基阿特拉津	—	164	氟丙菊酯	—			

注："—"表示为国家标准中无 ADI 值规定；ADI 值单位为 mg/kg bw

2）计算 IFS_c 的平均值 $\overline{IFS}$，评价农药对食品安全的影响程度

以 $\overline{IFS}$ 评价各种农药对人体健康危害的总程度，评价模型见公式（4-2）。

$$\overline{IFS} = \frac{\sum_{i=1}^{n} IFS_c}{n} \tag{4-2}$$

$\overline{IFS} \ll 1$，所研究消费者人群的食品安全状态很好；$\overline{IFS} \leqslant 1$，所研究消费者人群的食品安全状态可以接受；$\overline{IFS} > 1$，所研究消费者人群的食品安全状态不可接受。

本次评价中：

$\overline{IFS} \leqslant 0.1$，所研究消费者人群的水果蔬菜安全状态很好；

$0.1 < \overline{IFS} \leqslant 1$，所研究消费者人群的水果蔬菜安全状态可以接受；

$\overline{IFS} > 1$，所研究消费者人群的水果蔬菜安全状态不可接受。

4.1.2.2 预警风险评估模型

2003 年，我国检验检疫食品安全管理的研究人员根据 WTO 的有关原则和我国的具体规定，结合危害物本身的敏感性、风险程度及其相应的施检频率，首次提出了食品中危害物风险系数 R 的概念[12]。R 是衡量一个危害物的风险程度大小最直观的参数，即在一定时期内其超标率或阳性检出率的高低，但受其施检频率的高低及其本身的敏感性（受关注程度）影响。该模型综合考察了农药在蔬菜中的超标率、施检频率及其本身敏感性，能直观而全面地反映出农药在一段时间内的风险程度[13]。

1）R 计算方法

危害物的风险系数综合考虑了危害物的超标率或阳性检出率、施检频率和其本身的敏感性影响，并能直观而全面地反映出危害物在一段时间内的风险程度。风险系数 R 的计算公式如式（4-3）：

$$R = aP + \frac{b}{F} + S \tag{4-3}$$

式中，P 为该种危害物的超标率；F 为危害物的施检频率；S 为危害物的敏感因子；a，b 分别为相应的权重系数。

本次评价中 $F = 1$；$S = 1$；$a = 100$；$b = 0.1$，对参数 P 进行计算，计算时首先判断是否为禁用农药，如果为非禁用农药，$P =$ 超标的样品数（侦测出的含量高于食品最大残留限量标准值，即 MRL）除以总样品数（包括超标、不超标、未检出）；如果为禁用农药，则检出即为超标，$P =$ 能检出的样品数除以总样品数。判断北京市水果蔬菜农药残留是否超标的标准限值 MRL 分别以 MRL 中国国家标准[14] 和 MRL 欧盟标准作为对照，具体值列于附表一中。

2）评价风险程度

$R \leqslant 1.5$，受检农药处于低度风险；

$1.5 < R \leqslant 2.5$，受检农药处于中度风险；

$R > 2.5$，受检农药处于高度风险。

4.1.2.3　食品膳食暴露风险和预警风险评估应用程序的开发

1）应用程序开发的步骤

为成功开发膳食暴露风险和预警风险评估应用程序，与软件工程师多次沟通讨论，逐步提出并描述清楚计算需求，开发了初步应用程序。为明确出不同水果蔬菜、不同农药、不同地域和不同季节的风险水平，向软件工程师提出不同的计算需求，软件工程师对计算需求进行逐一地分析，经过反复的细节沟通，需求分析得到明确后，开始进行解决方案的设计，在保证需求的完整性、一致性的前提下，编写出程序代码，最后设计出满足需求的风险评估专用计算软件，并通过一系列的软件测试和改进，完成专用程序的开发。软件开发基本步骤见图 4-3。

图 4-3　专用程序开发总体步骤

2）膳食暴露风险评估专业程序开发的基本要求

首先直接利用公式（4-1），分别计算 LC-Q-TOF/MS 和 GC-Q-TOF/MS 仪器侦测出的各水果蔬菜样品中每种农药 IFS_c，将结果列出。为考察超标农药和禁用农药的使用安全性，分别以我国《食品安全国家标准　食品中农药最大残留限量》（GB 2763—2016）和欧盟食品中农药最大残留限量（以下简称 MRL 中国国家标准和 MRL 欧盟标准）为标准，对侦测出的禁用农药和超标的非禁用农药 IFS_c 单独进行评价；按 IFS_c 大小列表，并找出 IFS_c 值排名前 20 的样本重点关注。

对不同水果蔬菜 i 中每一种侦测出的农药 c 的安全指数进行计算，多个样品时求平均值。若监测数据为该市多个月的数据，则逐月、逐季度分别列出每个月、每个季度内每一种水果蔬菜 i 对应的每一种农药 c 的 IFS_c。

按农药种类，计算整个监测时间段内每种农药的 IFS_c，不区分水果蔬菜。若侦测数据为该市多个月的数据，则需分别计算每个月、每个季度内每种农药的 IFS_c。

3）预警风险评估专业程序开发的基本要求

分别以 MRL 中国国家标准和 MRL 欧盟标准，按公式（4-3）逐个计算不同水果蔬菜、不同农药的风险系数，禁用农药和非禁用农药分别列表。

为清楚了解各种农药的预警风险，不分时间，不分水果蔬菜，按禁用农药和非禁用农药分类，分别计算各种侦测出农药全部侦测时段内风险系数。由于有 MRL 中国国家标准的农药种类太少，无法计算超标数，非禁用农药的风险系数只以 MRL 欧盟标准为标准，进行计算。若侦测数据为多个月的，则按月计算每个月、每个季度内每种禁用农药残留的风险系数和以 MRL 欧盟标准为标准的非禁用农药残留的风险系数。

4）风险程度评价专业应用程序的开发方法

采用 Python 计算机程序设计语言，Python 是一个高层次地结合了解释性、编译性、互动性和面向对象的脚本语言。风险评价专用程序主要功能包括：分别读入每例样品 LC-Q-TOF/MS 和 GC-Q-TOF/MS 农药残留侦测数据，根据风险评价工作要求，依次对不同农药、不同食品、不同时间、不同采样点的 IFS_c 值和 R 值分别进行数据计算，筛选出禁用农药、超标农药（分别与 MRL 中国国家标准、MRL 欧盟标准限值进行对比）单独重点分析，再分别对各农药、各水果蔬菜种类分类处理，设计出计算和排序程序，编写计算机代码，最后将生成的膳食暴露风险评估和超标风险评估定量计算结果列入设计好的各个表格中，并定性判断风险对目标的影响程度，直接用文字描述风险发生的高低，如"不可接受"、"可以接受"、"没有影响"、"高度风险"、"中度风险"、"低度风险"。

4.2　GC-Q-TOF/MS 侦测北京市市售水果蔬菜农药残留膳食暴露风险评估

4.2.1　每例水果蔬菜样品中农药残留安全指数分析

基于农药残留侦测数据，发现 4571 例样品中侦测出农药 9059 频次，计算样品中每种残留农药的安全指数 IFS_c，并分析农药对样品安全的影响程度，结果详见附表二，农药残留对水果蔬菜样品安全的影响程度频次分布情况如图 4-4 所示。

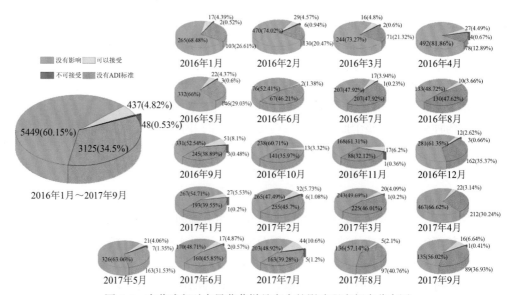

图 4-4　农药残留对水果蔬菜样品安全的影响程度频次分布图

由图 4-4 可以看出，农药残留对样品安全的影响不可接受的频次为 48，占 0.53%；农药残留对样品安全的影响可以接受的频次为 437，占 4.82%；农药残留对样品安全没有影响的频次为 5449，占 60.15%。分析发现，在 21 个月份内有 16 个月份出现不可接受频次，排序为：2017 年 5 月（7）＞2016 年 2 月（6）=2017 年 2 月（6）＞2017 年 7 月（5）＞2016 年 4 月（4）＞2016 年 5 月（3）=2016 年 9 月（3）=2016 年 12 月（3）＞2016 年 1 月（2）=2016 年 3 月（2）=2017 年 6 月（2）＞2016 年 7 月（1）=2016 年 11 月（1）=2017 年 1 月（1）=2017 年 3 月（1）=2017 年 9 月（1）。其他月份内农药对样品安全的影响均在可以接受和没有影响的范围内。表 4-5 为对水果蔬菜样品安全影响不可接受的残留农药安全指数表。

表 4-5　水果蔬菜样品中安全影响不可接受的农药残留列表

序号	样品编号	采样点	基质	农药	含量（mg/kg）	IFS$_c$
1	20161101-110105-USI-CL-06A	***市场	小油菜	艾氏剂	0.016	1.0133
2	20170502-110102-USI-LE-01A	***超市（马连道店）	生菜	百菌清	12.9231	4.0923
3	20170502-110105-USI-MH-04A	***超市（安贞店）	猕猴桃	敌敌畏	1.5522	2.4577
4	20170502-110108-USI-ST-12A	***超市（大钟寺店）	草莓	敌敌畏	2.8007	4.4344
5	20170503-110105-USI-LB-05A	***超市（华安店）	萝卜	敌敌畏	0.6794	1.0757
6	20170608-110105-USI-PE-12A	***超市（西坝河店）	梨	敌敌畏	0.9567	1.5148
7	20170703-110101-USI-HC-12A	***市场	花椰菜	敌敌畏	3.8195	6.0475
8	20170705-110106-USI-CU-05A	***超市（宋家庄店）	黄瓜	敌敌畏	0.6754	1.0694
9	20170705-110106-USI-LI-05A	***超市（宋家庄店）	荔枝	敌敌畏	1.2337	1.9534
10	20160911-110111-USI-JC-11A	***超市（良乡购物广场店）	韭菜	毒死蜱	3.2369	2.0500
11	20160520-110114-USI-JC-09A	***超市（府学路二店）	韭菜	氟虫腈	0.0369	1.1685
12	20160918-110105-USI-NM-07A	***超市（华威桥店）	柠檬	禾草敌	0.1728	1.0944
13	20160919-110108-USI-NM-19A	***超市（白石桥店）	柠檬	禾草敌	0.1695	1.0735
14	20160130-110102-USI-HU-05A	***超市（西单店）	胡萝卜	甲拌磷	0.1321	1.1952
15	20160315-110117-USI-JC-04A	***超市（平谷店）	韭菜	甲拌磷	1.0884	9.8474
16	20160405-110105-USI-YM-04A	***市场	油麦菜	甲拌磷	0.4983	4.5084
17	20160518-110112-USI-CE-05A	***超市（东关店）	芹菜	甲拌磷	0.7863	7.1141
18	20170209-110112-USI-JC-04A	***超市（世界村店）	韭菜	甲拌磷	0.9554	8.6441
19	20170703-110114-USI-GP-08A	***超市（龙旗广场店）	葡萄	克百威	0.4263	2.6999
20	20170120-110106-USI-ST-16A	***超市（宋家庄店）	草莓	联苯肼酯	8.5118	5.3908
21	20170503-110105-USI-ST-05A	***超市（华安店）	草莓	联苯肼酯	4.6473	2.9433
22	20170905-110108-USI-CL-06A	***超市（方圆店）	小油菜	氯氰菊酯	3.4488	1.0921
23	20170207-110107-USI-AP-01A	***超市（石景山店）	苹果	炔螨特	2.7747	1.7573
24	20160220-110111-USI-DJ-01A	***超市（良乡店）	菜豆	三唑磷	0.1613	1.0216

续表

序号	样品编号	采样点	基质	农药	含量 （mg/kg）	IFSc
25	20160221-110116-USI-DJ-02A	***超市（怀柔店）	菜豆	三唑磷	1.4612	9.2543
26	20160222-110106-USI-DJ-02A	***市场	菜豆	三唑磷	0.4986	3.1578
27	20160222-110107-USI-DJ-04A	***超市（石景山店）	菜豆	三唑磷	0.1937	1.2268
28	20160406-110108-USI-CZ-16A	***市场	橙	三唑磷	0.1745	1.1052
29	20161202-110112-USI-GA-01A	***超市（通州区店）	柑	三唑磷	0.225	1.4250
30	20161202-110115-USI-CZ-03A	***超市（瀛海店）	橙	三唑磷	0.1921	1.2166
31	20161209-110114-USI-CZ-13A	***超市（回龙观二店）	橙	三唑磷	0.9823	6.2212
32	20170207-110107-USI-OR-01A	***超市（石景山店）	橘	三唑磷	0.1771	1.1216
33	20160130-110106-USI-CZ-04A	***超市（玉蜓桥店）	橙	杀扑磷	0.1635	1.0355
34	20160406-110106-USI-OR-08A	***市场	橘	杀扑磷	0.2023	1.2812
35	20170209-110101-USI-NM-05A	***超市（崇文门店）	柠檬	杀扑磷	0.3348	2.1204
36	20170210-110102-USI-NM-07A	***超市（陶然亭店）	柠檬	杀扑磷	0.2384	1.5099
37	20170705-110105-USI-NM-02A	***超市（朝阳路店）	柠檬	杀扑磷	0.9314	5.8989
38	20160314-110101-USI-CZ-02A	***超市（法华寺店）	橙	水胺硫磷	1.5464	3.2646
39	20170502-110105-USI-OR-03A	***超市（金泉店）	橘	水胺硫磷	0.9933	2.0970
40	20170502-110108-USI-OR-12A	***超市（大钟寺店）	橘	水胺硫磷	0.6151	1.2985
41	20160220-110109-USI-CE-02A	***超市（新隆店）	芹菜	五氯硝基苯	1.829	1.1584
42	20160220-110109-USI-BO-02A	***超市（新隆店）	菠菜	乙霉威	1.1471	1.8162
43	20160406-110107-USI-CU-14A	***市场	黄瓜	异丙威	0.4228	1.3389
44	20160520-110114-USI-CU-09A	***超市（府学路二店）	黄瓜	异丙威	0.6625	2.0979
45	20160713-110105-USI-GP-06A	***市场	葡萄	异丙威	0.785	2.4858
46	20170207-110107-USI-CU-01A	***超市（石景山店）	黄瓜	异丙威	0.4016	1.2717
47	20170609-110106-USI-GP-10A	***市场	葡萄	异丙威	0.3266	1.0342
48	20170301-110111-USI-LE-01A	***超市（良乡店）	生菜	唑虫酰胺	2.548	2.6896

部分样品侦测出禁用农药 17 种 312 频次，为了明确残留的禁用农药对样品安全的影响，分析侦测出禁用农药残留的样品安全指数，禁用农药残留对水果蔬菜样品安全的影响程度频次分布情况如图 4-5 所示，农药残留对样品安全的影响不可接受的频次为 16，占 5.13%；农药残留对样品安全的影响可以接受的频次为 104，占 33.33%；农药残留对样品安全没有影响的频次为 187，占 59.94%；由图中可以看出 8 个月份的水果蔬菜样品中均侦测出禁用农药残留，不可接受频次排序为：2017 年 2 月（3）＞2016 年 1 月（2）=2016 年 3 月（2）=2016 年 4 月（2）=2016 年 5 月（2）=2017 年 5 月（2）=2017 年 7 月（2）＞2016 年 11 月（1），其他月份内，禁用农药对样品安全的影响均在可以接

受和没有影响的范围内。表 4-6 列出了对水果蔬菜样品安全影响不可接受的残留禁用农药安全指数表。

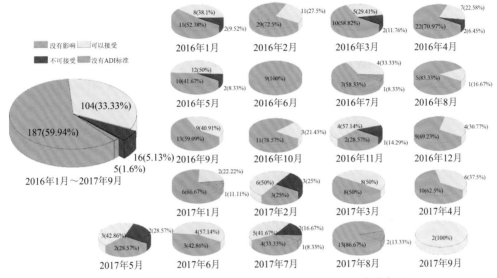

图 4-5　禁用农药对水果蔬菜样品安全影响程度的频次分布图

表 4-6　水果蔬菜样品中侦测出的禁用农药残留不可接受的安全指数表

序号	样品编号	采样点	基质	农药	含量（mg/kg）	IFS$_c$
1	20160315-110117-USI-JC-04A	***超市（平谷店）	韭菜	甲拌磷	1.0884	9.8474
2	20170209-110112-USI-JC-04A	***超市（世界村店）	韭菜	甲拌磷	0.9554	8.6441
3	20160518-110112-USI-CE-05A	***超市（东关店）	芹菜	甲拌磷	0.7863	7.1141
4	20170705-110105-USI-NM-02A	***超市（朝阳路店）	柠檬	杀扑磷	0.9314	5.8989
5	20160405-110105-USI-YM-04A	***市场	油麦菜	甲拌磷	0.4983	4.5084
6	20160314-110101-USI-CZ-02A	***超市（法华寺店）	橙	水胺硫磷	1.5464	3.2646
7	20170703-110114-USI-GP-08A	***超市（龙旗广场店）	葡萄	克百威	0.4263	2.6999
8	20170209-110101-USI-NM-05A	***超市（崇文门店）	柠檬	杀扑磷	0.3348	2.1204
9	20170502-110105-USI-OR-03A	***超市（金泉店）	橘	水胺硫磷	0.9933	2.097
10	20170210-110102-USI-NM-07A	***超市（陶然亭店）	柠檬	杀扑磷	0.2384	1.5099
11	20170502-110108-USI-OR-12A	***超市（大钟寺店）	橘	水胺硫磷	0.6151	1.2985
12	20160406-110106-USI-OR-08A	***市场	橘	杀扑磷	0.2023	1.2812
13	20160130-110102-USI-HU-05A	***超市（西单店）	胡萝卜	甲拌磷	0.1321	1.1952
14	20160520-110114-USI-JC-09A	***超市（府学路二店）	韭菜	氟虫腈	0.0369	1.1685
15	20160130-110106-USI-CZ-04A	***超市（玉蜓桥店）	橙	杀扑磷	0.1635	1.0355
16	20161101-110105-USI-CL-06A	***市场	小油菜	艾氏剂	0.016	1.0133

　　此外，本次侦测发现部分样品中非禁用农药残留量超过了 MRL 中国国家标准和欧盟标准，为了明确超标的非禁用农药对样品安全的影响，分析了非禁用农药残留超标的样品安全指数。

　　水果蔬菜残留量超过 MRL 中国国家标准的非禁用农药对水果蔬菜样品安全的影响程度频次分布情况如图 4-6 所示。可以看出侦测出超过 MRL 中国国家标准的非禁用农药共 63 频次，其中农药残留对样品安全的影响不可接受的频次为 14，占 22.22%；农药残留对样品安全的影响可以接受的频次为 28，占 44.44%，农药残留对样品安全没有影响的频次为 21，占 33.33%。表 4-7 为水果蔬菜样品中侦测出的非禁用农药残留安全指数表。

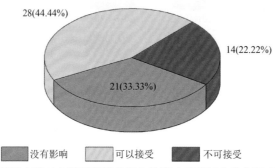

图 4-6　残留超标的非禁用农药对水果蔬菜样品安全的影响程度频次分布图（MRL 中国国家标准）

表 4-7　水果蔬菜样品中侦测出的非禁用农药残留安全指数表（MRL 中国国家标准）

序号	样品编号	采样点	基质	农药	含量（mg/kg）	中国国家标准	IFS$_c$	影响程度
1	20170703-110101-USI-HC-12A	***市场	花椰菜	敌敌畏	3.8195	0.2	6.0475	不可接受
2	20170120-110106-USI-ST-16A	***超市（宋家庄店）	草莓	联苯肼酯	8.5118	2	5.3908	不可接受
3	20170502-110108-USI-ST-12A	***超市（大钟寺店）	草莓	敌敌畏	2.8007	0.2	4.4344	不可接受
4	20170502-110102-USI-LE-01A	***超市（马连道店）	生菜	百菌清	12.9231	5	4.0923	不可接受
5	20170503-110105-USI-ST-05A	***超市（华安店）	草莓	联苯肼酯	4.6473	2	2.9433	不可接受
8	20170502-110105-USI-MH-04A	***超市（安贞店）	猕猴桃	敌敌畏	1.5522	0.2	2.4577	不可接受
9	20160520-110114-USI-CU-09A	***超市（府学路二店）	黄瓜	异丙威	0.6625	0.5	2.0979	不可接受
10	20160911-110111-USI-JC-11A	***超市（良乡购物广场店）	韭菜	毒死蜱	3.2369	0.1	2.0500	不可接受
11	20170705-110106-USI-LI-05A	***超市（宋家庄店）	荔枝	敌敌畏	1.2337	0.2	1.9534	不可接受
12	20170608-110105-USI-PE-12A	***超市（西坝河店）	梨	敌敌畏	0.9567	0.2	1.5148	不可接受

续表

序号	样品编号	采样点	基质	农药	含量（mg/kg）	中国国家标准	IFS$_c$	影响程度
13	20161202-110112-USI-GA-01A	***超市（通州区店）	柑	三唑磷	0.2250	0.2	1.4250	不可接受
14	20170905-110108-USI-CL-06A	***超市（方圆店）	小油菜	氯氰菊酯	3.4488	2	1.0921	不可接受
15	20170503-110105-USI-LB-05A	***超市（华安店）	萝卜	敌敌畏	0.6794	0.5	1.0757	不可接受
16	20170705-110106-USI-CU-05A	***超市（宋家庄店）	黄瓜	敌敌畏	0.6754	0.2	1.0694	不可接受
17	20160516-110109-USI-JC-03A	***市场	韭菜	毒死蜱	0.9002	0.1	0.5701	可以接受
18	20170210-110102-USI-JC-07A	***超市（陶然亭店）	韭菜	腐霉利	8.2890	0.2	0.5250	可以接受
19	20170120-110106-USI-OR-18A	***市场	橘	丙溴磷	2.3054	0.2	0.4867	可以接受
20	20170116-110115-USI-OR-02A	***店（亦庄店）	橘	丙溴磷	2.2995	0.2	0.4855	可以接受
21	20170503-110105-USI-JC-05A	***超市（华安店）	韭菜	毒死蜱	0.7149	0.1	0.4528	可以接受
22	20170601-110106-USI-CU-01A	***超市（马家堡店）	黄瓜	敌敌畏	0.2840	0.2	0.4497	可以接受
23	20170405-110105-USI-JC-06A	***超市（大成东店）	韭菜	毒死蜱	0.7059	0.1	0.4471	可以接受
24	20170116-110115-USI-JC-01A	***超市（泰河园店）	韭菜	毒死蜱	0.6082	0.1	0.3852	可以接受
25	20160911-110111-USI-AP-11A	***超市（良乡购物广场店）	苹果	丁硫克百威	0.5793	0.2	0.3669	可以接受
26	20161101-110114-USI-CL-01A	***超市（西关环岛店）	小油菜	毒死蜱	0.5692	0.1	0.3605	可以接受
27	20160919-110108-USI-PH-19A	***超市（白石桥店）	桃	氟硅唑	0.3345	0.2	0.3026	可以接受
28	20160315-110229-USI-JC-06A	***超市（妫水北街店）	韭菜	毒死蜱	0.4500	0.1	0.2850	可以接受
29	20170407-110108-USI-JC-16A	***超市（西三旗店）	韭菜	毒死蜱	0.4223	0.1	0.2675	可以接受
30	20170801-110105-USI-CE-01A	***市场	芹菜	毒死蜱	0.3747	0.05	0.2373	可以接受
31	20160405-110106-USI-AP-06A	***超市（公益西桥店）	苹果	丁硫克百威	0.3715	0.2	0.2353	可以接受
32	20170207-110115-USI-JC-02A	***超市（旧宫店）	韭菜	腐霉利	3.4465	0.2	0.2183	可以接受
33	20170606-110105-USI-CZ-11A	***超市（朝阳北路店）	橙	高效氯氟氰菊酯	0.6643	0.2	0.2104	可以接受

续表

序号	样品编号	采样点	基质	农药	含量（mg/kg）	中国国家标准	IFS$_c$	影响程度
34	20170207-110107-USI-OR-01A	***店（石景山店）	橘	丙溴磷	0.9620	0.2	0.2031	可以接受
35	20160911-110111-USI-PH-11A	***超市（良乡购物广场店）	桃	氟硅唑	0.2022	0.2	0.1829	可以接受
36	20170120-110105-USI-OR-15A	***超市（山水文园店）	橘	丙溴磷	0.8295	0.2	0.1751	可以接受
37	20160918-110106-USI-GP-08A	***超市（分钟寺店）	葡萄	氯氰菊酯	0.5055	0.2	0.1601	可以接受
38	20170703-110114-USI-CE-08A	***超市（龙旗广场店）	芹菜	毒死蜱	0.2504	0.05	0.1586	可以接受
39	20170209-110101-USI-OR-05A	***超市（崇文门店）	橘	丙溴磷	0.7376	0.2	0.1557	可以接受
40	20170120-110105-USI-OR-17A	***市场	橘	丙溴磷	0.6449	0.2	0.1361	可以接受
41	20170306-110107-USI-JC-08A	***超市（喜隆多店）	韭菜	腐霉利	2.0808	0.2	0.1318	可以接受
42	20160129-110115-CAIQ-JC-01A	***超市（亦庄店）	韭菜	毒死蜱	0.1633	0.1	0.1034	可以接受
43	20161014-110105-USI-GP-15A	***市场	葡萄	氯氰菊酯	0.3194	0.2	0.1011	可以接受
44	20160222-110115-USI-OR-01A	***超市（旧宫店）	橘	丙溴磷	0.4774	0.2	0.1008	可以接受
45	20170207-110107-USI-JC-01A	***超市（石景山店）	韭菜	腐霉利	1.5153	0.2	0.0960	没有影响
46	20170405-110105-USI-OR-01A	***市场	橘	丙溴磷	0.4541	0.2	0.0959	没有影响
47	20160822-110105-USI-MG-03A	***超市（家和店）	芒果	戊唑醇	0.4530	0.05	0.0956	没有影响
48	20170207-110106-USI-OR-03A	***超市（分钟寺店）	橘	丙溴磷	0.4463	0.2	0.0942	没有影响
49	20160918-110106-USI-JC-09A	***市场	韭菜	腐霉利	1.4840	0.2	0.0940	没有影响
50	20160621-110108-USI-PB-09A	***超市（文慧园店）	小白菜	毒死蜱	0.1383	0.1	0.0876	没有影响
51	20160130-110101-USI-OR-02A	***超市（和平新城店）	橘	丙溴磷	0.3540	0.2	0.0747	没有影响
52	20170120-110106-USI-JC-18A	***市场	韭菜	毒死蜱	0.1137	0.1	0.0720	没有影响
53	20170407-110108-USI-JC-14A	***超市（增光路店）	韭菜	毒死蜱	0.1113	0.1	0.0705	没有影响
54	20170209-110112-USI-OR-04A	***超市（世界村店）	橘	丙溴磷	0.3338	0.2	0.0705	没有影响

续表

序号	样品编号	采样点	基质	农药	含量（mg/kg）	中国国家标准	IFS$_c$	影响程度
55	20160221-110113-USI-OR-01A	***超市（后沙峪店）	橘	丙溴磷	0.3266	0.2	0.0689	没有影响
56	20170405-110102-USI-JC-02A	***超市（西单店）	韭菜	毒死蜱	0.1007	0.1	0.0638	没有影响
57	20170120-110106-USI-OR-14A	***超市（方庄店）	橘	丙溴磷	0.3019	0.2	0.0637	没有影响
58	20160315-110117-USI-EP-04A	***超市（平谷店）	茄子	甲氰菊酯	0.2994	0.2	0.0632	没有影响
59	20160516-110111-USI-CE-01A	***市场	芹菜	毒死蜱	0.0880	0.05	0.0557	没有影响
60	20160406-110107-USI-OR-14A	***市场	橘	丙溴磷	0.2407	0.2	0.0508	没有影响
61	20170207-110115-USI-OR-02A	***超市（旧宫店）	橘	丙溴磷	0.2339	0.2	0.0494	没有影响
62	20170505-110115-USI-OR-10A	***超市（富兴国际店）	橘	丙溴磷	0.2133	0.2	0.0450	没有影响
63	20160220-110114-USI-CE-04A	***超市（回龙观东店）	芹菜	毒死蜱	0.0681	0.05	0.0431	没有影响

　　残留量超过 MRL 欧盟标准的非禁用农药对水果蔬菜样品安全的影响程度频次分布情况如图 4-7 所示。可以看出超过 MRL 欧盟标准的非禁用农药共 3458 频次，其中农药没有 ADI 标准的频次为 1373，占 39.71%；农药残留对样品安全不可接受的频次为 32，占 0.93%；农药残留对样品安全的影响可以接受的频次为 248，占 7.17%；农药残留对样品安全没有影响的频次为 1805，占 52.20%。表 4-8 为水果蔬菜样品中不可接受的残留超标非禁用农药安全指数表。

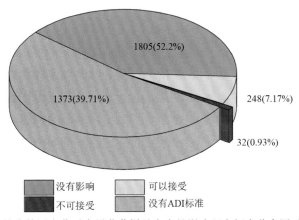

图 4-7　残留超标的非禁用农药对水果蔬菜样品安全的影响程度频次分布图（MRL 欧盟标准）

表 4-8　对水果蔬菜样品中不可接受的残留超标非禁用农药安全指数表（MRL 欧盟标准）

序号	样品编号	采样点	基质	农药	含量（mg/kg）	欧盟标准	IFS$_c$
1	20160220-110109-USI-BO-02A	***超市（新隆店）	菠菜	乙霉威	1.1471	0.05	1.8162
2	20160221-110116-USI-DJ-02A	***超市（怀柔店）	菜豆	三唑磷	1.4612	0.01	9.2543
3	20160222-110106-USI-DJ-02A	***市场	菜豆	三唑磷	0.4986	0.01	3.1578
4	20160222-110107-USI-DJ-04A	***超市（石景山店）	菜豆	三唑磷	0.1937	0.01	1.2268
5	20160220-110111-USI-DJ-01A	***超市（良乡店）	菜豆	三唑磷	0.1613	0.01	1.0216
6	20170502-110108-USI-ST-12A	***超市（大钟寺店）	草莓	敌敌畏	2.8007	0.01	4.4344
7	20170120-110106-USI-ST-16A	***超市（宋家庄店）	草莓	联苯肼酯	8.5118	3	5.3908
8	20170503-110105-USI-ST-05A	***超市（华安店）	草莓	联苯肼酯	4.6473	3	2.9433
9	20161209-110114-USI-CZ-13A	***超市（回龙观二店）	橙	三唑磷	0.9823	0.01	6.2212
10	20161202-110115-USI-CZ-03A	***超市（瀛海店）	橙	三唑磷	0.1921	0.01	1.2166
11	20160406-110108-USI-CZ-16A	***菜市场	橙	三唑磷	0.1745	0.01	1.1052
12	20161202-110112-USI-GA-01A	***超市（通州区店）	柑	三唑磷	0.225	0.01	1.4250
13	20170703-110101-USI-HC-12A	***市场	花椰菜	敌敌畏	3.8195	0.01	6.0475
14	20170705-110106-USI-CU-05A	***超市（宋家庄店）	黄瓜	敌敌畏	0.6754	0.01	1.0694
15	20160520-110114-USI-CU-09A	***超市（府学路二店）	黄瓜	异丙威	0.6625	0.01	2.0979
16	20160406-110107-USI-CU-14A	***市场	黄瓜	异丙威	0.4228	0.01	1.3389
17	20170207-110107-USI-CU-01A	***超市（石景山店）	黄瓜	异丙威	0.4016	0.01	1.2717
18	20160911-110111-USI-JC-11A	***超市（良乡购物广场店）	韭菜	毒死蜱	3.2369	0.05	2.0500
19	20170207-110107-USI-OR-01A	***超市（石景山店）	橘	三唑磷	0.1771	0.01	1.1216
20	20170608-110105-USI-PE-12A	***超市（西坝河店）	梨	敌敌畏	0.9567	0.01	1.5148
21	20170705-110106-USI-LI-05A	***超市（宋家庄店）	荔枝	敌敌畏	1.2337	0.01	1.9534
22	20170503-110105-USI-LB-05A	***超市（华安店）	萝卜	敌敌畏	0.6794	0.01	1.0757
23	20170502-110105-USI-MH-04A	***超市（安贞店）	猕猴桃	敌敌畏	1.5522	0.01	2.4577
24	20160918-110105-USI-NM-07A	***超市（华威桥店）	柠檬	禾草敌	0.1728	0.01	1.0944
25	20160919-110108-USI-NM-19A	***超市（白石桥店）	柠檬	禾草敌	0.1695	0.01	1.0735
26	20170207-110107-USI-AP-01A	***超市（石景山店）	苹果	炔螨特	2.7747	0.01	1.7573
27	20160713-110105-USI-GP-06A	***市场	葡萄	异丙威	0.785	0.01	2.4858
28	20170609-110106-USI-GP-10A	***市场	葡萄	异丙威	0.3266	0.01	1.0342
29	20160220-110109-USI-CE-02A	***超市（新隆店）	芹菜	五氯硝基苯	1.829	0.02	1.1584
30	20170502-110102-USI-LE-01A	***超市（马连道店）	生菜	百菌清	12.9231	0.01	4.0923
31	20170301-110111-USI-LE-01A	***超市（良乡店）	生菜	唑虫酰胺	2.548	0.01	2.6896
32	20170905-110108-USI-CL-06A	***超市（方圆店）	小油菜	氯氰菊酯	3.4488	1	1.0921

　　在 4571 例样品中，1124 例样品未侦测出农药残留，3447 例样品中侦测出农药残留，计算每例有农药侦测出样品的 $\overline{\text{IFS}}$ 值，进而分析样品的安全状态结果如图 4-8 所示（未检出农药的样品安全状态视为很好）。可以看出，0.46% 的样品安全状态不可接受，16.04% 的样品安全状态可以接受，78.87% 的样品安全状态很好。此外，2016 年 1 月、2016 年 2 月、2016 年 3 月、2016 年 12 月、2017 年 1 月、2017 年 3 月分别有 1 例样品安全状态不可接受，2016 年 4 月、2017 年 2 月分别有 2 例样品安全状态不可接受，2016 年 5 月有 3 例样品安全状态不可接受，2017 年 5 月、2017 年 7 月分别有 4 例样品安全状态不可接受，其他月份内的样品安全状态均在很好和可以接受的范围内。表 4-9 列出了安全状态不可接受的水果蔬菜样品。

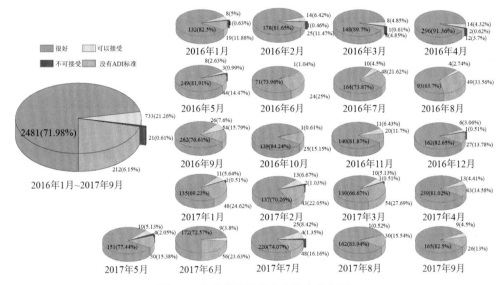

图 4-8　水果蔬菜样品安全状态分布图

表 4-9　水果蔬菜安全状态不可接受的样品列表

序号	样品编号	采样点	基质	$\overline{\text{IFS}}$
1	20170703-110101-USI-HC-12A	***市场	花椰菜	6.0475
2	20160315-110117-USI-JC-04A	***超市（平谷店）	韭菜	4.9263
3	20170705-110105-USI-NM-02A	***超市（朝阳路店）	柠檬	3.4118
4	20170209-110112-USI-JC-04A	***超市（世界村店）	韭菜	3.0569
5	20170705-110106-USI-LI-05A	***超市（宋家庄店）	荔枝	1.9534
6	20160518-110112-USI-CE-05A	***超市（东关店）	芹菜	1.7916
7	20160405-110105-USI-YM-04A	***市场	油麦菜	1.5063
8	20170301-110111-USI-LE-01A	***超市（良乡店）	生菜	1.4727
9	20170502-110102-USI-LE-01A	***超市（马连道店）	生菜	1.3920
10	20160221-110116-USI-DJ-02A	***超市（怀柔店）	菜豆	1.3634

续表

序号	样品编号	采样点	基质	IFS
11	20160406-110107-USI-CU-14A	***市场	黄瓜	1.3389
12	20161209-110114-USI-CZ-13A	***超市（回龙观二店）	橙	1.2552
13	20170502-110105-USI-MH-04A	***超市（安贞店）	猕猴桃	1.2293
14	20160130-110102-USI-HU-05A	***超市（西单店）	胡萝卜	1.1952
15	20160520-110114-USI-JC-09A	***超市（府学路二店）	韭菜	1.1685
16	20170120-110106-USI-ST-16A	***超市（宋家庄店）	草莓	1.0850
17	20170503-110105-USI-LB-05A	***超市（华安店）	萝卜	1.0757
18	20160520-110114-USI-CU-09A	***超市（府学路二店）	黄瓜	1.0708
19	20170705-110106-USI-CU-05A	***超市（宋家庄店）	黄瓜	1.0694
20	20170209-110101-USI-NM-05A	***超市（崇文门店）	柠檬	1.0612
21	20170503-110105-USI-ST-05A	***超市（华安店）	草莓	1.0104

4.2.2　单种水果蔬菜中农药残留安全指数分析

本次 64 种水果蔬菜侦测 197 种农药，检出频次为 9059 次，其中 90 种农药没有 ADI 标准，107 种农药存在 ADI 标准。全部水果蔬菜均侦测出农药残留，分别计算检出的具有 ADI 标准的各种农药的 IFS_c 值，农药残留对水果蔬菜的安全指数分布图如图 4-9 所示。

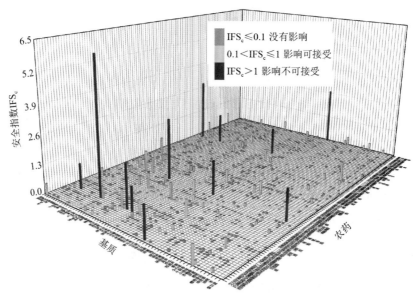

图 4-9　64 种水果蔬菜中 107 种残留农药的安全指数分布图

分析发现 11 种水果蔬菜中的农药残留对食品安全影响不可接受，其中包括生菜中的唑虫酰胺，柠檬中的杀扑磷，菜豆、柑中的三唑磷，韭菜、芹菜、油麦菜中的甲拌磷，花椰菜、荔枝、草莓、萝卜中的敌敌畏，生菜中的百菌清，如表 4-10 所示。

表 4-10　单种水果蔬菜中安全影响不可接受的残留农药安全指数表

序号	基质	农药	检出频次	检出率（%）	IFS>1 的频次	IFS>1 的比例（%）	IFS$_c$
1	花椰菜	敌敌畏	1	5.00	1	5.00	6.0475
2	菜豆	三唑磷	5	1.47	4	1.18	2.9622
3	韭菜	甲拌磷	7	2.18	2	0.62	2.7833
4	生菜	唑虫酰胺	1	0.53	1	0.53	2.6896
5	荔枝	敌敌畏	1	11.11	1	11.11	1.9534
6	芹菜	甲拌磷	6	1.93	1	0.32	1.5333
7	柑	三唑磷	1	1.89	1	1.89	1.4250
8	生菜	百菌清	3	1.60	1	0.53	1.3864
9	油麦菜	甲拌磷	4	0.80	1	0.20	1.3737
10	柠檬	杀扑磷	9	2.62	3	0.87	1.2921
11	草莓	敌敌畏	4	1.34	1	0.33	1.1414
12	萝卜	敌敌畏	1	2.33	1	2.33	1.0757

本次侦测中，64 种水果蔬菜和 197 种残留农药（包括没有 ADI 标准）共涉及 1692 个分析样本，农药对单种水果蔬菜安全的影响程度分布情况如图 4-10 所示。可以看出，61.23%的样本中农药对水果蔬菜安全没有影响，6.44%的样本中农药对水果蔬菜安全的影响可以接受，0.71%的样本中农药对水果蔬菜安全的影响不可接受。

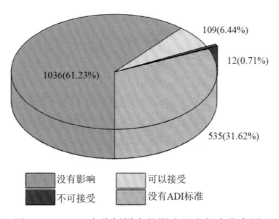

图 4-10　1692 个分析样本的影响程度频次分布图

此外，分别计算 64 种水果蔬菜中所有侦测出农药 IFS$_c$ 的平均值$\overline{IFS}$，分析每种水果蔬菜的安全状态，结果如图 4-11 所示，分析发现，分析发现，1 种水果蔬菜（1.56%）的安全状态不可接受，5 种水果蔬菜（7.81%）的安全状态可接受，58 种（90.63%）水果蔬菜的安全状态很好。

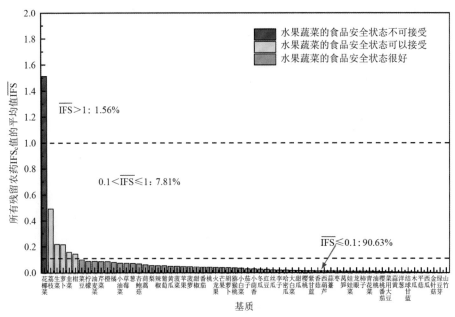

图 4-11　64 种水果蔬菜的 $\overline{\text{IFS}}$ 值和安全状态统计图

对每个月内每种水果蔬菜中农药的 IFS_c 进行分析，并计算每月内每种水果蔬菜的 $\overline{\text{IFS}}$ 值，以评价每种水果蔬菜的安全状态，结果如图 4-12 所示，可以看出，2017 年 7 月花椰菜的安全状态不可接受，2016 年 3 月、2017 年 2 月韭菜的安全状态不可接受，2017 年 7 月柠檬的安全状态不可接受，2017 年 5 月萝卜的安全状态不可接受，这五个月份其余水果蔬菜和其他月份的所有水果蔬菜的安全状态均处于很好和可以接受的范围内，各月份内单种水果蔬菜安全状态统计情况如图 4-13 所示。

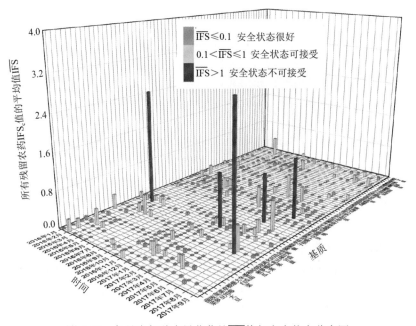

图 4-12　各月内每种水果蔬菜的 $\overline{\text{IFS}}$ 值与安全状态分布图

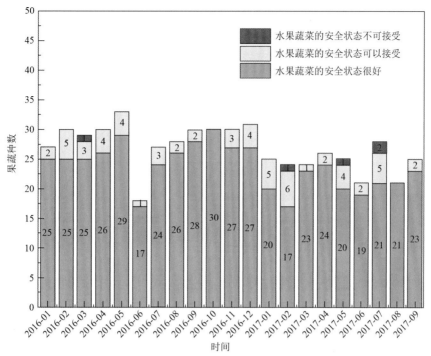

图 4-13　各月份内单种水果蔬菜安全状态统计图

4.2.3　所有水果蔬菜中农药残留安全指数分析

计算所有水果蔬菜中 107 种农药的 $\overline{IFS_c}$ 值，结果如图 4-14 及表 4-11 所示。

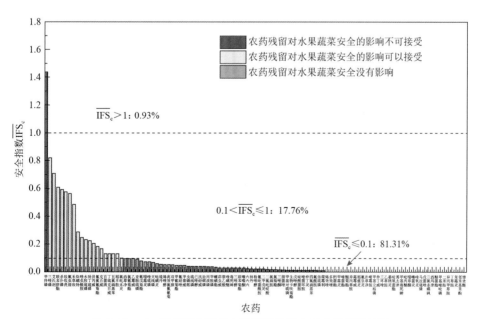

图 4-14　107 种残留农药对水果蔬菜的安全影响程度统计图

　　分析发现，只有甲拌磷的 $\overline{IFS}_c$ 大于 1，其他农药的 $\overline{IFS}_c$ 均小于 1，说明甲拌磷对水果蔬菜安全的影响不可接受，其他农药对水果蔬菜安全的影响均在没有影响和可接受的范围内，其中 17.76% 的农药对水果蔬菜安全的影响可以接受，81.31% 的农药对水果蔬菜安全没有影响。

表 4-11　水果蔬菜中 107 种农药残留的安全指数表

序号	农药	检出频次	检出率（%）	$\overline{IFS}_c$	影响程度	序号	农药	检出频次	检出率（%）	$\overline{IFS}_c$	影响程度
1	甲拌磷	26	0.29	1.4386	不可接受	29	哒螨灵	233	2.57	0.0589	没有影响
2	三唑磷	40	0.44	0.8212	可以接受	30	硫丹	89	0.98	0.0541	没有影响
3	艾氏剂	3	0.03	0.7072	可以接受	31	烯唑醇	43	0.47	0.0519	没有影响
4	联苯肼酯	15	0.17	0.6088	可以接受	32	高效氯氟氰菊酯	17	0.19	0.0516	没有影响
5	杀扑磷	33	0.36	0.5903	可以接受	33	双甲脒	2	0.02	0.0497	没有影响
6	敌敌畏	36	0.40	0.5736	可以接受	34	甲氰菊酯	41	0.45	0.0490	没有影响
7	氟虫腈	7	0.08	0.5623	可以接受	35	氟硅唑	51	0.56	0.0478	没有影响
8	禾草敌	32	0.35	0.4843	可以接受	36	甲萘威	31	0.34	0.0453	没有影响
9	炔螨特	29	0.32	0.2884	可以接受	37	虫螨腈	57	0.63	0.0400	没有影响
10	唑虫酰胺	45	0.50	0.2448	可以接受	38	硫线磷	1	0.01	0.0393	没有影响
11	水胺硫磷	47	0.52	0.2297	可以接受	39	己唑醇	33	0.36	0.0388	没有影响
12	特丁硫磷	2	0.02	0.2248	可以接受	40	抗蚜威	2	0.02	0.0383	没有影响
13	异丙威	85	0.94	0.2050	可以接受	41	治螟磷	1	0.01	0.0380	没有影响
14	氟氯氰菊酯	5	0.06	0.1831	可以接受	42	丙溴磷	137	1.51	0.0372	没有影响
15	克百威	73	0.81	0.1658	可以接受	43	甲胺磷	5	0.06	0.0365	没有影响
16	百菌清	68	0.75	0.1287	可以接受	44	螺螨酯	33	0.36	0.0345	没有影响
17	丁硫克百威	12	0.13	0.1285	可以接受	45	茚虫威	1	0.01	0.0298	没有影响
18	五氯硝基苯	35	0.39	0.1268	可以接受	46	萘乙酸	15	0.17	0.0288	没有影响
19	稻丰散	3	0.03	0.1234	可以接受	47	喹螨醚	70	0.77	0.0285	没有影响
20	氟吡禾灵	3	0.03	0.1028	可以接受	48	毒死蜱	778	8.59	0.0270	没有影响
21	西草净	1	0.01	0.0938	没有影响	49	三唑醇	40	0.44	0.0262	没有影响
22	氯氰菊酯	57	0.63	0.0938	没有影响	50	联苯菊酯	292	3.22	0.0256	没有影响
23	乙霉威	52	0.57	0.0930	没有影响	51	噻嗪酮	24	0.26	0.0253	没有影响
24	亚胺硫磷	1	0.01	0.0905	没有影响	52	六六六	3	0.03	0.0228	没有影响
25	氰戊菊酯	13	0.14	0.0767	没有影响	53	林丹	1	0.01	0.0208	没有影响
26	噁霜灵	19	0.21	0.0718	没有影响	54	粉唑醇	6	0.07	0.0205	没有影响
27	喹硫磷	2	0.02	0.0697	没有影响	55	氟吡菌酰胺	185	2.04	0.0184	没有影响
28	灭线磷	2	0.02	0.0673	没有影响	56	二甲戊灵	49	0.54	0.0177	没有影响

续表

序号	农药	检出频次	检出率（%）	$\overline{IFS_c}$	影响程度	序号	农药	检出频次	检出率（%）	$\overline{IFS_c}$	影响程度
57	二氯吡啶酸	1	0.01	0.0172	没有影响	83	嘧霉胺	311	3.43	0.0028	没有影响
58	氯硝胺	10	0.11	0.0168	没有影响	84	甲基立枯磷	1	0.01	0.0027	没有影响
59	氯菊酯	17	0.19	0.0167	没有影响	85	仲丁威	289	3.19	0.0027	没有影响
60	三唑酮	21	0.23	0.0159	没有影响	86	三环唑	1	0.01	0.0026	没有影响
61	腈菌唑	105	1.16	0.0156	没有影响	87	乙草胺	73	0.81	0.0023	没有影响
62	甲基对硫磷	1	0.01	0.0156	没有影响	88	萎锈灵	2	0.02	0.0022	没有影响
63	生物苄呋菊酯	20	0.22	0.0132	没有影响	89	啶氧菌酯	15	0.17	0.0021	没有影响
64	戊唑醇	197	2.17	0.0130	没有影响	90	莠去津	50	0.55	0.0021	没有影响
65	啶酰菌胺	174	1.92	0.0126	没有影响	91	甲基毒死蜱	1	0.01	0.0020	没有影响
66	嘧菌环胺	66	0.73	0.0117	没有影响	92	吡丙醚	75	0.83	0.0018	没有影响
67	仲丁灵	13	0.14	0.0104	没有影响	93	噁草酮	1	0.01	0.0018	没有影响
68	四氯硝基苯	6	0.07	0.0102	没有影响	94	噻菌灵	12	0.13	0.0015	没有影响
69	氟酰胺	1	0.01	0.0092	没有影响	95	喹氧灵	12	0.13	0.0014	没有影响
70	倍硫磷	2	0.02	0.0089	没有影响	96	马拉硫磷	20	0.22	0.0014	没有影响
71	腐霉利	528	5.83	0.0081	没有影响	97	戊菌唑	14	0.15	0.0013	没有影响
72	烯效唑	3	0.03	0.0069	没有影响	98	三氯杀螨砜	1	0.01	0.0011	没有影响
73	多效唑	179	1.98	0.0064	没有影响	99	西玛津	2	0.02	0.0010	没有影响
74	肟菌酯	100	1.10	0.0061	没有影响	100	醚菌酯	49	0.54	0.0010	没有影响
75	甲霜灵	108	1.19	0.0059	没有影响	101	甲基嘧啶磷	7	0.08	0.0010	没有影响
76	嘧菌酯	93	1.03	0.0050	没有影响	102	二苯胺	93	1.03	0.0008	没有影响
77	醚菊酯	10	0.11	0.0050	没有影响	103	异丙甲草胺	4	0.04	0.0007	没有影响
78	异丙草胺	1	0.01	0.0042	没有影响	104	丁草胺	5	0.06	0.0005	没有影响
79	霜霉威	27	0.30	0.0042	没有影响	105	苯霜灵	1	0.01	0.0004	没有影响
80	稻瘟灵	8	0.09	0.0035	没有影响	106	邻苯基苯酚	163	1.80	0.0004	没有影响
81	氟乐灵	31	0.34	0.0033	没有影响	107	增效醚	20	0.22	0.0003	没有影响
82	扑草净	4	0.04	0.0031	没有影响						

对每个月内所有水果蔬菜中残留农药的 $\overline{IFS_c}$ 进行分析，结果如图 4-15 所示。分析发现，2016 年 2 月、2016 年 12 月三唑磷，2016 年 1 月、2016 年 3 月、2016 年 4 月、2016 年 5 月、2017 年 2 月甲拌磷，2016 年 3 月、2017 年 5 月水胺硫磷，2016 年 5 月氟虫腈，2016 年 7 月异丙威，2017 年 1 月、2017 年 5 月联苯肼酯，2017 年 2 月、2017 年 7 月杀扑磷，2017 年 5 月敌敌畏对水果蔬菜安全的影响不可接受，该 11 个月份的其他农药和

其他月份的所有农药对水果蔬菜安全的影响均处于没有影响和可以接受的范围内。每月内不同农药对水果蔬菜安全影响程度的统计如图 4-16 所示。

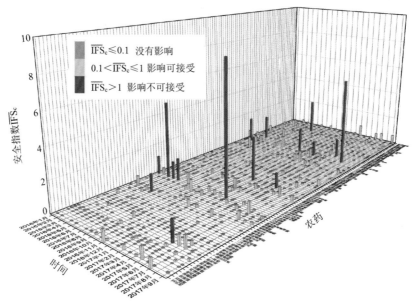

图 4-15　各月份内水果蔬菜中每种残留农药的安全指数分布图

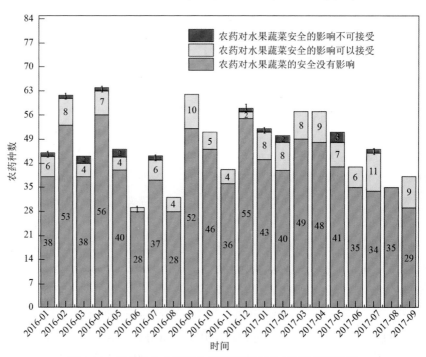

图 4-16　各月份内农药对水果蔬菜安全影响程度的统计图

计算每个月内水果蔬菜的 $\overline{IFS}$，以分析每月内水果蔬菜的安全状态，结果如图 4-17 所示，可以看出，所有月份的水果蔬菜安全状态均处于很好和可以接受的范围内。分析发现，在 14.29% 的月份内，水果蔬菜安全状态可以接受，85.71% 的月份内水果蔬菜的安全状态很好。

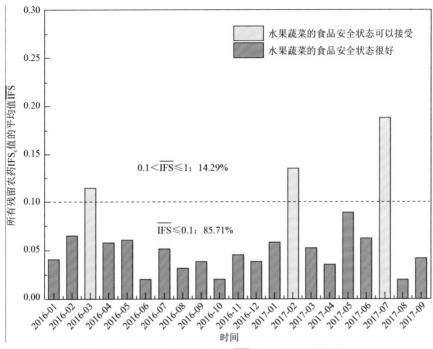

图 4-17 各月份内水果蔬菜的 $\overline{\text{IFS}}$ 值与安全状态统计图

4.3 GC-Q-TOF/MS 侦测北京市市售水果蔬菜农药 残留预警风险评估

基于北京市水果蔬菜样品中农药残留 GC-Q-TOF/MS 侦测数据，分析禁用农药的检出率，同时参照中华人民共和国国家标准 GB 2763—2016 和欧盟农药最大残留限量（MRL）标准分析非禁用农药残留的超标率，并计算农药残留风险系数。分析单种水果蔬菜中农药残留以及所有水果蔬菜中农药残留的风险程度。

4.3.1 单种水果蔬菜中农药残留风险系数分析

4.3.1.1 单种水果蔬菜中禁用农药残留风险系数分析

侦测出的 197 种残留农药中有 17 种为禁用农药，且它们分布在 39 种水果蔬菜中，计算 39 种水果蔬菜中禁用农药的超标率，根据超标率计算风险系数 R，进而分析水果蔬菜中禁用农药的风险程度，结果如图 4-18 与表 4-12 所示。分析发现 11 种禁用农药在 33 种水果蔬菜中的残留处于高度风险，16 种禁用农药在 16 种水果蔬菜中的残留处于中度风险。

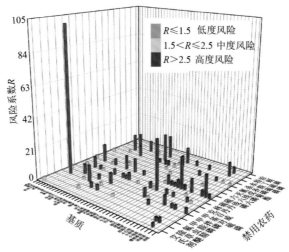

图 4-18　39 种水果蔬菜中 17 种禁用农药的风险系数分布图

表 4-12　39 种水果蔬菜中 17 种禁用农药的风险系数表

序号	基质	农药	检出频次	检出率（%）	风险系数 R	风险程度
1	菜用大豆	甲胺磷	1	100.00	101.10	高度风险
2	芹菜	克百威	39	33.33	34.43	高度风险
3	油桃	硫丹	1	25.00	26.10	高度风险
4	甜瓜	硫丹	8	20.51	21.61	高度风险
5	橘	杀扑磷	12	17.91	19.01	高度风险
6	橘	水胺硫磷	10	14.93	16.03	高度风险
7	樱桃番茄	硫丹	1	14.29	15.39	高度风险
8	草莓	硫丹	9	11.39	12.49	高度风险
9	橙	杀扑磷	11	10.68	11.78	高度风险
10	柠檬	水胺硫磷	15	10.14	11.24	高度风险
11	哈密瓜	甲胺磷	1	10.00	11.10	高度风险
12	橙	水胺硫磷	10	9.71	10.81	高度风险
13	小茴香	水胺硫磷	5	8.77	9.87	高度风险
14	黄瓜	硫丹	15	8.52	9.62	高度风险
15	韭菜	硫丹	9	8.33	9.43	高度风险
16	西葫芦	硫丹	12	8.16	9.26	高度风险
17	橙	克百威	7	6.80	7.90	高度风险
18	柑	氰戊菊酯	1	6.67	7.77	高度风险
19	柑	水胺硫磷	1	6.67	7.77	高度风险
20	韭菜	甲拌磷	7	6.48	7.58	高度风险
21	柠檬	杀扑磷	9	6.08	7.18	高度风险
22	葱	甲拌磷	1	5.88	6.98	高度风险

续表

序号	基质	农药	检出频次	检出率（%）	风险系数 R	风险程度
23	茼蒿	甲拌磷	1	5.56	6.66	高度风险
24	芹菜	甲拌磷	6	5.13	6.23	高度风险
25	芹菜	硫丹	6	5.13	6.23	高度风险
26	桃	硫丹	2	4.44	5.54	高度风险
27	辣椒	克百威	2	4.17	5.27	高度风险
28	番茄	硫丹	6	3.51	4.61	高度风险
29	小茴香	特丁硫磷	2	3.51	4.61	高度风险
30	葡萄	克百威	5	3.29	4.39	高度风险
31	小油菜	硫丹	4	3.01	4.11	高度风险
32	黄瓜	克百威	5	2.84	3.94	高度风险
33	火龙果	氟虫腈	3	2.83	3.93	高度风险
34	韭菜	氟虫腈	3	2.78	3.88	高度风险
35	油麦菜	甲拌磷	4	2.58	3.68	高度风险
36	胡萝卜	甲拌磷	2	2.47	3.57	高度风险
37	茄子	水胺硫磷	4	2.41	3.51	高度风险
38	甜椒	硫丹	3	2.40	3.50	高度风险
39	李子	氰戊菊酯	1	2.33	3.43	高度风险
40	小油菜	除草醚	3	2.26	3.36	高度风险
41	桃	克百威	1	2.22	3.32	高度风险
42	桃	氰戊菊酯	1	2.22	3.32	高度风险
43	桃	水胺硫磷	1	2.22	3.32	高度风险
44	桃	甲胺磷	1	2.22	3.32	高度风险
45	梨	氰戊菊酯	3	2.05	3.15	高度风险
46	梨	硫丹	3	2.05	3.15	高度风险
47	油麦菜	硫丹	3	1.94	3.04	高度风险
48	韭菜	克百威	2	1.85	2.95	高度风险
49	生菜	硫丹	3	1.76	2.86	高度风险
50	小茴香	克百威	1	1.75	2.85	高度风险
51	小茴香	甲拌磷	1	1.75	2.85	高度风险
52	小茴香	除草醚	1	1.75	2.85	高度风险
53	冬瓜	克百威	2	1.71	2.81	高度风险
54	小白菜	氰戊菊酯	1	1.61	2.71	高度风险
55	小白菜	甲拌磷	1	1.61	2.71	高度风险
56	甜椒	克百威	2	1.60	2.70	高度风险
57	丝瓜	硫丹	1	1.56	2.66	高度风险

序号	基质	农药	检出频次	检出率（%）	风险系数 R	风险程度
58	小油菜	艾氏剂	2	1.50	2.60	高度风险
59	橘	克百威	1	1.49	2.59	高度风险
60	橘	氰戊菊酯	1	1.49	2.59	高度风险
61	菠菜	治螟磷	1	1.39	2.49	中度风险
62	菠菜	灭线磷	1	1.39	2.49	中度风险
63	菠菜	甲拌磷	1	1.39	2.49	中度风险
64	菠菜	硫丹	1	1.39	2.49	中度风险
65	菠菜	艾氏剂	1	1.39	2.49	中度风险
66	猕猴桃	氰戊菊酯	2	1.39	2.49	中度风险
67	结球甘蓝	甲胺磷	1	1.37	2.47	中度风险
68	胡萝卜	硫线磷	1	1.23	2.33	中度风险
69	胡萝卜	除草醚	1	1.23	2.33	中度风险
70	茄子	克百威	2	1.20	2.30	中度风险
71	苹果	六六六	2	1.15	2.25	中度风险
72	橙	氰戊菊酯	1	0.97	2.07	中度风险
73	橙	甲基对硫磷	1	0.97	2.07	中度风险
74	冬瓜	硫丹	1	0.85	1.95	中度风险
75	菜豆	克百威	1	0.77	1.87	中度风险
76	芒果	克百威	1	0.76	1.86	中度风险
77	芒果	氟虫腈	1	0.76	1.86	中度风险
78	芒果	灭线磷	1	0.76	1.86	中度风险
79	小油菜	克百威	1	0.75	1.85	中度风险
80	小油菜	氰戊菊酯	1	0.75	1.85	中度风险
81	猕猴桃	杀扑磷	1	0.69	1.79	中度风险
82	西葫芦	六六六	1	0.68	1.78	中度风险
83	西葫芦	林丹	1	0.68	1.78	中度风险
84	油麦菜	氰戊菊酯	1	0.65	1.75	中度风险
85	茄子	硫丹	1	0.60	1.70	中度风险
86	生菜	甲拌磷	1	0.59	1.69	中度风险
87	番茄	克百威	1	0.58	1.68	中度风险
88	番茄	甲拌磷	1	0.58	1.68	中度风险
89	番茄	甲胺磷	1	0.58	1.68	中度风险
90	黄瓜	水胺硫磷	1	0.57	1.67	中度风险

4.3.1.2　基于 MRL 中国国家标准的单种水果蔬菜中非禁用农药残留风险系数分析

参照中华人民共和国国家标准 GB 2763—2016 中农药残留限量计算每种水果蔬菜中每种非禁用农药的超标率，进而计算其风险系数，根据风险系数大小判断残留农药的预警风险程度，水果蔬菜中非禁用农药残留风险程度分布情况如图 4-19 所示。

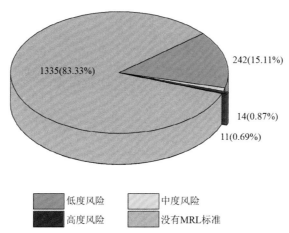

图 4-19　水果蔬菜中非禁用农药风险程度的频次分布图（MRL 中国国家标准）

本次分析中，发现在 64 种水果蔬菜中侦测出 180 种残留非禁用农药，涉及样本 1602 个，在 1602 个样本中，0.69%处于高度风险，0.87%处于中度风险，15.11%处于低度风险，此外发现有 1335 个样本没有 MRL 中国国家标准值，无法判断其风险程度，有 MRL 中国国家标准值的 267 个样本涉及 47 种水果蔬菜中的 58 种非禁用农药，其风险系数 R 值如图 4-20 所示。表 4-13 为非禁用农药残留处于高度风险的水果蔬菜列表。

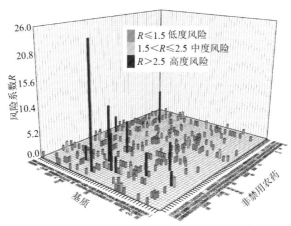

图 4-20　47 种水果蔬菜中 58 种非禁用农药的风险系数分布图（MRL 中国国家标准）

表 4-13　单种水果蔬菜中处于高度风险的非禁用农药风险系数表（MRL 中国国家标准）

序号	基质	农药	超标频次	超标率 P（%）	风险系数 R
1	橘	丙溴磷	16	23.88	24.98
2	韭菜	毒死蜱	11	10.19	11.29
3	柑	三唑磷	1	6.67	7.77
4	荔枝	敌敌畏	1	6.25	7.35
5	韭菜	腐霉利	6	5.56	6.66
6	桃	氟硅唑	2	4.44	5.54
7	芹菜	毒死蜱	4	3.42	4.52
8	草莓	联苯肼酯	2	2.53	3.63
9	萝卜	敌敌畏	1	2.04	3.14
10	花椰菜	敌敌畏	1	1.92	3.02
11	小白菜	毒死蜱	1	1.61	2.71

4.3.1.3　基于 MRL 欧盟标准的单种水果蔬菜中非禁用农药残留风险系数分析

参照 MRL 欧盟标准计算每种水果蔬菜中每种非禁用农药的超标率，进而计算其风险系数，根据风险系数大小判断农药残留的预警风险程度，水果蔬菜中非禁用农药残留风险程度分布情况如图 4-21 所示。

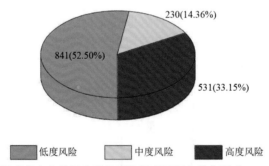

图 4-21　水果蔬菜中非禁用农药的风险程度的频次分布图（MRL 欧盟标准）

本次分析中，发现在 64 种水果蔬菜中共侦测出 180 种非禁用农药，涉及样本 1602个，其中，33.15%处于高度风险，涉及 64 种水果蔬菜和 94 种农药；14.36%处于中度风险，涉及 25 种水果蔬菜和 110 种农药；52.50%处于低度风险，涉及 64 种水果蔬菜和 137种农药。单种水果蔬菜中的非禁用农药风险系数分布图如图 4-22 所示。单种水果蔬菜中处于高度风险的非禁用农药风险系数如图 4-23 和表 4-14 所示。

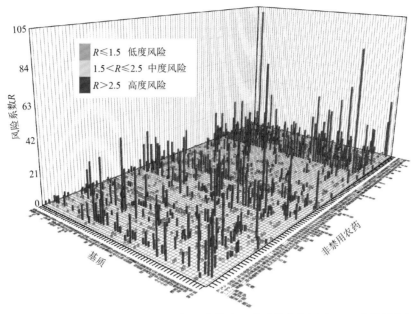

图 4-22　64 种水果蔬菜中 180 种非禁用农药的风险系数分布图（MRL 欧盟标准）

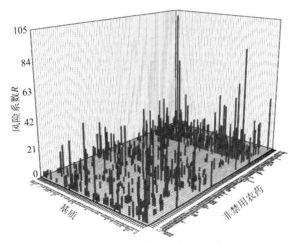

图 4-23　单种水果蔬菜中处于高度风险的非禁用农药的风险系数分布图（MRL 欧盟标准）

表 4-14　单种水果蔬菜中处于高度风险的非禁用农药的风险系数表（MRL 欧盟标准）

序号	基质	农药	超标频次	超标率 P（%）	风险系数 R
1	菜用大豆	仲丁威	1	100.00	101.10
2	樱桃番茄	威杀灵	6	85.71	86.81
3	茼蒿	间羟基联苯	15	83.33	84.43
4	杏鲍菇	威杀灵	26	59.09	60.19
5	橘	丙溴磷	29	43.28	44.38
6	枣	仲丁威	5	41.67	42.77

续表

序号	基质	农药	超标频次	超标率 P（%）	风险系数 R
7	娃娃菜	威杀灵	4	40.00	41.10
8	莴笋	威杀灵	9	39.13	40.23
9	蒜薹	腐霉利	18	38.30	39.40
10	龙眼	炔丙菊酯	4	36.36	37.46
11	蒜黄	仲丁威	4	36.36	37.46
12	平菇	仲丁威	5	35.71	36.81
13	柑	威杀灵	5	33.33	34.43
14	枣	γ-氟氯氰菌酯	4	33.33	34.43
15	萝卜	威杀灵	16	32.65	33.75
16	油麦菜	多效唑	50	32.26	33.36
17	胡萝卜	萘乙酰胺	26	32.10	33.20
18	辣椒	腐霉利	15	31.25	32.35
19	绿豆芽	吡喃灵	3	30.00	31.10
20	娃娃菜	醚菌酯	3	30.00	31.10
21	番茄	仲丁威	51	29.82	30.92
22	草莓	腐霉利	22	27.85	28.95
23	小油菜	哒螨灵	37	27.82	28.92
24	山竹	烯丙菊酯	5	27.78	28.88
25	蒜薹	威杀灵	13	27.66	28.76
26	柑	丙溴磷	4	26.67	27.77
27	樱桃	γ-氟氯氰菌酯	4	26.67	27.77
28	菠萝	烯丙菊酯	9	26.47	27.57
29	青花菜	喹螨醚	18	26.09	27.19
30	香菇	威杀灵	12	26.09	27.19
31	冬瓜	腐霉利	30	25.64	26.74
32	辣椒	丙溴磷	12	25.00	26.10
33	油桃	γ-氟氯氰菌酯	1	25.00	26.10
34	油桃	唑虫酰胺	1	25.00	26.10
35	油桃	新燕灵	1	25.00	26.10
36	桃	γ-氟氯氰菌酯	11	24.44	25.54
37	木瓜	联苯	9	24.32	25.42
38	豇豆	烯丙菊酯	3	23.08	24.18
39	茼蒿	威杀灵	4	22.22	23.32

续表

序号	基质	农药	超标频次	超标率 P（%）	风险系数 R
40	番茄	腐霉利	37	21.64	22.74
41	木瓜	威杀灵	8	21.62	22.72
42	甜椒	腐霉利	27	21.60	22.70
43	橙	丙溴磷	22	21.36	22.46
44	韭菜	γ-氟氯氰菌酯	23	21.30	22.40
45	生菜	威杀灵	36	21.18	22.28
46	小茴香	仲丁灵	12	21.05	22.15
47	小茴香	喹螨醚	12	21.05	22.15
48	小茴香	威杀灵	12	21.05	22.15
49	胡萝卜	威杀灵	17	20.99	22.09
50	芹菜	腐霉利	24	20.51	21.61
51	甜瓜	联苯	8	20.51	21.61
52	柑	炔螨特	3	20.00	21.10
53	茄子	腐霉利	33	19.88	20.98
54	菠菜	威杀灵	14	19.44	20.54
55	小茴香	烯丙菊酯	11	19.30	20.40
56	花椰菜	威杀灵	10	19.23	20.33
57	木瓜	烯虫酯	7	18.92	20.02
58	李子	γ-氟氯氰菌酯	8	18.60	19.70
59	萝卜	联苯	9	18.37	19.47
60	龙眼	氟吡菌酰胺	2	18.18	19.28
61	蒜黄	烯丙菊酯	2	18.18	19.28
62	杏鲍菇	仲丁威	8	18.18	19.28
63	芹菜	威杀灵	21	17.95	19.05
64	桃	威杀灵	8	17.78	18.88
65	菜豆	腐霉利	23	17.69	18.79
66	葱	吡咪唑	3	17.65	18.75
67	葱	威杀灵	3	17.65	18.75
68	莴笋	腐霉利	4	17.39	18.49
69	紫甘蓝	联苯	15	17.24	18.34
70	梨	威杀灵	25	17.12	18.22
71	蒜薹	二甲戊灵	8	17.02	18.12
72	茼蒿	γ-氟氯氰菌酯	3	16.67	17.77

序号	基质	农药	超标频次	超标率 P（%）	风险系数 R
73	葡萄	腐霉利	25	16.45	17.55
74	橘	三唑磷	11	16.42	17.52
75	茄子	联苯	27	16.27	17.37
76	黄瓜	腐霉利	28	15.91	17.01
77	茄子	仲丁威	26	15.66	16.76
78	丝瓜	烯丙菊酯	10	15.63	16.73
79	西瓜	威杀灵	10	15.63	16.73
80	橙	甲醚菊酯	16	15.53	16.63
81	油麦菜	威杀灵	24	15.48	16.58
82	冬瓜	威杀灵	18	15.38	16.48
83	豇豆	虫螨腈	2	15.38	16.48
84	甜瓜	威杀灵	6	15.38	16.48
85	菠菜	嘧霉胺	11	15.28	16.38
86	芒果	联苯	20	15.15	16.25
87	苹果	除虫菊素 I	26	14.94	16.04
88	洋葱	威杀灵	20	14.93	16.03
89	平菇	威杀灵	2	14.29	15.39
90	樱桃番茄	己唑醇	1	14.29	15.39
91	樱桃番茄	烯丙菊酯	1	14.29	15.39
92	柠檬	禾草敌	21	14.19	15.29
93	李子	烯丙菊酯	6	13.95	15.05
94	草莓	联苯	11	13.92	15.02
95	菠菜	甲萘威	10	13.89	14.99
96	韭菜	毒死蜱	15	13.89	14.99
97	韭菜	腐霉利	15	13.89	14.99
98	菜豆	联苯	18	13.85	14.95
99	金针菇	联苯	8	13.79	14.89
100	紫甘蓝	威杀灵	12	13.79	14.89
101	梨	γ-氟氯氰菌酯	20	13.70	14.80
102	油麦菜	烯虫酯	21	13.55	14.65
103	木瓜	甲氰菊酯	5	13.51	14.61
104	橘	炔螨特	9	13.43	14.53
105	橘	烯丙菊酯	9	13.43	14.53

续表

序号	基质	农药	超标频次	超标率 P（%）	风险系数 R
106	火龙果	联苯	14	13.21	14.31
107	小白菜	哒螨灵	8	12.90	14.00
108	小白菜	腐霉利	8	12.90	14.00
109	甜椒	丙溴磷	16	12.80	13.90
110	甜椒	威杀灵	16	12.80	13.90
111	橙	杀螨酯	13	12.62	13.72
112	辣椒	联苯	6	12.50	13.60
113	荔枝	威杀灵	2	12.50	13.60
114	葡萄	γ-氟氯氰菌酯	19	12.50	13.60
115	结球甘蓝	威杀灵	9	12.33	13.43
116	菜豆	仲丁威	16	12.31	13.41
117	茄子	威杀灵	20	12.05	13.15
118	葱	仲丁威	2	11.76	12.86
119	菜豆	威杀灵	15	11.54	12.64
120	茄子	丙溴磷	19	11.45	12.55
121	火龙果	威杀灵	12	11.32	12.42
122	小白菜	唑虫酰胺	7	11.29	12.39
123	小油菜	多效唑	15	11.28	12.38
124	葡萄	烯丙菊酯	17	11.18	12.28
125	韭菜	威杀灵	12	11.11	12.21
126	茼蒿	哒螨灵	2	11.11	12.21
127	茼蒿	腐霉利	2	11.11	12.21
128	苹果	甲醚菊酯	19	10.92	12.02
129	香菇	烯丙菊酯	5	10.87	11.97
130	柠檬	威杀灵	16	10.81	11.91
131	蒜薹	仲丁威	5	10.64	11.74
132	小油菜	威杀灵	14	10.53	11.63
133	橘	γ-氟氯氰菌酯	7	10.45	11.55
134	橘	联苯	7	10.45	11.55
135	辣椒	三唑醇	5	10.42	11.52
136	辣椒	仲丁威	5	10.42	11.52
137	甜瓜	腐霉利	4	10.26	11.36
138	黄瓜	威杀灵	18	10.23	11.33

续表

序号	基质	农药	超标频次	超标率 P（%）	风险系数 R
139	萝卜	多效唑	5	10.20	11.30
140	韭菜	虫螨腈	11	10.19	11.29
141	大白菜	新燕灵	6	10.00	11.10
142	大白菜	联苯	6	10.00	11.10
143	哈密瓜	威杀灵	1	10.00	11.10
144	哈密瓜	烯丙菊酯	1	10.00	11.10
145	哈密瓜	腐霉利	1	10.00	11.10
146	绿豆芽	猛杀威	1	10.00	11.10
147	娃娃菜	喹螨醚	1	10.00	11.10
148	娃娃菜	烯丙菊酯	1	10.00	11.10
149	娃娃菜	烯虫酯	1	10.00	11.10
150	胡萝卜	三唑醇	8	9.88	10.98
151	胡萝卜	烯虫炔酯	8	9.88	10.98
152	猕猴桃	γ-氟氯氰菌酯	14	9.72	10.82
153	橙	三唑磷	10	9.71	10.81
154	甜椒	仲丁威	12	9.60	10.70
155	梨	烯丙菊酯	14	9.59	10.69
156	芹菜	嘧霉胺	11	9.40	10.50
157	丝瓜	腐霉利	6	9.38	10.48
158	芒果	毒死蜱	12	9.09	10.19
159	杏鲍菇	拌种咯	4	9.09	10.19
160	油麦菜	五氯苯甲腈	14	9.03	10.13
161	小油菜	γ-氟氯氰菌酯	12	9.02	10.12
162	橘	杀螨酯	6	8.96	10.06
163	梨	联苯	13	8.90	10.00
164	桃	氟硅唑	4	8.89	9.99
165	西葫芦	腐霉利	13	8.84	9.94
166	菠萝	速灭威	3	8.82	9.92
167	小茴香	多效唑	5	8.77	9.87
168	小茴香	联苯	5	8.77	9.87
169	莴笋	烯丙菊酯	2	8.70	9.80
170	胡萝卜	生物苄呋菊酯	7	8.64	9.74
171	胡萝卜	联苯	7	8.64	9.74

续表

序号	基质	农药	超标频次	超标率 P（%）	风险系数 R
172	冬瓜	联苯	10	8.55	9.65
173	芹菜	五氯苯甲腈	10	8.55	9.65
174	火龙果	四氢吩胺	9	8.49	9.59
175	辣椒	仲草丹	4	8.33	9.43
176	辣椒	威杀灵	4	8.33	9.43
177	芒果	威杀灵	11	8.33	9.43
178	猕猴桃	烯丙菊酯	12	8.33	9.43
179	枣	三唑酮	1	8.33	9.43
180	枣	己唑醇	1	8.33	9.43
181	西葫芦	联苯	12	8.16	9.26
182	小白菜	威杀灵	5	8.06	9.16
183	丝瓜	威杀灵	5	7.81	8.91
184	丝瓜	烯虫酯	5	7.81	8.91
185	橙	炔螨特	8	7.77	8.87
186	油麦菜	腐霉利	12	7.74	8.84
187	菜豆	烯丙菊酯	10	7.69	8.79
188	菜豆	烯虫酯	10	7.69	8.79
189	豇豆	3, 5-二氯苯胺	1	7.69	8.79
190	豇豆	γ-氟氯氰菌酯	1	7.69	8.79
191	豇豆	唑虫酰胺	1	7.69	8.79
192	豇豆	威杀灵	1	7.69	8.79
193	豇豆	异丙威	1	7.69	8.79
194	豇豆	烯虫酯	1	7.69	8.79
195	豇豆	腐霉利	1	7.69	8.79
196	豇豆	醚菌酯	1	7.69	8.79
197	芹菜	异丙威	9	7.69	8.79
198	番茄	威杀灵	13	7.60	8.70
199	小油菜	唑虫酰胺	10	7.52	8.62
200	西葫芦	威杀灵	11	7.48	8.58
201	橘	威杀灵	5	7.46	8.56
202	青花菜	烯虫酯	5	7.25	8.35
203	甜椒	烯丙菊酯	9	7.20	8.30
204	小茴香	去乙基阿特拉津	4	7.02	8.12

序号	基质	农药	超标频次	超标率 P（%）	风险系数 R
205	金针菇	烯丙菊酯	4	6.90	8.00
206	结球甘蓝	联苯	5	6.85	7.95
207	梨	甲醚菊酯	10	6.85	7.95
208	黄瓜	联苯	12	6.82	7.92
209	杏鲍菇	烯丙菊酯	3	6.82	7.92
210	杏鲍菇	生物苄呋菊酯	3	6.82	7.92
211	西葫芦	烯丙菊酯	10	6.80	7.90
212	橙	威杀灵	7	6.80	7.90
213	橙	烯丙菊酯	7	6.80	7.90
214	大白菜	威杀灵	4	6.67	7.77
215	柑	三唑磷	1	6.67	7.77
216	柑	异丙威	1	6.67	7.77
217	柑	溴丁酰草胺	1	6.67	7.77
218	柑	烯丙菊酯	1	6.67	7.77
219	柑	稻丰散	1	6.67	7.77
220	柿子	γ-氟氯氰菌酯	1	6.67	7.77
221	柿子	毒死蜱	1	6.67	7.77
222	桃	毒死蜱	3	6.67	7.77
223	樱桃	己唑醇	1	6.67	7.77
224	茄子	烯丙菊酯	11	6.63	7.73
225	香菇	联苯	3	6.52	7.62
226	油麦菜	联苯	10	6.45	7.55
227	蒜薹	嘧霉胺	3	6.38	7.48
228	蒜薹	毒死蜱	3	6.38	7.48
229	蒜薹	烯丙菊酯	3	6.38	7.48
230	草莓	氟唑菌酰胺	5	6.33	7.43
231	辣椒	甲氰菊酯	3	6.25	7.35
232	荔枝	仲丁威	1	6.25	7.35
233	荔枝	安硫磷	1	6.25	7.35
234	荔枝	敌敌畏	1	6.25	7.35
235	猕猴桃	联苯	9	6.25	7.35
236	冬瓜	烯丙菊酯	7	5.98	7.08
237	葡萄	三唑醇	9	5.92	7.02

续表

序号	基质	农药	超标频次	超标率 P（%）	风险系数 R
238	菠萝	仲丁威	2	5.88	6.98
239	葱	腐霉利	1	5.88	6.98
240	生菜	腐霉利	10	5.88	6.98
241	橙	γ-氟氯氰菌酯	6	5.83	6.93
242	苹果	烯丙菊酯	10	5.75	6.85
243	紫甘蓝	丁羟茴香醚	5	5.75	6.85
244	火龙果	氯菊酯	6	5.66	6.76
245	菠菜	联苯	4	5.56	6.66
246	菠菜	腐霉利	4	5.56	6.66
247	猕猴桃	戊唑醇	8	5.56	6.66
248	山竹	威杀灵	1	5.56	6.66
249	茼蒿	三唑醇	1	5.56	6.66
250	茼蒿	五氯苯甲腈	1	5.56	6.66
251	茼蒿	唑虫酰胺	1	5.56	6.66
252	茼蒿	戊唑醇	1	5.56	6.66
253	茼蒿	甲霜灵	1	5.56	6.66
254	茼蒿	百菌清	1	5.56	6.66
255	茼蒿	联苯菊酯	1	5.56	6.66
256	芒果	氟吡菌酰胺	7	5.30	6.40
257	葡萄	威杀灵	8	5.26	6.36
258	小茴香	双苯噁唑酸	3	5.26	6.36
259	小茴香	毒死蜱	3	5.26	6.36
260	小茴香	烯虫酯	3	5.26	6.36
261	小茴香	速灭威	3	5.26	6.36
262	金针菇	威杀灵	3	5.17	6.27
263	油麦菜	γ-氟氯氰菌酯	8	5.16	6.26
264	油麦菜	五氯苯胺	8	5.16	6.26
265	油麦菜	哒螨灵	8	5.16	6.26
266	油麦菜	烯唑醇	8	5.16	6.26
267	油麦菜	百菌清	8	5.16	6.26
268	芹菜	联苯	6	5.13	6.23
269	草莓	己唑醇	4	5.06	6.16
270	胡萝卜	溴丁酰草胺	4	4.94	6.04

续表

序号	基质	农药	超标频次	超标率 P（%）	风险系数 R
271	橙	禾草敌	5	4.85	5.95
272	橙	联苯	5	4.85	5.95
273	小白菜	γ-氟氯氰菌酯	3	4.84	5.94
274	火龙果	烯丙菊酯	5	4.72	5.82
275	火龙果	烯虫炔酯	5	4.72	5.82
276	韭菜	联苯菊酯	5	4.63	5.73
277	菜豆	虫螨腈	6	4.62	5.72
278	芒果	啶氧菌酯	6	4.55	5.65
279	芒果	氟唑菌酰胺	6	4.55	5.65
280	芒果	肟菌酯	6	4.55	5.65
281	杏鲍菇	丁硫克百威	2	4.55	5.65
282	杏鲍菇	哒螨灵	2	4.55	5.65
283	油麦菜	喹螨醚	7	4.52	5.62
284	油麦菜	除线磷	7	4.52	5.62
285	小油菜	三唑醇	6	4.51	5.61
286	小油菜	五氯苯甲腈	6	4.51	5.61
287	小油菜	烯唑醇	6	4.51	5.61
288	小油菜	百菌清	6	4.51	5.61
289	洋葱	仲丁威	6	4.48	5.58
290	桃	甲氰菊酯	2	4.44	5.54
291	桃	联苯	2	4.44	5.54
292	莴笋	3,5-二氯苯胺	1	4.35	5.45
293	莴笋	乙草胺	1	4.35	5.45
294	莴笋	四氢吩胺	1	4.35	5.45
295	莴笋	多效唑	1	4.35	5.45
296	莴笋	除虫菊素 I	1	4.35	5.45
297	冬瓜	仲丁威	5	4.27	5.37
298	芹菜	五氯硝基苯	5	4.27	5.37
299	蒜薹	γ-氟氯氰菌酯	2	4.26	5.36
300	茄子	异丙威	7	4.22	5.32
301	茄子	烯虫酯	7	4.22	5.32
302	茄子	螺螨酯	7	4.22	5.32
303	菠菜	五氯苯甲腈	3	4.17	5.27

续表

序号	基质	农药	超标频次	超标率 P（%）	风险系数 R
304	辣椒	γ-氟氯氰菌酯	2	4.17	5.27
305	辣椒	唑虫酰胺	2	4.17	5.27
306	辣椒	异丙威	2	4.17	5.27
307	辣椒	烯丙菊酯	2	4.17	5.27
308	结球甘蓝	烯丙菊酯	3	4.11	5.21
309	结球甘蓝	腐霉利	3	4.11	5.21
310	番茄	乙草胺	7	4.09	5.19
311	柠檬	乙草胺	6	4.05	5.15
312	柠檬	氯硝胺	6	4.05	5.15
313	柠檬	醚菌酯	6	4.05	5.15
314	苹果	威杀灵	7	4.02	5.12
315	甜椒	唑虫酰胺	5	4.00	5.10
316	油麦菜	四氢吩胺	6	3.87	4.97
317	菜豆	γ-氟氯氰菌酯	5	3.85	4.95
318	菜豆	三唑磷	5	3.85	4.95
319	菜豆	甲氰菊酯	5	3.85	4.95
320	花椰菜	烯虫酯	2	3.85	4.95
321	草莓	敌敌畏	3	3.80	4.90
322	芒果	γ-氟氯氰菌酯	5	3.79	4.89
323	芒果	虫螨腈	5	3.79	4.89
324	小油菜	五氯苯胺	5	3.76	4.86
325	小油菜	联苯菊酯	5	3.76	4.86
326	小油菜	腐霉利	5	3.76	4.86
327	韭菜	五氯苯甲腈	4	3.70	4.80
328	茄子	γ-氟氯氰菌酯	6	3.61	4.71
329	生菜	哒螨灵	6	3.53	4.63
330	番茄	烯丙菊酯	6	3.51	4.61
331	小茴香	去异丙基莠去津	2	3.51	4.61
332	小茴香	腐霉利	2	3.51	4.61
333	小茴香	虫螨腈	2	3.51	4.61
334	猕猴桃	腐霉利	5	3.47	4.57
335	金针菇	仲丁威	2	3.45	4.55
336	冬瓜	异丙威	4	3.42	4.52

序号	基质	农药	超标频次	超标率 P（%）	风险系数 R
337	芹菜	γ-氟氯氰菌酯	4	3.42	4.52
338	芹菜	毒死蜱	4	3.42	4.52
339	芹菜	氟乐灵	4	3.42	4.52
340	黄瓜	吡唑灵	6	3.41	4.51
341	小白菜	丙溴磷	2	3.23	4.33
342	小白菜	兹克威	2	3.23	4.33
343	小白菜	噁霜灵	2	3.23	4.33
344	小白菜	虫螨腈	2	3.23	4.33
345	油麦菜	五氯硝基苯	5	3.23	4.33
346	甜椒	γ-氟氯氰菌酯	4	3.20	4.30
347	菜豆	螺螨酯	4	3.08	4.18
348	芒果	四氢吩胺	4	3.03	4.13
349	芒果	烯丙菊酯	4	3.03	4.13
350	小油菜	喹螨醚	4	3.01	4.11
351	小油菜	虫螨腈	4	3.01	4.11
352	橘	禾草敌	2	2.99	4.09
353	橘	醚菌酯	2	2.99	4.09
354	洋葱	烯丙菊酯	4	2.99	4.09
355	洋葱	联苯	4	2.99	4.09
356	菠萝	γ-氟氯氰菌酯	1	2.94	4.04
357	菠萝	敌敌畏	1	2.94	4.04
358	菠萝	甲醚菊酯	1	2.94	4.04
359	菠萝	甲霜灵	1	2.94	4.04
360	菠萝	霜霉威	1	2.94	4.04
361	橙	除虫菊素Ⅰ	3	2.91	4.01
362	苹果	γ-氟氯氰菌酯	5	2.87	3.97
363	黄瓜	异丙威	5	2.84	3.94
364	黄瓜	虫螨腈	5	2.84	3.94
365	菠菜	γ-氟氯氰菌酯	2	2.78	3.88
366	菠菜	氟硅唑	2	2.78	3.88
367	菠菜	烯虫酯	2	2.78	3.88
368	菠菜	百菌清	2	2.78	3.88
369	菠菜	肟菌酯	2	2.78	3.88

续表

序号	基质	农药	超标频次	超标率 P（%）	风险系数 R
370	韭菜	3, 5-二氯苯胺	3	2.78	3.88
371	韭菜	氟丙菊酯	3	2.78	3.88
372	韭菜	氟乐灵	3	2.78	3.88
373	韭菜	烯丙菊酯	3	2.78	3.88
374	韭菜	猛杀威	3	2.78	3.88
375	韭菜	百菌清	3	2.78	3.88
376	猕猴桃	嘧霉胺	4	2.78	3.88
377	西葫芦	烯虫酯	4	2.72	3.82
378	西葫芦	速灭威	4	2.72	3.82
379	木瓜	γ-氟氯氰菊酯	1	2.70	3.80
380	木瓜	氟吡菌酰胺	1	2.70	3.80
381	木瓜	腐霉利	1	2.70	3.80
382	葡萄	异丙威	4	2.63	3.73
383	油麦菜	吡喃灵	4	2.58	3.68
384	芹菜	五氯苯	3	2.56	3.66
385	芹菜	五氯苯胺	3	2.56	3.66
386	芹菜	四氯硝基苯	3	2.56	3.66
387	芹菜	甲萘威	3	2.56	3.66
388	甜瓜	吡喃灵	1	2.56	3.66
389	甜瓜	嘧霉胺	1	2.56	3.66
390	甜瓜	异丙威	1	2.56	3.66
391	甜瓜	毒死蜱	1	2.56	3.66
392	甜瓜	烯丙菊酯	1	2.56	3.66
393	草莓	三唑醇	2	2.53	3.63
394	草莓	增效醚	2	2.53	3.63
395	草莓	威杀灵	2	2.53	3.63
396	草莓	氟硅唑	2	2.53	3.63
397	草莓	联苯肼酯	2	2.53	3.63
398	胡萝卜	双苯噁唑酸	2	2.47	3.57
399	茄子	唑虫酰胺	4	2.41	3.51
400	茄子	敌敌畏	4	2.41	3.51
401	茄子	甲氰菊酯	4	2.41	3.51
402	甜椒	3, 5-二氯苯胺	3	2.40	3.50

序号	基质	农药	超标频次	超标率 P（%）	风险系数 R
403	甜椒	己唑醇	3	2.40	3.50
404	甜椒	异丙威	3	2.40	3.50
405	甜椒	甲氰菊酯	3	2.40	3.50
406	甜椒	虫螨腈	3	2.40	3.50
407	生菜	γ-氟氯氰菌酯	4	2.35	3.45
408	生菜	氟硅唑	4	2.35	3.45
409	李子	敌敌畏	1	2.33	3.43
410	菜豆	丙溴磷	3	2.31	3.41
411	菜豆	吡喃灵	3	2.31	3.41
412	苹果	丁硫克百威	4	2.30	3.40
413	苹果	炔螨特	4	2.30	3.40
414	杏鲍菇	吡喃灵	1	2.27	3.37
415	杏鲍菇	增效醚	1	2.27	3.37
416	杏鲍菇	敌敌畏	1	2.27	3.37
417	杏鲍菇	甲醚菊酯	1	2.27	3.37
418	小油菜	三氟甲吡醚	3	2.26	3.36
419	小油菜	噁霜灵	3	2.26	3.36
420	小油菜	联苯	3	2.26	3.36
421	桃	丙溴磷	1	2.22	3.32
422	桃	增效醚	1	2.22	3.32
423	桃	溴丁酰草胺	1	2.22	3.32
424	桃	烯丙菊酯	1	2.22	3.32
425	桃	牧草胺	1	2.22	3.32
426	桃	虫螨腈	1	2.22	3.32
427	桃	醚菌酯	1	2.22	3.32
428	香菇	丁硫克百威	1	2.17	3.27
429	香菇	哒螨灵	1	2.17	3.27
430	蒜薹	吡喃灵	1	2.13	3.23
431	蒜薹	四氢吩胺	1	2.13	3.23
432	蒜薹	扑草净	1	2.13	3.23
433	蒜薹	氟硅唑	1	2.13	3.23
434	蒜薹	联苯	1	2.13	3.23
435	辣椒	三唑磷	1	2.08	3.18

续表

序号	基质	农药	超标频次	超标率 P（%）	风险系数 R
436	辣椒	吡喃灵	1	2.08	3.18
437	辣椒	敌敌畏	1	2.08	3.18
438	萝卜	敌敌畏	1	2.04	3.14
439	柠檬	毒死蜱	3	2.03	3.13
440	柠檬	氟唑菌酰胺	3	2.03	3.13
441	柠檬	甲醚菊酯	3	2.03	3.13
442	葡萄	3, 5-二氯苯胺	3	1.97	3.07
443	葡萄	仲丁威	3	1.97	3.07
444	葡萄	氟氯氰菊酯	3	1.97	3.07
445	橙	仲丁威	2	1.94	3.04
446	橙	唑虫酰胺	2	1.94	3.04
447	橙	甲萘威	2	1.94	3.04
448	油麦菜	丙溴磷	3	1.94	3.04
449	油麦菜	己唑醇	3	1.94	3.04
450	油麦菜	烯丙菊酯	3	1.94	3.04
451	花椰菜	敌敌畏	1	1.92	3.02
452	韭菜	三唑磷	2	1.85	2.95
453	韭菜	乙霉威	2	1.85	2.95
454	韭菜	多效唑	2	1.85	2.95
455	韭菜	异丙威	2	1.85	2.95
456	韭菜	灭害威	2	1.85	2.95
457	韭菜	烯唑醇	2	1.85	2.95
458	韭菜	烯虫酯	2	1.85	2.95
459	茄子	虫螨腈	3	1.81	2.91
460	生菜	百菌清	3	1.76	2.86
461	生菜	联苯	3	1.76	2.86
462	番茄	γ-氟氯氰菌酯	3	1.75	2.85
463	番茄	噁霜灵	3	1.75	2.85
464	番茄	异丙威	3	1.75	2.85
465	小茴香	丁噻隆	1	1.75	2.85
466	小茴香	噁霜灵	1	1.75	2.85
467	小茴香	杀螨特	1	1.75	2.85
468	小茴香	氟乐灵	1	1.75	2.85
469	小茴香	猛杀威	1	1.75	2.85
470	金针菇	甲醚菊酯	1	1.72	2.82

序号	基质	农药	超标频次	超标率 P（%）	风险系数 R
471	金针菇	腐霉利	1	1.72	2.82
472	金针菇	除虫菊素 I	1	1.72	2.82
473	苹果	四氢吩胺	3	1.72	2.82
474	苹果	敌敌畏	3	1.72	2.82
475	苹果	新燕灵	3	1.72	2.82
476	冬瓜	丁羟茴香醚	2	1.71	2.81
477	冬瓜	丙溴磷	2	1.71	2.81
478	冬瓜	噁霜灵	2	1.71	2.81
479	芹菜	3,5-二氯苯胺	2	1.71	2.81
480	芹菜	兹克威	2	1.71	2.81
481	芹菜	哒螨灵	2	1.71	2.81
482	芹菜	氟吡菌酰胺	2	1.71	2.81
483	黄瓜	敌敌畏	3	1.70	2.80
484	黄瓜	烯丙菊酯	3	1.70	2.80
485	大白菜	嘧霉胺	1	1.67	2.77
486	大白菜	异丙威	1	1.67	2.77
487	大白菜	烯丙菊酯	1	1.67	2.77
488	小白菜	嘧霉胺	1	1.61	2.71
489	小白菜	多效唑	1	1.61	2.71
490	小白菜	己唑醇	1	1.61	2.71
491	小白菜	甲霜灵	1	1.61	2.71
492	小白菜	联苯肼酯	1	1.61	2.71
493	小白菜	联苯菊酯	1	1.61	2.71
494	小白菜	醚菌酯	1	1.61	2.71
495	甜椒	三唑醇	2	1.60	2.70
496	甜椒	吡喃灵	2	1.60	2.70
497	甜椒	联苯	2	1.60	2.70
498	丝瓜	γ-氟氯氰菌酯	1	1.56	2.66
499	丝瓜	敌敌畏	1	1.56	2.66
500	西瓜	丁羟茴香醚	1	1.56	2.66
501	西瓜	嘧霉胺	1	1.56	2.66
502	西瓜	氟硅唑	1	1.56	2.66
503	菜豆	三唑醇	2	1.54	2.64
504	菜豆	唑虫酰胺	2	1.54	2.64
505	菜豆	己唑醇	2	1.54	2.64

续表

序号	基质	农药	超标频次	超标率 P（％）	风险系数 R
506	菜豆	异丙威	2	1.54	2.64
507	菜豆	毒死蜱	2	1.54	2.64
508	菜豆	醚菌酯	2	1.54	2.64
509	芒果	丁羟茴香醚	2	1.52	2.62
510	芒果	仲丁威	2	1.52	2.62
511	芒果	四氟醚唑	2	1.52	2.62
512	小油菜	三唑酮	2	1.50	2.60
513	小油菜	戊唑醇	2	1.50	2.60
514	小油菜	氟氯氰菊酯	2	1.50	2.60
515	小油菜	氯氰菊酯	2	1.50	2.60
516	橘	倍硫磷	1	1.49	2.59
517	橘	安硫磷	1	1.49	2.59
518	橘	己唑醇	1	1.49	2.59
519	橘	新燕灵	1	1.49	2.59
520	橘	炔丙菊酯	1	1.49	2.59
521	橘	烯效唑	1	1.49	2.59
522	橘	猛杀威	1	1.49	2.59
523	橘	甲氰菊酯	1	1.49	2.59
524	橘	稻丰散	1	1.49	2.59
525	橘	稻瘟灵	1	1.49	2.59
526	橘	除虫菊素 I	1	1.49	2.59
527	青花菜	威杀灵	1	1.45	2.55
528	青花菜	烯丙菊酯	1	1.45	2.55
529	青花菜	腐霉利	1	1.45	2.55
530	青花菜	萘乙酸	1	1.45	2.55
531	青花菜	除虫菊素 I	1	1.45	2.55

4.3.2　所有水果蔬菜中农药残留风险系数分析

4.3.2.1　所有水果蔬菜中禁用农药残留风险系数分析

在侦测出的 197 种农药中有 17 种为禁用农药，计算所有水果蔬菜中禁用农药的风险系数，结果如表 4-15 所示。硫丹、克百威 2 种禁用农药处于高度风险，水胺硫磷、杀扑磷、甲拌磷 3 种禁用农药处于中度风险，剩余 12 种禁用农药处于低度风险。

表 4-15　水果蔬菜中 17 种禁用农药的风险系数表

序号	农药	检出频次	检出率（%）	风险系数 R	风险程度
1	硫丹	89	1.95	3.05	高度风险
2	克百威	73	1.60	2.70	高度风险
3	水胺硫磷	47	1.03	2.13	中度风险
4	杀扑磷	33	0.72	1.82	中度风险
5	甲拌磷	26	0.57	1.67	中度风险
6	氰戊菊酯	13	0.28	1.38	低度风险
7	氟虫腈	7	0.15	1.25	低度风险
8	甲胺磷	5	0.11	1.21	低度风险
9	除草醚	5	0.11	1.21	低度风险
10	六六六	3	0.07	1.17	低度风险
11	艾氏剂	3	0.07	1.17	低度风险
12	灭线磷	2	0.04	1.14	低度风险
13	特丁硫磷	2	0.04	1.14	低度风险
14	硫线磷	1	0.02	1.12	低度风险
15	林丹	1	0.02	1.12	低度风险
16	甲基对硫磷	1	0.02	1.12	低度风险
17	治螟磷	1	0.02	1.12	低度风险

对每个月内的禁用农药的风险系数进行分析，结果如图 4-24 和表 4-16 所示。

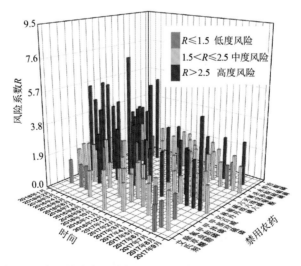

图 4-24　各月份内水果蔬菜中禁用农药残留的风险系数分布图

表 4-16　各月份内水果蔬菜中禁用农药的风险系数表

序号	年月	农药	检出频次	检出率（%）	风险系数 R	风险程度
1	2016 年 1 月	克百威	7	4.38	5.48	高度风险
2	2016 年 1 月	硫丹	7	4.38	5.48	高度风险
3	2016 年 1 月	杀扑磷	3	1.88	2.98	高度风险
4	2016 年 1 月	水胺硫磷	2	1.25	2.35	中度风险
5	2016 年 1 月	甲拌磷	1	0.63	1.73	中度风险
6	2016 年 1 月	硫线磷	1	0.63	1.73	中度风险
7	2016 年 2 月	硫丹	12	4.32	5.42	高度风险
8	2016 年 2 月	克百威	10	3.60	4.70	高度风险
9	2016 年 2 月	杀扑磷	6	2.16	3.26	高度风险
10	2016 年 2 月	水胺硫磷	6	2.16	3.26	高度风险
11	2016 年 2 月	甲拌磷	3	1.08	2.18	中度风险
12	2016 年 2 月	氟虫腈	1	0.36	1.46	低度风险
13	2016 年 2 月	林丹	1	0.36	1.46	低度风险
14	2016 年 2 月	六六六	1	0.36	1.46	低度风险
15	2016 年 3 月	克百威	5	3.03	4.13	高度风险
16	2016 年 3 月	硫丹	5	3.03	4.13	高度风险
17	2016 年 3 月	甲拌磷	2	1.21	2.31	中度风险
18	2016 年 3 月	杀扑磷	2	1.21	2.31	中度风险
19	2016 年 3 月	水胺硫磷	2	1.21	2.31	中度风险
20	2016 年 3 月	甲基对硫磷	1	0.61	1.71	中度风险
21	2016 年 4 月	硫丹	11	3.40	4.50	高度风险
22	2016 年 4 月	杀扑磷	7	2.16	3.26	高度风险
23	2016 年 4 月	甲拌磷	4	1.23	2.33	中度风险
24	2016 年 4 月	克百威	4	1.23	2.33	中度风险
25	2016 年 4 月	氟虫腈	1	0.31	1.41	低度风险
26	2016 年 4 月	灭线磷	1	0.31	1.41	低度风险
27	2016 年 4 月	氰戊菊酯	1	0.31	1.41	低度风险
28	2016 年 4 月	水胺硫磷	1	0.31	1.41	低度风险
29	2016 年 4 月	治螟磷	1	0.31	1.41	低度风险
30	2016 年 5 月	水胺硫磷	13	4.28	5.38	高度风险
31	2016 年 5 月	甲拌磷	6	1.97	3.07	高度风险
32	2016 年 5 月	硫丹	3	0.99	2.09	中度风险
33	2016 年 5 月	氟虫腈	1	0.33	1.43	低度风险

续表

序号	年月	农药	检出频次	检出率（%）	风险系数 R	风险程度
34	2016 年 5 月	特丁硫磷	1	0.33	1.43	低度风险
35	2016 年 6 月	硫丹	6	6.25	7.35	高度风险
36	2016 年 6 月	克百威	2	2.08	3.18	高度风险
37	2016 年 6 月	水胺硫磷	1	1.04	2.14	中度风险
38	2016 年 7 月	硫丹	6	2.70	3.80	高度风险
39	2016 年 7 月	六六六	2	0.90	2.00	中度风险
40	2016 年 7 月	除草醚	1	0.45	1.55	中度风险
41	2016 年 7 月	甲拌磷	1	0.45	1.55	中度风险
42	2016 年 7 月	克百威	1	0.45	1.55	中度风险
43	2016 年 7 月	杀扑磷	1	0.45	1.55	中度风险
44	2016 年 8 月	硫丹	5	3.42	4.52	高度风险
45	2016 年 8 月	杀扑磷	1	0.68	1.78	中度风险
46	2016 年 9 月	克百威	9	2.63	3.73	高度风险
47	2016 年 9 月	硫丹	5	1.46	2.56	高度风险
48	2016 年 9 月	水胺硫磷	5	1.46	2.56	高度风险
49	2016 年 9 月	甲拌磷	1	0.29	1.39	低度风险
50	2016 年 9 月	灭线磷	1	0.29	1.39	低度风险
51	2016 年 9 月	氰戊菊酯	1	0.29	1.39	低度风险
52	2016 年 10 月	硫丹	8	4.85	5.95	高度风险
53	2016 年 10 月	氰戊菊酯	2	1.21	2.31	中度风险
54	2016 年 10 月	水胺硫磷	2	1.21	2.31	中度风险
55	2016 年 10 月	甲胺磷	1	0.61	1.71	中度风险
56	2016 年 10 月	克百威	1	0.61	1.71	中度风险
57	2016 年 11 月	艾氏剂	2	1.17	2.27	中度风险
58	2016 年 11 月	水胺硫磷	2	1.17	2.27	中度风险
59	2016 年 11 月	甲拌磷	1	0.58	1.68	中度风险
60	2016 年 11 月	氰戊菊酯	1	0.58	1.68	中度风险
61	2016 年 11 月	特丁硫磷	1	0.58	1.68	中度风险
62	2016 年 12 月	克百威	3	1.53	2.63	高度风险
63	2016 年 12 月	氟虫腈	2	1.02	2.12	中度风险
64	2016 年 12 月	甲拌磷	2	1.02	2.12	中度风险
65	2016 年 12 月	硫丹	2	1.02	2.12	中度风险
66	2016 年 12 月	杀扑磷	2	1.02	2.12	中度风险

续表

序号	年月	农药	检出频次	检出率（%）	风险系数 R	风险程度
67	2016 年 12 月	甲胺磷	1	0.51	1.61	中度风险
68	2016 年 12 月	水胺硫磷	1	0.51	1.61	中度风险
69	2017 年 1 月	硫丹	3	1.54	2.64	高度风险
70	2017 年 1 月	甲拌磷	2	1.03	2.13	中度风险
71	2017 年 1 月	除草醚	1	0.51	1.61	中度风险
72	2017 年 1 月	氰戊菊酯	1	0.51	1.61	中度风险
73	2017 年 1 月	杀扑磷	1	0.51	1.61	中度风险
74	2017 年 1 月	水胺硫磷	1	0.51	1.61	中度风险
75	2017 年 2 月	杀扑磷	4	2.05	3.15	高度风险
76	2017 年 2 月	克百威	3	1.54	2.64	高度风险
77	2017 年 2 月	硫丹	2	1.03	2.13	中度风险
78	2017 年 2 月	甲胺磷	1	0.51	1.61	中度风险
79	2017 年 2 月	甲拌磷	1	0.51	1.61	中度风险
80	2017 年 2 月	水胺硫磷	1	0.51	1.61	中度风险
81	2017 年 3 月	克百威	6	3.08	4.18	高度风险
82	2017 年 3 月	硫丹	4	2.05	3.15	高度风险
83	2017 年 3 月	杀扑磷	3	1.54	2.64	高度风险
84	2017 年 3 月	水胺硫磷	2	1.03	2.13	中度风险
85	2017 年 3 月	甲拌磷	1	0.51	1.61	中度风险
86	2017 年 4 月	硫丹	5	1.69	2.79	高度风险
87	2017 年 4 月	氟虫腈	2	0.68	1.78	中度风险
88	2017 年 4 月	克百威	2	0.68	1.78	中度风险
89	2017 年 4 月	氰戊菊酯	2	0.68	1.78	中度风险
90	2017 年 4 月	杀扑磷	2	0.68	1.78	中度风险
91	2017 年 4 月	水胺硫磷	2	0.68	1.78	中度风险
92	2017 年 4 月	甲胺磷	1	0.34	1.44	低度风险
93	2017 年 5 月	水胺硫磷	3	1.54	2.64	高度风险
94	2017 年 5 月	硫丹	2	1.03	2.13	中度风险
95	2017 年 5 月	甲拌磷	1	0.51	1.61	中度风险
96	2017 年 5 月	克百威	1	0.51	1.61	中度风险
97	2017 年 6 月	克百威	5	2.11	3.21	高度风险
98	2017 年 6 月	硫丹	1	0.42	1.52	中度风险
99	2017 年 6 月	氰戊菊酯	1	0.42	1.52	中度风险

续表

序号	年月	农药	检出频次	检出率（%）	风险系数 R	风险程度
100	2017 年 7 月	克百威	5	1.68	2.78	高度风险
101	2017 年 7 月	硫丹	2	0.67	1.77	中度风险
102	2017 年 7 月	艾氏剂	1	0.34	1.44	低度风险
103	2017 年 7 月	除草醚	1	0.34	1.44	低度风险
104	2017 年 7 月	甲胺磷	1	0.34	1.44	低度风险
105	2017 年 7 月	氰戊菊酯	1	0.34	1.44	低度风险
106	2017 年 7 月	杀扑磷	1	0.34	1.44	低度风险
107	2017 年 8 月	克百威	8	4.15	5.25	高度风险
108	2017 年 8 月	水胺硫磷	3	1.55	2.65	高度风险
109	2017 年 8 月	除草醚	2	1.04	2.14	中度风险
110	2017 年 8 月	氰戊菊酯	2	1.04	2.14	中度风险
111	2017 年 9 月	克百威	1	0.50	1.60	中度风险
112	2017 年 9 月	氰戊菊酯	1	0.50	1.60	中度风险

4.3.2.2　所有水果蔬菜中非禁用农药残留风险系数分析

参照 MRL 欧盟标准计算所有水果蔬菜中每种非禁用农药残留的风险系数，如图 4-25 与表 4-17 所示。在侦测出的 180 种非禁用农药中，10 种农药（5.56%）残留处于高度风险，27 种农药（15%）残留处于中度风险，143 种农药（79.44%）残留处于低度风险。

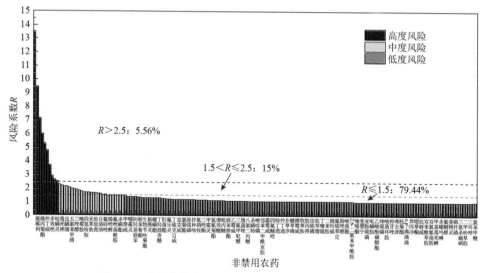

图 4-25　水果蔬菜中 180 种非禁用农药的风险程度统计图

表 4-17　水果蔬菜中 180 种非禁用农药的风险系数表

序号	农药	超标频次	超标率 P（%）	风险系数 R	风险程度
1	威杀灵	566	12.38	13.48	高度风险
2	腐霉利	383	8.38	9.48	高度风险
3	联苯	276	6.04	7.14	高度风险
4	烯丙菊酯	224	4.90	6.00	高度风险
5	γ-氟氯氰菌酯	192	4.20	5.30	高度风险
6	仲丁威	169	3.70	4.80	高度风险
7	丙溴磷	120	2.63	3.73	高度风险
8	多效唑	83	1.82	2.92	高度风险
9	烯虫酯	71	1.55	2.65	高度风险
10	哒螨灵	67	1.47	2.57	高度风险
11	甲醚菊酯	55	1.20	2.30	中度风险
12	毒死蜱	53	1.16	2.26	中度风险
13	异丙威	50	1.09	2.19	中度风险
14	虫螨腈	49	1.07	2.17	中度风险
15	喹螨醚	44	0.96	2.06	中度风险
16	五氯苯甲腈	41	0.90	2.00	中度风险
17	唑虫酰胺	40	0.88	1.98	中度风险
18	三唑醇	38	0.83	1.93	中度风险
19	除虫菊素 I	35	0.77	1.87	中度风险
20	嘧霉胺	34	0.74	1.84	中度风险
21	三唑磷	30	0.66	1.76	中度风险
22	四氢吩胺	29	0.63	1.73	中度风险
23	炔螨特	29	0.63	1.73	中度风险
24	禾草敌	28	0.61	1.71	中度风险
25	甲氰菊酯	27	0.59	1.69	中度风险
26	敌敌畏	27	0.59	1.69	中度风险
27	萘乙酰胺	26	0.57	1.67	中度风险
28	百菌清	24	0.53	1.63	中度风险
29	吡喃灵	23	0.50	1.60	中度风险
30	氟硅唑	23	0.50	1.60	中度风险
31	己唑醇	22	0.48	1.58	中度风险
32	烯唑醇	20	0.44	1.54	中度风险
33	醚菌酯	20	0.44	1.54	中度风险

序号	农药	超标频次	超标率 P（%）	风险系数 R	风险程度
34	氟唑菌酰胺	20	0.44	1.54	中度风险
35	3,5-二氯苯胺	19	0.42	1.52	中度风险
36	杀螨酯	19	0.42	1.52	中度风险
37	五氯苯胺	19	0.42	1.52	中度风险
38	甲萘威	17	0.37	1.47	低度风险
39	乙草胺	16	0.35	1.45	低度风险
40	噁霜灵	15	0.33	1.43	低度风险
41	戊唑醇	15	0.33	1.43	低度风险
42	间羟基联苯	15	0.33	1.43	低度风险
43	烯虫炔酯	14	0.31	1.41	低度风险
44	联苯菊酯	13	0.28	1.38	低度风险
45	仲丁灵	13	0.28	1.38	低度风险
46	生物苄呋菊酯	13	0.28	1.38	低度风险
47	氟吡菌酰胺	13	0.28	1.38	低度风险
48	新燕灵	13	0.28	1.38	低度风险
49	五氯硝基苯	12	0.26	1.36	低度风险
50	螺螨酯	12	0.26	1.36	低度风险
51	速灭威	12	0.26	1.36	低度风险
52	丁羟茴香醚	12	0.26	1.36	低度风险
53	啶氧菌酯	11	0.24	1.34	低度风险
54	肟菌酯	10	0.22	1.32	低度风险
55	炔丙菊酯	9	0.20	1.30	低度风险
56	氟乐灵	9	0.20	1.30	低度风险
57	二甲戊灵	8	0.18	1.28	低度风险
58	丁硫克百威	8	0.18	1.28	低度风险
59	仲草丹	8	0.18	1.28	低度风险
60	兹克威	7	0.15	1.25	低度风险
61	猛杀威	7	0.15	1.25	低度风险
62	氯菊酯	7	0.15	1.25	低度风险
63	溴丁酰草胺	7	0.15	1.25	低度风险
64	除线磷	7	0.15	1.25	低度风险
65	五氯苯	7	0.15	1.25	低度风险
66	拌种咯	7	0.15	1.25	低度风险
67	氟丙菊酯	6	0.13	1.23	低度风险
68	氯硝胺	6	0.13	1.23	低度风险

续表

序号	农药	超标频次	超标率 P（%）	风险系数 R	风险程度
69	萘乙酸	6	0.13	1.23	低度风险
70	三唑酮	6	0.13	1.23	低度风险
71	双苯噁唑酸	6	0.13	1.23	低度风险
72	甲霜灵	5	0.11	1.21	低度风险
73	去乙基阿特拉津	5	0.11	1.21	低度风险
74	氯氰菊酯	5	0.11	1.21	低度风险
75	氟氯氰菊酯	5	0.11	1.21	低度风险
76	增效醚	5	0.11	1.21	低度风险
77	四氯硝基苯	4	0.09	1.19	低度风险
78	吡丙醚	4	0.09	1.19	低度风险
79	八氯苯乙烯	3	0.07	1.17	低度风险
80	联苯肼酯	3	0.07	1.17	低度风险
81	稻丰散	3	0.07	1.17	低度风险
82	乙霉威	3	0.07	1.17	低度风险
83	吡咪唑	3	0.07	1.17	低度风险
84	三氟甲吡醚	3	0.07	1.17	低度风险
85	高效氯氟氰菊酯	3	0.07	1.17	低度风险
86	腈菌唑	3	0.07	1.17	低度风险
87	烯效唑	3	0.07	1.17	低度风险
88	八氯二丙醚	3	0.07	1.17	低度风险
89	戊草丹	2	0.04	1.14	低度风险
90	杀螨特	2	0.04	1.14	低度风险
91	灭害威	2	0.04	1.14	低度风险
92	嘧啶磷	2	0.04	1.14	低度风险
93	稻瘟灵	2	0.04	1.14	低度风险
94	邻苯二甲酰亚胺	2	0.04	1.14	低度风险
95	马拉硫磷	2	0.04	1.14	低度风险
96	霜霉威	2	0.04	1.14	低度风险
97	去异丙基莠去津	2	0.04	1.14	低度风险
98	四氟醚唑	2	0.04	1.14	低度风险
99	安硫磷	2	0.04	1.14	低度风险
100	特丁通	1	0.02	1.12	低度风险
101	杀螨醚	1	0.02	1.12	低度风险
102	仲丁通	1	0.02	1.12	低度风险
103	特草灵	1	0.02	1.12	低度风险

序号	农药	超标频次	超标率 P（%）	风险系数 R	风险程度
104	扑草净	1	0.02	1.12	低度风险
105	西草净	1	0.02	1.12	低度风险
106	哌草磷	1	0.02	1.12	低度风险
107	双甲脒	1	0.02	1.12	低度风险
108	缬霉威	1	0.02	1.12	低度风险
109	2, 3, 5, 6-四氯苯胺	1	0.02	1.12	低度风险
110	牧草胺	1	0.02	1.12	低度风险
111	枯莠隆	1	0.02	1.12	低度风险
112	胺丙畏	1	0.02	1.12	低度风险
113	拌种胺	1	0.02	1.12	低度风险
114	倍硫磷	1	0.02	1.12	低度风险
115	丙硫磷	1	0.02	1.12	低度风险
116	敌草腈	1	0.02	1.12	低度风险
117	丁草胺	1	0.02	1.12	低度风险
118	丁噻隆	1	0.02	1.12	低度风险
119	啶斑肟	1	0.02	1.12	低度风险
120	二苯胺	1	0.02	1.12	低度风险
121	二氧威	1	0.02	1.12	低度风险
122	棉铃威	1	0.02	1.12	低度风险
123	氟吡酰草胺	1	0.02	1.12	低度风险
124	氟硫草定	1	0.02	1.12	低度风险
125	氟酰胺	1	0.02	1.12	低度风险
126	粉唑醇	1	0.02	1.12	低度风险
127	喹氧灵	1	0.02	1.12	低度风险
128	嘧菌酯	1	0.02	1.12	低度风险
129	醚菊酯	1	0.02	1.12	低度风险
130	2, 6-二氯苯甲酰胺	1	0.02	1.12	低度风险
131	异丙甲草胺	0	0	1.1	低度风险
132	噻嗪酮	0	0	1.1	低度风险
133	噻菌灵	0	0	1.1	低度风险
134	麦穗宁	0	0	1.1	低度风险
135	除虫菊酯	0	0	1.1	低度风险
136	亚胺硫磷	0	0	1.1	低度风险
137	氧环唑	0	0	1.1	低度风险
138	吡螨胺	0	0	1.1	低度风险

续表

序号	农药	超标频次	超标率 P（%）	风险系数 R	风险程度
139	苯霜灵	0	0	1.1	低度风险
140	乙嘧酚磺酸酯	0	0	1.1	低度风险
141	异丙草胺	0	0	1.1	低度风险
142	喹硫磷	0	0	1.1	低度风险
143	氯酞酸甲酯	0	0	1.1	低度风险
144	嘧菌环胺	0	0	1.1	低度风险
145	异噁唑草酮	0	0	1.1	低度风险
146	抑芽唑	0	0	1.1	低度风险
147	茚虫威	0	0	1.1	低度风险
148	莠去津	0	0	1.1	低度风险
149	扑灭津	0	0	1.1	低度风险
150	胺菊酯	0	0	1.1	低度风险
151	o, p'-滴滴伊	0	0	1.1	低度风险
152	o, p'-滴滴滴	0	0	1.1	低度风险
153	3, 4, 5-混杀威	0	0	1.1	低度风险
154	异丙净	0	0	1.1	低度风险
155	啶酰菌胺	0	0	1.1	低度风险
156	噁草酮	0	0	1.1	低度风险
157	氟吡禾灵	0	0	1.1	低度风险
158	抗蚜威	0	0	1.1	低度风险
159	抗螨唑	0	0	1.1	低度风险
160	双苯酰草胺	0	0	1.1	低度风险
161	甲基嘧啶磷	0	0	1.1	低度风险
162	双氯氰菌胺	0	0	1.1	低度风险
163	甲基立枯磷	0	0	1.1	低度风险
164	甲基毒死蜱	0	0	1.1	低度风险
165	咯喹酮	0	0	1.1	低度风险
166	杀螺吗啉	0	0	1.1	低度风险
167	邻苯基苯酚	0	0	1.1	低度风险
168	呋嘧醇	0	0	1.1	低度风险
169	西玛津	0	0	1.1	低度风险
170	萎锈灵	0	0	1.1	低度风险
171	呋草黄	0	0	1.1	低度风险
172	砜拌磷	0	0	1.1	低度风险

续表

序号	农药	超标频次	超标率 P（%）	风险系数 R	风险程度
173	氯草敏	0	0	1.1	低度风险
174	三氯杀螨砜	0	0	1.1	低度风险
175	二氯吡啶酸	0	0	1.1	低度风险
176	二甲吩草胺	0	0	1.1	低度风险
177	戊菌唑	0	0	1.1	低度风险
178	三环唑	0	0	1.1	低度风险
179	噁虫威	0	0	1.1	低度风险
180	氯苯甲醚	0	0	1.1	低度风险

对每个月份内的非禁用农药的风险系数分析，每月内非禁用农药风险程度分布图如图 4-26 所示。21 个月份内处于高度风险的农药数排序为 2017 年 2 月（22）＞2016 年 12 月（20）=2017 年 5 月（20）＞2016 年 2 月（16）=2016 年 9 月（16）=2016 年 10 月（16）＞2017 年 1 月（15）=2017 年 3 月（15）＞2016 年 1 月（15）＞2016 年 3 月（13）=2017 年 4 月（13）=2017 年 7 月（13）＞2016 年 11 月（12）＞2017 年 6 月（10）＞2016 年 5 月（9）=2016 年 6 月（9）=2016 年 7 月（9）=2016 年 8 月（9）＞2017 年 9 月（8）＞2016 年 4 月（7）=2017 年 8 月（7）。

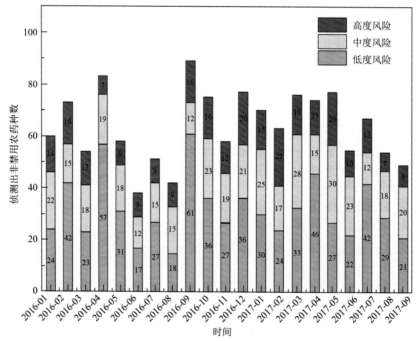

图 4-26　各月份水果蔬菜中非禁用农药残留的风险程度分布图

21 个月份内水果蔬菜中非禁用农药处于中度风险和高度风险的风险系数如图 4-27 所示。

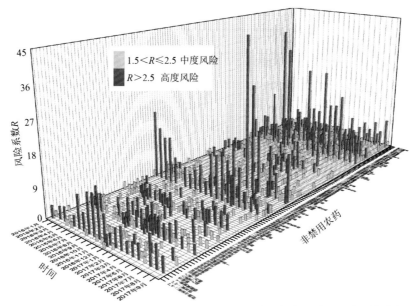

图 4-27　各月份水果蔬菜中非禁用农药处于中度风险和高度风险的风险系数分布图

21 个月份内水果蔬菜中非禁用农药处于高度风险的风险系数表 4-18 所示。

表 4-18　各月份水果蔬菜中非禁用农药处于高度风险的风险系数表

序号	年月	农药	超标频次	超标率 P(%)	风险系数 R	风险程度
1	2016 年 1 月	腐霉利	31	19.38	20.48	高度风险
2	2016 年 1 月	威杀灵	9	5.63	6.73	高度风险
3	2016 年 1 月	烯丙菊酯	8	5.00	6.10	高度风险
4	2016 年 1 月	3, 5-二氯苯胺	4	2.50	3.60	高度风险
5	2016 年 1 月	丙溴磷	4	2.50	3.60	高度风险
6	2016 年 1 月	甲醚菊酯	4	2.50	3.60	高度风险
7	2016 年 1 月	间羟基联苯	4	2.50	3.60	高度风险
8	2016 年 1 月	除线磷	3	1.88	2.98	高度风险
9	2016 年 1 月	甲氰菊酯	3	1.88	2.98	高度风险
10	2016 年 1 月	炔螨特	3	1.88	2.98	高度风险
11	2016 年 1 月	三唑醇	3	1.88	2.98	高度风险
12	2016 年 1 月	五氯苯甲腈	3	1.88	2.98	高度风险
13	2016 年 1 月	异丙威	3	1.88	2.98	高度风险
14	2016 年 1 月	仲丁威	3	1.88	2.98	高度风险
15	2016 年 2 月	腐霉利	41	14.75	15.85	高度风险
16	2016 年 2 月	丙溴磷	8	2.88	3.98	高度风险
17	2016 年 2 月	威杀灵	8	2.88	3.98	高度风险

序号	年月	农药	超标频次	超标率 P（%）	风险系数 R	风险程度
18	2016 年 2 月	γ-氟氯氰菌酯	7	2.52	3.62	高度风险
19	2016 年 2 月	甲醚菊酯	7	2.52	3.62	高度风险
20	2016 年 2 月	三唑磷	7	2.52	3.62	高度风险
21	2016 年 2 月	烯丙菊酯	7	2.52	3.62	高度风险
22	2016 年 2 月	嘧霉胺	6	2.16	3.26	高度风险
23	2016 年 2 月	五氯苯甲腈	6	2.16	3.26	高度风险
24	2016 年 2 月	三唑醇	5	1.80	2.90	高度风险
25	2016 年 2 月	虫螨腈	4	1.44	2.54	高度风险
26	2016 年 2 月	除线磷	4	1.44	2.54	高度风险
27	2016 年 2 月	氟硅唑	4	1.44	2.54	高度风险
28	2016 年 2 月	甲氰菊酯	4	1.44	2.54	高度风险
29	2016 年 2 月	间羟基联苯	4	1.44	2.54	高度风险
30	2016 年 2 月	异丙威	4	1.44	2.54	高度风险
31	2016 年 3 月	腐霉利	20	12.12	13.22	高度风险
32	2016 年 3 月	威杀灵	13	7.88	8.98	高度风险
33	2016 年 3 月	丙溴磷	9	5.45	6.55	高度风险
34	2016 年 3 月	仲丁威	9	5.45	6.55	高度风险
35	2016 年 3 月	γ-氟氯氰菌酯	5	3.03	4.13	高度风险
36	2016 年 3 月	烯丙菊酯	5	3.03	4.13	高度风险
37	2016 年 3 月	甲醚菊酯	4	2.42	3.52	高度风险
38	2016 年 3 月	三唑醇	4	2.42	3.52	高度风险
39	2016 年 3 月	溴丁酰草胺	4	2.42	3.52	高度风险
40	2016 年 3 月	炔螨特	3	1.82	2.92	高度风险
41	2016 年 3 月	三唑磷	3	1.82	2.92	高度风险
42	2016 年 3 月	五氯苯甲腈	3	1.82	2.92	高度风险
43	2016 年 3 月	异丙威	3	1.82	2.92	高度风险
44	2016 年 4 月	腐霉利	41	12.65	13.75	高度风险
45	2016 年 4 月	嘧霉胺	8	2.47	3.57	高度风险
46	2016 年 4 月	丙溴磷	7	2.16	3.26	高度风险
47	2016 年 4 月	仲丁威	6	1.85	2.95	高度风险
48	2016 年 4 月	多效唑	5	1.54	2.64	高度风险
49	2016 年 4 月	五氯苯甲腈	5	1.54	2.64	高度风险
50	2016 年 4 月	异丙威	5	1.54	2.64	高度风险

续表

序号	年月	农药	超标频次	超标率 $P(\%)$	风险系数 R	风险程度
51	2016 年 5 月	威杀灵	50	16.45	17.55	高度风险
52	2016 年 5 月	烯丙菊酯	18	5.92	7.02	高度风险
53	2016 年 5 月	乙草胺	14	4.61	5.71	高度风险
54	2016 年 5 月	腐霉利	13	4.28	5.38	高度风险
55	2016 年 5 月	毒死蜱	9	2.96	4.06	高度风险
56	2016 年 5 月	多效唑	9	2.96	4.06	高度风险
57	2016 年 5 月	仲丁威	9	2.96	4.06	高度风险
58	2016 年 5 月	γ-氟氯氰菌酯	6	1.97	3.07	高度风险
59	2016 年 5 月	哒螨灵	6	1.97	3.07	高度风险
60	2016 年 6 月	γ-氟氯氰菌酯	8	8.33	9.43	高度风险
61	2016 年 6 月	烯丙菊酯	6	6.25	7.35	高度风险
62	2016 年 6 月	威杀灵	4	4.17	5.27	高度风险
63	2016 年 6 月	新燕灵	4	4.17	5.27	高度风险
64	2016 年 6 月	多效唑	3	3.13	4.23	高度风险
65	2016 年 6 月	毒死蜱	2	2.08	3.18	高度风险
66	2016 年 6 月	去乙基阿特拉津	2	2.08	3.18	高度风险
67	2016 年 6 月	异丙威	2	2.08	3.18	高度风险
68	2016 年 6 月	仲丁灵	2	2.08	3.18	高度风险
69	2016 年 7 月	威杀灵	86	38.74	39.84	高度风险
70	2016 年 7 月	腐霉利	11	4.95	6.05	高度风险
71	2016 年 7 月	γ-氟氯氰菌酯	9	4.05	5.15	高度风险
72	2016 年 7 月	哒螨灵	7	3.15	4.25	高度风险
73	2016 年 7 月	丁羟茴香醚	7	3.15	4.25	高度风险
74	2016 年 7 月	烯丙菊酯	6	2.70	3.80	高度风险
75	2016 年 7 月	虫螨腈	5	2.25	3.35	高度风险
76	2016 年 7 月	仲丁威	5	2.25	3.35	高度风险
77	2016 年 7 月	多效唑	4	1.80	2.90	高度风险
78	2016 年 8 月	威杀灵	48	32.88	33.98	高度风险
79	2016 年 8 月	烯丙菊酯	14	9.59	10.69	高度风险
80	2016 年 8 月	γ-氟氯氰菌酯	10	6.85	7.95	高度风险
81	2016 年 8 月	腐霉利	5	3.42	4.52	高度风险
82	2016 年 8 月	哒螨灵	4	2.74	3.84	高度风险
83	2016 年 8 月	多效唑	4	2.74	3.84	高度风险

序号	年月	农药	超标频次	超标率 P（%）	风险系数 R	风险程度
84	2016 年 8 月	速灭威	4	2.74	3.84	高度风险
85	2016 年 8 月	五氯苯胺	3	2.05	3.15	高度风险
86	2016 年 8 月	仲丁威	3	2.05	3.15	高度风险
87	2016 年 9 月	γ-氟氯氰菌酯	35	10.23	11.33	高度风险
88	2016 年 9 月	烯丙菊酯	27	7.89	8.99	高度风险
89	2016 年 9 月	腐霉利	18	5.26	6.36	高度风险
90	2016 年 9 月	哒螨灵	15	4.39	5.49	高度风险
91	2016 年 9 月	烯虫酯	11	3.22	4.32	高度风险
92	2016 年 9 月	禾草敌	10	2.92	4.02	高度风险
93	2016 年 9 月	毒死蜱	8	2.34	3.44	高度风险
94	2016 年 9 月	多效唑	8	2.34	3.44	高度风险
95	2016 年 9 月	仲丁威	8	2.34	3.44	高度风险
96	2016 年 9 月	吡喃灵	7	2.05	3.15	高度风险
97	2016 年 9 月	虫螨腈	7	2.05	3.15	高度风险
98	2016 年 9 月	丙溴磷	6	1.75	2.85	高度风险
99	2016 年 9 月	氟硅唑	6	1.75	2.85	高度风险
100	2016 年 9 月	威杀灵	6	1.75	2.85	高度风险
101	2016 年 9 月	兹克威	6	1.75	2.85	高度风险
102	2016 年 9 月	烯唑醇	5	1.46	2.56	高度风险
103	2016 年 10 月	烯丙菊酯	19	11.52	12.62	高度风险
104	2016 年 10 月	γ-氟氯氰菌酯	18	10.91	12.01	高度风险
105	2016 年 10 月	仲丁威	16	9.70	10.80	高度风险
106	2016 年 10 月	腐霉利	12	7.27	8.37	高度风险
107	2016 年 10 月	吡喃灵	9	5.45	6.55	高度风险
108	2016 年 10 月	烯虫酯	7	4.24	5.34	高度风险
109	2016 年 10 月	杀螨酯	6	3.64	4.74	高度风险
110	2016 年 10 月	多效唑	5	3.03	4.13	高度风险
111	2016 年 10 月	甲醚菊酯	5	3.03	4.13	高度风险
112	2016 年 10 月	吡咪唑	3	1.82	2.92	高度风险
113	2016 年 10 月	毒死蜱	3	1.82	2.92	高度风险
114	2016 年 10 月	甲氰菊酯	3	1.82	2.92	高度风险
115	2016 年 10 月	螺螨酯	3	1.82	2.92	高度风险
116	2016 年 10 月	炔螨特	3	1.82	2.92	高度风险

续表

序号	年月	农药	超标频次	超标率 P（%）	风险系数 R	风险程度
117	2016 年 10 月	速灭威	3	1.82	2.92	高度风险
118	2016 年 10 月	烯虫炔酯	3	1.82	2.92	高度风险
119	2016 年 11 月	仲丁威	14	8.19	9.29	高度风险
120	2016 年 11 月	γ-氟氯氰菌酯	11	6.43	7.53	高度风险
121	2016 年 11 月	烯丙菊酯	7	4.09	5.19	高度风险
122	2016 年 11 月	丙溴磷	6	3.51	4.61	高度风险
123	2016 年 11 月	哒螨灵	6	3.51	4.61	高度风险
124	2016 年 11 月	新燕灵	6	3.51	4.61	高度风险
125	2016 年 11 月	腐霉利	5	2.92	4.02	高度风险
126	2016 年 11 月	喹螨醚	5	2.92	4.02	高度风险
127	2016 年 11 月	四氢吩胺	4	2.34	3.44	高度风险
128	2016 年 11 月	禾草敌	3	1.75	2.85	高度风险
129	2016 年 11 月	醚菌酯	3	1.75	2.85	高度风险
130	2016 年 11 月	唑虫酰胺	3	1.75	2.85	高度风险
131	2016 年 12 月	威杀灵	53	27.04	28.14	高度风险
132	2016 年 12 月	腐霉利	23	11.73	12.83	高度风险
133	2016 年 12 月	丙溴磷	9	4.59	5.69	高度风险
134	2016 年 12 月	烯丙菊酯	8	4.08	5.18	高度风险
135	2016 年 12 月	敌敌畏	5	2.55	3.65	高度风险
136	2016 年 12 月	甲萘威	5	2.55	3.65	高度风险
137	2016 年 12 月	烯虫炔酯	5	2.55	3.65	高度风险
138	2016 年 12 月	烯虫酯	5	2.55	3.65	高度风险
139	2016 年 12 月	3, 5-二氯苯胺	4	2.04	3.14	高度风险
140	2016 年 12 月	γ-氟氯氰菌酯	4	2.04	3.14	高度风险
141	2016 年 12 月	炔丙菊酯	4	2.04	3.14	高度风险
142	2016 年 12 月	三唑醇	4	2.04	3.14	高度风险
143	2016 年 12 月	三唑磷	4	2.04	3.14	高度风险
144	2016 年 12 月	虫螨腈	3	1.53	2.63	高度风险
145	2016 年 12 月	丁羟茴香醚	3	1.53	2.63	高度风险
146	2016 年 12 月	嘧霉胺	3	1.53	2.63	高度风险
147	2016 年 12 月	萘乙酰胺	3	1.53	2.63	高度风险
148	2016 年 12 月	炔螨特	3	1.53	2.63	高度风险
149	2016 年 12 月	生物苄呋菊酯	3	1.53	2.63	高度风险

序号	年月	农药	超标频次	超标率 P(%)	风险系数 R	风险程度
150	2016 年 12 月	仲丁威	3	1.53	2.63	高度风险
151	2017 年 1 月	威杀灵	28	14.36	15.46	高度风险
152	2017 年 1 月	腐霉利	23	11.79	12.89	高度风险
153	2017 年 1 月	丙溴磷	11	5.64	6.74	高度风险
154	2017 年 1 月	γ-氟氯氰菌酯	8	4.10	5.20	高度风险
155	2017 年 1 月	萘乙酰胺	8	4.10	5.20	高度风险
156	2017 年 1 月	虫螨腈	6	3.08	4.18	高度风险
157	2017 年 1 月	烯丙菊酯	6	3.08	4.18	高度风险
158	2017 年 1 月	除虫菊素 I	5	2.56	3.66	高度风险
159	2017 年 1 月	毒死蜱	5	2.56	3.66	高度风险
160	2017 年 1 月	甲醚菊酯	4	2.05	3.15	高度风险
161	2017 年 1 月	三唑磷	4	2.05	3.15	高度风险
162	2017 年 1 月	异丙威	4	2.05	3.15	高度风险
163	2017 年 1 月	吡螨灵	3	1.54	2.64	高度风险
164	2017 年 1 月	生物苄呋菊酯	3	1.54	2.64	高度风险
165	2017 年 1 月	肟菌酯	3	1.54	2.64	高度风险
166	2017 年 2 月	联苯	86	44.10	45.20	高度风险
167	2017 年 2 月	威杀灵	27	13.85	14.95	高度风险
168	2017 年 2 月	腐霉利	26	13.33	14.43	高度风险
169	2017 年 2 月	丙溴磷	15	7.69	8.79	高度风险
170	2017 年 2 月	γ-氟氯氰菌酯	10	5.13	6.23	高度风险
171	2017 年 2 月	甲醚菊酯	10	5.13	6.23	高度风险
172	2017 年 2 月	烯丙菊酯	9	4.62	5.72	高度风险
173	2017 年 2 月	虫螨腈	8	4.10	5.20	高度风险
174	2017 年 2 月	萘乙酰胺	7	3.59	4.69	高度风险
175	2017 年 2 月	四氢吩胺	7	3.59	4.69	高度风险
176	2017 年 2 月	除虫菊素 I	6	3.08	4.18	高度风险
177	2017 年 2 月	仲丁威	5	2.56	3.66	高度风险
178	2017 年 2 月	嘧霉胺	4	2.05	3.15	高度风险
179	2017 年 2 月	炔螨特	4	2.05	3.15	高度风险
180	2017 年 2 月	三唑磷	4	2.05	3.15	高度风险
181	2017 年 2 月	百菌清	3	1.54	2.64	高度风险
182	2017 年 2 月	啶氧菌酯	3	1.54	2.64	高度风险

续表

序号	年月	农药	超标频次	超标率 P（%）	风险系数 R	风险程度
183	2017 年 2 月	氟吡菌酰胺	3	1.54	2.64	高度风险
184	2017 年 2 月	三唑醇	3	1.54	2.64	高度风险
185	2017 年 2 月	五氯苯甲腈	3	1.54	2.64	高度风险
186	2017 年 2 月	烯唑醇	3	1.54	2.64	高度风险
187	2017 年 2 月	异丙威	3	1.54	2.64	高度风险
188	2017 年 3 月	联苯	59	30.26	31.36	高度风险
189	2017 年 3 月	威杀灵	53	27.18	28.28	高度风险
190	2017 年 3 月	腐霉利	22	11.28	12.38	高度风险
191	2017 年 3 月	丙溴磷	7	3.59	4.69	高度风险
192	2017 年 3 月	萘乙酰胺	7	3.59	4.69	高度风险
193	2017 年 3 月	烯丙菊酯	6	3.08	4.18	高度风险
194	2017 年 3 月	甲醚菊酯	5	2.56	3.66	高度风险
195	2017 年 3 月	三唑醇	5	2.56	3.66	高度风险
196	2017 年 3 月	γ-氟氯氰菌酯	4	2.05	3.15	高度风险
197	2017 年 3 月	毒死蜱	4	2.05	3.15	高度风险
198	2017 年 3 月	炔螨特	4	2.05	3.15	高度风险
199	2017 年 3 月	五氯苯胺	4	2.05	3.15	高度风险
200	2017 年 3 月	异丙威	4	2.05	3.15	高度风险
201	2017 年 3 月	氟硅唑	3	1.54	2.64	高度风险
202	2017 年 3 月	仲丁威	3	1.54	2.64	高度风险
203	2017 年 4 月	联苯	51	17.29	18.39	高度风险
204	2017 年 4 月	腐霉利	50	16.95	18.05	高度风险
205	2017 年 4 月	威杀灵	39	13.22	14.32	高度风险
206	2017 年 4 月	烯丙菊酯	23	7.80	8.90	高度风险
207	2017 年 4 月	仲丁威	12	4.07	5.17	高度风险
208	2017 年 4 月	丙溴磷	10	3.39	4.49	高度风险
209	2017 年 4 月	喹螨醚	9	3.05	4.15	高度风险
210	2017 年 4 月	γ-氟氯氰菌酯	8	2.71	3.81	高度风险
211	2017 年 4 月	除虫菊素Ⅰ	8	2.71	3.81	高度风险
212	2017 年 4 月	多效唑	7	2.37	3.47	高度风险
213	2017 年 4 月	烯虫酯	6	2.03	3.13	高度风险
214	2017 年 4 月	氟唑菌酰胺	5	1.69	2.79	高度风险
215	2017 年 4 月	三唑醇	5	1.69	2.79	高度风险

序号	年月	农药	超标频次	超标率 P（%）	风险系数 R	风险程度
216	2017 年 5 月	威杀灵	33	16.92	18.02	高度风险
217	2017 年 5 月	腐霉利	20	10.26	11.36	高度风险
218	2017 年 5 月	烯丙菊酯	14	7.18	8.28	高度风险
219	2017 年 5 月	仲丁威	12	6.15	7.25	高度风险
220	2017 年 5 月	丙溴磷	8	4.10	5.20	高度风险
221	2017 年 5 月	除虫菊素 I	8	4.10	5.20	高度风险
222	2017 年 5 月	杀螨酯	7	3.59	4.69	高度风险
223	2017 年 5 月	γ-氟氯氰菌酯	6	3.08	4.18	高度风险
224	2017 年 5 月	毒死蜱	6	3.08	4.18	高度风险
225	2017 年 5 月	烯虫酯	6	3.08	4.18	高度风险
226	2017 年 5 月	多效唑	5	2.56	3.66	高度风险
227	2017 年 5 月	禾草敌	5	2.56	3.66	高度风险
228	2017 年 5 月	敌敌畏	4	2.05	3.15	高度风险
229	2017 年 5 月	二甲戊灵	4	2.05	3.15	高度风险
230	2017 年 5 月	异丙威	4	2.05	3.15	高度风险
231	2017 年 5 月	百菌清	3	1.54	2.64	高度风险
232	2017 年 5 月	氟硅唑	3	1.54	2.64	高度风险
233	2017 年 5 月	甲氰菊酯	3	1.54	2.64	高度风险
234	2017 年 5 月	螺螨酯	3	1.54	2.64	高度风险
235	2017 年 5 月	唑虫酰胺	3	1.54	2.64	高度风险
236	2017 年 6 月	威杀灵	48	20.25	21.35	高度风险
237	2017 年 6 月	联苯	33	13.92	15.02	高度风险
238	2017 年 6 月	烯虫酯	16	6.75	7.85	高度风险
239	2017 年 6 月	多效唑	10	4.22	5.32	高度风险
240	2017 年 6 月	烯丙菊酯	10	4.22	5.32	高度风险
241	2017 年 6 月	仲丁威	10	4.22	5.32	高度风险
242	2017 年 6 月	腐霉利	9	3.80	4.90	高度风险
243	2017 年 6 月	喹螨醚	9	3.80	4.90	高度风险
244	2017 年 6 月	甲醚菊酯	5	2.11	3.21	高度风险
245	2017 年 6 月	三唑醇	4	1.69	2.79	高度风险
246	2017 年 7 月	γ-氟氯氰菌酯	21	7.07	8.17	高度风险
247	2017 年 7 月	仲丁威	21	7.07	8.17	高度风险
248	2017 年 7 月	联苯	19	6.40	7.50	高度风险

续表

序号	年月	农药	超标频次	超标率 P（%）	风险系数 R	风险程度
249	2017 年 7 月	威杀灵	19	6.40	7.50	高度风险
250	2017 年 7 月	烯丙菊酯	17	5.72	6.82	高度风险
251	2017 年 7 月	烯虫酯	11	3.70	4.80	高度风险
252	2017 年 7 月	多效唑	10	3.37	4.47	高度风险
253	2017 年 7 月	哒螨灵	9	3.03	4.13	高度风险
254	2017 年 7 月	敌敌畏	9	3.03	4.13	高度风险
255	2017 年 7 月	腐霉利	9	3.03	4.13	高度风险
256	2017 年 7 月	唑虫酰胺	7	2.36	3.46	高度风险
257	2017 年 7 月	丙溴磷	6	2.02	3.12	高度风险
258	2017 年 7 月	禾草敌	5	1.68	2.78	高度风险
259	2017 年 8 月	威杀灵	27	13.99	15.09	高度风险
260	2017 年 8 月	γ-氟氯氰菌酯	10	5.18	6.28	高度风险
261	2017 年 8 月	烯丙菊酯	8	4.15	5.25	高度风险
262	2017 年 8 月	仲丁威	8	4.15	5.25	高度风险
263	2017 年 8 月	多效唑	6	3.11	4.21	高度风险
264	2017 年 8 月	拌种咯	4	2.07	3.17	高度风险
265	2017 年 8 月	腐霉利	3	1.55	2.65	高度风险
266	2017 年 9 月	联苯	26	13.00	14.10	高度风险
267	2017 年 9 月	仲丁威	17	8.50	9.60	高度风险
268	2017 年 9 月	威杀灵	12	6.00	7.10	高度风险
269	2017 年 9 月	喹螨醚	8	4.00	5.10	高度风险
270	2017 年 9 月	γ-氟氯氰菌酯	6	3.00	4.10	高度风险
271	2017 年 9 月	烯丙菊酯	5	2.50	3.60	高度风险
272	2017 年 9 月	丙溴磷	3	1.50	2.60	高度风险
273	2017 年 9 月	禾草敌	3	1.50	2.60	高度风险

4.4　GC-Q-TOF/MS 侦测北京市市售水果蔬菜农药残留风险评估结论与建议

　　农药残留是影响水果蔬菜安全和质量的主要因素，也是我国食品安全领域备受关注的敏感话题和亟待解决的重大问题之一[15, 16]。各种水果蔬菜均存在不同程度的农药残留现象，本研究主要针对北京市各类水果蔬菜存在的农药残留问题，基于 2016 年 1 月~2017 年 9 月对北京市 4571 例水果蔬菜样品中农药残留侦测得出的 9059 个侦测结果，分别采用食品安全指数模型和风险系数模型，开展水果蔬菜中农药残留的膳食暴露风险和预警风险评估。水果蔬菜样品取自超市和农贸市场，符合大众的膳食来源，风险评价时更具有代表性和可信度。

本研究力求通用简单地反映食品安全中的主要问题，且为管理部门和大众容易接受，为政府及相关管理机构建立科学的食品安全信息发布和预警体系提供科学的规律与方法，加强对农药残留的预警和食品安全重大事件的预防，控制食品风险。

4.4.1　北京市水果蔬菜中农药残留膳食暴露风险评价结论

1）水果蔬菜样品中农药残留安全状态评价结论

采用食品安全指数模型，对 2016 年 1 月~2017 年 9 月期间北京市水果蔬菜食品农药残留膳食暴露风险进行评价，根据 IFS_c 的计算结果发现，水果蔬菜中农药的 $\overline{IFS}$ 为 0.0545，说明北京市水果蔬菜总体处于很好的安全状态，但部分禁用农药、高残留农药在蔬菜、水果中仍有侦测出，导致膳食暴露风险的存在，成为不安全因素。

2）单种水果蔬菜中农药膳食暴露风险不可接受情况评价结论

单种水果蔬菜中农药残留安全指数分析结果显示，农药对单种水果蔬菜安全影响不可接受（$IFS_c>1$）的样本数共 12 个，占总样本数的 0.71%，12 个样本分别包括生菜中的唑虫酰胺，柠檬中的杀扑磷，菜豆、柑中的三唑磷，韭菜、芹菜、油麦菜中的甲拌磷，花椰菜、荔枝、草莓、萝卜中的敌敌畏，生菜中的百菌清，说明这些水果蔬菜中的农药残留会对消费者身体健康造成较大的膳食暴露风险，尤其是其中的杀扑磷、甲拌磷属于禁用的剧毒农药，且上述均为较常见的水果蔬菜，百姓日常食用量较大，长期食用大量残留禁用农药的水果蔬菜会对人体造成不可接受的影响，对消费者身体健康造成较大的膳食暴露风险。本次侦测发现禁用农药尤其是杀扑磷、甲拌磷在水果蔬菜样品中多次并大量侦测出，是未严格实施农业良好管理规范（GAP），抑或是农药滥用，这应该引起相关管理部门的警惕，应加强对禁用农药的严格管控。

3）禁用农药膳食暴露风险评价

本次侦测发现部分水果蔬菜样品中有禁用农药侦测出，侦测出禁用农药 17 种，检出频次为 312，水果蔬菜样品中的禁用农药 IFS_c 计算结果表明，禁用农药残留膳食暴露风险不可接受的频次为 16，占 5.13%；可以接受的频次为 104，占 33.33%；没有影响的频次为 187，占 59.94%。对于水果蔬菜样品中所有农药而言，膳食暴露风险不可接受的频次为 48，仅占总体频次的 0.53%。可以看出，禁用农药的膳食暴露风险不可接受的比例远高于总体水平，这在一定程度上说明禁用农药更容易导致严重的膳食暴露风险。此外，膳食暴露风险不可接受的残留禁用农药为杀扑磷、水胺硫磷、甲拌磷、氟虫腈、克百威和艾氏剂，因此，应该加强对这些禁用农药的管控力度。为何在国家明令禁止禁用农药喷洒的情况下，还能在多种水果蔬菜中多次侦测出禁用农药残留并造成不可接受的膳食暴露风险，这应该引起相关部门的高度警惕，应该在禁止禁用农药喷洒的同时，严格管控禁用农药的生产和售卖，从根本上杜绝安全隐患。

4.4.2　北京市水果蔬菜中农药残留预警风险评价结论

1）单种水果蔬菜中禁用农药残留的预警风险评价结论

本次侦测过程中，在 39 种水果蔬菜中侦测超出 17 种禁用农药，禁用农药为：硫丹、克百威、水胺硫磷、杀扑磷、甲拌磷、氰戊菊酯、氟虫腈、甲胺磷、除草醚、六六六、艾氏剂、灭线磷、特丁硫磷、硫线磷、林丹、甲基对硫磷、蝇磷，水果蔬菜为：菜用大豆、芹菜、油桃、甜瓜、橘、樱桃番茄、草莓、橙、柠檬、哈密瓜、茴香、黄瓜、韭菜、西葫芦、柑、葱、茼蒿、桃、辣椒、番茄、葡萄、小油菜、火龙果、油麦菜、胡萝卜、茄子、甜椒、李子、梨、生菜、冬瓜、小白菜、丝瓜、菠菜、猕猴桃、结球甘蓝、苹果、菜豆、芒果，水果蔬菜中禁用农药的风险系数分析结果显示，11 种禁用农药在 33 种水果蔬菜中的残留处于高度风险，16 种禁用农药在 16 种水果蔬菜中的残留处于中度风险，说明在单种水果蔬菜中禁用农药的残留会导致较高的预警风险。

2）单种水果蔬菜中非禁用农药残留的预警风险评价结论

以 MRL 中国国家标准为标准，计算水果蔬菜中非禁用农药风险系数情况下，1602 个样本中，11 个处于高度风险（0.69%），14 个处于中度风险（0.87%），242 个处于低度风险（15.11%），1335 个样本没有 MRL 中国国家标准（83.33%）。以 MRL 欧盟标准为标准，计算水果蔬菜中非禁用农药风险系数情况下，发现有 531 个处于高度风险（33.15%），230 个处于中度风险（14.36%），841 个处于低度风险（52.50%）。基于两种 MRL 标准，评价的结果差异显著，可以看出 MRL 欧盟标准比中国国家标准更加严格和完善，过于宽松的 MRL 中国国家标准值能否有效保障人体的健康有待研究。

4.4.3　加强北京市水果蔬菜食品安全建议

我国食品安全风险评价体系仍不够健全，相关制度不够完善，多年来，由于农药用药次数多、用药量大或用药间隔时间短，产品残留量大，农药残留所造成的食品安全问题日益严峻，给人体健康带来了直接或间接的危害。据估计，美国与农药有关的癌症患者数约占全国癌症患者总数的 50%，中国更高。同样，农药对其他生物也会形成直接杀伤和慢性危害，植物中的农药可经过食物链逐级传递并不断蓄积，对人和动物构成潜在威胁，并影响生态系统。

基于本次农药残留侦测数据的风险评价结果，提出以下几点建议：

1）加快食品安全标准制定步伐

我国食品标准中对农药每日允许最大摄入量 ADI 的数据严重缺乏，在本次评价所涉及的 197 种农药中，仅有 53.3% 的农药具有 ADI 值，而 46.7% 的农药中国尚未规定相应的 ADI 值，亟待完善。

我国食品中农药最大残留限量值的规定严重缺乏，对评估涉及的不同水果蔬菜中不同农药 1692 个 MRL 限值进行统计来看，我国仅制定出 336 个标准，我国标准完整率仅为 19.9%，欧盟的完整率达到 100%（表 4-19）。因此，中国更应加快 MRL 标准的制定步伐。

此外，MRL 中国国家标准限值普遍高于欧盟标准限值，这些标准中共有 252 个高于欧盟。过高的 MRL 值难以保障人体健康，建议继续加强对限值基准和标准的科学研究，将农产品中的危险性减少到尽可能低的水平。

表 4-19　我国国家食品标准农药的 ADI、MRL 值与欧盟标准的数量差异

分类		ADI	MRL 中国国家标准	MRL 欧盟标准
标准限值（个）	有	107	336	1692
	无	92	1356	0
总数（个）		197	1692	1692
无标准限值比例		46.7%	80.1%	0

2）加强农药的源头控制和分类监管

在北京市某些水果蔬菜中仍有禁用农药残留，利用 GC-Q-TOF/MS 技术侦测出 17 种禁用农药，检出频次为 312 次，残留禁用农药均存在较大的膳食暴露风险和预警风险。早已列入黑名单的禁用农药在我国并未真正退出，有些药物由于价格便宜、工艺简单，此类高毒农药一直生产和使用。建议在我国采取严格有效的控制措施，从源头控制禁用农药。

对于非禁用农药，在我国作为"田间地头"最典型单位的县级蔬果产地中，农药残留的侦测几乎缺失。建议根据农药的毒性，对高毒、剧毒、中毒农药实现分类管理，减少使用高毒和剧毒高残留农药，进行分类监管。

3）加强残留农药的生物修复及降解新技术

市售果蔬中残留农药的品种多、频次高、禁用农药多次检出这一现状，说明了我国的田间土壤和水体因农药长期、频繁、不合理的使用而遭到严重污染。为此，建议中国相关部门出台相关政策，鼓励高校及科研院所积极开展分子生物学、酶学等研究，加强土壤、水体中残留农药的生物修复及降解新技术研究，切实加大农药监管力度，以控制农药的面源污染问题。

综上所述，在本工作基础上，根据蔬菜残留危害，可进一步针对其成因提出和采取严格管理、大力推广无公害蔬菜种植与生产、健全食品安全控制技术体系、加强蔬菜食品质量侦测体系建设和积极推行蔬菜食品质量追溯制度等相应对策。建立和完善食品安全综合评价指数与风险监测预警系统，对食品安全进行实时、全面的监控与分析，为我国的食品安全科学监管与决策提供新的技术支持，可实现各类检验数据的信息化系统管理，降低食品安全事故的发生。

天　津　市

第5章 LC-Q-TOF/MS 侦测天津市1893例市售水果蔬菜样品农药残留报告

从天津市所属13个区县，随机采集了1893例水果蔬菜样品，使用液相色谱-四极杆飞行时间质谱（LC-Q-TOF/MS）对565种农药化学污染物进行示范侦测（7种负离子模式 ESI⁻ 未涉及）。

5.1 样品种类、数量与来源

5.1.1 样品采集与检测

为了真实反映百姓餐桌上水果蔬菜中农药残留污染状况，本次所有检测样品均由检验人员于2016年2月至2017年9月期间，从天津市所属55个采样点，包括10个农贸市场、45个超市，以随机购买方式采集，总计73批1893例样品，从中检出农药124种，3195频次。采样及监测概况见图5-1及表5-1，样品及采样点明细见表5-2及表5-3（侦测原始数据见附表1）。

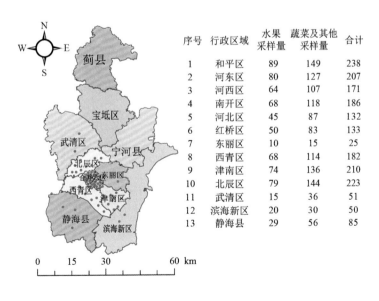

序号	行政区域	水果采样量	蔬菜及其他采样量	合计
1	和平区	89	149	238
2	河东区	80	127	207
3	河西区	64	107	171
4	南开区	68	118	186
5	河北区	45	87	132
6	红桥区	50	83	133
7	东丽区	10	15	25
8	西青区	68	114	182
9	津南区	74	136	210
10	北辰区	79	144	223
11	武清区	15	36	51
12	滨海新区	20	30	50
13	静海县	29	56	85

图 5-1 天津市所属 55 个采样点 1893 例样品分布图

表 5-1 农药残留监测总体概况

采样地区	天津市所属 13 个区县
采样点（超市+农贸市场）	55
样本总数	1893
检出农药品种/频次	124/3195
各采样点样本农药残留检出率范围	39.1%~80.0%

表 5-2 样品分类及数量

样品分类	样品名称（数量）	数量小计
1. 水果		691
1）仁果类水果	苹果（72），梨（61）	133
2）核果类水果	桃（22），油桃（5），李子（19），枣（8），樱桃（5）	59
3）浆果和其他小型水果	猕猴桃（65），草莓（24），葡萄（61）	150
4）瓜果类水果	西瓜（22），哈密瓜（8），甜瓜（19）	49
5）热带和亚热带水果	山竹（8），柿子（10），龙眼（6），木瓜（19），芒果（64），荔枝（1），火龙果（49），菠萝（7）	164
6）柑橘类水果	柑（4），橘（28），柠檬（61），橙（43）	136
2. 食用菌		61
1）蘑菇类	香菇（19），平菇（7），金针菇（20），杏鲍菇（15）	61
3. 蔬菜		1141
1）豆类蔬菜	豇豆（10），菜用大豆（3），菜豆（53）	66
2）鳞茎类蔬菜	洋葱（50），韭菜（48），蒜黄（3），葱（8），蒜薹（18）	127
3）叶菜类蔬菜	小茴香（30），芹菜（47），菠菜（28），油麦菜（63），小白菜（20），小油菜（53），大白菜（29），生菜（70），茼蒿（3），莴笋（11）	354
4）芸薹属类蔬菜	结球甘蓝（32），花椰菜（26），紫甘蓝（36），青花菜（23）	117
5）瓜类蔬菜	黄瓜（71），西葫芦（60），冬瓜（54），丝瓜（24）	209
6）茄果类蔬菜	番茄（71），甜椒（49），辣椒（21），茄子（66）	207
7）芽菜类蔬菜	绿豆芽（3）	3
8）根茎类和薯芋类蔬菜	胡萝卜（34），萝卜（24）	58
合计	1. 水果 25 种 2. 食用菌 4 种 3. 蔬菜 33 种	1893

表 5-3 天津市采样点信息

采样点序号	行政区域	采样点
农贸市场（10）		
1	北辰区	***商业街
2	和平区	***市场

续表

采样点序号	行政区域	采样点
3	和平区	***市场
4	河北区	***市场
5	津南区	***市场
6	津南区	***市场
7	西青区	***市场
8	西青区	***市场
9	西青区	***市场
10	静海县	***市场
超市（45）		
1	东丽区	***超市（东丽店）
2	北辰区	***超市（北辰店）
3	北辰区	***超市（宜兴埠购物广场）
4	北辰区	***超市（北辰店）
5	北辰区	***超市（奥园店）
6	北辰区	***超市（北辰区双街店）
7	北辰区	***超市（北辰区集贤店）
8	南开区	***超市（华苑购物广场）
9	南开区	***超市（西湖道购物广场）
10	南开区	***超市（南开店）
11	南开区	***超市（海光寺店）
12	南开区	***超市（龙城店）
13	和平区	***超市（西康路店）
14	和平区	***超市（和平路店）
15	和平区	***超市（天津和平路分店）
16	武清区	***超市（武清区店）
17	武清区	***超市（武清二店）
18	河东区	***超市（津塘购物广场）
19	河东区	***超市（东兴路店）
20	河东区	***超市（十一经路店）
21	河东区	***超市（卫国道店）
22	河东区	***超市（河东店）
23	河东区	***超市（天津新开路店）
24	河北区	***超市（中山路店）

采样点序号	行政区域	采样点
25	河北区	***超市（河北店）
26	河西区	***超市（津友店）
27	河西区	***超市（河西店）
28	河西区	***超市（河西购物广场店）
29	河西区	***超市（南楼店）
30	河西区	***超市（紫金山店）
31	河西区	***超市（凯德天津湾店）
32	津南区	***超市（双港购物广场店）
33	津南区	***超市（咸水沽店）
34	津南区	***超市（双港店）
35	滨海新区	***超市（福州道店）
36	滨海新区	***超市（塘沽店）
37	红桥区	***超市（西青道店）
38	红桥区	***超市（丁字沽店）
39	红桥区	***超市（宏源店）
40	红桥区	***超市（红桥商场店）
41	西青区	***超市（渔夫码头休闲广场店）
42	西青区	***超市（华苑店）
43	西青区	***超市（张家窝店）
44	静海县	***超市（静海店）
45	静海县	***超市（银桥商场店）

5.1.2 检测结果

这次使用的检测方法是庞国芳院士团队最新研发的不需使用标准品对照，而以高分辨精确质量数（0.0001 m/z）为基准的 LC-Q-TOF/MS 检测技术，对于 1893 例样品，每个样品均侦测了 565 种农药化学污染物的残留现状。通过本次侦测，在 1893 例样品中共计检出农药化学污染物 124 种，检出 3195 频次。

5.1.2.1 各采样点样品检出情况

统计分析发现 55 个采样点中，被测样品的农药检出率范围为 39.1%~80.0%。其中，***超市（北辰区双街店）和***市场的检出率最高，均为 80.0%。***超市（凯德天津湾店）的检出率最低，为 39.1%，见图 5-2。

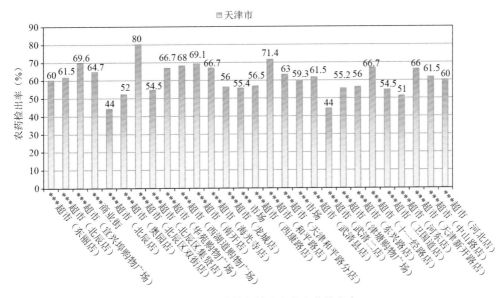

图 5-2-1　各采样点样品中的农药检出率

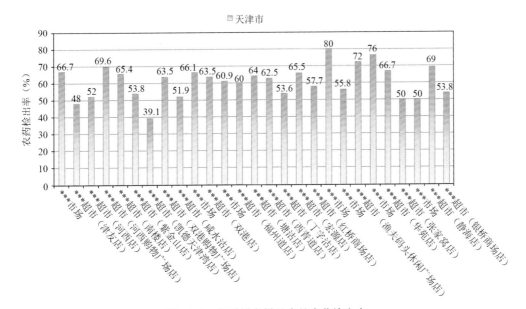

图 5-2-2　各采样点样品中的农药检出率

5.1.2.2　检出农药的品种总数与频次

统计分析发现，对于 1893 例样品中 565 种农药化学污染物的侦测，共检出农药 3195 频次，涉及农药 124 种，结果如图 5-3 所示。其中多菌灵检出频次最高，共检出 366 次。检出频次排名前 10 的农药如下：①多菌灵（366）；②啶虫脒（283）；③烯酰吗啉（241）；④嘧菌酯（169）；⑤吡虫啉（160）；⑥霜霉威（151）；⑦甲霜灵（144）；⑧苯醚甲环唑（106）；⑨吡唑醚菌酯（102）；⑩噻虫嗪（93）。

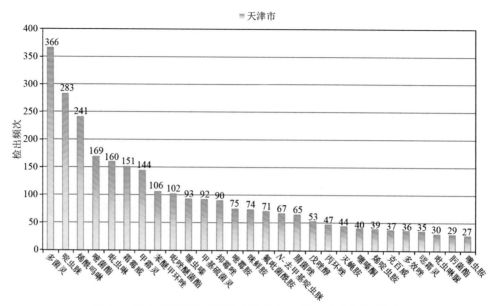

图 5-3　检出农药品种及频次（仅列出 27 频次及以上的数据）

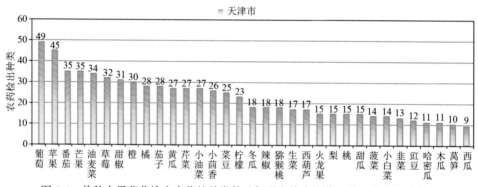

图 5-4　单种水果蔬菜检出农药的种类数（仅列出检出农药 9 种及以上的数据）

由图 5-4 可见，葡萄、苹果、番茄、芒果、油麦菜、草莓和甜椒这 7 种果蔬样品中检出的农药品种数较高，均超过 30 种，其中，葡萄检出农药品种最多，为 49 种。由图 5-5 可见，油麦菜、葡萄、芒果、番茄、柠檬、黄瓜、苹果、甜椒、草莓、小油菜、茄子、

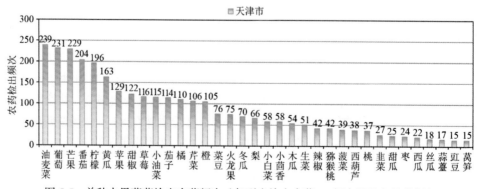

图 5-5　单种水果蔬菜检出农药频次（仅列出检出农药 15 频次及以上的数据）

橘、芹菜和橙这 14 种果蔬样品中的农药检出频次较高，均超过 100 次，其中，油麦菜检出农药频次最高，为 239 次。

5.1.2.3　单例样品农药检出种类与占比

对单例样品检出农药种类和频次进行统计发现，未检出农药的样品占总样品数的 39.0%，检出 1 种农药的样品占总样品数的 19.8%，检出 2~5 种农药的样品占总样品数的 35.4%，检出 6~10 种农药的样品占总样品数的 5.5%，检出大于 10 种农药的样品占总样品数的 0.3%。每例样品中平均检出农药为 1.7 种，数据见表 5-4 及图 5-6。

表 5-4　单例样品检出农药品种占比

检出农药品种数	样品数量/占比（%）
未检出	739/39.0
1 种	375/19.8
2~5 种	670/35.4
6~10 种	104/5.5
大于 10 种	5/0.3
单例样品平均检出农药品种	1.7 种

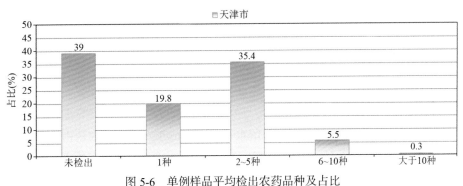

图 5-6　单例样品平均检出农药品种及占比

5.1.2.4　检出农药类别与占比

所有检出农药按功能分类，包括杀虫剂、杀菌剂、除草剂、植物生长调节剂、驱避剂、增塑剂共 6 类。其中杀虫剂与杀菌剂为主要检出的农药类别，分别占总数的 44.4% 和 40.3%，见表 5-5 及图 5-7。

表 5-5　检出农药所属类别及占比

农药类别	数量/占比（%）
杀虫剂	55/44.4
杀菌剂	50/40.3

续表

农药类别	数量/占比（%）
除草剂	11/8.9
植物生长调节剂	6/4.8
驱避剂	1/0.8
增塑剂	1/0.8

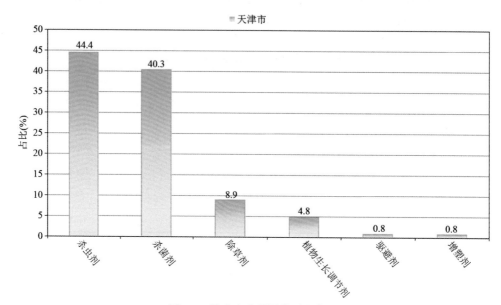

图 5-7　检出农药所属类别和占比

5.1.2.5　检出农药的残留水平

按检出农药残留水平进行统计，残留水平在 1~5 μg/kg（含）的农药占总数的 27.9%，在 5~10 μg/kg（含）的农药占总数的 15.5%，在 10~100 μg/kg（含）的农药占总数的 44.3%，在 100~1000 μg/kg（含）的农药占总数的 11.6%，在＞1000 μg/kg 的农药占总数的 0.8%。

由此可见，这次检测的 73 批 1893 例水果蔬菜样品中农药多数处于中高残留水平。结果见表 5-6 及图 5-8，数据见附表 2。

表 5-6　农药残留水平及占比

残留水平（μg/kg）	检出频次数/占比（%）
1~5（含）	891/27.9
5~10（含）	494/15.5
10~100（含）	1414/44.3
100~1000（含）	370/11.6
＞1000	26/0.8

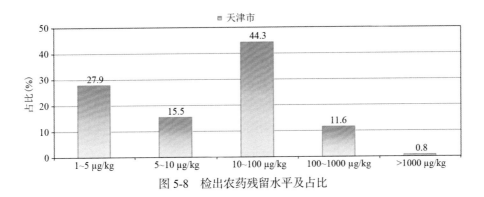

图 5-8　检出农药残留水平及占比

5.1.2.6　检出农药的毒性类别、检出频次和超标频次及占比

对这次检出的 124 种 3195 频次的农药，按剧毒、高毒、中毒、低毒和微毒这五个毒性类别进行分类，从中可以看出，天津市目前普遍使用的农药为中低微毒农药，品种占 92.7%，频次占 96.8%。结果见表 5-7 及图 5-9。

表 5-7　检出农药毒性类别及占比

毒性分类	农药品种/占比（%）	检出频次/占比（%）	超标频次/超标率（%）
剧毒农药	3/2.4	16/0.5	6/37.5
高毒农药	6/4.8	86/2.7	29/33.7
中毒农药	53/42.7	1424/44.6	8/0.6
低毒农药	41/33.1	683/21.4	0/0.0
微毒农药	21/16.9	986/30.9	0/0.0

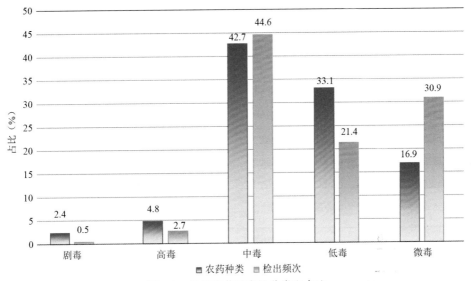

图 5-9　检出农药的毒性分类和占比

5.1.2.7　检出剧毒/高毒类农药的品种和频次

值得特别关注的是，在此次侦测的 1893 例样品中有 16 种蔬菜 14 种水果的 91 例样品检出了 9 种 102 频次的剧毒和高毒农药，占样品总量的 4.8%，详见图 5-10、表 5-8 及表 5-9。

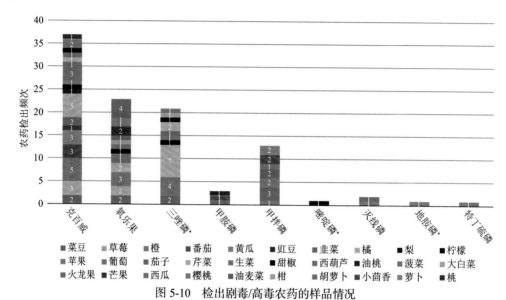

图 5-10　检出剧毒/高毒农药的样品情况

*表示允许在水果和蔬菜上使用的农药

表 5-8　剧毒农药检出情况

序号	农药名称	检出频次	超标频次	超标率
从 3 种水果中检出 2 种剧毒农药，共计检出 5 次				
1	甲拌磷*	3	0	0.0%
2	灭线磷*	2	0	0.0%
	小计	5	0	超标率：0.0%
从 5 种蔬菜中检出 2 种剧毒农药，共计检出 11 次				
1	甲拌磷*	10	6	60.0%
2	特丁硫磷*	1	0	0.0%
	小计	11	6	超标率：54.5%
	合计	16	6	超标率：37.5%

表 5-9　高毒农药检出情况

序号	农药名称	检出频次	超标频次	超标率
从 14 种水果中检出 6 种高毒农药，共计检出 50 次				
1	克百威	20	9	45.0%
2	三唑磷	14	1	7.1%

续表

序号	农药名称	检出频次	超标频次	超标率
3	氧乐果	13	5	38.5%
4	地胺磷	1	0	0.0%
5	甲胺磷	1	0	0.0%
6	嘧啶磷	1	0	0.0%
	小计	50	15	超标率: 30.0%
从 15 种蔬菜中检出 4 种高毒农药，共计检出 36 次				
1	克百威	17	10	58.8%
2	氧乐果	10	4	40.0%
3	三唑磷	7	0	0.0%
4	甲胺磷	2	0	0.0%
	小计	36	14	超标率: 38.9%
	合计	86	29	超标率: 33.7%

在检出的剧毒和高毒农药中，有 6 种是我国早已禁止在果树和蔬菜上使用的，分别是：克百威、甲拌磷、甲胺磷、氧乐果、特丁硫磷和灭线磷。禁用农药的检出情况见表 5-10。

表 5-10　禁用农药检出情况

序号	农药名称	检出频次	超标频次	超标率
从 13 种水果中检出 5 种禁用农药，共计检出 39 次				
1	克百威	20	9	45.0%
2	氧乐果	13	5	38.5%
3	甲拌磷*	3	0	0.0%
4	灭线磷*	2	0	0.0%
5	甲胺磷	1	0	0.0%
	小计	39	14	超标率: 35.9%
从 16 种蔬菜中检出 6 种禁用农药，共计检出 41 次				
1	克百威	17	10	58.8%
2	甲拌磷*	10	6	60.0%
3	氧乐果	10	4	40.0%
4	甲胺磷	2	0	0.0%
5	丁酰肼	1	0	0.0%
6	特丁硫磷*	1	0	0.0%
	小计	41	20	超标率: 48.8%
	合计	80	34	超标率: 42.5%

注：超标结果参考 MRL 中国国家标准计算

　　此次抽检的果蔬样品中，有 3 种水果 5 种蔬菜检出了剧毒农药，分别是：橙中检出甲拌磷 1 次；火龙果中检出灭线磷 1 次；苹果中检出灭线磷 1 次，检出甲拌磷 2 次；小茴香中检出甲拌磷 2 次；油麦菜中检出甲拌磷 2 次；胡萝卜中检出特丁硫磷 1 次，检出甲拌磷 1 次；萝卜中检出甲拌磷 2 次；韭菜中检出甲拌磷 3 次。

　　样品中检出剧毒和高毒农药残留水平超过 MRL 中国国家标准的频次为 35 次，其中：柠檬检出克百威超标 1 次；橘检出三唑磷超标 1 次，检出克百威超标 3 次，检出氧乐果超标 1 次；橙检出克百威超标 2 次，检出氧乐果超标 2 次；芒果检出氧乐果超标 2 次；草莓检出克百威超标 1 次；葡萄检出克百威超标 2 次；小茴香检出甲拌磷超标 1 次；油麦菜检出氧乐果超标 1 次；甜椒检出克百威超标 1 次，检出氧乐果超标 1 次；生菜检出氧乐果超标 1 次；番茄检出克百威超标 2 次；茄子检出克百威超标 1 次；菜豆检出克百威超标 1 次；菠菜检出氧乐果超标 1 次；萝卜检出甲拌磷超标 2 次；豇豆检出克百威超标 1 次；韭菜检出克百威超标 2 次，检出甲拌磷超标 3 次；黄瓜检出克百威超标 2 次。本次检出结果表明，高毒、剧毒农药的使用现象依旧存在，详见表 5-11。

表 5-11　各样本中检出剧毒/高毒农药情况

样品名称	农药名称	检出频次	超标频次	检出浓度（µg/kg）
		水果 14 种		
柑	三唑磷	1	0	19.9
柠檬	克百威▲	1	1	41.3ᵃ
柠檬	三唑磷	1	0	3.4
桃	甲胺磷▲	1	0	15.2
梨	克百威▲	1	0	7.2
梨	嘧啶磷	1	0	1.2
樱桃	氧乐果▲	1	0	9.3
橘	三唑磷	7	1	9.1, 40.7, 53.8, 23.3, 1.6, 158.8, 315.9ᵃ
橘	克百威▲	5	3	2.0, 54.2ᵃ, 54.7ᵃ, 16.6, 45.1ᵃ
橘	氧乐果▲	2	1	6.0, 158.7ᵃ
橙	克百威▲	5	2	4.5, 5.6, 27.7ᵃ, 22.5ᵃ, 2.5
橙	三唑磷	4	0	5.8, 7.9, 59.0, 22.5
橙	氧乐果▲	3	2	23.7ᵃ, 16.3, 64.1ᵃ
橙	甲拌磷*▲	1	0	9.1
油桃	克百威▲	1	0	5.8
火龙果	氧乐果▲	1	0	7.7
火龙果	灭线磷*▲	1	0	1.9
芒果	氧乐果▲	2	2	30.6ᵃ, 31.4ᵃ
苹果	三唑磷	1	0	9.0

续表

样品名称	农药名称	检出频次	超标频次	检出浓度（μg/kg）
水果 14 种				
苹果	克百威▲	1	0	7.4
苹果	地胺磷	1	0	7.0
苹果	甲拌磷*▲	2	0	3.1, 3.4
苹果	灭线磷*▲	1	0	6.2
草莓	克百威▲	3	1	7.4, 51.9[a], 13.1
草莓	氧乐果▲	2	0	3.8, 3.4
葡萄	克百威▲	3	2	781.8[a], 473.3[a], 4.7
葡萄	氧乐果▲	1	0	8.0
西瓜	氧乐果▲	1	0	6.9
小计		55	15	超标率:27.3%
蔬菜 16 种				
大白菜	氧乐果▲	1	0	2.2
小茴香	甲胺磷▲	1	0	5.4
小茴香	甲拌磷*▲	2	1	561.6[a], 3.2
油麦菜	氧乐果▲	4	1	4.4, 2780.7[a], 3.0, 6.7
油麦菜	甲拌磷*▲	2	0	5.3, 8.3
甜椒	克百威▲	1	1	95.0[a]
甜椒	氧乐果▲	1	1	89.3[a]
甜椒	三唑磷	1	0	1.7
生菜	氧乐果▲	1	1	241.5[a]
生菜	克百威▲	1	0	1.2
番茄	克百威▲	3	2	29.1[a], 50.5[a], 11.7
胡萝卜	三唑磷	1	0	1.1
胡萝卜	特丁硫磷*▲	1	0	6.0
胡萝卜	甲拌磷*▲	1	0	2.3
芹菜	三唑磷	2	0	7.4, 515.6
芹菜	克百威▲	1	0	12.3
茄子	克百威▲	1	1	78.0[a]
茄子	三唑磷	1	0	159.3
菜豆	克百威▲	2	1	96.4[a], 1.8
菜豆	三唑磷	2	0	1.2, 44.0
菜豆	氧乐果▲	2	0	4.9, 2.0
菜豆	甲胺磷▲	1	0	7.9
菠菜	氧乐果▲	1	1	49.8[a]

续表

样品名称	农药名称	检出频次	超标频次	检出浓度（μg/kg）
蔬菜 16 种				
萝卜	甲拌磷*▲	2	2	13.1[a], 63.5[a]
西葫芦	克百威▲	2	0	14.3, 2.0
豇豆	克百威▲	1	1	70.5[a]
韭菜	克百威▲	2	2	105.1[a], 212.9[a]
韭菜	甲拌磷*▲	3	3	2560.6[a], 11.8[a], 1172.2[a]
黄瓜	克百威▲	3	2	36.2[a], 41.3[a], 1.5
	小计	47	20	超标率：42.6%
	合计	102	35	超标率：34.3%

5.2 农药残留检出水平与最大残留限量标准对比分析

我国于 2014 年 3 月 20 日正式颁布并于 2014 年 8 月 1 日正式实施食品农药残留限量国家标准《食品中农药最大残留限量》（GB 2763—2014）。该标准包括 371 个农药条目，涉及最大残留限量（MRL）标准 3653 项。将 3195 频次检出农药的浓度水平与 3653 项 MRL 中国国家标准进行核对，其中只有 1227 频次的农药找到了对应的 MRL 标准，占 38.4%，还有 1968 频次的侦测数据则无相关 MRL 标准供参考，占 61.6%。

将此次侦测结果与国际上现行 MRL 对比发现，在 3195 频次的检出结果中有 3195 频次的结果找到了对应的 MRL 欧盟标准，占 100.0%，其中，2979 频次的结果有明确对应的 MRL，占 93.2%，其余 216 频次按照欧盟一律标准判定，占 6.8%；有 3195 频次的结果找到了对应的 MRL 日本标准，占 100.0%，其中，2432 频次的结果有明确对应的 MRL，占 76.1%，其余 762 频次按照日本一律标准判定，占 23.9%；有 1914 频次的结果找到了对应的 MRL 中国香港标准，占 59.9%；有 1773 频次的结果找到了对应的 MRL 美国标准，占 55.5%；有 1531 频次的结果找到了对应的 MRL CAC 标准，占 47.9%（见图 5-11 和图 5-12，数据见附表 3 至附表 8）。

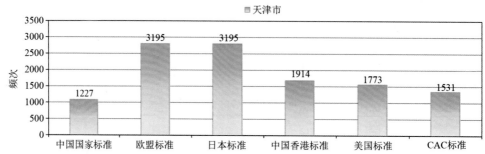

图 5-11 3195 频次检出农药可用 MRL 中国国家标准、欧盟标准、日本标准、中国香港标准、美国标准、CAC 标准判定衡量的数量

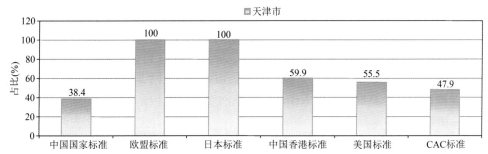

图 5-12 3195 频次检出农药可用 MRL 中国国家标准、欧盟标准、日本标准、
中国香港标准、美国标准、CAC 标准衡量的占比

5.2.1 超标农药样品分析

本次侦测的 1893 例样品中，739 例样品未检出任何残留农药，占样品总量的 39.0%，1154 例样品检出不同水平、不同种类的残留农药，占样品总量的 61.0%。在此，我们将本次侦测的农残检出情况与 MRL 中国国家标准、欧盟标准、日本标准、中国香港标准、美国标准、CAC 标准这 6 大国际主流 MRL 标准进行对比分析，样品农残检出与超标情况见表 5-12、图 5-13 和图 5-14，详细数据见附表 9 至附表 14。

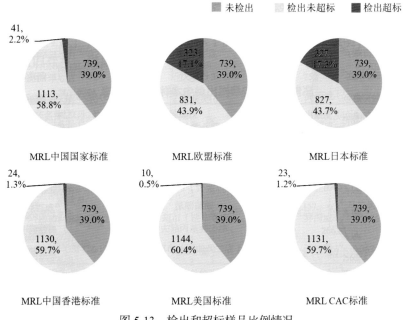

图 5-13 检出和超标样品比例情况

表 5-12　各 MRL 标准下样本农残检出与超标数量及占比

	中国国家标准	欧盟标准	日本标准	中国香港标准	美国标准	CAC 标准
	数量/占比（%）	数量/占比（%）	数量/占比（%）	数量/占比（%）	数量/占比（%）	数量/占比（%）
未检出	739/39.0	739/39.0	739/39.0	739/39.0	739/39.0	739/39.0
检出未超标	1113/58.8	831/43.9	827/43.7	1130/59.7	1144/60.4	1131/59.7
检出超标	41/2.2	323/17.1	327/17.3	24/1.3	10/0.5	23/1.2

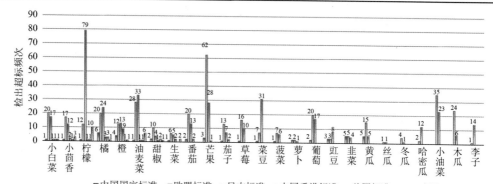

图 5-14-1　超过 MRL 中国国家标准、欧盟标准、日本标准、中国香港标准、
美国标准和 CAC 标准结果在水果蔬菜中的分布

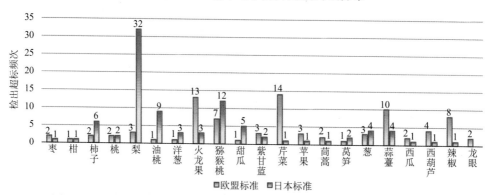

图 5-14-2　超过 MRL 中国国家标准、欧盟标准、日本标准、中国香港标准、
美国标准和 CAC 标准结果在水果蔬菜中的分布

5.2.2　超标农药种类分析

按照 MRL 中国国家标准、欧盟标准、日本标准、中国香港标准、美国标准、CAC 标准这 6 大国际主流 MRL 标准衡量，本次侦测检出的农药超标品种及频次情况见表 5-13。

表 5-13　各 MRL 标准下超标农药品种及频次

	中国国家标准	欧盟标准	日本标准	中国香港标准	美国标准	CAC 标准
超标农药品种	11	63	63	7	6	8
超标农药频次	43	447	466	25	10	25

5.2.2.1　按 MRL 中国国家标准衡量

按 MRL 中国国家标准衡量，共有 11 种农药超标，检出 43 频次，分别为剧毒农药甲拌磷，高毒农药克百威、三唑磷和氧乐果，中毒农药噻唑磷、戊唑醇、甲氨基阿维菌素、啶虫脒、倍硫磷、丙溴磷和异丙威。

按超标程度比较，韭菜中甲拌磷超标 255.1 倍，油麦菜中氧乐果超标 138.0 倍，小茴香中甲拌磷超标 55.2 倍，葡萄中克百威超标 38.1 倍，豇豆中倍硫磷超标 22.7 倍。检测结果见图 5-15 和附表 15。

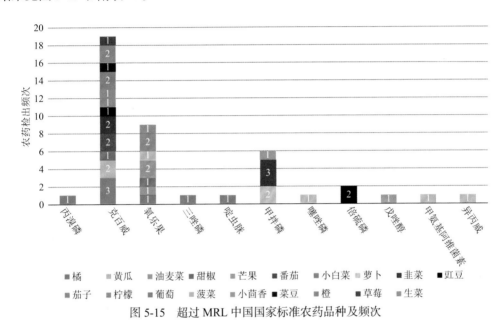

图 5-15　超过 MRL 中国国家标准农药品种及频次

5.2.2.2　按 MRL 欧盟标准衡量

按 MRL 欧盟标准衡量，共有 63 种农药超标，检出 447 频次，分别为剧毒农药甲拌磷，高毒农药克百威、甲胺磷、三唑磷和氧乐果，中毒农药乐果、噻唑磷、咪鲜胺、甲哌、多效唑、戊唑醇、仲丁威、噻虫胺、烯唑醇、甲萘威、噻虫嗪、三唑酮、炔丙菊酯、三唑醇、甲氨基阿维菌素、噁霜灵、丙环唑、噻虫啉、啶虫脒、氟硅唑、腈菌唑、倍硫磷、抑霉唑、吡虫啉、丙溴磷、异丙威和 N-去甲基啶虫脒，低毒农药灭蝇胺、烯酰吗啉、呋虫胺、嘧霉胺、磷酸三苯酯、二甲嘧酚、氟吡菌酰胺、虫酰肼、吡虫啉脲、苯噻菌胺、胺苯磺隆、己唑醇、烯啶虫胺、噻菌灵、氟唑菌酰胺、去乙基阿特拉津、双苯基脲、噻嗪酮、胺唑草酮和埃卡瑞丁，微毒农药多菌灵、丁酰肼、乙霉威、缬霉威、嘧菌酯、甲氧虫酰肼、啶氧菌酯、甲基硫菌灵、肟菌酯、醚菌酯和霜霉威。

按超标程度比较，葡萄中克百威超标 389.9 倍，油麦菜中氧乐果超标 277.1 倍，小白菜中啶虫脒超标 170.9 倍，韭菜中甲拌磷超标 127.0 倍，黄瓜中异丙威超标 124.6 倍。检测结果见图 5-16 和附表 16。

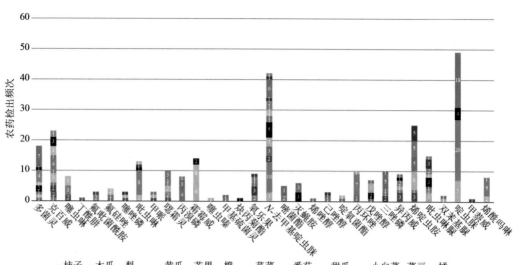

图 5-16-1　超过 MRL 欧盟标准农药品种及频次

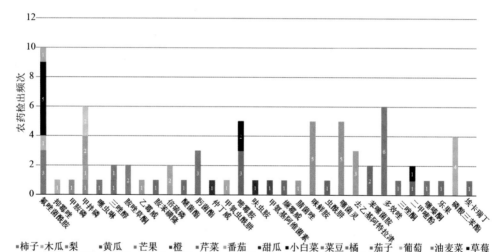

图 5-16-2　超过 MRL 欧盟标准农药品种及频次

5.2.2.3　按 MRL 日本标准衡量

按 MRL 日本标准衡量，共有 63 种农药超标，检出 466 频次，分别为剧毒农药特丁硫磷和甲拌磷，高毒农药克百威、三唑磷和氧乐果，中毒农药粉唑醇、咪鲜胺、糠菌唑、甲哌、多效唑、戊唑醇、甲霜灵、烯唑醇、甲萘威、噻虫嗪、三唑酮、三唑醇、炔丙菊酯、苯醚甲环唑、茚虫威、噁霜灵、丙环唑、啶虫脒、氟硅唑、腈菌唑、哒螨灵、倍硫磷、抑霉唑、吡虫啉、异丙威、丙溴磷、螺环菌胺和 N-去甲基啶虫脒，低毒农药灭蝇胺、烯酰吗啉、嘧霉胺、磷酸三苯酯、二甲嘧酚、氟吡菌酰胺、吡虫啉脲、苯噻菌胺、氟环唑、胺苯磺隆、己唑醇、腈苯唑、氟唑菌酰胺、去乙基阿特拉津、双苯基脲、乙嘧酚磺酸酯、胺唑草酮和埃卡瑞丁，微毒农药多菌灵、环酰菌胺、吡唑醚菌酯、乙嘧酚、缬霉威、丁酰肼、嘧菌酯、啶氧菌酯、甲基硫菌灵、肟菌酯、醚菌酯和霜霉威。

按超标程度比较，柠檬中甲基硫菌灵超标 366.7 倍，柠檬中腈菌唑超标 261.5 倍，火龙果中甲基硫菌灵超标 128.3 倍，黄瓜中异丙威超标 124.6 倍，橘中甲基硫菌灵超标 122.4 倍。检测结果见图 5-17 和附表 17。

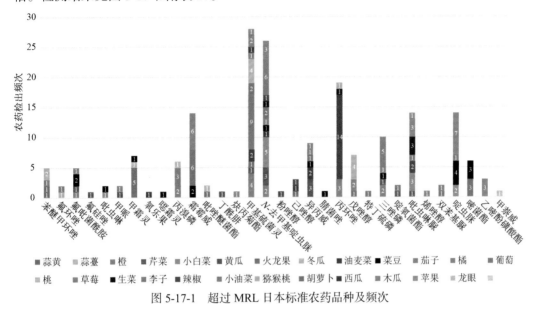

图 5-17-1　超过 MRL 日本标准农药品种及频次

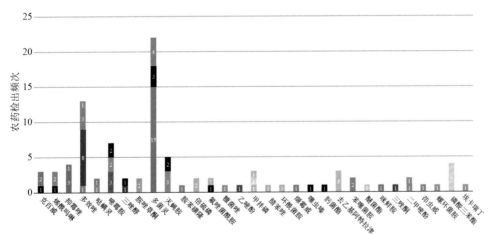

图 5-17-2　超过 MRL 日本标准农药品种及频次

5.2.2.4　按 MRL 中国香港标准衡量

按 MRL 中国香港标准衡量，共有 7 种农药超标，检出 25 频次，分别为中毒农药噻虫胺、噻虫嗪、啶虫脒、倍硫磷、吡虫啉和丙溴磷，低毒农药噻嗪酮。

按超标程度比较，豇豆中倍硫磷超标 22.7 倍，菜豆中噻虫嗪超标 17.0 倍，黄瓜中噻

虫胺超标 6.3 倍，芒果中噻嗪酮超标 3.5 倍，橘中丙溴磷超标 2.5 倍。检测结果见图 5-18
和附表 18。

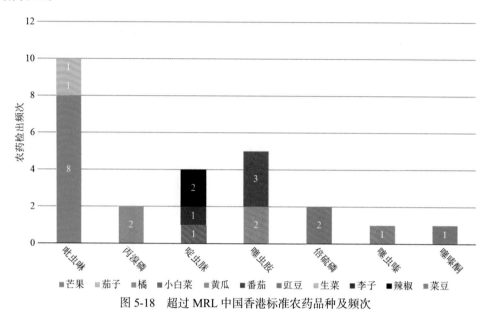

图 5-18 超过 MRL 中国香港标准农药品种及频次

5.2.2.5 按 MRL 美国标准衡量

按 MRL 美国标准衡量，共有 6 种农药超标，检出 10 频次，分别为中毒农药噻唑磷、
噻虫胺、噻虫嗪、甲氨基阿维菌素和啶虫脒，低毒农药噻菌灵。

按超标程度比较，菜豆中噻虫嗪超标 8.0 倍，洋葱中噻虫嗪超标 1.7 倍，番茄中噻唑
磷超标 1.4 倍，黄瓜中噻虫胺超标 1.4 倍，黄瓜中噻虫嗪超标 0.7 倍。检测结果见图 5-19
和附表 19。

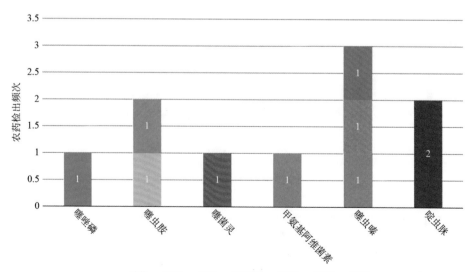

图 5-19 超过 MRL 美国标准农药品种及频次

5.2.2.6　按 MRL CAC 标准衡量

按 MRL CAC 标准衡量，共有 8 种农药超标，检出 25 频次，分别为中毒农药戊唑醇、噻虫胺、噻虫嗪、甲氨基阿维菌素、啶虫脒和吡虫啉，低毒农药噻嗪酮，微毒农药多菌灵。

按超标程度比较，菜豆中噻虫嗪超标 17.0 倍，黄瓜中噻虫胺超标 6.3 倍，芒果中噻嗪酮超标 3.5 倍，黄瓜中甲氨基阿维菌素超标 2.5 倍，芒果中吡虫啉超标 1.8 倍。检测结果见图 5-20 和附表 20。

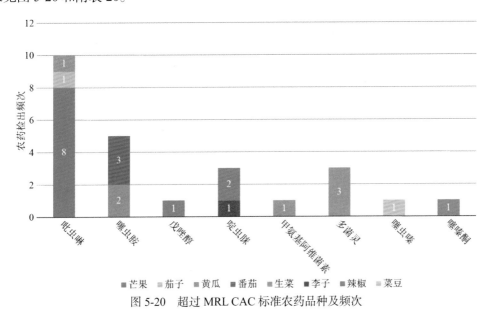

图 5-20　超过 MRL CAC 标准农药品种及频次

5.2.3　55 个采样点超标情况分析

5.2.3.1　按 MRL 中国国家标准衡量

按 MRL 中国国家标准衡量，有 27 个采样点的样品存在不同程度的超标农药检出，其中***市场的超标率最高，为 9.8%，如表 5-14 和图 5-21 所示。

表 5-14　超过 MRL 中国国家标准水果蔬菜在不同采样点分布

序号	采样点	样品总数	超标数量	超标率（%）	行政区域
1	***市场	56	1	1.8	津南区
2	***市场	56	2	3.6	和平区
3	***超市（河北店）	55	1	1.8	河北区
4	***超市（南开店）	55	2	3.6	南开区
5	***超市（天津和平路分店）	54	1	1.9	和平区
6	***市场	54	3	5.6	和平区
7	***超市（北辰店）	52	1	1.9	北辰区

序号	采样点	样品总数	超标数量	超标率（%）	行政区域
8	***超市（双港购物广场店）	52	2	3.8	津南区
9	***超市（红桥商场店）	52	2	3.8	红桥区
10	***市场	52	1	1.9	西青区
11	***商业街	51	2	3.9	北辰区
12	***市场	51	5	9.8	河北区
13	***超市（西康路店）	46	1	2.2	和平区
14	***超市（华苑购物广场）	33	1	3.0	南开区
15	***超市（宏源店）	29	1	3.4	红桥区
16	***超市（津塘购物广场）	29	1	3.4	河东区
17	***超市（张家窝店）	28	2	7.1	西青区
18	***超市（华苑店）	27	1	3.7	西青区
19	***超市（咸水沽店）	27	1	3.7	津南区
20	***超市（银桥商场店）	26	1	3.8	静海县
21	***市场	25	2	8.0	西青区
22	***超市（西湖道购物广场）	25	2	8.0	南开区
23	***超市（东兴路店）	25	1	4.0	河东区
24	***超市（渔夫码头休闲广场店）	25	1	4.0	西青区
25	***超市（津友店）	25	1	4.0	河西区
26	***市场	23	1	4.3	津南区
27	***超市（北辰区集贤店）	22	1	4.5	北辰区

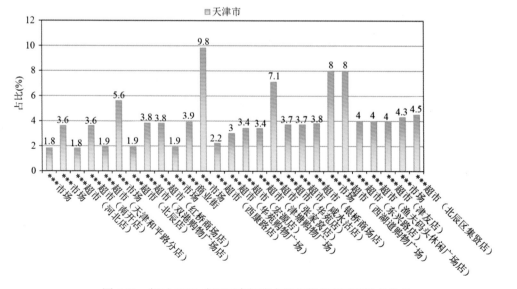

图 5-21　超过 MRL 中国国家标准水果蔬菜在不同采样点分布

5.2.3.2　按 MRL 欧盟标准衡量

按 MRL 欧盟标准衡量，所有采样点的样品存在不同程度的超标农药检出，其中***市场的超标率最高，为 32.0%，如表 5-15 和图 5-22 所示。

表 5-15　超过 MRL 欧盟标准水果蔬菜在不同采样点分布

序号	采样点	样品总数	超标数量	超标率（%）	行政区域
1	***市场	56	9	16.1	津南区
2	***市场	56	6	10.7	和平区
3	***超市（河北店）	55	9	16.4	河北区
4	***超市（南开店）	55	15	27.3	南开区
5	***超市（天津和平路分店）	54	12	22.2	和平区
6	***市场	54	10	18.5	和平区
7	***超市（天津新开路店）	53	8	15.1	河东区
8	***超市（北辰店）	52	10	19.2	北辰区
9	***超市（双港店）	52	7	13.5	津南区
10	***超市（双港购物广场店）	52	9	17.3	津南区
11	***超市（红桥商场店）	52	7	13.5	红桥区
12	***市场	52	12	23.1	西青区
13	***超市（河东店）	51	7	13.7	河东区
14	***商业街	51	11	21.6	北辰区
15	***市场	51	8	15.7	河北区
16	***超市（海光寺店）	48	7	14.6	南开区
17	***超市（西康路店）	46	9	19.6	和平区
18	***超市（河西购物广场店）	46	7	15.2	河西区
19	***超市（华苑购物广场）	33	10	30.3	南开区
20	***市场	30	6	20.0	静海县
21	***超市（宏源店）	29	3	10.3	红桥区
22	***超市（津塘购物广场）	29	3	10.3	河东区
23	***超市（静海店）	29	7	24.1	静海县
24	***超市（张家窝店）	28	4	14.3	西青区
25	***超市（和平路店）	28	4	14.3	和平区
26	***超市（丁字沽店）	28	3	10.7	红桥区
27	***超市（华苑店）	27	4	14.8	西青区

序号	采样点	样品总数	超标数量	超标率（%）	行政区域
28	***超市（咸水沽店）	27	5	18.5	津南区
29	***超市（十一经路店）	27	5	18.5	河东区
30	***超市（武清区店）	26	3	11.5	武清区
31	***超市（紫金山店）	26	4	15.4	河西区
32	***超市（中山路店）	26	4	15.4	河北区
33	***超市（南楼店）	26	4	15.4	河西区
34	***超市（银桥商场店）	26	5	19.2	静海县
35	***市场	25	8	32.0	西青区
36	***市场	25	3	12.0	西青区
37	***超市（武清二店）	25	3	12.0	武清区
38	***超市（福州道店）	25	4	16.0	滨海新区
39	***超市（河西店）	25	4	16.0	河西区
40	***超市（北辰店）	25	2	8.0	北辰区
41	***超市（北辰区双街店）	25	7	28.0	北辰区
42	***超市（东丽店）	25	3	12.0	东丽区
43	***超市（西湖道购物广场）	25	7	28.0	南开区
44	***超市（龙城店）	25	3	12.0	南开区
45	***超市（东兴路店）	25	5	20.0	河东区
46	***超市（塘沽店）	25	5	20.0	滨海新区
47	***超市（奥园店）	25	4	16.0	北辰区
48	***超市（渔夫码头休闲广场店）	25	5	20.0	西青区
49	***超市（津友店）	25	5	20.0	河西区
50	***超市（西青道店）	24	6	25.0	红桥区
51	***市场	23	3	13.0	津南区
52	***超市（凯德天津湾店）	23	1	4.3	河西区
53	***超市（宜兴埠购物广场）	23	4	17.4	北辰区
54	***超市（北辰区集贤店）	22	2	9.1	北辰区
55	***超市（卫国道店）	22	2	9.1	河东区

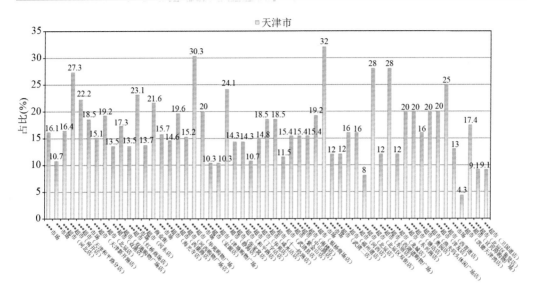

图 5-22　超过 MRL 欧盟标准水果蔬菜在不同采样点分布

5.2.3.3　按 MRL 日本标准衡量

按 MRL 日本标准衡量，所有采样点的样品存在不同程度的超标农药检出，其中***超市（西青道店）的超标率最高，为 29.2%，如表 5-16 和图 5-23 所示。

表 5-16　超过 MRL 日本标准水果蔬菜在不同采样点分布

序号	采样点	样品总数	超标数量	超标率（%）	行政区域
1	***市场	56	10	17.9	津南区
2	***市场	56	6	10.7	和平区
3	***超市（河北店）	55	10	18.2	河北区
4	***超市（南开店）	55	12	21.8	南开区
5	***超市（天津和平路分店）	54	11	20.4	和平区
6	***市场	54	12	22.2	和平区
7	***超市（天津新开路店）	53	12	22.6	河东区
8	***超市（北辰店）	52	8	15.4	北辰区
9	***超市（双港店）	52	9	17.3	津南区
10	***超市（双港购物广场店）	52	5	9.6	津南区
11	***超市（红桥商场店）	52	8	15.4	红桥区
12	***市场	52	6	11.5	西青区
13	***超市（河东店）	51	12	23.5	河东区
14	***商业街	51	11	21.6	北辰区
15	***市场	51	9	17.6	河北区
16	***超市（海光寺店）	48	8	16.7	南开区

序号	采样点	样品总数	超标数量	超标率（%）	行政区域
17	***超市（西康路店）	46	9	19.6	和平区
18	***超市（河西购物广场店）	46	7	15.2	河西区
19	***超市（华苑购物广场）	33	8	24.2	南开区
20	***市场	30	5	16.7	静海县
21	***超市（宏源店）	29	3	10.3	红桥区
22	***超市（津塘购物广场）	29	3	10.3	河东区
23	***超市（静海店）	29	7	24.1	静海县
24	***超市（张家窝店）	28	4	14.3	西青区
25	***超市（和平路店）	28	6	21.4	和平区
26	***超市（丁字沽店）	28	3	10.7	红桥区
27	***超市（华苑店）	27	7	25.9	西青区
28	***超市（咸水沽店）	27	7	25.9	津南区
29	***超市（十一经路店）	27	7	25.9	河东区
30	***超市（武清区店）	26	2	7.7	武清区
31	***超市（紫金山店）	26	3	11.5	河西区
32	***超市（中山路店）	26	6	23.1	河北区
33	***超市（南楼店）	26	5	19.2	河西区
34	***超市（银桥商场店）	26	3	11.5	静海县
35	***市场	25	7	28.0	西青区
36	***市场	25	4	16.0	西青区
37	***超市（武清二店）	25	1	4.0	武清区
38	***超市（福州道店）	25	6	24.0	滨海新区
39	***超市（河西店）	25	3	12.0	河西区
40	***超市（北辰店）	25	3	12.0	北辰区
41	***超市（北辰区双街店）	25	7	28.0	北辰区
42	***超市（东丽店）	25	3	12.0	东丽区
43	***超市（西湖道购物广场）	25	5	20.0	南开区
44	***超市（龙城店）	25	5	20.0	南开区
45	***超市（东兴路店）	25	5	20.0	河东区
46	***超市（塘沽店）	25	4	16.0	滨海新区
47	***超市（奥园店）	25	2	8.0	北辰区
48	***超市（渔夫码头休闲广场店）	25	2	8.0	西青区
49	***超市（津友店）	25	4	16.0	河西区
50	***超市（西青道店）	24	7	29.2	红桥区
51	***市场	23	3	13.0	津南区

续表

序号	采样点	样品总数	超标数量	超标率（%）	行政区域
52	***超市（凯德天津湾店）	23	2	8.7	河西区
53	***超市（宜兴埠购物广场）	23	5	21.7	北辰区
54	***超市（北辰区集贤店）	22	3	13.6	北辰区
55	***超市（卫国道店）	22	2	9.1	河东区

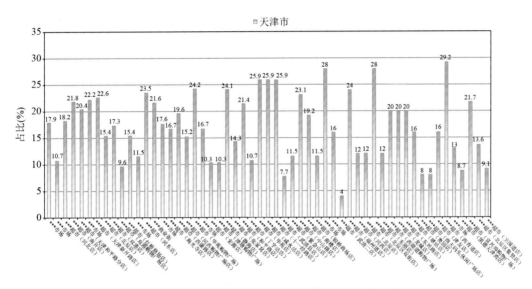

图 5-23　超过 MRL 日本标准水果蔬菜在不同采样点分布

5.2.3.4　按 MRL 中国香港标准衡量

按 MRL 中国香港标准衡量，有 19 个采样点的样品存在不同程度的超标农药检出，其中***超市（西湖道购物广场）的超标率最高，为 8.0%，如表 5-17 和图 5-24 所示。

表 5-17　超过 MRL 中国香港标准水果蔬菜在不同采样点分布

序号	采样点	样品总数	超标数量	超标率（%）	行政区域
1	***市场	56	1	1.8	津南区
2	***市场	54	2	3.7	和平区
3	***超市（北辰店）	52	2	3.8	北辰区
4	***超市（双港购物广场店）	52	1	1.9	津南区
5	***超市（红桥商场店）	52	2	3.8	红桥区
6	***超市（河东店）	51	1	2.0	河东区
7	***商业街	51	2	3.9	北辰区
8	***超市（海光寺店）	48	1	2.1	南开区
9	***超市（西康路店）	46	1	2.2	和平区

续表

序号	采样点	样品总数	超标数量	超标率（%）	行政区域
10	***超市（华苑购物广场）	33	1	3.0	南开区
11	***市场	30	1	3.3	静海县
12	***超市（张家窝店）	28	1	3.6	西青区
13	***超市（华苑店）	27	1	3.7	西青区
14	***超市（中山路店）	26	1	3.8	河北区
15	***超市（南楼店）	26	1	3.8	河西区
16	***市场	25	1	4.0	西青区
17	***超市（西湖道购物广场）	25	2	8.0	南开区
18	***超市（渔夫码头休闲广场店）	25	1	4.0	西青区
19	***超市（北辰区集贤店）	22	1	4.5	北辰区

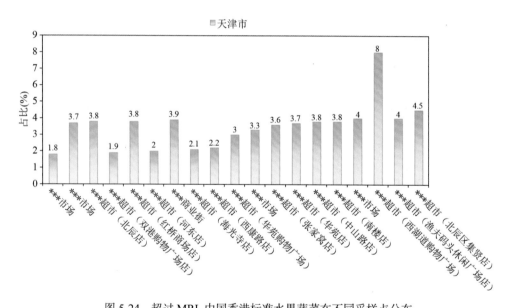

图 5-24　超过 MRL 中国香港标准水果蔬菜在不同采样点分布

5.2.3.5　按 MRL 美国标准衡量

按 MRL 美国标准衡量，有 10 个采样点的样品存在不同程度的超标农药检出，其中 ***超市（北辰区集贤店）的超标率最高，为 4.5%，如图 5-25 和表 5-18 所示。

表 5-18　超过 MRL 美国标准水果蔬菜在不同采样点分布

序号	采样点	样品总数	超标数量	超标率（%）	行政区域
1	***超市（河北店）	55	1	1.8	河北区
2	***市场	54	1	1.9	和平区

续表

序号	采样点	样品总数	超标数量	超标率（%）	行政区域
3	***超市（红桥商场店）	52	1	1.9	红桥区
4	***超市（西康路店）	46	1	2.2	和平区
5	***超市（华苑购物广场）	33	1	3.0	南开区
6	***市场	30	1	3.3	静海县
7	***超市（华苑店）	27	1	3.7	西青区
8	***超市（渔夫码头休闲广场店）	25	1	4.0	西青区
9	***超市（凯德天津湾店）	23	1	4.3	河西区
10	***超市（北辰区集贤店）	22	1	4.5	北辰区

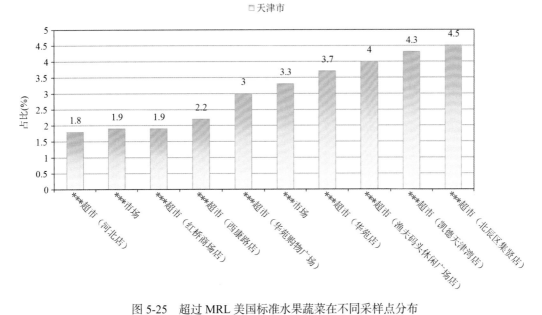

图 5-25　超过 MRL 美国标准水果蔬菜在不同采样点分布

5.2.3.6　按 MRL CAC 标准衡量

按 MRL CAC 标准衡量，有 18 个采样点的样品存在不同程度的超标农药检出，其中***超市（北辰区集贤店）的超标率最高，为 9.1%，如图 5-26 和表 5-19 所示。

表 5-19　超过 MRL CAC 标准水果蔬菜在不同采样点分布

序号	采样点	样品总数	超标数量	超标率（%）	行政区域
1	***市场	56	1	1.8	津南区
2	***市场	54	1	1.9	和平区
3	***超市（北辰店）	52	2	3.8	北辰区
4	***超市（双港购物广场店）	52	1	1.9	津南区
5	***超市（红桥商场店）	52	2	3.8	红桥区

续表

序号	采样点	样品总数	超标数量	超标率（%）	行政区域
6	***超市（河东店）	51	1	2.0	河东区
7	***商业街	51	2	3.9	北辰区
8	***市场	51	1	2.0	河北区
9	***超市（海光寺店）	48	1	2.1	南开区
10	***超市（西康路店）	46	1	2.2	和平区
11	***超市（华苑购物广场）	33	1	3.0	南开区
12	***市场	30	1	3.3	静海县
13	***超市（中山路店）	26	1	3.8	河北区
14	***超市（南楼店）	26	1	3.8	河西区
15	***市场	25	1	4.0	西青区
16	***超市（西湖道购物广场）	25	1	4.0	南开区
17	***超市（渔夫码头休闲广场店）	25	2	8.0	西青区
18	***超市（北辰区集贤店）	22	2	9.1	北辰区

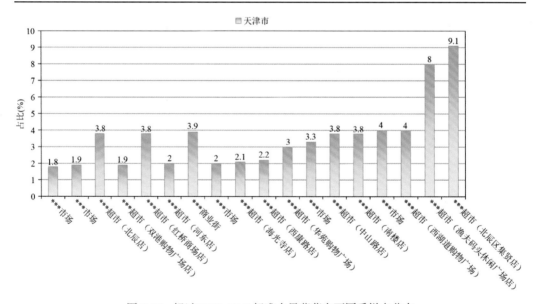

图 5-26　超过 MRL CAC 标准水果蔬菜在不同采样点分布

5.3　水果中农药残留分布

5.3.1　检出农药品种和频次排前 10 的水果

本次残留侦测的水果共 25 种，包括猕猴桃、西瓜、桃、山竹、哈密瓜、柿子、龙眼、木瓜、油桃、苹果、柑、草莓、葡萄、芒果、梨、李子、枣、荔枝、橘、樱桃、柠檬、火龙果、甜瓜、橙和菠萝。

根据检出农药品种及频次进行排名, 将各项排名前 10 位的水果样品检出情况列表说明, 详见表 5-20。

表 5-20　检出农药品种和频次排名前 10 的水果

检出农药品种排名前 10 (品种)	①葡萄 (49), ②苹果 (45), ③芒果 (35), ④草莓 (32), ⑤橙 (30), ⑥橘 (28), ⑦柠檬 (23), ⑧猕猴桃 (18), ⑨火龙果 (15), ⑩梨 (15)
检出农药频次排名前 10 (频次)	①葡萄 (231), ②芒果 (229), ③柠檬 (196), ④苹果 (129), ⑤草莓 (116), ⑥橘 (110), ⑦橙 (105), ⑧火龙果 (75), ⑨梨 (66), ⑩木瓜 (54)
检出禁用、高毒及剧毒农药品种排名前 10 (品种)	①苹果 (5), ②橙 (4), ③橘 (3), ④草莓 (2), ⑤火龙果 (2), ⑥梨 (2), ⑦柠檬 (2), ⑧葡萄 (2), ⑨柑 (1), ⑩芒果 (1)
检出禁用、高毒及剧毒农药频次排名前 10 (频次)	①橘 (14), ②橙 (13), ③苹果 (6), ④草莓 (5), ⑤葡萄 (4), ⑥火龙果 (2), ⑦梨 (2), ⑧芒果 (2), ⑨柠檬 (2), ⑩柑 (1)

5.3.2　超标农药品种和频次排前 10 的水果

鉴于 MRL 欧盟标准和日本标准制定比较全面且覆盖率较高, 我们参照 MRL 中国国家标准、欧盟标准和日本标准衡量水果样品中农残检出情况, 将超标农药品种及频次排名前 10 的水果列表说明, 详见表 5-21。

表 5-21　超标农药品种和频次排名前 10 的水果

超标农药品种排名前 10 (农药品种数)	MRL 中国国家标准	①橘 (4), ②橙 (2), ③芒果 (2), ④草莓 (1), ⑤柠檬 (1), ⑥葡萄 (1)
	MRL 欧盟标准	①芒果 (14), ②葡萄 (11), ③橘 (9), ④草莓 (8), ⑤橙 (7), ⑥木瓜 (7), ⑦火龙果 (5), ⑧猕猴桃 (5), ⑨柠檬 (4), ⑩苹果 (3)
	MRL 日本标准	①火龙果 (10), ②芒果 (9), ③葡萄 (9), ④草莓 (7), ⑤橘 (7), ⑥橙 (6), ⑦木瓜 (6), ⑧猕猴桃 (5), ⑨苹果 (5), ⑩枣 (4)
超标农药频次排名前 10 (农药频次数)	MRL 中国国家标准	橘 (6), ②橙 (4), ③芒果 (3), ④葡萄 (2), ⑤草莓 (1), ⑥柠檬 (1)
	MRL 欧盟标准	①芒果 (62), ②木瓜 (24), ③橘 (20), ④葡萄 (20), ⑤草莓 (16), ⑥火龙果 (13), ⑦橙 (12), ⑧柠檬 (12), ⑨猕猴桃 (7), ⑩梨 (3)
	MRL 日本标准	①柠檬 (79), ②火龙果 (32), ③芒果 (28), ④橘 (24), ⑤木瓜 (23), ⑥葡萄 (17), ⑦枣 (14), ⑧橙 (13), ⑨草莓 (10), ⑩猕猴桃 (9)

通过对各品种水果样本总数及检出率进行综合分析发现, 葡萄、苹果和芒果的残留污染最为严重, 在此, 我们参照 MRL 中国国家标准、欧盟标准和日本标准对这 3 种水果的农残检出情况进行进一步分析。

5.3.3　农药残留检出率较高的水果样品分析

5.3.3.1　葡萄

这次共检测 61 例葡萄样品, 57 例样品中检出了农药残留, 检出率为 93.4%, 检出农药共计 49 种。其中嘧菌酯、烯酰吗啉、吡唑醚菌酯、苯醚甲环唑和吡虫啉检出频次较高, 分别检出了 26、21、19、14 和 14 次。葡萄中农药检出品种和频次见图 5-27, 超标农药见图 5-28 和表 5-22。

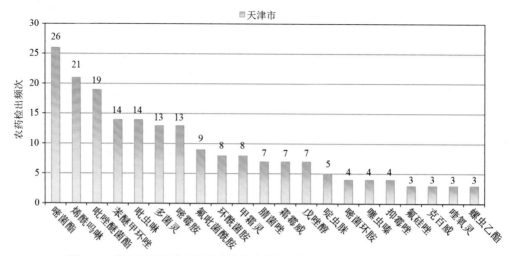

图 5-27　葡萄样品检出农药品种和频次分析（仅列出 3 频次及以上的数据）

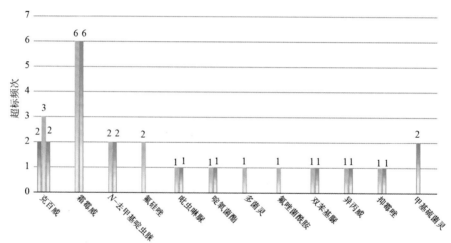

图 5-28　葡萄样品中超标农药分析

表 5-22　葡萄中农药残留超标情况明细表

样品总数		检出农药样品数	样品检出率（%）	检出农药品种总数
61		57	93.4	49

	超标农药品种	超标农药频次	按照 MRL 中国国家标准、欧盟标准和日本标准衡量超标农药名称及频次
中国国家标准	1	2	克百威（2）
欧盟标准	11	20	霜霉威（6），克百威（3），N-去甲基啶虫脒（2），氟硅唑（2），吡虫啉脲（1），啶氧菌酯（1），多菌灵（1），氟唑菌酰胺（1），双苯基脲（1），异丙威（1），抑霉唑（1）
日本标准	9	17	霜霉威（6），N-去甲基啶虫脒（2），甲基硫菌灵（2），克百威（2），吡虫啉脲（1），啶氧菌酯（1），双苯基脲（1），异丙威（1），抑霉唑（1）

5.3.3.2　苹果

这次共检测 72 例苹果样品，57 例样品中检出了农药残留，检出率为 79.2%，检出农药共计 45 种。其中多菌灵、啶虫脒、甲基硫菌灵、烯酰吗啉和嘧霉胺检出频次较高，分别检出了 49、17、7、4 和 3 次。苹果中农药检出品种和频次见图 5-29，超标农药见图 5-30 和表 5-23。

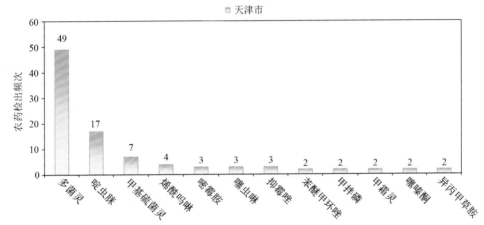

图 5-29　苹果样品检出农药品种和频次分析（仅列出 2 频次及以上的数据）

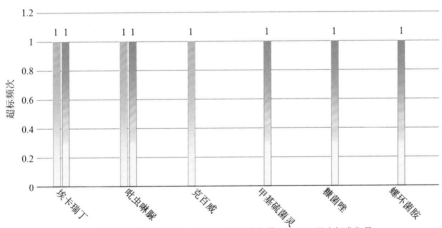

图 5-30　苹果样品中超标农药分析

表 5-23　苹果中农药残留超标情况明细表

样品总数		检出农药样品数	样品检出率（%）	检出农药品种总数
72		57	79.2	45

	超标农药品种	超标农药频次	按照 MRL 中国国家标准、欧盟标准和日本标准衡量超标农药名称及频次
中国国家标准	0	0	
欧盟标准	3	3	埃卡瑞丁（1），吡虫啉脲（1），克百威（1）
日本标准	5	5	埃卡瑞丁（1），吡虫啉脲（1），甲基硫菌灵（1），糠菌唑（1），螺环菌胺（1）

5.3.3.3　芒果

这次共检测 64 例芒果样品，50 例样品中检出了农药残留，检出率为 78.1%，检出农药共计 35 种。其中吡虫啉、啶虫脒、嘧菌酯、吡唑醚菌酯和 *N*-去甲基啶虫脒检出频次较高，分别检出了 30、28、27、21 和 13 次。芒果中农药检出品种和频次见图 5-31，超标农药见图 5-32 和表 5-24。

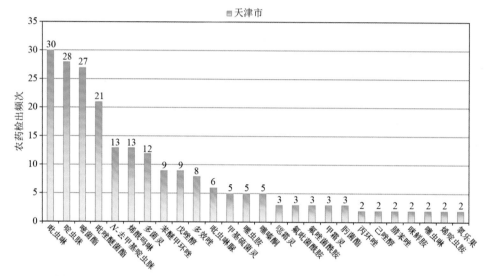

图 5-31　芒果样品检出农药品种和频次分析（仅列出 2 频次及以上的数据）

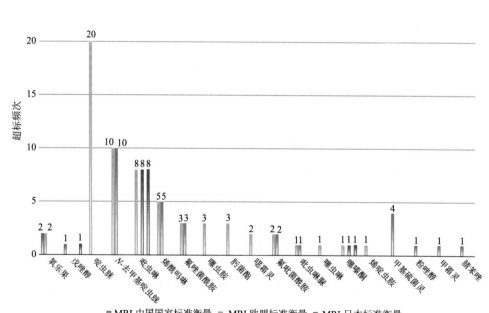

图 5-32　芒果样品中超标农药分析

表 5-24　芒果中农药残留超标情况明细表

样品总数		检出农药样品数	样品检出率（%）	检出农药品种总数
64		50	78.1	35
	超标农药品种	超标农药频次	按照 MRL 中国国家标准、欧盟标准和日本标准衡量超标农药名称及频次	
中国国家标准	2	3	氧乐果（2），戊唑醇（1）	
欧盟标准	14	62	啶虫脒（20），N-去甲基啶虫脒（10），吡虫啉（8），烯酰吗啉（5），氟唑菌酰胺（3），噻虫胺（3），肟菌酯（3），噁霜灵（2），氟吡菌酰胺（2），氧乐果（2），吡虫啉脲（1），噻虫啉（1），噻嗪酮（1），烯啶虫胺（1）	
日本标准	9	28	N-去甲基啶虫脒（10），烯酰吗啉（5），甲基硫菌灵（4），氟唑菌酰胺（3），氟吡菌酰胺（2），吡虫啉脲（1），粉唑醇（1），甲霜灵（1），腈苯唑（1）	

5.4　蔬菜中农药残留分布

5.4.1　检出农药品种和频次排前 10 的蔬菜

本次残留侦测的蔬菜共 33 种，包括小茴香、黄瓜、洋葱、韭菜、芹菜、结球甘蓝、番茄、菠菜、花椰菜、豇豆、蒜黄、西葫芦、甜椒、菜用大豆、葱、辣椒、胡萝卜、紫甘蓝、油麦菜、小白菜、青花菜、茄子、萝卜、绿豆芽、冬瓜、菜豆、小油菜、大白菜、生菜、茼蒿、莴笋、蒜薹和丝瓜。

根据检出农药品种及频次进行排名，将各项排名前 10 位的蔬菜样品检出情况列表说明，详见表 5-25。

表 5-25　检出农药品种和频次排名前 10 的蔬菜

检出农药品种排名前 10（品种）	①番茄（35），②油麦菜（34），③甜椒（31），④茄子（28），⑤黄瓜（27），⑥芹菜（27），⑦小油菜（27），⑧小茴香（26），⑨菜豆（25），⑩冬瓜（18）
检出农药频次排名前 10（频次）	①油麦菜（239），②番茄（204），③黄瓜（163），④甜椒（122），⑤小油菜（115），⑥茄子（114），⑦芹菜（106），⑧菜豆（76），⑨冬瓜（70），⑩小白菜（58）
检出禁用、高毒及剧毒农药品种排名前 10（品种）	①菜豆（4），②胡萝卜（3），③甜椒（3），④黄瓜（2），⑤韭菜（2），⑥茄子（2），⑦芹菜（2），⑧生菜（2），⑨小茴香（2），⑩油麦菜（2）
检出禁用、高毒及剧毒农药频次排名前 10（频次）	①菜豆（7），②油麦菜（6），③韭菜（5），④黄瓜（4），⑤番茄（3），⑥胡萝卜（3），⑦芹菜（3），⑧甜椒（3），⑨小茴香（3），⑩萝卜（2）

5.4.2　超标农药品种和频次排前 10 的蔬菜

鉴于 MRL 欧盟标准和日本标准制定比较全面且覆盖率较高，我们参照 MRL 中国国家标准、欧盟标准和日本标准衡量蔬菜样品中农残检出情况，将超标农药品种及频次排名前 10 的蔬菜列表说明，详见表 5-26。

表 5-26　超标农药品种和频次排名前 10 的蔬菜

超标农药品种排名前 10 （农药品种数）	MRL 中国国家标准	①黄瓜（4），②豇豆（2），③韭菜（2），④甜椒（2），⑤菠菜（1），⑥菜豆（1），⑦番茄（1），⑧萝卜（1），⑨茄子（1），⑩生菜（1）
	MRL 欧盟标准	①油麦菜（12），②黄瓜（9），③芹菜（9），④小茴香（9），⑤小油菜（9），⑥番茄（8），⑦菜豆（7），⑧茄子（7），⑨小白菜（7），⑩甜椒（5）
	MRL 日本标准	①菜豆（20），②油麦菜（10），③芹菜（8），④豇豆（7），⑤小白菜（7），⑥小油菜（7），⑦茄子（6），⑧番茄（5），⑨小茴香（5），⑩辣椒（4）
超标农药频次排名前 10 （农药频次数）	MRL 中国国家标准	①黄瓜（5），②韭菜（5），③豇豆（3），④番茄（2），⑤萝卜（2），⑥甜椒（2），⑦菠菜（1），⑧菜豆（1），⑨茄子（1），⑩生菜（1）
	MRL 欧盟标准	①小油菜（35），②油麦菜（28），③番茄（20），④小白菜（20），⑤小茴香（17），⑥黄瓜（15），⑦芹菜（14），⑧茄子（13），⑨蒜薹（10），⑩甜椒（10）
	MRL 日本标准	①油麦菜（33），②菜豆（31），③小白菜（17），④番茄（13），⑤芹菜（12），⑥小茴香（12），⑦小油菜（12），⑧豇豆（8），⑨茄子（7），⑩菠菜（6）

通过对各品种蔬菜样本总数及检出率进行综合分析发现，番茄、油麦菜和甜椒的残留污染最为严重，在此，我们参照 MRL 中国国家标准、欧盟标准和日本标准对这 3 种蔬菜的农残检出情况进行进一步分析。

5.4.3　农药残留检出率较高的蔬菜样品分析

5.4.3.1　番茄

这次共检测 71 例番茄样品，64 例样品中检出了农药残留，检出率为 90.1%，检出农药共计 35 种。其中霜霉威、啶虫脒、烯酰吗啉、多菌灵和氟吡菌酰胺检出频次较高，分别检出了 22、21、21、14 和 13 次。番茄中农药检出品种和频次见图 5-33，超标农药见图 5-34 和表 5-27。

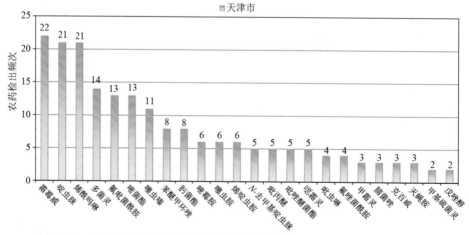

图 5-33　番茄样品检出农药品种和频次分析（仅列出 2 频次及以上的数据）

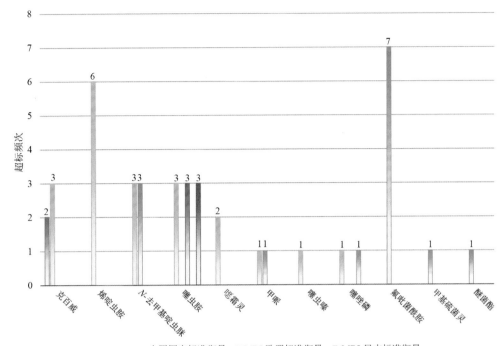

图 5-34　番茄样品中超标农药分析

表 5-27　番茄中农药残留超标情况明细表

样品总数			检出农药样品数	样品检出率（%）	检出农药品种总数
71			64	90.1	35

	超标农药品种	超标农药频次	按照 MRL 中国国家标准、欧盟标准和日本标准衡量超标农药名称及频次
中国国家标准	1	2	克百威（2）
欧盟标准	8	20	烯啶虫胺（6），N-去甲基啶虫脒（3），克百威（3），噻虫胺（3），噁霜灵（2），甲哌（1），噻虫嗪（1），噻唑磷（1）
日本标准	5	13	氟吡菌酰胺（7），N-去甲基啶虫脒（3），甲基硫菌灵（1），甲哌（1），醚菌酯（1）

5.4.3.2　油麦菜

这次共检测 63 例油麦菜样品，57 例样品中检出了农药残留，检出率为 90.5%，检出农药共计 34 种。其中烯酰吗啉、多菌灵、甲霜灵、啶虫脒和丙环唑检出频次较高，分别检出了 44、29、23、17 和 15 次。油麦菜中农药检出品种和频次见图 5-35，超标农药见图 5-36 和表 5-28。

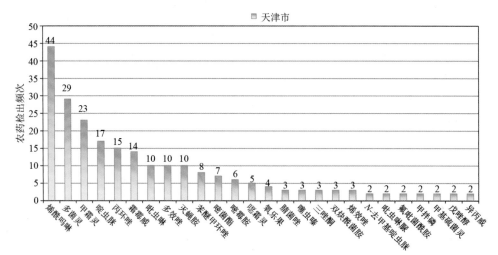

图 5-35 油麦菜样品检出农药品种和频次分析（仅列出 2 频次及以上的数据）

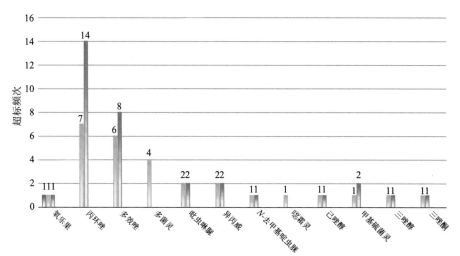

图 5-36 油麦菜样品中超标农药分析

表 5-28 油麦菜中农药残留超标情况明细表

样品总数			检出农药样品数	样品检出率（%）	检出农药品种总数
63			57	90.5	34

	超标农药品种	超标农药频次	按照 MRL 中国国家标准、欧盟标准和日本标准衡量超标农药名称及频次
中国国家标准	1	1	氧乐果（1）
欧盟标准	12	28	丙环唑（7），多效唑（6），多菌灵（4），吡虫啉脲（2），异丙威（2），N-去甲基啶虫脒（1），噁霜灵（1），己唑醇（1），甲基硫菌灵（1），三唑醇（1），三唑酮（1），氧乐果（1）
日本标准	10	33	丙环唑（14），多效唑（8），吡虫啉脲（2），甲基硫菌灵（2），异丙威（2），N-去甲基啶虫脒（1），己唑醇（1），三唑醇（1），三唑酮（1），氧乐果（1）

5.4.3.3　甜椒

这次共检测 49 例甜椒样品，42 例样品中检出了农药残留，检出率为 85.7%，检出农药共计 31 种。其中啶虫脒、吡虫啉、噻虫嗪、烯啶虫胺和烯酰吗啉检出频次较高，分别检出了 19、17、12、8 和 8 次。甜椒中农药检出品种和频次见图 5-37，超标农药见图 5-38 和表 5-29。

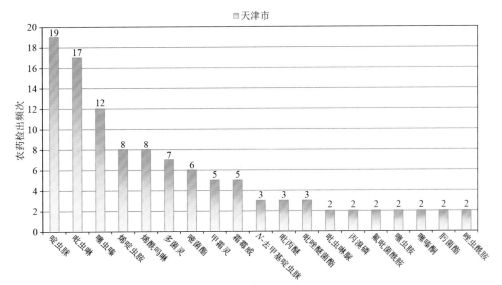

图 5-37　甜椒样品检出农药品种和频次分析（仅列出 2 频次及以上的数据）

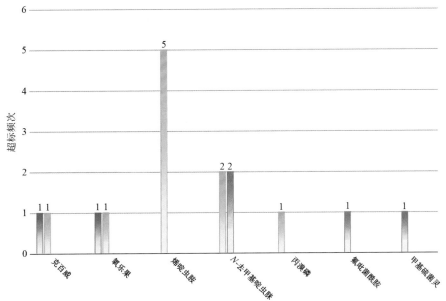

图 5-38　甜椒样品中超标农药分析

表 5-29　甜椒中农药残留超标情况明细表

样品总数			检出农药样品数	样品检出率（%）	检出农药品种总数
49			42	85.7	31
	超标农药品种	超标农药频次	按照 MRL 中国国家标准、欧盟标准和日本标准衡量超标农药名称及频次		
中国国家标准	2	2	克百威（1），氧乐果（1）		
欧盟标准	5	10	烯啶虫胺（5），N-去甲基啶虫脒（2），丙溴磷（1），克百威（1），氧乐果（1）		
日本标准	3	4	N-去甲基啶虫脒（2），氟吡菌酰胺（1），甲基硫菌灵（1）		

5.5　初 步 结 论

5.5.1　天津市市售水果蔬菜按 MRL 中国国家标准和国际主要 MRL 标准衡量的合格率

本次侦测的 1893 例样品中，739 例样品未检出任何残留农药，占样品总量的 39.0%，1154 例样品检出不同水平、不同种类的残留农药，占样品总量的 61.0%。在这 1154 例检出农药残留的样品中：

按照 MRL 中国国家标准衡量，有 1113 例样品检出残留农药但含量没有超标，占样品总数的 58.8%，有 41 例样品检出了超标农药，占样品总数的 2.2%。

按照 MRL 欧盟标准衡量，有 831 例样品检出残留农药但含量没有超标，占样品总数的 43.9%，有 323 例样品检出了超标农药，占样品总数的 17.1%。

按照 MRL 日本标准衡量，有 827 例样品检出残留农药但含量没有超标，占样品总数的 43.7%，有 327 例样品检出了超标农药，占样品总数的 17.3%。

按照 MRL 中国香港标准衡量，有 1130 例样品检出残留农药但含量没有超标，占样品总数的 59.7%，有 24 例样品检出了超标农药，占样品总数的 1.3%。

按照 MRL 美国标准衡量，有 1144 例样品检出残留农药但含量没有超标，占样品总数的 60.4%，有 10 例样品检出了超标农药，占样品总数的 0.5%。

按照 MRL CAC 标准衡量，有 1131 例样品检出残留农药但含量没有超标，占样品总数的 59.7%，有 23 例样品检出了超标农药，占样品总数的 1.2%。

5.5.2　天津市市售水果蔬菜中检出农药以中低微毒农药为主，占市场主体的 92.7%

这次侦测的 1893 例样品包括水果 25 种 691 例，食用菌 4 种 61 例，蔬菜 33 种 1141 例，共检出了 124 种农药，检出农药的毒性以中低微毒为主，详见表 5-30。

表 5-30　市场主体农药毒性分布

毒性	检出品种	占比	检出频次	占比
剧毒农药	3	2.4%	16	0.5%
高毒农药	6	4.8%	86	2.7%
中毒农药	53	42.7%	1424	44.6%
低毒农药	41	33.1%	683	21.4%
微毒农药	21	16.9%	986	30.9%

中低微毒农药，品种占比 92.7%，频次占比 96.8%

5.5.3　检出剧毒、高毒和禁用农药现象应该警醒

在此次侦测的 1893 例样品中有 16 种蔬菜和 14 种水果的 92 例样品检出了 10 种 103 频次的剧毒和高毒或禁用农药，占样品总量的 4.9%。其中剧毒农药甲拌磷、灭线磷和特丁硫磷以及高毒农药克百威、氧乐果和三唑磷检出频次较高。

按 MRL 中国国家标准衡量，剧毒农药甲拌磷，检出 13 次，超标 6 次；高毒农药克百威，检出 37 次，超标 19 次；氧乐果，检出 23 次，超标 9 次；三唑磷，检出 21 次，超标 1 次；按超标程度比较，韭菜中甲拌磷超标 255.1 倍，油麦菜中氧乐果超标 138.0 倍，小茴香中甲拌磷超标 55.2 倍，葡萄中克百威超标 38.1 倍，生菜中氧乐果超标 11.1 倍。

剧毒、高毒或禁用农药的检出情况及按照 MRL 中国国家标准衡量的超标情况见表 5-31。

表 5-31　剧毒、高毒或禁用农药的检出及超标明细

序号	农药名称	样品名称	检出频次	超标频次	最大超标倍数	超标率
1.1	灭线磷*▲	火龙果	1	0	0	0.0%
1.2	灭线磷*▲	苹果	1	0	0	0.0%
2.1	特丁硫磷*▲	胡萝卜	1	0	0	0.0%
3.1	甲拌磷*▲	韭菜	3	3	255.06	100.0%
3.2	甲拌磷*▲	萝卜	2	2	5.35	100.0%
3.3	甲拌磷*▲	小茴香	2	1	55.16	50.0%
3.4	甲拌磷*▲	油麦菜	2	0	0	0.0%
3.5	甲拌磷*▲	苹果	2	0	0	0.0%
3.6	甲拌磷*▲	橙	1	0	0	0.0%
3.7	甲拌磷*▲	胡萝卜	1	0	0	0.0%
4.1	三唑磷◊	橘	7	1	0.5795	14.3%
4.2	三唑磷◊	橙	4	0	0	0.0%
4.3	三唑磷◊	芹菜	2	0	0	0.0%

序号	农药名称	样品名称	检出频次	超标频次	最大超标倍数	超标率
4.4	三唑磷◇	菜豆	2	0	0	0.0%
4.5	三唑磷◇	柑	1	0	0	0.0%
4.6	三唑磷◇	柠檬	1	0	0	0.0%
4.7	三唑磷◇	甜椒	1	0	0	0.0%
4.8	三唑磷◇	胡萝卜	1	0	0	0.0%
4.9	三唑磷◇	苹果	1	0	0	0.0%
4.10	三唑磷◇	茄子	1	0	0	0.0%
5.1	克百威◇▲	橘	5	3	1.735	60.0%
5.2	克百威◇▲	橙	5	2	0.385	40.0%
5.3	克百威◇▲	葡萄	3	2	38.09	66.7%
5.4	克百威◇▲	番茄	3	2	1.525	66.7%
5.5	克百威◇▲	黄瓜	3	2	1.065	66.7%
5.6	克百威◇▲	草莓	3	1	1.595	33.3%
5.7	克百威◇▲	韭菜	2	2	9.645	100.0%
5.8	克百威◇▲	菜豆	2	1	3.82	50.0%
5.9	克百威◇▲	西葫芦	2	0	0	0.0%
5.10	克百威◇▲	甜椒	1	1	3.75	100.0%
5.11	克百威◇▲	茄子	1	1	2.9	100.0%
5.12	克百威◇▲	豇豆	1	1	2.525	100.0%
5.13	克百威◇▲	柠檬	1	1	1.065	100.0%
5.14	克百威◇▲	梨	1	0	0	0.0%
5.15	克百威◇▲	油桃	1	0	0	0.0%
5.16	克百威◇▲	生菜	1	0	0	0.0%
5.17	克百威◇▲	芹菜	1	0	0	0.0%
5.18	克百威◇▲	苹果	1	0	0	0.0%
6.1	嘧啶磷◇	梨	1	0	0	0.0%
7.1	地胺磷◇	苹果	1	0	0	0.0%
8.1	氧乐果◇▲	油麦菜	4	1	138.035	25.0%
8.2	氧乐果◇▲	橙	3	2	2.205	66.7%
8.3	氧乐果◇▲	芒果	2	2	0.57	100.0%
8.4	氧乐果◇▲	橘	2	1	6.935	50.0%

续表

序号	农药名称	样品名称	检出频次	超标频次	最大超标倍数	超标率
8.5	氧乐果◊▲	草莓	2	0	0	0.0%
8.6	氧乐果◊▲	菜豆	2	0	0	0.0%
8.7	氧乐果◊▲	生菜	1	1	11.075	100.0%
8.8	氧乐果◊▲	甜椒	1	1	3.465	100.0%
8.9	氧乐果◊▲	菠菜	1	1	1.49	100.0%
8.10	氧乐果◊▲	大白菜	1	0	0	0.0%
8.11	氧乐果◊▲	樱桃	1	0	0	0.0%
8.12	氧乐果◊▲	火龙果	1	0	0	0.0%
8.13	氧乐果◊▲	葡萄	1	0	0	0.0%
8.14	氧乐果◊▲	西瓜	1	0	0	0.0%
9.1	甲胺磷◊▲	小茴香	1	0	0	0.0%
9.2	甲胺磷◊▲	桃	1	0	0	0.0%
9.3	甲胺磷◊▲	菜豆	1	0	0	0.0%
10.1	丁酰肼▲	黄瓜	1	0	0	0.0%
合计			103	35		34.0%

注：超标倍数参照 MRL 中国国家标准衡量

这些超标的剧毒和高毒农药都是中国政府早有规定禁止在水果蔬菜中使用的，为什么还屡次被检出，应该引起警惕。

5.5.4　残留限量标准与先进国家或地区标准差距较大

3195 频次的检出结果与我国公布的《食品中农药最大残留限量》（GB 2763—2014）对比，有 1227 频次能找到对应的 MRL 中国国家标准，占 38.4%；还有 1968 频次的侦测数据无相关 MRL 标准供参考，占 61.6%。

与国际上现行 MRL 标准对比发现：

有 3195 频次能找到对应的 MRL 欧盟标准，占 100.0%；

有 3195 频次能找到对应的 MRL 日本标准，占 100.0%；

有 1914 频次能找到对应的 MRL 中国香港标准，占 59.9%；

有 1773 频次能找到对应的 MRL 美国标准，占 55.5%；

有 1531 频次能找到对应的 MRL CAC 标准，占 47.9%。

由上可见，MRL 中国国家标准与先进国家或地区标准还有很大差距，我们无标准，境外有标准，这就会导致我们在国际贸易中，处于受制于人的被动地位。

5.5.5　水果蔬菜单种样品检出 31~49 种农药残留，拷问农药使用的科学性

通过此次监测发现，葡萄、苹果和芒果是检出农药品种最多的 3 种水果，番茄、油麦菜和甜椒是检出农药品种最多的 3 种蔬菜，从中检出农药品种及频次详见表 5-32。

表 5-32 单种样品检出农药品种及频次

样品名称	样品总数	检出农药样品数	检出率	检出农药品种数	检出农药（频次）
番茄	71	64	90.1%	35	霜霉威（22），啶虫脒（21），烯酰吗啉（21），多菌灵（14），氟吡菌酰胺（13），嘧菌酯（13），噻虫嗪（11），苯醚甲环唑（8），肟菌酯（8），嘧霉胺（6），噻虫胺（6），烯啶虫胺（6），N-去甲基啶虫脒（5），吡丙醚（5），吡唑醚菌酯（5），噁霜灵（5），吡虫啉（4），氟唑菌酰胺（4），甲霜灵（3），腈菌唑（3），克百威（3），灭蝇胺（3），甲基硫菌灵（2），戊唑醇（2），苯噻菌胺（1），丙环唑（1），啶氧菌酯（1），氟硅唑（1），甲哌（1），螺虫乙酯（1），醚菌酯（1），去甲基抗蚜威（1），噻虫啉（1），噻嗪酮（1），噻唑磷（1）
油麦菜	63	57	90.5%	34	烯酰吗啉（44），多菌灵（29），甲霜灵（23），啶虫脒（17），丙环唑（15），霜霉威（14），吡虫啉（10），多效唑（10），灭蝇胺（10），苯醚甲环唑（8），嘧菌酯（7），嘧霉胺（6），噁霜灵（5），氧乐果（4），腈菌唑（3），噻虫嗪（3），三唑酮（3），双炔酰菌胺（3），烯效唑（3），N-去甲基啶虫脒（2），吡虫啉脲（2），氟吡菌酰胺（2），甲拌磷（2），甲基硫菌灵（2），戊唑醇（2），异丙威（2），胺菊酯（1），苯噻菌胺（1），哒螨灵（1），己唑醇（1），甲氨基阿维菌素（1），抗蚜威（1），噻嗪酮（1），三唑醇（1）
甜椒	49	42	85.7%	31	啶虫脒（19），吡虫啉（17），噻虫嗪（12），烯啶虫胺（8），烯酰吗啉（8），多菌灵（7），嘧菌酯（6），甲霜灵（5），霜霉威（5），N-去甲基啶虫脒（3），吡丙醚（3），吡唑醚菌酯（3），吡虫啉脲（2），丙溴磷（2），氟吡菌酰胺（2），噻虫胺（2），噻嗪酮（2），肟菌酯（2），唑虫酰胺（2），苯醚甲环唑（1），多效唑（1），噁霜灵（1），粉唑醇（1），甲基硫菌灵（1），腈菌唑（1），克百威（1），三唑磷（1），氧乐果（1），乙基多杀菌素（1），乙嘧酚磺酸酯（1），抑霉唑（1）
葡萄	61	57	93.4%	49	嘧菌酯（26），烯酰吗啉（21），吡唑醚菌酯（19），苯醚甲环唑（14），吡虫啉（14），多菌灵（13），嘧霉胺（13），氟吡菌酰胺（9），环酰菌胺（8），甲霜灵（8），腈菌唑（7），霜霉威（7），戊唑醇（7），啶虫脒（5），嘧菌环胺（4），噻虫嗪（4），抑霉唑（4），氟硅唑（3），克百威（3），喹氧灵（3），螺虫乙酯（3），N-去甲基啶虫脒（2），苯菌酮（2），吡虫啉脲（2），粉唑醇（2），氟唑菌酰胺（2），甲基硫菌灵（2），肟菌酯（2），缬霉威（2），6-苄氨基嘌呤（1），苯噻菌胺（1），虫酰肼（1），稻瘟灵（1），啶氧菌酯（1），环丙唑醇（1），己唑醇（1），甲氧虫酰肼（1），腈苯唑（1），螺环菌胺（1），咪鲜胺（1），醚菌酯（1），噻虫胺（1），噻嗪酮（1），双苯基脲（1），氧乐果（1），乙基多杀菌素（1），异丙威（1），莠去津（1），唑嘧菌胺（1）
苹果	72	57	79.2%	45	多菌灵（49），啶虫脒（17），甲基硫菌灵（7），烯酰吗啉（4），嘧霉胺（3），噻虫啉（3），抑霉唑（3），苯醚甲环唑（2），甲拌磷（2），甲霜灵（2），噻嗪酮（2），异丙甲草胺（2），N-去甲基啶虫脒（1），埃卡瑞丁（1），吡虫啉脲（1），吡螨胺（1），吡唑醚菌酯（1），丙环唑（1），残杀威（1），地胺磷（1），啶氧菌酯（1），粉唑醇（1），氟硅唑（1），氟菌唑（1），甲氨基阿维菌素（1），甲基嘧啶磷（1），糠菌唑（1），克百威（1），喹氧灵（1），磷酸三苯酯（1），螺环菌胺（1），马拉氧磷（1），咪鲜胺（1），嘧螨醚（1），灭线磷（1），扑灭津（1），噻虫嗪（1），噻菌灵（1），三唑磷（1），肟菌酯（1），新燕灵（1），乙基多杀菌素（1），异丙草胺（1），莠去津（1），鱼藤酮（1）

续表

样品名称	样品总数	检出农药样品数	检出率	检出农药品种数	检出农药（频次）
芒果	64	50	78.1%	35	吡虫啉（30），啶虫脒（28），嘧菌酯（27），吡唑醚菌酯（21），N-去甲基啶虫脒（13），烯酰吗啉（13），多菌灵（12），苯醚甲环唑（9），戊唑醇（9），多效唑（8），吡虫啉脲（6），甲基硫菌灵（5），噻虫胺（5），噻嗪酮（5），噁霜灵（3），氟吡菌酰胺（3），氟唑菌酰胺（3），甲霜灵（3），肟菌酯（3），丙环唑（2），己唑醇（2），腈苯唑（2），咪鲜胺（2），噻虫啉（2），烯啶虫胺（2），氧乐果（2），粉唑醇（1），呋虫胺（1），甲基嘧啶磷（1），磷酸三苯酯（1），螺虫乙酯（1），噻虫嗪（1），霜霉威（1），抑霉唑（1），唑虫酰胺（1）

　　上述 6 种水果蔬菜，检出农药 31~49 种，是多种农药综合防治，还是未严格实施农业良好管理规范（GAP），抑或根本就是乱施药，值得我们思考。

第6章 LC-Q-TOF/MS 侦测天津市市售水果蔬菜农药残留膳食暴露风险与预警风险评估

6.1 农药残留风险评估方法

6.1.1 天津市农药残留侦测数据分析与统计

庞国芳院士科研团队建立的农药残留高通量侦测技术以高分辨精确质量数（0.0001 m/z 为基准）为识别标准，采用 LC-Q-TOF/MS 技术对 565 种农药化学污染物进行侦测。

科研团队于 2016 年 2 月~2017 年 9 月在天津市所属 13 个区县的 55 个采样点，随机采集了 1893 例水果蔬菜样品，采样点分布在超市和农贸市场，具体位置如图 6-1 所示，各月内水果蔬菜样品采集数量如表 6-1 所示。

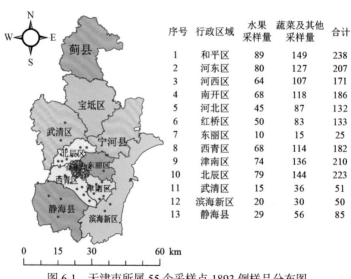

序号	行政区域	水果采样量	蔬菜及其他采样量	合计
1	和平区	89	149	238
2	河东区	80	127	207
3	河西区	64	107	171
4	南开区	68	118	186
5	河北区	45	87	132
6	红桥区	50	83	133
7	东丽区	10	15	25
8	西青区	68	114	182
9	津南区	74	136	210
10	北辰区	79	144	223
11	武清区	15	36	51
12	滨海新区	20	30	50
13	静海县	29	56	85

图 6-1　天津市所属 55 个采样点 1893 例样品分布图

表 6-1　天津市各月内采集水果蔬菜样品数列表

时间	样品数（例）
2016 年 2 月	169
2016 年 4 月	151
2016 年 6 月	128
2016 年 7 月	191
2016 年 8 月	100
2016 年 10 月	279
2017 年 1 月	98

续表

时间	样品数（例）
2017 年 2 月	98
2017 年 3 月	96
2017 年 4 月	97
2017 年 5 月	95
2017 年 6 月	93
2017 年 7 月	101
2017 年 8 月	96
2017 年 9 月	101

　　利用 LC-Q-TOF/MS 技术对 1893 例样品中的农药进行侦测,侦测出残留农药 157 种,3195 频次。侦测出农药残留水平如表 6-2 和图 6-2 所示。检出频次最高的前 10 种农药如表 6-3 所示。从侦测结果中可以看出,在水果蔬菜中农药残留普遍存在,且有些水果蔬菜存在高浓度的农药残留,这些可能存在膳食暴露风险,对人体健康产生危害,因此,为了定量地评价水果蔬菜中农药残留的风险程度,有必要对其进行风险评价。

表 6-2　侦测出农药的不同残留水平及其所占比例列表

残留水平（μg/kg）	检出频次	占比（%）
1~5（含）	891	27.9
5~10（含）	494	15.5
10~100（含）	1414	44.2
100~1000（含）	370	11.6
>1000	26	0.8
合计	3195	100

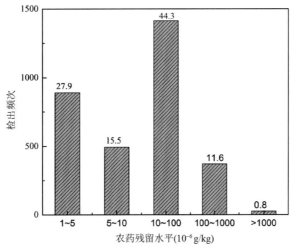

图 6-2　残留农药检出浓度频数分布

表 6-3　检出频次最高的前 10 种农药列表

序号	农药	检出频次（次）
1	多菌灵	366
2	啶虫脒	283
3	烯酰吗啉	241
4	嘧菌酯	169
5	吡虫啉	160
6	霜霉威	151
7	甲霜灵	144
8	苯醚甲环唑	106
9	吡唑醚菌酯	102
10	噻虫嗪	93

6.1.2　农药残留风险评价模型

对天津市水果蔬菜中农药残留分别开展暴露风险评估和预警风险评估。膳食暴露风险评估利用食品安全指数模型以水果蔬菜中的残留农药对人体可能产生的危害程度进行评价，该模型结合残留监测和膳食暴露评估评价化学污染物的危害；预警风险评价模型运用风险系数（risk index，R），风险系数综合考虑了危害物的超标率、施检频率及其本身敏感性的影响，能直观而全面地反映出危害物在一段时间内的风险程度。

6.1.2.1　食品安全指数模型

为了加强食品安全管理，《中华人民共和国食品安全法》第二章第十七条规定"国家建立食品安全风险评估制度，运用科学方法，根据食品安全风险监测信息、科学数据以及有关信息，对食品、食品添加剂、食品相关产品中生物性、化学性和物理性危害因素进行风险评估"[1]，膳食暴露评估是食品危险度评估的重要组成部分，也是膳食安全性的衡量标准[2]。国际上最早研究膳食暴露风险评估的机构主要是 JMPR（FAO、WHO 农药残留联合会议），该组织自 1995 年就已制定了急性毒性物质的风险评估急性毒性农药残留摄入量的预测。1960 年美国规定食品中不得加入致癌物质进而提出零阈值理论，渐渐零阈值理论发展成在一定概率条件下可接受风险的概念[3]，后衍变为食品中每日允许最大摄入量（ADI），而国际食品农药残留法典委员会（CCPR）认为 ADI 不是独立风险评估的唯一标准[4]，1995 年 JMPR 开始研究农药急性膳食暴露风险评估，并对食品国际短期摄入量的计算方法进行了修正，亦对膳食暴露评估准则及评估方法进行了修正[5]，2002 年，在对世界上现行的食品安全评价方法，尤其是国际公认的 CAC 的评价方法、全球环境监测系统/食品污染监测和评估规划（WHO GEMS/Food）及 FAO、WHO 食品添加剂联合专家委员会（JECFA）和 JMPR 对食品安全风险评估工作研究的基础之上，检验检疫食品安全管理的研究人员提出了结合残留监控和膳食暴露评估，以食品安全指数 IFS 计算食品中各种化学污染物对消费者的健康危害程度[6]。IFS 是表示食品安全状态的新方法，可有效地评价某种农药的安全性，进而评价食品中各种农药化学污染物对消费者健康的整体危害程度[7, 8]。从理论上分析，IFS_c 可指出食品中的污染物 c 对消费者健康是否存在危害及危害的程度[9]。其优点在于操作简单且结果容易被接受和理解，不需要大量的数据来对结果进行验证，使用默认的标准假设或者模型即可[10, 11]。

1) IFS_c 的计算

IFS_c 计算公式如下：

$$IFS_c = \frac{EDI_c \times f}{SI_c \times bw} \qquad (6-1)$$

式中，c 为所研究的农药；EDI_c 为农药 c 的实际日摄入量估算值，等于 $\sum(R_i \times F_i \times E_i \times P_i)$（i 为食品种类；$R_i$ 为食品 i 中农药 c 的残留水平，mg/kg；F_i 为食品 i 的估计日消费量，g/（人·天）；E_i 为食品 i 的可食用部分因子；P_i 为食品 i 的加工处理因子）；SI_c 为安全摄入量，可采用每日允许最大摄入量 ADI；bw 为人平均体重，kg；f 为校正因子，如果安全摄入量采用 ADI，则 f 取 1。

$IFS_c \ll 1$，农药 c 对食品安全没有影响；$IFS_c \leqslant 1$，农药 c 对食品安全的影响可以接受；$IFS_c > 1$，农药 c 对食品安全的影响不可接受。

本次评价中：

$IFS_c \leqslant 0.1$，农药 c 对水果蔬菜安全没有影响；

$0.1 < IFS_c \leqslant 1$，农药 c 对水果蔬菜安全的影响可以接受；

$IFS_c > 1$，农药 c 对水果蔬菜安全的影响不可接受。

本次评价中残留水平 R_i 取值为中国检验检疫科学研究院庞国芳院士课题组利用以高分辨精确质量数（0.0001 m/z）为基准的 LC-Q-TOF/MS 测技术于 2016 年 2 月~2017 年 9 月对天津市水果蔬菜农药残留的侦测结果，估计日消费量 F_i 取值 0.38 kg/（人·天），E_i=1，P_i=1，f=1，SI_c 采用《食品安全国家标准　食品中农药最大残留限量》（GB 2763—2016）中 ADI 值（具体数值见表 6-4），人平均体重（bw）取值 60 kg。

表 6-4　天津市水果蔬菜中侦测出农药的 ADI 值

序号	农药	ADI	序号	农药	ADI	序号	农药	ADI
1	氧乐果	0.0003	10	虫酰肼	0.02	19	噻虫啉	0.01
2	甲拌磷	0.0007	11	灭线磷	0.0004	20	抑霉唑	0.03
3	倍硫磷	0.007	12	特丁硫磷	0.0006	21	毒死蜱	0.01
4	异丙威	0.002	13	鱼藤酮	0.0004	22	三唑酮	0.03
5	三唑磷	0.001	14	噻唑磷	0.004	23	联苯肼酯	0.01
6	克百威	0.001	15	乙霉威	0.004	24	茚虫威	0.01
7	乐果	0.002	16	喹硫磷	0.0005	25	噁霜灵	0.01
8	甲萘威	0.008	17	腈菌唑	0.03	26	粉唑醇	0.01
9	甲氨基阿维菌素	0.0005	18	咪鲜胺	0.01	27	氟吡菌酰胺	0.01

续表

序号	农药	ADI	序号	农药	ADI	序号	农药	ADI
28	三唑醇	0.03	61	腈苯唑	0.03	94	N-去甲基啶虫脒	—
29	丙溴磷	0.03	62	霜霉威	0.4	95	乙嘧酚磺酸酯	—
30	己唑醇	0.005	63	双炔酰菌胺	0.2	96	二甲嘧酚	—
31	甲基硫菌灵	0.08	64	吡唑醚菌酯	0.03	97	十三吗啉	—
32	噻嗪酮	0.009	65	丁酰肼	0.5	98	去乙基阿特拉津	—
33	甲胺磷	0.004	66	甲氧虫酰肼	0.1	99	去甲基抗蚜威	—
34	嘧菌环胺	0.03	67	乙草胺	0.02	100	双苯基脲	—
35	噻菌灵	0.1	68	肟菌酯	0.04	101	吡咪唑	—
36	灭蝇胺	0.06	69	稻瘟灵	0.016	102	吡虫啉脲	—
37	氟硅唑	0.007	70	呋虫胺	0.2	103	吡螨胺	—
38	螺螨酯	0.01	71	啶氧菌酯	0.09	104	嘧啶磷	—
39	烯唑醇	0.005	72	甲霜灵	0.08	105	嘧螨醚	—
40	多菌灵	0.03	73	烯效唑	0.02	106	四氟醚唑	—
41	吡虫啉	0.06	74	抗蚜威	0.02	107	地胺磷	—
42	仲丁威	0.06	75	氟菌唑	0.035	108	埃卡瑞丁	—
43	苯醚甲环唑	0.01	76	三环唑	0.04	109	扑灭津	—
44	戊唑醇	0.03	77	醚菌酯	0.4	110	新燕灵	—
45	环酰菌胺	0.2	78	胺苯磺隆	2	111	残杀威	—
46	噻虫胺	0.1	79	嘧菌酯	0.2	112	氟唑菌酰胺	—
47	啶虫脒	0.07	80	莠去津	0.02	113	炔丙菊酯	—
48	唑虫酰胺	0.006	81	甲基嘧啶磷	0.03	114	环虫酰肼	—
49	异丙草胺	0.013	82	乙基多杀菌素	0.05	115	甲哌	—
50	氟环唑	0.02	83	马拉硫磷	0.3	116	磷酸三苯酯	—
51	烯酰吗啉	0.2	84	乙螨唑	0.05	117	糠菌唑	—
52	哒螨灵	0.01	85	烯啶虫胺	0.53	118	缬霉威	—
53	乙嘧酚	0.035	86	莠灭净	0.072	119	胺唑草酮	—
54	丙环唑	0.07	87	吡丙醚	0.1	120	胺菊酯	—
55	嘧霉胺	0.2	88	喹氧灵	0.2	121	苯噻菌胺	—
56	螺虫乙酯	0.05	89	异丙甲草胺	0.1	122	苯菌酮	—
57	噻虫嗪	0.08	90	异噁草酮	0.133	123	螺环菌胺	—
58	多效唑	0.1	91	唑啉草酯	0.3	124	马拉氧磷	—
59	二嗪磷	0.005	92	唑嘧菌胺	10			
60	环丙唑醇	0.02	93	6-苄氨基嘌呤	—			

注："—"表示为国家标准中无 ADI 值规定；ADI 值单位为 mg/kg bw

2）计算 $\mathrm{IFS_c}$ 的平均值 $\overline{\mathrm{IFS}}$，评价农药对食品安全的影响程度

以 $\overline{\mathrm{IFS}}$ 评价各种农药对人体健康危害的总程度，评价模型见公式（6-2）。

$$\overline{\mathrm{IFS}} = \frac{\sum_{i=1}^{n} \mathrm{IFS_c}}{n} \qquad (6\text{-}2)$$

$\overline{\mathrm{IFS}} \ll 1$，所研究消费者人群的食品安全状态很好；$\overline{\mathrm{IFS}} \leqslant 1$，所研究消费者人群的食品安全状态可以接受；$\overline{\mathrm{IFS}} > 1$，所研究消费者人群的食品安全状态不可接受。

本次评价中：

$\overline{\mathrm{IFS}} \leqslant 0.1$，所研究消费者人群的水果蔬菜安全状态很好；

$0.1 < \overline{\mathrm{IFS}} \leqslant 1$，所研究消费者人群的水果蔬菜安全状态可以接受；

$\overline{\mathrm{IFS}} > 1$，所研究消费者人群的水果蔬菜安全状态不可接受。

6.1.2.2 预警风险评估模型

2003 年，我国检验检疫食品安全管理的研究人员根据 WTO 的有关原则和我国的具体规定，结合危害物本身的敏感性、风险程度及其相应的施检频率，首次提出了食品中危害物风险系数 R 的概念[12]。R 是衡量一个危害物的风险程度大小最直观的参数，即在一定时期内其超标率或阳性检出率的高低，但受其施检频率的高低及其本身的敏感性（受关注程度）影响。该模型综合考察了农药在蔬菜中的超标率、施检频率及其本身敏感性，能直观而全面地反映出农药在一段时间内的风险程度[13]。

1）R 计算方法

危害物的风险系数综合考虑了危害物的超标率或阳性检出率、施检频率和其本身的敏感性影响，并能直观而全面地反映出危害物在一段时间内的风险程度。风险系数 R 的计算公式如式（6-3）：

$$R = aP + \frac{b}{F} + S \qquad (6\text{-}3)$$

式中，P 为该种危害物的超标率；F 为危害物的施检频率；S 为危害物的敏感因子；a，b 分别为相应的权重系数。

本次评价中 $F=1$；$S=1$；$a=100$；$b=0.1$，对参数 P 进行计算，计算时首先判断是否为禁用农药，如果为非禁用农药，P=超标的样品数（侦测出的含量高于食品最大残留限量标准值，即 MRL）除以总样品数（包括超标、不超标、未检出）；如果为禁用农药，则检出即为超标，P=能检出的样品数除以总样品数。判断天津市水果蔬菜农药残留是否超标的标准限值 MRL 分别以 MRL 中国国家标准[14]和 MRL 欧盟标准作为对照，具体值列于本报告附表一中。

2）评价风险程度

$R \leqslant 1.5$，受检农药处于低度风险；

$1.5 < R \leqslant 2.5$，受检农药处于中度风险；

$R > 2.5$，受检农药处于高度风险。

6.1.2.3　食品膳食暴露风险和预警风险评估应用程序的开发

1）应用程序开发的步骤

为成功开发膳食暴露风险和预警风险评估应用程序，与软件工程师多次沟通讨论，逐步提出并描述清楚计算需求，开发初步应用程序。为明确出不同水果蔬菜、不同农药、不同地域和不同季节的风险水平，向软件工程师提出不同的计算需求，软件工程师对计算需求进行逐一地分析，经过反复的细节沟通，需求分析得到明确后，开始进行解决方案的设计，在保证需求的完整性、一致性的前提下，编写出程序代码，最后设计出满足需求的风险评估专用计算软件，并通过一系列的软件测试和改进，完成专用程序的开发。软件开发基本步骤见图6-3。

图6-3　专用程序开发总体步骤

2）膳食暴露风险评估专业程序开发的基本要求

首先直接利用公式（6-1），分别计算 LC-Q-TOF/MS 和 GC-Q-TOF/MS 仪器侦测出的各水果蔬菜样品中每种农药 IFS_c，将结果列出。为考察超标农药和禁用农药的使用安全性，分别以我国《食品安全国家标准　食品中农药最大残留限量》（GB 2763—2016）和欧盟食品中农药最大残留限量（以下简称 MRL 中国国家标准和 MRL 欧盟标准）为标准，对侦测出的禁用农药和超标的非禁用农药 IFS_c 单独进行评价；按 IFS_c 大小列表，并找出 IFS_c 值排名前 20 的样本重点关注。

对不同水果蔬菜 i 中每一种侦测出的农药 c 的安全指数进行计算，多个样品时求平均值。若监测数据为该市多个月的数据，则逐月、逐季度分别列出每个月、每个季度内每一种水果蔬菜 i 对应的每一种农药 c 的 IFS_c。

按农药种类，计算整个监测时间段内每种农药的 IFS_c，不区分水果蔬菜。若侦测数据为该市多个月的数据，则需分别计算每个月、每个季度内每种农药的 IFS_c。

3）预警风险评估专业程序开发的基本要求

分别以 MRL 中国国家标准和 MRL 欧盟标准，按公式（6-3）逐个计算不同水果蔬菜、不同农药的风险系数，禁用农药和非禁用农药分别列表。

为清楚了解各种农药的预警风险，不分时间，不分水果蔬菜，按禁用农药和非禁用农药分类，分别计算各种侦测出农药全部侦测时段内风险系数。由于有 MRL 中国国家标准的农药种类太少，无法计算超标数，非禁用农药的风险系数只以 MRL 欧盟标准为标准，进行计算。若侦测数据为多个月的，则按月计算每个月、每个季度内每种禁用农药残留的风险系数和以 MRL 欧盟标准为标准的非禁用农药残留的风险系数。

4）风险程度评价专业应用程序的开发方法

采用 Python 计算机程序设计语言，Python 是一个高层次地结合了解释性、编译性、互动性和面向对象的脚本语言。风险评价专用程序主要功能包括：分别读入每例样品 LC-Q-TOF/MS 和 GC-Q-TOF/MS 农药残留侦测数据，根据风险评价工作要求，依次对不同农药、不同食品、不同时间、不同采样点的 IFS_c 值和 R 值分别进行数据计算，筛选出禁用农药、超标农药（分别与 MRL 中国国家标准、MRL 欧盟标准限值进行对比）单独重点分析，再分别对各农药、各水果蔬菜种类分类处理，设计出计算和排序程序，编写计算机代码，最后将生成的膳食暴露风险评估和超标风险评估定量计算结果列入设计好的各个表格中，并定性判断风险对目标的影响程度，直接用文字描述风险发生的高低，如"不可接受"、"可以接受"、"没有影响"、"高度风险"、"中度风险"、"低度风险"。

6.2　LC-Q-TOF/MS 侦测天津市市售水果蔬菜农药残留膳食暴露风险评估

6.2.1　每例水果蔬菜样品中农药残留安全指数分析

基于农药残留侦测数据，发现 1893 例样品中侦测出农药 3195 频次，计算样品中每种残留农药的安全指数 IFS_c，并分析农药对样品安全的影响程度，结果详见附表二，农药残留对水果蔬菜样品安全的影响程度频次分布情况如图 6-4 所示。

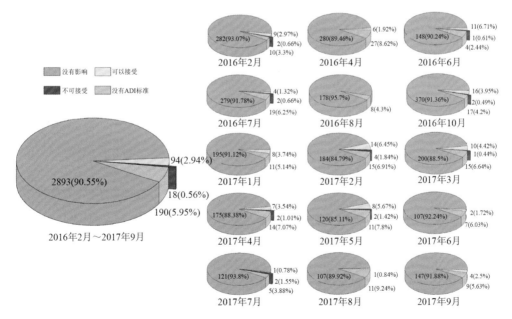

图 6-4　农药残留对水果蔬菜样品安全的影响程度频次分布图

由图 6-4 可以看出，农药残留对样品安全的影响不可接受的频次为 18，占 0.56%；

农药残留对样品安全的影响可以接受的频次为 94，占 2.94%；农药残留对样品安全没有影响的频次为 2893，占 90.55%。分析发现，2016 年 2 月至 2017 年 9 月间有 2016 年 4 月、2016 年 8 月、2017 年 1 月、2017 年 6 月、2017 年 8 月、2017 年 9 月未侦测出农药对样品安全影响为不可接受。表 6-5 为对水果蔬菜样品安全影响不可接受的残留农药安全指数表。

表 6-5　水果蔬菜样品中安全影响不可接受的残留农药安全指数表

序号	样品编号	采样点	基质	农药	含量（mg/kg）	IFS_c
1	20170502-120105-USI-YM-07A	***市场	油麦菜	氧乐果	2.7807	58.7037
2	20170223-120101-USI-JC-11A	***市场	韭菜	甲拌磷	2.5606	23.1673
3	20170223-120104-USI-JC-12A	***超市（西湖道购物广场）	韭菜	甲拌磷	1.1722	10.6056
4	20170406-120101-USI-LE-09A	***超市（天津和平路分店）	生菜	氧乐果	0.2415	5.0983
5	20160617-120113-USI-HX-01A	***超市（北辰店）	小茴香	甲拌磷	0.5616	5.0811
6	20170706-120111-USI-GP-16A	***市场	葡萄	克百威	0.7818	4.9514
7	20160226-120105-USI-CU-02A	***市场	黄瓜	异丙威	1.2561	3.9777
8	20170502-120105-USI-OR-07A	***市场	橘	氧乐果	0.1587	3.3503
9	20160726-120102-USI-CE-12A	***超市（十一经路店）	芹菜	三唑磷	0.5156	3.2655
10	20170706-120102-USI-GP-15A	***超市（东兴路店）	葡萄	克百威	0.4733	2.9976
11	20170406-120111-USI-OR-11A	***市场	橘	三唑磷	0.3159	2.0007
12	20160726-120102-USI-PP-14A	***超市（津塘购物广场）	甜椒	氧乐果	0.0893	1.8852
13	20160226-120106-USI-CZ-03A	***超市（红桥商场店）	橙	氧乐果	0.0641	1.3532
14	20170302-120112-USI-JC-06A	***超市（双港购物广场店）	韭菜	克百威	0.2129	1.3484
15	20161010-120111-USI-JD-01A	***超市（华苑店）	豇豆	倍硫磷	1.1862	1.0732
16	20170223-120104-USI-BO-10A	***超市（南开店）	菠菜	氧乐果	0.0498	1.0513
17	20161010-120223-USI-EP-07A	***超市（静海店）	茄子	三唑磷	0.1593	1.0089
18	20170223-120104-USI-OR-10A	***超市（南开店）	橘	三唑磷	0.1588	1.0057

部分样品侦测出禁用农药 7 种 80 频次，为了明确残留的禁用农药对样品安全的影响，分析侦测出禁用农药残留的样品安全指数，禁用农药残留对水果蔬菜样品安全的影响程度频次分布情况如图 6-5 所示，农药残留对样品安全的影响不可接受的频次为 12，占 15%；农药残留对样品安全的影响可以接受的频次为 31，占 38.75%；农药残留对样品安全没有影响的频次为 37，占 46.25%。由图中可以看出 2016 年 2 月至 2017 年 9 月间，仅 2016 年 8 月未侦测出禁用农药残留，其他月份的果蔬样品均侦测出禁用农药残留，分析发现，在 14 个月份内有 8 个月份出现不可接受频次，排序为：2017 年 2 月（3）＞2017 年 5 月（2）=2017 年 7 月（2）＞2016 年 2 月（1）=2016 年 6 月（1）=2016 年 7

月（1）=2017 年 3 月（1）=2017 年 4 月（1），其他月份内，禁用农药对样品安全的影响均在可以接受和没有影响的范围内。表 6-6 列出了对果蔬样品安全影响不可接受的残留禁用农药安全指数表。

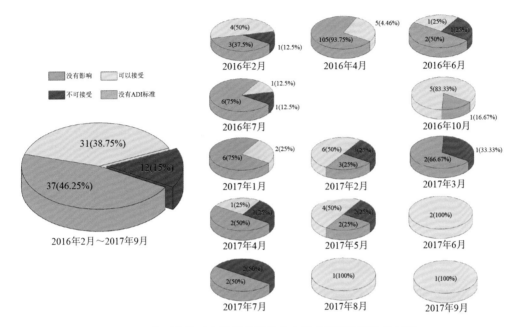

图 6-5　禁用农药对水果蔬菜样品安全影响程度的频次分布图

表 6-6　水果蔬菜样品中侦测出的禁用农药残留不可接受的安全指数表

序号	样品编号	采样点	基质	农药	含量（mg/kg）	IFS$_c$
1	20170502-120105-USI-YM-07A	***市场	油麦菜	氧乐果	2.7807	58.7037
2	20170223-120101-USI-JC-11A	***市场	韭菜	甲拌磷	2.5606	23.1673
3	20170223-120104-USI-JC-12A	***超市（西湖道购物广场）	韭菜	甲拌磷	1.1722	10.6056
4	20170406-120101-USI-LE-09A	***超市（天津和平路分店）	生菜	氧乐果	0.2415	5.0983
5	20160617-120113-USI-HX-01A	***超市（北辰店）	小茴香	甲拌磷	0.5616	5.0811
6	20170706-120111-USI-GP-16A	***市场	葡萄	克百威	0.7818	4.9514
7	20170502-120105-USI-OR-07A	***市场	橘	氧乐果	0.1587	3.3503
8	20170706-120102-USI-GP-15A	***超市（东兴路店）	葡萄	克百威	0.4733	2.9976
9	20160726-120102-USI-PP-14A	***超市（津塘购物广场）	甜椒	氧乐果	0.0893	1.8852
10	20160226-120106-USI-CZ-03A	***超市（红桥商场店）	橙	氧乐果	0.0641	1.3532
11	20170302-120112-USI-JC-06A	***超市（双港购物广场店）	韭菜	克百威	0.2129	1.3484
12	20170223-120104-USI-BO-10A	***超市（南开店）	菠菜	氧乐果	0.0498	1.0513

　　此外，本次侦测发现部分样品中非禁用农药残留量超过了 MRL 中国国家标准和欧盟标准，为了明确超标的非禁用农药对样品安全的影响，分析了非禁用农药残留超标的样品安全指数。

　　水果蔬菜残留量超过 MRL 中国国家标准的非禁用农药对水果蔬菜样品安全的影响程度频次分布情况如图 6-6 所示。可以看出侦测到超过 MRL 中国国家标准的非禁用农药共 8 频次，其中农药残留对样品安全的影响不可接受的频次为 3，占 37.5%；农药残留对样品安全的影响可以接受的频次为 3，占 37.5%；农药残留对样品安全没有影响的频次为 2，占 25%。表 6-7 为水果蔬菜样品中侦测出的非禁用农药残留安全指数表。

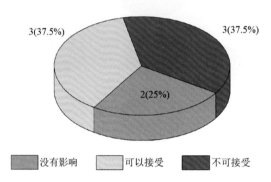

图 6-6　残留超标的非禁用农药对水果蔬菜样品安全的影响程度频次分布图（MRL 中国国家标准）

表 6-7　水果蔬菜样品中侦测出的非禁用农药残留安全指数表（MRL 中国国家标准）

序号	样品编号	采样点	基质	农药	含量（mg/kg）	中国国家标准	IFS$_c$	影响程度
1	20160226-120105-USI-CU-02A	***市场	黄瓜	异丙威	1.2561	0.5	3.9777	不可接受
2	20170406-120111-USI-OR-11A	***市场	橘	三唑磷	0.3159	0.2	2.0007	不可接受
3	20161010-120111-USI-JD-01A	***超市（华苑店）	豇豆	倍硫磷	1.1862	0.05	1.0732	不可接受
4	20170906-120111-USI-CU-10A	***超市（渔夫码头休闲广场店）	黄瓜	甲氨基阿维菌素	0.0247	0.02	0.3129	可以接受
5	20161010-120111-USI-JD-04A	***超市（张家窝店）	豇豆	倍硫磷	0.3279	0.05	0.2967	可以接受
6	20160617-120113-USI-PB-03A	***商业街	小白菜	啶虫脒	1.7189	1	0.1555	可以接受
7	20170223-120104-USI-OR-12A	***超市（西湖道购物广场）	橘	丙溴磷	0.3453	0.2	0.0729	没有影响
8	20170906-120112-USI-MG-11A	***市场	芒果	戊唑醇	0.0789	0.05	0.0167	没有影响

　　残留量超过 MRL 欧盟标准的非禁用农药对水果蔬菜样品安全的影响程度频次分布

情况如图 6-7 所示。可以看出超过 MRL 欧盟标准的非禁用农药共 401 频次，其中农药没有 ADI 标准的频次为 103，占 25.69%；农药残留对样品安全不可接受的频次为 6，占 1.5%；农药残留对样品安全的影响可以接受的频次为 32，占 7.98%；农药残留对样品安全没有影响的频次为 260，占 64.84%。表 6-8 为水果蔬菜样品中不可接受的残留超标非禁用农药安全指数表。

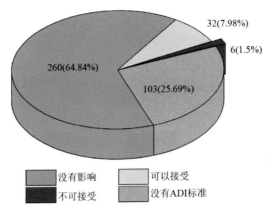

图 6-7　残留超标的非禁用农药对水果蔬菜样品安全的影响程度频次分布图（MRL 欧盟标准）

表 6-8　对水果蔬菜样品中不可接受的残留超标非禁用农药安全指数表（MRL 欧盟标准）

序号	样品编号	采样点	基质	农药	含量（mg/kg）	欧盟标准	IFS$_c$
1	20160226-120105-USI-CU-02A	***市场	黄瓜	异丙威	1.2561	0.01	3.9777
2	20160726-120102-USI-CE-12A	***超市（十一经路店）	芹菜	三唑磷	0.5156	0.01	3.2655
3	20170406-120111-USI-OR-11A	***农贸市场	橘	三唑磷	0.3159	0.01	2.0007
4	20161010-120111-USI-JD-01A	***超市（华苑店）	豇豆	倍硫磷	1.1862	0.01	1.0732
5	20161010-120223-USI-EP-07A	***超市（静海店）	茄子	三唑磷	0.1593	0.01	1.0089
6	20170223-120104-USI-OR-10A	***超市（南开店）	橘	三唑磷	0.1588	0.01	1.0057

在 1893 例样品中，739 例样品未侦测出农药残留，1154 例样品中侦测出农药残留，计算每例有农药侦测出样品的 $\overline{IFS}$ 值，进而分析样品的安全状态结果如图 6-8 所示（未检出农药的样品安全状态视为很好）。可以看出，0.53% 的样品安全状态不可接受；2.11% 的样品安全状态可以接受；96.67% 的样品安全状态很好。此外，2016 年 6 月、2016 年 7 月、2017 年 3 月、2017 年 7 月分别有 1 例样品安全状态不可接受，2017 年 2 月、2017 年 4 月、2017 年 5 月分别有 2 例样品安全状态不可接受，其他月份内的样品安全状态均在很好和可以接受的范围内。表 6-9 列出了安全状态不可接受的水果蔬菜样品。

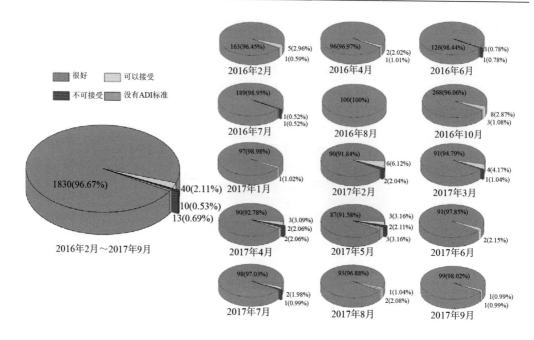

图 6-8 水果蔬菜样品安全状态分布图

表 6-9 水果蔬菜安全状态不可接受的样品列表

序号	样品编号	采样点	基质	$\overline{\text{IFS}}$
1	20170502-120105-USI-YM-07A	***市场	油麦菜	11.7548
2	20170223-120101-USI-JC-11A	***市场	韭菜	7.9548
3	20170223-120104-USI-JC-12A	***超市（西湖道购物广场）	韭菜	5.3064
4	20170706-120102-USI-GP-15A	***超市（东兴路店）	葡萄	2.9976
5	20160617-120113-USI-HX-01A	***超市（北辰店）	小茴香	2.5409
6	20170502-120105-USI-OR-07A	***市场	橘	1.8457
7	20170302-120112-USI-JC-06A	***超市（双港购物广场店）	韭菜	1.3484
8	20160726-120102-USI-CE-12A	***超市（十一经路店）	芹菜	1.0889
9	20170406-120101-USI-LE-09A	***超市（天津和平路分店）	生菜	1.0229
10	20170406-120111-USI-OR-11A	***市场	橘	1.0013

6.2.2 单种水果蔬菜中农药残留安全指数分析

本次 62 种水果蔬菜侦测出 124 种农药，检出频次为 3195 次，其中 32 种农药没有 ADI 标准，92 种农药存在 ADI 标准。菠萝、荔枝、绿豆芽、平菇等 4 种水果蔬菜未侦测出任何农药，按不同种类分别计算检出的具有 ADI 标准的各种农药的 IFS_c 值，农药残留对水果蔬菜的安全指数分布图如图 6-9 所示。

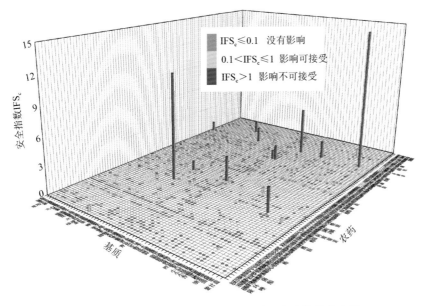

图 6-9 58 种水果蔬菜中 92 种残留农药的安全指数分布图

分析发现 11 种水果蔬菜中的农药残留对食品安全影响不可接受，其中包括韭菜、小茴香中的甲拌磷，葡萄、韭菜中的克百威，芹菜、茄子中的三唑磷，油麦菜、生菜、甜椒、橘、菠菜、黄瓜中的氧乐果，如表 6-10 所示。

表 6-10 单种水果蔬菜中安全影响不可接受的残留农药安全指数表

序号	基质	农药	检出频次	检出率（%）	IFS>1 的频次	IFS>1 的比例（%）	IFS$_c$
1	油麦菜	氧乐果	4	1.67	1	0.42	14.7503
2	韭菜	甲拌磷	3	11.11	2	7.41	11.2932
3	生菜	氧乐果	1	1.96	1	1.96	5.0983
4	葡萄	克百威	3	1.30	2	0.87	2.6596
5	小茴香	甲拌磷	2	3.45	1	1.72	2.5550
6	甜椒	氧乐果	1	0.82	1	0.82	1.8852
7	橘	氧乐果	2	1.82	1	0.91	1.7385
8	芹菜	三唑磷	2	1.89	1	0.94	1.6562
9	黄瓜	异丙威	3	1.84	1	0.61	1.3831
10	菠菜	氧乐果	1	2.56	1	2.56	1.0513
11	茄子	三唑磷	1	0.88	1	0.88	1.0089
12	韭菜	克百威	2	7.41	1	3.70	1.0070

本次侦测中，58 种水果蔬菜和 124 种残留农药（包括没有 ADI 标准）共涉及 851 个分析样本，农药对单种水果蔬菜安全的影响程度分布情况如图 6-10 所示。可以看出，84.02%的样本中农药对水果蔬菜安全没有影响，4%的样本中农药对水果蔬菜安全的影响

可以接受，1.41%的样本中农药对水果蔬菜安全的影响不可接受。

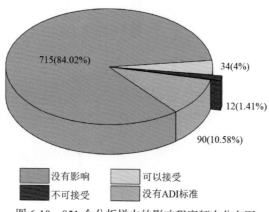

图 6-10　851 个分析样本的影响程度频次分布图

　　此外，分别计算 58 种水果蔬菜中所有侦测出农药 IFS_c 的平均值 $\overline{IFS}$ ，分析每种水果蔬菜的安全状态，结果如图 6-11 所示。分析发现，1 种水果蔬菜（1.72%）的安全状态不可接受，5 种水果蔬菜（8.62%）的安全状态可接受，52 种（89.66%）水果蔬菜的安全状态很好。

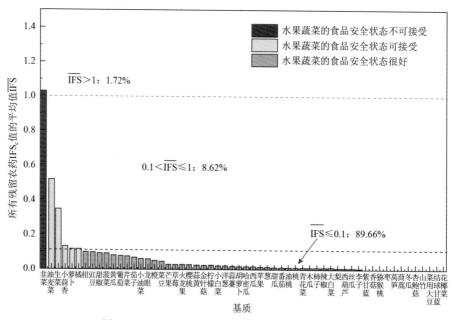

图 6-11　58 种水果蔬菜的 $\overline{IFS}$ 值和安全状态统计图

　　对每个月内每种水果蔬菜中农药的 IFS_c 进行分析，并计算每月内每种水果蔬菜的 $\overline{IFS}$ 值，以评价每种水果蔬菜的安全状态，结果如图 6-12 所示。可以看出，2017 年 2 月、2017 年 3 月韭菜的安全状态不可接受，2017 年 5 月油麦菜的安全状态不可接受，这 3 个月份其余水果蔬菜和其他月份的所有水果蔬菜的安全状态均处于很好和可以接受的范围内，各月份内单种水果蔬菜安全状态统计情况如图 6-13 所示。

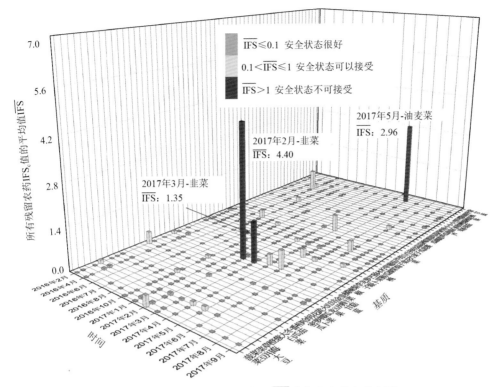

图 6-12　各月内每种水果蔬菜的 $\overline{\text{IFS}}$ 值与安全状态分布图

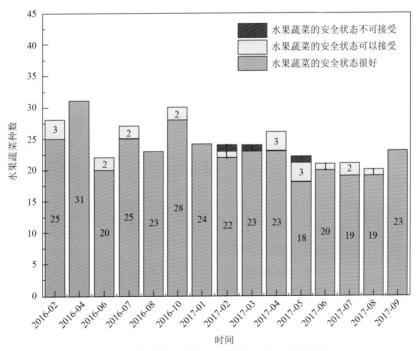

图 6-13　各月份内单种水果蔬菜安全状态统计图

6.2.3　所有水果蔬菜中农药残留安全指数分析

计算所有水果蔬菜中 92 种农药的 $\overline{IFS_c}$ 值，结果如图 6-14 及表 6-11 所示。

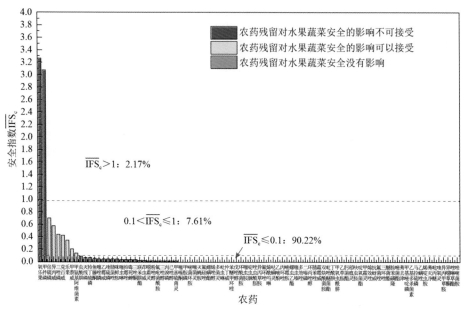

图 6-14　92 种残留农药对水果蔬菜的安全影响程度统计图

分析发现，氧乐果和甲拌磷的 $\overline{IFS_c}$ 大于 1，其他农药的 $\overline{IFS_c}$ 均小于 1，说明氧乐果和甲拌磷对水果蔬菜安全的影响不可接受，其他农药对水果蔬菜安全的影响均在没有影响和可接受的范围内，其中 7.61% 的农药对水果蔬菜安全的影响可以接受，90.22% 的农药对水果蔬菜安全没有影响。

表 6-11　水果蔬菜中 92 种农药残留的安全指数表

序号	农药	检出频次	检出率（%）	$\overline{IFS_c}$	影响程度	序号	农药	检出频次	检出率（%）	$\overline{IFS_c}$	影响程度
1	氧乐果	23	0.72	3.2625	不可接受	11	灭线磷	2	0.06	0.0641	没有影响
2	甲拌磷	13	0.41	3.0745	不可接受	12	特丁硫磷	1	0.03	0.0633	没有影响
3	倍硫磷	2	0.06	0.6850	可以接受	13	鱼藤酮	1	0.03	0.0554	没有影响
4	异丙威	10	0.31	0.5736	可以接受	14	噻唑磷	11	0.34	0.0507	没有影响
5	三唑磷	21	0.66	0.4406	可以接受	15	乙霉威	5	0.16	0.0488	没有影响
6	克百威	37	1.16	0.4261	可以接受	16	喹硫磷	1	0.03	0.0456	没有影响
7	乐果	1	0.03	0.3411	可以接受	17	腈菌唑	65	2.03	0.0432	没有影响
8	甲萘威	2	0.06	0.2072	可以接受	18	咪鲜胺	74	2.32	0.0405	没有影响
9	甲氨基阿维菌素	8	0.25	0.1355	可以接受	19	噻虫啉	6	0.19	0.0392	没有影响
10	虫酰肼	3	0.09	0.0858	没有影响	20	抑霉唑	90	2.82	0.0347	没有影响

续表

序号	农药	检出频次	检出率（%）	$\overline{IFS_c}$	影响程度	序号	农药	检出频次	检出率（%）	$\overline{IFS_c}$	影响程度
21	毒死蜱	1	0.03	0.0298	没有影响	53	乙嘧酚	3	0.09	0.0040	没有影响
22	三唑酮	10	0.31	0.0270	没有影响	54	丙环唑	47	1.47	0.0038	没有影响
23	联苯肼酯	6	0.19	0.0259	没有影响	55	嘧霉胺	75	2.35	0.0037	没有影响
24	茚虫威	2	0.06	0.0240	没有影响	56	螺虫乙酯	5	0.16	0.0035	没有影响
25	恶霜灵	35	1.10	0.0218	没有影响	57	噻虫嗪	93	2.91	0.0032	没有影响
26	粉唑醇	7	0.22	0.0191	没有影响	58	多效唑	36	1.13	0.0029	没有影响
27	氟吡菌酰胺	71	2.22	0.0188	没有影响	59	二嗪磷	1	0.03	0.0028	没有影响
28	三唑醇	4	0.13	0.0182	没有影响	60	环丙唑醇	3	0.09	0.0025	没有影响
29	丙溴磷	13	0.41	0.0181	没有影响	61	腈苯唑	3	0.09	0.0024	没有影响
30	己唑醇	8	0.25	0.0180	没有影响	62	霜霉威	151	4.73	0.0023	没有影响
31	甲基硫菌灵	92	2.88	0.0162	没有影响	63	双炔酰菌胺	6	0.19	0.0022	没有影响
32	噻嗪酮	40	1.25	0.0151	没有影响	64	吡唑醚菌酯	102	3.19	0.0022	没有影响
33	甲胺磷	3	0.09	0.0150	没有影响	65	丁酰肼	1	0.03	0.0021	没有影响
34	嘧菌环胺	8	0.25	0.0132	没有影响	66	甲氧虫酰肼	2	0.06	0.0019	没有影响
35	噻菌灵	14	0.44	0.0130	没有影响	67	乙草胺	4	0.13	0.0016	没有影响
36	灭蝇胺	44	1.38	0.0129	没有影响	68	肟菌酯	29	0.91	0.0015	没有影响
37	氟硅唑	18	0.56	0.0116	没有影响	69	稻瘟灵	3	0.09	0.0013	没有影响
38	螺螨酯	1	0.03	0.0112	没有影响	70	呋虫胺	2	0.06	0.0012	没有影响
39	烯唑醇	3	0.09	0.0108	没有影响	71	啶氧菌酯	4	0.13	0.0011	没有影响
40	多菌灵	366	11.46	0.0107	没有影响	72	甲霜灵	144	4.51	0.0011	没有影响
41	吡虫啉	160	5.01	0.0106	没有影响	73	烯效唑	3	0.09	0.0010	没有影响
42	仲丁威	1	0.03	0.0089	没有影响	74	抗蚜威	1	0.03	0.0010	没有影响
43	苯醚甲环唑	106	3.32	0.0066	没有影响	75	氟菌唑	1	0.03	0.0009	没有影响
44	戊唑醇	53	1.66	0.0065	没有影响	76	三环唑	1	0.03	0.0008	没有影响
45	环酰菌胺	9	0.28	0.0061	没有影响	77	醚菌酯	7	0.22	0.0008	没有影响
46	噻虫胺	27	0.85	0.0055	没有影响	78	胺苯磺隆	1	0.03	0.0008	没有影响
47	啶虫脒	283	8.86	0.0052	没有影响	79	嘧菌酯	169	5.29	0.0008	没有影响
48	唑虫酰胺	4	0.13	0.0048	没有影响	80	莠去津	6	0.19	0.0007	没有影响
49	异丙草胺	1	0.03	0.0045	没有影响	81	甲基嘧啶磷	3	0.09	0.0007	没有影响
50	氟环唑	2	0.06	0.0045	没有影响	82	乙基多杀菌素	4	0.13	0.0006	没有影响
51	烯酰吗啉	241	7.54	0.0042	没有影响	83	马拉硫磷	6	0.19	0.0005	没有影响
52	哒螨灵	7	0.22	0.0042	没有影响	84	乙螨唑	7	0.22	0.0003	没有影响

续表

序号	农药	检出频次	检出率（%）	$\overline{IFS_c}$	影响程度	序号	农药	检出频次	检出率（%）	$\overline{IFS_c}$	影响程度
85	烯啶虫胺	39	1.22	0.0003	没有影响	89	异丙甲草胺	5	0.16	0.0002	没有影响
86	莠灭净	1	0.03	0.0003	没有影响	90	异噁草酮	1	0.03	0.0002	没有影响
87	吡丙醚	13	0.41	0.0002	没有影响	91	唑啉草酯	1	0.03	0.0001	没有影响
88	喹氧灵	4	0.13	0.0002	没有影响	92	唑嘧菌胺	2	0.06	0.0000	没有影响

　　对每个月内所有水果蔬菜中残留农药的 $\overline{IFS_c}$ 进行分析，结果如图 6-15 所示。分析发现，2016 年 6 月、2017 年 2 月甲拌磷，2017 年 4 月、2017 年 5 月氧乐果，2016 年 2 月异丙威，2017 年 7 月克百威，2016 年 7 月、2017 年 4 月三唑磷对水果蔬菜安全的影响不可接受，该 7 个月份的其他农药和其他月份的所有农药对水果蔬菜安全的影响均处于没有影响和可以接受的范围内。每月内不同农药对水果蔬菜安全影响程度的统计如图 6-16 所示。

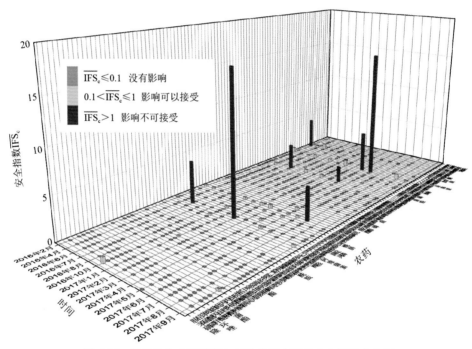

图 6-15　各月份内水果蔬菜中每种残留农药的安全指数分布图

　　计算每个月内水果蔬菜的 $\overline{IFS}$，以分析每月内水果蔬菜的安全状态，结果如图 6-17 所示，可以看出，所有月份的水果蔬菜安全状态均处于很好和可以接受的范围内。分析发现，在 13.33% 的月份内，水果蔬菜安全状态可以接受，86.67% 的月份内水果蔬菜的安全状态很好。

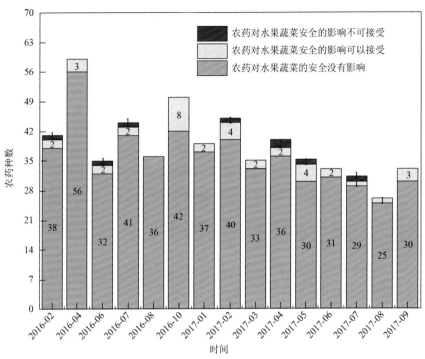

图 6-16　各月份内农药对水果蔬菜安全影响程度的统计图

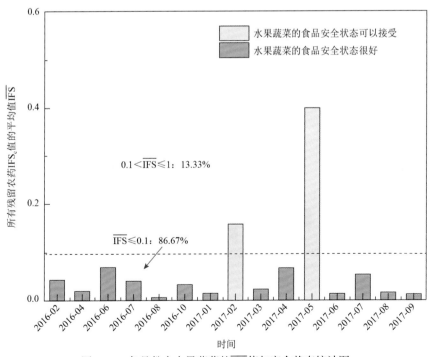

图 6-17　各月份内水果蔬菜的 $\overline{IFS}$ 值与安全状态统计图

6.3 LC-Q-TOF/MS 侦测天津市市售水果蔬菜农药残留预警风险评估

基于天津市水果蔬菜样品中农药残留 LC-Q-TOF/MS 侦测数据，分析禁用农药的检出率，同时参照中华人民共和国国家标准 GB 2763—2016 和欧盟农药最大残留限量（MRL）标准分析非禁用农药残留的超标率，并计算农药残留风险系数。分析单种水果蔬菜中农药残留以及所有水果蔬菜中农药残留的风险程度。

6.3.1 单种水果蔬菜中农药残留风险系数分析

6.3.1.1 单种水果蔬菜中禁用农药残留风险系数分析

侦测出的 124 种残留农药中有 7 种为禁用农药，且它们分布在 29 种水果蔬菜中，计算 29 种水果蔬菜中禁用农药的超标率，根据超标率计算风险系数 R，进而分析水果蔬菜中禁用农药的风险程度，结果如图 6-18 与表 6-12 所示。分析发现 7 种禁用农药在 29 种水果蔬菜中的残留处于高度风险，2 种禁用农药在 1 种水果（苹果）中的残留处于中度风险。

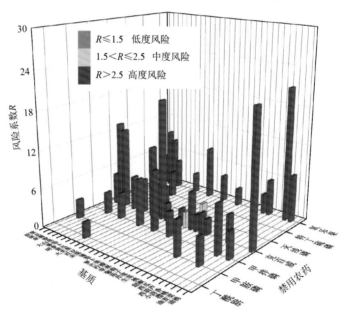

图 6-18 29 种水果蔬菜中 7 种禁用农药的风险系数分布图

表 6-12 29 种水果蔬菜中 7 种禁用农药的风险系数列表

序号	基质	农药	检出频次	检出率（%）	风险系数 R	风险程度
1	樱桃	氧乐果	1	20.00	21.10	高度风险
2	油桃	克百威	1	20.00	21.10	高度风险
3	橘	克百威	5	17.86	18.96	高度风险
4	草莓	克百威	3	12.50	13.60	高度风险
5	橙	克百威	5	11.63	12.73	高度风险
6	豇豆	克百威	1	10.00	11.10	高度风险
7	草莓	氧乐果	2	8.33	9.43	高度风险
8	萝卜	甲拌磷	2	8.33	9.43	高度风险
9	橘	氧乐果	2	7.14	8.24	高度风险
10	橙	氧乐果	3	6.98	8.08	高度风险
11	小茴香	甲拌磷	2	6.67	7.77	高度风险
12	油麦菜	氧乐果	4	6.35	7.45	高度风险
13	韭菜	甲拌磷	3	6.25	7.35	高度风险
14	葡萄	克百威	3	4.92	6.02	高度风险
15	桃	甲胺磷	1	4.55	5.65	高度风险
16	西瓜	氧乐果	1	4.55	5.65	高度风险
17	番茄	克百威	3	4.23	5.33	高度风险
18	黄瓜	克百威	3	4.23	5.33	高度风险
19	韭菜	克百威	2	4.17	5.27	高度风险
20	菜豆	克百威	2	3.77	4.87	高度风险
21	菜豆	氧乐果	2	3.77	4.87	高度风险
22	菠菜	氧乐果	1	3.57	4.67	高度风险
23	大白菜	氧乐果	1	3.45	4.55	高度风险
24	西葫芦	克百威	2	3.33	4.43	高度风险
25	小茴香	甲胺磷	1	3.33	4.43	高度风险
26	油麦菜	甲拌磷	2	3.17	4.27	高度风险
27	芒果	氧乐果	2	3.13	4.23	高度风险
28	胡萝卜	特丁硫磷	1	2.94	4.04	高度风险
29	胡萝卜	甲拌磷	1	2.94	4.04	高度风险
30	苹果	甲拌磷	2	2.78	3.88	高度风险
31	橙	甲拌磷	1	2.33	3.43	高度风险
32	芹菜	克百威	1	2.13	3.23	高度风险
33	火龙果	氧乐果	1	2.04	3.14	高度风险

续表

序号	基质	农药	检出频次	检出率（%）	风险系数 R	风险程度
34	火龙果	灭线磷	1	2.04	3.14	高度风险
35	甜椒	克百威	1	2.04	3.14	高度风险
36	甜椒	氧乐果	1	2.04	3.14	高度风险
37	菜豆	甲胺磷	1	1.89	2.99	高度风险
38	梨	克百威	1	1.64	2.74	高度风险
39	柠檬	克百威	1	1.64	2.74	高度风险
40	葡萄	氧乐果	1	1.64	2.74	高度风险
41	茄子	克百威	1	1.52	2.62	高度风险
42	生菜	克百威	1	1.43	2.53	高度风险
43	生菜	氧乐果	1	1.43	2.53	高度风险
44	黄瓜	丁酰肼	1	1.41	2.51	高度风险
45	苹果	克百威	1	1.39	2.49	中度风险
46	苹果	灭线磷	1	1.39	2.49	中度风险

6.3.1.2　基于 MRL 中国国家标准的单种水果蔬菜中非禁用农药残留风险系数分析

参照中华人民共和国国家标准 GB 2763—2016 中农药残留限量计算每种水果蔬菜中每种非禁用农药的超标率，进而计算其风险系数，根据风险系数大小判断残留农药的预警风险程度，水果蔬菜中非禁用农药残留风险程度分布情况如图 6-19 所示。

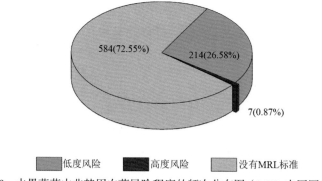

图 6-19　水果蔬菜中非禁用农药风险程度的频次分布图（MRL 中国国家标准）

本次分析中，发现在 58 种水果蔬菜中侦测出 117 种残留非禁用农药，涉及样本 805个，在 805 个样本中，0.87%处于高度风险，26.58%处于低度风险，此外发现有 584 个样本没有 MRL 中国国家标准值，无法判断其风险程度，有 MRL 中国国家标准值的 221个样本涉及 43 种水果蔬菜中的 52 种非禁用农药，其风险系数 R 值如图 6-20 所示。表 6-13为非禁用农药残留处于高度风险的水果蔬菜列表。

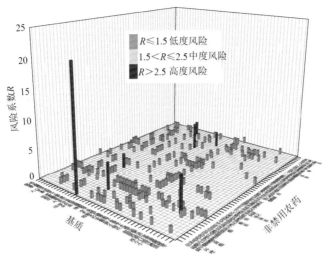

图 6-20　43 种水果蔬菜中 52 种非禁用农药的风险系数分布图（MRL 中国国家标准）

表 6-13　单种水果蔬菜中处于高度风险的非禁用农药风险系数表（MRL 中国国家标准）

序号	基质	农药	超标频次	超标率 P（%）	风险系数 R
1	豇豆	倍硫磷	2	20.0	21.10
2	小白菜	啶虫脒	1	5.00	6.10
3	橘	三唑磷	1	3.57	4.67
4	橘	丙溴磷	1	3.57	4.67
5	芒果	戊唑醇	1	1.56	2.66
6	黄瓜	异丙威	1	1.41	2.51
7	黄瓜	甲氨基阿维菌素	1	1.41	2.51

6.3.1.3　基于 MRL 欧盟标准的单种水果蔬菜中非禁用农药残留风险系数分析

参照 MRL 欧盟标准计算每种水果蔬菜中每种非禁用农药的超标率，进而计算其风险系数，根据风险系数大小判断农药残留的预警风险程度，水果蔬菜中非禁用农药残留风险程度分布情况如图 6-21 所示。

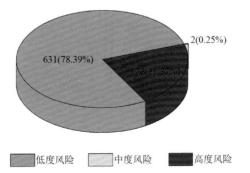

图 6-21　水果蔬菜中非禁用农药的风险程度的频次分布图（MRL 欧盟标准）

　　本次分析中，发现在 58 种水果蔬菜中共侦测出 117 种非禁用农药，涉及样本 805 个，其中，21.37%处于高度风险，涉及 43 种水果蔬菜和 57 种农药；0.25%处于中度风险，涉及 1 种水果蔬菜和 2 种农药；78.38%处于低度风险，涉及 57 种水果蔬菜和 105 种农药。单种水果蔬菜中的非禁用农药风险系数分布图如图 6-22 所示。单种水果蔬菜中处于高度风险的非禁用农药风险系数如图 6-23 和表 6-14 所示。

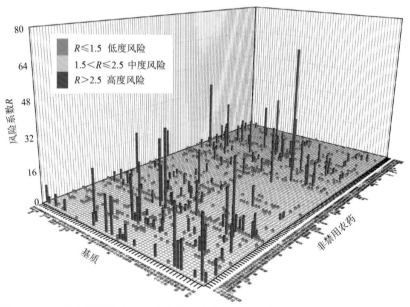

图 6-22　58 种水果蔬菜中 117 种非禁用农药的风险系数分布图（MRL 欧盟标准）

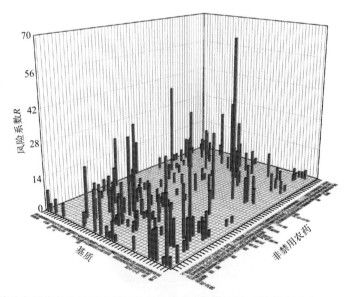

图 6-23　单种水果蔬菜中处于高度风险的非禁用农药的风险系数分布图（MRL 欧盟标准）

表 6-14　单种水果蔬菜中处于高度风险的非禁用农药的风险系数表（MRL 欧盟标准）

序号	基质	农药	超标频次	超标率 P（%）	风险系数 R
1	茼蒿	嘧霉胺	2	66.67	67.77
2	葱	噻虫嗪	3	37.50	38.60
3	木瓜	啶虫脒	7	36.84	37.94
4	小油菜	啶虫脒	18	33.96	35.06
5	木瓜	霜霉威	6	31.58	32.68
6	芒果	啶虫脒	20	31.25	32.35
7	蒜薹	咪鲜胺	5	27.78	28.88
8	蒜薹	噻菌灵	5	27.78	28.88
9	柑	三唑磷	1	25.00	26.10
10	小白菜	N-去甲基啶虫脒	5	25.00	26.10
11	枣	N-去甲基啶虫脒	2	25.00	26.10
12	辣椒	烯啶虫胺	5	23.81	24.91
13	草莓	氟唑菌酰胺	5	20.83	21.93
14	豇豆	倍硫磷	2	20.00	21.10
15	小白菜	啶虫脒	4	20.00	21.10
16	橘	三唑磷	5	17.86	18.96
17	龙眼	多菌灵	1	16.67	17.77
18	龙眼	甲萘威	1	16.67	17.77
19	木瓜	N-去甲基啶虫脒	3	15.79	16.89
20	木瓜	吡虫啉脲	3	15.79	16.89
21	芒果	N-去甲基啶虫脒	10	15.63	16.73
22	小白菜	吡虫啉脲	3	15.00	16.10
23	小白菜	灭蝇胺	3	15.00	16.10
24	菠菜	磷酸三苯酯	4	14.29	15.39
25	火龙果	多菌灵	7	14.29	15.39
26	橘	丙溴磷	4	14.29	15.39
27	哈密瓜	噻唑磷	1	12.50	13.60
28	哈密瓜	烯啶虫胺	1	12.50	13.60
29	芒果	吡虫啉	8	12.50	13.60
30	小油菜	N-去甲基啶虫脒	6	11.32	12.42
31	油麦菜	丙环唑	7	11.11	12.21
32	木瓜	吡虫啉	2	10.53	11.63
33	木瓜	烯酰吗啉	2	10.53	11.63

续表

序号	基质	农药	超标频次	超标率 P（%）	风险系数 R
34	甜椒	烯啶虫胺	5	10.20	11.30
35	柿子	多菌灵	1	10.00	11.10
36	柿子	戊唑醇	1	10.00	11.10
37	小白菜	嘧霉胺	2	10.00	11.10
38	小白菜	多菌灵	2	10.00	11.10
39	小茴香	N-去甲基啶虫脒	3	10.00	11.10
40	小茴香	去乙基阿特拉津	3	10.00	11.10
41	小茴香	吡虫啉脲	3	10.00	11.10
42	葡萄	霜霉威	6	9.84	10.94
43	油麦菜	多效唑	6	9.52	10.62
44	莴笋	甲基硫菌灵	1	9.09	10.19
45	番茄	烯啶虫胺	6	8.45	9.55
46	草莓	戊唑醇	2	8.33	9.43
47	草莓	霜霉威	2	8.33	9.43
48	芒果	烯酰吗啉	5	7.81	8.91
49	茄子	烯啶虫胺	5	7.58	8.68
50	菠菜	N-去甲基啶虫脒	2	7.14	8.24
51	橘	苯噻菌胺	2	7.14	8.24
52	小茴香	三唑醇	2	6.67	7.77
53	小茴香	多菌灵	2	6.67	7.77
54	柠檬	氟唑菌酰胺	4	6.56	7.66
55	柠檬	醚菌酯	4	6.56	7.66
56	芹菜	N-去甲基啶虫脒	3	6.38	7.48
57	芹菜	嘧霉胺	3	6.38	7.48
58	油麦菜	多菌灵	4	6.35	7.45
59	火龙果	嘧菌酯	3	6.12	7.22
60	小油菜	噁霜灵	3	5.66	6.76
61	小油菜	灭蝇胺	3	5.66	6.76
62	冬瓜	噁霜灵	3	5.56	6.66
63	紫甘蓝	胺唑草酮	2	5.56	6.66
64	李子	啶虫脒	1	5.26	6.36
65	木瓜	多菌灵	1	5.26	6.36
66	甜瓜	噻唑磷	1	5.26	6.36
67	小白菜	吡虫啉	1	5.00	6.10
68	柠檬	氟硅唑	3	4.92	6.02

续表

序号	基质	农药	超标频次	超标率 P（%）	风险系数 R
69	辣椒	N-去甲基啶虫脒	1	4.76	5.86
70	辣椒	呋虫胺	1	4.76	5.86
71	辣椒	己唑醇	1	4.76	5.86
72	芒果	噻虫胺	3	4.69	5.79
73	芒果	氟唑菌酰胺	3	4.69	5.79
74	芒果	肟菌酯	3	4.69	5.79
75	橙	N-去甲基啶虫脒	2	4.65	5.75
76	橙	三唑磷	2	4.65	5.75
77	猕猴桃	戊唑醇	3	4.62	5.72
78	茄子	丙溴磷	3	4.55	5.65
79	桃	丙溴磷	1	4.55	5.65
80	西瓜	多菌灵	1	4.55	5.65
81	西瓜	烯啶虫胺	1	4.55	5.65
82	生菜	吡虫啉脲	3	4.29	5.39
83	芹菜	丙环唑	2	4.26	5.36
84	番茄	N-去甲基啶虫脒	3	4.23	5.33
85	番茄	噻虫胺	3	4.23	5.33
86	黄瓜	异丙威	3	4.23	5.33
87	黄瓜	烯啶虫胺	3	4.23	5.33
88	草莓	二甲嘧酚	1	4.17	5.27
89	草莓	多菌灵	1	4.17	5.27
90	草莓	异丙威	1	4.17	5.27
91	草莓	炔丙菊酯	1	4.17	5.27
92	丝瓜	噻唑磷	1	4.17	5.27
93	甜椒	N-去甲基啶虫脒	2	4.08	5.18
94	橘	乐果	1	3.57	4.67
95	橘	氟硅唑	1	3.57	4.67
96	橘	胺苯磺隆	1	3.57	4.67
97	橘	醚菌酯	1	3.57	4.67
98	西葫芦	烯啶虫胺	2	3.33	4.43
99	小茴香	三唑酮	1	3.33	4.43
100	小茴香	乙霉威	1	3.33	4.43
101	小茴香	噁霜灵	1	3.33	4.43
102	梨	嘧菌酯	2	3.28	4.38
103	葡萄	N-去甲基啶虫脒	2	3.28	4.38

序号	基质	农药	超标频次	超标率 P（%）	风险系数 R
104	葡萄	氟硅唑	2	3.28	4.38
105	油麦菜	吡虫啉脲	2	3.17	4.27
106	油麦菜	异丙威	2	3.17	4.27
107	芒果	噁霜灵	2	3.13	4.23
108	芒果	氟吡菌酰胺	2	3.13	4.23
109	番茄	噁霜灵	2	2.82	3.92
110	黄瓜	噻虫胺	2	2.82	3.92
111	紫甘蓝	N-去甲基啶虫脒	1	2.78	3.88
112	橙	仲丁威	1	2.33	3.43
113	橙	氟吡菌酰胺	1	2.33	3.43
114	橙	甲萘威	1	2.33	3.43
115	芹菜	三唑磷	1	2.13	3.23
116	芹菜	吡虫啉脲	1	2.13	3.23
117	芹菜	啶氧菌酯	1	2.13	3.23
118	芹菜	多菌灵	1	2.13	3.23
119	芹菜	氟硅唑	1	2.13	3.23
120	韭菜	腈菌唑	1	2.08	3.18
121	火龙果	己唑醇	1	2.04	3.14
122	火龙果	戊唑醇	1	2.04	3.14
123	火龙果	甲基硫菌灵	1	2.04	3.14
124	甜椒	丙溴磷	1	2.04	3.14
125	洋葱	异丙威	1	2.00	3.10
126	菜豆	N-去甲基啶虫脒	1	1.89	2.99
127	菜豆	三唑磷	1	1.89	2.99
128	菜豆	三唑醇	1	1.89	2.99
129	菜豆	噁霜灵	1	1.89	2.99
130	菜豆	异丙威	1	1.89	2.99
131	菜豆	烯酰吗啉	1	1.89	2.99
132	小油菜	双苯基脲	1	1.89	2.99
133	小油菜	异丙威	1	1.89	2.99
134	小油菜	烯唑醇	1	1.89	2.99
135	小油菜	缬霉威	1	1.89	2.99
136	小油菜	虫酰肼	1	1.89	2.99
137	冬瓜	多菌灵	1	1.85	2.95
138	西葫芦	吡虫啉脲	1	1.67	2.77

续表

序号	基质	农药	超标频次	超标率 P（%）	风险系数 R
139	葡萄	双苯基脲	1	1.64	2.74
140	葡萄	吡虫啉脲	1	1.64	2.74
141	葡萄	啶氧菌酯	1	1.64	2.74
142	葡萄	多菌灵	1	1.64	2.74
143	葡萄	异丙威	1	1.64	2.74
144	葡萄	抑霉唑	1	1.64	2.74
145	葡萄	氟唑菌酰胺	1	1.64	2.74
146	油麦菜	N-去甲基啶虫脒	1	1.59	2.69
147	油麦菜	三唑酮	1	1.59	2.69
148	油麦菜	三唑醇	1	1.59	2.69
149	油麦菜	噁霜灵	1	1.59	2.69
150	油麦菜	己唑醇	1	1.59	2.69
151	油麦菜	甲基硫菌灵	1	1.59	2.69
152	芒果	吡虫啉脲	1	1.56	2.66
153	芒果	噻嗪酮	1	1.56	2.66
154	芒果	噻虫啉	1	1.56	2.66
155	芒果	烯啶虫胺	1	1.56	2.66
156	猕猴桃	丙环唑	1	1.54	2.64
157	猕猴桃	吡虫啉	1	1.54	2.64
158	猕猴桃	氟唑菌酰胺	1	1.54	2.64
159	猕猴桃	甲氧虫酰肼	1	1.54	2.64
160	茄子	N-去甲基啶虫脒	1	1.52	2.62
161	茄子	三唑磷	1	1.52	2.62
162	茄子	二甲嘧酚	1	1.52	2.62
163	茄子	甲哌	1	1.52	2.62
164	生菜	N-去甲基啶虫脒	1	1.43	2.53
165	生菜	吡虫啉	1	1.43	2.53
166	番茄	噻唑磷	1	1.41	2.51
167	番茄	噻虫嗪	1	1.41	2.51
168	番茄	甲哌	1	1.41	2.51
169	黄瓜	噁霜灵	1	1.41	2.51
170	黄瓜	噻唑磷	1	1.41	2.51
171	黄瓜	甲哌	1	1.41	2.51
172	黄瓜	甲氨基阿维菌素	1	1.41	2.51

6.3.2 所有水果蔬菜中农药残留风险系数分析

6.3.2.1 所有水果蔬菜中禁用农药残留风险系数分析

在侦测出的 124 种农药中有 7 种为禁用农药，计算所有水果蔬菜中禁用农药的风险系数，结果如表 6-15 所示。禁用农药克百威处于高度风险，氧乐果和甲拌磷 2 种禁用农药处于中度风险，剩余 4 种禁用农药处于低度风险。

表 6-15　水果蔬菜中 7 种禁用农药的风险系数表

序号	农药	检出频次	检出率（%）	风险系数 R	风险程度
1	克百威	37	1.95	3.05	高度风险
2	氧乐果	23	1.22	2.32	中度风险
3	甲拌磷	13	0.69	1.79	中度风险
4	甲胺磷	3	0.16	1.26	低度风险
5	灭线磷	2	0.11	1.21	低度风险
6	丁酰肼	1	0.05	1.15	低度风险
7	特丁硫磷	1	0.05	1.15	低度风险

对每个月内的禁用农药的风险系数进行分析，结果如图 6-24 和表 6-16 所示。

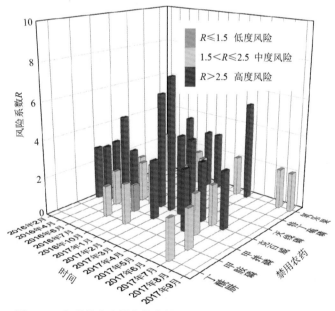

图 6-24　各月份内水果蔬菜中禁用农药残留的风险系数分布图

表 6-16　各月份内水果蔬菜中禁用农药的风险系数表

序号	年月	农药	检出频次	检出率（%）	风险系数 R	风险程度
1	2016 年 2 月	甲拌磷	3	1.78	2.88	高度风险
2	2016 年 2 月	克百威	3	1.78	2.88	高度风险
3	2016 年 2 月	氧乐果	2	1.18	2.28	中度风险
4	2016 年 4 月	克百威	5	3.31	4.41	高度风险
5	2016 年 4 月	甲拌磷	3	1.99	3.09	高度风险
6	2016 年 4 月	氧乐果	2	1.32	2.42	中度风险
7	2016 年 4 月	灭线磷	1	0.66	1.76	中度风险
8	2016 年 6 月	克百威	2	1.56	2.66	高度风险
9	2016 年 6 月	甲拌磷	1	0.78	1.88	中度风险
10	2016 年 6 月	氧乐果	1	0.78	1.88	中度风险
11	2016 年 7 月	氧乐果	5	2.62	3.72	高度风险
12	2016 年 7 月	克百威	2	1.05	2.15	中度风险
13	2016 年 7 月	甲胺磷	1	0.52	1.62	中度风险
14	2016 年 10 月	克百威	3	1.08	2.18	中度风险
15	2016 年 10 月	氧乐果	2	0.72	1.82	中度风险
16	2016 年 10 月	甲拌磷	1	0.36	1.46	低度风险
17	2017 年 1 月	克百威	5	5.10	6.20	高度风险
18	2017 年 1 月	氧乐果	2	2.04	3.14	高度风险
19	2017 年 1 月	甲胺磷	1	1.02	2.12	中度风险
20	2017 年 2 月	克百威	6	6.12	7.22	高度风险
21	2017 年 2 月	甲拌磷	2	2.04	3.14	高度风险
22	2017 年 2 月	氧乐果	2	2.04	3.14	高度风险
23	2017 年 2 月	灭线磷	1	1.02	2.12	中度风险
24	2017 年 2 月	特丁硫磷	1	1.02	2.12	中度风险
25	2017 年 3 月	克百威	3	3.13	4.23	高度风险
26	2017 年 4 月	克百威	3	3.09	4.19	高度风险
27	2017 年 4 月	氧乐果	1	1.03	2.13	中度风险
28	2017 年 5 月	氧乐果	4	4.21	5.31	高度风险
29	2017 年 5 月	甲拌磷	2	2.11	3.21	高度风险
30	2017 年 5 月	克百威	2	2.11	3.21	高度风险
31	2017 年 6 月	甲拌磷	1	1.08	2.18	中度风险
32	2017 年 6 月	克百威	1	1.08	2.18	中度风险
33	2017 年 7 月	克百威	2	1.98	3.08	高度风险

续表

序号	年月	农药	检出频次	检出率（%）	风险系数 R	风险程度
34	2017 年 7 月	丁酰肼	1	0.99	2.09	中度风险
35	2017 年 7 月	甲胺磷	1	0.99	2.09	中度风险
36	2017 年 8 月	氧乐果	1	1.04	2.14	中度风险
37	2017 年 9 月	氧乐果	1	0.99	2.09	中度风险

6.3.2.2 　所有水果蔬菜中非禁用农药残留风险系数分析

参照 MRL 欧盟标准计算所有水果蔬菜中每种非禁用农药残留的风险系数，如图 6-25 与表 6-17 所示。在侦测出的 117 种非禁用农药中，3 种农药（2.56%）残留处于高度风险，12 种农药（10.26%）残留处于中度风险，102 种农药（87.18%）残留处于低度风险。

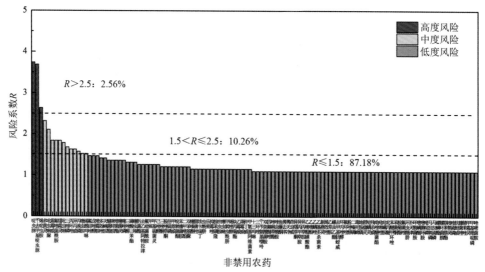

图 6-25　水果蔬菜中 117 种非禁用农药的风险程度统计图

表 6-17　水果蔬菜中 117 种非禁用农药的风险系数表

序号	农药	超标频次	超标率 P（%）	风险系数 R	风险程度
1	啶虫脒	50	2.64	3.74	高度风险
2	N-去甲基啶虫脒	49	2.59	3.69	高度风险
3	烯啶虫胺	29	1.53	2.63	高度风险
4	多菌灵	23	1.22	2.32	中度风险
5	吡虫啉脲	19	1.00	2.10	中度风险
6	霜霉威	14	0.74	1.84	中度风险
7	氟唑菌酰胺	14	0.74	1.84	中度风险
8	噁霜灵	14	0.74	1.84	中度风险

续表

序号	农药	超标频次	超标率 P（%）	风险系数 R	风险程度
9	吡虫啉	13	0.69	1.79	中度风险
10	三唑磷	11	0.58	1.68	中度风险
11	丙环唑	10	0.53	1.63	中度风险
12	异丙威	10	0.53	1.63	中度风险
13	丙溴磷	9	0.48	1.58	中度风险
14	噻虫胺	8	0.42	1.52	中度风险
15	烯酰吗啉	8	0.42	1.52	中度风险
16	氟硅唑	7	0.37	1.47	低度风险
17	戊唑醇	7	0.37	1.47	低度风险
18	嘧霉胺	7	0.37	1.47	低度风险
19	多效唑	6	0.32	1.42	低度风险
20	灭蝇胺	6	0.32	1.42	低度风险
21	醚菌酯	5	0.26	1.36	低度风险
22	咪鲜胺	5	0.26	1.36	低度风险
23	嘧菌酯	5	0.26	1.36	低度风险
24	噻菌灵	5	0.26	1.36	低度风险
25	噻唑磷	5	0.26	1.36	低度风险
26	三唑醇	4	0.21	1.31	低度风险
27	磷酸三苯酯	4	0.21	1.31	低度风险
28	噻虫嗪	4	0.21	1.31	低度风险
29	肟菌酯	3	0.16	1.26	低度风险
30	去乙基阿特拉津	3	0.16	1.26	低度风险
31	氟吡菌酰胺	3	0.16	1.26	低度风险
32	甲哌	3	0.16	1.26	低度风险
33	甲基硫菌灵	3	0.16	1.26	低度风险
34	己唑醇	3	0.16	1.26	低度风险
35	三唑酮	2	0.11	1.21	低度风险
36	胺唑草酮	2	0.11	1.21	低度风险
37	倍硫磷	2	0.11	1.21	低度风险
38	甲萘威	2	0.11	1.21	低度风险
39	啶氧菌酯	2	0.11	1.21	低度风险
40	苯噻菌胺	2	0.11	1.21	低度风险
41	二甲嘧酚	2	0.11	1.21	低度风险

序号	农药	超标频次	超标率 P（%）	风险系数 R	风险程度
42	双苯基脲	2	0.11	1.21	低度风险
43	噻嗪酮	1	0.05	1.15	低度风险
44	腈菌唑	1	0.05	1.15	低度风险
45	埃卡瑞丁	1	0.05	1.15	低度风险
46	虫酰肼	1	0.05	1.15	低度风险
47	乐果	1	0.05	1.15	低度风险
48	抑霉唑	1	0.05	1.15	低度风险
49	胺苯磺隆	1	0.05	1.15	低度风险
50	呋虫胺	1	0.05	1.15	低度风险
51	噻虫啉	1	0.05	1.15	低度风险
52	甲氧虫酰肼	1	0.05	1.15	低度风险
53	烯唑醇	1	0.05	1.15	低度风险
54	炔丙菊酯	1	0.05	1.15	低度风险
55	乙霉威	1	0.05	1.15	低度风险
56	缬霉威	1	0.05	1.15	低度风险
57	仲丁威	1	0.05	1.15	低度风险
58	甲氨基阿维菌素	1	0.05	1.15	低度风险
59	十三吗啉	0	0	1.1	低度风险
60	三环唑	0	0	1.1	低度风险
61	6-苄氨基嘌呤	0	0	1.1	低度风险
62	双炔酰菌胺	0	0	1.1	低度风险
63	四氟醚唑	0	0	1.1	低度风险
64	唑啉草酯	0	0	1.1	低度风险
65	唑虫酰胺	0	0	1.1	低度风险
66	鱼藤酮	0	0	1.1	低度风险
67	莠去津	0	0	1.1	低度风险
68	莠灭净	0	0	1.1	低度风险
69	茚虫威	0	0	1.1	低度风险
70	异噁草酮	0	0	1.1	低度风险
71	异丙甲草胺	0	0	1.1	低度风险
72	异丙草胺	0	0	1.1	低度风险
73	乙嘧酚磺酸酯	0	0	1.1	低度风险
74	乙嘧酚	0	0	1.1	低度风险

续表

序号	农药	超标频次	超标率 P（%）	风险系数 R	风险程度
75	乙螨唑	0	0	1.1	低度风险
76	乙基多杀菌素	0	0	1.1	低度风险
77	新燕灵	0	0	1.1	低度风险
78	烯效唑	0	0	1.1	低度风险
79	乙草胺	0	0	1.1	低度风险
80	螺虫乙酯	0	0	1.1	低度风险
81	去甲基抗蚜威	0	0	1.1	低度风险
82	环丙唑醇	0	0	1.1	低度风险
83	氟环唑	0	0	1.1	低度风险
84	粉唑醇	0	0	1.1	低度风险
85	二嗪磷	0	0	1.1	低度风险
86	毒死蜱	0	0	1.1	低度风险
87	地胺磷	0	0	1.1	低度风险
88	稻瘟灵	0	0	1.1	低度风险
89	哒螨灵	0	0	1.1	低度风险
90	残杀威	0	0	1.1	低度风险
91	吡唑醚菌酯	0	0	1.1	低度风险
92	吡咪唑	0	0	1.1	低度风险
93	吡螨胺	0	0	1.1	低度风险
94	吡丙醚	0	0	1.1	低度风险
95	苯醚甲环唑	0	0	1.1	低度风险
96	苯菌酮	0	0	1.1	低度风险
97	胺菊酯	0	0	1.1	低度风险
98	氟菌唑	0	0	1.1	低度风险
99	环虫酰肼	0	0	1.1	低度风险
100	扑灭津	0	0	1.1	低度风险
101	环酰菌胺	0	0	1.1	低度风险
102	嘧螨醚	0	0	1.1	低度风险
103	嘧菌环胺	0	0	1.1	低度风险
104	嘧啶磷	0	0	1.1	低度风险
105	马拉氧磷	0	0	1.1	低度风险
106	马拉硫磷	0	0	1.1	低度风险
107	螺螨酯	0	0	1.1	低度风险

续表

序号	农药	超标频次	超标率 P（%）	风险系数 R	风险程度
108	螺环菌胺	0	0	1.1	低度风险
109	联苯肼酯	0	0	1.1	低度风险
110	喹氧灵	0	0	1.1	低度风险
111	喹硫磷	0	0	1.1	低度风险
112	抗蚜威	0	0	1.1	低度风险
113	糠菌唑	0	0	1.1	低度风险
114	腈苯唑	0	0	1.1	低度风险
115	甲霜灵	0	0	1.1	低度风险
116	甲基嘧啶磷	0	0	1.1	低度风险
117	唑嘧菌胺	0	0	1.1	低度风险

对每个月份内的非禁用农药的风险系数分析，每月内非禁用农药风险程度分布图如图 6-26 所示。15 个月份内处于高度风险的农药数排序为 2017 年 2 月（8）>2017 年 4 月（7）>2016 年 10 月（6）>2016 年 4 月（5）=2016 年 6 月（5）=2016 年 7 月（5）=2016 年 8 月（5）=2017 年 1 月（5）=2017 年 3 月（5）>2017 年 6 月（4）=2017 年 8 月（4）>2017 年 9 月（3）>2016 年 2 月（2）=2017 年 5 月（2）=2017 年 7 月（2）。

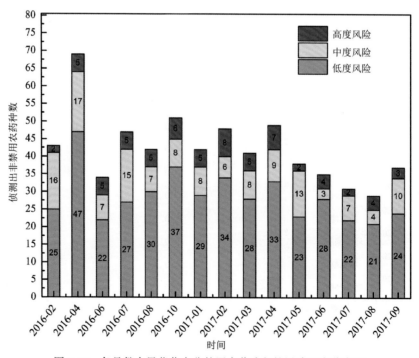

图 6-26　各月份水果蔬菜中非禁用农药残留的风险程度分布图

15 个月份内水果蔬菜中非禁用农药处于中度风险和高度风险的风险系数如图 6-27 和表 6-18 所示。

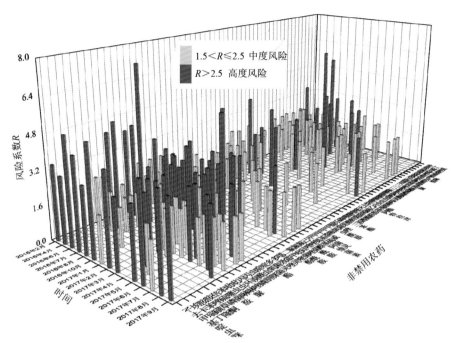

图 6-27　各月份水果蔬菜中非禁用农药处于中度风险和高度风险的风险系数分布图

表 6-18　各月份水果蔬菜中非禁用农药处于高度风险的风险系数表

序号	年月	农药	超标频次	超标率 P（%）	风险系数 R	风险程度
1	2016 年 2 月	啶虫脒	5	2.96	4.06	高度风险
2	2016 年 2 月	N-去甲基啶虫脒	4	2.37	3.47	高度风险
3	2016 年 2 月	吡虫啉	2	1.18	2.28	中度风险
4	2016 年 2 月	多菌灵	2	1.18	2.28	中度风险
5	2016 年 2 月	噁霜灵	2	1.18	2.28	中度风险
6	2016 年 2 月	氟吡菌酰胺	2	1.18	2.28	中度风险
7	2016 年 2 月	嘧霉胺	2	1.18	2.28	中度风险
8	2016 年 2 月	噻虫胺	2	1.18	2.28	中度风险
9	2016 年 2 月	霜霉威	2	1.18	2.28	中度风险
10	2016 年 2 月	烯酰吗啉	2	1.18	2.28	中度风险
11	2016 年 2 月	甲哌	1	0.59	1.69	中度风险
12	2016 年 2 月	嘧菌酯	1	0.59	1.69	中度风险
13	2016 年 2 月	噻嗪酮	1	0.59	1.69	中度风险
14	2016 年 2 月	三唑醇	1	0.59	1.69	中度风险

续表

序号	年月	农药	超标频次	超标率 P（%）	风险系数 R	风险程度
15	2016 年 2 月	三唑酮	1	0.59	1.69	中度风险
16	2016 年 2 月	肟菌酯	1	0.59	1.69	中度风险
17	2016 年 2 月	烯啶虫胺	1	0.59	1.69	中度风险
18	2016 年 2 月	异丙威	1	0.59	1.69	中度风险
19	2016 年 4 月	吡虫啉脲	5	3.31	4.41	高度风险
20	2016 年 4 月	啶虫脒	5	3.31	4.41	高度风险
21	2016 年 4 月	磷酸三苯酯	4	2.65	3.75	高度风险
22	2016 年 4 月	烯酰吗啉	4	2.65	3.75	高度风险
23	2016 年 4 月	N-去甲基啶虫脒	3	1.99	3.09	高度风险
24	2016 年 4 月	吡虫啉	2	1.32	2.42	中度风险
25	2016 年 4 月	氟硅唑	2	1.32	2.42	中度风险
26	2016 年 4 月	嘧霉胺	2	1.32	2.42	中度风险
27	2016 年 4 月	噻唑磷	2	1.32	2.42	中度风险
28	2016 年 4 月	三唑磷	2	1.32	2.42	中度风险
29	2016 年 4 月	霜霉威	2	1.32	2.42	中度风险
30	2016 年 4 月	戊唑醇	2	1.32	2.42	中度风险
31	2016 年 4 月	烯啶虫胺	2	1.32	2.42	中度风险
32	2016 年 4 月	丙环唑	1	0.66	1.76	中度风险
33	2016 年 4 月	丙溴磷	1	0.66	1.76	中度风险
34	2016 年 4 月	多菌灵	1	0.66	1.76	中度风险
35	2016 年 4 月	噁霜灵	1	0.66	1.76	中度风险
36	2016 年 4 月	己唑醇	1	0.66	1.76	中度风险
37	2016 年 4 月	醚菌酯	1	0.66	1.76	中度风险
38	2016 年 4 月	灭蝇胺	1	0.66	1.76	中度风险
39	2016 年 4 月	噻虫啉	1	0.66	1.76	中度风险
40	2016 年 4 月	异丙威	1	0.66	1.76	中度风险
41	2016 年 6 月	啶虫脒	8	6.25	7.35	高度风险
42	2016 年 6 月	N-去甲基啶虫脒	5	3.91	5.01	高度风险
43	2016 年 6 月	吡虫啉脲	5	3.91	5.01	高度风险
44	2016 年 6 月	灭蝇胺	4	3.13	4.23	高度风险
45	2016 年 6 月	噁霜灵	2	1.56	2.66	高度风险
46	2016 年 6 月	吡虫啉	1	0.78	1.88	中度风险
47	2016 年 6 月	啶氧菌酯	1	0.78	1.88	中度风险

续表

序号	年月	农药	超标频次	超标率 P（%）	风险系数 R	风险程度
48	2016 年 6 月	醚菌酯	1	0.78	1.88	中度风险
49	2016 年 6 月	噻虫胺	1	0.78	1.88	中度风险
50	2016 年 6 月	噻唑磷	1	0.78	1.88	中度风险
51	2016 年 6 月	烯啶虫胺	1	0.78	1.88	中度风险
52	2016 年 6 月	异丙威	1	0.78	1.88	中度风险
53	2016 年 7 月	N-去甲基啶虫脒	6	3.14	4.24	高度风险
54	2016 年 7 月	啶虫脒	3	1.57	2.67	高度风险
55	2016 年 7 月	去乙基阿特拉津	3	1.57	2.67	高度风险
56	2016 年 7 月	烯啶虫胺	3	1.57	2.67	高度风险
57	2016 年 7 月	异丙威	3	1.57	2.67	高度风险
58	2016 年 7 月	甲哌	2	1.05	2.15	中度风险
59	2016 年 7 月	三唑醇	2	1.05	2.15	中度风险
60	2016 年 7 月	霜霉威	2	1.05	2.15	中度风险
61	2016 年 7 月	吡虫啉脲	1	0.52	1.62	中度风险
62	2016 年 7 月	丙环唑	1	0.52	1.62	中度风险
63	2016 年 7 月	丙溴磷	1	0.52	1.62	中度风险
64	2016 年 7 月	多菌灵	1	0.52	1.62	中度风险
65	2016 年 7 月	多效唑	1	0.52	1.62	中度风险
66	2016 年 7 月	氟硅唑	1	0.52	1.62	中度风险
67	2016 年 7 月	腈菌唑	1	0.52	1.62	中度风险
68	2016 年 7 月	醚菌酯	1	0.52	1.62	中度风险
69	2016 年 7 月	三唑磷	1	0.52	1.62	中度风险
70	2016 年 7 月	三唑酮	1	0.52	1.62	中度风险
71	2016 年 7 月	烯酰吗啉	1	0.52	1.62	中度风险
72	2016 年 7 月	抑霉唑	1	0.52	1.62	中度风险
73	2016 年 8 月	烯啶虫胺	5	5.00	6.10	高度风险
74	2016 年 8 月	啶虫脒	3	3.00	4.10	高度风险
75	2016 年 8 月	N-去甲基啶虫脒	2	2.00	3.10	高度风险
76	2016 年 8 月	多效唑	2	2.00	3.10	高度风险
77	2016 年 8 月	异丙威	2	2.00	3.10	高度风险
78	2016 年 8 月	埃卡瑞丁	1	1.00	2.10	中度风险
79	2016 年 8 月	多菌灵	1	1.00	2.10	中度风险
80	2016 年 8 月	噁霜灵	1	1.00	2.10	中度风险

续表

序号	年月	农药	超标频次	超标率 P（%）	风险系数 R	风险程度
81	2016 年 8 月	氟硅唑	1	1.00	2.10	中度风险
82	2016 年 8 月	醚菌酯	1	1.00	2.10	中度风险
83	2016 年 8 月	嘧霉胺	1	1.00	2.10	中度风险
84	2016 年 8 月	霜霉威	1	1.00	2.10	中度风险
85	2016 年 10 月	烯啶虫胺	13	4.66	5.76	高度风险
86	2016 年 10 月	N-去甲基啶虫脒	11	3.94	5.04	高度风险
87	2016 年 10 月	多菌灵	6	2.15	3.25	高度风险
88	2016 年 10 月	咪鲜胺	5	1.79	2.89	高度风险
89	2016 年 10 月	噻菌灵	5	1.79	2.89	高度风险
90	2016 年 10 月	啶虫脒	4	1.43	2.53	高度风险
91	2016 年 10 月	噻虫嗪	3	1.08	2.18	中度风险
92	2016 年 10 月	三唑磷	3	1.08	2.18	中度风险
93	2016 年 10 月	倍硫磷	2	0.72	1.82	中度风险
94	2016 年 10 月	丙环唑	2	0.72	1.82	中度风险
95	2016 年 10 月	多效唑	2	0.72	1.82	中度风险
96	2016 年 10 月	己唑醇	2	0.72	1.82	中度风险
97	2016 年 10 月	霜霉威	2	0.72	1.82	中度风险
98	2016 年 10 月	戊唑醇	2	0.72	1.82	中度风险
99	2017 年 1 月	嘧菌酯	3	3.06	4.16	高度风险
100	2017 年 1 月	啶虫脒	2	2.04	3.14	高度风险
101	2017 年 1 月	多菌灵	2	2.04	3.14	高度风险
102	2017 年 1 月	嘧霉胺	2	2.04	3.14	高度风险
103	2017 年 1 月	异丙威	2	2.04	3.14	高度风险
104	2017 年 1 月	N-去甲基啶虫脒	1	1.02	2.12	中度风险
105	2017 年 1 月	吡虫啉	1	1.02	2.12	中度风险
106	2017 年 1 月	噁霜灵	1	1.02	2.12	中度风险
107	2017 年 1 月	二甲嘧酚	1	1.02	2.12	中度风险
108	2017 年 1 月	氟硅唑	1	1.02	2.12	中度风险
109	2017 年 1 月	氟唑菌酰胺	1	1.02	2.12	中度风险
110	2017 年 1 月	三唑磷	1	1.02	2.12	中度风险
111	2017 年 1 月	烯啶虫胺	1	1.02	2.12	中度风险
112	2017 年 2 月	氟唑菌酰胺	4	4.08	5.18	高度风险
113	2017 年 2 月	N-去甲基啶虫脒	3	3.06	4.16	高度风险

序号	年月	农药	超标频次	超标率 P（%）	风险系数 R	风险程度
114	2017 年 2 月	丙溴磷	3	3.06	4.16	高度风险
115	2017 年 2 月	多菌灵	3	3.06	4.16	高度风险
116	2017 年 2 月	三唑磷	3	3.06	4.16	高度风险
117	2017 年 2 月	吡虫啉	2	2.04	3.14	高度风险
118	2017 年 2 月	啶虫脒	2	2.04	3.14	高度风险
119	2017 年 2 月	噁霜灵	2	2.04	3.14	高度风险
120	2017 年 2 月	苯噻菌胺	1	1.02	2.12	中度风险
121	2017 年 2 月	甲氧虫酰肼	1	1.02	2.12	中度风险
122	2017 年 2 月	噻虫胺	1	1.02	2.12	中度风险
123	2017 年 2 月	肟菌酯	1	1.02	2.12	中度风险
124	2017 年 2 月	烯啶虫胺	1	1.02	2.12	中度风险
125	2017 年 2 月	仲丁威	1	1.02	2.12	中度风险
126	2017 年 3 月	啶虫脒	3	3.13	4.23	高度风险
127	2017 年 3 月	N-去甲基啶虫脒	2	2.08	3.18	高度风险
128	2017 年 3 月	吡虫啉	2	2.08	3.18	高度风险
129	2017 年 3 月	噁霜灵	2	2.08	3.18	高度风险
130	2017 年 3 月	氟唑菌酰胺	2	2.08	3.18	高度风险
131	2017 年 3 月	吡虫啉脲	1	1.04	2.14	中度风险
132	2017 年 3 月	丙溴磷	1	1.04	2.14	中度风险
133	2017 年 3 月	多菌灵	1	1.04	2.14	中度风险
134	2017 年 3 月	二甲嘧酚	1	1.04	2.14	中度风险
135	2017 年 3 月	氟吡菌酰胺	1	1.04	2.14	中度风险
136	2017 年 3 月	霜霉威	1	1.04	2.14	中度风险
137	2017 年 3 月	烯啶虫胺	1	1.04	2.14	中度风险
138	2017 年 3 月	烯酰吗啉	1	1.04	2.14	中度风险
139	2017 年 4 月	胺唑草酮	2	2.06	3.16	高度风险
140	2017 年 4 月	啶虫脒	2	2.06	3.16	高度风险
141	2017 年 4 月	多菌灵	2	2.06	3.16	高度风险
142	2017 年 4 月	噁霜灵	2	2.06	3.16	高度风险
143	2017 年 4 月	氟唑菌酰胺	2	2.06	3.16	高度风险
144	2017 年 4 月	霜霉威	2	2.06	3.16	高度风险
145	2017 年 4 月	戊唑醇	2	2.06	3.16	高度风险
146	2017 年 4 月	吡虫啉	1	1.03	2.13	中度风险

续表

序号	年月	农药	超标频次	超标率 P（%）	风险系数 R	风险程度
147	2017 年 4 月	吡虫啉脲	1	1.03	2.13	中度风险
148	2017 年 4 月	丙溴磷	1	1.03	2.13	中度风险
149	2017 年 4 月	甲基硫菌灵	1	1.03	2.13	中度风险
150	2017 年 4 月	甲萘威	1	1.03	2.13	中度风险
151	2017 年 4 月	炔丙菊酯	1	1.03	2.13	中度风险
152	2017 年 4 月	三唑醇	1	1.03	2.13	中度风险
153	2017 年 4 月	三唑磷	1	1.03	2.13	中度风险
154	2017 年 4 月	烯啶虫胺	1	1.03	2.13	中度风险
155	2017 年 5 月	N-去甲基啶虫脒	2	2.11	3.21	高度风险
156	2017 年 5 月	啶虫脒	2	2.11	3.21	高度风险
157	2017 年 5 月	胺苯磺隆	1	1.05	2.15	中度风险
158	2017 年 5 月	苯噻菌胺	1	1.05	2.15	中度风险
159	2017 年 5 月	吡虫啉脲	1	1.05	2.15	中度风险
160	2017 年 5 月	丙环唑	1	1.05	2.15	中度风险
161	2017 年 5 月	多菌灵	1	1.05	2.15	中度风险
162	2017 年 5 月	氟硅唑	1	1.05	2.15	中度风险
163	2017 年 5 月	乐果	1	1.05	2.15	中度风险
164	2017 年 5 月	灭蝇胺	1	1.05	2.15	中度风险
165	2017 年 5 月	噻虫胺	1	1.05	2.15	中度风险
166	2017 年 5 月	双苯基脲	1	1.05	2.15	中度风险
167	2017 年 5 月	霜霉威	1	1.05	2.15	中度风险
168	2017 年 5 月	烯唑醇	1	1.05	2.15	中度风险
169	2017 年 5 月	缬霉威	1	1.05	2.15	中度风险
170	2017 年 6 月	N-去甲基啶虫脒	3	3.23	4.33	高度风险
171	2017 年 6 月	啶虫脒	3	3.23	4.33	高度风险
172	2017 年 6 月	吡虫啉脲	2	2.15	3.25	高度风险
173	2017 年 6 月	丙环唑	2	2.15	3.25	高度风险
174	2017 年 6 月	多效唑	1	1.08	2.18	中度风险
175	2017 年 6 月	噁霜灵	1	1.08	2.18	中度风险
176	2017 年 6 月	氟唑菌酰胺	1	1.08	2.18	中度风险
177	2017 年 7 月	啶虫脒	5	4.95	6.05	高度风险
178	2017 年 7 月	多菌灵	3	2.97	4.07	高度风险
179	2017 年 7 月	N-去甲基啶虫脒	1	0.99	2.09	中度风险

续表

序号	年月	农药	超标频次	超标率 P（%）	风险系数 R	风险程度
180	2017 年 7 月	吡虫啉脲	1	0.99	2.09	中度风险
181	2017 年 7 月	丙环唑	1	0.99	2.09	中度风险
182	2017 年 7 月	氟唑菌酰胺	1	0.99	2.09	中度风险
183	2017 年 7 月	醚菌酯	1	0.99	2.09	中度风险
184	2017 年 7 月	噻唑磷	1	0.99	2.09	中度风险
185	2017 年 7 月	霜霉威	1	0.99	2.09	中度风险
186	2017 年 8 月	N-去甲基啶虫脒	3	3.13	4.23	高度风险
187	2017 年 8 月	吡虫啉脲	2	2.08	3.18	高度风险
188	2017 年 8 月	啶虫脒	2	2.08	3.18	高度风险
189	2017 年 8 月	氟唑菌酰胺	2	2.08	3.18	高度风险
190	2017 年 8 月	丙环唑	1	1.04	2.14	中度风险
191	2017 年 8 月	丙溴磷	1	1.04	2.14	中度风险
192	2017 年 8 月	氟硅唑	1	1.04	2.14	中度风险
193	2017 年 8 月	噻虫胺	1	1.04	2.14	中度风险
194	2017 年 9 月	N-去甲基啶虫脒	3	2.97	4.07	高度风险
195	2017 年 9 月	吡虫啉	2	1.98	3.08	高度风险
196	2017 年 9 月	噻虫胺	2	1.98	3.08	高度风险
197	2017 年 9 月	丙环唑	1	0.99	2.09	中度风险
198	2017 年 9 月	虫酰肼	1	0.99	2.09	中度风险
199	2017 年 9 月	啶虫脒	1	0.99	2.09	中度风险
200	2017 年 9 月	氟唑菌酰胺	1	0.99	2.09	中度风险
201	2017 年 9 月	甲氨基阿维菌素	1	0.99	2.09	中度风险
202	2017 年 9 月	甲基硫菌灵	1	0.99	2.09	中度风险
203	2017 年 9 月	噻虫嗪	1	0.99	2.09	中度风险
204	2017 年 9 月	双苯基脲	1	0.99	2.09	中度风险
205	2017 年 9 月	肟菌酯	1	0.99	2.09	中度风险
206	2017 年 9 月	戊唑醇	1	0.99	2.09	中度风险

6.4　LC-Q-TOF/MS 侦测天津市市售水果蔬菜农药残留风险评估结论与建议

农药残留是影响水果蔬菜安全和质量的主要因素，也是我国食品安全领域备受关注的敏感话题和亟待解决的重大问题之一[15, 16]。各种水果蔬菜均存在不同程度的农药残留现象,本研究主要针对天津市各类水果蔬菜存在的农药残留问题,基于 2016 年 2 月~2017 年 9 月对天津市 1893 例水果蔬菜样品中农药残留侦测得出的 3195 个侦测结果,分别采用食品安全指数模型和风险系数模型,开展水果蔬菜中农药残留的膳食暴露风险和预警风险评估。水果蔬菜样品取自超市和农贸市场,符合大众的膳食来源,风险评价时更具有代表性和可信度。

本研究力求通用简单地反映食品安全中的主要问题,且为管理部门和大众容易接受,为政府及相关管理机构建立科学的食品安全信息发布和预警体系提供科学的规律与方法,加强对农药残留的预警和食品安全重大事件的预防,控制食品风险。

6.4.1 天津市水果蔬菜中农药残留膳食暴露风险评价结论

1）水果蔬菜样品中农药残留安全状态评价结论

采用食品安全指数模型,对 2016 年 2 月~2017 年 9 月期间天津市水果蔬菜农药残留膳食暴露风险进行评价,根据 IFS_c 的计算结果发现,水果蔬菜中农药的 $\overline{IFS}$ 为 0.0590,说明天津市水果蔬菜总体处于很好的安全状态,但部分禁用农药、高残留农药在蔬菜、水果中仍有侦测出,导致膳食暴露风险的存在,成为不安全因素。

2）单种水果蔬菜中农药膳食暴露风险不可接受情况评价结论

单种水果蔬菜中农药残留安全指数分析结果显示,农药对单种水果蔬菜安全影响不可接受（$IFS_c>1$）的样本数共 12 个,占总样本数的 1.41%,12 个样本分别包括韭菜、小茴香中的甲拌磷,葡萄、韭菜中的克百威,芹菜、茄子中的三唑磷,油麦菜、生菜、甜椒、橘、菠菜、黄瓜中的氧乐果。甲拌磷、克百威、氧乐果均属于禁用的剧毒农药,且上述均为较常见的水果蔬菜,百姓日常食用量较大,长期食用大量残留禁用农药的水果蔬菜会对人体造成不可接受的影响,对消费者身体健康造成较大的膳食暴露风险。本次侦测发现禁用农药尤其是甲拌磷、克百威、氧乐果在水果蔬菜样品中多次并大量侦测出,是未严格实施农业良好管理规范（GAP）,抑或是农药滥用,这应该引起相关管理部门的警惕,应加强对禁用农药的严格管控。

3）禁用农药膳食暴露风险评价

本次侦测发现部分水果蔬菜样品中有禁用农药,侦测出禁用农药 7 种,侦测出频次为 80,水果蔬菜样品中的禁用农药 IFS_c 计算结果表明,禁用农药残留膳食暴露风险不可接受的频次为 12,占 15%;可以接受的频次为 31,占 38.75%;没有影响的频次为 37,占 46.25%。对于水果蔬菜样品中所有农药而言,膳食暴露风险不可接受的频次为 18,仅占总体频次的 0.56%。可以看出,禁用农药的膳食暴露风险不可接受的比例远高于总体水平,这在一定程度上说明禁用农药更容易导致严重的膳食暴露风险。此外,膳食暴露风险不可接受的残留禁用农药为氧乐果、甲拌磷和克百威,因此,应该加强对禁用农药氧乐果、甲拌磷和克百威的管控力度。为何在国家明令禁止禁用农药喷洒的情况下,还能在多种水果蔬菜中多次侦测出禁用农药残留并造成不可接受的膳食暴露风险,这应该引起相关部门的高度警惕,应该在禁止禁用农药喷洒的同时,严格管控禁用农药的生产和售卖,从根本上杜绝安全隐患。

6.4.2　天津市水果蔬菜中农药残留预警风险评价结论

1）单种水果蔬菜中禁用农药残留的预警风险评价结论

本次侦测过程中，在 29 种水果蔬菜中侦测超出 7 种禁用农药，禁用农药为：氧乐果、克百威、甲胺磷、甲拌磷、特丁硫磷、丁酰肼、灭线磷，水果蔬菜为：菠菜、菜豆、草莓、橙、大白菜、番茄、胡萝卜、黄瓜、火龙果、豇豆、韭菜、橘、梨、萝卜、芒果、柠檬、苹果、葡萄、茄子、芹菜、生菜、桃、甜椒、西瓜、西葫芦、小茴香、樱桃、油麦菜、油桃，水果蔬菜中禁用农药的风险系数分析结果显示，7 种禁用农药在 29 种水果蔬菜中的残留处于高度风险，2 种禁用农药在 1 种水果（苹果）中的残留处于中度风险。说明在单种水果蔬菜中禁用农药的残留会导致较高的预警风险。

2）单种水果蔬菜中非禁用农药残留的预警风险评价结论

以 MRL 中国国家标准为标准，计算水果蔬菜中非禁用农药风险系数情况下，805 个样本中，7 个处于高度风险（0.87%），214 个处于低度风险（26.58%），584 个样本没有 MRL 中国国家标准（72.55%）。以 MRL 欧盟标准为标准，计算水果蔬菜中非禁用农药风险系数情况下，发现有 172 个处于高度风险（21.37%），2 个处于中度风险（0.25%），631 个处于低度风险（78.39%）。基于两种 MRL 标准，评价的结果差异显著，可以看出 MRL 欧盟标准比中国国家标准更加严格和完善，过于宽松的 MRL 中国国家标准值能否有效保障人体的健康有待研究。

6.4.3　加强天津市水果蔬菜食品安全建议

我国食品安全风险评价体系仍不够健全，相关制度不够完善，多年来，由于农药用药次数多、用药量大或用药间隔时间短，产品残留量大，农药残留所造成的食品安全问题日益严峻，给人体健康带来了直接或间接的危害。据估计，美国与农药有关的癌症患者数约占全国癌症患者总数的 50%，中国更高。同样，农药对其他生物也会形成直接杀伤和慢性危害，植物中的农药可经过食物链逐级传递并不断蓄积，对人和动物构成潜在威胁，并影响生态系统。

基于本次农药残留侦测数据的风险评价结果，提出以下几点建议：

1）加快食品安全标准制定步伐

我国食品标准中对农药每日允许最大摄入量 ADI 的数据严重缺乏，在本次评价所涉及的 124 种农药中，仅有 74.2%的农药具有 ADI 值，而 25.8%的农药中国尚未规定相应的 ADI 值，亟待完善。

我国食品中农药最大残留限量值的规定严重缺乏，对评估涉及的不同水果蔬菜中不同农药 851 个 MRL 限值进行统计来看，我国仅制定出 266 个标准，我国标准完整率仅为 31.3%，欧盟的完整率达到 100%（表 6-19）。因此，中国更应加快 MRL 标准的制定步伐。

此外，MRL 中国国家标准限值普遍高于欧盟标准限值，这些标准中共有 183 个高于欧盟。过高的 MRL 值难以保障人体健康，建议继续加强对限值基准和标准的科学研究，将农产品中的危险性减少到尽可能低的水平。

表 6-19　我国国家食品标准农药的 ADI、MRL 值与欧盟标准的数量差异

分类		ADI	MRL 中国国家标准	MRL 欧盟标准
标准限值（个）	有	92	266	851
	无	32	585	0
总数（个）		124	851	851
无标准限值比例		25.8%	68.7%	0

2）加强农药的源头控制和分类监管

在天津市某些水果蔬菜中仍有禁用农药残留，利用 LC-Q-TOF/MS 技术侦测出 7 种禁用农药，检出频次为 80 次，残留禁用农药均存在较大的膳食暴露风险和预警风险。早已列入黑名单的禁用农药在我国并未真正退出，有些药物由于价格便宜、工艺简单，此类高毒农药一直生产和使用。建议在我国采取严格有效的控制措施，从源头控制禁用农药。

对于非禁用农药，在我国作为"田间地头"最典型单位的县级蔬果产地中，农药残留的侦测几乎缺失。建议根据农药的毒性，对高毒、剧毒、中毒农药实现分类管理，减少使用高毒和剧毒高残留农药，进行分类监管。

3）加强残留农药的生物修复及降解新技术

市售果蔬中残留农药的品种多、频次高、禁用农药多次检出这一现状，说明了我国的田间土壤和水体因农药长期、频繁、不合理的使用而遭到严重污染。为此，建议中国相关部门出台相关政策，鼓励高校及科研院所积极开展分子生物学、酶学等研究，加强土壤、水体中残留农药的生物修复及降解新技术研究，切实加大农药监管力度，以控制农药的面源污染问题。

综上所述，在本工作基础上，根据蔬菜残留危害，可进一步针对其成因提出和采取严格管理、大力推广无公害蔬菜种植与生产、健全食品安全控制技术体系、加强蔬菜食品质量侦测体系建设和积极推行蔬菜食品质量追溯制度等相应对策。建立和完善食品安全综合评价指数与风险监测预警系统，对食品安全进行实时、全面的监控与分析，为我国的食品安全科学监管与决策提供新的技术支持，可实现各类检验数据的信息化系统管理，降低食品安全事故的发生。

第7章 GC-Q-TOF/MS 侦测天津市 1893 例市售水果蔬菜样品农药残留报告

从天津市所属 13 个区县，随机采集了 1893 例水果蔬菜样品，使用气相色谱-四极杆飞行时间质谱（GC-Q-TOF/MS）对 507 种农药化学污染物进行示范侦测。

7.1 样品种类、数量与来源

7.1.1 样品采集与检测

为了真实反映百姓餐桌上水果蔬菜中农药残留污染状况，本次所有检测样品均由检验人员于 2016 年 2 月至 2017 年 9 月期间，从天津市所属 55 个采样点，包括 10 个农贸市场、45 个超市，以随机购买方式采集，总计 73 批 1893 例样品，从中检出农药 153 种，3465 频次。采样及监测概况见图 7-1 及表 7-1，样品及采样点明细见表 7-2 及表 7-3（侦测原始数据见附表 1）。

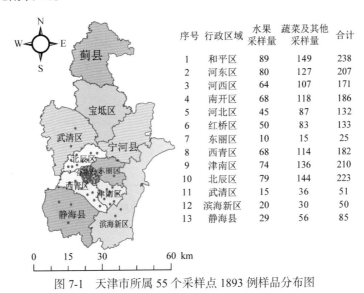

序号	行政区域	水果采样量	蔬菜及其他采样量	合计
1	和平区	89	149	238
2	河东区	80	127	207
3	河西区	64	107	171
4	南开区	68	118	186
5	河北区	45	87	132
6	红桥区	50	83	133
7	东丽区	10	15	25
8	西青区	68	114	182
9	津南区	74	136	210
10	北辰区	79	144	223
11	武清区	15	36	51
12	滨海新区	20	30	50
13	静海县	29	56	85

图 7-1 天津市所属 55 个采样点 1893 例样品分布图

表 7-1 农药残留监测总体概况

采样地区	天津市所属 13 个区县
采样点（超市+农贸市场）	55
样本总数	1893
检出农药品种/频次	153/3465
各采样点样本农药残留检出率范围	43.5%~92.0%

表 7-2　样品分类及数量

样品分类	样品名称（数量）	数量小计
1. 水果		691
1）仁果类水果	苹果（72），梨（61）	133
2）核果类水果	桃（22），油桃（5），李子（19），枣（8），樱桃（5）	59
3）浆果和其他小型水果	猕猴桃（65），草莓（24），葡萄（61）	150
4）瓜果类水果	西瓜（22），哈密瓜（8），甜瓜（19）	49
5）热带和亚热带水果	山竹（8），柿子（10），龙眼（6），木瓜（19），芒果（64），荔枝（1），火龙果（49），菠萝（7）	164
6）柑橘类水果	柑（4），橘（28），柠檬（61），橙（43）	136
2. 食用菌		61
1）蘑菇类	香菇（19），平菇（7），金针菇（20），杏鲍菇（15）	61
3. 蔬菜		1141
1）豆类蔬菜	豇豆（10），菜用大豆（3），菜豆（53）	66
2）鳞茎类蔬菜	洋葱（50），韭菜（48），蒜黄（3），葱（8），蒜薹（18）	127
3）叶菜类蔬菜	小茴香（30），芹菜（47），菠菜（28），油麦菜（63），小白菜（20），小油菜（53），大白菜（29），生菜（70），茼蒿（3），莴笋（11）	354
4）芸薹属类蔬菜	结球甘蓝（32），花椰菜（26），紫甘蓝（36），青花菜（23）	117
5）瓜类蔬菜	黄瓜（71），西葫芦（60），冬瓜（54），丝瓜（24）	209
6）茄果类蔬菜	番茄（71），甜椒（49），辣椒（21），茄子（66）	207
7）芽菜类蔬菜	绿豆芽（3）	3
8）根茎类和薯芋类蔬菜	胡萝卜（34），萝卜（24）	58
合计	1.水果 25 种 2.食用菌 4 种 3.蔬菜 33 种	1893

表 7-3　天津市采样点信息

采样点序号	行政区域	采样点
农贸市场（10）		
1	北辰区	***商业街
2	和平区	***市场
3	和平区	***市场
4	河北区	***市场
5	津南区	***市场
6	津南区	***市场
7	西青区	***市场
8	西青区	***市场

续表

采样点序号	行政区域	采样点
9	西青区	***市场
10	静海县	***市场
超市（45）		
1	东丽区	***超市（东丽店）
2	北辰区	***超市（北辰店）
3	北辰区	***超市（宜兴埠购物广场）
4	北辰区	***超市（北辰店）
5	北辰区	***超市（奥园店）
6	北辰区	***超市（北辰区双街店）
7	北辰区	***超市（北辰区集贤店）
8	南开区	***超市（华苑购物广场）
9	南开区	***超市（西湖道购物广场）
10	南开区	***超市（南开店）
11	南开区	***超市（海光寺店）
12	南开区	***超市（龙城店）
13	和平区	***超市（西康路店）
14	和平区	***超市（和平路店）
15	和平区	***超市（天津和平路分店）
16	武清区	***超市（武清区店）
17	武清区	***超市（武清二店）
18	河东区	***超市（津塘购物广场）
19	河东区	***超市（东兴路店）
20	河东区	***超市（十一经路店）
21	河东区	***超市（卫国道店）
22	河东区	***超市（河东店）
23	河东区	***超市（天津新开路店）
24	河北区	***超市（中山路店）
25	河北区	***超市（河北店）
26	河西区	***超市（津友店）
27	河西区	***超市（河西店）
28	河西区	***超市（河西购物广场店）
29	河西区	***超市（南楼店）
30	河西区	***超市（紫金山店）
31	河西区	***超市（凯德天津湾店）
32	津南区	***超市（双港购物广场店）
33	津南区	***超市（咸水沽店）
34	津南区	***超市（双港店）
35	滨海新区	***超市（福州道店）

续表

采样点序号	行政区域	采样点
36	滨海新区	***超市（塘沽店）
37	红桥区	***超市（西青道店）
38	红桥区	***超市（丁字沽店）
39	红桥区	***超市（宏源店）
40	红桥区	***超市（红桥商场店）
41	西青区	***超市（渔夫码头休闲广场店）
42	西青区	***超市（华苑店）
43	西青区	***超市（张家窝店）
44	静海县	***超市（静海店）
45	静海县	***超市（银桥商场店）

7.1.2 检测结果

这次使用的检测方法是庞国芳院士团队最新研发的不需使用标准品对照，而以高分辨精确质量数（0.0001 m/z）为基准的 GC-Q-TOF/MS 检测技术，对于 1893 例样品，每个样品均侦测了 507 种农药化学污染物的残留现状。通过本次侦测，在 1893 例样品中共计检出农药化学污染物 153 种，检出 3465 频次。

7.1.2.1 各采样点样品检出情况

统计分析发现 55 个采样点中，被测样品的农药检出率范围为 43.5%~92.0%。其中，***超市（西湖道购物广场）和***市场的检出率最高，均为 92.0%。***超市（凯德天津湾店）的检出率最低，为 43.5%，见图 7-2。

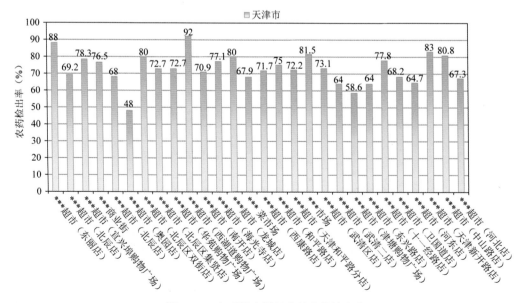

图 7-2-1 各采样点样品中的农药检出率

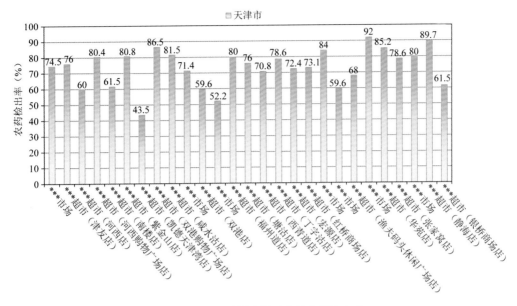

图 7-2-2　各采样点样品中的农药检出率

7.1.2.2　检出农药的品种总数与频次

统计分析发现，对于 1893 例样品中 507 种农药化学污染物的侦测，共检出农药 3465 频次，涉及农药 153 种，结果如图 7-3 所示。其中威杀灵检出频次最高，共检出 497 次。检出频次排名前 10 的农药如下：①威杀灵（497）；②毒死蜱（309）；③腐霉利（194）；④烯丙菊酯（156）；⑤联苯（134）；⑥联苯菊酯（125）；⑦嘧霉胺（103）；⑧仲丁威（98）；⑨γ-氟氯氰菌酯（91）；⑩戊唑醇（83）。

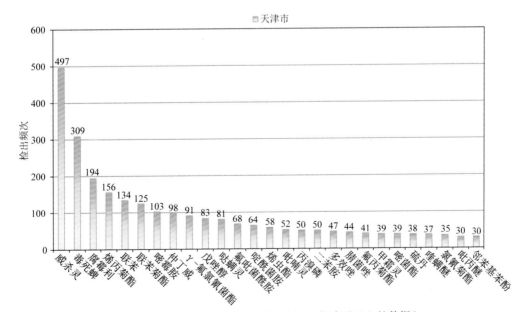

图 7-3　检出农药品种及频次（仅列出 30 频次及以上的数据）

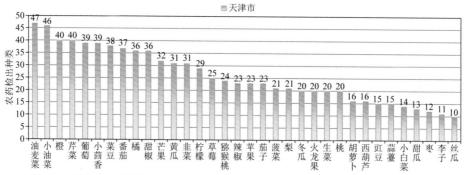

图 7-4　单种水果蔬菜检出农药的种类数（仅列出检出农药 10 种及以上的数据）

由图 7-4 可见，油麦菜、小油菜、橙、芹菜、葡萄、小茴香、菜豆、番茄、橘、甜椒、芒果、黄瓜和韭菜这 13 种果蔬样品中检出的农药品种数较高，均超过 30 种，其中，油麦菜检出农药品种最多，为 47 种。由图 7-5 可见，芒果、油麦菜、番茄、葡萄、黄瓜、柠檬、小茴香、茄子、韭菜、菜豆、橘、小油菜、橙、芹菜和甜椒这 15 种果蔬样品中的农药检出频次较高，均超过 100 次，其中，芒果检出农药频次最高，为 175 次。

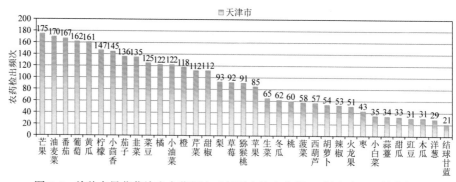

图 7-5　单种水果蔬菜检出农药频次（仅列出检出农药 21 频次及以上的数据）

7.1.2.3　单例样品农药检出种类与占比

对单例样品检出农药种类和频次进行统计发现，未检出农药的样品占总样品数的 26.9%，检出 1 种农药的样品占总样品数的 26.7%，检出 2~5 种农药的样品占总样品数的 41.3%，检出 6~10 种农药的样品占总样品数的 4.9%，检出大于 10 种农药的样品占总样品数的 0.2%。每例样品中平均检出农药为 1.8 种，数据见表 7-4 及图 7-6。

表 7-4　单例样品检出农药品种占比

检出农药品种数	样品数量/占比（%）
未检出	510/26.9
1 种	505/26.7
2~5 种	782/41.3
6~10 种	92/4.9
大于 10 种	4/0.2
单例样品平均检出农药品种	1.8 种

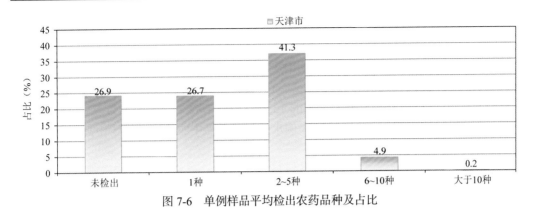

图 7-6 单例样品平均检出农药品种及占比

7.1.2.4 检出农药类别与占比

所有检出农药按功能分类，包括杀虫剂、杀菌剂、除草剂、植物生长调节剂、增效剂和其他共 6 类。其中杀虫剂与杀菌剂为主要检出的农药类别，分别占总数的 48.4%和 30.7%，见表 7-5 及图 7-7。

表 7-5 检出农药所属类别/占比

农药类别	数量/占比（%）
杀虫剂	74/48.4
杀菌剂	47/30.7
除草剂	25/16.3
植物生长调节剂	4/2.6
增效剂	1/0.7
其他	2/1.3

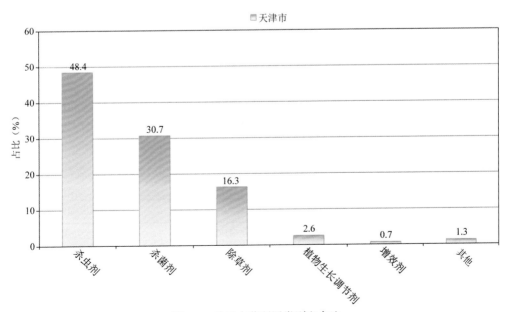

图 7-7 检出农药所属类别和占比

7.1.2.5　检出农药的残留水平

按检出农药残留水平进行统计，残留水平在 1~5 μg/kg（含）的农药占总数的 21.7%，在 5~10 μg/kg（含）的农药占总数的 14.6%，在 10~100 μg/kg（含）的农药占总数的 47.7%，在 100~1000 μg/kg（含）的农药占总数的 15.2%，在＞1000 μg/kg 的农药占总数的 0.8%。

由此可见，这次检测的 73 批 1893 例水果蔬菜样品中农药多数处于中高残留水平。结果见表 7-6 及图 7-8，数据见附表 2。

表 7-6　农药残留水平/占比

残留水平（μg/kg）	检出频次数/占比（%）
1~5（含）	752/21.7
5~10（含）	505/14.6
10~100（含）	1654/47.7
100~1000（含）	526/15.2
＞1000	28/0.8

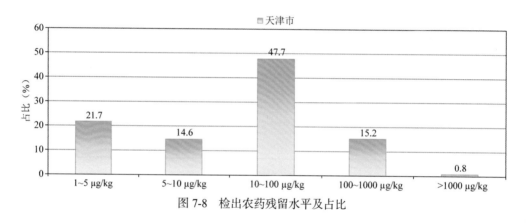

图 7-8　检出农药残留水平及占比

7.1.2.6　检出农药的毒性类别、检出频次和超标频次及占比

对这次检出的 153 种 3465 频次的农药，按剧毒、高毒、中毒、低毒和微毒这五个毒性类别进行分类，从中可以看出，天津市目前普遍使用的农药为中低微毒农药，品种占 91.5%，频次占 97.3%，结果见表 7-7 及图 7-9。

表 7-7　检出农药毒性类别/占比

毒性分类	农药品种/占比（%）	检出频次/占比（%）	超标频次/超标率（%）
剧毒农药	3/2.0	11/0.3	7/63.6
高毒农药	10/6.5	83/2.4	16/19.3
中毒农药	60/39.2	1503/43.4	23/1.5
低毒农药	56/36.6	1296/37.4	0/0.0
微毒农药	24/15.7	572/16.5	5/0.9

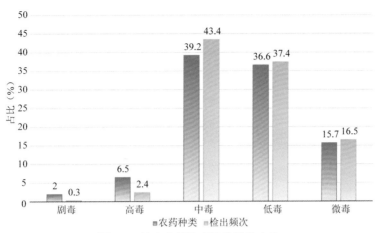

图 7-9　检出农药的毒性分类及占比

7.1.2.7　检出剧毒/高毒类农药的品种和频次

值得特别关注的是，在此次侦测的 1893 例样品中有 14 种蔬菜 7 种水果的 86 例样品检出了 13 种 94 频次的剧毒和高毒农药，占样品总量的 4.5%，详见图 7-10、表 7-8 及表 7-9。

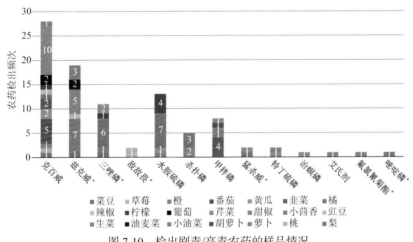

图 7-10　检出剧毒/高毒农药的样品情况

*表示允许在水果和蔬菜上使用的农药

表 7-8　剧毒农药检出情况

序号	农药名称	检出频次	超标频次	超标率
	水果中未检出剧毒农药			
	小计	0	0	超标率：0.0%
	从 6 种蔬菜中检出 3 种剧毒农药，共计检出 11 次			
1	甲拌磷*	8	7	87.5%
2	特丁硫磷*	2	0	0.0%
3	艾氏剂*	1	0	0.0%
	小计	11	7	超标率：63.6%
	合计	11	7	超标率：63.6%

表 7-9　高毒农药检出情况

序号	农药名称	检出频次	超标频次	超标率
从 7 种水果中检出 7 种高毒农药，共计检出 35 次				
1	水胺硫磷	12	5	41.7%
2	三唑磷	8	1	12.5%
3	克百威	6	3	50.0%
4	杀扑磷	5	0	0.0%
5	敌敌畏	2	1	50.0%
6	猛杀威	1	0	0.0%
7	嘧啶磷	1	0	0.0%
	小计	35	10	超标率：28.6%
从 12 种蔬菜中检出 7 种高毒农药，共计检出 48 次				
1	克百威	22	6	27.3%
2	兹克威	19	0	0.0%
3	三唑磷	3	0	0.0%
4	氟氯氰菊酯	1	0	0.0%
5	猛杀威	1	0	0.0%
6	水胺硫磷	1	0	0.0%
7	治螟磷	1	0	0.0%
	小计	48	6	超标率：12.5%
	合计	83	16	超标率：19.3%

在检出的剧毒和高毒农药中，有 7 种是我国早已禁止在果树和蔬菜上使用的，分别是：克百威、艾氏剂、甲拌磷、治螟磷、杀扑磷、特丁硫磷和水胺硫磷。禁用农药的检出情况见表 7-10。

表 7-10　禁用农药检出情况

序号	农药名称	检出频次	超标频次	超标率
从 14 种水果中检出 6 种禁用农药，共计检出 45 次				
1	硫丹	14	0	0.0%
2	水胺硫磷	12	5	41.7%
3	克百威	6	3	50.0%
4	杀扑磷	5	0	0.0%
5	氟虫腈	4	0	0.0%
6	氰戊菊酯	4	0	0.0%
	小计	45	8	超标率：17.8%
从 16 种蔬菜中检出 10 种禁用农药，共计检出 66 次				
1	硫丹	24	0	0.0%
2	克百威	22	6	27.3%
3	甲拌磷[*]	8	7	87.5%
4	除草醚	3	0	0.0%

续表

序号	农药名称	检出频次	超标频次	超标率
5	氟虫腈	3	1	33.3%
6	特丁硫磷*	2	0	0.0%
7	艾氏剂*	1	0	0.0%
8	六六六	1	0	0.0%
9	水胺硫磷	1	0	0.0%
10	治螟磷	1	0	0.0%
	小计	66	14	超标率: 21.2%
	合计	111	22	超标率: 19.8%

注：超标结果参考 MRL 中国国家标准计算

此次抽检的果蔬样品中，有 6 种蔬菜检出了剧毒农药，分别是：小油菜中检出甲拌磷 1 次，检出艾氏剂 1 次；小茴香中检出特丁硫磷 1 次，检出甲拌磷 1 次；胡萝卜中检出甲拌磷 1 次；芹菜中检出特丁硫磷 1 次；萝卜中检出甲拌磷 1 次；韭菜中检出甲拌磷 4 次。

样品中检出剧毒和高毒农药残留水平超过 MRL 中国国家标准的频次为 23 次，其中：桃检出敌敌畏超标 1 次；橘检出水胺硫磷超标 4 次，检出三唑磷超标 1 次，检出克百威超标 1 次；橙检出水胺硫磷超标 1 次；葡萄检出克百威超标 2 次；小油菜检出甲拌磷超标 1 次；小茴香检出甲拌磷超标 1 次；甜椒检出克百威超标 1 次；芹菜检出克百威超标 1 次；萝卜检出甲拌磷超标 1 次；辣椒检出克百威超标 1 次；韭菜检出克百威超标 2 次，检出甲拌磷超标 4 次；黄瓜检出克百威超标 1 次。本次检出结果表明，高毒、剧毒农药的使用现象依旧存在，详见表 7-11。

表 7-11　各样本中检出剧毒/高毒农药情况

样品名称	农药名称	检出频次	超标频次	检出浓度（μg/kg）
			水果 7 种	
柠檬	水胺硫磷▲	4	0	1.9, 1.6, 44.7, 63.2
柠檬	三唑磷	1	0	12.5
柠檬	克百威▲	1	0	9.4
桃	敌敌畏	1	1	266.8[a]
梨	嘧啶磷	1	0	5.7
橘	水胺硫磷▲	7	4	3.5, 62.7[a], 8.2, 13.9, 30.9[a], 224.9[a], 23.9[a]
橘	三唑磷	6	1	17.5, 28.3, 50.1, 53.0, 485.8[a], 194.6
橘	杀扑磷▲	3	0	140.7, 2.1, 6.3
橘	克百威▲	1	1	46.9[a]
橘	猛杀威	1	0	33.8
橙	杀扑磷▲	2	0	320.0, 3.0
橙	水胺硫磷▲	1	1	52.1[a]
橙	三唑磷	1	0	40.8

续表

样品名称	农药名称	检出频次	超标频次	检出浓度（μg/kg）
橙	克百威▲	1	0	17.4
草莓	克百威▲	1	0	9.7
草莓	敌敌畏	1	0	1.7
葡萄	克百威▲	2	2	70.8ᵃ，50.2ᵃ
	小计	35	10	超标率：28.6%
蔬菜 14 种				
小油菜	兹克威	3	0	10.5，100.3，90.9
小油菜	氟氯氰菊酯	1	0	250.5
小油菜	甲拌磷*▲	1	1	28.3ᵃ
小油菜	艾氏剂*▲	1	0	4.9
小茴香	兹克威	7	0	261.4，267.7，49.7，251.6，60.4，184.7，55.1
小茴香	甲拌磷*▲	1	1	542.9ᵃ
小茴香	特丁硫磷*▲	1	0	6.6
油麦菜	兹克威	2	0	20.1，2.8
甜椒	克百威▲	1	1	30.8ᵃ
生菜	兹克威	5	0	5.8，24.3，12.9，25.1，6.9
番茄	克百威▲	5	0	19.4，7.7，19.8，1.1，11.0
胡萝卜	甲拌磷*▲	1	0	3.7
芹菜	克百威▲	10	1	11.5，1.4，3.9，4.6，4.8，3.7，8.1，8.2，20.5ᵃ，4.6
芹菜	三唑磷	2	0	9.4，212.3
芹菜	治螟磷▲	1	0	5.6
芹菜	猛杀威	1	0	27.1
芹菜	特丁硫磷*▲	1	0	3.2
菜豆	三唑磷	1	0	139.4
菜豆	克百威▲	1	0	6.0
菜豆	兹克威	1	0	47.6
萝卜	甲拌磷*▲	1	1	40.5ᵃ
豇豆	兹克威	1	0	9.0
辣椒	克百威▲	1	1	22.5ᵃ
韭菜	克百威▲	2	2	117.7ᵃ，40.7ᵃ
韭菜	甲拌磷*▲	4	4	3795.6ᵃ，565.0ᵃ，455.5ᵃ，1228.6ᵃ
黄瓜	克百威▲	2	1	17.4，50.6ᵃ
黄瓜	水胺硫磷▲	1	0	48.7
	小计	59	13	超标率：22.0%
	合计	94	23	超标率：24.5%

7.2　农药残留检出水平与最大残留限量标准对比分析

我国于 2014 年 3 月 20 日正式颁布并于 2014 年 8 月 01 日正式实施食品农药残留限量国家标准《食品中农药最大残留限量》（GB 2763—2014）。该标准包括 371 个农药条目，涉及最大残留限量（MRL）标准 3653 项。将 3465 频次检出农药的浓度水平与 3653 项 MRL 中国国家标准进行核对，其中只有 741 频次的农药找到了对应的 MRL 标准，占 21.4%，还有 2724 频次的侦测数据则无相关 MRL 标准供参考，占 78.6%。

将此次侦测结果与国际上现行 MRL 对比发现，在 3465 频次的检出结果中有 3465 频次的结果找到了对应的 MRL 欧盟标准，占 100.0%，其中，2242 频次的结果有明确对应的 MRL，占 64.7%，其余 1223 频次按照欧盟一律标准判定，占 35.3%；有 3465 频次的结果找到了对应的 MRL 日本标准，占 100.0%，其中，1657 频次的结果有明确对应的 MRL，占 47.8%，其余 1808 频次按照日本一律标准判定，占 52.2%；有 1056 频次的结果找到了对应的 MRL 中国香港标准，占 30.5%；有 938 频次的结果找到了对应的 MRL 美国标准，占 27.1%；有 581 频次的结果找到了对应的 MRL CAC 标准，占 16.8%（见图 7-11 和图 7-12，数据见附表 3 至附表 8）。

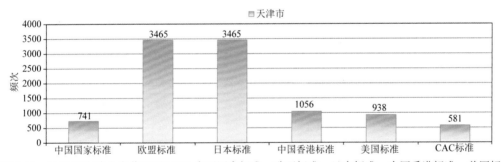

图 7-11　3465 频次检出农药可用 MRL 中国国家标准、欧盟标准、日本标准、中国香港标准、美国标准、CAC 标准判定衡量的数量

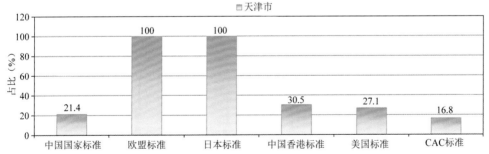

图 7-12　3465 频次检出农药可用 MRL 中国国家标准、欧盟标准、日本标准、中国香港标准、美国标准、CAC 标准衡量的占比

7.2.1　超标农药样品分析

本次侦测的 1893 例样品中，510 例样品未检出任何残留农药，占样品总量的 26.9%，

1383 例样品检出不同水平、不同种类的残留农药，占样品总量的 73.1%。在此，我们将本次侦测的农残检出情况与 MRL 中国国家标准、欧盟标准、日本标准、中国香港标准、美国标准、CAC 标准这 6 大国际主流 MRL 标准进行对比分析，样品农残检出与超标情况见表 7-12、图 7-13 和图 7-14，详细数据见附表 9 至附表 14。

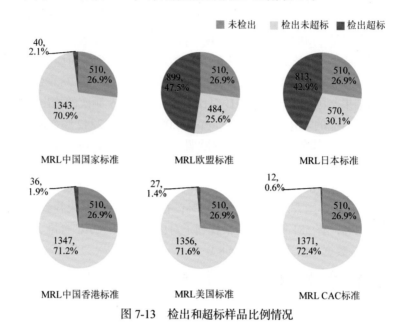

图 7-13　检出和超标样品比例情况

表 7-12　各 MRL 标准下样本农残检出与超标数量及占比

	中国国家标准	欧盟标准	日本标准	中国香港标准	美国标准	CAC 标准
	数量/占比（%）	数量/占比（%）	数量/占比（%）	数量/占比（%）	数量/占比（%）	数量/占比（%）
未检出	510/26.9	510/26.9	510/26.9	510/26.9	510/26.9	510/26.9
检出未超标	1343/70.9	484/25.6	570/30.1	1347/71.2	1356/71.6	1371/72.4
检出超标	40/2.1	899/47.5	813/42.9	36/1.9	27/1.4	12/0.6

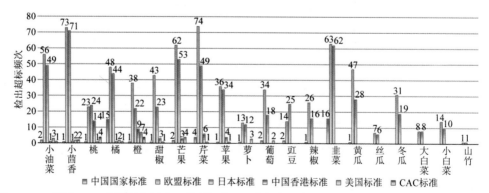

图 7-14-1　超过 MRL 中国国家标准、欧盟标准、日本标准、中国香港标准、美国标准和 CAC 标准结果在水果蔬菜中的分布

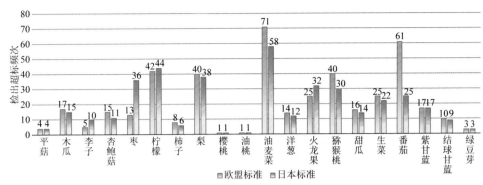

图 7-14-2　超过 MRL 中国国家标准、欧盟标准、日本标准、中国香港标准、美国标准和 CAC 标准结果在水果蔬菜中的分布

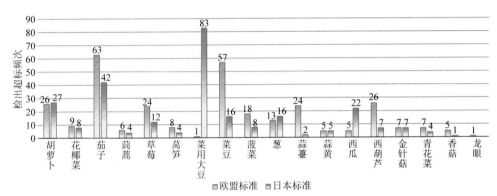

图 7-14-3　超过 MRL 中国国家标准、欧盟标准、日本标准、中国香港标准、美国标准和 CAC 标准结果在水果蔬菜中的分布

7.2.2　超标农药种类分析

按照 MRL 中国国家标准、欧盟标准、日本标准、中国香港标准、美国标准、CAC 标准这 6 大国际主流 MRL 标准衡量，本次侦测检出的农药超标品种及频次情况见表 7-13。

表 7-13　各 MRL 标准下超标农药品种及频次

	中国国家标准	欧盟标准	日本标准	中国香港标准	美国标准	CAC 标准
超标农药品种	14	102	98	11	5	5
超标农药频次	51	1444	1230	42	27	12

7.2.2.1　按 MRL 中国国家标准衡量

按 MRL 中国国家标准衡量，共有 14 种农药超标，检出 51 频次，分别为剧毒农药甲拌磷，高毒农药克百威、三唑磷、水胺硫磷和敌敌畏，中毒农药联苯菊酯、氟虫腈、戊唑醇、毒死蜱、丁硫克百威、倍硫磷、丙溴磷和氯氰菊酯，微毒农药腐霉利。

按超标程度比较，韭菜中甲拌磷超标 378.6 倍，小茴香中甲拌磷超标 53.3 倍，橘中丙溴磷超标 21.1 倍，韭菜中毒死蜱超标 12.0 倍，韭菜中腐霉利超标 11.1 倍。检测结果见图 7-15 和附表 15。

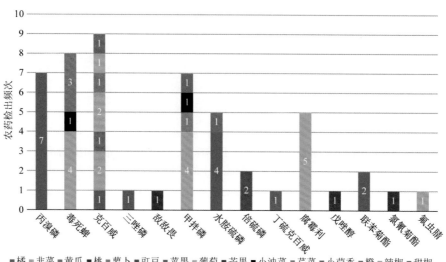

图 7-15　超过 MRL 中国国家标准农药品种及频次

7.2.2.2　按 MRL 欧盟标准衡量

按 MRL 欧盟标准衡量，共有 102 种农药超标，检出 1444 频次，分别为剧毒农药甲拌磷，高毒农药猛杀威、杀扑磷、克百威、三唑磷、水胺硫磷、兹克威和敌敌畏，中毒农药联苯菊酯、乐果、氯菊酯、杀螟腈、除虫菊素 I、氟虫腈、多效唑、戊唑醇、仲丁威、辛酰溴苯腈、毒死蜱、烯唑醇、硫丹、甲霜灵、甲萘威、喹螨醚、甲氰菊酯、禾草敌、除草醚、炔丙菊酯、三唑醇、γ-氟氯氰菌酯、2,6-二氯苯甲酰胺、3,4,5-混杀威、虫螨腈、高效氯氟氰菊酯、噁霜灵、速灭威、唑虫酰胺、仲丁灵、丁硫克百威、氟硅唑、腈菌唑、二甲戊灵、哒螨灵、氯氰菊酯、倍硫磷、丙溴磷、喹硫磷、异丙威、除线磷、氰戊菊酯、安硫磷、烯丙菊酯和异氯磷，低毒农药嘧霉胺、麦草氟异丙酯、叠氮津、氟吡菌酰胺、螺螨酯、吡喃灵、乙草胺、杀螨特、己唑醇、吡咪唑、丁羟茴香醚、烯虫炔酯、五氯苯甲腈、氯硝胺、噻菌灵、四氢吩胺、新燕灵、去异丙基莠去津、氟唑菌酰胺、邻苯二甲酰亚胺、甲醚菊酯、威杀灵、去乙基阿特拉津、联苯、杀螨酯、五氯甲氧基苯、氯苯甲醚、萘乙酸、噻嗪酮、炔螨特、拌种胺、3,5-二氯苯胺、间羟基联苯和五氯苯胺，微毒农药萘乙酰胺、乙霉威、氟丙菊酯、腐霉利、五氯硝基苯、啶氧菌酯、百菌清、氟乐灵、吡丙醚、肟菌酯、生物苄呋菊酯、醚菌酯、烯虫酯、霜霉威和仲草丹。

按超标程度比较，橘中丙溴磷超标 440.5 倍，桃中丙溴磷超标 362.2 倍，油麦菜中腐霉利超标 338.7 倍，黄瓜中烯丙菊酯超标 300.9 倍，芒果中虫螨腈超标 288.8 倍。检测结果见图 7-16 和附表 16。

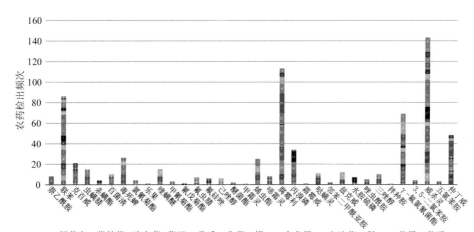

图 7-16-1　超过 MRL 欧盟标准农药品种及频次

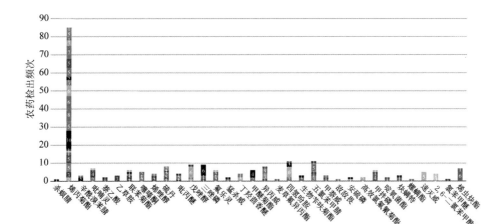

图 7-16-2　超过 MRL 欧盟标准农药品种及频次

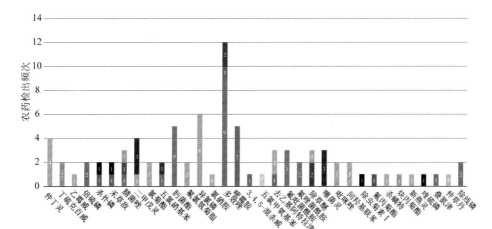

图 7-16-3　超过 MRL 欧盟标准农药品种及频次

7.2.2.3　按 MRL 日本标准衡量

按 MRL 日本标准衡量，共有 98 种农药超标，检出 1230 频次，分别为剧毒农药甲拌磷，高毒农药猛杀威、三唑磷、水胺硫磷、兹克威和敌敌畏，中毒农药联苯菊酯、粉唑醇、氯菊酯、除虫菊素 I、仲丁威、氟虫腈、多效唑、戊唑醇、辛酰溴苯腈、毒死蜱、硫丹、甲霜灵、烯唑醇、甲萘威、甲氰菊酯、禾草敌、三唑醇、炔丙菊酯、γ-氟氯氰菌酯、2,6-二氯苯甲酰胺、3,4,5-混杀威、除草醚、喹螨醚、虫螨腈、茚虫威、噁霜灵、唑虫酰胺、速灭威、高效氯氟氰菊酯、丁硫克百威、氟硅唑、腈菌唑、二甲戊灵、哒螨灵、仲丁灵、氯氰菊酯、倍硫磷、异丙威、丙溴磷、除线磷、烯丙菊酯、氰戊菊酯、安硫磷和异氯磷，低毒农药嘧霉胺、麦草氟异丙酯、叠氮津、氟吡菌酰胺、螺螨酯、吡喃灵、乙草胺、丁羟茴香醚、己唑醇、吡咪唑、杀螨特、烯虫炔酯、五氯苯甲腈、氯硝胺、四氢吩胺、新燕灵、去异丙基莠去津、氟唑菌酰胺、邻苯二甲酰亚胺、甲醚菊酯、威杀灵、去乙基阿特拉津、联苯、氯苯甲醚、五氯甲氧基苯、杀螨酯、乙嘧酚磺酸酯、噻嗪酮、萘乙酸、炔螨特、拌种胺、3,5-二氯苯胺、间羟基联苯和五氯苯胺，微毒农药醚菊酯、萘乙酰胺、腐霉利、嘧菌酯、五氯硝基苯、啶氧菌酯、生物苄呋菊酯、啶酰菌胺、吡丙醚、肟菌酯、醚菌酯、烯虫酯、霜霉威和仲草丹。

按超标程度比较，黄瓜中烯丙菊酯超标 300.9 倍，苹果中除虫菊素 I 超标 286.2 倍，韭菜中霜霉威超标 260.0 倍，草莓中烯丙菊酯超标 231.3 倍，豇豆中烯丙菊酯超标 212.0 倍。检测结果见图 7-17 和附表 17。

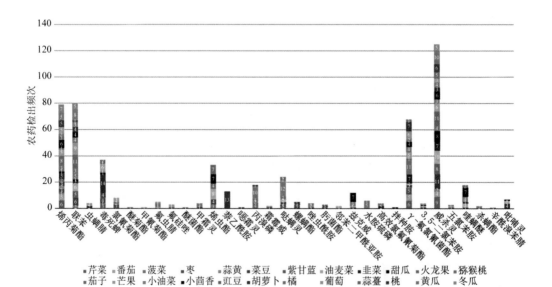

图 7-17-1　超过 MRL 日本标准农药品种及频次

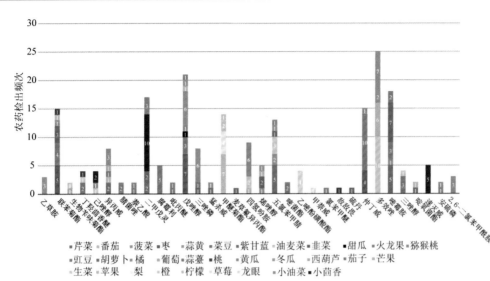

图 7-17-2　超过 MRL 日本标准农药品种及频次

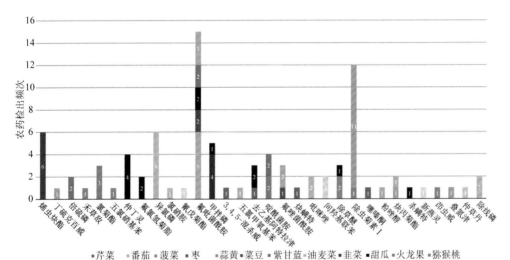

图 7-17-3　超过 MRL 日本标准农药品种及频次

7.2.2.4　按 MRL 中国香港标准衡量

按 MRL 中国香港标准衡量，共有 11 种农药超标，检出 42 频次，分别为高毒农药水胺硫磷和敌敌畏，中毒农药联苯菊酯、毒死蜱、硫丹、氯氰菊酯、倍硫磷和丙溴磷，低毒农药噻嗪酮，微毒农药腐霉利和吡丙醚。

按超标程度比较，橘中丙溴磷超标 43.2 倍，韭菜中腐霉利超标 11.1 倍，橘中水胺硫磷超标 10.2 倍，韭菜中硫丹超标 8.4 倍，芹菜中毒死蜱超标 8.3 倍。检测结果见图 7-18 和附表 18。

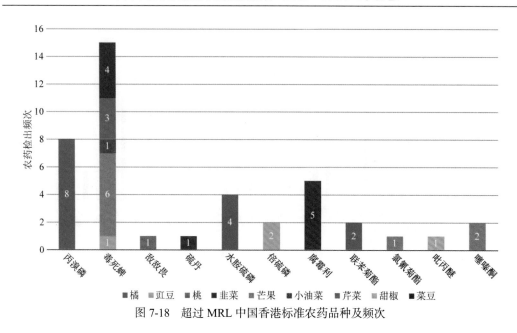

图 7-18 超过 MRL 中国香港标准农药品种及频次

7.2.2.5 按 MRL 美国标准衡量

按 MRL 美国标准衡量，共有 5 种农药超标，检出 27 频次，分别为中毒农药联苯菊酯、毒死蜱、γ-氟氯氰菌酯、二甲戊灵和氯氰菊酯。

按超标程度比较，葡萄中毒死蜱超标 6.1 倍，苹果中毒死蜱超标 4.5 倍，番茄中 γ-氟氯氰菌酯超标 2.9 倍，桃中毒死蜱超标 2.0 倍，橘中联苯菊酯超标 1.3 倍。检测结果见图 7-19 和附表 19。

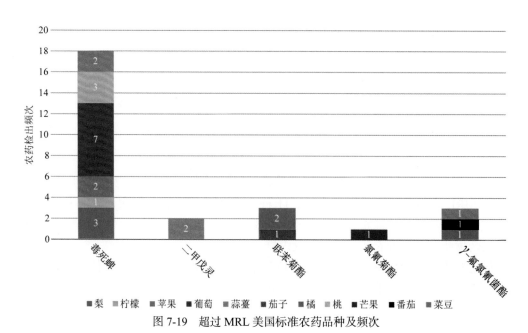

图 7-19 超过 MRL 美国标准农药品种及频次

7.2.2.6　按 MRL CAC 标准衡量

按 MRL CAC 标准衡量，共有 5 种农药超标，检出 12 频次，分别为中毒农药联苯菊酯、戊唑醇、毒死蜱和氯氰菊酯，低毒农药噻嗪酮。

按超标程度比较，菜豆中毒死蜱超标 4.4 倍，芒果中噻嗪酮超标 4.3 倍，芒果中戊唑醇超标 1.6 倍，橘中联苯菊酯超标 1.3 倍，柠檬中毒死蜱超标 0.4 倍。检测结果见图 7-20 和附表 20。

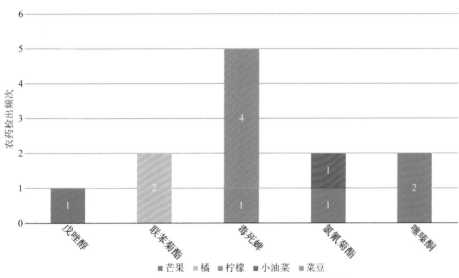

图 7-20　超过 MRL CAC 标准农药品种及频次

7.2.3　55 个采样点超标情况分析

7.2.3.1　按 MRL 中国国家标准衡量

按 MRL 中国国家标准衡量，有 28 个采样点的样品存在不同程度的超标农药检出，其中***超市（西湖道购物广场）和***超市（津友店）的超标率最高，为 8.0%，如图 7-21 和表 7-14 所示。

表 7-14　超过 MRL 中国国家标准水果蔬菜在不同采样点分布

序号	采样点	样品总数	超标数量	超标率（%）	行政区域
1	***市场	56	1	1.8	津南区
2	***市场	56	1	1.8	和平区
3	***超市（河北店）	55	2	3.6	河北区
4	***超市（南开店）	55	3	5.5	南开区
5	***超市（天津和平路分店）	54	1	1.9	和平区
6	***市场	54	2	3.7	和平区
7	***超市（天津新开路店）	53	2	3.8	河东区

续表

序号	采样点	样品总数	超标数量	超标率（%）	行政区域
8	***超市（北辰店）	52	1	1.9	北辰区
9	***超市（双港购物广场店）	52	1	1.9	津南区
10	***超市（红桥商场店）	52	2	3.8	红桥区
11	***市场	52	1	1.9	西青区
12	***商业街	51	3	5.9	北辰区
13	***市场	51	2	3.9	河北区
14	***超市（华苑购物广场）	33	1	3.0	南开区
15	***超市（张家窝店）	28	2	7.1	西青区
16	***超市（和平路店）	28	1	3.6	和平区
17	***超市（华苑店）	27	1	3.7	西青区
18	***超市（武清区店）	26	1	3.8	武清区
19	***超市（中山路店）	26	1	3.8	河北区
20	***市场	25	1	4.0	西青区
21	***市场	25	1	4.0	西青区
22	***超市（东丽店）	25	1	4.0	东丽区
23	***超市（西湖道购物广场）	25	2	8.0	南开区
24	***超市（龙城店）	25	1	4.0	南开区
25	***超市（东兴路店）	25	1	4.0	河东区
26	***超市（奥园店）	25	1	4.0	北辰区
27	***超市（津友店）	25	2	8.0	河西区
28	***超市（西青道店）	24	1	4.2	红桥区

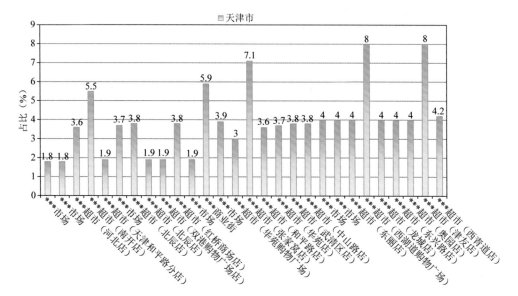

图 7-21　超过 MRL 中国国家标准水果蔬菜在不同采样点分布

7.2.3.2 按 MRL 欧盟标准衡量

按 MRL 欧盟标准衡量，所有采样点的样品存在不同程度的超标农药检出，其中***超市（西湖道购物广场）的超标率最高，为 76.0%，如图 7-22 和表 7-15 所示。

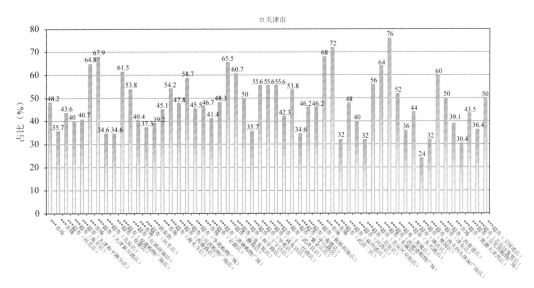

图 7-22 超过 MRL 欧盟标准水果蔬菜在不同采样点分布

表 7-15 超过 MRL 欧盟标准水果蔬菜在不同采样点分布

序号	采样点	样品总数	超标数量	超标率（%）	行政区域
1	***市场	56	27	48.2	津南区
2	***市场	56	20	35.7	和平区
3	***超市（河北店）	55	24	43.6	河北区
4	***超市（南开店）	55	22	40.0	南开区
5	***超市（天津和平路分店）	54	22	40.7	和平区
6	***市场	54	35	64.8	和平区
7	***超市（天津新开路店）	53	36	67.9	河东区
8	***超市（北辰店）	52	18	34.6	北辰区
9	***超市（双港店）	52	18	34.6	津南区
10	***超市（双港购物广场店）	52	32	61.5	津南区
11	***超市（红桥商场店）	52	28	53.8	红桥区
12	***市场	52	21	40.4	西青区
13	***超市（河东店）	51	19	37.3	河东区
14	***商业街	51	20	39.2	北辰区
15	***市场	51	23	45.1	河北区
16	***超市（海光寺店）	48	26	54.2	南开区
17	***超市（西康路店）	46	22	47.8	和平区

序号	采样点	样品总数	超标数量	超标率（%）	行政区域
18	***超市（河西购物广场店）	46	27	58.7	河西区
19	***超市（华苑购物广场）	33	15	45.5	南开区
20	***市场	30	14	46.7	静海县
21	***超市（宏源店）	29	12	41.4	红桥区
22	***超市（津塘购物广场）	29	14	48.3	河东区
23	***超市（静海店）	29	19	65.5	静海县
24	***超市（张家窝店）	28	17	60.7	西青区
25	***超市（和平路店）	28	14	50.0	和平区
26	***超市（丁字沽店）	28	10	35.7	红桥区
27	***超市（华苑店）	27	15	55.6	西青区
28	***超市（咸水沽店）	27	15	55.6	津南区
29	***超市（十一经路店）	27	15	55.6	河东区
30	***超市（武清区店）	26	11	42.3	武清区
31	***超市（紫金山店）	26	14	53.8	河西区
32	***超市（中山路店）	26	9	34.6	河北区
33	***超市（南楼店）	26	12	46.2	河西区
34	***超市（银桥商场店）	26	12	46.2	静海县
35	***市场	25	17	68.0	西青区
36	***市场	25	18	72.0	西青区
37	***超市（武清二店）	25	8	32.0	武清区
38	***超市（福州道店）	25	12	48.0	滨海新区
39	***超市（河西店）	25	10	40.0	河西区
40	***超市（北辰店）	25	8	32.0	北辰区
41	***超市（北辰区双街店）	25	14	56.0	北辰区
42	***超市（东丽店）	25	16	64.0	东丽区
43	***超市（西湖道购物广场）	25	19	76.0	南开区
44	***超市（龙城店）	25	13	52.0	南开区
45	***超市（东兴路店）	25	9	36.0	河东区
46	***超市（塘沽店）	25	11	44.0	滨海新区
47	***超市（奥园店）	25	6	24.0	北辰区
48	***超市（渔夫码头休闲广场店）	25	8	32.0	西青区
49	***超市（津友店）	25	15	60.0	河西区
50	***超市（西青道店）	24	12	50.0	红桥区
51	***市场	23	9	39.1	津南区
52	***超市（凯德天津湾店）	23	7	30.4	河西区
53	***超市（宜兴埠购物广场）	23	10	43.5	北辰区
54	***超市（北辰区集贤店）	22	8	36.4	北辰区
55	***超市（卫国道店）	22	11	50.0	河东区

7.2.3.3　按 MRL 日本标准衡量

按 MRL 日本标准衡量，所有采样点的样品存在不同程度的超标农药检出，其中***超市（东丽店）和***超市（西湖道购物广场）的超标率最高，为 68.0%，如图 7-23 和表 7-16 所示。

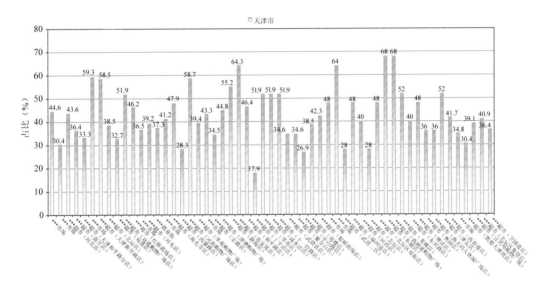

图 7-23　超过 MRL 日本标准水果蔬菜在不同采样点分布

表 7-16　超过 MRL 日本标准水果蔬菜在不同采样点分布

序号	采样点	样品总数	超标数量	超标率（%）	行政区域
1	***市场	56	25	44.6	津南区
2	***市场	56	17	30.4	和平区
3	***超市（河北店）	55	24	43.6	河北区
4	***超市（南开店）	55	20	36.4	南开区
5	***超市（天津和平路分店）	54	18	33.3	和平区
6	***市场	54	32	59.3	和平区
7	***超市（天津新开路店）	53	31	58.5	河东区
8	***超市（北辰店）	52	20	38.5	北辰区
9	***超市（双港店）	52	17	32.7	津南区
10	***超市（双港购物广场店）	52	27	51.9	津南区
11	***超市（红桥商场店）	52	24	46.2	红桥区
12	***市场	52	19	36.5	西青区
13	***超市（河东店）	51	20	39.2	河东区
14	***商业街	51	19	37.3	北辰区
15	***市场	51	21	41.2	河北区
16	***超市（海光寺店）	48	23	47.9	南开区

序号	采样点	样品总数	超标数量	超标率（%）	行政区域
17	***超市（西康路店）	46	13	28.3	和平区
18	***超市（河西购物广场店）	46	27	58.7	河西区
19	***超市（华苑购物广场）	33	13	39.4	南开区
20	***市场	30	13	43.3	静海县
21	***超市（宏源店）	29	10	34.5	红桥区
22	***超市（津塘购物广场）	29	13	44.8	河东区
23	***超市（静海店）	29	16	55.2	静海县
24	***超市（张家窝店）	28	18	64.3	西青区
25	***超市（和平路店）	28	13	46.4	和平区
26	***超市（丁字沽店）	28	5	17.9	红桥区
27	***超市（华苑店）	27	14	51.9	西青区
28	***超市（咸水沽店）	27	14	51.9	津南区
29	***超市（十一经路店）	27	14	51.9	河东区
30	***超市（武清区店）	26	9	34.6	武清区
31	***超市（紫金山店）	26	9	34.6	河西区
32	***超市（中山路店）	26	7	26.9	河北区
33	***超市（南楼店）	26	10	38.5	河西区
34	***超市（银桥商场店）	26	11	42.3	静海县
35	***市场	25	12	48.0	西青区
36	***市场	25	16	64.0	西青区
37	***超市（武清二店）	25	7	28.0	武清区
38	***超市（福州道店）	25	12	48.0	滨海新区
39	***超市（河西店）	25	10	40.0	河西区
40	***超市（北辰店）	25	7	28.0	北辰区
41	***超市（北辰区双街店）	25	12	48.0	北辰区
42	***超市（东丽店）	25	17	68.0	东丽区
43	***超市（西湖道购物广场）	25	17	68.0	南开区
44	***超市（龙城店）	25	13	52.0	南开区
45	***超市（东兴路店）	25	10	40.0	河东区
46	***超市（塘沽店）	25	12	48.0	滨海新区
47	***超市（奥园店）	25	9	36.0	北辰区
48	***超市（渔夫码头休闲广场店）	25	9	36.0	西青区
49	***超市（津友店）	25	13	52.0	河西区
50	***超市（西青道店）	24	10	41.7	红桥区
51	***市场	23	8	34.8	津南区
52	***超市（凯德天津湾店）	23	7	30.4	河西区
53	***超市（宜兴埠购物广场）	23	9	39.1	北辰区
54	***超市（北辰区集贤店）	22	9	40.9	北辰区
55	***超市（卫国道店）	22	8	36.4	河东区

7.2.3.4　按 MRL 中国香港标准衡量

按 MRL 中国香港标准衡量，有 25 个采样点的样品存在不同程度的超标农药检出，其中***超市（西青道店）的超标率最高，为 8.3%，如图 7-24 和表 7-17 所示。

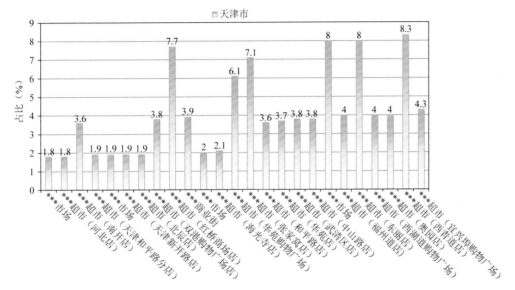

图 7-24　超过 MRL 中国香港标准水果蔬菜在不同采样点分布

表 7-17　超过 MRL 中国香港标准水果蔬菜在不同采样点分布

序号	采样点	样品总数	超标数量	超标率（%）	行政区域
1	***市场	56	1	1.8	和平区
2	***超市（河北店）	55	1	1.8	河北区
3	***超市（南开店）	55	2	3.6	南开区
4	***超市（天津和平路分店）	54	1	1.9	和平区
5	***市场	54	1	1.9	和平区
6	***超市（天津新开路店）	53	1	1.9	河东区
7	***超市（北辰店）	52	1	1.9	北辰区
8	***超市（双港购物广场店）	52	2	3.8	津南区
9	***超市（红桥商场店）	52	4	7.7	红桥区
10	***商业街	51	2	3.9	北辰区
11	***市场	51	1	2.0	河北区
12	***超市（海光寺店）	48	1	2.1	南开区
13	***超市（华苑购物广场）	33	2	6.1	南开区
14	***超市（张家窝店）	28	2	7.1	西青区
15	***超市（和平路店）	28	1	3.6	和平区
16	***超市（华苑店）	27	1	3.7	西青区

序号	采样点	样品总数	超标数量	超标率（%）	行政区域
17	***超市（武清区店）	26	1	3.8	武清区
18	***超市（中山路店）	26	1	3.8	河北区
19	***市场	25	2	8.0	西青区
20	***超市（福州道店）	25	1	4.0	滨海新区
21	***超市（东丽店）	25	2	8.0	东丽区
22	***超市（西湖道购物广场）	25	1	4.0	南开区
23	***超市（奥园店）	25	1	4.0	北辰区
24	***超市（西青道店）	24	2	8.3	红桥区
25	***超市（宜兴埠购物广场）	23	1	4.3	北辰区

7.2.3.5　按 MRL 美国标准衡量

按 MRL 美国标准衡量，有 21 个采样点的样品存在不同程度的超标农药检出，其中 ***超市（东兴路店）的超标率最高，为 8.0%，如表 7-18 和图 7-25 所示。

表 7-18　超过 MRL 美国标准水果蔬菜在不同采样点分布

序号	采样点	样品总数	超标数量	超标率（%）	行政区域
1	***市场	56	1	1.8	津南区
2	***市场	56	1	1.8	和平区
3	***超市（天津新开路店）	53	3	5.7	河东区
4	***超市（双港购物广场店）	52	1	1.9	津南区
5	***市场	52	1	1.9	西青区
6	***超市（河东店）	51	1	2.0	河东区
7	***市场	51	1	2.0	河北区
8	***超市（西康路店）	46	2	4.3	和平区
9	***超市（河西购物广场店）	46	2	4.3	河西区
10	***超市（华苑购物广场）	33	2	6.1	南开区
11	***市场	30	1	3.3	静海县
12	***超市（静海店）	29	1	3.4	静海县
13	***超市（张家窝店）	28	1	3.6	西青区
14	***市场	25	1	4.0	西青区
15	***超市（福州道店）	25	1	4.0	滨海新区
16	***超市（西湖道购物广场）	25	1	4.0	南开区
17	***超市（东兴路店）	25	2	8.0	河东区
18	***超市（奥园店）	25	1	4.0	北辰区
19	***超市（津友店）	25	1	4.0	河西区
20	***市场	23	1	4.3	津南区
21	***超市（宜兴埠购物广场）	23	1	4.3	北辰区

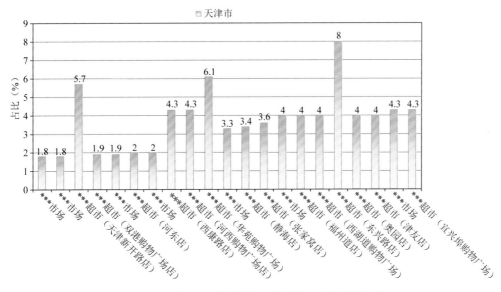

图 7-25　超过 MRL 美国标准水果蔬菜在不同采样点分布

7.2.3.6　按 MRL CAC 标准衡量

按 MRL CAC 标准衡量，有 12 个采样点的样品存在不同程度的超标农药检出，其中 ***超市（福州道店）、***超市（西湖道购物广场）和***超市（东兴路店）的超标率最高，为 4.0%，如表 7-19 和图 7-26 所示。

表 7-19　超过 MRL CAC 标准水果蔬菜在不同采样点分布

序号	采样点	样品总数	超标数量	超标率（%）	行政区域
1	***市场	56	1	1.8	津南区
2	***市场	56	1	1.8	和平区
3	***超市（双港购物广场店）	52	1	1.9	津南区
4	***市场	51	1	2.0	河北区
5	***超市（海光寺店）	48	1	2.1	南开区
6	***超市（华苑购物广场）	33	1	3.0	南开区
7	***超市（张家窝店）	28	1	3.6	西青区
8	***超市（中山路店）	26	1	3.8	河北区
9	***超市（南楼店）	26	1	3.8	河西区
10	***超市（福州道店）	25	1	4.0	滨海新区
11	***超市（西湖道购物广场）	25	1	4.0	南开区
12	***超市（东兴路店）	25	1	4.0	河东区

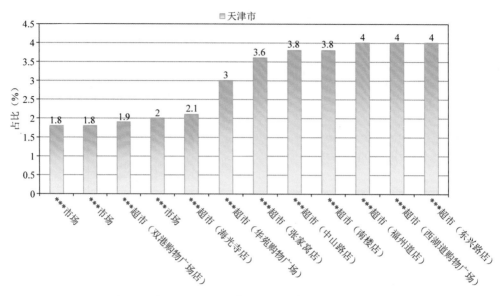

图 7-26　超过 MRL CAC 标准水果蔬菜在不同采样点分布

7.3　水果中农药残留分布

7.3.1　检出农药品种和频次排前 10 的水果

本次残留侦测的水果共 25 种，包括猕猴桃、西瓜、桃、山竹、哈密瓜、柿子、龙眼、木瓜、油桃、苹果、柑、草莓、葡萄、芒果、梨、李子、枣、荔枝、橘、樱桃、柠檬、火龙果、甜瓜、橙和菠萝。

根据检出农药品种及频次进行排名，将各项排名前 10 位的水果样品检出情况列表说明，详见表 7-20。

表 7-20　检出农药品种和频次排名前 10 的水果

检出农药品种排名前 10（品种）	①橙（40），②葡萄（39），③橘（36），④芒果（32），⑤柠檬（29），⑥草莓（25），⑦猕猴桃（24），⑧苹果（23），⑨梨（21），⑩火龙果（20）
检出农药频次排名前 10（频次）	①芒果（175），②葡萄（162），③柠檬（147），④橘（122），⑤橙（118），⑥梨（93），⑦草莓（92），⑧猕猴桃（91），⑨苹果（85），⑩桃（60）
检出禁用、高毒及剧毒农药品种排名前 10（品种）	①橘（5），②橙（4），③草莓（3），④柠檬（3），⑤梨（2），⑥苹果（2），⑦葡萄（2），⑧桃（2），⑨火龙果（1），⑩李子（1）
检出禁用、高毒及剧毒农药频次排名前 10（频次）	①橘（18），②草莓（7），③柠檬（6），④甜瓜（6），⑤橙（5），⑥葡萄（3），⑦梨（2），⑧芒果（2），⑨苹果（2），⑩桃（2）

7.3.2　超标农药品种和频次排前 10 的水果

鉴于 MRL 欧盟标准和日本标准制定比较全面且覆盖率较高，我们参照 MRL 中国国家标准、欧盟标准和日本标准衡量水果样品中农残检出情况，将超标农药品种及频次排名前 10 的水果列表说明，详见表 7-21。

表 7-21　超标农药品种和频次排名前 10 的水果

超标农药品种排名前 10（农药品种数）	MRL 中国国家标准	①橘（5），②芒果（2），③橙（1），④苹果（1），⑤葡萄（1），⑥桃（1）
	MRL 欧盟标准	①橘（20），②芒果（20），③橙（18），④柠檬（14），⑤火龙果（12），⑥猕猴桃（12），⑦葡萄（11），⑧梨（10），⑨苹果（8），⑩桃（8）
	MRL 日本标准	①芒果（16），②火龙果（14），③橘（12），④柠檬（11），⑤橙（10），⑥枣（10），⑦猕猴桃（9），⑧桃（9），⑨梨（8），⑩苹果（7）
超标农药频次排名前 10（农药频次数）	MRL 中国国家标准	①橘（15），②芒果（2），③葡萄（2），④橙（1），⑤苹果（1），⑥桃（1）
	MRL 欧盟标准	①芒果（62），②橘（48），③柠檬（42），④梨（40），⑤猕猴桃（40），⑥橙（38），⑦苹果（36），⑧葡萄（34），⑨火龙果（25），⑩草莓（24）
	MRL 日本标准	①芒果（53），②橘（44），③柠檬（44），④梨（38），⑤枣（36），⑥苹果（34），⑦火龙果（32），⑧猕猴桃（30），⑨桃（24），⑩橙（22）

通过对各品种水果样本总数及检出率进行综合分析发现，橙、葡萄和芒果的残留污染最为严重，在此，我们参照 MRL 中国国家标准、欧盟标准和日本标准对这 3 种水果的农残检出情况进行进一步分析。

7.3.3　农药残留检出率较高的水果样品分析

7.3.3.1　橙

这次共检测 43 例橙样品，40 例样品中检出了农药残留，检出率为 93.0%，检出农药共计 40 种。其中毒死蜱、威杀灵、丙溴磷、联苯和氟丙菊酯检出频次较高，分别检出了 24、16、8、5 和 4 次。橙中农药检出品种和频次见图 7-27 和表 7-22，超标农药见图 7-28。

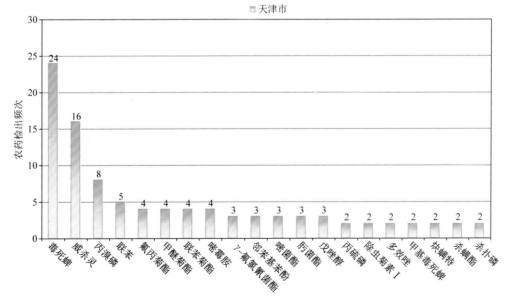

图 7-27　橙样品检出农药品种和频次分析（仅列出 2 频次及以上的数据）

表 7-22　橙中农药残留超标情况明细表

样品总数		检出农药样品数	样品检出率（%）	检出农药品种总数
43		40	93	40

	超标农药品种	超标农药频次	按照 MRL 中国国家标准、欧盟标准和日本标准衡量超标农药名称及频次
中国国家标准	1	1	水胺硫磷（1）
欧盟标准	18	38	威杀灵（8），丙溴磷（6），联苯（5），γ-氟氯氰菌酯（3），甲醚菊酯（2），杀螨酯（2），多效唑（1），禾草敌（1），甲萘威（1），克百威（1），乐果（1），炔螨特（1），三唑磷（1），杀扑磷（1），水胺硫磷（1），烯丙菊酯（1），烯虫炔酯（1），仲丁威（1）
日本标准	10	22	威杀灵（8），γ-氟氯氰菌酯（3），多效唑（2），甲醚菊酯（2），杀螨酯（2），禾草敌（1），三唑磷（1），水胺硫磷（1），烯丙菊酯（1），烯虫炔酯（1）

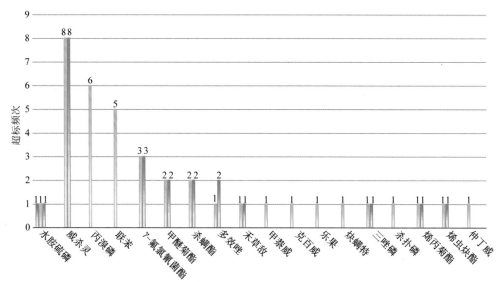

图 7-28　橙样品中超标农药分析

7.3.3.2　葡萄

这次共检测 61 例葡萄样品，57 例样品中检出了农药残留，检出率为 93.4%，检出农药共计 39 种。其中啶酰菌胺、嘧霉胺、腐霉利、嘧菌环胺和毒死蜱检出频次较高，分别检出了 22、13、12、12 和 11 次。葡萄中农药检出品种和频次见图 7-29，超标农药见图 7-30 和表 7-23。

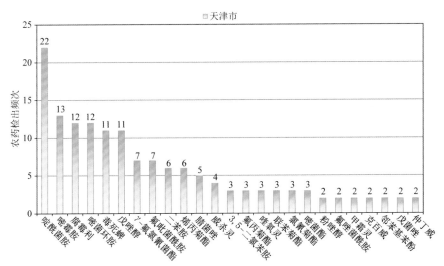

图 7-29　葡萄样品检出农药品种和频次分析（仅列出 2 频次及以上的数据）

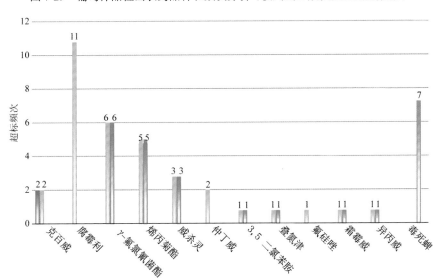

图 7-30　葡萄样品中超标农药分析

表 7-23　葡萄中农药残留超标情况明细表

样品总数			检出农药样品数	样品检出率（%）	检出农药品种总数
61			57	93.4	39
	超标农药品种	超标农药频次	按照 MRL 中国国家标准、欧盟标准和日本标准衡量超标农药名称及频次		
中国国家标准	1	2	克百威（2）		
欧盟标准	11	34	腐霉利（11），γ-氟氯氰菌酯（6），烯丙菊酯（5），威杀灵（3），克百威（2），仲丁威（2），3,5-二氯苯胺（1），叠氮津（1），氟硅唑（1），霜霉威（1），异丙威（1）		
日本标准	7	18	γ-氟氯氰菌酯（6），烯丙菊酯（5），威杀灵（3），3,5-二氯苯胺（1），叠氮津（1），霜霉威（1），异丙威（1）		

7.3.3.3 芒果

这次共检测 64 例芒果样品，50 例样品中检出了农药残留，检出率为 78.1%，检出农药共计 32 种。其中毒死蜱、联苯菊酯、嘧菌酯、戊唑醇和威杀灵检出频次较高，分别检出了 30、17、13、13 和 12 次。芒果中农药检出品种和频次见图 7-31，超标农药见图 7-32 和表 7-24。

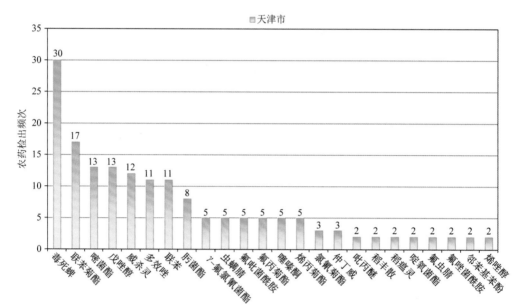

图 7-31 芒果样品检出农药品种和频次分析（仅列出 2 频次及以上的数据）

表 7-24 芒果中农药残留超标情况明细表

样品总数			检出农药样品数	样品检出率（%）	检出农药品种总数
64			50	78.1	32
	超标农药品种	超标农药频次	按照 MRL 中国国家标准、欧盟标准和日本标准衡量超标农药名称及频次		
中国国家标准	2	2	氯氰菊酯（1），戊唑醇（1）		
欧盟标准	20	62	联苯（9），毒死蜱（6），威杀灵（6），γ-氟氯氰菊酯（5），虫螨腈（5），肟菌酯（5），烯丙菊酯（5），氟吡菌酰胺（3），仲丁威（3），吡丙醚（2），氟虫腈（2），氟唑菌酰胺（2），噻嗪酮（2），氟硅唑（1），己唑醇（1），联苯菊酯（1），氯氰菊酯（1），醚菌酯（1），戊唑醇（1），烯唑醇（1）		
日本标准	16	53	联苯（9），毒死蜱（6），多效唑（6），威杀灵（6），γ-氟氯氰菊酯（5），烯丙菊酯（5），氟吡菌酰胺（3），氯氰菊酯（3），虫螨腈（2），氟唑菌酰胺（2），粉唑醇（1），氟虫腈（1），氟硅唑（1），联苯菊酯（1），戊唑醇（1），烯唑醇（1）		

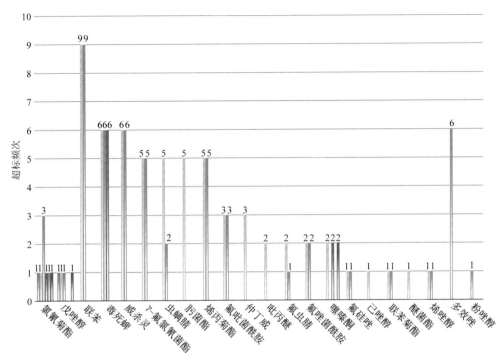

图 7-32　芒果样品中超标农药分析

7.4　蔬菜中农药残留分布

7.4.1　检出农药品种和频次排前 10 的蔬菜

本次残留侦测的蔬菜共 33 种，包括小茴香、黄瓜、洋葱、韭菜、芹菜、结球甘蓝、番茄、菠菜、花椰菜、豇豆、蒜黄、西葫芦、甜椒、菜用大豆、葱、辣椒、胡萝卜、紫甘蓝、油麦菜、小白菜、青花菜、茄子、萝卜、绿豆芽、冬瓜、菜豆、小油菜、大白菜、生菜、茼蒿、莴笋、蒜薹和丝瓜。

根据检出农药品种及频次进行排名，将各项排名前 10 位的蔬菜样品检出情况列表说明，详见表 7-25。

表 7-25　检出农药品种和频次排名前 10 的蔬菜

检出农药品种排名前 10（品种）	①油麦菜（47），②小油菜（46），③芹菜（40），④小茴香（39），⑤菜豆（38），⑥番茄（37），⑦甜椒（36），⑧黄瓜（31），⑨韭菜（31），⑩辣椒（23）
检出农药频次排名前 10（频次）	①油麦菜（170），②番茄（167），③黄瓜（161），④小茴香（145），⑤茄子（136），⑥韭菜（135），⑦菜豆（125），⑧小油菜（122），⑨芹菜（112），⑩甜椒（112）
检出禁用、高毒及剧毒农药品种排名前 10（品种）	①芹菜（6），②小油菜（6），③韭菜（4），④小茴香（4），⑤菜豆（3），⑥黄瓜（3），⑦油麦菜（3），⑧番茄（2），⑨萝卜（2），⑩菠菜（1）
检出禁用、高毒及剧毒农药频次排名前 10（频次）	①芹菜（17），②黄瓜（10），③韭菜（10），④小茴香（10），⑤小油菜（9），⑥番茄（6），⑦西葫芦（6），⑧生菜（5），⑨油麦菜（5），⑩菜豆（3）

7.4.2 超标农药品种和频次排前 10 的蔬菜

鉴于 MRL 欧盟标准和日本标准制定比较全面且覆盖率较高，我们参照 MRL 中国国家标准、欧盟标准和日本标准衡量蔬菜样品中农残检出情况，将超标农药品种及频次排名前 10 的蔬菜列表说明，详见表 7-26。

表 7-26 超标农药品种和频次排名前 10 的蔬菜

超标农药品种排名前 10（农药品种数）	MRL 中国国家标准	①韭菜（5），②芹菜（2），③小油菜（2），④黄瓜（1），⑤豇豆（1），⑥辣椒（1），⑦萝卜（1），⑧甜椒（1），⑨小茴香（1）
	MRL 欧盟标准	①小油菜（28），②油麦菜（28），③小茴香（26），④芹菜（24），⑤韭菜（19），⑥菜豆（17），⑦番茄（14），⑧辣椒（14），⑨甜椒（13），⑩茄子（12）
	MRL 日本标准	①菜豆（30），②油麦菜（20），③小油菜（19），④芹菜（18），⑤小茴香（18），⑥韭菜（17），⑦豇豆（12），⑧生菜（10），⑨菠菜（9），⑩番茄（9）
超标农药频次排名前 10（农药频次数）	MRL 中国国家标准	①韭菜（16），②芹菜（4），③豇豆（2），④小油菜（2），⑤黄瓜（1），⑥辣椒（1），⑦萝卜（1），⑧甜椒（1），⑨小茴香（1）
	MRL 欧盟标准	①芹菜（74），②小茴香（73），③油麦菜（71），④韭菜（63），⑤茄子（63），⑥番茄（61），⑦菜豆（57），⑧小油菜（56），⑨黄瓜（47），⑩甜椒（43）
	MRL 日本标准	①菜豆（83），②小茴香（71），③韭菜（62），④油麦菜（58），⑤芹菜（49），⑥小油菜（49），⑦茄子（42），⑧黄瓜（28），⑨胡萝卜（27），⑩番茄（25）

通过对各品种蔬菜样本总数及检出率进行综合分析发现，油麦菜、小油菜和芹菜的残留污染最为严重，在此，我们参照 MRL 中国国家标准、欧盟标准和日本标准对这 3 种蔬菜的农残检出情况进行进一步分析。

7.4.3 农药残留检出率较高的蔬菜样品分析

7.4.3.1 油麦菜

这次共检测 63 例油麦菜样品，55 例样品中检出了农药残留，检出率为 87.3%，检出农药共计 47 种。其中威杀灵、多效唑、烯虫酯、腐霉利和甲霜灵检出频次较高，分别检出了 20、12、10、9 和 9 次。油麦菜中农药检出品种和频次见图 7-33，超标农药见表 7-27 和图 7-34。

表 7-27 油麦菜中农药残留超标情况明细表

样品总数			检出农药样品数	样品检出率（%）	检出农药品种总数
63			55	87.3	47
	超标农药品种	超标农药频次	按照 MRL 中国国家标准、欧盟标准和日本标准衡量超标农药名称及频次		
中国国家标准	0	0			
欧盟标准	28	71	威杀灵（10），多效唑（9），百菌清（7），联苯（6），腐霉利（5），烯虫酯（5），喹螨醚（3），五氯苯甲腈（3），吡喃灵（2），除线磷（2），四氢吩胺（2），3,5-二氯苯胺（1），γ-氟氯氰菌酯（1），虫螨腈（1），丁羟茴香醚（1），毒死蜱（1），噁霜灵（1），氟虫腈（1），氟乐灵（1），己唑醇（1），甲氰菊酯（1），腈菌唑（1），邻苯二甲酰亚胺（1），硫丹（1），三唑醇（1），五氯苯胺（1），五氯硝基苯（1），兹克威（1）		

续表

样品总数			检出农药样品数	样品检出率（%）	检出农药品种总数
63			55	87.3	47

	超标农药品种	超标农药频次	按照 MRL 中国国家标准、欧盟标准和日本标准衡量超标农药名称及频次
日本标准	20	58	多效唑（10），威杀灵（10），烯虫酯（8），联苯（6），喹螨醚（3），五氯苯甲腈（3），吡喃灵（2），除线磷（2），哒螨灵（2），四氢吩胺（2），3,5-二氯苯胺（1），γ-氟氯氰菌酯（1），丁羟茴香醚（1），氟虫腈（1），己唑醇（1），甲氰菊酯（1），邻苯二甲酰亚胺（1），三唑醇（1），五氯苯胺（1），兹克威（1）

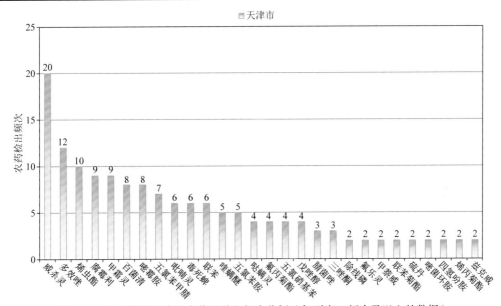

图 7-33 油麦菜样品检出农药品种和频次分析（仅列出 2 频次及以上的数据）

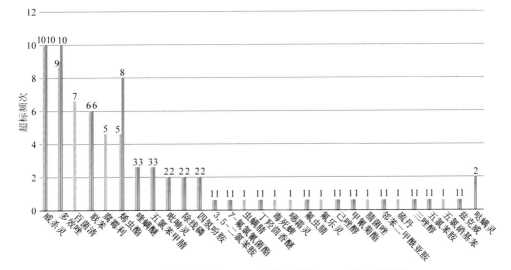

图 7-34 油麦菜样品中超标农药分析

7.4.3.2 小油菜

这次共检测 53 例小油菜样品，41 例样品中检出了农药残留，检出率为 77.4%，检出农药共计 46 种。其中哒螨灵、威杀灵、联苯菊酯、喹螨醚和二苯胺检出频次较高，分别检出了 13、13、8、6 和 5 次。小油菜中农药检出品种和频次见图 7-35，超标农药见图 7-36 和表 7-28。

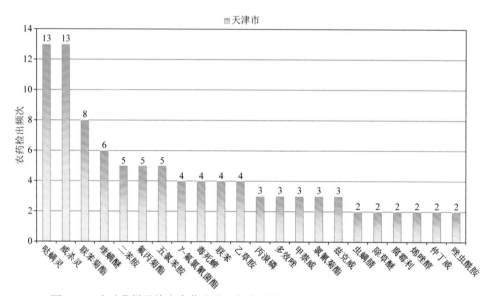

图 7-35　小油菜样品检出农药品种和频次分析（仅列出 2 频次及以上的数据）

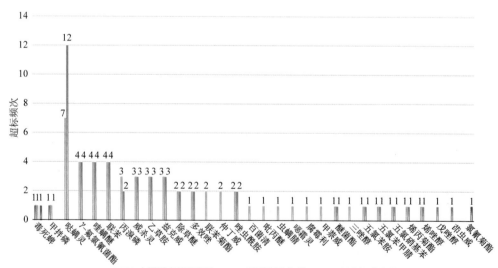

图 7-36　小油菜样品中超标农药分析

表 7-28　小油菜中农药残留超标情况明细表

样品总数			检出农药样品数	样品检出率（%）	检出农药品种总数
53			41	77.4	46
	超标农药品种	超标农药频次	按照 MRL 中国国家标准、欧盟标准和日本标准衡量超标农药名称及频次		
中国国家标准	2	2	毒死蜱（1）、甲拌磷（1）		
欧盟标准	28	56	哒螨灵（7）、γ-氟氯氰菌酯（4）、喹螨醚（4）、联苯（4）、丙溴磷（3）、威杀灵（3）、乙草胺（3）、兹克威（3）、除草醚（2）、多效唑（2）、联苯菊酯（2）、仲丁威（2）、唑虫酰胺（2）、百菌清（1）、吡丙醚（1）、虫螨腈（1）、毒死蜱（1）、噁霜灵（1）、腐霉利（1）、甲拌磷（1）、甲萘威（1）、醚菌酯（1）、三唑醇（1）、五氯苯胺（1）、五氯苯甲腈（1）、五氯硝基苯（1）、烯丙菊酯（1）、烯唑醇（1）		
日本标准	19	49	哒螨灵（12）、γ-氟氯氰菌酯（4）、喹螨醚（4）、联苯（4）、威杀灵（3）、乙草胺（3）、兹克威（3）、丙溴磷（2）、除草醚（2）、多效唑（2）、唑虫酰胺（2）、醚菌酯（1）、五氯苯胺（1）、五氯苯甲腈（1）、五氯硝基苯（1）、戊唑醇（1）、烯丙菊酯（1）、烯唑醇（1）、茚虫威（1）		

7.4.3.3　芹菜

这次共检测 47 例芹菜样品，37 例样品中检出了农药残留，检出率为 78.7%，检出农药共计 40 种。其中威杀灵、腐霉利、克百威、γ-氟氯氰菌酯和嘧霉胺检出频次较高，分别检出了 17、12、10、6 和 6 次。芹菜中农药检出品种和频次见图 7-37，超标农药见表 7-29 和图 7-38。

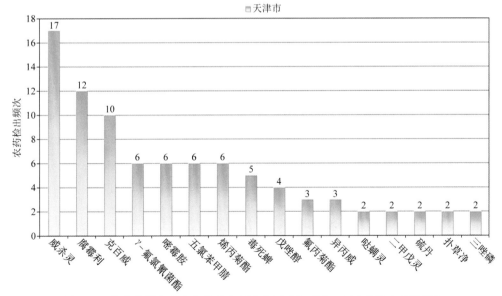

图 7-37　芹菜样品检出农药品种和频次分析（仅列出 2 频次及以上的数据）

表 7-29 芹菜中农药残留超标情况明细表

样品总数		检出农药样品数	样品检出率（%）	检出农药品种总数
47		37	78.7	40

	超标农药品种	超标农药频次	按照 MRL 中国国家标准、欧盟标准和日本标准衡量超标农药名称及频次
中国国家标准	2	4	毒死蜱（3），克百威（1）
欧盟标准	24	74	腐霉利（12），克百威（9），威杀灵（9），γ-氟氯氰菌酯（6），烯丙菊酯（6），嘧霉胺（5），五氯苯甲腈（5），毒死蜱（3），哒螨灵（2），硫丹（2），异丙威（2），3,4,5-混杀威（1），虫螨腈（1），啶氧菌酯（1），氟硅唑（1），甲萘威（1），氯氰菊酯（1），猛杀威（1），去乙基阿特拉津（1），炔螨特（1），噻嗪酮（1），三唑磷（1），五氯苯胺（1），仲丁威（1）
日本标准	18	49	威杀灵（9），γ-氟氯氰菌酯（6），烯丙菊酯（6），嘧霉胺（5），五氯苯甲腈（5），毒死蜱（3），哒螨灵（2），二甲戊灵（2），异丙威（2），3,4,5-混杀威（1），啶氧菌酯（1），氟硅唑（1），猛杀威（1），去乙基阿特拉津（1），炔螨特（1），噻嗪酮（1），三唑磷（1），五氯苯胺（1）

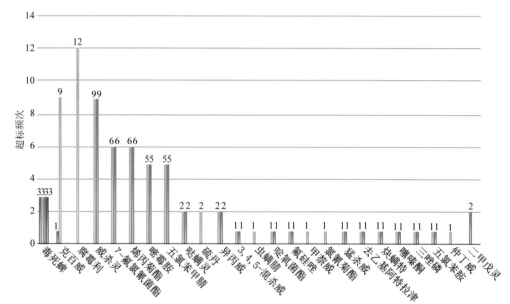

图 7-38 芹菜样品中超标农药分析

7.5 初 步 结 论

7.5.1 天津市市售水果蔬菜按 MRL 中国国家标准和国际主要 MRL 标准衡量的合格率

本次侦测的 1893 例样品中，510 例样品未检出任何残留农药，占样品总量的 26.9%，

1383 例样品检出不同水平、不同种类的残留农药,占样品总量的 73.1%。在这 1383 例检出农药残留的样品中:

按照 MRL 中国国家标准衡量,有 1343 例样品检出残留农药但含量没有超标,占样品总数的 70.9%,有 40 例样品检出了超标农药,占样品总数的 2.1%。

按照 MRL 欧盟标准衡量,有 484 例样品检出残留农药但含量没有超标,占样品总数的 25.6%,有 899 例样品检出了超标农药,占样品总数的 47.5%。

按照 MRL 日本标准衡量,有 570 例样品检出残留农药但含量没有超标,占样品总数的 30.1%,有 813 例样品检出了超标农药,占样品总数的 42.9%。

按照 MRL 中国香港标准衡量,有 1347 例样品检出残留农药但含量没有超标,占样品总数的 71.2%,有 36 例样品检出了超标农药,占样品总数的 1.9%。

按照 MRL 美国标准衡量,有 1356 例样品检出残留农药但含量没有超标,占样品总数的 71.6%,有 27 例样品检出了超标农药,占样品总数的 1.4%。

按照 MRL CAC 标准衡量,有 1371 例样品检出残留农药但含量没有超标,占样品总数的 72.4%,有 12 例样品检出了超标农药,占样品总数的 0.6%。

7.5.2 天津市市售水果蔬菜中检出农药以中低微毒农药为主,占市场主体的 91.5%

这次侦测的 1893 例样品包括水果 25 种 691 例,食用菌 4 种 61 例,蔬菜 33 种 1141 例,共检出了 153 种农药,检出农药的毒性以中低微毒为主,详见表 7-30。

表 7-30 市场主体农药毒性分布

毒性	检出品种	占比	检出频次	占比
剧毒农药	3	2.0%	11	0.3%
高毒农药	10	6.5%	83	2.4%
中毒农药	60	39.2%	1503	43.4%
低毒农药	56	36.6%	1296	37.4%
微毒农药	24	15.7%	572	16.5%

中低微毒农药,品种占比 91.5%,频次占比 97.3%

7.5.3 检出剧毒、高毒和禁用农药现象应该警醒

在此次侦测的 1893 例样品中有 18 种蔬菜和 14 种水果的 135 例样品检出了 18 种 147 频次的剧毒和高毒或禁用农药,占样品总量的 7.1%。其中剧毒农药甲拌磷、特丁硫磷和艾氏剂以及高毒农药克百威、兹克威和水胺硫磷检出频次较高。

按 MRL 中国国家标准衡量,剧毒农药甲拌磷,检出 8 次,超标 7 次;高毒农药克百威,检出 28 次,超标 9 次;水胺硫磷,检出 13 次,超标 5 次;按超标程度比较,韭菜中甲拌磷超标 378.6 倍,小茴香中甲拌磷超标 53.3 倍,橘中水胺硫磷超标 10.2 倍,韭

菜中克百威超标 4.9 倍，萝卜中甲拌磷超标 3.0 倍。

剧毒、高毒或禁用农药的检出情况及按照 MRL 中国国家标准衡量的超标情况见表 7-31。

表 7-31　剧毒、高毒或禁用农药的检出及超标明细

序号	农药名称	样品名称	检出频次	超标频次	最大超标倍数	超标率
1.1	特丁硫磷*▲	小茴香	1	0	0	0.0%
1.2	特丁硫磷*▲	芹菜	1	0	0	0.0%
2.1	甲拌磷*▲	韭菜	4	4	378.56	100.0%
2.2	甲拌磷*▲	小茴香	1	1	53.29	100.0%
2.3	甲拌磷*▲	萝卜	1	1	3.05	100.0%
2.4	甲拌磷*▲	小油菜	1	1	1.83	100.0%
2.5	甲拌磷*▲	胡萝卜	1	0	0	0.0%
3.1	艾氏剂*▲	小油菜	1	0	0	0.0%
4.1	三唑磷◇	橘	6	1	1.429	16.7%
4.2	三唑磷◇	芹菜	2	0	0	0.0%
4.3	三唑磷◇	柠檬	1	0	0	0.0%
4.4	三唑磷◇	橙	1	0	0	0.0%
4.5	三唑磷◇	菜豆	1	0	0	0.0%
5.1	克百威◇▲	芹菜	10	1	0.025	10.0%
5.2	克百威◇▲	番茄	5	0	0	0.0%
5.3	克百威◇▲	韭菜	2	2	4.885	100.0%
5.4	克百威◇▲	葡萄	2	2	2.54	100.0%
5.5	克百威◇▲	黄瓜	2	1	1.53	50.0%
5.6	克百威◇▲	橘	1	1	1.345	100.0%
5.7	克百威◇▲	甜椒	1	1	0.54	100.0%
5.8	克百威◇▲	辣椒	1	1	0.125	100.0%
5.9	克百威◇▲	柠檬	1	0	0	0.0%
5.10	克百威◇▲	橙	1	0	0	0.0%
5.11	克百威◇▲	草莓	1	0	0	0.0%
5.12	克百威◇▲	菜豆	1	0	0	0.0%
6.1	兹克威◇	小茴香	7	0	0	0.0%
6.2	兹克威◇	生菜	5	0	0	0.0%
6.3	兹克威◇	小油菜	3	0	0	0.0%
6.4	兹克威◇	油麦菜	2	0	0	0.0%
6.5	兹克威◇	菜豆	1	0	0	0.0%
6.6	兹克威◇	豇豆	1	0	0	0.0%
7.1	嘧啶磷◇	梨	1	0	0	0.0%
8.1	敌敌畏◇	桃	1	1	1.668	100.0%

续表

序号	农药名称	样品名称	检出频次	超标频次	最大超标倍数	超标率
8.2	敌敌畏◇	草莓	1	0	0	0.0%
9.1	杀扑磷◇▲	橘	3	0	0	0.0%
9.2	杀扑磷◇▲	橙	2	0	0	0.0%
10.1	氟氯氰菊酯◇	小油菜	1	0	0	0.0%
11.1	水胺硫磷◇▲	橘	7	4	10.245	57.1%
11.2	水胺硫磷◇▲	柠檬	4	0	0	0.0%
11.3	水胺硫磷◇▲	橙	1	1	1.605	100.0%
11.4	水胺硫磷◇▲	黄瓜	1	0	0	0.0%
12.1	治螟磷◇▲	芹菜	1	0	0	0.0%
13.1	猛杀威◇	橘	1	0	0	0.0%
13.2	猛杀威◇	芹菜	1	0	0	0.0%
14.1	六六六▲	萝卜	1	0	0	0.0%
15.1	氟虫腈▲	芒果	2	0	0	0.0%
15.2	氟虫腈▲	韭菜	1	1	2.94	100.0%
15.3	氟虫腈▲	油麦菜	1	0	0	0.0%
15.4	氟虫腈▲	火龙果	1	0	0	0.0%
15.5	氟虫腈▲	猕猴桃	1	0	0	0.0%
15.6	氟虫腈▲	茄子	1	0	0	0.0%
16.1	氰戊菊酯▲	李子	1	0	0	0.0%
16.2	氰戊菊酯▲	桃	1	0	0	0.0%
16.3	氰戊菊酯▲	梨	1	0	0	0.0%
16.4	氰戊菊酯▲	苹果	1	0	0	0.0%
17.1	硫丹▲	黄瓜	7	0	0	0.0%
17.2	硫丹▲	甜瓜	6	0	0	0.0%
17.3	硫丹▲	西葫芦	6	0	0	0.0%
17.4	硫丹▲	草莓	5	0	0	0.0%
17.5	硫丹▲	韭菜	3	0	0	0.0%
17.6	硫丹▲	油麦菜	2	0	0	0.0%
17.7	硫丹▲	芹菜	2	0	0	0.0%
17.8	硫丹▲	冬瓜	1	0	0	0.0%
17.9	硫丹▲	小油菜	1	0	0	0.0%
17.10	硫丹▲	油桃	1	0	0	0.0%
17.11	硫丹▲	番茄	1	0	0	0.0%

续表

序号	农药名称	样品名称	检出频次	超标频次	最大超标倍数	超标率
17.12	硫丹▲	苹果	1	0	0	0.0%
17.13	硫丹▲	菠菜	1	0	0	0.0%
17.14	硫丹▲	葡萄	1	0	0	0.0%
18.1	除草醚▲	小油菜	2	0	0	0.0%
18.2	除草醚▲	小茴香	1	0	0	0.0%
合计			147	24		16.3%

注：超标倍数参照 MRL 中国国家标准衡量

这些超标的剧毒和高毒农药都是中国政府早有规定禁止在水果蔬菜中使用的，为什么还屡次被检出，应该引起警惕。

7.5.4　残留限量标准与先进国家或地区标准差距较大

3465 频次的检出结果与我国公布的《食品中农药最大残留限量》（GB 2763—2014）对比，有 741 频次能找到对应的 MRL 中国国家标准，占 21.4%；还有 2724 频次的侦测数据无相关 MRL 标准供参考，占 78.6%。

与国际上现行 MRL 标准对比发现：

有 3465 频次能找到对应的 MRL 欧盟标准，占 100.0%；

有 3465 频次能找到对应的 MRL 日本标准，占 100.0%；

有 1056 频次能找到对应的 MRL 中国香港标准，占 30.5%；

有 938 频次能找到对应的 MRL 美国标准，占 27.1%；

有 581 频次能找到对应的 MRLCAC 标准，占 16.8%。

由上可见，MRL 中国国家标准与先进国家或地区标准还有很大差距，我们无标准，境外有标准，这就会导致我们在国际贸易中，处于受制于人的被动地位。

7.5.5　水果蔬菜单种样品检出 36~47 种农药残留，拷问农药使用的科学性

通过此次监测发现，橙、葡萄和橘是检出农药品种最多的 3 种水果，油麦菜、小油菜和芹菜是检出农药品种最多的 3 种蔬菜，从中检出农药品种及频次详见表 7-32。

表 7-32　单种样品检出农药品种及频次

样品名称	样品总数	检出农药样品数	检出率	检出农药品种数	检出农药（频次）
油麦菜	63	55	87.3%	47	威杀灵（20），多效唑（12），烯虫酯（10），腐霉利（9），甲霜灵（9），百菌清（8），嘧霉胺（8），五氯苯甲腈（7），吡喃灵（6），毒死蜱（6），联苯（6），喹螨醚（5），五氯苯胺（5），哒螨灵（4），氟丙菊酯（4），五氯硝基苯（4），戊唑醇（4），腈菌唑（3），三唑酮（3），除线磷（2），氟乐灵（2），甲萘威（2），联苯菊酯（2），硫丹（2），嘧菌环胺（2），四氢呋酞（2），烯丙菊酯（2），兹克威（2），3,5-二氯苯胺（1），γ-氟氯氰菌酯（1），虫螨腈（1），丁咪酰胺（1），丁羟茴香醚（1），啶酰菌胺（1），恶霜灵（1），二苯胺（1），氟吡菌酰胺（1），氟虫腈（1），己唑醇（1），甲醚菊酯（1），甲氰菊酯（1），邻苯二甲酰亚胺（1），萘乙酸（1），三唑醇（1），五氯苯（1），新燕灵（1），莠去津（1）

续表

样品名称	样品总数	检出农药样品数	检出率	检出农药品种数	检出农药（频次）
小油菜	53	41	77.4%	46	哒螨灵（13），威杀灵（13），联苯菊酯（8），喹螨醚（6），二苯胺（5），氟丙菊酯（5），五氯苯胺（5），γ-氟氯氰菌酯（4），毒死蜱（4），联苯（4），乙草胺（4），丙溴磷（3），多效唑（3），甲萘威（3），氯氰菊酯（3），兹克威（3），虫螨腈（2），除草醚（2），腐霉利（2），烯唑醇（2），仲丁威（2），唑虫酰胺（2），3,4,5-混杀威（1），艾氏剂（1），百菌清（1），吡丙醚（1），噁霜灵（1），氟氯氰菊酯（1），环草敌（1），甲拌磷（1），甲霜灵（1），硫丹（1），醚菌酯（1），嘧霉胺（1），三唑醇（1），三唑酮（1），霜霉威（1），四氯硝基苯（1），五氯苯甲腈（1），五氯硝基苯（1），戊唑醇（1），烯丙菊酯（1），烯虫酯（1），乙霉威（1），茚虫威（1），增效醚（1）
芹菜	47	37	78.7%	40	威杀灵（17），腐霉利（12），克百威（10），γ-氟氯氰菌酯（6），嘧霉胺（6），五氯苯甲腈（6），烯丙菊酯（6），毒死蜱（5），戊唑醇（4），氟丙菊酯（3），异丙威（3），哒螨灵（2），二甲戊灵（2），硫丹（2），扑草净（2），三唑磷（2），3,4,5-混杀威（1），百菌清（1），虫螨腈（1），啶氧菌酯（1），多效唑（1），氟硅唑（1），甲萘威（1），甲霜灵（1），邻苯基苯酚（1），氯氰菊酯（1），猛杀威（1），嘧菌酯（1），萘乙酸（1），去乙基阿特拉津（1），炔螨特（1），噻嗪酮（1），生物苄呋菊酯（1），特丁硫磷（1），肟菌酯（1），五氯苯（1），五氯苯胺（1），异丙甲草胺（1），治螟磷（1），仲丁威（1）
橙	43	40	93.0%	40	毒死蜱（24），威杀灵（16），丙溴磷（8），联苯（5），氟丙菊酯（4），甲醚菊酯（4），联苯菊酯（4），嘧霉胺（4），γ-氟氯氰菌酯（3），邻苯基苯酚（3），嘧菌酯（3），肟菌酯（3），戊唑醇（3），丙硫磷（2），除虫菊素 I（2），多效唑（2），甲基毒死蜱（2），炔螨特（2），杀螨酯（2），杀扑磷（2），2,6-二氯苯甲酰胺（1），吡丙醚（1），吡螨胺（1），稻瘟灵（1），二苯胺（1），氟硅唑（1），氟硫草定（1），禾草敌（1），甲萘威（1），克百威（1），乐果（1），氯氰菊酯（1），马拉硫磷（1），三唑磷（1），杀螟腈（1），水胺硫磷（1），烯丙菊酯（1），烯虫炔酯（1），烯效唑（1），仲丁威（1）
葡萄	61	57	93.4%	39	啶酰菌胺（22），嘧霉胺（13），腐霉利（12），嘧菌环胺（12），毒死蜱（11），戊唑醇（11），γ-氟氯氰菌酯（7），氟吡菌酰胺（7），二苯胺（6），烯丙菊酯（6），腈菌唑（5），威杀灵（4），3,5-二氯苯胺（3），氟丙菊酯（3），喹氧灵（3），联苯菊酯（3），氯氰菊酯（3），嘧菌酯（3），粉唑醇（2），氟唑菌酰胺（2），甲霜灵（2），克百威（2），邻苯基苯酚（2），戊菌唑（2），仲丁威（2），吡喃灵（1），虫螨腈（1），哒螨灵（1），稻瘟灵（1），叠氮津（1），丁草胺（1），氟硅唑（1），硫丹（1），螺螨酯（1），醚菌酯（1），扑草净（1），霜霉威（1），异丙威（1），莠去津（1）
橘	28	26	92.9%	36	毒死蜱（16），丙溴磷（12），威杀灵（12），多效唑（7），嘧菌酯（7），水胺硫磷（7），三唑磷（6），戊唑醇（6），联苯菊酯（5），氟硅唑（4），甲氰菊酯（4），哒螨灵（3），联苯（3），杀扑磷（3），γ-氟氯氰菌酯（2），腈菌唑（2），螺螨酯（2），杀螨酯（2），烯丙菊酯（2），安硫磷（1），稻瘟灵（1），氟丙菊酯（1），腐霉利（1），禾草敌（1），甲基毒死蜱（1），克百威（1），喹硫磷（1），邻苯基苯酚（1），马拉硫磷（1），猛杀威（1），醚菌酯（1），炔螨特（1），杀螟腈（1），新燕灵（1），莠灭净（1），仲丁威（1）

　　上述 6 种水果蔬菜，检出农药 36~47 种，是多种农药综合防治，还是未严格实施农业良好管理规范（GAP），抑或根本就是乱施药，值得我们思考。

第8章　GC-Q-TOF/MS 侦测天津市市售水果蔬菜农药残留膳食暴露风险与预警风险评估

8.1　农药残留风险评估方法

8.1.1　天津市农药残留侦测数据分析与统计

庞国芳院士科研团队建立的农药残留高通量侦测技术以高分辨精确质量数（0.0001 *m/z* 为基准）为识别标准，采用 GC-Q-TOF/MS 技术对 507 种农药化学污染物进行侦测。

科研团队于 2016 年 2 月~2017 年 9 月在天津市所属 13 个区县的 55 个采样点，随机采集了 1893 例水果蔬菜样品，采样点分布在超市和农贸市场，具体位置如图 8-1 所示，各月内水果蔬菜样品采集数量如表 8-1 所示。

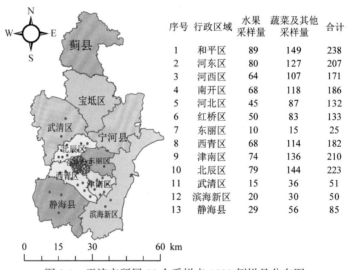

序号	行政区域	水果采样量	蔬菜及其他采样量	合计
1	和平区	89	149	238
2	河东区	80	127	207
3	河西区	64	107	171
4	南开区	68	118	186
5	河北区	45	87	132
6	红桥区	50	83	133
7	东丽区	10	15	25
8	西青区	68	114	182
9	津南区	74	136	210
10	北辰区	79	144	223
11	武清区	15	36	51
12	滨海新区	20	30	50
13	静海县	29	56	85

图 8-1　天津市所属 55 个采样点 1893 例样品分布图

表 8-1　天津市各月内采集水果蔬菜样品数列表

时间	样品数（例）
2016 年 2 月	169
2016 年 4 月	151
2016 年 6 月	128
2016 年 7 月	191
2016 年 8 月	100
2016 年 10 月	279

续表

时间	样品数（例）
2017 年 1 月	98
2017 年 2 月	98
2017 年 3 月	96
2017 年 4 月	97
2017 年 5 月	95
2017 年 6 月	93
2017 年 7 月	101
2017 年 8 月	96
2017 年 9 月	101

利用 GC-Q-TOF/MS 技术对 1893 例样品中的农药进行侦测，侦测出残留农药 153 种，3462 频次。侦测出农药残留水平如图 8-2 和表 8-2 所示。检出频次最高的前 10 种农药如表 8-3 所示。从侦测结果中可以看出，在水果蔬菜中农药残留普遍存在，且有些水果蔬菜存在高浓度的农药残留，这些可能存在膳食暴露风险，对人体健康产生危害，因此，为了定量地评价水果蔬菜中农药残留的风险程度，有必要对其进行风险评价。

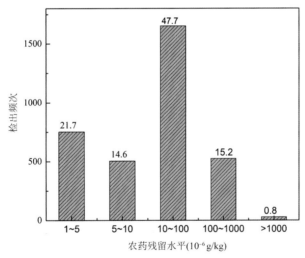

图 8-2　残留农药检出浓度频数分布

表 8-2　侦测出农药的不同残留水平及其所占比例列表

残留水平（μg/kg）	检出频次	占比（%）
1~5（含）	752	21.7
5~10（含）	504	14.6
10~100（含）	1653	47.7

续表

残留水平（μg/kg）	检出频次	占比（%）
100~1000（含）	525	15.2
>1000	28	0.8
合计	3462	100

表 8-3　检出频次最高的前 10 种农药列表

序号	农药	检出频次（次）
1	毒死蜱	309
2	腐霉利	194
3	联苯菊酯	125
4	嘧霉胺	103
5	仲丁威	98
6	戊唑醇	83
7	哒螨灵	81
8	氟吡菌酰胺	68
9	啶酰菌胺	64
10	丙溴磷	50

8.1.2　农药残留风险评价模型

对天津市水果蔬菜中农药残留分别开展暴露风险评估和预警风险评估。膳食暴露风险评估利用食品安全指数模型以水果蔬菜中的残留农药对人体可能产生的危害程度进行评价，该模型结合残留监测和膳食暴露评估评价化学污染物的危害；预警风险评价模型运用风险系数（risk index，R），风险系数综合考虑了危害物的超标率、施检频率及其本身敏感性的影响，能直观而全面地反映出危害物在一段时间内的风险程度。

8.1.2.1　食品安全指数模型

为了加强食品安全管理，《中华人民共和国食品安全法》第二章第十七条规定"国家建立食品安全风险评估制度，运用科学方法，根据食品安全风险监测信息、科学数据以及有关信息，对食品、食品添加剂、食品相关产品中生物性、化学性和物理性危害因素进行风险评估"[1]，膳食暴露评估是食品危险度评估的重要组成部分，也是膳食安全性的衡量标准[2]。国际上最早研究膳食暴露风险评估的机构主要是 JMPR（FAO、WHO 农药残留联合会议），该组织自 1995 年就已制定了急性毒性物质的风险评估急性毒性农药残留摄入量的预测。1960 年美国规定食品中不得加入致癌物质进而提出零阈值理论，渐渐零阈值理论发展成在一定概率条件下可接受风险的概念[3]，后衍变为食品中每日允许最大摄入量（ADI），而国际食品农药残留法典委员会（CCPR）认为 ADI 不是独立风险评估的唯一标准[4]，1995 年 JMPR 开始研究农药急性膳食暴露风险评估，并对食品国际短期摄入量的计算方法进行了修正，亦对膳食暴露评估准则及评估方法进行了修正[5]，2002 年，在对世界上现行的食品安全评价方法，尤其是国际公认的 CAC 的评价方法、全球环境监测系统/食品污染监测和评估规划（WHO GEMS/Food）及 FAO、WHO 食品添加剂联合专家委员会（JECFA）和 JMPR 对食品安全风险评估工作研究的基础之上，检验检疫食品安全管理的研究人员提出了结合残留监控和膳食暴露评估，以食品安全指数 IFS 计算食品中各种化学污染物对消费者的健康危害程度[6]。IFS 是表示食品安全状态的新方法，可有效地评价某种农药的安全性，进而评价食品中各种农药化学污染物对消费者健康的整体危害程度[7,8]。从理论上分析，IFS 可指出食品中的污染物 c 对消费者健康是否存在危害及危害的程度[9]。其优点在于操作简单且结果容易被接受和理解，不需要大量的数据来对结果进行验证，使用默认的标准假设或者模型即可[10,11]。

1）IFS_c 的计算

IFS_c 计算公式如下：

$$IFS_c = \frac{EDI_c \times f}{SI_c \times bw} \tag{8-1}$$

式中，c 为所研究的农药；EDI_c 为农药 c 的实际日摄入量估算值，等于 $\sum (R_i \times F_i \times E_i \times P_i)$（i 为食品种类；$R_i$ 为食品 i 中农药 c 的残留水平，mg/kg；F_i 为食品 i 的估计日消费量，g/（人·天）；E_i 为食品 i 的可食用部分因子；P_i 为食品 i 的加工处理因子）；SI_c 为安全摄入量，可采用每日允许最大摄入量 ADI；bw 为人平均体重，kg；f 为校正因子，如果安全摄入量采用 ADI，则 f 取 1。

$IFS_c \ll 1$，农药 c 对食品安全没有影响；$IFS_c \leqslant 1$，农药 c 对食品安全的影响可以接受；$IFS_c > 1$，农药 c 对食品安全的影响不可接受。

本次评价中：

$IFS_c \leqslant 0.1$，农药 c 对水果蔬菜安全没有影响；

$0.1 < IFS_c \leqslant 1$，农药 c 对水果蔬菜安全的影响可以接受；

$IFS_c > 1$，农药 c 对水果蔬菜安全的影响不可接受。

本次评价中残留水平 R_i 取值为中国检验检疫科学研究院庞国芳院士课题组利用以高分辨精确质量数（0.0001 m/z）为基准的 GC-Q-TOF/MS 测技术于 2016 年 2 月~2017 年 9 月对天津市水果蔬菜农药残留的侦测结果，估计日消费量 F_i 取值 0.38 kg/（人·天），E_i=1，P_i=1，f=1，SI_c 采用《食品安全国家标准　食品中农药最大残留限量》（GB 2763—2016）中 ADI 值（具体数值见表 8-4），人平均体重（bw）取值 60 kg。

表 8-4　天津市水果蔬菜中侦测出农药的 ADI 值

序号	农药	ADI	序号	农药	ADI	序号	农药	ADI
1	甲拌磷	0.0007	36	治螟磷	0.001	71	醚菊酯	0.03
2	氟虫腈	0.0002	37	哒螨灵	0.01	72	烯效唑	0.02
3	三唑磷	0.001	38	二甲戊灵	0.03	73	嘧菌酯	0.2
4	杀扑磷	0.001	39	高效氯氟氰菊酯	0.02	74	仲丁灵	0.2
5	禾草敌	0.001	40	辛酰溴苯腈	0.015	75	啶氧菌酯	0.09
6	艾氏剂	0.0001	41	氰戊菊酯	0.02	76	嘧霉胺	0.2
7	茚虫威	0.01	42	毒死蜱	0.01	77	四氯硝基苯	0.02
8	异丙威	0.002	43	生物苄呋菊酯	0.03	78	莠去津	0.02
9	乐果	0.002	44	甲基毒死蜱	0.01	79	乙草胺	0.02
10	敌敌畏	0.004	45	烯唑醇	0.005	80	醚菌酯	0.4
11	喹硫磷	0.0005	46	氟硅唑	0.007	81	稻瘟灵	0.016
12	倍硫磷	0.007	47	嘧菌环胺	0.03	82	甲基嘧啶磷	0.03
13	唑虫酰胺	0.006	48	腈菌唑	0.03	83	莠灭净	0.072
14	炔螨特	0.01	49	三唑醇	0.03	84	喹氧灵	0.2
15	克百威	0.001	50	联苯菊酯	0.01	85	异丙甲草胺	0.1
16	噻嗪酮	0.009	51	氟吡菌酰胺	0.01	86	邻苯基苯酚	0.4
17	水胺硫磷	0.003	52	粉唑醇	0.01	87	丁草胺	0.1
18	己唑醇	0.005	53	啶酰菌胺	0.04	88	戊菌唑	0.03
19	五氯硝基苯	0.01	54	稻丰散	0.003	89	扑草净	0.04
20	氯氰菊酯	0.02	55	腐霉利	0.1	90	二苯胺	0.08
21	虫螨腈	0.03	56	萘乙酸	0.15	91	异噁草酮	0.133
22	甲萘威	0.008	57	戊唑醇	0.03	92	马拉硫磷	0.3
23	联苯肼酯	0.01	58	霜霉威	0.4	93	增效醚	0.2
24	乙霉威	0.004	59	噻菌灵	0.1	94	2,6-二氯苯甲酰胺	—
25	硫丹	0.006	60	氯菊酯	0.05	95	3,4,5-混杀威	—
26	丙溴磷	0.03	61	肟菌酯	0.04	96	3,5-二氯苯胺	—
27	三氯杀螨醇	0.002	62	三唑酮	0.03	97	γ-氟氯氰菌酯	—
28	丁硫克百威	0.01	63	六六六	0.005	98	丁咪酰胺	—
29	百菌清	0.02	64	氯硝胺	0.01	99	丁噻隆	—
30	特丁硫磷	0.0006	65	氟乐灵	0.025	100	丁羟茴香醚	—
31	螺螨酯	0.01	66	吡丙醚	0.1	101	丙硫磷	—
32	甲氰菊酯	0.03	67	多效唑	0.1	102	乙嘧酚磺酸酯	—
33	氟氯氰菊酯	0.04	68	仲丁威	0.06	103	五氯甲氧基苯	—
34	喹螨醚	0.005	69	抗蚜威	0.02	104	五氯苯	—
35	噁霜灵	0.01	70	甲霜灵	0.08	105	五氯苯甲腈	—

续表

序号	农药	ADI	序号	农药	ADI	序号	农药	ADI
106	五氯苯胺	—	122	拌种咯	—	138	特草灵	—
107	仲草丹	—	123	拌种胺	—	139	猛杀威	—
108	兹克威	—	124	新燕灵	—	140	环草敌	—
109	去乙基阿特拉津	—	125	杀螟腈	—	141	甲醚菊酯	—
110	双苯酰草胺	—	126	杀螨特	—	142	联苯	—
111	叠氮津	—	127	杀螨酯	—	143	胺菊酯	—
112	吡咪唑	—	128	氟丙菊酯	—	144	菲	—
113	吡喃灵	—	129	氟唑菌酰胺	—	145	萘乙酰胺	—
114	吡螨胺	—	130	去异丙基莠去津	—	146	速灭威	—
115	嘧啶磷	—	131	氟硫草定	—	147	邻苯二甲酰亚胺	—
116	四氟醚唑	—	132	氯苯甲醚	—	148	间羟基联苯	—
117	四氢吩胺	—	133	氯酞酸甲酯	—	149	除线磷	—
118	威杀灵	—	134	炔丙菊酯	—	150	除草醚	—
119	安硫磷	—	135	烯丙菊酯	—	151	除虫菊素 I	—
120	异氯磷	—	136	烯虫炔酯	—	152	除虫菊酯	—
121	戊草丹	—	137	烯虫酯	—	153	麦草氟异丙酯	—

注："—"表示为国家标准中无 ADI 值规定；ADI 值单位为 mg/kg bw

2）计算 IFS_c 的平均值 $\overline{IFS}$，评价农药对食品安全的影响程度

以 $\overline{IFS}$ 评价各种农药对人体健康危害的总程度，评价模型见公式（8-2）。

$$\overline{IFS} = \frac{\sum_{i=1}^{n} IFS_c}{n} \qquad (8\text{-}2)$$

$\overline{IFS} \ll 1$，所研究消费者人群的食品安全状态很好；$\overline{IFS} \leqslant 1$，所研究消费者人群的食品安全状态可以接受；$\overline{IFS} > 1$，所研究消费者人群的食品安全状态不可接受。

本次评价中：

$\overline{IFS} \leqslant 0.1$，所研究消费者人群的水果蔬菜安全状态很好；

$0.1 < \overline{IFS} \leqslant 1$，所研究消费者人群的水果蔬菜安全状态可以接受；

$\overline{IFS} > 1$，所研究消费者人群的水果蔬菜安全状态不可接受。

8.1.2.2　预警风险评估模型

2003 年，我国检验检疫食品安全管理的研究人员根据 WTO 的有关原则和我国的具体规定，结合危害物本身的敏感性、风险程度及其相应的施检频率，首次提出了食品中危害物风险系数 R 的概念[12]。R 是衡量一个危害物的风险程度大小最直观的参数，即在一定时期内其超标率或阳性检出率的高低，但受其施检频率的高低及其本身的敏感

性（受关注程度）影响。该模型综合考察了农药在蔬菜中的超标率、施检频率及其本身敏感性，能直观而全面地反映出农药在一段时间内的风险程度[13]。

1）R 计算方法

危害物的风险系数综合考虑了危害物的超标率或阳性检出率、施检频率和其本身的敏感性影响，并能直观而全面地反映出危害物在一段时间内的风险程度。风险系数 R 的计算公式如式（8-3）：

$$R = aP + \frac{b}{F} + S \qquad (8\text{-}3)$$

式中，P 为该种危害物的超标率；F 为危害物的施检频率；S 为危害物的敏感因子；a，b 分别为相应的权重系数。

本次评价中 F=1；S=1；a=100；b=0.1，对参数 P 进行计算，计算时首先判断是否为禁用农药，如果为非禁用农药，P=超标的样品数（侦测出的含量高于食品最大残留限量标准值，即 MRL）除以总样品数（包括超标、不超标、未检出）；如果为禁用农药，则检出即为超标，P=能检出的样品数除以总样品数。判断天津市水果蔬菜农药残留是否超标的标准限值 MRL 分别以 MRL 中国国家标准[14]和 MRL 欧盟标准作为对照，具体值列于附表一中。

2）评价风险程度

R≤1.5，受检农药处于低度风险；

1.5<R≤2.5，受检农药处于中度风险；

R>2.5，受检农药处于高度风险。

8.1.2.3 食品膳食暴露风险和预警风险评估应用程序的开发

1）应用程序开发的步骤

为成功开发膳食暴露风险和预警风险评估应用程序，与软件工程师多次沟通讨论，逐步提出并描述清楚计算需求，开发了初步应用程序。为明确出不同水果蔬菜、不同农药、不同地域和不同季节的风险水平，向软件工程师提出不同的计算需求，软件工程师对计算需求进行逐一地分析，经过反复的细节沟通，需求分析得到明确后，开始进行解决方案的设计，在保证需求的完整性、一致性的前提下，编写出程序代码，最后设计出满足需求的风险评估专用计算软件，并通过一系列的软件测试和改进，完成专用程序的开发。软件开发基本步骤见图 8-3。

图 8-3　专用程序开发总体步骤

2）膳食暴露风险评估专业程序开发的基本要求

首先直接利用公式（8-1），分别计算 LC-Q-TOF/MS 和 GC-Q-TOF/MS 仪器侦测出的各水果蔬菜样品中每种农药 IFS_c，将结果列出。为考察超标农药和禁用农药的使用安全性，分别以我国《食品安全国家标准　食品中农药最大残留限量》（GB 2763—2016）和欧盟食品中农药最大残留限量（以下简称 MRL 中国国家标准和 MRL 欧盟标准）为标准，对侦测出的禁用农药和超标的非禁用农药 IFS_c 单独进行评价；按 IFS_c 大小列表，并找出 IFS_c 值排名前 20 的样本重点关注。

对不同水果蔬菜 i 中每一种侦测出的农药 c 的安全指数进行计算，多个样品时求平均值。若监测数据为该市多个月的数据，则逐月、逐季度分别列出每个月、每个季度内每一种水果蔬菜 i 对应的每一种农药 c 的 IFS_c。

按农药种类，计算整个监测时间段内每种农药的 IFS_c，不区分水果蔬菜。若侦测数据为该市多个月的数据，则需分别计算每个月、每个季度内每种农药的 IFS_c。

3）预警风险评估专业程序开发的基本要求

分别以 MRL 中国国家标准和 MRL 欧盟标准，按公式（8-3）逐个计算不同水果蔬菜、不同农药的风险系数，禁用农药和非禁用农药分别列表。

为清楚了解各种农药的预警风险，不分时间，不分水果蔬菜，按禁用农药和非禁用农药分类，分别计算各种侦测出农药全部侦测时段内风险系数。由于有 MRL 中国国家标准的农药种类太少，无法计算超标数，非禁用农药的风险系数只以 MRL 欧盟标准为标准，进行计算。若侦测数据为多个月的，则按月计算每个月、每个季度内每种禁用农药残留的风险系数和以 MRL 欧盟标准为标准的非禁用农药残留的风险系数。

4）风险程度评价专业应用程序的开发方法

采用 Python 计算机程序设计语言，Python 是一个高层次地结合了解释性、编译性、互动性和面向对象的脚本语言。风险评价专用程序主要功能包括：分别读入每例样品 LC-Q-TOF/MS 和 GC-Q-TOF/MS 农药残留侦测数据，根据风险评价工作要求，依次对不同农药、不同食品、不同时间、不同采样点的 IFS_c 值和 R 值分别进行数据计算，筛选出禁用农药、超标农药（分别与 MRL 中国国家标准、MRL 欧盟标准限值进行对比）单独重点分析，再分别对各农药、各水果蔬菜种类分类处理，设计出计算和排序程序，编写计算机代码，最后将生成的膳食暴露风险评估和超标风险评估定量计算结果列入设计好的各个表格中，并定性判断风险对目标的影响程度，直接用文字描述风险发生的高低，如"不可接受"、"可以接受"、"没有影响"、"高度风险"、"中度风险"、"低度风险"。

8.2　GC-Q-TOF/MS 侦测天津市市售水果蔬菜农药残留膳食暴露风险评估

8.2.1　每例水果蔬菜样品中农药残留安全指数分析

基于农药残留侦测数据，发现 1893 例样品中侦测出农药 3462 频次，计算样品中每种残留农药的安全指数 IFS_c，并分析农药对样品安全的影响程度，结果详见附表二，农药残留对水果蔬菜样品安全的影响程度频次分布情况如图 8-4 所示。

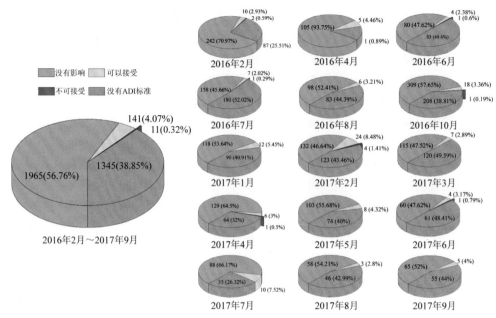

图 8-4 农药残留对水果蔬菜样品安全的影响程度频次分布图

由图 8-4 可以看出，农药残留对样品安全的影响不可接受的频次为 11，占 0.32%；农药残留对样品安全的影响可以接受的频次为 141，占 4.07%；农药残留对样品安全没有影响的频次为 1965，占 56.76%。分析发现，在 15 个月份内有 7 个月份出现不可接受频次，排序为：2017 年 2 月（4）＞2016 年 2 月（2）＞2016 年 6 月（1）=2016 年 7 月（1）=2016 年 10 月（1）=2017 年 4 月（1）=2017 年 6 月（1），其他月份内，农药对样品安全的影响均在可以接受和没有影响的范围内。表 8-5 为对果蔬样品安全影响不可接受的残留农药安全指数表。

表 8-5 水果蔬菜样品中安全影响不可接受的残留农药安全指数表

序号	样品编号	采样点	基质	农药	含量（mg/kg）	IFS$_c$
1	20170223-120101-USI-JC-11A	***市场	韭菜	甲拌磷	3.7956	34.3411
2	20170223-120104-USI-JC-12A	***超市（西湖道购物广场）	韭菜	甲拌磷	1.2286	11.1159
3	20160226-120105-USI-JC-06A	***超市（河北店）	韭菜	甲拌磷	0.565	5.1119
4	20160617-120113-USI-HX-01A	***超市（北辰店）	小茴香	甲拌磷	0.5429	4.9120
5	20160226-120105-USI-JC-02A	***菜市场	韭菜	甲拌磷	0.4555	4.1212
6	20170223-120104-USI-OR-10A	***超市（南开店）	橘	三唑磷	0.4858	3.0767
7	20170223-120104-USI-JC-10A	***超市（南开店）	韭菜	氟虫腈	0.0788	2.4953
8	20161010-120223-USI-CZ-06A	***超市（银桥商场店）	橙	杀扑磷	0.32	2.0267
9	20170605-120101-USI-DJ-07A	***市场	菜豆	异丙威	0.4465	1.4139
10	20160726-120102-USI-CE-12A	***超市（十一经路店）	芹菜	三唑磷	0.2123	1.3446
11	20170406-120111-USI-OR-11A	***市场	橘	三唑磷	0.1946	1.2325

部分样品侦测出禁用农药 12 种 111 频次，为了明确残留的禁用农药对样品安全的影响，分析侦测出禁用农药残留的样品安全指数，禁用农药残留对水果蔬菜样品安全的影响程度频次分布情况如图 8-5 所示，农药残留对样品安全的影响不可接受的频次为 7，占 6.31%；农药残留对样品安全的影响可以接受的频次为 32，占 28.83%；农药残留对样品安全没有影响的频次为 69，占 62.16%。由图中可以看出仅 2017 年 9 月的水果蔬菜中未侦测出禁用农药残留，其余 11 个月份的水果蔬菜样品中均侦测出禁用农药残留，分析发现，在 11 个月份内有 4 个月份出现不可接受频次，排序为：2017 年 2 月（3）＞2016 年 2 月（2）＞2016 年 6 月（1）＝2016 年 10 月（1），其他月份内，禁用农药对样品安全的影响均在可以接受和没有影响的范围内。表 8-6 列出了对水果蔬菜样品安全影响不可接受的残留禁用农药安全指数情况。

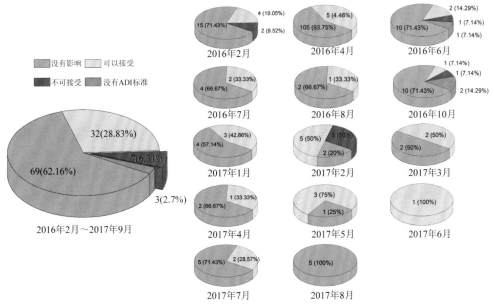

图 8-5　禁用农药对水果蔬菜样品安全影响程度的频次分布图

表 8-6　水果蔬菜样品中侦测出的禁用农药残留不可接受的安全指数表

序号	样品编号	采样点	基质	农药	含量（mg/kg）	IFS$_c$
1	20170223-120101-USI-JC-11A	***市场	韭菜	甲拌磷	3.7956	34.3411
2	20170223-120104-USI-JC-12A	***超市（西湖道购物广场）	韭菜	甲拌磷	1.2286	11.1159
3	20160226-120105-USI-JC-06A	***超市（河北店）	韭菜	甲拌磷	0.565	5.1119
4	20160617-120113-USI-HX-01A	***超市（北辰店）	小茴香	甲拌磷	0.5429	4.9120
5	20160226-120105-USI-JC-02A	***市场	韭菜	甲拌磷	0.4555	4.1212
6	20170223-120104-USI-JC-10A	***超市（南开店）	韭菜	氟虫腈	0.0788	2.4953
7	20161010-120223-USI-CZ-06A	***超市（银桥商场店）	橙	杀扑磷	0.32	2.0267

　　此外，本次侦测发现部分样品中非禁用农药残留量超过了 MRL 中国国家标准和欧盟标准，为了明确超标的非禁用农药对样品安全的影响，分析了非禁用农药残留超标的样品安全指数。

　　水果蔬菜残留量超过 MRL 中国国家标准的非禁用农药对水果蔬菜样品安全的影响程度频次分布情况如图 8-6 所示。可以看到侦测出超过 MRL 中国国家标准的非禁用农药共 31 频次，其中农药残留对样品安全的影响不可接受的频次为 1，占 3.23%；农药残留对样品安全的影响可以接受的频次为 14，占 45.16%；农药残留对样品安全没有影响的频次为 16，占 51.61%。表 8-7 为水果蔬菜样品中侦测出的非禁用农药残留安全指数表。

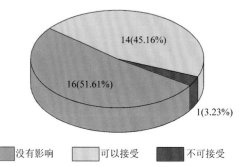

图 8-6　残留超标的非禁用农药对水果蔬菜样品安全的影响程度频次分布图（MRL 中国国家标准）

表 8-7　水果蔬菜样品中侦测出的非禁用农药残留安全指数表（MRL 中国国家标准）

序号	样品编号	采样点	基质	农药	含量（mg/kg）	中国国家标准	IFS$_c$	影响程度
1	20170223-120104-USI-OR-10A	***超市（南开店）	橘	三唑磷	0.4858	0.2	3.0767	不可接受
2	20170223-120104-USI-OR-12A	***超市（西湖道购物广场）	橘	丙溴磷	4.4154	0.2	0.9321	可以接受
3	20160407-120101-USI-JC-11A	***超市（天津和平路分店）	韭菜	毒死蜱	1.3035	0.1	0.8256	可以接受
4	20160830-120110-USI-CL-08A	***超市（东丽店）	小油菜	毒死蜱	0.884	0.1	0.5599	可以接受
5	20170807-120113-USI-PH-16A	***超市（奥园店）	桃	敌敌畏	0.2668	0.1	0.4224	可以接受
6	20161010-120111-USI-JD-01A	***超市（华苑店）	豇豆	倍硫磷	0.3885	0.05	0.3515	可以接受
7	20160617-120114-USI-CE-04A	***超市（武清区店）	芹菜	毒死蜱	0.4636	0.05	0.2936	可以接受
8	20161010-120111-USI-MG-04A	***超市（张家窝店）	芒果	氯氰菊酯	0.7409	0.7	0.2346	可以接受
9	20170504-120103-USI-JC-09A	***超市（津友店）	韭菜	毒死蜱	0.3207	0.1	0.2031	可以接受
10	20160407-120104-USI-AP-09A	***超市（南开店）	苹果	丁硫克百威	0.2631	0.2	0.1666	可以接受

续表

序号	样品编号	采样点	基质	农药	含量（mg/kg）	中国国家标准	IFS$_c$	影响程度
11	20170223-120101-USI-OR-11A	***市场	橘	丙溴磷	0.7663	0.2	0.1618	可以接受
12	20170223-120104-USI-JC-10A	***超市（南开店）	韭菜	腐霉利	2.4189	0.2	0.1532	可以接受
13	20170223-120104-USI-OR-10A	***超市（南开店）	橘	丙溴磷	0.6198	0.2	0.1308	可以接受
14	20160726-120101-USI-JC-10A	***超市（和平路店）	韭菜	毒死蜱	0.1985	0.1	0.1257	可以接受
15	20160226-120106-USI-OR-03A	***超市（红桥商场店）	橘	丙溴磷	0.528	0.2	0.1115	可以接受
16	20170302-120111-USI-JC-04A	***市场	韭菜	腐霉利	1.5597	0.2	0.0988	没有影响
17	20170504-120102-USI-OR-08A	***超市（天津新开路店）	橘	丙溴磷	0.4523	0.2	0.0955	没有影响
18	20160226-120105-USI-OR-02A	***市场	橘	丙溴磷	0.3897	0.2	0.0823	没有影响
19	20170223-120104-USI-OR-12A	***超市（西湖道购物广场）	橘	联苯菊酯	0.1129	0.05	0.0715	没有影响
20	20170117-120113-USI-OR-06A	***商业街	橘	丙溴磷	0.3175	0.2	0.067	没有影响
21	20160226-120105-USI-JC-04A	***超市（中山路店）	韭菜	毒死蜱	0.1006	0.1	0.0637	没有影响
22	20161010-120111-USI-JD-04A	***超市（张家窝店）	豇豆	倍硫磷	0.0619	0.05	0.056	没有影响
23	20160226-120105-USI-OR-02A	***市场	橘	联苯菊酯	0.0878	0.05	0.0556	没有影响
24	20170117-120113-USI-CE-06A	***商业街	芹菜	毒死蜱	0.0713	0.05	0.0452	没有影响
25	20170117-120106-USI-CE-05A	***超市（西青道店）	芹菜	毒死蜱	0.0534	0.05	0.0338	没有影响
26	20160726-120101-USI-JC-10A	***超市（和平路店）	韭菜	腐霉利	0.503	0.2	0.0319	没有影响
27	20170906-120112-USI-MG-11A	***市场	芒果	戊唑醇	0.1299	0.05	0.0274	没有影响
28	20170406-120111-USI-GS-11A	***市场	蒜薹	萘乙酸	0.6372	0.05	0.0269	没有影响
29	20170302-120112-USI-JC-06A	***超市（双港购物广场店）	韭菜	腐霉利	0.3736	0.2	0.0237	没有影响
30	20160407-120104-USI-JC-10A	***超市（华苑购物广场）	韭菜	腐霉利	0.2478	0.2	0.0157	没有影响
31	20170406-120101-USI-MG-09A	***超市（天津和平路分店）	芒果	多效唑	0.0582	0.05	0.0037	没有影响

　　残留量超过 MRL 欧盟标准的非禁用农药对水果蔬菜样品安全的影响程度频次分布情况如图 8-7 所示。可以看出超过 MRL 欧盟标准的非禁用农药共 1382 频次，其中农药没有 ADI 标准的频次为 792，占 57.31%；农药残留对样品安全不可接受的频次为 4，占 0.29%；农药残留对样品安全的影响可以接受的频次为 83，占 6.01%；农药残留对样品安全没有影响的频次为 503，占 36.4%。表 8-8 为水果蔬菜样品中不可接受的残留超标非禁用农药安全指数表。

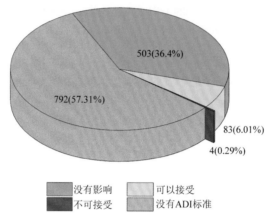

图 8-7　残留超标的非禁用农药对水果蔬菜样品安全的影响程度频次分布图（MRL 欧盟标准）

表 8-8　对水果蔬菜样品中不可接受的残留超标非禁用农药安全指数表（MRL 欧盟标准）

序号	样品编号	采样点	基质	农药	含量（mg/kg）	欧盟标准	IFS$_c$
1	20170605-120101-USI-DJ-07A	***市场	菜豆	异丙威	0.4465	0.01	1.4139
2	20170223-120104-USI-OR-10A	***超市（南开店）	橘	三唑磷	0.4858	0.01	3.0767
3	20170406-120111-USI-OR-11A	***市场	橘	三唑磷	0.1946	0.01	1.2325
4	20160726-120102-USI-CE-12A	***超市（十一经路店）	芹菜	三唑磷	0.2123	0.01	1.3446

　　在 1893 例样品中，510 例样品未侦测出农药残留，1383 例样品中侦测出农药残留，计算每例有农药侦测出样品的 $\overline{IFS}$ 值，进而分析样品的安全状态结果如图 8-8 所示（未检出农药的样品安全状态视为很好）。可以看出，0.26% 的样品安全状态不可接受，3.12% 的样品安全状态可以接受，77.87% 的样品安全状态很好。此外，2016 年 6 月分别有 1 例样品安全状态不可接受，2016 年 2 月、2017 年 2 月分别有 2 例样品安全状态不可接受，其他月份内的样品安全状态均在很好和可以接受的范围内。表 8-9 列出了安全状态不可接受的水果蔬菜样品。

表 8-9　水果蔬菜安全状态不可接受的样品列表

序号	样品编号	采样点	基质	$\overline{IFS}$
1	20170223-120101-USI-JC-11A	***市场	韭菜	8.7851
2	20170223-120104-USI-JC-12A	***超市（西湖道购物广场）	韭菜	5.5603
3	20160226-120105-USI-JC-02A	***市场	韭菜	4.1212
4	20160226-120105-USI-JC-06A	***超市（河北店）	韭菜	2.5577
5	20160617-120113-USI-HX-01A	***超市（北辰店）	小茴香	2.4584

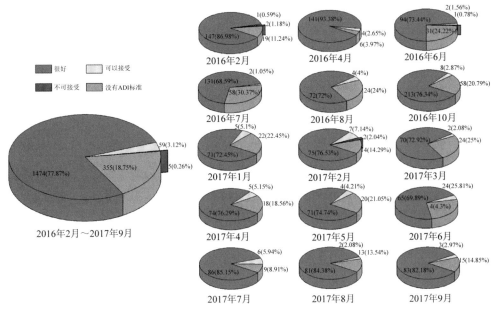

图 8-8　水果蔬菜样品安全状态分布图

8.2.2　单种水果蔬菜中农药残留安全指数分析

本次 62 种水果蔬菜侦测出 153 种农药，检出频次为 3462 次，其中 60 种农药没有 ADI 标准，93 种农药存在 ADI 标准。荔枝未侦测出任何农药，山竹、绿豆芽和大白菜等 3 种水果蔬菜侦测出农药残留全部没有 ADI 标准，对其他的 58 种水果蔬菜按不同种类分别计算检出的具有 ADI 标准的各种农药的 IFS_c 值，农药残留对水果蔬菜的安全指数分布图如图 8-9 所示。

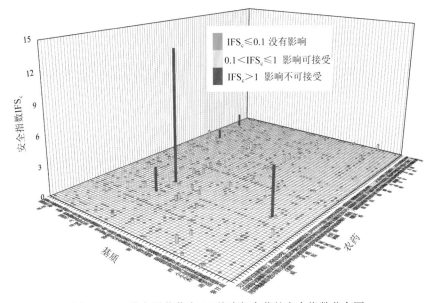

图 8-9　58 种水果蔬菜中 93 种残留农药的安全指数分布图

分析发现 4 种水果蔬菜中的农药残留对食品安全影响不可接受，其中包括韭菜中的氟虫腈、甲拌磷，小茴香中的甲拌磷，菜豆中的异丙威，橙中的杀扑磷，如表 8-10 所示。

表 8-10　单种水果蔬菜中安全影响不可接受的残留农药安全指数表

序号	基质	农药	检出频次	检出率（%）	IFS>1 的频次	IFS>1 的比例（%）	IFS$_c$
1	韭菜	甲拌磷	4	2.99	4	2.99	13.6725
2	小茴香	甲拌磷	1	0.69	1	0.69	4.9120
3	韭菜	氟虫腈	1	0.75	1	0.75	2.4953
4	菜豆	异丙威	1	0.80	1	0.80	1.4139
5	橙	杀扑磷	2	1.69	1	0.85	1.0228

本次侦测中，61 种水果蔬菜和 153 种残留农药（包括没有 ADI 标准）共涉及 1013 个分析样本，农药对单种水果蔬菜安全的影响程度分布情况如图 8-10 所示。可以看出，59.43% 的样本中农药对水果蔬菜安全没有影响，7.01% 的样本中农药对水果蔬菜安全的影响可以接受，0.49% 的样本中农药对水果蔬菜安全的影响不可接受。

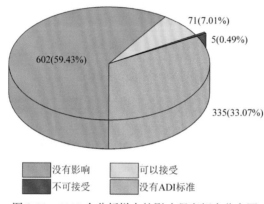

图 8-10　1013 个分析样本的影响程度频次分布图

此外，分别计算 58 种水果蔬菜中所有侦测出农药 IFS$_c$ 的平均值 $\overline{\text{IFS}}$，分析每种水果

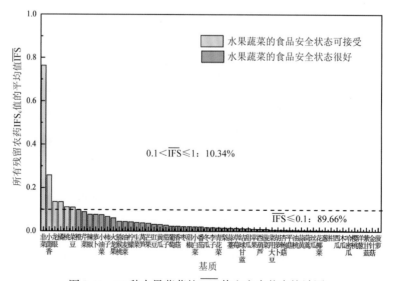

图 8-11　58 种水果蔬菜的 $\overline{\text{IFS}}$ 值和安全状态统计图

蔬菜的安全状态，结果如图 8-11 所示，分析发现，6 种水果蔬菜（10.34%）的安全状态可接受，52 种（89.66%）水果蔬菜的安全状态很好。

对每个月内每种水果蔬菜中农药的 IFS_c 进行分析，并计算每月内每种水果蔬菜的 $\overline{IFS}$ 值，以评价每种水果蔬菜的安全状态，结果如图 8-12 所示，可以看出，2016 年 2 月和 2017 年 2 月的韭菜的安全状态不可接受，这两个月份其余水果蔬菜和其他月份的所有水果蔬菜的安全状态均处于很好和可以接受的范围内，各月份内单种水果蔬菜安全状态统计情况如图 8-13 所示。

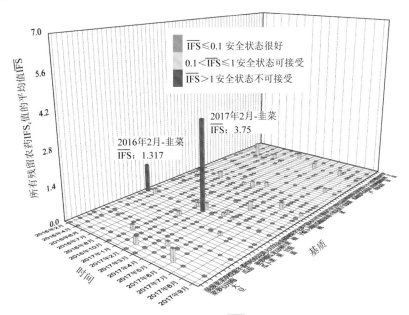

图 8-12　各月内每种水果蔬菜的 $\overline{IFS}$ 值与安全状态分布图

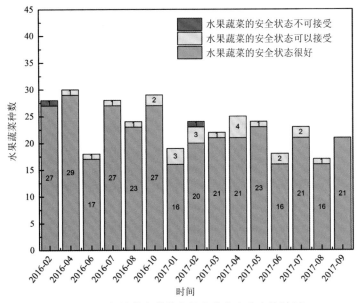

图 8-13　各月份内单种水果蔬菜安全状态统计图

8.2.3　所有水果蔬菜中农药残留安全指数分析

计算所有水果蔬菜中 93 种农药的 $\overline{IFS_c}$ 值，结果如图 8-14 及表 8-11 所示。

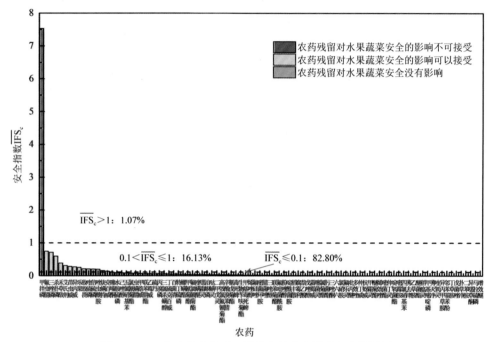

图 8-14　93 种残留农药对水果蔬菜的安全影响程度统计图

分析发现，只有甲拌磷的 $\overline{IFS_c}$ 大于 1，其他农药的 $\overline{IFS_c}$ 均小于 1，说明甲拌磷对水果蔬菜安全的影响不可接受，其他农药对水果蔬菜安全的影响均在没有影响和可接受的范围内，其中 16.13% 的农药对水果蔬菜安全的影响可以接受，82.80% 的农药对水果蔬菜安全没有影响。

表 8-11　水果蔬菜中 93 种农药残留的安全指数表

序号	农药	检出频次	检出率（%）	$\overline{IFS_c}$	影响程度	序号	农药	检出频次	检出率（%）	$\overline{IFS_c}$	影响程度
1	甲拌磷	8	0.23	7.5323	不可接受	11	喹硫磷	1	0.03	0.2103	可以接受
2	氟虫腈	7	0.20	0.7455	可以接受	12	倍硫磷	2	0.06	0.2038	可以接受
3	三唑磷	11	0.32	0.7161	可以接受	13	唑虫酰胺	10	0.29	0.2012	可以接受
4	杀扑磷	5	0.14	0.5980	可以接受	14	炔螨特	6	0.17	0.1591	可以接受
5	禾草敌	7	0.20	0.3883	可以接受	15	克百威	28	0.81	0.1403	可以接受
6	艾氏剂	1	0.03	0.3103	可以接受	16	噻嗪酮	16	0.46	0.1119	可以接受
7	茚虫威	1	0.03	0.2835	可以接受	17	水胺硫磷	13	0.38	0.0942	没有影响
8	异丙威	13	0.38	0.2726	可以接受	18	己唑醇	9	0.26	0.0937	没有影响
9	乐果	1	0.03	0.2552	可以接受	19	五氯硝基苯	7	0.20	0.0873	没有影响
10	敌敌畏	2	0.06	0.2126	可以接受	20	氯氰菊酯	33	0.95	0.0795	没有影响

续表

序号	农药	检出频次	检出率（%）	$\overline{IFS_c}$	影响程度	序号	农药	检出频次	检出率（%）	$\overline{IFS_c}$	影响程度
21	虫螨腈	21	0.61	0.0766	没有影响	58	霜霉威	5	0.14	0.0092	没有影响
22	甲萘威	15	0.43	0.0743	没有影响	59	噻菌灵	5	0.14	0.0081	没有影响
23	联苯肼酯	8	0.23	0.0681	没有影响	60	氯菊酯	4	0.12	0.0072	没有影响
24	乙霉威	8	0.23	0.0619	没有影响	61	肟菌酯	28	0.81	0.0064	没有影响
25	硫丹	38	1.10	0.0601	没有影响	62	三唑酮	6	0.17	0.0064	没有影响
26	丙溴磷	50	1.44	0.0587	没有影响	63	六六六	1	0.03	0.0063	没有影响
27	三氯杀螨醇	1	0.03	0.0586	没有影响	64	氯硝胺	5	0.14	0.0053	没有影响
28	丁硫克百威	5	0.14	0.0535	没有影响	65	氟乐灵	12	0.35	0.0049	没有影响
29	百菌清	22	0.64	0.0531	没有影响	66	吡丙醚	30	0.87	0.0046	没有影响
30	特丁硫磷	2	0.06	0.0517	没有影响	67	多效唑	47	1.36	0.0040	没有影响
31	螺螨酯	18	0.52	0.0455	没有影响	68	仲丁威	98	2.83	0.0040	没有影响
32	甲氰菊酯	13	0.38	0.0408	没有影响	69	抗蚜威	1	0.03	0.0037	没有影响
33	氟氯氰菊酯	1	0.03	0.0397	没有影响	70	甲霜灵	39	1.13	0.0032	没有影响
34	喹螨醚	37	1.07	0.0389	没有影响	71	醚菊酯	4	0.12	0.0027	没有影响
35	噁霜灵	8	0.23	0.0386	没有影响	72	烯效唑	1	0.03	0.0026	没有影响
36	治螟磷	1	0.03	0.0355	没有影响	73	嘧菌酯	39	1.13	0.0025	没有影响
37	哒螨灵	81	2.34	0.0332	没有影响	74	仲丁灵	4	0.12	0.0024	没有影响
38	二甲戊灵	19	0.55	0.0327	没有影响	75	啶氧菌酯	4	0.12	0.0021	没有影响
39	高效氯氟氰菊酯	4	0.12	0.0323	没有影响	76	嘧霉胺	103	2.98	0.0020	没有影响
40	辛酰溴苯腈	3	0.09	0.0319	没有影响	77	四氯硝基苯	2	0.06	0.0018	没有影响
41	氰戊菊酯	4	0.12	0.0289	没有影响	78	莠去津	14	0.40	0.0017	没有影响
42	毒死蜱	309	8.93	0.0280	没有影响	79	乙草胺	21	0.61	0.0016	没有影响
43	生物苄呋菊酯	7	0.20	0.0269	没有影响	80	醚菌酯	15	0.43	0.0014	没有影响
44	甲基毒死蜱	3	0.09	0.0261	没有影响	81	稻瘟灵	6	0.17	0.0012	没有影响
45	烯唑醇	11	0.32	0.0256	没有影响	82	甲基嘧啶磷	1	0.03	0.0011	没有影响
46	氟硅唑	19	0.55	0.0228	没有影响	83	莠灭净	1	0.03	0.0009	没有影响
47	嘧菌环胺	25	0.72	0.0211	没有影响	84	喹氧灵	3	0.09	0.0007	没有影响
48	腈菌唑	44	1.27	0.0210	没有影响	85	异丙甲草胺	7	0.20	0.0007	没有影响
49	三唑醇	11	0.32	0.0208	没有影响	86	邻苯基苯酚	30	0.87	0.0005	没有影响
50	联苯菊酯	125	3.61	0.0199	没有影响	87	丁草胺	2	0.06	0.0004	没有影响
51	氟吡菌酰胺	68	1.96	0.0194	没有影响	88	戊菌唑	5	0.14	0.0004	没有影响
52	粉唑醇	5	0.14	0.0142	没有影响	89	扑草净	3	0.09	0.0003	没有影响
53	啶酰菌胺	64	1.85	0.0124	没有影响	90	二苯胺	50	1.44	0.0002	没有影响
54	稻丰散	2	0.06	0.0119	没有影响	91	异噁草酮	1	0.03	0.0002	没有影响
55	腐霉利	194	5.60	0.0119	没有影响	92	马拉硫磷	3	0.09	0.0001	没有影响
56	萘乙酸	4	0.12	0.0102	没有影响	93	增效醚	3	0.09	0.0001	没有影响
57	戊唑醇	83	2.40	0.0099	没有影响						

对每个月内所有水果蔬菜中残留农药的$\overline{\text{IFS}}_c$进行分析，结果如图 8-15 所示。分析发现，2016 年 2 月、2016 年 6 月、2017 年 2 月甲拌磷，2017 年 2 月氟虫腈，2016 年 10 月杀扑磷，2016 年 7 月、2017 年 2 月、2017 年 4 月三唑磷对水果蔬菜安全的影响不可接受，该 5 个月份的其他农药和其他月份的所有农药对水果蔬菜安全的影响均处于没有影响和可以接受的范围内。每月内不同农药对水果蔬菜安全影响程度的统计如图 8-16 所示。

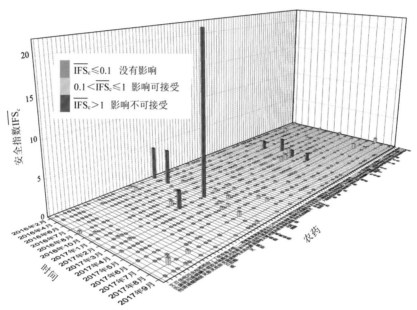

图 8-15　各月份内水果蔬菜中每种残留农药的安全指数分布图

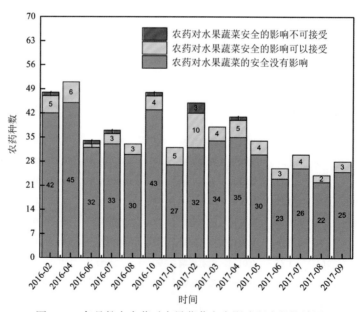

图 8-16　各月份内农药对水果蔬菜安全影响程度的统计图

计算每个月内水果蔬菜的$\overline{\text{IFS}}$，以分析每月内水果蔬菜的安全状态，结果如图 8-17

所示，可以看出，所有月份的水果蔬菜安全状态均处于很好和可以接受的范围内。分析发现，在 13.33%的月份内，水果蔬菜安全状态可以接受，86.67%的月份内水果蔬菜的安全状态很好。

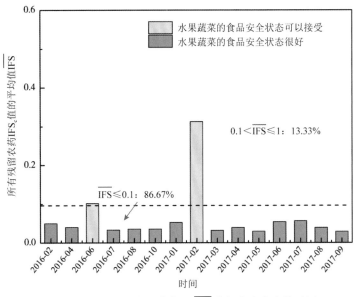

图 8-17　各月份内水果蔬菜的 $\overline{\text{IFS}}$ 值与安全状态统计图

8.3　GC-Q-TOF/MS 侦测天津市市售水果蔬菜农药残留预警风险评估

基于天津市水果蔬菜样品中农药残留 GC-Q-TOF/MS 侦测数据，分析禁用农药的检出率，同时参照中华人民共和国国家标准 GB 2763—2016 和欧盟农药最大残留限量（MRL）标准分析非禁用农药残留的超标率，并计算农药残留风险系数。分析单种水果蔬菜中农药残留以及所有水果蔬菜中农药残留的风险程度。

8.3.1　单种水果蔬菜中农药残留风险系数分析

8.3.1.1　单种水果蔬菜中禁用农药残留风险系数分析

侦测出的 153 种残留农药中有 12 种为禁用农药，且它们分布在 30 种水果蔬菜中，计算 30 种水果蔬菜中禁用农药的超标率，根据超标率计算风险系数 R，进而分析水果蔬菜中禁用农药的风险程度，结果如图 8-18 与表 8-12 所示。分析发现 12 种禁用农药在 29 种水果蔬菜中的残留处于高度风险，2 种禁用农药在 1 种水果蔬菜中的残留处于中度风险。

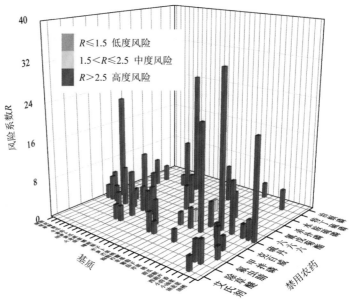

图 8-18　30 种水果蔬菜中 12 种禁用农药的风险系数分布图

表 8-12　30 种水果蔬菜中 12 种禁用农药的风险系数列表

序号	基质	农药	检出频次	检出率（%）	风险系数 R	风险程度
1	甜瓜	硫丹	6	31.58	32.68	高度风险
2	橘	水胺硫磷	7	25.00	26.10	高度风险
3	芹菜	克百威	10	21.28	22.38	高度风险
4	草莓	硫丹	5	20.83	21.93	高度风险
5	油桃	硫丹	1	20.00	21.10	高度风险
6	橘	杀扑磷	3	10.71	11.81	高度风险
7	西葫芦	硫丹	6	10.00	11.10	高度风险
8	黄瓜	硫丹	7	9.86	10.96	高度风险
9	韭菜	甲拌磷	4	8.33	9.43	高度风险
10	番茄	克百威	5	7.04	8.14	高度风险
11	柠檬	水胺硫磷	4	6.56	7.66	高度风险
12	韭菜	硫丹	3	6.25	7.35	高度风险
13	李子	氰戊菊酯	1	5.26	6.36	高度风险
14	辣椒	克百威	1	4.76	5.86	高度风险
15	橙	杀扑磷	2	4.65	5.75	高度风险
16	桃	氰戊菊酯	1	4.55	5.65	高度风险
17	芹菜	硫丹	2	4.26	5.36	高度风险
18	草莓	克百威	1	4.17	5.27	高度风险
19	韭菜	克百威	2	4.17	5.27	高度风险
20	萝卜	六六六	1	4.17	5.27	高度风险

续表

序号	基质	农药	检出频次	检出率（%）	风险系数 R	风险程度
21	萝卜	甲拌磷	1	4.17	5.27	高度风险
22	小油菜	除草醚	2	3.77	4.87	高度风险
23	菠菜	硫丹	1	3.57	4.67	高度风险
24	橘	克百威	1	3.57	4.67	高度风险
25	小茴香	特丁硫磷	1	3.33	4.43	高度风险
26	小茴香	甲拌磷	1	3.33	4.43	高度风险
27	小茴香	除草醚	1	3.33	4.43	高度风险
28	葡萄	克百威	2	3.28	4.38	高度风险
29	油麦菜	硫丹	2	3.17	4.27	高度风险
30	芒果	氟虫腈	2	3.13	4.23	高度风险
31	胡萝卜	甲拌磷	1	2.94	4.04	高度风险
32	黄瓜	克百威	2	2.82	3.92	高度风险
33	橙	克百威	1	2.33	3.43	高度风险
34	橙	水胺硫磷	1	2.33	3.43	高度风险
35	芹菜	治螟磷	1	2.13	3.23	高度风险
36	芹菜	特丁硫磷	1	2.13	3.23	高度风险
37	韭菜	氟虫腈	1	2.08	3.18	高度风险
38	火龙果	氟虫腈	1	2.04	3.14	高度风险
39	甜椒	克百威	1	2.04	3.14	高度风险
40	菜豆	克百威	1	1.89	2.99	高度风险
41	小油菜	甲拌磷	1	1.89	2.99	高度风险
42	小油菜	硫丹	1	1.89	2.99	高度风险
43	小油菜	艾氏剂	1	1.89	2.99	高度风险
44	冬瓜	硫丹	1	1.85	2.95	高度风险
45	梨	氰戊菊酯	1	1.64	2.74	高度风险
46	柠檬	克百威	1	1.64	2.74	高度风险
47	葡萄	硫丹	1	1.64	2.74	高度风险
48	油麦菜	氟虫腈	1	1.59	2.69	高度风险
49	猕猴桃	氟虫腈	1	1.54	2.64	高度风险
50	茄子	氟虫腈	1	1.52	2.62	高度风险
51	番茄	硫丹	1	1.41	2.51	高度风险
52	黄瓜	水胺硫磷	1	1.41	2.51	高度风险
53	苹果	氰戊菊酯	1	1.39	2.49	中度风险
54	苹果	硫丹	1	1.39	2.49	中度风险

8.3.1.2 基于 MRL 中国国家标准的单种水果蔬菜中非禁用农药残留风险 系数分析

参照中华人民共和国国家标准 GB 2763—2016 中农药残留限量计算每种水果蔬菜中每种非禁用农药的超标率，进而计算其风险系数，根据风险系数大小判断残留农药的预警风险程度，水果蔬菜中非禁用农药残留风险程度分布情况如图 8-19 所示。

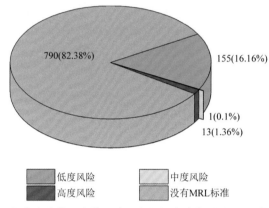

图 8-19　水果蔬菜中非禁用农药风险程度的频次分布图（MRL 中国国家标准）

本次分析中，发现在 61 种水果蔬菜中侦测出 141 种残留非禁用农药，涉及样本 959 个，在 959 个样本中，1.36%处于高度风险，0.1%处于中度风险，16.16%处于低度风险，此外发现有 790 个样本没有 MRL 中国国家标准值，无法判断其风险程度，有 MRL 中国国家标准值的 169 个样本涉及 41 种水果蔬菜中的 52 种非禁用农药，其风险系数 R 值如图 8-20 所示。表 8-13 为非禁用农药残留处于高度风险的水果蔬菜列表。

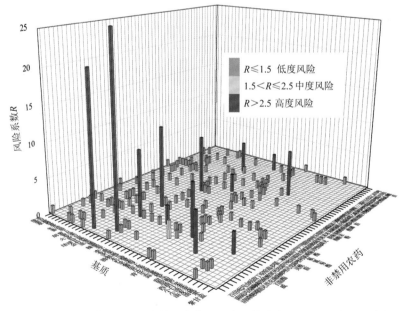

图 8-20　41 种水果蔬菜中 52 种非禁用农药的风险系数分布图（MRL 中国国家标准）

表 8-13　单种水果蔬菜中处于高度风险的非禁用农药风险系数表（MRL 中国国家标准）

序号	基质	农药	超标频次	超标率 P（%）	风险系数 R
1	橘	丙溴磷	7	25.00	26.10
2	豇豆	倍硫磷	2	20.00	21.10
3	韭菜	腐霉利	5	10.42	11.52
4	韭菜	毒死蜱	4	8.33	9.43
5	橘	联苯菊酯	2	7.14	8.24
6	芹菜	毒死蜱	3	6.38	7.48
7	蒜薹	萘乙酸	1	5.56	6.66
8	桃	敌敌畏	1	4.55	5.65
9	橘	三唑磷	1	3.57	4.67
10	小油菜	毒死蜱	1	1.89	2.99
11	芒果	多效唑	1	1.56	2.66
12	芒果	戊唑醇	1	1.56	2.66
13	芒果	氯氰菊酯	1	1.56	2.66

8.3.1.3　基于 MRL 欧盟标准的单种水果蔬菜中非禁用农药残留风险系数分析

参照 MRL 欧盟标准计算每种水果蔬菜中每种非禁用农药的超标率，进而计算其风险系数，根据风险系数大小判断农药残留的预警风险程度，水果蔬菜中非禁用农药残留风险程度分布情况如图 8-21 所示。

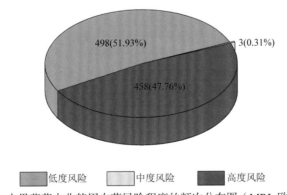

图 8-21　水果蔬菜中非禁用农药风险程度的频次分布图（MRL 欧盟标准）

本次分析中，发现在 61 种水果蔬菜中共侦测出 141 种非禁用农药，涉及样本 959 个，其中，47.76% 处于高度风险，涉及 58 种水果蔬菜和 93 种农药；0.31% 处于中度风险，涉及 1 种水果蔬菜和 3 种农药；51.93% 处于低度风险，涉及 57 种水果蔬菜和 110 种农药。单种水果蔬菜中的非禁用农药风险系数分布图如图 8-22 所示。单种水果蔬菜中处于高度风险的非禁用农药风险系数如图 8-23 和表 8-14 所示。

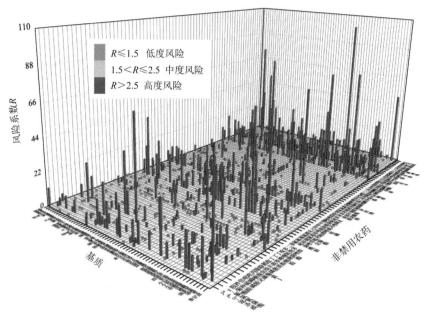

图 8-22　61 种水果蔬菜中 141 种非禁用农药风险系数分布图（MRL 欧盟标准）

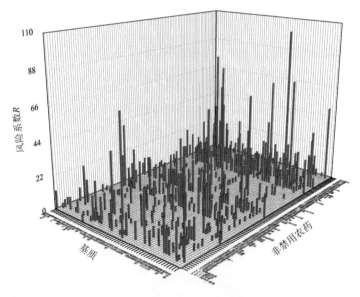

图 8-23　单种水果蔬菜中处于高度风险的非禁用农药风险系数分布图（MRL 欧盟标准）

表 8-14　单种水果蔬菜中处于高度风险的非禁用农药风险系数表（MRL 欧盟标准）

序号	基质	农药	超标频次	超标率 P（%）	风险系数 R
1	蒜黄	仲丁威	3	100.00	101.10
2	葱	异氯磷	6	75.00	76.10
3	杏鲍菇	威杀灵	11	73.33	74.43
4	豇豆	烯虫酯	7	70.00	71.10

续表

序号	基质	农药	超标频次	超标率 P（%）	风险系数 R
5	绿豆芽	吡喃灵	2	66.67	67.77
6	蒜黄	烯丙菊酯	2	66.67	67.77
7	茼蒿	嘧霉胺	2	66.67	67.77
8	茼蒿	腐霉利	2	66.67	67.77
9	茼蒿	间羟基联苯	2	66.67	67.77
10	枣	γ-氟氯氰菌酯	5	62.50	63.60
11	葱	仲丁威	4	50.00	51.10
12	枣	仲丁威	4	50.00	51.10
13	甜瓜	威杀灵	8	42.11	43.21
14	草莓	腐霉利	10	41.67	42.77
15	橘	丙溴磷	11	39.29	40.39
16	枣	烯丙菊酯	3	37.50	38.60
17	菜用大豆	仲丁威	1	33.33	34.43
18	绿豆芽	烯丙菊酯	1	33.33	34.43
19	桃	γ-氟氯氰菌酯	7	31.82	32.92
20	花椰菜	威杀灵	8	30.77	31.87
21	青花菜	喹螨醚	7	30.43	31.53
22	豇豆	烯丙菊酯	3	30.00	31.10
23	柿子	毒死蜱	3	30.00	31.10
24	萝卜	威杀灵	7	29.17	30.27
25	平菇	威杀灵	2	28.57	29.67
26	蒜薹	威杀灵	5	27.78	28.88
27	桃	威杀灵	6	27.27	28.37
28	莴笋	腐霉利	3	27.27	28.37
29	番茄	腐霉利	19	26.76	27.86
30	木瓜	烯虫酯	5	26.32	27.42
31	芹菜	腐霉利	12	25.53	26.63
32	葱	吡咪唑	2	25.00	26.10
33	韭菜	腐霉利	12	25.00	26.10
34	辣椒	联苯	5	23.81	24.91
35	胡萝卜	萘乙酰胺	8	23.53	24.63
36	小茴香	兹克威	7	23.33	24.43
37	小茴香	喹螨醚	7	23.33	24.43
38	桃	烯丙菊酯	5	22.73	23.83
39	西瓜	威杀灵	5	22.73	23.83

续表

序号	基质	农药	超标频次	超标率 P（%）	风险系数 R
40	蒜薹	腐霉利	4	22.22	23.32
41	紫甘蓝	威杀灵	8	22.22	23.32
42	橘	三唑磷	6	21.43	22.53
43	番茄	仲丁威	15	21.13	22.23
44	木瓜	威杀灵	4	21.05	22.15
45	木瓜	联苯	4	21.05	22.15
46	甜瓜	腐霉利	4	21.05	22.15
47	草莓	氟唑菌酰胺	5	20.83	21.93
48	菜豆	威杀灵	11	20.75	21.85
49	甜椒	威杀灵	10	20.41	21.51
50	豇豆	倍硫磷	2	20.00	21.10
51	金针菇	联苯	4	20.00	21.10
52	柿子	噻嗪酮	2	20.00	21.10
53	小白菜	γ-氟氯氰菌酯	4	20.00	21.10
54	小茴香	威杀灵	6	20.00	21.10
55	小茴香	烯丙菊酯	6	20.00	21.10
56	小茴香	烯虫酯	6	20.00	21.10
57	樱桃	γ-氟氯氰菌酯	1	20.00	21.10
58	油桃	烯丙菊酯	1	20.00	21.10
59	黄瓜	腐霉利	14	19.72	20.82
60	梨	威杀灵	12	19.67	20.77
61	芹菜	威杀灵	9	19.15	20.25
62	菜豆	仲丁威	10	18.87	19.97
63	橙	威杀灵	8	18.60	19.70
64	甜椒	腐霉利	9	18.37	19.47
65	莴笋	烯丙菊酯	2	18.18	19.28
66	葡萄	腐霉利	11	18.03	19.13
67	胡萝卜	烯虫炔酯	6	17.65	18.75
68	猕猴桃	γ-氟氯氰菌酯	11	16.92	18.02
69	冬瓜	腐霉利	9	16.67	17.77
70	龙眼	甲萘威	1	16.67	17.77
71	茄子	威杀灵	11	16.67	17.77
72	茄子	联苯	11	16.67	17.77
73	丝瓜	威杀灵	4	16.67	17.77
74	蒜薹	二甲戊灵	3	16.67	17.77

续表

序号	基质	农药	超标频次	超标率 P（%）	风险系数 R
75	蒜薹	仲丁威	3	16.67	17.77
76	蒜薹	噻菌灵	3	16.67	17.77
77	小茴香	速灭威	5	16.67	17.77
78	梨	烯丙菊酯	10	16.39	17.49
79	油麦菜	威杀灵	10	15.87	16.97
80	李子	γ-氟氯氰菌酯	3	15.79	16.89
81	木瓜	甲氰菊酯	3	15.79	16.89
82	苹果	除虫菊素 I	11	15.28	16.38
83	茄子	丙溴磷	10	15.15	16.25
84	金针菇	烯丙菊酯	3	15.00	16.10
85	小白菜	腐霉利	3	15.00	16.10
86	韭菜	γ-氟氯氰菌酯	7	14.58	15.68
87	韭菜	威杀灵	7	14.58	15.68
88	橘	威杀灵	4	14.29	15.39
89	辣椒	丙溴磷	3	14.29	15.39
90	辣椒	威杀灵	3	14.29	15.39
91	平菇	烯虫炔酯	1	14.29	15.39
92	平菇	邻苯二甲酰亚胺	1	14.29	15.39
93	油麦菜	多效唑	9	14.29	15.39
94	黄瓜	威杀灵	10	14.08	15.18
95	芒果	联苯	9	14.06	15.16
96	洋葱	威杀灵	7	14.00	15.10
97	橙	丙溴磷	6	13.95	15.05
98	紫甘蓝	联苯	5	13.89	14.99
99	大白菜	烯丙菊酯	4	13.79	14.89
100	小茴香	γ-氟氯氰菌酯	4	13.33	14.43
101	小茴香	仲丁灵	4	13.33	14.43
102	小茴香	毒死蜱	4	13.33	14.43
103	小茴香	联苯	4	13.33	14.43
104	杏鲍菇	仲丁威	2	13.33	14.43
105	杏鲍菇	甲萘威	2	13.33	14.43
106	小油菜	哒螨灵	7	13.21	14.31
107	柠檬	威杀灵	8	13.11	14.21
108	柠檬	醚菌酯	8	13.11	14.21
109	冬瓜	烯丙菊酯	7	12.96	14.06

续表

序号	基质	农药	超标频次	超标率 P（%）	风险系数 R
110	芹菜	γ-氟氯氰菌酯	6	12.77	13.87
111	芹菜	烯丙菊酯	6	12.77	13.87
112	草莓	联苯	3	12.50	13.60
113	葱	腐霉利	1	12.50	13.60
114	韭菜	毒死蜱	6	12.50	13.60
115	韭菜	虫螨腈	6	12.50	13.60
116	山竹	烯丙菊酯	1	12.50	13.60
117	枣	毒死蜱	1	12.50	13.60
118	火龙果	四氢呋胺	6	12.24	13.34
119	茄子	烯丙菊酯	8	12.12	13.22
120	茄子	腐霉利	8	12.12	13.22
121	胡萝卜	联苯	4	11.76	12.86
122	橙	联苯	5	11.63	12.73
123	生菜	威杀灵	8	11.43	12.53
124	菜豆	联苯	6	11.32	12.42
125	黄瓜	联苯	8	11.27	12.37
126	油麦菜	百菌清	7	11.11	12.21
127	猕猴桃	腐霉利	7	10.77	11.87
128	菠菜	2,6-二氯苯甲酰胺	3	10.71	11.81
129	菠菜	烯虫酯	3	10.71	11.81
130	橘	联苯	3	10.71	11.81
131	芹菜	五氯苯甲腈	5	10.64	11.74
132	芹菜	嘧霉胺	5	10.64	11.74
133	茄子	仲丁威	7	10.61	11.71
134	香菇	威杀灵	2	10.53	11.63
135	韭菜	烯丙菊酯	5	10.42	11.52
136	火龙果	联苯	5	10.20	11.30
137	豇豆	丙溴磷	1	10.00	11.10
138	豇豆	唑虫酰胺	1	10.00	11.10
139	柿子	γ-氟氯氰菌酯	1	10.00	11.10
140	柿子	氯氰菊酯	1	10.00	11.10
141	柿子	烯丙菊酯	1	10.00	11.10
142	西葫芦	威杀灵	6	10.00	11.10
143	小白菜	哒螨灵	2	10.00	11.10
144	小白菜	嘧霉胺	2	10.00	11.10

续表

序号	基质	农药	超标频次	超标率 P（%）	风险系数 R
145	葡萄	γ-氟氯氰菌酯	6	9.84	10.94
146	苹果	烯丙菊酯	7	9.72	10.82
147	苹果	甲醚菊酯	7	9.72	10.82
148	辣椒	仲草丹	2	9.52	10.62
149	辣椒	己唑醇	2	9.52	10.62
150	辣椒	烯丙菊酯	2	9.52	10.62
151	辣椒	腐霉利	2	9.52	10.62
152	油麦菜	联苯	6	9.52	10.62
153	菜豆	腐霉利	5	9.43	10.53
154	结球甘蓝	威杀灵	3	9.38	10.48
155	结球甘蓝	烯丙菊酯	3	9.38	10.48
156	芒果	威杀灵	6	9.38	10.48
157	芒果	毒死蜱	6	9.38	10.48
158	冬瓜	威杀灵	5	9.26	10.36
159	冬瓜	联苯	5	9.26	10.36
160	猕猴桃	戊唑醇	6	9.23	10.33
161	莴笋	五氯苯甲腈	1	9.09	10.19
162	莴笋	新燕灵	1	9.09	10.19
163	莴笋	百菌清	1	9.09	10.19
164	胡萝卜	威杀灵	3	8.82	9.92
165	草莓	戊唑醇	2	8.33	9.43
166	草莓	烯丙菊酯	2	8.33	9.43
167	萝卜	多效唑	2	8.33	9.43
168	萝卜	联苯	2	8.33	9.43
169	苹果	威杀灵	6	8.33	9.43
170	西葫芦	腐霉利	5	8.33	9.43
171	梨	联苯	5	8.20	9.30
172	柠檬	禾草敌	5	8.20	9.30
173	葡萄	烯丙菊酯	5	8.20	9.30
174	火龙果	威杀灵	4	8.16	9.26
175	甜椒	γ-氟氯氰菌酯	4	8.16	9.26
176	甜椒	烯丙菊酯	4	8.16	9.26
177	油麦菜	烯虫酯	5	7.94	9.04
178	油麦菜	腐霉利	5	7.94	9.04
179	芒果	γ-氟氯氰菌酯	5	7.81	8.91

续表

序号	基质	农药	超标频次	超标率 P（%）	风险系数 R
180	芒果	烯丙菊酯	5	7.81	8.91
181	芒果	肟菌酯	5	7.81	8.91
182	芒果	虫螨腈	5	7.81	8.91
183	菜豆	吡噻灵	4	7.55	8.65
184	菜豆	烯虫酯	4	7.55	8.65
185	小油菜	γ-氟氯氰菌酯	4	7.55	8.65
186	小油菜	喹螨醚	4	7.55	8.65
187	小油菜	联苯	4	7.55	8.65
188	菠菜	五氯苯甲腈	2	7.14	8.24
189	菠菜	威杀灵	2	7.14	8.24
190	菠菜	联苯	2	7.14	8.24
191	橘	γ-氟氯氰菌酯	2	7.14	8.24
192	橘	杀螨酯	2	7.14	8.24
193	橘	氟硅唑	2	7.14	8.24
194	橘	烯丙菊酯	2	7.14	8.24
195	番茄	γ-氟氯氰菌酯	5	7.04	8.14
196	番茄	烯丙菊酯	5	7.04	8.14
197	黄瓜	烯丙菊酯	5	7.04	8.14
198	橙	γ-氟氯氰菌酯	3	6.98	8.08
199	大白菜	威杀灵	2	6.90	8.00
200	大白菜	联苯	2	6.90	8.00
201	西葫芦	烯丙菊酯	4	6.67	7.77
202	西葫芦	联苯	4	6.67	7.77
203	小茴香	去乙基阿特拉津	2	6.67	7.77
204	小茴香	哒螨灵	2	6.67	7.77
205	小茴香	己唑醇	2	6.67	7.77
206	小茴香	去异丙基莠去津	2	6.67	7.77
207	梨	甲醚菊酯	4	6.56	7.66
208	柠檬	氟硅唑	4	6.56	7.66
209	芹菜	毒死蜱	3	6.38	7.48
210	结球甘蓝	联苯	2	6.25	7.35
211	甜椒	丙溴磷	3	6.12	7.22
212	甜椒	联苯	3	6.12	7.22
213	洋葱	联苯	3	6.00	7.10
214	胡萝卜	氟乐灵	2	5.88	6.98

续表

序号	基质	农药	超标频次	超标率 P（%）	风险系数 R
215	胡萝卜	生物苄呋菊酯	2	5.88	6.98
216	菜豆	三唑醇	3	5.66	6.76
217	菜豆	烯丙菊酯	3	5.66	6.76
218	小油菜	丙溴磷	3	5.66	6.76
219	小油菜	乙草胺	3	5.66	6.76
220	小油菜	兹克威	3	5.66	6.76
221	小油菜	威杀灵	3	5.66	6.76
222	番茄	威杀灵	4	5.63	6.73
223	蒜薹	五氯苯甲腈	1	5.56	6.66
224	蒜薹	吡丙醚	1	5.56	6.66
225	蒜薹	戊唑醇	1	5.56	6.66
226	蒜薹	氯苯甲醚	1	5.56	6.66
227	蒜薹	联苯	1	5.56	6.66
228	蒜薹	萘乙酸	1	5.56	6.66
229	紫甘蓝	丁羟茴香醚	2	5.56	6.66
230	紫甘蓝	烯丙菊酯	2	5.56	6.66
231	李子	甲氰菊酯	1	5.26	6.36
232	木瓜	3,5-二氯苯胺	1	5.26	6.36
233	甜瓜	烯丙菊酯	1	5.26	6.36
234	甜瓜	联苯	1	5.26	6.36
235	香菇	哒螨灵	1	5.26	6.36
236	香菇	甲萘威	1	5.26	6.36
237	香菇	联苯	1	5.26	6.36
238	西葫芦	烯虫酯	3	5.00	6.10
239	西葫芦	速灭威	3	5.00	6.10
240	小白菜	丙溴磷	1	5.00	6.10
241	小白菜	五氯苯甲腈	1	5.00	6.10
242	小白菜	甲霜灵	1	5.00	6.10
243	柠檬	氟唑菌酰胺	3	4.92	6.02
244	柠檬	烯丙菊酯	3	4.92	6.02
245	葡萄	威杀灵	3	4.92	6.02
246	辣椒	三唑醇	1	4.76	5.86
247	辣椒	仲丁威	1	4.76	5.86
248	辣椒	唑虫酰胺	1	4.76	5.86
249	辣椒	氟硅唑	1	4.76	5.86

序号	基质	农药	超标频次	超标率 P（%）	风险系数 R
250	辣椒	百菌清	1	4.76	5.86
251	辣椒	螺螨酯	1	4.76	5.86
252	油麦菜	五氯苯甲腈	3	4.76	5.86
253	油麦菜	喹螨醚	3	4.76	5.86
254	芒果	仲丁威	3	4.69	5.79
255	芒果	氟吡菌酰胺	3	4.69	5.79
256	橙	杀螨酯	2	4.65	5.75
257	橙	甲醚菊酯	2	4.65	5.75
258	猕猴桃	烯丙菊酯	3	4.62	5.72
259	猕猴桃	联苯	3	4.62	5.72
260	茄子	烯虫酯	3	4.55	5.65
261	桃	丁羟茴香醚	1	4.55	5.65
262	桃	丙溴磷	1	4.55	5.65
263	桃	敌敌畏	1	4.55	5.65
264	桃	甲氰菊酯	1	4.55	5.65
265	桃	联苯	1	4.55	5.65
266	生菜	兹克威	3	4.29	5.39
267	生菜	烯虫酯	3	4.29	5.39
268	生菜	腐霉利	3	4.29	5.39
269	芹菜	哒螨灵	2	4.26	5.36
270	芹菜	异丙威	2	4.26	5.36
271	黄瓜	异丙威	3	4.23	5.33
272	草莓	虫螨腈	1	4.17	5.27
273	韭菜	氟乐灵	2	4.17	5.27
274	韭菜	烯唑醇	2	4.17	5.27
275	萝卜	烯丙菊酯	1	4.17	5.27
276	丝瓜	烯丙菊酯	1	4.17	5.27
277	丝瓜	烯虫酯	1	4.17	5.27
278	丝瓜	腐霉利	1	4.17	5.27
279	火龙果	氯菊酯	2	4.08	5.18
280	甜椒	唑虫酰胺	2	4.08	5.18
281	甜椒	甲氰菊酯	2	4.08	5.18
282	甜椒	虫螨腈	2	4.08	5.18
283	洋葱	仲丁威	2	4.00	5.10
284	洋葱	烯丙菊酯	2	4.00	5.10

续表

序号	基质	农药	超标频次	超标率 P（%）	风险系数 R
285	花椰菜	仲丁威	1	3.85	4.95
286	菜豆	γ-氟氯氰菌酯	2	3.77	4.87
287	菜豆	毒死蜱	2	3.77	4.87
288	小油菜	仲丁威	2	3.77	4.87
289	小油菜	唑虫酰胺	2	3.77	4.87
290	小油菜	多效唑	2	3.77	4.87
291	小油菜	联苯菊酯	2	3.77	4.87
292	冬瓜	三唑醇	2	3.70	4.80
293	菠菜	嘧霉胺	1	3.57	4.67
294	菠菜	烯丙菊酯	1	3.57	4.67
295	菠菜	烯唑醇	1	3.57	4.67
296	菠菜	甲萘威	1	3.57	4.67
297	菠菜	百菌清	1	3.57	4.67
298	菠菜	腈菌唑	1	3.57	4.67
299	橘	仲丁威	1	3.57	4.67
300	橘	喹硫磷	1	3.57	4.67
301	橘	安硫磷	1	3.57	4.67
302	橘	杀螟腈	1	3.57	4.67
303	橘	炔螨特	1	3.57	4.67
304	橘	猛杀威	1	3.57	4.67
305	橘	禾草敌	1	3.57	4.67
306	橘	联苯菊酯	1	3.57	4.67
307	橘	腐霉利	1	3.57	4.67
308	小茴香	三唑醇	1	3.33	4.43
309	小茴香	乙霉威	1	3.33	4.43
310	小茴香	二甲戊灵	1	3.33	4.43
311	小茴香	吡喃灵	1	3.33	4.43
312	小茴香	噁霜灵	1	3.33	4.43
313	小茴香	拌种胺	1	3.33	4.43
314	小茴香	杀螨特	1	3.33	4.43
315	小茴香	氟乐灵	1	3.33	4.43
316	小茴香	腐霉利	1	3.33	4.43
317	小茴香	虫螨腈	1	3.33	4.43
318	梨	γ-氟氯氰菌酯	2	3.28	4.38
319	梨	四氢吩胺	2	3.28	4.38

续表

序号	基质	农药	超标频次	超标率 P（%）	风险系数 R
320	梨	辛酰溴苯腈	2	3.28	4.38
321	柠檬	仲丁威	2	3.28	4.38
322	柠檬	毒死蜱	2	3.28	4.38
323	葡萄	仲丁威	2	3.28	4.38
324	油麦菜	吡喃灵	2	3.17	4.27
325	油麦菜	四氢吩胺	2	3.17	4.27
326	油麦菜	除线磷	2	3.17	4.27
327	结球甘蓝	2,6-二氯苯甲酰胺	1	3.13	4.23
328	结球甘蓝	腐霉利	1	3.13	4.23
329	芒果	吡丙醚	2	3.13	4.23
330	芒果	噻嗪酮	2	3.13	4.23
331	芒果	氟唑菌酰胺	2	3.13	4.23
332	猕猴桃	仲丁威	2	3.08	4.18
333	猕猴桃	百菌清	2	3.08	4.18
334	猕猴桃	高效氯氟氰菊酯	2	3.08	4.18
335	胡萝卜	麦草氟异丙酯	1	2.94	4.04
336	生菜	五氯硝基苯	2	2.86	3.96
337	番茄	噁霜灵	2	2.82	3.92
338	黄瓜	丙溴磷	2	2.82	3.92
339	苹果	丁硫克百威	2	2.78	3.88
340	橙	三唑磷	1	2.33	3.43
341	橙	乐果	1	2.33	3.43
342	橙	仲丁威	1	2.33	3.43
343	橙	多效唑	1	2.33	3.43
344	橙	炔螨特	1	2.33	3.43
345	橙	烯丙菊酯	1	2.33	3.43
346	橙	烯虫炔酯	1	2.33	3.43
347	橙	甲萘威	1	2.33	3.43
348	橙	禾草敌	1	2.33	3.43
349	芹菜	3,4,5-混杀威	1	2.13	3.23
350	芹菜	三唑磷	1	2.13	3.23
351	芹菜	五氯苯胺	1	2.13	3.23
352	芹菜	仲丁威	1	2.13	3.23
353	芹菜	去乙基阿特拉津	1	2.13	3.23
354	芹菜	啶氧菌酯	1	2.13	3.23

续表

序号	基质	农药	超标频次	超标率 P（%）	风险系数 R
355	芹菜	噻嗪酮	1	2.13	3.23
356	芹菜	氟硅唑	1	2.13	3.23
357	芹菜	氯氰菊酯	1	2.13	3.23
358	芹菜	炔螨特	1	2.13	3.23
359	芹菜	猛杀威	1	2.13	3.23
360	芹菜	甲萘威	1	2.13	3.23
361	芹菜	虫螨腈	1	2.13	3.23
362	韭菜	3,5-二氯苯胺	1	2.08	3.18
363	韭菜	三唑醇	1	2.08	3.18
364	韭菜	五氯苯甲腈	1	2.08	3.18
365	韭菜	喹螨醚	1	2.08	3.18
366	韭菜	氟丙菊酯	1	2.08	3.18
367	韭菜	联苯菊酯	1	2.08	3.18
368	韭菜	腈菌唑	1	2.08	3.18
369	火龙果	仲丁威	1	2.04	3.14
370	火龙果	安硫磷	1	2.04	3.14
371	火龙果	己唑醇	1	2.04	3.14
372	火龙果	戊唑醇	1	2.04	3.14
373	火龙果	氯氰菊酯	1	2.04	3.14
374	火龙果	烯丙菊酯	1	2.04	3.14
375	火龙果	甲霜灵	1	2.04	3.14
376	甜椒	丁羟茴香醚	1	2.04	3.14
377	甜椒	仲丁威	1	2.04	3.14
378	甜椒	己唑醇	1	2.04	3.14
379	菜豆	3,5-二氯苯胺	1	1.89	2.99
380	菜豆	三唑磷	1	1.89	2.99
381	菜豆	兹克威	1	1.89	2.99
382	菜豆	唑虫酰胺	1	1.89	2.99
383	菜豆	噁霜灵	1	1.89	2.99
384	菜豆	异丙威	1	1.89	2.99
385	菜豆	萘乙酸	1	1.89	2.99
386	小油菜	三唑醇	1	1.89	2.99
387	小油菜	五氯硝基苯	1	1.89	2.99
388	小油菜	五氯苯甲腈	1	1.89	2.99
389	小油菜	五氯苯胺	1	1.89	2.99

序号	基质	农药	超标频次	超标率 P（%）	风险系数 R
390	小油菜	吡丙醚	1	1.89	2.99
391	小油菜	噁霜灵	1	1.89	2.99
392	小油菜	毒死蜱	1	1.89	2.99
393	小油菜	烯丙菊酯	1	1.89	2.99
394	小油菜	烯唑醇	1	1.89	2.99
395	小油菜	甲萘威	1	1.89	2.99
396	小油菜	百菌清	1	1.89	2.99
397	小油菜	腐霉利	1	1.89	2.99
398	小油菜	虫螨腈	1	1.89	2.99
399	小油菜	醚菌酯	1	1.89	2.99
400	冬瓜	γ-氟氯氰菌酯	1	1.85	2.95
401	冬瓜	噁霜灵	1	1.85	2.95
402	冬瓜	辛酰溴苯腈	1	1.85	2.95
403	西葫芦	生物苄呋菊酯	1	1.67	2.77
404	梨	生物苄呋菊酯	1	1.64	2.74
405	梨	除虫菊素 I	1	1.64	2.74
406	柠檬	三唑磷	1	1.64	2.74
407	柠檬	吡喃灵	1	1.64	2.74
408	柠檬	氯硝胺	1	1.64	2.74
409	柠檬	炔螨特	1	1.64	2.74
410	柠檬	甲醚菊酯	1	1.64	2.74
411	葡萄	3,5-二氯苯胺	1	1.64	2.74
412	葡萄	叠氮津	1	1.64	2.74
413	葡萄	异丙威	1	1.64	2.74
414	葡萄	氟硅唑	1	1.64	2.74
415	葡萄	霜霉威	1	1.64	2.74
416	油麦菜	3,5-二氯苯胺	1	1.59	2.69
417	油麦菜	γ-氟氯氰菌酯	1	1.59	2.69
418	油麦菜	丁羟茴香醚	1	1.59	2.69
419	油麦菜	三唑醇	1	1.59	2.69
420	油麦菜	五氯硝基苯	1	1.59	2.69
421	油麦菜	五氯苯胺	1	1.59	2.69
422	油麦菜	兹克威	1	1.59	2.69
423	油麦菜	噁霜灵	1	1.59	2.69
424	油麦菜	己唑醇	1	1.59	2.69

续表

序号	基质	农药	超标频次	超标率 P（%）	风险系数 R
425	油麦菜	毒死蜱	1	1.59	2.69
426	油麦菜	氟乐灵	1	1.59	2.69
427	油麦菜	甲氰菊酯	1	1.59	2.69
428	油麦菜	腈菌唑	1	1.59	2.69
429	油麦菜	虫螨腈	1	1.59	2.69
430	油麦菜	邻苯二甲酰亚胺	1	1.59	2.69
431	芒果	己唑醇	1	1.56	2.66
432	芒果	戊唑醇	1	1.56	2.66
433	芒果	氟硅唑	1	1.56	2.66
434	芒果	氯氰菊酯	1	1.56	2.66
435	芒果	烯唑醇	1	1.56	2.66
436	芒果	联苯菊酯	1	1.56	2.66
437	芒果	醚菌酯	1	1.56	2.66
438	猕猴桃	己唑醇	1	1.54	2.64
439	猕猴桃	联苯菊酯	1	1.54	2.64
440	猕猴桃	腈菌唑	1	1.54	2.64
441	茄子	γ-氟氯氰菌酯	1	1.52	2.62
442	茄子	唑虫酰胺	1	1.52	2.62
443	茄子	甲氰菊酯	1	1.52	2.62
444	茄子	螺螨酯	1	1.52	2.62
445	生菜	五氯甲氧基苯	1	1.43	2.53
446	生菜	五氯苯胺	1	1.43	2.53
447	生菜	哒螨灵	1	1.43	2.53
448	生菜	喹螨醚	1	1.43	2.53
449	生菜	生物苄呋菊酯	1	1.43	2.53
450	生菜	联苯	1	1.43	2.53
451	番茄	三唑醇	1	1.41	2.51
452	番茄	啶氧菌酯	1	1.41	2.51
453	番茄	四氢吩胺	1	1.41	2.51
454	番茄	异丙威	1	1.41	2.51
455	番茄	氟硅唑	1	1.41	2.51
456	番茄	邻苯二甲酰亚胺	1	1.41	2.51
457	黄瓜	γ-氟氯氰菌酯	1	1.41	2.51
458	黄瓜	噁霜灵	1	1.41	2.51

8.3.2 所有水果蔬菜中农药残留风险系数分析

8.3.2.1 所有水果蔬菜中禁用农药残留风险系数分析

在侦测出的 153 种农药中有 12 种为禁用农药，计算所有水果蔬菜中禁用农药的风险系数，结果如表 8-15 所示。硫丹、克百威 2 种禁用农药处于高度风险，水胺硫磷、甲拌磷 2 种禁用农药处于中度风险，剩余 8 种禁用农药处于低度风险。

表 8-15 水果蔬菜中 12 种禁用农药的风险系数表

序号	农药	检出频次	检出率（%）	风险系数 R	风险程度
1	硫丹	38	2.01	3.11	高度风险
2	克百威	28	1.48	2.58	高度风险
3	水胺硫磷	13	0.69	1.79	中度风险
4	甲拌磷	8	0.42	1.52	中度风险
5	氟虫腈	7	0.37	1.47	低度风险
6	杀扑磷	5	0.26	1.36	低度风险
7	氰戊菊酯	4	0.21	1.31	低度风险
8	除草醚	3	0.16	1.26	低度风险
9	特丁硫磷	2	0.11	1.21	低度风险
10	艾氏剂	1	0.05	1.15	低度风险
11	六六六	1	0.05	1.15	低度风险
12	治螟磷	1	0.05	1.15	低度风险

对每个月内的禁用农药风险系数进行分析，结果如图 8-24 和表 8-16 所示。

表 8-16 各月份内水果蔬菜中禁用农药的风险系数表

序号	年月	农药	检出频次	检出率（%）	风险系数 R	风险程度
1	2016 年 2 月	硫丹	7	4.14	5.24	高度风险
2	2016 年 2 月	克百威	4	2.37	3.47	高度风险
3	2016 年 2 月	水胺硫磷	3	1.78	2.88	高度风险
4	2016 年 2 月	氟虫腈	2	1.18	2.28	中度风险
5	2016 年 2 月	甲拌磷	2	1.18	2.28	中度风险
6	2016 年 2 月	杀扑磷	2	1.18	2.28	中度风险
7	2016 年 2 月	特丁硫磷	1	0.59	1.69	中度风险
8	2016 年 4 月	硫丹	5	3.31	4.41	高度风险
9	2016 年 4 月	氟虫腈	2	1.32	2.42	中度风险
10	2016 年 4 月	克百威	2	1.32	2.42	中度风险

续表

序号	年月	农药	检出频次	检出率（%）	风险系数 R	风险程度
11	2016 年 4 月	甲拌磷	1	0.66	1.76	中度风险
12	2016 年 4 月	杀扑磷	1	0.66	1.76	中度风险
13	2016 年 4 月	水胺硫磷	1	0.66	1.76	中度风险
14	2016 年 6 月	硫丹	6	4.69	5.79	高度风险
15	2016 年 6 月	水胺硫磷	4	3.13	4.23	高度风险
16	2016 年 6 月	除草醚	1	0.78	1.88	中度风险
17	2016 年 6 月	甲拌磷	1	0.78	1.88	中度风险
18	2016 年 6 月	克百威	1	0.78	1.88	中度风险
19	2016 年 6 月	治螟磷	1	0.78	1.88	中度风险
20	2016 年 7 月	硫丹	4	2.09	3.19	高度风险
21	2016 年 7 月	六六六	1	0.52	1.62	中度风险
22	2016 年 7 月	水胺硫磷	1	0.52	1.62	中度风险
23	2016 年 8 月	硫丹	2	2.00	3.10	高度风险
24	2016 年 8 月	艾氏剂	1	1.00	2.10	中度风险
25	2016 年 10 月	硫丹	5	1.79	2.89	高度风险
26	2016 年 10 月	克百威	4	1.43	2.53	高度风险
27	2016 年 10 月	除草醚	2	0.72	1.82	中度风险
28	2016 年 10 月	氰戊菊酯	1	0.36	1.46	低度风险
29	2016 年 10 月	杀扑磷	1	0.36	1.46	低度风险
30	2016 年 10 月	特丁硫磷	1	0.36	1.46	低度风险
31	2017 年 1 月	硫丹	3	3.06	4.16	高度风险
32	2017 年 1 月	氟虫腈	2	2.04	3.14	高度风险
33	2017 年 1 月	克百威	1	1.02	2.12	中度风险
34	2017 年 1 月	杀扑磷	1	1.02	2.12	中度风险
35	2017 年 2 月	克百威	5	5.10	6.20	高度风险
36	2017 年 2 月	甲拌磷	2	2.04	3.14	高度风险
37	2017 年 2 月	水胺硫磷	2	2.04	3.14	高度风险
38	2017 年 2 月	氟虫腈	1	1.02	2.12	中度风险
39	2017 年 3 月	硫丹	2	2.08	3.18	高度风险
40	2017 年 3 月	克百威	1	1.04	2.14	中度风险
41	2017 年 3 月	水胺硫磷	1	1.04	2.14	中度风险
42	2017 年 4 月	甲拌磷	1	1.03	2.13	中度风险
43	2017 年 4 月	克百威	1	1.03	2.13	中度风险

续表

序号	年月	农药	检出频次	检出率（%）	风险系数 R	风险程度
44	2017 年 4 月	硫丹	1	1.03	2.13	中度风险
45	2017 年 5 月	克百威	2	2.11	3.21	高度风险
46	2017 年 5 月	甲拌磷	1	1.05	2.15	中度风险
47	2017 年 5 月	水胺硫磷	1	1.05	2.15	中度风险
48	2017 年 6 月	克百威	1	1.08	2.18	中度风险
49	2017 年 7 月	硫丹	3	2.97	4.07	高度风险
50	2017 年 7 月	克百威	2	1.98	3.08	高度风险
51	2017 年 7 月	氰戊菊酯	2	1.98	3.08	高度风险
52	2017 年 8 月	克百威	4	4.17	5.27	高度风险
53	2017 年 8 月	氰戊菊酯	1	1.04	2.14	中度风险

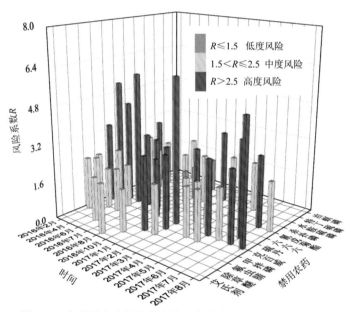

图 8-24　各月份内水果蔬菜中禁用农药残留的风险系数分布图

8.3.2.2　所有水果蔬菜中非禁用农药残留风险系数分析

参照 MRL 欧盟标准计算所有水果蔬菜中每种非禁用农药残留的风险系数，如图 8-25 与表 8-17 所示。在侦测出的 141 种非禁用农药中，9 种农药（6.38%）残留处于高度风险，27 种农药（19.15%）残留处于中度风险，105 种农药（74.47%）残留处于低度风险。

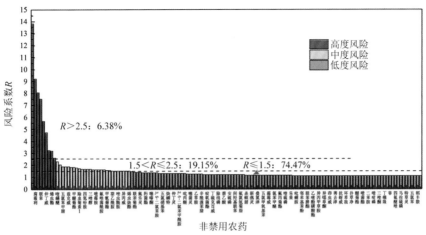

图 8-25　水果蔬菜中 141 种非禁用农药的风险程度统计图

表 8-17　水果蔬菜中 141 种非禁用农药的风险系数表

序号	农药	超标频次	超标率 P（%）	风险系数 R	风险程度
1	威杀灵	241	12.73	13.83	高度风险
2	腐霉利	154	8.14	9.24	高度风险
3	烯丙菊酯	132	6.97	8.07	高度风险
4	联苯	122	6.44	7.54	高度风险
5	γ-氟氯氰菌酯	87	4.60	5.70	高度风险
6	仲丁威	69	3.65	4.75	高度风险
7	丙溴磷	41	2.17	3.27	高度风险
8	烯虫酯	40	2.11	3.21	高度风险
9	毒死蜱	29	1.53	2.63	高度风险
10	喹螨醚	23	1.22	2.32	中度风险
11	虫螨腈	18	0.95	2.05	中度风险
12	五氯苯甲腈	15	0.79	1.89	中度风险
13	哒螨灵	15	0.79	1.89	中度风险
14	兹克威	15	0.79	1.89	中度风险
15	多效唑	14	0.74	1.84	中度风险
16	甲醚菊酯	14	0.74	1.84	中度风险
17	百菌清	13	0.69	1.79	中度风险
18	除虫菊素Ⅰ	12	0.63	1.73	中度风险
19	氟硅唑	11	0.58	1.68	中度风险
20	四氢吩胺	11	0.58	1.68	中度风险
21	戊唑醇	11	0.58	1.68	中度风险
22	三唑醇	11	0.58	1.68	中度风险
23	醚菌酯	10	0.53	1.63	中度风险

序号	农药	超标频次	超标率 P（%）	风险系数 R	风险程度
24	嘧霉胺	10	0.53	1.63	中度风险
25	吡喃灵	10	0.53	1.63	中度风险
26	氟唑菌酰胺	10	0.53	1.63	中度风险
27	三唑磷	10	0.53	1.63	中度风险
28	甲氰菊酯	9	0.48	1.58	中度风险
29	己唑醇	9	0.48	1.58	中度风险
30	萘乙酰胺	8	0.42	1.52	中度风险
31	噁霜灵	8	0.42	1.52	中度风险
32	唑虫酰胺	8	0.42	1.52	中度风险
33	甲萘威	8	0.42	1.52	中度风险
34	异丙威	8	0.42	1.52	中度风险
35	速灭威	8	0.42	1.52	中度风险
36	烯虫炔酯	8	0.42	1.52	中度风险
37	禾草敌	7	0.37	1.47	低度风险
38	联苯菊酯	6	0.32	1.42	低度风险
39	异氯磷	6	0.32	1.42	低度风险
40	氟乐灵	6	0.32	1.42	低度风险
41	丁羟茴香醚	5	0.26	1.36	低度风险
42	肟菌酯	5	0.26	1.36	低度风险
43	烯唑醇	5	0.26	1.36	低度风险
44	噻嗪酮	5	0.26	1.36	低度风险
45	生物苄呋菊酯	5	0.26	1.36	低度风险
46	3,5-二氯苯胺	5	0.26	1.36	低度风险
47	氯氰菊酯	4	0.21	1.31	低度风险
48	五氯硝基苯	4	0.21	1.31	低度风险
49	五氯苯胺	4	0.21	1.31	低度风险
50	炔螨特	4	0.21	1.31	低度风险
51	腈菌唑	4	0.21	1.31	低度风险
52	仲丁灵	4	0.21	1.31	低度风险
53	杀螨酯	4	0.21	1.31	低度风险
54	2,6-二氯苯甲酰胺	4	0.21	1.31	低度风险
55	二甲戊灵	4	0.21	1.31	低度风险
56	吡丙醚	4	0.21	1.31	低度风险
57	邻苯二甲酰亚胺	3	0.16	1.26	低度风险
58	噻菌灵	3	0.16	1.26	低度风险

序号	农药	超标频次	超标率 P（%）	风险系数 R	风险程度
59	氟吡菌酰胺	3	0.16	1.26	低度风险
60	乙草胺	3	0.16	1.26	低度风险
61	去乙基阿特拉津	3	0.16	1.26	低度风险
62	辛酰溴苯腈	3	0.16	1.26	低度风险
63	螺螨酯	2	0.11	1.21	低度风险
64	啶氧菌酯	2	0.11	1.21	低度风险
65	猛杀威	2	0.11	1.21	低度风险
66	丁硫克百威	2	0.11	1.21	低度风险
67	氯菊酯	2	0.11	1.21	低度风险
68	除线磷	2	0.11	1.21	低度风险
69	吡咪唑	2	0.11	1.21	低度风险
70	萘乙酸	2	0.11	1.21	低度风险
71	倍硫磷	2	0.11	1.21	低度风险
72	安硫磷	2	0.11	1.21	低度风险
73	甲霜灵	2	0.11	1.21	低度风险
74	间羟基联苯	2	0.11	1.21	低度风险
75	仲草丹	2	0.11	1.21	低度风险
76	去异丙基莠去津	2	0.11	1.21	低度风险
77	高效氯氟氰菊酯	2	0.11	1.21	低度风险
78	杀螟腈	1	0.05	1.15	低度风险
79	炔丙菊酯	1	0.05	1.15	低度风险
80	新燕灵	1	0.05	1.15	低度风险
81	拌种胺	1	0.05	1.15	低度风险
82	叠氮津	1	0.05	1.15	低度风险
83	敌敌畏	1	0.05	1.15	低度风险
84	五氯甲氧基苯	1	0.05	1.15	低度风险
85	乙霉威	1	0.05	1.15	低度风险
86	霜霉威	1	0.05	1.15	低度风险
87	杀螨特	1	0.05	1.15	低度风险
88	氯苯甲醚	1	0.05	1.15	低度风险
89	麦草氟异丙酯	1	0.05	1.15	低度风险
90	氟丙菊酯	1	0.05	1.15	低度风险
91	3,4,5-混杀威	1	0.05	1.15	低度风险
92	喹硫磷	1	0.05	1.15	低度风险
93	氯硝胺	1	0.05	1.15	低度风险

续表

序号	农药	超标频次	超标率 P（%）	风险系数 R	风险程度
94	乐果	1	0.05	1.15	低度风险
95	丙硫磷	0	0	1.10	低度风险
96	吡螨胺	0	0	1.10	低度风险
97	烯效唑	0	0	1.10	低度风险
98	邻苯基苯酚	0	0	1.10	低度风险
99	氟硫草定	0	0	1.10	低度风险
100	联苯肼酯	0	0	1.10	低度风险
101	喹氧灵	0	0	1.10	低度风险
102	乙嘧酚磺酸酯	0	0	1.10	低度风险
103	戊菌唑	0	0	1.10	低度风险
104	异丙甲草胺	0	0	1.10	低度风险
105	氟氯氰菊酯	0	0	1.10	低度风险
106	异噁草酮	0	0	1.10	低度风险
107	拌种咯	0	0	1.10	低度风险
108	茚虫威	0	0	1.10	低度风险
109	莠灭净	0	0	1.10	低度风险
110	莠去津	0	0	1.10	低度风险
111	增效醚	0	0	1.10	低度风险
112	抗蚜威	0	0	1.10	低度风险
113	胺菊酯	0	0	1.10	低度风险
114	环草敌	0	0	1.10	低度风险
115	除虫菊酯	0	0	1.10	低度风险
116	扑草净	0	0	1.10	低度风险
117	戊草丹	0	0	1.10	低度风险
118	醚菊酯	0	0	1.10	低度风险
119	粉唑醇	0	0	1.10	低度风险
120	嘧菌酯	0	0	1.10	低度风险
121	嘧菌环胺	0	0	1.10	低度风险
122	二苯胺	0	0	1.10	低度风险
123	三氯杀螨醇	0	0	1.10	低度风险
124	嘧啶磷	0	0	1.10	低度风险
125	啶酰菌胺	0	0	1.10	低度风险
126	三唑酮	0	0	1.10	低度风险
127	甲基毒死蜱	0	0	1.10	低度风险
128	丁噻隆	0	0	1.10	低度风险

续表

序号	农药	超标频次	超标率 P（%）	风险系数 R	风险程度
129	丁咪酰胺	0	0	1.10	低度风险
130	菲	0	0	1.10	低度风险
131	双苯酰草胺	0	0	1.10	低度风险
132	四氟醚唑	0	0	1.10	低度风险
133	四氯硝基苯	0	0	1.10	低度风险
134	马拉硫磷	0	0	1.10	低度风险
135	丁草胺	0	0	1.10	低度风险
136	特草灵	0	0	1.10	低度风险
137	氯酞酸甲酯	0	0	1.10	低度风险
138	五氯苯	0	0	1.10	低度风险
139	稻瘟灵	0	0	1.10	低度风险
140	稻丰散	0	0	1.10	低度风险
141	甲基嘧啶磷	0	0	1.10	低度风险

对每个月份内的非禁用农药的风险系数分析，每月内非禁用农药风险程度分布图如图 8-26 所示。15 个月份内处于高度风险的农药数排序为 2017 年 3 月（17）＞2017 年 2 月（16）＞2017 年 4 月（14）＞2016 年 8 月（12）＝2016 年 10 月（12）＝2017 年 7 月（12）＞2017 年 1 月（11）＝2017 年 5 月（11）＞2016 年 7 月（9）＝2017 年 9 月（9）＞2016 年 2 月（8）＝2016 年 4 月（8）＝2017 年 6 月（8）＞2016 年 6 月（7）＞2017 年 8 月（6）。

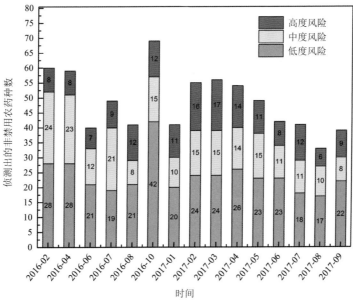

图 8-26　各月份水果蔬菜中非禁用农药残留的风险程度分布图

15 个月份内水果蔬菜中非禁用农药处于中度风险和高度风险的风险系数如图 8-27 和表 8-18 所示。

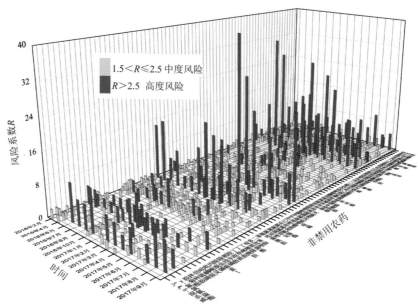

图 8-27　各月份水果蔬菜中非禁用农药处于中度风险和高度风险的风险系数分布图

表 8-18　各月份水果蔬菜中非禁用农药处于高度风险的风险系数表

序号	年月	农药	超标频次	超标率 P（%）	风险系数 R	风险程度
1	2016 年 2 月	腐霉利	23	13.61	14.71	高度风险
2	2016 年 2 月	烯丙菊酯	8	4.73	5.83	高度风险
3	2016 年 2 月	威杀灵	7	4.14	5.24	高度风险
4	2016 年 2 月	丙溴磷	6	3.55	4.65	高度风险
5	2016 年 2 月	甲醚菊酯	5	2.96	4.06	高度风险
6	2016 年 2 月	嘧霉胺	5	2.96	4.06	高度风险
7	2016 年 2 月	甲氰菊酯	3	1.78	2.88	高度风险
8	2016 年 2 月	五氯苯甲腈	3	1.78	2.88	高度风险
9	2016 年 2 月	2,6-二氯苯甲酰胺	2	1.18	2.28	中度风险
10	2016 年 2 月	3,5-二氯苯胺	2	1.18	2.28	中度风险
11	2016 年 2 月	除线磷	2	1.18	2.28	中度风险
12	2016 年 2 月	多效唑	2	1.18	2.28	中度风险
13	2016 年 2 月	噁霜灵	2	1.18	2.28	中度风险
14	2016 年 2 月	三唑醇	2	1.18	2.28	中度风险
15	2016 年 2 月	四氢吩胺	2	1.18	2.28	中度风险
16	2016 年 2 月	戊唑醇	2	1.18	2.28	中度风险

续表

序号	年月	农药	超标频次	超标率 P（%）	风险系数 R	风险程度
17	2016 年 2 月	γ-氟氯氰菊酯	1	0.59	1.69	中度风险
18	2016 年 2 月	百菌清	1	0.59	1.69	中度风险
19	2016 年 2 月	虫螨腈	1	0.59	1.69	中度风险
20	2016 年 2 月	啶氧菌酯	1	0.59	1.69	中度风险
21	2016 年 2 月	毒死蜱	1	0.59	1.69	中度风险
22	2016 年 2 月	氟吡菌酰胺	1	0.59	1.69	中度风险
23	2016 年 2 月	氟硅唑	1	0.59	1.69	中度风险
24	2016 年 2 月	甲霜灵	1	0.59	1.69	中度风险
25	2016 年 2 月	乐果	1	0.59	1.69	中度风险
26	2016 年 2 月	噻嗪酮	1	0.59	1.69	中度风险
27	2016 年 2 月	生物苄呋菊酯	1	0.59	1.69	中度风险
28	2016 年 2 月	肟菌酯	1	0.59	1.69	中度风险
29	2016 年 2 月	烯虫酯	1	0.59	1.69	中度风险
30	2016 年 2 月	异丙威	1	0.59	1.69	中度风险
31	2016 年 2 月	仲丁威	1	0.59	1.69	中度风险
32	2016 年 2 月	唑虫酰胺	1	0.59	1.69	中度风险
33	2016 年 4 月	腐霉利	23	15.23	16.33	高度风险
34	2016 年 4 月	丙溴磷	5	3.31	4.41	高度风险
35	2016 年 4 月	虫螨腈	3	1.99	3.09	高度风险
36	2016 年 4 月	毒死蜱	3	1.99	3.09	高度风险
37	2016 年 4 月	氟硅唑	3	1.99	3.09	高度风险
38	2016 年 4 月	嘧霉胺	3	1.99	3.09	高度风险
39	2016 年 4 月	戊唑醇	3	1.99	3.09	高度风险
40	2016 年 4 月	乙草胺	3	1.99	3.09	高度风险
41	2016 年 4 月	百菌清	2	1.32	2.42	中度风险
42	2016 年 4 月	间羟基联苯	2	1.32	2.42	中度风险
43	2016 年 4 月	三唑磷	2	1.32	2.42	中度风险
44	2016 年 4 月	烯唑醇	2	1.32	2.42	中度风险
45	2016 年 4 月	2,6-二氯苯甲酰胺	1	0.66	1.76	中度风险
46	2016 年 4 月	3,5-二氯苯胺	1	0.66	1.76	中度风险
47	2016 年 4 月	γ-氟氯氰菊酯	1	0.66	1.76	中度风险
48	2016 年 4 月	丁硫克百威	1	0.66	1.76	中度风险
49	2016 年 4 月	噁霜灵	1	0.66	1.76	中度风险

序号	年月	农药	超标频次	超标率 P（%）	风险系数 R	风险程度
50	2016 年 4 月	氟吡菌酰胺	1	0.66	1.76	中度风险
51	2016 年 4 月	己唑醇	1	0.66	1.76	中度风险
52	2016 年 4 月	甲萘威	1	0.66	1.76	中度风险
53	2016 年 4 月	邻苯二甲酰亚胺	1	0.66	1.76	中度风险
54	2016 年 4 月	醚菌酯	1	0.66	1.76	中度风险
55	2016 年 4 月	三唑醇	1	0.66	1.76	中度风险
56	2016 年 4 月	四氢吩胺	1	0.66	1.76	中度风险
57	2016 年 4 月	威杀灵	1	0.66	1.76	中度风险
58	2016 年 4 月	五氯苯胺	1	0.66	1.76	中度风险
59	2016 年 4 月	五氯苯甲腈	1	0.66	1.76	中度风险
60	2016 年 4 月	烯丙菊酯	1	0.66	1.76	中度风险
61	2016 年 4 月	烯虫酯	1	0.66	1.76	中度风险
62	2016 年 4 月	异丙威	1	0.66	1.76	中度风险
63	2016 年 4 月	唑虫酰胺	1	0.66	1.76	中度风险
64	2016 年 6 月	威杀灵	15	11.72	12.82	高度风险
65	2016 年 6 月	γ-氟氯氰菌酯	11	8.59	9.69	高度风险
66	2016 年 6 月	烯丙菊酯	6	4.69	5.79	高度风险
67	2016 年 6 月	腐霉利	5	3.91	5.01	高度风险
68	2016 年 6 月	虫螨腈	2	1.56	2.66	高度风险
69	2016 年 6 月	哒螨灵	2	1.56	2.66	高度风险
70	2016 年 6 月	氟乐灵	2	1.56	2.66	高度风险
71	2016 年 6 月	丙溴磷	1	0.78	1.88	中度风险
72	2016 年 6 月	啶氧菌酯	1	0.78	1.88	中度风险
73	2016 年 6 月	毒死蜱	1	0.78	1.88	中度风险
74	2016 年 6 月	多效唑	1	0.78	1.88	中度风险
75	2016 年 6 月	噁霜灵	1	0.78	1.88	中度风险
76	2016 年 6 月	二甲戊灵	1	0.78	1.88	中度风险
77	2016 年 6 月	氯氰菊酯	1	0.78	1.88	中度风险
78	2016 年 6 月	醚菌酯	1	0.78	1.88	中度风险
79	2016 年 6 月	炔螨特	1	0.78	1.88	中度风险
80	2016 年 6 月	五氯苯甲腈	1	0.78	1.88	中度风险
81	2016 年 6 月	辛酰溴苯腈	1	0.78	1.88	中度风险
82	2016 年 6 月	新燕灵	1	0.78	1.88	中度风险

序号	年月	农药	超标频次	超标率 P（%）	风险系数 R	风险程度
83	2016 年 7 月	威杀灵	61	31.94	33.04	高度风险
84	2016 年 7 月	烯丙菊酯	19	9.95	11.05	高度风险
85	2016 年 7 月	腐霉利	16	8.38	9.48	高度风险
86	2016 年 7 月	γ-氟氯氰菌酯	10	5.24	6.34	高度风险
87	2016 年 7 月	丁羟茴香醚	4	2.09	3.19	高度风险
88	2016 年 7 月	仲丁威	4	2.09	3.19	高度风险
89	2016 年 7 月	虫螨腈	3	1.57	2.67	高度风险
90	2016 年 7 月	哒螨灵	3	1.57	2.67	高度风险
91	2016 年 7 月	毒死蜱	3	1.57	2.67	高度风险
92	2016 年 7 月	吡喃灵	2	1.05	2.15	中度风险
93	2016 年 7 月	丙溴磷	2	1.05	2.15	中度风险
94	2016 年 7 月	氟硅唑	2	1.05	2.15	中度风险
95	2016 年 7 月	去异丙基莠去津	2	1.05	2.15	中度风险
96	2016 年 7 月	去乙基阿特拉津	2	1.05	2.15	中度风险
97	2016 年 7 月	辛酰溴苯腈	2	1.05	2.15	中度风险
98	2016 年 7 月	拌种胺	1	0.52	1.62	中度风险
99	2016 年 7 月	多效唑	1	0.52	1.62	中度风险
100	2016 年 7 月	己唑醇	1	0.52	1.62	中度风险
101	2016 年 7 月	甲醚菊酯	1	0.52	1.62	中度风险
102	2016 年 7 月	甲萘威	1	0.52	1.62	中度风险
103	2016 年 7 月	甲氰菊酯	1	0.52	1.62	中度风险
104	2016 年 7 月	腈菌唑	1	0.52	1.62	中度风险
105	2016 年 7 月	邻苯二甲酰亚胺	1	0.52	1.62	中度风险
106	2016 年 7 月	醚菌酯	1	0.52	1.62	中度风险
107	2016 年 7 月	三唑醇	1	0.52	1.62	中度风险
108	2016 年 7 月	三唑磷	1	0.52	1.62	中度风险
109	2016 年 7 月	烯虫炔酯	1	0.52	1.62	中度风险
110	2016 年 7 月	烯虫酯	1	0.52	1.62	中度风险
111	2016 年 7 月	异丙威	1	0.52	1.62	中度风险
112	2016 年 7 月	仲丁灵	1	0.52	1.62	中度风险
113	2016 年 8 月	威杀灵	28	28.00	29.10	高度风险
114	2016 年 8 月	烯丙菊酯	12	12.00	13.10	高度风险
115	2016 年 8 月	γ-氟氯氰菌酯	5	5.00	6.10	高度风险

序号	年月	农药	超标频次	超标率 P（%）	风险系数 R	风险程度
116	2016 年 8 月	毒死蜱	3	3.00	4.10	高度风险
117	2016 年 8 月	甲氰菊酯	3	3.00	4.10	高度风险
118	2016 年 8 月	速灭威	3	3.00	4.10	高度风险
119	2016 年 8 月	烯虫酯	3	3.00	4.10	高度风险
120	2016 年 8 月	哒螨灵	2	2.00	3.10	高度风险
121	2016 年 8 月	多效唑	2	2.00	3.10	高度风险
122	2016 年 8 月	腐霉利	2	2.00	3.10	高度风险
123	2016 年 8 月	联苯菊酯	2	2.00	3.10	高度风险
124	2016 年 8 月	醚菌酯	2	2.00	3.10	高度风险
125	2016 年 8 月	叠氮津	1	1.00	2.10	中度风险
126	2016 年 8 月	氟硅唑	1	1.00	2.10	中度风险
127	2016 年 8 月	禾草敌	1	1.00	2.10	中度风险
128	2016 年 8 月	己唑醇	1	1.00	2.10	中度风险
129	2016 年 8 月	喹螨醚	1	1.00	2.10	中度风险
130	2016 年 8 月	五氯苯胺	1	1.00	2.10	中度风险
131	2016 年 8 月	五氯硝基苯	1	1.00	2.10	中度风险
132	2016 年 8 月	唑虫酰胺	1	1.00	2.10	中度风险
133	2016 年 10 月	烯丙菊酯	40	14.34	15.44	高度风险
134	2016 年 10 月	γ-氟氯氰菌酯	27	9.68	10.78	高度风险
135	2016 年 10 月	仲丁威	26	9.32	10.42	高度风险
136	2016 年 10 月	烯虫酯	17	6.09	7.19	高度风险
137	2016 年 10 月	兹克威	12	4.30	5.40	高度风险
138	2016 年 10 月	吡喃灵	8	2.87	3.97	高度风险
139	2016 年 10 月	腐霉利	8	2.87	3.97	高度风险
140	2016 年 10 月	毒死蜱	6	2.15	3.25	高度风险
141	2016 年 10 月	烯虫炔酯	6	2.15	3.25	高度风险
142	2016 年 10 月	异氯磷	6	2.15	3.25	高度风险
143	2016 年 10 月	丙溴磷	5	1.79	2.89	高度风险
144	2016 年 10 月	速灭威	5	1.79	2.89	高度风险
145	2016 年 10 月	多效唑	3	1.08	2.18	中度风险
146	2016 年 10 月	己唑醇	3	1.08	2.18	中度风险
147	2016 年 10 月	氯氰菊酯	3	1.08	2.18	中度风险
148	2016 年 10 月	噻菌灵	3	1.08	2.18	中度风险

续表

序号	年月	农药	超标频次	超标率 P（%）	风险系数 R	风险程度
149	2016 年 10 月	四氢吩胺	3	1.08	2.18	中度风险
150	2016 年 10 月	戊唑醇	3	1.08	2.18	中度风险
151	2016 年 10 月	仲丁灵	3	1.08	2.18	中度风险
152	2016 年 10 月	百菌清	2	0.72	1.82	中度风险
153	2016 年 10 月	倍硫磷	2	0.72	1.82	中度风险
154	2016 年 10 月	吡咪唑	2	0.72	1.82	中度风险
155	2016 年 10 月	哒螨灵	2	0.72	1.82	中度风险
156	2016 年 10 月	氟乐灵	2	0.72	1.82	中度风险
157	2016 年 10 月	喹螨醚	2	0.72	1.82	中度风险
158	2016 年 10 月	噻嗪酮	2	0.72	1.82	中度风险
159	2016 年 10 月	唑虫酰胺	2	0.72	1.82	中度风险
160	2017 年 1 月	烯丙菊酯	15	15.31	16.41	高度风险
161	2017 年 1 月	腐霉利	11	11.22	12.32	高度风险
162	2017 年 1 月	威杀灵	11	11.22	12.32	高度风险
163	2017 年 1 月	毒死蜱	6	6.12	7.22	高度风险
164	2017 年 1 月	丙溴磷	5	5.10	6.20	高度风险
165	2017 年 1 月	除虫菊素 I	3	3.06	4.16	高度风险
166	2017 年 1 月	异丙威	3	3.06	4.16	高度风险
167	2017 年 1 月	嘧霉胺	2	2.04	3.14	高度风险
168	2017 年 1 月	萘乙酰胺	2	2.04	3.14	高度风险
169	2017 年 1 月	三唑磷	2	2.04	3.14	高度风险
170	2017 年 1 月	仲丁威	2	2.04	3.14	高度风险
171	2017 年 1 月	γ-氟氯氰菌酯	1	1.02	2.12	中度风险
172	2017 年 1 月	噁霜灵	1	1.02	2.12	中度风险
173	2017 年 1 月	氟硅唑	1	1.02	2.12	中度风险
174	2017 年 1 月	甲醚菊酯	1	1.02	2.12	中度风险
175	2017 年 1 月	甲霜灵	1	1.02	2.12	中度风险
176	2017 年 1 月	氯硝胺	1	1.02	2.12	中度风险
177	2017 年 1 月	麦草氟异丙酯	1	1.02	2.12	中度风险
178	2017 年 1 月	炔螨特	1	1.02	2.12	中度风险
179	2017 年 1 月	五氯苯甲腈	1	1.02	2.12	中度风险
180	2017 年 1 月	烯唑醇	1	1.02	2.12	中度风险
181	2017 年 2 月	联苯	38	38.78	39.88	高度风险

序号	年月	农药	超标频次	超标率 P（%）	风险系数 R	风险程度
182	2017 年 2 月	腐霉利	18	18.37	19.47	高度风险
183	2017 年 2 月	威杀灵	14	14.29	15.39	高度风险
184	2017 年 2 月	烯丙菊酯	9	9.18	10.28	高度风险
185	2017 年 2 月	丙溴磷	7	7.14	8.24	高度风险
186	2017 年 2 月	γ-氟氯氰菌酯	5	5.10	6.20	高度风险
187	2017 年 2 月	除虫菊素 I	4	4.08	5.18	高度风险
188	2017 年 2 月	氟唑菌酰胺	4	4.08	5.18	高度风险
189	2017 年 2 月	三唑磷	4	4.08	5.18	高度风险
190	2017 年 2 月	虫螨腈	3	3.06	4.16	高度风险
191	2017 年 2 月	甲醚菊酯	3	3.06	4.16	高度风险
192	2017 年 2 月	萘乙酰胺	3	3.06	4.16	高度风险
193	2017 年 2 月	仲丁威	3	3.06	4.16	高度风险
194	2017 年 2 月	三唑醇	2	2.04	3.14	高度风险
195	2017 年 2 月	四氢吩胺	2	2.04	3.14	高度风险
196	2017 年 2 月	肟菌酯	2	2.04	3.14	高度风险
197	2017 年 2 月	3,4,5-混杀威	1	1.02	2.12	中度风险
198	2017 年 2 月	毒死蜱	1	1.02	2.12	中度风险
199	2017 年 2 月	噁霜灵	1	1.02	2.12	中度风险
200	2017 年 2 月	氟硅唑	1	1.02	2.12	中度风险
201	2017 年 2 月	氟乐灵	1	1.02	2.12	中度风险
202	2017 年 2 月	己唑醇	1	1.02	2.12	中度风险
203	2017 年 2 月	甲萘威	1	1.02	2.12	中度风险
204	2017 年 2 月	喹硫磷	1	1.02	2.12	中度风险
205	2017 年 2 月	联苯菊酯	1	1.02	2.12	中度风险
206	2017 年 2 月	猛杀威	1	1.02	2.12	中度风险
207	2017 年 2 月	炔螨特	1	1.02	2.12	中度风险
208	2017 年 2 月	噻嗪酮	1	1.02	2.12	中度风险
209	2017 年 2 月	生物苄呋菊酯	1	1.02	2.12	中度风险
210	2017 年 2 月	五氯硝基苯	1	1.02	2.12	中度风险
211	2017 年 2 月	唑虫酰胺	1	1.02	2.12	中度风险
212	2017 年 3 月	联苯	27	28.13	29.23	高度风险
213	2017 年 3 月	威杀灵	26	27.08	28.18	高度风险
214	2017 年 3 月	腐霉利	15	15.63	16.73	高度风险

续表

序号	年月	农药	超标频次	超标率 P（％）	风险系数 R	风险程度
215	2017 年 3 月	γ-氟氯氰菌酯	4	4.17	5.27	高度风险
216	2017 年 3 月	五氯苯甲腈	4	4.17	5.27	高度风险
217	2017 年 3 月	仲丁威	4	4.17	5.27	高度风险
218	2017 年 3 月	虫螨腈	3	3.13	4.23	高度风险
219	2017 年 3 月	生物苄呋菊酯	3	3.13	4.23	高度风险
220	2017 年 3 月	烯丙菊酯	3	3.13	4.23	高度风险
221	2017 年 3 月	吡丙醚	2	2.08	3.18	高度风险
222	2017 年 3 月	丙溴磷	2	2.08	3.18	高度风险
223	2017 年 3 月	氟唑菌酰胺	2	2.08	3.18	高度风险
224	2017 年 3 月	甲醚菊酯	2	2.08	3.18	高度风险
225	2017 年 3 月	萘乙酰胺	2	2.08	3.18	高度风险
226	2017 年 3 月	四氢吩胺	2	2.08	3.18	高度风险
227	2017 年 3 月	五氯苯胺	2	2.08	3.18	高度风险
228	2017 年 3 月	五氯硝基苯	2	2.08	3.18	高度风险
229	2017 年 3 月	2,6-二氯苯甲酰胺	1	1.04	2.14	中度风险
230	2017 年 3 月	百菌清	1	1.04	2.14	中度风险
231	2017 年 3 月	毒死蜱	1	1.04	2.14	中度风险
232	2017 年 3 月	噁霜灵	1	1.04	2.14	中度风险
233	2017 年 3 月	氟吡菌酰胺	1	1.04	2.14	中度风险
234	2017 年 3 月	腈菌唑	1	1.04	2.14	中度风险
235	2017 年 3 月	联苯菊酯	1	1.04	2.14	中度风险
236	2017 年 3 月	氯菊酯	1	1.04	2.14	中度风险
237	2017 年 3 月	醚菌酯	1	1.04	2.14	中度风险
238	2017 年 3 月	炔丙菊酯	1	1.04	2.14	中度风险
239	2017 年 3 月	噻嗪酮	1	1.04	2.14	中度风险
240	2017 年 3 月	三唑醇	1	1.04	2.14	中度风险
241	2017 年 3 月	杀螨酯	1	1.04	2.14	中度风险
242	2017 年 3 月	五氯甲氧基苯	1	1.04	2.14	中度风险
243	2017 年 3 月	烯唑醇	1	1.04	2.14	中度风险
244	2017 年 4 月	联苯	19	19.59	20.69	高度风险
245	2017 年 4 月	腐霉利	13	13.40	14.50	高度风险
246	2017 年 4 月	威杀灵	12	12.37	13.47	高度风险
247	2017 年 4 月	喹螨醚	4	4.12	5.22	高度风险

序号	年月	农药	超标频次	超标率 P（%）	风险系数 R	风险程度
248	2017 年 4 月	烯丙菊酯	4	4.12	5.22	高度风险
249	2017 年 4 月	百菌清	3	3.09	4.19	高度风险
250	2017 年 4 月	丙溴磷	3	3.09	4.19	高度风险
251	2017 年 4 月	多效唑	3	3.09	4.19	高度风险
252	2017 年 4 月	仲丁威	3	3.09	4.19	高度风险
253	2017 年 4 月	γ-氟氯氰菌酯	2	2.06	3.16	高度风险
254	2017 年 4 月	除虫菊素 I	2	2.06	3.16	高度风险
255	2017 年 4 月	氟唑菌酰胺	2	2.06	3.16	高度风险
256	2017 年 4 月	三唑醇	2	2.06	3.16	高度风险
257	2017 年 4 月	五氯苯甲腈	2	2.06	3.16	高度风险
258	2017 年 4 月	虫螨腈	1	1.03	2.13	中度风险
259	2017 年 4 月	噁霜灵	1	1.03	2.13	中度风险
260	2017 年 4 月	氟硅唑	1	1.03	2.13	中度风险
261	2017 年 4 月	氟乐灵	1	1.03	2.13	中度风险
262	2017 年 4 月	己唑醇	1	1.03	2.13	中度风险
263	2017 年 4 月	甲萘威	1	1.03	2.13	中度风险
264	2017 年 4 月	甲氰菊酯	1	1.03	2.13	中度风险
265	2017 年 4 月	猛杀威	1	1.03	2.13	中度风险
266	2017 年 4 月	醚菌酯	1	1.03	2.13	中度风险
267	2017 年 4 月	萘乙酸	1	1.03	2.13	中度风险
268	2017 年 4 月	三唑磷	1	1.03	2.13	中度风险
269	2017 年 4 月	杀螨酯	1	1.03	2.13	中度风险
270	2017 年 4 月	杀螟腈	1	1.03	2.13	中度风险
271	2017 年 4 月	戊唑醇	1	1.03	2.13	中度风险
272	2017 年 5 月	威杀灵	23	24.21	25.31	高度风险
273	2017 年 5 月	腐霉利	9	9.47	10.57	高度风险
274	2017 年 5 月	仲丁威	6	6.32	7.42	高度风险
275	2017 年 5 月	烯虫酯	5	5.26	6.36	高度风险
276	2017 年 5 月	除虫菊素 I	3	3.16	4.26	高度风险
277	2017 年 5 月	二甲戊灵	3	3.16	4.26	高度风险
278	2017 年 5 月	烯丙菊酯	3	3.16	4.26	高度风险
279	2017 年 5 月	γ-氟氯氰菌酯	2	2.11	3.21	高度风险
280	2017 年 5 月	虫螨腈	2	2.11	3.21	高度风险

续表

序号	年月	农药	超标频次	超标率 P（%）	风险系数 R	风险程度
281	2017 年 5 月	毒死蜱	2	2.11	3.21	高度风险
282	2017 年 5 月	仲草丹	2	2.11	3.21	高度风险
283	2017 年 5 月	3,5-二氯苯胺	1	1.05	2.15	中度风险
284	2017 年 5 月	安硫磷	1	1.05	2.15	中度风险
285	2017 年 5 月	丙溴磷	1	1.05	2.15	中度风险
286	2017 年 5 月	氟硅唑	1	1.05	2.15	中度风险
287	2017 年 5 月	高效氯氟氰菊酯	1	1.05	2.15	中度风险
288	2017 年 5 月	禾草敌	1	1.05	2.15	中度风险
289	2017 年 5 月	己唑醇	1	1.05	2.15	中度风险
290	2017 年 5 月	甲萘威	1	1.05	2.15	中度风险
291	2017 年 5 月	腈菌唑	1	1.05	2.15	中度风险
292	2017 年 5 月	喹螨醚	1	1.05	2.15	中度风险
293	2017 年 5 月	螺螨酯	1	1.05	2.15	中度风险
294	2017 年 5 月	醚菌酯	1	1.05	2.15	中度风险
295	2017 年 5 月	杀螨酯	1	1.05	2.15	中度风险
296	2017 年 5 月	四氢吩胺	1	1.05	2.15	中度风险
297	2017 年 5 月	烯虫炔酯	1	1.05	2.15	中度风险
298	2017 年 6 月	威杀灵	19	20.43	21.53	高度风险
299	2017 年 6 月	联苯	13	13.98	15.08	高度风险
300	2017 年 6 月	烯虫酯	9	9.68	10.78	高度风险
301	2017 年 6 月	腐霉利	6	6.45	7.55	高度风险
302	2017 年 6 月	仲丁威	4	4.30	5.40	高度风险
303	2017 年 6 月	喹螨醚	3	3.23	4.33	高度风险
304	2017 年 6 月	烯丙菊酯	2	2.15	3.25	高度风险
305	2017 年 6 月	异丙威	2	2.15	3.25	高度风险
306	2017 年 6 月	γ-氟氯氰菌酯	1	1.08	2.18	中度风险
307	2017 年 6 月	百菌清	1	1.08	2.18	中度风险
308	2017 年 6 月	毒死蜱	1	1.08	2.18	中度风险
309	2017 年 6 月	多效唑	1	1.08	2.18	中度风险
310	2017 年 6 月	氟唑菌酰胺	1	1.08	2.18	中度风险
311	2017 年 6 月	甲醚菊酯	1	1.08	2.18	中度风险
312	2017 年 6 月	甲氰菊酯	1	1.08	2.18	中度风险
313	2017 年 6 月	萘乙酰胺	1	1.08	2.18	中度风险

序号	年月	农药	超标频次	超标率 P（%）	风险系数 R	风险程度
314	2017 年 6 月	三唑醇	1	1.08	2.18	中度风险
315	2017 年 6 月	五氯苯甲腈	1	1.08	2.18	中度风险
316	2017 年 6 月	唑虫酰胺	1	1.08	2.18	中度风险
317	2017 年 7 月	仲丁威	9	8.91	10.01	高度风险
318	2017 年 7 月	威杀灵	7	6.93	8.03	高度风险
319	2017 年 7 月	腐霉利	4	3.96	5.06	高度风险
320	2017 年 7 月	喹螨醚	4	3.96	5.06	高度风险
321	2017 年 7 月	联苯	4	3.96	5.06	高度风险
322	2017 年 7 月	烯丙菊酯	4	3.96	5.06	高度风险
323	2017 年 7 月	γ-氟氯氰菌酯	3	2.97	4.07	高度风险
324	2017 年 7 月	禾草敌	3	2.97	4.07	高度风险
325	2017 年 7 月	烯虫酯	3	2.97	4.07	高度风险
326	2017 年 7 月	丙溴磷	2	1.98	3.08	高度风险
327	2017 年 7 月	哒螨灵	2	1.98	3.08	高度风险
328	2017 年 7 月	甲萘威	2	1.98	3.08	高度风险
329	2017 年 7 月	吡丙醚	1	0.99	2.09	中度风险
330	2017 年 7 月	丁硫克百威	1	0.99	2.09	中度风险
331	2017 年 7 月	毒死蜱	1	0.99	2.09	中度风险
332	2017 年 7 月	氟丙菊酯	1	0.99	2.09	中度风险
333	2017 年 7 月	联苯菊酯	1	0.99	2.09	中度风险
334	2017 年 7 月	邻苯二甲酰亚胺	1	0.99	2.09	中度风险
335	2017 年 7 月	醚菌酯	1	0.99	2.09	中度风险
336	2017 年 7 月	萘乙酸	1	0.99	2.09	中度风险
337	2017 年 7 月	三唑醇	1	0.99	2.09	中度风险
338	2017 年 7 月	兹克威	1	0.99	2.09	中度风险
339	2017 年 7 月	唑虫酰胺	1	0.99	2.09	中度风险
340	2017 年 8 月	威杀灵	12	12.50	13.60	高度风险
341	2017 年 8 月	γ-氟氯氰菌酯	8	8.33	9.43	高度风险
342	2017 年 8 月	烯丙菊酯	4	4.17	5.27	高度风险
343	2017 年 8 月	联苯	3	3.13	4.23	高度风险
344	2017 年 8 月	仲丁威	3	3.13	4.23	高度风险
345	2017 年 8 月	兹克威	2	2.08	3.18	高度风险
346	2017 年 8 月	丙溴磷	1	1.04	2.14	中度风险

续表

序号	年月	农药	超标频次	超标率 P（%）	风险系数 R	风险程度
347	2017 年 8 月	哒螨灵	1	1.04	2.14	中度风险
348	2017 年 8 月	敌敌畏	1	1.04	2.14	中度风险
349	2017 年 8 月	丁羟茴香醚	1	1.04	2.14	中度风险
350	2017 年 8 月	多效唑	1	1.04	2.14	中度风险
351	2017 年 8 月	氟唑菌酰胺	1	1.04	2.14	中度风险
352	2017 年 8 月	喹螨醚	1	1.04	2.14	中度风险
353	2017 年 8 月	联苯菊酯	1	1.04	2.14	中度风险
354	2017 年 8 月	去乙基阿特拉津	1	1.04	2.14	中度风险
355	2017 年 8 月	肟菌酯	1	1.04	2.14	中度风险
356	2017 年 9 月	联苯	18	17.82	18.92	高度风险
357	2017 年 9 月	喹螨醚	7	6.93	8.03	高度风险
358	2017 年 9 月	γ-氟氯氰菌酯	6	5.94	7.04	高度风险
359	2017 年 9 月	威杀灵	5	4.95	6.05	高度风险
360	2017 年 9 月	仲丁威	4	3.96	5.06	高度风险
361	2017 年 9 月	百菌清	3	2.97	4.07	高度风险
362	2017 年 9 月	哒螨灵	3	2.97	4.07	高度风险
363	2017 年 9 月	戊唑醇	2	1.98	3.08	高度风险
364	2017 年 9 月	烯丙菊酯	2	1.98	3.08	高度风险
365	2017 年 9 月	丙溴磷	1	0.99	2.09	中度风险
366	2017 年 9 月	腐霉利	1	0.99	2.09	中度风险
367	2017 年 9 月	高效氯氟氰菊酯	1	0.99	2.09	中度风险
368	2017 年 9 月	禾草敌	1	0.99	2.09	中度风险
369	2017 年 9 月	醚菌酯	1	0.99	2.09	中度风险
370	2017 年 9 月	炔螨特	1	0.99	2.09	中度风险
371	2017 年 9 月	肟菌酯	1	0.99	2.09	中度风险
372	2017 年 9 月	五氯苯甲腈	1	0.99	2.09	中度风险

8.4 GC-Q-TOF/MS 侦测天津市市售水果蔬菜农药残留风险评估结论与建议

农药残留是影响水果蔬菜安全和质量的主要因素，也是我国食品安全领域备受关注的敏感话题和亟待解决的重大问题之一[15,16]。各种水果蔬菜均存在不同程度的农药残留现象，本研究主要针对天津市各类水果蔬菜存在的农药残留问题，基于 2016 年 2 月~2017 年 9 月对天津市 1893 例水果蔬菜样品中农药残留侦测得出的 3462 个侦测结果，分别采用食品安全指数模型和风险系数模型，开展水果蔬菜中农药残留的膳食暴露风险和预警风险评估。水果蔬菜样品取自超市和农贸市场，符合大众的膳食来源，风险评价时更具有代表性和可信度。

本研究力求通用简单地反映食品安全中的主要问题，且为管理部门和大众容易接受，为政府及相关管理机构建立科学的食品安全信息发布和预警体系提供科学的规律与方法，加强对农药残留的预警和食品安全重大事件的预防，控制食品安全风险。

8.4.1 天津市水果蔬菜中农药残留膳食暴露风险评价结论

1）水果蔬菜样品中农药残留安全状态评价结论

采用食品安全指数模型，对 2016 年 2 月~2017 年 9 月期间天津市水果蔬菜农药残留膳食暴露风险进行评价，根据 IFS_c 的计算结果发现，水果蔬菜中农药的 $\overline{IFS}$ 为 0.0646，说明天津市水果蔬菜总体处于很好的安全状态，但部分禁用农药、高残留农药在蔬菜、水果中仍有侦测出，导致膳食暴露风险的存在，成为不安全因素。

2）单种水果蔬菜中农药膳食暴露风险不可接受情况评价结论

单种水果蔬菜中农药残留安全指数分析结果显示，农药对单种水果蔬菜安全影响不可接受（$IFS_c>1$）的样本数共 5 个，占总样本数的 0.49%，5 个样本分别包括韭菜中的氟虫腈、甲拌磷，小茴香中的甲拌磷，菜豆中的异丙威，橙中的杀扑磷。氟虫腈、甲拌磷、杀扑磷均属于禁用的剧毒农药，且上述均为较常见的水果蔬菜，百姓日常食用量较大，长期食用大量残留禁用农药的水果蔬菜会对人体造成不可接受的影响，对消费者身体健康造成较大的膳食暴露风险。本次侦测发现禁用农药尤其是硫丹、克百威、水胺硫磷在水果蔬菜样品中多次并大量侦测出，是未严格实施农业良好管理规范（GAP），抑或是农药滥用，这应该引起相关管理部门的警惕，应加强对禁用农药的严格管控。

3）禁用农药膳食暴露风险评价

本次侦测发现部分水果蔬菜样品中有禁用农药侦测出，侦测出禁用农药 12 种，检出频次为 111，水果蔬菜样品中的禁用农药 IFS_c 计算结果表明，禁用农药残留膳食暴露风险不可接受的频次为 7，占 6.31%；可以接受的频次为 32，占 28.83%；没有影响的频次为 69，占 62.16%。对于水果蔬菜样品中所有农药而言，膳食暴露风险不可接受的频次为 11，仅占总体频次的 0.32%。可以看出，禁用农药的膳食暴露风险不可接受的比例远高于总体水平，这在一定程度上说明禁用农药更容易导致严重的膳食暴露风险。此外，膳食暴露风险不可接受的残留禁用农药为甲拌磷、氟虫腈、杀扑磷，因此，应该加强对禁用农药甲拌磷、氟虫腈、杀扑磷的管控力度。为何在国家明令禁止禁用农药喷洒的情况下，还能在多种水果蔬菜中多次侦测出禁用农药残留并造成不可接受的膳食暴露风险，这应该引起相关部门的高度警惕，应该在禁止禁用农药喷洒的同时，严格管控禁用农药的生产和售卖，从根本上杜绝安全隐患。

8.4.2 天津市水果蔬菜中农药残留预警风险评价结论

1）单种水果蔬菜中禁用农药残留的预警风险评价结论

本次侦测过程中，在 30 种水果蔬菜中侦测超出 12 种禁用农药，禁用农药为：硫丹、水胺硫磷、克百威、杀扑磷、甲拌磷、氰戊菊酯、六六六、除草醚、特丁硫磷、氟虫腈、治螟磷、艾氏剂，水果蔬菜为：甜瓜、橘、芹菜、草莓、油桃、西葫芦、黄瓜、韭菜、番茄、柠檬、李子、辣椒、橙、桃、萝卜、小油菜、菠菜、小茴香、葡萄、油麦菜、芒果、胡萝卜、火龙果、甜椒、菜豆、冬瓜、梨、猕猴桃、茄子、苹果，水果蔬菜中禁用农药的风险系数分析结果显示，12 种禁用农药在 29 种水果蔬菜中的残留处于高度风险，2 种禁用农药在 1 种水果蔬菜中的残留处于中度风险，说明在单种水果蔬菜中禁用农药的残留会导致较高的预警风险。

2）单种水果蔬菜中非禁用农药残留的预警风险评价结论

以 MRL 中国国家标准为标准，计算水果蔬菜中非禁用农药风险系数情况下，959 个样本中，13 个处于高度风险（1.36%），1 个处于中度风险（0.1%），155 个处于低度风险（16.16%），790 个样本没有 MRL 中国国家标准（83.38%）。以 MRL 欧盟标准为标准，计算水果蔬菜中非禁用农药风险系数情况下，发现有 458 个处于高度风险（47.76%），3 个处于中度风险（0.31%），498 个处于低度风险（51.93%）。基于两种 MRL 标准，评价的结果差异显著，可以看出 MRL 欧盟标准比中国国家标准更加严格和完善，过于宽松的 MRL 中国国家标准值能否有效保障人体的健康有待研究。

8.4.3　加强天津市水果蔬菜食品安全建议

我国食品安全风险评价体系仍不够健全，相关制度不够完善，多年来，由于农药用药次数多、用药量大或用药间隔时间短，产品残留量大，农药残留所造成的食品安全问题日益严峻，给人体健康带来了直接或间接的危害。据估计，美国与农药有关的癌症患者数约占全国癌症患者总数的 50%，中国更高。同样，农药对其他生物也会形成直接杀伤和慢性危害，植物中的农药可经过食物链逐级传递并不断蓄积，对人和动物构成潜在威胁，并影响生态系统。

基于本次农药残留侦测数据的风险评价结果，提出以下几点建议：

1）加快食品安全标准制定步伐

我国食品标准中对农药每日允许最大摄入量 ADI 的数据严重缺乏，在本次评价所涉及的 153 种农药中，仅有 60.8% 的农药具有 ADI 值，而 39.2% 的农药中国尚未规定相应的 ADI 值，亟待完善。

我国食品中农药最大残留限量值的规定严重缺乏，对评估涉及的不同水果蔬菜中不同农药 1013 个 MRL 限值进行统计来看，我国仅制定出 210 个标准，我国标准完整率仅为 20.7%，欧盟的完整率达到 100%（表 8-19）。因此，中国更应加快 MRL 标准的制定步伐。

表 8-19　我国国家食品标准农药的 ADI、MRL 值与欧盟标准的数量差异

分类		中国 ADI	MRL 中国国家标准	MRL 欧盟标准
标准限值（个）	有	93	210	1013
	无	60	803	0
总数（个）		153	1013	1013
无标准限值比例		39.2%	79.3%	0

此外，MRL 中国国家标准限值普遍高于欧盟标准限值，这些标准中共有 156 个高于欧盟。过高的 MRL 值难以保障人体健康，建议继续加强对限值基准和标准的科学研究，将农产品中的危险性减少到尽可能低的水平。

2）加强农药的源头控制和分类监管

在天津市某些水果蔬菜中仍有禁用农药残留，利用 GC-Q-TOF/MS 技术侦测出 12 种禁用农药，检出频次为 111 次，残留禁用农药均存在较大的膳食暴露风险和预警风险。早已列入黑名单的禁用农药在我国并未真正退出，有些药物由于价格便宜、工艺简单，此类高毒农药一直生产和使用。建议在我国采取严格有效的控制措施，从源头控制禁用农药。

对于非禁用农药，在我国作为"田间地头"最典型单位的县级蔬果产地中，农药残留的侦测几乎缺失。建议根据农药的毒性，对高毒、剧毒、中毒农药实现分类管理，减少使用高毒和剧毒高残留农药，进行分类监管。

3）加强残留农药的生物修复及降解新技术

市售果蔬中残留农药的品种多、频次高、禁用农药多次检出这一现状，说明了我国的田间土壤和水体因农药长期、频繁、不合理的使用而遭到严重污染。为此，建议中国相关部门出台相关政策，鼓励高校及科研院所积极开展分子生物学、酶学等研究，加强土壤、水体中残留农药的生物修复及降解新技术研究，切实加大农药监管力度，以控制农药的面源污染问题。

综上所述，在本工作基础上，根据蔬菜残留危害，可进一步针对其成因提出和采取严格管理、大力推广无公害蔬菜种植与生产、健全食品安全控制技术体系、加强蔬菜食品质量侦测体系建设和积极推行蔬菜食品质量追溯制度等相应对策。建立和完善食品安全综合评价指数与风险监测预警系统，对食品安全进行实时、全面的监控与分析，为我国的食品安全科学监管与决策提供新的技术支持，可实现各类检验数据的信息化系统管理，降低食品安全事故的发生。

石家庄市

第9章 LC-Q-TOF/MS 侦测石家庄市 2411 例市售水果蔬菜样品农药残留报告

从石家庄市所属 5 个区县，随机采集了 2411 例水果蔬菜样品，使用液相色谱-四极杆飞行时间质谱（LC-Q-TOF/MS）对 565 种农药化学污染物进行示范侦测（7 种负离子模式 ESI⁻未涉及）。

9.1 样品种类、数量与来源

9.1.1 样品采集与检测

为了真实反映百姓餐桌上水果蔬菜中农药残留污染状况，本次所有检测样品均由检验人员于 2015 年 5 月至 2017 年 9 月期间，从石家庄市所属 51 个采样点，包括 12 个农贸市场、39 个超市，以随机购买方式采集，总计 92 批 2411 例样品，从中检出农药 128 种，5418 频次。采样及监测概况见图 9-1 及表 9-1，样品及采样点明细见表 9-2 及表 9-3。（侦测原始数据见附表 1）

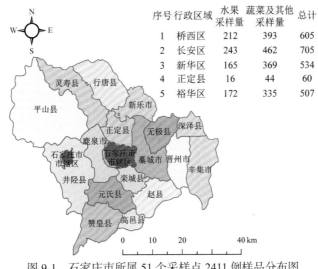

序号	行政区域	水果采样量	蔬菜及其他采样量	总计
1	桥西区	212	393	605
2	长安区	243	462	705
3	新华区	165	369	534
4	正定县	16	44	60
5	裕华区	172	335	507

图 9-1 石家庄市所属 51 个采样点 2411 例样品分布图

表 9-1 农药残留监测总体概况

采样地区	石家庄市所属 5 个区县
采样点（超市+农贸市场）	51
样本总数	2411
检出农药品种/频次	128/5418
各采样点样本农药残留检出率范围	45.8%~91.2%

表 9-2　样品分类及数量

样品分类	样品名称（数量）	数量小计
1. 调味料		5
1）叶类调味料	芫荽（5）	5
2. 水果		808
1）仁果类水果	苹果（89），梨（75）	164
2）核果类水果	桃（27），油桃（11），李子（15），枣（11），樱桃（4）	68
3）浆果和其他小型水果	猕猴桃（80），草莓（23），葡萄（54）	157
4）瓜果类水果	西瓜（21），哈密瓜（4），甜瓜（27）	52
5）热带和亚热带水果	山竹（8），龙眼（25），香蕉（15），柿子（4），木瓜（10），芒果（66），荔枝（7），火龙果（55），菠萝（8）	198
6）柑橘类水果	柑（10），橘（31），柠檬（70），橙（58）	169
3. 食用菌		79
1）蘑菇类	香菇（33），金针菇（16），杏鲍菇（30）	79
4. 蔬菜		1519
1）豆类蔬菜	豇豆（12），菜豆（70）	82
2）鳞茎类蔬菜	韭菜（60），洋葱（52），蒜黄（10），葱（11），蒜薹（25）	158
3）叶菜类蔬菜	小茴香（33），芹菜（61），苦苣（11），蕹菜（2），菠菜（40），油麦菜（81），小白菜（32），娃娃菜（11），大白菜（27），生菜（78），小油菜（46），茼蒿（10），莴笋（13）	445
4）芸薹属类蔬菜	结球甘蓝（45），花椰菜（36），青花菜（31），紫甘蓝（44），菜薹（14）	170
5）茄果类蔬菜	番茄（86），甜椒（63），辣椒（27），樱桃番茄（15），茄子（77）	268
6）瓜类蔬菜	黄瓜（91），西葫芦（73），南瓜（5），冬瓜（64），苦瓜（13），丝瓜（44）	290
7）芽菜类蔬菜	绿豆芽（2）	2
8）根茎类和薯芋类蔬菜	胡萝卜（53），萝卜（36），马铃薯（15）	104
合计	1. 调味料 1 种　2. 水果 26 种　3. 食用菌 3 种　4. 蔬菜 40 种	2411

表 9-3　石家庄市采样点信息

采样点序号	行政区域	采样点
农贸市场（12）		
1	新华区	***市场
2	新华区	***市场
3	新华区	***市场
4	桥西区	***市场
5	桥西区	***市场
6	桥西区	***市场

续表

采样点序号	行政区域	采样点
7	桥西区	***市场
8	桥西区	***市场
9	正定县	***市场
10	裕华区	***市场
11	裕华区	***市场
12	长安区	***市场
超市（39）		
1	新华区	***超市（中华北店）
2	新华区	***超市（新石店）
3	新华区	***超市（益元店）
4	新华区	***超市（铁运广场店）
5	新华区	***超市（友谊店）
6	新华区	***超市（宝龙仓柏林店）
7	新华区	***超市（柏林店）
8	桥西区	***超市（万象天成店）
9	桥西区	***超市（北杜店）
10	桥西区	***超市（华夏店）
11	桥西区	***超市（新百店）
12	桥西区	***超市（益友店）
13	桥西区	***超市（西兴店）
14	桥西区	***超市（保龙仓中华大街店）
15	桥西区	***超市（保龙仓留营店）
16	桥西区	***超市（新石店）
17	桥西区	***超市（民心广场店）
18	正定县	***超市（正定县店）
19	正定县	***超市（常山店）
20	裕华区	***超市（怀特店）
21	裕华区	***超市（裕华店）
22	裕华区	***超市（长江店）
23	裕华区	***超市（建华大街店）
24	裕华区	***超市（小马店）
25	裕华区	***超市（怀特店）
26	裕华区	***超市（西美五洲店）
27	长安区	***超市（先天下店）
28	长安区	***超市（北国店）
29	长安区	***超市（天河店）

采样点序号	行政区域	采样点
30	长安区	***超市（益庄店）
31	长安区	***超市（谈固店）
32	长安区	***超市（霍营店）
33	长安区	***超市（中山店）
34	长安区	***超市（紫光都店）
35	长安区	***超市（保龙仓勒泰店）
36	长安区	***超市（保龙仓金谈固店）
37	长安区	***超市（东胜店）
38	长安区	***超市（财富大厦店）
39	长安区	***超市（乐汇城店）

9.1.2　检测结果

这次使用的检测方法是庞国芳院士团队最新研发的不需使用标准品对照，而以高分辨精确质量数（0.0001 *m/z*）为基准的 LC-Q-TOF/MS 检测技术，对于 2411 例样品，每个样品均侦测了 565 种农药化学污染物的残留现状。通过本次侦测，在 2411 例样品中共计检出农药化学污染物 128 种，检出 5418 频次。

9.1.2.1　各采样点样品检出情况

统计分析发现 51 个采样点中，被测样品的农药检出率范围为 45.8%~91.2%。其中，***超市（中山店）的检出率最高，为 91.2%。***超市（天河店）的检出率最低，为 45.8%，见图 9-2。

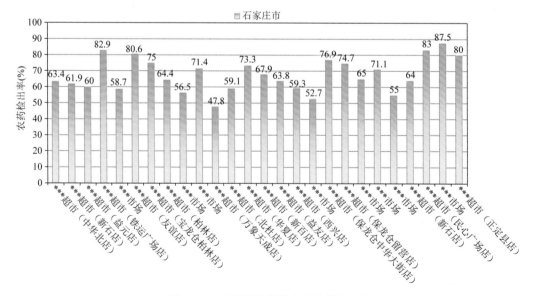

图 9-2-1　各采样点样品中的农药检出率

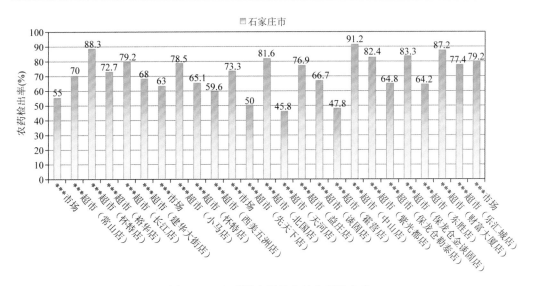

图 9-2-2　各采样点样品中的农药检出率

9.1.2.2　检出农药的品种总数与频次

统计分析发现，对于 2411 例样品中 565 种农药化学污染物的侦测，共检出农药 5418 频次，涉及农药 128 种，结果如图 9-3 所示。其中多菌灵检出频次最高，共检出 743 次。检出频次排名前 10 的农药如下：①多菌灵（743）；②烯酰吗啉（480）；③啶虫脒（326）；④霜霉威（259）；⑤甲霜灵（248）；⑥嘧菌酯（248）；⑦吡虫啉（232）；⑧苯醚甲环唑（214）；⑨噻虫嗪（191）；⑩甲基硫菌灵（189）。

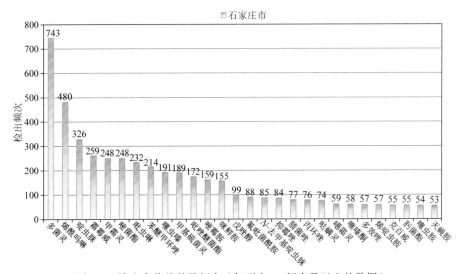

图 9-3　检出农药品种及频次（仅列出 53 频次及以上的数据）

由图 9-4 可见，葡萄、甜椒、茄子、番茄、菜豆、草莓、黄瓜、芹菜、樱桃番茄、油麦菜、芒果、小白菜和苹果这 13 种果蔬样品中检出的农药品种数较高，均超过 30 种，其中，葡萄检出农药品种最多，为 49 种。由图 9-5 可见，油麦菜、黄瓜、番茄、葡萄、柠檬、茄子、芒果、芹菜、甜椒、苹果、菜豆、橙、小白菜、樱桃番茄、梨、橘、火龙果、冬瓜、生菜、菠菜和草莓这21种果蔬样品中的农药检出频次较高，均超过100次，其中，油麦菜检出农药频次最高，为378次。

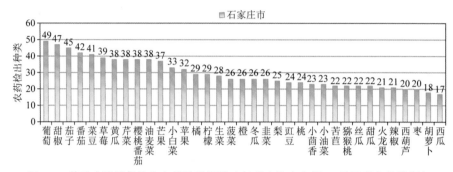

图9-4 单种水果蔬菜检出农药的种类数（仅列出检出农药17种及以上的数据）

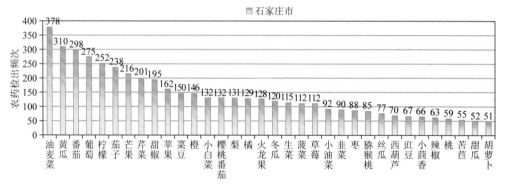

图9-5 单种水果蔬菜检出农药频次（仅列出检出农药51频次及以上的数据）

9.1.2.3 单例样品农药检出种类与占比

对单例样品检出农药种类和频次进行统计发现，未检出农药的样品占总样品数的29.8%，检出1种农药的样品占总样品数的21.0%，检出2~5种农药的样品占总样品数的38.3%，检出6~10种农药的样品占总样品数的9.2%，检出大于10种农药的样品占总样品数的1.7%。每例样品中平均检出农药为2.2种，数据见表9-4及图9-6。

表9-4 单例样品检出农药品种占比

检出农药品种数	样品数量/占比（%）
未检出	719/29.8
1种	506/21.0
2~5种	923/38.3
6~10种	223/9.2
大于10种	40/1.7
单例样品平均检出农药品种	2.2种

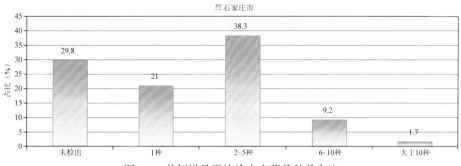

图 9-6　单例样品平均检出农药品种及占比

9.1.2.4　检出农药类别与占比

所有检出农药按功能分类，包括杀虫剂、杀菌剂、除草剂、植物生长调节剂、驱避剂、增效剂共 6 类。其中杀虫剂与杀菌剂为主要检出的农药类别，分别占总数的 46.1% 和 39.8%，见表 9-5 及图 9-7。

表 9-5　检出农药所属类别/占比

农药类别	数量/占比（%）
杀虫剂	59/46.1
杀菌剂	51/39.8
除草剂	8/6.3
植物生长调节剂	7/5.5
驱避剂	2/1.6
增效剂	1/0.8

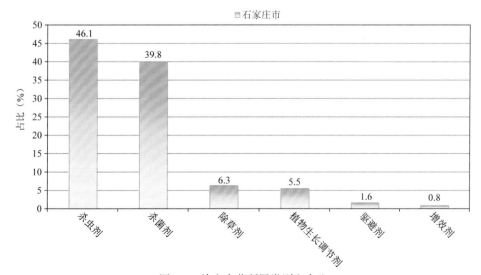

图 9-7　检出农药所属类别和占比

9.1.2.5　检出农药的残留水平

按检出农药残留水平进行统计，残留水平在 1~5 μg/kg（含）的农药占总数的 33.9%，在 5~10 μg/kg（含）的农药占总数的 15.4%，在 10~100 μg/kg（含）的农药占总数的 38.8%，在 100~1000 μg/kg（含）的农药占总数的 10.6%，在 >1000 μg/kg 的农药占总数的 1.2%。

由此可见，这次检测的 92 批 2411 例水果蔬菜样品中农药多数处于中高残留水平。结果见表 9-6 及图 9-8，数据见附表 2。

表 9-6　农药残留水平/占比

残留水平（μg/kg）	检出频次数/占比（%）
1~5（含）	1836/33.9
5~10（含）	835/15.4
10~100（含）	2104/38.8
100~1000（含）	576/10.6
>1000	67/1.2

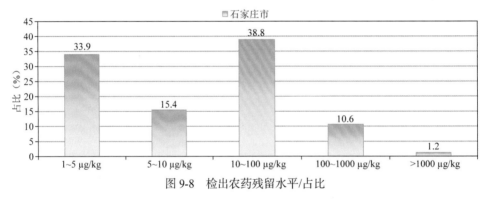

图 9-8　检出农药残留水平/占比

9.1.2.6　检出农药的毒性类别、检出频次和超标频次及占比

对这次检出的 128 种 5418 频次的农药，按剧毒、高毒、中毒、低毒和微毒这五个毒性类别进行分类，从中可以看出，石家庄市目前普遍使用的农药为中低微毒农药，品种占 90.6%，频次占 97.1%，结果见表 9-7 及图 9-9。

表 9-7　检出农药毒性类别/占比

毒性分类	农药品种/占比（%）	检出频次/占比（%）	超标频次/超标率（%）
剧毒农药	3/2.3	34/0.6	16/47.1
高毒农药	9/7.0	121/2.2	34/28.1
中毒农药	49/38.3	2257/41.7	5/0.2
低毒农药	43/33.6	1214/22.4	1/0.1
微毒农药	24/18.8	1792/33.1	1/0.1

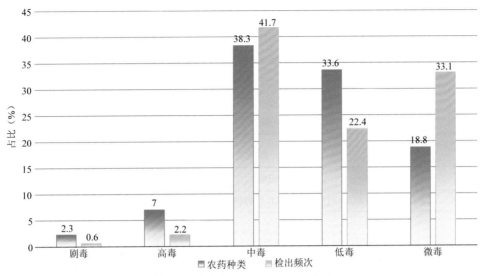

图 9-9　检出农药的毒性分类和占比

9.1.2.7　检出剧毒/高毒类农药的品种和频次

值得特别关注的是，在此次侦测的 2411 例样品中有 25 种蔬菜 13 种水果的 133 例样品检出了 12 种 155 频次的剧毒和高毒农药，占样品总量的 5.5%，详见图 9-10、表 9-8 及表 9-9。

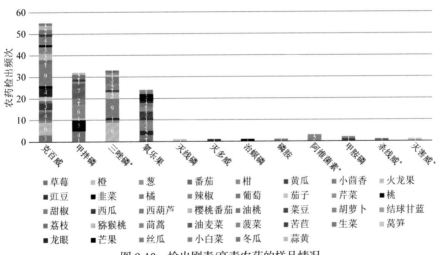

图 9-10　检出剧毒/高毒农药的样品情况

*表示允许在水果和蔬菜上使用的农药

表 9-8　剧毒农药检出情况

序号	农药名称	检出频次	超标频次	超标率
从 3 种水果中检出 3 种剧毒农药，共计检出 3 次				
1	甲拌磷*	1	0	0.0%
2	磷胺*	1	0	0.0%
3	灭线磷*	1	0	0.0%
小计		3	0	超标率：0.0%

续表

序号	农药名称	检出频次	超标频次	超标率
	从 11 种蔬菜中检出 1 种剧毒农药，共计检出 31 次			
1	甲拌磷*	31	16	51.6%
	小计	31	16	超标率：51.6%
	合计	34	16	超标率：47.1%

表 9-9　高毒农药检出情况

序号	农药名称	检出频次	超标频次	超标率
	从 13 种水果中检出 4 种高毒农药，共计检出 55 次			
1	克百威	26	12	46.2%
2	三唑磷	23	1	4.3%
3	氧乐果	5	1	20.0%
4	甲胺磷	1	0	0.0%
	小计	55	14	超标率：25.5%
	从 22 种蔬菜中检出 9 种高毒农药，共计检出 66 次			
1	克百威	29	12	41.4%
2	氧乐果	19	8	42.1%
3	三唑磷	10	0	0.0%
4	阿维菌素	3	0	0.0%
5	甲胺磷	1	0	0.0%
6	灭多威	1	0	0.0%
7	灭害威	1	0	0.0%
8	杀线威	1	0	0.0%
9	治螟磷	1	0	0.0%
	小计	66	20	超标率：30.3%
	合计	121	34	超标率：28.1%

在检出的剧毒和高毒农药中，有 8 种是我国早已禁止在果树和蔬菜上使用的，分别是：克百威、甲拌磷、治螟磷、磷胺、甲胺磷、氧乐果、灭线磷和灭多威。禁用农药的检出情况见表 9-10。

表 9-10　禁用农药检出情况

序号	农药名称	检出频次	超标频次	超标率
	从 11 种水果中检出 6 种禁用农药，共计检出 35 次			
1	克百威	26	12	46.2%
2	氧乐果	5	1	20.0%
3	甲胺磷	1	0	0.0%
4	甲拌磷*	1	0	0.0%
5	磷胺*	1	0	0.0%

续表

序号	农药名称	检出频次	超标频次	超标率
6	灭线磷*	1	0	0.0%
	小计	35	13	超标率：37.1%
从 24 种蔬菜中检出 6 种禁用农药，共计检出 82 次				
1	甲拌磷*	31	16	51.6%
2	克百威	29	12	41.4%
3	氧乐果	19	8	42.1%
4	甲胺磷	1	0	0.0%
5	灭多威	1	0	0.0%
6	治螟磷	1	0	0.0%
	小计	82	36	超标率：43.9%
	合计	117	49	超标率：41.9%

注：超标结果参考 MRL 中国国家标准计算

此次抽检的果蔬样品中，有 3 种水果 11 种蔬菜检出了剧毒农药，分别是：火龙果中检出灭线磷 1 次；草莓中检出甲拌磷 1 次；葡萄中检出磷胺 1 次；小茴香中检出甲拌磷 4 次；油麦菜中检出甲拌磷 7 次；甜椒中检出甲拌磷 1 次；生菜中检出甲拌磷 2 次；胡萝卜中检出甲拌磷 2 次；芹菜中检出甲拌磷 6 次；苦苣中检出甲拌磷 1 次；茄子中检出甲拌磷 1 次；莴笋中检出甲拌磷 1 次；菠菜中检出甲拌磷 1 次；韭菜中检出甲拌磷 5 次。

样品中检出剧毒和高毒农药残留水平超过 MRL 中国国家标准的频次为 50 次，其中：橘检出克百威超标 4 次；橙检出三唑磷超标 1 次，检出克百威超标 2 次；油桃检出克百威超标 1 次；芒果检出氧乐果超标 1 次；草莓检出克百威超标 2 次；葡萄检出克百威超标 2 次；西瓜检出克百威超标 1 次；丝瓜检出氧乐果超标 1 次；小茴香检出氧乐果超标 2 次，检出甲拌磷超标 2 次；樱桃番茄检出克百威超标 1 次；油麦菜检出甲拌磷超标 5 次；甜椒检出克百威超标 2 次，检出氧乐果超标 1 次；番茄检出氧乐果超标 1 次；结球甘蓝检出氧乐果超标 1 次；胡萝卜检出甲拌磷超标 1 次；芹菜检出克百威超标 1 次，检出氧乐果超标 1 次，检出甲拌磷超标 5 次；苦苣检出甲拌磷超标 1 次；茄子检出克百威超标 1 次；菜豆检出氧乐果超标 1 次；葱检出克百威超标 1 次；豇豆检出克百威超标 3 次；辣椒检出克百威超标 1 次；韭菜检出克百威超标 1 次，检出甲拌磷超标 2 次；黄瓜检出克百威超标 1 次。本次检出结果表明，高毒、剧毒农药的使用现象依旧存在。详见表 9-11。

表 9-11　各样本中检出剧毒/高毒农药情况

样品名称	农药名称	检出频次	超标频次	检出浓度（μg/kg）
水果 13 种				
柑	三唑磷	1	0	19.6
柑	克百威▲	1	0	4.0
桃	克百威▲	1	0	20.0
橘	克百威▲	9	4	2.2，16.6，14.2，23.9[a]，38.0[a]，9.6，14.0，43.0[a]，23.3[a]

续表

样品名称	农药名称	检出频次	超标频次	检出浓度（μg/kg）
橘	三唑磷	9	0	88.7，90.9，5.4，18.7，17.8，12.8，6.8，20.7，88.8
橙	三唑磷	9	1	48.6，53.3，17.7，212.7ᵃ，3.8，10.7，3.1，10.2，52.3
橙	克百威▲	6	2	17.3，9.0，8.0，23.3ᵃ，5.8，170.4ᵃ
油桃	克百威▲	1	1	57.1ᵃ
火龙果	克百威▲	2	0	2.6，9.9
火龙果	灭线磷*▲	1	0	2.1
猕猴桃	三唑磷	1	0	4.6
芒果	氧乐果▲	3	1	16.8，28.0ᵃ，10.7
草莓	克百威▲	3	2	18.6，117.9ᵃ，25.2ᵃ
草莓	甲拌磷*▲	1	0	2.0
荔枝	三唑磷	3	0	6.4，1.4，4.0
葡萄	克百威▲	2	2	132.6ᵃ，122.7ᵃ
葡萄	磷胺*▲	1	0	2.3
西瓜	克百威▲	1	1	217.3ᵃ
西瓜	氧乐果▲	1	0	2.7
西瓜	甲胺磷▲	1	0	37.9
龙眼	氧乐果▲	1	0	1.4
小计		58	14	超标率：24.1%
蔬菜 25 种				
丝瓜	氧乐果▲	1	1	90.8ᵃ
丝瓜	阿维菌素	1	0	47.3
冬瓜	甲胺磷▲	1	0	13.4
小白菜	氧乐果▲	1	0	12.7
小茴香	氧乐果▲	2	2	22.7ᵃ，75.7ᵃ
小茴香	克百威▲	1	0	3.0
小茴香	甲拌磷*▲	4	2	429.7ᵃ，10.1ᵃ，8.2，6.2
樱桃番茄	克百威▲	2	1	7.3，22.0ᵃ
樱桃番茄	三唑磷	1	0	1.7
油麦菜	三唑磷	1	0	30.8
油麦菜	杀线威	1	0	36.9
油麦菜	甲拌磷*▲	7	5	44.4ᵃ，176.8ᵃ，175.0ᵃ，54.6ᵃ，1786.1ᵃ，2.3，1.8
甜椒	克百威▲	4	2	7.1，42.8ᵃ，5.1，23.1ᵃ
甜椒	阿维菌素	2	0	14.5，14.7
甜椒	氧乐果▲	1	1	511.0ᵃ
甜椒	甲拌磷*▲	1	0	3.9

续表

样品名称	农药名称	检出频次	超标频次	检出浓度（μg/kg）
生菜	氧乐果▲	2	0	7.1，3.6
生菜	甲拌磷*▲	2	0	3.3，2.0
番茄	克百威▲	4	0	2.8，19.9，7.5，2.3
番茄	氧乐果▲	1	1	21.5[a]
结球甘蓝	氧乐果▲	1	1	48.9[a]
结球甘蓝	三唑磷	1	0	1.5
胡萝卜	三唑磷	2	0	1.1，1.0
胡萝卜	甲拌磷*▲	2	1	1.4，118.9[a]
芹菜	克百威▲	3	1	13.2，8.6，327.5[a]
芹菜	氧乐果▲	3	1	1.8，4.2，31.1[a]
芹菜	甲拌磷*▲	6	5	5.7，17.0[a]，48.6[a]，13.8[a]，560.2[a]，26.7[a]
苦苣	甲拌磷*▲	1	1	22.5[a]
茄子	克百威▲	3	1	65.1[a]，18.5，6.9
茄子	三唑磷	2	0	1.5，160.2
茄子	甲拌磷*▲	1	0	2.3
茼蒿	三唑磷	1	0	125.7
茼蒿	氧乐果▲	1	0	1.0
莴笋	甲拌磷*▲	1	0	1.6
菜豆	氧乐果▲	3	1	6.2，11.8，43.3[a]
菜豆	三唑磷	1	0	2.1
菠菜	甲拌磷*▲	1	0	1.7
葱	克百威▲	1	1	156.1[a]
蒜黄	灭害威	1	0	6.5
西葫芦	克百威▲	2	0	12.8，19.1
豇豆	克百威▲	4	3	12.6，265.4[a]，118.7[a]，200.9[a]
豇豆	氧乐果▲	2	0	1.3，5.9
豇豆	三唑磷	1	0	607.2
豇豆	灭多威▲	1	0	57.2
辣椒	克百威▲	1	1	117.1[a]
辣椒	氧乐果▲	1	0	9.0
韭菜	克百威▲	1	1	43.4[a]
韭菜	治螟磷▲	1	0	2.2
韭菜	甲拌磷*▲	5	2	774.3[a]，5.2，5.7，10.3[a]，1.0
黄瓜	克百威▲	3	1	6.6，4.4，24.1[a]
小计		97	36	超标率：37.1%
合计		155	50	超标率：32.3%

9.2　农药残留检出水平与最大残留限量标准对比分析

我国于 2014 年 3 月 20 日正式颁布并于 2014 年 8 月 1 日正式实施食品农药残留限量国家标准《食品中农药最大残留限量》（GB 2763—2014）。该标准包括 371 个农药条目，涉及最大残留限量（MRL）标准 3653 项。将 5418 频次检出农药的浓度水平与 3653 项 MRL 中国国家标准进行核对，其中只有 1892 频次的农药找到了对应的 MRL 标准，占 34.9%，还有 3526 频次的侦测数据则无相关 MRL 标准供参考，占 65.1%。

将此次侦测结果与国际上现行 MRL 标准对比发现，在 5418 频次的检出结果中有 5418 频次的结果找到了对应的 MRL 欧盟标准，占 100.0%；其中，5102 频次的结果有明确对应的 MRL，占 94.2%，其余 316 频次按照欧盟一律标准判定，占 5.8%；有 5418 频次的结果找到了对应的 MRL 日本标准，占 100.0%；其中，3997 频次的结果有明确对应的 MRL，占 73.8%，其余 1421 频次按照日本一律标准判定，占 26.2%；有 3093 频次的结果找到了对应的 MRL 中国香港标准，占 57.1%；有 2867 频次的结果找到了对应的 MRL 美国标准，占 52.9%；有 2338 频次的结果找到了对应的 MRL CAC 标准，占 43.2%（见图 9-11 和图 9-12，数据见附表 3 至附表 8）。

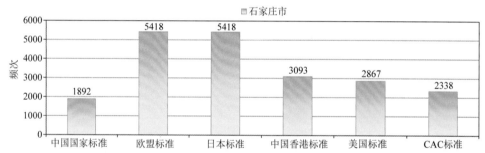

图 9-11　5418 频次检出农药可用 MRL 中国国家标准、欧盟标准、日本标准、中国香港标准、美国标准、CAC 标准判定衡量的数量

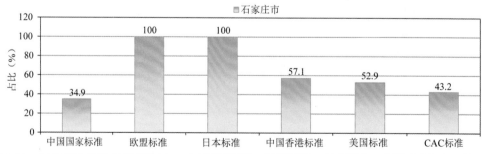

图 9-12　5418 频次检出农药可用 MRL 中国国家标准、欧盟标准、日本标准、中国香港标准、美国标准、CAC 标准衡量的占比

9.2.1 超标农药样品分析

本次侦测的 2411 例样品中，719 例样品未检出任何残留农药，占样品总量的 29.8%，1692 例样品检出不同水平、不同种类的残留农药，占样品总量的 70.2%。在此，我们将本次侦测的农残检出情况与 MRL 中国国家标准、欧盟标准、日本标准、中国香港标准、美国标准和 CAC 标准这 6 大国际主流 MRL 标准进行对比分析，样品农残检出与超标情况见表 9-12、图 9-13 和图 9-14，详细数据见附表 9 至附表 14。

表 9-12 各 MRL 标准下样本农残检出与超标数量及占比

	中国国家标准	欧盟标准	日本标准	中国香港标准	美国标准	CAC 标准
	数量/占比（%）	数量/占比（%）	数量/占比（%）	数量/占比（%）	数量/占比（%）	数量/占比（%）
未检出	719/29.8	719/29.8	719/29.8	719/29.8	719/29.8	719/29.8
检出未超标	1637/67.9	1228/50.9	1180/48.9	1660/68.9	1665/69.1	1665/69.1
检出超标	55/2.3	464/19.2	512/21.2	32/1.3	27/1.1	27/1.1

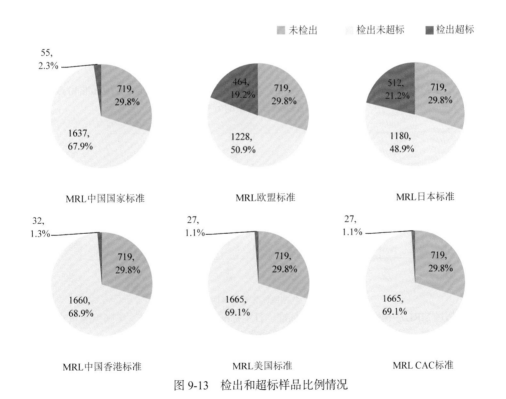

图 9-13 检出和超标样品比例情况

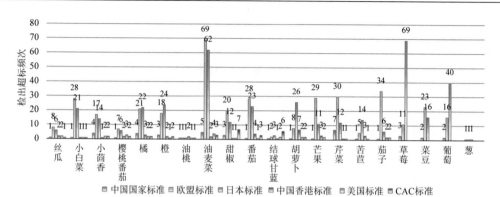

图 9-14-1　超过 MRL 中国国家标准、欧盟标准、日本标准、中国香港标准、美国标准和 CAC 标准结果在水果蔬菜中的分布

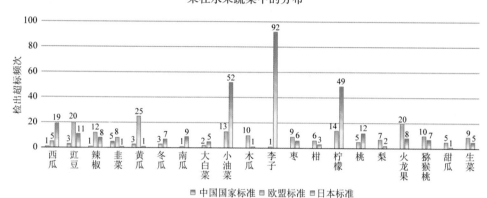

图 9-14-2　超过 MRL 中国国家标准、欧盟标准、日本标准、中国香港标准、美国标准和 CAC 标准结果在水果蔬菜中的分布

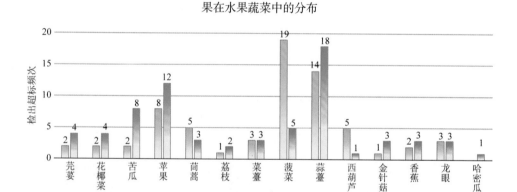

图 9-14-3　超过 MRL 中国国家标准、欧盟标准、日本标准、中国香港标准、美国标准和 CAC 标准结果在水果蔬菜中的分布

9.2.2　超标农药种类分析

按照 MRL 中国国家标准、欧盟标准、日本标准、中国香港标准、美国标准和 CAC 标准这 6 大国际主流 MRL 标准衡量，本次侦测检出的农药超标品种及频次情况见表 9-13。

表 9-13　各 MRL 标准下超标农药品种及频次

	中国国家标准	欧盟标准	日本标准	中国香港标准	美国标准	CAC 标准
超标农药品种	9	70	69	12	9	8
超标农药频次	57	628	758	37	28	32

9.2.2.1　按 MRL 中国国家标准衡量

按 MRL 中国国家标准衡量，共有 9 种农药超标，检出 57 频次，分别为剧毒农药甲拌磷，高毒农药克百威、三唑磷和氧乐果，中毒农药毒死蜱、啶虫脒和异丙威，低毒农药烯酰吗啉，微毒农药多菌灵。

按超标程度比较，油麦菜中甲拌磷超标 177.6 倍，韭菜中甲拌磷超标 76.4 倍，芹菜中甲拌磷超标 55.0 倍，小茴香中甲拌磷超标 42.0 倍，甜椒中氧乐果超标 24.6 倍。检测结果见图 9-15 和附表 15。

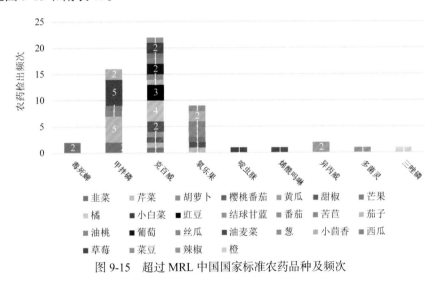

图 9-15　超过 MRL 中国国家标准农药品种及频次

9.2.2.2　按 MRL 欧盟标准衡量

按 MRL 欧盟标准衡量，共有 70 种农药超标，检出 628 频次，分别为剧毒农药甲拌磷，高毒农药灭多威、克百威、甲胺磷、杀线威、三唑磷、阿维菌素和氧乐果，中毒农药乐果、粉唑醇、噻唑磷、咪鲜胺、敌百虫、甲哌、多效唑、戊唑醇、三环唑、烯效唑、氟蚁腙、仲丁威、毒死蜱、噻虫胺、甲霜灵、甲萘威、噻虫嗪、三唑醇、3,4,5-混杀威、甲氨基阿维菌素、噁霜灵、稻丰散、丙环唑、唑虫酰胺、啶虫脒、氟硅唑、腈菌唑、哒螨灵、抑霉唑、吡虫啉、丙溴磷、异丙威和 N-去甲基啶虫脒，低毒农药矮壮素、灭蝇胺、烯酰吗啉、呋虫胺、嘧霉胺、二甲嘧酚、氟吗啉、氟吡菌酰胺、螺螨酯、虫酰肼、吡虫啉脲、避蚊胺、乙草胺、苯噻菌胺、己唑醇、烯啶虫胺、噻菌灵、氟唑菌酰胺、马拉硫磷、噻嗪酮和炔螨特，微毒农药多菌灵、吡唑醚菌酯、嘧菌酯、增效醚、啶氧菌酯、甲基硫菌灵、醚菌酯和霜霉威。

按超标程度比较，油麦菜中甲拌磷超标 177.6 倍，黄瓜中异丙威超标 167.1 倍，芹菜中克百威超标 162.8 倍，葡萄中氟唑菌酰胺超标 132.6 倍，小白菜中啶虫脒超标 125.5 倍。检测结果见图 9-16 和附表 16。

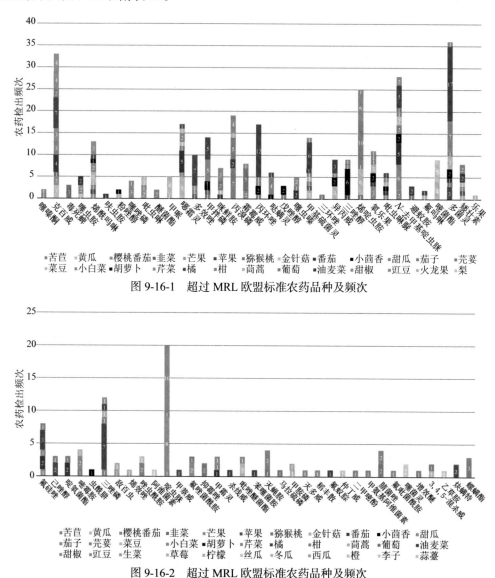

图 9-16-1　超过 MRL 欧盟标准农药品种及频次

图 9-16-2　超过 MRL 欧盟标准农药品种及频次

9.2.2.3　按 MRL 日本标准衡量

按 MRL 日本标准衡量，共有 69 种农药超标，检出 758 频次，分别为剧毒农药甲拌磷，高毒农药灭多威、克百威、三唑磷、阿维菌素和氧乐果，中毒农药环丙唑醇、乐果、粉唑醇、噻唑磷、咪鲜胺、氟蚁腙、甲哌、多效唑、戊唑醇、三环唑、烯效唑、毒死蜱、噻虫胺、甲霜灵、甲萘威、噻虫嗪、三唑醇、3,4,5-混杀威、苯醚甲环唑、噁霜灵、稻丰散、丙环唑、噻虫啉、唑虫酰胺、啶虫脒、氟硅唑、腈菌唑、哒螨灵、抑霉唑、吡虫啉、异丙威、丙溴磷和 N-去甲基啶虫脒，低毒农药矮壮素、灭蝇胺、烯酰吗啉、嘧霉胺、苯嘧磺草胺、二甲嘧酚、氟吗啉、氟吡菌酰胺、虫酰肼、吡虫啉脲、避蚊胺、乙草胺、苯噻菌胺、己唑醇、烯啶虫胺、唑嘧菌胺、氟唑菌酰胺和噻嗪酮，微毒农药多菌灵、吡唑醚菌酯、乙嘧酚、嘧菌酯、啶氧菌酯、甲基硫菌灵、苯菌酮、啶酰菌胺、吡丙醚、肟菌酯、醚菌酯和霜霉威。

按超标程度比较，橘中甲基硫菌灵超标 724.5 倍，柠檬中甲基硫菌灵超标 654.2 倍，猕猴桃中甲基硫菌灵超标 262.2 倍，油麦菜中甲基硫菌灵超标 255.3 倍，菜豆中吡虫啉超标 214.6 倍。检测结果见图 9-17 和附表 17。

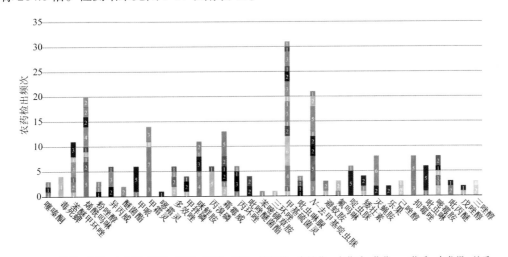

图 9-17-1　超过 MRL 日本标准农药品种及频次

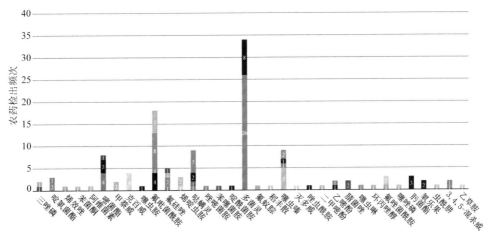

图 9-17-2　超过 MRL 日本标准农药品种及频次

9.2.2.4　按 MRL 中国香港标准衡量

按 MRL 中国香港标准衡量，共有 12 种农药超标，检出 37 频次，分别为高毒农药克百威和阿维菌素，中毒农药戊唑醇、噻虫胺、噻虫嗪、甲氨基阿维菌素、啶虫脒和吡虫啉，低毒农药烯酰吗啉，微毒农药多菌灵、吡唑醚菌酯和吡丙醚。

按超标程度比较，豇豆中噻虫嗪超标 95.0 倍，黄瓜中噻虫胺超标 8.9 倍，丝瓜中阿维菌素超标 8.5 倍，菜豆中噻虫嗪超标 7.6 倍，豇豆中噻虫胺超标 6.8 倍。检测结果见图 9-18 和附表 18。

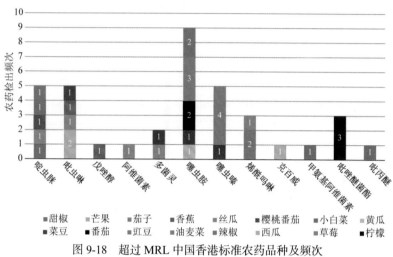

图 9-18　超过 MRL 中国香港标准农药品种及频次

9.2.2.5　按 MRL 美国标准衡量

按 MRL 美国标准衡量，共有 9 种农药超标，检出 28 频次，分别为高毒农药阿维菌素，中毒农药戊唑醇、毒死蜱、噻虫胺、噻虫嗪、甲氨基阿维菌素、腈菌唑和啶虫脒，低毒农药噻菌灵。

按超标程度比较，豇豆中噻虫嗪超标 47.0 倍，菜薹中噻菌灵超标 23.0 倍，苹果中毒死蜱超标 19.1 倍，丝瓜中阿维菌素超标 8.5 倍，甜椒中甲氨基阿维菌素超标 6.0 倍。检测结果见图 9-19 和附表 19。

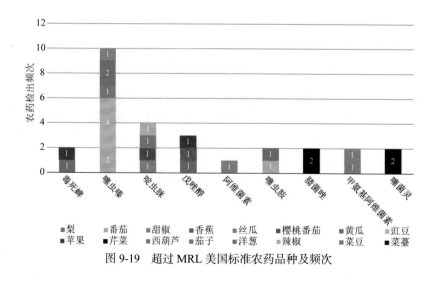

图 9-19　超过 MRL 美国标准农药品种及频次

9.2.2.6　按 MRL CAC 标准衡量

按 MRL CAC 标准衡量，共有 8 种农药超标，检出 32 频次，分别为中毒农药戊唑醇、噻虫胺、噻虫嗪、甲氨基阿维菌素、啶虫脒和吡虫啉，低毒农药烯酰吗啉，微毒农药多菌灵。

按超标程度比较，豇豆中噻虫嗪超标 95.0 倍，黄瓜中噻虫胺超标 8.9 倍，菜豆中噻虫嗪超标 7.6 倍，豇豆中噻虫胺超标 6.8 倍，甜椒中甲氨基阿维菌素超标 6.0 倍。检测结果见图 9-20 和附表 20。

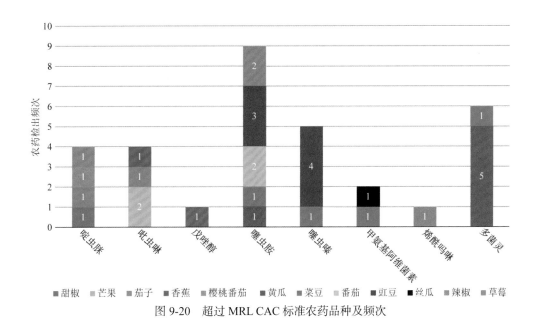

图 9-20　超过 MRL CAC 标准农药品种及频次

9.2.3　51 个采样点超标情况分析

9.2.3.1　按 MRL 中国国家标准衡量

按 MRL 中国国家标准衡量，有 31 个采样点的样品存在不同程度的超标农药检出，其中***超市（中山店）的超标率最高，为 8.8%，如表 9-14 和图 9-21 所示。

表 9-14　超过 MRL 中国国家标准水果蔬菜在不同采样点分布

序号	采样点	样品总数	超标数量	超标率（%）	行政区域
1	***超市（财富大厦店）	125	3	2.4	长安区
2	***超市（柏林店）	118	1	0.8	新华区
3	***超市（乐汇城店）	115	5	4.3	长安区
4	***超市（新石店）	100	4	4.0	桥西区
5	***超市（小马店）	93	2	2.2	裕华区

续表

序号	采样点	样品总数	超标数量	超标率（%）	行政区域
6	***超市（东胜店）	81	2	2.5	长安区
7	***超市（保龙仓留营店）	75	3	4.0	桥西区
8	***超市（建华大街店）	75	1	1.3	裕华区
9	***超市（保龙仓勒泰店）	71	1	1.4	长安区
10	***超市（铁运广场店）	70	2	2.9	新华区
11	***超市（怀特店）	60	3	5.0	裕华区
12	***超市（益友店）	58	1	1.7	桥西区
13	***市场	55	2	3.6	桥西区
14	***超市（民心广场店）	53	2	3.8	桥西区
15	***超市（长江店）	48	1	2.1	裕华区
16	***超市（宝龙仓柏林店）	48	2	4.2	新华区
17	***市场	46	2	4.3	新华区
18	***市场	45	1	2.2	桥西区
19	***超市（华夏店）	45	2	4.4	桥西区
20	***超市（裕华店）	44	1	2.3	裕华区
21	***超市（北国店）	38	1	2.6	长安区
22	***超市（保龙仓金谈固店）	36	1	2.8	长安区
23	***超市（紫光都店）	34	1	2.9	长安区
24	***超市（中山店）	34	3	8.8	长安区
25	***超市（先天下店）	26	1	3.8	长安区
26	***超市（谈固店）	24	2	8.3	长安区
27	***市场	24	1	4.2	长安区
28	***超市（万象天成店）	23	1	4.3	桥西区
29	***超市（北杜店）	22	1	4.5	桥西区
30	***市场	20	1	5.0	正定县
31	***市场	20	1	5.0	桥西区

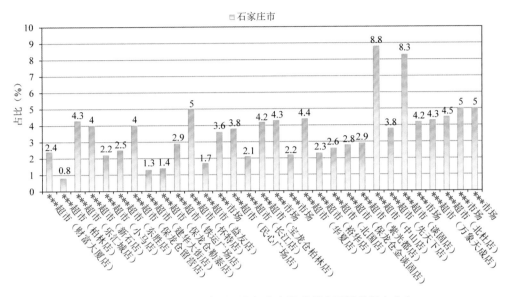

图 9-21　超过 MRL 中国国家标准水果蔬菜在不同采样点分布

9.2.3.2　按 MRL 欧盟标准衡量

按 MRL 欧盟标准衡量，所有采样点的样品存在不同程度的超标农药检出，其中***超市（中山店）的超标率最高，为 35.3%，如表 9-15 和图 9-22 所示。

表 9-15　超过 MRL 欧盟标准水果蔬菜在不同采样点分布

序号	采样点	样品总数	超标数量	超标率（%）	行政区域
1	***超市（财富大厦店）	125	24	19.2	长安区
2	***超市（柏林店）	118	15	12.7	新华区
3	***超市（乐汇城店）	115	32	27.8	长安区
4	***超市（中华北店）	101	17	16.8	新华区
5	***超市（新石店）	100	22	22.0	桥西区
6	***超市（小马店）	93	19	20.4	裕华区
7	***超市（怀特店）	83	9	10.8	裕华区
8	***超市（东胜店）	81	13	16.0	长安区
9	***超市（保龙仓留营店）	75	21	28.0	桥西区
10	***超市（建华大街店）	75	11	14.7	裕华区
11	***超市（保龙仓勒泰店）	71	13	18.3	长安区
12	***超市（铁运广场店）	70	17	24.3	新华区
13	***超市（怀特店）	60	12	20.0	裕华区
14	***超市（益友店）	58	8	13.8	桥西区
15	***市场	55	5	9.1	桥西区
16	***超市（民心广场店）	53	11	20.8	桥西区

续表

序号	采样点	样品总数	超标数量	超标率（%）	行政区域
17	***超市（长江店）	48	14	29.2	裕华区
18	***超市（天河店）	48	7	14.6	长安区
19	***超市（宝龙仓柏林店）	48	13	27.1	新华区
20	***超市（西美五洲店）	47	9	19.1	裕华区
21	***市场	46	10	21.7	新华区
22	***市场	46	5	10.9	新华区
23	***市场	45	8	17.8	桥西区
24	***超市（华夏店）	45	8	17.8	桥西区
25	***超市（裕华店）	44	10	22.7	裕华区
26	***超市（北国店）	38	11	28.9	长安区
27	***超市（保龙仓金谈固店）	36	12	33.3	长安区
28	***超市（友谊店）	36	12	33.3	新华区
29	***超市（紫光都店）	34	9	26.5	长安区
30	***超市（中山店）	34	12	35.3	长安区
31	***市场	30	5	16.7	裕华区
32	***超市（新百店）	28	5	17.9	桥西区
33	***市场	28	4	14.3	新华区
34	***市场	27	1	3.7	裕华区
35	***超市（西兴店）	27	6	22.2	桥西区
36	***超市（先天下店）	26	5	19.2	长安区
37	***超市（益庄店）	26	5	19.2	长安区
38	***超市（保龙仓中华大街店）	26	4	15.4	桥西区
39	***超市（谈固店）	24	7	29.2	长安区
40	***市场	24	3	12.5	长安区
41	***超市（霍营店）	23	3	13.0	长安区
42	***超市（万象天成店）	23	1	4.3	桥西区
43	***超市（北杜店）	22	4	18.2	桥西区
44	***超市（新石店）	21	5	23.8	新华区
45	***超市（正定县店）	20	4	20.0	正定县
46	***市场	20	1	5.0	桥西区
47	***超市（常山店）	20	2	10.0	正定县
48	***超市（益元店）	20	1	5.0	新华区
49	***市场	20	3	15.0	正定县
50	***市场	20	5	25.0	桥西区
51	***市场	8	1	12.5	桥西区

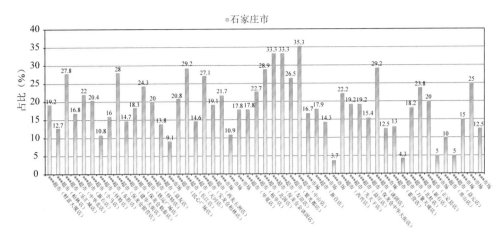

图 9-22　超过 MRL 欧盟标准水果蔬菜在不同采样点分布

9.2.3.3　按 MRL 日本标准衡量

按 MRL 日本标准衡量，所有采样点的样品存在不同程度的超标农药检出，其中***超市（谈固店）的超标率最高，为 41.7%，如表 9-16 和图 9-23 所示。

表 9-16　超过 MRL 日本标准水果蔬菜在不同采样点分布

序号	采样点	样品总数	超标数量	超标率（%）	行政区域
1	***超市（财富大厦店）	125	35	28.0	长安区
2	***超市（柏林店）	118	29	24.6	新华区
3	***超市（乐汇城店）	115	32	27.8	长安区
4	***超市（中华北店）	101	20	19.8	新华区
5	***超市（新石店）	100	19	19.0	桥西区
6	***超市（小马店）	93	20	21.5	裕华区
7	***超市（怀特店）	83	16	19.3	裕华区
8	***超市（东胜店）	81	10	12.3	长安区
9	***超市（保龙仓留营店）	75	16	21.3	桥西区
10	***超市（建华大街店）	75	12	16.0	裕华区
11	***超市（保龙仓勒泰店）	71	13	18.3	长安区
12	***超市（铁运广场店）	70	23	32.9	新华区
13	***超市（怀特店）	60	19	31.7	裕华区
14	***超市（益友店）	58	10	17.2	桥西区
15	***市场	55	4	7.3	桥西区
16	***超市（民心广场店）	53	14	26.4	桥西区
17	***超市（长江店）	48	14	29.2	裕华区
18	***超市（天河店）	48	6	12.5	长安区

续表

序号	采样点	样品总数	超标数量	超标率（%）	行政区域
19	***超市（宝龙仓柏林店）	48	6	12.5	新华区
20	***超市（西美五洲店）	47	8	17.0	裕华区
21	***市场	46	5	10.9	新华区
22	***市场	46	6	13.0	新华区
23	***市场	45	10	22.2	桥西区
24	***超市（华夏店）	45	8	17.8	桥西区
25	***超市（裕华店）	44	13	29.5	裕华区
26	***超市（北国店）	38	10	26.3	长安区
27	***超市（保龙仓金谈固店）	36	12	33.3	长安区
28	***超市（友谊店）	36	13	36.1	新华区
29	***超市（紫光都店）	34	12	35.3	长安区
30	***超市（中山店）	34	12	35.3	长安区
31	***市场	30	8	26.7	裕华区
32	***超市（新百店）	28	4	14.3	桥西区
33	***市场	28	2	7.1	新华区
34	***市场	27	3	11.1	裕华区
35	***超市（西兴店）	27	5	18.5	桥西区
36	***超市（先天下店）	26	4	15.4	长安区
37	***超市（益庄店）	26	7	26.9	长安区
38	***超市（保龙仓中华大街店）	26	5	19.2	桥西区
39	***超市（谈固店）	24	10	41.7	长安区
40	***市场	24	5	20.8	长安区
41	***超市（霍营店）	23	3	13.0	长安区
42	***超市（万象天成店）	23	2	8.7	桥西区
43	***超市（北杜店）	22	5	22.7	桥西区
44	***超市（新石店）	21	5	23.8	新华区
45	***超市（正定县店）	20	2	10.0	正定县
46	***市场	20	3	15.0	桥西区
47	***超市（常山店）	20	4	20.0	正定县
48	***超市（益元店）	20	1	5.0	新华区
49	***市场	20	3	15.0	正定县
50	***市场	20	2	10.0	桥西区
51	***市场	8	2	25.0	桥西区

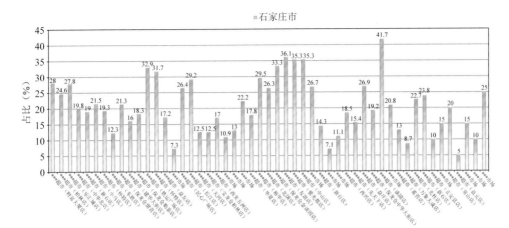

图 9-23　超过 MRL 日本标准水果蔬菜在不同采样点分布

9.2.3.4　按 MRL 中国香港标准衡量

按 MRL 中国香港标准衡量，有 23 个采样点的样品存在不同程度的超标农药检出，其中***超市（保龙仓中华大街店）的超标率最高，为 7.7%，如表 9-17 和图 9-24 所示。

表 9-17　超过 MRL 中国香港标准水果蔬菜在不同采样点分布

序号	采样点	样品总数	超标数量	超标率（%）	行政区域
1	***超市（财富大厦店）	125	4	3.2	长安区
2	***超市（柏林店）	118	1	0.8	新华区
3	***超市（乐汇城店）	115	3	2.6	长安区
4	***超市（中华北店）	101	2	2.0	新华区
5	***超市（新石店）	100	1	1.0	桥西区
6	***超市（小马店）	93	2	2.2	裕华区
7	***超市（保龙仓留营店）	75	1	1.3	桥西区
8	***超市（建华大街店）	75	1	1.3	裕华区
9	***超市（保龙仓勒泰店）	71	1	1.4	长安区
10	***超市（铁运广场店）	70	2	2.9	新华区
11	***超市（益友店）	58	1	1.7	桥西区
12	***超市（天河店）	48	1	2.1	长安区
13	***超市（西美五洲店）	47	1	2.1	裕华区
14	***超市（裕华店）	44	1	2.3	裕华区
15	***超市（北国店）	38	1	2.6	长安区
16	***超市（保龙仓金谈固店）	36	1	2.8	长安区
17	***超市（友谊店）	36	1	2.8	新华区
18	***超市（紫光都店）	34	1	2.9	长安区

续表

序号	采样点	样品总数	超标数量	超标率（%）	行政区域
19	***市场	30	1	3.3	裕华区
20	***超市（新百店）	28	1	3.6	桥西区
21	***市场	28	1	3.6	新华区
22	***超市（保龙仓中华大街店）	26	2	7.7	桥西区
23	***超市（霍营店）	23	1	4.3	长安区

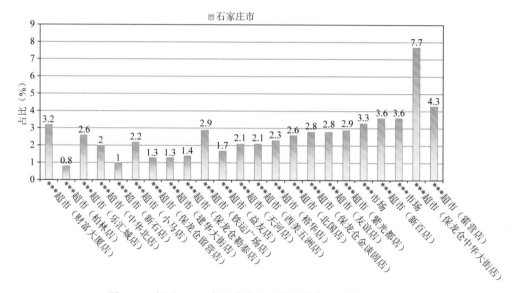

图9-24　超过MRL中国香港标准水果蔬菜在不同采样点分布

9.2.3.5　按MRL美国标准衡量

按MRL美国标准衡量，有18个采样点的样品存在不同程度的超标农药检出，其中***市场的超标率最高，为7.1%，如表9-18和图9-25所示。

表9-18　超过MRL美国标准水果蔬菜在不同采样点分布

序号	采样点	样品总数	超标数量	超标率（%）	行政区域
1	***超市（财富大厦店）	125	3	2.4	长安区
2	***超市（柏林店）	118	1	0.8	新华区
3	***超市（乐汇城店）	115	1	0.9	长安区
4	***超市（中华北店）	101	1	1.0	新华区
5	***超市（新石店）	100	2	2.0	桥西区
6	***超市（小马店）	93	1	1.1	裕华区
7	***超市（建华大街店）	75	3	4.0	裕华区
8	***超市（铁运广场店）	70	2	2.9	新华区

续表

序号	采样点	样品总数	超标数量	超标率（%）	行政区域
9	***超市（益友店）	58	2	3.4	桥西区
10	***超市（天河店）	48	1	2.1	长安区
11	***超市（西美五洲店）	47	1	2.1	裕华区
12	***超市（裕华店）	44	1	2.3	裕华区
13	***超市（保龙仓金谈固店）	36	2	5.6	长安区
14	***超市（友谊店）	36	1	2.8	新华区
15	***市场	30	1	3.3	裕华区
16	***超市（新百店）	28	1	3.6	桥西区
17	***市场	28	2	7.1	新华区
18	***超市（万象天成店）	23	1	4.3	桥西区

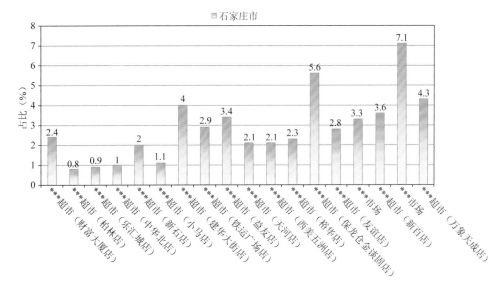

图 9-25　超过 MRL 美国标准水果蔬菜在不同采样点分布

9.2.3.6　按 MRL CAC 标准衡量

按 MRL CAC 标准衡量，有 21 个采样点的样品存在不同程度的超标农药检出，其中 ***超市（保龙仓中华大街店）的超标率最高，为 7.7%，如表 9-19 和图 9-26 所示。

表 9-19　超过 MRL CAC 标准水果蔬菜在不同采样点分布

序号	采样点	样品总数	超标数量	超标率（%）	行政区域
1	***超市（财富大厦店）	125	3	2.4	长安区
2	***超市（柏林店）	118	2	1.7	新华区
3	***超市（乐汇城店）	115	1	0.9	长安区

序号	采样点	样品总数	超标数量	超标率（%）	行政区域
4	***超市（中华北店）	101	2	2.0	新华区
5	***超市（小马店）	93	2	2.2	裕华区
6	***超市（怀特店）	83	1	1.2	裕华区
7	***超市（保龙仓留营店）	75	1	1.3	桥西区
8	***超市（建华大街店）	75	1	1.3	裕华区
9	***超市（保龙仓勒泰店）	71	1	1.4	长安区
10	***超市（铁运广场店）	70	1	1.4	新华区
11	***超市（益友店）	58	1	1.7	桥西区
12	***超市（天河店）	48	1	2.1	长安区
13	***超市（西美五洲店）	47	1	2.1	裕华区
14	***超市（保龙仓金谈固店）	36	1	2.8	长安区
15	***超市（友谊店）	36	1	2.8	新华区
16	***市场	30	1	3.3	裕华区
17	***超市（新百店）	28	1	3.6	桥西区
18	***市场	28	1	3.6	新华区
19	***超市（保龙仓中华大街店）	26	2	7.7	桥西区
20	***超市（霍营店）	23	1	4.3	长安区
21	***超市（新石店）	21	1	4.8	新华区

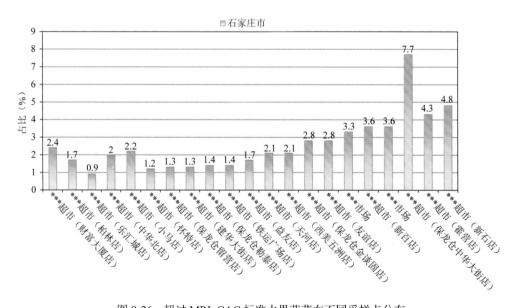

图 9-26　超过 MRL CAC 标准水果蔬菜在不同采样点分布

9.3　水果中农药残留分布

9.3.1　检出农药品种和频次排前 10 的水果

本次残留侦测的水果共 26 种，包括猕猴桃、西瓜、桃、山竹、龙眼、哈密瓜、香蕉、柿子、木瓜、油桃、苹果、柑、草莓、葡萄、芒果、梨、李子、枣、荔枝、橘、樱桃、柠檬、火龙果、橙、菠萝和甜瓜。

根据检出农药品种及频次进行排名，将各项排名前 10 位的水果样品检出情况列表说明，详见表 9-20。

表 9-20　检出农药品种和频次排名前 10 的水果

检出农药品种排名前 10（品种）	①葡萄（49），②草莓（39），③芒果（37），④苹果（32），⑤橘（29），⑥柠檬（29），⑦橙（26），⑧梨（25），⑨桃（24），⑩猕猴桃（22）
检出农药频次排名前 10（频次）	①葡萄（275），②柠檬（252），③芒果（216），④苹果（162），⑤橙（146），⑥梨（131），⑦橘（129），⑧火龙果（128），⑨草莓（112），⑩枣（88）
检出禁用、高毒及剧毒农药品种排名前 10（品种）	①西瓜（3），②草莓（2），③橙（2），④柑（2），⑤火龙果（2），⑥橘（2），⑦葡萄（2），⑧荔枝（1），⑨龙眼（1），⑩芒果（1）
检出禁用、高毒及剧毒农药频次排名前 10（频次）	①橘（18），②橙（15），③草莓（4），④火龙果（3），⑤荔枝（3），⑥芒果（3），⑦葡萄（3），⑧西瓜（3），⑨柑（2），⑩龙眼（1）

9.3.2　超标农药品种和频次排前 10 的水果

鉴于 MRL 欧盟标准和日本标准制定比较全面且覆盖率较高，我们参照 MRL 中国国家标准、欧盟标准和日本标准衡量水果样品中农残检出情况，将超标农药品种及频次排名前 10 的水果列表说明，详见表 9-21。

表 9-21　超标农药品种和频次排名前 10 的水果

超标农药品种排名前 10（农药品种数）	MRL 中国国家标准	①草莓（2），②橙（2），③橘（1），④芒果（1），⑤葡萄（1），⑥西瓜（1），⑦油桃（1）
	MRL 欧盟标准	①芒果（12），②猕猴桃（9），③葡萄（9），④柠檬（7），⑤橙（6），⑥橘（6），⑦草莓（5），⑧火龙果（5），⑨苹果（5），⑩桃（5）
	MRL 日本标准	①枣（15），②火龙果（9），③芒果（9），④猕猴桃（7），⑤葡萄（7），⑥橙（5），⑦橘（5），⑧柠檬（5），⑨桃（5），⑩草莓（4）
超标农药频次排名前 10（农药频次数）	MRL 中国标准	①橘（4），②草莓（3），③橙（3），④葡萄（2），⑤芒果（1），⑥西瓜（1），⑦油桃（1）
	MRL 欧盟标准	①芒果（29），②橘（21），③火龙果（20），④橙（18），⑤葡萄（16），⑥柠檬（14），⑦草莓（11），⑧猕猴桃（10），⑨木瓜（10），⑩枣（9）
	MRL 日本标准	①柠檬（92），②枣（52），③火龙果（49），④芒果（26），⑤橙（24），⑥橘（22），⑦龙眼（18），⑧葡萄（16），⑨猕猴桃（12），⑩木瓜（9）

通过对各品种水果样本总数及检出率进行综合分析发现，葡萄、芒果和苹果的残留

污染最为严重，在此，我们参照 MRL 中国国家标准、欧盟标准和日本标准对这 3 种水果的农残检出情况进行进一步分析。

9.3.3　农药残留检出率较高的水果样品分析

9.3.3.1　葡萄

这次共检测 54 例葡萄样品，47 例样品中检出了农药残留，检出率为 87.0%，检出农药共计 49 种。其中嘧菌酯、吡唑醚菌酯、烯酰吗啉、苯醚甲环唑和嘧霉胺检出频次较高，分别检出了 29、25、20、19 和 17 次。葡萄中农药检出品种和频次见图 9-27，超标农药见表 9-22 和图 9-28。

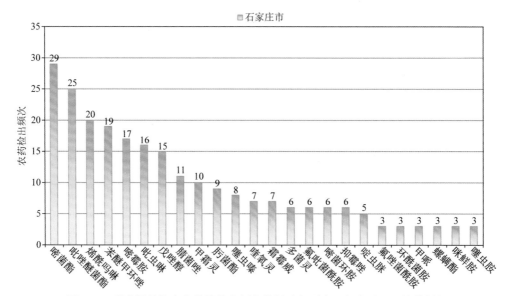

图 9-27　葡萄样品检出农药品种和频次分析（仅列出 3 频次及以上的数据）

表 9-22　葡萄中农药残留超标情况明细表

样品总数			检出农药样品数	样品检出率（%）	检出农药品种总数
54			47	87	49
	超标农药品种	超标农药频次	按照 MRL 中国国家标准、欧盟标准和日本标准衡量超标农药名称及频次		
中国国家标准	1	2	克百威（2）		
欧盟标准	9	16	霜霉威（5），克百威（2），咪鲜胺（2），抑霉唑（2），3,4,5-混杀威（1），N-去甲基啶虫脒（1），啶氧菌酯（1），氟硅唑（1），氟唑菌酰胺（1）		
日本标准	7	16	霜霉威（5），抑霉唑（5），咪鲜胺（2），3,4,5-混杀威（1），N-去甲基啶虫脒（1），啶氧菌酯（1），乙嘧酚（1）		

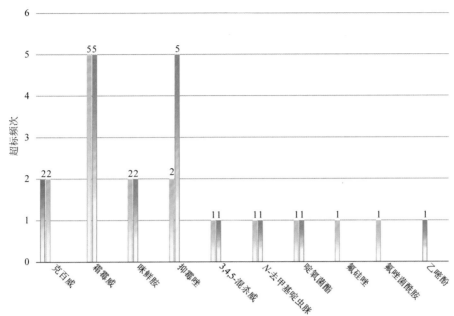

图 9-28　葡萄样品中超标农药分析

9.3.3.2　芒果

这次共检测 66 例芒果样品，54 例样品中检出了农药残留，检出率为 81.8%，检出农药共计 37 种。其中嘧菌酯、吡虫啉、啶虫脒、苯醚甲环唑和吡唑醚菌酯检出频次较高，分别检出了 30、19、16、15 和 14 次。芒果中农药检出品种和频次见图 9-29，超标农药见表 9-23 和图 9-30。

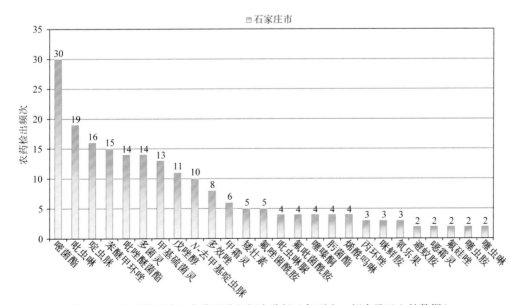

图 9-29　芒果样品检出农药品种和频次分析（仅列出 2 频次及以上的数据）

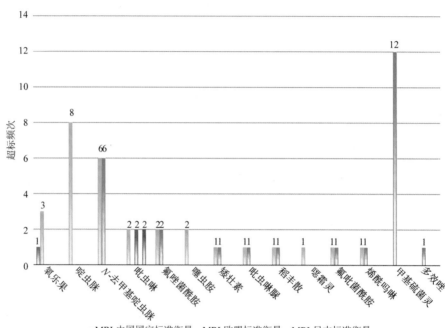

图 9-30 芒果样品中超标农药分析

表 9-23 芒果中农药残留超标情况明细表

样品总数			检出农药样品数	样品检出率（%）	检出农药品种总数
66			54	81.8	37
	超标农药品种	超标农药频次	按照 MRL 中国国家标准、欧盟标准和日本标准衡量超标农药名称及频次		
中国国家标准	1	1	氧乐果（1）		
欧盟标准	12	29	啶虫脒（8），N-去甲基啶虫脒（6），氧乐果（3），吡虫啉（2），氟唑菌酰胺（2），噻虫胺（2），矮壮素（1），吡虫啉脲（1），稻丰散（1），噁霜灵（1），氟吡菌酰胺（1），烯酰吗啉（1）		
日本标准	9	26	甲基硫菌灵（12），N-去甲基啶虫脒（6），氟唑菌酰胺（2），矮壮素（1），吡虫啉脲（1），稻丰散（1），多效唑（1），氟吡菌酰胺（1），烯酰吗啉（1）		

9.3.3.3 苹果

这次共检测 89 例苹果样品，78 例样品中检出了农药残留，检出率为 87.6%，检出农药共计 32 种。其中多菌灵、啶虫脒、甲基硫菌灵、戊唑醇和烯酰吗啉检出频次较高，分别检出了 69、26、13、9 和 6 次。苹果中农药检出品种和频次见图 9-31，超标农药见图 9-32 和表 9-24。

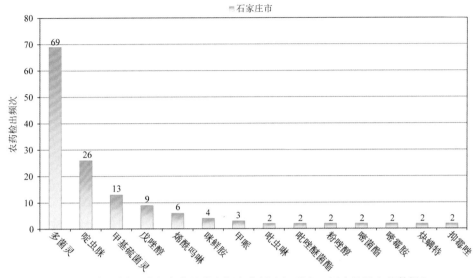

图 9-31　苹果样品检出农药品种和频次分析（仅列出 2 频次及以上的数据）

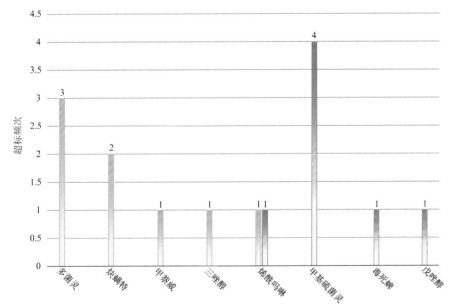

图 9-32　苹果样品中超标农药分析

表 9-24　苹果中农药残留超标情况明细表

样品总数			检出农药样品数	样品检出率（%）	检出农药品种总数
89			78	87.6	32
	超标农药品种	超标农药频次	按照 MRL 中国国家标准、欧盟标准和日本标准衡量超标农药名称及频次		
中国国家标准	0	0			
欧盟标准	5	8	多菌灵（3），炔螨特（2），甲萘威（1），三唑醇（1），烯酰吗啉（1）		
日本标准	2	5	甲基硫菌灵（4），烯酰吗啉（1）		

9.4 蔬菜中农药残留分布

9.4.1 检出农药品种和频次排前 10 的蔬菜

本次残留侦测的蔬菜共 40 种，包括韭菜、结球甘蓝、小茴香、黄瓜、芹菜、洋葱、苦苣、蕹菜、番茄、菠菜、花椰菜、豇豆、蒜黄、西葫芦、甜椒、辣椒、葱、樱桃番茄、南瓜、胡萝卜、青花菜、紫甘蓝、油麦菜、小白菜、茄子、绿豆芽、萝卜、马铃薯、冬瓜、菜薹、娃娃菜、大白菜、菜豆、生菜、小油菜、苦瓜、茼蒿、莴笋、蒜薹和丝瓜。

根据检出农药品种及频次进行排名，将各项排名前 10 位的蔬菜样品检出情况列表说明，详见表 9-25。

表 9-25　检出农药品种和频次排名前 10 的蔬菜

检出农药品种排名前 10（品种）	①甜椒（47），②茄子（45），③番茄（42），④菜豆（41），⑤黄瓜（38），⑥芹菜（38），⑦樱桃番茄（38），⑧油麦菜（38），⑨小白菜（33），⑩生菜（28）
检出农药频次排名前 10（频次）	①油麦菜（378），②黄瓜（310），③番茄（298），④茄子（238），⑤芹菜（201），⑥甜椒（195），⑦菜豆（150），⑧小白菜（132），⑨樱桃番茄（132），⑩冬瓜（120）
检出禁用、高毒及剧毒农药品种排名前 10（品种）	①豇豆（4），②甜椒（4），③韭菜（3），④茄子（3），⑤芹菜（3），⑥小茴香（3），⑦油麦菜（3），⑧菜豆（2），⑨番茄（2），⑩胡萝卜（2）
检出禁用、高毒及剧毒农药频次排名前 10（频次）	①芹菜（12），②油麦菜（9），③豇豆（8），④甜椒（8），⑤韭菜（7），⑥小茴香（7），⑦茄子（6），⑧番茄（5），⑨菜豆（4），⑩胡萝卜（4）

9.4.2 超标农药品种和频次排前 10 的蔬菜

鉴于 MRL 欧盟标准和日本标准制定比较全面且覆盖率较高，我们参照 MRL 中国国家标准、欧盟标准和日本标准衡量蔬菜样品中农残检出情况，将超标农药品种及频次排名前 10 的蔬菜列表说明，详见表 9-26。

表 9-26　超标农药品种和频次排名前 10 的蔬菜

超标农药品种排名前 10（农药品种数）	MRL 中国国家标准	①韭菜（3），②芹菜（3），③菜豆（2），④黄瓜（2），⑤甜椒（2），⑥小茴香（2），⑦葱（1），⑧番茄（1），⑨胡萝卜（1），⑩豇豆（1）
	MRL 欧盟标准	①油麦菜（18），②芹菜（15），③菜豆（14），④番茄（13），⑤茄子（13），⑥小白菜（12），⑦黄瓜（11），⑧豇豆（11），⑨小茴香（11），⑩菠菜（9）
	MRL 日本标准	①菜豆（30），②豇豆（19），③油麦菜（16），④小白菜（11），⑤韭菜（9），⑥番茄（8），⑦芹菜（8），⑧小茴香（8），⑨菠菜（7），⑩黄瓜（7）
超标农药频次排名前 10（农药频次数）	MRL 中国国家标准	①芹菜（7），②韭菜（5），③油麦菜（5），④小茴香（4），⑤黄瓜（3），⑥豇豆（3），⑦甜椒（3），⑧菜豆（2），⑨葱（1），⑩番茄（1）
	MRL 欧盟标准	①油麦菜（69），②茄子（34），③芹菜（30），④番茄（28），⑤小白菜（28），⑥黄瓜（25），⑦菜豆（23），⑧豇豆（20），⑨甜椒（20），⑩菠菜（19）
	MRL 日本标准	①菜豆（69），②油麦菜（62），③豇豆（40），④番茄（23），⑤小白菜（21），⑥韭菜（19），⑦茄子（14），⑧小茴香（14），⑨菠菜（12），⑩苦苣（12）

通过对各品种蔬菜样本总数及检出率进行综合分析发现，甜椒、茄子和番茄的残留污染最为严重，在此，我们参照 MRL 中国国家标准、欧盟标准和日本标准对这 3 种蔬菜的农残检出情况进行进一步分析。

9.4.3　农药残留检出率较高的蔬菜样品分析

9.4.3.1　甜椒

这次共检测 63 例甜椒样品，42 例样品中检出了农药残留，检出率为 66.7%，检出农药共计 47 种。其中多菌灵、啶虫脒、吡虫啉、氟吡菌酰胺和烯啶虫胺检出频次较高，分别检出了 23、21、9、9 和 9 次。甜椒中农药检出品种和频次见图 9-33，超标农药见表 9-27 和图 9-34。

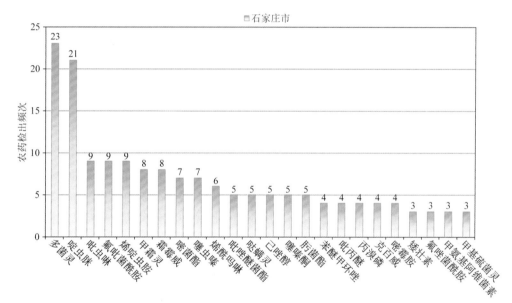

图 9-33　甜椒样品检出农药品种和频次分析（仅列出 3 频次及以上的数据）

表 9-27　甜椒中农药残留超标情况明细表

样品总数		检出农药样品数	样品检出率（%）	检出农药品种总数
63		42	66.7	47

	超标农药品种	超标农药频次	按照 MRL 中国国家标准、欧盟标准和日本标准衡量超标农药名称及频次
中国国家标准	2	3	克百威（2），氧乐果（1）
欧盟标准	8	20	烯啶虫胺（6），丙溴磷（4），克百威（4），矮壮素（2），己唑醇（1），甲氨基阿维菌素（1），甲基硫菌灵（1），氧乐果（1）
日本标准	5	12	氟吡菌酰胺（6），矮壮素（2），甲基硫菌灵（2），己唑醇（1），嘧霉胺（1）

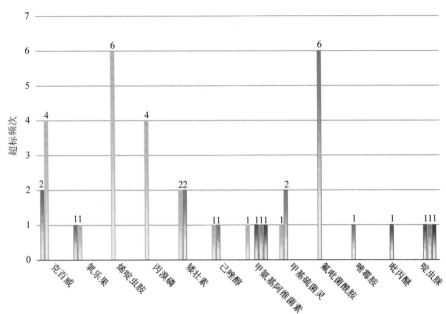

图 9-34 甜椒样品中超标农药分析

9.4.3.2 茄子

这次共检测 77 例茄子样品，62 例样品中检出了农药残留，检出率为 80.5%，检出农药共计 45 种。其中啶虫脒、烯酰吗啉、噻虫嗪、多菌灵和烯啶虫胺检出频次较高，分别检出了 35、26、25、17 和 17 次。茄子中农药检出品种和频次见图 9-35，超标农药见图 9-36 和表 9-28。

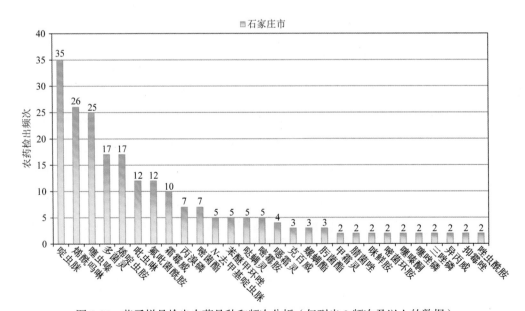

图 9-35 茄子样品检出农药品种和频次分析（仅列出 2 频次及以上的数据）

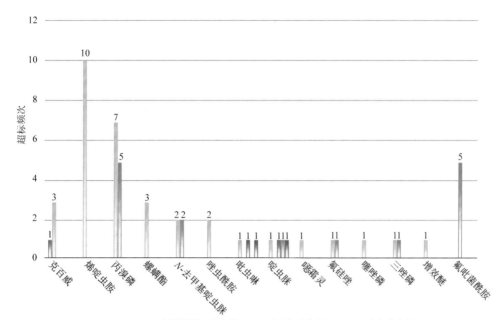

图 9-36 茄子样品中超标农药分析

表 9-28 茄子中农药残留超标情况明细表

样品总数			检出农药样品数	样品检出率（%）	检出农药品种总数
77			62	80.5	45
	超标农药品种	超标农药频次	按照 MRL 中国国家标准、欧盟标准和日本标准衡量超标农药名称及频次		
中国国家标准	1	1	克百威（1）		
欧盟标准	13	34	烯啶虫胺（10），丙溴磷（7），克百威（3），螺螨酯（3），N-去甲基啶虫脒（2），唑虫酰胺（2），吡虫啉（1），啶虫脒（1），噁霜灵（1），氟硅唑（1），噻唑磷（1），三唑磷（1），增效醚（1）		
日本标准	5	14	丙溴磷（5），氟吡菌酰胺（5），N-去甲基啶虫脒（2），氟硅唑（1），三唑磷（1）		

9.4.3.3 番茄

这次共检测 86 例番茄样品，70 例样品中检出了农药残留，检出率为 81.4%，检出农药共计 42 种。其中多菌灵、霜霉威、烯酰吗啉、噻虫嗪和氟吡菌酰胺检出频次较高，分别检出了 30、29、27、20 和 19 次。番茄中农药检出品种和频次见图 9-37，超标农药见图 9-38 和表 9-29。

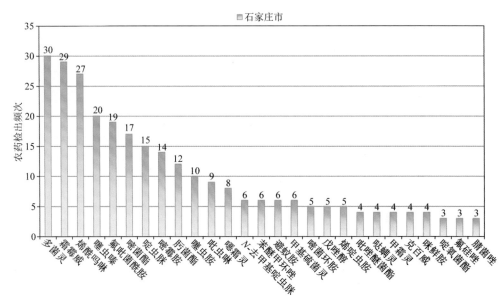

图 9-37　番茄样品检出农药品种和频次分析（仅列出 3 频次及以上的数据）

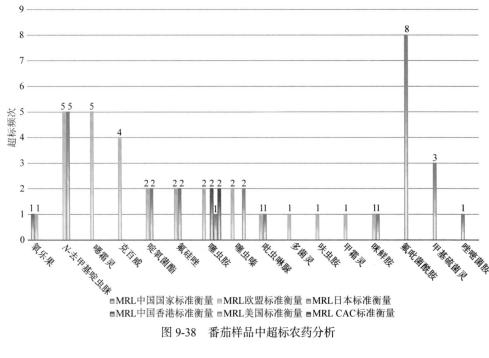

图 9-38　番茄样品中超标农药分析

表 9-29　番茄中农药残留超标情况明细表

样品总数			检出农药样品数	样品检出率（%）	检出农药品种总数
86			70	81.4	42
	超标农药品种	超标农药频次	按照 MRL 中国国家标准、欧盟标准和日本标准衡量超标农药名称及频次		
中国国家标准	1	1	氧乐果（1）		

续表

样品总数			检出农药样品数	样品检出率（%）	检出农药品种总数
86			70	81.4	42

	超标农药品种	超标农药频次	按照 MRL 中国国家标准、欧盟标准和日本标准衡量超标农药名称及频次
欧盟标准	13	28	N-去甲基啶虫脒（5）、噁霜灵（5）、克百威（4）、啶氧菌酯（2）、氟硅唑（2）、噻虫胺（2）、噻虫嗪（2）、吡虫啉脲（1）、多菌灵（1）、呋虫胺（1）、甲霜灵（1）、咪鲜胺（1）、氧乐果（1）
日本标准	8	23	氟吡菌酰胺（8）、N-去甲基啶虫脒（5）、甲基硫菌灵（3）、啶氧菌酯（2）、氟硅唑（2）、吡虫啉脲（1）、咪鲜胺（1）、唑嘧菌胺（1）

9.5 初 步 结 论

9.5.1 石家庄市市售水果蔬菜按 MRL 中国国家标准和国际主要 MRL 标准衡量的合格率

本次侦测的 2411 例样品中，719 例样品未检出任何残留农药，占样品总量的 29.8%，1692 例样品检出不同水平、不同种类的残留农药，占样品总量的 70.2%。在这 1692 例检出农药残留的样品中：

按照 MRL 中国国家标准衡量，有 1637 例样品检出残留农药但含量没有超标，占样品总数的 67.9%，有 55 例样品检出了超标农药，占样品总数的 2.3%。

按照 MRL 欧盟标准衡量，有 1228 例样品检出残留农药但含量没有超标，占样品总数的 50.9%，有 464 例样品检出了超标农药，占样品总数的 19.2%。

按照 MRL 日本标准衡量，有 1180 例样品检出残留农药但含量没有超标，占样品总数的 48.9%，有 512 例样品检出了超标农药，占样品总数的 21.2%。

按照 MRL 中国香港标准衡量，有 1660 例样品检出残留农药但含量没有超标，占样品总数的 68.9%，有 32 例样品检出了超标农药，占样品总数的 1.3%。

按照 MRL 美国标准衡量，有 1665 例样品检出残留农药但含量没有超标，占样品总数的 69.1%，有 27 例样品检出了超标农药，占样品总数的 1.1%。

按照 MRL CAC 标准衡量，有 1665 例样品检出残留农药但含量没有超标，占样品总数的 69.1%，有 27 例样品检出了超标农药，占样品总数的 1.1%。

9.5.2 石家庄市市售水果蔬菜中检出农药以中低微毒农药为主，占市场主体的 90.6%

这次侦测的 2411 例样品包括调味料 1 种 5 例，水果 26 种 808 例，食用菌 3 种 79 例，蔬菜 40 种 1519 例，共检出了 128 种农药，检出农药的毒性以中低微毒为主，详见表 9-30。

表 9-30　市场主体农药毒性分布

毒性	检出品种	占比（%）	检出频次	占比（%）
剧毒农药	3	2.3	34	0.6
高毒农药	9	7.0	121	2.2
中毒农药	49	38.3	2257	41.7
低毒农药	43	33.6	1214	22.4
微毒农药	24	18.8	1792	33.1
中低微毒农药，品种占比 90.6%，频次占比 97.1%				

9.5.3　检出剧毒、高毒和禁用农药现象应该警醒

在此次侦测的 2411 例样品中有 25 种蔬菜和 13 种水果的 133 例样品检出了 12 种 155 频次的剧毒和高毒或禁用农药，占样品总量的 5.5%。其中剧毒农药甲拌磷、磷胺和灭线磷以及高毒农药克百威、三唑磷和氧乐果检出频次较高。

按 MRL 中国国家标准衡量，剧毒农药甲拌磷，检出 32 次，超标 16 次；高毒农药克百威，检出 55 次，超标 24 次；三唑磷，检出 33 次，超标 1 次；氧乐果，检出 24 次，超标 9 次；按超标程度比较，油麦菜中甲拌磷超标 177.6 倍，韭菜中甲拌磷超标 76.4 倍，芹菜中甲拌磷超标 55.0 倍，小茴香中甲拌磷超标 42.0 倍，甜椒中氧乐果超标 24.6 倍。

剧毒、高毒或禁用农药的检出情况及按照 MRL 中国国家标准衡量的超标情况见表 9-31。

表 9-31　剧毒、高毒或禁用农药的检出及超标明细表

序号	农药名称	样品名称	检出频次	超标频次	最大超标倍数	超标率
1.1	灭线磷*▲	火龙果	1	0	0	0.0%
2.1	甲拌磷*▲	油麦菜	7	5	177.61	71.4%
2.2	甲拌磷*▲	芹菜	6	5	55.02	83.3%
2.3	甲拌磷*▲	韭菜	5	2	76.43	40.0%
2.4	甲拌磷*▲	小茴香	4	2	41.97	50.0%
2.5	甲拌磷*▲	胡萝卜	2	1	10.89	50.0%
2.6	甲拌磷*▲	生菜	2	0	0	0.0%
2.7	甲拌磷*▲	苦苣	1	1	1.25	100.0%
2.8	甲拌磷*▲	甜椒	1	0	0	0.0%
2.9	甲拌磷*▲	茄子	1	0	0	0.0%
2.10	甲拌磷*▲	草莓	1	0	0	0.0%
2.11	甲拌磷*▲	莴笋	1	0	0	0.0%
2.12	甲拌磷*▲	菠菜	1	0	0	0.0%
3.1	磷胺*▲	葡萄	1	0	0	0.0%

续表

序号	农药名称	样品名称	检出频次	超标频次	最大超标倍数	超标率
4.1	三唑磷◇	橙	9	1	0.0635	11.1%
4.2	三唑磷◇	橘	9	0	0	0.0%
4.3	三唑磷◇	荔枝	3	0	0	0.0%
4.4	三唑磷◇	胡萝卜	2	0	0	0.0%
4.5	三唑磷◇	茄子	2	0	0	0.0%
4.6	三唑磷◇	柑	1	0	0	0.0%
4.7	三唑磷◇	樱桃番茄	1	0	0	0.0%
4.8	三唑磷◇	油麦菜	1	0	0	0.0%
4.9	三唑磷◇	猕猴桃	1	0	0	0.0%
4.10	三唑磷◇	结球甘蓝	1	0	0	0.0%
4.11	三唑磷◇	茼蒿	1	0	0	0.0%
4.12	三唑磷◇	菜豆	1	0	0	0.0%
4.13	三唑磷◇	豇豆	1	0	0	0.0%
5.1	克百威◇▲	橘	9	4	1.15	44.4%
5.2	克百威◇▲	橙	6	2	7.52	33.3%
5.3	克百威◇▲	豇豆	4	3	12.27	75.0%
5.4	克百威◇▲	甜椒	4	2	1.14	50.0%
5.5	克百威◇▲	番茄	4	0	0	0.0%
5.6	克百威◇▲	草莓	3	2	4.895	66.7%
5.7	克百威◇▲	芹菜	3	1	15.375	33.3%
5.8	克百威◇▲	茄子	3	1	2.255	33.3%
5.9	克百威◇▲	黄瓜	3	1	0.205	33.3%
5.10	克百威◇▲	葡萄	2	2	5.63	100.0%
5.11	克百威◇▲	樱桃番茄	2	1	0.1	50.0%
5.12	克百威◇▲	火龙果	2	0	0	0.0%
5.13	克百威◇▲	西葫芦	2	0	0	0.0%
5.14	克百威◇▲	西瓜	1	1	9.865	100.0%
5.15	克百威◇▲	葱	1	1	6.805	100.0%
5.16	克百威◇▲	辣椒	1	1	4.855	100.0%
5.17	克百威◇▲	油桃	1	1	1.855	100.0%
5.18	克百威◇▲	韭菜	1	1	1.17	100.0%
5.19	克百威◇▲	小茴香	1	0	0	0.0%
5.20	克百威◇▲	柑	1	0	0	0.0%

续表

序号	农药名称	样品名称	检出频次	超标频次	最大超标倍数	超标率
5.21	克百威◇▲	桃	1	0	0	0.0%
6.1	杀线威◇	油麦菜	1	0	0	0.0%
7.1	氧乐果◇▲	菜豆	3	1	1.165	33.3%
7.2	氧乐果◇▲	芹菜	3	1	0.555	33.3%
7.3	氧乐果◇▲	芒果	3	1	0.4	33.3%
7.4	氧乐果◇▲	小茴香	2	2	2.785	100.0%
7.5	氧乐果◇▲	生菜	2	0	0	0.0%
7.6	氧乐果◇▲	豇豆	2	0	0	0.0%
7.7	氧乐果◇▲	甜椒	1	1	24.55	100.0%
7.8	氧乐果◇▲	丝瓜	1	1	3.54	100.0%
7.9	氧乐果◇▲	结球甘蓝	1	1	1.445	100.0%
7.10	氧乐果◇▲	番茄	1	1	0.075	100.0%
7.11	氧乐果◇▲	小白菜	1	0	0	0.0%
7.12	氧乐果◇▲	茼蒿	1	0	0	0.0%
7.13	氧乐果◇▲	西瓜	1	0	0	0.0%
7.14	氧乐果◇▲	辣椒	1	0	0	0.0%
7.15	氧乐果◇▲	龙眼	1	0	0	0.0%
8.1	治螟磷◇▲	韭菜	1	0	0	0.0%
9.1	灭多威◇▲	豇豆	1	0	0	0.0%
10.1	灭害威◇	蒜黄	1	0	0	0.0%
11.1	甲胺磷◇▲	冬瓜	1	0	0	0.0%
11.2	甲胺磷◇▲	西瓜	1	0	0	0.0%
12.1	阿维菌素◇	甜椒	2	0	0	0.0%
12.2	阿维菌素◇	丝瓜	1	0	0	0.0%
合计			155	50		32.3%

注：超标倍数参照 MRL 中国国家标准衡量

这些超标的剧毒和高毒农药都是中国政府早有规定禁止在水果蔬菜中使用的，为什么还屡次被检出，应该引起警惕。

9.5.4 残留限量标准与先进国家或地区标准差距较大

5418 频次的检出结果与我国公布的《食品中农药最大残留限量》（GB 2763—2014）对比，有 1892 频次能找到对应的 MRL 中国国家标准，占 34.9%；还有 3526 频次的侦测数据无相关 MRL 标准供参考，占 65.1%。

与国际上现行 MRL 标准对比发现：

有 5418 频次能找到对应的 MRL 欧盟标准，占 100.0%；

有 5418 频次能找到对应的 MRL 日本标准，占 100.0%；

有 3093 频次能找到对应的 MRL 中国香港标准，占 57.1%；

有 2867 频次能找到对应的 MRL 美国标准，占 52.9%；

有 2338 频次能找到对应的 MRL CAC 标准，占 43.2%。

由上可见，MRL 中国国家标准与先进国家或地区标准还有很大差距，我们无标准，境外有标准，这就会导致我们在国际贸易中，处于受制于人的被动地位。

9.5.5　水果蔬菜单种样品检出 37~49 种农药残留，拷问农药使用的科学性

通过此次监测发现，葡萄、草莓和芒果是检出农药品种最多的 3 种水果，甜椒、茄子和番茄是检出农药品种最多的 3 种蔬菜，从中检出农药品种及频次详见表 9-32。

表 9-32　单种样品检出农药品种及频次

样品名称	样品总数	检出农药样品数	检出率	检出农药品种数	检出农药（频次）
甜椒	63	42	66.7%	47	多菌灵（23），啶虫脒（21），吡虫啉（9），氟吡菌酰胺（9），烯啶虫胺（9），甲霜灵（8），霜霉威（8），嘧菌酯（7），噻虫嗪（7），烯酰吗啉（6），吡唑醚菌酯（5），哒螨灵（5），己唑醇（5），噻嗪酮（5），肟菌酯（5），苯醚甲环唑（4），吡丙醚（4），丙溴磷（4），克百威（4），嘧霉胺（4），矮壮素（3），氟唑菌酰胺（3），甲氨基阿维菌素（3），甲基硫菌灵（3），N-去甲基啶虫脒（2），阿维菌素（2），避蚊胺（2），毒死蜱（2），腈菌唑（2），螺螨酯（2），四氟醚唑（2），戊唑醇（2），啶酰菌胺（1），噁霜灵（1），粉唑醇（1），氟吡菌胺（1），甲拌磷（1），螺虫乙酯（1），醚菌酯（1），嘧菌环胺（1），噻虫胺（1），噻虫啉（1），噻唑磷（1），氧乐果（1），乙霉威（1），增效醚（1），唑虫酰胺（1）
茄子	77	62	80.5%	45	啶虫脒（35），烯酰吗啉（26），噻虫嗪（25），多菌灵（17），烯啶虫胺（17），吡虫啉（12），氟吡菌酰胺（12），霜霉威（10），丙溴磷（7），嘧菌酯（7），N-去甲基啶虫脒（5），苯醚甲环唑（5），哒螨灵（5），嘧霉胺（5），噁霜灵（4），克百威（3），螺螨酯（3），肟菌酯（3），甲霜灵（2），腈菌唑（2），咪鲜胺（2），嘧菌环胺（2），噻嗪酮（2），噻唑磷（2），三唑磷（2），异丙威（2），抑霉唑（2），唑虫酰胺（2），吡丙醚（1），吡虫啉脲（1），吡唑醚菌酯（1），避蚊胺（1），丙环唑（1），多效唑（1），二甲嘧酚（1），氟硅唑（1），己唑醇（1），甲拌磷（1），螺虫乙酯（1），醚菌酯（1），灭蝇胺（1），戊唑醇（1），乙螨唑（1），乙霉威（1），增效醚（1）
番茄	86	70	81.4%	42	多菌灵（30），霜霉威（29），烯酰吗啉（27），噻虫嗪（20），氟吡菌酰胺（19），嘧菌酯（17），啶虫脒（15），嘧霉胺（14），肟菌酯（12），噻虫胺（10），吡虫啉（9），噁霜灵（8），N-去甲基啶虫脒（6），苯醚甲环唑（6），避蚊胺（6），甲基硫菌灵（6），嘧菌环胺（5），戊唑醇（5），烯啶虫胺（5），吡唑醚菌酯（4），哒螨灵（4），甲霜灵（4），克百威（4），咪鲜胺（4），啶氧菌酯（3），氟硅唑（3），腈菌唑（3），矮壮素（2），吡丙醚（2），噻嗪酮（2），双炔酰菌胺（2），乙霉威（2），吡虫啉脲（1），呋虫胺（1），氟吡菌胺（1），三唑酮（1），十三吗啉（1），缬霉威（1），氧乐果（1），乙草胺（1），乙嘧酚磺酸酯（1），唑嘧菌胺（1）

样品名称	样品总数	检出农药样品数	检出率	检出农药品种数	检出农药（频次）
葡萄	54	47	87.0%	49	嘧菌酯（29），吡唑醚菌酯（25），烯酰吗啉（20），苯醚甲环唑（19），嘧霉胺（17），吡虫啉（16），戊唑醇（15），腈菌唑（11），甲霜灵（10），肟菌酯（9），噻虫嗪（8），喹氧灵（7），霜霉威（7），多菌灵（6），氟吡菌酰胺（6），嘧菌环胺（6），抑霉唑（6），啶虫脒（5），氟唑菌酰胺（3），环酰菌胺（3），甲哌（3），螺螨酯（3），咪鲜胺（3），噻虫胺（3），N-去甲基啶虫脒（2），啶酰菌胺（2），啶氧菌酯（2），多杀霉素（2），氟硅唑（2），己唑醇（2），克百威（2），螺虫乙酯（2），四氟醚唑（2），唑嘧菌酯（2），3,4,5-混杀威（1），苯噻菌胺（1），吡丙醚（1），丙环唑（1），哒螨灵（1），多效唑（1），噁霜灵（1），粉唑醇（1），磷胺（1），噻嗪酮（1），双苯基脲（1），双炔酰菌胺（1），戊菌唑（1），乙嘧酚（1），唑螨酯（1）
草莓	23	21	91.3%	39	多菌灵（10），甲霜灵（10），嘧霉胺（10），氟唑菌酰胺（6），吡唑醚菌酯（5），氟吡菌酰胺（5），嘧菌酯（5），烯酰吗啉（5），甲基硫菌灵（4），嘧菌环胺（4），啶虫脒（3），腈菌唑（3），克百威（3），霜霉威（3），肟菌酯（3），乙嘧酚磺酸酯（3），避蚊胺（2），啶酰菌胺（2），甲哌（2），联苯肼酯（2），醚菌酯（2），乙霉威（2），抑霉唑（2），矮壮素（1），吡虫啉（1），丙环唑（1），敌百虫（1），粉唑醇（1），氟吡菌胺（1），甲拌磷（1），抗蚜威（1），去甲基抗蚜威（1），噻虫啉（1），三唑酮（1），四氟醚唑（1），四螨嗪（1），乙基多杀菌素（1），乙嘧酚（1），唑螨酯（1）
芒果	66	54	81.8%	37	嘧菌酯（30），吡虫啉（19），啶虫脒（16），苯醚甲环唑（15），吡唑醚菌酯（14），多菌灵（14），甲基硫菌灵（13），戊唑醇（11），N-去甲基啶虫脒（10），多效唑（8），甲霜灵（6），矮壮素（5），氟唑菌酰胺（5），吡虫啉脲（4），氟吡菌酰胺（4），噻嗪酮（4），肟菌酯（4），烯酰吗啉（4），丙环唑（3），咪鲜胺（3），氧乐果（3），避蚊胺（2），噁霜灵（2），氟硅唑（2），噻虫胺（2），噻虫啉（2），吡丙醚（1），稻丰散（1），毒死蜱（1），呋嘧醇（1），腈菌唑（1），噻虫嗪（1），双苯酰草胺（1），新燕灵（1），异丙威（1），抑霉唑（1），增效醚（1）

上述 6 种水果蔬菜，检出农药 37~49 种，是多种农药综合防治，还是未严格实施农业良好管理规范（GAP），抑或根本就是乱施药，值得我们思考。

第10章 LC-Q-TOF/MS 侦测石家庄市市售水果蔬菜农药残留膳食暴露风险与预警风险评估

10.1 农药残留风险评估方法

10.1.1 石家庄市农药残留侦测数据分析与统计

庞国芳院士科研团队建立的农药残留高通量侦测技术以高分辨精确质量数（0.0001 m/z 为基准）为识别标准，采用 LC-Q-TOF/MS 技术对 565 种农药化学污染物进行侦测。

科研团队于 2015 年 5 月~2017 年 9 月在石家庄市所属 5 个区县的 51 个采样点，随机采集了 2411 例水果蔬菜样品，采样点分布在超市和农贸市场，具体位置如图 10-1 所示，各月内水果蔬菜样品采集数量如表 10-1 所示。

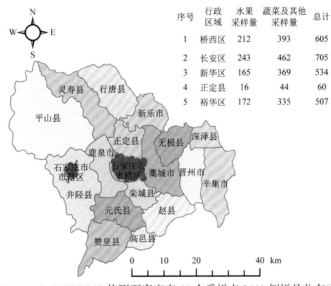

序号	行政区域	水果采样量	蔬菜及其他采样量	总计
1	桥西区	212	393	605
2	长安区	243	462	705
3	新华区	165	369	534
4	正定县	16	44	60
5	裕华区	172	335	507

图 10-1 LC-Q-TOF/MS 侦测石家庄市 51 个采样点 2411 例样品分布示意图

表 10-1 石家庄市各月内采集水果蔬菜样品数列表

时间	样品数（例）
2015 年 5 月	333
2016 年 3 月	168
2016 年 6 月	201
2016 年 8 月	96
2016 年 9 月	166
2016 年 11 月	195

续表

时间	样品数（例）
2016 年 12 月	172
2017 年 1 月	154
2017 年 3 月	408
2017 年 5 月	149
2017 年 6 月	135
2017 年 8 月	132
2017 年 9 月	102

利用 LC-Q-TOF/MS 技术对 2411 例样品中的农药进行侦测,侦测出残留农药 128 种,5418 频次。侦测出农药残留水平如表 10-2 和图 10-2 所示。侦测出频次最高的前 10 种农药如表 10-3 所示。从侦测结果中可以看出,在水果蔬菜中农药残留普遍存在,且有些水果蔬菜存在高浓度的农药残留,这些可能存在膳食暴露风险,对人体健康产生危害,因此,为了定量地评价水果蔬菜中农药残留的风险程度,有必要对其进行风险评价。

表 10-2 侦测出农药的不同残留水平及其所占比例列表

残留水平（μg/kg）	检出频次	占比（%）
1~5（含）	1836	33.9
5~10（含）	835	15.4
10~100（含）	2104	38.8
100~1000（含）	576	10.6
>1000	67	1.3
合计	5418	100

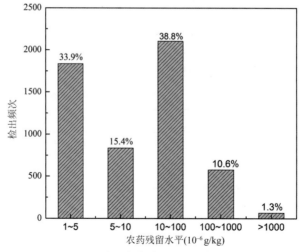

图 10-2 残留农药检出浓度频数分布图

表 10-3　检出频次最高的前 10 种农药列表

序号	农药	检出频次（次）
1	多菌灵	743
2	烯酰吗啉	480
3	啶虫脒	326
4	霜霉威	259
5	甲霜灵	248
6	嘧菌酯	248
7	吡虫啉	232
8	苯醚甲环唑	214
9	噻虫嗪	191
10	甲基硫菌灵	189

10.1.2　农药残留风险评价模型

对石家庄市水果蔬菜中农药残留分别开展暴露风险评估和预警风险评估。膳食暴露风险评估利用食品安全指数模型对水果蔬菜中的残留农药对人体可能产生的危害程度进行评价，该模型结合残留监测和膳食暴露评估评价化学污染物的危害；预警风险评价模型运用风险系数（risk index，R），风险系数综合考虑了危害物的超标率、施检频率及其本身敏感性的影响，能直观而全面地反映出危害物在一段时间内的风险程度。

10.1.2.1　食品安全指数模型

为了加强食品安全管理，《中华人民共和国食品安全法》第二章第十七条规定"国家建立食品安全风险评估制度，运用科学方法，根据食品安全风险监测信息、科学数据以及有关信息，对食品、食品添加剂、食品相关产品中生物性、化学性和物理性危害因素进行风险评估"[1]，膳食暴露评估是食品危险度评估的重要组成部分，也是膳食安全性的衡量标准[2]。国际上最早研究膳食暴露风险评估的机构主要是 JMPR（FAO、WHO 农药残留联合会议），该组织自 1995 年就已制定了急性毒性物质的风险评估急性毒性农药残留摄入量的预测。1960 年美国规定食品中不得加入致癌物质进而提出零阈值理论，渐渐零阈值理论发展成在一定概率条件下可接受风险的概念[3]，后衍变为食品中每日允许最大摄入量（ADI），而农药残留法典委员会（CCPR）认为 ADI 不是独立风险评估的唯一标准[4]，1995 年 JMPR 开始研究农药急性膳食暴露风险评估，并对食品国际短期摄入量的计算方法进行了修正，亦对膳食暴露评估准则及评估方法进行了修正[5]，2002 年，在对世界上现行的食品安全评价方法，尤其是国际公认的 CAC 的评价方法、全球环境监测系统/食品污染监测和评估规划（WHO GEMS/Food）及 FAO、WHO 食品添加剂联合专家委员会（JECFA）和 JMPR 对食品安全风险评估工作研究的基础之上，检验检疫食品安全管理的研究人员提出了结合残留监控和膳食暴露评估，以食品安全指数 IFS 计算食品中各种化学污染物对消费者的健康危害程度[6]。IFS 是表示食品安全状态的新方法，可有效地评价某种农药的安全性，进而评价食品中各种农药化学污染物对消费者健康的整体危害程度[7, 8]。从理论上分析，IFS_c可指出食品中的污染物 c 对消费者健康是否存在危害及危害的程度[9]。其优点在于操作简单且结果容易被接受和理解，不需要大量的数据来对结果进行验证，使用默认的标准假设或者模型即可[10, 11]。

1）IFS_c 的计算

IFS_c 计算公式如下：

$$IFS_c = \frac{EDI_c \times f}{SI_c \times bw} \tag{10-1}$$

式中，c 为所研究的农药；EDI_c 为农药 c 的实际日摄入量估算值，等于 $\sum (R_i \times F_i \times E_i \times P_i)$（i 为食品种类；$R_i$ 为食品 i 中农药 c 的残留水平，mg/kg；F_i 为食品 i 的估计日消费量，g/（人·天）；E_i 为食品 i 的可食用部分因子；P_i 为食品 i 的加工处理因子）；SI_c 为安全摄入量，可采用每日允许最大摄入量 ADI；bw 为人平均体重，kg；f 为校正因子，如果安全摄入量采用 ADI，则 f 取 1。

IFS_c≪1，农药 c 对食品安全没有影响；IFS_c≤1，农药 c 对食品安全的影响可以接受；IFS_c>1，农药 c 对食品安全的影响不可接受。

本次评价中：

IFS_c≤0.1，农药 c 对水果蔬菜安全没有影响；

0.1<IFS_c≤1，农药 c 对水果蔬菜安全的影响可以接受；

IFS_c>1，农药 c 对水果蔬菜安全的影响不可接受。

本次评价中残留水平 R_i 取值为中国检验检疫科学研究院庞国芳院士课题组利用以高分辨精确质量数（0.0001 m/z）为基准的 LC-Q-TOF/MS 侦测技术于 2015 年 5 月~2017 年 9 月对石家庄市水果蔬菜农药残留的侦测结果，估计日消费量 F_i 取值 0.38 kg/（人·天），E_i=1，P_i=1，f=1，SI_c 采用《食品安全国家标准 食品中农药最大残留限量》（GB 2763—2016）中 ADI 值（具体数值见表 10-4），人平均体重（bw）取值 60 kg。

表 10-4 石家庄市水果蔬菜中侦测出农药的 ADI 值

序号	农药	ADI	序号	农药	ADI	序号	农药	ADI
1	氧乐果	0.0003	9	治螟磷	0.001	17	噻唑磷	0.004
2	灭线磷	0.0004	10	阿维菌素	0.002	18	乙霉威	0.004
3	甲氨基阿维菌素	0.0005	11	敌百虫	0.002	19	己唑醇	0.005
4	磷胺	0.0005	12	乐果	0.002	20	烯唑醇	0.005
5	甲拌磷	0.0007	13	乙硫磷	0.002	21	唑虫酰胺	0.006
6	喹禾灵	0.0009	14	异丙威	0.002	22	氟硅唑	0.007
7	克百威	0.001	15	稻丰散	0.003	23	甲萘威	0.008
8	三唑磷	0.001	16	甲胺磷	0.004	24	噻嗪酮	0.009

续表

序号	农药	ADI	序号	农药	ADI	序号	农药	ADI
25	杀线威	0.009	57	三唑醇	0.03	89	噻菌灵	0.1
26	苯醚甲环唑	0.01	58	三唑酮	0.03	90	异丙甲草胺	0.1
27	哒螨灵	0.01	59	戊菌唑	0.03	91	氟吗啉	0.16
28	毒死蜱	0.01	60	戊唑醇	0.03	92	呋虫胺	0.2
29	噁霜灵	0.01	61	乙酰甲胺磷	0.03	93	环酰菌胺	0.2
30	粉唑醇	0.01	62	抑霉唑	0.03	94	喹氧灵	0.2
31	氟吡菌酰胺	0.01	63	乙嘧酚	0.035	95	嘧菌酯	0.2
32	联苯肼酯	0.01	64	啶酰菌胺	0.04	96	嘧霉胺	0.2
33	螺螨酯	0.01	65	扑草净	0.04	97	双炔酰菌胺	0.2
34	咪鲜胺	0.01	66	三环唑	0.04	98	烯酰吗啉	0.2
35	炔螨特	0.01	67	肟菌酯	0.04	99	增效醚	0.2
36	噻虫啉	0.01	68	矮壮素	0.05	100	马拉硫磷	0.3
37	茚虫威	0.01	69	苯嘧磺草胺	0.05	101	醚菌酯	0.4
38	唑螨酯	0.01	70	螺虫乙酯	0.05	102	霜霉威	0.4
39	稻瘟灵	0.016	71	乙基多杀菌素	0.05	103	烯啶虫胺	0.53
40	虫酰肼	0.02	72	乙螨唑	0.05	104	唑嘧菌胺	10
41	多杀霉素	0.02	73	吡虫啉	0.06	105	3,4,5-混杀威	—
42	氟环唑	0.02	74	灭蝇胺	0.06	106	N-去甲基啶虫脒	—
43	环丙唑醇	0.02	75	仲丁威	0.06	107	埃卡瑞丁	—
44	抗蚜威	0.02	76	丙环唑	0.07	108	胺菊酯	—
45	灭多威	0.02	77	啶虫脒	0.07	109	苯菌酮	—
46	四螨嗪	0.02	78	氯吡脲	0.07	110	苯噻菌胺	—
47	烯效唑	0.02	79	氟吡菌胺	0.08	111	吡虫啉脲	—
48	乙草胺	0.02	80	甲基硫菌灵	0.08	112	避蚊胺	—
49	莠去津	0.02	81	甲霜灵	0.08	113	敌蝇威	—
50	吡蚜酮	0.03	82	噻虫嗪	0.08	114	二甲嘧酚	—
51	吡唑醚菌酯	0.03	83	啶氧菌酯	0.09	115	呋嘧醇	—
52	丙溴磷	0.03	84	氟酰胺	0.09	116	氟蚁腙	—
53	多菌灵	0.03	85	吡丙醚	0.1	117	氟唑菌酰胺	—
54	腈苯唑	0.03	86	多效唑	0.1	118	甲哌	—
55	腈菌唑	0.03	87	甲氧虫酰肼	0.1	119	灭害威	—
56	嘧菌环胺	0.03	88	噻虫胺	0.1	120	去甲基抗蚜威	—

序号	农药	ADI	序号	农药	ADI	序号	农药	ADI
121	去乙基阿特拉津	—	124	双苯酰草胺	—	127	新燕灵	—
122	十三吗啉	—	125	四氟醚唑	—	128	乙嘧酚磺酸酯	—
123	双苯基脲	—	126	缬霉威	—			

注："—"表示为国家标准中无 ADI 值规定；ADI 值单位为 mg/kg bw

2）计算 IFS_c 的平均值 $\overline{IFS}$，评价农药对食品安全的影响程度

以 $\overline{IFS}$ 评价各种农药对人体健康危害的总程度，评价模型见公式（10-2）。

$$\overline{IFS} = \frac{\sum_{i=1}^{n} IFS_c}{n} \qquad (10\text{-}2)$$

$\overline{IFS} \ll 1$，所研究消费者人群的食品安全状态很好；$\overline{IFS} \leqslant 1$，所研究消费者人群的食品安全状态可以接受；$\overline{IFS} > 1$，所研究消费者人群的食品安全状态不可接受。

本次评价中：

$\overline{IFS} \leqslant 0.1$，所研究消费者人群的水果蔬菜安全状态很好；

$0.1 < \overline{IFS} \leqslant 1$，所研究消费者人群的水果蔬菜安全状态可以接受；

$\overline{IFS} > 1$，所研究消费者人群的水果蔬菜安全状态不可接受。

10.1.2.2　预警风险评估模型

2003 年，我国检验检疫食品安全管理的研究人员根据 WTO 的有关原则和我国的具体规定，结合危害物本身的敏感性、风险程度及其相应的施检频率，首次提出了食品中危害物风险系数 R 的概念[12]。R 是衡量一个危害物的风险程度大小最直观的参数，即在一定时期内其超标率或阳性检出率的高低，但受其施检测率的高低及其本身的敏感性（受关注程度）影响。该模型综合考察了农药在蔬菜中的超标率、施检频率及其本身敏感性，能直观而全面地反映出农药在一段时间内的风险程度[13]。

1）R 计算方法

危害物的风险系数综合考虑了危害物的超标率或阳性检出率、施检频率和其本身的敏感性影响，并能直观而全面地反映出危害物在一段时间内的风险程度。风险系数 R 的计算公式如式（10-3）：

$$R = aP + \frac{b}{F} + S \qquad (10\text{-}3)$$

式中，P 为该种危害物的超标率；F 为危害物的施检频率；S 为危害物的敏感因子；a，b 分别为相应的权重系数。

本次评价中 $F = 1$；$S = 1$；$a = 100$；$b = 0.1$，对参数 P 进行计算，计算时首先判断是否为禁用农药，如果为非禁用农药，$P =$ 超标的样品数（侦测出的含量高于食品最大残留限量标准值，即 MRL）除以总样品数（包括超标、不超标、未侦测出）；如果为禁用农药，则侦测出即为超标，$P =$ 能侦测出的样品数除以总样品数。判断石家庄市水果蔬菜农药残

留是否超标的标准限值 MRL 分别以 MRL 中国国家标准[14]和 MRL 欧盟标准作为对照，具体值列于本报告附表一中。

2）评价风险程度

$R \leqslant 1.5$，受检农药处于低度风险；

$1.5 < R \leqslant 2.5$，受检农药处于中度风险；

$R > 2.5$，受检农药处于高度风险。

10.1.2.3　食品膳食暴露风险和预警风险评估应用程序的开发

1）应用程序开发的步骤

为成功开发膳食暴露风险和预警风险评估应用程序，与软件工程师多次沟通讨论，逐步提出并描述清楚计算需求，开发了初步应用程序。为明确出不同水果蔬菜、不同农药、不同地域和不同季节的风险水平，向软件工程师提出不同的计算需求，软件工程师对计算需求进行逐一地分析，经过反复的细节沟通，需求分析得到明确后，开始进行解决方案的设计，在保证需求的完整性、一致性的前提下，编写出程序代码，最后设计出满足需求的风险评估专用计算软件，并通过一系列的软件测试和改进，完成专用程序的开发。软件开发基本步骤见图 10-3。

图 10-3　专用程序开发总体步骤

2）膳食暴露风险评估专业程序开发的基本要求

首先直接利用公式（10-1），分别计算 LC-Q-TOF/MS 和 GC-Q-TOF/MS 仪器侦测出的各水果蔬菜样品中每种农药 IFS_c，将结果列出。为考察超标农药和禁用农药的使用安全性，分别以我国《食品安全国家标准　食品中农药最大残留限量》（GB 2763—2016）和欧盟食品中农药最大残留限量（以下简称 MRL 中国国家标准和 MRL 欧盟标准）为标准，对侦测出的禁用农药和超标的非禁用农药 IFS_c 单独进行评价；按 IFS_c 大小列表，并找出 IFS_c 值排名前 20 的样本重点关注。

对不同水果蔬菜 i 中每一种侦测出的农药 c 的安全指数进行计算，多个样品时求平均值。若监测数据为该市多个月的数据，则逐月、逐季度分别列出每个月、每个季度内每一种水果蔬菜 i 对应的每一种农药 c 的 IFS_c。

按农药种类，计算整个监测时间段内每种农药的 IFS_c，不区分水果蔬菜。若侦测数据为该市多个月的数据，则需分别计算每个月、每个季度内每种农药的 IFS_c。

3）预警风险评估专业程序开发的基本要求

分别以 MRL 中国国家标准和 MRL 欧盟标准，按公式（10-3）逐个计算不同水果蔬菜、不同农药的风险系数，禁用农药和非禁用农药分别列表。

为清楚了解各种农药的预警风险，不分时间，不分水果蔬菜，按禁用农药和非禁用农药分类，分别计算各种侦测出的农药全部侦测时段内风险系数。由于有 MRL 中国国家标准的农药种类太少，无法计算超标数，非禁用农药的风险系数只以 MRL 欧盟标准为标准，进行计算。若侦测数据为多个月的，则按月计算每个月、每个季度内每种禁用农药残留的风险系数和以 MRL 欧盟标准为标准的非禁用农药残留的风险系数。

4）风险程度评价专业应用程序的开发方法

采用 Python 计算机程序设计语言，Python 是一个高层次地结合了解释性、编译性、互动性和面向对象的脚本语言。风险评价专用程序主要功能包括：分别读入每例样品 LC-Q-TOF/MS 和 GC-Q-TOF/MS 农药残留侦测数据，根据风险评价工作要求，依次对不同农药、不同食品、不同时间、不同采样点的 IFS_c 值和 R 值分别进行数据计算，筛选出禁用农药、超标农药（分别与 MRL 中国国家标准、MRL 欧盟标准限值进行对比）单独重点分析，再分别对各农药、各水果蔬菜种类分类处理，设计出计算和排序程序，编写计算机代码，最后将生成的膳食暴露风险评估和超标风险评估定量计算结果列入设计好的各个表格中，并定性判断风险对目标的影响程度，直接用文字描述风险发生的高低，如"不可接受"、"可以接受"、"没有影响"、"高度风险"、"中度风险"、"低度风险"。

10.2 LC-Q-TOF/MS 侦测石家庄市市售水果蔬菜农药残留膳食暴露风险评估

10.2.1 每例水果蔬菜样品中农药残留安全指数分析

基于农药残留侦测数据，发现在 2411 例样品中侦测出农药 5418 频次，计算样品中每种残留农药的安全指数 IFS_c，并分析农药对样品安全的影响程度，结果详见附表二，农药残留对水果蔬菜样品安全的影响程度频次分布情况如图 10-4 所示。

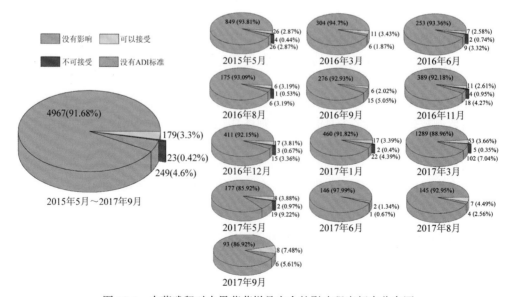

图 10-4　农药残留对水果蔬菜样品安全的影响程度频次分布图

由图 10-4 可以看出，农药残留对样品安全的影响不可接受的频次为 23，占 0.42%；农药残留对样品安全的影响可以接受的频次为 179，占 3.3%；农药残留对样品安全的没有影响的频次为 4967，占 91.68%。分析发现，在 13 个月份内有 8 个月份出现不可接受频次，排序为：2017 年 3 月（5）＞2015 年 5 月（4）＝2016 年 11 月（4）＞2016 年 12 月（3）＞2016 年 6 月（2）＝2017 年 1 月（2）＝2017 年 5 月（2）＞2016 年 8 月（1），其他月份内，农药对样品安全的影响均在可以接受和没有影响的范围内。表 10-5 为对水果蔬菜样品中安全指数不可接受的农药残留列表。

表 10-5　水果蔬菜样品中安全影响不可接受的农药残留列表

序号	样品编号	采样点	基质	农药	含量（mg/kg）	IFS_c
1	20150512-130100-CAIQ-YM-08A	***超市（益友店）	油麦菜	甲拌磷	1.7861	16.1600
2	20170118-130100-USI-PP-12A	***市场	甜椒	氧乐果	0.5110	10.7878
3	20170316-130100-QHDCIQ-JC-07A	***超市（财富大厦店）	韭菜	甲拌磷	0.7743	7.0056
4	20170508-130100-USI-CU-14A	***超市（谈固店）	黄瓜	异丙威	1.6810	5.3232
5	20170316-130100-QHDCIQ-CE-12A	***超市（保龙仓金谈固店）	芹菜	甲拌磷	0.5602	5.0685
6	20161206-130100-USI-HX-08A	***超市（东胜店）	小茴香	甲拌磷	0.4297	3.8878
7	20161206-130100-USI-JD-05A	***超市（保龙仓留营店）	豇豆	三唑磷	0.6072	3.8456
8	20170508-130100-USI-CU-18A	***超市（先天下店）	黄瓜	异丙威	0.8534	2.7024
9	20170118-130100-USI-YM-12A	***市场	油麦菜	多菌灵	12.3846	2.6145
10	20160831-130100-USI-CE-11A	***超市（新石店）	芹菜	克百威	0.3275	2.0742
11	20160626-130100-USI-SG-16A	***超市（裕华店）	丝瓜	氧乐果	0.0908	1.9169
12	20170316-130100-QHDCIQ-PP-12A	***超市（保龙仓金谈固店）	甜椒	甲氨基阿维菌素	0.1400	1.7733
13	20161206-130100-USI-JD-05A	***超市（保龙仓留营店）	豇豆	克百威	0.2654	1.6809
14	20150512-130100-CAIQ-YM-05A	***超市（中山店）	油麦菜	甲拌磷	0.1768	1.5996
15	20160625-130100-USI-HX-12A	***市场	小茴香	氧乐果	0.0757	1.5981
16	20170309-130100-USI-YM-14A	***市场	油麦菜	甲拌磷	0.1750	1.5833
17	20170316-130100-QHDCIQ-WM-10A	***超市（铁运广场店）	西瓜	克百威	0.2173	1.3762
18	20161108-130100-USI-CZ-14A	***超市（华夏店）	橙	三唑磷	0.2127	1.3471
19	20161109-130100-USI-JD-16A	***市场	豇豆	克百威	0.2009	1.2724
20	20161108-130100-USI-CZ-14A	***超市（华夏店）	橙	克百威	0.1704	1.0792
21	20150513-130100-CAIQ-HU-02A	***超市（怀特店）	胡萝卜	甲拌磷	0.1189	1.0758
22	20161108-130100-USI-CA-08A	***超市（宝龙仓柏林店）	结球甘蓝	氧乐果	0.0489	1.0323
23	20150512-130100-CAIQ-EP-04A	***超市（柏林店）	茄子	三唑磷	0.1602	1.0146

　　部分样品侦测出禁用农药 8 种 117 频次，为了明确残留的禁用农药对样品安全的影响，分析侦测出禁用农药残留的样品安全指数，禁用农药残留对水果蔬菜样品安全的影响程度频次分布情况如图 10-5 所示，农药残留对样品安全的影响不可接受的频次为 16，占 13.68%；农药残留对样品安全的影响可以接受的频次为 46，占 39.32%；农药残留对样品安全没有影响的频次为 55，占 47.01%。由图中可以看出，13 个月份的水果蔬菜样品中均侦测出禁用农药残留，不可接受频次排序为：2017 年 3 月（4）＞2015 年 5 月（3）＝2016 年 11 月（3）＞2016 年 6 月（2）＝2016 年 12 月（2）＞2016 年 8 月（1）＝2017 年 1 月（1）。表 10-6 列出了水果蔬菜样品中侦测出的禁用农药残留不可接受的安全指数表。

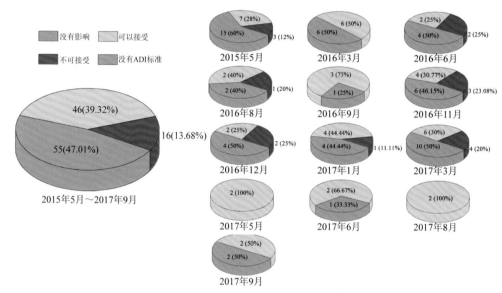

图 10-5　禁用农药对水果蔬菜样品安全影响程度的频次分布图

表 10-6　水果蔬菜样品中侦测出的禁用农药残留不可接受的安全指数表

序号	样品编号	采样点	基质	农药	含量（mg/kg）	IFS$_c$
1	20150512-130100-CAIQ-YM-08A	***超市（益友店）	油麦菜	甲拌磷	1.7861	16.1600
2	20170118-130100-USI-PP-12A	***市场	甜椒	氧乐果	0.5110	10.7878
3	20170316-130100-QHDCIQ-JC-07A	***超市（财富大厦店）	韭菜	甲拌磷	0.7743	7.0056
4	20170316-130100-QHDCIQ-CE-12A	***超市（保龙仓金谈固店）	芹菜	甲拌磷	0.5602	5.0685
5	20161206-130100-USI-HX-08A	***超市（东胜店）	小茴香	甲拌磷	0.4297	3.8878
6	20160831-130100-USI-CE-11A	***超市（新石店）	芹菜	克百威	0.3275	2.0742
7	20160626-130100-USI-SG-16A	***超市（裕华店）	丝瓜	氧乐果	0.0908	1.9169
8	20161206-130100-USI-JD-05A	***超市（保龙仓留营店）	豇豆	克百威	0.2654	1.6809
9	20150512-130100-CAIQ-YM-05A	***超市（中山店）	油麦菜	甲拌磷	0.1768	1.5996

续表

序号	样品编号	采样点	基质	农药	含量（mg/kg）	IFS$_c$
10	20160625-130100-USI-HX-12A	***市场	小茴香	氧乐果	0.0757	1.5981
11	20170309-130100-USI-YM-14A	***市场	油麦菜	甲拌磷	0.1750	1.5833
12	20170316-130100-QHDCIQ-WM-10A	***超市（铁运广场店）	西瓜	克百威	0.2173	1.3762
13	20161109-130100-USI-JD-16A	***市场	豇豆	克百威	0.2009	1.2724
14	20161108-130100-USI-CZ-14A	***超市（华夏店）	橙	克百威	0.1704	1.0792
15	20150513-130100-CAIQ-HU-02A	***超市（怀特店）	胡萝卜	甲拌磷	0.1189	1.0758
16	20161108-130100-USI-CA-08A	***超市（宝龙仓柏林店）	结球甘蓝	氧乐果	0.0489	1.0323

此外，本次侦测发现部分样品中非禁用农药残留量超过了 MRL 中国国家标准和欧盟标准，为了明确超标的非禁用农药对样品安全的影响，分析了非禁用农药残留超标的样品安全指数。

水果蔬菜残留量超过 MRL 中国国家标准的非禁用农药对水果蔬菜样品安全的影响程度频次分布情况如图 10-6 所示。可以看出侦测出超过 MRL 中国国家标准的非禁用农药共 7 频次，其中农药残留对样品安全的影响不可接受的频次为 2，占 28.57%；农药残留对样品安全的影响可以接受的频次为 4，占 57.14%；农药残留对样品安全没有影响的频次为 1，占 14.29%。表 10-7 为水果蔬菜样品中侦测出的非禁用农药残留安全指数表。

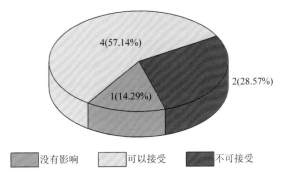

图 10-6　残留超标的非禁用农药对水果蔬菜样品安全的影响程度频次分布图（MRL 中国国家标准）

表 10-7　水果蔬菜样品中侦测出的非禁用农药残留安全指数表（MRL 中国国家标准）

序号	样品编号	采样点	基质	农药	含量（mg/kg）	中国国家标准	IFS$_c$	影响程度
1	20170508-130100-USI-CU-14A	***超市（谈固店）	黄瓜	异丙威	1.6810	0.50	5.3232	不可接受
2	20170508-130100-USI-CU-18A	***超市（先天下店）	黄瓜	异丙威	0.8534	0.50	2.7024	不可接受
3	20161206-130100-USI-DJ-05A	***超市（保龙仓留营店）	菜豆	多菌灵	2.0711	0.5	0.4372	可以接受
4	20170316-130100-QHDCIQ-JC-07A	***超市（财富大厦店）	韭菜	毒死蜱	0.3169	0.1	0.2007	可以接受

续表

序号	样品编号	采样点	基质	农药	含量 （mg/kg）	中国国 家标准	IFS$_c$	影响程度
5	20170316-130100- QHDCIQ-JC-15A	***超市（北国店）	韭菜	毒死蜱	0.2196	0.1	0.1391	可以接受
6	20150512-130100- CAIQ-PB-09A	***超市（紫光都店）	小白菜	啶虫脒	1.2645	1	0.1144	可以接受
7	20170118-130100- USI-ST-07A	***超市（财富大厦店）	草莓	烯酰吗啉	0.1562	0.05	0.0049	没有影响

　　残留量超过 MRL 欧盟标准的非禁用农药对水果蔬菜样品安全的影响程度频次分布情况如图 10-7 所示。可以看出超过 MRL 欧盟标准的非禁用农药共 552 频次，其中农药没有 ADI 标准的频次为 78，占 14.13%；农药残留对样品安全不可接受的频次为 7，占 1.27%；农药残留对样品安全的影响可以接受的频次为 83，占 15.04%；农药残留对样品安全没有影响的频次为 384，占 69.57%。表 10-8 为水果蔬菜样品中不可接受的残留超标非禁用农药安全指数列表。

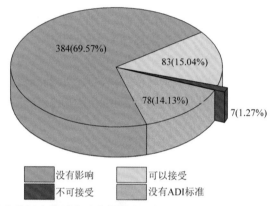

图 10-7　残留超标的非禁用农药对水果蔬菜样品安全的影响程度频次分布图（MRL 欧盟标准）

表 10-8　对水果蔬菜样品中不可接受的残留超标非禁用农药安全指数列表（MRL 欧盟标准）

序号	样品编号	采样点	基质	农药	含量 （mg/kg）	欧盟 标准	IFS$_c$
1	20170508-130100- USI-CU-14A	***超市（谈固店）	黄瓜	异丙威	1.6810	0.01	5.3232
2	20161206-130100- USI-JD-05A	***超市 （保龙仓留营店）	豇豆	三唑磷	0.6072	0.01	3.8456
3	20170508-130100- USI-CU-18A	***超市（先天下店）	黄瓜	异丙威	0.8534	0.01	2.7024
4	20170118-130100- USI-YM-12A	***市场	油麦菜	多菌灵	12.3846	0.1	2.6145
5	20170316-130100- QHDCIQ-PP-12A	***超市 （保龙仓金谈固店）	甜椒	甲氨基 阿维菌素	0.1400	0.02	1.7733
6	20161108-130100- USI-CZ-14A	***超市（华夏店）	橙	三唑磷	0.2127	0.01	1.3471
7	20150512-130100- CAIQ-EP-04A	***福超市（柏林店）	茄子	三唑磷	0.1602	0.01	1.0146

在 2411 例样品中，719 例样品未侦测出农药残留，1692 例样品中侦测出农药残留，计算每例有农药侦测出样品的 $\overline{\text{IFS}}$ 值，进而分析样品的安全状态结果如图 10-8 所示（未侦测出农药的样品安全状态视为很好）。可以看出，0.37% 的样品安全状态不可接受；2.57% 的样品安全状态可以接受；96.47% 的样品安全状态很好。此外，在 13 个月份内有 7 个月份出现不可接受频次，排序为：2016 年 12 月（2）=2017 年 3 月（2）＞2015 年 5 月（1）＞2016 年 6 月（1）＞2016 年 11 月（1）=2017 年 1 月（1）=2017 年 5 月（1），其他月份内，农药对样品安全的影响均在可以接受和没有影响的范围内。表 10-9 列出了安全状态不可接受的水果蔬菜样品。

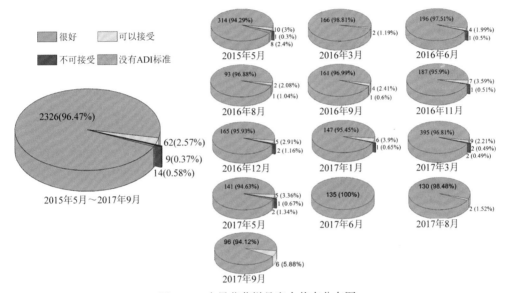

图 10-8　水果蔬菜样品安全状态分布图

表 10-9　水果蔬菜安全状态不可接受的样品列表

序号	样品编号	采样点	基质	$\overline{\text{IFS}}$
1	20170118-130100-USI-PP-12A	***市场	甜椒	3.5965
2	20170316-130100-QHDCIQ-CE-12A	***超市（保龙仓金谈固店）	芹菜	2.542
3	20150512-130100-CAIQ-YM-08A	***超市（益友店）	油麦菜	2.0428
4	20161206-130100-USI-HX-08A	***超市（东胜店）	小茴香	1.9439
5	20160626-130100-USI-SG-16A	***超市（裕华店）	丝瓜	1.9169
6	20161206-130100-USI-JD-05A	***超市（保龙仓留营店）	豇豆	1.8424
7	20170508-130100-USI-CU-14A	***超市（谈固店）	黄瓜	1.3324
8	20170316-130100-QHDCIQ-JC-07A	***超市（财富大厦店）	韭菜	1.2063
9	20161108-130100-USI-CA-08A	***超市（宝龙仓柏林店）	结球甘蓝	1.0323

10.2.2　单种水果蔬菜中农药残留安全指数分析

本次 70 种水果蔬菜侦测 128 种农药，检出频次为 5418 次，其中 24 种农药没有 ADI 标准，104 种农药存在 ADI 标准。山竹未侦测出任何农药，对其他的 69 种水果蔬菜按不同种类分别计算侦测出的具有 ADI 标准的各种农药的 IFS_c 值，农药残留对水果蔬菜的安全指数分布图如图 10-9 所示。

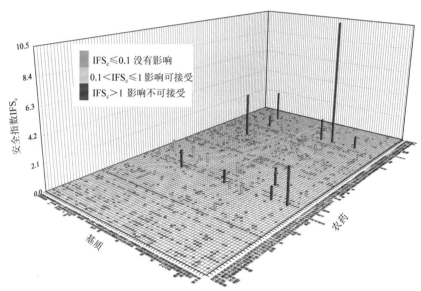

图 10-9　69 种水果蔬菜中 104 种残留农药的安全指数分布图

分析发现 10 种水果蔬菜（甜椒、豇豆、油麦菜、黄瓜、丝瓜、韭菜、西瓜、小茴香、结球甘蓝和芹菜）中的 5 种农药残留（氧乐果、三唑磷、甲拌磷、异丙威和克百威）对食品安全影响不可接受，如表 10-10 所示。

表 10-10　单种水果蔬菜中安全影响不可接受的残留农药安全指数表

序号	基质	农药	检出频次	检出率（%）	IFS>1 的频次	IFS>1 的比例（%）	IFS_c
1	甜椒	氧乐果	1	0.51	1	0.51	10.7878
2	豇豆	三唑磷	1	1.49	1	1.49	3.8456
3	油麦菜	甲拌磷	7	1.85	3	0.79	2.8965
4	黄瓜	异丙威	3	0.97	2	0.65	2.6929
5	丝瓜	氧乐果	1	1.30	1	1.30	1.9169
6	韭菜	甲拌磷	5	5.56	1	1.11	1.4413
7	西瓜	克百威	1	3.33	1	3.33	1.3762
8	小茴香	氧乐果	2	3.03	1	1.52	1.0387
9	结球甘蓝	氧乐果	1	3.45	1	3.45	1.0323

续表

序号	基质	农药	检出频次	检出率（%）	IFS>1 的频次	IFS>1 的比例（%）	IFS$_c$
10	小茴香	甲拌磷	4	6.06	1	1.52	1.0274
11	芹菜	甲拌磷	6	2.99	1	0.50	1.0133

本次侦测中，69 种水果蔬菜和 128 种残留农药（包括没有 ADI 标准）共涉及 1270 个分析样本，农药对单种水果蔬菜安全的影响程度分布情况如图 10-10 所示。可以看出，85.12%的样本中农药对水果蔬菜安全没有影响，4.33%的样本中农药对水果蔬菜安全的影响可以接受，0.87%的样本中农药对水果蔬菜安全的影响不可接受。

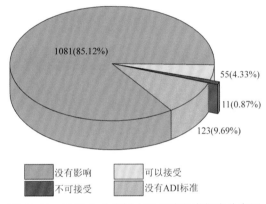

图 10-10　1270 个分析样本的影响程度频次分布图

此外，分别计算 69 种水果蔬菜中所有侦测出的农药 IFS$_c$ 的平均值 $\overline{\text{IFS}}$，分析每种水果蔬菜的安全状态，结果如图 10-11 所示，分析发现，7 种水果蔬菜（10.14%）的安全状态可接受，62 种（89.86%）水果蔬菜的安全状态很好。

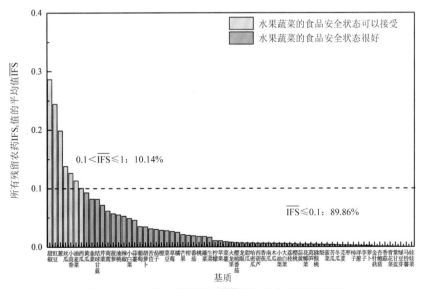

图 10-11　69 种水果蔬菜的 $\overline{\text{IFS}}$ 值和安全状态统计图

对每个月内每种水果蔬菜中农药的IFS$_c$进行分析，并计算每月内每种水果蔬菜的$\overline{\text{IFS}}$值，以评价每种水果蔬菜的安全状态，结果如图 10-12 所示，可以看出，所有月份的水果蔬菜的安全状态均处于很好和可以接受的范围内，各月份内单种水果蔬菜安全状态统计情况如图 10-13 所示。

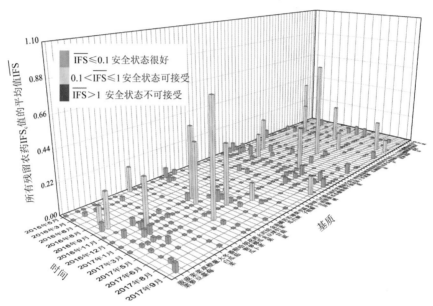

图 10-12　各月内每种水果蔬菜的$\overline{\text{IFS}}$值与安全状态分布图

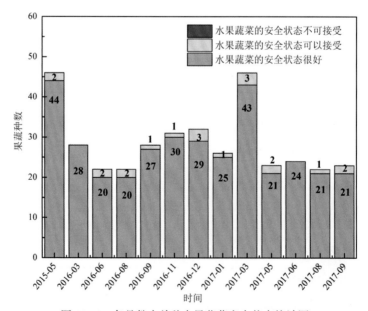

图 10-13　各月份内单种水果蔬菜安全状态统计图

10.2.3 所有水果蔬菜中农药残留安全指数分析

计算所有水果蔬菜中 104 种农药的 $\overline{IFS_c}$ 值，结果如图 10-14 及表 10-11 所示。

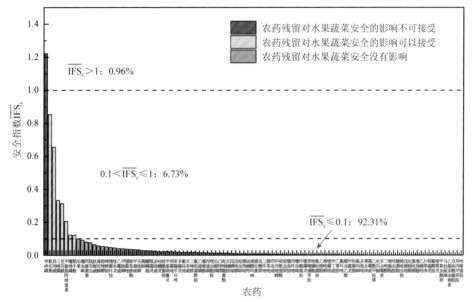

图 10-14 104 种残留农药对水果蔬菜的安全影响程度统计图

分析发现，只有甲拌磷的 $\overline{IFS_c}$ 大于 1，其他农药的 $\overline{IFS_c}$ 均小于 1，说明甲拌磷对水果蔬菜安全的影响不可接受，其他农药对水果蔬菜安全的影响均在没有影响和可以接受的范围内，其中 6.73% 的农药对水果蔬菜安全的影响可以接受，92.31% 的农药对水果蔬菜安全没有影响。

表 10-11 水果蔬菜中 104 种农药残留的安全指数表

序号	农药	检出频次	检出率（%）	$\overline{IFS_c}$	影响程度	序号	农药	检出频次	检出率（%）	$\overline{IFS_c}$	影响程度
1	甲拌磷	32	0.59	1.2224	不可接受	11	阿维菌素	3	0.06	0.0808	没有影响
2	氧乐果	24	0.44	0.8525	可以接受	12	敌百虫	2	0.04	0.0762	没有影响
3	异丙威	14	0.26	0.6550	可以接受	13	抗蚜威	1	0.02	0.0641	没有影响
4	三唑磷	33	0.61	0.3324	可以接受	14	毒死蜱	13	0.24	0.0576	没有影响
5	克百威	55	1.02	0.3121	可以接受	15	粉唑醇	10	0.18	0.0542	没有影响
6	甲氨基阿维菌素	13	0.24	0.2058	可以接受	16	咪鲜胺	155	2.86	0.0520	没有影响
7	噻唑磷	14	0.26	0.1236	可以接受	17	嘧菌环胺	18	0.33	0.0477	没有影响
8	稻丰散	1	0.02	0.1208	可以接受	18	喹禾灵	1	0.02	0.0450	没有影响
9	乐果	4	0.07	0.0989	没有影响	19	乙霉威	13	0.24	0.0409	没有影响
10	噻虫啉	7	0.13	0.0919	没有影响	20	甲胺磷	2	0.04	0.0406	没有影响

续表

序号	农药	检出频次	检出率（%）	$\overline{IFS}_c$	影响程度	序号	农药	检出频次	检出率（%）	$\overline{IFS}_c$	影响程度
21	腈菌唑	77	1.42	0.0372	没有影响	54	虫酰肼	9	0.17	0.0060	没有影响
22	联苯肼酯	3	0.06	0.0365	没有影响	55	三环唑	6	0.11	0.0060	没有影响
23	甲萘威	3	0.06	0.0346	没有影响	56	腈苯唑	2	0.04	0.0059	没有影响
24	灭线磷	1	0.02	0.0333	没有影响	57	茚虫威	1	0.02	0.0054	没有影响
25	磷胺	1	0.02	0.0291	没有影响	58	环丙唑醇	1	0.02	0.0050	没有影响
26	螺螨酯	10	0.18	0.0291	没有影响	59	啶氧菌酯	5	0.09	0.0049	没有影响
27	噁霜灵	59	1.09	0.0274	没有影响	60	啶虫脒	326	6.02	0.0047	没有影响
28	杀线威	1	0.02	0.0260	没有影响	61	噻虫胺	54	1.00	0.0040	没有影响
29	哒螨灵	74	1.37	0.0224	没有影响	62	丙环唑	76	1.40	0.0040	没有影响
30	啶酰菌胺	9	0.17	0.0224	没有影响	63	噻虫嗪	191	3.53	0.0037	没有影响
31	甲基硫菌灵	189	3.49	0.0221	没有影响	64	环酰菌胺	3	0.06	0.0035	没有影响
32	抑霉唑	84	1.55	0.0219	没有影响	65	噻菌灵	39	0.72	0.0033	没有影响
33	苯醚甲环唑	214	3.95	0.0215	没有影响	66	苯嘧磺草胺	1	0.02	0.0033	没有影响
34	多菌灵	743	13.71	0.0192	没有影响	67	唑螨酯	8	0.15	0.0032	没有影响
35	氟硅唑	30	0.55	0.0183	没有影响	68	氟吡菌胺	6	0.11	0.0031	没有影响
36	灭多威	1	0.02	0.0181	没有影响	69	乙嘧酚	4	0.07	0.0030	没有影响
37	三唑醇	10	0.18	0.0180	没有影响	70	烯唑醇	2	0.04	0.0030	没有影响
38	氟吡菌酰胺	88	1.62	0.0178	没有影响	71	嘧霉胺	159	2.93	0.0026	没有影响
39	乙硫磷	1	0.02	0.0165	没有影响	72	仲丁威	2	0.04	0.0025	没有影响
40	噻嗪酮	58	1.07	0.0164	没有影响	73	乙草胺	5	0.09	0.0025	没有影响
41	丙溴磷	27	0.50	0.0145	没有影响	74	氟环唑	1	0.02	0.0021	没有影响
42	唑虫酰胺	6	0.11	0.0141	没有影响	75	螺虫乙酯	4	0.07	0.0020	没有影响
43	治螟磷	1	0.02	0.0139	没有影响	76	甲霜灵	248	4.58	0.0019	没有影响
44	己唑醇	17	0.31	0.0138	没有影响	77	肟菌酯	55	1.02	0.0019	没有影响
45	吡唑醚菌酯	172	3.17	0.0122	没有影响	78	氟吗啉	8	0.15	0.0018	没有影响
46	灭蝇胺	53	0.98	0.0121	没有影响	79	多效唑	57	1.05	0.0017	没有影响
47	四螨嗪	1	0.02	0.0093	没有影响	80	莠去津	17	0.31	0.0015	没有影响
48	戊唑醇	99	1.83	0.0086	没有影响	81	霜霉威	259	4.78	0.0014	没有影响
49	吡虫啉	232	4.28	0.0082	没有影响	82	乙酰甲胺磷	1	0.02	0.0014	没有影响
50	烯效唑	2	0.04	0.0077	没有影响	83	吡丙醚	20	0.37	0.0013	没有影响
51	炔螨特	5	0.09	0.0069	没有影响	84	多杀霉素	2	0.04	0.0012	没有影响
52	烯酰吗啉	480	8.86	0.0068	没有影响	85	三唑酮	9	0.17	0.0010	没有影响
53	矮壮素	32	0.59	0.0061	没有影响	86	嘧菌酯	248	4.58	0.0008	没有影响

续表

序号	农药	检出频次	检出率（%）	$\overline{IFS_c}$	影响程度	序号	农药	检出频次	检出率（%）	$\overline{IFS_c}$	影响程度
87	呋虫胺	4	0.07	0.0008	没有影响	96	稻瘟灵	3	0.06	0.0004	没有影响
88	醚菌酯	17	0.31	0.0008	没有影响	97	氟酰胺	1	0.02	0.0004	没有影响
89	烯啶虫胺	57	1.05	0.0007	没有影响	98	喹氧灵	7	0.13	0.0004	没有影响
90	戊菌唑	3	0.06	0.0007	没有影响	99	甲氧虫酰肼	3	0.06	0.0004	没有影响
91	吡蚜酮	2	0.04	0.0006	没有影响	100	马拉硫磷	4	0.07	0.0003	没有影响
92	氯吡脲	1	0.02	0.0006	没有影响	101	乙基多杀菌素	4	0.07	0.0003	没有影响
93	增效醚	8	0.15	0.0006	没有影响	102	双炔酰菌胺	9	0.17	0.0002	没有影响
94	乙螨唑	10	0.18	0.0005	没有影响	103	异丙甲草胺	4	0.07	0.0001	没有影响
95	扑草净	1	0.02	0.0005	没有影响	104	唑嘧菌胺	4	0.07	0.0000	没有影响

对每个月内所有水果蔬菜中残留农药的 $\overline{IFS_c}$ 进行分析，结果如图 10-15 所示。分析发现，2016 年 6 月、2017 年 1 月的氧乐果，2017 年 5 月的异丙威，2017 年 3 月、2015年 5 月和 2016 年 12 月的甲拌磷，2016 年 8 月的克百威，2016 年 12 月的三唑磷对水果蔬菜安全的影响不可接受，该 7 个月份的其他农药和其他月份的所有农药对水果蔬菜安全的影响均处于没有影响和可以接受的范围内。每月内不同农药对水果蔬菜安全影响程度的统计如图 10-16 所示。

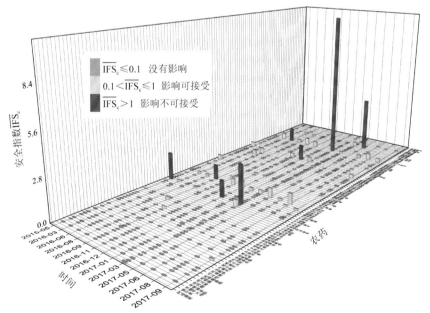

图 10-15　各月份内水果蔬菜中每种残留农药的安全指数分布图

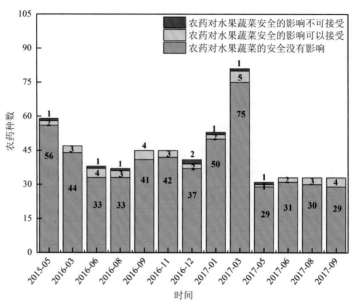

图 10-16　各月份内农药对水果蔬菜安全影响程度的统计图

　　计算每个月内水果蔬菜的$\overline{\text{IFS}}$，以分析每月内水果蔬菜的安全状态，结果如图 10-17 所示，可以看出，所有月份的水果蔬菜安全状态均处于很好和可以接受的范围内。分析发现，在 15.38%的月份内，水果蔬菜安全状态可以接受，84.62%的月份内水果蔬菜的安全状态很好。

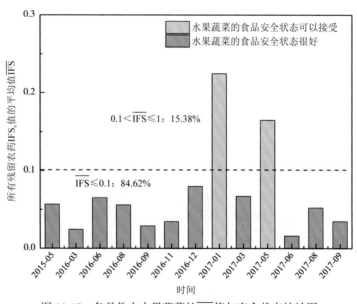

图 10-17　各月份内水果蔬菜的$\overline{\text{IFS}}$值与安全状态统计图

10.3　LC-Q-TOF/MS 侦测石家庄市市售水果蔬菜农药残留预警风险评估

基于石家庄市水果蔬菜样品中农药残留 LC-Q-TOF/MS 侦测数据，分析禁用农药的检出率，同时参照中华人民共和国国家标准 GB 2763—2016 和欧盟农药最大残留限量（MRL）标准分析非禁用农药残留的超标率，并计算农药残留风险系数。分析单种水果蔬菜中农药残留以及所有水果蔬菜中农药残留的风险程度。

10.3.1　单种水果蔬菜中农药残留风险系数分析

10.3.1.1　单种水果蔬菜中禁用农药残留风险系数分析

侦测出的 128 种残留农药中有 8 种为禁用农药，且它们分布在 35 种水果蔬菜中，计算 35 种水果蔬菜中禁用农药的超标率，根据超标率计算风险系数 R，进而分析水果蔬菜中禁用农药的风险程度，结果如图 10-18 与表 10-12 所示。分析发现，除了茄子中的甲拌磷、番茄中的氧乐果是中度风险外，其他禁用农药在水果蔬菜中的残留处均于高度风险。

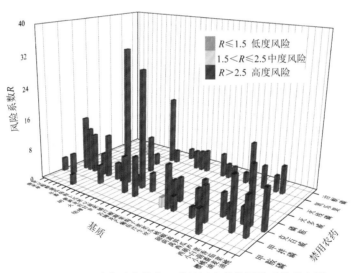

图 10-18　35 种水果蔬菜中 8 种禁用农药的风险系数分布图

表 10-12　35 种水果蔬菜中 8 种禁用农药的风险系数列表

序号	基质	农药	检出频次	检出率（%）	风险系数 R	风险程度
1	豇豆	克百威	4	33.33	34.43	高度风险
2	橘	克百威	9	29.03	30.13	高度风险
3	豇豆	氧乐果	2	16.67	17.77	高度风险
4	樱桃番茄	克百威	2	13.33	14.43	高度风险
5	草莓	克百威	3	13.04	14.14	高度风险
6	小茴香	甲拌磷	4	12.12	13.22	高度风险

续表

序号	基质	农药	检出频次	检出率（%）	风险系数 R	风险程度
7	橙	克百威	6	10.34	11.44	高度风险
8	柑	克百威	1	10.00	11.10	高度风险
9	茼蒿	氧乐果	1	10.00	11.10	高度风险
10	芹菜	甲拌磷	6	9.84	10.94	高度风险
11	葱	克百威	1	9.09	10.19	高度风险
12	苦苣	甲拌磷	1	9.09	10.19	高度风险
13	油桃	克百威	1	9.09	10.19	高度风险
14	油麦菜	甲拌磷	7	8.64	9.74	高度风险
15	豇豆	灭多威	1	8.33	9.43	高度风险
16	韭菜	甲拌磷	5	8.33	9.43	高度风险
17	莴笋	甲拌磷	1	7.69	8.79	高度风险
18	甜椒	克百威	4	6.35	7.45	高度风险
19	小茴香	氧乐果	2	6.06	7.16	高度风险
20	芹菜	克百威	3	4.92	6.02	高度风险
21	芹菜	氧乐果	3	4.92	6.02	高度风险
22	西瓜	克百威	1	4.76	5.86	高度风险
23	西瓜	氧乐果	1	4.76	5.86	高度风险
24	西瓜	甲胺磷	1	4.76	5.86	高度风险
25	番茄	克百威	4	4.65	5.75	高度风险
26	芒果	氧乐果	3	4.55	5.65	高度风险
27	草莓	甲拌磷	1	4.35	5.45	高度风险
28	菜豆	氧乐果	3	4.29	5.39	高度风险
29	龙眼	氧乐果	1	4.00	5.10	高度风险
30	茄子	克百威	3	3.90	5.00	高度风险
31	胡萝卜	甲拌磷	2	3.77	4.87	高度风险
32	辣椒	克百威	1	3.70	4.80	高度风险
33	辣椒	氧乐果	1	3.70	4.80	高度风险
34	葡萄	克百威	2	3.70	4.80	高度风险
35	桃	克百威	1	3.70	4.80	高度风险
36	火龙果	克百威	2	3.64	4.74	高度风险
37	黄瓜	克百威	3	3.30	4.40	高度风险
38	小白菜	氧乐果	1	3.13	4.23	高度风险
39	小茴香	克百威	1	3.03	4.13	高度风险
40	西葫芦	克百威	2	2.74	3.84	高度风险
41	生菜	氧乐果	2	2.56	3.66	高度风险

续表

序号	基质	农药	检出频次	检出率（%）	风险系数 R	风险程度
42	生菜	甲拌磷	2	2.56	3.66	高度风险
43	菠菜	甲拌磷	1	2.50	3.60	高度风险
44	丝瓜	氧乐果	1	2.27	3.37	高度风险
45	结球甘蓝	氧乐果	1	2.22	3.32	高度风险
46	葡萄	磷胺	1	1.85	2.95	高度风险
47	火龙果	灭线磷	1	1.82	2.92	高度风险
48	韭菜	克百威	1	1.67	2.77	高度风险
49	韭菜	治螟磷	1	1.67	2.77	高度风险
50	甜椒	氧乐果	1	1.59	2.69	高度风险
51	甜椒	甲拌磷	1	1.59	2.69	高度风险
52	冬瓜	甲胺磷	1	1.56	2.66	高度风险
53	茄子	甲拌磷	1	1.3	2.4	中度风险
54	番茄	氧乐果	1	1.16	2.26	中度风险

10.3.1.2　基于 MRL 中国国家标准的单种水果蔬菜中非禁用农药残留风险系数分析

参照中华人民共和国国家标准 GB 2763—2016 中农药残留限量计算每种水果蔬菜中每种非禁用农药的超标率，进而计算其风险系数，根据风险系数大小判断残留农药的预警风险程度，水果蔬菜中非禁用农药残留风险程度分布情况如图 10-19 所示。

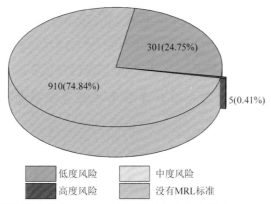

图 10-19　水果蔬菜中非禁用农药风险程度的频次分布图（MRL 中国国家标准）

本次分析中，发现在 69 种水果蔬菜侦测出 120 种残留非禁用农药，涉及样本 1216 个，在 1216 个样本中，0.41%处于高度风险，24.75%处于低度风险，此外发现有 910 个样本没有 MRL 中国国家标准值，无法判断其风险程度，有 MRL 中国国家标准值的 306 个样本涉及 52 种水果蔬菜中的 73 种非禁用农药，其风险系数 R 值如图 10-20 所示。表 10-13 为非禁用农药残留处于高度风险的水果蔬菜列表。

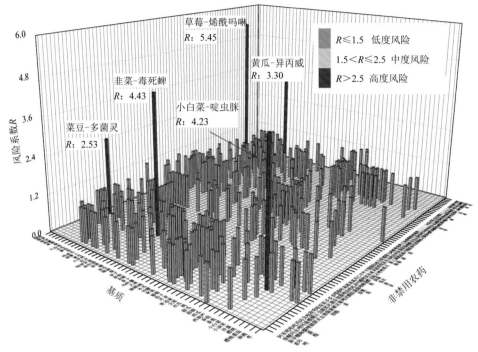

图 10-20　52 种水果蔬菜中 73 种非禁用农药的风险系数分布图（MRL 中国国家标准）

表 10-13　单种水果蔬菜中处于高度风险的非禁用农药风险系数表（**MRL 中国国家标准**）

序号	基质	农药	超标频次	超标率 P（%）	风险系数 R
1	菜豆	多菌灵	1	1.43	2.53
2	黄瓜	异丙威	2	2.20	3.30
3	小白菜	啶虫脒	1	3.13	4.23
4	韭菜	毒死蜱	2	3.33	4.43
5	草莓	烯酰吗啉	1	4.35	5.45

10.3.1.3　基于 MRL 欧盟标准的单种水果蔬菜中非禁用农药残留风险系数分析

　　参照 MRL 欧盟标准计算每种水果蔬菜中每种非禁用农药的超标率，进而计算其风险系数，根据风险系数大小判断农药残留的预警风险程度，水果蔬菜中非禁用农药残留风险程度分布情况如图 10-21 所示。

　　本次分析中，发现在 69 种水果蔬菜中共侦测出 120 种非禁用农药，涉及样本 1216 个，其中，18.01%处于高度风险，涉及 51 种水果蔬菜和 60 种农药；3.45%处于中度风险，涉及 8 种水果蔬菜和 32 种农药；78.54%处于低度风险，涉及 69 种水果蔬菜和 111 种农药。单种水果蔬菜中的非禁用农药风险系数分布图如图 10-22 所示。单种水果蔬菜中处于高度风险的非禁用农药风险系数如图 10-23 和表 10-14 所示。

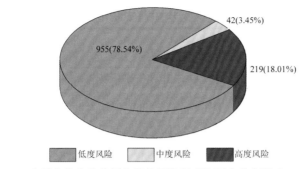

图 10-21　水果蔬菜中非禁用农药的风险程度的频次分布图（MRL 欧盟标准）

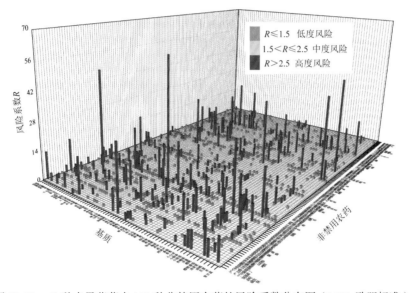

图 10-22　69 种水果蔬菜中 120 种非禁用农药的风险系数分布图（MRL 欧盟标准）

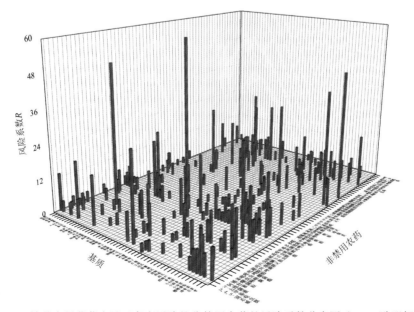

图 10-23　单种水果蔬菜中处于高度风险的非禁用农药的风险系数分布图（MRL 欧盟标准）

表 10-14　单种水果蔬菜中处于高度风险的非禁用农药的风险系数表（MRL 欧盟标准）

序号	基质	农药	超标频次	超标率 P（%）	风险系数 R
1	木瓜	啶虫脒	6	60.00	61.10
2	柑	丙溴磷	5	50.00	51.10
3	枣	噻虫胺	5	45.45	46.55
4	芫荽	醚菌酯	2	40.00	41.10
5	蒜薹	咪鲜胺	8	32.00	33.10
6	小白菜	啶虫脒	10	31.25	32.35
7	木瓜	N-去甲基啶虫脒	3	30.00	31.10
8	豇豆	咪鲜胺	3	25.00	26.10
9	豇豆	烯酰吗啉	3	25.00	26.10
10	橘	三唑磷	7	22.58	23.68
11	辣椒	烯啶虫胺	6	22.22	23.32
12	油麦菜	多菌灵	17	20.99	22.09
13	火龙果	多菌灵	11	20.00	21.10
14	南瓜	多菌灵	1	20.00	21.10
15	枣	烯啶虫胺	2	18.18	19.28
16	草莓	氟唑菌酰胺	4	17.39	18.49
17	小油菜	啶虫脒	8	17.39	18.49
18	豇豆	N-去甲基啶虫脒	2	16.67	17.77
19	豇豆	噻虫嗪	2	16.67	17.77
20	菠菜	吡虫啉	6	15.00	16.10
21	油麦菜	丙环唑	12	14.81	15.91
22	荔枝	多菌灵	1	14.29	15.39
23	樱桃番茄	N-去甲基啶虫脒	2	13.33	14.43
24	茄子	烯啶虫胺	10	12.99	14.09
25	菠菜	N-去甲基啶虫脒	5	12.50	13.60
26	小白菜	哒螨灵	4	12.50	13.60
27	芒果	啶虫脒	8	12.12	13.22
28	橙	三唑磷	7	12.07	13.17
29	芹菜	多菌灵	7	11.48	12.58
30	胡萝卜	三唑醇	6	11.32	12.42
31	辣椒	丙溴磷	3	11.11	12.21
32	甜瓜	噻唑磷	3	11.11	12.21
33	柑	三唑磷	1	10.00	11.10

续表

序号	基质	农药	超标频次	超标率 P（%）	风险系数 R
34	木瓜	吡虫啉	1	10.00	11.10
35	茼蒿	三唑磷	1	10.00	11.10
36	茼蒿	丙溴磷	1	10.00	11.10
37	茼蒿	吡虫啉	1	10.00	11.10
38	茼蒿	嘧霉胺	1	10.00	11.10
39	茼蒿	噁霜灵	1	10.00	11.10
40	橘	氟硅唑	3	9.68	10.78
41	甜椒	烯啶虫胺	6	9.52	10.62
42	西瓜	烯啶虫胺	2	9.52	10.62
43	小白菜	灭蝇胺	3	9.38	10.48
44	葡萄	霜霉威	5	9.26	10.36
45	苦苣	丙环唑	1	9.09	10.19
46	苦苣	噻嗪酮	1	9.09	10.19
47	苦苣	灭蝇胺	1	9.09	10.19
48	苦苣	烯啶虫胺	1	9.09	10.19
49	芒果	N-去甲基啶虫脒	6	9.09	10.19
50	茄子	丙溴磷	7	9.09	10.19
51	枣	N-去甲基啶虫脒	1	9.09	10.19
52	枣	醚菌酯	1	9.09	10.19
53	草莓	霜霉威	2	8.70	9.80
54	油麦菜	多效唑	7	8.64	9.74
55	柠檬	醚菌酯	6	8.57	9.67
56	豇豆	三唑磷	1	8.33	9.43
57	豇豆	三唑醇	1	8.33	9.43
58	豇豆	多菌灵	1	8.33	9.43
59	豇豆	烯啶虫胺	1	8.33	9.43
60	豇豆	霜霉威	1	8.33	9.43
61	龙眼	甲萘威	2	8.00	9.10
62	蒜薹	嘧霉胺	2	8.00	9.10
63	蒜薹	噻菌灵	2	8.00	9.10
64	蒜薹	多菌灵	2	8.00	9.10
65	苦瓜	噻唑磷	1	7.69	8.79
66	苦瓜	烯啶虫胺	1	7.69	8.79

序号	基质	农药	超标频次	超标率 P（%）	风险系数 R
67	辣椒	噻虫胺	2	7.41	8.51
68	油麦菜	甲基硫菌灵	6	7.41	8.51
69	火龙果	嘧菌酯	4	7.27	8.37
70	菜薹	啶虫脒	1	7.14	8.24
71	菜薹	多菌灵	1	7.14	8.24
72	菜薹	抑霉唑	1	7.14	8.24
73	梨	嘧菌酯	5	6.67	7.77
74	李子	乙草胺	1	6.67	7.77
75	香蕉	吡虫啉	1	6.67	7.77
76	香蕉	戊唑醇	1	6.67	7.77
77	樱桃番茄	啶虫脒	1	6.67	7.77
78	樱桃番茄	氟硅唑	1	6.67	7.77
79	樱桃番茄	烯啶虫胺	1	6.67	7.77
80	黄瓜	烯啶虫胺	6	6.59	7.69
81	小油菜	N-去甲基啶虫脒	3	6.52	7.62
82	橘	丙溴磷	2	6.45	7.55
83	甜椒	丙溴磷	4	6.35	7.45
84	金针菇	烯酰吗啉	1	6.25	7.35
85	小白菜	噁霜灵	2	6.25	7.35
86	小白菜	烯酰吗啉	2	6.25	7.35
87	油麦菜	N-去甲基啶虫脒	5	6.17	7.27
88	小茴香	N-去甲基啶虫脒	2	6.06	7.16
89	小茴香	丙环唑	2	6.06	7.16
90	小茴香	多菌灵	2	6.06	7.16
91	小茴香	异丙威	2	6.06	7.16
92	小茴香	戊唑醇	2	6.06	7.16
93	番茄	N-去甲基啶虫脒	5	5.81	6.91
94	番茄	噁霜灵	5	5.81	6.91
95	菜豆	甲哌	4	5.71	6.81
96	黄瓜	噁霜灵	5	5.49	6.59
97	橙	苯噻菌胺	3	5.17	6.27
98	菠菜	甲霜灵	2	5.00	6.10
99	韭菜	毒死蜱	3	5.00	6.10

续表

序号	基质	农药	超标频次	超标率 P（%）	风险系数 R
100	西瓜	噁霜灵	1	4.76	5.86
101	丝瓜	噻唑磷	2	4.55	5.65
102	丝瓜	氟吗啉	2	4.55	5.65
103	草莓	敌百虫	1	4.35	5.45
104	草莓	甲基硫菌灵	1	4.35	5.45
105	小油菜	多菌灵	2	4.35	5.45
106	菜豆	多菌灵	3	4.29	5.39
107	柠檬	吡唑醚菌酯	3	4.29	5.39
108	龙眼	多菌灵	1	4.00	5.10
109	茄子	螺螨酯	3	3.90	5.00
110	生菜	丙环唑	3	3.85	4.95
111	大白菜	多菌灵	1	3.70	4.80
112	大白菜	甲基硫菌灵	1	3.70	4.80
113	葡萄	咪鲜胺	2	3.70	4.80
114	葡萄	抑霉唑	2	3.70	4.80
115	桃	丙溴磷	1	3.70	4.80
116	桃	多菌灵	1	3.70	4.80
117	桃	氟硅唑	1	3.70	4.80
118	桃	烯啶虫胺	1	3.70	4.80
119	甜瓜	二甲嘧酚	1	3.70	4.80
120	甜瓜	噻虫嗪	1	3.70	4.80
121	油麦菜	异丙威	3	3.70	4.80
122	火龙果	抑霉唑	2	3.64	4.74
123	火龙果	避蚊胺	2	3.64	4.74
124	橙	N-去甲基啶虫脒	2	3.45	4.55
125	橙	丙溴磷	2	3.45	4.55
126	苹果	多菌灵	3	3.37	4.47
127	黄瓜	异丙威	3	3.30	4.40
128	芹菜	嘧霉胺	2	3.28	4.38
129	芹菜	腈菌唑	2	3.28	4.38
130	芹菜	霜霉威	2	3.28	4.38
131	橘	甲基硫菌灵	1	3.23	4.33
132	橘	苯噻菌胺	1	3.23	4.33

序号	基质	农药	超标频次	超标率 P（%）	风险系数 R
133	甜椒	矮壮素	2	3.17	4.27
134	小白菜	N-去甲基啶虫脒	1	3.13	4.23
135	小白菜	丙环唑	1	3.13	4.23
136	小白菜	噻嗪酮	1	3.13	4.23
137	小白菜	多效唑	1	3.13	4.23
138	小白菜	多菌灵	1	3.13	4.23
139	小白菜	甲霜灵	1	3.13	4.23
140	芒果	吡虫啉	2	3.03	4.13
141	芒果	噻虫胺	2	3.03	4.13
142	芒果	氟唑菌酰胺	2	3.03	4.13
143	小茴香	吡虫啉脲	1	3.03	4.13
144	小茴香	哒螨灵	1	3.03	4.13
145	小茴香	粉唑醇	1	3.03	4.13
146	小茴香	虫酰肼	1	3.03	4.13
147	菜豆	N-去甲基啶虫脒	2	2.86	3.96
148	菜豆	吡唑醚菌酯	2	2.86	3.96
149	菜豆	烯酰吗啉	2	2.86	3.96
150	花椰菜	吡虫啉	1	2.78	3.88
151	花椰菜	避蚊胺	1	2.78	3.88
152	西葫芦	烯啶虫胺	2	2.74	3.84
153	梨	烯酰吗啉	2	2.67	3.77
154	茄子	N-去甲基啶虫脒	2	2.60	3.70
155	茄子	唑虫酰胺	2	2.60	3.70
156	生菜	多菌灵	2	2.56	3.66
157	菠菜	哒螨灵	1	2.50	3.60
158	菠菜	嘧霉胺	1	2.50	3.60
159	菠菜	多效唑	1	2.50	3.60
160	菠菜	多菌灵	1	2.50	3.60
161	菠菜	烯酰吗啉	1	2.50	3.60
162	菠菜	苯噻菌胺	1	2.50	3.60
163	猕猴桃	腈菌唑	2	2.50	3.60
164	油麦菜	己唑醇	2	2.47	3.57
165	油麦菜	矮壮素	2	2.47	3.57

续表

序号	基质	农药	超标频次	超标率 P（%）	风险系数 R
166	油麦菜	避蚊胺	2	2.47	3.57
167	番茄	啶氧菌酯	2	2.33	3.43
168	番茄	噻虫嗪	2	2.33	3.43
169	番茄	噻虫胺	2	2.33	3.43
170	番茄	氟硅唑	2	2.33	3.43
171	丝瓜	多菌灵	1	2.27	3.37
172	丝瓜	甲氨基阿维菌素	1	2.27	3.37
173	丝瓜	阿维菌素	1	2.27	3.37
174	苹果	炔螨特	2	2.25	3.35
175	结球甘蓝	多菌灵	1	2.22	3.32
176	黄瓜	甲基硫菌灵	2	2.20	3.30
177	胡萝卜	烯酰吗啉	1	1.89	2.99
178	葡萄	3,4,5-混杀威	1	1.85	2.95
179	葡萄	N-去甲基啶虫脒	1	1.85	2.95
180	葡萄	啶氧菌酯	1	1.85	2.95
181	葡萄	氟唑菌酰胺	1	1.85	2.95
182	葡萄	氟硅唑	1	1.85	2.95
183	火龙果	咪鲜胺	1	1.82	2.92
184	橙	仲丁威	1	1.72	2.82
185	韭菜	多效唑	1	1.67	2.77
186	韭菜	甲基硫菌灵	1	1.67	2.77
187	韭菜	矮壮素	1	1.67	2.77
188	芹菜	三唑醇	1	1.64	2.74
189	芹菜	丙环唑	1	1.64	2.74
190	芹菜	吡唑醚菌酯	1	1.64	2.74
191	芹菜	吡虫啉脲	1	1.64	2.74
192	芹菜	多效唑	1	1.64	2.74
193	芹菜	异丙威	1	1.64	2.74
194	芹菜	甲基硫菌灵	1	1.64	2.74
195	芹菜	甲霜灵	1	1.64	2.74
196	甜椒	己唑醇	1	1.59	2.69
197	甜椒	甲基硫菌灵	1	1.59	2.69
198	甜椒	甲氨基阿维菌素	1	1.59	2.69

续表

序号	基质	农药	超标频次	超标率 P（%）	风险系数 R
199	冬瓜	咪鲜胺	1	1.56	2.66
200	冬瓜	氟硅唑	1	1.56	2.66
201	芒果	吡虫啉脲	1	1.52	2.62
202	芒果	噁霜灵	1	1.52	2.62
203	芒果	氟吡菌酰胺	1	1.52	2.62
204	芒果	烯酰吗啉	1	1.52	2.62
205	芒果	矮壮素	1	1.52	2.62
206	芒果	稻丰散	1	1.52	2.62
207	菜豆	乐果	1	1.43	2.53
208	菜豆	吡虫啉	1	1.43	2.53
209	菜豆	吡虫啉脲	1	1.43	2.53
210	菜豆	咪鲜胺	1	1.43	2.53
211	菜豆	唑虫酰胺	1	1.43	2.53
212	菜豆	噁霜灵	1	1.43	2.53
213	菜豆	甲基硫菌灵	1	1.43	2.53
214	菜豆	矮壮素	1	1.43	2.53
215	柠檬	增效醚	1	1.43	2.53
216	柠檬	氟唑菌酰胺	1	1.43	2.53
217	柠檬	氟硅唑	1	1.43	2.53
218	柠檬	烯效唑	1	1.43	2.53
219	柠檬	甲基硫菌灵	1	1.43	2.53

10.3.2　所有水果蔬菜中农药残留风险系数分析

10.3.2.1　所有水果蔬菜中禁用农药残留风险系数分析

在侦测出的 128 种农药中有 8 种为禁用农药，计算所有水果蔬菜中禁用农药的风险系数，结果如表 10-15 所示。禁用农药克百威处于高度风险，氧乐果和甲拌磷 2 种禁用农药处于中度风险，剩余 5 种禁用农药处于低度风险。

表 10-15　水果蔬菜中 8 种禁用农药的风险系数表

序号	农药	检出频次	检出率（%）	风险系数 R	风险程度
1	克百威	55	2.28	3.38	高度风险
2	甲拌磷	32	1.33	2.43	中度风险

续表

序号	农药	检出频次	检出率（%）	风险系数 R	风险程度
3	氧乐果	24	1.00	2.10	中度风险
4	甲胺磷	2	0.08	1.18	低度风险
5	磷胺	1	0.04	1.14	低度风险
6	灭多威	1	0.04	1.14	低度风险
7	灭线磷	1	0.04	1.14	低度风险
8	治螟磷	1	0.04	1.14	低度风险

对每个月内的禁用农药的风险系数进行分析，结果如图 10-24 和表 10-16 所示。

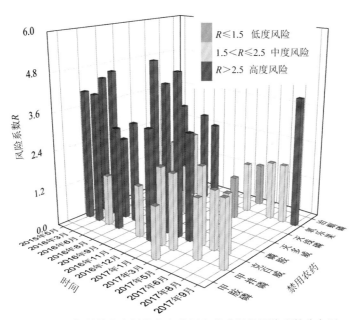

图 10-24 各月份内水果蔬菜中禁用农药残留的风险系数分布图

表 10-16 各月份内水果蔬菜中禁用农药的风险系数表

序号	年月	农药	检出频次	检出率（%）	风险系数 R	风险程度
1	2015 年 5 月	克百威	11	3.30	4.40	高度风险
2	2015 年 5 月	甲拌磷	10	3.00	4.10	高度风险
3	2015 年 5 月	氧乐果	4	1.20	2.30	中度风险
4	2016 年 3 月	克百威	6	3.57	4.67	高度风险
5	2016 年 3 月	甲拌磷	5	2.98	4.08	高度风险
6	2016 年 3 月	氧乐果	1	0.60	1.70	中度风险
7	2016 年 6 月	氧乐果	4	1.99	3.09	高度风险
8	2016 年 6 月	克百威	3	1.49	2.59	高度风险

序号	年月	农药	检出频次	检出率（%）	风险系数 R	风险程度
9	2016 年 6 月	甲拌磷	1	0.50	1.60	中度风险
10	2016 年 8 月	甲拌磷	2	2.08	3.18	高度风险
11	2016 年 8 月	克百威	2	2.08	3.18	高度风险
12	2016 年 8 月	氧乐果	1	1.04	2.14	中度风险
13	2016 年 9 月	氧乐果	3	1.81	2.91	高度风险
14	2016 年 9 月	磷胺	1	0.60	1.70	中度风险
15	2016 年 11 月	克百威	8	4.10	5.20	高度风险
16	2016 年 11 月	氧乐果	3	1.54	2.64	高度风险
17	2016 年 11 月	甲拌磷	1	0.51	1.61	中度风险
18	2016 年 11 月	灭多威	1	0.51	1.61	中度风险
19	2016 年 12 月	克百威	6	3.49	4.59	高度风险
20	2016 年 12 月	甲拌磷	4	2.33	3.43	高度风险
21	2017 年 1 月	克百威	6	3.90	5.00	高度风险
22	2017 年 1 月	甲拌磷	2	1.30	2.40	中度风险
23	2017 年 3 月	克百威	9	2.21	3.31	高度风险
24	2017 年 3 月	甲拌磷	5	1.23	2.33	高度风险
25	2017 年 3 月	甲胺磷	2	0.49	1.59	中度风险
26	2017 年 3 月	氧乐果	2	0.49	1.59	中度风险
27	2017 年 3 月	灭线磷	1	0.25	1.35	低度风险
28	2017 年 3 月	治螟磷	1	0.25	1.35	低度风险
29	2017 年 5 月	克百威	2	1.34	2.44	中度风险
30	2017 年 6 月	甲拌磷	1	0.74	1.84	中度风险
31	2017 年 6 月	克百威	1	0.74	1.84	中度风险
32	2017 年 6 月	氧乐果	1	0.74	1.84	中度风险
33	2017 年 8 月	克百威	1	0.76	1.86	中度风险
34	2017 年 8 月	氧乐果	1	0.76	1.86	中度风险
35	2017 年 9 月	氧乐果	3	2.94	4.04	高度风险
36	2017 年 9 月	甲拌磷	1	0.98	2.08	中度风险

10.3.2.2　所有水果蔬菜中非禁用农药残留风险系数分析

参照 MRL 欧盟标准计算所有水果蔬菜中每种非禁用农药残留的风险系数，如图 10-25 与表 10-17 所示。在侦测出的 120 种非禁用农药中，4 种农药（3.33%）残留处于高度风险，12 种农药（10.00%）残留处于中度风险，104 种农药（86.67%）残留处于低度风险。

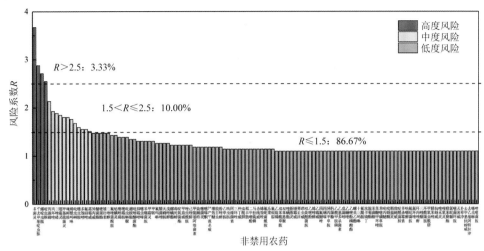

图 10-25　水果蔬菜中 120 种非禁用农药的风险程度统计图

表 10-17　水果蔬菜中 120 种非禁用农药的风险系数表

序号	农药	超标频次	超标率 P（%）	风险系数 R	风险程度
1	多菌灵	62	2.57	3.67	高度风险
2	N-去甲基啶虫脒	43	1.78	2.88	高度风险
3	烯啶虫胺	39	1.62	2.72	高度风险
4	啶虫脒	35	1.45	2.55	高度风险
5	丙溴磷	25	1.04	2.14	中度风险
6	丙环唑	20	0.83	1.93	中度风险
7	三唑磷	19	0.79	1.89	中度风险
8	噁霜灵	18	0.75	1.85	中度风险
9	甲基硫菌灵	17	0.71	1.81	中度风险
10	咪鲜胺	17	0.71	1.81	中度风险
11	烯酰吗啉	16	0.66	1.76	中度风险
12	吡虫啉	14	0.58	1.68	中度风险
13	噻虫胺	12	0.50	1.60	中度风险
14	多效唑	11	0.46	1.56	中度风险
15	氟硅唑	11	0.46	1.56	中度风险
16	霜霉威	10	0.41	1.51	中度风险
17	异丙威	9	0.37	1.47	低度风险
18	醚菌酯	9	0.37	1.47	低度风险
19	嘧菌酯	9	0.37	1.47	低度风险
20	矮壮素	9	0.37	1.47	低度风险
21	三唑醇	9	0.37	1.47	低度风险

续表

序号	农药	超标频次	超标率 P（%）	风险系数 R	风险程度
22	氟唑菌酰胺	8	0.33	1.43	低度风险
23	哒螨灵	8	0.33	1.43	低度风险
24	噻唑磷	7	0.29	1.39	低度风险
25	嘧霉胺	7	0.29	1.39	低度风险
26	吡虫啉脲	7	0.29	1.39	低度风险
27	避蚊胺	6	0.25	1.35	低度风险
28	吡唑醚菌酯	6	0.25	1.35	低度风险
29	抑霉唑	5	0.21	1.31	低度风险
30	噻虫嗪	5	0.21	1.31	低度风险
31	苯噻菌胺	5	0.21	1.31	低度风险
32	甲霜灵	5	0.21	1.31	低度风险
33	甲哌	5	0.21	1.31	低度风险
34	氟吗啉	4	0.17	1.27	低度风险
35	腈菌唑	4	0.17	1.27	低度风险
36	灭蝇胺	4	0.17	1.27	低度风险
37	戊唑醇	4	0.17	1.27	低度风险
38	螺螨酯	3	0.12	1.22	低度风险
39	毒死蜱	3	0.12	1.22	低度风险
40	啶氧菌酯	3	0.12	1.22	低度风险
41	甲萘威	3	0.12	1.22	低度风险
42	唑虫酰胺	3	0.12	1.22	低度风险
43	己唑醇	3	0.12	1.22	低度风险
44	甲氨基阿维菌素	2	0.08	1.18	低度风险
45	炔螨特	2	0.08	1.18	低度风险
46	噻菌灵	2	0.08	1.18	低度风险
47	噻嗪酮	2	0.08	1.18	低度风险
48	3,4,5-混杀威	2	0.08	1.18	低度风险
49	增效醚	2	0.08	1.18	低度风险
50	敌百虫	2	0.08	1.18	低度风险
51	粉唑醇	2	0.08	1.18	低度风险
52	乙草胺	1	0.04	1.14	低度风险
53	呋虫胺	1	0.04	1.14	低度风险
54	阿维菌素	1	0.04	1.14	低度风险

续表

序号	农药	超标频次	超标率 P（%）	风险系数 R	风险程度
55	三环唑	1	0.04	1.14	低度风险
56	仲丁威	1	0.04	1.14	低度风险
57	虫酰肼	1	0.04	1.14	低度风险
58	稻丰散	1	0.04	1.14	低度风险
59	二甲嘧酚	1	0.04	1.14	低度风险
60	马拉硫磷	1	0.04	1.14	低度风险
61	杀线威	1	0.04	1.14	低度风险
62	烯效唑	1	0.04	1.14	低度风险
63	氟吡菌酰胺	1	0.04	1.14	低度风险
64	乐果	1	0.04	1.14	低度风险
65	氟蚁腙	1	0.04	1.14	低度风险
66	乙硫磷	0	0	1.10	低度风险
67	双苯酰草胺	0	0	1.10	低度风险
68	双苯基脲	0	0	1.10	低度风险
69	唑螨酯	0	0	1.10	低度风险
70	新燕灵	0	0	1.10	低度风险
71	缬霉威	0	0	1.10	低度风险
72	莠去津	0	0	1.10	低度风险
73	茚虫威	0	0	1.10	低度风险
74	双炔酰菌胺	0	0	1.10	低度风险
75	乙嘧酚	0	0	1.10	低度风险
76	烯唑醇	0	0	1.10	低度风险
77	乙霉威	0	0	1.10	低度风险
78	四氟醚唑	0	0	1.10	低度风险
79	四螨嗪	0	0	1.10	低度风险
80	异丙甲草胺	0	0	1.10	低度风险
81	肟菌酯	0	0	1.10	低度风险
82	乙酰甲胺磷	0	0	1.10	低度风险
83	乙基多杀菌素	0	0	1.10	低度风险
84	戊菌唑	0	0	1.10	低度风险
85	乙螨唑	0	0	1.10	低度风险
86	乙嘧酚磺酸酯	0	0	1.10	低度风险
87	螺虫乙酯	0	0	1.10	低度风险

序号	农药	超标频次	超标率 P（%）	风险系数 R	风险程度
88	十三吗啉	0	0	1.10	低度风险
89	氟酰胺	0	0	1.10	低度风险
90	埃卡瑞丁	0	0	1.10	低度风险
91	胺菊酯	0	0	1.10	低度风险
92	苯菌酮	0	0	1.10	低度风险
93	苯醚甲环唑	0	0	1.10	低度风险
94	苯嘧磺草胺	0	0	1.10	低度风险
95	吡丙醚	0	0	1.10	低度风险
96	吡蚜酮	0	0	1.10	低度风险
97	稻瘟灵	0	0	1.10	低度风险
98	敌蝇威	0	0	1.10	低度风险
99	啶酰菌胺	0	0	1.10	低度风险
100	多杀霉素	0	0	1.10	低度风险
101	呋嘧醇	0	0	1.10	低度风险
102	氟吡菌胺	0	0	1.10	低度风险
103	氟环唑	0	0	1.10	低度风险
104	环丙唑醇	0	0	1.10	低度风险
105	三唑酮	0	0	1.10	低度风险
106	环酰菌胺	0	0	1.10	低度风险
107	甲氧虫酰肼	0	0	1.10	低度风险
108	腈苯唑	0	0	1.10	低度风险
109	抗蚜威	0	0	1.10	低度风险
110	喹禾灵	0	0	1.10	低度风险
111	喹氧灵	0	0	1.10	低度风险
112	联苯肼酯	0	0	1.10	低度风险
113	氯吡脲	0	0	1.10	低度风险
114	嘧菌环胺	0	0	1.10	低度风险
115	灭害威	0	0	1.10	低度风险
116	扑草净	0	0	1.10	低度风险
117	去甲基抗蚜威	0	0	1.10	低度风险
118	去乙基阿特拉津	0	0	1.10	低度风险
119	噻虫啉	0	0	1.10	低度风险
120	唑嘧菌胺	0	0	1.10	低度风险

对每个月份内的非禁用农药的风险系数分析，每月内非禁用农药风险程度分布图如图 10-26 所示。13 个月份内处于高度风险的农药数排序为 2017 年 3 月（9）>2016 年 11 月（8）>2015 年 5 月（7）>2016 年 12 月（6）>2016 年 8 月（5）=2017 年 5 月（5）>2017 年 1 月（4）>2016 年 3 月（3）=2017 年 8 月（3）>2016 年 9 月（2）=2017 年 6 月（2）>2016 年 6 月（1）=2017 年 9 月（1）。

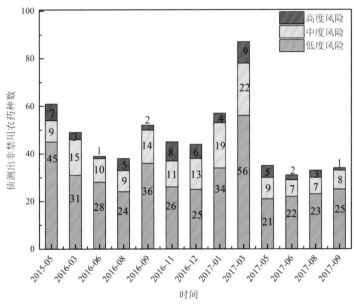

图 10-26　各月份水果蔬菜中非禁用农药残留的风险程度分布图

13 个月份内水果蔬菜中非禁用农药处于中度风险和高度风险的风险系数如图 10-27 和表 10-18 所示。

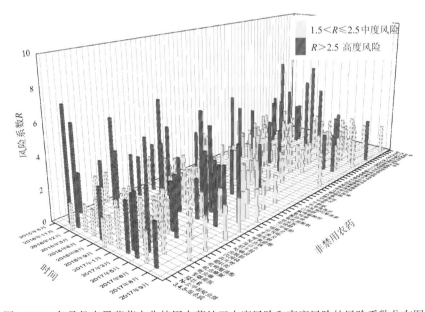

图 10-27　各月份水果蔬菜中非禁用农药处于中度风险和高度风险的风险系数分布图

表 10-18　各月份水果蔬菜中非禁用农药处于中度风险和高度风险的风险系数表

序号	年月	农药	超标频次	超标率 P（%）	风险系数 R	风险程度
1	2015 年 5 月	多菌灵	8	2.40	3.50	高度风险
2	2015 年 5 月	哒螨灵	7	2.10	3.20	高度风险
3	2015 年 5 月	烯啶虫胺	7	2.10	3.20	高度风险
4	2015 年 5 月	丙环唑	6	1.80	2.90	高度风险
5	2015 年 5 月	吡虫啉	5	1.50	2.60	高度风险
6	2015 年 5 月	啶虫脒	5	1.50	2.60	高度风险
7	2015 年 5 月	甲基硫菌灵	5	1.50	2.60	高度风险
8	2015 年 5 月	甲哌	4	1.20	2.30	中度风险
9	2015 年 5 月	灭蝇胺	4	1.20	2.30	中度风险
10	2015 年 5 月	避蚊胺	3	0.90	2.00	中度风险
11	2015 年 5 月	丙溴磷	3	0.90	2.00	中度风险
12	2015 年 5 月	多效唑	3	0.90	2.00	中度风险
13	2015 年 5 月	甲霜灵	3	0.90	2.00	中度风险
14	2015 年 5 月	三唑醇	3	0.90	2.00	中度风险
15	2015 年 5 月	三唑磷	3	0.90	2.00	中度风险
16	2015 年 5 月	噻嗪酮	2	0.60	1.70	中度风险
17	2016 年 3 月	多菌灵	6	3.57	4.67	高度风险
18	2016 年 3 月	烯啶虫胺	3	1.79	2.89	高度风险
19	2016 年 3 月	烯酰吗啉	3	1.79	2.89	高度风险
20	2016 年 3 月	吡虫啉	2	1.19	2.29	中度风险
21	2016 年 3 月	噁霜灵	2	1.19	2.29	中度风险
22	2016 年 3 月	N-去甲基啶虫脒	1	0.60	1.70	中度风险
23	2016 年 3 月	苯噻菌胺	1	0.60	1.70	中度风险
24	2016 年 3 月	丙环唑	1	0.60	1.70	中度风险
25	2016 年 3 月	丙溴磷	1	0.60	1.70	中度风险
26	2016 年 3 月	氟硅唑	1	0.60	1.70	中度风险
27	2016 年 3 月	氟唑菌酰胺	1	0.60	1.70	中度风险
28	2016 年 3 月	己唑醇	1	0.60	1.70	中度风险
29	2016 年 3 月	甲霜灵	1	0.60	1.70	中度风险
30	2016 年 3 月	腈菌唑	1	0.60	1.70	中度风险
31	2016 年 3 月	嘧菌酯	1	0.60	1.70	中度风险
32	2016 年 3 月	噻虫胺	1	0.60	1.70	中度风险
33	2016 年 3 月	三唑磷	1	0.60	1.70	中度风险

续表

序号	年月	农药	超标频次	超标率 P（%）	风险系数 R	风险程度
34	2016 年 3 月	霜霉威	1	0.60	1.70	中度风险
35	2016 年 6 月	啶虫脒	6	2.99	4.09	高度风险
36	2016 年 6 月	醚菌酯	2	1.00	2.10	中度风险
37	2016 年 6 月	异丙威	2	1.00	2.10	中度风险
38	2016 年 6 月	N-去甲基啶虫脒	1	0.50	1.60	中度风险
39	2016 年 6 月	吡虫啉脲	1	0.50	1.60	中度风险
40	2016 年 6 月	多菌灵	1	0.50	1.60	中度风险
41	2016 年 6 月	多效唑	1	0.50	1.60	中度风险
42	2016 年 6 月	二甲嘧酚	1	0.50	1.60	中度风险
43	2016 年 6 月	粉唑醇	1	0.50	1.60	中度风险
44	2016 年 6 月	氟硅唑	1	0.50	1.60	中度风险
45	2016 年 6 月	噻唑磷	1	0.50	1.60	中度风险
46	2016 年 8 月	烯啶虫胺	5	5.21	6.31	高度风险
47	2016 年 8 月	霜霉威	4	4.17	5.27	高度风险
48	2016 年 8 月	异丙威	3	3.13	4.23	高度风险
49	2016 年 8 月	N-去甲基啶虫脒	2	2.08	3.18	高度风险
50	2016 年 8 月	嘧菌酯	2	2.08	3.18	高度风险
51	2016 年 8 月	啶虫脒	1	1.04	2.14	中度风险
52	2016 年 8 月	多菌灵	1	1.04	2.14	中度风险
53	2016 年 8 月	噁霜灵	1	1.04	2.14	中度风险
54	2016 年 8 月	氟硅唑	1	1.04	2.14	中度风险
55	2016 年 8 月	甲基硫菌灵	1	1.04	2.14	中度风险
56	2016 年 8 月	腈菌唑	1	1.04	2.14	中度风险
57	2016 年 8 月	咪鲜胺	1	1.04	2.14	中度风险
58	2016 年 8 月	醚菌酯	1	1.04	2.14	中度风险
59	2016 年 8 月	乙草胺	1	1.04	2.14	中度风险
60	2016 年 9 月	啶虫脒	4	2.41	3.51	高度风险
61	2016 年 9 月	烯啶虫胺	3	1.81	2.91	高度风险
62	2016 年 9 月	霜霉威	2	1.20	2.30	中度风险
63	2016 年 9 月	3,4,5-混杀威	1	0.60	1.70	中度风险
64	2016 年 9 月	N-去甲基啶虫脒	1	0.60	1.70	中度风险
65	2016 年 9 月	吡虫啉	1	0.60	1.70	中度风险
66	2016 年 9 月	吡虫啉脲	1	0.60	1.70	中度风险

序号	年月	农药	超标频次	超标率 P（%）	风险系数 R	风险程度
67	2016 年 9 月	丙溴磷	1	0.60	1.70	中度风险
68	2016 年 9 月	虫酰肼	1	0.60	1.70	中度风险
69	2016 年 9 月	哒螨灵	1	0.60	1.70	中度风险
70	2016 年 9 月	敌百虫	1	0.60	1.70	中度风险
71	2016 年 9 月	多菌灵	1	0.60	1.70	中度风险
72	2016 年 9 月	噁霜灵	1	0.60	1.70	中度风险
73	2016 年 9 月	乐果	1	0.60	1.70	中度风险
74	2016 年 9 月	醚菌酯	1	0.60	1.70	中度风险
75	2016 年 9 月	抑霉唑	1	0.60	1.70	中度风险
76	2016 年 11 月	N-去甲基啶虫脒	12	6.15	7.25	高度风险
77	2016 年 11 月	烯啶虫胺	10	5.13	6.23	高度风险
78	2016 年 11 月	丙溴磷	9	4.62	5.72	高度风险
79	2016 年 11 月	咪鲜胺	7	3.59	4.69	高度风险
80	2016 年 11 月	多菌灵	4	2.05	3.15	高度风险
81	2016 年 11 月	噻虫胺	4	2.05	3.15	高度风险
82	2016 年 11 月	三唑磷	4	2.05	3.15	高度风险
83	2016 年 11 月	啶虫脒	3	1.54	2.64	高度风险
84	2016 年 11 月	噁霜灵	2	1.03	2.13	中度风险
85	2016 年 11 月	烯酰吗啉	2	1.03	2.13	中度风险
86	2016 年 11 月	呋虫胺	1	0.51	1.61	中度风险
87	2016 年 11 月	氟硅唑	1	0.51	1.61	中度风险
88	2016 年 11 月	嘧菌酯	1	0.51	1.61	中度风险
89	2016 年 11 月	嘧霉胺	1	0.51	1.61	中度风险
90	2016 年 11 月	炔螨特	1	0.51	1.61	中度风险
91	2016 年 11 月	噻虫嗪	1	0.51	1.61	中度风险
92	2016 年 11 月	噻菌灵	1	0.51	1.61	中度风险
93	2016 年 11 月	噻唑磷	1	0.51	1.61	中度风险
94	2016 年 11 月	三唑醇	1	0.51	1.61	中度风险
95	2016 年 12 月	N-去甲基啶虫脒	9	5.23	6.33	高度风险
96	2016 年 12 月	多菌灵	9	5.23	6.33	高度风险
97	2016 年 12 月	咪鲜胺	5	2.91	4.01	高度风险
98	2016 年 12 月	烯啶虫胺	5	2.91	4.01	高度风险
99	2016 年 12 月	三唑磷	4	2.33	3.43	高度风险

续表

序号	年月	农药	超标频次	超标率 P (%)	风险系数 R	风险程度
100	2016 年 12 月	丙环唑	3	1.74	2.84	高度风险
101	2016 年 12 月	多效唑	2	1.16	2.26	中度风险
102	2016 年 12 月	3,4,5-混杀威	1	0.58	1.68	中度风险
103	2016 年 12 月	噁霜灵	1	0.58	1.68	中度风险
104	2016 年 12 月	甲基硫菌灵	1	0.58	1.68	中度风险
105	2016 年 12 月	甲霜灵	1	0.58	1.68	中度风险
106	2016 年 12 月	醚菌酯	1	0.58	1.68	中度风险
107	2016 年 12 月	嘧霉胺	1	0.58	1.68	中度风险
108	2016 年 12 月	噻虫胺	1	0.58	1.68	中度风险
109	2016 年 12 月	噻虫嗪	1	0.58	1.68	中度风险
110	2016 年 12 月	噻菌灵	1	0.58	1.68	中度风险
111	2016 年 12 月	霜霉威	1	0.58	1.68	中度风险
112	2016 年 12 月	烯酰吗啉	1	0.58	1.68	中度风险
113	2016 年 12 月	抑霉唑	1	0.58	1.68	中度风险
114	2017 年 1 月	多菌灵	8	5.19	6.29	高度风险
115	2017 年 1 月	三唑磷	4	2.60	3.70	高度风险
116	2017 年 1 月	氟硅唑	3	1.95	3.05	高度风险
117	2017 年 1 月	咪鲜胺	3	1.95	3.05	高度风险
118	2017 年 1 月	N-去甲基啶虫脒	2	1.30	2.40	中度风险
119	2017 年 1 月	吡虫啉	2	1.30	2.40	中度风险
120	2017 年 1 月	吡虫啉脲	2	1.30	2.40	中度风险
121	2017 年 1 月	丙溴磷	2	1.30	2.40	中度风险
122	2017 年 1 月	氟唑菌酰胺	2	1.30	2.40	中度风险
123	2017 年 1 月	嘧菌酯	2	1.30	2.40	中度风险
124	2017 年 1 月	霜霉威	2	1.30	2.40	中度风险
125	2017 年 1 月	吡唑醚菌酯	1	0.65	1.75	中度风险
126	2017 年 1 月	丙环唑	1	0.65	1.75	中度风险
127	2017 年 1 月	啶虫脒	1	0.65	1.75	中度风险
128	2017 年 1 月	多效唑	1	0.65	1.75	中度风险
129	2017 年 1 月	噁霜灵	1	0.65	1.75	中度风险
130	2017 年 1 月	己唑醇	1	0.65	1.75	中度风险
131	2017 年 1 月	甲基硫菌灵	1	0.65	1.75	中度风险
132	2017 年 1 月	甲萘威	1	0.65	1.75	中度风险

序号	年月	农药	超标频次	超标率 P（%）	风险系数 R	风险程度
133	2017 年 1 月	醚菌酯	1	0.65	1.75	中度风险
134	2017 年 1 月	嘧霉胺	1	0.65	1.75	中度风险
135	2017 年 1 月	烯酰吗啉	1	0.65	1.75	中度风险
136	2017 年 1 月	仲丁威	1	0.65	1.75	中度风险
137	2017 年 3 月	多菌灵	18	4.41	5.51	高度风险
138	2017 年 3 月	矮壮素	9	2.21	3.31	高度风险
139	2017 年 3 月	N-去甲基啶虫脒	8	1.96	3.06	高度风险
140	2017 年 3 月	丙溴磷	8	1.96	3.06	高度风险
141	2017 年 3 月	甲基硫菌灵	8	1.96	3.06	高度风险
142	2017 年 3 月	噁霜灵	7	1.72	2.82	高度风险
143	2017 年 3 月	烯酰吗啉	7	1.72	2.82	高度风险
144	2017 年 3 月	啶虫脒	6	1.47	2.57	高度风险
145	2017 年 3 月	烯啶虫胺	6	1.47	2.57	高度风险
146	2017 年 3 月	吡唑醚菌酯	5	1.23	2.33	中度风险
147	2017 年 3 月	丙环唑	4	0.98	2.08	中度风险
148	2017 年 3 月	氟吗啉	4	0.98	2.08	中度风险
149	2017 年 3 月	吡虫啉	3	0.74	1.84	中度风险
150	2017 年 3 月	避蚊胺	3	0.74	1.84	中度风险
151	2017 年 3 月	氟硅唑	3	0.74	1.84	中度风险
152	2017 年 3 月	螺螨酯	3	0.74	1.84	中度风险
153	2017 年 3 月	醚菌酯	3	0.74	1.84	中度风险
154	2017 年 3 月	嘧霉胺	3	0.74	1.84	中度风险
155	2017 年 3 月	噻唑磷	3	0.74	1.84	中度风险
156	2017 年 3 月	三唑醇	3	0.74	1.84	中度风险
157	2017 年 3 月	三唑磷	3	0.74	1.84	中度风险
158	2017 年 3 月	吡虫啉脲	2	0.49	1.59	中度风险
159	2017 年 3 月	啶氧菌酯	2	0.49	1.59	中度风险
160	2017 年 3 月	毒死蜱	2	0.49	1.59	中度风险
161	2017 年 3 月	氟唑菌酰胺	2	0.49	1.59	中度风险
162	2017 年 3 月	甲氨基阿维菌素	2	0.49	1.59	中度风险
163	2017 年 3 月	噻虫胺	2	0.49	1.59	中度风险
164	2017 年 3 月	噻虫嗪	2	0.49	1.59	中度风险
165	2017 年 3 月	异丙威	2	0.49	1.59	中度风险

续表

序号	年月	农药	超标频次	超标率 P（%）	风险系数 R	风险程度
166	2017 年 3 月	抑霉唑	2	0.49	1.59	中度风险
167	2017 年 3 月	唑虫酰胺	2	0.49	1.59	中度风险
168	2017 年 5 月	啶虫脒	5	3.36	4.46	高度风险
169	2017 年 5 月	N-去甲基啶虫脒	4	2.68	3.78	高度风险
170	2017 年 5 月	苯噻菌胺	4	2.68	3.78	高度风险
171	2017 年 5 月	丙环唑	4	2.68	3.78	高度风险
172	2017 年 5 月	多效唑	3	2.01	3.11	高度风险
173	2017 年 5 月	氟唑菌酰胺	2	1.34	2.44	中度风险
174	2017 年 5 月	异丙威	2	1.34	2.44	中度风险
175	2017 年 5 月	多菌灵	1	0.67	1.77	中度风险
176	2017 年 5 月	甲基硫菌灵	1	0.67	1.77	中度风险
177	2017 年 5 月	腈菌唑	1	0.67	1.77	中度风险
178	2017 年 5 月	嘧菌酯	1	0.67	1.77	中度风险
179	2017 年 5 月	戊唑醇	1	0.67	1.77	中度风险
180	2017 年 5 月	烯酰吗啉	1	0.67	1.77	中度风险
181	2017 年 5 月	抑霉唑	1	0.67	1.77	中度风险
182	2017 年 6 月	啶虫脒	4	2.96	4.06	高度风险
183	2017 年 6 月	噻虫胺	2	1.48	2.58	高度风险
184	2017 年 6 月	N-去甲基啶虫脒	1	0.74	1.84	中度风险
185	2017 年 6 月	吡虫啉	1	0.74	1.84	中度风险
186	2017 年 6 月	丙溴磷	1	0.74	1.84	中度风险
187	2017 年 6 月	三环唑	1	0.74	1.84	中度风险
188	2017 年 6 月	三唑醇	1	0.74	1.84	中度风险
189	2017 年 6 月	烯酰吗啉	1	0.74	1.84	中度风险
190	2017 年 6 月	增效醚	1	0.74	1.84	中度风险
191	2017 年 8 月	多菌灵	5	3.79	4.89	高度风险
192	2017 年 8 月	N-去甲基啶虫脒	2	1.52	2.62	高度风险
193	2017 年 8 月	噻虫胺	2	1.52	2.62	高度风险
194	2017 年 8 月	多效唑	1	0.76	1.86	中度风险
195	2017 年 8 月	噁霜灵	1	0.76	1.86	中度风险
196	2017 年 8 月	氟吡菌酰胺	1	0.76	1.86	中度风险
197	2017 年 8 月	氟唑菌酰胺	1	0.76	1.86	中度风险
198	2017 年 8 月	嘧菌酯	1	0.76	1.86	中度风险

续表

序号	年月	农药	超标频次	超标率 P（%）	风险系数 R	风险程度
199	2017 年 8 月	噻虫嗪	1	0.76	1.86	中度风险
200	2017 年 8 月	三唑醇	1	0.76	1.86	中度风险
201	2017 年 9 月	戊唑醇	2	1.96	3.06	高度风险
202	2017 年 9 月	吡虫啉脲	1	0.98	2.08	中度风险
203	2017 年 9 月	丙环唑	1	0.98	2.08	中度风险
204	2017 年 9 月	稻丰散	1	0.98	2.08	中度风险
205	2017 年 9 月	啶氧菌酯	1	0.98	2.08	中度风险
206	2017 年 9 月	噁霜灵	1	0.98	2.08	中度风险
207	2017 年 9 月	马拉硫磷	1	0.98	2.08	中度风险
208	2017 年 9 月	噻唑磷	1	0.98	2.08	中度风险
209	2017 年 9 月	增效醚	1	0.98	2.08	中度风险

10.4 LC-Q-TOF/MS 侦测石家庄市市售水果蔬菜农药残留风险评估结论与建议

农药残留是影响水果蔬菜安全和质量的主要因素，也是我国食品安全领域倍受关注的敏感话题和亟待解决的重大问题之一[15,16]。各种水果蔬菜均存在不同程度的农药残留现象，本研究主要针对石家庄市各类水果蔬菜存在的农药残留问题，基于 2015 年 5 月~2017 年 9 月对石家庄市 2411 例水果蔬菜样品中农药残留侦测得出的 5418 个侦测结果，分别采用食品安全指数模型和风险系数模型，开展水果蔬菜中农药残留的膳食暴露风险和预警风险评估。水果蔬菜样品取自超市和农贸市场，符合大众的膳食来源，风险评价时更具有代表性和可信度。

本研究力求通用简单地反映食品安全中的主要问题，且为管理部门和大众容易接受，为政府及相关管理机构建立科学的食品安全信息发布和预警体系提供科学的规律与方法，加强对农药残留的预警和食品安全重大事件的预防，控制食品风险。

10.4.1 石家庄市水果蔬菜中农药残留膳食暴露风险评价结论

1）水果蔬菜样品中农药残留安全状态评价结论

采用食品安全指数模型，对 2015 年 5 月~2017 年 9 月期间石家庄市水果蔬菜食品农药残留膳食暴露风险进行评价，根据 IFS_c 的计算结果发现，水果蔬菜中农药的 $\overline{IFS}$ 为 0.0510，说明石家庄市水果蔬菜总体处于很好的安全状态，但部分禁用农药、高残留农药在蔬菜、水果中仍有侦测出，导致膳食暴露风险的存在，成为不安全因素。

2）单种水果蔬菜中农药膳食暴露风险不可接受情况评价结论

单种水果蔬菜中农药残留安全指数分析结果显示，农药对单种水果蔬菜安全影响不可接受（IFS$_c$＞1）的样本数共 11 个，占总样本数的 0.87%，11 个样本分别为甜椒、丝瓜、小茴香、结球甘蓝中的氧乐果，豇豆中的三唑磷，油麦菜、韭菜、小茴香、芹菜中的甲拌磷，黄瓜中的异丙威，西瓜中的克百威，说明这些样本涉及的水果蔬菜会对消费者身体健康造成较大的膳食暴露风险。氧乐果、甲拌磷和克百威属于禁用的剧毒农药，且甜椒、丝瓜、小茴香、结球甘蓝、油麦菜、韭菜、西瓜均为较常见的水果蔬菜，百姓日常食用量较大，长期食用大量残留氧乐果、甲拌磷和克百威的水果蔬菜会对人体造成不可接受的影响。本次侦测发现氧乐果、甲拌磷和克百威在韭菜、甜椒、油麦菜等 7 种水果蔬菜样品中多次并大量侦测出，是未严格实施农业良好管理规范（GAP），抑或是农药滥用，这应该引起相关管理部门的警惕，应加强对水果蔬菜中氧乐果、甲拌磷和克百威的严格管控。

3）禁用农药膳食暴露风险评价

本次侦测发现部分水果蔬菜样品中有禁用农药侦测出，侦测出禁用农药 8 种，检出频次为 117，水果蔬菜样品中的禁用农药 IFS$_c$ 计算结果表明，禁用农药残留膳食暴露风险不可接受的频次为 16，占 13.68%；可以接受的频次为 46，占 39.32%；没有影响的频次为 55，占 47.01%。对于水果蔬菜样品中所有农药而言，膳食暴露风险不可接受的频次为 23，仅占总体频次的 0.42%。可以看出，禁用农药的膳食暴露风险不可接受的比例远高于总体水平，这在一定程度上说明禁用农药更容易导致严重的膳食暴露风险。此外，膳食暴露风险不可接受的残留禁用农药均为甲拌磷、氧乐果、克百威，因此，应该加强对禁用农药甲拌磷、氧乐果、克百威的管控力度。为何在国家明令禁止禁用农药喷洒的情况下，还能在多种水果蔬菜中多次侦测出禁用农药残留并造成不可接受的膳食暴露风险，这应该引起相关部门的高度警惕，应该在禁止禁用农药喷洒的同时，严格管控禁用农药的生产和售卖，从根本上杜绝安全隐患。

10.4.2　石家庄市水果蔬菜中农药残留预警风险评价结论

1）单种水果蔬菜中禁用农药残留的预警风险评价结论

本次侦测过程中，在 35 种水果蔬菜中侦测超出 8 种禁用农药，禁用农药为：克百威、氧乐果、甲拌磷、灭多威、甲胺磷、磷胺、灭线磷、治螟磷，水果蔬菜为：豇豆、橘、樱桃番茄、草莓、小茴香、橙、柑、茼蒿、芹菜、葱、苦苣、油桃、油麦菜、韭菜、莴笋、甜椒、西瓜等 35 种，水果蔬菜中禁用农药的风险系数分析结果显示，8 种禁用农药在 35 种水果蔬菜中的残留只有 2 个样本处于中度风险，其余样本均处于高度风险，说明在单种水果蔬菜中禁用农药的残留会导致较高的预警风险。

2）单种水果蔬菜中非禁用农药残留的预警风险评价结论

以 MRL 中国国家标准为标准，计算水果蔬菜中非禁用农药风险系数情况下，1216 个样本中，5 个处于高度风险（0.41%），301 个处于低度风险（24.75%），910 个样本没有 MRL 中国国家标准（74.84%）。以 MRL 欧盟标准为标准，计算水果蔬菜中非禁用农药风险系数情况下，发现有 219 个处于高度风险（18.01%），42 个处于中度风险（3.45%），955 个处于低度风险（78.54%）。基于两种 MRL 标准，评价的结果差异显著，可以看出

MRL 欧盟标准比中国国家标准更加严格和完善，过于宽松的 MRL 中国国家标准值能否有效保障人体的健康有待研究。

10.4.3 加强石家庄市水果蔬菜食品安全建议

我国食品安全风险评价体系仍不够健全，相关制度不够完善，多年来，由于农药用药次数多、用药量大或用药间隔时间短，产品残留量大，农药残留所造成的食品安全问题日益严峻，给人体健康带来了直接或间接的危害。据估计，美国与农药有关的癌症患者数约占全国癌症患者总数的 50%，中国更高。同样，农药对其他生物也会形成直接杀伤和慢性危害，植物中的农药可经过食物链逐级传递并不断蓄积，对人和动物构成潜在威胁，并影响生态系统。

基于本次农药残留侦测数据的风险评价结果，提出以下几点建议：

1）加快食品安全标准制定步伐

我国食品标准中对农药每日允许最大摄入量（ADI）的数据严重缺乏，在本次评价所涉及的 128 种农药中，仅有 81.2% 的农药具有 ADI 值，而 18.8% 的农药中国尚未规定相应的 ADI 值，亟待完善。

我国食品中农药最大残留限量值的规定严重缺乏，对评估涉及的不同水果蔬菜中不同农药 1270 个 MRL 限值进行统计来看，我国仅制定出 360 个标准，标准完整率仅为 28.3%，欧盟的完整率达到 100%（表 10-19）。因此，中国更应加快 MRL 标准的制定步伐。

表 10-19　我国国家食品标准农药的 ADI、MRL 值与欧盟标准的数量差异

分类		ADI	MRL 中国国家标准	MRL 欧盟标准
标准限值（个）	有	104	360	1270
	无	24	910	0
总数（个）		128	1270	1270
无标准限值比例（%）		18.8	71.7	0

此外，MRL 中国国家标准限值普遍高于欧盟标准限值，这些标准中共有 190 个高于欧盟。过高的 MRL 值难以保障人体健康，建议继续加强对限值基准和标准的科学研究，将农产品中的危险性减少到尽可能低的水平。

2）加强农药的源头控制和分类监管

在石家庄市某些水果蔬菜中仍有禁用农药残留，利用 LC-Q-TOF/MS 技术侦测出 8 种禁用农药，检出频次为 117 次，残留禁用农药均存在较大的膳食暴露风险和预警风险。早已列入黑名单的禁用农药在我国并未真正退出，有些药物由于价格便宜、工艺简单，此类高毒农药一直生产和使用。建议在我国采取严格有效的控制措施，从源头控制禁用农药。

对于非禁用农药，在我国作为"田间地头"最典型单位的县级蔬果产地中，农药残留的侦测几乎缺失。建议根据农药的毒性，对高毒、剧毒、中毒农药实现分类管理，减少使用高毒和剧毒高残留农药, 进行分类监管。

3) 加强残留农药的生物修复及降解新技术

市售果蔬中残留农药的品种多、频次高、禁用农药多次检出这一现状, 说明了我国的田间土壤和水体因农药长期、频繁、不合理的使用而遭到严重污染。为此, 建议中国相关部门出台相关政策, 鼓励高校及科研院所积极开展分子生物学、酶学等研究, 加强土壤、水体中残留农药的生物修复及降解新技术研究, 切实加大农药监管力度, 以控制农药的面源污染问题。

综上所述, 在本工作基础上, 根据蔬菜残留危害, 可进一步针对其成因提出和采取严格管理、大力推广无公害蔬菜种植与生产、健全食品安全控制技术体系、加强蔬菜食品质量侦测体系建设和积极推行蔬菜食品质量追溯制度等相应对策。建立和完善食品安全综合评价指数与风险监测预警系统, 对食品安全进行实时、全面的监控与分析, 为我国的食品安全科学监管与决策提供新的技术支持, 可实现各类检验数据的信息化系统管理, 降低食品安全事故的发生。

第 11 章 GC-Q-TOF/MS 侦测石家庄市 2411 例市售水果蔬菜样品农药残留报告

从石家庄市所属 5 个区县，随机采集了 2411 例水果蔬菜样品，使用气相色谱-四级杆飞行时间质谱（GC-Q-TOF/MS）对 507 种农药化学污染物进行示范侦测。

11.1 样品种类、数量与来源

11.1.1 样品采集与检测

为了真实反映百姓餐桌上水果蔬菜中农药残留污染状况，本次所有检测样品均由检验人员于 2015 年 5 月至 2017 年 9 月期间，从石家庄市所属 51 个采样点，包括 12 个农贸市场 39 个超市，以随机购买方式采集，总计 92 批 2411 例样品，从中检出农药 169 种，5022 频次。采样点及监测概况见图 11-1 及表 11-1，样品及采样点明细见表 11-2 及表 11-3（侦测原始数据见附表 1）。

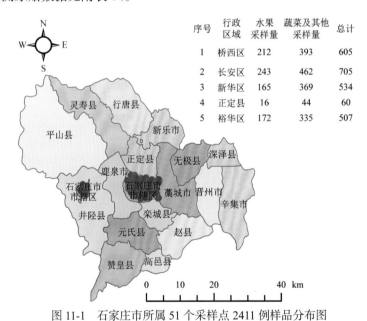

序号	行政区域	水果采样量	蔬菜及其他采样量	总计
1	桥西区	212	393	605
2	长安区	243	462	705
3	新华区	165	369	534
4	正定县	16	44	60
5	裕华区	172	335	507

图 11-1 石家庄市所属 51 个采样点 2411 例样品分布图

表 11-1 农药残留监测总体概况

采样地区	石家庄市所属 5 个区县
采样点（超市+农贸市场）	51
样本总数	2411

续表

检出农药品种/频次	169/5022
各采样点样本农药残留检出率范围	45.0%~100.0%

表 11-2　样品分类及数量

样品分类	样品名称（数量）	数量小计
1. 调味料		5
1）叶类调味料	芫荽（5）	5
2. 水果		808
1）仁果类水果	苹果（89），梨（75）	164
2）核果类水果	桃（27），油桃（11），李子（15），枣（11），樱桃（4）	68
3）浆果和其他小型水果	猕猴桃（80），草莓（23），葡萄（54）	157
4）瓜果类水果	西瓜（21），哈密瓜（4），甜瓜（27）	52
5）热带和亚热带水果	山竹（8），龙眼（25），香蕉（15），柿子（4），木瓜（10），芒果（66），荔枝（7），火龙果（55），菠萝（8）	198
6）柑橘类水果	柑（10），橘（31），柠檬（70），橙（58）	169
3. 食用菌		79
1）蘑菇类	香菇（33），金针菇（16），杏鲍菇（30）	79
4. 蔬菜		1519
1）豆类蔬菜	豇豆（12），菜豆（70）	82
2）鳞茎类蔬菜	韭菜（60），洋葱（52），蒜黄（10），葱（11），蒜薹（25）	158
3）叶菜类蔬菜	小茴香（33），芹菜（61），苦苣（11），蕹菜（2），菠菜（40），油麦菜（81），小白菜（32），娃娃菜（11），大白菜（27），生菜（78），小油菜（46），茼蒿（10），莴笋（13）	445
4）芸薹属类蔬菜	结球甘蓝（45），花椰菜（36），青花菜（31），紫甘蓝（44），菜薹（14）	170
5）茄果类蔬菜	番茄（86），甜椒（63），辣椒（27），樱桃番茄（15），茄子（77）	268
6）瓜类蔬菜	黄瓜（91），西葫芦（73），南瓜（5），冬瓜（64），苦瓜（13），丝瓜（44）	290
7）芽菜类蔬菜	绿豆芽（2）	2
8）根茎类和薯芋类蔬菜	胡萝卜（53），萝卜（36），马铃薯（15）	104
合计	1.调味料 1 种 2.水果 26 种 3.食用菌 3 种 4.蔬菜 40 种	2411

表 11-3　石家庄市采样点信息

采样点序号	行政区域	采样点
农贸市场（12）		
1	新华区	***市场
2	新华区	***市场
3	新华区	***市场
4	桥西区	***市场
5	桥西区	***市场
6	桥西区	***市场
7	桥西区	***市场
8	桥西区	***市场
9	正定县	***市场
10	裕华区	***市场
11	裕华区	***市场
12	长安区	***市场
超市（39）		
1	新华区	***超市（中华北店）
2	新华区	***超市（新石店）
3	新华区	***超市（益元店）
4	新华区	***超市（铁运广场店）
5	新华区	***超市（友谊店）
6	新华区	***超市（宝龙仓柏林店）
7	新华区	***超市（柏林店）
8	桥西区	***超市（万象天成店）
9	桥西区	***超市（北杜店）
10	桥西区	***超市（华夏店）
11	桥西区	***超市（新百店）
12	桥西区	***超市（益友店）
13	桥西区	***超市（西兴店）
14	桥西区	***超市（保龙仓中华大街店）
15	桥西区	***超市（保龙仓留营店）
16	桥西区	***超市（新石店）
17	桥西区	***超市（民心广场店）
18	正定县	***超市（正定县店）

续表

采样点序号	行政区域	采样点
19	正定县	***超市（常山店）
20	裕华区	***超市（怀特店）
21	裕华区	***超市（裕华店）
22	裕华区	***超市（长江店）
23	裕华区	***超市（建华大街店）
24	裕华区	***超市（小马店）
25	裕华区	***超市（怀特店）
26	裕华区	***超市（西美五洲店）
27	长安区	***超市（先天下店）
28	长安区	***超市（北国店）
29	长安区	***超市（天河店）
30	长安区	***超市（益庄店）
31	长安区	***超市（谈固店）
32	长安区	***超市（霍营店）
33	长安区	***超市（中山店）
34	长安区	***超市（紫光都店）
35	长安区	***超市（保龙仓勒泰店）
36	长安区	***超市（保龙仓金谈固店）
37	长安区	***超市（东胜店）
38	长安区	***超市（财富大厦店）
39	长安区	***超市（乐汇城店）

11.1.2　检测结果

这次使用的检测方法是庞国芳院士团队最新研发的不需使用标准品对照，而以高分辨精确质量数（0.0001 *m/z*）为基准的 GC-Q-TOF/MS 检测技术，对于 2411 例样品，每个样品均侦测了 507 种农药化学污染物的残留现状。通过本次侦测，在 2411 例样品中共计检出农药化学污染物 169 种，检出 5022 频次。

11.1.2.1　各采样点样品检出情况

统计分析发现 51 个采样点中，被测样品的农药检出率范围为 45.0%~100.0%。其中，***市场的检出率最高，为 100.0%。***市场的检出率最低，为 45.0%，见图 11-2。

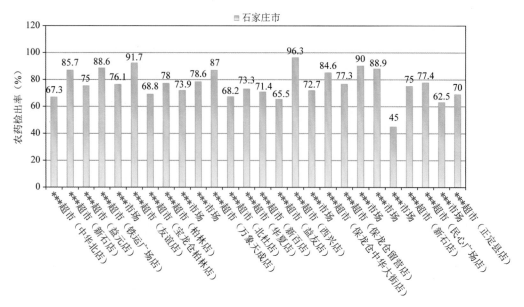

图 11-2-1　各采样点样品中的农药检出率

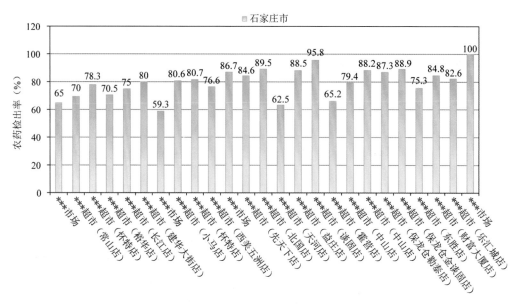

图 11-2-2　各采样点样品中的农药检出率

11.1.2.2　检出农药的品种总数与频次

统计分析发现，对于 2411 例样品中 507 种农药化学污染物的侦测，共检出农药 5022 频次，涉及农药 169 种，结果如图 11-3 所示。其中威杀灵检出频次最高，共检出 630 次。检出频次排名前 10 的农药如下：①威杀灵（630）；②毒死蜱（433）；③腐霉利（362）；④二苯胺（204）；⑤烯丙菊酯（172）；⑥嘧霉胺（169）；⑦联苯菊酯（157）；⑧哒螨灵（150）；⑨硫丹（112）；⑩戊唑醇（112）。

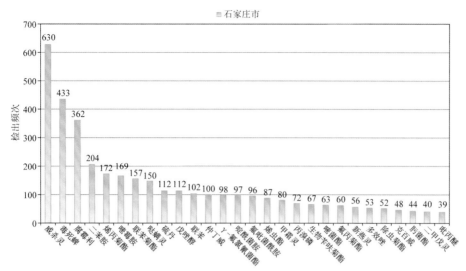

图 11-3　检出农药品种及频次（仅列出 39 频次及以上的数据）

由图 11-4 可见，油麦菜、芹菜、黄瓜、甜椒、韭菜、小茴香、菜豆、葡萄、橙、小白菜、茄子、番茄、苹果、橘、芒果、生菜、樱桃番茄、菠菜和辣椒这 19 种果蔬样品中检出的农药品种数较高，均超过 30 种，其中，油麦菜检出农药品种最多，为 53 种。由图 11-5 可见，油麦菜、芹菜、番茄、黄瓜、茄子、葡萄、韭菜、菜豆、橙、甜椒、胡萝卜、梨、芒果、柠檬、橘、小茴香、苹果、樱桃番茄、西葫芦和猕猴桃这 20 种果蔬样品中的农药检出频次较高，均超过 100 次，其中，油麦菜检出农药频次最高，为 242 次。

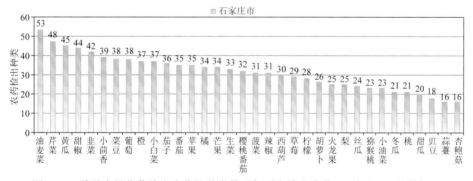

图 11-4　单种水果蔬菜检出农药的种类数（仅列出检出农药 16 种及以上的数据）

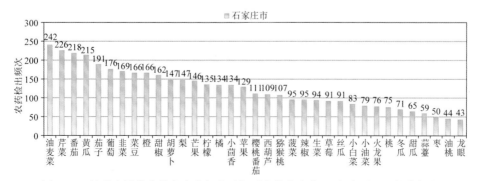

图 11-5　单种水果蔬菜检出农药频次（仅列出检出农药 43 频次及以上的数据）

11.1.2.3　单例样品农药检出种类与占比

对单例样品检出农药种类和频次进行统计发现，未检出农药的样品占总样品数的21.6%，检出 1 种农药的样品占总样品数的25.5%，检出 2~5 种农药的样品占总样品数的46.6%，检出 6~10 种农药的样品占总样品数的6.1%，检出大于 10 种农药的样品占总样品数的0.2%。每例样品中平均检出农药为 2.1 种，数据见表 11-4 及图 11-6。

表 11-4　单例样品检出农药品种占比

检出农药品种数	样品数量/占比（%）
未检出	520/21.6
1 种	615/25.5
2~5 种	1123/46.6
6~10 种	147/6.1
大于 10 种	6/0.2
单例样品平均检出农药品种	2.1 种

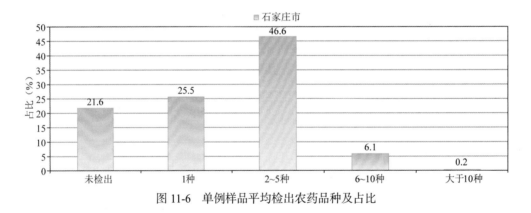

图 11-6　单例样品平均检出农药品种及占比

11.1.2.4　检出农药类别与占比

所有检出农药按功能分类，包括杀虫剂、杀菌剂、除草剂、植物生长调节剂、除草剂安全剂、驱避剂、增效剂和其他共 8 类。其中杀虫剂与杀菌剂为主要检出的农药类别，分别占总数的44.4%和31.4%，见表 11-5 及图 11-7。

表 11-5　检出农药所属类别/占比

农药类别	数量/占比（%）
杀虫剂	75/44.4
杀菌剂	53/31.4
除草剂	30/17.8
植物生长调节剂	6/3.6

续表

农药类别	数量/占比%
除草剂安全剂	1/0.6
驱避剂	1/0.6
增效剂	1/0.6
其他	2/1.2

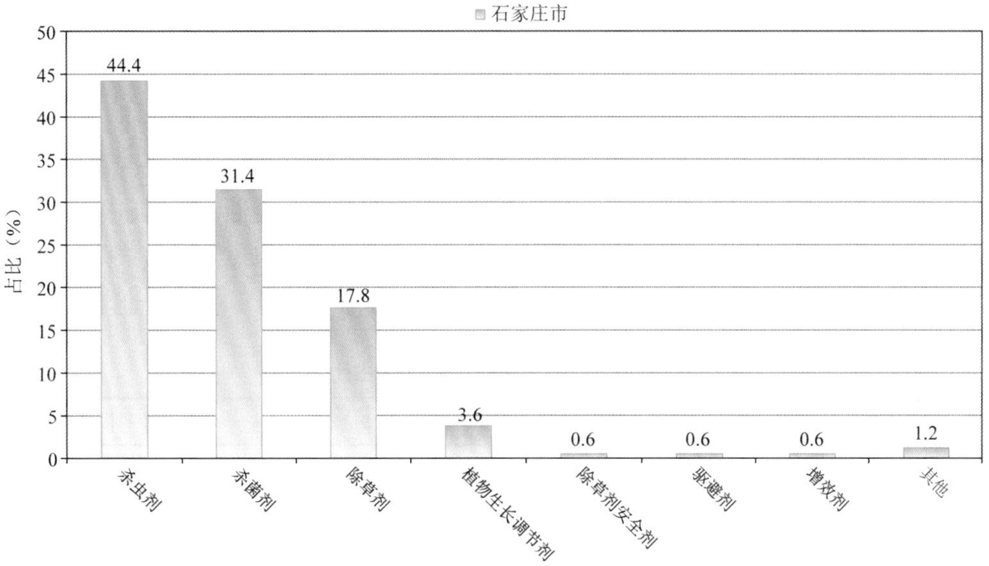

图 11-7　检出农药所属类别和占比

11.1.2.5　检出农药的残留水平

按检出农药残留水平进行统计，残留水平在 1~5 μg/kg（含）的农药占总数的 28.3%，在 5~10 μg/kg（含）的农药占总数的 15.4%，在 10~100 μg/kg（含）的农药占总数的 42.4%，在 100~1000 μg/kg（含）的农药占总数的 13.4%，在＞1000 μg/kg 的农药占总数的 0.6%。

由此可见，这次检测的 92 批 2411 例水果蔬菜样品中农药多数处于中高残留水平。结果见表 11-6 及图 11-8，数据见附表 2。

表 11-6　农药残留水平/占比

残留水平（μg/kg）	检出频次数/占比（%）
1~5（含）	1423/28.3
5~10（含）	771/15.4
10~100（含）	2127/42.4
100~1000（含）	672/13.4
＞1000	29/0.6

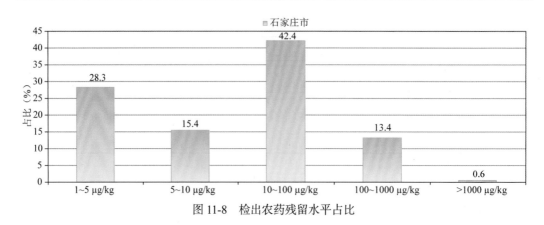

图 11-8 检出农药残留水平占比

11.1.2.6 检出农药的毒性类别、检出频次和超标频次及占比

对这次检出的 169 种 5022 频次的农药，按剧毒、高毒、中毒、低毒和微毒这五个毒性类别进行分类，从中可以看出，石家庄市目前普遍使用的农药为中低微毒农药，品种占 91.1%，频次占 96.7%，结果见表 11-7 及图 11-9。

表 11-7　检出农药毒性类别/占比

毒性分类	农药品种/占比（%）	检出频次/占比（%）	超标频次/超标率（%）
剧毒农药	5/3.0	32/0.6	14/43.8
高毒农药	10/5.9	134/2.7	32/23.9
中毒农药	64/37.9	2040/40.6	24/1.2
低毒农药	60/35.5	1752/34.9	0/0.0
微毒农药	30/17.8	1064/21.2	7/0.7

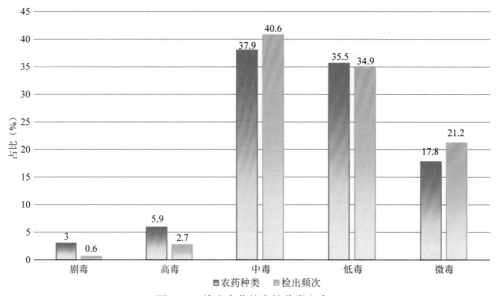

图 11-9 检出农药的毒性分类和占比

11.1.2.7　检出剧毒/高毒类农药的品种和频次

值得特别关注的是,在此次侦测的 2411 例样品中有 24 种蔬菜 18 种水果 1 种调味料的 151 例样品检出了 15 种 166 频次的剧毒和高毒农药,占样品总量的 6.3%,详见图 11-10、表 11-8 及表 11-9。

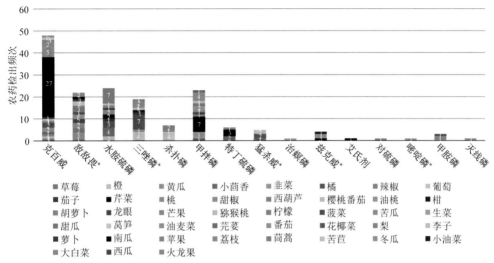

图 11-10　检出剧毒/高毒农药的样品情况

*表示允许在水果和蔬菜上使用的农药

表 11-8　剧毒农药检出情况

序号	农药名称	检出频次	超标频次	超标率
从 3 种水果中检出 3 种剧毒农药, 共计检出 3 次				
1	对硫磷*	1	1	100.0%
2	甲拌磷*	1	0	0.0%
3	灭线磷*	1	0	0.0%
	小计	3	1	超标率: 33.3%
从 10 种蔬菜中检出 3 种剧毒农药, 共计检出 28 次				
1	甲拌磷*	21	11	52.4%
2	特丁硫磷*	6	2	33.3%
3	艾氏剂*	1	0	0.0%
	小计	28	13	超标率: 46.4%
	合计	31	14	超标率: 45.2%

表 11-9　高毒农药检出情况

序号	农药名称	检出频次	超标频次	超标率
从 16 种水果中检出 8 种高毒农药, 共计检出 66 次				
1	水胺硫磷	17	5	29.4%

续表

序号	农药名称	检出频次	超标频次	超标率
2	三唑磷	15	3	20.0%
3	敌敌畏	12	2	16.7%
4	克百威	11	8	72.7%
5	杀扑磷	7	0	0.0%
6	猛杀威	2	0	0.0%
7	甲胺磷	1	0	0.0%
8	嘧啶磷	1	0	0.0%
	小计	66	18	超标率：27.3%
从 21 种蔬菜中检出 8 种高毒农药，共计检出 68 次				
1	克百威	37	14	37.8%
2	敌敌畏	10	0	0.0%
3	水胺硫磷	7	0	0.0%
4	三唑磷	4	0	0.0%
5	兹克威	4	0	0.0%
6	猛杀威	3	0	0.0%
7	甲胺磷	2	0	0.0%
8	治螟磷	1	0	0.0%
	小计	68	14	超标率：20.6%
	合计	134	32	超标率：23.9%

　　在检出的剧毒和高毒农药中，有 10 种是我国早已禁止在果树和蔬菜上使用的，分别是：克百威、艾氏剂、甲拌磷、治螟磷、甲胺磷、杀扑磷、灭线磷、特丁硫磷、水胺硫磷和对硫磷。禁用农药的检出情况见表 11-10。

表 11-10　禁用农药检出情况

序号	农药名称	检出频次	超标频次	超标率
从 17 种水果中检出 10 种禁用农药，共计检出 72 次				
1	硫丹	29	0	0.0%
2	水胺硫磷	17	5	29.4%
3	克百威	11	8	72.7%
4	杀扑磷	7	0	0.0%
5	氰戊菊酯	3	0	0.0%
6	对硫磷*	1	1	100.0%
7	氟虫腈	1	0	0.0%
8	甲胺磷	1	0	0.0%

续表

序号	农药名称	检出频次	超标频次	超标率
9	甲拌磷*	1	0	0.0%
10	灭线磷*	1	0	0.0%
	小计	72	14	超标率: 19.4%

从 26 种蔬菜中检出 12 种禁用农药, 共计检出 168 次

1	硫丹	82	0	0.0%
2	克百威	37	14	37.8%
3	甲拌磷*	21	11	52.4%
4	水胺硫磷	7	0	0.0%
5	特丁硫磷*	6	2	33.3%
6	氟虫腈	4	2	50.0%
7	六六六	4	0	0.0%
8	甲胺磷	2	0	0.0%
9	林丹	2	0	0.0%
10	艾氏剂*	1	0	0.0%
11	氰戊菊酯	1	0	0.0%
12	治螟磷	1	0	0.0%
	小计	168	29	超标率: 17.3%
	合计	240	43	超标率: 17.9%

注: 超标结果参考 MRL 中国国家标准计算

　　此次抽检的果蔬样品中, 有 3 种水果 10 种蔬菜检出了剧毒农药, 分别是: 梨中检出对硫磷 1 次; 火龙果中检出灭线磷 1 次; 甜瓜中检出甲拌磷 1 次; 小茴香中检出甲拌磷 1 次, 检出特丁硫磷 2 次; 油麦菜中检出甲拌磷 4 次; 甜椒中检出甲拌磷 1 次; 生菜中检出甲拌磷 2 次; 芹菜中检出艾氏剂 1 次, 检出特丁硫磷 3 次, 检出甲拌磷 7 次; 苦瓜中检出甲拌磷 1 次; 茼蒿中检出特丁硫磷 1 次; 莴笋中检出甲拌磷 1 次; 菠菜中检出甲拌磷 1 次; 韭菜中检出甲拌磷 3 次。

　　样品中检出剧毒和高毒农药残留水平超过 MRL 中国国家标准的频次为 46 次, 其中: 柑检出水胺硫磷超标 2 次; 桃检出克百威超标 5 次; 梨检出敌敌畏超标 1 次, 检出对硫磷超标 1 次; 橘检出三唑磷超标 3 次, 检出水胺硫磷超标 3 次, 检出克百威超标 2 次; 草莓检出克百威超标 1 次, 检出敌敌畏超标 1 次; 小茴香检出特丁硫磷超标 1 次, 检出甲拌磷超标 1 次; 樱桃番茄检出克百威超标 1 次; 油麦菜检出甲拌磷超标 3 次; 芹菜检出克百威超标 10 次, 检出甲拌磷超标 5 次, 检出特丁硫磷超标 1 次; 苦瓜检出甲拌磷超标 1 次; 茄子检出克百威超标 1 次; 西葫芦检出克百威超标 1 次; 辣椒检出克百威超标 1 次; 韭菜检出甲拌磷超标 1 次。本次检出结果表明, 高毒、剧毒农药的使用现象依旧存在。详见表 11-11。

表 11-11　各样本中检出剧毒/高毒农药情况

样品名称	农药名称	检出频次	超标频次	检出浓度（μg/kg）
水果 18 种				
李子	敌敌畏	2	0	73.6，115.3
柑	水胺硫磷▲	2	2	74.4ᵃ，106.6ᵃ
柑	三唑磷	1	0	46.3
柠檬	水胺硫磷▲	7	0	12.1，12.6，26.3，54.6，50.4，46.0，65.6
柠檬	杀扑磷▲	2	0	243.4，96.6
桃	克百威▲	5	5	35.0ᵃ，27.8ᵃ，44.1ᵃ，31.1ᵃ，41.8ᵃ
梨	敌敌畏	3	1	1061.8ᵃ，20.9，5.2
梨	对硫磷*▲	1	1	28.1ᵃ
橘	三唑磷	7	3	337.1ᵃ，289.2ᵃ，11.2，12.6，7.7，19.1，468.6ᵃ
橘	水胺硫磷▲	3	3	213.9ᵃ，26.5ᵃ，37.6ᵃ
橘	克百威▲	2	2	40.6ᵃ，78.1ᵃ
橘	猛杀威	2	0	6.1，6.6
橙	三唑磷	4	0	6.2，70.8，2.3，102.5
橙	杀扑磷▲	4	0	61.3，13.1，4.9，38.0
橙	水胺硫磷▲	2	0	17.1，10.0
橙	克百威▲	1	0	6.0
油桃	敌敌畏	2	0	25.6，23.1
油桃	克百威▲	1	0	15.7
火龙果	灭线磷*▲	1	0	1.4
猕猴桃	三唑磷	1	0	7.6
猕猴桃	水胺硫磷▲	1	0	2.8
甜瓜	甲拌磷*▲	1	0	9.0
芒果	杀扑磷▲	1	0	5.4
芒果	水胺硫磷▲	1	0	2.7
苹果	敌敌畏	2	0	137.2，16.8
苹果	嘧啶磷	1	0	1.0
草莓	克百威▲	1	1	54.8ᵃ
草莓	敌敌畏	1	1	381.2ᵃ
荔枝	三唑磷	2	0	1.6，1.7
葡萄	克百威▲	1	0	6.8
西瓜	甲胺磷▲	1	0	22.3

续表

样品名称	农药名称	检出频次	超标频次	检出浓度（μg/kg）
龙眼	敌敌畏	2	0	21.9，6.5
龙眼	水胺硫磷▲	1	0	14.4
	小计	69	19	超标率：27.5%
colspan-蔬菜 24 种				
冬瓜	兹克威	1	0	15.8
冬瓜	甲胺磷▲	1	0	6.4
南瓜	敌敌畏	1	0	22.5
大白菜	甲胺磷▲	1	0	6.4
小油菜	兹克威	1	0	51.1
小茴香	水胺硫磷▲	4	0	10.5，5.0，3.2，3.2
小茴香	克百威▲	1	0	2.0
小茴香	猛杀威	1	0	219.4
小茴香	特丁硫磷*▲	2	1	5.2，34.9[a]
小茴香	甲拌磷*▲	1	1	1120.4[a]
樱桃番茄	克百威▲	1	1	39.4[a]
油麦菜	三唑磷	1	0	17.8
油麦菜	兹克威	1	0	17.1
油麦菜	甲拌磷*▲	4	3	121.6[a]，264.8[a]，254.0[a]，2.0
甜椒	克百威▲	2	0	11.1，9.1
甜椒	甲拌磷*▲	1	0	3.6
生菜	敌敌畏	1	0	2.8
生菜	甲拌磷*▲	2	0	7.7，1.4
番茄	敌敌畏	1	0	36.3
胡萝卜	水胺硫磷▲	2	0	531.6，76.9
花椰菜	敌敌畏	1	0	87.5
芹菜	克百威▲	27	10	3.0，4.2，3.7，28.3[a]，20.0，2.5，24.1[a]，38.1[a]，1.7，27.0[a]，2.3，569.3[a]，12.7，7.2，5.5，40.3[a]，2.8，8.9，3.6，27.9[a]，58.4[a]，5.0，10.4，34.2[a]，3.9，11.7，43.5[a]
芹菜	兹克威	1	0	21.7
芹菜	甲拌磷*▲	7	5	8.6，12.8[a]，20.5[a]，50.2[a]，19.4[a]，49.7[a]，5.1
芹菜	特丁硫磷*▲	3	1	4.4，3.8，50.8[a]
芹菜	艾氏剂*▲	1	0	44.4
苦瓜	甲拌磷*▲	1	1	185.0[a]
苦苣	猛杀威	2	0	25.0，9.0

续表

样品名称	农药名称	检出频次	超标频次	检出浓度（μg/kg）
茄子	克百威▲	1	1	27.1[a]
茄子	三唑磷	1	0	127.0
茄子	水胺硫磷▲	1	0	8.6
茼蒿	三唑磷	1	0	80.0
茼蒿	特丁硫磷*▲	1	0	1.7
莴笋	甲拌磷*▲	1	0	1.8
菠菜	甲拌磷*▲	1	0	1.2
萝卜	敌敌畏	1	0	25.3
西葫芦	克百威▲	1	1	34.9[a]
辣椒	敌敌畏	2	0	58.0，83.4
辣椒	克百威▲	1	1	26.2[a]
韭菜	克百威▲	2	0	14.8，11.2
韭菜	三唑磷	1	0	2.0
韭菜	治螟磷▲	1	0	6.3
韭菜	甲拌磷*▲	3	1	7.0，7.2，19.7[a]
黄瓜	敌敌畏	3	0	48.7，12.3，74.2
黄瓜	克百威▲	1	0	10.3
	小计	96	27	超标率：28.1%
	合计	165	46	超标率：27.9%

11.2　农药残留检出水平与最大残留限量标准对比分析

　　我国于 2014 年 3 月 20 日正式颁布并于 2014 年 8 月 1 日正式实施食品农药残留限量国家标准《食品中农药最大残留限量》（GB 2763—2014）。该标准包括 371 个农药条目，涉及最大残留限量（MRL）标准 3653 项。将 5022 频次检出农药的浓度水平与 3653 项 MRL 中国国家标准进行核对，其中只有 1089 频次的农药找到了对应的 MRL 标准，占 21.7%，还有 3933 频次的侦测数据则无相关 MRL 标准供参考，占 78.3%。

　　将此次侦测结果与国际上现行 MRL 标准对比发现，在 5022 频次的检出结果中有 5022 频次的结果找到了对应的 MRL 欧盟标准，占 100.0%，其中，3448 频次的结果有明确对应的 MRL，占 68.7%，其余 1574 频次按照欧盟一律标准判定，占 31.3%；有 5022 频次的结果找到了对应的 MRL 日本标准，占 100.0%，其中，2709 频次的结果有明确对应的 MRL，占 53.9%，其余 2312 频次按照日本一律标准判定，占 46.1%；有 1606 频次的结果找到了对应的 MRL 中国香港标准，占 32.0%；有 1380 频次的结果找到了对应的

MRL 美国标准，占 27.5%；有 846 频次的结果找到了对应的 MRL CAC 标准，占 16.8%（图 11-11 和图 11-12，数据见附表 3 至附表 8）。

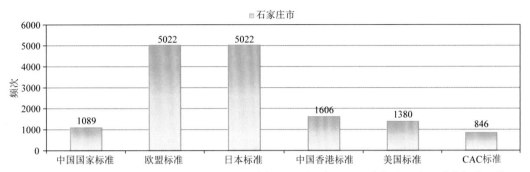

图 11-11　5022 频次检出农药可用 MRL 中国国家标准、欧盟标准、日本标准、中国香港标准、美国标准、CAC 标准判定衡量的数量

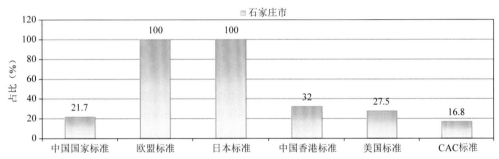

图 11-12　5022 频次检出农药可用 MRL 中国国家标准、欧盟标准、日本标准、中国香港标准、美国标准、CAC 标准衡量的占比

11.2.1　超标农药样品分析

本次侦测的 2411 例样品中，520 例样品未检出任何残留农药，占样品总量的 21.6%，1891 例样品检出不同水平、不同种类的残留农药，占样品总量的 78.4%。在此，我们将本次侦测的农残检出情况与 MRL 中国国家标准、欧盟标准、日本标准、中国香港标准、美国标准和 CAC 标准这 6 大国际主流 MRL 标准进行对比分析，样品农残检出与超标情况见表 11-12、图 11-13 和图 11-14，详细数据见附表 9 至附表 14。

表 11-12　各 MRL 标准下样本农残检出与超标数量及占比

	中国国家标准 数量/占比（%）	欧盟标准 数量/占比（%）	日本标准 数量/占比（%）	中国香港标准 数量/占比（%）	美国标准 数量/占比（%）	CAC 标准 数量/占比（%）
未检出	520/21.6	520/21.6	520/21.6	520/21.6	520/21.6	520/21.6
检出未超标	1822/75.6	720/29.9	906/37.6	1836/76.2	1844/76.5	1874/77.7
检出超标	69/2.9	1171/48.6	985/40.9	55/2.3	47/1.9	17/0.7

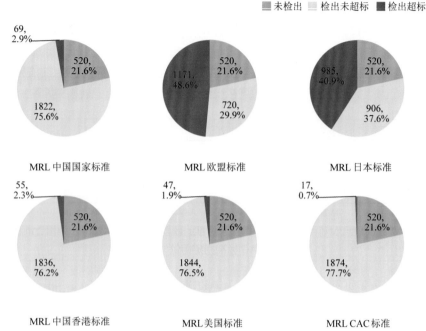

图 11-13　检出和超标样品比例情况

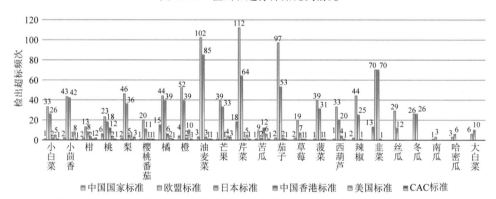

图 11-14-1　超过 MRL 中国国家标准、欧盟标准、日本标准、中国香港标准、美国标准和 CAC 标准结果在水果蔬菜中的分布

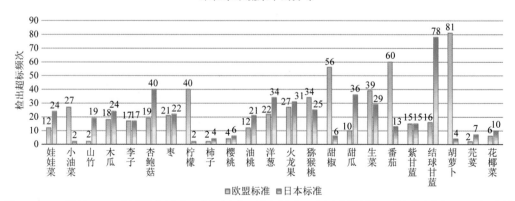

图 11-14-2　超过 MRL 中国国家标准、欧盟标准、日本标准、中国香港标准、美国标准和 CAC 标准结果在水果蔬菜中的分布

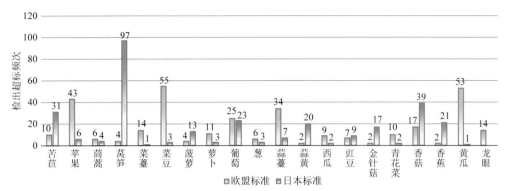

图 11-14-3　超过 MRL 中国国家标准、欧盟标准、日本标准、中国香港标准、美国标准和 CAC 标准结果在水果蔬菜中的分布

11.2.2　超标农药种类分析

按照 MRL 中国国家标准、欧盟标准、日本标准、中国香港标准、美国标准和 CAC 标准这 6 大国际主流 MRL 标准衡量，本次侦测检出的农药超标品种及频次情况见表 11-13。

表 11-13　各 MRL 标准下超标农药品种及频次

	中国国家标准	欧盟标准	日本标准	中国香港标准	美国标准	CAC 标准
超标农药品种	14	119	114	13	11	7
超标农药频次	77	1773	1437	58	50	17

11.2.2.1　按 MRL 中国国家标准衡量

按 MRL 中国国家标准衡量，共有 14 种农药超标，检出 77 频次，分别为剧毒农药特丁硫磷、甲拌磷和对硫磷，高毒农药克百威、三唑磷、水胺硫磷和敌敌畏，中毒农药联苯菊酯、氟虫腈、戊唑醇、毒死蜱和氟硅唑，微毒农药腐霉利。

按超标程度比较，小茴香中甲拌磷超标 111.0 倍，芹菜中克百威超标 27.5 倍，油麦菜中甲拌磷超标 25.5 倍，苦瓜中甲拌磷超标 17.5 倍。检测结果见图 11-15 和附表 15。

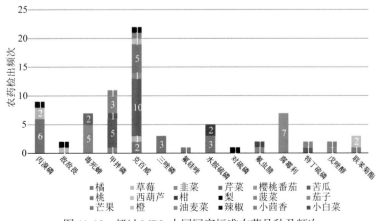

图 11-15　超过 MRL 中国国家标准农药品种及频次

11.2.2.2　按 MRL 欧盟标准衡量

按 MRL 欧盟标准衡量，共有 119 种农药超标，检出 1773 频次，分别为剧毒农药艾氏剂、特丁硫磷和甲拌磷，高毒农药猛杀威、杀扑磷、克百威、甲胺磷、三唑磷、水胺硫磷、兹克威和敌敌畏，中毒农药联苯菊酯、粉唑醇、氯菊酯、哌草磷、除虫菊素Ⅰ、氟虫腈、多效唑、戊唑醇、三环唑、仲丁威、辛酰溴苯腈、毒死蜱、烯唑醇、硫丹、甲霜灵、甲萘威、喹螨醚、甲氰菊酯、禾草敌、三唑酮、炔丙菊酯、三唑醇、γ-氟氯氰菌酯、3,4,5-混杀威、杀螺吗啉、双苯酰草胺、虫螨腈、高效氯氟氰菊酯、噁霜灵、稻丰散、速灭威、唑虫酰胺、双甲脒、氟硅唑、腈菌唑、二甲戊灵、哒螨灵、氯氰菊酯、丙溴磷、异丙威、棉铃威、茵草敌、氰戊菊酯、安硫磷、特丁通和烯丙菊酯，低毒农药嘧霉胺、麦草氟异丙酯、二苯胺、2,3,5,6-四氯苯胺、螺螨酯、双苯噁唑酸、避蚊胺、吡喃灵、乙草胺、杀螨特、己唑醇、丁羟茴香醚、五氯苯、烯虫炔酯、五氯苯甲腈、乙菌利、氯硝胺、噻菌灵、环酯草醚、胺菊酯、四氢吩胺、新燕灵、去异丙基莠去津、氟唑菌酰胺、苯胺灵、邻苯二甲酰亚胺、甲醚菊酯、威杀灵、八氯苯乙烯、去乙基阿特拉津、呋草黄、联苯、杀螨酯、八氯二丙醚、特草灵、乙嘧酚磺酸酯、噻嗪酮、氯酞酸甲酯、炔螨特、拌种胺、3,5-二氯苯胺、间羟基联苯和五氯苯胺，微毒农药萘乙酰胺、氟丙菊酯、腐霉利、溴丁酰草胺、嘧菌酯、五氯硝基苯、增效醚、解草腈、啶氧菌酯、百菌清、氟乐灵、吡丙醚、四氯硝基苯、肟菌酯、生物苄呋菊酯、氟酰胺、醚菌酯、烯虫酯和霜霉威。

按超标程度比较，芹菜中克百威超标 283.6 倍，橘中丙溴磷超标 273.4 倍，芹菜中 γ-氟氯氰菌酯超标 182.5 倍，芹菜中腐霉利超标 164.5 倍。检测结果见图 11-16 和附表 16。

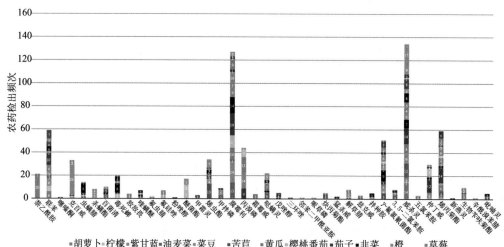

图 11-16-1　超过 MRL 欧盟标准农药品种及频次

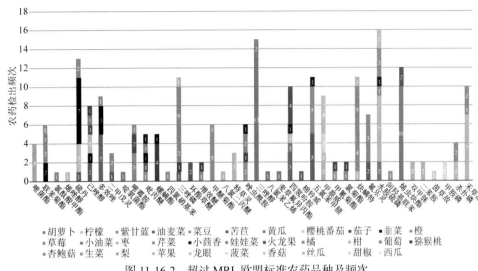

图 11-16-2　超过 MRL 欧盟标准农药品种及频次

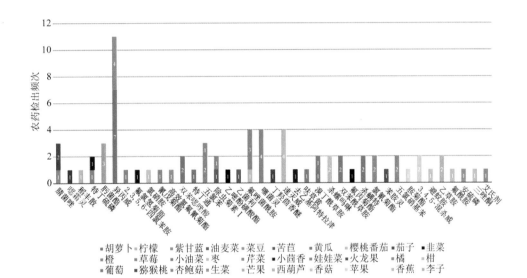

图 11-16-3　超过 MRL 欧盟标准农药品种及频次

11.2.2.3　按 MRL 日本标准衡量

按 MRL 日本标准衡量，共有 114 种农药超标，检出 1437 频次，分别为剧毒农药艾氏剂、特丁硫磷和甲拌磷，高毒农药猛杀威、克百威、三唑磷、水胺硫磷、兹克威和敌敌畏，中毒农药联苯菊酯、粉唑醇、哌草磷、除虫菊素Ⅰ、仲丁威、氟虫腈、多效唑、戊唑醇、三环唑、辛酰溴苯腈、毒死蜱、硫丹、甲霜灵、烯唑醇、甲萘威、甲氰菊酯、禾草敌、三唑酮、三唑醇、炔丙菊酯、γ-氟氯氰菊酯、3,4,5-混杀威、喹螨醚、杀螺吗啉、双苯酰草胺、虫螨腈、嗪草酮、稻丰散、除虫菊酯、唑虫酰胺、速灭威、高效氯氟氰菊酯、双甲脒、氟硅唑、腈菌唑、二甲戊灵、哒螨灵、氯氰菊酯、异丙威、丙溴磷、烯丙菊酯、氰戊菊酯、特丁通和安硫磷，低毒农药嘧霉胺、麦草氟异丙酯、喹禾灵、邻苯基苯酚、2,3,5,6-四氯苯胺、氟吡菌酰胺、双苯噁唑酸、螺螨酯、避蚊胺、吡喃灵、乙草胺、丁羟茴香醚、己唑醇、五氯苯、杀螨特、烯虫炔酯、五氯苯甲腈、氯硝胺、环酯草醚、胺菊酯、乙菌利、四氢呋胺、新燕灵、去异丙基莠去津、呋草黄、氟唑菌酰胺、苯胺灵、邻苯二甲酰亚胺、甲醚菊酯、威杀灵、八氯苯乙烯、去乙基阿特拉津、联苯、八氯二丙醚、特草灵、杀螨酯、乙嘧酚磺酸酯、噻嗪酮、氯酞酸甲酯、拌种胺、3,5-二氯苯胺、间羟基联苯和五氯苯胺，微毒农药萘乙酰胺、氟丙菊酯、溴丁酰草胺、异噁唑草酮、腐霉利、嘧菌酯、解草腈、五氯硝基苯、啶氧菌酯、百菌清、生物苄呋菊酯、啶酰菌胺、吡丙醚、肟菌酯、氟酰胺、醚菌酯、烯虫酯和霜霉威。

按超标程度比较，芹菜中 γ-氟氯氰菌酯超标 182.5 倍，菠萝中烯丙菊酯超标 152.1 倍，小茴香中 γ-氟氯氰菌酯超标 137.1 倍，韭菜中 γ-氟氯氰菌酯超标 133.3 倍。检测结果见图 11-17 和附表 17。

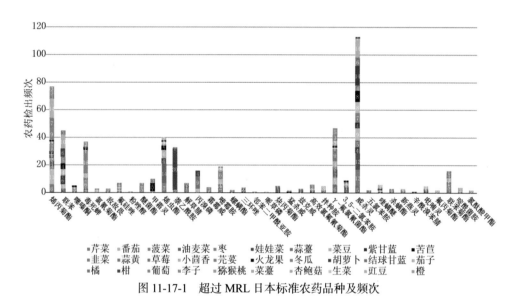

图 11-17-1　超过 MRL 日本标准农药品种及频次

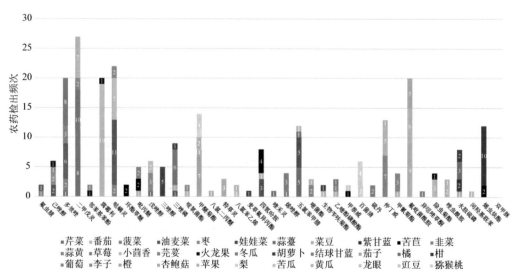

11-17-2　超过 MRL 日本标准农药品种及频次

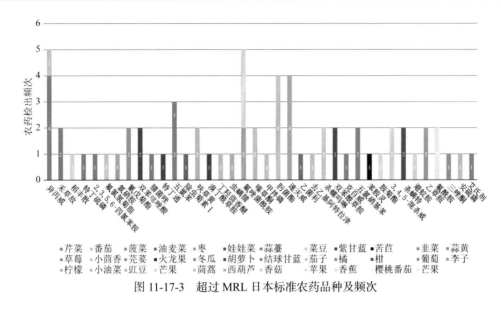

■芹菜　■番茄　■菠菜　■油麦菜　■枣　■娃娃菜　■蒜薹　■菜豆　■紫甘蓝　■苦苣　■韭菜　■蒜黄

图 11-17-3　超过 MRL 日本标准农药品种及频次

11.2.2.4　按 MRL 中国香港标准衡量

按 MRL 中国香港标准衡量，共有 13 种农药超标，检出 58 频次，分别为剧毒农药对硫磷，高毒农药水胺硫磷和敌敌畏，中毒农药联苯菊酯、戊唑醇、毒死蜱、硫丹、除虫菊酯、双甲脒、氟硅唑和丙溴磷，微毒农药腐霉利和吡丙醚。

按超标程度比较，橘中丙溴磷超标 26.4 倍，芒果中毒死蜱超标 14.8 倍，韭菜中硫丹超标 11.0 倍，橘中水胺硫磷超标 9.7 倍。检测结果见图 11-18 和附表 18。

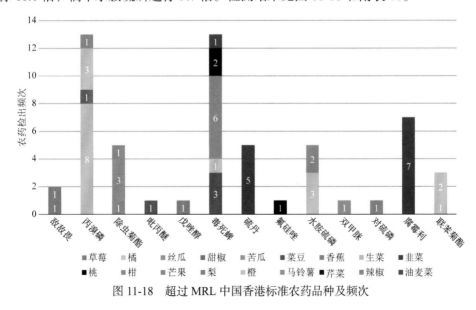

图 11-18　超过 MRL 中国香港标准农药品种及频次

11.2.2.5　按 MRL 美国标准衡量

按 MRL 美国标准衡量，共有 11 种农药超标，检出 50 频次，分别为中毒农药氯菊酯、联苯菊酯、戊唑醇、毒死蜱、γ-氟氯氰菌酯、除虫菊酯、高效氯氟氰菊酯、二甲戊灵和腈菌唑，低毒农药噻菌灵，微毒农药吡丙醚。

按超标程度比较，苹果中毒死蜱超标 35.2 倍，菜薹中噻菌灵超标 18.6 倍，葡萄中毒死蜱超标 15.5 倍，苹果中氯菊酯超标 6.9 倍，桃中毒死蜱超标 6.8 倍。检测结果见图 11-19 和附表 19。

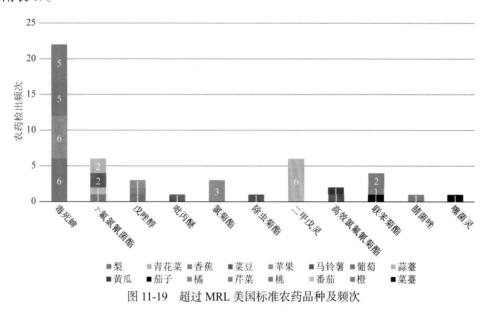

图 11-19　超过 MRL 美国标准农药品种及频次

11.2.2.6　按 MRL CAC 标准衡量

按 MRL CAC 标准衡量，共有 7 种农药超标，检出 17 频次，分别为中毒农药联苯菊酯、戊唑醇、毒死蜱、除虫菊酯、氟硅唑、氯氰菊酯和丙溴磷。

按超标程度比较，香蕉中戊唑醇超标 5.6 倍，橙中联苯菊酯超标 4.4 倍，茄子中戊唑醇超标 3.9 倍，菜豆中毒死蜱超标 3.7 倍。检测结果见图 11-20 和附表 20。

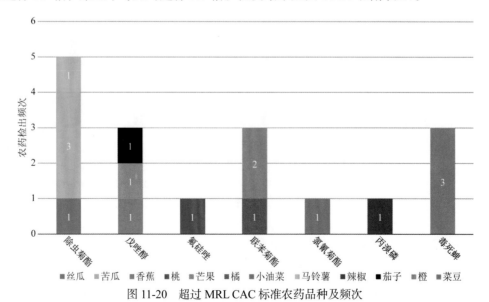

图 11-20　超过 MRL CAC 标准农药品种及频次

11.2.3　51 个采样点超标情况分析

11.2.3.1　按 MRL 中国国家标准衡量

按 MRL 中国国家标准衡量，有 33 个采样点的样品存在不同程度的超标农药检出，其中***超市（中山店）的超标率最高，为 8.8%，如表 11-14 和图 11-21 所示。

表 11-14　超过 MRL 中国国家标准水果蔬菜在不同采样点分布

序号	采样点	样品总数	超标数量	超标率（%）	行政区域
1	***超市（财富大厦店）	125	4	3.2	长安区
2	***超市（柏林店）	118	3	2.5	新华区
3	***超市（乐汇城店）	115	6	5.2	长安区
4	***超市（中华北店）	101	4	4.0	新华区
5	***超市（新石店）	100	3	3.0	桥西区
6	***超市（怀特店）	83	1	1.2	裕华区
7	***超市（东胜店）	81	2	2.5	长安区
8	***超市（保龙仓留营店）	75	3	4.0	桥西区
9	***超市（建华大街店）	75	2	2.7	裕华区
10	***超市（保龙仓勒泰店）	71	3	4.2	长安区
11	***超市（怀特店）	60	2	3.3	裕华区
12	***超市（益友店）	58	3	5.2	桥西区
13	***市场	55	2	3.6	桥西区
14	***超市（民心广场店）	53	4	7.5	桥西区
15	***超市（长江店）	48	2	4.2	裕华区
16	***超市（宝龙仓柏林店）	48	1	2.1	新华区
17	***市场	46	1	2.2	新华区
18	***市场	45	3	6.7	桥西区
19	***超市（华夏店）	45	1	2.2	桥西区
20	***超市（裕华店）	44	2	4.5	裕华区
21	***超市（保龙仓金谈固店）	36	2	5.6	长安区
22	***超市（紫光都店）	34	1	2.9	长安区
23	***超市（中山店）	34	3	8.8	长安区
24	***市场	28	1	3.6	新华区
25	***市场	27	1	3.7	裕华区
26	***超市（益庄店）	26	2	7.7	长安区
27	***超市（保龙仓中华大街店）	26	1	3.8	桥西区

序号	采样点	样品总数	超标数量	超标率（%）	行政区域
28	***市场	24	1	4.2	长安区
29	***超市（霍营店）	23	1	4.3	长安区
30	***超市（万象天成店）	23	1	4.3	桥西区
31	***超市（新石店）	21	1	4.8	新华区
32	***超市（益元店）	20	1	5.0	新华区
33	***市场	20	1	5.0	桥西区

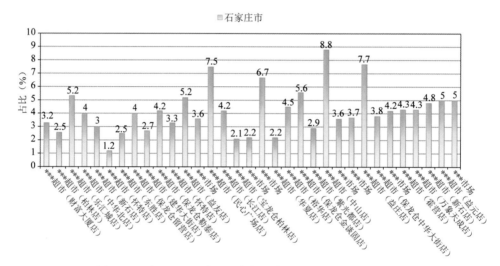

图 11-21　超过 MRL 中国国家标准水果蔬菜在不同采样点分布

11.2.3.2　按 MRL 欧盟标准衡量

按 MRL 欧盟标准衡量，所有采样点的样品存在不同程度的超标农药检出，其中***超市（万象天成店）的超标率最高，为 78.3%，如表 11-15 和图 11-22 所示。

表 11-15　超过 MRL 欧盟标准水果蔬菜在不同采样点分布

序号	采样点	样品总数	超标数量	超标率（%）	行政区域
1	***超市（财富大厦店）	125	49	39.2	长安区
2	***超市（柏林店）	118	56	47.5	新华区
3	***超市（乐汇城店）	115	58	50.4	长安区
4	***超市（中华北店）	101	36	35.6	新华区
5	***超市（新石店）	100	47	47.0	桥西区
6	***超市（小马店）	93	55	59.1	裕华区
7	***超市（怀特店）	83	39	47.0	裕华区
8	***超市（东胜店）	81	41	50.6	长安区

续表

序号	采样点	样品总数	超标数量	超标率（%）	行政区域
9	***超市（保龙仓留营店）	75	39	52.0	桥西区
10	***超市（建华大街店）	75	32	42.7	裕华区
11	***超市（保龙仓勒泰店）	71	41	57.7	长安区
12	***超市（铁运广场店）	70	33	47.1	新华区
13	***超市（怀特店）	60	28	46.7	裕华区
14	***超市（益友店）	58	25	43.1	桥西区
15	***市场	55	23	41.8	桥西区
16	***超市（民心广场店）	53	29	54.7	桥西区
17	***超市（长江店）	48	27	56.2	裕华区
18	***超市（天河店）	48	21	43.8	长安区
19	***超市（宝龙仓柏林店）	48	21	43.8	新华区
20	***超市（西美五洲店）	47	28	59.6	裕华区
21	***市场	46	27	58.7	新华区
22	***市场	46	23	50.0	新华区
23	***市场	45	28	62.2	桥西区
24	***超市（华夏店）	45	21	46.7	桥西区
25	***超市（裕华店）	44	26	59.1	裕华区
26	***超市（北国店）	38	13	34.2	长安区
27	***超市（保龙仓金谈固店）	36	12	33.3	长安区
28	***超市（友谊店）	36	20	55.6	新华区
29	***超市（紫光都店）	34	15	44.1	长安区
30	***超市（中山店）	34	17	50.0	长安区
31	***市场	30	18	60.0	裕华区
32	***超市（新百店）	28	11	39.3	桥西区
33	***市场	28	10	35.7	新华区
34	***市场	27	9	33.3	裕华区
35	***超市（西兴店）	27	20	74.1	桥西区
36	***超市（先天下店）	26	12	46.2	长安区
37	***超市（益庄店）	26	15	57.7	长安区
38	***超市（保龙仓中华大街店）	26	18	69.2	桥西区
39	***超市（谈固店）	24	16	66.7	长安区
40	***市场	24	12	50.0	长安区
41	***超市（霍营店）	23	11	47.8	长安区

续表

序号	采样点	样品总数	超标数量	超标率（%）	行政区域
42	***超市（万象天成店）	23	18	78.3	桥西区
43	***超市（北杜店）	22	11	50.0	桥西区
44	***超市（新石店）	21	13	61.9	新华区
45	***超市（正定县店）	20	6	30.0	正定县
46	***市场	20	5	25.0	桥西区
47	***超市（常山店）	20	9	45.0	正定县
48	***超市（益元店）	20	2	10.0	新华区
49	***市场	20	8	40.0	正定县
50	***市场	20	13	65.0	桥西区
51	***市场	8	4	50.0	桥西区

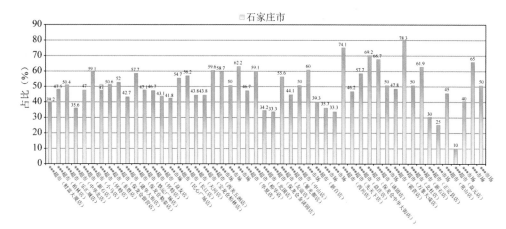

图 11-22　超过 MRL 欧盟标准水果蔬菜在不同采样点分布

11.2.3.3　按 MRL 日本标准衡量

按 MRL 日本标准衡量，所有采样点的样品均存在不同程度的超标农药检出，其中***超市（谈固店）的超标率最高，为 75.0%，如表 11-16 和图 11-23 所示。

表 11-16　超过 MRL 日本标准水果蔬菜在不同采样点分布

	采样点	样品总数	超标数量	超标率（%）	行政区域
1	***超市（财富大厦店）	125	38	30.4	长安区
2	***超市（柏林店）	118	46	39.0	新华区
3	***超市（乐汇城店）	115	49	42.6	长安区
4	***超市（中华北店）	101	26	25.7	新华区
5	***超市（新石店）	100	36	36.0	桥西区

	采样点	样品总数	超标数量	超标率（%）	行政区域
6	***超市（小马店）	93	41	44.1	裕华区
7	***超市（怀特店）	83	31	37.3	裕华区
8	***超市（东胜店）	81	37	45.7	长安区
9	***超市（保龙仓留营店）	75	34	45.3	桥西区
10	***超市（建华大街店）	75	29	38.7	裕华区
11	***超市（保龙仓勒泰店）	71	34	47.9	长安区
12	***超市（铁运广场店）	70	28	40.0	新华区
13	***超市（怀特店）	60	23	38.3	裕华区
14	***超市（益友店）	58	20	34.5	桥西区
15	***市场	55	19	34.5	桥西区
16	***超市（民心广场店）	53	25	47.2	桥西区
17	***超市（长江店）	48	24	50.0	裕华区
18	***超市（天河店）	48	21	43.8	长安区
19	***超市（宝龙仓柏林店）	48	16	33.3	新华区
20	***超市（西美五洲店）	47	27	57.4	裕华区
21	***市场	46	25	54.3	新华区
22	***市场	46	23	50.0	新华区
23	***市场	45	25	55.6	桥西区
24	***超市（华夏店）	45	20	44.4	桥西区
25	***超市（裕华店）	44	21	47.7	裕华区
26	***超市（北国店）	38	9	23.7	长安区
27	***超市（保龙仓金谈固店）	36	8	22.2	长安区
28	***超市（友谊店）	36	12	33.3	新华区
29	***超市（紫光都店）	34	10	29.4	长安区
30	***超市（中山店）	34	10	29.4	长安区
31	***市场	30	16	53.3	裕华区
32	***超市（新百店）	28	6	21.4	桥西区
33	***市场	28	13	46.4	新华区
34	***市场	27	9	33.3	裕华区
35	***超市（西兴店）	27	19	70.4	桥西区
36	***超市（先天下店）	26	11	42.3	长安区
37	***超市（益庄店）	26	14	53.8	长安区
38	***超市（保龙仓中华大街店）	26	16	61.5	桥西区

续表

	采样点	样品总数	超标数量	超标率（%）	行政区域
39	***超市（谈固店）	24	18	75.0	长安区
40	***市场	24	11	45.8	长安区
41	***超市（霍营店）	23	10	43.5	长安区
42	***超市（万象天成店）	23	13	56.5	桥西区
43	***超市（北杜店）	22	11	50.0	桥西区
44	***超市（新石店）	21	10	47.6	新华区
45	***超市（正定县店）	20	5	25.0	正定县
46	***市场	20	5	25.0	桥西区
47	***超市（常山店）	20	7	35.0	正定县
48	***超市（益元店）	20	2	10.0	新华区
49	***市场	20	7	35.0	正定县
50	***市场	20	11	55.0	桥西区
51	***市场	8	4	50.0	桥西区

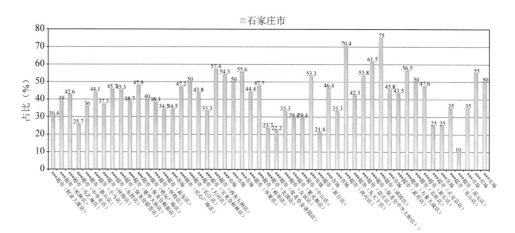

图 11-23　超过 MRL 日本标准水果蔬菜在不同采样点分布

11.2.3.4　按 MRL 中国香港标准衡量

按 MRL 中国香港标准衡量，有 35 个采样点的样品存在不同程度的超标农药检出，其中***超市（中山店）的超标率最高，为 11.8%，如表 11-17 和图 11-24 所示。

表 11-17　超过 MRL 中国香港标准水果蔬菜在不同采样点分布

序号	采样点	样品总数	超标数量	超标率（%）	行政区域
1	***超市（财富大厦店）	125	1	0.8	长安区
2	***超市（柏林店）	118	1	0.8	新华区

续表

序号	采样点	样品总数	超标数量	超标率（%）	行政区域
3	***超市（乐汇城店）	115	4	3.5	长安区
4	***超市（中华北店）	101	4	4.0	新华区
5	***超市（新石店）	100	2	2.0	桥西区
6	***超市（小马店）	93	1	1.1	裕华区
7	***超市（东胜店）	81	4	4.9	长安区
8	***超市（保龙仓留营店）	75	2	2.7	桥西区
9	***超市（建华大街店）	75	1	1.3	裕华区
10	***超市（保龙仓勒泰店）	71	2	2.8	长安区
11	***超市（怀特店）	60	1	1.7	裕华区
12	***市场	55	1	1.8	桥西区
13	***超市（民心广场店）	53	1	1.9	桥西区
14	***超市（长江店）	48	3	6.2	裕华区
15	***超市（西美五洲店）	47	1	2.1	裕华区
16	***市场	46	1	2.2	新华区
17	***市场	46	1	2.2	新华区
18	***市场	45	1	2.2	桥西区
19	***超市（华夏店）	45	1	2.2	桥西区
20	***超市（裕华店）	44	1	2.3	裕华区
21	***超市（保龙仓金谈固店）	36	1	2.8	长安区
22	***超市（友谊店）	36	2	5.6	新华区
23	***超市（紫光都店）	34	1	2.9	长安区
24	***超市（中山店）	34	4	11.8	长安区
25	***市场	30	1	3.3	裕华区
26	***超市（新百店）	28	2	7.1	桥西区
27	***超市（先天下店）	26	1	3.8	长安区
28	***超市（益庄店）	26	1	3.8	长安区
29	***超市（保龙仓中华大街店）	26	2	7.7	桥西区
30	***市场	24	1	4.2	长安区
31	***超市（霍营店）	23	1	4.3	长安区
32	***超市（万象天成店）	23	1	4.3	桥西区
33	***超市（新石店）	21	1	4.8	新华区
34	***超市（益元店）	20	1	5.0	新华区
35	***市场	20	1	5.0	桥西区

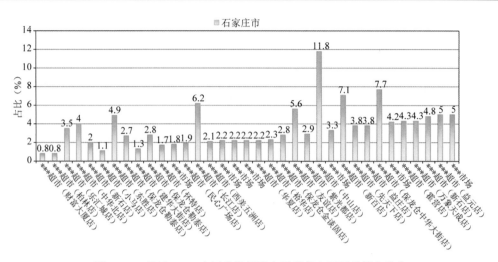

图 11-24 超过 MRL 中国香港标准水果蔬菜在不同采样点分布

11.2.3.5 按 MRL 美国标准衡量

按 MRL 美国标准衡量，有 31 个采样点的样品存在不同程度的超标农药检出，其中***超市（万象天成店）的超标率最高，为 8.7%，如表 11-18 和图 11-25 所示。

表 11-18 超过 MRL 美国标准水果蔬菜在不同采样点分布

序号	采样点	样品总数	超标数量	超标率（%）	行政区域
1	***超市（柏林店）	118	3	2.5	新华区
2	***超市（乐汇城店）	115	4	3.5	长安区
3	***超市（新石店）	100	2	2.0	桥西区
4	***超市（小马店）	93	1	1.1	裕华区
5	***超市（东胜店）	81	1	1.2	长安区
6	***超市（保龙仓留营店）	75	2	2.7	桥西区
7	***超市（建华大街店）	75	2	2.7	裕华区
8	***超市（保龙仓勒泰店）	71	1	1.4	长安区
9	***超市（怀特店）	60	1	1.7	裕华区
10	***超市（益友店）	58	1	1.7	桥西区
11	***超市（民心广场店）	53	1	1.9	桥西区
12	***超市（长江店）	48	3	6.2	裕华区
13	***超市（天河店）	48	1	2.1	长安区
14	***超市（西美五洲店）	47	2	4.3	裕华区
15	***市场	46	1	2.2	新华区
16	***超市（华夏店）	45	1	2.2	桥西区
17	***超市（裕华店）	44	1	2.3	裕华区

续表

序号	采样点	样品总数	超标数量	超标率（%）	行政区域
18	***超市（保龙仓金谈固店）	36	1	2.8	长安区
19	***超市（友谊店）	36	1	2.8	新华区
20	***超市（中山店）	34	1	2.9	长安区
21	***市场	30	1	3.3	裕华区
22	***超市（新百店）	28	2	7.1	桥西区
23	***市场	28	2	7.1	新华区
24	***市场	27	2	7.4	裕华区
25	***超市（先天下店）	26	2	7.7	长安区
26	***超市（益庄店）	26	1	3.8	长安区
27	***超市（保龙仓中华大街店）	26	1	3.8	桥西区
28	***市场	24	1	4.2	长安区
29	***超市（万象天成店）	23	2	8.7	桥西区
30	***超市（新石店）	21	1	4.8	新华区
31	***市场	20	1	5.0	桥西区

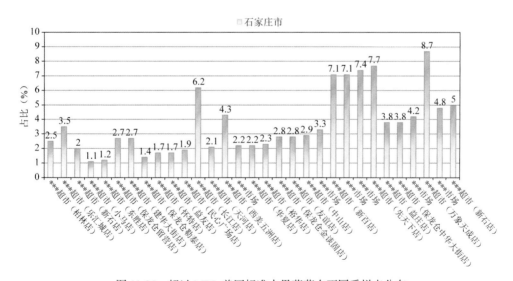

图 11-25　超过 MRL 美国标准水果蔬菜在不同采样点分布

11.2.3.6　按 MRL CAC 标准衡量

按 MRL CAC 标准衡量，有 14 个采样点的样品存在不同程度的超标农药检出，其中 ***超市（新石店）的超标率最高，为 9.5%，如表 11-19 和图 11-26 所示。

表 11-19　超过 MRL CAC 标准水果蔬菜在不同采样点分布

序号	采样点	样品总数	超标数量	超标率（%）	行政区域
1	***超市（柏林店）	118	1	0.8	新华区
2	***超市（乐汇城店）	115	1	0.9	长安区
3	***超市（中华北店）	101	1	1.0	新华区
4	***超市（怀特店）	83	1	1.2	裕华区
5	***超市（长江店）	48	1	2.1	裕华区
6	***市场	46	1	2.2	新华区
7	***超市（华夏店）	45	1	2.2	桥西区
8	***超市（友谊店）	36	1	2.8	新华区
9	***超市（紫光都店）	34	1	2.9	长安区
10	***超市（中山店）	34	3	8.8	长安区
11	***市场	28	1	3.6	新华区
12	***超市（霍营店）	23	1	4.3	长安区
13	***超市（新石店）	21	2	9.5	新华区
14	***市场	20	1	5.0	桥西区

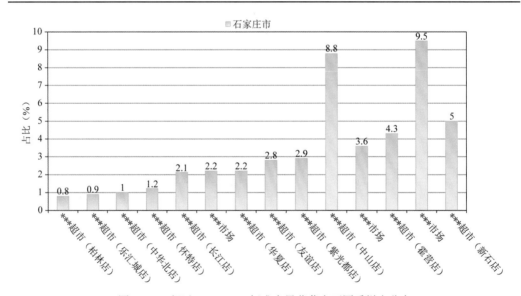

图 11-26　超过 MRL CAC 标准水果蔬菜在不同采样点分布

11.3　水果中农药残留分布

11.3.1　检出农药品种和频次排前 10 的水果

　　本次残留侦测的水果共 26 种，包括猕猴桃、西瓜、桃、山竹、龙眼、哈密瓜、香蕉、柿子、木瓜、油桃、苹果、柑、草莓、葡萄、芒果、梨、李子、枣、荔枝、橘、樱桃、柠檬、火龙果、橙、菠萝和甜瓜。

根据检出农药品种及频次进行排名，将各项排名前 10 位的水果样品检出情况列表说明，详见表 11-20。

表 11-20　检出农药品种和频次排名前 10 的水果

检出农药品种排名前 10（品种）	①葡萄（38），②橙（37），③苹果（35），④橘（34），⑤芒果（34），⑥草莓（29），⑦柠檬（28），⑧火龙果（25），⑨梨（25），⑩猕猴桃（23）
检出农药频次排名前 10（频次）	①葡萄（176），②橙（166），③梨（147），④芒果（146），⑤柠檬（135），⑥橘（134），⑦苹果（129），⑧猕猴桃（107），⑨草莓（91），⑩火龙果（76）
检出禁用、高毒及剧毒农药品种排名前 10（品种）	①橙（6），②橘（4），③草莓（3），④梨（3），⑤油桃（3），⑥柑（2），⑦李子（2），⑧龙眼（2），⑨芒果（2），⑩猕猴桃（2）
检出禁用、高毒及剧毒农药频次排名前 10（频次）	①甜瓜（16），②橘（14），③橙（13），④桃（10），⑤柠檬（9），⑥油桃（7），⑦梨（5），⑧草莓（4），⑨李子（4），⑩柑（3）

11.3.2　超标农药品种和频次排前 10 的水果

鉴于 MRL 欧盟标准和日本标准制定比较全面且覆盖率较高，我们参照 MRL 中国国家标准、欧盟标准和日本标准衡量水果样品中农残检出情况，将超标农药品种及频次排名前 10 的水果列表说明，详见表 11-21。

表 11-21　超标农药品种和频次排名前 10 的水果

超标农药品种排名前 10（农药品种数）	MRL 中国国家标准	①橘（5），②草莓（2），③橙（2），④梨（2），⑤桃（2），⑥柑（1），⑦芒果（1）
	MRL 欧盟标准	①苹果（19），②橙（16），③芒果（15），④柠檬（14），⑤火龙果（12），⑥橘（12），⑦梨（11），⑧猕猴桃（11），⑨葡萄（10），⑩桃（9）
	MRL 日本标准	①火龙果（15），②枣（13），③橙（12），④芒果（12），⑤苹果（12），⑥橘（11），⑦李子（11），⑧龙眼（9），⑨桃（9），⑩梨（8）
超标农药频次排名前 10（农药频次数）	MRL 中国国家标准	①橘（15），②桃（6），③橙（4），④草莓（2），⑤柑（2），⑥梨（2），⑦芒果（1）
	MRL 欧盟标准	①橙（52），②梨（46），③橘（44），④苹果（43），⑤柠檬（40），⑥芒果（39），⑦猕猴桃（34），⑧火龙果（27），⑨葡萄（25），⑩桃（23）
	MRL 日本标准	①枣（40），②橙（39），③橘（39），④梨（36），⑤火龙果（34），⑥芒果（33），⑦猕猴桃（31），⑧苹果（31），⑨李子（24），⑩柠檬（22）

通过对各品种水果样本总数及检出率进行综合分析发现，葡萄、橙和苹果的残留污染最为严重，在此，我们参照 MRL 中国国家标准、欧盟标准和日本标准对这 3 种水果的农残检出情况进行进一步分析。

11.3.3　农药残留检出率较高的水果样品分析

11.3.3.1　葡萄

这次共检测 54 例葡萄样品，51 例样品中检出了农药残留，检出率为 94.4%，检出农药共计 38 种。其中嘧霉胺、啶酰菌胺、戊唑醇、嘧菌环胺和腐霉利检出频次较高，分别检出了 19、18、17、12 和 11 次。葡萄中农药检出品种和频次见图 11-27，超标农药见图 11-28 和表 11-22。

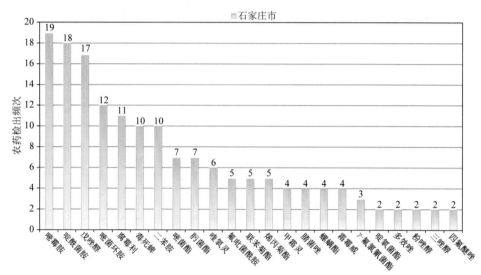

图 11-27 葡萄样品检出农药品种和频次分析（仅列出 2 频次及以上的数据）

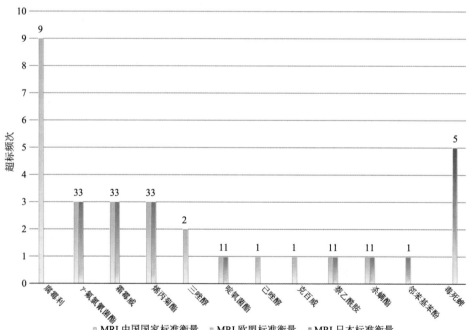

图 11-28 葡萄样品中超标农药分析

表 11-22　葡萄中农药残留超标情况明细表

样品总数			检出农药样品数	样品检出率（%）	检出农药品种总数
54			51	94.4	38
	超标农药品种	超标农药频次	按照 MRL 中国国家标准、欧盟标准和日本标准衡量超标农药名称及频次		
中国国家标准	0	0			
欧盟标准	10	25	腐霉利（9），γ-氟氯氰菌酯（3），霜霉威（3），烯丙菊酯（3），三唑醇（2），啶氧菌酯（1），己唑醇（1），克百威（1），萘乙酰胺（1），杀螨酯（1）		
日本标准	7	13	γ-氟氯氰菌酯（3），霜霉威（3），烯丙菊酯（3），啶氧菌酯（1），邻苯基苯酚（1），萘乙酰胺（1），杀螨酯（1）		

11.3.3.2　橙

这次共检测 58 例橙样品，53 例样品中检出了农药残留，检出率为 91.4%，检出农药共计 37 种。其中毒死蜱、威杀灵、丙溴磷、嘧菌酯和联苯菊酯检出频次较高，分别检出了 30、20、14、13 和 8 次。橙中农药检出品种和频次见图 11-29，超标农药见图 11-30 和表 11-23。

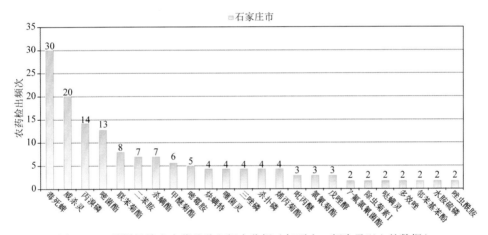

图 11-29　橙样品检出农药品种和频次分析（仅列出 2 频次及以上的数据）

表 11-23　橙中农药残留超标情况明细表

样品总数			检出农药样品数	样品检出率（%）	检出农药品种总数
58			53	91.4	37
	超标农药品种	超标农药频次	按照 MRL 中国国家标准、欧盟标准和日本标准衡量超标农药名称及频次		
中国国家标准	2	4	丙溴磷（2），联苯菊酯（2）		
欧盟标准	16	52	丙溴磷（14），威杀灵（6），甲醚菊酯（5），杀螨酯（5），炔螨特（4），烯丙菊酯（3），γ-氟氯氰菌酯（2），联苯菊酯（2），三唑磷（2），杀扑磷（2），唑虫酰胺（2），除虫菊素 I（1），禾草敌（1），氯酞酸甲酯（1），氰戊菊酯（1），水胺硫磷（1）		
日本标准	12	39	丙溴磷（10），威杀灵（6），甲醚菊酯（5），杀螨酯（5），烯丙菊酯（3），γ-氟氯氰菌酯（2），多效唑（2），三唑磷（2），除虫菊素 I（1），禾草敌（1），氯酞酸甲酯（1），水胺硫磷（1）		

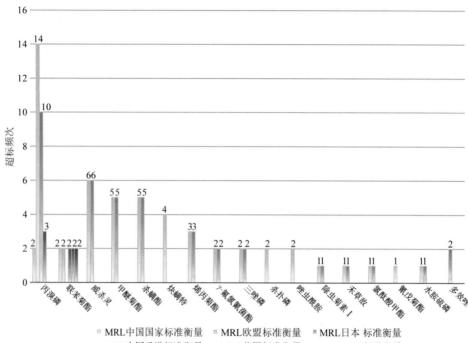

图 11-30　橙样品中超标农药分析

11.3.3.3　苹果

这次共检测 89 例苹果样品，59 例样品中检出了农药残留，检出率为 66.3%，检出农药共计 35 种。其中毒死蜱、威杀灵、新燕灵、除虫菊素Ⅰ和甲醚菊酯检出频次较高，分别检出了 26、17、13、7 和 7 次。苹果中农药检出品种和频次见图 11-31，超标农药见图 11-32 和表 11-24。

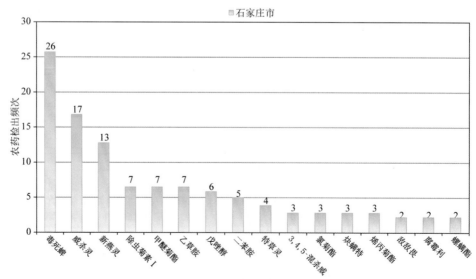

图 11-31　苹果样品检出农药品种和频次分析（仅列出 2 频次及以上的数据）

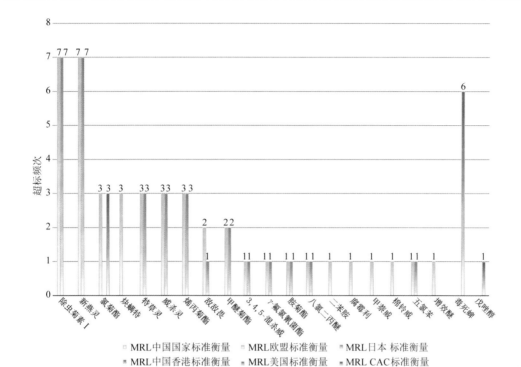

图 11-32　苹果样品中超标农药分析

表 11-24　苹果中农药残留超标情况明细表

样品总数			检出农药样品数	样品检出率（%）	检出农药品种总数
89			59	66.3	35
	超标农药品种	超标农药频次	按照 MRL 中国国家标准、欧盟标准和日本标准衡量超标农药名称及频次		
中国国家标准	0	0			
欧盟标准	19	43	除虫菊素Ⅰ（7），新燕灵（7），氯菊酯（3），炔螨特（3），特草灵（3），威杀灵（3），烯丙菊酯（3），敌敌畏（2），甲醚菊酯（2），3,4,5-混杀威（1），γ-氟氯氰菌酯（1），胺菊酯（1），八氯二丙醚（1），二苯胺（1），腐霉利（1），甲萘威（1），棉铃威（1），五氯苯（1），增效醚（1）		
日本标准	12	31	除虫菊素Ⅰ（7），新燕灵（7），特草灵（3），威杀灵（3），烯丙菊酯（3），甲醚菊酯（2），3，4，5-混杀威（1），γ-氟氯氰菌酯（1），胺菊酯（1），八氯二丙醚（1），敌敌畏（1），五氯苯（1）		

11.4　蔬菜中农药残留分布

11.4.1　检出农药品种和频次排前 10 的蔬菜

本次残留侦测的蔬菜共 40 种，包括韭菜、结球甘蓝、小茴香、黄瓜、芹菜、洋葱、苦苣、蕹菜、番茄、菠菜、花椰菜、豇豆、蒜黄、西葫芦、甜椒、辣椒、葱、樱桃番茄、南瓜、胡萝卜、青花菜、紫甘蓝、油麦菜、小白菜、茄子、绿豆芽、萝卜、马铃薯、冬瓜、菜薹、娃娃菜、大白菜、菜豆、生菜、小油菜、苦瓜、茼蒿、莴笋、蒜薹和丝瓜。

根据检出农药品种及频次进行排名，将各项排名前 10 位的蔬菜样品检出情况列表说明，详见表 11-25。

表 11-25　检出农药品种和频次排名前 10 的蔬菜

检出农药品种排名前 10（品种）	①油麦菜（53），②芹菜（48），③黄瓜（45），④甜椒（44），⑤韭菜（42），⑥小茴香（39），⑦菜豆（38），⑧小白菜（37），⑨茄子（36），⑩番茄（35）
检出农药频次排名前 10（频次）	①油麦菜（242），②芹菜（226），③番茄（218），④黄瓜（215），⑤茄子（191），⑥韭菜（169），⑦菜豆（166），⑧甜椒（162），⑨胡萝卜（147），⑩小茴香（134）
检出禁用、高毒及剧毒农药品种排名前 10（品种）	①芹菜（6），②小茴香（6），③韭菜（5），④油麦菜（5），⑤茄子（4），⑥西葫芦（4），⑦菠菜（3），⑧冬瓜（3），⑨番茄（3），⑩黄瓜（3）
检出禁用、高毒及剧毒农药频次排名前 10（频次）	①芹菜（43），②韭菜（16），③西葫芦（16），④黄瓜（15），⑤小茴香（10），⑥丝瓜（8），⑦油麦菜（8），⑧苦瓜（7），⑨甜椒（7），⑩小油菜（6）

11.4.2　超标农药品种和频次排前 10 的蔬菜

鉴于 MRL 欧盟标准和日本标准制定比较全面且覆盖率较高，我们参照 MRL 中国国家标准、欧盟标准和日本标准衡量蔬菜样品中农残检出情况，将超标农药品种及频次排名前 10 的蔬菜列表说明，详见表 11-26。

表 11-26　超标农药品种和频次排名前 10 的蔬菜

	MRL 中国国家标准	①芹菜（4），②韭菜（3），③辣椒（2），④茄子（2），⑤小茴香（2），⑥菠菜（1），⑦苦瓜（1），⑧西葫芦（1），⑨小白菜（1），⑩樱桃番茄（1）
超标农药品种排名前 10（农药品种数）	MRL 欧盟标准	①芹菜（33），②油麦菜（30），③小茴香（24），④韭菜（20），⑤茄子（19），⑥菜豆（15），⑦胡萝卜（15），⑧黄瓜（15），⑨辣椒（15），⑩菠菜（14）
	MRL 日本标准	①菜豆（28），②芹菜（25），③韭菜（22），④油麦菜（22），⑤小茴香（20），⑥胡萝卜（14），⑦豇豆（14），⑧黄瓜（13），⑨辣椒（11），⑩菠菜（10）
	MRL 中国国家标准	①芹菜（18），②韭菜（13），③油麦菜（3），④辣椒（2），⑤茄子（2），⑥小茴香（2），⑦菠菜（1），⑧苦瓜（1），⑨西葫芦（1），⑩小白菜（1）
超标农药频次排名前 10（农药频次数）	MRL 欧盟标准	①芹菜（112），②油麦菜（102），③茄子（97），④胡萝卜（81），⑤韭菜（70），⑥番茄（60），⑦甜椒（56），⑧菜豆（55），⑨黄瓜（53），⑩辣椒（44）
	MRL 日本标准	①菜豆（97），②油麦菜（85），③胡萝卜（78），④韭菜（70），⑤芹菜（64），⑥茄子（53），⑦小茴香（42），⑧黄瓜（39），⑨生菜（36），⑩菠菜（31）

通过对各品种蔬菜样本总数及检出率进行综合分析发现，油麦菜、芹菜和黄瓜的残留污染最为严重，在此，我们参照 MRL 中国国家标准、欧盟标准和日本标准对这 3 种蔬菜的农残检出情况进行进一步分析。

11.4.3　农药残留检出率较高的蔬菜样品分析

11.4.3.1　油麦菜

这次共检测 81 例油麦菜样品，73 例样品中检出了农药残留，检出率为 90.1%，检出农药共计 53 种。其中威杀灵、烯虫酯、嘧霉胺、腐霉利和哒螨灵检出频次较高，分别检出了 27、18、16、15 和 13 次。油麦菜中农药检出品种和频次见图 11-33，超标农药见图 11-34 和表 11-27。

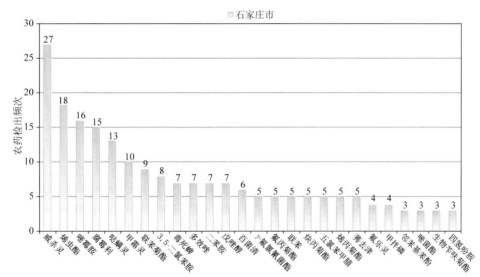

图 11-33　油麦菜样品检出农药品种和频次分析（仅列出 3 频次及以上的数据）

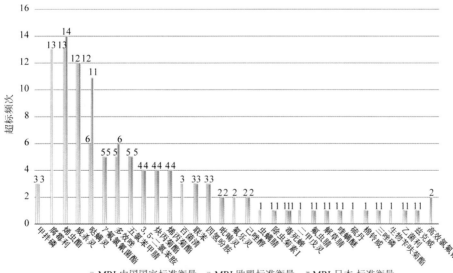

图 11-34　油麦菜样品中超标农药分析

表 11-27　油麦菜中农药残留超标情况明细表

样品总数		检出农药样品数	样品检出率（%）	检出农药品种总数
81		73	90.1	53

	超标农药品种	超标农药频次	按照 MRL 中国国家标准、欧盟标准和日本标准衡量超标农药名称及频次
中国国家标准	1	3	甲拌磷（3）
欧盟标准	30	102	腐霉利（13），烯虫酯（13），威杀灵（12），哒螨灵（6），γ-氟氯氰菌酯（5），多效唑（5），五氯苯甲腈（5），3，5-二氯苯胺（4），炔丙菊酯（4），烯丙菊酯（4），百菌清（3），甲拌磷（3），联苯（3），四氢吩胺（3），吡喃灵（2），氟乐灵（2），己唑醇（2），虫螨腈（1），除虫菊素 I（1），毒死蜱（1），二甲戊灵（1），氟虫腈（1），解草腈（1），喹螨醚（1），硫丹（1），棉铃威（1），三唑磷（1），生物苄呋菊酯（1），乙菌利（1），兹克威（1）
日本标准	22	85	烯虫酯（14），威杀灵（12），哒螨灵（11），多效唑（6），γ-氟氯氰菌酯（5），五氯苯甲腈（5），3，5-二氯苯胺（4），炔丙菊酯（4），烯丙菊酯（4），联苯（3），四氢吩胺（3），吡喃灵（2），高效氯氟氰菊酯（2），己唑醇（2），除虫菊素 I（1），毒死蜱（1），氟虫腈（1），解草腈（1），喹螨醚（1），三唑磷（1），乙菌利（1），兹克威（1）

11.4.3.2　芹菜

这次共检测 61 例芹菜样品，60 例样品中检出了农药残留，检出率为 98.4%，检出农药共计 48 种。其中克百威、威杀灵、毒死蜱、腐霉利和氟乐灵检出频次较高，分别检出了 27、22、20、13 和 12 次。芹菜中农药检出品种和频次见图 11-35，超标农药见图 11-36 和表 11-28。

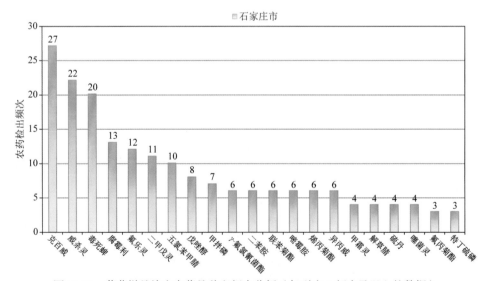

图 11-35　芹菜样品检出农药品种和频次分析（仅列出 3 频次及以上的数据）

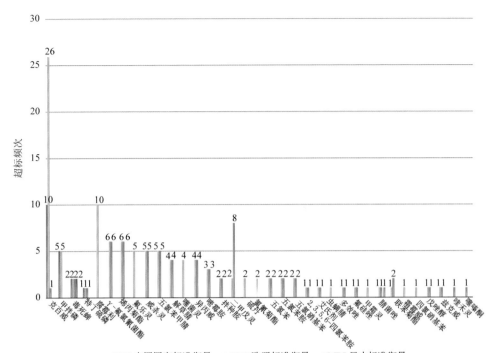

图 11-36　芹菜样品中超标农药分析

表 11-28　芹菜中农药残留超标情况明细表

样品总数			检出农药样品数	样品检出率（%）	检出农药品种总数
61			60	98.4	48

	超标农药品种	超标农药频次	按照 MRL 中国国家标准、欧盟标准和日本标准衡量超标农药名称及频次
中国国家标准	4	18	克百威（10），甲拌磷（5），毒死蜱（2），特丁硫磷（1）
欧盟标准	33	112	克百威（26），腐霉利（10），γ-氟氯氰菌酯（6），烯丙菊酯（6），氟乐灵（5），甲拌磷（5），威杀灵（5），五氯苯甲腈（5），解草腈（4），噻菌灵（4），异丙威（4），嘧霉胺（3），拌种胺（2），毒死蜱（2），二甲戊灵（2），硫丹（2），氯氰菊酯（2），五氯苯（2），五氯苯胺（2），五氯硝基苯（2），2,3,5,6-四氯苯胺（1），艾氏剂（1），虫螨腈（1），多效唑（1），氟硅唑（1），甲霜灵（1），腈菌唑（1），联苯菊酯（1），霜霉威（1），四氯硝基苯（1），特丁硫磷（1），戊唑醇（1），兹克威（1）
日本标准	25	64	二甲戊灵（8），γ-氟氯氰菌酯（6），烯丙菊酯（6），威杀灵（5），五氯苯甲腈（5），解草腈（4），异丙威（4），嘧霉胺（3），拌种胺（2），毒死蜱（2），联苯菊酯（2），五氯苯（2），五氯苯胺（2），五氯硝基苯（2），2,3,5,6-四氯苯胺（1），艾氏剂（1），多效唑（1），氟硅唑（1），腈菌唑（1），克百威（1），喹禾灵（1），噻嗪酮（1），特丁硫磷（1），戊唑醇（1），兹克威（1）

11.4.3.3　黄瓜

这次共检测 91 例黄瓜样品，78 例样品中检出了农药残留，检出率为 85.7%，检出农药共计 45 种。其中氟吡菌酰胺、威杀灵、腐霉利、嘧霉胺和哒螨灵检出频次较高，分别检出了 22、22、19、19 和 15 次。黄瓜中农药检出品种和频次见图 11-37，超标农药见图 11-38 和表 11-29。

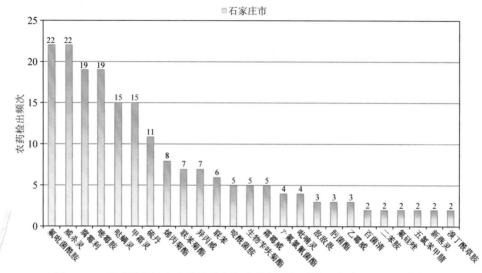

图 11-37　黄瓜样品检出农药品种和频次分析（仅列出 2 频次及以上的数据）

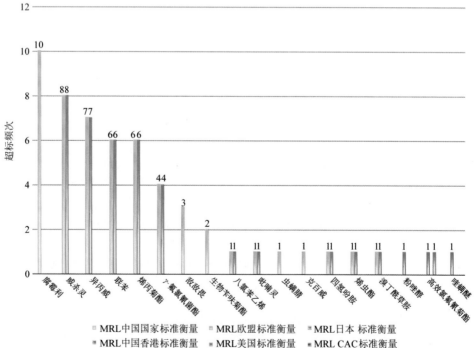

图 11-38　黄瓜样品中超标农药分析

表 11-29　黄瓜中农药残留超标情况明细表

样品总数		检出农药样品数	样品检出率（%）	检出农药品种总数
91		78	85.7	45

	超标农药品种	超标农药频次	按照 MRL 中国国家标准、欧盟标准和日本标准衡量超标农药名称及频次
中国国家标准	0	0	
欧盟标准	15	53	腐霉利（10），威杀灵（8），异丙威（7），联苯（6），烯丙菊酯（6），γ-氟氯氰菌酯（4），敌敌畏（3），生物苄呋菊酯（2），八氯苯乙烯（1），吡螨灵（1），虫螨腈（1），克百威（1），四氢吩胺（1），烯虫酯（1），溴丁酰草胺（1）
日本标准	13	39	威杀灵（8），异丙威（7），联苯（6），烯丙菊酯（6），γ-氟氯氰菌酯（4），八氯苯乙烯（1），吡螨灵（1），粉唑醇（1），高效氯氟氰菊酯（1），喹螨醚（1），四氢吩胺（1），烯虫酯（1），溴丁酰草胺（1）

11.5　初 步 结 论

11.5.1　石家庄市市售水果蔬菜按 MRL 中国国家标准和国际主要 MRL 标准衡量的合格率

本次侦测的 2411 例样品中，520 例样品未检出任何残留农药，占样品总量的 21.6%，1891 例样品检出不同水平、不同种类的残留农药，占样品总量的 78.4%。在这 1891 例检出农药残留的样品中：

按照 MRL 中国国家标准衡量，有 1822 例样品检出残留农药但含量没有超标，占样品总数的 75.6%，有 69 例样品检出了超标农药，占样品总数的 2.9%。

按照 MRL 欧盟标准衡量，有 720 例样品检出残留农药但含量没有超标，占样品总数的 29.9%，有 1171 例样品检出了超标农药，占样品总数的 48.6%。

按照 MRL 日本标准衡量，有 906 例样品检出残留农药但含量没有超标，占样品总数的 37.6%，有 985 例样品检出了超标农药，占样品总数的 40.9%。

按照 MRL 中国香港标准衡量，有 1836 例样品检出残留农药但含量没有超标，占样品总数的 76.2%，有 55 例样品检出了超标农药，占样品总数的 2.3%。

按照 MRL 美国标准衡量，有 1844 例样品检出残留农药但含量没有超标，占样品总数的 76.5%，有 47 例样品检出了超标农药，占样品总数的 1.9%。

按照 MRL CAC 标准衡量，有 1874 例样品检出残留农药但含量没有超标，占样品总数的 77.7%，有 17 例样品检出了超标农药，占样品总数的 0.7%。

11.5.2　石家庄市市售水果蔬菜中检出农药以中低微毒农药为主，占市场主体的 91.1%

这次侦测的 2411 例样品包括调味料 1 种 5 例，水果 26 种 808 例，食用菌 3 种 79 例，蔬菜 40 种 1519 例，共检出了 169 种农药，检出农药的毒性以中低微毒为主，详见表 11-30。

表 11-30　市场主体农药毒性分布

毒性	检出品种	占比（%）	检出频次	占比（%）
剧毒农药	5	3.0	32	0.6
高毒农药	10	5.9	134	2.7
中毒农药	64	37.9	2040	40.6
低毒农药	60	35.5	1752	34.9
微毒农药	30	17.8	1064	21.2

中低微毒农药，品种占比91.1%，频次占比96.7%

11.5.3　检出剧毒、高毒和禁用农药现象应该警醒

在此次侦测的2411例样品中有29种蔬菜和19种水果的261例样品检出了20种293频次的剧毒和高毒或禁用农药，占样品总量的 10.8%。其中剧毒农药甲拌磷、特丁硫磷和艾氏剂以及高毒农药克百威、水胺硫磷和敌敌畏检出频次较高。

按 MRL 中国国家标准衡量，剧毒农药甲拌磷，检出 23 次，超标 11 次；特丁硫磷，检出 6 次，超标 2 次；高毒农药克百威，检出 48 次，超标 22 次；水胺硫磷，检出 24次，超标 5 次；敌敌畏，检出 22 次，超标 2 次；按超标程度比较，小茴香中甲拌磷超标111.0 倍，芹菜中克百威超标 27.5 倍，油麦菜中甲拌磷超标 25.5 倍，苦瓜中甲拌磷超标17.5 倍，橘中水胺硫磷超标 9.7 倍。

剧毒、高毒或禁用农药的检出情况及按照 MRL 中国国家标准衡量的超标情况见表 11-31。

表 11-31　剧毒、高毒或禁用农药的检出及超标明细

序号	农药名称	样品名称	检出频次	超标频次	最大超标倍数	超标率
1.1	对硫磷[*▲]	梨	1	1	1.81	100.0%
2.1	灭线磷[*▲]	火龙果	1	0	0	0.0%
3.1	特丁硫磷[*▲]	芹菜	3	1	4.08	33.3%
3.2	特丁硫磷[*▲]	小茴香	2	1	2.49	50.0%
3.3	特丁硫磷[*▲]	茼蒿	1	0	0	0.0%
4.1	甲拌磷[*▲]	芹菜	7	5	4.02	71.4%
4.2	甲拌磷[*▲]	油麦菜	4	3	25.48	75.0%
4.3	甲拌磷[*▲]	韭菜	3	1	0.97	33.3%
4.4	甲拌磷[*▲]	生菜	2	0	0	0.0%
4.5	甲拌磷[*▲]	小茴香	1	1	111.04	100.0%
4.6	甲拌磷[*▲]	苦瓜	1	1	17.5	100.0%
4.7	甲拌磷[*▲]	甜椒	1	0	0	0.0%

续表

序号	农药名称	样品名称	检出频次	超标频次	最大超标倍数	超标率
4.8	甲拌磷*▲	甜瓜	1	0	0	0.0%
4.9	甲拌磷*▲	芫荽	1	0	0	0.0%
4.10	甲拌磷*▲	莴笋	1	0	0	0.0%
4.11	甲拌磷*▲	菠菜	1	0	0	0.0%
5.1	艾氏剂*▲	芹菜	1	0	0	0.0%
6.1	三唑磷◇	橘	7	3	1.343	42.9%
6.2	三唑磷◇	橙	4	0	0	0.0%
6.3	三唑磷◇	荔枝	2	0	0	0.0%
6.4	三唑磷◇	柑	1	0	0	0.0%
6.5	三唑磷◇	油麦菜	1	0	0	0.0%
6.6	三唑磷◇	猕猴桃	1	0	0	0.0%
6.7	三唑磷◇	茄子	1	0	0	0.0%
6.8	三唑磷◇	茼蒿	1	0	0	0.0%
6.9	三唑磷◇	韭菜	1	0	0	0.0%
7.1	克百威◇▲	芹菜	27	10	27.465	37.0%
7.2	克百威◇▲	桃	5	5	1.205	100.0%
7.3	克百威◇▲	橘	2	2	2.905	100.0%
7.4	克百威◇▲	甜椒	2	0	0	0.0%
7.5	克百威◇▲	韭菜	2	0	0	0.0%
7.6	克百威◇▲	草莓	1	1	1.74	100.0%
7.7	克百威◇▲	樱桃番茄	1	1	0.97	100.0%
7.8	克百威◇▲	西葫芦	1	1	0.745	100.0%
7.9	克百威◇▲	茄子	1	1	0.355	100.0%
7.10	克百威◇▲	辣椒	1	1	0.31	100.0%
7.11	克百威◇▲	小茴香	1	0	0	0.0%
7.12	克百威◇▲	橙	1	0	0	0.0%
7.13	克百威◇▲	油桃	1	0	0	0.0%
7.14	克百威◇▲	葡萄	1	0	0	0.0%
7.15	克百威◇▲	黄瓜	1	0	0	0.0%
8.1	兹克威◇	冬瓜	1	0	0	0.0%
8.2	兹克威◇	小油菜	1	0	0	0.0%
8.3	兹克威◇	油麦菜	1	0	0	0.0%

续表

序号	农药名称	样品名称	检出频次	超标频次	最大超标倍数	超标率
8.4	兹克威◊	芹菜	1	0	0	0.0%
9.1	嘧啶磷◊	苹果	1	0	0	0.0%
10.1	敌敌畏◊	梨	3	1	4.309	33.3%
10.2	敌敌畏◊	黄瓜	3	0	0	0.0%
10.3	敌敌畏◊	李子	2	0	0	0.0%
10.4	敌敌畏◊	油桃	2	0	0	0.0%
10.5	敌敌畏◊	苹果	2	0	0	0.0%
10.6	敌敌畏◊	辣椒	2	0	0	0.0%
10.7	敌敌畏◊	龙眼	2	0	0	0.0%
10.8	敌敌畏◊	草莓	1	1	0.906	100.0%
10.9	敌敌畏◊	南瓜	1	0	0	0.0%
10.10	敌敌畏◊	生菜	1	0	0	0.0%
10.11	敌敌畏◊	番茄	1	0	0	0.0%
10.12	敌敌畏◊	花椰菜	1	0	0	0.0%
10.13	敌敌畏◊	萝卜	1	0	0	0.0%
11.1	杀扑磷◊▲	橙	4	0	0	0.0%
11.2	杀扑磷◊▲	柠檬	2	0	0	0.0%
11.3	杀扑磷◊▲	芒果	1	0	0	0.0%
12.1	水胺硫磷◊▲	柠檬	7	0	0	0.0%
12.2	水胺硫磷◊▲	小茴香	4	0	0	0.0%
12.3	水胺硫磷◊▲	橘	3	3	9.695	100.0%
12.4	水胺硫磷◊▲	柑	2	2	4.33	100.0%
12.5	水胺硫磷◊▲	橙	2	0	0	0.0%
12.6	水胺硫磷◊▲	胡萝卜	2	0	0	0.0%
12.7	水胺硫磷◊▲	猕猴桃	1	0	0	0.0%
12.8	水胺硫磷◊▲	芒果	1	0	0	0.0%
12.9	水胺硫磷◊▲	茄子	1	0	0	0.0%
12.10	水胺硫磷◊▲	龙眼	1	0	0	0.0%
13.1	治螟磷◊▲	韭菜	1	0	0	0.0%
14.1	猛杀威◊	橘	2	0	0	0.0%
14.2	猛杀威◊	苦苣	2	0	0	0.0%
14.3	猛杀威◊	小茴香	1	0	0	0.0%

续表

序号	农药名称	样品名称	检出频次	超标频次	最大超标倍数	超标率
15.1	甲胺磷◊▲	冬瓜	1	0	0	0.0%
15.2	甲胺磷◊▲	大白菜	1	0	0	0.0%
15.3	甲胺磷◊▲	西瓜	1	0	0	0.0%
16.1	六六六▲	西葫芦	2	0	0	0.0%
16.2	六六六▲	小油菜	1	0	0	0.0%
16.3	六六六▲	番茄	1	0	0	0.0%
17.1	林丹▲	胡萝卜	1	0	0	0.0%
17.2	林丹▲	西葫芦	1	0	0	0.0%
18.1	氟虫腈▲	菠菜	1	1	4.785	100.0%
18.2	氟虫腈▲	小白菜	1	1	2.085	100.0%
18.3	氟虫腈▲	枣	1	0	0	0.0%
18.4	氟虫腈▲	油麦菜	1	0	0	0.0%
18.5	氟虫腈▲	葱	1	0	0	0.0%
19.1	氰戊菊酯▲	李子	2	0	0	0.0%
19.2	氰戊菊酯▲	小白菜	1	0	0	0.0%
19.3	氰戊菊酯▲	橙	1	0	0	0.0%
20.1	硫丹▲	甜瓜	15	0	0	0.0%
20.2	硫丹▲	西葫芦	12	0	0	0.0%
20.3	硫丹▲	黄瓜	11	0	0	0.0%
20.4	硫丹▲	韭菜	9	0	0	0.0%
20.5	硫丹▲	丝瓜	8	0	0	0.0%
20.6	硫丹▲	苦瓜	6	0	0	0.0%
20.7	硫丹▲	桃	5	0	0	0.0%
20.8	硫丹▲	小油菜	4	0	0	0.0%
20.9	硫丹▲	樱桃番茄	4	0	0	0.0%
20.10	硫丹▲	油桃	4	0	0	0.0%
20.11	硫丹▲	甜椒	4	0	0	0.0%
20.12	硫丹▲	芹菜	4	0	0	0.0%
20.13	硫丹▲	菜薹	4	0	0	0.0%
20.14	硫丹▲	菜豆	3	0	0	0.0%
20.15	硫丹▲	菠菜	3	0	0	0.0%
20.16	硫丹▲	番茄	2	0	0	0.0%

续表

序号	农药名称	样品名称	检出频次	超标频次	最大超标倍数	超标率
20.17	硫丹▲	草莓	2	0	0	0.0%
20.18	硫丹▲	葱	2	0	0	0.0%
20.19	硫丹▲	冬瓜	1	0	0	0.0%
20.20	硫丹▲	小茴香	1	0	0	0.0%
20.21	硫丹▲	梨	1	0	0	0.0%
20.22	硫丹▲	橙	1	0	0	0.0%
20.23	硫丹▲	油麦菜	1	0	0	0.0%
20.24	硫丹▲	生菜	1	0	0	0.0%
20.25	硫丹▲	芫荽	1	0	0	0.0%
20.26	硫丹▲	花椰菜	1	0	0	0.0%
20.27	硫丹▲	茄子	1	0	0	0.0%
20.28	硫丹▲	葡萄	1	0	0	0.0%
合计			293	48		16.4%

注：超标倍数参照 MRL 中国国家标准衡量

这些超标的剧毒和高毒农药都是中国政府早有规定禁止在水果蔬菜中使用的，为什么还屡次被检出，应该引起警惕。

11.5.4 残留限量标准与先进国家或地区标准差距较大

5022 频次的检出结果与我国公布的《食品中农药最大残留限量》（GB 2763—2014）对比，有 1089 频次能找到对应的 MRL 中国国家标准，占 21.7%；还有 3933 频次的侦测数据无相关 MRL 标准供参考，占 78.3%。

与国际上现行 MRL 标准对比发现：

有 5022 频次能找到对应的 MRL 欧盟标准，占 100.0%；

有 5022 频次能找到对应的 MRL 日本标准，占 100.0%；

有 1606 频次能找到对应的 MRL 中国香港标准，占 32.0%；

有 1380 频次能找到对应的 MRL 美国标准，占 27.5%；

有 846 频次能找到对应的 MRL CAC 标准，占 16.8%。

由上可见，MRL 中国国家标准与先进国家或地区标准还有很大差距，我们无标准，境外有标准，这就会导致我们在国际贸易中，处于受制于人的被动地位。

11.5.5 水果蔬菜单种样品检出 35~53 种农药残留，拷问农药使用的科学性

通过此次监测发现，葡萄、橙和苹果是检出农药品种最多的 3 种水果，油麦菜、芹菜和黄瓜是检出农药品种最多的 3 种蔬菜，从中检出农药品种及频次详见表 11-32。

表 11-32　单种样品检出农药品种及频次

样品名称	样品总数	检出农药样品数	检出率	检出农药品种数	检出农药（频次）
油麦菜	81	73	90.1%	53	威杀灵（27），烯虫酯（18），嘧霉胺（16），腐霉利（15），哒螨灵（13），甲霜灵（10），联苯菊酯（9），3,5-二氯苯胺（8），毒死蜱（7），多效唑（7），二苯胺（7），戊唑醇（7），百菌清（6），γ-氟氯氰菌酯（5），氟丙菊酯（5），联苯（5），炔丙菊酯（5），五氯苯甲腈（5），烯丙菊酯（5），莠去津（5），氟乐灵（4），甲拌磷（4），邻苯基苯酚（3），嘧菌酯（3），生物苄呋菊酯（3），四氢吩胺（3），吡喃灵（2），虫螨腈（2），除虫菊酯（2），噁霜灵（2），二甲戊灵（2），高效氯氟氰菊酯（2），己唑醇（2），氯氰菊酯（2），嘧菌环胺（2），去乙基阿特拉津（2），除虫菊素Ⅰ（1），啶酰菌胺（1），粉唑醇（1），氟虫腈（1），解草腈（1），喹螨醚（1），硫丹（1），棉铃威（1），萘乙酸（1），三唑磷（1），霜霉威（1），五氯苯（1），五氯苯胺（1），五氯硝基苯（1），乙菌利（1），兹克威（1），唑虫酰胺（1）
芹菜	61	60	98.4%	48	克百威（27），威杀灵（22），毒死蜱（20），腐霉利（13），氟乐灵（12），二甲戊灵（11），五氯苯甲腈（10），戊唑醇（8），甲拌磷（7），γ-氟氯氰菌酯（6），二苯胺（6），联苯菊酯（6），嘧霉胺（6），烯丙菊酯（6），异丙威（6），甲霜灵（4），解草腈（4），硫丹（4），噻螨灵（4），氟丙菊酯（3），特丁硫磷（3），拌种胺（2），虫螨腈（2），除虫菊酯（2），己唑醇（2），氯氰菊酯（2），萘乙酸（2），扑草净（2），四氯硝基苯（2），五氯苯（2），五氯苯胺（2），五氯硝基苯（2），2,3,5,6-四氯苯胺（1），3,5-二氯苯胺（1），艾氏剂（1），百菌清（1），哒螨灵（1），多效唑（1），噁霜灵（1），氟硅唑（1），腈菌唑（1），喹禾灵（1），噻嗪酮（1），霜霉威（1），肟菌酯（1），乙霉威（1），莠去津（1），兹克威（1）
黄瓜	91	78	85.7%	45	氟吡菌酰胺（22），威杀灵（22），腐霉利（19），嘧霉胺（19），哒螨灵（15），甲霜灵（15），硫丹（11），烯丙菊酯（8），联苯菊酯（7），异丙威（7），联苯（6），啶酰菌胺（5），生物苄呋菊酯（5），霜霉威（5），γ-氟氯氰菌酯（4），吡喃灵（4），敌敌畏（3），肟菌酯（3），乙霉威（3），百菌清（2），二苯胺（2），氟硅唑（2），五氯苯甲腈（2），新燕灵（2），溴丁酰草胺（2），2,6-二氯苯甲酰胺（1），八氯苯乙烯（1），丙溴磷（1），虫螨腈（1），除虫菊酯（1），稻瘟灵（1），啶氧菌酯（1），毒死蜱（1），粉唑醇（1），呋嘧醇（1），高效氯氟氰菊酯（1），克百威（1），喹螨醚（1），噻嗪酮（1），双苯酰草胺（1），四氢吩胺（1），戊菌唑（1），戊唑醇（1），烯虫酯（1），莠去津（1）
葡萄	54	51	94.4%	38	嘧霉胺（19），啶酰菌胺（18），戊唑醇（17），嘧菌环胺（12），腐霉利（11），毒死蜱（10），二苯胺（10），嘧菌酯（7），肟菌酯（7），喹氧灵（6），氟吡菌酰胺（5），联苯菊酯（5），烯丙菊酯（5），甲霜灵（4），腈菌唑（4），螺螨酯（4），霜霉威（4），γ-氟氯氰菌酯（3），啶氧菌酯（2），多效唑（2），粉唑醇（2），三唑醇（2），四氟醚唑（2），3,5-二氯苯胺（1），吡丙醚（1），吡唑醚菌酯（1），除线磷（1），氟硅唑（1），己唑醇（1），克百威（1），邻苯基苯酚（1），硫丹（1），醚菌酯（1），萘乙酰胺（1），杀螨酯（1），威杀灵（1），戊菌唑（1），增效醚（1）

样品名称	样品总数	检出农药样品数	检出率	检出农药品种数	检出农药（频次）
橙	58	53	91.4%	37	毒死蜱（30），威杀灵（20），丙溴磷（14），嘧菌酯（13），联苯菊酯（8），二苯胺（7），杀螨酯（7），甲醚菊酯（6），嘧霉胺（5），炔螨特（4），噻菌灵（4），三唑磷（4），杀扑磷（4），烯丙菊酯（4），吡丙醚（3），氯氰菊酯（3），戊唑醇（3），γ-氟氯氰菌酯（2），除虫菊素Ⅰ（2），哒螨灵（2），多效唑（2），邻苯基苯酚（2），水胺硫磷（2），唑虫酰胺（2），除虫菊酯（1），氟丙菊酯（1），氟硅唑（1），禾草敌（1），甲基毒死蜱（1），克百威（1），硫丹（1），螺螨酯（1），氯酞酸甲酯（1），氰戊菊酯（1），杀螟腈（1），肟菌酯（1），增效醚（1）
苹果	89	59	66.3%	35	毒死蜱（26），威杀灵（17），新燕灵（13），除虫菊素Ⅰ（7），甲醚菊酯（7），乙草胺（7），戊唑醇（6），二苯胺（5），特草（4），3,4,5-混杀威（3），氯菊酯（3），炔螨特（3），烯丙菊酯（3），敌敌畏（2），腐霉利（2），螺螨酯（2），γ-氟氯氰菌酯（1），胺菊酯（1），八氯苯乙烯（1），八氯二丙醚（1），丙溴磷（1），除虫菊酯（1），哒螨灵（1），稻瘟灵（1），丁草胺（1），粉唑醇（1），呋嘧醇（1），甲萘威（1），联苯菊酯（1），嘧啶磷（1），嘧霉胺（1），棉铃威（1），五氯苯（1），戊菌唑（1），增效醚（1）

　　上述 6 种水果蔬菜，检出农药 35～53 种，是多种农药综合防治，还是未严格实施农业良好管理规范（GAP），抑或根本就是乱施药，值得我们思考。

第12章 GC-Q-TOF/MS 侦测石家庄市市售水果蔬菜农药残留膳食暴露风险与预警风险评估

12.1 农药残留风险评估方法

12.1.1 石家庄市农药残留侦测数据分析与统计

庞国芳院士科研团队建立的农药残留高通量侦测技术以高分辨精确质量数（0.0001 m/z 为基准）为识别标准，采用 GC-Q-TOF/MS 技术对 507 种农药化学污染物进行侦测。

科研团队于 2015 年 5 月~2017 年 9 月在石家庄市所属 5 个区县的 51 个采样点，随机采集了 2411 例水果蔬菜样品，采样点分布在超市和农贸市场，具体位置如图 12-1 所示，各月内水果蔬菜样品采集数量如表 12-1 所示。

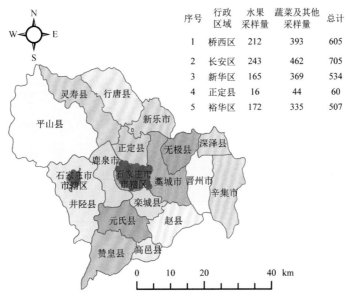

序号	行政区域	水果采样量	蔬菜及其他采样量	总计
1	桥西区	212	393	605
2	长安区	243	462	705
3	新华区	165	369	534
4	正定县	16	44	60
5	裕华区	172	335	507

图 12-1 GC-Q-TOF/MS 侦测石家庄市 51 个采样点 2411 例样品分布示意图

表 12-1 石家庄市各月内采集水果蔬菜样品数列表

时间	样品数（例）
2015 年 5 月	333
2016 年 3 月	168
2016 年 6 月	201
2016 年 8 月	96
2016 年 9 月	166

续表

时间	样品数（例）
2016 年 11 月	195
2016 年 12 月	172
2017 年 1 月	154
2017 年 3 月	408
2017 年 5 月	149
2017 年 6 月	135
2017 年 8 月	132
2017 年 9 月	102

　　利用 GC-Q-TOF/MS 技术对 2411 例样品中的农药进行侦测，侦测出残留农药 169 种，5020 频次。侦测出农药残留水平如表 12-2 和图 12-2 所示。检出频次最高的前 10 种农药如表 12-3 所示。从侦测结果中可以看出，在水果蔬菜中农药残留普遍存在，且有些水果蔬菜存在高浓度的农药残留，这些可能存在膳食暴露风险，对人体健康产生危害，因此，为了定量地评价水果蔬菜中农药残留的风险程度，有必要对其进行风险评价。

表 12-2　侦测出农药的不同残留水平及其所占比例列表

残留水平（μg/kg）	检出频次	占比（%）
1~5（含）	1423	28.3
5~10（含）	771	15.4
10~100（含）	2130	42.4
100~1000（含）	668	13.3
>1000	28	0.6
合计	5020	100

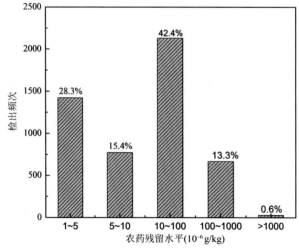

图 12-2　残留农药检出浓度频数分布图

表 12-3　检出频次最高的前 10 种农药列表

序号	农药	检出频次（次）
1	威杀灵	630
2	毒死蜱	433
3	腐霉利	362
4	二苯胺	204
5	烯丙菊酯	172
6	嘧霉胺	169
7	联苯菊酯	157
8	哒螨灵	150
9	硫丹	112
10	戊唑醇	112

12.1.2　农药残留风险评价模型

对石家庄市水果蔬菜中农药残留分别开展暴露风险评估和预警风险评估。膳食暴露风险评估利用食品安全指数模型对水果蔬菜中的残留农药对人体可能产生的危害程度进行评价，该模型结合残留监测和膳食暴露评估评价化学污染物的危害；预警风险评价模型运用风险系数（risk index，R），风险系数综合考虑了危害物的超标率、施检频率及其本身敏感性的影响，能直观而全面地反映出危害物在一段时间内的风险程度。

12.1.2.1　食品安全指数模型

为了加强食品安全管理，《中华人民共和国食品安全法》第二章第十七条规定"国家建立食品安全风险评估制度，运用科学方法，根据食品安全风险监测信息、科学数据以及有关信息，对食品、食品添加剂、食品相关产品中生物性、化学性和物理性危害因素进行风险评估"[1]，膳食暴露评估是食品危险度评估的重要组成部分，也是膳食安全性的衡量标准[2]。国际上最早研究膳食暴露风险评估的机构主要是 JMPR（FAO、WHO农药残留联合会议），该组织自 1995 年就已制定了急性毒性物质的风险评估急性毒性农药残留摄入量的预测。1960 年美国规定食品中不得加入致癌物质进而提出零阈值理论，渐渐零阈值理论发展成在一定概率条件下可接受风险的概念[3]，后衍变为食品中每日允许最大摄入量（ADI），而农药残留法典委员会（CCPR）认为 ADI 不是独立风险评估的唯一标准[4]，1995 年 JMPR 开始研究农药急性膳食暴露风险评估，并对食品国际短期摄入量的计算方法进行了修正，亦对膳食暴露评估准则及评估方法进行了修正[5]，2002 年，在对世界上现行的食品安全评价方法，尤其是国际公认的 CAC 的评价方法、全球环境监测系统/食品污染监测和评估规划（WHO GEMS/Food）及 FAO、WHO 食品添加剂联合专家委员会（JECFA）和 JMPR 对食品安全风险评估工作研究的基础之上，检验检疫食品安全管理的研究人员提出了结合残留监控和膳食暴露评估，以食品安全指数 IFS 计算食品中各种化学污染物对消费者的健康危害程度[6]。IFS 是表示食品安全状态的新方法，可有效地评价某种农药的安全性，进而评价食品中各种农药化学污染物对消费者健康的整体危害程度[7, 8]。从理论上分析，IFS$_c$可指出食品中的污染物 c 对消费者健康是否存在危害及危害的程度[9]。其优点在于操作简单且结果容易被接受和理解，不需要大量的数据来对结果进行验证，使用默认的标准假设或者模型即可[10, 11]。

1）IFS$_c$的计算

IFS$_c$计算公式如下：

$$IFS_c = \frac{EDI_c \times f}{SI_c \times bw} \qquad (12\text{-}1)$$

式中，c 为所研究的农药；EDI$_c$为农药 c 的实际日摄入量估算值，等于 $\sum (R_i \times F_i \times E_i \times P_i)$（i 为食品种类；$R_i$为食品 i 中农药 c 的残留水平，mg/kg；$F_i$为食品 i 的估计日消费量，g/（人·天）；$E_i$为食品 i 的可食用部分因子；$P_i$为食品 i 的加工处理因子）；SI$_c$为安全摄入量，可采用每日允许最大摄入量 ADI；bw 为人平均体重，kg；f 为校正因子，如果安全摄入量采用 ADI，则 f 取 1。

IFS$_c \ll 1$，农药 c 对食品安全没有影响；IFS$_c \leq 1$，农药 c 对食品安全的影响可以接受；IFS$_c > 1$，农药 c 对食品安全的影响不可接受。

本次评价中：

IFS$_c \leq 0.1$，农药 c 对水果蔬菜安全没有影响；

0.1＜IFS$_c \leq 1$，农药 c 对水果蔬菜安全的影响可以接受；

IFS$_c > 1$，农药 c 对水果蔬菜安全的影响不可接受。

本次评价中残留水平 R_i取值为中国检验检疫科学研究院庞国芳院士课题组利用以高分辨精确质量数（0.0001 m/z）为基准的 GC-Q-TOF/MS 侦测技术于 2015 年 5 月~2017 年 9 月对石家庄市水果蔬菜农药残留的侦测结果，估计日消费量 F_i取值 0.38 kg/（人·天），E_i=1，P_i=1，f=1，SI$_c$采用《食品安全国家标准　食品中农药最大残留限量》（GB 2763—2016）中 ADI 值（具体数值见表 12-4），人平均体重（bw）取值 60 kg。

表 12-4　石家庄市水果蔬菜中侦测出农药的 ADI 值

序号	农药	ADI	序号	农药	ADI	序号	农药	ADI
1	艾氏剂	0.0001	8	克百威	0.001	15	稻丰散	0.003
2	氟虫腈	0.0002	9	三唑磷	0.001	16	水胺硫磷	0.003
3	灭线磷	0.0004	10	杀扑磷	0.001	17	噁草酮	0.0036
4	特丁硫磷	0.0006	11	治螟磷	0.001	18	敌敌畏	0.004
5	甲拌磷	0.0007	12	乐果	0.002	19	对硫磷	0.004
6	喹禾灵	0.0009	13	三氯杀螨醇	0.002	20	甲胺磷	0.004
7	禾草敌	0.001	14	异丙威	0.002	21	乙霉威	0.004

续表

序号	农药	ADI	序号	农药	ADI	序号	农药	ADI
22	己唑醇	0.005	55	四氯硝基苯	0.02	88	噻菌灵	0.1
23	喹螨醚	0.005	56	烯效唑	0.02	89	异丙甲草胺	0.1
24	林丹	0.005	57	乙草胺	0.02	90	萘乙酸	0.15
25	六六六	0.005	58	莠去津	0.02	91	敌稗	0.2
26	烯唑醇	0.005	59	氟乐灵	0.025	92	喹氧灵	0.2
27	环酯草醚	0.0056	60	吡唑醚菌酯	0.03	93	嘧菌酯	0.2
28	硫丹	0.006	61	丙溴磷	0.03	94	嘧霉胺	0.2
29	唑虫酰胺	0.006	62	虫螨腈	0.03	95	增效醚	0.2
30	氟硅唑	0.007	63	二甲戊灵	0.03	96	邻苯基苯酚	0.4
31	甲萘威	0.008	64	甲氰菊酯	0.03	97	醚菌酯	0.4
32	噻嗪酮	0.009	65	腈菌唑	0.03	98	霜霉威	0.4
33	哒螨灵	0.01	66	醚菊酯	0.03	99	2,3,5,6-四氯苯胺	—
34	毒死蜱	0.01	67	嘧菌环胺	0.03	100	2,6-二氯苯甲酰胺	—
35	噁霜灵	0.01	68	三唑醇	0.03	101	3,4,5-混杀威	—
36	粉唑醇	0.01	69	三唑酮	0.03	102	3,5-二氯苯胺	—
37	氟吡菌酰胺	0.01	70	生物苄呋菊酯	0.03	103	γ-氟氯氰菌酯	—
38	甲基毒死蜱	0.01	71	戊菌唑	0.03	104	安硫磷	—
39	联苯肼酯	0.01	72	戊唑醇	0.03	105	胺菊酯	—
40	联苯菊酯	0.01	73	啶酰菌胺	0.04	106	八氯苯乙烯	—
41	联苯三唑醇	0.01	74	扑草净	0.04	107	八氯二丙醚	—
42	螺螨酯	0.01	75	三环唑	0.04	108	拌种胺	—
43	氯硝胺	0.01	76	肟菌酯	0.04	109	苯胺灵	—
44	炔螨特	0.01	77	氯菊酯	0.05	110	吡螨胺	—
45	双甲脒	0.01	78	仲丁威	0.06	111	吡喃灵	—
46	五氯硝基苯	0.01	79	甲基立枯磷	0.07	112	避蚊胺	—
47	嗪草酮	0.013	80	二苯胺	0.08	113	丙硫磷	—
48	辛酰溴苯腈	0.015	81	甲霜灵	0.08	114	除虫菊素 I	—
49	稻瘟灵	0.016	82	啶氧菌酯	0.09	115	除虫菊酯	—
50	百菌清	0.02	83	氟酰胺	0.09	116	除线磷	—
51	高效氯氟氰菊酯	0.02	84	吡丙醚	0.1	117	丁羟茴香醚	—
52	抗蚜威	0.02	85	丁草胺	0.1	118	二甲吩草胺	—
53	氯氰菊酯	0.02	86	多效唑	0.1	119	菲	—
54	氰戊菊酯	0.02	87	腐霉利	0.1	120	呋草黄	—

序号	农药	ADI	序号	农药	ADI	序号	农药	ADI
121	呋嘧醇	—	138	哌草磷	—	155	五氯苯甲腈	—
122	氟丙菊酯	—	139	去乙基阿特拉津	—	156	烯丙菊酯	—
123	去异丙基莠去津	—	140	炔丙菊酯	—	157	烯虫炔酯	—
124	氟唑菌酰胺	—	141	杀螺吗啉	—	158	烯虫酯	—
125	咯喹酮	—	142	杀螨特	—	159	缬霉威	—
126	甲醚菊酯	—	143	杀螨酯	—	160	新燕灵	—
127	间羟基联苯	—	144	杀螟腈	—	161	溴丁酰草胺	—
128	解草腈	—	145	双苯噁唑酸	—	162	乙菌利	—
129	联苯	—	146	双苯酰草胺	—	163	乙嘧酚磺酸酯	—
130	邻苯二甲酰亚胺	—	147	四氟醚唑	—	164	乙氧呋草黄	—
131	氯苯甲醚	—	148	四氢吩胺	—	165	异丙净	—
132	氯酞酸甲酯	—	149	速灭威	—	166	异丙乐灵	—
133	麦草氟异丙酯	—	150	特草灵	—	167	异噁唑草酮	—
134	猛杀威	—	151	特丁通	—	168	茵草敌	—
135	嘧啶磷	—	152	威杀灵	—	169	兹克威	—
136	棉铃威	—	153	五氯苯	—			
137	萘乙酰胺	—	154	五氯苯胺	—			

注："—"表示为国家标准中无 ADI 值规定；ADI 值单位为 mg/kg bw

2）计算 IFS_c 的平均值 $\overline{IFS}$，评价农药对食品安全的影响程度

以 $\overline{IFS}$ 评价各种农药对人体健康危害的总程度，评价模型见公式（12-2）。

$$\overline{IFS}=\frac{\sum_{i=1}^{n} IFS_c}{n} \qquad (12\text{-}2)$$

$\overline{IFS} \ll 1$，所研究消费者人群的食品安全状态很好；$\overline{IFS} \leqslant 1$，所研究消费者人群的食品安全状态可以接受；$\overline{IFS} > 1$，所研究消费者人群的食品安全状态不可接受。

本次评价中：

$\overline{IFS} \leqslant 0.1$，所研究消费者人群的水果蔬菜安全状态很好；

$0.1 < \overline{IFS} \leqslant 1$，所研究消费者人群的水果蔬菜安全状态可以接受；

$\overline{IFS} > 1$，所研究消费者人群的水果蔬菜安全状态不可接受。

12.1.2.2 预警风险评估模型

2003 年，我国检验检疫食品安全管理的研究人员根据 WTO 的有关原则和我国的具体规定，结合危害物本身的敏感性、风险程度及其相应的施检频率，首次提出了食品中危害物风险系数 R 的概念[12]。R 是衡量一个危害物的风险程度大小最直观的参数，即在

一定时期内其超标率或阳性检出率的高低,但受其施检测率的高低及其本身的敏感性(受关注程度)影响。该模型综合考察了农药在蔬菜中的超标率、施检频率及其本身敏感性,能直观而全面地反映出农药在一段时间内的风险程度[13]。

1) R 计算方法

危害物的风险系数综合考虑了危害物的超标率或阳性检出率、施检频率和其本身的敏感性影响,并能直观而全面地反映出危害物在一段时间内的风险程度。风险系数 R 的计算公式如式(12-3):

$$R = aP + \frac{b}{F} + S \qquad (12\text{-}3)$$

式中, P 为该种危害物的超标率; F 为危害物的施检频率; S 为危害物的敏感因子; a, b 分别为相应的权重系数。

本次评价中 $F=1$; $S=1$; $a=100$; $b=0.1$,对参数 P 进行计算,计算时首先判断是否为禁用农药,如果为非禁用农药, $P=$超标的样品数(侦测出的含量高于食品最大残留限量标准值,即 MRL)除以总样品数(包括超标、不超标、未侦测出);如果为禁用农药,则侦测出即为超标, $P=$能侦测出的样品数除以总样品数。判断石家庄市水果蔬菜农药残留是否超标的标准限值 MRL 分别以 MRL 中国国家标准[14]和 MRL 欧盟标准作为对照,具体值列于本报告附表一中。

2) 评价风险程度

$R \leqslant 1.5$,受检农药处于低度风险;

$1.5 < R \leqslant 2.5$,受检农药处于中度风险;

$R > 2.5$,受检农药处于高度风险。

12.1.2.3　食品膳食暴露风险和预警风险评估应用程序的开发

1) 应用程序开发的步骤

为成功开发膳食暴露风险和预警风险评估应用程序,与软件工程师多次沟通讨论,逐步提出并描述清楚计算需求,开发了初步应用程序。为明确出不同水果蔬菜、不同农药、不同地域和不同季节的风险水平,向软件工程师提出不同的计算需求,软件工程师对计算需求进行逐一地分析,经过反复的细节沟通,需求分析得到明确后,开始进行解决方案的设计,在保证需求的完整性、一致性的前提下,编写出程序代码,最后设计出满足需求的风险评估专用计算软件,并通过一系列的软件测试和改进,完成专用程序的开发。软件开发基本步骤见图 12-3。

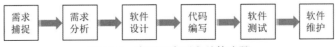

图 12-3　专用程序开发总体步骤

2) 膳食暴露风险评估专业程序开发的基本要求

首先直接利用公式(12-1),分别计算 LC-Q-TOF/MS 和 GC-Q-TOF/MS 仪器侦测出的各水果蔬菜样品中每种农药 IFS$_c$，将结果列出。为考察超标农药和禁用农药的使用安全性，分别以我国《食品安全国家标准　食品中农药最大残留限量》（GB 2763—2016）和欧盟食品中农药最大残留限量（以下简称 MRL 中国国家标准和 MRL 欧盟标准）为标准，对侦测出的禁用农药和超标的非禁用农药 IFS$_c$ 单独进行评价；按 IFS$_c$ 大小列表，并找出 IFS$_c$ 值排名前 20 的样本重点关注。

对不同水果蔬菜 i 中每一种侦测出的农药 c 的安全指数进行计算，多个样品时求平均值。若监测数据为该市多个月的数据，则逐月、逐季度分别列出每个月、每个季度内每一种水果蔬菜 i 对应的每一种农药 c 的 IFS$_c$。

按农药种类，计算整个监测时间段内每种农药的 IFS$_c$，不区分水果蔬菜。若侦测数据为该市多个月的数据，则需分别计算每个月、每个季度内每种农药的 IFS$_c$。

3）预警风险评估专业程序开发的基本要求

分别以 MRL 中国国家标准和 MRL 欧盟标准，按公式（12-3）逐个计算不同水果蔬菜、不同农药的风险系数，禁用农药和非禁用农药分别列表。

为清楚了解各种农药的预警风险，不分时间，不分水果蔬菜，按禁用农药和非禁用农药分类，分别计算各种侦测出农药全部侦测时段内风险系数。由于有 MRL 中国国家标准的农药种类太少，无法计算超标数，非禁用农药的风险系数只以 MRL 欧盟标准为标准，进行计算。若侦测数据为多个月的，则按月计算每个月、每个季度内每种禁用农药残留的风险系数和以 MRL 欧盟标准为标准的非禁用农药残留的风险系数。

4）风险程度评价专业应用程序的开发方法

采用 Python 计算机程序设计语言，Python 是一个高层次地结合了解释性、编译性、互动性和面向对象的脚本语言。风险评价专用程序主要功能包括：分别读入每例样品 LC-Q-TOF/MS 和 GC-Q-TOF/MS 农药残留侦测数据，根据风险评价工作要求，依次对不同农药、不同食品、不同时间、不同采样点的 IFS$_c$ 值和 R 值分别进行数据计算，筛选出禁用农药、超标农药（分别与 MRL 中国国家标准、MRL 欧盟标准限值进行对比）单独重点分析，再分别对各农药、各水果蔬菜种类分类处理，设计出计算和排序程序，编写计算机代码，最后将生成的膳食暴露风险评估和超标风险评估定量计算结果列入设计好的各个表格中，并定性判断风险对目标的影响程度，直接用文字描述风险发生的高低，如"不可接受"、"可以接受"、"没有影响"、"高度风险"、"中度风险"、"低度风险"。

12.2　GC-Q-TOF/MS 侦测石家庄市市售水果蔬菜农药残留膳食暴露风险评估

12.2.1　每例水果蔬菜样品中农药残留安全指数分析

基于农药残留侦测数据，发现在 2411 例样品中侦测出农药 5020 频次，计算样品中每种残留农药的安全指数 IFS$_c$，并分析农药对样品安全的影响程度，结果详见附表二，农药残留对水果蔬菜样品安全的影响程度频次分布情况如图 12-4 所示。

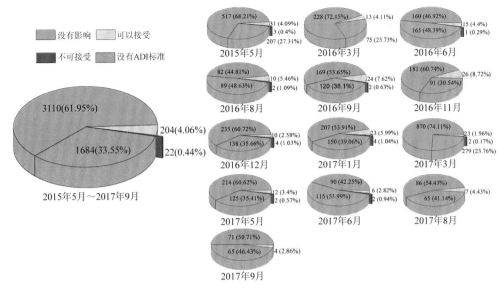

图 12-4　农药残留对水果蔬菜样品安全的影响程度频次分布图

由图 12-4 可以看出，农药残留对样品安全的影响不可接受的频次为 22，占 0.44%；农药残留对样品安全的影响可以接受的频次为 204，占 4.06%；农药残留对样品安全的没有影响的频次为 3110，占 61.95%。分析发现，在 13 个月份内不可接受排序为：2016年 12 月（4）=2017 年 1 月（4）>2015 年 5 月（3）>2016 年 8 月（2）=2016 年 9 月（2）=2017 年 3 月（2）=2017 年 5 月（2）=2017 年 6 月（2）>2016 年 6 月（1），其他月份内，农药对样品安全的影响均在可以接受和没有影响的范围内。表 12-5 为对水果蔬菜样品中安全指数不可接受的农药残留列表。

表 12-5　水果蔬菜样品中安全影响不可接受的农药残留列表

序号	样品编号	采样点	基质	农药	含量（mg/kg）	IFS$_c$
1	20161206-130100-USI-HX-08A	***超市（东胜店）	小茴香	甲拌磷	1.1204	10.1370
2	20161206-130100-USI-BO-05A	***超市（保龙仓留营店）	菠菜	氟虫腈	0.1157	3.6638
3	20160831-130100-USI-CE-11A	***超市（新石店）	芹菜	克百威	0.5693	3.6056
4	20170118-130100-USI-OR-10A	***超市（长江店）	橘	三唑磷	0.4686	2.9678
5	20160831-130100-USI-CE-11A	***超市（新石店）	芹菜	艾氏剂	0.0444	2.8120
6	20170309-130100-USI-YM-14A	***市场	油麦菜	甲拌磷	0.2648	2.3958
7	20150512-130100-CAIQ-YM-08A	***超市（益友店）	油麦菜	甲拌磷	0.2540	2.2981
8	20170118-130100-USI-OR-07A	***超市（财富大厦店）	橘	三唑磷	0.3371	2.1350
9	20160626-130100-USI-PB-18A	***超市（建华大街店）	小白菜	氟虫腈	0.0617	1.9538
10	20160902-130100-USI-NM-02A	***超市（天河店）	柠檬	禾草敌	0.2958	1.8734
11	20170118-130100-USI-OR-09A	***超市（乐汇城店）	橘	三唑磷	0.2892	1.8316
12	20170607-130100-USI-PE-19A	***超市（万象天成店）	梨	敌敌畏	1.0618	1.6812

续表

序号	样品编号	采样点	基质	农药	含量 （mg/kg）	IFS$_c$
13	20150512-130100-CAIQ-KG-05A	***超市（中山店）	苦瓜	甲拌磷	0.1850	1.6738
14	20160902-130100-USI-NM-02A	***超市（天河店）	柠檬	杀扑磷	0.2434	1.5415
15	20161206-130100-USI-CU-05A	***超市（保龙仓留营店）	黄瓜	异丙威	0.4393	1.3911
16	20170508-130100-USI-CU-14A	***超市（谈固店）	黄瓜	异丙威	0.4215	1.3348
17	20161206-130100-USI-JC-08A	***超市（东胜店）	韭菜	硫丹	1.2035	1.2704
18	20170309-130100-USI-YM-12A	***超市（裕华店）	油麦菜	氟虫腈	0.0372	1.1780
19	20170607-130100-USI-HU-18A	***超市（东胜店）	胡萝卜	水胺硫磷	0.5316	1.1223
20	20170508-130100-USI-CU-15A	***市场	黄瓜	异丙威	0.3489	1.1049
21	20150512-130100-CAIQ-YM-05A	***超市（中山店）	油麦菜	甲拌磷	0.1216	1.1002
22	20170118-130100-USI-JC-10A	***超市（长江店）	韭菜	硫丹	1.0066	1.0625

部分样品侦测出禁用农药 15 种 242 频次，为了明确残留的禁用农药对样品安全的影响，分析侦测出禁用农药残留的样品安全指数，禁用农药残留对水果蔬菜样品安全的影响程度频次分布情况如图 12-5 所示，农药残留对样品安全的影响不可接受的频次为14，占 5.79%；农药残留对样品安全的影响可以接受的频次为 58，占 23.97%；农药残留对样品安全没有影响的频次为 170，占 70.25%。由图中可以看出，13 个月内有 8 个月出现不可接受的频次，且频次排序为：2016 年 12 月（3）=2015 年 5 月（3）>2016 年 8月（2）=2017 年 3 月（2）>2016 年 6 月（1）=2016 年 9 月（1）=2017 年 1 月（1）=2017年 6 月（1），其余 6 个月份中禁用农药对样品安全的影响均在可以接受和没有影响的范围内。表 12-6 列出了水果蔬菜样品中侦测出的禁用农药残留不可接受的安全指数表。

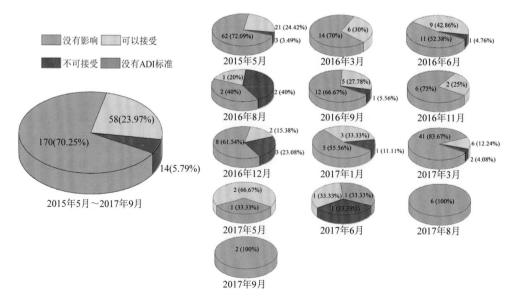

图 12-5　禁用农药对水果蔬菜样品安全影响程度的频次分布图

表 12-6　水果蔬菜样品中侦测出的禁用农药残留不可接受的安全指数表

序号	样品编号	采样点	基质	农药	含量（mg/kg）	IFS$_c$
1	20161206-130100-USI-HX-08A	***超市（东胜店）	小茴香	甲拌磷	1.1204	10.1370
2	20161206-130100-USI-BO-05A	***超市（保龙仓留营店）	菠菜	氟虫腈	0.1157	3.6638
3	20160831-130100-USI-CE-11A	***超市（新石店）	芹菜	克百威	0.5693	3.6056
4	20160831-130100-USI-CE-11A	***超市（新石店）	芹菜	艾氏剂	0.0444	2.8120
5	20170309-130100-USI-YM-14A	***市场	油麦菜	甲拌磷	0.2648	2.3958
6	20150512-130100-CAIQ-YM-08A	***超市（益友店）	油麦菜	甲拌磷	0.2540	2.2981
7	20160626-130100-USI-PB-18A	***超市（建华大街店）	小白菜	氟虫腈	0.0617	1.9538
8	20150512-130100-CAIQ-KG-05A	***超市（中山店）	苦瓜	甲拌磷	0.1850	1.6738
9	20160902-130100-USI-NM-02A	***超市（天河店）	柠檬	杀扑磷	0.2434	1.5415
10	20161206-130100-USI-JC-08A	***超市（东胜店）	韭菜	硫丹	1.2035	1.2704
11	20170309-130100-USI-YM-12A	***超市（裕华店）	油麦菜	氟虫腈	0.0372	1.1780
12	20170607-130100-USI-HU-18A	***超市（东胜店）	胡萝卜	水胺硫磷	0.5316	1.1223
13	20150512-130100-CAIQ-YM-05A	***超市（中山店）	油麦菜	甲拌磷	0.1216	1.1002
14	20170118-130100-USI-JC-10A	***超市（长江店）	韭菜	硫丹	1.0066	1.0625

此外，本次侦测发现部分样品中非禁用农药残留量超过了 MRL 中国国家标准和欧盟标准，为了明确超标的非禁用农药对样品安全的影响，分析了非禁用农药残留超标的样品安全指数。

水果蔬菜残留量超过 MRL 中国国家标准的非禁用农药对水果蔬菜样品安全的影响程度频次分布情况如图 12-6 所示。可以看出侦测出超过 MRL 中国国家标准的非禁用农药共 34 频次，其中农药残留对样品安全的影响不可接受的频次为 4，占 11.76%；农药残留对样品安全的影响可以接受的频次为 13，占 38.24%；农药残留对样品安全没有影响的频次为 17，占 50%。表 12-7 为水果蔬菜样品中侦测出的非禁用农药残留安全指数表。

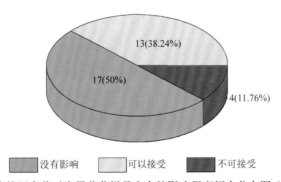

图 12-6　残留超标的非禁用农药对水果蔬菜样品安全的影响程度频次分布图（MRL 中国国家标准）

表 12-7　水果蔬菜样品中侦测出的非禁用农药残留安全指数表（MRL 中国国家标准）

序号	样品编号	采样点	基质	农药	含量（mg/kg）	中国国家标准	IFS$_c$	影响程度
1	20170118-130100-USI-OR-10A	***超市（长江店）	橘	三唑磷	0.4686	0.2	2.9678	不可接受
2	20170118-130100-USI-OR-07A	***超市（财富大厦店）	橘	三唑磷	0.3371	0.2	2.1350	不可接受
3	20170118-130100-USI-OR-09A	***超市（乐汇城店）	橘	三唑磷	0.2892	0.2	1.8316	不可接受
4	20170607-130100-USI-PE-19A	***超市（万象天成店）	梨	敌敌畏	1.0618	0.2	1.6812	不可接受
5	20160831-130100-USI-PH-12A	***超市（新石店）	桃	氟硅唑	0.6957	0.2	0.6294	可以接受
6	20170316-130100-QHDCIQ-ST-12A	***超市（保龙仓金谈固店）	草莓	敌敌畏	0.3812	0.2	0.6036	可以接受
7	20170118-130100-USI-OR-09A	***超市（乐汇城店）	橘	丙溴磷	2.7444	0.2	0.5794	可以接受
8	20170307-130100-USI-JC-18A	***超市（怀特店）	韭菜	高效氯氟氰菊酯	0.8460	0.5	0.2679	可以接受
9	20170118-130100-USI-JC-11A	***超市（益庄店）	韭菜	毒死蜱	0.4109	0.1	0.2602	可以接受
10	20170607-130100-USI-DJ-15A	***超市（柏林店）	菜豆	高效氯氟氰菊酯	0.6864	0.2	0.2174	可以接受
11	20170803-130100-USI-AP-13A	***超市（北杜店）	苹果	敌敌畏	0.1372	0.1	0.2172	可以接受
12	20160320-130100-USI-JC-07A	***市场	韭菜	毒死蜱	0.3040	0.1	0.1925	可以接受
13	20170118-130100-USI-OR-10A	***超市（长江店）	橘	丙溴磷	0.7161	0.2	0.1512	可以接受
14	20170118-130100-USI-OR-11A	***超市（益庄店）	橘	丙溴磷	0.6950	0.2	0.1467	可以接受
15	20170118-130100-USI-OR-12A	***市场	橘	丙溴磷	0.5983	0.2	0.1263	可以接受
16	20170508-130100-USI-OR-13A	***超市（保龙仓留营店）	橘	丙溴磷	0.5644	0.2	0.1192	可以接受
17	20160902-130100-CAIQ-EP-06A	***市场	茄子	戊唑醇	0.4930	0.1	0.1041	可以接受
18	20170118-130100-USI-JC-08A	***超市（保龙仓勒泰店）	韭菜	毒死蜱	0.1539	0.1	0.0975	没有影响
19	20170307-130100-USI-JC-16A	***超市（新石店）	韭菜	腐霉利	1.4991	0.2	0.0949	没有影响
20	20170118-130100-USI-JC-07A	***超市（财富大厦店）	韭菜	毒死蜱	0.1497	0.1	0.0948	没有影响
21	20170118-130100-USI-JC-09A	***超市（乐汇城店）	韭菜	毒死蜱	0.1380	0.1	0.0874	没有影响

续表

序号	样品编号	采样点	基质	农药	含量（mg/kg）	中国国家标准	IFSc	影响程度
22	20161206-130100-USI-LE-09A	***市场	生菜	毒死蜱	0.1346	0.1	0.0852	没有影响
23	20170307-130100-USI-JC-18A	***超市（怀特店）	韭菜	腐霉利	1.2588	0.2	0.0797	没有影响
24	20170309-130100-USI-JC-14A	***市场	韭菜	腐霉利	0.8392	0.2	0.0531	没有影响
25	20170309-130100-USI-JC-12A	***超市（裕华店）	韭菜	腐霉利	0.7519	0.2	0.0476	没有影响
26	20160625-130100-USI-CE-13A	***超市（益元店）	芹菜	毒死蜱	0.0749	0.05	0.0474	没有影响
27	20170118-130100-USI-OR-09A	***超市（乐汇城店）	橘	联苯菊酯	0.0713	0.05	0.0452	没有影响
28	20170118-130100-USI-OR-07A	***超市（财富大厦店）	橘	丙溴磷	0.2083	0.2	0.0440	没有影响
29	20170309-130100-USI-JC-13A	***超市（民心广场店）	韭菜	腐霉利	0.6867	0.2	0.0435	没有影响
30	20160625-130100-USI-CE-15A	***超市（中华北店）	芹菜	毒死蜱	0.0644	0.05	0.0408	没有影响
31	20170309-130100-USI-JC-15A	***超市（保龙仓中华大街店）	韭菜	腐霉利	0.6268	0.2	0.0397	没有影响
32	20170508-130100-USI-CU-18A	***超市（先天下店）	黄瓜	高效氯氟氰菊酯	0.0972	0.05	0.0308	没有影响
33	20160320-130100-USI-JC-07A	***市场	韭菜	腐霉利	0.3346	0.2	0.0212	没有影响
34	20170508-130100-USI-MG-16A	***超市（怀特店）	芒果	戊唑醇	0.0662	0.05	0.0140	没有影响

　　残留量超过 MRL 欧盟标准的非禁用农药对水果蔬菜样品安全的影响程度频次分布情况如图 12-7 所示。可以看出超过 MRL 欧盟标准的非禁用农药共 1660 频次，其中农药没有 ADI 标准的频次为 866，占 52.17%；农药残留对样品安全不可接受的频次为 8，占 0.48%；农药残留对样品安全的影响可以接受的频次为 108，占 6.51%；农药残留对样品安全没有影响的频次为 678，占 40.84%。表 12-8 为水果蔬菜样品中不可接受的残留超标非禁用农药安全指数列表。

　　在 2411 例样品中，520 例样品未侦测出农药残留，1891 例样品中侦测出农药残留，计算每例有农药侦测出样品的$\overline{\mathrm{IFS}}$值，进而分析样品的安全状态结果如图 12-8 所示（未侦测出农药的样品安全状态视为很好）。可以看出，0.25% 的样品安全状态不可接受；3.48% 的样品安全状态可以接受；79.05% 的样品安全状态很好。此外，可以看出 13 个月份中有 4 个月出现安全状态不可接受的样品，且频次排序为：2016 年 12 月（3）>2017 年 1 月（1）=2017 年 5 月（1）=2017 年 6 月（1），其他月份内的样品安全状态均在很好和可以接受的范围内。表 12-9 列出了安全状态不可接受的水果蔬菜样品。

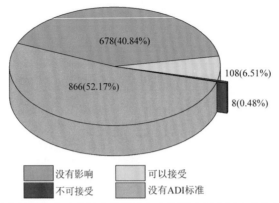

图 12-7　残留超标的非禁用农药对水果蔬菜样品安全的影响程度频次分布图（MRL 欧盟标准）

表 12-8　对水果蔬菜样品中不可接受的残留超标非禁用农药安全指数列表（MRL 欧盟标准）

序号	样品编号	采样点	基质	农药	含量（mg/kg）	欧盟标准	IFS$_c$
1	20170118-130100-USI-OR-10A	***超市（长江店）	橘	三唑磷	0.4686	0.01	2.9678
2	20170118-130100-USI-OR-07A	***超市（财富大厦店）	橘	三唑磷	0.3371	0.01	2.1350
3	20160902-130100-USI-NM-02A	***超市（天河店）	柠檬	禾草敌	0.2958	0.01	1.8734
4	20170118-130100-USI-OR-09A	***超市（乐汇城店）	橘	三唑磷	0.2892	0.01	1.8316
5	20170607-130100-USI-PE-19A	***超市（万象天成店）	梨	敌敌畏	1.0618	0.01	1.6812
6	20161206-130100-USI-CU-05A	***超市（保龙仓留营店）	黄瓜	异丙威	0.4393	0.01	1.3911
7	20170508-130100-USI-CU-14A	***超市（谈固店）	黄瓜	异丙威	0.4215	0.01	1.3348
8	20170508-130100-USI-CU-15A	***市场	黄瓜	异丙威	0.3489	0.01	1.1049

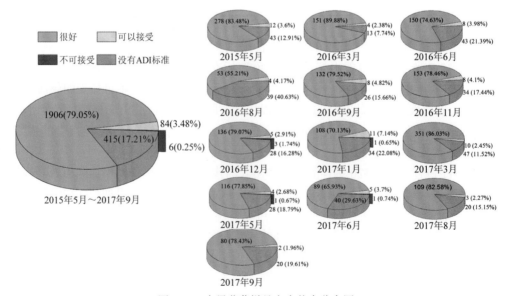

图 12-8　水果蔬菜样品安全状态分布图

表 12-9　水果蔬菜安全状态不可接受的样品列表

序号	样品编号	采样点	基质	$\overline{IFS}$
1	20161206-130100-USI-HX-08A	***超市（东胜店）	小茴香	2.0294
2	20170508-130100-USI-CU-14A	***超市（谈固店）	黄瓜	1.3348
3	20161206-130100-USI-JC-08A	***超市（东胜店）	韭菜	1.2704
4	20161206-130100-USI-BO-05A	***超市（保龙仓留营店）	菠菜	1.2255
5	20170607-130100-USI-HU-18A	***超市（东胜店）	胡萝卜	1.1223
6	20170118-130100-USI-JC-10A	***超市（长江店）	韭菜	1.0625

12.2.2　单种水果蔬菜中农药残留安全指数分析

本次 70 种水果蔬菜侦测出 169 种农药，检出频次为 5020 次，其中 71 种农药没有 ADI 标准，98 种农药存在 ADI 标准。蕹菜、绿豆芽 2 种水果蔬菜未侦测出任何农药，柿子侦测出农药残留全部没有 ADI 标准，对其他的 67 种水果蔬菜按不同种类分别计算侦测出的具有 ADI 标准的各种农药的 IFS_c 值，农药残留对水果蔬菜的安全指数分布图如图 12-9 所示。

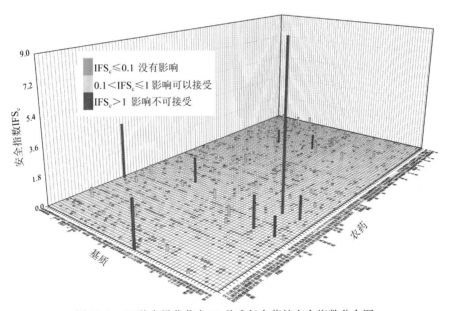

图 12-9　67 种水果蔬菜中 98 种残留农药的安全指数分布图

分析发现单种水果蔬菜中安全影响不可接受的样本共 9 个，涉及 8 种水果蔬菜（小茴香、菠菜、芹菜、小白菜、苦瓜、油麦菜、柠檬、橘）和 5 种农药（甲拌磷、氟虫腈、艾氏剂、杀扑磷、三唑磷），如表 12-10 所示。

表 12-10　单种水果蔬菜中安全影响不可接受的残留农药安全指数表

序号	基质	农药	检出频次	检出率（%）	IFS>1 的频次	IFS>1 的比例（%）	IFS$_c$
1	小茴香	甲拌磷	1	0.75	1	0.75	10.1370
2	菠菜	氟虫腈	1	1.05	1	1.05	3.6638
3	芹菜	艾氏剂	1	0.44	1	0.44	2.8120
4	小白菜	氟虫腈	1	1.20	1	1.20	1.9538
5	苦瓜	甲拌磷	1	2.78	1	2.78	1.6738
6	油麦菜	甲拌磷	4	1.66	3	1.24	1.4530
7	油麦菜	氟虫腈	1	0.41	1	0.41	1.1780
8	柠檬	杀扑磷	2	1.48	1	0.74	1.0767
9	橘	三唑磷	7	5.22	3	2.24	1.0364

本次侦测中，68 种水果蔬菜和 169 种残留农药（包括没有 ADI 标准）共涉及 1359 个分析样本，农药对单种水果蔬菜安全的影响程度分布情况如图 12-10 所示。可以看出，62.47%的样本中农药对水果蔬菜安全没有影响，5.52%的样本中农药对水果蔬菜安全的影响可以接受，0.66%的样本中农药对水果蔬菜安全的影响不可接受。

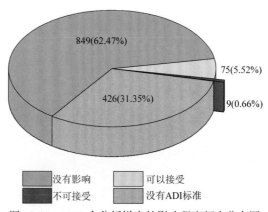

图 12-10　1359 个分析样本的影响程度频次分布图

此外，分别计算 67 种水果蔬菜中所有侦测出农药 IFS$_c$ 的平均值$\overline{\text{IFS}}$，分析每种水果蔬菜的安全状态，结果如图 12-11 所示，分析发现，9 种水果蔬菜（13.43%）的安全状态可以接受，58 种（86.57%）水果蔬菜的安全状态很好。

对每个月内每种水果蔬菜中农药的 IFS$_c$ 进行分析，并计算每月内每种水果蔬菜的$\overline{\text{IFS}}$值，以评价每种水果蔬菜的安全状态，结果如图 12-12 所示，可以看出，只有 2016 年 12 月的韭菜的安全状态不可接受，该月份其余水果蔬菜和其他月份的所有水果蔬菜的安全状态均处于很好和可以接受的范围内，各月份内单种水果蔬菜安全状态统计情况如图 12-13 所示。

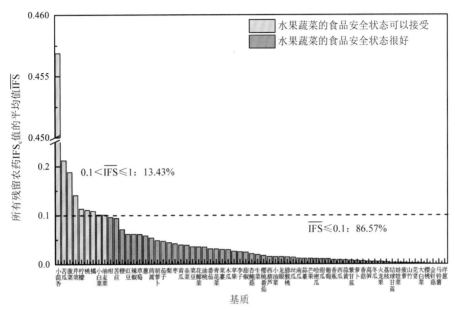

图 12-11　67 种水果蔬菜的$\overline{IFS}$值和安全状态统计图

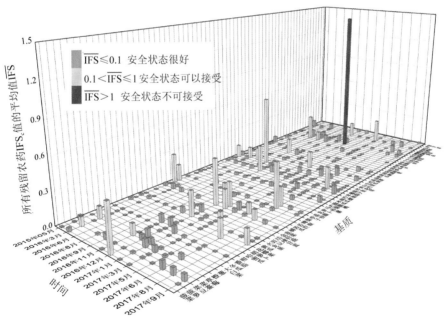

图 12-12　各月内每种水果蔬菜的$\overline{IFS}$值与安全状态分布图

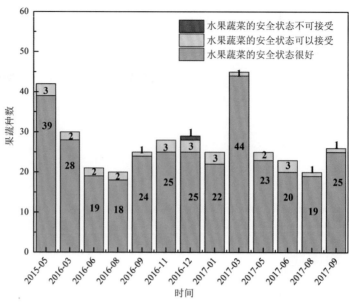

图 12-13　各月份内单种水果蔬菜安全状态统计图

12.2.3　所有水果蔬菜中农药残留安全指数分析

计算所有水果蔬菜中 98 种农药的 $\overline{IFS_c}$ 值，结果如图 12-14 及表 12-11 所示。

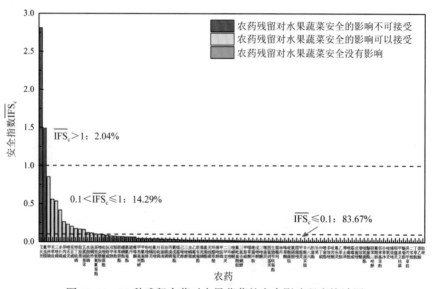

图 12-14　98 种残留农药对水果蔬菜的安全影响程度统计图

分析发现，只有艾氏剂和氟虫腈的 $\overline{IFS_c}$ 大于 1，其他农药的 $\overline{IFS_c}$ 均小于 1，说明艾氏剂和氟虫腈对水果蔬菜安全的影响不可接受，其他农药对水果蔬菜安全的影响均在没有影响和可接受的范围内，其中 14.29%的农药对水果蔬菜安全的影响可以接受，83.67%的农药对水果蔬菜安全没有影响。

表 12-11　水果蔬菜中 98 种农药残留的安全指数表

序号	农药	检出频次	检出率（%）	$\overline{IFS_c}$	影响程度	序号	农药	检出频次	检出率（%）	$\overline{IFS_c}$	影响程度
1	艾氏剂	1	0.02	2.8120	不可接受	34	丙溴磷	72	1.43	0.0388	没有影响
2	氟虫腈	5	0.10	1.4915	不可接受	35	氰戊菊酯	4	0.08	0.0323	没有影响
3	甲拌磷	23	0.46	0.8551	可以接受	36	噁霜灵	12	0.24	0.0306	没有影响
4	禾草敌	10	0.20	0.5582	可以接受	37	己唑醇	19	0.38	0.0260	没有影响
5	三唑磷	19	0.38	0.5371	可以接受	38	三唑醇	21	0.42	0.0256	没有影响
6	杀扑磷	7	0.14	0.4186	可以接受	39	虫螨腈	35	0.70	0.0250	没有影响
7	异丙威	27	0.54	0.2662	可以接受	40	乙霉威	18	0.36	0.0239	没有影响
8	喹禾灵	1	0.02	0.2315	可以接受	41	联苯菊酯	157	3.13	0.0229	没有影响
9	克百威	48	0.96	0.2069	可以接受	42	毒死蜱	433	8.63	0.0222	没有影响
10	特丁硫磷	6	0.12	0.1773	可以接受	43	氯菊酯	6	0.12	0.0222	没有影响
11	敌敌畏	22	0.44	0.1684	可以接受	44	灭线磷	1	0.02	0.0222	没有影响
12	五氯硝基苯	7	0.14	0.1641	可以接受	45	环酯草醚	7	0.14	0.0204	没有影响
13	水胺硫磷	24	0.48	0.1243	可以接受	46	烯唑醇	13	0.26	0.0202	没有影响
14	炔螨特	14	0.28	0.1200	可以接受	47	甲胺磷	3	0.06	0.0185	没有影响
15	高效氯氟氰菊酯	7	0.14	0.1066	可以接受	48	二甲戊灵	40	0.80	0.0185	没有影响
16	唑虫酰胺	19	0.38	0.1024	可以接受	49	三环唑	2	0.04	0.0170	没有影响
17	吡唑醚菌酯	1	0.02	0.0958	没有影响	50	喹螨醚	24	0.48	0.0166	没有影响
18	抗蚜威	1	0.02	0.0877	没有影响	51	氟吡菌酰胺	96	1.91	0.0159	没有影响
19	双甲脒	1	0.02	0.0816	没有影响	52	三氯杀螨醇	1	0.02	0.0139	没有影响
20	稻丰散	3	0.06	0.0773	没有影响	53	甲萘威	17	0.34	0.0134	没有影响
21	联苯肼酯	9	0.18	0.0732	没有影响	54	噁草酮	1	0.02	0.0132	没有影响
22	螺螨酯	19	0.38	0.0710	没有影响	55	嘧菌环胺	38	0.76	0.0129	没有影响
23	氯氰菊酯	26	0.52	0.0703	没有影响	56	戊唑醇	112	2.23	0.0115	没有影响
24	硫丹	112	2.23	0.0666	没有影响	57	三唑酮	2	0.04	0.0113	没有影响
25	噻嗪酮	19	0.38	0.0659	没有影响	58	噻菌灵	14	0.28	0.0091	没有影响
26	甲基毒死蜱	1	0.02	0.0502	没有影响	59	四氯硝基苯	2	0.04	0.0088	没有影响
27	甲氰菊酯	18	0.36	0.0474	没有影响	60	生物苄呋菊酯	67	1.33	0.0083	没有影响
28	粉唑醇	10	0.20	0.0465	没有影响	61	腐霉利	362	7.21	0.0070	没有影响
29	哒螨灵	150	2.99	0.0447	没有影响	62	林丹	2	0.04	0.0068	没有影响
30	氟硅唑	27	0.54	0.0446	没有影响	63	嗪草酮	3	0.06	0.0060	没有影响
31	对硫磷	1	0.02	0.0445	没有影响	64	啶酰菌胺	97	1.93	0.0059	没有影响
32	百菌清	25	0.50	0.0408	没有影响	65	氯硝胺	4	0.08	0.0057	没有影响
33	治螟磷	1	0.02	0.0399	没有影响	66	腈菌唑	19	0.38	0.0053	没有影响

续表

序号	农药	检出频次	检出率（%）	$\overline{IFS_c}$	影响程度	序号	农药	检出频次	检出率（%）	$\overline{IFS_c}$	影响程度
67	甲霜灵	80	1.59	0.0046	没有影响	83	啶氧菌酯	8	0.16	0.0011	没有影响
68	辛酰溴苯腈	1	0.02	0.0046	没有影响	84	醚菌酯	32	0.64	0.0010	没有影响
69	六六六	4	0.08	0.0044	没有影响	85	联苯三唑醇	1	0.02	0.0010	没有影响
70	肟菌酯	44	0.88	0.0042	没有影响	86	氟酰胺	1	0.02	0.0009	没有影响
71	乐果	1	0.02	0.0041	没有影响	87	邻苯基苯酚	21	0.42	0.0009	没有影响
72	仲丁威	100	1.99	0.0037	没有影响	88	扑草净	2	0.04	0.0008	没有影响
73	嘧菌酯	63	1.25	0.0032	没有影响	89	喹氧灵	6	0.12	0.0007	没有影响
74	多效唑	53	1.06	0.0030	没有影响	90	烯效唑	1	0.02	0.0007	没有影响
75	吡丙醚	39	0.78	0.0028	没有影响	91	稻瘟灵	3	0.06	0.0006	没有影响
76	氟乐灵	26	0.52	0.0024	没有影响	92	甲基立枯磷	2	0.04	0.0004	没有影响
77	乙草胺	22	0.44	0.0019	没有影响	93	醚菊酯	1	0.02	0.0003	没有影响
78	莠去津	31	0.62	0.0017	没有影响	94	异丙甲草胺	7	0.14	0.0003	没有影响
79	嘧霉胺	169	3.37	0.0015	没有影响	95	二苯胺	204	4.06	0.0003	没有影响
80	霜霉威	18	0.36	0.0015	没有影响	96	丁草胺	2	0.04	0.0003	没有影响
81	戊菌唑	7	0.14	0.0015	没有影响	97	萘乙酸	3	0.06	0.0001	没有影响
82	增效醚	15	0.30	0.0013	没有影响	98	敌稗	1	0.02	0.0001	没有影响

对每个月内所有水果蔬菜中残留农药的 $\overline{IFS_c}$ 进行分析，结果如图 12-15 所示。分析发现，2016 年 6 月的氟虫腈，2016 年 8 月的克百威、艾氏剂，2016 年 9 月的禾草敌、杀扑磷，2016 年 12 月的甲拌磷、氟虫腈，2017 年 1 月的三唑磷，2017 年 3 月的氟虫腈，

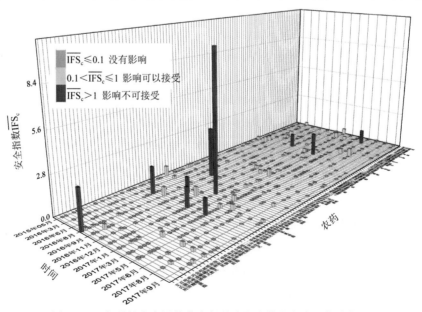

图 12-15　各月份内水果蔬菜中每种残留农药的安全指数分布图

2017 年 5 月的异丙威对水果蔬菜安全的影响不可接受，该 7 个月份的其他农药和其他月份的所有农药对水果蔬菜安全的影响均处于没有影响和可以接受的范围内。每月内不同农药对水果蔬菜安全影响程度的统计如图 12-16 所示。

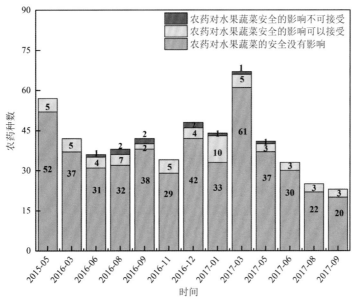

图 12-16　各月份内农药对水果蔬菜安全影响程度的统计图

　　计算每个月内水果蔬菜的 $\overline{\text{IFS}}$，以分析每月内水果蔬菜的安全状态，结果如图 12-17 所示，可以看出，所有月份的水果蔬菜安全状态均处于很好和可以接受的范围内。分析发现，在 23.08% 的月份内，水果蔬菜安全状态可以接受，76.92% 的月份内水果蔬菜的安全状态很好。

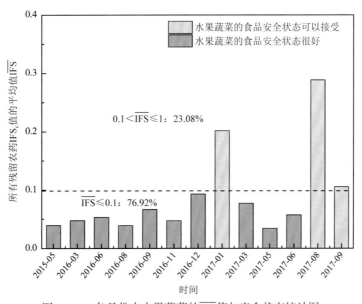

图 12-17　各月份内水果蔬菜的 $\overline{\text{IFS}}$ 值与安全状态统计图

12.3　GC-Q-TOF/MS 侦测石家庄市市售水果蔬菜农药残留预警风险评估

基于石家庄市水果蔬菜样品中农药残留 GC-Q-TOF/MS 侦测数据，分析禁用农药的检出率，同时参照中华人民共和国国家标准 GB 2763—2016 和欧盟农药最大残留限量（MRL）标准分析非禁用农药残留的超标率，并计算农药残留风险系数，分析单种水果蔬菜中农药残留以及所有水果蔬菜中农药残留的风险程度。

12.3.1　单种水果蔬菜中农药残留风险系数分析

12.3.1.1　单种水果蔬菜中禁用农药残留风险系数分析

侦测出的 169 种残留农药中有 15 种为禁用农药，且它们分布在 44 种水果蔬菜中，计算 44 种水果蔬菜中禁用农药的超标率，根据超标率计算风险系数 R，进而分析水果蔬菜中禁用农药的风险程度，结果如图 12-18 与表 12-12 所示。分析发现 14 种禁用农药在 41 种水果蔬菜中的残留处于高度风险。

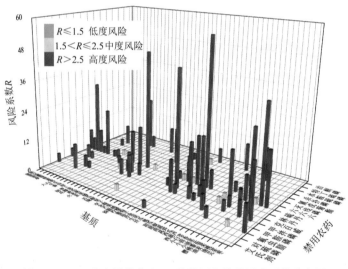

图 12-18　44 种水果蔬菜中 15 种禁用农药的风险系数分布图

表 12-12　44 种水果蔬菜中 15 种禁用农药的风险系数列表

序号	基质	农药	检出频次	检出率（%）	风险系数 R	风险程度
1	甜瓜	硫丹	15	55.56	56.66	高度风险
2	苦瓜	硫丹	6	46.15	47.25	高度风险
3	芹菜	克百威	27	44.26	45.36	高度风险
4	油桃	硫丹	4	36.36	37.46	高度风险
5	菜薹	硫丹	4	28.57	29.67	高度风险

续表

序号	基质	农药	检出频次	检出率（%）	风险系数 R	风险程度
6	樱桃番茄	硫丹	4	26.67	27.77	高度风险
7	柑	水胺硫磷	2	20.00	21.10	高度风险
8	芫荽	甲拌磷	1	20.00	21.10	高度风险
9	芫荽	硫丹	1	20.00	21.10	高度风险
10	桃	克百威	5	18.52	19.62	高度风险
11	桃	硫丹	5	18.52	19.62	高度风险
12	葱	硫丹	2	18.18	19.28	高度风险
13	丝瓜	硫丹	8	18.18	19.28	高度风险
14	西葫芦	硫丹	12	16.44	17.54	高度风险
15	韭菜	硫丹	9	15.00	16.10	高度风险
16	李子	氰戊菊酯	2	13.33	14.43	高度风险
17	小茴香	水胺硫磷	4	12.12	13.22	高度风险
18	黄瓜	硫丹	11	12.09	13.19	高度风险
19	芹菜	甲拌磷	7	11.48	12.58	高度风险
20	柠檬	水胺硫磷	7	10.00	11.10	高度风险
21	茼蒿	特丁硫磷	1	10.00	11.10	高度风险
22	橘	水胺硫磷	3	9.68	10.78	高度风险
23	葱	氟虫腈	1	9.09	10.19	高度风险
24	油桃	克百威	1	9.09	10.19	高度风险
25	枣	氟虫腈	1	9.09	10.19	高度风险
26	草莓	硫丹	2	8.70	9.80	高度风险
27	小油菜	硫丹	4	8.70	9.80	高度风险
28	苦瓜	甲拌磷	1	7.69	8.79	高度风险
29	莴笋	甲拌磷	1	7.69	8.79	高度风险
30	菠菜	硫丹	3	7.50	8.60	高度风险
31	橙	杀扑磷	4	6.90	8.00	高度风险
32	樱桃番茄	克百威	1	6.67	7.77	高度风险
33	芹菜	硫丹	4	6.56	7.66	高度风险
34	橘	克百威	2	6.45	7.55	高度风险
35	甜椒	硫丹	4	6.35	7.45	高度风险
36	小茴香	特丁硫磷	2	6.06	7.16	高度风险
37	韭菜	甲拌磷	3	5.00	6.10	高度风险
38	油麦菜	甲拌磷	4	4.94	6.04	高度风险
39	芹菜	特丁硫磷	3	4.92	6.02	高度风险

续表

序号	基质	农药	检出频次	检出率（%）	风险系数 R	风险程度
40	西瓜	甲胺磷	1	4.76	5.86	高度风险
41	草莓	克百威	1	4.35	5.45	高度风险
42	菜豆	硫丹	3	4.29	5.39	高度风险
43	龙眼	水胺硫磷	1	4.00	5.10	高度风险
44	胡萝卜	水胺硫磷	2	3.77	4.87	高度风险
45	大白菜	甲胺磷	1	3.70	4.80	高度风险
46	辣椒	克百威	1	3.70	4.80	高度风险
47	甜瓜	甲拌磷	1	3.70	4.80	高度风险
48	橙	水胺硫磷	2	3.45	4.55	高度风险
49	韭菜	克百威	2	3.33	4.43	高度风险
50	甜椒	克百威	2	3.17	4.27	高度风险
51	小白菜	氟虫腈	1	3.13	4.23	高度风险
52	小白菜	氰戊菊酯	1	3.13	4.23	高度风险
53	小茴香	克百威	1	3.03	4.13	高度风险
54	小茴香	甲拌磷	1	3.03	4.13	高度风险
55	小茴香	硫丹	1	3.03	4.13	高度风险
56	柠檬	杀扑磷	2	2.86	3.96	高度风险
57	花椰菜	硫丹	1	2.78	3.88	高度风险
58	西葫芦	六六六	2	2.74	3.84	高度风险
59	生菜	甲拌磷	2	2.56	3.66	高度风险
60	菠菜	氟虫腈	1	2.50	3.60	高度风险
61	菠菜	甲拌磷	1	2.50	3.60	高度风险
62	番茄	硫丹	2	2.33	3.43	高度风险
63	小油菜	六六六	1	2.17	3.27	高度风险
64	胡萝卜	林丹	1	1.89	2.99	高度风险
65	葡萄	克百威	1	1.85	2.95	高度风险
66	葡萄	硫丹	1	1.85	2.95	高度风险
67	火龙果	灭线磷	1	1.82	2.92	高度风险
68	橙	克百威	1	1.72	2.82	高度风险
69	橙	氰戊菊酯	1	1.72	2.82	高度风险
70	橙	硫丹	1	1.72	2.82	高度风险
71	韭菜	治螟磷	1	1.67	2.77	高度风险
72	芹菜	艾氏剂	1	1.64	2.74	高度风险
73	甜椒	甲拌磷	1	1.59	2.69	高度风险

续表

序号	基质	农药	检出频次	检出率（%）	风险系数 R	风险程度
74	冬瓜	甲胺磷	1	1.56	2.66	高度风险
75	冬瓜	硫丹	1	1.56	2.66	高度风险
76	芒果	杀扑磷	1	1.52	2.62	高度风险
77	芒果	水胺硫磷	1	1.52	2.62	高度风险
78	西葫芦	克百威	1	1.37	2.47	中度风险
79	西葫芦	林丹	1	1.37	2.47	中度风险
80	梨	对硫磷	1	1.33	2.43	中度风险
81	梨	硫丹	1	1.33	2.43	中度风险
82	茄子	克百威	1	1.30	2.40	中度风险
83	茄子	水胺硫磷	1	1.30	2.40	中度风险
84	茄子	硫丹	1	1.30	2.40	中度风险
85	生菜	硫丹	1	1.28	2.38	中度风险
86	猕猴桃	水胺硫磷	1	1.25	2.35	中度风险
87	油麦菜	氟虫腈	1	1.23	2.33	中度风险
88	油麦菜	硫丹	1	1.23	2.33	中度风险
89	番茄	六六六	1	1.16	2.26	中度风险
90	黄瓜	克百威	1	1.10	2.20	中度风险

12.3.1.2　基于 MRL 中国国家标准的单种水果蔬菜中非禁用农药残留风险系数分析

参照中华人民共和国国家标准 GB 2763—2016 中农药残留限量计算每种水果蔬菜中每种非禁用农药的超标率，进而计算其风险系数，根据风险系数大小判断残留农药的预警风险程度，水果蔬菜中非禁用农药残留风险程度分布情况如图 12-19 所示。

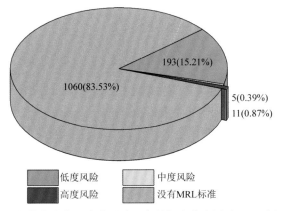

图 12-19　水果蔬菜中非禁用农药风险程度的频次分布图（MRL 中国国家标准）

　　本次分析中，发现在 68 种水果蔬菜侦测出 154 种残留非禁用农药，涉及样本 1269 个，在 1269 个样本中，0.87%处于高度风险，0.39%处于中度风险，15.21%处于低度风险，此外发现有 1060 个样本没有 MRL 中国国家标准值，无法判断其风险程度，有 MRL 中国国家标准值的 209 个样本涉及 46 种水果蔬菜中的 50 种非禁用农药，其风险系数 R 值如图 12-20 所示。表 12-13 为非禁用农药残留处于高度风险的水果蔬菜列表。

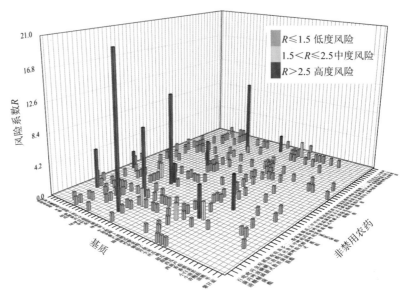

图 12-20　46 种水果蔬菜中 50 种非禁用农药的风险系数分布图（MRL 中国国家标准）

表 12-13　单种水果蔬菜中处于高度风险的非禁用农药风险系数表（MRL 中国国家标准）

序号	基质	农药	超标频次	超标率 P（%）	风险系数 R
1	橘	丙溴磷	6	19.35	20.45
2	韭菜	腐霉利	7	11.67	12.77
3	橘	三唑磷	3	9.68	10.78
4	韭菜	毒死蜱	5	8.33	9.43
5	草莓	敌敌畏	1	4.35	5.45
6	桃	氟硅唑	1	3.70	4.80
7	芹菜	毒死蜱	2	3.28	4.38
8	橘	联苯菊酯	1	3.23	4.33
9	韭菜	高效氯氟氰菊酯	1	1.67	2.77
10	芒果	戊唑醇	1	1.52	2.62
11	菜豆	高效氯氟氰菊酯	1	1.43	2.53

12.3.1.3　基于 MRL 欧盟标准的单种水果蔬菜中非禁用农药残留风险系数分析

参照 MRL 欧盟标准计算每种水果蔬菜中每种非禁用农药的超标率，进而计算其风险系数，根据风险系数大小判断农药残留的预警风险程度，水果蔬菜中非禁用农药残留风险程度分布情况如图 12-21 所示。

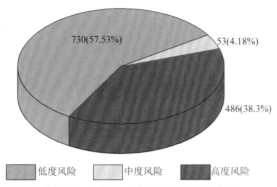

图 12-21　水果蔬菜中非禁用农药的风险程度的频次分布图（MRL 欧盟标准）

本次分析中，发现在 68 种水果蔬菜中共侦测出 154 种非禁用农药，涉及样本 1269 个，其中，38.3%处于高度风险，涉及 66 种水果蔬菜和 102 种农药；57.53%处于低度风险，涉及 66 种水果蔬菜和 125 种农药。单种水果蔬菜中的非禁用农药风险系数分布图如图 12-22 所示。单种水果蔬菜中处于高度风险的非禁用农药风险系数如图 12-23 和表 12-14 所示。

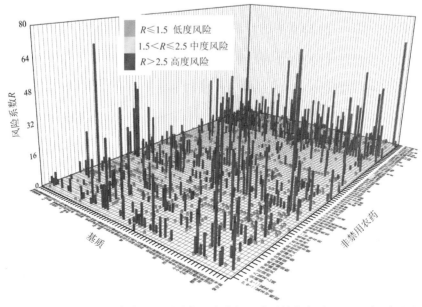

图 12-22　68 种水果蔬菜中 154 种非禁用农药的风险系数分布图（MRL 欧盟标准）

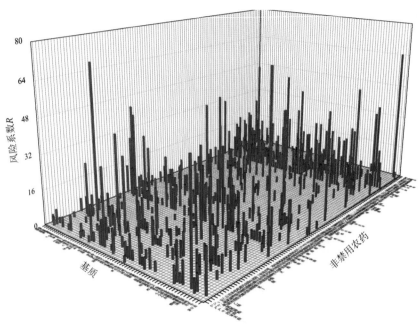

图 12-23　单种水果蔬菜中处于高度风险的非禁用农药的风险系数分布图（MRL 欧盟标准）

表 12-14　单种水果蔬菜中处于高度风险的非禁用农药的风险系数表（MRL 欧盟标准）

序号	基质	农药	超标频次	超标率 P（%）	风险系数 R
1	樱桃番茄	腐霉利	11	73.33	74.43
2	柑	丙溴磷	7	70.00	71.10
3	枣	仲丁威	7	63.64	64.74
4	哈密瓜	烯丙菊酯	2	50.00	51.10
5	木瓜	威杀灵	5	50.00	51.10
6	木瓜	联苯	5	50.00	51.10
7	樱桃	γ-氟氯氰菌酯	2	50.00	51.10
8	樱桃	威杀灵	2	50.00	51.10
9	娃娃菜	醚菌酯	5	45.45	46.55
10	枣	醚菌酯	5	45.45	46.55
11	菜薹	腐霉利	6	42.86	43.96
12	橘	丙溴磷	13	41.94	43.04
13	木瓜	烯虫酯	4	40.00	41.10
14	蒜薹	二甲戊灵	10	40.00	41.10
15	芫荽	烯丙菊酯	2	40.00	41.10
16	草莓	腐霉利	9	39.13	40.23
17	胡萝卜	萘乙酰胺	20	37.74	38.84
18	娃娃菜	威杀灵	4	36.36	37.46

续表

序号	基质	农药	超标频次	超标率 P（%）	风险系数 R
19	油桃	烯丙菊酯	4	36.36	37.46
20	蒜薹	腐霉利	9	36.00	37.10
21	小白菜	哒螨灵	11	34.38	35.48
22	辣椒	丙溴磷	9	33.33	34.43
23	李子	γ-氟氯氰菌酯	5	33.33	34.43
24	苦瓜	生物苄呋菊酯	4	30.77	31.87
25	番茄	腐霉利	26	30.23	31.33
26	菠菜	威杀灵	12	30.00	31.10
27	木瓜	烯丙菊酯	3	30.00	31.10
28	杏鲍菇	威杀灵	9	30.00	31.10
29	洋葱	威杀灵	15	28.85	29.95
30	甜椒	腐霉利	18	28.57	29.67
31	苦苣	烯虫酯	3	27.27	28.37
32	菜豆	腐霉利	19	27.14	28.24
33	胡萝卜	威杀灵	14	26.42	27.52
34	菠萝	增效醚	2	25.00	26.10
35	哈密瓜	腐霉利	1	25.00	26.10
36	山竹	烯丙菊酯	2	25.00	26.10
37	柿子	γ-氟氯氰菌酯	1	25.00	26.10
38	柿子	烯丙菊酯	1	25.00	26.10
39	茄子	腐霉利	19	24.68	25.78
40	胡萝卜	三唑醇	13	24.53	25.63
41	香菇	威杀灵	8	24.24	25.34
42	小茴香	威杀灵	8	24.24	25.34
43	橙	丙溴磷	14	24.14	25.24
44	龙眼	联苯	6	24.00	25.10
45	韭菜	腐霉利	14	23.33	24.43
46	辣椒	威杀灵	6	22.22	23.32
47	生菜	威杀灵	17	21.79	22.89
48	丝瓜	腐霉利	9	20.45	21.55
49	李子	烯丙菊酯	3	20.00	21.10
50	李子	甲氰菊酯	3	20.00	21.10
51	南瓜	敌敌畏	1	20.00	21.10

序号	基质	农药	超标频次	超标率 P（%）	风险系数 R
52	蒜黄	新燕灵	2	20.00	21.10
53	蒜薹	威杀灵	5	20.00	21.10
54	茼蒿	腐霉利	2	20.00	21.10
55	茼蒿	间羟基联苯	2	20.00	21.10
56	橘	三唑磷	6	19.35	20.45
57	西瓜	烯丙菊酯	4	19.05	20.15
58	胡萝卜	烯虫炔酯	10	18.87	19.97
59	辣椒	烯丙菊酯	5	18.52	19.62
60	桃	威杀灵	5	18.52	19.62
61	桃	烯丙菊酯	5	18.52	19.62
62	葱	威杀灵	2	18.18	19.28
63	苦苣	环酯草醚	2	18.18	19.28
64	茄子	威杀灵	14	18.18	19.28
65	茄子	烯丙菊酯	14	18.18	19.28
66	娃娃菜	烯丙菊酯	2	18.18	19.28
67	油桃	敌敌畏	2	18.18	19.28
68	枣	γ-氟氯氰菌酯	2	18.18	19.28
69	枣	己唑醇	2	0.18	19.28
70	枣	烯丙菊酯	2	0.18	19.28
71	菠菜	烯虫酯	7	0.18	18.60
72	草莓	烯丙菊酯	4	0.17	18.49
73	豇豆	唑虫酰胺	2	0.17	17.77
74	葡萄	腐霉利	9	0.17	17.77
75	芹菜	腐霉利	10	0.16	17.49
76	橘	炔螨特	5	0.16	17.23
77	青花菜	威杀灵	5	0.16	17.23
78	油麦菜	烯虫酯	13	0.16	17.15
79	油麦菜	腐霉利	13	0.16	17.15
80	丝瓜	生物苄呋菊酯	7	0.16	17.01
81	小白菜	γ-氟氯氰菌酯	5	0.16	16.73
82	茄子	仲丁威	12	0.16	16.68
83	结球甘蓝	烯丙菊酯	7	0.16	16.66
84	苦瓜	腐霉利	2	0.15	16.48

续表

序号	基质	农药	超标频次	超标率 P（%）	风险系数 R
85	莴笋	生物苄呋菊酯	2	0.15	16.48
86	莴笋	腐霉利	2	0.15	16.48
87	小油菜	哒螨灵	7	0.15	16.32
88	韭菜	γ-氟氯氰菌酯	9	0.15	16.10
89	辣椒	仲丁威	4	0.15	15.91
90	辣椒	腐霉利	4	0.15	15.91
91	油麦菜	威杀灵	12	0.15	15.91
92	火龙果	威杀灵	8	0.15	15.65
93	菜薹	烯虫酯	2	0.14	15.39
94	西瓜	威杀灵	3	0.14	15.39
95	冬瓜	烯丙菊酯	9	0.14	15.16
96	萝卜	生物苄呋菊酯	5	0.14	14.99
97	紫甘蓝	联苯	6	0.14	14.74
98	结球甘蓝	威杀灵	6	0.13	14.43
99	韭菜	毒死蜱	8	0.13	14.43
100	韭菜	虫螨腈	8	0.13	14.43
101	梨	生物苄呋菊酯	10	0.13	14.43
102	李子	乙草胺	2	0.13	14.43
103	李子	敌敌畏	2	0.13	14.43
104	草莓	氟唑菌酰胺	3	0.13	14.14
105	茄子	联苯	10	0.13	14.09
106	菜豆	威杀灵	9	0.13	13.96
107	番茄	仲丁威	11	0.13	13.89
108	番茄	烯丙菊酯	11	0.13	13.89
109	甜椒	烯丙菊酯	8	0.13	13.80
110	菠菜	腐霉利	5	0.13	13.60
111	菠萝	仲丁威	1	0.13	13.60
112	菠萝	烯丙菊酯	1	0.13	13.60
113	金针菇	威杀灵	2	0.13	13.60
114	小白菜	联苯菊酯	4	0.13	13.60
115	西葫芦	威杀灵	9	0.12	13.43
116	小茴香	毒死蜱	4	0.12	13.22
117	小茴香	联苯	4	0.12	13.22

序号	基质	农药	超标频次	超标率 P（%）	风险系数 R
118	龙眼	威杀灵	3	0.12	13.10
119	蒜薹	噻菌灵	3	0.12	13.10
120	茄子	丙溴磷	9	0.12	12.79
121	韭菜	威杀灵	7	0.12	12.77
122	洋葱	联苯	6	0.12	12.64
123	胡萝卜	联苯	6	0.11	12.42
124	辣椒	三唑醇	3	0.11	12.21
125	辣椒	唑虫酰胺	3	0.11	12.21
126	黄瓜	腐霉利	10	0.11	12.09
127	梨	γ-氟氯氰菌酯	8	0.11	11.77
128	橙	威杀灵	6	0.10	11.44
129	柑	三唑磷	1	0.10	11.10
130	柑	威杀灵	1	0.10	11.10
131	柑	炔螨特	1	0.10	11.10
132	柑	稻丰散	1	0.10	11.10
133	木瓜	3,5-二氯苯胺	1	0.10	11.10
134	柠檬	禾草敌	7	0.10	11.10
135	柠檬	醚菌酯	7	0.10	11.10
136	茼蒿	三唑磷	1	0.10	11.10
137	茼蒿	嘧霉胺	1	0.10	11.10
138	芹菜	γ-氟氯氰菌酯	6	0.10	10.94
139	芹菜	烯丙菊酯	6	0.10	10.94
140	橘	氟硅唑	3	0.10	10.78
141	橘	烯丙菊酯	3	0.10	10.78
142	橘	联苯	3	0.10	10.78
143	西葫芦	腐霉利	7	0.10	10.69
144	甜椒	威杀灵	6	0.10	10.62
145	甜椒	虫螨腈	6	0.10	10.62
146	胡萝卜	生物苄呋菊酯	5	0.09	10.53
147	葱	仲丁威	1	0.09	10.19
148	葱	腐霉利	1	0.09	10.19
149	葱	虫螨腈	1	0.09	10.19
150	苦苣	吡丙醚	1	0.09	10.19

续表

序号	基质	农药	超标频次	超标率 P（%）	风险系数 R
151	苦苣	噻嗪酮	1	0.09	10.19
152	苦苣	猛杀威	1	0.09	10.19
153	苦苣	百菌清	1	0.09	10.19
154	苦苣	腐霉利	1	0.09	10.19
155	芒果	毒死蜱	6	0.09	10.19
156	丝瓜	威杀灵	4	0.09	10.19
157	丝瓜	烯丙菊酯	4	0.09	10.19
158	娃娃菜	烯虫酯	1	0.09	10.19
159	小茴香	拌种胺	3	0.09	10.19
160	油桃	新燕灵	1	0.09	10.19
161	油桃	生物苄呋菊酯	1	0.09	10.19
162	枣	三唑酮	1	0.09	10.19
163	枣	氟硅唑	1	0.09	10.19
164	紫甘蓝	威杀灵	4	0.09	10.19
165	生菜	烯虫酯	7	0.09	10.07
166	黄瓜	威杀灵	8	0.09	9.89
167	猕猴桃	联苯	7	0.09	9.85
168	小油菜	γ-氟氯氰菌酯	4	0.09	9.80
169	小油菜	威杀灵	4	0.09	9.80
170	橙	杀螨酯	5	0.09	9.72
171	橙	甲醚菊酯	5	0.09	9.72
172	花椰菜	威杀灵	3	0.08	9.43
173	豇豆	丙溴磷	1	0.08	9.43
174	豇豆	哒螨灵	1	0.08	9.43
175	豇豆	威杀灵	1	0.08	9.43
176	豇豆	氟硅唑	1	0.08	9.43
177	豇豆	虫螨腈	1	0.08	9.43
178	萝卜	威杀灵	3	0.08	9.43
179	芹菜	五氯苯甲腈	5	0.08	9.30
180	芹菜	威杀灵	5	0.08	9.30
181	芹菜	氟乐灵	5	0.08	9.30
182	梨	威杀灵	6	0.08	9.10
183	龙眼	炔丙菊酯	2	0.08	9.10

续表

序号	基质	农药	超标频次	超标率 P（%）	风险系数 R
184	蒜薹	仲丁威	2	0.08	9.10
185	苹果	新燕灵	7	0.08	8.97
186	苹果	除虫菊素 I	7	0.08	8.97
187	冬瓜	联苯	5	0.08	8.91
188	冬瓜	腐霉利	5	0.08	8.91
189	黄瓜	异丙威	7	0.08	8.79
190	苦瓜	八氯苯乙烯	1	0.08	8.79
191	苦瓜	威杀灵	1	0.08	8.79
192	芒果	威杀灵	5	0.08	8.68
193	芒果	烯丙菊酯	5	0.08	8.68
194	芒果	解草腈	5	0.08	8.68
195	猕猴桃	烯丙菊酯	6	0.08	8.60
196	大白菜	新燕灵	2	0.07	8.51
197	大白菜	烯丙菊酯	2	0.07	8.51
198	大白菜	联苯	2	0.07	8.51
199	辣椒	γ-氟氯氰菌酯	2	0.07	8.51
200	辣椒	敌敌畏	2	0.07	8.51
201	桃	γ-氟氯氰菌酯	2	0.07	8.51
202	桃	毒死蜱	2	0.07	8.51
203	甜瓜	威杀灵	2	0.07	8.51
204	甜瓜	腐霉利	2	0.07	8.51
205	油麦菜	哒螨灵	6	0.07	8.51
206	火龙果	四氢吩胺	4	0.07	8.37
207	火龙果	联苯	4	0.07	8.37
208	菜豆	仲丁威	5	0.07	8.24
209	菜薹	三环唑	1	0.07	8.24
210	菜薹	联苯菊酯	1	0.07	8.24
211	菜薹	虫螨腈	1	0.07	8.24
212	柠檬	联苯	5	0.07	8.24
213	橙	炔螨特	4	0.07	8.00
214	梨	联苯	5	0.07	7.77
215	香蕉	戊唑醇	1	0.07	7.77
216	香蕉	避蚊胺	1	0.07	7.77

续表

序号	基质	农药	超标频次	超标率 P（%）	风险系数 R
217	杏鲍菇	仲丁威	2	0.07	7.77
218	樱桃番茄	四氢呔胺	1	0.07	7.77
219	樱桃番茄	氟酰胺	1	0.07	7.77
220	樱桃番茄	烯丙菊酯	1	0.07	7.77
221	樱桃番茄	虫螨腈	1	0.07	7.77
222	樱桃番茄	解草腈	1	0.07	7.77
223	黄瓜	烯丙菊酯	6	0.07	7.69
224	黄瓜	联苯	6	0.07	7.69
225	芹菜	噻菌灵	4	0.07	7.66
226	芹菜	异丙威	4	0.07	7.66
227	芹菜	解草腈	4	0.07	7.66
228	小油菜	腐霉利	3	0.07	7.62
229	橘	杀螨酯	2	0.06	7.55
230	橘	禾草敌	2	0.06	7.55
231	青花菜	喹螨醚	2	0.06	7.55
232	生菜	哒螨灵	5	0.06	7.51
233	甜椒	丙溴磷	4	0.06	7.45
234	冬瓜	威杀灵	4	0.06	7.35
235	猕猴桃	γ-氟氯氰菌酯	5	0.06	7.35
236	小白菜	3,5-二氯苯胺	2	0.06	7.35
237	小白菜	烯虫酯	2	0.06	7.35
238	油麦菜	γ-氟氯氰菌酯	5	0.06	7.27
239	油麦菜	五氯苯甲腈	5	0.06	7.27
240	油麦菜	多效唑	5	0.06	7.27
241	香菇	哒螨灵	2	0.06	7.16
242	香菇	杀螺吗啉	2	0.06	7.16
243	香菇	甲萘威	2	0.06	7.16
244	香菇	腐霉利	2	0.06	7.16
245	小茴香	吡喃灵	2	0.06	7.16
246	小茴香	哒螨灵	2	0.06	7.16
247	小茴香	喹螨醚	2	0.06	7.16
248	小茴香	烯虫酯	2	0.06	7.16
249	番茄	γ-氟氯氰菌酯	5	0.06	6.91

续表

序号	基质	农药	超标频次	超标率 P（%）	风险系数 R
250	菜豆	γ-氟氯氰菌酯	4	0.06	6.81
251	菜豆	烯虫酯	4	0.06	6.81
252	柠檬	毒死蜱	4	0.06	6.81
253	葡萄	γ-氟氯氰菌酯	3	0.06	6.66
254	葡萄	烯丙菊酯	3	0.06	6.66
255	葡萄	霜霉威	3	0.06	6.66
256	西葫芦	烯虫酯	4	0.05	6.58
257	西葫芦	速灭威	4	0.05	6.58
258	梨	烯丙菊酯	4	0.05	6.43
259	梨	甲氰菊酯	4	0.05	6.43
260	茄子	螺螨酯	4	0.05	6.29
261	橙	烯丙菊酯	3	0.05	6.27
262	菠菜	嘧霉胺	2	0.05	6.10
263	菠菜	烯丙菊酯	2	0.05	6.10
264	菠菜	甲萘威	2	0.05	6.10
265	菠菜	虫螨腈	2	0.05	6.10
266	韭菜	多效唑	3	0.05	6.10
267	油麦菜	3,5-二氯苯胺	4	0.05	6.04
268	油麦菜	炔丙菊酯	4	0.05	6.04
269	油麦菜	烯丙菊酯	4	0.05	6.04
270	芹菜	嘧霉胺	3	0.05	6.02
271	甜椒	仲丁威	3	0.05	5.86
272	西瓜	噁霜灵	1	0.05	5.86
273	芒果	四氢吩胺	3	0.05	5.65
274	芒果	肟菌酯	3	0.05	5.65
275	紫甘蓝	烯丙菊酯	2	0.05	5.65
276	结球甘蓝	解草腈	2	0.04	5.54
277	黄瓜	γ-氟氯氰菌酯	4	0.04	5.50
278	草莓	敌敌畏	1	0.04	5.45
279	草莓	炔丙菊酯	1	0.04	5.45
280	小油菜	喹螨醚	2	0.04	5.45
281	小油菜	联苯	2	0.04	5.45
282	菜豆	联苯	3	0.04	5.39

序号	基质	农药	超标频次	超标率 P（%）	风险系数 R
283	梨	嘧菌酯	3	0.04	5.10
284	龙眼	敌敌畏	1	0.04	5.10
285	龙眼	甲萘威	1	0.04	5.10
286	蒜薹	3,5-二氯苯胺	1	0.04	5.10
287	蒜薹	五氯苯甲腈	1	0.04	5.10
288	蒜薹	吡喃灵	1	0.04	5.10
289	蒜薹	嘧霉胺	1	0.04	5.10
290	蒜薹	烯丙菊酯	1	0.04	5.10
291	茄子	γ-氟氯氰菌酯	3	0.04	5.00
292	生菜	腐霉利	3	0.04	4.95
293	胡萝卜	双苯噁唑酸	2	0.04	4.87
294	胡萝卜	双苯酰草胺	2	0.04	4.87
295	胡萝卜	杀螨特	2	0.04	4.87
296	猕猴桃	威杀灵	3	0.04	4.85
297	猕猴桃	百菌清	3	0.04	4.85
298	辣椒	吡喃灵	1	0.04	4.80
299	辣椒	异丙威	1	0.04	4.80
300	辣椒	联苯	1	0.04	4.80
301	辣椒	虫螨腈	1	0.04	4.80
302	辣椒	螺螨酯	1	0.04	4.80
303	葡萄	三唑醇	2	0.04	4.80
304	桃	丙溴磷	1	0.04	4.80
305	桃	氟硅唑	1	0.04	4.80
306	桃	联苯	1	0.04	4.80
307	甜瓜	吡喃灵	1	0.04	4.80
308	甜瓜	烯丙菊酯	1	0.04	4.80
309	甜瓜	生物苄呋菊酯	1	0.04	4.80
310	甜瓜	解草腈	1	0.04	4.80
311	油麦菜	四氢呋胺	3	0.04	4.80
312	油麦菜	百菌清	3	0.04	4.80
313	油麦菜	联苯	3	0.04	4.80
314	火龙果	烯虫炔酯	2	0.04	4.74
315	火龙果	甲霜灵	2	0.04	4.74

序号	基质	农药	超标频次	超标率 P（%）	风险系数 R
316	橙	γ-氟氯氰菌酯	2	0.03	4.55
317	橙	三唑磷	2	0.03	4.55
318	橙	唑虫酰胺	2	0.03	4.55
319	橙	联苯菊酯	2	0.03	4.55
320	苹果	威杀灵	3	0.03	4.47
321	苹果	炔螨特	3	0.03	4.47
322	苹果	烯丙菊酯	3	0.03	4.47
323	苹果	特草灵	3	0.03	4.47
324	韭菜	联苯菊酯	2	0.03	4.43
325	杏鲍菇	丙溴磷	1	0.03	4.43
326	杏鲍菇	哒螨灵	1	0.03	4.43
327	杏鲍菇	嘧霉胺	1	0.03	4.43
328	杏鲍菇	生物苄呋菊酯	1	0.03	4.43
329	杏鲍菇	甲醚菊酯	1	0.03	4.43
330	杏鲍菇	腐霉利	1	0.03	4.43
331	杏鲍菇	解草腈	1	0.03	4.43
332	杏鲍菇	邻苯二甲酰亚胺	1	0.03	4.43
333	黄瓜	敌敌畏	3	0.03	4.40
334	芹菜	二甲戊灵	2	0.03	4.38
335	芹菜	五氯硝基苯	2	0.03	4.38
336	芹菜	五氯苯	2	0.03	4.38
337	芹菜	五氯苯胺	2	0.03	4.38
338	芹菜	拌种胺	2	0.03	4.38
339	芹菜	毒死蜱	2	0.03	4.38
340	芹菜	氯氰菊酯	2	0.03	4.38
341	橘	γ-氟氯氰菌酯	1	0.03	4.33
342	橘	五氯苯	1	0.03	4.33
343	青花菜	γ-氟氯氰菌酯	1	0.03	4.33
344	青花菜	烯丙菊酯	1	0.03	4.33
345	青花菜	虫螨腈	1	0.03	4.33
346	甜椒	γ-氟氯氰菌酯	2	0.03	4.27
347	甜椒	唑虫酰胺	2	0.03	4.27
348	甜椒	联苯	2	0.03	4.27

续表

序号	基质	农药	超标频次	超标率 P（%）	风险系数 R
349	小白菜	五氯苯甲腈	1	0.03	4.23
350	小白菜	五氯苯胺	1	0.03	4.23
351	小白菜	噻嗪酮	1	0.03	4.23
352	小白菜	戊唑醇	1	0.03	4.23
353	小白菜	氟乐灵	1	0.03	4.23
354	小白菜	烯虫炔酯	1	0.03	4.23
355	小白菜	腐霉利	1	0.03	4.23
356	芒果	增效醚	2	0.03	4.13
357	芒果	氟唑菌酰胺	2	0.03	4.13
358	芒果	联苯	2	0.03	4.13
359	香菇	解草腈	1	0.03	4.13
360	小茴香	γ-氟氯氰菌酯	1	0.03	4.13
361	小茴香	五氯苯甲腈	1	0.03	4.13
362	小茴香	仲丁威	1	0.03	4.13
363	小茴香	去乙基阿特拉津	1	0.03	4.13
364	小茴香	吡丙醚	1	0.03	4.13
365	小茴香	唑虫酰胺	1	0.03	4.13
366	小茴香	四氢吩胺	1	0.03	4.13
367	小茴香	戊唑醇	1	0.03	4.13
368	小茴香	新燕灵	1	0.03	4.13
369	小茴香	氟氯氢菊酯	1	0.03	4.13
370	小茴香	猛杀威	1	0.03	4.13
371	小茴香	粉唑醇	1	0.03	4.13
372	小茴香	腐霉利	1	0.03	4.13
373	菜豆	3,5-二氯苯胺	2	0.03	3.96
374	菜豆	唑虫酰胺	2	0.03	3.96
375	花椰菜	敌敌畏	1	0.03	3.88
376	花椰菜	烯虫酯	1	0.03	3.88
377	花椰菜	解草腈	1	0.03	3.88
378	萝卜	敌敌畏	1	0.03	3.88
379	萝卜	腐霉利	1	0.03	3.88
380	萝卜	虫螨腈	1	0.03	3.88
381	西葫芦	烯丙菊酯	2	0.03	3.84

续表

序号	基质	农药	超标频次	超标率 P（%）	风险系数 R
382	西葫芦	生物苄呋菊酯	2	0.03	3.84
383	梨	敌敌畏	2	0.03	3.77
384	梨	甲醚菊酯	2	0.03	3.77
385	茄子	虫螨腈	2	0.03	3.70
386	生菜	百菌清	2	0.03	3.66
387	菠菜	γ-氟氯氰菌酯	1	0.03	3.60
388	菠菜	仲丁威	1	0.03	3.60
389	菠菜	多效唑	1	0.03	3.60
390	菠菜	烯唑醇	1	0.03	3.60
391	菠菜	甲霜灵	1	0.03	3.60
392	菠菜	腈菌唑	1	0.03	3.60
393	猕猴桃	嘧霉胺	2	0.03	3.60
394	猕猴桃	戊唑醇	2	0.03	3.60
395	猕猴桃	腈菌唑	2	0.03	3.60
396	猕猴桃	腐霉利	2	0.03	3.60
397	油麦菜	吡喃灵	2	0.02	3.57
398	油麦菜	己唑醇	2	0.02	3.57
399	油麦菜	氟乐灵	2	0.02	3.57
400	番茄	噁霜灵	2	0.02	3.43
401	丝瓜	γ-氟氯氰菌酯	1	0.02	3.37
402	丝瓜	双甲脒	1	0.02	3.37
403	丝瓜	四氢吩胺	1	0.02	3.37
404	丝瓜	烯虫酯	1	0.02	3.37
405	紫甘蓝	喹螨醚	1	0.02	3.37
406	紫甘蓝	增效醚	1	0.02	3.37
407	紫甘蓝	氯菊酯	1	0.02	3.37
408	苹果	敌敌畏	2	0.02	3.35
409	苹果	氯菊酯	2	0.02	3.35
410	苹果	甲醚菊酯	2	0.02	3.35
411	结球甘蓝	腐霉利	1	0.02	3.32
412	黄瓜	生物苄呋菊酯	2	0.02	3.30
413	小油菜	仲丁威	1	0.02	3.27
414	小油菜	兹克威	1	0.02	3.27

序号	基质	农药	超标频次	超标率 P（%）	风险系数 R
415	小油菜	吡丙醚	1	0.02	3.27
416	小油菜	呋草黄	1	0.02	3.27
417	小油菜	联苯菊酯	1	0.02	3.27
418	洋葱	腐霉利	1	0.02	3.02
419	胡萝卜	溴丁酰草胺	1	0.02	2.99
420	胡萝卜	特丁通	1	0.02	2.99
421	胡萝卜	腐霉利	1	0.02	2.99
422	胡萝卜	辛酰溴苯腈	1	0.02	2.99
423	胡萝卜	麦草氟异丙酯	1	0.02	2.99
424	葡萄	啶氧菌酯	1	0.02	2.95
425	葡萄	己唑醇	1	0.02	2.95
426	葡萄	杀螨酯	1	0.02	2.95
427	葡萄	萘乙酰胺	1	0.02	2.95
428	火龙果	3,5-二氯苯胺	1	0.02	2.92
429	火龙果	γ-氟氯氰菌酯	1	0.02	2.92
430	火龙果	己唑醇	1	0.02	2.92
431	火龙果	烯丙菊酯	1	0.02	2.92
432	火龙果	烯虫酯	1	0.02	2.92
433	火龙果	腐霉利	1	0.02	2.92
434	火龙果	苯胺灵	1	0.02	2.92
435	橙	氯酞酸甲酯	1	0.02	2.82
436	橙	禾草敌	1	0.02	2.82
437	橙	除虫菊素 I	1	0.02	2.82
438	韭菜	3,5-二氯苯胺	1	0.02	2.77
439	韭菜	乙嘧酚磺酸酯	1	0.02	2.77
440	韭菜	仲丁威	1	0.02	2.77
441	韭菜	吡丙醚	1	0.02	2.77
442	韭菜	哒螨灵	1	0.02	2.77
443	韭菜	喹螨醚	1	0.02	2.77
444	韭菜	己唑醇	1	0.02	2.77
445	韭菜	氟丙菊酯	1	0.02	2.77
446	韭菜	烯丙菊酯	1	0.02	2.77
447	韭菜	烯虫酯	1	0.02	2.77

序号	基质	农药	超标频次	超标率 P（%）	风险系数 R
448	韭菜	百菌清	1	0.02	2.77
449	韭菜	螺螨酯	1	0.02	2.77
450	芹菜	2,3,5,6-四氯苯胺	1	0.02	2.74
451	芹菜	兹克威	1	0.02	2.74
452	芹菜	四氯硝基苯	1	0.02	2.74
453	芹菜	多效唑	1	0.02	2.74
454	芹菜	戊唑醇	1	0.02	2.74
455	芹菜	氟硅唑	1	0.02	2.74
456	芹菜	甲霜灵	1	0.02	2.74
457	芹菜	联苯菊酯	1	0.02	2.74
458	芹菜	腈菌唑	1	0.02	2.74
459	芹菜	虫螨腈	1	0.02	2.74
460	芹菜	霜霉威	1	0.02	2.74
461	甜椒	环酯草醚	1	0.02	2.69
462	甜椒	茵草敌	1	0.02	2.69
463	冬瓜	γ-氟氯氰菌酯	1	0.02	2.66
464	冬瓜	兹克威	1	0.02	2.66
465	冬瓜	吡丙醚	1	0.02	2.66
466	芒果	γ-氟氯氰菌酯	1	0.02	2.62
467	芒果	丁羟茴香醚	1	0.02	2.62
468	芒果	仲丁威	1	0.02	2.62
469	芒果	氟硅唑	1	0.02	2.62
470	芒果	稻丰散	1	0.02	2.62
471	芒果	虫螨腈	1	0.02	2.62
472	菜豆	吡丙醚	1	0.01	2.53
473	菜豆	安硫磷	1	0.01	2.53
474	菜豆	氟硅唑	1	0.01	2.53
475	菜豆	生物苄呋菊酯	1	0.01	2.53
476	菜豆	甲氰菊酯	1	0.01	2.53
477	菜豆	间羟基联苯	1	0.01	2.53
478	菜豆	高效氯氟氰菊酯	1	0.01	2.53
479	柠檬	仲丁威	1	0.01	2.53
480	柠檬	威杀灵	1	0.01	2.53

续表

序号	基质	农药	超标频次	超标率 P（%）	风险系数 R
481	柠檬	氟唑菌酰胺	1	0.01	2.53
482	柠檬	氟硅唑	1	0.01	2.53
483	柠檬	氯硝胺	1	0.01	2.53
484	柠檬	炔螨特	1	0.01	2.53
485	柠檬	烯丙菊酯	1	0.01	2.53
486	柠檬	烯唑醇	1	0.01	2.53

12.3.2　所有水果蔬菜中农药残留风险系数分析

12.3.2.1　所有水果蔬菜中禁用农药残留风险系数分析

在侦测出的 169 种农药中有 15 种为禁用农药，计算所有水果蔬菜中禁用农药的风险系数，结果如表 12-15 所示。禁用农药硫丹、克百威处于高度风险，水胺硫磷和甲拌磷 2 种禁用农药处于中度风险，剩余 11 种禁用农药处于低度风险。

表 12-15　水果蔬菜中 15 种禁用农药的风险系数表

序号	农药	检出频次	检出率（%）	风险系数 R	风险程度
1	硫丹	112	4.65	5.75	高度风险
2	克百威	48	1.99	3.09	高度风险
3	水胺硫磷	24	1.00	2.10	中度风险
4	甲拌磷	23	0.95	2.05	中度风险
5	杀扑磷	7	0.29	1.39	低度风险
6	特丁硫磷	6	0.25	1.35	低度风险
7	氟虫腈	5	0.21	1.31	低度风险
8	六六六	4	0.17	1.27	低度风险
9	氰戊菊酯	4	0.17	1.27	低度风险
10	甲胺磷	3	0.12	1.22	低度风险
11	林丹	2	0.08	1.18	低度风险
12	艾氏剂	1	0.04	1.14	低度风险
13	对硫磷	1	0.04	1.14	低度风险
14	灭线磷	1	0.04	1.14	低度风险
15	治螟磷	1	0.04	1.14	低度风险

对每个月内的禁用农药的风险系数进行分析，结果如图 12-24 和表 12-16 所示。

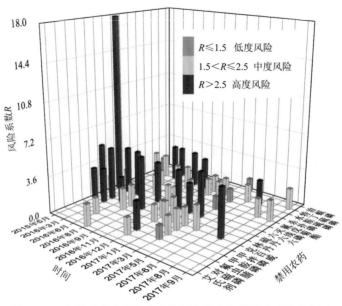

图 12-24　各月份内水果蔬菜中禁用农药残留的风险系数分布图

表 12-16　各月份内水果蔬菜中禁用农药的风险系数表

序号	年月	农药	检出频次	检出率（%）	风险系数 R	风险程度
1	2015 年 5 月	硫丹	56	16.82	17.92	高度风险
2	2015 年 5 月	克百威	14	4.20	5.30	高度风险
3	2015 年 5 月	甲拌磷	7	2.10	3.20	高度风险
4	2015 年 5 月	水胺硫磷	4	1.20	2.30	中度风险
5	2015 年 5 月	林丹	2	0.60	1.70	中度风险
6	2015 年 5 月	六六六	2	0.60	1.70	中度风险
7	2015 年 5 月	特丁硫磷	1	0.30	1.40	低度风险
8	2016 年 3 月	克百威	7	4.17	5.27	高度风险
9	2016 年 3 月	硫丹	6	3.57	4.67	高度风险
10	2016 年 3 月	甲拌磷	4	2.38	3.48	高度风险
11	2016 年 3 月	水胺硫磷	2	1.19	2.29	中度风险
12	2016 年 3 月	杀扑磷	1	0.60	1.70	中度风险
13	2016 年 6 月	硫丹	7	3.48	4.58	高度风险
14	2016 年 6 月	水胺硫磷	5	2.49	3.59	高度风险
15	2016 年 6 月	特丁硫磷	4	1.99	3.09	高度风险
16	2016 年 6 月	克百威	3	1.49	2.59	高度风险
17	2016 年 6 月	氟虫腈	1	0.50	1.60	中度风险
18	2016 年 6 月	氰戊菊酯	1	0.50	1.60	中度风险
19	2016 年 8 月	艾氏剂	1	1.04	2.14	中度风险

续表

序号	年月	农药	检出频次	检出率 P（%）	风险系数 R	风险程度
20	2016 年 8 月	甲拌磷	1	1.04	2.14	中度风险
21	2016 年 8 月	克百威	1	1.04	2.14	中度风险
22	2016 年 8 月	六六六	1	1.04	2.14	中度风险
23	2016 年 8 月	杀扑磷	1	1.04	2.14	中度风险
24	2016 年 9 月	克百威	7	4.22	5.32	高度风险
25	2016 年 9 月	硫丹	5	3.01	4.11	高度风险
26	2016 年 9 月	水胺硫磷	4	2.41	3.51	高度风险
27	2016 年 9 月	杀扑磷	2	1.20	2.30	中度风险
28	2016 年 11 月	水胺硫磷	4	2.05	3.15	高度风险
29	2016 年 11 月	硫丹	2	1.03	2.13	中度风险
30	2016 年 11 月	六六六	1	0.51	1.61	中度风险
31	2016 年 11 月	氰戊菊酯	1	0.51	1.61	中度风险
32	2016 年 12 月	硫丹	5	2.91	4.01	高度风险
33	2016 年 12 月	氟虫腈	3	1.74	2.84	高度风险
34	2016 年 12 月	对硫磷	1	0.58	1.68	中度风险
35	2016 年 12 月	甲拌磷	1	0.58	1.68	中度风险
36	2016 年 12 月	克百威	1	0.58	1.68	中度风险
37	2016 年 12 月	杀扑磷	1	0.58	1.68	中度风险
38	2016 年 12 月	水胺硫磷	1	0.58	1.68	中度风险
39	2017 年 1 月	硫丹	3	1.95	3.05	高度风险
40	2017 年 1 月	甲拌磷	2	1.30	2.40	中度风险
41	2017 年 1 月	克百威	2	1.30	2.40	中度风险
42	2017 年 1 月	杀扑磷	1	0.65	1.75	中度风险
43	2017 年 1 月	水胺硫磷	1	0.65	1.75	中度风险
44	2017 年 3 月	硫丹	26	6.37	7.47	高度风险
45	2017 年 3 月	甲拌磷	6	1.47	2.57	高度风险
46	2017 年 3 月	克百威	5	1.23	2.33	中度风险
47	2017 年 3 月	甲胺磷	3	0.74	1.84	中度风险
48	2017 年 3 月	甲拌磷	2	0.49	1.59	中度风险
49	2017 年 3 月	硫丹	2	0.49	1.59	中度风险
50	2017 年 3 月	氟虫腈	1	0.25	1.35	低度风险
51	2017 年 3 月	克百威	1	0.25	1.35	低度风险
52	2017 年 3 月	灭线磷	1	0.25	1.35	低度风险

续表

序号	年月	农药	检出频次	检出率 P（%）	风险系数 R	风险程度
53	2017年3月	杀扑磷	1	0.25	1.35	低度风险
54	2017年3月	治螟磷	1	0.25	1.35	低度风险
55	2017年5月	克百威	2	1.34	2.44	中度风险
56	2017年5月	水胺硫磷	1	0.67	1.77	中度风险
57	2017年6月	水胺硫磷	2	1.48	2.58	高度风险
58	2017年8月	克百威	5	3.79	4.89	高度风险
59	2017年8月	氰戊菊酯	1	0.76	1.86	中度风险
60	2017年9月	氰戊菊酯	1	0.98	2.08	中度风险
61	2017年9月	特丁硫磷	1	0.98	2.08	中度风险

12.3.2.2　所有水果蔬菜中非禁用农药残留风险系数分析

参照 MRL 欧盟标准计算所有水果蔬菜中每种非禁用农药残留的风险系数，如图 12-25 与表 12-17 所示。在侦测出的 154 种非禁用农药中，10 种农药（6.49%）残留处于高度风险，25 种农药（16.23%）残留处于中度风险，119 种农药（77.27%）残留处于低度风险。

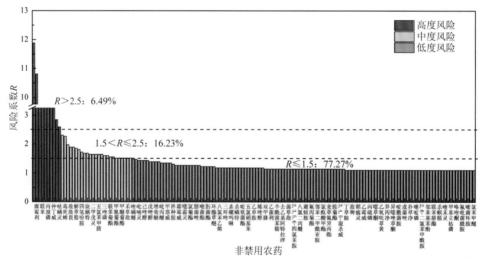

图 12-25　水果蔬菜中 154 种非禁用农药的风险程度统计图

表 12-17　水果蔬菜中 154 种非禁用农药的风险系数表

序号	农药	超标频次	超标率 P（%）	风险系数 R	风险程度
1	威杀灵	260	10.78	11.88	高度风险
2	腐霉利	234	9.71	10.81	高度风险
3	烯丙菊酯	151	6.26	7.36	高度风险
4	联苯	94	3.90	5.00	高度风险

续表

序号	农药	超标频次	超标率 P（%）	风险系数 R	风险程度
5	γ-氟氯氰菊酯	89	3.69	4.79	高度风险
6	丙溴磷	59	2.45	3.55	高度风险
7	烯虫酯	55	2.28	3.38	高度风险
8	仲丁威	55	2.28	3.38	高度风险
9	生物苄呋菊酯	42	1.74	2.84	高度风险
10	哒螨灵	36	1.49	2.59	高度风险
11	虫螨腈	29	1.20	2.30	中度风险
12	毒死蜱	28	1.16	2.26	中度风险
13	萘乙酰胺	21	0.87	1.97	中度风险
14	敌敌畏	19	0.79	1.89	中度风险
15	三唑醇	19	0.79	1.89	中度风险
16	解草腈	18	0.75	1.85	中度风险
17	醚菌酯	17	0.71	1.81	中度风险
18	四氢吩胺	15	0.62	1.72	中度风险
19	异丙威	14	0.58	1.68	中度风险
20	炔螨特	14	0.58	1.68	中度风险
21	烯虫炔酯	13	0.54	1.64	中度风险
22	二甲戊灵	13	0.54	1.64	中度风险
23	新燕灵	13	0.54	1.64	中度风险
24	五氯苯甲腈	13	0.54	1.64	中度风险
25	唑虫酰胺	13	0.54	1.64	中度风险
26	三唑磷	12	0.50	1.60	中度风险
27	3,5-二氯苯胺	12	0.50	1.60	中度风险
28	联苯菊酯	11	0.46	1.56	中度风险
29	氟硅唑	11	0.46	1.56	中度风险
30	甲氰菊酯	10	0.41	1.51	中度风险
31	多效唑	10	0.41	1.51	中度风险
32	甲醚菊酯	10	0.41	1.51	中度风险
33	百菌清	10	0.41	1.51	中度风险
34	禾草敌	10	0.41	1.51	中度风险
35	嘧霉胺	10	0.41	1.51	中度风险
36	喹螨醚	9	0.37	1.47	低度风险
37	除虫菊素 I	9	0.37	1.47	低度风险
38	吡喃灵	8	0.33	1.43	低度风险
39	杀螨酯	8	0.33	1.43	低度风险

续表

序号	农药	超标频次	超标率 P（%）	风险系数 R	风险程度
40	己唑醇	8	0.33	1.43	低度风险
41	氟乐灵	8	0.33	1.43	低度风险
42	戊唑醇	7	0.29	1.39	低度风险
43	炔丙菊酯	7	0.29	1.39	低度风险
44	增效醚	7	0.29	1.39	低度风险
45	噻菌灵	7	0.29	1.39	低度风险
46	吡丙醚	6	0.25	1.35	低度风险
47	螺螨酯	6	0.25	1.35	低度风险
48	甲萘威	6	0.25	1.35	低度风险
49	氟唑菌酰胺	6	0.25	1.35	低度风险
50	拌种胺	5	0.21	1.31	低度风险
51	甲霜灵	4	0.17	1.27	低度风险
52	霜霉威	4	0.17	1.27	低度风险
53	速灭威	4	0.17	1.27	低度风险
54	噁霜灵	4	0.17	1.27	低度风险
55	兹克威	4	0.17	1.27	低度风险
56	氯菊酯	4	0.17	1.27	低度风险
57	五氯苯胺	4	0.17	1.27	低度风险
58	腈菌唑	4	0.17	1.27	低度风险
59	五氯苯	4	0.17	1.27	低度风险
60	嘧菌酯	3	0.12	1.22	低度风险
61	间羟基联苯	3	0.12	1.22	低度风险
62	肟菌酯	3	0.12	1.22	低度风险
63	特草灵	3	0.12	1.22	低度风险
64	环酯草醚	3	0.12	1.22	低度风险
65	噻嗪酮	2	0.08	1.18	低度风险
66	八氯苯乙烯	2	0.08	1.18	低度风险
67	猛杀威	2	0.08	1.18	低度风险
68	三环唑	2	0.08	1.18	低度风险
69	氯氰菊酯	2	0.08	1.18	低度风险
70	杀螺吗啉	2	0.08	1.18	低度风险
71	丁羟茴香醚	2	0.08	1.18	低度风险
72	杀螨特	2	0.08	1.18	低度风险
73	双苯噁唑酸	2	0.08	1.18	低度风险
74	啶氧菌酯	2	0.08	1.18	低度风险

续表

序号	农药	超标频次	超标率 P（%）	风险系数 R	风险程度
75	稻丰散	2	0.08	1.18	低度风险
76	五氯硝基苯	2	0.08	1.18	低度风险
77	溴丁酰草胺	2	0.08	1.18	低度风险
78	乙草胺	2	0.08	1.18	低度风险
79	双苯酰草胺	2	0.08	1.18	低度风险
80	烯唑醇	2	0.08	1.18	低度风险
81	棉铃威	2	0.08	1.18	低度风险
82	双甲脒	1	0.04	1.14	低度风险
83	四氯硝基苯	1	0.04	1.14	低度风险
84	乙菌利	1	0.04	1.14	低度风险
85	特丁通	1	0.04	1.14	低度风险
86	辛酰溴苯腈	1	0.04	1.14	低度风险
87	乙嘧酚磺酸酯	1	0.04	1.14	低度风险
88	去乙基阿特拉津	1	0.04	1.14	低度风险
89	哌草磷	1	0.04	1.14	低度风险
90	茵草敌	1	0.04	1.14	低度风险
91	三唑酮	1	0.04	1.14	低度风险
92	2,3,5,6-四氯苯胺	1	0.04	1.14	低度风险
93	粉唑醇	1	0.04	1.14	低度风险
94	八氯二丙醚	1	0.04	1.14	低度风险
95	氟酰胺	1	0.04	1.14	低度风险
96	避蚊胺	1	0.04	1.14	低度风险
97	去异丙基莠去津	1	0.04	1.14	低度风险
98	氟丙菊酯	1	0.04	1.14	低度风险
99	呋草黄	1	0.04	1.14	低度风险
100	邻苯二甲酰亚胺	1	0.04	1.14	低度风险
101	苯胺灵	1	0.04	1.14	低度风险
102	氯酞酸甲酯	1	0.04	1.14	低度风险
103	氯硝胺	1	0.04	1.14	低度风险
104	麦草氟异丙酯	1	0.04	1.14	低度风险
105	二苯胺	1	0.04	1.14	低度风险
106	胺菊酯	1	0.04	1.14	低度风险
107	安硫磷	1	0.04	1.14	低度风险
108	3,4,5-混杀威	1	0.04	1.14	低度风险
109	高效氯氟氰菊酯	1	0.04	1.14	低度风险

序号	农药	超标频次	超标率 P（%）	风险系数 R	风险程度
110	丁草胺	0	0	1.10	低度风险
111	除线磷	0	0	1.10	低度风险
112	敌稗	0	0	1.10	低度风险
113	烯效唑	0	0	1.10	低度风险
114	稻瘟灵	0	0	1.10	低度风险
115	缬霉威	0	0	1.10	低度风险
116	乙霉威	0	0	1.10	低度风险
117	除虫菊酯	0	0	1.10	低度风险
118	丙硫磷	0	0	1.10	低度风险
119	吡唑醚菌酯	0	0	1.10	低度风险
120	噁草酮	0	0	1.10	低度风险
121	吡螨胺	0	0	1.10	低度风险
122	乙氧呋草黄	0	0	1.10	低度风险
123	异丙甲草胺	0	0	1.10	低度风险
124	异丙净	0	0	1.10	低度风险
125	异丙乐灵	0	0	1.10	低度风险
126	异噁唑草酮	0	0	1.10	低度风险
127	莠去津	0	0	1.10	低度风险
128	啶酰菌胺	0	0	1.10	低度风险
129	萘乙酸	0	0	1.10	低度风险
130	戊菌唑	0	0	1.10	低度风险
131	喹氧灵	0	0	1.10	低度风险
132	扑草净	0	0	1.10	低度风险
133	嗪草酮	0	0	1.10	低度风险
134	嘧啶磷	0	0	1.10	低度风险
135	醚菊酯	0	0	1.10	低度风险
136	2,6-二氯苯甲酰胺	0	0	1.10	低度风险
137	三氯杀螨醇	0	0	1.10	低度风险
138	邻苯基苯酚	0	0	1.10	低度风险
139	联苯三唑醇	0	0	1.10	低度风险
140	联苯肼酯	0	0	1.10	低度风险
141	乐果	0	0	1.10	低度风险
142	杀螟腈	0	0	1.10	低度风险
143	二甲吩草胺	0	0	1.10	低度风险

续表

序号	农药	超标频次	超标率 P（%）	风险系数 R	风险程度
144	喹禾灵	0	0	1.10	低度风险
145	抗蚜威	0	0	1.10	低度风险
146	甲基立枯磷	0	0	1.10	低度风险
147	甲基毒死蜱	0	0	1.10	低度风险
148	咯喹酮	0	0	1.10	低度风险
149	四氟醚唑	0	0	1.10	低度风险
150	氟吡菌酰胺	0	0	1.10	低度风险
151	呋嘧醇	0	0	1.10	低度风险
152	嘧菌环胺	0	0	1.10	低度风险
153	菲	0	0	1.10	低度风险
154	氯苯甲醚	0	0	1.10	低度风险

　　对每个月份内的非禁用农药的风险系数分析，每月内非禁用农药风险程度分布图如图 12-26 所示。13 个月份内处于高度风险的农药数排序为 2016 年 9 月（14）=2017 年 1 月（14）=2017 年 6 月（14）＞2016 年 11 月（13）＞2016 年 8 月（11）=2016 年 12 月（11）=2017 年 5 月（11）=2017 年 9 月（11）＞2016 年 3 月（9）＞2016 年 6 月（8）=2017 年 3 月（8）＞2015 年 5 月（6）=2017 年 8 月（6）。

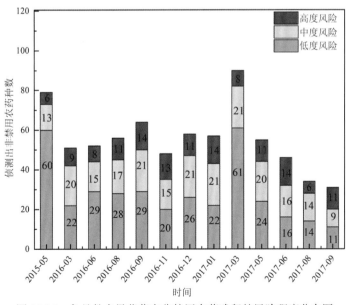

图 12-26　各月份水果蔬菜中非禁用农药残留的风险程度分布图

　　13 个月份内水果蔬菜中非禁用农药处于中度风险和高度风险的风险系数如图 12-27 和表 12-18 所示。

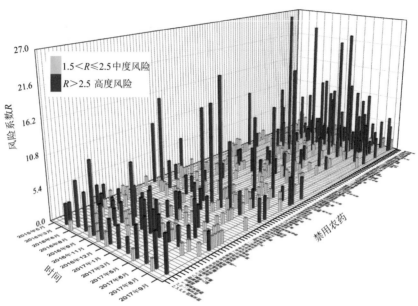

图 12-27　各月份水果蔬菜中非禁用农药处于中度风险和高度风险的风险系数分布图

表 12-18　各月份水果蔬菜中非禁用农药处于中度风险和高度风险的风险系数表

序号	年月	农药	超标频次	超标率 P（%）	风险系数 R	风险程度
1	2015 年 5 月	生物苄呋菊酯	34	10.21	11.31	高度风险
2	2015 年 5 月	腐霉利	33	9.91	11.01	高度风险
3	2015 年 5 月	解草腈	18	5.41	6.51	高度风险
4	2015 年 5 月	烯虫酯	15	4.50	5.60	高度风险
5	2015 年 5 月	虫螨腈	8	2.40	3.50	高度风险
6	2015 年 5 月	哒螨灵	7	2.10	3.20	高度风险
7	2015 年 5 月	三唑醇	4	1.20	2.30	中度风险
8	2015 年 5 月	环酯草醚	3	0.90	2.00	中度风险
9	2015 年 5 月	三唑磷	3	0.90	2.00	中度风险
10	2015 年 5 月	特草灵	3	0.90	2.00	中度风险
11	2015 年 5 月	五氯苯甲腈	3	0.90	2.00	中度风险
12	2015 年 5 月	丙溴磷	2	0.60	1.70	中度风险
13	2015 年 5 月	敌敌畏	2	0.60	1.70	中度风险
14	2015 年 5 月	多效唑	2	0.60	1.70	中度风险
15	2015 年 5 月	氟乐灵	2	0.60	1.70	中度风险
16	2015 年 5 月	间羟基联苯	2	0.60	1.70	中度风险
17	2015 年 5 月	联苯菊酯	2	0.60	1.70	中度风险
18	2015 年 5 月	噻嗪酮	2	0.60	1.70	中度风险
19	2015 年 5 月	四氢吩胺	2	0.60	1.70	中度风险

续表

序号	年月	农药	超标频次	超标率 P（%）	风险系数 R	风险程度
20	2016 年 3 月	腐霉利	25	14.88	15.98	高度风险
21	2016 年 3 月	威杀灵	10	5.95	7.05	高度风险
22	2016 年 3 月	3,5-二氯苯胺	4	2.38	3.48	高度风险
23	2016 年 3 月	γ-氟氯氰菌酯	4	2.38	3.48	高度风险
24	2016 年 3 月	仲丁威	4	2.38	3.48	高度风险
25	2016 年 3 月	仲丁威	4	2.38	3.48	高度风险
26	2016 年 3 月	丙溴磷	3	1.79	2.89	高度风险
27	2016 年 3 月	甲醚菊酯	3	1.79	2.89	高度风险
28	2016 年 3 月	生物苄呋菊酯	3	1.79	2.89	高度风险
29	2016 年 3 月	五氯苯甲腈	3	1.79	2.89	高度风险
30	2016 年 3 月	毒死蜱	2	1.19	2.29	中度风险
31	2016 年 3 月	甲氰菊酯	2	1.19	2.29	中度风险
32	2016 年 3 月	炔丙菊酯	2	1.19	2.29	中度风险
33	2016 年 3 月	炔螨特	2	1.19	2.29	中度风险
34	2016 年 3 月	异丙威	2	1.19	2.29	中度风险
35	2016 年 3 月	唑虫酰胺	2	1.19	2.29	中度风险
36	2016 年 3 月	异丙威	2	1.19	2.29	中度风险
37	2016 年 3 月	唑虫酰胺	2	1.19	2.29	中度风险
38	2016 年 3 月	吡丙醚	1	0.60	1.70	中度风险
39	2016 年 3 月	虫螨腈	1	0.60	1.70	中度风险
40	2016 年 3 月	哒螨灵	1	0.60	1.70	中度风险
41	2016 年 3 月	二甲戊灵	1	0.60	1.70	中度风险
42	2016 年 3 月	氟唑菌酰胺	1	0.60	1.70	中度风险
43	2016 年 3 月	甲霜灵	1	0.60	1.70	中度风险
44	2016 年 3 月	间羟基联苯	1	0.60	1.70	中度风险
45	2016 年 3 月	腈菌唑	1	0.60	1.70	中度风险
46	2016 年 3 月	联苯菊酯	1	0.60	1.70	中度风险
47	2016 年 3 月	三唑醇	1	0.60	1.70	中度风险
48	2016 年 3 月	三唑磷	1	0.60	1.70	中度风险
49	2016 年 3 月	四氢吩胺	1	0.60	1.70	中度风险
50	2016 年 3 月	烯丙菊酯	1	0.60	1.70	中度风险
51	2016 年 3 月	溴丁酰草胺	1	0.60	1.70	中度风险
52	2016 年 6 月	威杀灵	21	10.45	11.55	高度风险

序号	年月	农药	超标频次	超标率 P（%）	风险系数 R	风险程度
53	2016 年 6 月	γ-氟氯氰菌酯	13	6.47	7.57	高度风险
54	2016 年 6 月	腐霉利	8	3.98	5.08	高度风险
55	2016 年 6 月	新燕灵	8	3.98	5.08	高度风险
56	2016 年 6 月	烯丙菊酯	7	3.48	4.58	高度风险
57	2016 年 6 月	哒螨灵	5	2.49	3.59	高度风险
58	2016 年 6 月	虫螨腈	3	1.49	2.59	高度风险
59	2016 年 6 月	毒死蜱	3	1.49	2.59	高度风险
60	2016 年 6 月	敌敌畏	2	1.00	2.10	中度风险
61	2016 年 6 月	氟乐灵	2	1.00	2.10	中度风险
62	2016 年 6 月	联苯菊酯	2	1.00	2.10	中度风险
63	2016 年 6 月	2,3,5,6-四氯苯胺	1	0.50	1.60	中度风险
64	2016 年 6 月	吡丙醚	1	0.50	1.60	中度风险
65	2016 年 6 月	粉唑醇	1	0.50	1.60	中度风险
66	2016 年 6 月	去异丙基莠去津	1	0.50	1.60	中度风险
67	2016 年 6 月	醚菌酯	1	0.50	1.60	中度风险
68	2016 年 6 月	去乙基阿特拉津	1	0.50	1.60	中度风险
69	2016 年 6 月	四氯硝基苯	1	0.50	1.60	中度风险
70	2016 年 6 月	五氯苯	1	0.50	1.60	中度风险
71	2016 年 6 月	五氯苯胺	1	0.50	1.60	中度风险
72	2016 年 6 月	五氯苯甲腈	1	0.50	1.60	中度风险
73	2016 年 6 月	五氯硝基苯	1	0.50	1.60	中度风险
74	2016 年 6 月	唑虫酰胺	1	0.50	1.60	中度风险
75	2016 年 6 月	唑虫酰胺	1	0.50	1.60	中度风险
76	2016 年 8 月	威杀灵	25	26.04	27.14	高度风险
77	2016 年 8 月	烯丙菊酯	8	8.33	9.43	高度风险
78	2016 年 8 月	γ-氟氯氰菌酯	5	5.21	6.31	高度风险
79	2016 年 8 月	速灭威	4	4.17	5.27	高度风险
80	2016 年 8 月	霜霉威	3	3.13	4.23	高度风险
81	2016 年 8 月	吡唑灵	2	2.08	3.18	高度风险
82	2016 年 8 月	嘧菌酯	2	2.08	3.18	高度风险
83	2016 年 8 月	嘧霉胺	2	2.08	3.18	高度风险
84	2016 年 8 月	烯虫酯	2	2.08	3.18	高度风险
85	2016 年 8 月	乙草胺	2	2.08	3.18	高度风险

续表

序号	年月	农药	超标频次	超标率 P（%）	风险系数 R	风险程度
86	2016 年 8 月	仲丁威	2	2.08	3.18	高度风险
87	2016 年 8 月	仲丁威	2	2.08	3.18	高度风险
88	2016 年 8 月	八氯苯乙烯	1	1.04	2.14	中度风险
89	2016 年 8 月	吡丙醚	1	1.04	2.14	中度风险
90	2016 年 8 月	虫螨腈	1	1.04	2.14	中度风险
91	2016 年 8 月	敌敌畏	1	1.04	2.14	中度风险
92	2016 年 8 月	毒死蜱	1	1.04	2.14	中度风险
93	2016 年 8 月	氟硅唑	1	1.04	2.14	中度风险
94	2016 年 8 月	腐霉利	1	1.04	2.14	中度风险
95	2016 年 8 月	禾草敌	1	1.04	2.14	中度风险
96	2016 年 8 月	甲醚菊酯	1	1.04	2.14	中度风险
97	2016 年 8 月	甲氰菊酯	1	1.04	2.14	中度风险
98	2016 年 8 月	邻苯二甲酰亚胺	1	1.04	2.14	中度风险
99	2016 年 8 月	氯氰菊酯	1	1.04	2.14	中度风险
100	2016 年 8 月	醚菌酯	1	1.04	2.14	中度风险
101	2016 年 8 月	五氯苯	1	1.04	2.14	中度风险
102	2016 年 8 月	五氯苯胺	1	1.04	2.14	中度风险
103	2016 年 8 月	五氯硝基苯	1	1.04	2.14	中度风险
104	2016 年 8 月	新燕灵	1	1.04	2.14	中度风险
105	2016 年 9 月	γ-氟氯氰菌酯	18	10.84	11.94	高度风险
106	2016 年 9 月	烯丙菊酯	15	9.04	10.14	高度风险
107	2016 年 9 月	哒螨灵	7	4.22	5.32	高度风险
108	2016 年 9 月	烯虫酯	7	4.22	5.32	高度风险
109	2016 年 9 月	毒死蜱	5	3.01	4.11	高度风险
110	2016 年 9 月	吡喃灵	4	2.41	3.51	高度风险
111	2016 年 9 月	腐霉利	4	2.41	3.51	高度风险
112	2016 年 9 月	拌种胺	3	1.81	2.91	高度风险
113	2016 年 9 月	禾草敌	3	1.81	2.91	高度风险
114	2016 年 9 月	甲氰菊酯	3	1.81	2.91	高度风险
115	2016 年 9 月	联苯菊酯	3	1.81	2.91	高度风险
116	2016 年 9 月	四氢吩胺	3	1.81	2.91	高度风险
117	2016 年 9 月	威杀灵	3	1.81	2.91	高度风险
118	2016 年 9 月	戊唑醇	3	1.81	2.91	高度风险

序号	年月	农药	超标频次	超标率 P（%）	风险系数 R	风险程度
119	2016 年 9 月	氟硅唑	2	1.20	2.30	中度风险
120	2016 年 9 月	五氯苯甲腈	2	1.20	2.30	中度风险
121	2016 年 9 月	仲丁威	2	1.20	2.30	中度风险
122	2016 年 9 月	仲丁威	2	1.20	2.30	中度风险
123	2016 年 9 月	3,5-二氯苯胺	1	0.60	1.70	中度风险
124	2016 年 9 月	安硫磷	1	0.60	1.70	中度风险
125	2016 年 9 月	胺菊酯	1	0.60	1.70	中度风险
126	2016 年 9 月	八氯二丙醚	1	0.60	1.70	中度风险
127	2016 年 9 月	丙溴磷	1	0.60	1.70	中度风险
128	2016 年 9 月	虫螨腈	1	0.60	1.70	中度风险
129	2016 年 9 月	多效唑	1	0.60	1.70	中度风险
130	2016 年 9 月	氟乐灵	1	0.60	1.70	中度风险
131	2016 年 9 月	己唑醇	1	0.60	1.70	中度风险
132	2016 年 9 月	氯菊酯	1	0.60	1.70	中度风险
133	2016 年 9 月	氯硝胺	1	0.60	1.70	中度风险
134	2016 年 9 月	猛杀威	1	0.60	1.70	中度风险
135	2016 年 9 月	醚菌酯	1	0.60	1.70	中度风险
136	2016 年 9 月	杀螨酯	1	0.60	1.70	中度风险
137	2016 年 9 月	生物苄呋菊酯	1	0.60	1.70	中度风险
138	2016 年 9 月	霜霉威	1	0.60	1.70	中度风险
139	2016 年 9 月	烯虫炔酯	1	0.60	1.70	中度风险
140	2016 年 9 月	兹克威	1	0.60	1.70	中度风险
141	2016 年 9 月	兹克威	1	0.60	1.70	中度风险
142	2016 年 11 月	丙溴磷	18	9.23	10.33	高度风险
143	2016 年 11 月	仲丁威	14	7.18	8.28	高度风险
144	2016 年 11 月	仲丁威	14	7.18	8.28	高度风险
145	2016 年 11 月	γ-氟氯氰菌酯	9	4.62	5.72	高度风险
146	2016 年 11 月	烯虫炔酯	8	4.10	5.20	高度风险
147	2016 年 11 月	哒螨灵	7	3.59	4.69	高度风险
148	2016 年 11 月	醚菌酯	7	3.59	4.69	高度风险
149	2016 年 11 月	烯丙菊酯	7	3.59	4.69	高度风险
150	2016 年 11 月	烯虫酯	6	3.08	4.18	高度风险
151	2016 年 11 月	炔螨特	5	2.56	3.66	高度风险

续表

序号	年月	农药	超标频次	超标率 P（%）	风险系数 R	风险程度
152	2016 年 11 月	新燕灵	4	2.05	3.15	高度风险
153	2016 年 11 月	敌敌畏	3	1.54	2.64	高度风险
154	2016 年 11 月	腐霉利	3	1.54	2.64	高度风险
155	2016 年 11 月	噻菌灵	3	1.54	2.64	高度风险
156	2016 年 11 月	吡喃灵	2	1.03	2.13	中度风险
157	2016 年 11 月	己唑醇	2	1.03	2.13	中度风险
158	2016 年 11 月	联苯菊酯	2	1.03	2.13	中度风险
159	2016 年 11 月	杀螺吗啉	2	1.03	2.13	中度风险
160	2016 年 11 月	双苯酰草胺	2	1.03	2.13	中度风险
161	2016 年 11 月	四氢吩胺	2	1.03	2.13	中度风险
162	2016 年 11 月	唑虫酰胺	2	1.03	2.13	中度风险
163	2016 年 11 月	唑虫酰胺	2	1.03	2.13	中度风险
164	2016 年 11 月	3,5-二氯苯胺	1	0.51	1.61	中度风险
165	2016 年 11 月	吡丙醚	1	0.51	1.61	中度风险
166	2016 年 11 月	毒死蜱	1	0.51	1.61	中度风险
167	2016 年 11 月	氟硅唑	1	0.51	1.61	中度风险
168	2016 年 11 月	禾草敌	1	0.51	1.61	中度风险
169	2016 年 11 月	螺螨酯	1	0.51	1.61	中度风险
170	2016 年 11 月	哌草磷	1	0.51	1.61	中度风险
171	2016 年 11 月	威杀灵	1	0.51	1.61	中度风险
172	2016 年 12 月	威杀灵	42	24.42	25.52	高度风险
173	2016 年 12 月	腐霉利	26	15.12	16.22	高度风险
174	2016 年 12 月	烯丙菊酯	22	12.79	13.89	高度风险
175	2016 年 12 月	丙溴磷	7	4.07	5.17	高度风险
176	2016 年 12 月	虫螨腈	6	3.49	4.59	高度风险
177	2016 年 12 月	γ-氟氯氰菌酯	5	2.91	4.01	高度风险
178	2016 年 12 月	二甲戊灵	4	2.33	3.43	高度风险
179	2016 年 12 月	烯虫酯	4	2.33	3.43	高度风险
180	2016 年 12 月	毒死蜱	3	1.74	2.84	高度风险
181	2016 年 12 月	醚菌酯	3	1.74	2.84	高度风险
182	2016 年 12 月	仲丁威	3	1.74	2.84	高度风险
183	2016 年 12 月	仲丁威	3	1.74	2.84	高度风险
184	2016 年 12 月	3,5-二氯苯胺	2	1.16	2.26	中度风险

序号	年月	农药	超标频次	超标率 P（%）	风险系数 R	风险程度
185	2016 年 12 月	甲萘威	2	1.16	2.26	中度风险
186	2016 年 12 月	萘乙酰胺	2	1.16	2.26	中度风险
187	2016 年 12 月	炔丙菊酯	2	1.16	2.26	中度风险
188	2016 年 12 月	炔螨特	2	1.16	2.26	中度风险
189	2016 年 12 月	三唑醇	2	1.16	2.26	中度风险
190	2016 年 12 月	三唑磷	2	1.16	2.26	中度风险
191	2016 年 12 月	四氢吩胺	2	1.16	2.26	中度风险
192	2016 年 12 月	五氯苯甲腈	2	1.16	2.26	中度风险
193	2016 年 12 月	烯虫炔酯	2	1.16	2.26	中度风险
194	2016 年 12 月	异丙威	2	1.16	2.26	中度风险
195	2016 年 12 月	唑虫酰胺	2	1.16	2.26	中度风险
196	2016 年 12 月	异丙威	2	1.16	2.26	中度风险
197	2016 年 12 月	唑虫酰胺	2	1.16	2.26	中度风险
198	2016 年 12 月	百菌清	1	0.58	1.68	中度风险
199	2016 年 12 月	稻丰散	1	0.58	1.68	中度风险
200	2016 年 12 月	多效唑	1	0.58	1.68	中度风险
201	2016 年 12 月	氟硅唑	1	0.58	1.68	中度风险
202	2016 年 12 月	氟唑菌酰胺	1	0.58	1.68	中度风险
203	2016 年 12 月	嘧霉胺	1	0.58	1.68	中度风险
204	2016 年 12 月	三唑酮	1	0.58	1.68	中度风险
205	2016 年 12 月	肟菌酯	1	0.58	1.68	中度风险
206	2016 年 12 月	烯唑醇	1	0.58	1.68	中度风险
207	2017 年 1 月	腐霉利	25	16.23	17.33	高度风险
208	2017 年 1 月	威杀灵	21	13.64	14.74	高度风险
209	2017 年 1 月	烯丙菊酯	17	11.04	12.14	高度风险
210	2017 年 1 月	丙溴磷	9	5.84	6.94	高度风险
211	2017 年 1 月	除虫菊素 I	6	3.90	5.00	高度风险
212	2017 年 1 月	毒死蜱	6	3.90	5.00	高度风险
213	2017 年 1 月	γ-氟氯氰菌酯	4	2.60	3.70	高度风险
214	2017 年 1 月	虫螨腈	4	2.60	3.70	高度风险
215	2017 年 1 月	氟硅唑	4	2.60	3.70	高度风险
216	2017 年 1 月	三唑磷	4	2.60	3.70	高度风险
217	2017 年 1 月	萘乙酰胺	3	1.95	3.05	高度风险

续表

序号	年月	农药	超标频次	超标率 P（%）	风险系数 R	风险程度
218	2017 年 1 月	生物苄呋菊酯	3	1.95	3.05	高度风险
219	2017 年 1 月	异丙威	3	1.95	3.05	高度风险
220	2017 年 1 月	仲丁威	3	1.95	3.05	高度风险
221	2017 年 1 月	异丙威	3	1.95	3.05	高度风险
222	2017 年 1 月	仲丁威	3	1.95	3.05	高度风险
223	2017 年 1 月	百菌清	2	1.30	2.40	中度风险
224	2017 年 1 月	醚菌酯	2	1.30	2.40	中度风险
225	2017 年 1 月	炔螨特	2	1.30	2.40	中度风险
226	2017 年 1 月	双苯噁唑酸	2	1.30	2.40	中度风险
227	2017 年 1 月	四氢吩胺	2	1.30	2.40	中度风险
228	2017 年 1 月	烯虫酯	2	1.30	2.40	中度风险
229	2017 年 1 月	哒螨灵	1	0.65	1.75	中度风险
230	2017 年 1 月	多效唑	1	0.65	1.75	中度风险
231	2017 年 1 月	二苯胺	1	0.65	1.75	中度风险
232	2017 年 1 月	己唑醇	1	0.65	1.75	中度风险
233	2017 年 1 月	甲醚菊酯	1	0.65	1.75	中度风险
234	2017 年 1 月	甲萘威	1	0.65	1.75	中度风险
235	2017 年 1 月	甲氰菊酯	1	0.65	1.75	中度风险
236	2017 年 1 月	甲霜灵	1	0.65	1.75	中度风险
237	2017 年 1 月	螺螨酯	1	0.65	1.75	中度风险
238	2017 年 1 月	氯酞酸甲酯	1	0.65	1.75	中度风险
239	2017 年 1 月	麦草氟异丙酯	1	0.65	1.75	中度风险
240	2017 年 1 月	嘧霉胺	1	0.65	1.75	中度风险
241	2017 年 1 月	五氯苯甲腈	1	0.65	1.75	中度风险
242	2017 年 1 月	兹克威	1	0.65	1.75	中度风险
243	2017 年 1 月	唑虫酰胺	1	0.65	1.75	中度风险
244	2017 年 1 月	兹克威	1	0.65	1.75	中度风险
245	2017 年 1 月	唑虫酰胺	1	0.65	1.75	中度风险
246	2017 年 3 月	腐霉利	86	21.08	22.18	高度风险
247	2017 年 3 月	联苯	50	12.25	13.35	高度风险
248	2017 年 3 月	威杀灵	48	11.76	12.86	高度风险
249	2017 年 3 月	烯丙菊酯	28	6.86	7.96	高度风险
250	2017 年 3 月	萘乙酰胺	14	3.43	4.53	高度风险

序号	年月	农药	超标频次	超标率 P（%）	风险系数 R	风险程度
251	2017 年 3 月	丙溴磷	11	2.70	3.80	高度风险
252	2017 年 3 月	三唑醇	11	2.70	3.80	高度风险
253	2017 年 3 月	γ-氟氯氰菊酯	6	1.47	2.57	高度风险
254	2017 年 3 月	嘧霉胺	5	1.23	2.33	中度风险
255	2017 年 3 月	百菌清	4	0.98	2.08	中度风险
256	2017 年 3 月	虫螨腈	4	0.98	2.08	中度风险
257	2017 年 3 月	毒死蜱	4	0.98	2.08	中度风险
258	2017 年 3 月	螺螨酯	4	0.98	2.08	中度风险
259	2017 年 3 月	噻菌灵	4	0.98	2.08	中度风险
260	2017 年 3 月	仲丁威	4	0.98	2.08	中度风险
261	2017 年 3 月	哒螨灵	3	0.74	1.84	中度风险
262	2017 年 3 月	噁霜灵	3	0.74	1.84	中度风险
263	2017 年 3 月	异丙威	3	0.74	1.84	中度风险
264	2017 年 3 月	敌敌畏	2	0.49	1.59	中度风险
265	2017 年 3 月	二甲戊灵	2	0.49	1.59	中度风险
266	2017 年 3 月	氟乐灵	2	0.49	1.59	中度风险
267	2017 年 3 月	氟唑菌酰胺	2	0.49	1.59	中度风险
268	2017 年 3 月	己唑醇	2	0.49	1.59	中度风险
269	2017 年 3 月	甲醚菊酯	2	0.49	1.59	中度风险
270	2017 年 3 月	炔螨特	2	0.49	1.59	中度风险
271	2017 年 3 月	三唑磷	2	0.49	1.59	中度风险
272	2017 年 3 月	四氢吩胺	2	0.49	1.59	中度风险
273	2017 年 3 月	五氯苯胺	2	0.49	1.59	中度风险
274	2017 年 3 月	唑虫酰胺	2	0.49	1.59	中度风险
275	2017 年 5 月	威杀灵	33	22.15	23.25	高度风险
276	2017 年 5 月	烯丙菊酯	19	12.75	13.85	高度风险
277	2017 年 5 月	腐霉利	16	10.74	11.84	高度风险
278	2017 年 5 月	仲丁威	8	5.37	6.47	高度风险
279	2017 年 5 月	仲丁威	8	5.37	6.47	高度风险
280	2017 年 5 月	杀螨酯	7	4.70	5.80	高度风险
281	2017 年 5 月	γ-氟氯氰菊酯	6	4.03	5.13	高度风险
282	2017 年 5 月	二甲戊灵	5	3.36	4.46	高度风险
283	2017 年 5 月	多效唑	4	2.68	3.78	高度风险

序号	年月	农药	超标频次	超标率 P（％）	风险系数 R	风险程度
284	2017 年 5 月	烯虫酯	4	2.68	3.78	高度风险
285	2017 年 5 月	丙溴磷	3	2.01	3.11	高度风险
286	2017 年 5 月	异丙威	3	2.01	3.11	高度风险
287	2017 年 5 月	异丙威	3	2.01	3.11	高度风险
288	2017 年 5 月	百菌清	2	1.34	2.44	中度风险
289	2017 年 5 月	除虫菊素 I	2	1.34	2.44	中度风险
290	2017 年 5 月	氟唑菌酰胺	2	1.34	2.44	中度风险
291	2017 年 5 月	禾草敌	2	1.34	2.44	中度风险
292	2017 年 5 月	甲萘威	2	1.34	2.44	中度风险
293	2017 年 5 月	喹螨醚	2	1.34	2.44	中度风险
294	2017 年 5 月	醚菌酯	2	1.34	2.44	中度风险
295	2017 年 5 月	炔丙菊酯	2	1.34	2.44	中度风险
296	2017 年 5 月	戊唑醇	2	1.34	2.44	中度风险
297	2017 年 5 月	3,5-二氯苯胺	1	0.67	1.77	中度风险
298	2017 年 5 月	虫螨腈	1	0.67	1.77	中度风险
299	2017 年 5 月	哒螨灵	1	0.67	1.77	中度风险
300	2017 年 5 月	己唑醇	1	0.67	1.77	中度风险
301	2017 年 5 月	甲氰菊酯	1	0.67	1.77	中度风险
302	2017 年 5 月	腈菌唑	1	0.67	1.77	中度风险
303	2017 年 5 月	联苯菊酯	1	0.67	1.77	中度风险
304	2017 年 5 月	嘧菌酯	1	0.67	1.77	中度风险
305	2017 年 5 月	三唑醇	1	0.67	1.77	中度风险
306	2017 年 5 月	五氯苯	1	0.67	1.77	中度风险
307	2017 年 5 月	溴丁酰草胺	1	0.67	1.77	中度风险
308	2017 年 6 月	威杀灵	32	23.70	24.80	高度风险
309	2017 年 6 月	联苯	20	14.81	15.91	高度风险
310	2017 年 6 月	烯虫酯	13	9.63	10.73	高度风险
311	2017 年 6 月	烯丙菊酯	9	6.67	7.77	高度风险
312	2017 年 6 月	γ-氟氯氰菌酯	8	5.93	7.03	高度风险
313	2017 年 6 月	敌敌畏	7	5.19	6.29	高度风险
314	2017 年 6 月	仲丁威	5	3.70	4.80	高度风险
315	2017 年 6 月	仲丁威	5	3.70	4.80	高度风险
316	2017 年 6 月	腐霉利	4	2.96	4.06	高度风险

序号	年月	农药	超标频次	超标率 P（%）	风险系数 R	风险程度
317	2017 年 6 月	丙溴磷	3	2.22	3.32	高度风险
318	2017 年 6 月	甲醚菊酯	3	2.22	3.32	高度风险
319	2017 年 6 月	哒螨灵	2	1.48	2.58	高度风险
320	2017 年 6 月	杀螨特	2	1.48	2.58	高度风险
321	2017 年 6 月	烯虫炔酯	2	1.48	2.58	高度风险
322	2017 年 6 月	唑虫酰胺	2	1.48	2.58	高度风险
323	2017 年 6 月	唑虫酰胺	2	1.48	2.58	高度风险
324	2017 年 6 月	毒死蜱	1	0.74	1.84	中度风险
325	2017 年 6 月	二甲戊灵	1	0.74	1.84	中度风险
326	2017 年 6 月	呋草黄	1	0.74	1.84	中度风险
327	2017 年 6 月	氟硅唑	1	0.74	1.84	中度风险
328	2017 年 6 月	氟乐灵	1	0.74	1.84	中度风险
329	2017 年 6 月	高效氯氟氰菊酯	1	0.74	1.84	中度风险
330	2017 年 6 月	己唑醇	1	0.74	1.84	中度风险
331	2017 年 6 月	甲氰菊酯	1	0.74	1.84	中度风险
332	2017 年 6 月	喹螨醚	1	0.74	1.84	中度风险
333	2017 年 6 月	嘧霉胺	1	0.74	1.84	中度风险
334	2017 年 6 月	萘乙酰胺	1	0.74	1.84	中度风险
335	2017 年 6 月	三环唑	1	0.74	1.84	中度风险
336	2017 年 6 月	生物苄呋菊酯	1	0.74	1.84	中度风险
337	2017 年 6 月	特丁通	1	0.74	1.84	中度风险
338	2017 年 6 月	烯唑醇	1	0.74	1.84	中度风险
339	2017 年 6 月	增效醚	1	0.74	1.84	中度风险
340	2017 年 6 月	增效醚	1	0.74	1.84	中度风险
341	2017 年 8 月	威杀灵	17	12.88	13.98	高度风险
342	2017 年 8 月	烯丙菊酯	15	11.36	12.46	高度风险
343	2017 年 8 月	γ-氟氯氰菌酯	6	4.55	5.65	高度风险
344	2017 年 8 月	仲丁威	6	4.55	5.65	高度风险
345	2017 年 8 月	仲丁威	6	4.55	5.65	高度风险
346	2017 年 8 月	联苯	2	1.52	2.62	高度风险
347	2017 年 8 月	烯虫酯	2	1.52	2.62	高度风险
348	2017 年 8 月	3,5-二氯苯胺	1	0.76	1.86	中度风险
349	2017 年 8 月	吡丙醚	1	0.76	1.86	中度风险

续表

序号	年月	农药	超标频次	超标率 P（％）	风险系数 R	风险程度
350	2017 年 8 月	丙溴磷	1	0.76	1.86	中度风险
351	2017 年 8 月	敌敌畏	1	0.76	1.86	中度风险
352	2017 年 8 月	丁羟茴香醚	1	0.76	1.86	中度风险
353	2017 年 8 月	毒死蜱	1	0.76	1.86	中度风险
354	2017 年 8 月	多效唑	1	0.76	1.86	中度风险
355	2017 年 8 月	甲氰菊酯	1	0.76	1.86	中度风险
356	2017 年 8 月	喹螨醚	1	0.76	1.86	中度风险
357	2017 年 8 月	氯氰菊酯	1	0.76	1.86	中度风险
358	2017 年 8 月	肟菌酯	1	0.76	1.86	中度风险
359	2017 年 8 月	戊唑醇	1	0.76	1.86	中度风险
360	2017 年 8 月	兹克威	1	0.76	1.86	中度风险
361	2017 年 8 月	唑虫酰胺	1	0.76	1.86	中度风险
362	2017 年 8 月	兹克威	1	0.76	1.86	中度风险
363	2017 年 8 月	唑虫酰胺	1	0.76	1.86	中度风险
364	2017 年 9 月	联苯	22	21.57	22.67	高度风险
365	2017 年 9 月	威杀灵	7	6.86	7.96	高度风险
366	2017 年 9 月	增效醚	6	5.88	6.98	高度风险
367	2017 年 9 月	增效醚	6	5.88	6.98	高度风险
368	2017 年 9 月	γ-氟氯氰菌酯	5	4.90	6.00	高度风险
369	2017 年 9 月	喹螨醚	4	3.92	5.02	高度风险
370	2017 年 9 月	仲丁威	4	3.92	5.02	高度风险
371	2017 年 9 月	仲丁威	4	3.92	5.02	高度风险
372	2017 年 9 月	腐霉利	3	2.94	4.04	高度风险
373	2017 年 9 月	禾草敌	3	2.94	4.04	高度风险
374	2017 年 9 月	氯菊酯	3	2.94	4.04	高度风险
375	2017 年 9 月	烯丙菊酯	3	2.94	4.04	高度风险
376	2017 年 9 月	哒螨灵	2	1.96	3.06	高度风险
377	2017 年 9 月	丙溴磷	1	0.98	2.08	中度风险
378	2017 年 9 月	稻丰散	1	0.98	2.08	中度风险
379	2017 年 9 月	敌敌畏	1	0.98	2.08	中度风险
380	2017 年 9 月	丁羟茴香醚	1	0.98	2.08	中度风险
381	2017 年 9 月	啶氧菌酯	1	0.98	2.08	中度风险
382	2017 年 9 月	氟丙菊酯	1	0.98	2.08	中度风险

续表

序号	年月	农药	超标频次	超标率 P（%）	风险系数 R	风险程度
383	2017 年 9 月	甲霜灵	1	0.98	2.08	中度风险
384	2017 年 9 月	四氢吩胺	1	0.98	2.08	中度风险
385	2017 年 9 月	兹克威	1	0.98	2.08	中度风险
386	2017 年 9 月	兹克威	1	0.98	2.08	中度风险

12.4　GC-Q-TOF/MS 侦测石家庄市市售水果蔬菜农药残留风险评估结论与建议

农药残留是影响水果蔬菜安全和质量的主要因素，也是我国食品安全领域备受关注的敏感话题和亟待解决的重大问题之一[15,16]。各种水果蔬菜均存在不同程度的农药残留现象，本研究主要针对石家庄市各类水果蔬菜存在的农药残留问题，基于 2015 年 5 月~2017 年 9 月对石家庄市 2411 例水果蔬菜样品中农药残留侦测得出的 5020 个侦测结果，分别采用食品安全指数模型和风险系数模型，开展水果蔬菜中农药残留的膳食暴露风险和预警风险评估。水果蔬菜样品取自超市和农贸市场，符合大众的膳食来源，风险评价时更具有代表性和可信度。

本研究力求通用简单地反映食品安全中的主要问题，且为管理部门和大众容易接受，为政府及相关管理机构建立科学的食品安全信息发布和预警体系提供科学的规律与方法，加强对农药残留的预警和食品安全重大事件的预防，控制食品风险。

12.4.1　石家庄市水果蔬菜中农药残留膳食暴露风险评价结论

1）水果蔬菜样品中农药残留安全状态评价结论

采用食品安全指数模型，对 2015 年 5 月~2017 年 9 月期间石家庄市水果蔬菜食品农药残留膳食暴露风险进行评价，根据 IFS_c 的计算结果发现，水果蔬菜中农药的 $\overline{IFS}$ 为 0.1021，说明石家庄市水果蔬菜总体处于可以接受的安全状态，但部分禁用农药、高残留农药在蔬菜、水果中仍有侦测出，导致膳食暴露风险的存在，成为不安全因素。

2）单种水果蔬菜中农药膳食暴露风险不可接受情况评价结论

单种水果蔬菜中农药残留安全指数分析结果显示，农药对单种水果蔬菜安全影响不可接受（$IFS_c>1$）的样本数共 9 个，占总样本数的 0.66%，9 个样本分别为小茴香中的甲拌磷、菠菜中的氟虫腈、芹菜中的艾氏剂、小白菜中的氟虫腈、苦瓜中的甲拌磷、油麦菜中的甲拌磷、油麦菜中的氟虫腈、柠檬中的杀扑磷和橘中的三唑磷，涉及 8 种水果蔬菜和 5 种农药，说明这些样本中的水果蔬菜会对消费者身体健康造成较大的膳食暴露风险。甲拌磷、氟虫腈、艾氏剂、杀扑磷属于禁用的剧毒农药，且小茴香、菠菜、芹菜、小白菜、苦瓜、油麦菜、柠檬和橘均为较常见的水果蔬菜，百姓日常食用量较大，长期食用大量残留甲拌磷、氟虫腈、艾氏剂、杀扑磷的水果蔬菜会对人体造成不可接受的影响，本次侦测发现甲拌磷、氟虫腈、艾氏剂、杀扑磷在小茴香、菠菜、芹菜、小白菜、苦瓜、油麦菜、柠檬样品中多次并大量侦测出，是未严格实施农业良好管理规范（GAP），抑或是农药滥用，这应该引起相关管理部门的警惕，应加强对水果蔬菜中甲拌磷、氟虫腈、艾氏剂、杀扑磷的严格管控。

　　3）禁用农药膳食暴露风险评价

　　本次侦测发现部分水果蔬菜样品中有禁用农药侦测出，侦测出禁用农药 15 种，检出频次为 242，水果蔬菜样品中的禁用农药 IFS_c 计算结果表明，禁用农药残留膳食暴露风险不可接受的频次为 14，占 5.79%；可以接受的频次为 58，占 23.97%；没有影响的频次为 170，占 70.25%。对于水果蔬菜样品中所有农药而言，膳食暴露风险不可接受的频次为 22，仅占总体频次的 0.44%。可以看出，禁用农药的膳食暴露风险不可接受的比例远高于总体水平，这在一定程度上说明禁用农药更容易导致严重的膳食暴露风险。此外，膳食暴露风险不可接受的残留禁用农药为甲拌磷、氟虫腈、克百威、艾氏剂、杀扑磷、硫丹、水胺硫磷，因此，应该加强对禁用农药甲拌磷、氟虫腈、克百威、艾氏剂、杀扑磷、硫丹、水胺硫磷的管控力度。为何在国家明令禁止禁用农药喷洒的情况下，还能在多种水果蔬菜中多次侦测出禁用农药残留并造成不可接受的膳食暴露风险，这应该引起相关部门的高度警惕，应该在禁止禁用农药喷洒的同时，严格管控禁用农药的生产和售卖，从根本上杜绝安全隐患。

12.4.2　石家庄市水果蔬菜中农药残留预警风险评价结论

　　1）单种水果蔬菜中禁用农药残留的预警风险评价结论

　　本次侦测过程中，在 44 种水果蔬菜中侦测超出 15 种禁用农药，禁用农药为：硫丹、克百威、水胺硫磷、甲拌磷、氰戊菊酯、特丁硫磷、氟虫腈、杀扑磷、甲胺磷、六六六、林丹、灭线磷、治螟磷、艾氏剂、对硫磷，水果蔬菜为：甜瓜、苦瓜、芹菜、油桃、菜薹、樱桃番茄、柑、芫荽、桃、葱等 44 种，水果蔬菜中禁用农药的风险系数分析结果显示，14 种禁用农药在 41 种水果蔬菜中的残留处于高度风险，说明在单种水果蔬菜中禁用农药的残留会导致较高的预警风险。

　　2）单种水果蔬菜中非禁用农药残留的预警风险评价结论

　　以 MRL 中国国家标准为标准，计算水果蔬菜中非禁用农药风险系数情况下，1269 个样本中，11 个处于高度风险（0.87%），5 个处于中度风险（0.39%），193 个处于低度风险（15.21%），1060 个样本没有 MRL 中国国家标准（83.53%）。以 MRL 欧盟标准为标准，计算水果蔬菜中非禁用农药风险系数情况下，发现有 486 个处于高度风险（38.3%），53 个处于中度风险（4.18%），730 个处于低度风险（57.53%）。基于两种 MRL 标准，评价的结果差异显著，可以看出 MRL 欧盟标准比中国国家标准更加严格和完善，过于宽松的 MRL 中国国家标准值能否有效保障人体的健康有待研究。

12.4.3　加强石家庄市水果蔬菜食品安全建议

　　我国食品安全风险评价体系仍不够健全，相关制度不够完善，多年来，由于农药用药次数多、用药量大或用药间隔时间短，产品残留量大，农药残留所造成的食品安全问题日益严峻，给人体健康带来了直接或间接的危害。据估计，美国与农药有关的癌症患者数约占全国癌症患者总数的50%，中国更高。同样，农药对其他生物也会形成直接杀伤和慢性危害，植物中的农药可经过食物链逐级传递并不断蓄积，对人和动物构成潜在威胁，并影响生态系统。

基于本次农药残留侦测数据的风险评价结果，提出以下几点建议：

1）加快食品安全标准制定步伐

我国食品标准中对农药每日允许最大摄入量ADI的数据严重缺乏，在本次评价所涉及的169种农药中，仅有58.0%的农药具有ADI值，而42.0%的农药中国尚未规定相应的ADI值，亟待完善。

我国食品中农药最大残留限量值的规定严重缺乏，对评估涉及的不同水果蔬菜中不同农药1359个MRL限值进行统计来看，我国仅制定出271个标准，标准完整率仅为19.9%，欧盟的完整率达到100%（表12-19）。因此，中国更应加快MRL的制定步伐。

表12-19 我国国家食品标准农药的ADI、MRL值与欧盟标准的数量差异

分类		中国ADI	MRL中国国家标准	MRL欧盟标准
标准限值（个）	有	98	271	1359
	无	71	1088	0
总数（个）		169	1359	1359
无标准限值比例（%）		42.0	80.1	0

此外，MRL中国国家标准限值普遍高于欧盟标准限值，这些标准中共有165个高于欧盟。过高的MRL值难以保障人体健康，建议继续加强对限值基准和标准的科学研究，将农产品中的危险性减少到尽可能低的水平。

2）加强农药的源头控制和分类监管

在石家庄市某些水果蔬菜中仍有禁用农药残留，利用GC-Q-TOF/MS侦测出15种禁用农药，检出频次为242次，残留禁用农药均存在较大的膳食暴露风险和预警风险。早已列入黑名单的禁用农药在我国并未真正退出，有些药物由于价格便宜、工艺简单，此类高毒农药一直生产和使用。建议在我国采取严格有效的控制措施，从源头控制禁用农药。

对于非禁用农药，在我国作为"田间地头"最典型单位的县级蔬果产地中，农药残留的侦测几乎缺失。建议根据农药的毒性，对高毒、剧毒、中毒农药实现分类管理，减少使用高毒和剧毒高残留农药，进行分类监管。

3）加强残留农药的生物修复及降解新技术

市售果蔬中残留农药的品种多、频次高、禁用农药多次检出这一现状，说明了我国的田间土壤和水体因农药长期、频繁、不合理的使用而遭到严重污染。为此，建议中国相关部门出台相关政策，鼓励高校及科研院所积极开展分子生物学、酶学等研究，加强土壤、水体中残留农药的生物修复及降解新技术研究，切实加大农药监管力度，以控制农药的面源污染问题。

综上所述，在本工作基础上，根据蔬菜残留危害，可进一步针对其成因提出和采取严格管理、大力推广无公害蔬菜种植与生产、健全食品安全控制技术体系、加强蔬菜食品质量侦测体系建设和积极推行蔬菜食品质量追溯制度等相应对策。建立和完善食品安全综合评价指数与风险监测预警系统，对食品安全进行实时、全面的监控与分析，为我国的食品安全科学监管与决策提供新的技术支持，可实现各类检验数据的信息化系统管理，降低食品安全事故的发生。

太　原　市

第13章 LC-Q-TOF/MS侦测太原市339例市售水果蔬菜样品农药残留报告

从太原市所属6个区，随机采集了339例水果蔬菜样品，使用液相色谱-四极杆飞行时间质谱（LC-Q-TOF/MS）对565种农药化学污染物进行示范侦测（7种负离子模式ESI⁻未涉及）。

13.1 样品种类、数量与来源

13.1.1 样品采集与检测

为了真实反映百姓餐桌上水果蔬菜中农药残留污染状况，本次所有检测样品均由检验人员于2015年7月至2017年9月期间，从太原市所属16个采样点，包括3个农贸市场13个超市，以随机购买方式采集，总计23批339例样品，从中检出农药48种，320频次。采样及监测概况见图13-1及表13-1，样品及采样点明细见表13-2及表13-3（侦测原始数据见附表1）。

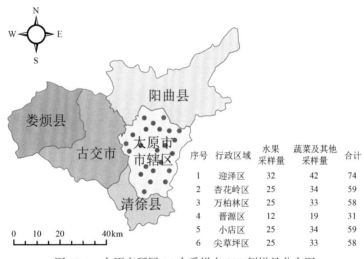

序号	行政区域	水果采样量	蔬菜及其他采样量	合计
1	迎泽区	32	42	74
2	杏花岭区	25	34	59
3	万柏林区	25	33	58
4	晋源区	12	19	31
5	小店区	25	34	59
6	尖草坪区	25	33	58

图13-1 太原市所属16个采样点339例样品分布图

表13-1 农药残留监测总体概况

采样地区	太原市所属6个区
采样点（超市+农贸市场）	16
样本总数	339
检出农药品种/频次	48/320
各采样点样本农药残留检出率范围	35.5%~75.0%

表 13-2 样品分类及数量

样品分类	样品名称（数量）	数量小计
1. 水果		144
1）仁果类水果	苹果（23），梨（23）	46
2）核果类水果	桃（12）	12
3）浆果和其他小型水果	猕猴桃（5），葡萄（12），草莓（6）	23
4）瓜果类水果	西瓜（12）	12
5）热带和亚热带水果	石榴（5），香蕉（11），芒果（6），火龙果（12），菠萝（6）	40
6）柑橘类水果	橘（5），橙（6）	11
2. 食用菌		17
1）蘑菇类	蘑菇（11），金针菇（6）	17
3. 蔬菜		178
1）豆类蔬菜	扁豆（2），菜豆（14）	16
2）鳞茎类蔬菜	韭菜（17）	17
3）叶菜类蔬菜	菠菜（6），大白菜（12），生菜（9），青菜（6）	33
4）芸薹属类蔬菜	花椰菜（6），青花菜（10）	16
5）瓜类蔬菜	黄瓜（17），冬瓜（5）	22
6）茄果类蔬菜	番茄（17），甜椒（18），辣椒（5），樱桃番茄（6）	46
7）其他类蔬菜	竹笋（6）	6
8）根茎类和薯芋类蔬菜	萝卜（5），马铃薯（17）	22
合计	1. 水果 14 种 2. 食用菌 2 种 3. 蔬菜 18 种	339

表 13-3 太原市采样点信息

采样点序号	行政区域	采样点
农贸市场（3）		
1	小店区	***市场
2	尖草坪区	***市场
3	杏花岭区	***市场
超市（13）		
1	万柏林区	***超市（兴华街店）
2	万柏林区	***超市（美特好酒楼店）
3	万柏林区	***超市（重机店）
4	小店区	***超市（太原长风店）

续表

采样点序号	行政区域	采样点
5	小店区	***超市（学府街店）
6	尖草坪区	***超市（和平北路店）
7	晋源区	***超市（西峪东街店）
8	晋源区	***超市（龙山大街店）
9	杏花岭区	***超市
10	杏花岭区	***超市（太原万达店）
11	杏花岭区	***超市（三墙店）
12	迎泽区	***超市（羊市街店）
13	迎泽区	***超市（迎泽公寓店）

13.1.2　检测结果

这次使用的检测方法是庞国芳院士团队最新研发的不需使用标准品对照，而以高分辨精确质量数（0.0001 m/z）为基准的 LC-Q-TOF/MS 检测技术，对于 339 例样品，每个样品均侦测了 565 种农药化学污染物的残留现状。通过本次侦测，在 339 例样品中共计检出农药化学污染物 48 种，检出 320 频次。

13.1.2.1　各采样点样品检出情况

统计分析发现 16 个采样点中，被测样品的农药检出率范围为 35.5%~75.0%。其中，***超市（美特好酒楼店）和***超市（太原长风店）的检出率最高，均为 75.0%。***超市（兴华街店）的检出率最低，为 35.5%，见图 13-2。

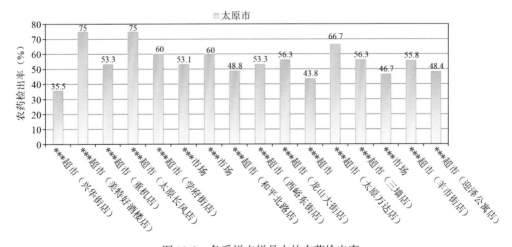

图 13-2　各采样点样品中的农药检出率

13.1.2.2　检出农药的品种总数与频次

统计分析发现，对于 339 例样品中 565 种农药化学污染物的侦测，共检出农药 320 频次，涉及农药 48 种，结果如图 13-3 所示。其中多菌灵检出频次最高，共检出 40 次。检出频次排名前 10 的农药如下：①多菌灵（40）；②啶虫脒（35）；③烯酰吗啉（23）；④嘧菌酯（22）；⑤吡虫啉（18）；⑥霜霉威（16）；⑦甲哌（15）；⑧甲霜灵（14）；⑨噻虫嗪（14）；⑩嘧霉胺（11）。

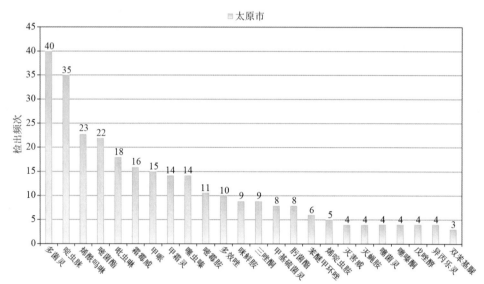

图 13-3　检出农药品种及频次（仅列出 3 频次及以上的数据）

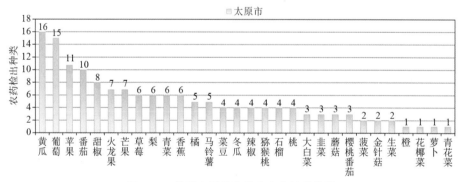

图 13-4　单种水果蔬菜检出农药的种类数

由图 13-4 可见，黄瓜、葡萄和苹果这 3 种果蔬样品中检出的农药品种数较高，均超过 10 种，其中，黄瓜检出农药品种最多，为 16 种。由图 13-5 可见，葡萄、黄瓜和苹果这 3 种果蔬样品中的农药检出频次较高，均超过 30 次，其中，葡萄检出农药频次最高，为 48 次。

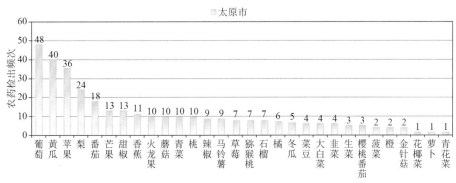

图 13-5　单种水果蔬菜检出农药频次

13.1.2.3　单例样品农药检出种类与占比

对单例样品检出农药种类和频次进行统计发现，未检出农药的样品占总样品数的 46.9%，检出 1 种农药的样品占总样品数的 30.7%，检出 2~5 种农药的样品占总样品数的 20.9%，检出 6~10 种农药的样品占总样品数的 1.5%。每例样品中平均检出农药为 0.9 种，数据见表 13-4 及图 13-6。

表 13-4　单例样品检出农药品种占比

检出农药品种数	样品数量/占比（%）
未检出	159/46.9
1 种	104/30.7
2~5 种	71/20.9
6~10 种	5/1.5
单例样品平均检出农药品种	0.9 种

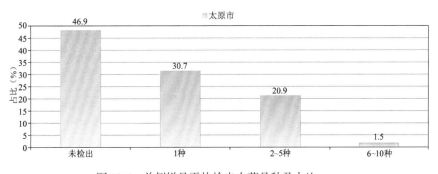

图 13-6　单例样品平均检出农药品种及占比

13.1.2.4　检出农药类别与占比

所有检出农药按功能分类，包括杀菌剂、杀虫剂、除草剂、植物生长调节剂、驱避剂、增效剂共 6 类。其中杀菌剂与杀虫剂为主要检出的农药类别，分别占总数的 41.7%

和 33.3%，见表 13-5 及图 13-7。

表 13-5　检出农药所属类别/占比

农药类别	数量/占比（%）
杀菌剂	20/41.7
杀虫剂	16/33.3
除草剂	5/10.4
植物生长调节剂	5/10.4
驱避剂	1/2.1
增效剂	1/2.1

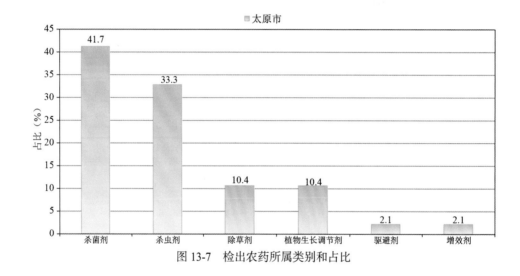

图 13-7　检出农药所属类别和占比

13.1.2.5　检出农药的残留水平

按检出农药残留水平进行统计，残留水平在 1~5 μg/kg（含）的农药占总数的 34.4%，在 5~10 μg/kg（含）的农药占总数的 11.3%，在 10~100 μg/kg（含）的农药占总数的 50.3%，在 100~1000 μg/kg（含）的农药占总数的 4.1%。

由此可见，这次检测的 23 批 339 例水果蔬菜样品中农药多数处于中高残留水平。结果见表 13-6 及图 13-8，数据见附表 2。

表 13-6　农药残留水平/占比

残留水平（μg/kg）	检出频次数/占比（%）
1~5（含）	110/34.4
5~10（含）	36/11.3
10~100（含）	161/50.3
100~1000（含）	13/4.1

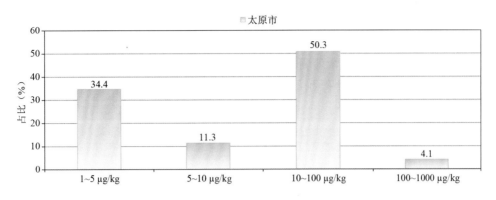

图 13-8　检出农药残留水平及占比

13.1.2.6　检出农药的毒性类别、检出频次和超标频次及占比

对这次检出的 48 种 320 频次的农药，按剧毒、高毒、中毒、低毒和微毒这五个毒性类别进行分类，从中可以看出，太原市目前普遍使用的农药为中低微毒农药，品种占93.7%，频次占 97.9%。结果见表 13-7 及图 13-9。

表 13-7　检出农药毒性类别/占比

毒性分类	农药品种/占比（%）	检出频次/占比（%）	超标频次/超标率（%）
剧毒农药	1/2.1	1/0.3	0/0.0
高毒农药	2/4.2	6/1.9	0/0.0
中毒农药	17/35.4	144/45.0	0/0.0
低毒农药	17/35.4	69/21.6	0/0.0
微毒农药	11/22.9	100/31.3	0/0.0

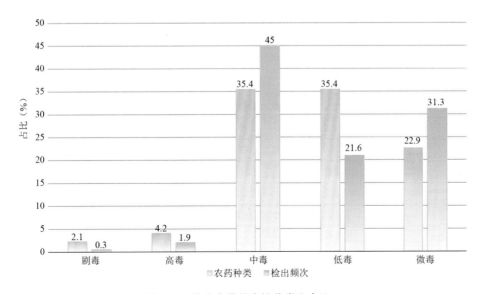

图 13-9　检出农药的毒性分类和占比

13.1.2.7 检出剧毒/高毒类农药的品种和频次

值得特别关注的是，在此次侦测的 339 例样品中有 5 种蔬菜和 2 种水果的 7 例样品检出了 3 种 7 频次的剧毒和高毒农药，占样品总量的 2.1%，详见图 13-10、表 13-8 及表 13-9。

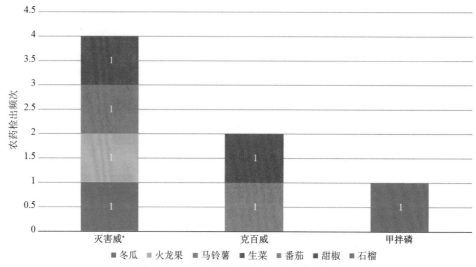

图 13-10　检出剧毒/高毒农药的样品情况

*表示允许在水果和蔬菜上使用的农药

表 13-8　剧毒农药检出情况

序号	农药名称	检出频次	超标频次	超标率
从 1 种水果中检出 1 种剧毒农药，共计检出 1 次				
1	甲拌磷*	1	0	0.0%
	小计	1	0	超标率：0.0%
蔬菜中未检出剧毒农药				
	小计	0	0	超标率：0.0%
	合计	1	0	超标率：0.0%

表 13-9　高毒农药检出情况

序号	农药名称	检出频次	超标频次	超标率
从 1 种水果中检出 1 种高毒农药，共计检出 1 次				
1	灭害威	1	0	0.0%
	小计	1	0	超标率：0.0%
从 5 种蔬菜中检出 2 种高毒农药，共计检出 5 次				
1	灭害威	3	0	0.0%
2	克百威	2	0	0.0%
	小计	5	0	超标率：0.0%
	合计	6	0	超标率：0.0%

　　在检出的剧毒和高毒农药中，有 2 种是我国早已禁止在果树和蔬菜上使用的，分别是：克百威和甲拌磷。禁用农药的检出情况见表 13-10。

表 13-10　禁用农药检出情况

序号	农药名称	检出频次	超标频次	超标率
从 1 种水果中检出 1 种禁用农药，共计检出 1 次				
1	甲拌磷*	1	0	0.0%
	小计	1	0	超标率：0.0%
从 2 种蔬菜中检出 1 种禁用农药，共计检出 2 次				
1	克百威	2	0	0.0%
	小计	2	0	超标率：0.0%
	合计	3	0	超标率：0.0%

注：超标结果参考 MRL 中国国家标准计算

　　此次抽检的果蔬样品中，有 1 种水果检出了剧毒农药，为：石榴中检出甲拌磷 1 次。

　　样品中检出剧毒和高毒农药残留水平没有超过 MRL 中国国家标准，但本次检出结果仍表明，高毒、剧毒农药的使用现象依旧存在，详见表 13-11。

表 13-11　各样本中检出剧毒/高毒农药情况

样品名称	农药名称	检出频次	超标频次	检出浓度（μg/kg）
水果 2 种				
火龙果	灭害威	1	0	13.9
石榴	甲拌磷*▲	1	0	1.5
	小计	2	0	超标率：0.0%
蔬菜 5 种				
冬瓜	灭害威	1	0	23.9
甜椒	克百威▲	1	0	10.1
生菜	灭害威	1	0	8.1
番茄	克百威▲	1	0	9.2
马铃薯	灭害威	1	0	1.9
	小计	5	0	超标率：0.0%
	合计	7	0	超标率：0.0%

13.2　农药残留检出水平与最大残留限量标准对比分析

　　我国于 2014 年 3 月 20 日正式颁布并于 2014 年 8 月 1 日正式实施食品农药残留限

量国家标准《食品中农药最大残留限量》（GB 2763—2014）。该标准包括 371 个农药条目，涉及最大残留限量（MRL）标准 3653 项。将 320 频次检出农药的浓度水平与 3653 项 MRL 中国国家标准进行核对，其中只有 183 频次的农药找到了对应的 MRL 标准，占 57.2%，还有 137 频次的侦测数据则无相关 MRL 标准供参考，占 42.8%。

将此次侦测结果与国际上现行 MRL 对比发现，在 320 频次的检出结果中有 320 频次的结果找到了对应的 MRL 欧盟标准，占 100.0%，其中，297 频次的结果有明确对应的 MRL 标准，占 92.8%，其余 23 频次按照欧盟一律标准判定，占 7.2%；有 320 频次的结果找到了对应的 MRL 日本标准，占 100.0%，其中，252 频次的结果有明确对应的 MRL 标准，占 78.8%，其余 67 频次按照日本一律标准判定，占 21.2%；有 208 频次的结果找到了对应的 MRL 中国香港标准，占 65.0%；有 164 频次的结果找到了对应的 MRL 美国标准，占 51.2%；有 175 频次的结果找到了对应的 MRL CAC 标准，占 54.7%（见图 13-11 和图 13-12，数据见附表 3 至附表 8）。

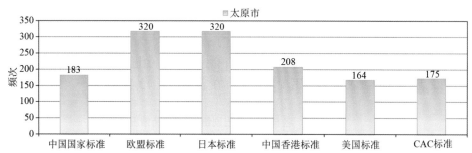

图 13-11　320 频次检出农药可用 MRL 中国国家标准、欧盟标准、日本标准、中国香港标准、美国标准、CAC 标准判定衡量的数量

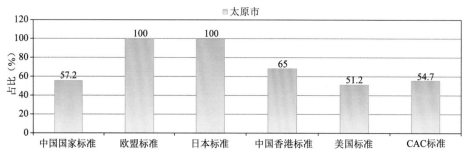

图 13-12　320 频次检出农药可用 MRL 中国国家标准、欧盟标准、日本标准、中国香港标准、美国标准、CAC 标准衡量的占比

13.2.1　超标农药样品分析

本次侦测的 339 例样品中，159 例样品未检出任何残留农药，占样品总量的 46.9%，180 例样品检出不同水平、不同种类的残留农药，占样品总量的 53.1%。在此，我们将本次侦测的农残检出情况与 MRL 中国国家标准、欧盟标准、日本标准、中国香港标准、美国标准、CAC 标准这 6 大国际主流 MRL 标准进行对比分析，样品农残检出与超标情况见表 13-12、图 13-13 和图 13-14，详细数据见附表 9 至附表 14。

表 13-12　各 MRL 标准下样本农残检出与超标数量及占比

	中国国家标准	欧盟标准	日本标准	中国香港标准	美国标准	CAC 标准
	数量/占比（%）	数量/占比（%）	数量/占比（%）	数量/占比（%）	数量/占比（%）	数量/占比（%）
未检出	159/46.9	159/46.9	159/46.9	159/46.9	159/46.9	159/46.9
检出未超标	180/53.1	152/44.8	154/45.4	176/51.9	179/52.8	175/51.6
检出超标	0/0.0	28/8.3	26/7.7	4/1.2	1/0.3	5/1.5

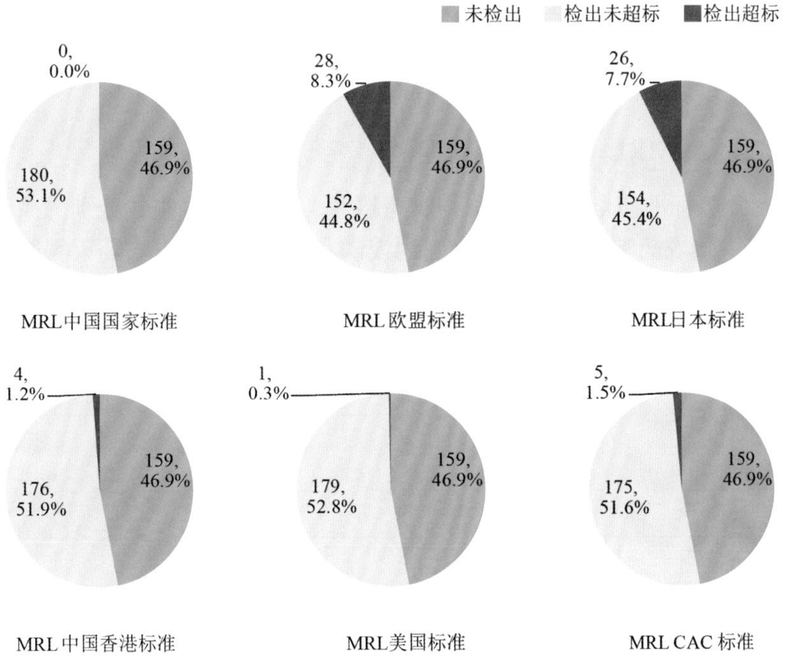

图 13-13　检出和超标样品比例情况

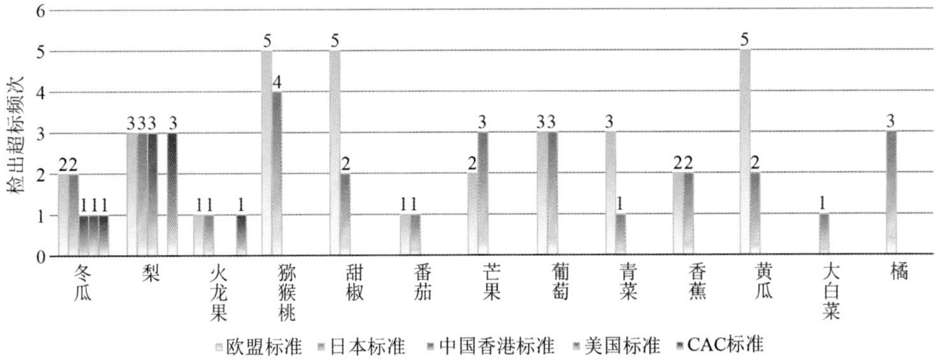

图 13-14　超过 MRL 中国国家标准、欧盟标准、日本标准、中国香港标准、
美国标准、CAC 标准结果在水果蔬菜中的分布

13.2.2　超标农药种类分析

按照 MRL 中国国家标准、欧盟标准、日本标准、中国香港标准、美国标准和 CAC 标

准这 6 大国际主流 MRL 标准衡量，本次侦测检出的农药超标品种及频次情况见表 13-13。

表 13-13　各 MRL 标准下超标农药品种及频次

	中国国家标准	欧盟标准	日本标准	中国香港标准	美国标准	CAC 标准
超标农药品种	0	14	18	2	1	3
超标农药频次	0	32	28	4	1	5

13.2.2.1　按 MRL 中国国家标准衡量

按 MRL 中国国家标准衡量，无样品检出超标农药残留。

13.2.2.2　按 MRL 欧盟标准衡量

按 MRL 欧盟标准衡量，共有 14 种农药超标，检出 32 频次，分别为高毒农药克百威和灭害威，中毒农药啶虫脒、吡虫啉、丙溴磷和异丙威，低毒农药灭蝇胺、己唑醇、烯啶虫胺、去乙基阿特拉津和环莠隆，微毒农药多菌灵、嘧菌酯和霜霉威。

按超标程度比较，甜椒中多菌灵超标 8.2 倍，青菜中啶虫脒超标 8.1 倍，青菜中灭蝇胺超标 6.4 倍，黄瓜中烯啶虫胺超标 4.6 倍，黄瓜中异丙威超标 4.4 倍，检测结果见图 13-15和附表 15。

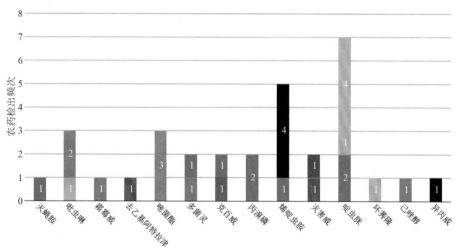

图 13-15　超过 MRL 欧盟标准农药品种及频次

13.2.2.3　按 MRL 日本标准衡量

按 MRL 日本标准衡量，共有 18 种农药超标，检出 28 频次，分别为高毒农药灭害威，中毒农药甲哌、多效唑、苯嗪草酮、三唑酮、啶虫脒、吡虫啉和异丙威，低毒农药灭蝇胺、嘧菌环胺、去乙基阿特拉津、磺草灵和环莠隆，微毒农药多菌灵、萘乙酰胺、丁酰肼、甲基硫菌灵和霜霉威。

　　按超标程度比较，青菜中灭蝇胺超标 35.9 倍，黄瓜中甲基硫菌灵超标 7.6 倍，黄瓜中异丙威超标 4.4 倍，菜豆中嘧菌环胺超标 4.0 倍，番茄中甲基硫菌灵超标 3.2 倍，检测结果见图 13-16 和附表 16。

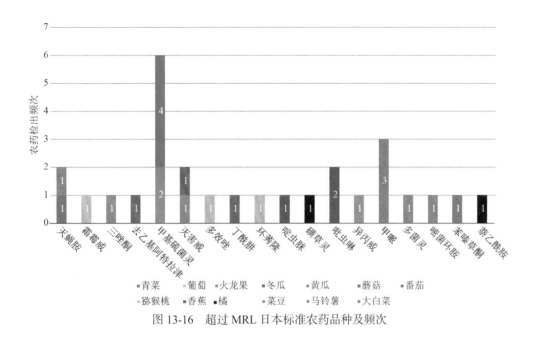

图 13-16　超过 MRL 日本标准农药品种及频次

13.2.2.4　按 MRL 中国香港标准衡量

　　按 MRL 中国香港标准衡量，共有 2 种农药超标，检出 4 频次，分别为中毒农药噻虫嗪和吡虫啉。

　　按超标程度比较，芒果中吡虫啉超标 2.3 倍，香蕉中吡虫啉超标 0.4 倍，香蕉中噻虫嗪超标 0.2 倍。检测结果见图 13-17 和附表 17。

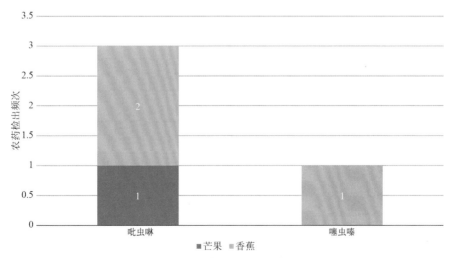

图 13-17　超过 MRL 中国香港标准农药品种及频次

13.2.2.5 按 MRL 美国标准衡量

按 MRL 美国标准衡量，有 1 种农药超标，检出 1 频次，为中毒农药戊唑醇。按超标程度比较，苹果中戊唑醇超标 0.2 倍，检测结果见图 13-18 和附表 18。

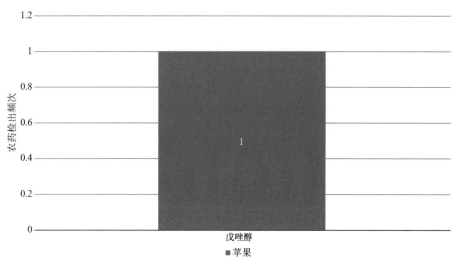

图 13-18　超过 MRL 美国标准农药品种及频次

13.2.2.6 按 MRL CAC 标准衡量

按 MRL CAC 标准衡量，共有 3 种农药超标，检出 5 频次，分别为中毒农药噻虫嗪和吡虫啉，微毒农药多菌灵。

按超标程度比较，芒果中吡虫啉超标 2.3 倍，香蕉中吡虫啉超标 0.4 倍，香蕉中噻虫嗪超标 0.2 倍，检测结果见图 13-19 和附表 19。

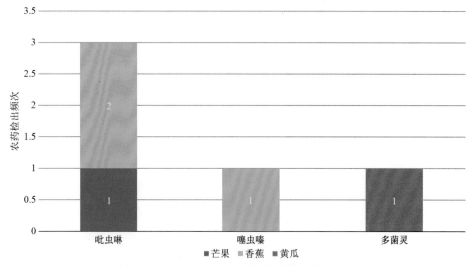

图 13-19　超过 MRL CAC 标准农药品种及频次

13.2.3　16 个采样点超标情况分析

13.2.3.1　按 MRL 中国国家标准衡量

按 MRL 中国国家标准衡量，所有采样点的样品均未检出超标农药残留。

13.2.3.2　按 MRL 欧盟标准衡量

按 MRL 欧盟标准衡量，有 13 个采样点的样品存在不同程度的超标农药检出，其中***超市（太原长风店）的超标率最高，为 33.3%，如图 13-20 和表 13-14 所示。

表 13-14　超过 MRL 欧盟标准水果蔬菜在不同采样点分布

序号	采样点	样品总数	超标数量	超标率（%）	行政区域
1	***超市（羊市街店）	43	5	11.6	迎泽区
2	***超市（和平北路店）	43	3	7.0	尖草坪区
3	***市场	32	1	3.1	小店区
4	***超市（迎泽公寓店）	31	3	9.7	迎泽区
5	***超市（兴华街店）	31	1	3.2	万柏林区
6	***超市（龙山大街店）	16	2	12.5	晋源区
7	***市场	15	2	13.3	杏花岭区
8	***超市（重机店）	15	1	6.7	万柏林区
9	***超市（西峪东街店）	15	2	13.3	晋源区
10	***市场	15	1	6.7	尖草坪区
11	***超市（太原万达店）	12	1	8.3	杏花岭区
12	***超市（太原长风店）	12	4	33.3	小店区
13	***超市（美特好酒楼店）	12	2	16.7	万柏林区

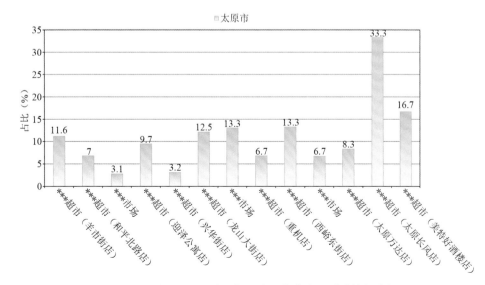

图 13-20　超过 MRL 欧盟标准水果蔬菜在不同采样点分布

13.2.3.3　按 MRL 日本标准衡量

按 MRL 日本标准衡量，有 12 个采样点的样品存在不同程度的超标农药检出，其中***超市（龙山大街店）和***超市（太原长风店）的超标率最高，均为 25.0%，如图 13-21 和表 13-15 所示。

表 13-15　超过 MRL 日本标准水果蔬菜在不同采样点分布

序号	采样点	样品总数	超标数量	超标率（%）	行政区域
1	***超市（羊市街店）	43	5	11.6	迎泽区
2	***超市（和平北路店）	43	3	7.0	尖草坪区
3	***市场	32	1	3.1	小店区
4	***超市（迎泽公寓店）	31	1	3.2	迎泽区
5	***超市（兴华街店）	31	1	3.2	万柏林区
6	***超市（三墙店）	16	1	6.2	杏花岭区
7	***超市（龙山大街店）	16	4	25.0	晋源区
8	***市场	15	1	6.7	杏花岭区
9	***超市（学府街店）	15	1	6.7	小店区
10	***超市（西峪东街店）	15	3	20.0	晋源区
11	***超市（太原长风店）	12	3	25.0	小店区
12	***超市（美特好酒楼店）	12	2	16.7	万柏林区

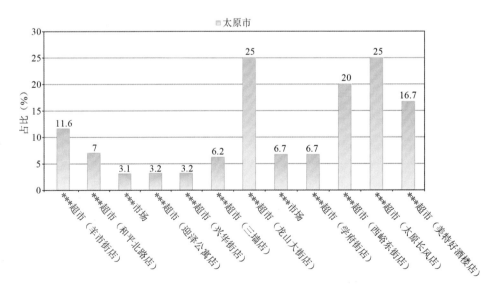

图 13-21　超过 MRL 日本标准水果蔬菜在不同采样点分布

13.2.3.4　按 MRL 中国香港标准衡量

按 MRL 中国香港标准衡量，有 4 个采样点的样品存在不同程度的超标农药检出，其中***超市（太原万达店）和***超市（太原长风店）的超标率最高，为 8.3%，如图 13-22 和表 13-16 所示。

表 13-16　超过 MRL 中国香港标准水果蔬菜在不同采样点分布

序号	采样点	样品总数	超标数量	超标率（%）	行政区域
1	***超市（和平北路店）	43	1	2.3	尖草坪区
2	***超市（迎泽公寓店）	31	1	3.2	迎泽区
3	***超市（太原万达店）	12	1	8.3	杏花岭区
4	***超市（太原长风店）	12	1	8.3	小店区

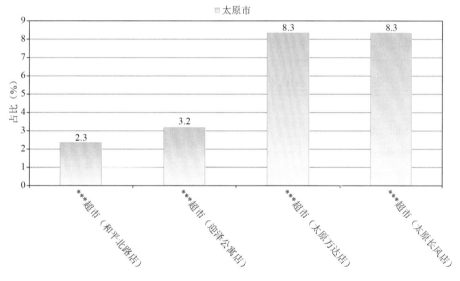

图 13-22　超过 MRL 中国香港标准水果蔬菜在不同采样点分布

13.2.3.5　按 MRL 美国标准衡量

按 MRL 美国标准衡量，有 1 个采样点的样品存在超标农药检出，超标率为 6.7%，如图 13-23 和表 13-17 所示。

表 13-17　超过 MRL 美国标准水果蔬菜在不同采样点分布

序号	采样点	样品总数	超标数量	超标率（%）	行政区域
1	***超市（重机店）	15	1	6.7	万柏林区

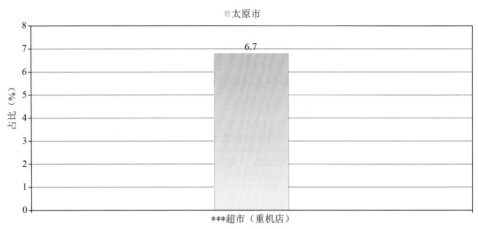

图 13-23　超过 MRL 美国标准水果蔬菜在不同采样点分布

13.2.3.6　按 MRL CAC 标准衡量

按 MRL CAC 标准衡量，有 4 个采样点的样品存在不同程度的超标农药检出，其中 ***超市（太原长风店）的超标率最高，为 16.7%，如图 13-24 和表 13-18 所示。

表 13-18　超过 MRL CAC 标准水果蔬菜在不同采样点分布

序号	采样点	样品总数	超标数量	超标率（%）	行政区域
1	***超市（和平北路店）	43	1	2.3	尖草坪区
2	***超市（迎泽公寓店）	31	1	3.2	迎泽区
3	***超市（太原万达店）	12	1	8.3	杏花岭区
4	***超市（太原长风店）	12	2	16.7	小店区

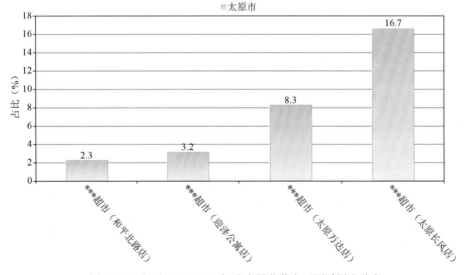

图 13-24　超过 MRL CAC 标准水果蔬菜在不同采样点分布

13.3　水果中农药残留分布

13.3.1　检出农药品种和频次排前 10 的水果

本次残留侦测的水果共 14 种，包括西瓜、桃、猕猴桃、石榴、香蕉、苹果、葡萄、草莓、梨、芒果、橘、火龙果、菠萝和橙。

根据检出农药品种及频次进行排名，将各项排名前 10 位的水果样品检出情况列表说明，详见表 13-19。

表 13-19　检出农药品种和频次排名前 10 的水果

检出农药品种排名前 10（品种）	①葡萄（15），②苹果（11），③火龙果（7），④芒果（7），⑤草莓（6），⑥梨（6），⑦香蕉（6），⑧橘（5），⑨猕猴桃（4），⑩石榴（4）
检出农药频次排名前 10（频次）	①葡萄（48），②苹果（36），③梨（24），④芒果（13），⑤香蕉（11），⑥火龙果（10），⑦桃（10），⑧草莓（7），⑨猕猴桃（7），⑩石榴（7）
检出禁用、高毒及剧毒农药品种排名前 10（品种）	①火龙果（1），②石榴（1）
检出禁用、高毒及剧毒农药频次排名前 10（频次）	①火龙果（1），②石榴（1）

13.3.2　超标农药品种和频次排前 10 的水果

鉴于 MRL 欧盟标准和日本标准制定比较全面且覆盖率较高，我们参照 MRL 中国国家标准、欧盟标准和日本标准衡量水果样品中农残检出情况，将超标农药品种及频次排名前 10 的水果列表说明，详见表 13-20。

表 13-20　超标农药品种和频次排名前 10 的水果

超标农药品种排名前 10（农药品种数）	MRL 中国国家标准	
	MRL 欧盟标准	①葡萄（3），②芒果（2），③猕猴桃（2），④火龙果（1），⑤梨（1），⑥香蕉（1）
	MRL 日本标准	①火龙果（3），②橘（2），③葡萄（2），④香蕉（2），⑤猕猴桃（1）
超标农药频次排名前 10（农药频次数）	MRL 中国国家标准	
	MRL 欧盟标准	①猕猴桃（5），②梨（3），③葡萄（3），④芒果（2），⑤香蕉（2），⑥火龙果（1）
	MRL 日本标准	①火龙果（3），②香蕉（3），③橘（2），④葡萄（2），⑤猕猴桃（1）

通过对各品种水果样本总数及检出率进行综合分析发现，葡萄、苹果和火龙果的残留污染最为严重，在此，我们参照 MRL 中国国家标准、欧盟标准和日本标准对这 3 种水果的农残检出情况进行进一步分析。

13.3.3 农药残留检出率较高的水果样品分析

13.3.3.1 葡 萄

这次共检测 12 例葡萄样品，全部检出了农药残留，检出率为 100.0%，检出农药共计 15 种。其中嘧霉胺、烯酰吗啉、嘧菌酯、多菌灵和苯醚甲环唑检出频次较高，分别检出了 11、8、7、5 和 3 次。葡萄中农药检出品种和频次见图 13-25，超标农药见图 13-26 和表 13-21。

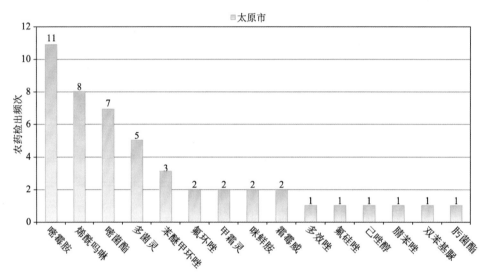

图 13-25　葡萄样品检出农药品种和频次分析

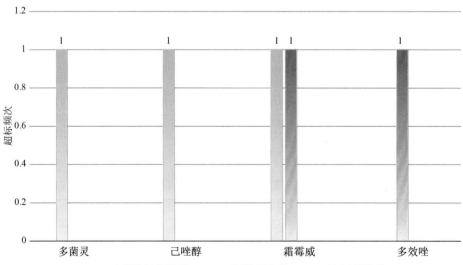

图 13-26　葡萄样品中超标农药分析

表 13-21　葡萄中农药残留超标情况明细表

样品总数		检出农药样品数	样品检出率（%）	检出农药品种总数
12		12	100	15
	超标农药品种	超标农药频次	按照 MRL 中国国家标准、欧盟标准和日本标准衡量超标农药名称及频次	
中国国家标准	0	0		
欧盟标准	3	3	多菌灵（1），己唑醇（1），霜霉威（1）	
日本标准	2	2	多效唑（1），霜霉威（1）	

13.3.3.2　苹果

这次共检测 23 例苹果样品，19 例样品中检出了农药残留，检出率为 82.6%，检出农药共计 11 种。其中多菌灵、吡虫啉、戊唑醇、啶虫脒和甲基硫菌灵检出频次较高，分别检出了 13、6、4、3 和 2 次。苹果中农药检出品种和频次见图 13-27，无超标农药检出。

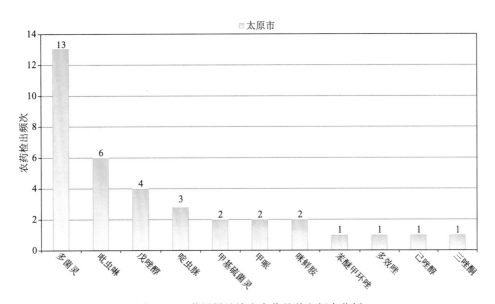

图 13-27　苹果样品检出农药品种和频次分析

13.3.3.3　火龙果

这次共检测 12 例火龙果样品，7 例样品中检出了农药残留，检出率为 58.3%，检出农药共计 7 种。其中甲霜灵、嘧菌酯、多菌灵、灭害威和三唑酮检出频次较高，分别检出了 3、2、1、1 和 1 次。火龙果中农药检出品种和频次见图 13-28，超标农药见图 13-29 和表 13-22。

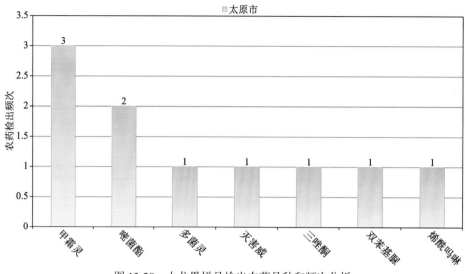

图 13-28　火龙果样品检出农药品种和频次分析

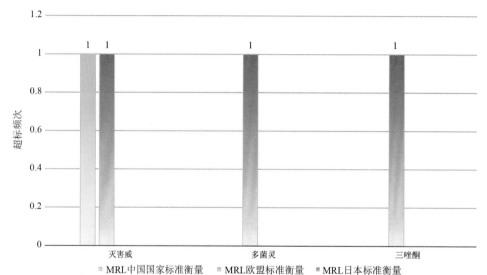

图 13-29　火龙果样品中超标农药分析

表 13-22　火龙果中农药残留超标情况明细表

	样品总数		检出农药样品数	样品检出率（%）	检出农药品种总数
	12		7	58.3	7
	超标农药品种	超标农药频次	按照 MRL 中国国家标准、欧盟标准和日本标准衡量超标农药名称及频次		
中国国家标准	0	0			
欧盟标准	1	1	灭害威（1）		
日本标准	3	3	多菌灵（1），灭害威（1），三唑酮（1）		

13.4　蔬菜中农药残留分布

13.4.1　检出农药品种和频次排前 10 的蔬菜

本次残留侦测的蔬菜共 18 种，包括韭菜、黄瓜、番茄、菠菜、花椰菜、甜椒、辣椒、扁豆、樱桃番茄、青花菜、萝卜、马铃薯、菜豆、大白菜、冬瓜、生菜、竹笋和青菜。

根据检出农药品种及频次进行排名，将各项排名前 10 位的蔬菜样品检出情况列表说明，详见表 13-23。

表 13-23　检出农药品种和频次排名前 10 的蔬菜

检出农药品种排名前 10（品种）	①黄瓜（16），②番茄（10），③甜椒（8），④青菜（6），⑤马铃薯（5），⑥菜豆（4），⑦冬瓜（4），⑧辣椒（4），⑨大白菜（3），⑩韭菜（3）
检出农药频次排名前 10（频次）	①黄瓜（40），②番茄（18），③甜椒（13），④青菜（10），⑤辣椒（9），⑥马铃薯（9），⑦冬瓜（5），⑧菜豆（4），⑨大白菜（4），⑩韭菜（4）
检出禁用、高毒及剧毒农药品种排名前 10（品种）	①冬瓜（1），②番茄（1），③马铃薯（1），④生菜（1），⑤甜椒（1）
检出禁用、高毒及剧毒农药频次排名前 10（频次）	①冬瓜（1），②番茄（1），③马铃薯（1），④生菜（1），⑤甜椒（1）

13.4.2　超标农药品种和频次排前 10 的蔬菜

鉴于 MRL 欧盟标准和日本标准制定比较全面且覆盖率较高，我们参照 MRL 中国国家标准、欧盟标准和日本标准衡量蔬菜样品中农残检出情况，将超标农药品种及频次排名前 10 的蔬菜列表说明，详见 13-24。

表 13-24　超标农药品种和频次排名前 10 的蔬菜

超标农药品种排名前 10（农药品种数）	MRL 中国国家标准	
	MRL 欧盟标准	①甜椒（4），②冬瓜（2），③黄瓜（2），④青菜（2），⑤番茄（1）
	MRL 日本标准	①菜豆（2），②冬瓜（2），③黄瓜（2），④大白菜（1），⑤番茄（1），⑥马铃薯（1），⑦青菜（1）
超标农药频次排名前 10（农药频次数）	MRL 中国国家标准	
	MRL 欧盟标准	①黄瓜（5），②甜椒（5），③青菜（3），④冬瓜（2），⑤番茄（1）
	MRL 日本标准	①番茄（4），②黄瓜（3），③马铃薯（3），④菜豆（2），⑤冬瓜（2），⑥大白菜（1），⑦青菜（1）

通过对各品种蔬菜样本总数及检出率进行综合分析发现，黄瓜、番茄和甜椒的残留污染最为严重，在此，我们参照 MRL 中国国家标准、欧盟标准和日本标准对这 3 种蔬菜的农残检出情况进行进一步分析。

13.4.3 农药残留检出率较高的蔬菜样品分析

13.4.3.1 黄瓜

这次共检测 17 例黄瓜样品，14 例样品中检出了农药残留，检出率为 82.4%，检出农药共计 16 种。其中霜霉威、啶虫脒、多菌灵、烯啶虫胺和噻虫嗪检出频次较高，分别检出了 9、5、4、4 和 3 次。黄瓜中农药检出品种和频次见图 13-30，超标农药见图 13-31 和表 13-25。

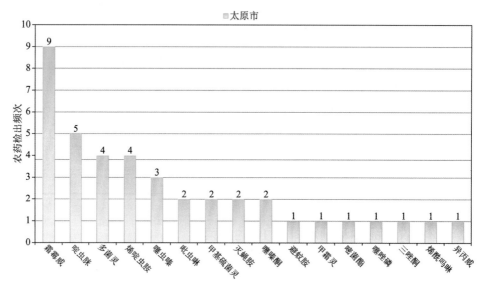

图 13-30　黄瓜样品检出农药品种和频次分析

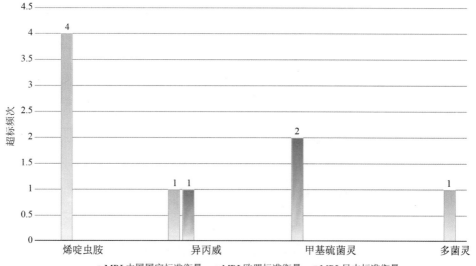

图 13-31　黄瓜样品中超标农药分析

表 13-25　黄瓜中农药残留超标情况明细表

样品总数		检出农药样品数	样品检出率（%）	检出农药品种总数
17		14	82.4	16
	超标农药品种	超标农药频次	按照 MRL 中国国家标准、欧盟标准和日本标准衡量超标农药名称及频次	
中国国家标准	0	0		
欧盟标准	2	5	烯啶虫胺（4），异丙威（1）	
日本标准	2	3	甲基硫菌灵（2），异丙威（1）	

13.4.3.2　番茄

这次共检测 17 例番茄样品，13 例样品中检出了农药残留，检出率为 76.5%，检出农药共计 10 种。其中啶虫脒、甲基硫菌灵、霜霉威、吡丙醚和多菌灵检出频次较高，分别检出了 5、4、2、1 和 1 次。番茄中农药检出品种和频次见图 13-32，超标农药见图 13-33 和表 13-26。

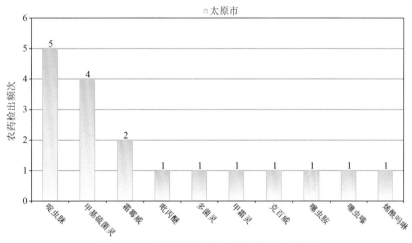

图 13-32　番茄样品检出农药品种和频次分析

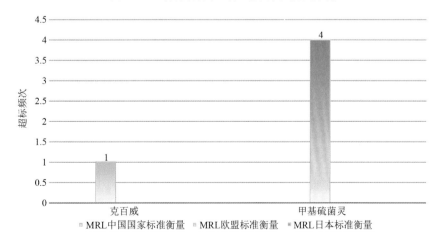

图 13-33　番茄样品中超标农药分析

表 13-26　番茄中农药残留超标情况明细表

样品总数		检出农药样品数	样品检出率（%）	检出农药品种总数
17		13	76.5	10
超标农药品种	超标农药频次	按照 MRL 中国国家标准、欧盟标准和日本标准衡量超标农药名称及频次		
中国国家标准　0	0			
欧盟标准　1	1	克百威（1）		
日本标准　1	4	甲基硫菌灵（4）		

13.4.3.3　甜椒

这次共检测 18 例甜椒样品，8 例样品中检出了农药残留，检出率为 44.4%，检出农药共计 8 种。其中烯酰吗啉、丙溴磷、啶虫脒、噻嗪酮和多菌灵检出频次较高，分别检出了 3、2、2、2 和 1 次。甜椒中农药检出品种和频次见图 13-34，超标农药见图 13-35 和表 13-27。

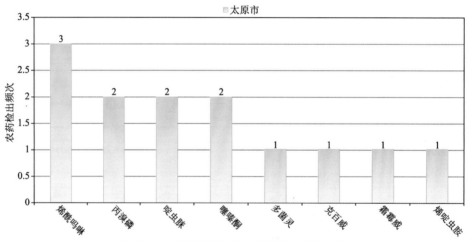

图 13-34　甜椒样品检出农药品种和频次分析

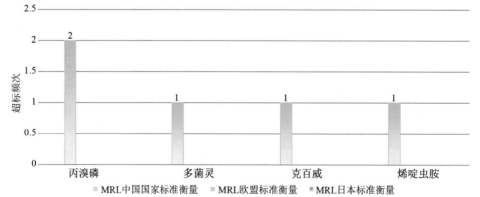

图 13-35　甜椒样品中超标农药分析

表 13-27 甜椒中农药残留超标情况明细表

样品总数		检出农药样品数	样品检出率（%）	检出农药品种总数
18		8	44.4	8
超标农药品种	超标农药频次	按照 MRL 中国国家标准、欧盟标准和日本标准衡量超标农药名称及频次		
中国国家标准	0	0		
欧盟标准	4	5	丙溴磷（2），多菌灵（1），克百威（1），烯啶虫胺（1）	
日本标准	0	0		

13.5 初 步 结 论

13.5.1 太原市市售水果蔬菜按 MRL 中国国家标准和国际主要 MRL 标准衡量的合格率

本次侦测的 339 例样品中，159 例样品未检出任何残留农药，占样品总量的 46.9%，180 例样品检出不同水平、不同种类的残留农药，占样品总量的 53.1%。在这 180 例检出农药残留的样品中：

按照 MRL 中国国家标准衡量，有 180 例样品检出残留农药但含量没有超标，占样品总数的 53.1%，无样品检出超标农药。

按照 MRL 欧盟标准衡量，有 152 例样品检出残留农药但含量没有超标，占样品总数的 44.8%，有 28 例样品检出了超标农药，占样品总数的 8.3%。

按照 MRL 日本标准衡量，有 154 例样品检出残留农药但含量没有超标，占样品总数的 45.4%，有 26 例样品检出了超标农药，占样品总数的 7.7%。

按照 MRL 中国香港标准衡量，有 176 例样品检出残留农药但含量没有超标，占样品总数的 51.9%，有 4 例样品检出了超标农药，占样品总数的 1.2%。

按照 MRL 美国标准衡量，有 179 例样品检出残留农药但含量没有超标，占样品总数的 52.8%，有 1 例样品检出了超标农药，占样品总数的 0.3%。

按照 MRL CAC 标准衡量，有 175 例样品检出残留农药但含量没有超标，占样品总数的 51.6%，有 5 例样品检出了超标农药，占样品总数的 1.5%。

13.5.2 太原市市售水果蔬菜中检出农药以中低微毒农药为主，占市场主体的 93.8%

这次侦测的 339 例样品包括食用菌 2 种 144 例，水果 14 种 17 例，蔬菜 18 种 178 例，共检出了 48 种农药，检出农药的毒性以中低微毒为主，详见表 13-28。

表 13-28　市场主体农药毒性分布

毒性	检出品种	占比	检出频次	占比
剧毒农药	1	2.1%	1	0.3%
高毒农药	2	4.2%	6	1.9%
中毒农药	17	35.4%	144	45.0%
低毒农药	17	35.4%	69	21.6%
微毒农药	11	22.9%	100	31.2%

中低微毒农药，品种占比 93.8%，频次占比 97.8%

13.5.3　检出剧毒、高毒和禁用农药现象应该警醒

在此次侦测的 339 例样品中有 5 种蔬菜和 2 种水果的 8 例样品检出了 4 种 8 频次的剧毒和高毒或禁用农药，占样品总量的 2.4%。其中剧毒农药甲拌磷以及高毒农药灭害威和克百威检出频次较高。

按 MRL 中国国家标准衡量，剧毒农药和高毒农药均不超标。

剧毒、高毒或禁用农药的检出情况及按照 MRL 中国国家标准衡量的超标情况见表 13-29。

表 13-29　剧毒、高毒或禁用农药的检出及超标明细

序号	农药名称	样品名称	检出频次	超标频次	最大超标倍数	超标率
1.1	甲拌磷*▲	石榴	1	0	0	0.0%
2.1	克百威◇▲	甜椒	1	0	0	0.0%
2.2	克百威◇▲	番茄	1	0	0	0.0%
3.1	灭害威◇	冬瓜	1	0	0	0.0%
3.2	灭害威◇	火龙果	1	0	0	0.0%
3.3	灭害威◇	生菜	1	0	0	0.0%
3.4	灭害威◇	马铃薯	1	0	0	0.0%
4.1	丁酰肼▲	蘑菇	1	0	0	0.0%
合计			8	0		0.0%

注：超标倍数参照 MRL 中国国家标准衡量

这些超标的剧毒和高毒农药都是中国政府早有规定禁止在水果蔬菜中使用的，为什么还屡次被检出，应该引起警惕。

13.5.4　残留限量标准与先进国家或地区标准差距较大

320 频次的检出结果与我国公布的《食品中农药最大残留限量》（GB 2763—2014）对比，有 183 频次能找到对应的 MRL 中国国家标准，占 57.2%；还有 137 频次的侦测数据无相关 MRL 标准供参考，占 42.8%。

与国际上现行 MRL 标准对比发现：

有 320 频次能找到对应的 MRL 欧盟标准，占 100.0%；

有 320 频次能找到对应的 MRL 日本标准，占 100.0%；

有 208 频次能找到对应的 MRL 中国香港标准，占 65.0%；

有 164 频次能找到对应的 MRL 美国标准，占 51.2%；

有 175 频次能找到对应的 MRL CAC 标准，占 54.7%。

由上可见，MRL 中国国家标准与先进国家或地区标准还有很大差距，我们无标准，境外有标准，这就会导致我们在国际贸易中，处于受制于人的被动地位。

13.5.5　水果蔬菜单种样品检出 7~16 种农药残留，拷问农药使用的科学性

通过此次监测发现，葡萄、苹果和火龙果是检出农药品种最多的 3 种水果，黄瓜、番茄和甜椒是检出农药品种最多的 3 种蔬菜，从中检出农药品种及频次详见表 13-30。

表 13-30　单种样品检出农药品种及频次

样品名称	样品总数	检出农药样品数	检出率	检出农药品种数	检出农药（频次）
黄瓜	17	14	82.4%	16	霜霉威（9），啶虫脒（5），多菌灵（4），烯啶虫胺（4），噻虫嗪（3），吡虫啉（2），甲基硫菌灵（2），灭蝇胺（2），噻嗪酮（2），避蚊胺（1），甲霜灵（1），嘧菌酯（1），噻唑磷（1），三唑酮（1），烯酰吗啉（1），异丙威（1）
番茄	17	13	76.5%	10	啶虫脒（5），甲基硫菌灵（4），霜霉威（2），吡丙醚（1），多菌灵（1），甲霜灵（1），克百威（1），噻虫胺（1），噻虫嗪（1），烯酰吗啉（1）
甜椒	18	8	44.4%	8	烯酰吗啉（3），丙溴磷（2），啶虫脒（2），噻嗪酮（2），多菌灵（1），克百威（1），霜霉威（1），烯啶虫胺（1）
葡萄	12	12	100.0%	15	嘧霉胺（11），烯酰吗啉（8），嘧菌酯（7），多菌灵（5），苯醚甲环唑（3），氟环唑（2），甲霜灵（2），咪鲜胺（2），霜霉威（2），多效唑（1），氟硅唑（1），己唑醇（1），腈苯唑（1），双苯基脲（1），肟菌酯（1）
苹果	23	19	82.6%	11	多菌灵（13），吡虫啉（6），戊唑醇（4），啶虫脒（3），甲基硫菌灵（2），甲哌（2），咪鲜胺（2），苯醚甲环唑（1），多效唑（1），己唑醇（1），三唑酮（1）
火龙果	12	7	58.3%	7	甲霜灵（3），嘧菌酯（2），多菌灵（1），灭害威（1），三唑酮（1），双苯基脲（1），烯酰吗啉（1）

上述 6 种水果蔬菜，检出农药 7~16 种，是多种农药综合防治，还是未严格实施农业良好管理规范（GAP），抑或根本就是乱施药，值得我们思考。

第14章 LC-Q-TOF/MS 侦测太原市市售水果蔬菜农药残留膳食暴露风险与预警风险评估

14.1 农药残留风险评估方法

14.1.1 太原市农药残留侦测数据分析与统计

庞国芳院士科研团队建立的农药残留高通量侦测技术以高分辨精确质量数（0.0001 *m/z* 为基准）为识别标准，采用 LC-Q-TOF/MS 技术对 565 种农药化学污染物进行侦测。

科研团队于 2015 年 7 月~2017 年 9 月在太原市所属 6 个区的 16 个采样点，随机采集了 339 例水果蔬菜样品，采样点分布在超市和农贸市场，具体位置如图 14-1 所示，各月内水果蔬菜样品采集数量如表 14-1 所示。

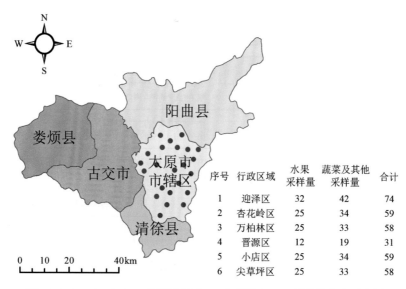

序号	行政区域	水果采样量	蔬菜及其他采样量	合计
1	迎泽区	32	42	74
2	杏花岭区	25	34	59
3	万柏林区	25	33	58
4	晋源区	12	19	31
5	小店区	25	34	59
6	尖草坪区	25	33	58

图 14-1 LC-Q-TOF/MS 侦测太原市 16 个采样点 339 例样品分布示意图

表 14-1 太原市各月内采集水果蔬菜样品数列表

时间	样品数（例）
2015 年 7 月	183
2016 年 4 月	96
2017 年 9 月	60

利用 LC-Q-TOF/MS 技术对 339 例样品中的农药进行侦测，侦测出残留农药 48 种，320 频次。侦测出农药残留水平如表 14-2 和图 14-2 所示。检出频次最高的前 10 种农药如表 14-3 所示。从侦测结果中可以看出，在水果蔬菜中农药残留普遍存在，且有些水果蔬菜存在高浓度的农药残留，这些可能存在膳食暴露风险，对人体健康产生危害，因此，为了定量地评价水果蔬菜中农药残留的风险程度，有必要对其进行风险评价。

表 14-2　侦测出农药的不同残留水平及其所占比例列表

残留水平（μg/kg）	检出频次	占比（%）
1~5（含）	109	34.1
5~10（含）	37	11.5
10~100（含）	161	50.3
100~1000（含）	13	4.1
合计	320	100

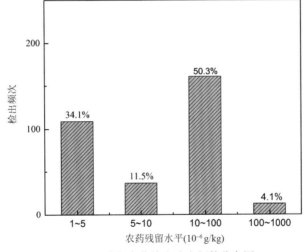

图 14-2　残留农药检出浓度频数分布图

表 14-3　检出频次最高的前 10 种农药列表

序号	农药	检出频次（次）
1	多菌灵	40
2	啶虫脒	35
3	烯酰吗啉	23
4	嘧菌酯	22
5	吡虫啉	18
6	霜霉威	16
7	甲哌	15
8	甲霜灵	14
9	噻虫嗪	14
10	嘧霉胺	11

14.1.2　农药残留风险评价模型

对太原市水果蔬菜中农药残留分别开展暴露风险评估和预警风险评估。膳食暴露风险评估利用食品安全指数模型对水果蔬菜中的残留农药对人体可能产生的危害程度进行评价，该模型结合残留监测和膳食暴露评估评价化学污染物的危害；预警风险评价模型运用风险系数（risk index，R），风险系数综合考虑了危害物的超标率、施检频率及其本身敏感性的影响，能直观而全面地反映出危害物在一段时间内的风险程度。

14.1.2.1　食品安全指数模型

为了加强食品安全管理，《中华人民共和国食品安全法》第二章第十七条规定"国家建立食品安全风险评估制度，运用科学方法，根据食品安全风险监测信息、科学数据以及有关信息，对食品、食品添加剂、食品相关产品中生物性、化学性和物理性危害因素进行风险评估"[1]，膳食暴露评估是食品危险度评估的重要组成部分，也是膳食安全性的衡量标准[2]。国际上最早研究膳食暴露风险评估的机构主要是 JMPR（FAO、WHO农药残留联合会议），该组织自 1995 年就已制定了急性毒性物质的风险评估急性毒性农药残留摄入量的预测。1960 年美国规定食品中不得加入致癌物质进而提出零阈值理论，渐渐零阈值理论发展成在一定概率条件下可接受风险的概念[3]，后衍变为食品中每日允许最大摄入量（ADI），而国际食品农药残留法典委员会（CCPR）认为 ADI 不是独立风险评估的唯一标准[4]，1995 年 JMPR 开始研究农药急性膳食暴露风险评估，并对食品国际短期摄入量的计算方法进行了修正，亦对膳食暴露评估准则及评估方法进行了修正[5]，2002 年，在对世界上现行的食品安全评价方法，尤其是国际公认的 CAC 的评价方法、全球环境监测系统/食品污染监测和评估规划（WHO GEMS/Food）及 FAO、WHO 食品添加剂联合专家委员会（JECFA）和 JMPR 对食品安全风险评估工作研究的基础之上，检验检疫食品安全管理的研究人员提出了结合残留监控和膳食暴露评估，以食品安全指数 IFS 计算食品中各种化学污染物对消费者的健康危害程度[6]。IFS 是表示食品安全状态的新方法，可有效地评价某种农药的安全性，进而评价食品中各种农药化学污染物对消费者健康的整体危害程度[7, 8]。从理论上分析，IFS_c 可指出食品中的污染物 c 对消费者健康是否存在危害及危害的程度[9]。其优点在于操作简单且结果容易被接受和理解，不需要大量的数据来对结果进行验证，使用默认的标准假设或者模型即可[10, 11]。

1）IFS_c 的计算

IFS_c 计算公式如下：

$$\text{IFS}_c = \frac{\text{EDI}_c \times f}{\text{SI}_c \times \text{bw}} \tag{14-1}$$

式中，c 为所研究的农药；EDI_c 为农药 c 的实际日摄入量估算值，等于 $\sum \left(R_i \times F_i \times E_i \times P_i \right)$（$i$ 为食品种类；R_i 为食品 i 中农药 c 的残留水平，mg/kg；F_i 为食品 i 的估计日消费量，g/（人·天）；E_i 为食品 i 的可食用部分因子；P_i 为食品 i 的加工处理因子）；SI_c 为安全

摄入量，可采用每日允许最大摄入量 ADI；bw 为人平均体重，kg；f 为校正因子，如果安全摄入量采用 ADI，则 f 取 1。

IFS$_c$≪1，农药 c 对食品安全没有影响；IFS$_c$≤1，农药 c 对食品安全的影响可以接受；IFS$_c$>1，农药 c 对食品安全的影响不可接受。

本次评价中：

IFS$_c$≤0.1，农药 c 对水果蔬菜安全没有影响；

0.1<IFS$_c$≤1，农药 c 对水果蔬菜安全的影响可以接受；

IFS$_c$>1，农药 c 对水果蔬菜安全的影响不可接受。

本次评价中残留水平 R_i 取值为中国检验检疫科学研究院庞国芳院士课题组利用以高分辨精确质量数（0.0001 m/z）为基准的 LC-Q-TOF/MS 侦测技术于 2015 年 7 月~2017 年 9 月对太原市水果蔬菜农药残留的侦测结果，估计日消费量 F_i 取值 0.38 kg/（人·天），E_i=1，P_i=1，f=1，SI$_c$ 采用《食品安全国家标准　食品中农药最大残留限量》（GB 2763—2016）中 ADI 值（具体数值见表 14-4），人平均体重（bw）取值 60 kg。

表 14-4　太原市水果蔬菜中侦测出农药的 ADI 值

序号	农药	ADI	序号	农药	ADI	序号	农药	ADI
1	烯啶虫胺	0.53	17	灭蝇胺	0.06	33	己唑醇	0.005
2	丁酰肼	0.5	18	吡虫啉	0.06	34	噻唑磷	0.004
3	霜霉威	0.4	19	肟菌酯	0.04	35	异丙威	0.002
4	增效醚	0.2	20	戊唑醇	0.03	36	克百威	0.001
5	烯酰吗啉	0.2	21	三唑酮	0.03	37	甲拌磷	0.0007
6	嘧霉胺	0.2	22	嘧菌环胺	0.03	38	甲氨基阿维菌素	0.0005
7	嘧菌酯	0.2	23	腈苯唑	0.03	39	异丙乐灵	—
8	环酰菌胺	0.2	24	多菌灵	0.03	40	特草灵	—
9	噻菌灵	0.1	25	丙溴磷	0.03	41	双苯基脲	—
10	噻虫胺	0.1	26	吡唑醚菌酯	0.03	42	去乙基阿特拉津	—
11	多效唑	0.1	27	苯嗪草酮	0.03	43	萘乙酰胺	—
12	吡丙醚	0.1	28	氟环唑	0.02	44	灭害威	—
13	噻虫嗪	0.08	29	咪鲜胺	0.01	45	甲哌	—
14	甲霜灵	0.08	30	苯醚甲环唑	0.01	46	磺草灵	—
15	甲基硫菌灵	0.08	31	噻嗪酮	0.009	47	环莠隆	—
16	啶虫脒	0.07	32	氟硅唑	0.007	48	避蚊胺	—

注："—"表示为国家标准中无 ADI 值规定；ADI 值单位为 mg/kg bw

2）计算 IFS$_c$ 的平均值 $\overline{\text{IFS}}$，评价农药对食品安全的影响程度

以 $\overline{\text{IFS}}$ 评价各种农药对人体健康危害的总程度，评价模型见公式（14-2）。

$$\overline{\text{IFS}} = \frac{\sum_{i=1}^{n} \text{IFS}_c}{n} \qquad (14\text{-}2)$$

$\overline{\text{IFS}} \ll 1$，所研究消费者人群的食品安全状态很好；$\overline{\text{IFS}} \leqslant 1$，所研究消费者人群的食品安全状态可以接受；$\overline{\text{IFS}} > 1$，所研究消费者人群的食品安全状态不可接受。

本次评价中：

$\overline{\text{IFS}} \leqslant 0.1$，所研究消费者人群的水果蔬菜安全状态很好；

$0.1 < \overline{\text{IFS}} \leqslant 1$，所研究消费者人群的水果蔬菜安全状态可以接受；

$\overline{\text{IFS}} > 1$，所研究消费者人群的水果蔬菜安全状态不可接受。

14.1.2.2　预警风险评估模型

2003 年，我国检验检疫食品安全管理的研究人员根据 WTO 的有关原则和我国的具体规定，结合危害物本身的敏感性、风险程度及其相应的施检频率，首次提出了食品中危害物风险系数 R 的概念[12]。R 是衡量一个危害物的风险程度大小最直观的参数，即在一定时期内其超标率或阳性检出率的高低，但受其施检频率的高低及其本身的敏感性（受关注程度）影响。该模型综合考察了农药在蔬菜中的超标率、施检频率及其本身敏感性，能直观而全面地反映出农药在一段时间内的风险程度[13]。

1）R 计算方法

危害物的风险系数综合考虑了危害物的超标率或阳性检出率、施检频率和其本身的敏感性影响，并能直观而全面地反映出危害物在一段时间内的风险程度。风险系数 R 的计算公式如式（14-3）：

$$R = aP + \frac{b}{F} + S \qquad (14\text{-}3)$$

式中，P 为该种危害物的超标率；F 为危害物的施检频率；S 为危害物的敏感因子；a，b 分别为相应的权重系数。

本次评价中 F =1；S =1；a =100；b =0.1，对参数 P 进行计算，计算时首先判断是否为禁用农药，如果为非禁用农药，P=超标的样品数（侦测出的含量高于食品最大残留限量标准值，即 MRL）除以总样品数（包括超标、不超标、未侦测出）；如果为禁用农药，则侦测出即为超标，P=能侦测出的样品数除以总样品数。判断太原市水果蔬菜农药残留是否超标的标准限值 MRL 分别以 MRL 中国国家标准[14]和 MRL 欧盟标准作为对照，具体值列于本报告附表一中。

2）评价风险程度

R ≤1.5，受检农药处于低度风险；

1.5<R ≤2.5，受检农药处于中度风险；

R >2.5，受检农药处于高度风险。

14.1.2.3　食品膳食暴露风险和预警风险评估应用程序的开发

1）应用程序开发的步骤

为成功开发膳食暴露风险和预警风险评估应用程序，与软件工程师多次沟通讨论，逐步提出并描述清楚计算需求，开发了初步应用程序。为明确出不同水果蔬菜、不同农药、不同地域和不同季节的风险水平，向软件工程师提出不同的计算需求，软件工程师对计算需求进行逐一地分析，经过反复的细节沟通，需求分析得到明确后，开始进行解决方案的设计，在保证需求的完整性、一致性的前提下，编写出程序代码，最后设计出满足需求的风险评估专用计算软件，并通过一系列的软件测试和改进，完成专用程序的开发。软件开发基本步骤见图 14-3。

图 14-3　专用程序开发总体步骤

2）膳食暴露风险评估专业程序开发的基本要求

首先直接利用公式（14-1），分别计算 LC-Q-TOF/MS 和 GC-Q-TOF/MS 仪器侦测出的各水果蔬菜样品中每种农药 IFS_c，将结果列出。为考察超标农药和禁用农药的使用安全性，分别以我国《食品安全国家标准　食品中农药最大残留限量》（GB 2763—2016）和欧盟食品中农药最大残留限量（以下简称 MRL 中国国家标准和 MRL 欧盟标准）为标准，对侦测出的禁用农药和超标的非禁用农药 IFS_c 单独进行评价；按 IFS_c 大小列表，并找出 IFS_c 值排名前 20 的样本重点关注。

对不同水果蔬菜 i 中每一种侦测出的农药 c 的安全指数进行计算，多个样品时求平均值。若监测数据为该市多个月的数据，则逐月、逐季度分别列出每个月、每个季度内每一种水果蔬菜 i 对应的每一种农药 c 的 IFS_c。

按农药种类，计算整个监测时间段内每种农药的 IFS_c，不区分水果蔬菜。若侦测数据为该市多个月的数据，则需分别计算每个月、每个季度内每种农药的 IFS_c。

3）预警风险评估专业程序开发的基本要求

分别以 MRL 中国国家标准和 MRL 欧盟标准，按公式（14-3）逐个计算不同水果蔬菜、不同农药的风险系数，禁用农药和非禁用农药分别列表。

为清楚了解各种农药的预警风险，不分时间，不分水果蔬菜，按禁用农药和非禁用农药分类，分别计算各种侦测出农药全部侦测时段内风险系数。由于有 MRL 中国国家标准的农药种类太少，无法计算超标数，非禁用农药的风险系数只以 MRL 欧盟标准为标准，进行计算。若侦测数据为多个月的，则按月计算每个月、每个季度内每种禁用农药残留的风险系数和以 MRL 欧盟标准为标准的非禁用农药残留的风险系数。

4）风险程度评价专业应用程序的开发方法

采用 Python 计算机程序设计语言，Python 是一个高层次地结合了解释性、编译性、互动性和面向对象的脚本语言。风险评价专用程序主要功能包括：分别读入每例样品 LC-Q-TOF/MS 和 GC-Q-TOF/MS 农药残留侦测数据，根据风险评价工作要求，依次对不同农药、不同食品、不同时间、不同采样点的 IFS_c 值和 R 值分别进行数据计算，筛选出禁用农药、超标农药（分别与 MRL 中国国家标准、MRL 欧盟标准限值进行对比）单独重点分析，再分别对各农药、各水果蔬菜种类分类处理，设计出计算和排序程序，编写计算机代码，最后将生成的膳食暴露风险评估和超标风险评估定量计算结果列入设计好的各个表格中，并定性判断风险对目标的影响程度，直接用文字描述风险发生的高低，如"不可接受"、"可以接受"、"没有影响"、"高度风险"、"中度风险"、"低度风险"。

14.2　LC-Q-TOF/MS 侦测太原市市售水果蔬菜农药残留膳食暴露风险评估

14.2.1　每例水果蔬菜样品中农药残留安全指数分析

基于农药残留侦测数据，发现在 339 例样品中侦测出农药 320 频次，计算样品中每种残留农药的安全指数 IFS_c，并分析农药对样品安全的影响程度，结果详见附表二，农药残留对水果蔬菜样品安全的影响程度频次分布情况如图 14-4 所示。

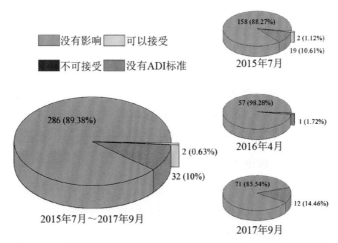

图 14-4　农药残留对水果蔬菜样品安全的影响程度频次分布图

由图 14-4 可以看出，农药残留对样品安全的影响可以接受的频次为 2，占 0.63%；农药残留对样品安全没有影响的频次为 286，占 89.38%。分析发现，在 3 个月份内，所有农药对样品安全的影响均在可以接受和没有影响的范围内。表 14-5 为对水果蔬菜样品中安全指数排名前 10 的残留农药列表。

表 14-5　水果蔬菜样品中安全指数排名前 10 的残留农药列表

序号	样品编号	采样点	基质	农药	含量（mg/kg）	IFS$_c$	影响程度
1	20150730-140100-AHCIQ-PP-07A	***超市（西峪东街店）	甜椒	多菌灵	0.9233	0.1949	可以接受
2	20150729-140100-AHCIQ-CU-02A	***市场	黄瓜	异丙威	0.0542	0.1716	可以接受
3	20160412-140100-AHCIQ-MG-02A	***超市（迎泽公寓店）	芒果	吡虫啉	0.6556	0.0692	没有影响
4	20150730-140100-AHCIQ-PP-12A	***市场	甜椒	克百威	0.0101	0.0640	没有影响
5	20150729-140100-AHCIQ-GP-06A	***超市（重机店）	葡萄	多菌灵	0.3005	0.0634	没有影响
6	20150729-140100-AHCIQ-TO-04A	***超市（迎泽公寓店）	番茄	克百威	0.0092	0.0583	没有影响
7	20150730-140100-AHCIQ-QC-09A	***超市（龙山大街店）	青菜	灭蝇胺	0.3694	0.0390	没有影响
8	20150729-140100-AHCIQ-CU-04A	***超市（迎泽公寓店）	黄瓜	噻唑磷	0.0199	0.0315	没有影响
9	20150730-140100-AHCIQ-QC-09A	***超市（龙山大街店）	青菜	烯酰吗啉	0.9602	0.0304	没有影响
10	20150730-140100-AHCIQ-QC-09A	***超市（龙山大街店）	青菜	甲氨基阿维菌素	0.0023	0.0291	没有影响

　　部分样品侦测出禁用农药 3 种 4 频次，为了明确残留的禁用农药对样品安全的影响，分析侦测出禁用农药残留的样品安全指数，表 14-6 列出了水果蔬菜样品中侦测出的残留禁用农药的安全指数表，所有月份所有禁用农药对样品安全均为没有影响。

表 14-6　水果蔬菜样品中侦测出的残留禁用农药的安全指数表

序号	样品编号	采样点	基质	农药	含量（mg/kg）	IFS$_c$	影响程度
1	20150730-140100-AHCIQ-PP-12A	***市场	甜椒	克百威	0.0101	0.0640	没有影响
2	20150729-140100-AHCIQ-TO-04A	***超市（迎泽公寓店）	番茄	克百威	0.0092	0.0583	没有影响
3	20170923-140100-AHCIQ-SL-02A	***超市（太原万达店）	石榴	甲拌磷	0.0015	0.0136	没有影响
4	20150729-140100-AHCIQ-MU-05A	***超市（三墙店）	蘑菇	丁酰肼	0.009	0.0001	没有影响

　　此外，本次侦测发现部分样品中非禁用农药残留量没有超过 MRL 中国国家标准，但超过了欧盟标准，为了明确超标的非禁用农药对样品安全的影响，分析了非禁用农药残留超标的样品安全指数。

　　残留量超过 MRL 欧盟标准的非禁用农药对水果蔬菜样品安全的影响程度频次分布

情况如图 14-5 所示。可以看出超过 MRL 欧盟标准的非禁用农药共 30 频次，其中农药没有 ADI 的频次为 4，占 13.33%；农药残留对样品安全的影响可以接受的频次为 2，占 6.67%；农药残留对样品安全没有影响的频次为 24，占 80%。表 14-7 为水果蔬菜样品中安全指数排名前 10 的残留超标非禁用农药列表。

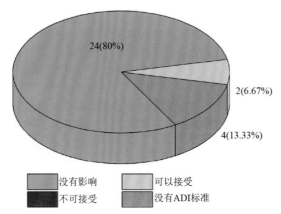

图 14-5　残留超标的非禁用农药对水果蔬菜样品安全的影响程度频次分布图（MRL 欧盟标准）

表 14-7　水果蔬菜样品中安全指数排名前 10 的残留超标非禁用农药列表（MRL 欧盟标准）

序号	样品编号	采样点	基质	农药	含量（mg/kg）	欧盟标准	IFS$_c$	影响程度
1	20150730-140100-AHCIQ-PP-07A	***超市（西峪东街店）	甜椒	多菌灵	0.9233	0.1	0.1949	可以接受
2	20150729-140100-AHCIQ-CU-02A	***市场	黄瓜	异丙威	0.0542	0.01	0.1716	可以接受
3	20160412-140100-AHCIQ-MG-02A	***超市（迎泽公寓店）	芒果	吡虫啉	0.6556	0.2	0.0692	没有影响
4	20150729-140100-AHCIQ-GP-06A	***超市（重机店）	葡萄	多菌灵	0.3005	0.3	0.0634	没有影响
5	20150730-140100-AHCIQ-QC-09A	***超市（龙山大街店）	青菜	灭蝇胺	0.3694	0.05	0.0390	没有影响
6	20150729-140100-AHCIQ-GP-06A	***超市（重机店）	葡萄	己唑醇	0.0221	0.01	0.0280	没有影响
7	20160412-140100-AHCIQ-PP-03A	***超市（和平北路店）	甜椒	丙溴磷	0.0442	0.01	0.0093	没有影响
8	20150729-140100-AHCIQ-QC-02A	***市场	青菜	啶虫脒	0.091	0.01	0.0082	没有影响
9	20170923-140100-AHCIQ-XJ-04A	***超市（太原长风店）	香蕉	吡虫啉	0.0718	0.05	0.0076	没有影响
10	20170923-140100-AHCIQ-XJ-03A	***超市（和平北路店）	香蕉	吡虫啉	0.0542	0.05	0.0057	没有影响

在 339 例样品中，159 例样品未侦测出农药残留，180 例样品中侦测出农药残留，计算每例有农药侦测出样品的 $\overline{\text{IFS}}$ 值，进而分析样品的安全状态结果如图 14-6 所示（未侦测出农药的样品安全状态视为很好）。可以看出，94.99%的样品安全状态很好。所有

月份内的样品安全状态均为很好和可以接受。表 14-8 列出了水果蔬菜安全指数排名前 10 的样品列表。

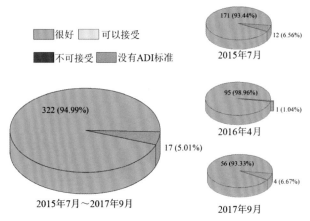

图 14-6　水果蔬菜样品安全状态分布图

表 14-8　水果蔬菜安全指数排名前 10 的样品列表

序号	样品编号	采样点	基质	$\overline{IFS}$	安全状态
1	20150730-140100-AHCIQ-PP-07A	***超市（西峪东街店）	甜椒	0.0986	很好
2	20150729-140100-AHCIQ-CU-02A	***市场	黄瓜	0.0859	很好
3	20150730-140100-AHCIQ-PP-12A	***市场	甜椒	0.0640	很好
4	20150729-140100-AHCIQ-TO-04A	***超市（迎泽公寓店）	番茄	0.0583	很好
5	20150730-140100-AHCIQ-QC-09A	***超市（龙山大街店）	青菜	0.0255	很好
6	20150729-140100-AHCIQ-GP-06A	***超市（重机店）	葡萄	0.0230	很好
7	20150729-140100-AHCIQ-AP-04A	***超市（迎泽公寓店）	苹果	0.0175	很好
8	20150730-140100-AHCIQ-AP-08A	***超市（学府街店）	苹果	0.0174	很好
9	20150729-140100-AHCIQ-CU-04A	***超市（迎泽公寓店）	黄瓜	0.0172	很好
10	20160412-140100-AHCIQ-MG-02A	***超市（迎泽公寓店）	芒果	0.0142	很好

14.2.2　单种水果蔬菜中农药残留安全指数分析

本次 34 种水果蔬菜中侦测出 48 种农药，检出频次为 320 次，其中 10 种农药没有 ADI 标准，38 种农药存在 ADI 标准。4 种水果蔬菜未侦测出任何农药，对 30 种水果蔬菜按不同种类分别计算侦测出的具有 ADI 标准的各种农药的 IFS_c 值，农药残留对水果蔬菜的安全指数分布图如图 14-7 所示。

分析发现所有的残留农药对食品安全影响都为可接受和没有影响，表 14-9 列出了单种水果蔬菜中安全指数表排名前 10 的残留农药列表。

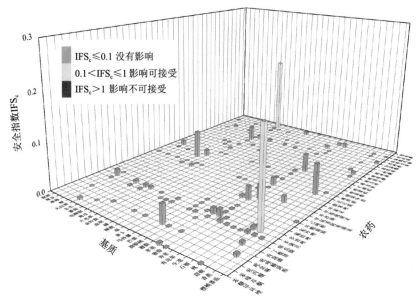

图 14-7　30 种水果蔬菜中 38 种残留农药的安全指数分布图

表 14-9　单种水果蔬菜中安全指数表排名前 10 的残留农药列表

序号	基质	农药	检出频次	检出率（%）	IFS>1 的频次	IFS>1 的比例（%）	IFS$_c$	影响程度
1	甜椒	多菌灵	1	7.69	0	0	0.1949	可以接受
2	黄瓜	异丙威	1	2.50	0	0	0.1716	可以接受
3	甜椒	克百威	1	7.69	0	0	0.0640	没有影响
4	番茄	克百威	1	5.56	0	0	0.0583	没有影响
5	芒果	吡虫啉	2	15.38	0	0	0.0393	没有影响
6	青菜	灭蝇胺	1	10.00	0	0	0.0390	没有影响
7	黄瓜	噻唑磷	1	2.50	0	0	0.0315	没有影响
8	青菜	甲氨基阿维菌素	1	10.00	0	0	0.0291	没有影响
9	葡萄	己唑醇	1	2.08	0	0	0.0280	没有影响
10	葡萄	腈苯唑	1	2.08	0	0	0.0164	没有影响

本次侦测中，30 种水果蔬菜和 48 种残留农药（包括没有 ADI 标准）共涉及 154 个分析样本，农药对单种水果蔬菜安全的影响程度分布情况如图 14-8 所示。可以看出，85.71% 的样本中农药对水果蔬菜安全没有影响，1.30% 的样本中农药对水果蔬菜安全的影响可以接受。

此外，分别计算 30 种水果蔬菜中所有侦测出农药 IFS$_c$ 的平均值 $\overline{IFS}$，分析每种水果蔬菜的安全状态，结果如图 14-9 所示，分析发现，所有水果蔬菜的安全状态都为很好。

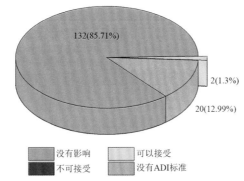

图 14-8　154 个分析样本的影响程度频次分布图

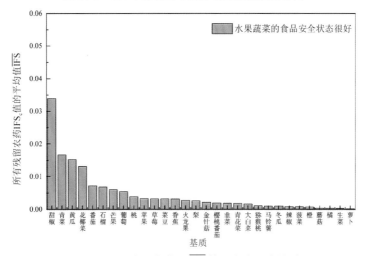

图 14-9　30 种水果蔬菜的 $\overline{\text{IFS}}$ 值和安全状态统计图

对每个月内每种水果蔬菜中农药的 IFS_c 进行分析，并计算每月内每种水果蔬菜的 $\overline{\text{IFS}}$ 值，以评价每种水果蔬菜的安全状态，结果如图 14-10 所示，所有月份的水果蔬菜的安全状态均处于很好，各月份内单种水果蔬菜安全状态统计情况如图 14-11 所示。

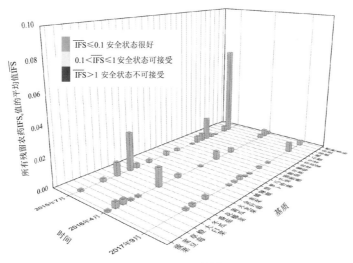

图 14-10　各月内每种水果蔬菜的 $\overline{\text{IFS}}$ 值与安全状态分布图

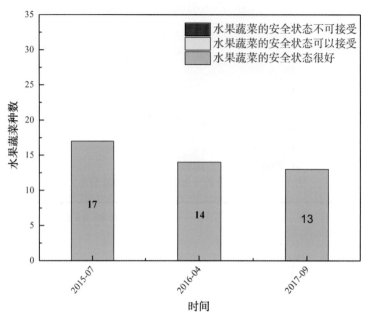

图 14-11　各月份内单种水果蔬菜安全状态统计图

14.2.3　所有水果蔬菜中农药残留安全指数分析

计算所有水果蔬菜中 38 种农药的 $\overline{IFS_c}$ 值，结果如图 14-12 及表 14-10 所示。

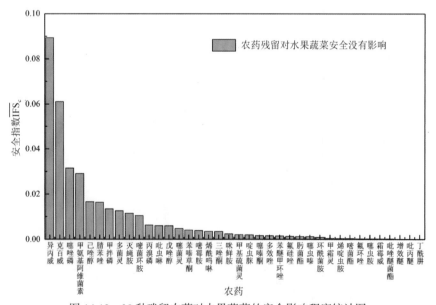

图 14-12　38 种残留农药对水果蔬菜的安全影响程度统计图

分析发现，所有农药的 $\overline{IFS_c}$ 均小于 1，所有农药对水果蔬菜安全的影响均在没有影响的范围内。

表 14-10　水果蔬菜中 38 种农药残留的安全指数表

序号	农药	检出频次	检出率（%）	$\overline{IFS_c}$	影响程度	序号	农药	检出频次	检出率（%）	$\overline{IFS_c}$	影响程度
1	异丙威	2	0.63	0.0895	没有影响	20	甲基硫菌灵	8	2.50	0.0021	没有影响
2	克百威	2	0.63	0.0611	没有影响	21	啶虫脒	35	10.94	0.0020	没有影响
3	噻唑磷	1	0.31	0.0315	没有影响	22	噻嗪酮	4	1.25	0.0017	没有影响
4	甲氨基阿维菌素	1	0.31	0.0291	没有影响	23	多效唑	10	3.13	0.0016	没有影响
5	己唑醇	2	0.63	0.0167	没有影响	24	苯醚甲环唑	6	1.88	0.0015	没有影响
6	腈苯唑	1	0.31	0.0164	没有影响	25	氟硅唑	2	0.63	0.0014	没有影响
7	甲拌磷	1	0.31	0.0136	没有影响	26	肟菌酯	8	2.50	0.0013	没有影响
8	多菌灵	40	12.50	0.0127	没有影响	27	噻虫嗪	14	4.38	0.0013	没有影响
9	灭蝇胺	4	1.25	0.0116	没有影响	28	环酰菌胺	1	0.31	0.0009	没有影响
10	嘧菌环胺	1	0.31	0.0105	没有影响	29	甲霜灵	14	4.38	0.0005	没有影响
11	丙溴磷	2	0.63	0.0063	没有影响	30	烯啶虫胺	5	1.56	0.0004	没有影响
12	吡虫啉	18	5.63	0.0060	没有影响	31	嘧菌酯	22	6.88	0.0004	没有影响
13	戊唑醇	4	1.25	0.0060	没有影响	32	氟环唑	2	0.63	0.0003	没有影响
14	噻菌灵	4	1.25	0.0048	没有影响	33	噻虫胺	1	0.31	0.0003	没有影响
15	苯嗪草酮	1	0.31	0.0041	没有影响	34	霜霉威	16	5.00	0.0003	没有影响
16	嘧霉胺	11	3.44	0.0039	没有影响	35	吡唑醚菌酯	1	0.31	0.0002	没有影响
17	烯酰吗啉	23	7.19	0.0036	没有影响	36	增效醚	1	0.31	0.0001	没有影响
18	三唑酮	9	2.81	0.0035	没有影响	37	吡丙醚	1	0.31	0.0001	没有影响
19	咪鲜胺	9	2.81	0.0024	没有影响	38	丁酰肼	1	0.31	0.0001	没有影响

　　对每个月内所有水果蔬菜中残留农药的 $\overline{IFS_c}$ 进行分析，结果如图 14-13 所示。分析发现，所有月份的所有农药对水果蔬菜安全的影响均处于没有影响的范围内。每月内不同农药对水果蔬菜安全影响程度的统计如图 14-14 所示。

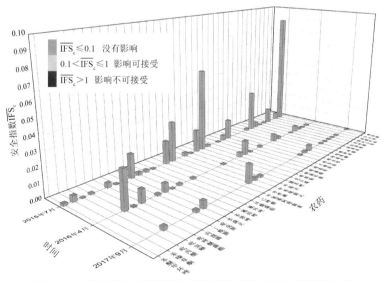

图 14-13　各月份内水果蔬菜中每种残留农药的安全指数分布图

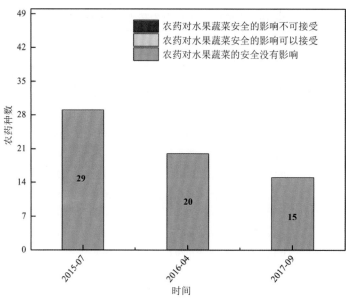

图 14-14 各月份内农药对水果蔬菜安全影响程度的统计图

计算每个月内水果蔬菜的 $\overline{\mathrm{IFS}}$，以分析每月内水果蔬菜的安全状态，结果如图 14-15 所示，可以看出，所有月份的水果蔬菜安全状态均处于很好的范围内。

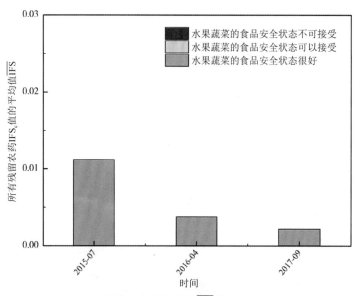

图 14-15 各月份内水果蔬菜的 $\overline{\mathrm{IFS}}$ 值与安全状态统计图

14.3 LC-Q-TOF/MS 侦测太原市市售水果蔬菜
农药残留预警风险评估

基于太原市水果蔬菜样品中农药残留 LC-Q-TOF/MS 侦测数据，分析禁用农药的检出率，同时参照中华人民共和国国家标准 GB 2763—2016 和欧盟农药最大残留限量（MRL）标准分析非禁用农药残留的超标率，并计算农药残留风险系数。分析单种水果蔬菜中农药残留以及所有水果蔬菜中农药残留的风险程度。

14.3.1　单种水果蔬菜中农药残留风险系数分析

14.3.1.1　单种水果蔬菜中禁用农药残留风险系数分析

侦测出的 48 种残留农药中有 3 种为禁用农药，且它们分布在 4 种水果蔬菜中，计算 4 种水果蔬菜中禁用农药的超标率，根据超标率计算风险系数 R，进而分析水果蔬菜中禁用农药的风险程度，结果如图 14-16 与表 14-11 所示。分析发现 3 种禁用农药在 4 种水果蔬菜中的残留处均于高度风险。

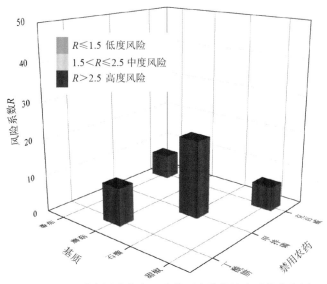

图 14-16　4 种水果蔬菜中 3 种禁用农药的风险系数分布图

表 14-11　4 种水果蔬菜中 3 种禁用农药的风险系数列表

序号	基质	农药	检出频次	检出率（%）	风险系数 R	风险程度
1	石榴	甲拌磷	1	20.00	21.10	高度风险
2	蘑菇	丁酰肼	1	9.09	10.19	高度风险
3	番茄	克百威	1	5.88	6.98	高度风险
4	甜椒	克百威	1	5.56	6.66	高度风险

14.3.1.2　基于 MRL 中国国家标准的单种水果蔬菜中非禁用农药残留风险系数分析

参照中华人民共和国国家标准 GB 2763—2016 中农药残留限量计算每种水果蔬菜中

每种非禁用农药的超标率，进而计算其风险系数，根据风险系数大小判断残留农药的预警风险程度，水果蔬菜中非禁用农药残留风险程度分布情况如图 14-17 所示。

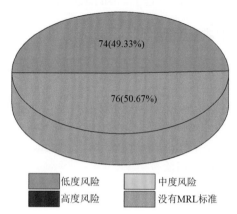

图 14-17　水果蔬菜中非禁用农药风险程度的频次分布图（MRL 中国国家标准）

　　本次分析中，发现在 30 种水果蔬菜侦测出 45 种残留非禁用农药，涉及样本 150 个，在 150 个样本中，49.33%处于低度风险，此外发现有 76 个样本没有 MRL 中国国家标准值，无法判断其风险程度，有 MRL 中国国家标准值的 74 个样本涉及 20 种水果蔬菜中的 28 种非禁用农药，其风险系数 R 值如图 14-18 所示。

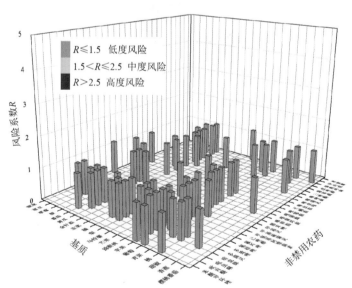

图 14-18　20 种水果蔬菜中 28 种非禁用农药的风险系数分布图（MRL 中国国家标准）

14.3.1.3　基于 MRL 欧盟标准的单种水果蔬菜中非禁用农药残留风险系数分析

参照 MRL 欧盟标准计算每种水果蔬菜中每种非禁用农药的超标率，进而计算其风险系数，根据风险系数大小判断农药残留的预警风险程度，水果蔬菜中非禁用农药残留风险程度分布情况如图 14-19 所示。

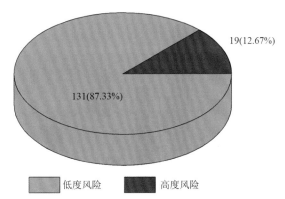

图 14-19　水果蔬菜中非禁用农药的风险程度的频次分布图（MRL 欧盟标准）

　　本次分析中，发现在 30 种水果蔬菜中共侦测出 45 种非禁用农药，涉及样本 150 个，其中，12.67%处于高度风险，涉及 10 种水果蔬菜和 13 种农药；87.33%处于低度风险，涉及 30 种水果蔬菜和 41 种农药。单种水果蔬菜中的非禁用农药风险系数分布图如图 14-20 所示。单种水果蔬菜中处于高度风险的非禁用农药风险系数如图 14-21 和表 14-12 所示。

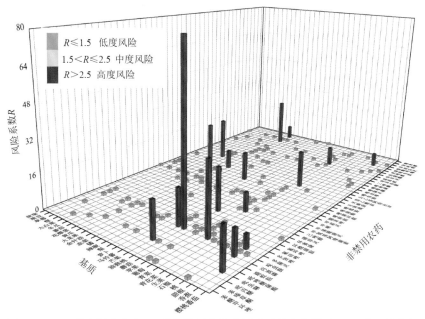

图 14-20　30 种水果蔬菜中 45 种非禁用农药的风险系数分布图（MRL 欧盟标准）

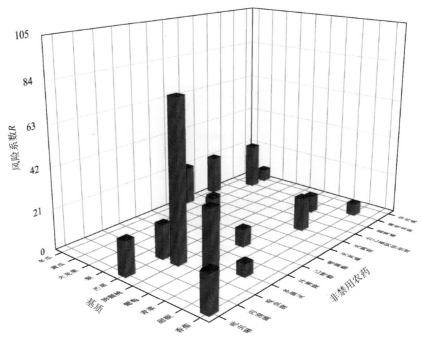

图 14-21　单种水果蔬菜中处于高度风险的非禁用农药的风险系数分布图（MRL 欧盟标准）

表 14-12　单种水果蔬菜中处于高度风险的非禁用农药的风险系数表（MRL 欧盟标准）

序号	基质	农药	超标频次	超标率 P（%）	风险系数 R
1	猕猴桃	啶虫脒	4	80.00	81.10
2	青菜	啶虫脒	2	33.33	34.43
3	黄瓜	烯啶虫胺	4	23.53	24.63
4	冬瓜	去乙基阿特拉津	1	20.00	21.10
5	冬瓜	灭害威	1	20.00	21.10
6	猕猴桃	环莠隆	1	20.00	21.10
7	香蕉	吡虫啉	2	18.18	19.28
8	芒果	吡虫啉	1	16.67	17.77
9	芒果	啶虫脒	1	16.67	17.77
10	青菜	灭蝇胺	1	16.67	17.77
11	梨	嘧菌酯	3	13.04	14.14
12	甜椒	丙溴磷	2	11.11	12.21
13	火龙果	灭害威	1	8.33	9.43
14	葡萄	多菌灵	1	8.33	9.43
15	葡萄	己唑醇	1	8.33	9.43
16	葡萄	霜霉威	1	8.33	9.43
17	黄瓜	异丙威	1	5.88	6.98
18	甜椒	多菌灵	1	5.56	6.66
19	甜椒	烯啶虫胺	1	5.56	6.66

14.3.2　所有水果蔬菜中农药残留风险系数分析

14.3.2.1　所有水果蔬菜中禁用农药残留风险系数分析

在侦测出的 48 种农药中有 3 种为禁用农药，计算所有水果蔬菜中禁用农药的风险系数，结果如表 14-13 所示。禁用农药克百威处于中度风险，剩余 2 种禁用农药处于低度风险。

表 14-13　水果蔬菜中 3 种禁用农药的风险系数表

序号	农药	检出频次	检出率（%）	风险系数 R	风险程度
1	克百威	2	0.59	1.69	中度风险
2	丁酰肼	1	0.29	1.39	低度风险
3	甲拌磷	1	0.29	1.39	低度风险

对每个月内的禁用农药的风险系数进行分析，结果如图 14-22 和表 14-14 所示。

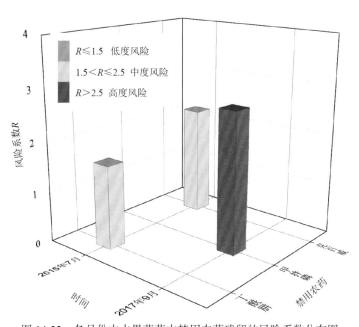

图 14-22　各月份内水果蔬菜中禁用农药残留的风险系数分布图

表 14-14　各月份内水果蔬菜中禁用农药的风险系数表

序号	年月	农药	检出频次	检出率（%）	风险系数 R	风险程度
1	2015 年 7 月	克百威	2	1.09	2.19	中度风险
2	2015 年 7 月	丁酰肼	1	0.55	1.65	中度风险
3	2017 年 9 月	甲拌磷	1	1.67	2.77	高度风险

14.3.2.2　所有水果蔬菜中非禁用农药残留风险系数分析

参照 MRL 欧盟标准计算所有水果蔬菜中每种非禁用农药残留的风险系数，如图 14-23 与表 14-15 所示。在侦测出的 45 种非禁用农药中，2 种农药（4.45%）残留处于高度风险，5 种农药（11.11%）残留处于中度风险，38 种农药（84.44%）残留处于低度风险。

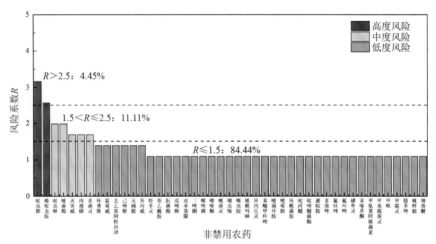

图 14-23　水果蔬菜中 45 种非禁用农药的风险程度统计图

表 14-15　水果蔬菜中 45 种非禁用农药的风险系数表

序号	农药	超标频次	超标率 P（%）	风险系数 R	风险程度
1	啶虫脒	7	2.06	3.16	高度风险
2	烯啶虫胺	5	1.47	2.57	高度风险
3	吡虫啉	3	0.88	1.98	中度风险
4	嘧菌酯	3	0.88	1.98	中度风险
5	灭害威	2	0.59	1.69	中度风险
6	丙溴磷	2	0.59	1.69	中度风险
7	多菌灵	2	0.59	1.69	中度风险
8	环莠隆	1	0.29	1.39	低度风险
9	霜霉威	1	0.29	1.39	低度风险
10	去乙基阿特拉津	1	0.29	1.39	低度风险
11	己唑醇	1	0.29	1.39	低度风险
12	灭蝇胺	1	0.29	1.39	低度风险
13	异丙威	1	0.29	1.39	低度风险
14	特草灵	0	0	1.10	低度风险
15	萘乙酰胺	0	0	1.10	低度风险
16	肟菌酯	0	0	1.10	低度风险

续表

序号	农药	超标频次	超标率 P（%）	风险系数 R	风险程度
17	戊唑醇	0	0	1.10	低度风险
18	双苯基脲	0	0	1.10	低度风险
19	三唑酮	0	0	1.10	低度风险
20	噻唑磷	0	0	1.10	低度风险
21	噻嗪酮	0	0	1.10	低度风险
22	噻菌灵	0	0	1.10	低度风险
23	噻虫嗪	0	0	1.10	低度风险
24	噻虫胺	0	0	1.10	低度风险
25	烯酰吗啉	0	0	1.10	低度风险
26	异丙乐灵	0	0	1.10	低度风险
27	苯醚甲环唑	0	0	1.10	低度风险
28	嘧菌环胺	0	0	1.10	低度风险
29	嘧霉胺	0	0	1.10	低度风险
30	环酰菌胺	0	0	1.10	低度风险
31	吡丙醚	0	0	1.10	低度风险
32	吡唑醚菌酯	0	0	1.10	低度风险
33	避蚊胺	0	0	1.10	低度风险
34	多效唑	0	0	1.10	低度风险
35	氟硅唑	0	0	1.10	低度风险
36	氟环唑	0	0	1.10	低度风险
37	磺草灵	0	0	1.10	低度风险
38	苯嗪草酮	0	0	1.10	低度风险
39	甲氨基阿维菌素	0	0	1.10	低度风险
40	甲基硫菌灵	0	0	1.10	低度风险
41	甲哌	0	0	1.10	低度风险
42	甲霜灵	0	0	1.10	低度风险
43	腈苯唑	0	0	1.10	低度风险
44	咪鲜胺	0	0	1.10	低度风险
45	增效醚	0	0	1.10	低度风险

　　对每个月份内的非禁用农药的风险系数分析，每月内非禁用农药风险程度分布图如图 14-24 所示。3 个月份内处于高度风险的农药数排序为 2017 年 9 月（6）＞2016 年 4 月（1）＞2015 年 7 月（0）。

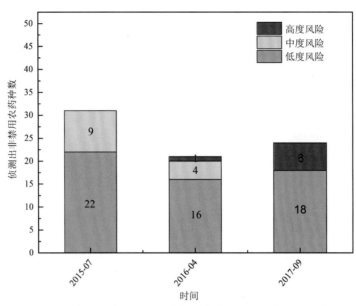

图 14-24　各月份水果蔬菜中非禁用农药残留的风险程度分布图

3 个月份内水果蔬菜中非禁用农药处于中度风险和高度风险的风险系数如图 14-25 和表 14-16 所示。

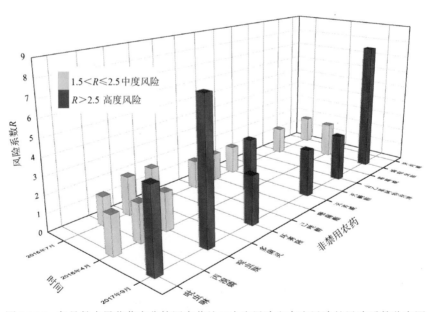

图 14-25　各月份水果蔬菜中非禁用农药处于中度风险和高度风险的风险系数分布图

表 14-16　各月份水果蔬菜中非禁用农药处于中度风险和高度风险的风险系数表

序号	年月	农药	超标频次	超标率 P（%）	风险系数 R	风险程度
1	2015 年 7 月	啶虫脒	2	1.09	2.19	中度风险
2	2015 年 7 月	多菌灵	2	1.09	2.19	中度风险

续表

序号	年月	农药	超标频次	超标率 P（%）	风险系数 R	风险程度
3	2015 年 7 月	丙溴磷	1	0.55	1.65	中度风险
4	2015 年 7 月	己唑醇	1	0.55	1.65	中度风险
5	2015 年 7 月	嘧菌酯	1	0.55	1.65	中度风险
6	2015 年 7 月	灭害威	1	0.55	1.65	中度风险
7	2015 年 7 月	灭蝇胺	1	0.55	1.65	中度风险
8	2015 年 7 月	霜霉威	1	0.55	1.65	中度风险
9	2015 年 7 月	异丙威	1	0.55	1.65	中度风险
10	2016 年 4 月	嘧菌酯	2	2.08	3.18	高度风险
11	2016 年 4 月	吡虫啉	1	1.04	2.14	中度风险
12	2016 年 4 月	丙溴磷	1	1.04	2.14	中度风险
13	2016 年 4 月	啶虫脒	1	1.04	2.14	中度风险
14	2016 年 4 月	烯啶虫胺	1	1.04	2.14	中度风险
15	2017 年 9 月	啶虫脒	4	6.67	7.77	高度风险
16	2017 年 9 月	烯啶虫胺	4	6.67	7.77	高度风险
17	2017 年 9 月	吡虫啉	2	3.33	4.43	高度风险
18	2017 年 9 月	环莠隆	1	1.67	2.77	高度风险
19	2017 年 9 月	灭害威	1	1.67	2.77	高度风险
20	2017 年 9 月	去乙基阿特拉津	1	1.67	2.77	高度风险

14.4 LC-Q-TOF/MS 侦测太原市市售水果蔬菜农药残留风险评估结论与建议

农药残留是影响水果蔬菜安全和质量的主要因素，也是我国食品安全领域备受关注的敏感话题和亟待解决的重大问题之一[15,16]。各种水果蔬菜均存在不同程度的农药残留现象，本研究主要针对太原市各类水果蔬菜存在的农药残留问题，基于 2015 年 7 月~2017 年 9 月对太原市 339 例水果蔬菜样品中农药残留侦测得出的 320 个侦测结果，分别采用食品安全指数模型和风险系数模型，开展水果蔬菜中农药残留的膳食暴露风险和预警风险评估。水果蔬菜样品取自超市和农贸市场，符合大众的膳食来源，风险评价时更具有代表性和可信度。

本研究力求通用简单地反映食品安全中的主要问题，且为管理部门和大众容易接受，为政府及相关管理机构建立科学的食品安全信息发布和预警体系提供科学的规律与方法，加强对农药残留的预警和食品安全重大事件的预防，控制食品风险。

14.4.1　太原市水果蔬菜中农药残留膳食暴露风险评价结论

1）水果蔬菜样品中农药残留安全状态评价结论

采用食品安全指数模型，对 2015 年 7 月~2017 年 9 月期间太原市水果蔬菜食品农药残留膳食暴露风险进行评价，根据 IFS$_c$ 的计算结果发现，水果蔬菜中农药的 $\overline{\mathrm{IFS}}$ 为 0.0092，说明太原市水果蔬菜总体处于很好的安全状态，但部分禁用农药、高残留农药在蔬菜、水果中仍有侦测出，导致膳食暴露风险的存在，成为不安全因素。

2）单种水果蔬菜中农药膳食暴露风险不可接受情况评价结论

单种水果蔬菜中农药残留安全指数分析结果显示，在单种水果蔬菜中未发现膳食暴露风险不可接受的残留农药，侦测出的残留农药对单种水果蔬菜安全的影响均在可以接受和没有影响的范围内，说明太原市的水果蔬菜中虽侦测出农药残留，但残留农药不会造成膳食暴露风险或造成的膳食暴露风险可以接受。

3）禁用农药膳食暴露风险评价

本次侦测发现部分水果蔬菜样品中有禁用农药侦测出，侦测出禁用农药 3 种，检出频次为 4，水果蔬菜样品中的禁用农药 IFS$_c$ 计算结果表明，所有禁用农药残留膳食暴露风险都为没有影响。虽然残留禁用农药没有造成不可接受的膳食暴露风险，但为何在国家明令禁止禁用农药喷洒的情况下，还能在多种水果蔬菜中多次侦测出禁用农药残留并造成不可接受的膳食暴露风险，这应该引起相关部门的高度警惕，应该在禁止禁用农药喷洒的同时，严格管控禁用农药的生产和售卖，从根本上杜绝安全隐患。

14.4.2　太原市水果蔬菜中农药残留预警风险评价结论

1）单种水果蔬菜中禁用农药残留的预警风险评价结论

本次侦测过程中，在 4 种水果蔬菜中侦测超出 3 种禁用农药，禁用农药为：丁酰肼、甲拌磷和克百威，水果蔬菜为：甜椒、石榴、蘑菇和番茄，水果蔬菜中禁用农药的风险系数分析结果显示，3 种禁用农药在 4 种水果蔬菜中的残留均处于高度风险，说明在单种水果蔬菜中禁用农药的残留会导致较高的预警风险。

2）单种水果蔬菜中非禁用农药残留的预警风险评价结论

以 MRL 中国国家标准为标准，计算水果蔬菜中非禁用农药风险系数情况下，150 个样本中，74 个处于低度风险（49.33%），76 个样本没有 MRL 中国国家标准（50.67%）。以 MRL 欧盟标准为标准，计算水果蔬菜中非禁用农药风险系数情况下，发现有 19 个处于高度风险（12.67%），131 个处于低度风险（87.33%）。基于两种 MRL 标准，评价的结果差异显著，可以看出 MRL 欧盟标准比中国国家标准更加严格和完善，过于宽松的 MRL 中国国家标准值能否有效保障人体的健康有待研究。

14.4.3　加强太原市水果蔬菜食品安全建议

我国食品安全风险评价体系仍不够健全，相关制度不够完善，多年来，由于农药用药次数多、用药量大或用药间隔时间短，产品残留量大，农药残留所造成的食品安全问题日益严峻，给人体健康带来了直接或间接的危害。据估计，美国与农药有关的癌症患者数约占全国癌症患者总数的 50%，中国更高。同样，农药对其他生物也会形成直接杀伤和慢性危害，植物中的农药可经过食物链逐级传递并不断蓄积，对人和动物构成潜在威胁，并影响生态系统。

基于本次农药残留侦测数据的风险评价结果，提出以下几点建议：

1）加快食品安全标准制定步伐

我国食品标准中对农药每日允许最大摄入量 ADI 的数据严重缺乏，在本次评价所涉及的 48 种农药中，仅有 79.2% 的农药具有 ADI 值，而 20.8% 的农药中国尚未规定相应的 ADI 值，亟待完善。

我国食品中农药最大残留限量值的规定严重缺乏，对评估涉及的不同水果蔬菜中不同农药 154 个 MRL 限值进行统计来看，我国仅制定出 77 个标准，我国标准完整率仅为 50.0%，欧盟的完整率达到 100%（表 14-17）。因此，中国更应加快 MRL 标准的制定步伐。

表 14-17　我国国家食品标准农药的 ADI、MRL 值与欧盟标准的数量差异

分类		ADI	MRL 中国国家标准	MRL 欧盟标准
标准限值（个）	有	38	77	154
	无	10	77	0
总数（个）		48	154	154
无标准限值比例（%）		20.8	50.0	0

此外，MRL 中国国家标准限值普遍高于欧盟标准限值，这些标准中共有 43 个高于欧盟。过高的 MRL 值难以保障人体健康，建议继续加强对限值基准和标准的科学研究，将农产品中的危险性减少到尽可能低的水平。

2）加强农药的源头控制和分类监管

在太原市某些水果蔬菜中仍有禁用农药残留，利用 LC-Q-TOF/MS 技术侦测出 3 种禁用农药，检出频次为 4 次，残留禁用农药均存在较大的膳食暴露风险和预警风险。早已列入黑名单的禁用农药在我国并未真正退出，有些药物由于价格便宜、工艺简单，此类高毒农药一直生产和使用。建议在我国采取严格有效的控制措施，从源头控制禁用农药。

对于非禁用农药，在我国作为"田间地头"最典型单位的县级蔬果产地中，农药残留的侦测几乎缺失。建议根据农药的毒性，对高毒、剧毒、中毒农药实现分类管理，减少使用高毒和剧毒高残留农药，进行分类监管。

3）加强残留农药的生物修复及降解新技术

市售果蔬中残留农药的品种多、频次高、禁用农药多次检出这一现状，说明了我国的田间土壤和水体因农药长期、频繁、不合理的使用而遭到严重污染。为此，建议中国

相关部门出台相关政策，鼓励高校及科研院所积极开展分子生物学、酶学等研究，加强土壤、水体中残留农药的生物修复及降解新技术研究，切实加大农药监管力度，以控制农药的面源污染问题。

综上所述，在本工作基础上，根据蔬菜残留危害，可进一步针对其成因提出和采取严格管理、大力推广无公害蔬菜种植与生产、健全食品安全控制技术体系、加强蔬菜食品质量侦测体系建设和积极推行蔬菜食品质量追溯制度等相应对策。建立和完善食品安全综合评价指数与风险监测预警系统，对食品安全进行实时、全面的监控与分析，为我国的食品安全科学监管与决策提供新的技术支持，可实现各类检验数据的信息化系统管理，降低食品安全事故的发生。

第15章　GC-Q-TOF/MS侦测太原市339例市售水果蔬菜样品农药残留报告

从太原市所属6个区，随机采集了339例水果蔬菜样品，使用气相色谱-四极杆飞行时间质谱（GC-Q-TOF/MS）对507种农药化学污染物示范侦测。

15.1　样品种类、数量与来源

15.1.1　样品采集与检测

为了真实反映百姓餐桌上水果蔬菜中农药残留污染状况，本次所有检测样品均由检验人员于2015年7月至2017年9月期间，从太原市所属16个采样点，包括3个农贸市场、13个超市，以随机购买方式采集，总计23批339例样品，从中检出农药99种，657频次。采样及监测概况见图15-1及表15-1，样品及采样点明细见表15-2及表15-3（侦测原始数据见附表1）。

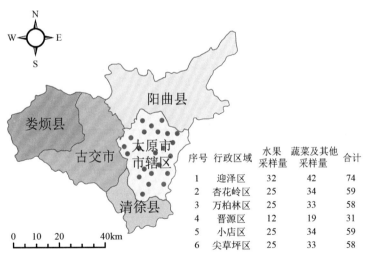

序号	行政区域	水果采样量	蔬菜及其他采样量	合计
1	迎泽区	32	42	74
2	杏花岭区	25	34	59
3	万柏林区	25	33	58
4	晋源区	12	19	31
5	小店区	25	34	59
6	尖草坪区	25	33	58

图15-1　太原市所属16个采样点339例样品分布图

表15-1　农药残留监测总体概况

采样地区	太原市所属6个区
采样点（超市+农贸市场）	16
样本总数	339
检出农药品种/频次	99/657
各采样点样本农药残留检出率范围	46.7%~93.8%

表 15-2　样品分类及数量

样品分类	样品名称（数量）	数量小计
1. 水果		144
1）仁果类水果	苹果（23），梨（23）	46
2）核果类水果	桃（12）	12
3）浆果和其他小型水果	猕猴桃（5），葡萄（12），草莓（6）	23
4）瓜果类水果	西瓜（12）	12
5）热带和亚热带水果	石榴（5），香蕉（11），芒果（6），火龙果（12），菠萝（6）	40
6）柑橘类水果	橘（5），橙（6）	11
2. 食用菌		17
1）蘑菇类	蘑菇（11），金针菇（6）	17
3. 蔬菜		178
1）豆类蔬菜	扁豆（2），菜豆（14）	16
2）鳞茎类蔬菜	韭菜（17）	17
3）叶菜类蔬菜	菠菜（6），大白菜（12），生菜（9），青菜（6）	33
4）芸薹属类蔬菜	花椰菜（6），青花菜（10）	16
5）茄果类蔬菜	番茄（17），甜椒（18），辣椒（5），樱桃番茄（6）	46
6）瓜类蔬菜	黄瓜（17），冬瓜（5）	22
7）其他类蔬菜	竹笋（6）	6
8）根茎类和薯芋类蔬菜	萝卜（5），马铃薯（17）	22
合计	1. 水果 14 种 2. 食用菌 2 种 3. 蔬菜 18 种	339

表 15-3　太原市采样点信息

采样点序号	行政区域	采样点
农贸市场（3）		
1	小店区	***市场
2	尖草坪区	***市场
3	杏花岭区	***市场
超市（13）		
1	万柏林区	***超市（兴华街店）
2	万柏林区	***超市（美特好酒楼店）
3	万柏林区	***超市（重机店）
4	小店区	***超市（太原长风店）

续表

采样点序号	行政区域	采样点
5	小店区	***超市（学府街店）
6	尖草坪区	***超市（和平北路店）
7	晋源区	***超市（西峪东街店）
8	晋源区	***超市（龙山大街店）
9	杏花岭区	***超市
10	杏花岭区	***超市（太原万达店）
11	杏花岭区	***超市（三墙店）
12	迎泽区	***超市（羊市街店）
13	迎泽区	***超市（迎泽公寓店）

15.1.2　检测结果

这次使用的检测方法是庞国芳院士团队最新研发的不需使用标准品对照，而以高分辨精确质量数（0.0001 m/z）为基准的 GC-Q-TOF/MS 检测技术，对于 339 例样品，每个样品均侦测了 507 种农药化学污染物的残留现状。通过本次侦测，在 339 例样品中共计检出农药化学污染物 99 种，检出 657 频次。

15.1.2.1　各采样点样品检出情况

统计分析发现 16 个采样点中，被测样品的农药检出率范围为 46.7%~93.8%。其中，***超市的检出率最高，为 93.8%。***市场的检出率最低，为 46.7%，见图 15-2。

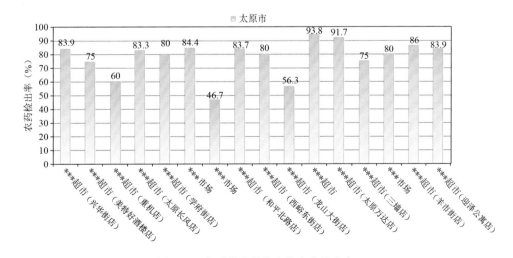

图 15-2　各采样点样品中的农药检出率

15.1.2.2 检出农药的品种总数与频次

统计分析发现，对于 339 例样品中 507 种农药化学污染物的侦测，共检出农药 657 频次，涉及农药 99 种，结果如图 15-3 所示。其中抑芽唑检出频次最高，共检出 52 次。检出频次排名前 10 的农药如下：①抑芽唑（52）；②三唑酮（50）；③烯虫酯（45）；④喹螨醚（44）；⑤毒死蜱（43）；⑥仲丁威（28）；⑦芬螨酯（27）；⑧吡喃灵（22）；⑨哒螨灵（21）；⑩腐霉利（17）。

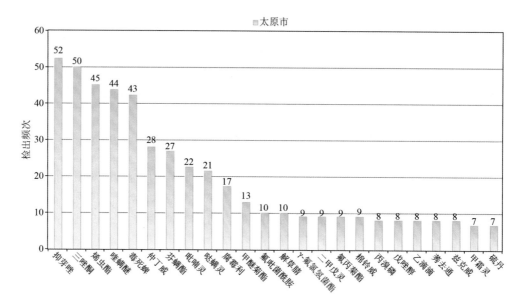

图 15-3　检出农药品种及频次（仅列出 7 频次及以上的数据）

由图 15-4 可见，韭菜、甜椒、苹果、黄瓜和樱桃番茄这 5 种果蔬样品中检出的农药品种数较高，均超过 15 种，其中，韭菜和甜椒检出农药品种最多，均为 18 种。由图 15-5 可见，韭菜、黄瓜、甜椒、菜豆、苹果和大白菜这 6 种果蔬样品中的农药检出频次较高，均超过 30 次，其中，韭菜检出农药频次最高，为 47 次。

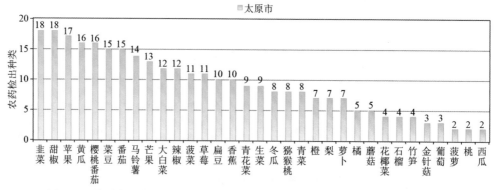

图 15-4　单种水果蔬菜检出农药的种类数（仅列出检出农药 2 种及以上的数据）

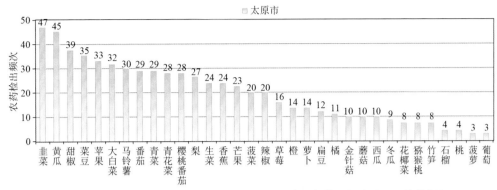

图 15-5　单种水果蔬菜检出农药频次（仅列出检出农药 3 频次及以上的数据）

15.1.2.3　单例样品农药检出种类与占比

对单例样品检出农药种类和频次进行统计发现，未检出农药的样品占总样品数的 20.4%，检出 1 种农药的样品占总样品数的 28.9%，检出 2~5 种农药的样品占总样品数的 46.0%，检出 6~10 种农药的样品占总样品数的 4.7%。每例样品中平均检出农药为 1.9 种，数据见表 15-4 及图 15-6。

表 15-4　单例样品检出农药品种占比

检出农药品种数	样品数量/占比（%）
未检出	69/20.4
1 种	98/28.9
2~5 种	156/46.0
6~10 种	16/4.7
单例样品平均检出农药品种	1.9 种

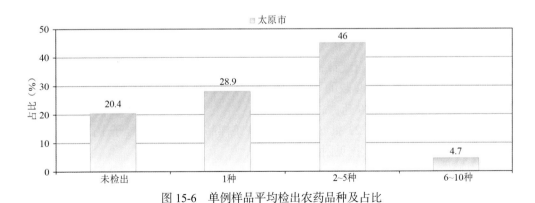

图 15-6　单例样品平均检出农药品种及占比

15.1.2.4　检出农药类别与占比

所有检出农药按功能分类，包括杀虫剂、杀菌剂、除草剂、植物生长调节剂、增塑剂、增效剂和其他共 7 类。其中杀虫剂与杀菌剂为主要检出的农药类别，分别占总数的

45.5%和29.3%，见表15-5及图15-7。

表 15-5　检出农药所属类别/占比

农药类别	数量/占比（%）
杀虫剂	45/45.5
杀菌剂	29/29.3
除草剂	19/19.2
植物生长调节剂	3/3.0
增塑剂	1/1.0
增效剂	1/1.0
其他	1/1.0

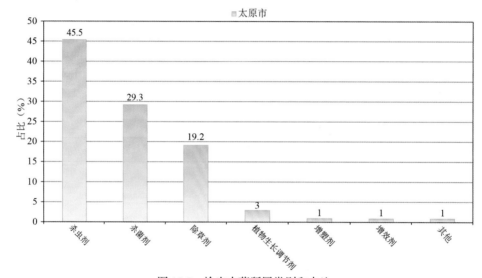

图 15-7　检出农药所属类别和占比

15.1.2.5　检出农药的残留水平

按检出农药残留水平进行统计，残留水平在1~5 μg/kg（含）的农药占总数的30.0%，在5~10 μg/kg（含）的农药占总数的16.6%，在10~100 μg/kg（含）的农药占总数的49.2%，在100~1000 μg/kg（含）的农药占总数的4.3%。

由此可见，这次检测的23批339例水果蔬菜样品中农药多数处于中高残留水平。结果见表15-6及图15-8，数据见附表2。

表 15-6　农药残留水平/占比

残留水平（μg/kg）	检出频次数/占比（%）
1~5（含）	197/30.0
5~10（含）	109/16.6
10~100（含）	323/49.2
100~1000（含）	28/4.3

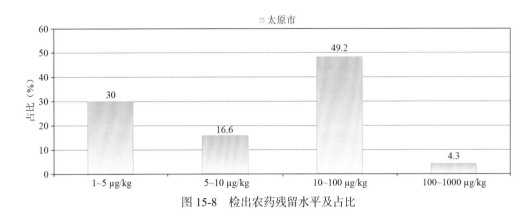

图 15-8　检出农药残留水平及占比

15.1.2.6　检出农药的毒性类别、检出频次和超标频次及占比

对这次检出的 99 种 657 频次的农药，按剧毒、高毒、中毒、低毒和微毒这五个毒性类别进行分类，从中可以看出，太原市目前普遍使用的农药为中低微毒农药，品种占 90.9%，频次占 96.2%，结果见表 15-7 及图 15-9。

表 15-7　检出农药毒性类别/占比

毒性分类	农药品种/占比（%）	检出频次/占比（%）	超标频次/超标率（%）
剧毒农药	4/4.0	6/0.9	1/16.7
高毒农药	5/5.1	19/2.9	0/0.0
中毒农药	31/31.3	283/43.1	0/0.0
低毒农药	39/39.4	222/33.8	0/0.0
微毒农药	20/20.2	127/19.3	0/0.0

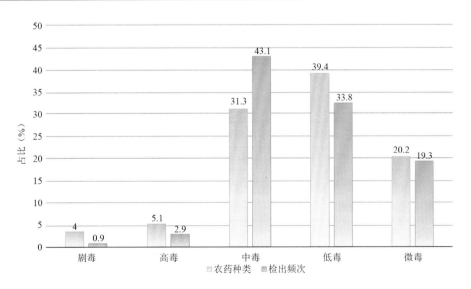

图 15-9　检出农药的毒性分类和占比

15.1.2.7　检出剧毒/高毒类农药的品种和频次

值得特别关注的是，在此次侦测的 339 例样品中有 7 种蔬菜 2 种水果的 22 例样品检出了 9 种 25 频次的剧毒和高毒农药，占样品总量的 6.5%，详见图 15-10、表 15-8 及表 15-9。

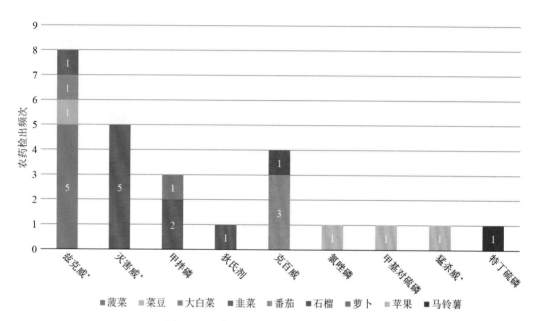

图 15-10　检出剧毒/高毒农药的样品情况

*表示允许在水果和蔬菜上使用的农药

表 15-8　剧毒农药检出情况

序号	农药名称	检出频次	超标频次	超标率
从 1 种水果中检出 1 种剧毒农药，共计检出 1 次				
1	甲基对硫磷*	1	0	0.0%
	小计	1	0	超标率：0.0%
从 3 种蔬菜中检出 3 种剧毒农药，共计检出 5 次				
1	甲拌磷*	3	1	33.3%
2	狄氏剂*	1	0	0.0%
3	特丁硫磷*	1	0	0.0%
	小计	5	1	超标率：20.0%
	合计	6	1	超标率：16.7%

表 15-9　高毒农药检出情况

序号	农药名称	检出频次	超标频次	超标率
从 2 种水果中检出 3 种高毒农药，共计检出 3 次				
1	克百威	1	0	0.0%
2	氯唑磷	1	0	0.0%
3	猛杀威	1	0	0.0%
	小计	3	0	超标率：0.0%
从 5 种蔬菜中检出 3 种高毒农药，共计检出 16 次				
1	兹克威	8	0	0.0%
2	灭害威	5	0	0.0%
3	克百威	3	0	0.0%
	小计	16	0	超标率：0.0%
	合计	19	0	超标率：0.0%

在检出的剧毒和高毒农药中，有 6 种是我国早已禁止在果树和蔬菜上使用的，分别是：克百威、甲拌磷、狄氏剂、氯唑磷、甲基对硫磷和特丁硫磷。禁用农药的检出情况见表 15-10。

表 15-10　禁用农药检出情况

序号	农药名称	检出频次	超标频次	超标率
从 5 种水果中检出 6 种禁用农药，共计检出 7 次				
1	硫丹	2	0	0.0%
2	氟虫腈	1	0	0.0%
3	甲基对硫磷*	1	0	0.0%
4	克百威	1	0	0.0%
5	氯唑磷	1	0	0.0%
6	氰戊菊酯	1	0	0.0%
	小计	7	0	超标率：0.0%
从 8 种蔬菜中检出 5 种禁用农药，共计检出 13 次				
1	硫丹	5	0	0.0%
2	甲拌磷*	3	1	33.3%
3	克百威	3	0	0.0%
4	狄氏剂*	1	0	0.0%
5	特丁硫磷*	1	0	0.0%
	小计	13	1	超标率：7.7%
	合计	20	1	超标率：5.0%

注：超标结果参考 MRL 中国国家标准计算

此次抽检的果蔬样品中，有 1 种水果 3 种蔬菜检出了剧毒农药，分别是：苹果中检出甲基对硫磷 1 次萝卜中检出甲拌磷 1 次；韭菜中检出狄氏剂 1 次，检出甲拌磷 2 次；马铃薯中检出特丁硫磷 1 次。

样品中检出剧毒和高毒农药残留水平超过 MRL 中国国家标准的频次为 1 次，其中：韭菜检出甲拌磷超标 1 次。本次检出结果表明，高毒、剧毒农药的使用现象依旧存在，详见表 15-11。

表 15-11 各样本中检出剧毒/高毒农药情况

样品名称	农药名称	检出频次	超标频次	检出浓度（μg/kg）
水果 2 种				
石榴	克百威▲	1	0	1.4
苹果	氯唑磷▲	1	0	1.3
苹果	猛杀威	1	0	27.7
苹果	甲基对硫磷*▲	1	0	7.1
小计		4	0	超标率：0.0%
蔬菜 7 种				
大白菜	兹克威	1	0	11.4
番茄	克百威▲	3	0	13.4，10.4，3.3
菜豆	兹克威	1	0	9.9
菠菜	兹克威	5	0	100.8，139.0，261.4，12.3，139.0
萝卜	甲拌磷*▲	1	0	2.7
韭菜	灭害威	5	0	41.7，78.2，68.4，2.0，15.7
韭菜	兹克威	1	0	20.2
韭菜	甲拌磷*▲	2	1	4.0，29.7[a]
韭菜	狄氏剂*▲	1	0	1.1
马铃薯	特丁硫磷*▲	1	0	3.3
小计		21	1	超标率：4.8%
合计		25	1	超标率：4.0%

15.2 农药残留检出水平与最大残留限量标准对比分析

我国于 2014 年 3 月 20 日正式颁布并于 2014 年 8 月 1 日正式实施食品农药残留限量国家标准《食品中农药最大残留限量》（GB 2763—2014）。该标准包括 371 个农药条目，涉及最大残留限量（MRL）标准 3653 项。将 657 频次检出农药的浓度水平与 3653 项 MRL 中国国家标准进行核对，其中只有 142 频次的农药找到了对应的 MRL 标准，占

21.6%，还有 515 频次的侦测数据则无相关 MRL 标准供参考，占 78.4%。

将此次侦测结果与国际上现行 MRL 标准对比发现，在 657 频次的检出结果中有 657 频次的结果找到了对应的 MRL 欧盟标准，占 100.0%，其中，396 频次的结果有明确对应的 MRL 标准，占 60.3%，其余 261 频次按照欧盟一律标准判定，占 39.7%；有 657 频次的结果找到了对应的 MRL 日本标准，占 100.0%，其中，281 频次的结果有明确对应的 MRL 标准，占 42.8%，其余 376 频次按照日本一律标准判定，占 57.2%；有 141 频次的结果找到了对应的 MRL 中国香港标准，占 21.5%；有 122 频次的结果找到了对应的 MRL 美国标准，占 18.6%；有 88 频次的结果找到了对应的 MRL CAC 标准，占 13.4%（见图 15-11 和图 15-12，数据见附表 3 至附表 8）。

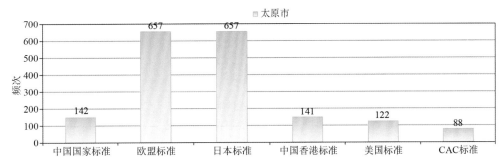

图 15-11　657 频次检出农药可用 MRL 中国国家标准、欧盟标准、日本标准、中国香港标准、美国标准、CAC 标准判定衡量的数量

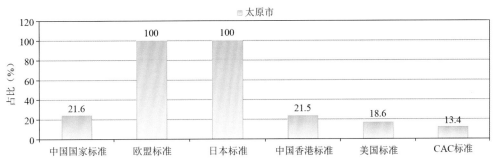

图 15-12　657 频次检出农药可用 MRL 中国国家标准、欧盟标准、日本标准、中国香港标准、美国标准、CAC 标准衡量的占比

15.2.1　超标农药样品分析

本次侦测的 339 例样品中，69 例样品未检出任何残留农药，占样品总量的 20.4%，270 例样品检出不同水平、不同种类的残留农药，占样品总量的 79.6%。在此，我们将本次侦测的农残检出情况与 MRL 中国国家标准、欧盟标准、日本标准、中国香港标准、美国标准和 CAC 标准这 6 大国际主流 MRL 标准进行对比分析，样品农残检出与超标情况见表 15-12、图 15-13 和图 15-14，详细数据见附表 9 至附表 14。

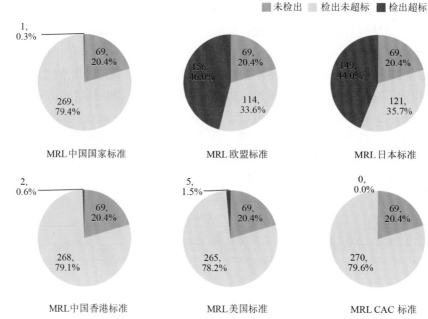

图 15-13　检出和超标样品比例情况

表 15-12　各 MRL 标准下样本农残检出与超标数量及占比

	中国国家标准	欧盟标准	日本标准	中国香港标准	美国标准	CAC 标准
	数量/占比（%）	数量/占比（%）	数量/占比（%）	数量/占比（%）	数量/占比（%）	数量/占比（%）
未检出	69/20.4	69/20.4	69/20.4	69/20.4	69/20.4	69/20.4
检出未超标	269/79.4	114/33.6	121/35.7	268/79.1	265/78.2	270/79.6
检出超标	1/0.3	156/46.0	149/44.0	2/0.6	5/1.5	0/0.0

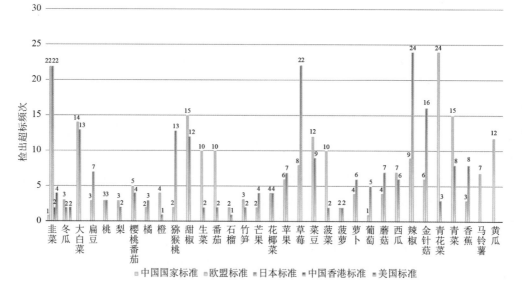

图 15-14　超过 MRL 中国国家标准、欧盟标准、日本标准、中国香港标准、
美国标准和 CAC 标准结果在水果蔬菜中的分布

15.2.2 超标农药种类分析

按照 MRL 中国国家标准、欧盟标准、日本标准、中国香港标准、美国标准和 CAC 标准这 6 大国际主流 MRL 标准衡量，本次侦测检出的农药超标品种及频次情况见表 15-13。

表 15-13 各 MRL 标准下超标农药品种及频次

	中国国家标准	欧盟标准	日本标准	中国香港标准	美国标准	CAC 标准
超标农药品种	1	45	40	1	3	0
超标农药频次	1	237	222	2	6	0

15.2.2.1 按 MRL 中国国家标准衡量

按 MRL 中国国家标准衡量，有 1 种农药超标，检出 1 频次，为剧毒农药甲拌磷。

按超标程度比较，韭菜中甲拌磷超标 2.0 倍，检测结果见图 15-15 和附表 15。

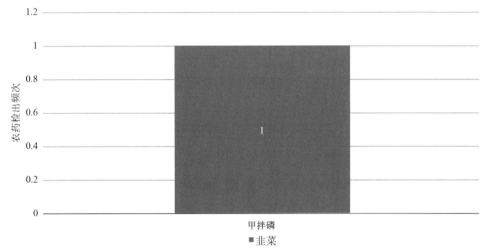

图 15-15 超过 MRL 中国国家标准农药品种及频次

15.2.2.2 按 MRL 欧盟标准衡量

按 MRL 欧盟标准衡量，共有 45 种农药超标，检出 237 频次，分别为剧毒农药甲拌磷，高毒农药猛杀威、克百威、兹克威和灭害威，中毒农药仲丁威、硫丹、喹螨醚、甲氰菊酯、炔丙菊酯、γ-氟氯氰菌酯、虫螨腈、噁霜灵、丙溴磷、苯硫威、棉铃威和特丁通，低毒农药茚草酮、磷酸三苯酯、扑草净、吡喃灵、杀螨特、己唑醇、吡咪唑、西玛通、烯虫炔酯、扑灭通、莠去通、新燕灵、甲醚菊酯、威杀灵、抑芽唑、乙滴滴、芬螨酯、啶斑肟和五氯苯胺，微毒农药敌草胺、腐霉利、溴丁酰草胺、嘧菌酯、解草腈、生物苄呋菊酯、醚菌酯、烯虫酯和仲草丹。

按超标程度比较，草莓中烯虫炔酯超标 91.1 倍，橙中新燕灵超标 84.1 倍，韭菜中啶斑肟超标 83.7 倍，生菜中乙滴滴超标 33.7 倍，甜椒中腐霉利超标 28.3 倍，检测结果见图 15-16 和附表 16。

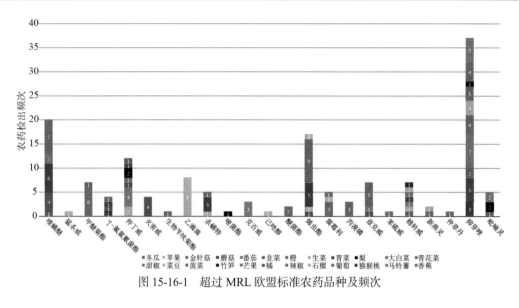

图 15-16-1　超过 MRL 欧盟标准农药品种及频次

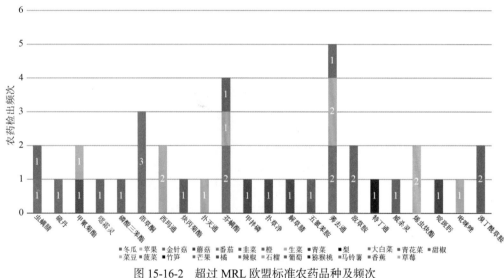

图 15-16-2　超过 MRL 欧盟标准农药品种及频次

15.2.2.3　按 MRL 日本标准衡量

按 MRL 日本标准衡量，共有 40 种农药超标，检出 222 频次，分别为高毒农药猛杀威、兹克威和灭害威，中毒农药毒死蜱、甲氰菊酯、三唑酮、炔丙菊酯、γ-氟氯氰菌酯、喹螨醚、哒螨灵、棉铃威、苯硫威和特丁通，低毒农药茚草酮、磷酸三苯酯、氟吡菌酰胺、吡喃灵、吡咪唑、西玛通、杀螨特、烯虫炔酯、扑灭通、莠去通、新燕灵、甲醚菊酯、威杀灵、抑芽唑、乙滴滴、芬螨酯、啶斑肟和五氯苯胺，微毒农药敌草胺、氟丙菊酯、溴丁酰草胺、腐霉利、解草腈、啶酰菌胺、醚菌酯、烯虫酯和仲草丹。

按超标程度比较，草莓中烯虫炔酯超标 91.1 倍，橙中新燕灵超标 84.1 倍，韭菜中啶斑肟超标 83.7 倍，生菜中乙滴滴超标 33.7 倍，樱桃番茄中氟吡菌酰胺超标 27.1 倍，检测结果见图 15-17 和附表 17。

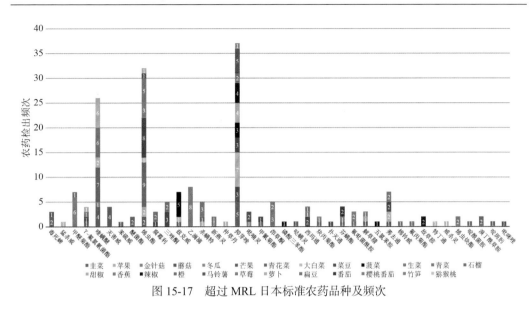

图 15-17　超过 MRL 日本标准农药品种及频次

15.2.2.4　按 MRL 中国香港标准衡量

按 MRL 中国香港标准衡量，有 1 种农药超标，检出 2 频次，为微毒农药敌草胺。按超标程度比较，辣椒中敌草胺超标 3.6 倍，检测结果见图 15-18 和附表 18。

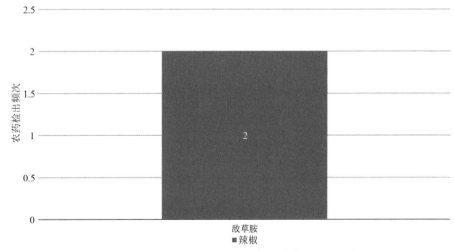

图 15-18　超过 MRL 中国香港标准农药品种及频次

15.2.2.5　按 MRL 美国标准衡量

按 MRL 美国标准衡量，共有 3 种农药超标，检出 6 频次，分别为中毒农药戊唑醇和毒死蜱，微毒农药敌草胺。

按超标程度比较，辣椒中敌草胺超标 3.6 倍，苹果中毒死蜱超标 1.4 倍，苹果中戊唑醇超标 0.8 倍，检测结果见图 15-19 和附表 19。

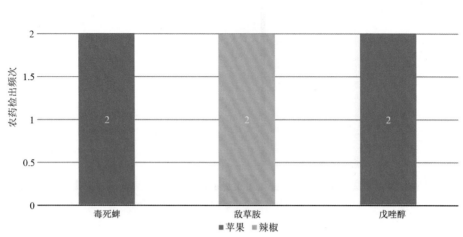

图 15-19　超过 MRL 美国标准农药品种及频次

15.2.2.6　按 MRL CAC 标准衡量

按 MRL CAC 标准衡量，无样品检出超标农药残留。

15.2.3　16 个采样点超标情况分析

15.2.3.1　按 MRL 中国国家标准衡量

按 MRL 中国国家标准衡量，有 1 个采样点的样品存在超标农药检出，超标率为 6.2%，如图 15-20 和表 15-14 所示。

表 15-14　超过 MRL 中国国家标准水果蔬菜在不同采样点分布

序号	采样点	样品总数	超标数量	超标率（%）	行政区域
1	***超市	16	1	6.2	杏花岭区

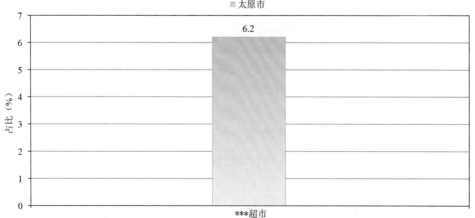

图 15-20　超过 MRL 中国国家标准水果蔬菜在不同采样点分布

15.2.3.2　按 MRL 欧盟标准衡量

按 MRL 欧盟标准衡量，所有采样点的样品存在不同程度的超标农药检出，其中***超市的超标率最高，为 62.5%，如图 15-21 和表 15-15 所示。

表 15-15　超过 MRL 欧盟标准水果蔬菜在不同采样点分布

序号	采样点	样品总数	超标数量	超标率(%)	行政区域
1	***超市（羊市街店）	43	20	46.5	迎泽区
2	***超市（和平北路店）	43	17	39.5	尖草坪区
3	***市场	32	19	59.4	小店区
4	***超市（迎泽公寓店）	31	18	58.1	迎泽区
5	***超市（兴华街店）	31	15	48.4	万柏林区
6	***超市（三墙店）	16	9	56.2	杏花岭区
7	***超市	16	10	62.5	杏花岭区
8	***超市（龙山大街店）	16	6	37.5	晋源区
9	***市场	15	5	33.3	杏花岭区
10	***超市（学府街店）	15	5	33.3	小店区
11	***超市（重机店）	15	5	33.3	万柏林区
12	***超市（西峪东街店）	15	6	40.0	晋源区
13	***市场	15	4	26.7	尖草坪区
14	***超市（太原万达店）	12	6	50.0	杏花岭区
15	***超市（太原长风店）	12	6	50.0	小店区
16	***超市（美特好酒楼店）	12	5	41.7	万柏林区

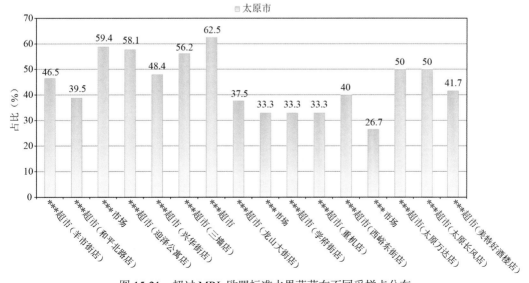

图 15-21　超过 MRL 欧盟标准水果蔬菜在不同采样点分布

15.2.3.3　按 MRL 日本标准衡量

按 MRL 日本标准衡量，所有采样点的样品存在不同程度的超标农药检出，其中***超市的超标率最高，为 62.5%，如图 15-22 和表 15-16 所示。

表 15-16　超过 MRL 日本标准水果蔬菜在不同采样点分布

序号	采样点	样品总数	超标数量	超标率（%）	行政区域
1	***超市（羊市街店）	43	17	39.5	迎泽区
2	***超市（和平北路店）	43	17	39.5	尖草坪区
3	***市场	32	19	59.4	小店区
4	***超市（迎泽公寓店）	31	18	58.1	迎泽区
5	***超市（兴华街店）	31	15	48.4	万柏林区
6	***超市（三墙店）	16	9	56.2	杏花岭区
7	***超市	16	10	62.5	杏花岭区
8	***超市（龙山大街店）	16	7	43.8	晋源区
9	***市场	15	6	40.0	杏花岭区
10	***超市（学府街店）	15	7	46.7	小店区
11	***超市（重机店）	15	6	40.0	万柏林区
12	***超市（西峪东街店）	15	6	40.0	晋源区
13	***市场	15	3	20.0	尖草坪区
14	***超市（太原万达店）	12	3	25.0	杏花岭区
15	***超市（太原长风店）	12	4	33.3	小店区
16	***超市（美特好酒楼店）	12	2	16.7	万柏林区

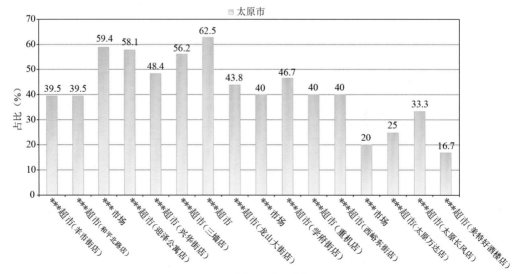

图 15-22　超过 MRL 日本标准水果蔬菜在不同采样点分布

15.2.3.4　按 MRL 中国香港标准衡量

按 MRL 中国香港标准衡量，有 2 个采样点的样品存在不同程度的超标农药检出，其中***超市（太原万达店）和***超市（太原长风店）的超标率最高，为 8.3%，如图 15-23 和表 15-17 所示。

表 15-17　超过 MRL 中国香港标准水果蔬菜在不同采样点分布

序号	采样点	样品总数	超标数量	超标率（%）	行政区域
1	***超市（太原万达店）	12	1	8.3	杏花岭区
2	***超市（太原长风店）	12	1	8.3	小店区

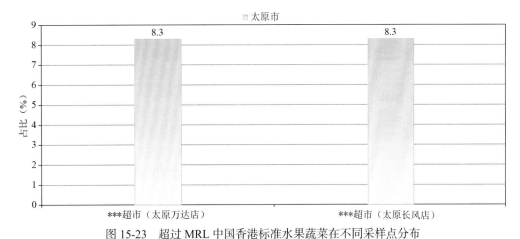

图 15-23　超过 MRL 中国香港标准水果蔬菜在不同采样点分布

15.2.3.5　按 MRL 美国标准衡量

按 MRL 美国标准衡量，有 5 个采样点的样品存在不同程度的超标农药检出，其中***超市（太原万达店）和***超市（太原长风店）的超标率最高，均为 8.3%，如图 15-24 和表 15-18 所示。

表 15-18　超过 MRL 美国标准水果蔬菜在不同采样点分布

序号	采样点	样品总数	超标数量	超标率（%）	行政区域
1	***市场	32	1	3.1	小店区
2	***超市	16	1	6.2	杏花岭区
3	***超市（重机店）	15	1	6.7	万柏林区
4	***超市（太原万达店）	12	1	8.3	杏花岭区
5	***超市（太原长风店）	12	1	8.3	小店区

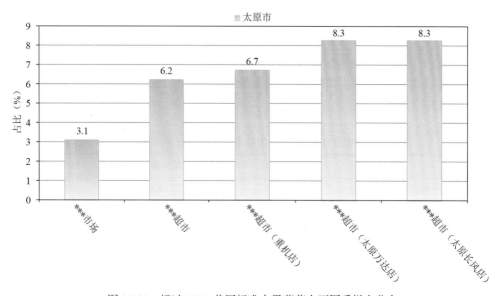

图 15-24　超过 MRL 美国标准水果蔬菜在不同采样点分布

15.2.3.6　按 MRL CAC 标准衡量

按 MRL CAC 标准衡量，所有采样点的样品均未检出超标农药残留。

15.3　水果中农药残留分布

15.3.1　检出农药品种和频次排前 10 的水果

本次残留侦测的水果共 14 种，包括西瓜、桃、猕猴桃、石榴、香蕉、苹果、葡萄、草莓、梨、芒果、橘、火龙果、菠萝和橙。

根据检出农药品种及频次进行排名，将各项排名前 10 位的水果样品检出情况列表说明，详见表 15-19。

表 15-19　检出农药品种和频次排名前 10 的水果

检出农药品种排名前 10（品种）	①苹果（17），②芒果（13），③草莓（11），④香蕉（10），⑤猕猴桃（8），⑥橙（7），⑦梨（7），⑧橘（5），⑨石榴（4），⑩葡萄（3）
检出农药频次排名前 10（频次）	①苹果（33），②梨（27），③香蕉（24），④芒果（23），⑤草莓（16），⑥橙（14），⑦橘（11），⑧西瓜（10），⑨猕猴桃（8），⑩石榴（4）
检出禁用、高毒及剧毒农药品种排名前 10（品种）	①苹果（3），②猕猴桃（2），③草莓（1），④梨（1），⑤石榴（1）
检出禁用、高毒及剧毒农药频次排名前 10（频次）	①苹果（3），②猕猴桃（2），③草莓（1），④梨（1），⑤石榴（1）

15.3.2　超标农药品种和频次排前 10 的水果

鉴于 MRL 欧盟标准和日本标准制定比较全面且覆盖率较高，我们参照 MRL 中国国家标准、欧盟标准和日本标准衡量水果样品中农残检出情况，将超标农药品种及频次排名前 10 的水果列表说明，详见表 15-20。

表 15-20　超标农药品种和频次排名前 10 的水果

超标农药品种排名前 10（农药品种数）	MRL 中国国家标准	
	MRL 欧盟标准	①草莓（5），②苹果（5），③橙（3），④橘（2），⑤梨（2），⑥芒果（2），⑦猕猴桃（2），⑧石榴（2），⑨西瓜（2），⑩菠萝（1）
	MRL 日本标准	①草莓（4），②苹果（3），③橙（2），④芒果（2），⑤石榴（2），⑥菠萝（1），⑦梨（1），⑧猕猴桃（1），⑨桃（1），⑩西瓜（1）
超标农药频次排名前 10（农药频次数）	MRL 中国国家标准	
	MRL 欧盟标准	①草莓（8），②西瓜（7），③苹果（6），④橙（4），⑤梨（3），⑥桃（3），⑦香蕉（3），⑧菠萝（2），⑨橘（2），⑩芒果（2）
	MRL 日本标准	①草莓（7），②西瓜（5），③苹果（4），④橙（3），⑤桃（3），⑥香蕉（3），⑦菠萝（2），⑧梨（2），⑨芒果（2），⑩石榴（2）

通过对各品种水果样本总数及检出率进行综合分析发现，苹果、香蕉和梨的残留污染最为严重，在此，我们参照 MRL 中国国家标准、欧盟标准和日本标准对这 3 种水果的农残检出情况进行进一步分析。

15.3.3　农药残留检出率较高的水果样品分析

15.3.3.1　苹果

这次共检测 23 例苹果样品，19 例样品中检出了农药残留，检出率为 82.6%，检出农药共计 17 种。其中毒死蜱、烯虫酯、戊唑醇、三唑酮和仲丁威检出频次较高，分别检出了 10、4、3、2 和 2 次。苹果中农药检出品种和频次见图 15-25，超标农药见图 15-26 和表 15-21。

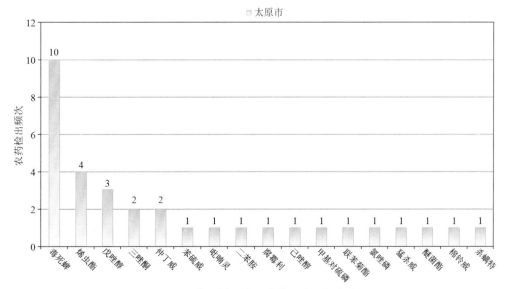

图 15-25　苹果样品检出农药品种和频次分析

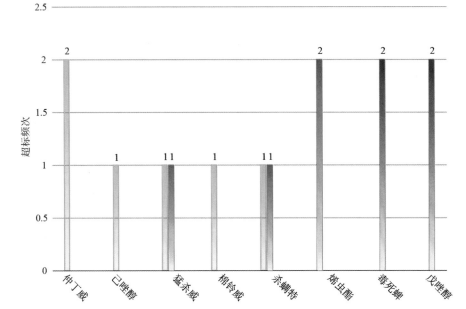

图 15-26 苹果样品中超标农药分析

表 15-21 苹果中农药残留超标情况明细表

样品总数	检出农药样品数	样品检出率（%）	检出农药品种总数
23	19	82.6	17

	超标农药品种	超标农药频次	按照 MRL 中国国家标准、欧盟标准和日本标准衡量超标农药名称及频次
中国国家标准	0	0	
欧盟标准	5	6	仲丁威（2），己唑醇（1），猛杀威（1），棉铃威（1），杀螨特（1）
日本标准	3	4	烯虫酯（2），猛杀威（1），杀螨特（1）

15.3.3.2 香蕉

这次共检测 11 例香蕉样品，全部检出了农药残留，检出率为 100.0%，检出农药共计 10 种。其中三唑酮、噻菌灵、四氢呋胺、茚草酮和吡喃灵检出频次较高，分别检出了 6、4、4、3 和 2 次。香蕉中农药检出品种和频次见图 15-27，超标农药见图 15-28 和表 15-22。

15.3.3.3 梨

这次共检测 23 例梨样品，18 例样品中检出了农药残留，检出率为 78.3%，检出农药共计 7 种。其中毒死蜱、吡喃灵、三唑酮、硫丹和嘧菌酯检出频次较高，分别检出了 15、6、2、1 和 1 次。梨中农药检出品种和频次见图 15-29，超标农药见图 15-30 和表 15-23。

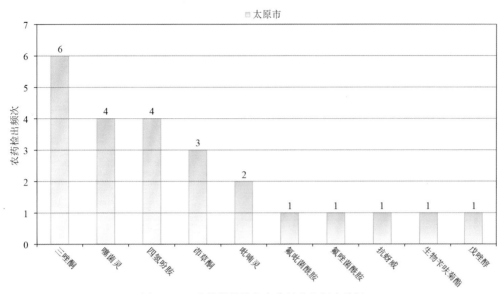

图 15-27 香蕉样品检出农药品种和频次分析

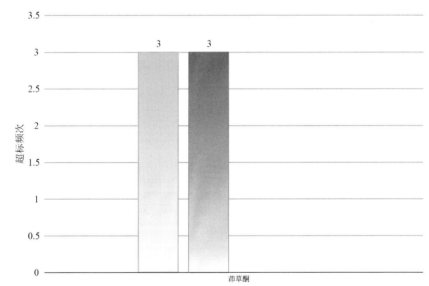

图 15-28 香蕉样品中超标农药分析

表 15-22 香蕉中农药残留超标情况明细表

样品总数		检出农药样品数	样品检出率（%）	检出农药品种总数
11		11	100	10
	超标农药品种	超标农药频次	按照 MRL 中国国家标准、欧盟标准和日本标准衡量超标农药名称及频次	
中国国家标准	0	0		
欧盟标准	1	3	茚草酮（3）	
日本标准	1	3	茚草酮（3）	

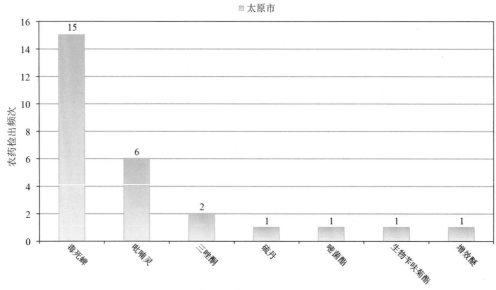

图 15-29　梨样品检出农药品种和频次分析

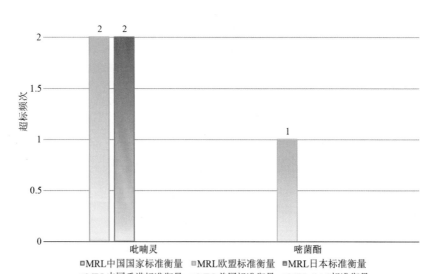

图 15-30　梨样品中超标农药分析

表 15-23　梨中农药残留超标情况明细表

样品总数		检出农药样品数	样品检出率（%）	检出农药品种总数
23		18	78.3	7
	超标农药品种	超标农药频次	按照 MRL 中国国家标准、欧盟标准和日本标准衡量超标农药名称及频次	
中国国家标准	0	0		
欧盟标准	2	3	吡唑灵（2），嘧菌酯（1）	
日本标准	1	2	吡唑灵（2）	

15.4 蔬菜中农药残留分布

15.4.1 检出农药品种和频次排前 10 的蔬菜

本次残留侦测的蔬菜共 18 种，包括韭菜、黄瓜、番茄、菠菜、花椰菜、甜椒、辣椒、扁豆、樱桃番茄、青花菜、萝卜、马铃薯、菜豆、大白菜、冬瓜、生菜、竹笋和青菜。

根据检出农药品种及频次进行排名，将各项排名前 10 位的蔬菜样品检出情况列表说明，详见表 15-24。

表 15-24　检出农药品种和频次排名前 10 的蔬菜

检出农药品种排名前 10（品种）	①韭菜（18），②甜椒（18），③黄瓜（16），④樱桃番茄（16），⑤菜豆（15），⑥番茄（15），⑦马铃薯（14），⑧大白菜（12），⑨辣椒（12），⑩菠菜（11）
检出农药频次排名前 10（频次）	①韭菜（47），②黄瓜（45），③甜椒（39），④菜豆（35），⑤大白菜（32），⑥马铃薯（30），⑦番茄（29），⑧青菜（29），⑨青花菜（28），⑩樱桃番茄（28）
检出禁用、高毒及剧毒农药品种排名前 10（品种）	①韭菜（4），②大白菜（2），③扁豆（1），④菠菜（1），⑤菜豆（1），⑥番茄（1），⑦黄瓜（1），⑧萝卜（1），⑨马铃薯（1），⑩樱桃番茄（1）
检出禁用、高毒及剧毒农药频次排名前 10（频次）	①韭菜（9），②菠菜（5），③番茄（3），④大白菜（2），⑤黄瓜（2），⑥扁豆（1），⑦菜豆（1），⑧萝卜（1），⑨马铃薯（1），⑩樱桃番茄（1）

15.4.2 超标农药品种和频次排前 10 的蔬菜

鉴于 MRL 欧盟标准和日本标准制定比较全面且覆盖率较高，我们参照 MRL 中国国家标准、欧盟标准和日本标准衡量蔬菜样品中农残检出情况，将超标农药品种及频次排名前 10 的蔬菜列表说明，详见表 15-25。

表 15-25　超标农药品种和频次排名前 10 的蔬菜

	MRL 中国国家标准	①韭菜（1）
超标农药品种排名前 10（农药品种数）	MRL 欧盟标准	①韭菜（12），②菜豆（8），③青花菜（8），④甜椒（8），⑤大白菜（6），⑥辣椒（5），⑦菠菜（4），⑧番茄（4），⑨青菜（4），⑩樱桃番茄（4）
	MRL 日本标准	①韭菜（10），②菜豆（9），③青花菜（8），④扁豆（5），⑤大白菜（5），⑥青菜（5），⑦甜椒（5），⑧菠菜（3），⑨辣椒（3），⑩马铃薯（3）
	MRL 中国国家标准	①韭菜（1）
超标农药频次排名前 10（农药频次数）	MRL 欧盟标准	①青花菜（24），②韭菜（22），③青菜（15），④甜椒（15），⑤大白菜（14），⑥菜豆（12），⑦黄瓜（12），⑧菠菜（10），⑨番茄（10），⑩生菜（10）
	MRL 日本标准	①青花菜（24），②菜豆（22），③韭菜（22），④青菜（16），⑤大白菜（13），⑥甜椒（13），⑦生菜（12），⑧菠菜（9），⑨黄瓜（8），⑩马铃薯（8）

通过对各品种蔬菜样本总数及检出率进行综合分析发现，韭菜、甜椒和黄瓜的残留污染最为严重，在此，我们参照 MRL 中国国家标准、欧盟标准和日本标准对这 3 种蔬菜的农残检出情况进行进一步分析。

15.4.3 农药残留检出率较高的蔬菜样品分析

15.4.3.1 韭菜

这次共检测 17 例韭菜样品，15 例样品中检出了农药残留，检出率为 88.2%，检出农药共计 18 种。其中二甲戊灵、毒死蜱、喹螨醚、灭害威和抑芽唑检出频次较高，分别检出了 9、6、6、5 和 5 次。韭菜中农药检出品种和频次见图 15-31，超标农药见图 15-32 和表 15-26。

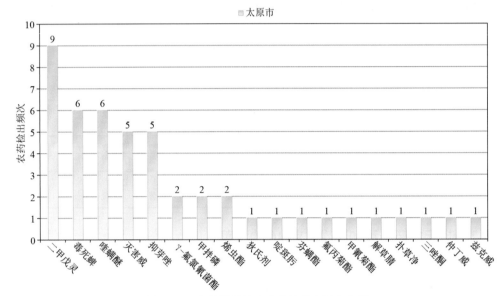

图 15-31　韭菜样品检出农药品种和频次分析

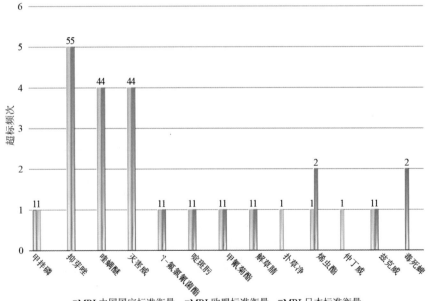

图 15-32　韭菜样品中超标农药分析

表 15-26　韭菜中农药残留超标情况明细表

样品总数		检出农药样品数	样品检出率（%）	检出农药品种总数
17		15	88.2	18

	超标农药品种	超标农药频次	按照 MRL 中国国家标准、欧盟标准和日本标准衡量超标农药名称及频次
中国国家标准	1	1	甲拌磷（1）
欧盟标准	12	22	抑芽唑（5）、喹螨醚（4）、灭害威（4）、γ-氟氯氰菌酯（1）、啶斑肟（1）、甲拌磷（1）、甲氰菊酯（1）、解草腈（1）、扑草净（1）、烯虫酯（1）、仲丁威（1）、兹克威（1）
日本标准	10	22	抑芽唑（5）、喹螨醚（4）、灭害威（4）、毒死蜱（2）、烯虫酯（2）、γ-氟氯氰菌酯（1）、啶斑肟（1）、甲氰菊酯（1）、解草腈（1）、兹克威（1）

15.4.3.2　甜椒

这次共检测 18 例甜椒样品，15 例样品中检出了农药残留，检出率为 83.3%，检出农药共计 18 种。其中喹螨醚、抑芽唑、丙溴磷、腐霉利和三唑酮检出频次较高，分别检出了 7、5、4、3 和 3 次。甜椒中农药检出品种和频次见图 15-33，超标农药见图 15-34 和表 15-27。

15.4.3.3　黄瓜

这次共检测 17 例黄瓜样品，全部检出了农药残留，检出率为 100.0%，检出农药共计 16 种。其中哒螨灵、芬螨酯、虫螨腈、甲霜灵和嘧霉胺检出频次较高，分别检出了 12、9、3、3 和 3 次。黄瓜中农药检出品种和频次见图 15-35，超标农药见图 15-36 和表 15-28。

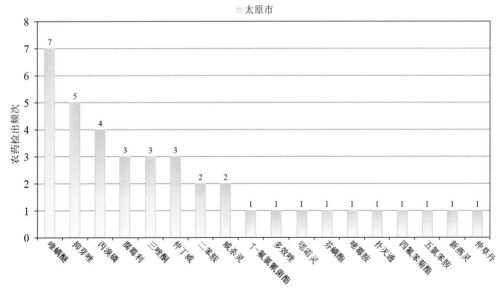

图 15-33　甜椒样品检出农药品种和频次分析

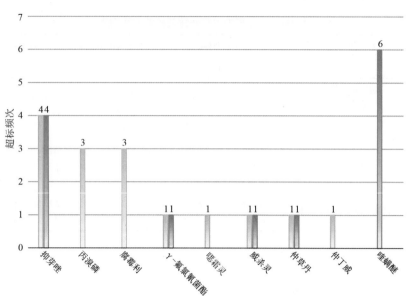

图 15-34　甜椒样品中超标农药分析

表 15-27　甜椒中农药残留超标情况明细表

样品总数		检出农药样品数	样品检出率（%）	检出农药品种总数
18		15	83.3	18
	超标农药品种	超标农药频次	按照 MRL 中国国家标准、欧盟标准和日本标准衡量超标农药名称及频次	
中国国家标准	0	0		
欧盟标准	8	15	抑芽唑（4），丙溴磷（3），腐霉利（3），γ-氟氯氰菌酯（1），噁霜灵（1），威杀灵（1），仲草丹（1），仲丁威（1）	
日本标准	5	13	喹螨醚（6），抑芽唑（4），γ-氟氯氰菌酯（1），威杀灵（1），仲草丹（1）	

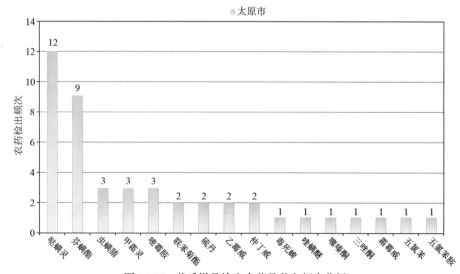

图 15-35　黄瓜样品检出农药品种和频次分析

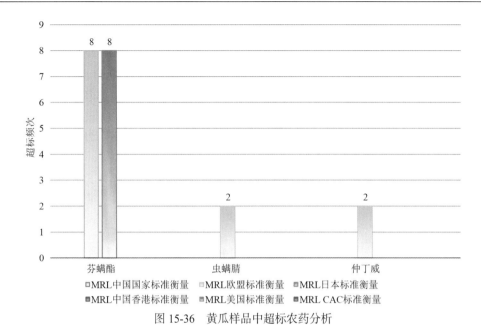

图 15-36　黄瓜样品中超标农药分析

表 15-28　黄瓜中农药残留超标情况明细表

样品总数		检出农药样品数	样品检出率（％）	检出农药品种总数
17		17	100	16
	超标农药品种	超标农药频次	按照 MRL 中国国家标准、欧盟标准和日本标准衡量超标农药名称及频次	
中国国家标准	0	0		
欧盟标准	3	12	芬螨酯（8）、虫螨腈（2）、仲丁威（2）	
日本标准	1	8	芬螨酯（8）	

15.5　初 步 结 论

15.5.1　太原市市售水果蔬菜按 MRL 中国国家标准和国际主要 MRL 标准衡量的合格率

本次侦测的 339 例样品中，69 例样品未检出任何残留农药，占样品总量的 20.4%，270 例样品检出不同水平、不同种类的残留农药，占样品总量的 79.6%。在这 270 例检出农药残留的样品中：

按照 MRL 中国国家标准衡量，有 269 例样品检出残留农药但含量没有超标，占样品总数的 79.4%，有 1 例样品检出了超标农药，占样品总数的 0.3%。

按照 MRL 欧盟标准衡量，有 114 例样品检出残留农药但含量没有超标，占样品总数的 33.6%，有 156 例样品检出了超标农药，占样品总数的 46.0%。

按照 MRL 日本标准衡量，有 121 例样品检出残留农药但含量没有超标，占样品总数的 35.7%，有 149 例样品检出了超标农药，占样品总数的 44.0%。

按照 MRL 中国香港标准衡量，有 268 例样品检出残留农药但含量没有超标，占样品总数的 79.1%，有 2 例样品检出了超标农药，占样品总数的 0.6%。

按照 MRL 美国标准衡量，有 265 例样品检出残留农药但含量没有超标，占样品总数的 78.2%，有 5 例样品检出了超标农药，占样品总数的 1.5%。

按照 MRL CAC 标准衡量，有 270 例样品检出残留农药但含量没有超标，占样品总数的 79.6%，无样品检出超标农药。

15.5.2 太原市市售水果蔬菜中检出农药以中低微毒农药为主，占市场主体的 90.9%

这次侦测的 339 例样品包括食用菌 2 种 144 例，水果 14 种 17 例，蔬菜 18 种 178 例，共检出了 99 种农药，检出农药的毒性以中低微毒为主，详见表 15-29。

表 15-29　市场主体农药毒性分布

毒性	检出品种	占比	检出频次	占比
剧毒农药	4	4.0%	6	0.9%
高毒农药	5	5.1%	19	2.9%
中毒农药	31	31.3%	283	43.1%
低毒农药	39	39.4%	222	33.8%
微毒农药	20	20.2%	127	19.3%
中低微毒农药，品种占比 90.9%，频次占比 96.2%				

15.5.3 检出剧毒、高毒和禁用农药现象应该警醒

在此次侦测的 339 例样品中有 10 种蔬菜和 5 种水果的 30 例样品检出了 12 种 34 频次的剧毒和高毒或禁用农药，占样品总量的 8.8%。其中剧毒农药甲拌磷、狄氏剂和甲基对硫磷以及高毒农药兹克威、灭害威和克百威检出频次较高。

按 MRL 中国国家标准衡量，剧毒农药甲拌磷，检出 3 次，超标 1 次；高毒农药按超标程度比较，韭菜中甲拌磷超标 2.0 倍。

剧毒、高毒或禁用农药的检出情况及按照 MRL 中国国家标准衡量的超标情况见表 15-30。

表 15-30　剧毒、高毒或禁用农药的检出及超标明细

序号	农药名称	样品名称	检出频次	超标频次	最大超标倍数	超标率
1.1	特丁硫磷*▲	马铃薯	1	0	0	0.0%
2.1	狄氏剂*▲	韭菜	1	0	0	0.0%
3.1	甲基对硫磷*▲	苹果	1	0	0	0.0%

续表

序号	农药名称	样品名称	检出频次	超标频次	最大超标倍数	超标率
4.1	甲拌磷*▲	韭菜	2	1	1.97	50.0%
4.2	甲拌磷*▲	萝卜	1	0	0	0.0%
5.1	克百威◇▲	番茄	3	0	0	0.0%
5.2	克百威◇▲	石榴	1	0	0	0.0%
6.1	兹克威◇	菠菜	5	0	0	0.0%
6.2	兹克威◇	大白菜	1	0	0	0.0%
6.3	兹克威◇	菜豆	1	0	0	0.0%
6.4	兹克威◇	韭菜	1	0	0	0.0%
7.1	氯唑磷▲	苹果	1	0	0	0.0%
8.1	灭害威◇	韭菜	5	0	0	0.0%
9.1	猛杀威◇	苹果	1	0	0	0.0%
10.1	氟虫腈▲	猕猴桃	1	0	0	0.0%
11.1	氰戊菊酯▲	猕猴桃	1	0	0	0.0%
12.1	硫丹▲	黄瓜	2	0	0	0.0%
12.2	硫丹▲	大白菜	1	0	0	0.0%
12.3	硫丹▲	扁豆	1	0	0	0.0%
12.4	硫丹▲	梨	1	0	0	0.0%
12.5	硫丹▲	樱桃番茄	1	0	0	0.0%
12.6	硫丹▲	草莓	1	0	0	0.0%
合计			34	1		2.9%

注：超标倍数参照 MRL 中国国家标准衡量

这些超标的剧毒和高毒农药都是中国政府早有规定禁止在水果蔬菜中使用的，为什么还屡次被检出，应该引起警惕。

15.5.4　残留限量标准与先进国家或地区标准差距较大

657 频次的检出结果与我国公布的《食品中农药最大残留限量》（GB 2763—2014）对比，有 142 频次能找到对应的 MRL 中国国家标准，占 21.6%；还有 515 频次的侦测数据无相关 MRL 标准供参考，占 78.4%。

与国际上现行 MRL 标准对比发现：

有 657 频次能找到对应的 MRL 欧盟标准，占 100.0%；

有 657 频次能找到对应的 MRL 日本标准，占 100.0%；

有 141 频次能找到对应的 MRL 中国香港标准，占 21.5%；

有 122 频次能找到对应的 MRL 美国标准，占 18.6%；

有 88 频次能找到对应的 MRL CAC 标准，占 13.4%。

由上可见，MRL 中国国家标准与先进国家或地区标准还有很大差距，我们无标准，境外有标准，这就会导致我们在国际贸易中，处于受制于人的被动地位。

15.5.5　水果蔬菜单种样品检出 11~18 种农药残留，拷问农药使用的科学性

通过此次监测发现，苹果、芒果和草莓是检出农药品种最多的 3 种水果，韭菜、甜椒和黄瓜是检出农药品种最多的 3 种蔬菜，从中检出农药品种及频次详见表 15-31。

表 15-31　单种样品检出农药品种及频次

样品名称	样品总数	检出农药样品数	检出率	检出农药品种数	检出农药（频次）
韭菜	17	15	88.2%	18	二甲戊灵（9），毒死蜱（6），喹螨醚（6），灭害威（5），抑芽唑（5），γ-氟氯氰菊酯（2），甲拌磷（2），烯虫酯（2），狄氏剂（1），啶斑肟（1），芬螨酯（1），氟丙菊酯（1），甲氰菊酯（1），解草腈（1），扑草净（1），三唑酮（1），仲丁威（1），兹克威（1）
甜椒	18	15	83.3%	18	喹螨醚（7），抑芽唑（5），丙溴磷（4），腐霉利（3），三唑酮（3），仲丁威（3），二苯胺（2），威杀灵（2），γ-氟氯氰菊酯（1），多效唑（1），噁霜灵（1），芬螨酯（1），嘧霉胺（1），扑灭通（1），四氟苯菊酯（1），五氯苯胺（1），新燕灵（1），仲草丹（1）
黄瓜	17	17	100.0%	16	哒螨灵（12），芬螨酯（9），虫螨腈（3），甲霜灵（3），嘧霉胺（3），联苯菊酯（2），硫丹（2），乙霉威（2），仲丁威（2），毒死蜱（1），喹螨醚（1），噻嗪酮（1），三唑酮（1），霜霉威（1），五氯苯（1），五氯苯胺（1）
苹果	23	19	82.6%	17	毒死蜱（10），烯虫酯（4），戊唑醇（3），三唑酮（2），仲丁威（2），苯硫威（1），吡喃灵（1），二苯胺（1），腐霉利（1），己唑醇（1），甲基对硫磷（1），联苯菊酯（1），氯唑磷（1），猛杀威（1），醚菌酯（1），棉铃威（1），杀螨特（1）
芒果	6	6	100.0%	13	苯硫威（5），嘧菌酯（3），三唑酮（3），多效唑（2），解草腈（2），吡喃灵（1），氟吡菌酰胺（1），氟硅唑（1），氟唑菌酰胺（1），邻苯二甲酰亚胺（1），四氟醚唑（1），戊唑醇（1），莠去通（1）
草莓	6	6	100.0%	11	三唑酮（3），烯虫炔酯（2），茚草酮（2），莠去通（2），氟吡菌酰胺（1），腐霉利（1），甲霜灵（1），硫丹（1），扑灭通（1），肟菌酯（1），西玛通（1）

上述 6 种水果蔬菜，检出农药 11~18 种，是多种农药综合防治，还是未严格实施农业良好管理规范（GAP），抑或根本就是乱施药，值得我们思考。

第16章 GC-Q-TOF/MS 侦测太原市市售水果蔬菜农药残留膳食暴露风险与预警风险评估

16.1 农药残留风险评估方法

16.1.1 太原市农药残留侦测数据分析与统计

庞国芳院士科研团队建立的农药残留高通量侦测技术以高分辨精确质量数（0.0001 *m/z* 为基准）为识别标准，采用 GC-Q-TOF/MS 技术对 507 种农药化学污染物进行侦测。

科研团队于 2015 年 7 月~2017 年 9 月在太原市所属 6 个区的 16 个采样点，随机采集了 339 例水果蔬菜样品，采样点分布在超市和农贸市场，具体位置如图 16-1 所示，各月内水果蔬菜样品采集数量如表 16-1 所示。

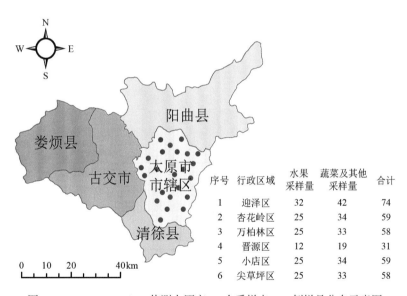

序号	行政区域	水果采样量	蔬菜及其他采样量	合计
1	迎泽区	32	42	74
2	杏花岭区	25	34	59
3	万柏林区	25	33	58
4	晋源区	12	19	31
5	小店区	25	34	59
6	尖草坪区	25	33	58

图 16-1 GC-Q-TOF/MS 侦测太原市 16 个采样点 339 例样品分布示意图

表 16-1 太原市各月内采集水果蔬菜样品数列表

时间	样品数（例）
2015 年 7 月	183
2016 年 4 月	96
2017 年 9 月	60

利用 GC-Q-TOF/MS 技术对 339 例样品中的农药进行侦测，侦测出残留农药 99 种，656 频次。侦测出农药残留水平如表 16-2 和图 16-2 所示。检出频次最高的前 10 种农药如表 16-3 所示。从侦测结果中可以看出，在水果蔬菜中农药残留普遍存在，且有些水果蔬菜存在高浓度的农药残留，这些可能存在膳食暴露风险，对人体健康产生危害，因此，为了定量地评价水果蔬菜中农药残留的风险程度，有必要对其进行风险评价。

表 16-2　侦测出农药的不同残留水平及其所占比例列表

残留水平（μg/kg）	检出频次	占比（%）
1~5（含）	192	29.3
5~10（含）	113	17.2
10~100（含）	323	49.2
100~1000（含）	28	4.3
合计	656	100

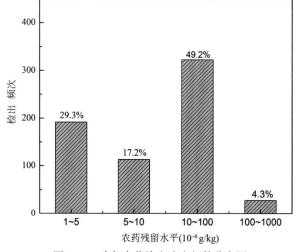

图 16-2　残留农药检出浓度频数分布图

表 16-3　检出频次最高的前 10 种农药列表

序号	农药	检出频次（次）
1	抑芽唑	52
2	三唑酮	50
3	烯虫酯	45
4	喹螨醚	44
5	毒死蜱	43
6	仲丁威	28
7	芬螨酯	27
8	吡喃灵	22
9	哒螨灵	21
10	腐霉利	17

16.1.2　农药残留风险评价模型

对太原市水果蔬菜中农药残留分别开展暴露风险评估和预警风险评估。膳食暴露风险评估利用食品安全指数模型对水果蔬菜中的残留农药对人体可能产生的危害程度进行评价，该模型结合残留监测和膳食暴露评估评价化学污染物的危害；预警风险评价模型运用风险系数（risk index, R），风险系数综合考虑了危害物的超标率、施检频率及其本身敏感性的影响，能直观而全面地反映出危害物在一段时间内的风险程度。

16.1.2.1　食品安全指数模型

为了加强食品安全管理，《中华人民共和国食品安全法》第二章第十七条规定"国家建立食品安全风险评估制度，运用科学方法，根据食品安全风险监测信息、科学数据以及有关信息，对食品、食品添加剂、食品相关产品中生物性、化学性和物理性危害因素进行风险评估"[1]，膳食暴露评估是食品危险度评估的重要组成部分，也是膳食安全性的衡量标准[2]。国际上最早研究膳食暴露风险评估的机构主要是 JMPR（FAO、WHO农药残留联合会议），该组织自 1995 年就已制定了急性毒性物质的风险评估急性毒性农药残留摄入量的预测。1960 年美国规定食品中不得加入致癌物质进而提出零阈值理论，渐渐零阈值理论发展成在一定概率条件下可接受风险的概念[3]，后衍变为食品中每日允许最大摄入量（ADI），而国际食品农药残留法典委员会（CCPR）认为 ADI 不是独立风险评估的唯一标准[4]，1995 年 JMPR 开始研究农药急性膳食暴露风险评估，并对食品国际短期摄入量的计算方法进行了修正，亦对膳食暴露评估准则及评估方法进行了修正[5]，2002 年，在对世界上现行的食品安全评价方法，尤其是国际公认的 CAC 的评价方法、全球环境监测系统/食品污染监测和评估规划（WHO GEMS/Food）及 FAO、WHO 食品添加剂联合专家委员会（JECFA）和 JMPR 对食品安全风险评估工作研究的基础之上，检验检疫食品安全管理的研究人员提出了结合残留监控和膳食暴露评估，以食品安全指数 IFS 计算食品中各种化学污染物对消费者的健康危害程度[6]。IFS 是表示食品安全状态的新方法，可有效地评价某种农药的安全性，进而评价食品中各种农药化学污染物对消费者健康的整体危害程度[7, 8]。从理论上分析，IFS_c 可指出食品中的污染物 c 对消费者健康是否存在危害及危害的程度[9]。其优点在于操作简单且结果容易被接受和理解，不需要大量的数据来对结果进行验证，使用默认的标准假设或者模型即可[10, 11]。

1）IFS_c 的计算

IFS_c 计算公式如下：

$$\text{IFS}_c = \frac{\text{EDI}_c \times f}{\text{SI}_c \times \text{bw}} \tag{16-1}$$

式中，c 为所研究的农药；EDI_c 为农药 c 的实际日摄入量估算值，等于 $\sum(R_i \times F_i \times E_i \times P_i)$（$i$ 为食品种类；R_i 为食品 i 中农药 c 的残留水平，mg/kg；F_i 为食品 i 的估计日消费量，g/（人·天）；E_i 为食品 i 的可食用部分因子；P_i 为食品 i 的加工处理因子）；SI_c 为安全摄入量，可采用每日允许最大摄入量 ADI；bw 为人平均体重，kg；f 为校正因子，如果安全摄入量采用 ADI，则 f 取 1。

IFS$_c$≪1，农药 c 对食品安全没有影响；IFS$_c$≤1，农药 c 对食品安全的影响可以接受；IFS$_c$＞1，农药 c 对食品安全的影响不可接受。

本次评价中：

IFS$_c$≤0.1，农药 c 对水果蔬菜安全没有影响；

0.1＜IFS$_c$≤1，农药 c 对水果蔬菜安全的影响可以接受；

IFS$_c$＞1，农药 c 对水果蔬菜安全的影响不可接受。

本次评价中残留水平 R_i 取值为中国检验检疫科学研究院庞国芳院士课题组利用以高分辨精确质量数（0.0001 m/z）为基准的 GC-Q-TOF/MS 侦测技术于 2015 年 7 月~2017 年 9 月对太原市水果蔬菜农药残留的侦测结果，估计日消费量 F_i 取值 0.38 kg/（人·天），E_i=1，P_i=1，f=1，SI$_c$ 采用《食品安全国家标准 食品中农药最大残留限量》（GB 2763—2016）中 ADI 值（具体数值见表 16-4），人平均体重（bw）取值 60 kg。

表 16-4 太原市水果蔬菜中侦测出农药的 ADI 值

序号	农药	ADI	序号	农药	ADI	序号	农药	ADI
1	醚菌酯	0.4	21	丙溴磷	0.03	41	五氯硝基苯	0.01
2	霜霉威	0.4	22	甲氰菊酯	0.03	42	联苯菊酯	0.01
3	邻苯基苯酚	0.4	23	戊唑醇	0.03	43	噻嗪酮	0.009
4	马拉硫磷	0.3	24	三唑酮	0.03	44	苯硫威	0.0075
5	嘧菌酯	0.2	25	二甲戊灵	0.03	45	氟硅唑	0.007
6	嘧霉胺	0.2	26	虫螨腈	0.03	46	硫丹	0.006
7	增效醚	0.2	27	生物苄呋菊酯	0.03	47	环酯草醚	0.0056
8	氯磺隆	0.2	28	醚菊酯	0.03	48	己唑醇	0.005
9	仲丁灵	0.2	29	腈菌唑	0.03	49	喹螨醚	0.005
10	腐霉利	0.1	30	氟乐灵	0.025	50	烯唑醇	0.005
11	噻菌灵	0.1	31	抗蚜威	0.02	51	乙霉威	0.004
12	吡丙醚	0.1	32	氰戊菊酯	0.02	52	甲基对硫磷	0.003
13	多效唑	0.1	33	莠去津	0.02	53	特丁津	0.003
14	甲霜灵	0.08	34	伏杀硫磷	0.02	54	异丙威	0.002
15	二苯胺	0.08	35	西玛津	0.018	55	克百威	0.001
16	仲丁威	0.06	36	氟吡菌酰胺	0.01	56	甲拌磷	0.0007
17	氯菊酯	0.05	37	哒螨灵	0.01	57	特丁硫磷	0.0006
18	啶酰菌胺	0.04	38	毒死蜱	0.01	58	氟虫腈	0.0002
19	扑草净	0.04	39	噁霜灵	0.01	59	狄氏剂	0.0001
20	肟菌酯	0.04	40	螺螨酯	0.01	60	氯唑磷	0.00005

续表

序号	农药	ADI	序号	农药	ADI	序号	农药	ADI
61	烯虫炔酯	—	74	烯虫酯	—	87	特丁通	—
62	新燕灵	—	75	灭害威	—	88	威杀灵	—
63	啶斑肟	—	76	甲醚菊酯	—	89	氟丙菊酯	—
64	敌草胺	—	77	吡咪唑	—	90	扑灭通	—
65	乙滴滴	—	78	溴丁酰草胺	—	91	菲	—
66	兹克威	—	79	棉铃威	—	92	氟唑菌酰胺	—
67	解草腈	—	80	五氯苯胺	—	93	四氢吩胺	—
68	抑芽唑	—	81	吡喃灵	—	94	四氟醚唑	—
69	茚草酮	—	82	猛杀威	—	95	四氟苯菊酯	—
70	芬螨酯	—	83	西玛通	—	96	五氯苯	—
71	磷酸三苯酯	—	84	莠去通	—	97	邻苯二甲酰亚胺	—
72	杀螨特	—	85	仲草丹	—	98	乙嘧酚磺酸酯	—
73	γ-氟氯氰菌酯	—	86	炔丙菊酯	—	99	灭草敌	—

注：“—”表示为国家标准中无 ADI 值规定；ADI 值单位为 mg/kg bw

2）计算 IFS_c 的平均值 $\overline{IFS}$，评价农药对食品安全的影响程度

以 $\overline{IFS}$ 评价各种农药对人体健康危害的总程度，评价模型见公式（16-2）。

$$\overline{IFS} = \frac{\sum_{i=1}^{n} IFS_c}{n} \qquad （16-2）$$

$\overline{IFS} \ll 1$，所研究消费者人群的食品安全状态很好；$\overline{IFS} \leqslant 1$，所研究消费者人群的食品安全状态可以接受；$\overline{IFS} > 1$，所研究消费者人群的食品安全状态不可接受。

本次评价中：

$\overline{IFS} \leqslant 0.1$，所研究消费者人群的水果蔬菜安全状态很好；

$0.1 < \overline{IFS} \leqslant 1$，所研究消费者人群的水果蔬菜安全状态可以接受；

$\overline{IFS} > 1$，所研究消费者人群的水果蔬菜安全状态不可接受。

16.1.2.2　预警风险评估模型

2003 年，我国检验检疫食品安全管理的研究人员根据 WTO 的有关原则和我国的具体规定，结合危害物本身的敏感性、风险程度及其相应的施检频率，首次提出了食品中危害物风险系数 R 的概念[12]。R 是衡量一个危害物的风险程度大小最直观的参数，即在一定时期内其超标率或阳性检出率的高低,但受其施检频率的高低及其本身的敏感性（受关注程度）影响。该模型综合考察了农药在蔬菜中的超标率、施检频率及其本身敏感性，能直观而全面地反映出农药在一段时间内的风险程度[13]。

1）R 计算方法

危害物的风险系数综合考虑了危害物的超标率或阳性检出率、施检频率和其本身的敏感性影响，并能直观而全面地反映出危害物在一段时间内的风险程度。风险系数 R 的计算公式如式（16-3）：

$$R = aP + \frac{b}{F} + S \tag{16-3}$$

式中，P 为该种危害物的超标率；F 为危害物的施检频率；S 为危害物的敏感因子；a，b 分别为相应的权重系数。

本次评价中 $F=1$；$S=1$；$a=100$；$b=0.1$，对参数 P 进行计算，计算时首先判断是否为禁用农药，如果为非禁用农药，$P=$超标的样品数（侦测出的含量高于食品最大残留限量标准值，即 MRL）除以总样品数（包括超标、不超标、未侦测出）；如果为禁用农药，则侦测出即为超标，$P=$能侦测出的样品数除以总样品数。判断太原市水果蔬菜农药残留是否超标的标准限值 MRL 分别以 MRL 中国国家标准[14]和 MRL 欧盟标准作为对照，具体值列于本报告附表一中。

2）评价风险程度

$R \leqslant 1.5$，受检农药处于低度风险；

$1.5 < R \leqslant 2.5$，受检农药处于中度风险；

$R > 2.5$，受检农药处于高度风险。

16.1.2.3　食品膳食暴露风险和预警风险评估应用程序的开发

1）应用程序开发的步骤

为成功开发膳食暴露风险和预警风险评估应用程序，与软件工程师多次沟通讨论，逐步提出并描述清楚计算需求，开发了初步应用程序。为明确出不同水果蔬菜、不同农药、不同地域和不同季节的风险水平，向软件工程师提出不同的计算需求，软件工程师对计算需求进行逐一地分析，经过反复的细节沟通，需求分析得到明确后，开始进行解决方案的设计，在保证需求的完整性、一致性的前提下，编写出程序代码，最后设计出满足需求的风险评估专用计算软件，并通过一系列的软件测试和改进，完成专用程序的开发。软件开发基本步骤见图 16-3。

图 16-3　专用程序开发总体步骤

2）膳食暴露风险评估专业程序开发的基本要求

首先直接利用公式（16-1），分别计算 LC-Q-TOF/MS 和 GC-Q-TOF/MS 仪器侦测出的各水果蔬菜样品中每种农药 IFS_c，将结果列出。为考察超标农药和禁用农药的使用安全性，分别以我国《食品安全国家标准　食品中农药最大残留限量》（GB 2763—2016）

和欧盟食品中农药最大残留限量（以下简称 MRL 中国国家标准和 MRL 欧盟标准）为标准，对侦测出的禁用农药和超标的非禁用农药 IFS$_c$ 单独进行评价；按 IFS$_c$ 大小列表，并找出 IFS$_c$ 值排名前 20 的样本重点关注。

对不同水果蔬菜 i 中每一种侦测出的农药 c 的安全指数进行计算，多个样品时求平均值。若监测数据为该市多个月的数据，则逐月、逐季度分别列出每个月、每个季度内每一种水果蔬菜 i 对应的每一种农药 c 的 IFS$_c$。

按农药种类，计算整个监测时间段内每种农药的 IFS$_c$，不区分水果蔬菜。若侦测数据为该市多个月的数据，则需分别计算每个月、每个季度内每种农药的 IFS$_c$。

3）预警风险评估专业程序开发的基本要求

分别以 MRL 中国国家标准和 MRL 欧盟标准，按公式（16-3）逐个计算不同水果蔬菜、不同农药的风险系数，禁用农药和非禁用农药分别列表。

为清楚了解各种农药的预警风险，不分时间，不分水果蔬菜，按禁用农药和非禁用农药分类，分别计算各种侦测出农药全部侦测时段内风险系数。由于有 MRL 中国国家标准的农药种类太少，无法计算超标数，非禁用农药的风险系数只以 MRL 欧盟标准为标准，进行计算。若侦测数据为多个月的，则按月计算每个月、每个季度内每种禁用农药残留的风险系数和以 MRL 欧盟标准为标准的非禁用农药残留的风险系数。

4）风险程度评价专业应用程序的开发方法

采用 Python 计算机程序设计语言，Python 是一个高层次地结合了解释性、编译性、互动性和面向对象的脚本语言。风险评价专用程序主要功能包括：分别读入每例样品 LC-Q-TOF/MS 和 GC-Q-TOF/MS 农药残留侦测数据，根据风险评价工作要求，依次对不同农药、不同食品、不同时间、不同采样点的 IFS$_c$ 值和 R 值分别进行数据计算，筛选出禁用农药、超标农药（分别与 MRL 中国国家标准、MRL 欧盟标准限值进行对比）单独重点分析，再分别对各农药、各水果蔬菜种类分类处理，设计出计算和排序程序，编写计算机代码，最后将生成的膳食暴露风险评估和超标风险评估定量计算结果列入设计好的各个表格中，并定性判断风险对目标的影响程度，直接用文字描述风险发生的高低，如"不可接受"、"可以接受"、"没有影响"、"高度风险"、"中度风险"、"低度风险"。

16.2　GC-Q-TOF/MS 侦测太原市市售水果蔬菜农药残留膳食暴露风险评估

16.2.1　每例水果蔬菜样品中农药残留安全指数分析

基于农药残留侦测数据，发现在 339 例样品中侦测出农药 656 频次，计算样品中每种残留农药的安全指数 IFS$_c$，并分析农药对样品安全的影响程度，结果详见附表二，农药残留对水果蔬菜样品安全的影响程度频次分布情况如图 16-4 所示。

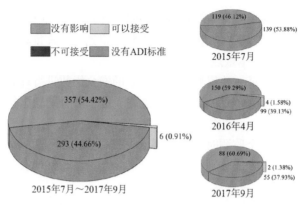

图16-4　农药残留对水果蔬菜样品安全的影响程度频次分布图

由图16-4可以看出，农药残留对样品安全的影响可以接受的频次为6，占0.91%；农药残留对样品安全没有影响的频次为357，占54.42%。分析发现，所有月份内，农药对样品安全的影响均在可以接受和没有影响的范围内。表16-5为对水果蔬菜样品中安全指数排名前10的残留农药列表。

表16-5　水果蔬菜样品中安全指数排名前10的残留农药列表

序号	样品编号	采样点	基质	农药	含量（mg/kg）	IFS$_c$	影响程度
1	20160413-140100-AHCIQ-SN-06A	***农贸市场	樱桃番茄	硫丹	0.4277	0.4515	可以接受
2	20160413-140100-AHCIQ-BC-06A	***农贸市场	大白菜	硫丹	0.3544	0.3741	可以接受
3	20160412-140100-AHCIQ-JC-05A	***超市	韭菜	甲拌磷	0.0297	0.2687	可以接受
4	20160413-140100-AHCIQ-SN-06A	***农贸市场	樱桃番茄	氟吡菌酰胺	0.2813	0.1782	可以接受
5	20170923-140100-AHCIQ-AP-04A	***超市（太原长风店）	苹果	氯唑磷	0.0013	0.1647	可以接受
6	20170923-140100-AHCIQ-MH-03A	***超市（和平北路店）	猕猴桃	氟虫腈	0.0039	0.1235	可以接受
7	20150730-140100-AHCIQ-AP-12A	***市场	苹果	己唑醇	0.0693	0.0878	没有影响
8	20170923-140100-AHCIQ-TO-05A	***超市（美特好酒楼店）	番茄	克百威	0.0134	0.0849	没有影响
9	20150730-140100-AHCIQ-JC-07A	***超市（西岭东街店）	韭菜	狄氏剂	0.0011	0.0697	没有影响
10	20170923-140100-AHCIQ-TO-03A	***超市（和平北路店）	番茄	克百威	0.0104	0.0659	没有影响

部分样品侦测出禁用农药9种20频次，为了明确残留的禁用农药对样品安全的影响，分析侦测出禁用农药残留的样品安全指数，禁用农药残留对水果蔬菜样品安全的影响程度频次分布情况如图16-5所示，农药残留对样品安全的影响可以接受的频次为5，占25%；农药残留对样品安全没有影响的频次为15，占75%。由图中可以看出3个月份

的水果蔬菜样品中均侦测出禁用农药残留，分析发现，所有月份内，禁用农药对样品安全的影响均在可以接受和没有影响的范围内。表 16-6 列出了水果蔬菜样品中侦测出的残留禁用农药的安全指数表。

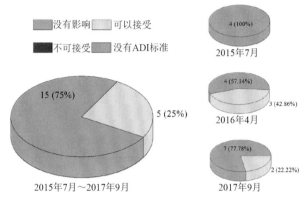

图 16-5　禁用农药对水果蔬菜样品安全影响程度的频次分布图

表 16-6　水果蔬菜样品中侦测出的残留禁用农药的安全指数表

序号	样品编号	采样点	基质	农药	含量（mg/kg）	IFS$_c$	影响程度
1	20160413-140100-AHCIQ-SN-06A	***市场	樱桃番茄	硫丹	0.4277	0.4515	可以接受
2	20160413-140100-AHCIQ-BC-06A	***市场	大白菜	硫丹	0.3544	0.3741	可以接受
3	20160412-140100-AHCIQ-JC-05A	***超市	韭菜	甲拌磷	0.0297	0.2687	可以接受
4	20170923-140100-AHCIQ-AP-04A	***超市（太原长风店）	苹果	氯唑磷	0.0013	0.1647	可以接受
5	20170923-140100-AHCIQ-MH-03A	***超市（和平北路店）	猕猴桃	氟虫腈	0.0039	0.1235	可以接受
6	20170923-140100-AHCIQ-TO-05A	***超市（美特好酒楼店）	番茄	克百威	0.0134	0.0849	没有影响
7	20150730-140100-AHCIQ-JC-07A	***超市（西峪东街店）	韭菜	狄氏剂	0.0011	0.0697	没有影响
8	20170923-140100-AHCIQ-TO-03A	***超市（和平北路店）	番茄	克百威	0.0104	0.0659	没有影响
9	20160412-140100-AHCIQ-JC-02A	***超市（迎泽公寓店）	韭菜	甲拌磷	0.004	0.0362	没有影响
10	20150730-140100-AHCIQ-PO-12A	***市场	马铃薯	特丁硫磷	0.0033	0.0348	没有影响
11	20170923-140100-AHCIQ-LB-04A	***超市（太原长风店）	萝卜	甲拌磷	0.0027	0.0244	没有影响
12	20160413-140100-AHCIQ-ST-06A	***市场	草莓	硫丹	0.0228	0.0241	没有影响
13	20160412-140100-AHCIQ-PE-03A	***超市（和平北路店）	梨	硫丹	0.0224	0.0236	没有影响
14	20170923-140100-AHCIQ-TO-04A	***超市（太原长风店）	番茄	克百威	0.0033	0.0209	没有影响

续表

序号	样品编号	采样点	基质	农药	含量（mg/kg）	IFS$_c$	影响程度
15	20150729-140100-AHCIQ-CU-02A	***市场	黄瓜	硫丹	0.0187	0.0197	没有影响
16	20170923-140100-AHCIQ-AP-04A	***超市（太原长风店）	苹果	甲基对硫磷	0.0071	0.0150	没有影响
17	20150730-140100-AHCIQ-CU-10A	***市场	黄瓜	硫丹	0.01	0.0106	没有影响
18	20170923-140100-AHCIQ-SL-01A	***超市（羊市街店）	石榴	克百威	0.0014	0.0089	没有影响
19	20160412-140100-AHCIQ-KB-01A	***超市（羊市街店）	扁豆	硫丹	0.008	0.0084	没有影响
20	20170923-140100-AHCIQ-MH-03A	***超市（和平北路店）	猕猴桃	氰戊菊酯	0.019	0.0060	没有影响

此外，本次侦测发现部分样品中非禁用农药残留量没有超过 MRL 中国国家标准，但超过了欧盟标准，为了明确超标的非禁用农药对样品安全的影响，分析了非禁用农药残留超标的样品安全指数。

残留量超过 MRL 欧盟标准的非禁用农药对水果蔬菜样品安全的影响程度频次分布情况如图 16-6 所示。可以看出超过 MRL 欧盟标准的非禁用农药共 231 频次，其中农药没有 ADI 标准的频次为 168，占 72.73%；农药残留对样品安全没有影响的频次为 63，占 27.27%。表 16-7 为水果蔬菜样品中安全指数排名前 10 的残留超标非禁用农药列表。

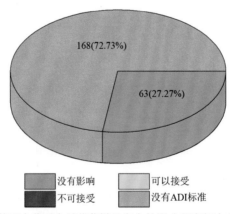

图 16-6　残留超标的非禁用农药对水果蔬菜样品安全的影响程度频次分布图（MRL 欧盟标准）

表 16-7　水果蔬菜样品中安全指数排名前 10 的残留超标非禁用农药列表（MRL 欧盟标准）

序号	样品编号	采样点	基质	农药	含量（mg/kg）	欧盟标准	IFS$_c$	影响程度
1	20150730-140100-AHCIQ-AP-12A	***市场	苹果	己唑醇	0.0693	0.01	0.0878	没有影响
2	20160412-140100-AHCIQ-PP-04A	***超市（兴华街店）	甜椒	丙溴磷	0.2567	0.01	0.0542	没有影响
3	20150729-140100-AHCIQ-QC-05A	***超市（三墙店）	青菜	喹螨醚	0.0289	0.01	0.0366	没有影响

续表

序号	样品编号	采样点	基质	农药	含量（mg/kg）	欧盟标准	IFS$_c$	影响程度
4	20150729-140100-AHCIQ-QC-06A	***超市（重机店）	青菜	喹螨醚	0.0285	0.01	0.0361	没有影响
5	20150729-140100-AHCIQ-QC-02A	***市场	青菜	喹螨醚	0.0263	0.01	0.0333	没有影响
6	20160412-140100-AHCIQ-PP-03A	***超市（和平北路店）	甜椒	丙溴磷	0.1525	0.01	0.0322	没有影响
7	20150730-140100-AHCIQ-QC-08A	***超市（学府街店）	青菜	喹螨醚	0.0228	0.01	0.0289	没有影响
8	20150730-140100-AHCIQ-XL-11A	***超市（和平北路店）	青花菜	喹螨醚	0.0225	0.01	0.0285	没有影响
9	20150730-140100-AHCIQ-XL-07A	***超市（西峪东街店）	青花菜	喹螨醚	0.0224	0.01	0.0284	没有影响
10	20150729-140100-AHCIQ-BC-05A	***超市（三墙店）	大白菜	喹螨醚	0.022	0.01	0.0279	没有影响

在 339 例样品中，69 例样品未侦测出农药残留，270 例样品中侦测出农药残留，计算每例有农药侦测出样品的 $\overline{\text{IFS}}$ 值，进而分析样品的安全状态结果如图 16-7 所示（未侦测出农药的样品安全状态视为很好）。可以看出，0.59% 的样品安全状态可以接受；79.94%的样品安全状态很好。所有月份内的样品安全状态均在很好和可以接受的范围内。表 16-8 列出了水果蔬菜安全指数排名前 10 的样品列表。

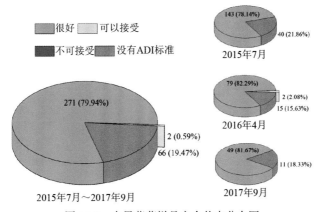

图 16-7　水果蔬菜样品安全状态分布图

表 16-8　水果蔬菜安全指数排名前 10 的样品列表

序号	样品编号	采样点	基质	$\overline{\text{IFS}}$	安全状态
1	20160413-140100-AHCIQ-SN-06A	***市场	樱桃番茄	0.1292	可以接受
2	20160413-140100-AHCIQ-BC-06A	***市场	大白菜	0.1255	可以接受
3	20160412-140100-AHCIQ-JC-05A	***超市	韭菜	0.0906	很好
4	20170923-140100-AHCIQ-AP-04A	***超市（太原长风店）	苹果	0.0898	很好
5	20160412-140100-AHCIQ-PP-04A	***超市（兴华街店）	甜椒	0.0542	很好
6	20150730-140100-AHCIQ-AP-12A	***市场	苹果	0.0439	很好

续表

序号	样品编号	采样点	基质	$\overline{IFS}$	安全状态
7	20150729-140100-AHCIQ-QC-05A	***超市（三墙店）	青菜	0.0366	很好
8	20150729-140100-AHCIQ-QC-06A	***超市（重机店）	青菜	0.0361	很好
9	20150729-140100-AHCIQ-QC-02A	***市场	青菜	0.0333	很好
10	20150730-140100-AHCIQ-JC-07A	***超市（西峪东街店）	韭菜	0.0286	很好

16.2.2　单种水果蔬菜中农药残留安全指数分析

本次 34 种水果蔬菜中侦测出 99 种农药，检出频次为 656 次，其中 39 种农药没有
ADI 标准，60 种农药存在 ADI 标准。1 种水果蔬菜未侦测出任何农药，对其他的 33 种
水果蔬菜按不同种类分别计算侦测出的具有 ADI 标准的各种农药的 IFS_c 值，农药残留对
水果蔬菜的安全指数分布图如图 16-8 所示。

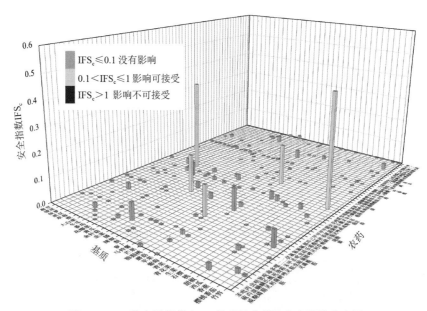

图 16-8　33 种水果蔬菜中 60 种残留农药的安全指数分布图

分析发现，单种水果蔬菜中的农药残留安全影响都处于可以接受和没有影响的范围
内，表 16-9 列出单种水果蔬菜中安全指数表排名前 10 的残留农药列表。

表 16-9　单种水果蔬菜中安全指数表排名前 10 的残留农药列表

序号	基质	农药	检出频次	检出率（%）	IFS>1 的频次	IFS>1 的比例	IFS_c	影响程度
1	樱桃番茄	硫丹	1	3.57	0	0	0.4515	可以接受
2	大白菜	硫丹	1	3.13	0	0	0.3741	可以接受
3	苹果	氯唑磷	1	3.03	0	0	0.1647	可以接受
4	韭菜	甲拌磷	2	4.26	0	0	0.1525	可以接受
5	猕猴桃	氟虫腈	1	12.50	0	0	0.1235	可以接受

续表

序号	基质	农药	检出频次	检出率(%)	IFS>1 的频次	IFS>1 的比例	IFSc	影响程度
6	苹果	己唑醇	1	3.03	0	0	0.0878	没有影响
7	韭菜	狄氏剂	1	2.13	0	0	0.0697	没有影响
8	樱桃番茄	氟吡菌酰胺	3	10.71	0	0	0.0658	没有影响
9	番茄	克百威	3	10.34	0	0	0.0572	没有影响
10	马铃薯	特丁硫磷	1	3.45	0	0	0.0348	没有影响

本次侦测中，33 种水果蔬菜和 99 种残留农药（包括没有 ADI 标准）共涉及 305 个分析样本，农药对单种水果蔬菜安全的影响程度分布情况如图 16-9 所示。可以看出，57.05%的样本中农药对水果蔬菜安全没有影响，1.64%的样本中农药对水果蔬菜安全的影响可以接受。

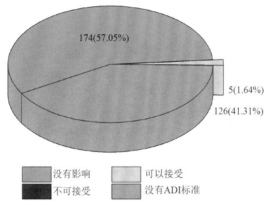

图 16-9　305 个分析样本的影响程度频次分布图

此外，分别计算 33 种水果蔬菜中所有侦测出农药 IFSc 的平均值 $\overline{IFS}$，分析每种水果蔬菜的安全状态，结果如图 16-10 所示，分析发现，所有水果蔬菜的安全状态均为很好。

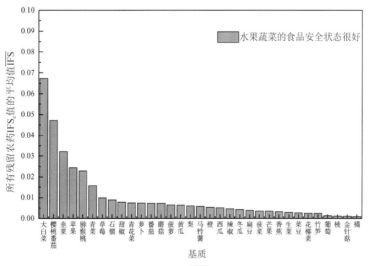

图 16-10　33 种水果蔬菜的 $\overline{IFS}$ 值和安全状态统计图

对每个月内每种水果蔬菜中农药的 IFS_c 进行分析，并计算每月内每种水果蔬菜的 $\overline{IFS}$ 值，以评价每种水果蔬菜的安全状态，结果如图 16-11 所示，可以看出，所有月份的水果蔬菜的安全状态均处于很好的范围内，各月份内单种水果蔬菜安全状态统计情况如图 16-12 所示。

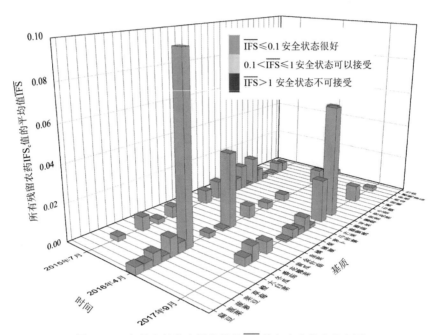

图 16-11　各月内每种水果蔬菜的 $\overline{IFS}$ 值与安全状态分布图

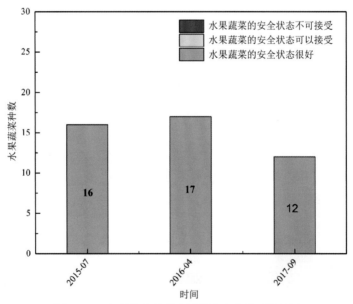

图 16-12　各月份内单种水果蔬菜安全状态统计图

16.2.3　所有水果蔬菜中农药残留安全指数分析

计算所有水果蔬菜中 60 种农药的 $\overline{IFS_c}$ 值，结果如图 16-13 及表 16-10 所示。

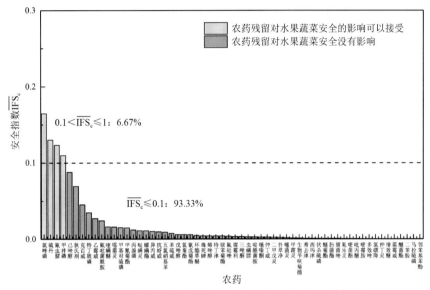

图 16-13　60 种残留农药对水果蔬菜的安全影响程度统计图

分析发现，所有农药的 $\overline{IFS_c}$ 均小于 1，说明所有农药对水果蔬菜安全的影响均在没有影响和可接受的范围内，其中 6.67% 的农药对水果蔬菜安全的影响可以接受，93.33%的农药对水果蔬菜的安全没有影响。

表 16-10　水果蔬菜中 60 种农药残留的安全指数表

序号	农药	检出频次	检出率（%）	$\overline{IFS_c}$	影响程度	序号	农药	检出频次	检出率（%）	$\overline{IFS_c}$	影响程度
1	氯唑磷	1	0.15	0.1647	可以接受	15	丙溴磷	8	1.22	0.0120	没有影响
2	硫丹	7	1.07	0.1303	可以接受	16	哒螨灵	21	3.20	0.0111	没有影响
3	氟虫腈	1	0.15	0.1235	可以接受	17	螺螨酯	1	0.15	0.0110	没有影响
4	甲拌磷	3	0.46	0.1098	可以接受	18	异丙威	1	0.15	0.0101	没有影响
5	己唑醇	1	0.15	0.0878	没有影响	19	抗蚜威	1	0.15	0.0094	没有影响
6	狄氏剂	1	0.15	0.0697	没有影响	20	五氯硝基苯	1	0.15	0.0091	没有影响
7	克百威	4	0.61	0.0451	没有影响	21	苯硫威	6	0.91	0.0075	没有影响
8	特丁硫磷	1	0.15	0.0348	没有影响	22	戊唑醇	8	1.22	0.0062	没有影响
9	乙霉威	4	0.61	0.0272	没有影响	23	氯菊酯	1	0.15	0.0061	没有影响
10	氟吡菌酰胺	10	1.52	0.0243	没有影响	24	氰戊菊酯	1	0.15	0.0060	没有影响
11	喹螨醚	44	6.71	0.0161	没有影响	25	环酯草醚	1	0.15	0.0048	没有影响
12	噁霜灵	1	0.15	0.0160	没有影响	26	毒死蜱	43	6.55	0.0045	没有影响
13	甲基对硫磷	1	0.15	0.0150	没有影响	27	烯唑醇	1	0.15	0.0044	没有影响
14	甲氰菊酯	2	0.30	0.0149	没有影响	28	特丁津	1	0.15	0.0042	没有影响

续表

序号	农药	检出频次	检出率（%）	$\overline{\text{IFS}_c}$	影响程度	序号	农药	检出频次	检出率（%）	$\overline{\text{IFS}_c}$	影响程度
29	联苯菊酯	5	0.76	0.0042	没有影响	45	醚菊酯	4	0.61	0.0007	没有影响
30	氟硅唑	2	0.30	0.0038	没有影响	46	肟菌酯	4	0.61	0.0007	没有影响
31	腐霉利	17	2.59	0.0033	没有影响	47	腈菌唑	1	0.15	0.0007	没有影响
32	三唑酮	50	7.62	0.0033	没有影响	48	氟乐灵	2	0.30	0.0006	没有影响
33	虫螨腈	5	0.76	0.0028	没有影响	49	嘧菌酯	4	0.61	0.0006	没有影响
34	啶酰菌胺	1	0.15	0.0027	没有影响	50	吡丙醚	4	0.61	0.0005	没有影响
35	噻嗪酮	1	0.15	0.0026	没有影响	51	嘧霉胺	6	0.91	0.0003	没有影响
36	仲丁威	28	4.27	0.0025	没有影响	52	多效唑	3	0.46	0.0003	没有影响
37	二甲戊灵	9	1.37	0.0025	没有影响	53	氯磺隆	2	0.30	0.0002	没有影响
38	扑草净	1	0.15	0.0022	没有影响	54	仲丁灵	1	0.15	0.0002	没有影响
39	噻菌灵	5	0.76	0.0019	没有影响	55	增效醚	3	0.46	0.0002	没有影响
40	甲霜灵	7	1.07	0.0013	没有影响	56	霜霉威	1	0.15	0.0002	没有影响
41	生物苄呋菊酯	6	0.91	0.0013	没有影响	57	醚菌酯	4	0.61	0.0001	没有影响
42	莠去津	1	0.15	0.0009	没有影响	58	二苯胺	6	0.91	0.0001	没有影响
43	西玛津	1	0.15	0.0008	没有影响	59	马拉硫磷	1	0.15	0.0001	没有影响
44	伏杀硫磷	1	0.15	0.0008	没有影响	60	邻苯基苯酚	1	0.15	0.0001	没有影响

对每个月内所有水果蔬菜中残留农药的 $\overline{\text{IFS}_c}$ 进行分析，结果如图 16-14 所示。分析发现，所有月份的农药对水果蔬菜安全的影响均处于没有影响和可以接受的范围内。每月内不同农药对水果蔬菜安全影响程度的统计如图 16-15 所示。

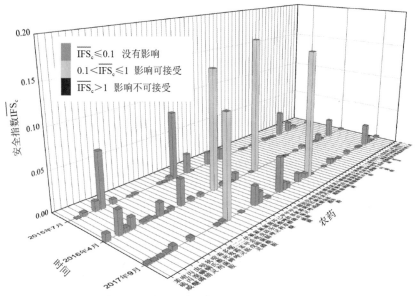

图 16-14　各月份内水果蔬菜中每种残留农药的安全指数分布图

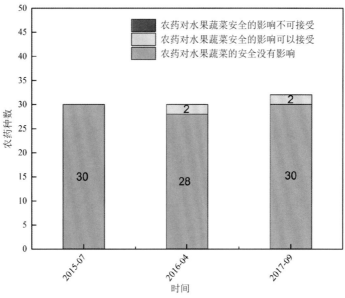

图 16-15 各月份内农药对水果蔬菜安全影响程度的统计图

计算每个月内水果蔬菜的 $\overline{\text{IFS}}$，以分析每月内水果蔬菜的安全状态，结果如图 16-16 所示，可以看出，所有月份的水果蔬菜安全状态均处于很好的范围内。

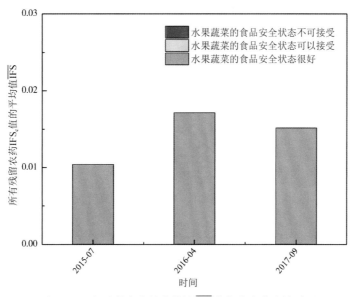

图 16-16 各月份内水果蔬菜的 $\overline{\text{IFS}}$ 值与安全状态统计图

16.3 GC-Q-TOF/MS 侦测太原市市售水果蔬菜农药残留预警风险评估

基于太原市水果蔬菜样品中农药残留 GC-Q-TOF/MS 侦测数据，分析禁用农药的检出率，同时参照中华人民共和国国家标准 GB 2763—2016 和欧盟农药最大残留限量（MRL）标准分析非禁用农药残留的超标率，并计算农药残留风险系数。分析单种水果蔬菜中农药残留以及所有水果蔬菜中农药残留的风险程度。

16.3.1　单种水果蔬菜中农药残留风险系数分析

16.3.1.1　单种水果蔬菜中禁用农药残留风险系数分析

侦测出的 99 种残留农药中有 9 种为禁用农药，且它们分布在 13 种水果蔬菜中，计算 13 种水果蔬菜中禁用农药的超标率，根据超标率计算风险系数 R，进而分析水果蔬菜中禁用农药的风险程度，结果如图 16-17 与表 16-11 所示。分析发现 9 种禁用农药在 13 种水果蔬菜中的残留处均于高度风险。

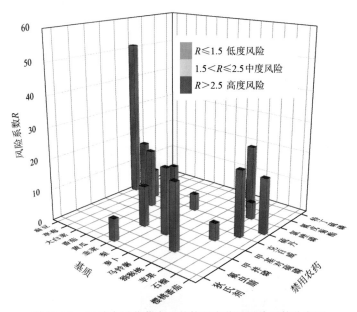

图 16-17　13 种水果蔬菜中 9 种禁用农药的风险系数分布图

表 16-11　13 种水果蔬菜中 9 种禁用农药的风险系数列表

序号	基质	农药	检出频次	检出率（%）	风险系数 R	风险程度
1	扁豆	硫丹	1	50.00	51.10	高度风险
2	萝卜	甲拌磷	1	20.00	21.10	高度风险
3	猕猴桃	氟虫腈	1	20.00	21.10	高度风险
4	猕猴桃	氰戊菊酯	1	20.00	21.10	高度风险
5	石榴	克百威	1	20.00	21.10	高度风险
6	番茄	克百威	3	17.65	18.75	高度风险
7	草莓	硫丹	1	16.67	17.77	高度风险

续表

序号	基质	农药	检出频次	检出率（%）	风险系数 R	风险程度
8	樱桃番茄	硫丹	1	16.67	17.77	高度风险
9	黄瓜	硫丹	2	11.76	12.86	高度风险
10	韭菜	甲拌磷	2	11.76	12.86	高度风险
11	大白菜	硫丹	1	8.33	9.43	高度风险
12	韭菜	狄氏剂	1	5.88	6.98	高度风险
13	马铃薯	特丁硫磷	1	5.88	6.98	高度风险
14	梨	硫丹	1	4.35	5.45	高度风险
15	苹果	氯唑磷	1	4.35	5.45	高度风险
16	苹果	甲基对硫磷	1	4.35	5.45	高度风险

16.3.1.2　基于 MRL 中国国家标准的单种水果蔬菜中非禁用农药残留风险系数分析

参照中华人民共和国国家标准 GB 2763—2016 中农药残留限量计算每种水果蔬菜中每种非禁用农药的超标率，进而计算其风险系数，根据风险系数大小判断残留农药的预警风险程度，水果蔬菜中非禁用农药残留风险程度分布情况如图 16-18 所示。

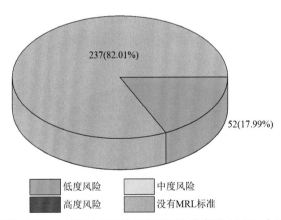

237(82.01%)

52(17.99%)

　低度风险　　中度风险
　高度风险　　没有MRL标准

图 16-18　水果蔬菜中非禁用农药风险程度的频次分布图（MRL 中国国家标准）

本次分析中，发现在 33 种水果蔬菜侦测出 90 种残留非禁用农药，涉及样本 289 个，在 289 个样本中，17.99%处于低度风险，此外发现有 237 个样本没有 MRL 中国国家标准值，无法判断其风险程度，有 MRL 中国国家标准值的 52 个样本涉及 21 种水果蔬菜中的 25 种非禁用农药，其风险系数 R 值如图 16-19 所示。

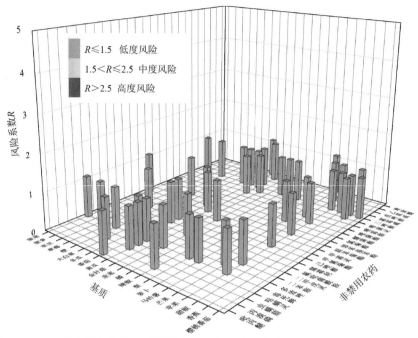

图 16-19　21 种水果蔬菜中 25 种非禁用农药的风险系数分布图（MRL 中国国家标准）

16.3.1.3　基于 MRL 欧盟标准的单种水果蔬菜中非禁用农药残留风险系

数分析

参照 MRL 欧盟标准计算每种水果蔬菜中每种非禁用农药的超标率，进而计算其风险系数，根据风险系数大小判断农药残留的预警风险程度，水果蔬菜中非禁用农药残留风险程度分布情况如图 16-20 所示。

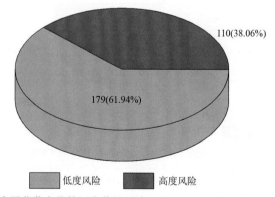

图 16-20　水果蔬菜中非禁用农药的风险程度的频次分布图（MRL 欧盟标准）

本次分析中，发现在 33 种水果蔬菜中共侦测出 90 种非禁用农药，涉及样本 289 个，其中，38.06% 处于高度风险，涉及 33 种水果蔬菜和 42 种农药；61.94% 处于低度风险，涉及 32 种水果蔬菜和 70 种农药。单种水果蔬菜中的非禁用农药风险系数分布图如图 16-21 所示。单种水果蔬菜中处于高度风险的非禁用农药风险系数如图 16-22 和表 16-12 所示。

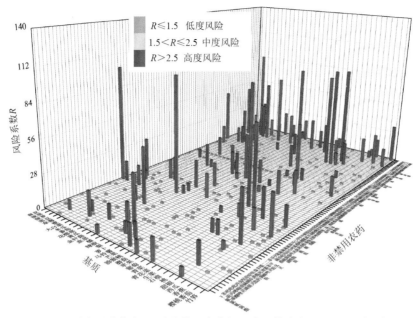

图 16-21　33 种水果蔬菜中 90 种非禁用农药的风险系数分布图（MRL 欧盟标准）

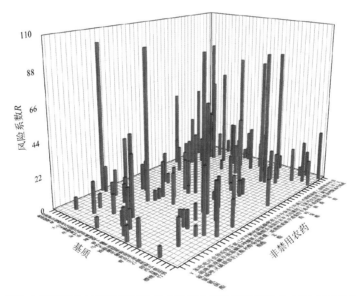

图 16-22　单种水果蔬菜中处于高度风险的非禁用农药的风险系数分布图（MRL 欧盟标准）

表 16-12　单种水果蔬菜中处于高度风险的非禁用农药的风险系数表（MRL 欧盟标准）

序号	基质	农药	超标频次	超标率 P（%）	风险系数 R
1	扁豆	腐霉利	2	100	101.10
2	金针菇	甲醚菊酯	6	100	101.10
3	青菜	喹螨醚	6	100	101.10
4	青花菜	烯虫酯	9	90.00	91.10
5	生菜	乙滴滴	8	88.89	89.99

续表

序号	基质	农药	超标频次	超标率 P（%）	风险系数 R
6	菠菜	兹克威	5	83.33	84.43
7	青菜	烯虫酯	5	83.33	84.43
8	辣椒	抑芽唑	4	80.00	81.10
9	青花菜	喹螨醚	7	70.00	71.10
10	花椰菜	抑芽唑	4	66.67	67.77
11	大白菜	抑芽唑	7	58.33	59.43
12	扁豆	西玛通	1	50.00	51.10
13	菠菜	抑芽唑	3	50.00	51.10
14	青菜	杀螨特	3	50.00	51.10
15	黄瓜	芬螨酯	8	47.06	48.16
16	西瓜	芬螨酯	5	41.67	42.77
17	辣椒	敌草胺	2	40.00	41.10
18	萝卜	棉铃威	2	40.00	41.10
19	菠萝	解草腈	2	33.33	34.43
20	草莓	烯虫炔酯	2	33.33	34.43
21	草莓	茚草酮	2	33.33	34.43
22	草莓	莠去通	2	33.33	34.43
23	橙	抑芽唑	2	33.33	34.43
24	樱桃番茄	腐霉利	2	33.33	34.43
25	竹笋	仲丁威	2	33.33	34.43
26	韭菜	抑芽唑	5	29.41	30.51
27	马铃薯	抑芽唑	5	29.41	30.51
28	蘑菇	抑芽唑	3	27.27	28.37
29	香蕉	茚草酮	3	27.27	28.37
30	桃	解草腈	3	25.00	26.10
31	番茄	仲丁威	4	23.53	24.63
32	韭菜	喹螨醚	4	23.53	24.63
33	韭菜	灭害威	4	23.53	24.63
34	甜椒	抑芽唑	4	22.22	23.32
35	菜豆	抑芽唑	3	21.43	22.53
36	冬瓜	吡喃灵	1	20.00	21.10
37	冬瓜	喹螨醚	1	20.00	21.10
38	冬瓜	棉铃威	1	20.00	21.10
39	橘	仲丁威	1	20.00	21.10
40	橘	棉铃威	1	20.00	21.10

续表

序号	基质	农药	超标频次	超标率 P（%）	风险系数 R
41	辣椒	棉铃威	1	20.00	21.10
42	辣椒	磷酸三苯酯	1	20.00	21.10
43	辣椒	虫螨腈	1	20.00	21.10
44	萝卜	烯虫酯	1	20.00	21.10
45	萝卜	解草腈	1	20.00	21.10
46	猕猴桃	棉铃威	1	20.00	21.10
47	猕猴桃	特丁通	1	20.00	21.10
48	青花菜	溴丁酰草胺	2	20.00	21.10
49	青花菜	醚菌酯	2	20.00	21.10
50	石榴	新燕灵	1	20.00	21.10
51	石榴	棉铃威	1	20.00	21.10
52	菠菜	五氯苯胺	1	16.67	17.77
53	菠菜	腐霉利	1	16.67	17.77
54	草莓	腐霉利	1	16.67	17.77
55	草莓	西玛通	1	16.67	17.77
56	橙	新燕灵	1	16.67	17.77
57	橙	生物苄呋菊酯	1	16.67	17.77
58	大白菜	喹螨醚	2	16.67	17.77
59	大白菜	莠去通	2	16.67	17.77
60	芒果	苯硫威	1	16.67	17.77
61	芒果	莠去通	1	16.67	17.77
62	青菜	γ-氟氯氰菌酯	1	16.67	17.77
63	甜椒	丙溴磷	3	16.67	17.77
64	甜椒	腐霉利	3	16.67	17.77
65	西瓜	仲丁威	2	16.67	17.77
66	樱桃番茄	炔丙菊酯	1	16.67	17.77
67	樱桃番茄	解草腈	1	16.67	17.77
68	竹笋	抑芽唑	1	16.67	17.77
69	菜豆	莠去通	2	14.29	15.39
70	菜豆	西玛通	2	14.29	15.39
71	番茄	芬螨酯	2	11.76	12.86
72	黄瓜	仲丁威	2	11.76	12.86
73	黄瓜	虫螨腈	2	11.76	12.86
74	马铃薯	吡喃灵	2	11.76	12.86
75	生菜	烯虫酯	1	11.11	12.21

续表

序号	基质	农药	超标频次	超标率 P（%）	风险系数 R
76	生菜	芬螨酯	1	11.11	12.21
77	青花菜	杀螨特	1	10.00	11.10
78	青花菜	炔丙菊酯	1	10.00	11.10
79	青花菜	甲醚菊酯	1	10.00	11.10
80	青花菜	芬螨酯	1	10.00	11.10
81	蘑菇	γ-氟氯氰菌酯	1	9.09	10.19
82	梨	吡喃灵	2	8.70	9.80
83	苹果	仲丁威	2	8.70	9.80
84	大白菜	兹克威	1	8.33	9.43
85	大白菜	虫螨腈	1	8.33	9.43
86	葡萄	仲丁威	1	8.33	9.43
87	菜豆	吡咪唑	1	7.14	8.24
88	菜豆	扑灭通	1	7.14	8.24
89	菜豆	烯虫酯	1	7.14	8.24
90	菜豆	甲氰菊酯	1	7.14	8.24
91	菜豆	腐霉利	1	7.14	8.24
92	番茄	棉铃威	1	5.88	6.98
93	韭菜	γ-氟氯氰菌酯	1	5.88	6.98
94	韭菜	仲丁威	1	5.88	6.98
95	韭菜	兹克威	1	5.88	6.98
96	韭菜	啶斑肟	1	5.88	6.98
97	韭菜	扑草净	1	5.88	6.98
98	韭菜	烯虫酯	1	5.88	6.98
99	韭菜	甲氰菊酯	1	5.88	6.98
100	韭菜	解草腈	1	5.88	6.98
101	甜椒	γ-氟氯氰菌酯	1	5.56	6.66
102	甜椒	仲丁威	1	5.56	6.66
103	甜椒	仲草丹	1	5.56	6.66
104	甜椒	噁霜灵	1	5.56	6.66
105	甜椒	威杀灵	1	5.56	6.66
106	梨	嘧菌酯	1	4.35	5.45
107	苹果	己唑醇	1	4.35	5.45
108	苹果	杀螨特	1	4.35	5.45
109	苹果	棉铃威	1	4.35	5.45
110	苹果	猛杀威	1	4.35	5.45

16.3.2　所有水果蔬菜中农药残留风险系数分析

16.3.2.1　所有水果蔬菜中禁用农药残留风险系数分析

在侦测出的 99 种农药中有 9 种为禁用农药，计算所有水果蔬菜中禁用农药的风险系数，结果如表 16-13 所示。禁用农药硫丹处于高度风险，克百威和甲拌磷 2 种禁用农药处于中度风险，剩余 6 种禁用农药处于低度风险。

表 16-13　水果蔬菜中 9 种禁用农药的风险系数表

序号	农药	检出频次	检出率（%）	风险系数 R	风险程度
1	硫丹	7	2.06	3.16	高度风险
2	克百威	4	1.18	2.28	中度风险
3	甲拌磷	3	0.88	1.98	中度风险
4	狄氏剂	1	0.29	1.39	低度风险
5	氟虫腈	1	0.29	1.39	低度风险
6	甲基对硫磷	1	0.29	1.39	低度风险
7	氯唑磷	1	0.29	1.39	低度风险
8	氰戊菊酯	1	0.29	1.39	低度风险
9	特丁硫磷	1	0.29	1.39	低度风险

对每个月内的禁用农药的风险系数进行分析，结果如图 16-23 和表 16-14 所示。

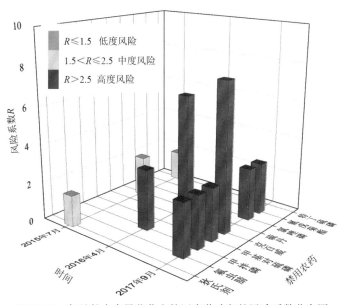

图 16-23　各月份内水果蔬菜中禁用农药残留的风险系数分布图

表 16-14　各月份内水果蔬菜中禁用农药的风险系数表

序号	年月	农药	检出频次	检出率（%）	风险系数 R	风险程度
1	2015 年 7 月	硫丹	2	1.09	2.19	中度风险
2	2015 年 7 月	狄氏剂	1	0.55	1.65	中度风险
3	2015 年 7 月	特丁硫磷	1	0.55	1.65	中度风险
4	2016 年 4 月	硫丹	5	5.21	6.31	高度风险
5	2016 年 4 月	甲拌磷	2	2.08	3.18	高度风险
6	2017 年 9 月	克百威	4	6.67	7.77	高度风险
7	2017 年 9 月	氟虫腈	1	1.67	2.77	高度风险
8	2017 年 9 月	甲拌磷	1	1.67	2.77	高度风险
9	2017 年 9 月	甲基对硫磷	1	1.67	2.77	高度风险
10	2017 年 9 月	氯唑磷	1	1.67	2.77	高度风险
11	2017 年 9 月	氰戊菊酯	1	1.67	2.77	高度风险

16.3.2.2　所有水果蔬菜中非禁用农药残留风险系数分析

参照 MRL 欧盟标准计算所有水果蔬菜中每种非禁用农药残留的风险系数，如图 16-24 与表 16-15 所示。在侦测出的 90 种非禁用农药中，15 种农药（16.67%）残留处于高度风险，12 种农药（13.33%）残留处于中度风险，63 种农药（70%）残留处于低度风险。

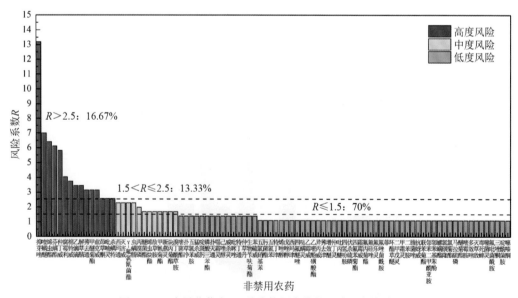

图 16-24　水果蔬菜中 90 种非禁用农药的风险程度统计图

表 16-15　水果蔬菜中 90 种非禁用农药的风险系数表

序号	农药	超标频次	超标率 P（%）	风险系数 R	风险程度
1	抑芽唑	41	12.09	13.19	高度风险
2	喹螨醚	20	5.90	7.00	高度风险
3	烯虫酯	18	5.31	6.41	高度风险
4	芬螨酯	17	5.01	6.11	高度风险
5	仲丁威	16	4.72	5.82	高度风险
6	腐霉利	10	2.95	4.05	高度风险
7	棉铃威	9	2.65	3.75	高度风险
8	乙滴滴	8	2.36	3.46	高度风险
9	解草腈	8	2.36	3.46	高度风险
10	莠去通	7	2.06	3.16	高度风险
11	甲醚菊酯	7	2.06	3.16	高度风险
12	兹克威	7	2.06	3.16	高度风险
13	茚草酮	5	1.47	2.57	高度风险
14	吡喃灵	5	1.47	2.57	高度风险
15	杀螨特	5	1.47	2.57	高度风险
16	西玛通	4	1.18	2.28	中度风险
17	灭害威	4	1.18	2.28	中度风险
18	γ-氟氯氰菌酯	4	1.18	2.28	中度风险
19	虫螨腈	4	1.18	2.28	中度风险
20	丙溴磷	3	0.88	1.98	中度风险
21	醚菌酯	2	0.59	1.69	中度风险
22	烯虫炔酯	2	0.59	1.69	中度风险
23	敌草胺	2	0.59	1.69	中度风险
24	甲氰菊酯	2	0.59	1.69	中度风险
25	新燕灵	2	0.59	1.69	中度风险
26	炔丙菊酯	2	0.59	1.69	中度风险
27	溴丁酰草胺	2	0.59	1.69	中度风险
28	嘧菌酯	1	0.29	1.39	低度风险
29	扑草净	1	0.29	1.39	低度风险
30	五氯苯胺	1	0.29	1.39	低度风险
31	猛杀威	1	0.29	1.39	低度风险
32	啶斑肟	1	0.29	1.39	低度风险
33	磷酸三苯酯	1	0.29	1.39	低度风险
34	扑灭通	1	0.29	1.39	低度风险
35	噁霜灵	1	0.29	1.39	低度风险
36	己唑醇	1	0.29	1.39	低度风险
37	威杀灵	1	0.29	1.39	低度风险

序号	农药	超标频次	超标率 P（%）	风险系数 R	风险程度
38	吡咪唑	1	0.29	1.39	低度风险
39	特丁通	1	0.29	1.39	低度风险
40	仲草丹	1	0.29	1.39	低度风险
41	生物苄呋菊酯	1	0.29	1.39	低度风险
42	苯硫威	1	0.29	1.39	低度风险
43	五氯硝基苯	0	0	1.10	低度风险
44	肟菌酯	0	0	1.10	低度风险
45	五氯苯	0	0	1.10	低度风险
46	特丁津	0	0	1.10	低度风险
47	烯唑醇	0	0	1.10	低度风险
48	戊唑醇	0	0	1.10	低度风险
49	西玛津	0	0	1.10	低度风险
50	四氟醚唑	0	0	1.10	低度风险
51	哒螨灵	0	0	1.10	低度风险
52	乙霉威	0	0	1.10	低度风险
53	乙嘧酚磺酸酯	0	0	1.10	低度风险
54	异丙威	0	0	1.10	低度风险
55	莠去津	0	0	1.10	低度风险
56	增效醚	0	0	1.10	低度风险
57	仲丁灵	0	0	1.10	低度风险
58	吡丙醚	0	0	1.10	低度风险
59	四氢吩胺	0	0	1.10	低度风险
60	伏杀硫磷	0	0	1.10	低度风险
61	四氟苯菊酯	0	0	1.10	低度风险
62	霜霉威	0	0	1.10	低度风险
63	氟丙菊酯	0	0	1.10	低度风险
64	氟硅唑	0	0	1.10	低度风险
65	氟乐灵	0	0	1.10	低度风险
66	氟唑菌酰胺	0	0	1.10	低度风险
67	菲	0	0	1.10	低度风险
68	环酯草醚	0	0	1.10	低度风险
69	二甲戊灵	0	0	1.10	低度风险
70	甲霜灵	0	0	1.10	低度风险
71	二苯胺	0	0	1.10	低度风险
72	腈菌唑	0	0	1.10	低度风险
73	抗蚜威	0	0	1.10	低度风险
74	联苯菊酯	0	0	1.10	低度风险

续表

序号	农药	超标频次	超标率 P（%）	风险系数 R	风险程度
75	邻苯二甲酰亚胺	0	0	1.10	低度风险
76	邻苯基苯酚	0	0	1.10	低度风险
77	螺螨酯	0	0	1.10	低度风险
78	氯磺隆	0	0	1.10	低度风险
79	氯菊酯	0	0	1.10	低度风险
80	马拉硫磷	0	0	1.10	低度风险
81	醚菊酯	0	0	1.10	低度风险
82	嘧霉胺	0	0	1.10	低度风险
83	多效唑	0	0	1.10	低度风险
84	灭草敌	0	0	1.10	低度风险
85	毒死蜱	0	0	1.10	低度风险
86	噻菌灵	0	0	1.10	低度风险
87	氟吡菌酰胺	0	0	1.10	低度风险
88	三唑酮	0	0	1.10	低度风险
89	啶酰菌胺	0	0	1.10	低度风险
90	噻嗪酮	0	0	1.10	低度风险

对每个月份内的非禁用农药的风险系数分析，每月内非禁用农药风险程度分布图如图 16-25 所示。3 个月份内处于高度风险的农药数排序为 2017 年 9 月（14）＞2016 年 4 月（13）＞2015 年 7 月（9）。

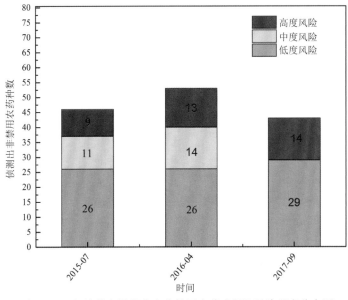

图 16-25　各月份水果蔬菜中非禁用农药残留的风险程度分布图

　　3 个月份内水果蔬菜中非禁用农药处于中度风险和高度风险的风险系数如图 16-26 和表 16-16 所示。

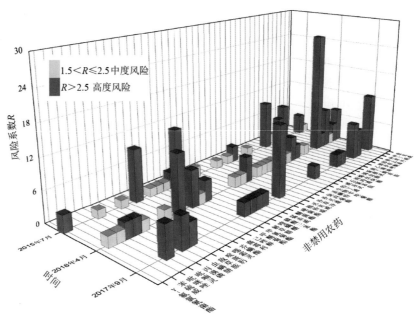

图 16-26　各月份水果蔬菜中非禁用农药处于中度风险和高度风险的风险系数分布图

表 16-16　各月份水果蔬菜中非禁用农药处于中度风险和高度风险的风险系数表

序号	年月	农药	超标频次	超标率 P（%）	风险系数 R	风险程度
1	2015 年 7 月	喹螨醚	19	10.38	11.48	高度风险
2	2015 年 7 月	芬螨酯	17	9.29	10.39	高度风险
3	2015 年 7 月	烯虫酯	17	9.29	10.39	高度风险
4	2015 年 7 月	抑芽唑	13	7.10	8.20	高度风险
5	2015 年 7 月	乙滴滴	8	4.37	5.47	高度风险
6	2015 年 7 月	仲丁威	6	3.28	4.38	高度风险
7	2015 年 7 月	γ-氟氯氰菌酯	4	2.19	3.29	高度风险
8	2015 年 7 月	解草腈	4	2.19	3.29	高度风险
9	2015 年 7 月	杀螨特	4	2.19	3.29	高度风险
10	2015 年 7 月	醚菌酯	2	1.09	2.19	中度风险
11	2015 年 7 月	溴丁酰草胺	2	1.09	2.19	中度风险
12	2015 年 7 月	丙溴磷	1	0.55	1.65	中度风险
13	2015 年 7 月	啶斑肟	1	0.55	1.65	中度风险
14	2015 年 7 月	己唑醇	1	0.55	1.65	中度风险
15	2015 年 7 月	甲醚菊酯	1	0.55	1.65	中度风险
16	2015 年 7 月	甲氰菊酯	1	0.55	1.65	中度风险

续表

序号	年月	农药	超标频次	超标率 P（%）	风险系数 R	风险程度
17	2015 年 7 月	扑草净	1	0.55	1.65	中度风险
18	2015 年 7 月	炔丙菊酯	1	0.55	1.65	中度风险
19	2015 年 7 月	威杀灵	1	0.55	1.65	中度风险
20	2015 年 7 月	兹克威	1	0.55	1.65	中度风险
21	2016 年 4 月	抑芽唑	24	25.00	26.10	高度风险
22	2016 年 4 月	腐霉利	10	10.42	11.52	高度风险
23	2016 年 4 月	莠去通	7	7.29	8.39	高度风险
24	2016 年 4 月	甲醚菊酯	6	6.25	7.35	高度风险
25	2016 年 4 月	兹克威	6	6.25	7.35	高度风险
26	2016 年 4 月	灭害威	4	4.17	5.27	高度风险
27	2016 年 4 月	西玛通	4	4.17	5.27	高度风险
28	2016 年 4 月	解草腈	3	3.13	4.23	高度风险
29	2016 年 4 月	仲丁威	3	3.13	4.23	高度风险
30	2016 年 4 月	吡喃灵	2	2.08	3.18	高度风险
31	2016 年 4 月	丙溴磷	2	2.08	3.18	高度风险
32	2016 年 4 月	烯虫炔酯	2	2.08	3.18	高度风险
33	2016 年 4 月	茚草酮	2	2.08	3.18	高度风险
34	2016 年 4 月	苯硫威	1	1.04	2.14	中度风险
35	2016 年 4 月	吡咪唑	1	1.04	2.14	中度风险
36	2016 年 4 月	虫螨腈	1	1.04	2.14	中度风险
37	2016 年 4 月	噁霜灵	1	1.04	2.14	中度风险
38	2016 年 4 月	甲氰菊酯	1	1.04	2.14	中度风险
39	2016 年 4 月	嘧菌酯	1	1.04	2.14	中度风险
40	2016 年 4 月	棉铃威	1	1.04	2.14	中度风险
41	2016 年 4 月	扑灭通	1	1.04	2.14	中度风险
42	2016 年 4 月	炔丙菊酯	1	1.04	2.14	中度风险
43	2016 年 4 月	杀螨特	1	1.04	2.14	中度风险
44	2016 年 4 月	生物苄呋菊酯	1	1.04	2.14	中度风险
45	2016 年 4 月	五氯苯胺	1	1.04	2.14	中度风险
46	2016 年 4 月	新燕灵	1	1.04	2.14	中度风险
47	2016 年 4 月	仲草丹	1	1.04	2.14	中度风险
48	2017 年 9 月	棉铃威	8	13.33	14.43	高度风险
49	2017 年 9 月	仲丁威	7	11.67	12.77	高度风险
50	2017 年 9 月	抑芽唑	4	6.67	7.77	高度风险
51	2017 年 9 月	吡喃灵	3	5.00	6.10	高度风险

续表

序号	年月	农药	超标频次	超标率 P（%）	风险系数 R	风险程度
52	2017 年 9 月	虫螨腈	3	5.00	6.10	高度风险
53	2017 年 9 月	茚草酮	3	5.00	6.10	高度风险
54	2017 年 9 月	敌草胺	2	3.33	4.43	高度风险
55	2017 年 9 月	解草腈	1	1.67	2.77	高度风险
56	2017 年 9 月	喹螨醚	1	1.67	2.77	高度风险
57	2017 年 9 月	磷酸三苯酯	1	1.67	2.77	高度风险
58	2017 年 9 月	猛杀威	1	1.67	2.77	高度风险
59	2017 年 9 月	特丁通	1	1.67	2.77	高度风险
60	2017 年 9 月	烯虫酯	1	1.67	2.77	高度风险
61	2017 年 9 月	新燕灵	1	1.67	2.77	高度风险

16.4　GC-Q-TOF/MS 侦测太原市市售水果蔬菜农药残留风险评估结论与建议

农药残留是影响水果蔬菜安全和质量的主要因素，也是我国食品安全领域倍受关注的敏感话题和亟待解决的重大问题之一[15,16]。各种水果蔬菜均存在不同程度的农药残留现象，本研究主要针对太原市各类水果蔬菜存在的农药残留问题，基于 2015 年 7 月~2017 年 9 月对太原市 339 例水果蔬菜样品中农药残留侦测得出的 656 个侦测结果，分别采用食品安全指数模型和风险系数模型，开展水果蔬菜中农药残留的膳食暴露风险和预警风险评估。水果蔬菜样品取自超市和农贸市场，符合大众的膳食来源，风险评价时更具有代表性和可信度。

本研究力求通用简单地反映食品安全中的主要问题，且为管理部门和大众容易接受，为政府及相关管理机构建立科学的食品安全信息发布和预警体系提供科学的规律与方法，加强对农药残留的预警和食品安全重大事件的预防，控制食品风险。

16.4.1　太原市水果蔬菜中农药残留膳食暴露风险评价结论

1）水果蔬菜样品中农药残留安全状态评价结论

采用食品安全指数模型，对 2015 年 7 月~2017 年 9 月期间太原市水果蔬菜食品农药残留膳食暴露风险进行评价，根据 IFS_c 的计算结果发现，水果蔬菜中农药的 $\overline{IFS}$ 为 0.0171，说明太原市水果蔬菜总体处于很好的安全状态，但部分禁用农药、高残留农药在蔬菜、水果中仍有侦测出，导致膳食暴露风险的存在，成为不安全因素。

2）单种水果蔬菜中农药膳食暴露风险不可接受情况评价结论

单种水果蔬菜中农药残留安全指数分析结果显示，在单种水果蔬菜中未发现膳食暴露风险不可接受的残留农药，侦测出的残留农药对单种水果蔬菜安全的影响均在可以接受和没有影响的范围内，说明太原市的水果蔬菜中虽侦测出农药残留，但残留农药不会造成膳食暴露风险或造成的膳食暴露风险可以接受。

3）禁用农药膳食暴露风险评价

本次侦测发现部分水果蔬菜样品中有禁用农药侦测出，侦测出禁用农药 9 种，检出频次为 20，水果蔬菜样品中的禁用农药 IFS。计算结果表明，禁用农药残留膳食暴露风险可以接受的频次为 5，占 25%；没有影响的频次为 15，占 75%。虽然残留禁用农药没有造成不可接受的膳食暴露风险，但为何在国家明令禁止禁用农药喷洒的情况下，还能在多种水果蔬菜中多次侦测出禁用农药残留并造成不可接受的膳食暴露风险，这应该引起相关部门的高度警惕，应该在禁止禁用农药喷洒的同时，严格管控禁用农药的生产和售卖，从根本上杜绝安全隐患。

16.4.2　太原市水果蔬菜中农药残留预警风险评价结论

1）单种水果蔬菜中禁用农药残留的预警风险评价结论

本次侦测过程中，在 13 种水果蔬菜中侦测超出 9 种禁用农药，禁用农药为：狄氏剂、氟虫腈、甲拌磷、甲基对硫磷、克百威、硫丹、氯唑磷、氰戊菊酯和特丁硫磷，水果蔬菜为：樱桃番茄、石榴、苹果、猕猴桃、马铃薯、萝卜、梨、韭菜、黄瓜、番茄、大白菜、草莓和扁豆，水果蔬菜中禁用农药的风险系数分析结果显示，9 种禁用农药在 13 种水果蔬菜中的残留均处于高度风险，说明在单种水果蔬菜中禁用农药的残留会导致较高的预警风险。

2）单种水果蔬菜中非禁用农药残留的预警风险评价结论

以 MRL 中国国家标准为标准，计算水果蔬菜中非禁用农药风险系数情况下，289 个样本中，52 个处于低度风险（17.99%），237 个样本没有 MRL 中国国家标准（82.01%）。以 MRL 欧盟标准为标准，计算水果蔬菜中非禁用农药风险系数情况下，发现有 110 个处于高度风险（38.06%），179 个处于低度风险（61.94%）。基于两种 MRL 标准，评价的结果差异显著，可以看出 MRL 欧盟标准比中国国家标准更加严格和完善，过于宽松的 MRL 中国国家标准值能否有效保障人体的健康有待研究。

16.4.3　加强太原市水果蔬菜食品安全建议

我国食品安全风险评价体系仍不够健全，相关制度不够完善，多年来，由于农药用药次数多、用药量大或用药间隔时间短，产品残留量大，农药残留所造成的食品安全问题日益严峻，给人体健康带来了直接或间接的危害。据估计，美国与农药有关的癌症患者数约占全国癌症患者总数的 50%，中国更高。同样，农药对其他生物也会形成直接杀伤和慢性危害，植物中的农药可经过食物链逐级传递并不断蓄积，对人和动物构成潜在威胁，并影响生态系统。

基于本次农药残留侦测数据的风险评价结果，提出以下几点建议：

1）加快食品安全标准制定步伐

我国食品标准中对农药每日允许最大摄入量 ADI 的数据严重缺乏，在本次评价所涉

及的 99 种农药中，仅有 60.6%的农药具有 ADI 值，而 39.4%的农药中国尚未规定相应的
ADI 值，亟待完善。

我国食品中农药最大残留限量值的规定严重缺乏，对评估涉及的不同水果蔬菜中不
同农药 305 个 MRL 限值进行统计来看，我国仅制定出 64 个标准，我国标准完整率仅为
21.0%，欧盟的完整率达到 100%（表 16-17）。因此，中国更应加快 MRL 的制定步伐。

表 16-17　我国国家食品标准农药的 ADI、MRL 值与欧盟标准的数量差异

分类		中国 ADI	MRL 中国国家标准	MRL 欧盟标准
标准限值（个）	有	60	64	305
	无	39	241	0
总数（个）		99	305	305
无标准限值比例（%）		39.4	79.0	0

此外，MRL 中国国家标准限值普遍高于欧盟标准限值，这些标准中共有 38 个高于
欧盟。过高的 MRL 值难以保障人体健康，建议继续加强对限值基准和标准的科学研究，
将农产品中的危险性减少到尽可能低的水平。

2）加强农药的源头控制和分类监管

在太原市某些水果蔬菜中仍有禁用农药残留，利用 GC-Q-TOF/MS 技术侦测出 9 种
禁用农药，检出频次为 20 次，残留禁用农药均存在较大的膳食暴露风险和预警风险。早
已列入黑名单的禁用农药在我国并未真正退出，有些药物由于价格便宜、工艺简单，此类
高毒农药一直生产和使用。建议在我国采取严格有效的控制措施，从源头控制禁用农药。

对于非禁用农药，在我国作为"田间地头"最典型单位的县级蔬果产地中，农药残
留的侦测几乎缺失。建议根据农药的毒性，对高毒、剧毒、中毒农药实现分类管理，减
少使用高毒和剧毒高残留农药，进行分类监管。

3）加强残留农药的生物修复及降解新技术

市售果蔬中残留农药的品种多、频次高、禁用农药多次检出这一现状，说明了我国
的田间土壤和水体因农药长期、频繁、不合理的使用而遭到严重污染。为此，建议中国
相关部门出台相关政策，鼓励高校及科研院所积极开展分子生物学、酶学等研究，加强
土壤、水体中残留农药的生物修复及降解新技术研究，切实加大农药监管力度，以控制
农药的面源污染问题。

综上所述，在本工作基础上，根据蔬菜残留危害，可进一步针对其成因提出和采取
严格管理、大力推广无公害蔬菜种植与生产、健全食品安全控制技术体系、加强蔬菜食
品质量侦测体系建设和积极推行蔬菜食品质量追溯制度等相应对策。建立和完善食品安
全综合评价指数与风险监测预警系统，对食品安全进行实时、全面的监控与分析，为我
国的食品安全科学监管与决策提供新的技术支持，可实现各类检验数据的信息化系统管
理，降低食品安全事故的发生。

呼和浩特市

第17章 LC-Q-TOF/MS 侦测呼和浩特市 223 例市售水果蔬菜样品农药残留报告

从呼和浩特市所属 4 个区，随机采集了 223 例水果蔬菜样品，使用液相色谱-四极杆飞行时间质谱（LC-Q-TOF/MS）对 565 种农药化学污染物进行示范侦测（7 种负离子模式 ESI⁻未涉及）。

17.1 样品种类、数量与来源

17.1.1 样品采集与检测

为了真实反映百姓餐桌上水果蔬菜中农药残留污染状况，本次所有检测样品均由检验人员于 2016 年 8 月至 2017 年 7 月期间，从呼和浩特市所属 10 个采样点，包括 2 个农贸市场、8 个超市，以随机购买方式采集，总计 16 批 223 例样品，从中检出农药 50 种，307 频次。采样及监测概况见图 17-1 及表 17-1，样品及采样点明细见表 17-2 及表 17-3（侦测原始数据见附表 1）。

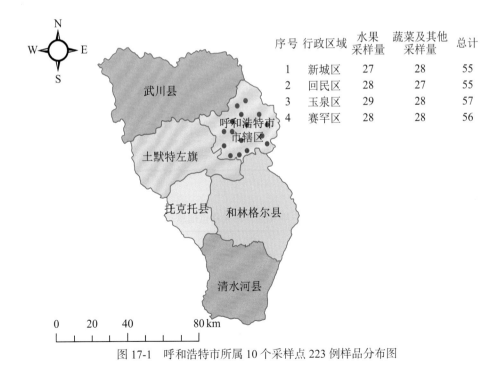

序号	行政区域	水果采样量	蔬菜及其他采样量	总计
1	新城区	27	28	55
2	回民区	28	27	55
3	玉泉区	29	28	57
4	赛罕区	28	28	56

图 17-1 呼和浩特市所属 10 个采样点 223 例样品分布图

表 17-1　农药残留监测总体概况

采样地区	呼和浩特市所属 4 个区
采样点（超市+农贸市场）	10
样本总数	223
检出农药品种/频次	50/307
各采样点样本农药残留检出率范围	50.0%~100.0%

表 17-2　样品分类及数量

样品分类	样品名称（数量）	数量小计
1. 水果		112
1）仁果类水果	苹果（8），梨（8）	16
2）核果类水果	桃（16），杏（8），李子（15）	39
3）浆果和其他小型水果	猕猴桃（7），葡萄（16）	23
4）瓜果类水果	西瓜（8），哈密瓜（8），香瓜（7）	23
5）热带和亚热带水果	香蕉（11）	11
2. 食用菌		8
1）蘑菇类	香菇（8）	8
3. 蔬菜		103
1）叶菜类蔬菜	芹菜（8），菠菜（8）	16
2）芸薹属类蔬菜	结球甘蓝（8）	8
3）瓜类蔬菜	黄瓜（16），苦瓜（7），冬瓜（16）	39
4）茄果类蔬菜	番茄（8），茄子（16）	24
5）根茎类和薯芋类蔬菜	萝卜（8），马铃薯（8）	16
合计	1. 水果 11 种 2. 食用菌 1 种 3. 蔬菜 10 种	223

表 17-3　呼和浩特市采样点信息

采样点序号	行政区域	采样点
农贸市场（2）		
1	玉泉区	***市场
2	赛罕区	***市场
超市（8）		
1	回民区	***超市（维多利购物中心店）
2	回民区	***超市（新华西街店）

续表

采样点序号	行政区域	采样点
3	新城区	***超市（兴安店）
4	新城区	***超市（太伟方恒广场店）
5	新城区	***超市（新华大街店）
6	玉泉区	***超市（七彩城店）
7	玉泉区	***超市（鄂尔多斯大街）
8	赛罕区	***超市（呼和浩特万达广场店）

17.1.2 检测结果

这次使用的检测方法是庞国芳院士团队最新研发的不需使用标准品对照，而以高分辨精确质量数（0.0001 m/z）为基准的 LC-Q-TOF/MS 检测技术，对于 223 例样品，每个样品均侦测了 565 种农药化学污染物的残留现状。通过本次侦测，在 223 例样品中共计检出农药化学污染物 50 种，检出 307 频次。

17.1.2.1 各采样点样品检出情况

统计分析发现 10 个采样点中，被测样品的农药检出率范围为 50.0%~100.0%。其中，***超市（七彩城店）的检出率最高，为 100.0%。***超市（新华大街店）和***超市（鄂尔多斯大街）的检出率最低，均为 50.0%，见图 17-2。

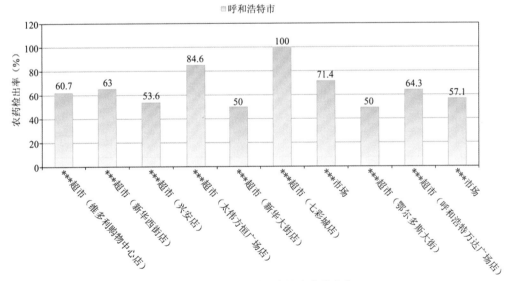

图 17-2 各采样点样品中的农药检出率

17.1.2.2　检出农药的品种总数与频次

统计分析发现，对于 223 例样品中 565 种农药化学污染物的侦测，共检出农药 307 频次，涉及农药 50 种，结果如图 17-3 所示。其中稻瘟灵检出频次最高，共检出 41 次。检出频次排名前 10 的农药如下：①稻瘟灵（41）；②多菌灵（29）；③嘧菌酯（22）；④烯酰吗啉（20）；⑤马拉硫磷（16）；⑥避蚊胺（15）；⑦戊唑醇（14）；⑧嘧霉胺（11）；⑨苯醚甲环唑（10）；⑩啶虫脒（9）。

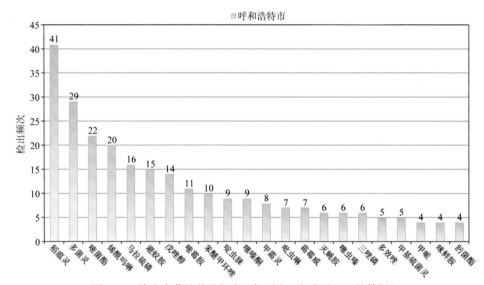

图 17-3　检出农药品种及频次（仅列出 4 频次及以上的数据）

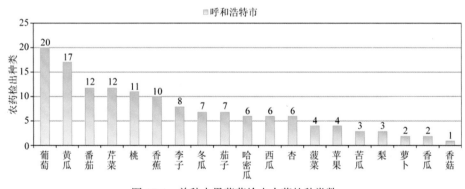

图 17-4　单种水果蔬菜检出农药的种类数

由图 17-4 可见，葡萄、黄瓜、番茄、芹菜和桃这 5 种果蔬样品中检出的农药品种数较高，均超过 10 种，其中，葡萄检出农药品种最多，为 20 种。由图 17-5 可见，葡萄、黄瓜、香蕉、番茄、芹菜、桃和李子这 7 种果蔬样品中的农药检出频次较高，均超过 20 次，其中，葡萄检出农药频次最高，为 54 次。

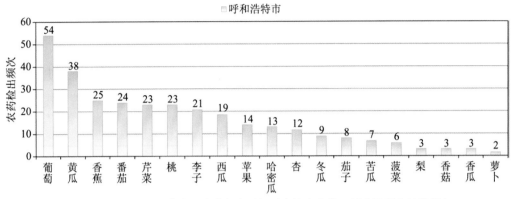

图 17-5　单种水果蔬菜检出农药频次（仅列出检出农药 2 频次及以上的数据）

17.1.2.3　单例样品农药检出种类与占比

对单例样品检出农药种类和频次进行统计发现，未检出农药的样品占总样品数的 36.3%，检出 1 种农药的样品占总样品数的 26.0%，检出 2~5 种农药的样品占总样品数的 36.3%，检出 6~10 种农药的样品占总样品数的 1.3%。每例样品中平均检出农药为 1.4 种，数据见表 17-4 及图 17-6。

表 17-4　单例样品检出农药品种占比

检出农药品种数	样品数量/占比（%）
未检出	81/36.3
1 种	58/26.0
2~5 种	81/36.3
6~10 种	3/1.3
单例样品平均检出农药品种	1.4 种

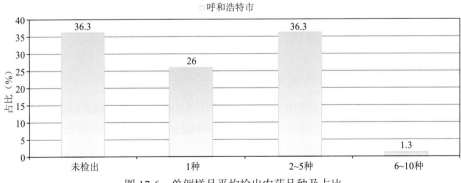

图 17-6　单例样品平均检出农药品种及占比

17.1.2.4　检出农药类别与占比

所有检出农药按功能分类，包括杀菌剂、杀虫剂、除草剂、植物生长调节剂、驱避剂共 5 类 。其中杀菌剂与杀虫剂为主要检出的农药类别，分别占总数的 46.0% 和 36.0%，见表 17-5 及图 17-7。

表 17-5　检出农药所属类别/占比

农药类别	数量/占比（%）
杀菌剂	23/46.0
杀虫剂	18/36.0
除草剂	4/8.0
植物生长调节剂	4/8.0
驱避剂	1/2.0

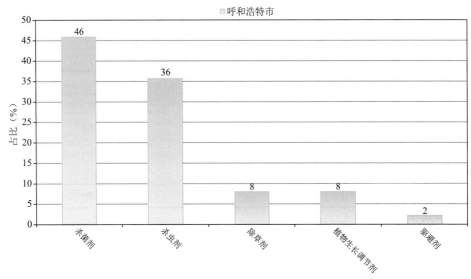

图 17-7　检出农药所属类别和占比

17.1.2.5　检出农药的残留水平

按检出农药残留水平进行统计，残留水平在 1~5 µg/kg（含）的农药占总数的 55.4%，在 5~10 µg/kg（含）的农药占总数的 10.1%，在 10~100 µg/kg（含）的农药占总数的 30.6%，在 100~1000 µg/kg（含）的农药占总数的 3.9%。

由此可见，这次检测的 16 批 223 例水果蔬菜样品中农药多数处于较低残留水平。结果见表 17-6 及图 17-8，数据见附表 2。

表 17-6　农药残留水平/占比

残留水平（μg/kg）	检出频次数/占比（%）
1~5（含）	170/55.4
5~10（含）	31/10.1
10~100（含）	94/30.6
100~1000（含）	12/3.9

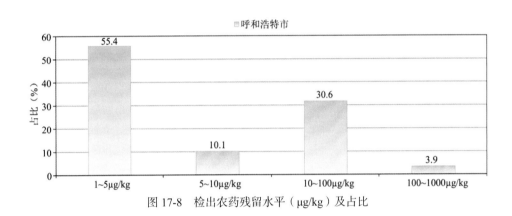

图 17-8　检出农药残留水平（μg/kg）及占比

17.1.2.6　检出农药的毒性类别、检出频次和超标频次及占比

对这次检出的 50 种 307 频次的农药，按剧毒、高毒、中毒、低毒和微毒这五个毒性类别进行分类，从中可以看出，呼和浩特市目前普遍使用的农药为中低微毒农药，品种占 88.0%，频次占 95.1%。结果见表 17-7 及图 17-9。

表 17-7　检出农药毒性类别/占比

毒性分类	农药品种/占比（%）	检出频次/占比（%）	超标频次/超标率（%）
剧毒农药	1/2.0	3/1.0	1/33.3
高毒农药	5/10.0	12/3.9	2/16.7
中毒农药	20/40.0	124/40.4	0/0.0
低毒农药	16/32.0	94/30.6	0/0.0
微毒农药	8/16.0	74/24.1	0/0.0

17.1.2.7　检出剧毒/高毒类农药的品种和频次

值得特别关注的是，在此次侦测的 223 例样品中有 5 种蔬菜 3 种水果的 15 例样品检出了 6 种 15 频次的剧毒和高毒农药，占样品总量的 6.7%，详见图 17-10、表 17-8 及表 17-9。

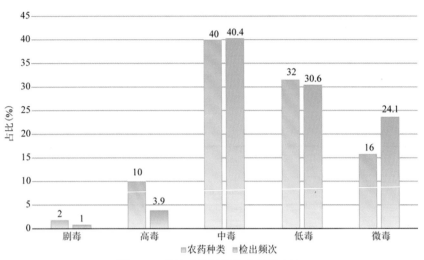

图 17-9　检出农药的毒性分类和占比

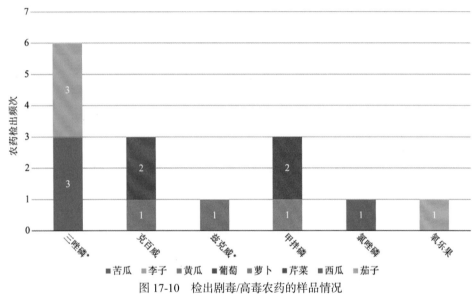

图 17-10　检出剧毒/高毒农药的样品情况

*表示允许在水果和蔬菜上使用的农药

表 17-8　剧毒农药检出情况

序号	农药名称	检出频次	超标频次	超标率
水果中未检出剧毒农药				
	小计	0	0	超标率：0.0%
从 2 种蔬菜中检出 1 种剧毒农药，共计检出 3 次				
1	甲拌磷*	3	1	33.3%
	小计	3	1	超标率：33.3%
	合计	3	1	超标率：33.3%

表 17-9 高毒农药检出情况

序号	农药名称	检出频次	超标频次	超标率
		从 3 种水果中检出 3 种高毒农药，共计检出 6 次		
1	三唑磷	3	0	0.0%
2	克百威	2	2	100.0%
3	氯唑磷	1	0	0.0%
	小计	6	2	超标率：33.3%
		从 3 种蔬菜中检出 4 种高毒农药，共计检出 6 次		
1	三唑磷	3	0	0.0%
2	克百威	1	0	0.0%
3	氧乐果	1	0	0.0%
4	兹克威	1	0	0.0%
	小计	6	0	超标率：0.0%
	合计	12	2	超标率：16.7%

在检出的剧毒和高毒农药中，有 4 种是我国早已禁止在果树和蔬菜上使用的，分别是：克百威、甲拌磷、氯唑磷和氧乐果。禁用农药的检出情况见表 17-10。

表 17-10 禁用农药检出情况

序号	农药名称	检出频次	超标频次	超标率
		从 2 种水果中检出 2 种禁用农药，共计检出 3 次		
1	克百威	2	2	100.0%
2	氯唑磷	1	0	0.0%
	小计	3	2	超标率：66.7%
		从 5 种蔬菜中检出 4 种禁用农药，共计检出 6 次		
1	甲拌磷*	3	1	33.3%
2	丁酰肼	1	0	0.0%
3	克百威	1	0	0.0%
4	氧乐果	1	0	0.0%
	小计	6	1	超标率：16.7%
	合计	9	3	超标率：33.3%

此次抽检的果蔬样品中，有 2 种蔬菜检出了剧毒农药，分别是：芹菜中检出甲拌磷 2 次；萝卜中检出甲拌磷 1 次。

样品中检出剧毒和高毒农药残留水平超过 MRL 中国国家标准的频次为 3 次，其中：

葡萄检出克百威超标 2 次；萝卜检出甲拌磷超标 1 次。本次检出结果表明，高毒、剧毒农药的使用现象依旧存在。详见表 17-11。

表 17-11　各样本中检出剧毒/高毒农药情况

样品名称	农药名称	检出频次	超标频次	检出浓度（μg/kg）
水果 3 种				
李子	三唑磷	3	0	2.8，15.7，5.9
葡萄	克百威▲	2	2	41.2[a]，29.8[a]
西瓜	氯唑磷▲	1	0	1.1
小计		6	2	超标率：33.3%
蔬菜 5 种				
芹菜	甲拌磷*▲	2	0	1.1，1.3
苦瓜	三唑磷	3	0	1.1，1.0，1.2
茄子	氧乐果▲	1	0	17.1
萝卜	甲拌磷*▲	1	1	25.5[a]
黄瓜	克百威▲	1	0	18.3
黄瓜	兹克威	1	0	4.9
小计		9	1	超标率：11.1%
合计		15	3	超标率：20.0%

17.2　农药残留检出水平与最大残留限量标准对比分析

我国于 2014 年 03 月 20 日正式颁布并于 2014 年 08 月 01 日正式实施食品农药残留限量国家标准《食品中农药最大残留限量》（GB 2763—2014）。该标准包括 371 个农药条目，涉及最大残留限量（MRL）标准 3653 项。将 307 频次检出农药的浓度水平与 3653 项 MRL 中国国家标准进行核对，其中只有 137 频次的农药找到了对应的 MRL，占 44.6%，还有 170 频次的侦测数据则无相关 MRL 标准供参考，占 55.4%。

将此次侦测结果与国际上现行 MRL 标准对比发现，在 307 频次的检出结果中有 307 频次的结果找到了对应的 MRL 欧盟标准，占 100.0%，其中，279 频次的结果有明确对应的 MRL，占 90.9%，其余 28 频次按照欧盟一律标准判定，占 9.1%；有 307 频次的结果找到了对应的 MRL 日本标准，占 100.0%，其中，208 频次的结果有明确对应的 MRL，占 67.8%，其余 98 频次按照日本一律标准判定，占 32.2%；有 173 频次的结果找到了对应的 MRL 中国香港标准，占 56.4%；有 157 频次的结果找到了对应的 MRL 美国标准，占 51.1%；有 158 频次的结果找到了对应的 MRL CAC 标准，占 51.5%（见图 17-11 和图 17-12，数据见附表 3 至附表 8）。

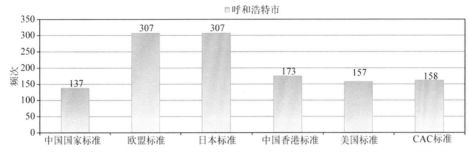

图 17-11　307 频次检出农药可用 MRL 中国国家标准、欧盟标准、日本标准、中国香港标准、
美国标准、CAC 标准判定衡量的数量

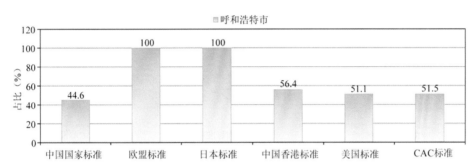

图 17-12　307 频次检出农药可用 MRL 中国国家标准、欧盟标准、日本标准、中国香港标准、
美国标准、CAC 标准衡量的占比

17.2.1　超标农药样品分析

　　本次侦测的 223 例样品中，81 例样品未检出任何残留农药，占样品总量的 36.3%，142 例样品检出不同水平、不同种类的残留农药，占样品总量的 63.7%。在此，我们将本次侦测的农残检出情况与 MRL 中国国家标准、欧盟标准、日本标准、中国香港标准、美国标准和 CAC 标准这 6 大国际主流 MRL 标准进行对比分析，样品农残检出与超标情况见表 17-12、图 17-13 和图 17-14，详细数据见附表 9 至附表 14。

表 17-12　各 MRL 标准下样本农残检出与超标数量及占比

	中国国家标准数量/占比（%）	欧盟标准数量/占比（%）	日本标准数量/占比（%）	中国香港标准数量/占比（%）	美国标准数量/占比（%）	CAC 标准数量/占比（%）
未检出	81/36.3	81/36.3	81/36.3	81/36.3	81/36.3	81/36.3
检出未超标	139/62.3	128/57.4	123/55.2	141/63.2	141/63.2	141/63.2
检出超标	3/1.3	14/6.3	19/8.5	1/0.4	1/0.4	1/0.4

17.2.2　超标农药种类分析

　　按照 MRL 中国国家标准、欧盟标准、日本标准、中国香港标准、美国标准和 CAC 标准这 6 大国际主流 MRL 标准衡量，本次侦测检出的农药超标品种及频次情况见表 17-13。

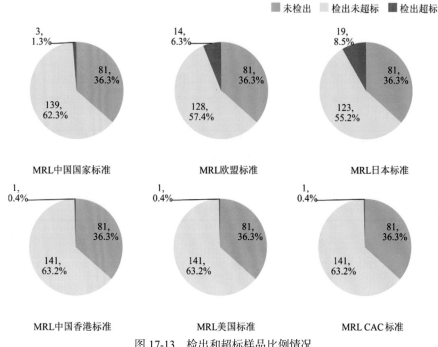

图 17-13 检出和超标样品比例情况

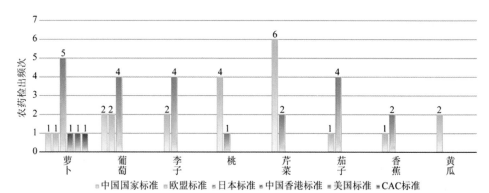

图 17-14 超过 MRL 中国国家标准、欧盟标准、日本标准、中国香港标准、美国标准、
CAC 标准结果在水果蔬菜中的分布

表 17-13 各 MRL 标准下超标农药品种及频次

	中国国家标准	欧盟标准	日本标准	中国香港标准	美国标准	CAC 标准
超标农药品种	2	14	15	1	1	1
超标农药频次	3	19	22	1	1	1

17.2.2.1 按 MRL 中国国家标准衡量

按 MRL 中国国家标准衡量，共有 2 种农药超标，检出 3 频次，分别为剧毒农药甲拌磷，高毒农药克百威。

按超标程度比较，萝卜中甲拌磷超标 1.6 倍，葡萄中克百威超标 1.1 倍。检测结果见图 17-15 和附表 15。

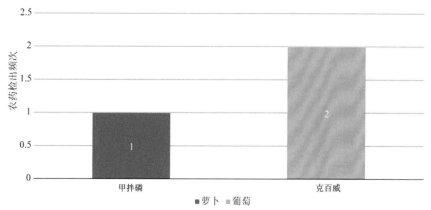

图 17-15　超过 MRL 中国国家标准农药品种及频次

17.2.2.2　按 MRL 欧盟标准衡量

按 MRL 欧盟标准衡量，共有 14 种农药超标，检出 19 频次，分别为剧毒农药甲拌磷，高毒农药克百威、三唑磷和氧乐果，中毒农药炔丙菊酯、稻瘟灵、噁霜灵、吡虫啉和异丙威，低毒农药嘧霉胺、噻菌灵和双苯基脲，微毒农药多菌灵和嘧菌胺。

按超标程度比较，桃中炔丙菊酯超标 32.5 倍，芹菜中嘧霉胺超标 21.3 倍，葡萄中克百威超标 19.6 倍，黄瓜中克百威超标 8.2 倍，桃中嘧菌胺超标 2.8 倍。检测结果见图 17-16 和附表 16。

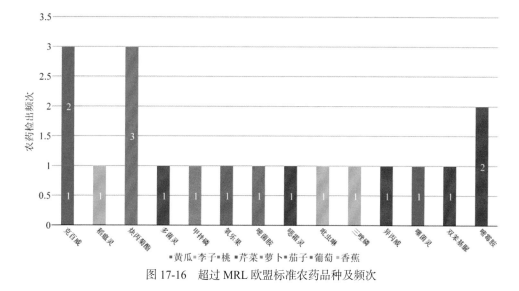

图 17-16　超过 MRL 欧盟标准农药品种及频次

17.2.2.3　按 MRL 日本标准衡量

按 MRL 日本标准衡量，共有 15 种农药超标，检出 22 频次，分别为高毒农药三唑磷，中毒农药甲哌、戊唑醇、炔丙菊酯、稻瘟灵、啶虫脒、吡虫啉和异丙威，低毒农药嘧霉胺、双苯基脲和磺草灵，微毒农药多菌灵、丁酰肼、嘧菌酯和甲基硫菌灵。

按超标程度比较，桃中炔丙菊酯超标 32.5 倍，芹菜中嘧霉胺超标 21.3 倍，香菇中甲哌超标 3.8 倍，李子中戊唑醇超标 3.6 倍，番茄中磺草灵超标 3.4 倍。检测结果见图 17-17 和附表 17。

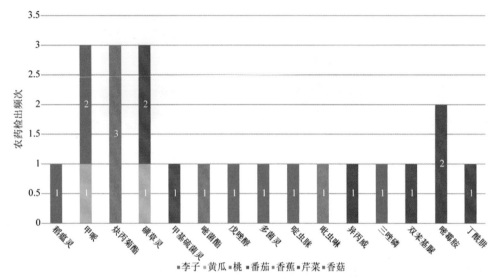

图 17-17　超过 MRL 日本标准农药品种及频次

17.2.2.4　按 MRL 中国香港标准衡量

按 MRL 中国香港标准衡量，有 1 种农药超标，检出 1 频次，为中毒农药吡虫啉。按超标程度比较，香蕉中吡虫啉超标 1.2 倍。检测结果见图 17-18 和附表 18。

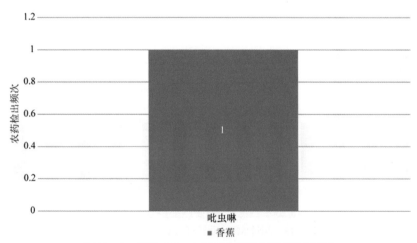

图 17-18　超过 MRL 中国香港标准农药品种及频次

17.2.2.5　按 MRL 美国标准衡量

按 MRL 美国标准衡量，有 1 种农药超标，检出 1 频次，为低毒农药噻菌灵。按超标程度比较，黄瓜中噻菌灵超标 4.8 倍。检测结果见图 17-19 和附表 19。

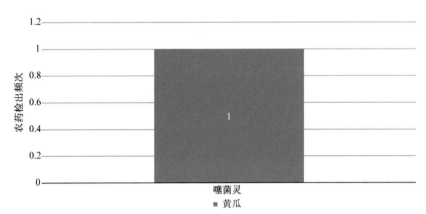

图 17-19　超过 MRL 美国标准农药品种及频次

17.2.2.6　按 MRL CAC 标准衡量

按 MRL CAC 标准衡量，有 1 种农药超标，检出 1 频次，为中毒农药吡虫啉。按超标程度比较，香蕉中吡虫啉超标 1.2 倍。检测结果见图 17-20 和附表 20。

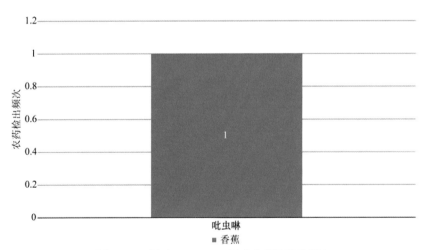

图 17-20　超过 MRL CAC 标准农药品种及频次

17.2.3　10 个采样点超标情况分析

17.2.3.1　按 MRL 中国国家标准衡量

按 MRL 中国国家标准衡量，有 3 个采样点的样品存在不同程度的超标农药检出，其中***超市（鄂尔多斯大街）的超标率最高，为 6.2%，如图 17-21 和表 17-14 所示。

表 17-14　超过 MRL 中国国家标准水果蔬菜在不同采样点分布

序号	采样点	样品总数	超标数量	超标率（%）	行政区域
1	***市场	28	1	3.6	赛罕区
2	***超市（新华西街店）	27	1	3.7	回民区
3	***超市（鄂尔多斯大街）	16	1	6.2	玉泉区

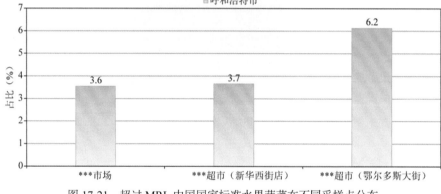

图 17-21　超过 MRL 中国国家标准水果蔬菜在不同采样点分布

17.2.3.2　按 MRL 欧盟标准衡量

按 MRL 欧盟标准衡量，有 9 个采样点的样品存在不同程度的超标农药检出，其中
***超市（新华西街店）的超标率最高，为 11.1%，如表 17-15 和图 17-22 所示。

表 17-15　超过 MRL 欧盟标准水果蔬菜在不同采样点分布

序号	采样点	样品总数	超标数量	超标率（%）	行政区域
1	***市场	28	2	7.1	赛罕区
2	***超市（兴安店）	28	2	7.1	新城区
3	***超市（维多利购物中心店）	28	1	3.6	回民区
4	***超市（呼和浩特万达广场店）	28	1	3.6	赛罕区
5	***市场	28	2	7.1	玉泉区
6	***超市（新华西街店）	27	3	11.1	回民区
7	***超市（鄂尔多斯大街）	16	1	6.2	玉泉区
8	***超市（七彩城店）	13	1	7.7	玉泉区
9	***超市（太伟方恒广场店）	13	1	7.7	新城区

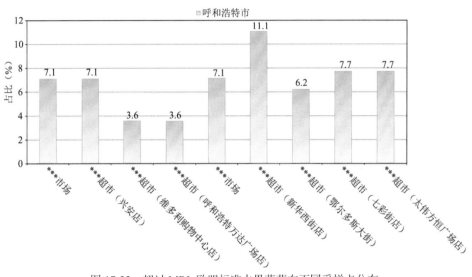

图 17-22　超过 MRL 欧盟标准水果蔬菜在不同采样点分布

17.2.3.3　按 MRL 日本标准衡量

按 MRL 日本标准衡量，有 8 个采样点的样品存在不同程度的超标农药检出，其中
***超市（七彩城店）的超标率最高，为 15.4%，如图 17-23 和表 17-16 所示。

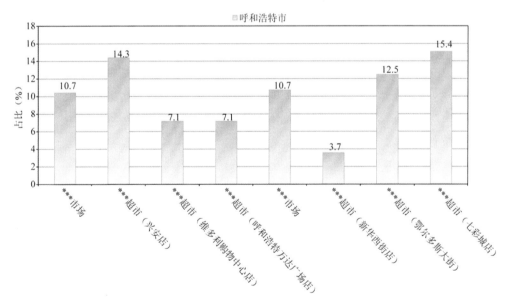

图 17-23　超过 MRL 日本标准水果蔬菜在不同采样点分布

表 17-16　超过 MRL 日本标准水果蔬菜在不同采样点分布

序号	采样点	样品总数	超标数量	超标率（%）	行政区域
1	***市场	28	3	10.7	赛罕区
2	***超市（兴安店）	28	4	14.3	新城区

续表

序号	采样点	样品总数	超标数量	超标率（%）	行政区域
3	***超市（维多利购物中心店）	28	2	7.1	回民区
4	***超市（呼和浩特万达广场店）	28	2	7.1	赛罕区
5	***市场	28	3	10.7	玉泉区
6	***超市（新华西街店）	27	1	3.7	回民区
7	***超市（鄂尔多斯大街）	16	2	12.5	玉泉区
8	***超市（七彩城店）	13	2	15.4	玉泉区

17.2.3.4　按MRL中国香港标准衡量

按MRL中国香港标准衡量，有1个采样点的样品存在超标农药检出，超标率为3.6%，如表17-17和图17-24所示。

表 17-17　超过 MRL 中国香港标准水果蔬菜在不同采样点分布

	采样点	样品总数	超标数量	超标率（%）	行政区域
1	***市场	28	1	3.6	玉泉区

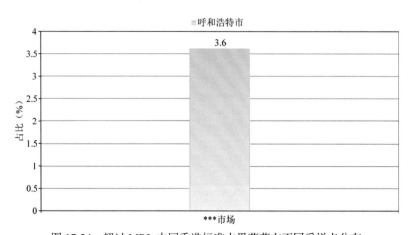

图 17-24　超过 MRL 中国香港标准水果蔬菜在不同采样点分布

17.2.3.5　按MRL美国标准衡量

按MRL美国标准衡量，有1个采样点的样品存在超标农药检出，超标率为3.7%，如表17-18和图17-25所示。

表 17-18　超过 MRL 美国标准水果蔬菜在不同采样点分布

序号	采样点	样品总数	超标数量	超标率（%）	行政区域
1	***超市（新华西街店）	27	1	3.7	回民区

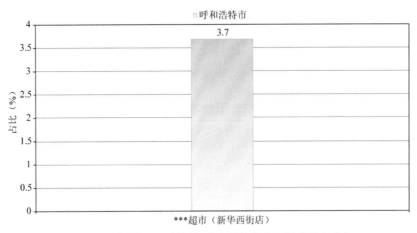

图 17-25　超过 MRL 美国标准水果蔬菜在不同采样点分布

17.2.3.6　按 MRL CAC 标准衡量

按 MRL CAC 标准衡量，有 1 个采样点的样品存在超标农药检出，超标率为 3.6%，如表 17-19 和图 17-26 所示。

表 17-19　超过 MRL CAC 标准水果蔬菜在不同采样点分布

序号	采样点	样品总数	超标数量	超标率（%）	行政区域
1	***市场	28	1	3.6	玉泉区

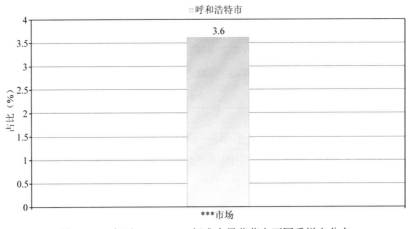

图 17-26　超过 MRL CAC 标准水果蔬菜在不同采样点分布

17.3　水果中农药残留分布

17.3.1　检出农药品种和频次排前 10 的水果

本次残留侦测的水果共 11 种，包括西瓜、桃、猕猴桃、哈密瓜、香蕉、杏、香瓜、苹果、葡萄、梨和李子。

根据检出农药品种及频次进行排名，将各项排名前 10 位的水果样品检出情况列表说明，详见表 17-20。

表 17-20 检出农药品种和频次排名前 10 的水果

检出农药品种排名前 10（品种）	①葡萄（20），②桃（11），③香蕉（10），④李子（8），⑤哈密瓜（6），⑥西瓜（6），⑦杏（6），⑧苹果（4），⑨梨（3），⑩香瓜（2）
检出农药频次排名前 10（频次）	①葡萄（54），②香蕉（25），③桃（23），④李子（21），⑤西瓜（19），⑥苹果（14），⑦哈密瓜（13），⑧杏（12），⑨梨（3），⑩香瓜（3）
检出禁用、高毒及剧毒农药品种排名前 10（品种）	①李子（1），②葡萄（1），③西瓜（1）
检出禁用、高毒及剧毒农药频次排名前 10（频次）	①李子（3），②葡萄（2），③西瓜（1）

17.3.2 超标农药品种和频次排前 10 的水果

鉴于 MRL 欧盟标准和日本标准制定比较全面且覆盖率较高，我们参照 MRL 中国国家标准、欧盟标准和日本标准衡量水果样品中农残检出情况，将超标农药品种及频次排名前 10 的水果列表说明，详见表 17-21。

表 17-21 超标农药品种和频次排名前 10 的水果

超标农药品种排名前 10（农药品种数）	MRL 中国国家标准	①葡萄（1）
	MRL 欧盟标准	①李子（2），②桃（2），③葡萄（1），④香蕉（1）
	MRL 日本标准	①李子（5），②桃（2），③香蕉（1）
超标农药频次排名前 10（农药频次数）	MRL 中国国家标准	①葡萄（2）
	MRL 欧盟标准	①桃（4），②李子（2），③葡萄（2），④香蕉（1）
	MRL 日本标准	①李子（5），②桃（4），③香蕉（1）

通过对各品种水果样本总数及检出率进行综合分析发现，葡萄、桃和香蕉的残留污染最为严重，在此，我们参照 MRL 中国国家标准、欧盟标准和日本标准对这 3 种水果的农残检出情况进行进一步分析。

17.3.3 农药残留检出率较高的水果样品分析

17.3.3.1 葡萄

这次共检测 16 例葡萄样品，全部检出了农药残留，检出率为 100.0%，检出农药共计 20 种。其中嘧菌酯、稻瘟灵、避蚊胺、烯酰吗啉和啶虫脒检出频次较高，分别检出了 8、7、6、5 和 4 次。葡萄中农药检出品种和频次见图 17-27，超标农药见图 17-28 和表 17-22。

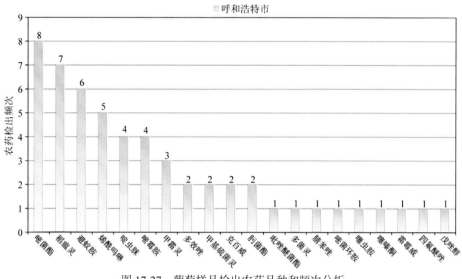

图 17-27 葡萄样品检出农药品种和频次分析

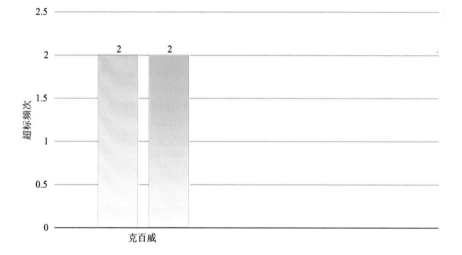

图 17-28 葡萄样品中超标农药分析

表 17-22 葡萄中农药残留超标情况明细表

样品总数	检出农药样品数	样品检出率（%）	检出农药品种总数
16	16	100	20

	超标农药品种	超标农药频次	按照 MRL 中国国家标准、欧盟标准和日本标准衡量超标农药名称及频次
中国国家标准	1	2	克百威（2）
欧盟标准	1	2	克百威（2）
日本标准	0	0	

17.3.3.2 桃

这次共检测 16 例桃样品，12 例样品中检出了农药残留，检出率为 75.0%，检出农药共计 11 种。其中噻嗪酮、苯醚甲环唑、多菌灵、嘧菌胺和炔丙菊酯检出频次较高，分别检出了 4、3、3、3 和 3 次。桃中农药检出品种和频次见图 17-29，超标农药见图 17-30 和表 17-23。

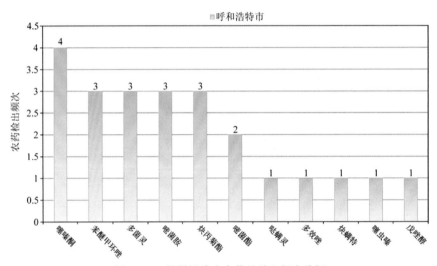

图 17-29　桃样品检出农药品种和频次分析

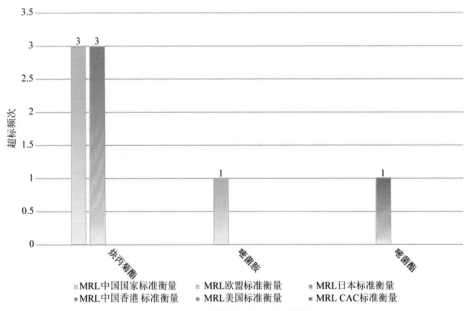

图 17-30　桃样品中超标农药分析

表 17-23 桃中农药残留超标情况明细表

样品总数		检出农药样品数	样品检出率（%）	检出农药品种总数
16		12	75	11
	超标农药品种	超标农药频次	按照 MRL 中国国家标准、欧盟标准和日本标准衡量超标农药名称及频次	
中国国家标准	0	0		
欧盟标准	2	4	炔丙菊酯（3），嘧菌胺（1）	
日本标准	2	4	炔丙菊酯（3），嘧菌酯（1）	

17.3.3.3 香蕉

这次共检测 11 例香蕉样品，全部检出了农药残留，检出率为 100.0%，检出农药共计 10 种。其中苯醚甲环唑、多菌灵、咪鲜胺、稻瘟灵和戊唑醇检出频次较高，分别检出了 5、4、4、3 和 3 次。香蕉中农药检出品种和频次见图 17-31，超标农药见图 17-32 和表 17-24。

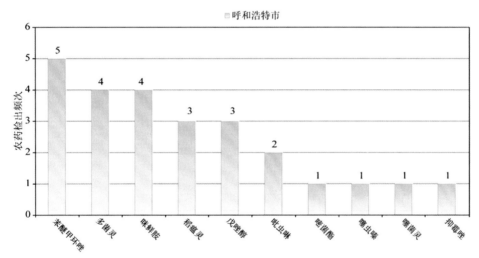

图 17-31 香蕉样品检出农药品种和频次分析

表 17-24 香蕉中农药残留超标情况明细表

样品总数		检出农药样品数	样品检出率（%）	检出农药品种总数
11		11	100	10
	超标农药品种	超标农药频次	按照 MRL 中国国家标准、欧盟标准和日本标准衡量超标农药名称及频次	
中国国家标准	0	0		
欧盟标准	1	1	吡虫啉（1）	
日本标准	1	1	吡虫啉（1）	

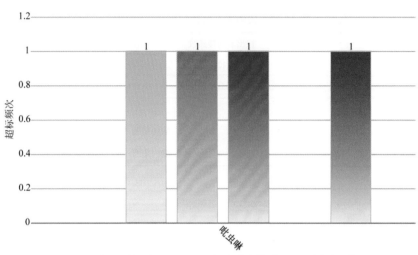

图 17-32　香蕉样品中超标农药分析

17.4　蔬菜中农药残留分布

17.4.1　检出农药品种和频次排前 10 的蔬菜

本次残留侦测的蔬菜共 10 种，包括黄瓜、结球甘蓝、芹菜、菠菜、番茄、茄子、萝卜、马铃薯、苦瓜和冬瓜。

根据检出农药品种及频次进行排名，将各项排名前 10 位的蔬菜样品检出情况列表说明，详见表 17-25。

表 17-25　检出农药品种和频次排名前 10 的蔬菜

检出农药品种排名前 10（品种）	①黄瓜（17），②番茄（12），③芹菜（12），④冬瓜（7），⑤茄子（7），⑥菠菜（4），⑦苦瓜（3），⑧萝卜（2）
检出农药频次排名前 10（频次）	①黄瓜（38），②番茄（24），③芹菜（23），④冬瓜（9），⑤茄子（8），⑥苦瓜（7），⑦菠菜（6），⑧萝卜（2）
检出禁用、高毒及剧毒农药品种排名前 10（品种）	①黄瓜（2），②番茄（1），③苦瓜（1），④萝卜（1），⑤茄子（1），⑥芹菜（1）
检出禁用、高毒及剧毒农药频次排名前 10（频次）	①苦瓜（3），②黄瓜（2），③芹菜（2），④番茄（1），⑤萝卜（1），⑥茄子（1）

17.4.2　超标农药品种和频次排前 10 的蔬菜

鉴于 MRL 欧盟标准和日本标准制定比较全面且覆盖率较高，我们参照 MRL 中国国家标准、欧盟标准和日本标准衡量蔬菜样品中农残检出情况，将超标农药品种及频次排名前 10 的蔬菜列表说明，详见表 17-26。

表 17-26　超标农药品种和频次排名前 10 的蔬菜

超标农药品种排名前 10 （农药品种数）	MRL 中国国家标准	①萝卜（1）
	MRL 欧盟标准	①芹菜（5），②黄瓜（2），③萝卜（1），④茄子（1）
	MRL 日本标准	①番茄（3），②芹菜（3），③黄瓜（2）
超标农药频次排名前 10 （农药频次数）	MRL 中国国家标准	①萝卜（1）
	MRL 欧盟标准	①芹菜（6），②黄瓜（2），③萝卜（1），④茄子（1）
	MRL 日本标准	①番茄（4），②芹菜（4），③黄瓜（2）

通过对各品种蔬菜样本总数及检出率进行综合分析发现，黄瓜、番茄和芹菜的残留污染最为严重，在此，我们参照 MRL 中国国家标准、欧盟标准和日本标准对这 3 种蔬菜的农残检出情况进行进一步分析。

17.4.3　农药残留检出率较高的蔬菜样品分析

17.4.3.1　黄瓜

这次共检测 16 例黄瓜样品，14 例样品中检出了农药残留，检出率为 87.5%，检出农药共计 17 种。其中马拉硫磷、灭蝇胺、霜霉威、甲霜灵和嘧菌酯检出频次较高，分别检出了 6、6、4、3 和 3 次。黄瓜中农药检出品种和频次见图 17-33，超标农药见图 17-34 和表 17-27。

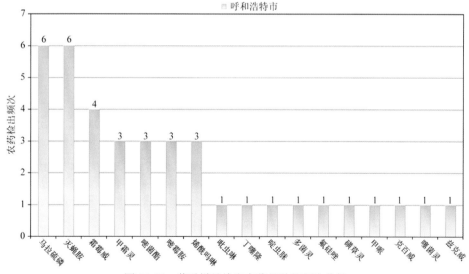

图 17-33　黄瓜样品检出农药品种和频次分析

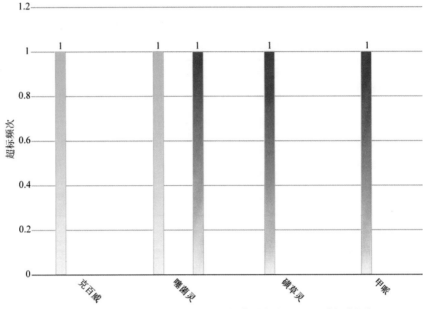

图 17-34　黄瓜样品中超标农药分析

表 17-27　黄瓜中农药残留超标情况明细表

样品总数		检出农药样品数	样品检出率（%）	检出农药品种总数
16		14	87.5	17
	超标农药品种	超标农药频次	按照 MRL 中国国家标准、欧盟标准和日本标准衡量超标农药名称及频次	
中国国家标准	0	0		
欧盟标准	2	2	克百威（1），噻菌灵（1）	
日本标准	2	2	磺草灵（1），甲哌（1）	

17.4.3.2　番茄

这次共检测 8 例番茄样品，全部检出了农药残留，检出率为 100.0%，检出农药共计 12 种。其中烯酰吗啉、马拉硫磷、嘧菌酯、磺草灵和甲基硫菌灵检出频次较高，分别检出了 5、4、3、2 和 2 次。番茄中农药检出品种和频次见图 17-35，超标农药见图 17-36 和表 17-28。

表 17-28　番茄中农药残留超标情况明细表

样品总数		检出农药样品数	样品检出率（%）	检出农药品种总数
8		8	100	12
	超标农药品种	超标农药频次	按照 MRL 中国国家标准、欧盟标准和日本标准衡量超标农药名称及频次	
中国国家标准	0	0		

续表

	超标农药品种	超标农药频次	按照 MRL 中国国家标准、欧盟标准和日本标准衡量超标农药名称及频次
欧盟标准	0	0	
日本标准	3	4	磺草灵（2），丁酰肼（1），甲基硫菌灵（1）

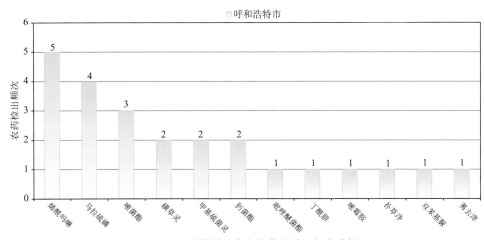

图 17-35　番茄样品检出农药品种和频次分析

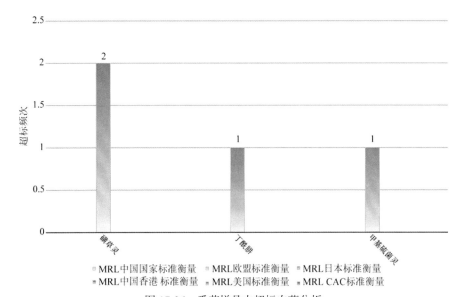

图 17-36　番茄样品中超标农药分析

17.4.3.3　芹菜

这次共检测 8 例芹菜样品，全部检出了农药残留，检出率为 100.0%，检出农药共计 12 种。其中烯酰吗啉、多菌灵、嘧霉胺、苯醚甲环唑和稻瘟灵检出频次较高，分别检出了 4、3、3、2 和 2 次。芹菜中农药检出品种和频次见图 17-37，超标农药见图 17-38 和表 17-29。

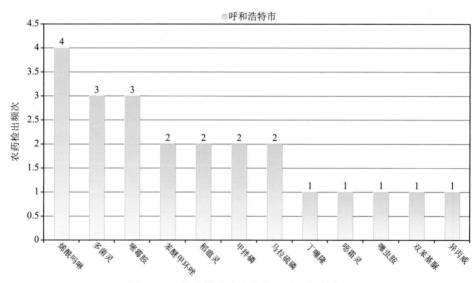

图 17-37 芹菜样品检出农药品种和频次分析

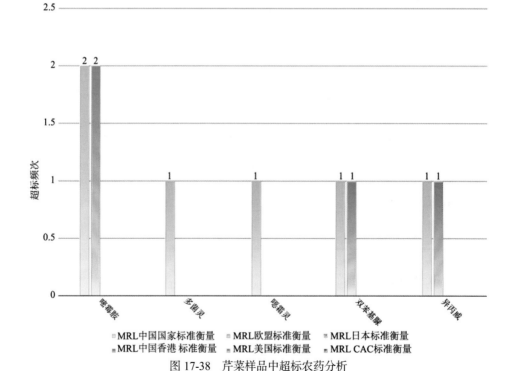

图 17-38 芹菜样品中超标农药分析

表 17-29　芹菜中农药残留超标情况明细表

样品总数		检出农药样品数	样品检出率（%）	检出农药品种总数
8		8	100	12
	超标农药品种	超标农药频次	按照 MRL 中国国家标准、欧盟标准和日本标准衡量超标农药名称及频次	
中国国家标准	0	0		
欧盟标准	5	6	嘧霉胺（2），多菌灵（1），噁霜灵（1），双苯基脲（1），异丙威（1）	
日本标准	3	4	嘧霉胺（2），双苯基脲（1），异丙威（1）	

17.5　初 步 结 论

17.5.1　呼和浩特市市售水果蔬菜按 MRL 中国国家标准和国际主要 MRL 标准衡量的合格率

本次侦测的 223 例样品中，81 例样品未检出任何残留农药，占样品总量的 36.3%，142 例样品检出不同水平、不同种类的残留农药，占样品总量的 63.7%。在这 142 例检出农药残留的样品中：

按照 MRL 中国国家标准衡量，有 139 例样品检出残留农药但含量没有超标，占样品总数的 62.3%，有 3 例样品检出了超标农药，占样品总数的 1.3%。

按照 MRL 欧盟标准衡量，有 128 例样品检出残留农药但含量没有超标，占样品总数的 57.4%，有 14 例样品检出了超标农药，占样品总数的 6.3%。

按照 MRL 日本标准衡量，有 123 例样品检出残留农药但含量没有超标，占样品总数的 55.2%，有 19 例样品检出了超标农药，占样品总数的 8.5%。

按照 MRL 中国香港标准衡量，有 141 例样品检出残留农药但含量没有超标，占样品总数的 63.2%，有 1 例样品检出了超标农药，占样品总数的 0.4%。

按照 MRL 美国标准衡量，有 141 例样品检出残留农药但含量没有超标，占样品总数的 63.2%，有 1 例样品检出了超标农药，占样品总数的 0.4%。

按照 MRL CAC 标准衡量，有 141 例样品检出残留农药但含量没有超标，占样品总数的 63.2%，有 1 例样品检出了超标农药，占样品总数的 0.4%。

17.5.2　呼和浩特市市售水果蔬菜中检出农药以中低微毒农药为主，占市场主体的 88.0%

这次侦测的 223 例样品包括水果 11 种 112 例，食用菌 1 种 8 例，蔬菜 10 种 103 例，共检出了 50 种农药，检出农药的毒性以中低微毒为主，详见表 17-30。

表 17-30　市场主体农药毒性分布

毒性	检出品种	占比	检出频次	占比
剧毒农药	1	2.0%	3	1.0%
高毒农药	5	10.0%	12	3.9%
中毒农药	20	40.0%	124	40.4%
低毒农药	16	32.0%	94	30.6%
微毒农药	8	16.0%	74	24.1%
中低微毒农药，品种占比 88.0%，频次占比 95.1%				

17.5.3　检出剧毒、高毒和禁用农药现象应该警醒

在此次侦测的 223 例样品中有 6 种蔬菜和 3 种水果的 16 例样品检出了 7 种 16 频次的剧毒和高毒或禁用农药，占样品总量的 7.2%。其中剧毒农药甲拌磷以及高毒农药三唑磷、克百威和氯唑磷检出频次较高。

按 MRL 中国国家标准衡量，剧毒农药甲拌磷，检出 3 次，超标 1 次；高毒农药克百威，检出 3 次，超标 2 次；按超标程度比较，萝卜中甲拌磷超标 1.6 倍，葡萄中克百威超标 1.1 倍。

剧毒、高毒或禁用农药的检出情况及按照 MRL 中国国家标准衡量的超标情况见表 17-31。

表 17-31　剧毒、高毒或禁用农药的检出及超标明细

序号	农药名称	样品名称	检出频次	超标频次	最大超标倍数	超标率
1.1	甲拌磷*▲	芹菜	2	0	0	0.0%
1.2	甲拌磷*▲	萝卜	1	1	1.55	100.0%
2.1	三唑磷◊	李子	3	0	0	0.0%
2.2	三唑磷◊	苦瓜	3	0	0	0.0%
3.1	克百威◊▲	葡萄	2	2	1.06	100.0%
3.2	克百威◊▲	黄瓜	1	0	0	0.0%
4.1	兹克威◊	黄瓜	1	0	0	0.0%
5.1	氧乐果◊▲	茄子	1	0	0	0.0%
6.1	氯唑磷◊▲	西瓜	1	0	0	0.0%
7.1	丁酰肼▲	番茄	1	0	0	0.0%
合计			16	3		18.8%

注：超标倍数参照 MRL 中国国家标准衡量

这些超标的剧毒和高毒农药都是中国政府早有规定禁止在水果蔬菜中使用的，为什么还屡次被检出，应该引起警惕。

17.5.4　残留限量标准与先进国家或地区标准差距较大

307 频次的检出结果与我国公布的《食品中农药最大残留限量》(GB 2763—2014) 对比，有 137 频次能找到对应的 MRL 中国国家标准，占 44.6%；还有 170 频次的侦测数据无相关 MRL 标准供参考，占 55.4%。

与国际上现行 MRL 标准对比发现：

有 307 频次能找到对应的 MRL 欧盟标准，占 100.0%；

有 307 频次能找到对应的 MRL 日本标准，占 100.0%；

有 173 频次能找到对应的 MRL 中国香港标准，占 56.4%；

有 157 频次能找到对应的 MRL 美国标准，占 51.1%；

有 158 频次能找到对应的 MRL CAC 标准，占 51.5%。

由上可见，MRL 中国国家标准与先进国家或地区标准还有很大差距，我们无标准，境外有标准，这就会导致我们在国际贸易中，处于受制于人的被动地位。

17.5.5　水果蔬菜单种样品检出 10~20 种农药残留，拷问农药使用的科学性

通过此次检测发现，葡萄、桃和香蕉是检出农药品种最多的 3 种水果，黄瓜、番茄和芹菜是检出农药品种最多的 3 种蔬菜，从中检出农药品种及频次详见表 17-32。

表 17-32　单种样品检出农药品种及频次

样品名称	样品总数	检出农药样品数	检出率	检出农药品种数	检出农药（频次）
黄瓜	16	14	87.5%	17	马拉硫磷（6）、灭蝇胺（6）、霜霉威（4）、甲霜灵（3）、嘧菌酯（3）、嘧霉胺（3）、烯酰吗啉（3）、吡虫啉（1）、丁噻隆（1）、啶虫脒（1）、多菌灵（1）、氟硅唑（1）、磺草灵（1）、甲哌（1）、克百威（1）、噻菌灵（1）、兹克威（1）
番茄	8	8	100.0%	12	烯酰吗啉（5）、马拉硫磷（4）、嘧菌酯（3）、磺草灵（2）、甲基硫菌灵（2）、肟菌酯（2）、吡唑醚菌酯（1）、丁酰肼（1）、嘧霉胺（1）、扑草净（1）、双苯基脲（1）、莠去津（1）
芹菜	8	8	100.0%	12	烯酰吗啉（4）、多菌灵（3）、嘧霉胺（3）、苯醚甲环唑（2）、稻瘟灵（2）、甲拌磷（2）、马拉硫磷（2）、丁噻隆（1）、噁霜灵（1）、噻虫胺（1）、双苯基脲（1）、异丙威（1）
葡萄	16	16	100.0%	20	嘧菌酯（8）、稻瘟灵（7）、避蚊胺（6）、烯酰吗啉（5）、啶虫脒（4）、嘧霉胺（4）、甲霜灵（3）、多效唑（2）、甲基硫菌灵（2）、克百威（2）、肟菌酯（2）、吡唑醚菌酯（1）、多菌灵（1）、腈苯唑（1）、嘧菌环胺（1）、噻虫胺（1）、噻嗪酮（1）、霜霉威（1）、四氟醚唑（1）、戊唑醇（1）
桃	16	12	75.0%	11	噻嗪酮（4）、苯醚甲环唑（3）、多菌灵（3）、嘧菌胺（3）、炔丙菊酯（3）、嘧菌酯（2）、哒螨灵（1）、多效唑（1）、炔螨特（1）、噻虫嗪（1）、戊唑醇（1）
香蕉	11	11	100.0%	10	苯醚甲环唑（5）、多菌灵（4）、咪鲜胺（4）、稻瘟灵（3）、戊唑醇（3）、吡虫啉（2）、嘧菌酯（1）、噻虫嗪（1）、噻菌灵（1）、抑霉唑（1）

上述 6 种水果蔬菜，检出农药 10~20 种，是多种农药综合防治，还是未严格实施农业良好管理规范（GAP），抑或根本就是乱施药，值得我们思考。

第18章 LC-Q-TOF/MS 侦测呼和浩特市市售水果蔬菜农药残留膳食暴露风险与预警风险评估

18.1 农药残留风险评估方法

18.1.1 呼和浩特市农药残留侦测数据分析与统计

庞国芳院士科研团队建立的农药残留高通量侦测技术以高分辨精确质量数（0.0001 m/z 为基准）为识别标准，采用 LC-Q-TOF/MS 技术对 565 种农药化学污染物进行侦测。

科研团队于 2016 年 8 月~2017 年 7 月在呼和浩特市所属 4 个区县的 10 个采样点，随机采集了 223 例水果蔬菜样品，采样点分布在超市和农贸市场，具体位置如图 18-1 所示，各月内水果蔬菜样品采集数量如表 18-1 所示。

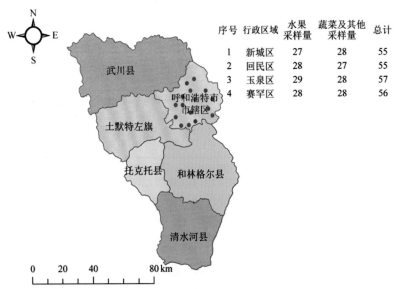

序号	行政区域	水果采样量	蔬菜及其他采样量	总计
1	新城区	27	28	55
2	回民区	28	27	55
3	玉泉区	29	28	57
4	赛罕区	28	28	56

图 18-1 LC-Q-TOF/MS 侦测呼和浩特市 10 个采样点 223 例样品分布示意图

表 18-1 呼和浩特市各月内采集水果蔬菜样品数列表

时间	样品数（例）
2016 年 8 月	120
2017 年 7 月	103

利用 LC-Q-TOF/MS 技术对 223 例样品中的农药进行侦测，侦测出残留农药 50 种，307 频次。侦测出农药残留水平如表 18-2 和图 18-2 所示。检出频次最高的前 10 种农药

如表 18-3 所示。从侦测结果中可以看出，在水果蔬菜中农药残留普遍存在，且有些水果蔬菜存在高浓度的农药残留，这些可能存在膳食暴露风险，对人体健康产生危害，因此，为了定量地评价水果蔬菜中农药残留的风险程度，有必要对其进行风险评价。

表 18-2　侦测出农药的不同残留水平及其所占比例

残留水平（μg/kg）	检出频次	占比（%）
1~5（含）	170	55.4
5~10（含）	31	10.1
10~100（含）	94	30.6
100~1000（含）	12	3.9
>1000	0	0
合计	307	100

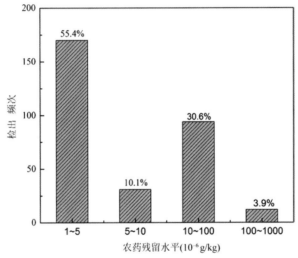

图 18-2　残留农药检出浓度频数分布图

表 18-3　检出频次最高的前 10 种农药列表

序号	农药	检出频次（次）
1	稻瘟灵	41
2	多菌灵	29
3	嘧菌酯	22
4	烯酰吗啉	20
5	马拉硫磷	16
6	避蚊胺	15
7	戊唑醇	14
8	嘧霉胺	11

序号	农药	检出频次（次）
9	苯醚甲环唑	10
10	啶虫脒	9

18.1.2　农药残留风险评价模型

对呼和浩特市水果蔬菜中农药残留分别开展暴露风险评估和预警风险评估。膳食暴露风险评估利用食品安全指数模型以水果蔬菜中的残留农药对人体可能产生的危害程度进行评价，该模型结合残留监测和膳食暴露评估评价化学污染物的危害；预警风险评价模型运用风险系数（risk index，R），风险系数综合考虑了危害物的超标率、施检频率及其本身敏感性的影响，能直观而全面地反映出危害物在一段时间内的风险程度。

18.1.2.1　食品安全指数模型

为了加强食品安全管理，《中华人民共和国食品安全法》第二章第十七条规定"国家建立食品安全风险评估制度，运用科学方法，根据食品安全风险监测信息、科学数据以及有关信息，对食品、食品添加剂、食品相关产品中生物性、化学性和物理性危害因素进行风险评估"[1]，膳食暴露评估是食品危险度评估的重要组成部分，也是膳食安全性的衡量标准[2]。国际上最早研究膳食暴露风险评估的机构主要是 JMPR（FAO、WHO 农药残留联合会议），该组织自 1995 年就已制定了急性毒性物质的风险评估急性毒性农药残留摄入量的预测。1960 年美国规定食品中不得加入致癌物质进而提出零阈值理论，渐渐零阈值理论发展成在一定概率条件下可接受风险的概念[3]，后衍变为食品中每日允许最大摄入量（ADI），而国际食品农药残留法典委员会（CCPR）认为 ADI 不是独立风险评估的唯一标准[4]，1995 年 JMPR 开始研究农药急性膳食暴露风险评估，并对食品国际短期摄入量的计算方法进行了修正，亦对膳食暴露评估准则及评估方法进行了修正[5]，2002 年，在对世界上现行的食品安全评价方法，尤其是国际公认的 CAC 的评价方法、全球环境监测系统/食品污染监测和评估规划（WHO GEMS/Food）及 FAO、WHO 食品添加剂联合专家委员会（JECFA）和 JMPR 对食品安全风险评估工作研究的基础之上，检验检疫食品安全管理的研究人员提出了结合残留监控和膳食暴露评估，以食品安全指数 IFS 计算食品中各种化学污染物对消费者的健康危害程度[6]。IFS 是表示食品安全状态的新方法，可有效地评价某种农药的安全性，进而评价食品中各种农药化学污染物对消费者健康的整体危害程度[7, 8]。从理论上分析，IFS_c 可指出食品中的污染物 c 对消费者健康是否存在危害及危害的程度[9]。其优点在于操作简单且结果容易被接受和理解，不需要大量的数据来对结果进行验证，使用默认的标准假设或者模型即可[10, 11]。

1）IFS_c 的计算

IFS_c 计算公式如下：

$$\text{IFS}_c = \frac{\text{EDI}_c \times f}{\text{SI}_c \times \text{bw}} \tag{18-1}$$

式中，c 为所研究的农药；EDI_c 为农药 c 的实际日摄入量估算值，等于 $\sum(R_i \times F_i \times E_i \times P_i)$（i 为食品种类；$R_i$ 为食品 i 中农药 c 的残留水平，mg/kg；F_i 为食品 i 的估计日消费量，g/（人·天）；E_i 为食品 i 的可食用部分因子；P_i 为食品 i 的加工处理因子）；SI_c 为安全摄入量，可采用每日允许最大摄入量 ADI；bw 为人平均体重，kg；f 为校正因子，如果安全摄入量采用 ADI，则 f 取 1。

$IFS_c \ll 1$，农药 c 对食品安全没有影响；$IFS_c \leqslant 1$，农药 c 对食品安全的影响可以接受；$IFS_c > 1$，农药 c 对食品安全的影响不可接受。

本次评价中：

$IFS_c \leqslant 0.1$，农药 c 对水果蔬菜安全没有影响；

$0.1 < IFS_c \leqslant 1$，农药 c 对水果蔬菜安全的影响可以接受；

$IFS_c > 1$，农药 c 对水果蔬菜安全的影响不可接受。

本次评价中残留水平 R_i 取值为中国检验检疫科学研究院庞国芳院士课题组利用以高分辨精确质量数（0.0001 m/z）为基准的 LC-Q-TOF/MS 测技术于 2016 年 8 月~2017 年 7 月对呼和浩特市水果蔬菜农药残留的侦测结果，估计日消费量 F_i 取值 0.38 kg/（人·天），E_i=1，P_i=1，f=1，SI_c 采用《食品安全国家标准　食品中农药最大残留限量》（GB 2763—2016）中 ADI 值（具体数值见表 18-4），人平均体重（bw）取值 60 kg。

表 18-4　呼和浩特市水果蔬菜中侦测出农药的 ADI 值

序号	农药	ADI	序号	农药	ADI	序号	农药	ADI
1	氯唑磷	0.00005	18	腈苯唑	0.03	35	嘧菌酯	0.2
2	氧乐果	0.0003	19	腈菌唑	0.03	36	嘧霉胺	0.2
3	甲拌磷	0.0007	20	嘧菌环胺	0.03	37	烯酰吗啉	0.2
4	克百威	0.001	21	三唑酮	0.03	38	马拉硫磷	0.3
5	三唑磷	0.001	22	戊唑醇	0.03	39	霜霉威	0.4
6	异丙威	0.002	23	抑霉唑	0.03	40	丁酰肼	0.5
7	氟硅唑	0.007	24	扑草净	0.04	41	烯啶虫胺	0.53
8	噻嗪酮	0.009	25	肟菌酯	0.04	42	避蚊胺	——
9	苯醚甲环唑	0.01	26	吡虫啉	0.06	43	丁噻隆	——
10	哒螨灵	0.01	27	灭蝇胺	0.06	44	磺草灵	——
11	噁霜灵	0.01	28	啶虫脒	0.07	45	甲哌	——
12	咪鲜胺	0.01	29	甲基硫菌灵	0.08	46	嘧菌胺	——
13	炔螨特	0.01	30	甲霜灵	0.08	47	炔丙菊酯	——
14	稻瘟灵	0.016	31	噻虫嗪	0.08	48	双苯基脲	——
15	莠去津	0.02	32	多效唑	0.1	49	四氟醚唑	——
16	吡唑醚菌酯	0.03	33	噻虫胺	0.1	50	兹克威	——
17	多菌灵	0.03	34	噻菌灵	0.1			

注："—"表示为国家标准中无 ADI 值规定；ADI 值单位为 mg/kg bw

2）计算 IFS_c 的平均值 $\overline{IFS}$，评价农药对食品安全的影响程度

以 $\overline{IFS}$ 评价各种农药对人体健康危害的总程度，评价模型见公式（18-2）。

$$\overline{IFS}=\frac{\sum_{i=1}^{n} IFS_c}{n} \qquad (18-2)$$

$\overline{IFS} \ll 1$，所研究消费者人群的食品安全状态很好；$\overline{IFS} \leq 1$，所研究消费者人群的食品安全状态可以接受；$\overline{IFS} > 1$，所研究消费者人群的食品安全状态不可接受。

本次评价中：

$\overline{IFS} \leq 0.1$，所研究消费者人群的水果蔬菜安全状态很好；

$0.1 < \overline{IFS} \leq 1$，所研究消费者人群的水果蔬菜安全状态可以接受；

$\overline{IFS} > 1$，所研究消费者人群的水果蔬菜安全状态不可接受。

18.1.2.2 预警风险评估模型

2003 年，我国检验检疫食品安全管理的研究人员根据 WTO 的有关原则和我国的具体规定，结合危害物本身的敏感性、风险程度及其相应的施检频率，首次提出了食品中危害物风险系数 R 的概念[12]。R 是衡量一个危害物的风险程度大小最直观的参数，即在一定时期内其超标率或阳性检出率的高低，但受其施检频率的高低及其本身的敏感性（受关注程度）影响。该模型综合考察了农药在蔬菜中的超标率、施检频率及其本身敏感性，能直观而全面地反映出农药在一段时间内的风险程度[13]。

1）R 计算方法

危害物的风险系数综合考虑了危害物的超标率或阳性检出率、施检频率和其本身的敏感性影响，并能直观而全面地反映出危害物在一段时间内的风险程度。风险系数 R 的计算公式如式（18-3）：

$$R = aP + \frac{b}{F} + S \qquad (18-3)$$

式中，P 为该种危害物的超标率；F 为危害物的施检频率；S 为危害物的敏感因子；a，b 分别为相应的权重系数。

本次评价中 $F=1$；$S=1$；$a=100$；$b=0.1$，对参数 P 进行计算，计算时首先判断是否为禁用农药，如果为非禁用农药，$P=$超标的样品数（侦测出的含量高于食品最大残留限量标准值，即 MRL）除以总样品数（包括超标、不超标、未侦测出）；如果为禁用农药，则侦测出即为超标，$P=$能侦测出的样品数除以总样品数。判断呼和浩特市水果蔬菜农药残留是否超标的标准限值 MRL 分别以 MRL 中国国家标准[14]和 MRL 欧盟标准作为对照，具体值列于附表一中。

2）评价风险程度

$R \leq 1.5$，受检农药处于低度风险；

1.5<R≤2.5，受检农药处于中度风险；

R>2.5，受检农药处于高度风险。

18.1.2.3　食品膳食暴露风险和预警风险评估应用程序的开发

1）应用程序开发的步骤

为成功开发膳食暴露风险和预警风险评估应用程序，与软件工程师多次沟通讨论，逐步提出并描述清楚计算需求，开发了初步应用程序。为明确出不同水果蔬菜、不同农药、不同地域和不同季节的风险水平，向软件工程师提出不同的计算需求，软件工程师对计算需求进行逐一分析，经过反复的细节沟通，需求分析得到明确后，开始进行解决方案的设计，在保证需求的完整性、一致性的前提下，编写出程序代码，最后设计出满足需求的风险评估专用计算软件，并通过一系列的软件测试和改进，完成专用程序的开发。软件开发基本步骤见图 18-3。

图 18-3　专用程序开发总体步骤

2）膳食暴露风险评估专业程序开发的基本要求

首先直接利用公式（18-1），分别计算 LC-Q-TOF/MS 和 GC-Q-TOF/MS 仪器侦测出的各水果蔬菜样品中每种农药 IFS_c，将结果列出。为考察超标农药和禁用农药的使用安全性，分别以我国《食品安全国家标准　食品中农药最大残留限量》（GB 2763—2016）和欧盟食品中农药最大残留限量（以下简称 MRL 中国国家标准和 MRL 欧盟标准）为标准，对侦测出的禁用农药和超标的非禁用农药 IFS_c 单独进行评价；按 IFS_c 大小列表，并找出 IFS_c 值排名前 20 的样本重点关注。

对不同水果蔬菜 i 中每一种侦测出的农药 c 的安全指数进行计算，多个样品时求平均值。若监测数据为该市多个月的数据，则逐月、逐季度分别列出每个月、每个季度内每一种水果蔬菜 i 对应的每一种农药 c 的 IFS_c。

按农药种类，计算整个监测时间段内每种农药的 IFS_c，不区分水果蔬菜。若侦测数据为该市多个月的数据，则需分别计算每个月、每个季度内每种农药的 IFS_c。

3）预警风险评估专业程序开发的基本要求

分别以 MRL 中国国家标准和 MRL 欧盟标准，按公式（18-3）逐个计算不同水果蔬菜、不同农药的风险系数，禁用农药和非禁用农药分别列表。

为清楚了解各种农药的预警风险，不分时间，不分水果蔬菜，按禁用农药和非禁用农药分类，分别计算各种侦测出的农药全部侦测时段内的风险系数。由于有 MRL 中国国家标准的农药种类太少，无法计算超标数，非禁用农药的风险系数只以 MRL 欧盟标准为标准，进行计算。若侦测数据为多个月的，则按月计算每个月、每个季度内每种禁用农药残留的风险系数和以 MRL 欧盟标准为标准的非禁用农药残留的风险系数。

4）风险程度评价专业应用程序的开发方法

采用 Python 计算机程序设计语言，Python 是一个高层次地结合了解释性、编译性、互动性和面向对象的脚本语言。风险评价专用程序主要功能包括：分别读入每例样品 LC-Q-TOF/MS 和 GC-Q-TOF/MS 农药残留侦测数据，根据风险评价工作要求，依次对不同农药、不同食品、不同时间、不同采样点的 IFS_c 值和 R 值分别进行数据计算，筛选出禁用农药、超标农药（分别与 MRL 中国国家标准、MRL 欧盟标准限值进行对比）单独重点分析，再分别对各农药、各水果蔬菜种类分类处理，设计出计算和排序程序，编写计算机代码，最后将生成的膳食暴露风险评估和超标风险评估定量计算结果列入设计好的各个表格中，并定性判断风险对目标的影响程度，直接用文字描述风险发生的高低，如"不可接受"、"可以接受"、"没有影响"、"高度风险"、"中度风险"、"低度风险"。

18.2　LC-Q-TOF/MS 侦测呼和浩特市市售水果蔬菜农药残留膳食暴露风险评估

18.2.1　每例水果蔬菜样品中农药残留安全指数分析

基于农药残留侦测数据，发现在 223 例样品中侦测出农药 307 频次，计算样品中每种残留农药的安全指数 IFS_c，并分析农药对样品安全的影响程度，结果详见附表二，农药残留对水果蔬菜样品安全的影响程度频次分布情况如图 18-4 所示。

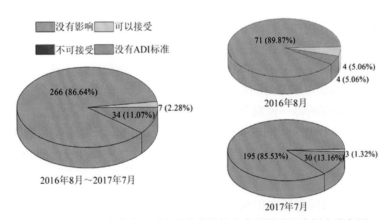

图 18-4　农药残留对水果蔬菜样品安全的影响程度频次分布图

由图 18-4 可以看出，农药残留对样品安全的影响可以接受的频次为 7，占 2.28%；农药残留对样品安全没有影响的频次为 266，占 86.64%。分析发现，2 个月份内，农药对样品安全的影响均在可以接受和没有影响的范围内。表 18-5 为水果蔬菜样品中安全指数排名前 10 的残留农药列表。

表 18-5　水果蔬菜样品中安全指数排名前 10 的残留农药列表

序号	样品编号	采样点	基质	农药	含量（mg/kg）	IFS$_c$	影响程度
1	20170705-150100-AHCIQ-EP-01A	***超市（维多利购物中心店）	茄子	氧乐果	0.0171	0.3610	可以接受
2	20160813-150100-AHCIQ-GP-06A	***超市（鄂尔多斯大街）	葡萄	克百威	0.0412	0.2609	可以接受
3	20160814-150100-AHCIQ-LB-08A	***市场	萝卜	甲拌磷	0.0255	0.2307	可以接受
4	20170705-150100-AHCIQ-PH-03A	***超市（太伟方恒广场店）	桃	噻嗪酮	0.2798	0.1969	可以接受
5	20160813-150100-AHCIQ-GP-02A	***超市（新华西街店）	葡萄	克百威	0.0298	0.1887	可以接受
6	20170705-150100-AHCIQ-WM-01A	***超市（维多利购物中心店）	西瓜	氯唑磷	0.0011	0.1393	可以接受
7	20160813-150100-AHCIQ-CU-02A	***超市（新华西街店）	黄瓜	克百威	0.0183	0.1159	可以接受
8	20170705-150100-AHCIQ-LZ-02A	***超市（兴安店）	李子	三唑磷	0.0157	0.0994	没有影响
9	20170705-150100-AHCIQ-CE-02A	***超市（兴安店）	芹菜	噁霜灵	0.0832	0.0527	没有影响
10	20170705-150100-AHCIQ-CE-02A	***超市（兴安店）	芹菜	异丙威	0.0162	0.0513	没有影响

部分样品侦测出禁用农药 5 种 9 频次,为了明确残留的禁用农药对样品安全的影响,分析侦测出禁用农药残留的样品安全指数, 禁用农药残留对水果蔬菜样品安全的影响程度频次分布情况如图 18-5 所示, 农药残留对样品安全的影响可以接受的频次为 6,占 66.67%;农药残留对样品安全没有影响的频次为 3,占 33.33%。由图中可以看出, 2 个月份内,禁用农药对样品安全的影响均在可以接受和没有影响的范围内。表 18-6 为水果蔬菜样品中侦测出的禁用农药残留的安全指数表。

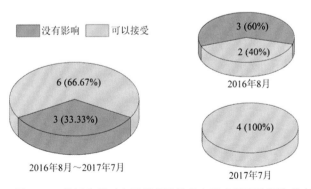

图 18-5　禁用农药对水果蔬菜样品安全影响程度的频次分布图

表 18-6　水果蔬菜样品中侦测出的禁用农药残留的安全指数表

序号	样品编号	采样点	基质	农药	含量 （mg/kg）	IFS$_c$	影响程度
1	20170705-150100- AHCIQ-EP-01A	***超市 （维多利购物中心店）	茄子	氧乐果	0.0171	0.3610	可以接受
2	20160813-150100- AHCIQ-GP-06A	***超市 （鄂尔多斯大街）	葡萄	克百威	0.0412	0.2609	可以接受
3	20160814-150100- AHCIQ-LB-08A	***市场	萝卜	甲拌磷	0.0255	0.2307	可以接受
4	20160813-150100- AHCIQ-GP-02A	***超市 （新华西街店）	葡萄	克百威	0.0298	0.1887	可以接受
5	20170705-150100- AHCIQ-WM-01A	***超市 （维多利购物中心店）	西瓜	氯唑磷	0.0011	0.1393	可以接受
6	20160813-150100- AHCIQ-CU-02A	***超市 （新华西街店）	黄瓜	克百威	0.0183	0.1159	可以接受
7	20170706-150100- AHCIQ-CE-05A	***市场	芹菜	甲拌磷	0.0013	0.0118	没有影响
8	20170705-150100- AHCIQ-CE-04A	***超市 （新华西街店）	芹菜	甲拌磷	0.0011	0.0100	没有影响
9	20170706-150100- AHCIQ-TO-05A	***市场	番茄	丁酰肼	0.0031	0.0000	没有影响

　　此外，本次侦测发现部分样品中非禁用农药残留量超过了欧盟标准，没有发现非禁用农药超过 MRL 中国国家标准的样品，为了明确超标的非禁用农药对样品安全的影响，分析了非禁用农药残留超标的样品安全指数。

　　残留量超过 MRL 欧盟标准的非禁用农药对水果蔬菜样品安全的影响程度频次分布情况如图 18-6 所示。可以看出超过 MRL 欧盟标准的非禁用农药共 14 频次，其中农药没有 ADI 的频次为 5，占 35.71%；农药残留对样品安全没有影响的频次为 9，占 64.29%。表 18-7 为水果蔬菜样品中侦测出的非禁用农药残留安全指数表。

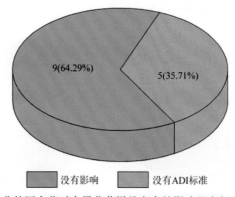

图 18-6　残留超标的非禁用农药对水果蔬菜样品安全的影响程度频次分布图（MRL 欧盟标准）

表 18-7　水果蔬菜样品中侦测出的非禁用农药残留安全指数表（MRL 欧盟标准）

序号	样品编号	采样点	基质	农药	含量（mg/kg）	欧盟标准	IFS$_c$
1	20170705-150100-AHCIQ-LZ-02A	***超市（兴安店）	李子	三唑磷	0.0157	0.01	0.0994
2	20170705-150100-AHCIQ-CE-02A	***超市（兴安店）	芹菜	噁霜灵	0.0832	0.05	0.0527
3	20170705-150100-AHCIQ-CE-02A	***超市（兴安店）	芹菜	异丙威	0.0162	0.01	0.0513
4	20170705-150100-AHCIQ-CE-03A	***超市（太伟方恒广场店）	芹菜	多菌灵	0.2210	0.1	0.0467
5	20170706-150100-AHCIQ-XJ-06A	***市场	香蕉	吡虫啉	0.1092	0.05	0.0115
6	20170705-150100-AHCIQ-LZ-02A	***超市（兴安店）	李子	稻瘟灵	0.0235	0.01	0.0093
7	20160813-150100-AHCIQ-CU-02A	***超市（新华西街店）	黄瓜	噻菌灵	0.1159	0.05	0.0073
8	20170705-150100-AHCIQ-CE-02A	***超市（兴安店）	芹菜	嘧霉胺	0.2232	0.01	0.0071
9	20170706-150100-AHCIQ-CE-08A	***超市（呼和浩特万达广场店）	芹菜	嘧霉胺	0.1277	0.01	0.0040

在 223 例样品中，81 例样品未侦测出农药残留，142 例样品中侦测出农药残留，计算每例有农药侦测出样品的 $\overline{\text{IFS}}$ 值，进而分析样品的安全状态结果如图 18-7 所示（未侦测出农药的样品安全状态视为很好）。可以看出，0.9%的样品安全状态可以接受；95.07%的样品安全状态很好。此外，可以看出 2016 年 8 月和 2017 年 7 月分别有一例样品安全状态可以接受，其他月份内的样品安全状态均在很好的范围内。表 18-8 列出了水果蔬菜安全指数排名前 10 的样品列表。

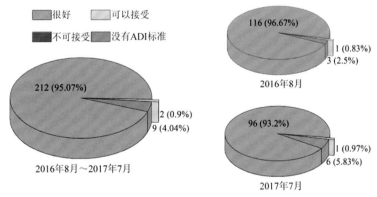

图 18-7　水果蔬菜样品安全状态分布图

表 18-8　水果蔬菜安全指数排名前 10 的样品列表

序号	样品编号	采样点	基质	$\overline{\text{IFS}}$	安全状态
1	20160814-150100-AHCIQ-LB-08A	***菜市场	萝卜	0.2307	可以接受
2	20170705-150100-AHCIQ-EP-01A	***超市（维多利购物中心店）	茄子	0.1208	可以接受
3	20160813-150100-AHCIQ-GP-02A	***超市（新华西街店）	葡萄	0.0946	很好
4	20170705-150100-AHCIQ-WM-01A	***超市（维多利购物中心店）	西瓜	0.0699	很好
5	20170705-150100-AHCIQ-PH-03A	***超市（太伟方恒广场店）	桃	0.0670	很好
6	20160813-150100-AHCIQ-GP-06A	***超市（鄂尔多斯大街）	葡萄	0.0656	很好
7	20170705-150100-AHCIQ-LZ-03A	***超市（太伟方恒广场店）	李子	0.0374	很好
8	20160813-150100-AHCIQ-CU-02A	***超市（新华西街店）	黄瓜	0.0276	很好
9	20170705-150100-AHCIQ-CE-03A	***超市（太伟方恒广场店）	芹菜	0.0234	很好
10	20170705-150100-AHCIQ-LZ-02A	***超市（兴安店）	李子	0.0203	很好

18.2.2　单种水果蔬菜中农药残留安全指数分析

本次 22 种水果蔬菜侦测出 50 种农药，检出频次为 307 次，其中 9 种农药没有 ADI 标准，41 种农药存在 ADI 标准。猕猴桃、结球甘蓝和马铃薯 3 种水果蔬菜未侦测出任何农药，香菇侦测出农药残留全部没有 ADI 标准，对其他的 18 种水果蔬菜按不同种类分别计算侦测出的具有 ADI 标准的各种农药的 IFS_c 值，农药残留对水果蔬菜的安全指数分布图如图 18-8 所示。

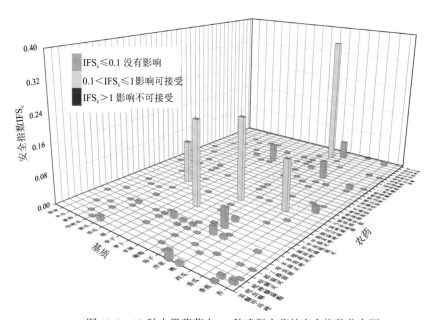

图 18-8　18 种水果蔬菜中 41 种残留农药的安全指数分布图

分析发现单种水果蔬菜中的农药残留对食品安全影响均为可以接受和没有影响，单种水果蔬菜中安全指数排名前 10 的残留农药如表 18-9 所示。

表 18-9　单种水果蔬菜中安全指数排名前 10 的残留农药列表

序号	基质	农药	检出频次	检出率（%）	IFS>1 的频次	IFS>1 的比例	IFS$_c$	影响程度
1	茄子	氧乐果	1	12.50	0	0	0.3610	可以接受
2	萝卜	甲拌磷	1	50.00	0	0	0.2307	可以接受
3	葡萄	克百威	2	3.70	0	0	0.2248	可以接受
4	西瓜	氯唑磷	1	5.26	0	0	0.1393	可以接受
5	黄瓜	克百威	1	2.63	0	0	0.1159	可以接受
6	芹菜	噁霜灵	1	4.35	0	0	0.0527	没有影响
7	李子	三唑磷	3	14.29	0	0	0.0515	没有影响
8	芹菜	异丙威	1	4.35	0	0	0.0513	没有影响
9	桃	噻嗪酮	4	17.39	0	0	0.0503	没有影响

本次侦测中，19 种水果蔬菜和 50 种残留农药（包括没有 ADI 标准）共涉及 141 个分析样本，农药对单种水果蔬菜安全的影响程度分布情况如图 18-9 所示。可以看出，85.11%的样本中农药对水果蔬菜安全没有影响，3.55%的样本中农药对水果蔬菜安全的影响可以接受。

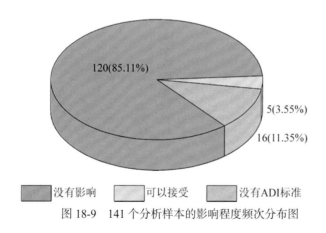

图 18-9　141 个分析样本的影响程度频次分布图

此外，分别计算 18 种水果蔬菜中所有侦测出农药 IFS$_c$ 的平均值 $\overline{IFS}$，分析每种水果蔬菜的安全状态，结果如图 18-10 所示，分析发现，1 种水果蔬菜（5.56%）的安全状态可接受，17 种（94.44%）水果蔬菜的安全状态很好。

对每个月内每种水果蔬菜中农药的 IFS$_c$ 进行分析，并计算每月内每种水果蔬菜的 $\overline{IFS}$ 值，以评价每种水果蔬菜的安全状态，结果如图 18-11 所示，可以看出，只有 2016 年 8 月的萝卜的安全状态可以接受，该月份其余水果蔬菜和其他月份的所有水果蔬菜的安全状态均处于很好的范围内，各月份内单种水果蔬菜安全状态统计情况如图 18-12

所示。

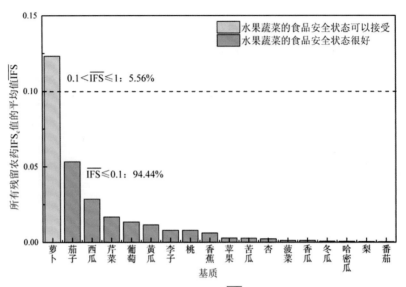

图 18-10　18 种水果蔬菜的 $\overline{IFS}$ 值和安全状态统计图

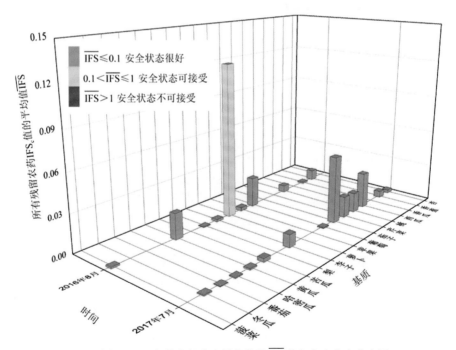

图 18-11　各月内每种水果蔬菜的 $\overline{IFS}$ 值与安全状态分布图

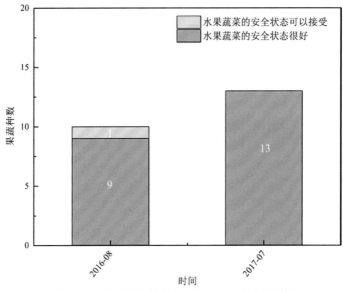

图 18-12 各月份内单种水果蔬菜安全状态统计图

18.2.3 所有水果蔬菜中农药残留安全指数分析

计算所有水果蔬菜中 41 种农药的 $\overline{IFS_c}$ 值，结果如图 18-13 及表 18-10 所示。

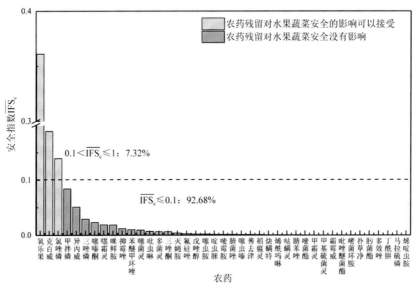

图 18-13 41 种残留农药对水果蔬菜的安全影响程度统计图

分析发现，所有农药对水果蔬菜安全的影响均在没有影响和可以接受的范围内，其中 7.32%的农药对水果蔬菜安全的影响可以接受，92.68%的农药对水果蔬菜安全没有影响。

表 18-10　水果蔬菜中 41 种农药残留的安全指数表

序号	农药	检出频次	检出率(%)	$\overline{IFS}_c$	影响程度	序号	农药	检出频次	检出率(%)	$\overline{IFS}_c$	影响程度
1	氧乐果	1	0.33	0.3610	可以接受	22	腈菌唑	2	0.65	0.0013	没有影响
2	克百威	3	0.98	0.1885	可以接受	23	噻虫嗪	6	1.95	0.0012	没有影响
3	氯唑磷	1	0.33	0.1393	可以接受	24	莠去津	3	0.98	0.0012	没有影响
4	甲拌磷	3	0.98	0.0841	没有影响	25	稻瘟灵	41	13.36	0.0009	没有影响
5	异丙威	1	0.33	0.0513	没有影响	26	炔螨特	1	0.33	0.0008	没有影响
6	三唑磷	6	1.95	0.0292	没有影响	27	烯酰吗啉	20	6.51	0.0008	没有影响
7	噻嗪酮	9	2.93	0.0230	没有影响	28	哒螨灵	1	0.33	0.0008	没有影响
8	噁霜灵	3	0.98	0.0190	没有影响	29	腈苯唑	1	0.33	0.0007	没有影响
9	咪鲜胺	4	1.30	0.0187	没有影响	30	嘧菌酯	22	7.17	0.0004	没有影响
10	抑霉唑	1	0.33	0.0119	没有影响	31	甲霜灵	8	2.61	0.0004	没有影响
11	苯醚甲环唑	10	3.26	0.0100	没有影响	32	甲基硫菌灵	5	1.63	0.0004	没有影响
12	噻菌灵	2	0.65	0.0094	没有影响	33	霜霉威	7	2.28	0.0003	没有影响
13	吡虫啉	7	2.28	0.0072	没有影响	34	吡唑醚菌酯	3	0.98	0.0003	没有影响
14	多菌灵	29	9.45	0.0065	没有影响	35	嘧菌环胺	1	0.33	0.0003	没有影响
15	三唑酮	1	0.33	0.0064	没有影响	36	扑草净	1	0.33	0.0003	没有影响
16	灭蝇胺	6	1.95	0.0040	没有影响	37	肟菌酯	4	1.30	0.0002	没有影响
17	氟硅唑	1	0.33	0.0026	没有影响	38	多效唑	5	1.63	0.0001	没有影响
18	戊唑醇	14	4.56	0.0022	没有影响	39	丁酰肼	1	0.33	0.0000	没有影响
19	噻虫胺	2	0.65	0.0020	没有影响	40	马拉硫磷	16	5.21	0.0000	没有影响
20	啶虫脒	9	2.93	0.0017	没有影响	41	烯啶虫胺	1	0.33	0.0000	没有影响
21	嘧霉胺	11	3.58	0.0014	没有影响						

　　对每个月内所有水果蔬菜中残留农药的 $\overline{IFS}_c$ 进行分析，结果如图 18-14 所示。分析发现，2016 年 8 月、2017 年 7 月 2 个月份的所有农药对水果蔬菜安全的影响均处于没有影响和可以接受的范围内。每月内不同农药对水果蔬菜安全影响程度的统计如图 18-15 所示。

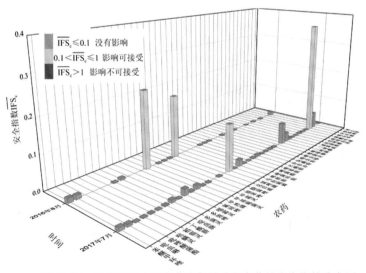

图 18-14　各月份内水果蔬菜中每种残留农药的安全指数分布图

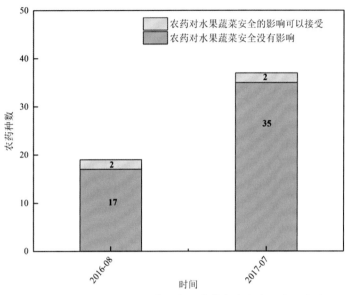

图 18-15　各月份内农药对水果蔬菜安全影响程度的统计图

计算每个月内水果蔬菜的$\overline{IFS_c}$，以分析每月内水果蔬菜的安全状态，结果如图 18-16 所示，可以看出，2 个月份的水果蔬菜安全状态均处于很好的范围内。

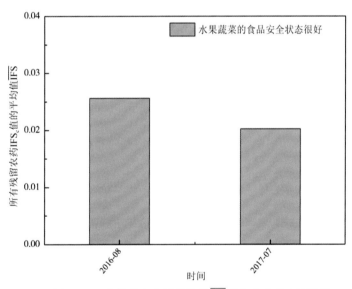

图 18-16　各月份内水果蔬菜的$\overline{IFS}$值与安全状态统计图

18.3　LC-Q-TOF/MS 侦测呼和浩特市市售
水果蔬菜农药残留预警风险评估

基于呼和浩特市水果蔬菜样品中农药残留 LC-Q-TOF/MS 侦测数据，分析禁用农药的检出率，同时参照中华人民共和国国家标准 GB 2763—2016 和欧盟农药最大残留限量（MRL）标准分析非禁用农药残留的超标率，并计算农药残留风险系数。分析单种水果蔬菜中农药残留以及所有水果蔬菜中农药残留的风险程度。

18.3.1　单种水果蔬菜中农药残留风险系数分析

18.3.1.1　单种水果蔬菜中禁用农药残留风险系数分析

侦测出的 50 种残留农药中有 5 种为禁用农药，且它们分布在 7 种水果蔬菜中，计算 7 种水果蔬菜中禁用农药的超标率，根据超标率计算风险系数 R，进而分析水果蔬菜中禁用农药的风险程度，结果如图 18-17 与表 18-11 所示。分析发现 5 种禁用农药在 7 种水果蔬菜中的残留处均于高度风险。

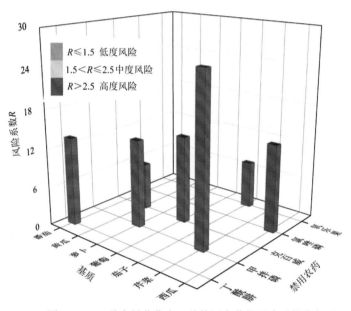

图 18-17　7 种水果蔬菜中 5 种禁用农药的风险系数分布图

表 18-11　7 种水果蔬菜中 5 种禁用农药的风险系数列表

序号	基质	农药	检出频次	检出率（%）	风险系数 R	风险程度
1	芹菜	甲拌磷	2	25.00	26.10	高度风险
2	番茄	丁酰肼	1	12.50	13.60	高度风险
3	萝卜	甲拌磷	1	12.50	13.60	高度风险
4	葡萄	克百威	2	12.50	13.60	高度风险
5	西瓜	氯唑磷	1	12.50	13.60	高度风险
6	黄瓜	克百威	1	6.25	7.35	高度风险
7	茄子	氧乐果	1	6.25	7.35	高度风险

18.3.1.2　基于 MRL 中国国家标准的单种水果蔬菜中非禁用农药残留风险系数分析

参照中华人民共和国国家标准 GB 2763—2016 中农药残留限量计算每种水果蔬菜中每种非禁用农药的超标率，进而计算其风险系数，根据风险系数大小判断残留农药的预警风险程度，水果蔬菜中非禁用农药残留风险程度分布情况如图 18-18 所示。

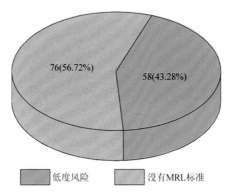

图 18-18　水果蔬菜中非禁用农药风险程度的频次分布图（MRL 中国国家标准）

本次分析中，发现在 19 种水果蔬菜中侦测出 45 种残留非禁用农药，涉及样本 134 个，在 134 个样本中，43.28%处于低度风险，此外发现有 76 个样本没有 MRL 中国国家标准值，无法判断其风险程度，有 MRL 中国国家标准值的 58 个样本涉及 14 种水果蔬菜中的 24 种非禁用农药，其风险系数 R 值如图 18-19 所示。

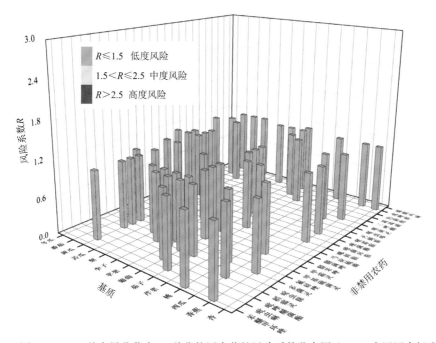

图 18-19　14 种水果蔬菜中 45 种非禁用农药的风险系数分布图（MRL 中国国家标准）

18.3.1.3 基于 MRL 欧盟标准的单种水果蔬菜中非禁用农药残留风险系数分析

参照 MRL 欧盟标准计算每种水果蔬菜中每种非禁用农药的超标率，进而计算其风险系数，根据风险系数大小判断农药残留的预警风险程度，水果蔬菜中非禁用农药残留风险程度分布情况如图 18-20 所示。

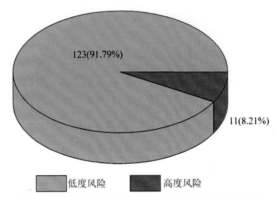

图 18-20　水果蔬菜中非禁用农药的风险程度的频次分布图（MRL 欧盟标准）

本次分析中，发现在 19 种水果蔬菜中共侦测出 45 种非禁用农药，涉及样本 134 个，其中，8.21%处于高度风险，涉及 5 种水果蔬菜和 11 种农药；91.79%处于低度风险，涉及 19 种水果蔬菜和 42 种农药。单种水果蔬菜中的非禁用农药风险系数分布图如图 18-21 所示。单种水果蔬菜中处于高度风险的非禁用农药风险系数如图 18-22 和表 18-12 所示。

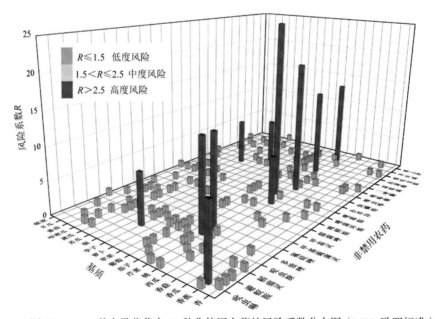

图 18-21　19 种水果蔬菜中 45 种非禁用农药的风险系数分布图（MRL 欧盟标准）

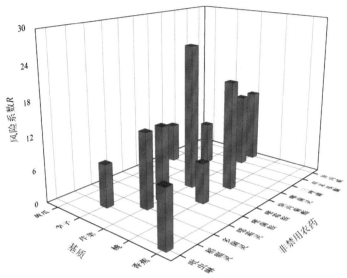

图 18-22　单种水果蔬菜中处于高度风险的非禁用农药的风险系数分布图（MRL 欧盟标准）

表 18-12　单种水果蔬菜中处于高度风险的非禁用农药的风险系数表（MRL 欧盟标准）

序号	基质	农药	超标频次	超标率 P（%）	风险系数 R
1	芹菜	嘧霉胺	2	25.00	26.10
2	桃	炔丙菊酯	3	18.75	19.85
3	芹菜	双苯基脲	1	12.50	13.60
4	芹菜	噁霜灵	1	12.50	13.60
5	芹菜	多菌灵	1	12.50	13.60
6	芹菜	异丙威	1	12.50	13.60
7	香蕉	吡虫啉	1	9.09	10.19
8	李子	三唑磷	1	6.67	7.77
9	李子	稻瘟灵	1	6.67	7.77
10	黄瓜	噻菌灵	1	6.25	7.35
11	桃	嘧菌胺	1	6.25	7.35

18.3.2　所有水果蔬菜中农药残留风险系数分析

18.3.2.1　所有水果蔬菜中禁用农药残留风险系数分析

在侦测出的 50 种农药中有 5 种为禁用农药，计算所有水果蔬菜中禁用农药的风险系数，结果如表 18-13 所示。禁用农药甲拌磷、克百威、丁酰肼、氯唑磷和氧乐果 5 种禁用农药均处于中度风险。

表 18-13　水果蔬菜中 5 种禁用农药的风险系数表

序号	农药	检出频次	检出率（%）	风险系数 R	风险程度
1	甲拌磷	3	1.35	2.45	中度风险
2	克百威	3	1.35	2.45	中度风险
3	丁酰肼	1	0.45	1.55	中度风险
4	氯唑磷	1	0.45	1.55	中度风险
5	氧乐果	1	0.45	1.55	中度风险

对每个月内的禁用农药的风险系数进行分析，结果如图 18-23 和表 18-14 所示。

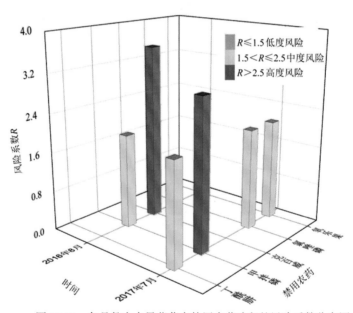

图 18-23　各月份内水果蔬菜中禁用农药残留的风险系数分布图

表 18-14　各月份内水果蔬菜中禁用农药的风险系数表

序号	年月	农药	检出频次	检出率（%）	风险系数 R	风险程度
1	2016 年 8 月	克百威	3	2.50	3.60	高度风险
2	2016 年 8 月	甲拌磷	1	0.83	1.93	中度风险
3	2017 年 7 月	甲拌磷	2	1.94	3.04	高度风险
4	2017 年 7 月	丁酰肼	1	0.97	2.07	中度风险
5	2017 年 7 月	氯唑磷	1	0.97	2.07	中度风险
6	2017 年 7 月	氧乐果	1	0.97	2.07	中度风险

18.3.2.2　所有水果蔬菜中非禁用农药残留风险系数分析

参照 MRL 欧盟标准计算所有水果蔬菜中每种非禁用农药残留的风险系数，如图 18-24 与表 18-15 所示。在侦测出的 45 种非禁用农药中，11 种农药（24.44%）残留处于中度风险，34 种农药（75.56%）残留处于低度风险。

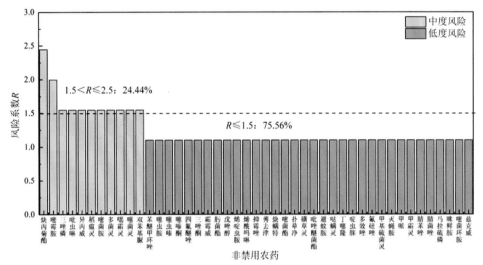

图 18-24　水果蔬菜中 45 种非禁用农药的风险程度统计图

表 18-15　水果蔬菜中 45 种非禁用农药的风险系数表

序号	农药	超标频次	超标率 P（%）	风险系数 R	风险程度
1	炔丙菊酯	3	1.35	2.45	中度风险
2	嘧霉胺	2	0.90	2.00	中度风险
3	三唑磷	1	0.45	1.55	中度风险
4	吡虫啉	1	0.45	1.55	中度风险
5	异丙威	1	0.45	1.55	中度风险
6	稻瘟灵	1	0.45	1.55	中度风险
7	嘧菌胺	1	0.45	1.55	中度风险
8	多菌灵	1	0.45	1.55	中度风险
9	噁霜灵	1	0.45	1.55	中度风险
10	噻菌灵	1	0.45	1.55	中度风险
11	双苯基脲	1	0.45	1.55	中度风险
12	苯醚甲环唑	0	0	1.10	低度风险
13	噻虫胺	0	0	1.10	低度风险
14	噻虫嗪	0	0	1.10	低度风险
15	噻嗪酮	0	0	1.10	低度风险

序号	农药	超标频次	超标率 P（%）	风险系数 R	风险程度
16	四氟醚唑	0	0	1.10	低度风险
17	三唑酮	0	0	1.10	低度风险
18	霜霉威	0	0	1.10	低度风险
19	肟菌酯	0	0	1.10	低度风险
20	戊唑醇	0	0	1.10	低度风险
21	烯啶虫胺	0	0	1.10	低度风险
22	烯酰吗啉	0	0	1.10	低度风险
23	抑霉唑	0	0	1.10	低度风险
24	莠去津	0	0	1.10	低度风险
25	炔螨特	0	0	1.10	低度风险
26	嘧菌酯	0	0	1.10	低度风险
27	扑草净	0	0	1.10	低度风险
28	磺草灵	0	0	1.10	低度风险
29	吡唑醚菌酯	0	0	1.10	低度风险
30	避蚊胺	0	0	1.10	低度风险
31	哒螨灵	0	0	1.10	低度风险
32	丁噻隆	0	0	1.10	低度风险
33	啶虫脒	0	0	1.10	低度风险
34	多效唑	0	0	1.10	低度风险
35	氟硅唑	0	0	1.10	低度风险
36	甲基硫菌灵	0	0	1.10	低度风险
37	灭蝇胺	0	0	1.10	低度风险
38	甲哌	0	0	1.10	低度风险
39	甲霜灵	0	0	1.10	低度风险
40	腈苯唑	0	0	1.10	低度风险
41	腈菌唑	0	0	1.10	低度风险
42	马拉硫磷	0	0	1.10	低度风险
43	咪鲜胺	0	0	1.10	低度风险
44	嘧菌环胺	0	0	1.10	低度风险
45	兹克威	0	0	1.10	低度风险

对每个月份内的非禁用农药的风险系数分析，每月内非禁用农药风险程度分布图如图 18-25 所示。2 个月份内只有 2017 年 7 月侦测出风险程度为高度风险的农药，有2 种。

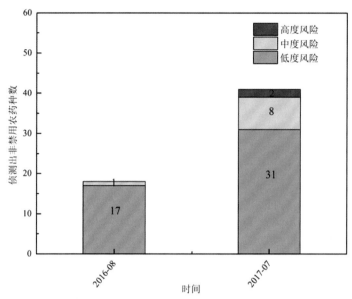

图 18-25　各月份水果蔬菜中非禁用农药残留的风险程度分布图

2 个月份内水果蔬菜中非禁用农药处于中度风险和高度风险的风险系数如图 18-26 和表 18-16 所示。

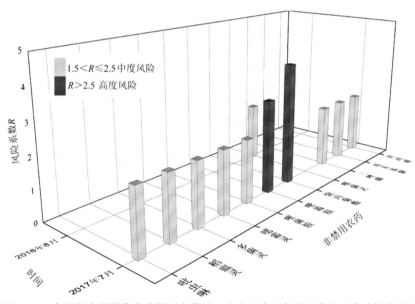

图 18-26　各月份水果蔬菜中非禁用农药处于中度风险和高度风险的风险系数分布图

表 18-16　各月份水果蔬菜中非禁用农药处于中度风险和高度风险的风险系数表

序号	年月	农药	超标频次	超标率 P（%）	风险系数 R	风险程度
1	2016 年 8 月	噻菌灵	1	0.83	1.93	中度风险
2	2017 年 7 月	炔丙菊酯	3	2.91	4.01	高度风险

序号	年月	农药	超标频次	超标率 P（%）	风险系数 R	风险程度
3	2017 年 7 月	嘧霉胺	2	1.94	3.04	高度风险
4	2017 年 7 月	吡虫啉	1	0.97	2.07	中度风险
5	2017 年 7 月	稻瘟灵	1	0.97	2.07	中度风险
6	2017 年 7 月	多菌灵	1	0.97	2.07	中度风险
7	2017 年 7 月	噁霜灵	1	0.97	2.07	中度风险
8	2017 年 7 月	嘧菌胺	1	0.97	2.07	中度风险
9	2017 年 7 月	三唑磷	1	0.97	2.07	中度风险
10	2017 年 7 月	双苯基脲	1	0.97	2.07	中度风险
11	2017 年 7 月	异丙威	1	0.97	2.07	中度风险

18.4 LC-Q-TOF/MS 侦测呼和浩特市市售水果蔬菜农药残留风险评估结论与建议

农药残留是影响水果蔬菜安全和质量的主要因素，也是我国食品安全领域备受关注的敏感话题和亟待解决的重大问题之一[15, 16]。各种水果蔬菜均存在不同程度的农药残留现象，本研究主要针对呼和浩特市各类水果蔬菜存在的农药残留问题，基于 2016 年 8 月~2017 年 7 月对呼和浩特市 223 例水果蔬菜样品中农药残留侦测得出的 307 个侦测结果，分别采用食品安全指数模型和风险系数模型，开展水果蔬菜中农药残留的膳食暴露风险和预警风险评估。水果蔬菜样品取自超市和农贸市场，符合大众的膳食来源，风险评价时更具有代表性和可信度。

本研究力求通用简单地反映食品安全中的主要问题，且为管理部门和大众容易接受，为政府及相关管理机构建立科学的食品安全信息发布和预警体系提供科学的规律与方法，加强对农药残留的预警和食品安全重大事件的预防，控制食品风险。

18.4.1 呼和浩特市水果蔬菜中农药残留膳食暴露风险评价结论

1）水果蔬菜样品中农药残留安全状态评价结论

采用食品安全指数模型，对 2016 年 8 月~2017 年 7 月期间呼和浩特市水果蔬菜食品农药残留膳食暴露风险进行评价，根据 IFS_c 的计算结果发现，水果蔬菜中农药的 $\overline{IFS_c}$ 为 0.0242，说明呼和浩特市水果蔬菜总体处于很好的安全状态，但部分禁用农药、高残留农药在蔬菜、水果中仍有侦测出，导致膳食暴露风险的存在，成为不安全因素。

2）单种水果蔬菜中农药膳食暴露风险不可接受情况评价结论

单种水果蔬菜中农药残留安全指数分析结果显示，在单种水果蔬菜中未发现膳食暴露风险不可接受的残留农药，侦测出的残留农药对单种水果蔬菜安全的影响均在可以接受和没有影响的范围内，说明呼和浩特市的水果蔬菜中虽侦测出农药残留，但残留农药不会造成膳食暴露风险或造成的膳食暴露风险可以接受。

　　3）禁用农药膳食暴露风险评价

　　本次侦测发现部分水果蔬菜样品中有禁用农药侦测出，侦测出禁用农药 5 种，检出频次为 9，水果蔬菜样品中的禁用农药 IFS_c 计算结果表明，禁用农药残留的膳食暴露风险均在可以接受和没有风险的范围内，可以接受的频次为 6，占 66.67%，没有影响的频次为 3，占 33.33%。虽然残留禁用农药没有造成不可接受的膳食暴露风险，但为何在国家明令禁止禁用农药喷洒的情况下，还能在多种水果蔬菜中多次侦测出禁用农药残留，这应该引起相关部门的高度警惕，应该在禁止禁用农药喷洒的同时，严格管控禁用农药的生产和售卖，从根本上杜绝安全隐患。

18.4.2　呼和浩特市水果蔬菜中农药残留预警风险评价结论

　　1）单种水果蔬菜中禁用农药残留的预警风险评价结论

　　本次侦测过程中，在 7 种水果蔬菜中侦测出 5 种禁用农药，禁用农药为：甲拌磷、丁酰肼、克百威、氯唑磷、氧乐果，水果蔬菜为：芹菜、番茄、萝卜、葡萄、西瓜、黄瓜、茄子，水果蔬菜中禁用农药的风险系数分析结果显示，5 种禁用农药在 7 种水果蔬菜中的残留均处于高度风险，说明在单种水果蔬菜中禁用农药的残留会导致较高的预警风险。

　　2）单种水果蔬菜中非禁用农药残留的预警风险评价结论

　　以 MRL 中国国家标准为标准，计算水果蔬菜中非禁用农药风险系数情况下，134 个样本中，58 个处于低度风险（43.28%），76 个样本没有 MRL 中国国家标准（56.72%）。以 MRL 欧盟标准为标准，计算水果蔬菜中非禁用农药风险系数情况下，发现有 11 个处于高度风险（8.21%），123 个处于低度风险（91.79%）。基于两种 MRL 标准，评价的结果差异显著，可以看出 MRL 欧盟标准比中国国家标准更加严格和完善，过于宽松的 MRL 中国国家标准值能否有效保障人体的健康有待研究。

18.4.3　加强呼和浩特市水果蔬菜食品安全建议

　　我国食品安全风险评价体系仍不够健全，相关制度不够完善，多年来，由于农药用药次数多、用药量大或用药间隔时间短，产品残留量大，农药残留所造成的食品安全问题日益严峻，给人体健康带来了直接或间接的危害。据估计，美国与农药有关的癌症患者数约占全国癌症患者总数的 50%，中国更高。同样，农药对其他生物也会形成直接杀伤和慢性危害，植物中的农药可经过食物链逐级传递并不断蓄积，对人和动物构成潜在威胁，并影响生态系统。

　　基于本次农药残留侦测数据的风险评价结果，提出以下几点建议：

　　1）加快食品安全标准制定步伐

　　我国食品标准中对农药每日允许最大摄入量 ADI 的数据严重缺乏，在本次评价所涉及的 50 种农药中，仅有 82.0% 的农药具有 ADI 值，而 18.0% 的农药中国尚未规定相应的

ADI 值，亟待完善。

我国食品中农药最大残留限量值的规定严重缺乏，对评估涉及的不同水果蔬菜中不同农药 141 个 MRL 限值进行统计来看，我国仅制定出 64 个标准，我国标准完整率仅为 40.0%，欧盟的完整率达到 100%（表 18-17）。因此，中国更应加快 MRL 标准的制定步伐。

表 18-17　我国国家食品标准农药的 ADI、MRL 值与欧盟标准的数量差异

分类		中国 ADI	MRL 中国国家标准	MRL 欧盟标准
标准限值（个）	有	41	64	141
	无	9	77	0
总数（个）		50	141	141
无标准限值比例（%）		18.0	54.6	0

此外，MRL 中国国家标准限值普遍高于欧盟标准限值，这些标准中共有 36 个高于欧盟。过高的 MRL 值难以保障人体健康，建议继续加强对限值基准和标准的科学研究，将农产品中的危险性减少到尽可能低的水平。

2）加强农药的源头控制和分类监管

在呼和浩特市某些水果蔬菜中仍有禁用农药残留，利用 LC-Q-TOF/MS 技术侦测出 5 种禁用农药，检出频次为 9 次，残留禁用农药均存在较大的膳食暴露风险和预警风险。早已列入黑名单的禁用农药在我国并未真正退出，有些药物由于价格便宜、工艺简单，此类高毒农药一直生产和使用。建议在我国采取严格有效的控制措施，从源头控制禁用农药。

对于非禁用农药，在我国作为"田间地头"最典型单位的县级蔬果产地中，农药残留的侦测几乎缺失。建议根据农药的毒性，对高毒、剧毒、中毒农药实现分类管理，减少使用高毒和剧毒高残留农药，进行分类监管。

3）加强残留农药的生物修复及降解新技术

市售果蔬中残留农药的品种多、频次高、禁用农药多次检出这一现状，说明了我国的田间土壤和水体因农药长期、频繁、不合理的使用而遭到严重污染。为此，建议中国相关部门出台相关政策，鼓励高校及科研院所积极开展分子生物学、酶学等研究，加强土壤、水体中残留农药的生物修复及降解新技术研究，切实加大农药监管力度，以控制农药的面源污染问题。

综上所述，在本工作基础上，根据蔬菜残留危害，可进一步针对其成因提出和采取严格管理、大力推广无公害蔬菜种植与生产、健全食品安全控制技术体系、加强蔬菜食品质量侦测体系建设和积极推行蔬菜食品质量追溯制度等相应对策。建立和完善食品安全综合评价指数与风险监测预警系统，对食品安全进行实时、全面的监控与分析，为我国的食品安全科学监管与决策提供新的技术支持，可实现各类检验数据的信息化系统管理，降低食品安全事故的发生。

第19章 GC-Q-TOF/MS 侦测呼和浩特市 223 例市售水果蔬菜样品农药残留报告

从呼和浩特市所属 4 个区，随机采集了 223 例水果蔬菜样品，使用气相色谱-四极杆飞行时间质谱（GC-Q-TOF/MS）对 507 种农药化学污染物示范侦测。

19.1 样品种类、数量与来源

19.1.1 样品采集与检测

为了真实反映百姓餐桌上水果蔬菜中农药残留污染状况，本次所有检测样品均由检验人员于 2016 年 8 月至 2017 年 7 月期间，从呼和浩特市所属 10 个采样点，包括 2 个农贸市场 8 个超市，以随机购买方式采集，总计 16 批 223 例样品，从中检出农药 81 种，516 频次。采样及监测概况见图 19-1 及表 19-1，样品及采样点明细见表 19-2 及表 19-3（侦测原始数据见附表 1）。

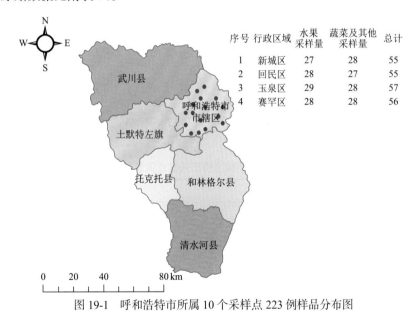

序号	行政区域	水果采样量	蔬菜及其他采样量	总计
1	新城区	27	28	55
2	回民区	28	27	55
3	玉泉区	29	28	57
4	赛罕区	28	28	56

图 19-1 呼和浩特市所属 10 个采样点 223 例样品分布图

表 19-1 农药残留监测总体概况

采样地区	呼和浩特市所属 4 个区
采样点（超市+农贸市场）	10
样本总数	223

| 检出农药品种/频次 | 81/516 |
| 各采样点样本农药残留检出率范围 | 62.5%~92.6% |

表 19-2　样品分类及数量

样品分类	样品名称（数量）	数量小计
1. 水果		112
1）仁果类水果	苹果（8），梨（8）	16
2）核果类水果	桃（16），杏（8），李子（15）	39
3）浆果和其他小型水果	猕猴桃（7），葡萄（16）	23
4）瓜果类水果	西瓜（8），哈密瓜（8），香瓜（7）	23
5）热带和亚热带水果	香蕉（11）	11
2. 食用菌		8
1）蘑菇类	香菇（8）	8
3. 蔬菜		103
1）叶菜类蔬菜	芹菜（8），菠菜（8）	16
2）芸薹属类蔬菜	结球甘蓝（8）	8
3）瓜类蔬菜	黄瓜（16），苦瓜（7），冬瓜（16）	39
4）茄果类蔬菜	番茄（8），茄子（16）	24
5）根茎类和薯芋类蔬菜	萝卜（8），马铃薯（8）	16
合计	1. 水果 11 2. 食用菌 1 种 3. 蔬菜 10 种	223

表 19-3　呼和浩特市采样点信息

采样点序号	行政区域	采样点
农贸市场（2）		
1	玉泉区	***市场
2	赛罕区	***市场
超市（8）		
1	回民区	***超市（维多利购物中心店）
2	回民区	***超市（新华西街店）
3	新城区	***超市（兴安店）
4	新城区	***超市（太伟方恒广场店）
5	新城区	***超市（新华大街店）

续表

采样点序号	行政区域	采样点
6	玉泉区	***超市（七彩城店）
7	玉泉区	***超市（鄂尔多斯大街）
8	赛罕区	***超市（呼和浩特万达广场店）

19.1.2　检测结果

这次使用的检测方法是庞国芳院士团队最新研发的不需使用标准品对照，而以高分辨精确质量数（0.0001 m/z）为基准的 GC-Q-TOF/MS 检测技术，对于 223 例样品，每个样品均侦测了 507 种农药化学污染物的残留现状。通过本次侦测，在 223 例样品中共计检出农药化学污染物 81 种，检出 516 频次。

19.1.2.1　各采样点样品检出情况

统计分析发现 10 个采样点中，被测样品的农药检出率范围为 62.5%～92.6%。其中，***超市（新华西街店）的检出率最高，为 92.6%。***超市（鄂尔多斯大街）的检出率最低，为 62.5%，见图 19-2。

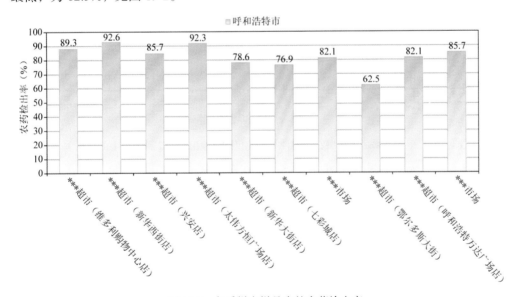

图 19-2　各采样点样品中的农药检出率

19.1.2.2　检出农药的品种总数与频次

统计分析发现，对于 223 例样品中 507 种农药化学污染物的侦测，共检出农药 516 频次，涉及农药 81 种，结果如图 19-3 所示。其中棉铃威检出频次最高，共检出 69 次。检出频次排名前 10 的农药如下：①棉铃威（69）；②二苯胺（26）；③三唑酮（25）；④腐霉利（22）；⑤扑灭通（21）；⑥西玛通（19）；⑦仲丁威（19）；⑧抑芽唑（17）；⑨莠去通（17）；⑩吡喃灵（16）。

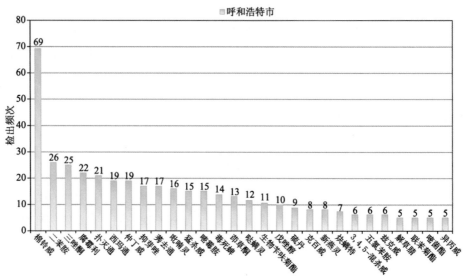

图 19-3　检出农药品种及频次（仅列出 5 频次及以上的数据）

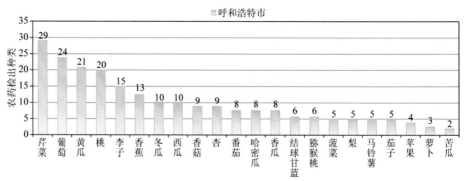

图 19-4　单种水果蔬菜检出农药的种类数（仅列出检出农药 2 种及以上的数据）

　　由图 19-4 可见，芹菜、葡萄和黄瓜这 3 种果蔬样品中检出的农药品种数较高，均超过 20 种，其中，芹菜检出农药品种最多，为 29 种。由图 19-5 可见，芹菜、桃和葡萄这 3 种果蔬样品中的农药检出频次较高，均超过 50 次，其中，芹菜检出农药频次最高，为 66 次。

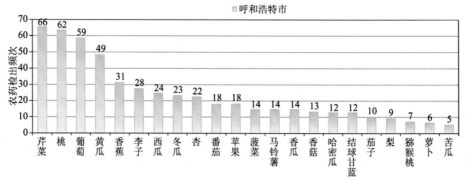

图 19-5　单种水果蔬菜检出农药频次（仅列出检出农药 5 频次及以上的数据）

19.1.2.3　单例样品农药检出种类与占比

对单例样品检出农药种类和频次进行统计发现，未检出农药的样品占总样品数的 16.1%，检出 1 种农药的样品占总样品数的 26.0%，检出 2~5 种农药的样品占总样品数的 49.8%，检出 6~10 种农药的样品占总样品数的 7.2%，检出大于 10 种农药的样品占总样品数的 0.9%。每例样品中平均检出农药为 2.3 种，数据见表 19-4 及图 19-6。

表 19-4　单例样品检出农药品种占比

检出农药品种数	样品数量/占比（%）
未检出	36/16.1
1 种	58/26.0
2~5 种	111/49.8
6~10 种	16/7.2
大于 10 种	2/0.9
单例样品平均检出农药品种	2.3 种

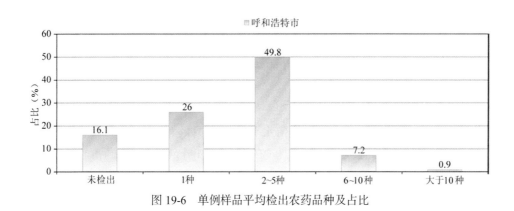

图 19-6　单例样品平均检出农药品种及占比

19.1.2.4　检出农药类别与占比

所有检出农药按功能分类，包括杀虫剂、杀菌剂、除草剂、植物生长调节剂、驱避剂共 5 类。其中杀虫剂与杀菌剂为主要检出的农药类别，分别占总数的 44.4% 和 33.3%，见表 19-5 及图 19-7。

表 19-5　检出农药所属类别/占比

农药类别	数量/占比（%）
杀虫剂	36/44.4
杀菌剂	27/33.3
除草剂	15/18.5

续表

农药类别	数量/占比（%）
植物生长调节剂	2/2.5
驱避剂	1/1.2

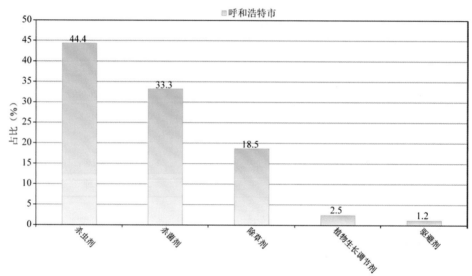

图 19-7　检出农药所属类别和占比

19.1.2.5　检出农药的残留水平

按检出农药残留水平进行统计，残留水平在 1~5 µg/kg（含）的农药占总数的 33.7%，在 5~10 µg/kg（含）的农药占总数的 16.7%，在 10~100 µg/kg（含）的农药占总数的 44.6%，在 100~1000 µg/kg（含）的农药占总数的 3.5%，在 >1000 µg/kg 的农药占总数的 1.6%。

由此可见，这次检测的 16 批 223 例水果蔬菜样品中农药多数处于较低残留水平。结果见表 19-6 及图 19-8，数据见附表 2。

表 19-6　农药残留水平/占比

残留水平（µg/kg）	检出频次数/占比（%）
1~5（含）	174/33.7
5~10（含）	86/16.7
10~100（含）	230/44.6
100~1000（含）	18/3.5
>1000	8/1.6

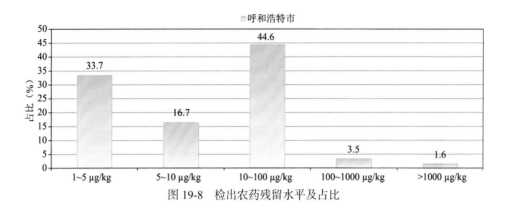

图 19-8　检出农药残留水平及占比

19.1.2.6　检出农药的毒性类别、检出频次和超标频次及占比

对这次检出的 81 种 516 频次的农药，按剧毒、高毒、中毒、低毒和微毒这五个毒性类别进行分类，从中可以看出，呼和浩特市目前普遍使用的农药为中低微毒农药，品种占 90.1%，频次占 92.8%。结果见表 19-7 及图 19-9。

表 19-7　检出农药毒性类别/占比

毒性分类	农药品种/占比（%）	检出频次/占比（%）	超标频次/超标率（%）
剧毒农药	2/2.5	2/0.4	1/50.0
高毒农药	6/7.4	35/6.8	2/5.7
中毒农药	29/35.8	213/41.3	0/0.0
低毒农药	30/37.0	205/39.7	0/0.0
微毒农药	14/17.3	61/11.8	0/0.0

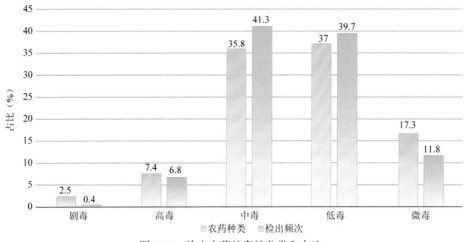

图 19-9　检出农药的毒性分类和占比

19.1.2.7　检出剧毒/高毒类农药的品种和频次

值得特别关注的是，在此次侦测的 223 例样品中有 5 种蔬菜 8 种水果的 35 例样品检出了 8 种 37 频次的剧毒和高毒农药，占样品总量的 15.7%，详见图 19-10、表 19-8 及表 19-9。

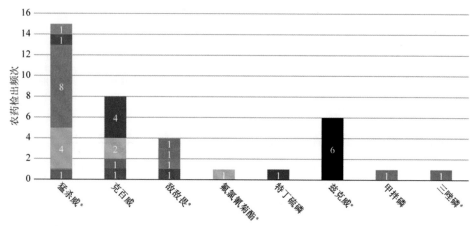

图 19-10　检出剧毒/高毒农药的样品情况

*表示允许在水果和蔬菜上使用的农药

表 19-8　剧毒农药检出情况

序号	农药名称	检出频次	超标频次	超标率
		水果中未检出剧毒农药		
	小计	0	0	超标率：0.0%
		从 2 种蔬菜中检出 2 种剧毒农药，共计检出 2 次		
1	甲拌磷*	1	1	100.0%
2	特丁硫磷*	1	0	0.0%
	小计	2	1	超标率：50.0%
	合计	2	1	超标率：50.0%

表 19-9　高毒农药检出情况

序号	农药名称	检出频次	超标频次	超标率
		从 8 种水果中检出 5 种高毒农药，共计检出 21 次		
1	猛杀威	15	0	0.0%
2	敌敌畏	2	0	0.0%
3	克百威	2	1	50.0%
4	氟氯氰菊酯	1	0	0.0%
5	三唑磷	1	0	0.0%
	小计	21	1	超标率：4.8%

续表

序号	农药名称	检出频次	超标频次	超标率
从 5 种蔬菜中检出 3 种高毒农药，共计检出 14 次				
1	克百威	6	1	16.7%
2	兹克威	6	0	0.0%
3	敌敌畏	2	0	0.0%
	小计	14	1	超标率：7.1%
	合计	35	2	超标率：5.7%

在检出的剧毒和高毒农药中，有 3 种是我国早已禁止在果树和蔬菜上使用的，分别是：克百威、甲拌磷和特丁硫磷。禁用农药的检出情况见表 19-10。

表 19-10　禁用农药检出情况

序号	农药名称	检出频次	超标频次	超标率
从 4 种水果中检出 3 种禁用农药，共计检出 9 次				
1	硫丹	6	0	0.0%
2	克百威	2	1	50.0%
3	氰戊菊酯	1	0	0.0%
	小计	9	1	超标率：11.1%
从 4 种蔬菜中检出 4 种禁用农药，共计检出 11 次				
1	克百威	6	1	16.7%
2	硫丹	3	0	0.0%
3	甲拌磷[*]	1	1	100.0%
4	特丁硫磷[*]	1	0	0.0%
	小计	11	2	超标率：18.2%
	合计	20	3	超标率：15.0%

注：超标结果参考 MRL 中国国家标准计算

此次抽检的果蔬样品中，有 2 种蔬菜检出了剧毒农药，分别是：芹菜中检出特丁硫磷 1 次；萝卜中检出甲拌磷 1 次。

样品中检出剧毒和高毒农药残留水平超过 MRL 中国国家标准的频次为 3 次，其中：葡萄检出克百威超标 1 次；萝卜检出甲拌磷超标 1 次；黄瓜检出克百威超标 1 次。本次检出结果表明，高毒、剧毒农药的使用现象依旧存在，详见表 19-11。

表 19-11　各样本中检出剧毒/高毒农药情况

样品名称	农药名称	检出频次	超标频次	检出浓度（μg/kg）
		水果 8 种		
哈密瓜	猛杀威	1	0	14.5
李子	猛杀威	4	0	20.8, 19.8, 18.5, 23.0
杏	猛杀威	1	0	3.9
桃	三唑磷	1	0	4.3
桃	敌敌畏	1	0	5.1
梨	敌敌畏	1	0	4.0
苹果	猛杀威	8	0	25.7, 33.8, 27.4, 17.3, 13.0, 24.4, 25.4, 21.2
葡萄	克百威▲	2	1	19.2, 22.3[a]
葡萄	氟氯氰菊酯	1	0	14.5
香蕉	猛杀威	1	0	40.0
	小计	21	1	超标率：4.8%
		蔬菜 5 种		
芹菜	克百威▲	4	0	12.9, 11.1, 3.5, 18.4
芹菜	特丁硫磷*▲	1	0	7.5
菠菜	兹克威	6	0	25.3, 58.3, 17.5, 50.7, 33.4, 6.0
萝卜	敌敌畏	1	0	1.6
萝卜	甲拌磷*▲	1	1	59.9[a]
马铃薯	克百威▲	1	0	2.9
黄瓜	克百威▲	1	1	24.9[a]
黄瓜	敌敌畏	1	0	13.8
	小计	16	2	超标率：12.5%
	合计	37	3	超标率：8.1%

19.2　农药残留检出水平与最大残留限量标准对比分析

　　我国于 2014 年 3 月 20 日正式颁布并于 2014 年 8 月 1 日正式实施食品农药残留限量国家标准《食品中农药最大残留限量》（GB 2763—2014）。该标准包括 371 个农药条目，涉及最大残留限量（MRL）标准 3653 项。将 516 频次检出农药的浓度水平与 3653 项 MRL 中国国家标准进行核对，其中只有 86 频次的农药找到了对应的 MRL，占 16.7%，还有 430 频次的侦测数据则无相关 MRL 标准供参考，占 83.3%。

　　将此次侦测结果与国际上现行 MRL 标准对比发现，在 516 频次的检出结果中有 516 频次的结果找到了对应的 MRL 欧盟标准，占 100.0%，其中，237 频次的结果有明确对应的 MRL，占 45.9%，其余 279 频次按照欧盟一律标准判定，占 54.1%；有 516 频次的结果找到了对应的 MRL 日本标准，占 100.0%，其中，290 频次的结果有明确对应的 MRL，占 56.2%，其余 226 频次按照日本一律标准判定，占 43.8%；有 106 频次的结果找到了对应的 MRL 中国香港标准，占 20.5%；有 67 频次的结果找到了对应的 MRL 美国标准，占 13.0%；有 63 频次的结果找到了对应的 MRL CAC 标准，占 12.2%。（见图 19-11 和图 19-12，数据见附表 3 至附表 8）。

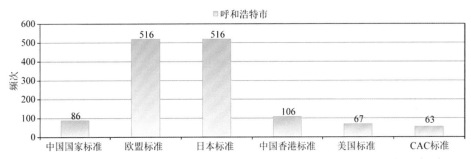

图 19-11　516 频次检出农药可用 MRL 中国国家标准、欧盟标准、日本标准、中国香港标准、美国标准、CAC 标准判定衡量的数量

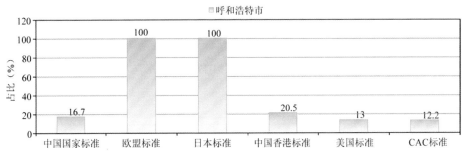

图 19-12　516 频次检出农药可用 MRL 中国国家标准、欧盟标准、日本标准、中国香港标准、美国标准、CAC 标准衡量的占比

19.2.1　超标农药样品分析

本次侦测的 223 例样品中，36 例样品未检出任何残留农药，占样品总量的 16.1%，187 例样品检出不同水平、不同种类的残留农药，占样品总量的 83.9%。在此，我们将本次侦测的农残检出情况与 MRL 中国国家标准、欧盟标准、日本标准、中国香港标准、美国标准和 CAC 标准这 6 大国际主流 MRL 标准进行对比分析，样品农残检出与超标情况见表 19-12、图 19-13 和图 19-14，详细数据见附表 9 至附表 14。

表 19-12　各 MRL 标准下样本农残检出与超标数量及占比

	中国国家标准 数量/占比（%）	欧盟标准 数量/占比（%）	日本标准 数量/占比（%）	中国香港标准 数量/占比（%）	美国标准 数量/占比（%）	CAC 标准 数量/占比（%）
未检出	36/16.1	36/16.1	36/16.1	36/16.1	36/16.1	36/16.1
检出未超标	184/82.5	59/26.5	99/44.4	187/83.9	186/83.4	187/83.9
检出超标	3/1.3	128/57.4	88/39.5	0/0.0	1/0.4	0/0.0

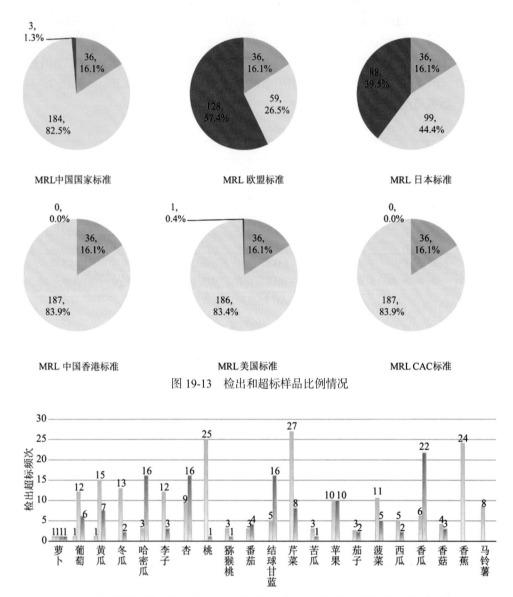

图 19-13　检出和超标样品比例情况

图 19-14　超过 MRL 中国国家标准、欧盟标准、日本标准、中国香港标准、美国标准、
CAC 标准结果在水果蔬菜中的分布

19.2.2　超标农药种类分析

　　按照 MRL 中国国家标准、欧盟标准、日本标准、中国香港标准、美国标准和 CAC 标准这 6 大国际主流 MRL 标准衡量，本次侦测检出的农药超标品种及频次情况见表 19-13。

表 19-13　各 MRL 标准下超标农药品种及频次

	中国国家标准	欧盟标准	日本标准	中国香港标准	美国标准	CAC 标准
超标农药品种	2	41	35	0	1	0
超标农药频次	3	202	126	0	1	0

19.2.2.1　按 MRL 中国国家标准衡量

按 MRL 中国国家标准衡量，共有 2 种农药超标，检出 3 频次，分别为剧毒农药甲拌磷，高毒农药克百威。

按超标程度比较，萝卜中甲拌磷超标 5.0 倍，黄瓜中克百威超标 0.2 倍，葡萄中克百威超标 0.1 倍。检测结果见图 19-15 和附表 15。

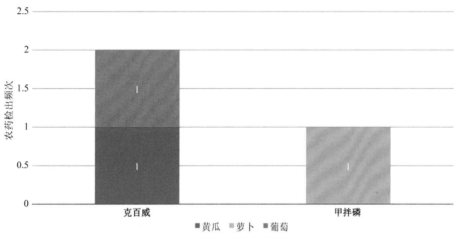

图 19-15　超过 MRL 中国国家标准农药品种及频次

19.2.2.2　按 MRL 欧盟标准衡量

按 MRL 欧盟标准衡量，共有 41 种农药超标，检出 202 频次，分别为剧毒农药甲拌磷，高毒农药猛杀威、克百威、兹克威和敌敌畏，中毒农药联苯菊酯、氯菊酯、仲丁威、喹螨醚、三唑酮、γ-氟氯氰菌酯、虫螨腈、稻瘟灵、噁霜灵、速灭威、腈菌唑、丙溴磷、异丙威、苯硫威和棉铃威，低毒农药嘧霉胺、菲、茚草酮、避蚊胺、己唑醇、西玛通、庚酰草胺、五氯苯、扑灭通、胺菊酯、莠去通、新燕灵、氟唑菌酰胺、抑芽唑、炔螨特和五氯苯胺，微毒农药腐霉利、五氯硝基苯、解草腈、氟乐灵和生物苄呋菊酯。

按超标程度比较，香蕉中茚草酮超标 563.2 倍，冬瓜中棉铃威超标 41.9 倍，芹菜中虫螨腈超标 28.2 倍，芹菜中五氯硝基苯超标 25.4 倍，芹菜中异丙威超标 17.0 倍。检测结果见图 19-16 和附表 16。

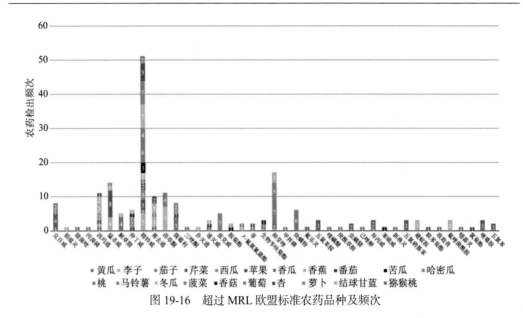

图 19-16　超过 MRL 欧盟标准农药品种及频次

19.2.2.3　按 MRL 日本标准衡量

按 MRL 日本标准衡量，共有 35 种农药超标，检出 126 频次，分别为剧毒农药特丁硫磷，高毒农药猛杀威和兹克威，中毒农药联苯菊酯、仲丁威、戊唑醇、毒死蜱、三唑酮、γ-氟氯氰菊酯、喹螨醚、稻瘟灵、速灭威、二甲戊灵、棉铃威、苯硫威和异丙威，低毒农药茚草酮、嘧霉胺、菲、螺螨酯、避蚊胺、西玛通、庚酰草胺、五氯苯、扑灭通、胺菊酯、莠去通、新燕灵、氟唑菌酰胺、抑芽唑、炔螨特和五氯苯胺，微毒农药嘧菌酯、解草腈和五氯硝基苯。

按超标程度比较，香蕉中茚草酮超标 563.2 倍，芹菜中异丙威超标 17.0 倍，桃中抑芽唑超标 10.0 倍，李子中戊唑醇超标 9.7 倍，芹菜中联苯菊酯超标 9.2 倍。检测结果见图 19-17 和附表 17。

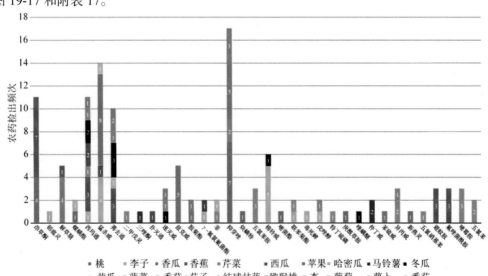

图 19-17　超过 MRL 日本标准农药品种及频次

19.2.2.4　按 MRL 中国香港标准衡量

按 MRL 中国香港标准衡量，无样品检出超标农药残留。

19.2.2.5　按 MRL 美国标准衡量

按 MRL 美国标准衡量，有 1 种农药超标，检出 1 频次，为中毒农药毒死蜱。按超标程度比较，桃中毒死蜱超标 0.4 倍。检测结果见图 19-18 和附表 18。

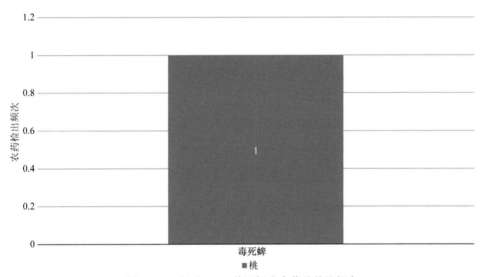

图 19-18　超过 MRL 美国标准农药品种及频次

19.2.2.6　按 MRL CAC 标准衡量

按 MRL CAC 标准衡量，无样品检出超标农药残留。

19.2.3　10 个采样点超标情况分析

19.2.3.1　按 MRL 中国国家标准衡量

按 MRL 中国国家标准衡量，有 2 个采样点的样品存在不同程度的超标农药检出，其中***超市（新华西街店）的超标率最高，为 7.4%，如图 19-19 和表 19-14 所示。

表 19-14　超过 MRL 中国国家标准水果蔬菜在不同采样点分布

序号	采样点	样品总数	超标数量	超标率（%）	行政区域
1	***市场	28	1	3.6	赛罕区
2	***超市（新华西街店）	27	2	7.4	回民区

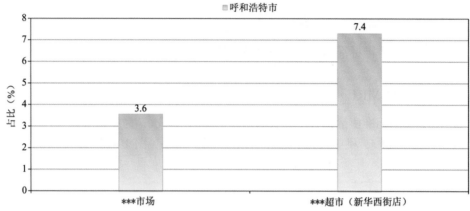

图 19-19　超过 MRL 中国国家标准水果蔬菜在不同采样点分布

19.2.3.2　按 MRL 欧盟标准衡量

按 MRL 欧盟标准衡量，所有采样点的样品均存在不同程度的超标农药检出，其中***超市（太伟方恒广场店）的超标率最高，为 69.2%，如图 19-20 和表 19-15 所示。

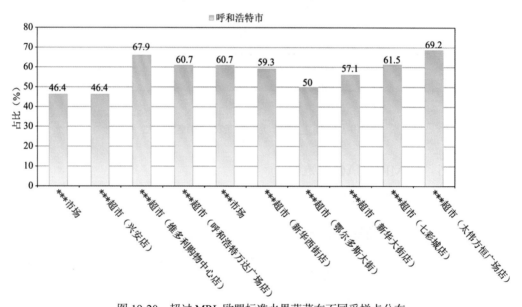

图 19-20　超过 MRL 欧盟标准水果蔬菜在不同采样点分布

表 19-15　超过 MRL 欧盟标准水果蔬菜在不同采样点分布

序号	采样点	样品总数	超标数量	超标率（%）	行政区域
1	***市场	28	13	46.4	赛罕区
2	***超市（兴安店）	28	13	46.4	新城区
3	***超市（维多利购物中心店）	28	19	67.9	回民区
4	***超市（呼和浩特万达广场店）	28	17	60.7	赛罕区
5	***市场	28	17	60.7	玉泉区

序号	采样点	样品总数	超标数量	超标率（%）	行政区域
6	***超市（新华西街店）	27	16	59.3	回民区
7	***超市（鄂尔多斯大街）	16	8	50.0	玉泉区
8	***超市（新华大街店）	14	8	57.1	新城区
9	***超市（七彩城店）	13	8	61.5	玉泉区
10	***超市（太伟方恒广场店）	13	9	69.2	新城区

19.2.3.3　按 MRL 日本标准衡量

按 MRL 日本标准衡量，所有采样点的样品均存在不同程度的超标农药检出，其中***超市（新华大街店）的超标率最高，为 57.1%，如图 19-21 和表 19-16 所示。

表 19-16　超过 MRL 日本标准水果蔬菜在不同采样点分布

序号	采样点	样品总数	超标数量	超标率（%）	行政区域
1	***市场	28	8	28.6	赛罕区
2	***超市（兴安店）	28	12	42.9	新城区
3	***超市（维多利购物中心店）	28	11	39.3	回民区
4	***超市（呼和浩特万达广场店）	28	13	46.4	赛罕区
5	***市场	28	11	39.3	玉泉区
6	***超市（新华西街店）	27	11	40.7	回民区
7	***超市（鄂尔多斯大街）	16	5	31.2	玉泉区
8	***超市（新华大街店）	14	8	57.1	新城区
9	***超市（七彩城店）	13	4	30.8	玉泉区
10	***超市（太伟方恒广场店）	13	5	38.5	新城区

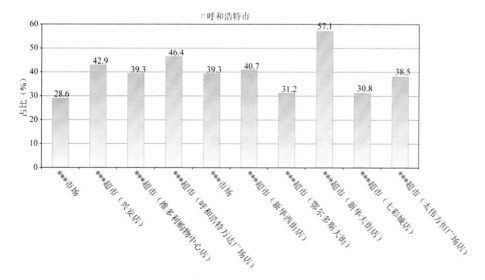

图 19-21　超过 MRL 日本标准水果蔬菜在不同采样点分布

19.2.3.4　按 MRL 中国香港标准衡量

按 MRL 中国香港标准衡量，所有采样点的样品均未检出超标农药残留。

19.2.3.5　按 MRL 美国标准衡量

按 MRL 美国标准衡量，有 1 个采样点的样品存在超标农药检出，超标率为 3.6%，如图 19-22 和表 19-17 所示。

表 19-17　超过 MRL 美国标准水果蔬菜在不同采样点分布

序号	采样点	样品总数	超标数量	超标率（%）	行政区域
1	***超市（维多利购物中心店）	28	1	3.6	回民区

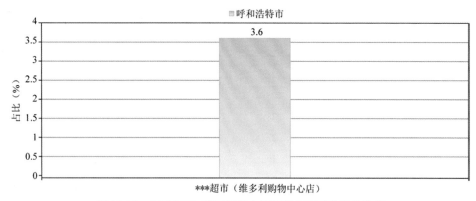

图 19-22　超过 MRL 美国标准水果蔬菜在不同采样点分布

19.2.3.6　按 MRL CAC 标准衡量

按 MRL CAC 标准衡量，所有采样点的样品均未检出超标农药残留。

19.3　水果中农药残留分布

19.3.1　检出农药品种和频次排前 10 的水果

本次残留侦测的水果共 11 种，包括西瓜、桃、猕猴桃、哈密瓜、香蕉、杏、香瓜、苹果、葡萄、梨和李子。

根据检出农药品种及频次进行排名，将各项排名前 10 位的水果样品检出情况列表说明，详见表 19-18。

表 19-18　检出农药品种和频次排名前 10 的水果

检出农药品种排名前 10（品种）	①葡萄（24）、②桃（20）、③李子（15）、④香蕉（13）、⑤西瓜（10）、⑥杏（9）、⑦哈密瓜（8）、⑧香瓜（8）、⑨猕猴桃（6）、⑩梨（5）
检出农药频次排名前 10（频次）	①桃（62）、②葡萄（59）、③香蕉（31）、④李子（28）、⑤西瓜（24）、⑥杏（22）、⑦苹果（18）、⑧香瓜（14）、⑨哈密瓜（12）、⑩梨（9）
检出禁用、高毒及剧毒农药品种排名前 10（品种）	①桃（4）、②葡萄（3）、③哈密瓜（2）、④梨（2）、⑤李子（1）、⑥苹果（1）、⑦香蕉（1）、⑧杏（1）
检出禁用、高毒及剧毒农药频次排名前 10（频次）	①苹果（8）、②桃（6）、③李子（4）、④葡萄（4）、⑤哈密瓜（2）、⑥梨（2）、⑦香蕉（1）、⑧杏（1）

19.3.2　超标农药品种和频次排前 10 的水果

鉴于 MRL 欧盟标准和日本标准制定比较全面且覆盖率较高，我们参照 MRL 中国国家标准、欧盟标准和日本标准衡量水果样品中农残检出情况，将超标农药品种及频次排名前 10 的水果列表说明，详见表 19-19。

表 19-19　超标农药品种和频次排名前 10 的水果

超标农药品种排名前 10（农药品种数）	MRL 中国国家标准	①葡萄（1）
	MRL 欧盟标准	①香蕉（9）、②桃（6）、③李子（5）、④葡萄（4）、⑤杏（4）、⑥哈密瓜（3）、⑦香瓜（3）、⑧猕猴桃（2）、⑨苹果（2）、⑩西瓜（2）
	MRL 日本标准	①李子（9）、②香蕉（8）、③桃（7）、④哈密瓜（2）、⑤香瓜（2）、⑥杏（2）、⑦猕猴桃（1）、⑧苹果（1）、⑨葡萄（1）、⑩西瓜（1）
超标农药频次排名前 10（农药频次数）	MRL 中国国家标准	①葡萄（1）
	MRL 欧盟标准	①桃（25）、②香蕉（24）、③李子（12）、④葡萄（12）、⑤苹果（10）、⑥杏（9）、⑦香瓜（6）、⑧西瓜（5）、⑨哈密瓜（3）、⑩猕猴桃（3）
	MRL 日本标准	①香蕉（22）、②李子（16）、③桃（16）、④苹果（8）、⑤香瓜（5）、⑥杏（3）、⑦哈密瓜（2）、⑧西瓜（2）、⑨猕猴桃（1）、⑩葡萄（1）

通过对各品种水果样本总数及检出率进行综合分析发现，葡萄、桃和李子的残留污染最为严重，在此，我们参照 MRL 中国国家标准、欧盟标准和日本标准对这 3 种水果的农残检出情况进行进一步分析。

19.3.3　农药残留检出率较高的水果样品分析

19.3.3.1　葡萄

这次共检测 16 例葡萄样品，全部检出了农药残留，检出率为 100.0%，检出农药共计 24 种。其中棉铃威、腐霉利、嘧霉胺、γ-氟氯氰菊酯和稻瘟灵检出频次较高，分别检出了 10、6、4、3 和 3 次。葡萄中农药检出品种和频次见图 19-23，超标农药见图 19-24 和表 19-20。

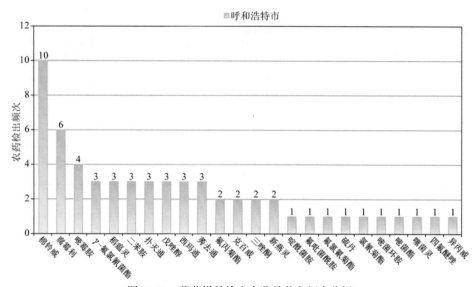

图 19-23 葡萄样品检出农药品种和频次分析

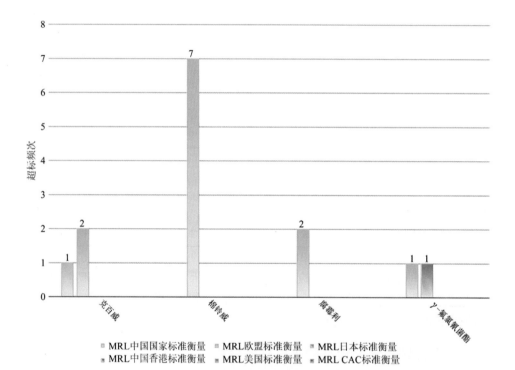

图 19-24 葡萄样品中超标农药分析

表 19-20 葡萄中农药残留超标情况明细表

样品总数			检出农药样品数	样品检出率（%）		检出农药品种总数
16			16	100		24
	超标农药品种	超标农药频次	按照 MRL 中国国家标准、欧盟标准和日本标准衡量超标农药名称及频次			
中国国家标准	1	1	克百威（1）			

续表

	超标农药品种	超标农药频次	按照 MRL 中国国家标准、欧盟标准和日本标准衡量超标农药名称及频次
欧盟标准	4	12	棉铃威（7），腐霉利（2），克百威（2），γ-氟氯氰菌酯（1）
日本标准	1	1	γ-氟氯氰菌酯（1）

19.3.3.2　桃

这次共检测 16 例桃样品，全部检出了农药残留，检出率为 100.0%，检出农药共计 20 种。其中炔螨特、抑芽唑、毒死蜱、棉铃威和生物苄呋菊酯检出频次较高，分别检出了 7、7、6、6 和 6 次。桃中农药检出品种和频次见图 19-25，超标农药见图 19-26 和表 19-21。

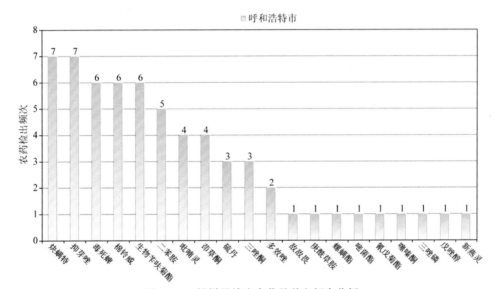

图 19-25　桃样品检出农药品种和频次分析

表 19-21　桃中农药残留超标情况明细表

样品总数		检出农药样品数	样品检出率（%）	检出农药品种总数
16		16	100	20

	超标农药品种	超标农药频次	按照 MRL 中国国家标准、欧盟标准和日本标准衡量超标农药名称及频次
中国国家标准	0	0	
欧盟标准	6	25	抑芽唑（7），棉铃威（6），炔螨特（6），茚草酮（4），庚酰草胺（1），新燕灵（1）
日本标准	7	16	抑芽唑（7），茚草酮（4），庚酰草胺（1），螺螨酯（1），嘧菌酯（1），炔螨特（1），新燕灵（1）

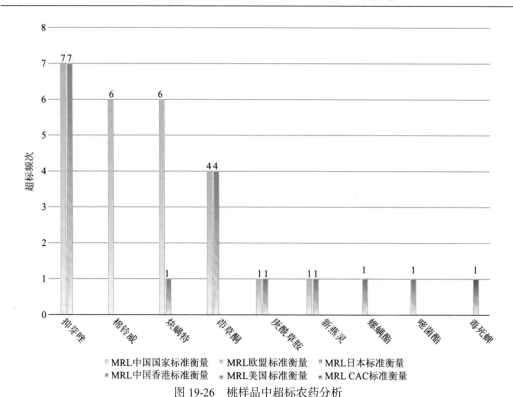

图 19-26　桃样品中超标农药分析

19.3.3.3　李子

这次共检测 15 例李子样品，13 例样品中检出了农药残留，检出率为 86.7%，检出农药共计 15 种。其中毒死蜱、棉铃威、猛杀威、吡喃灵和扑灭通检出频次较高，分别检出了 5、5、4、2 和 2 次。李子中农药检出品种和频次见图 19-27，超标农药见图 19-28 和表 19-22。

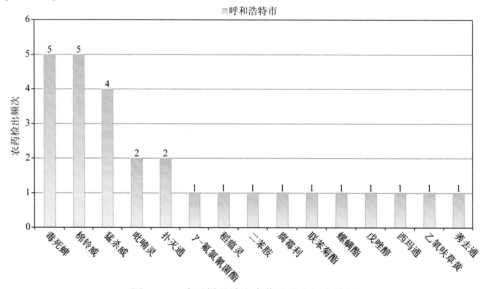

图 19-27　李子样品检出农药品种和频次分析

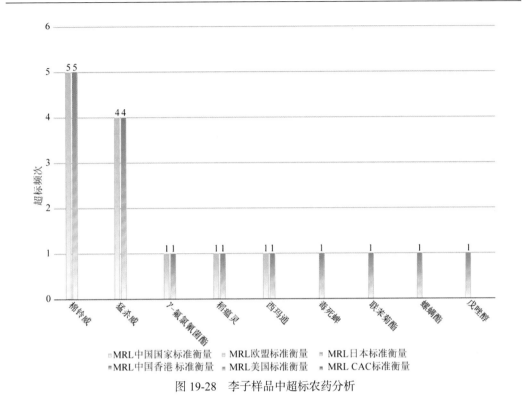

图 19-28　李子样品中超标农药分析

表 19-22　李子中农药残留超标情况明细表

样品总数			检出农药样品数	样品检出率（%）	检出农药品种总数
15			13	86.7	15
	超标农药品种	超标农药频次	按照 MRL 中国国家标准、欧盟标准和日本标准衡量超标农药名称及频次		
中国国家标准	0	0			
欧盟标准	5	12	棉铃威（5），猛杀威（4），γ-氟氯氰菌酯（1），稻瘟灵（1），西玛通（1）		
日本标准	9	16	棉铃威（5），猛杀威（4），γ-氟氯氰菌酯（1），稻瘟灵（1），毒死蜱（1），联苯菊酯（1），螺螨酯（1），戊唑醇（1），西玛通（1）		

19.4　蔬菜中农药残留分布

19.4.1　检出农药品种和频次排前 10 的蔬菜

本次残留侦测的蔬菜共 10 种，包括黄瓜、结球甘蓝、芹菜、菠菜、番茄、茄子、萝卜、马铃薯、苦瓜和冬瓜。

根据检出农药品种及频次进行排名，将各项排名前 10 位的蔬菜样品检出情况列表说明，详见表 19-23。

表 19-23　检出农药品种和频次排名前 10 的蔬菜

检出农药品种排名前 10（品种）	①芹菜（29），②黄瓜（21），③冬瓜（10），④番茄（8），⑤结球甘蓝（6），⑥菠菜（5），⑦马铃薯（5），⑧茄子（5），⑨萝卜（3），⑩苦瓜（2）
检出农药频次排名前 10（频次）	①芹菜（66），②黄瓜（49），③冬瓜（23），④番茄（18），⑤菠菜（14），⑥马铃薯（14），⑦结球甘蓝（12），⑧茄子（10），⑨萝卜（6），⑩苦瓜（5）
检出禁用、高毒及剧毒农药品种排名前 10（品种）	①黄瓜（3），②芹菜（3），③萝卜（2），④菠菜（1），⑤马铃薯（1）
检出禁用、高毒及剧毒农药频次排名前 10（频次）	①菠菜（6），②芹菜（6），③黄瓜（4），④萝卜（2），⑤马铃薯（1）

19.4.2　超标农药品种和频次排前 10 的蔬菜

　　鉴于 MRL 欧盟标准和日本标准制定比较全面且覆盖率较高，我们参照 MRL 中国国家标准、欧盟标准和日本标准衡量蔬菜样品中农残检出情况，将超标农药品种及频次排名前 10 的蔬菜列表说明，详见表 19-24。

表 19-24　超标农药品种和频次排名前 10 的蔬菜

超标农药品种排名前 10（农药品种数）	MRL 中国国家标准	①黄瓜（1），②萝卜（1）
	MRL 欧盟标准	①芹菜（13），②黄瓜（11），③冬瓜（4），④马铃薯（4），⑤菠菜（3），⑥番茄（3），⑦结球甘蓝（3），⑧茄子（3），⑨苦瓜（1），⑩萝卜（1）
	MRL 日本标准	①芹菜（10），②黄瓜（5），③冬瓜（4），④菠菜（2），⑤结球甘蓝（2），⑥马铃薯（2），⑦番茄（1），⑧茄子（1）
超标农药频次排名前 10（农药频次数）	MRL 中国国家标准	①黄瓜（1），②萝卜（1）
	MRL 欧盟标准	①芹菜（27），②黄瓜（15），③冬瓜（13），④菠菜（11），⑤马铃薯（8），⑥结球甘蓝（5），⑦番茄（3），⑧苦瓜（3），⑨茄子（3），⑩萝卜（1）
	MRL 日本标准	①芹菜（16），②菠菜（10），③冬瓜（7），④黄瓜（6），⑤结球甘蓝（4），⑥马铃薯（3），⑦番茄（1），⑧茄子（1）

　　通过对各品种蔬菜样本总数及检出率进行综合分析发现，芹菜、黄瓜和冬瓜的残留污染最为严重，在此，我们参照 MRL 中国国家标准、欧盟标准和日本标准对这 3 种蔬菜的农残检出情况进行进一步分析。

19.4.3　农药残留检出率较高的蔬菜样品分析

19.4.3.1　芹菜

　　这次共检测 8 例芹菜样品，全部检出了农药残留，检出率为 100.0%，检出农药共计 29 种。其中吡喃灵、3,4,5-混杀威、腐霉利、克百威和五氯苯胺检出频次较高，分别检出了 7、6、4、4 和 4 次。芹菜中农药检出品种和频次见图 19-29，超标农药见图 19-30 和表 19-25。

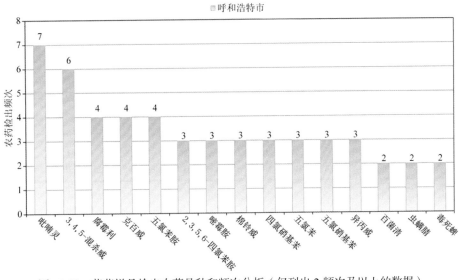

图 19-29　芹菜样品检出农药品种和频次分析（仅列出 2 频次及以上的数据）

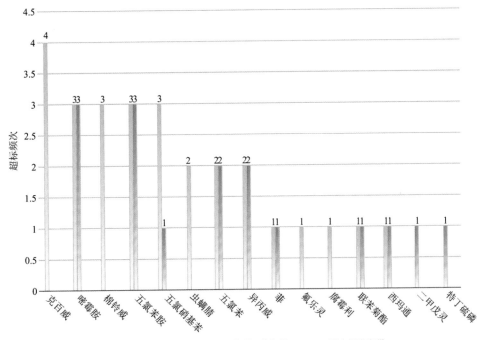

图 19-30　芹菜样品中超标农药分析

表 19-25　芹菜中农药残留超标情况明细表

样品总数		检出农药样品数	样品检出率（%）	检出农药品种总数
8		8	100	29
	超标农药品种	超标农药频次	按照 MRL 中国国家标准、欧盟标准和日本标准衡量超标农药名称及频次	
中国国家标准	0	0		

样品总数		检出农药样品数	样品检出率（%）	检出农药品种总数
8		8	100	29
	超标农药品种	超标农药频次	按照 MRL 中国国家标准、欧盟标准和日本标准衡量超标农药名称及频次	
欧盟标准	13	27	克百威（4）、嘧霉胺（3）、棉铃威（3）、五氯苯胺（3）、五氯硝基苯（3）、虫螨腈（2）、五氯苯（2）、异丙威（2）、菲（1）、氟乐灵（1）、腐霉利（1）、联苯菊酯（1）、西玛通（1）	
日本标准	10	16	嘧霉胺（3）、五氯苯胺（3）、五氯苯（2）、异丙威（2）、二甲戊灵（1）、菲（1）、联苯菊酯（1）、特丁硫磷（1）、五氯硝基苯（1）、西玛通（1）	

19.4.3.2　黄瓜

这次共检测 16 例黄瓜样品，15 例样品中检出了农药残留，检出率为 93.8%，检出农药共计 21 种。其中哒螨灵、腐霉利、嘧霉胺、棉铃威和噁霜灵检出频次较高，分别检出了 11、7、6、4 和 2 次。黄瓜中农药检出品种和频次见图 19-31，超标农药见图 19-32 和表 19-26。

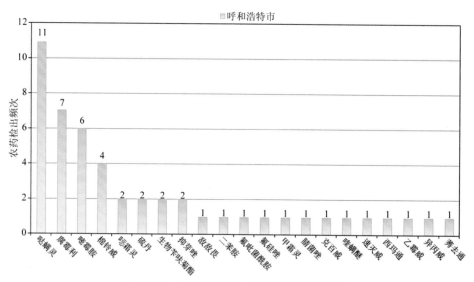

图 19-31　黄瓜样品检出农药品种和频次分析

表 19-26　黄瓜中农药残留超标情况明细表

样品总数			检出农药样品数	样品检出率（%）	检出农药品种总数
16			15	93.8	21
	超标农药品种	超标农药频次	按照 MRL 中国国家标准、欧盟标准和日本标准衡量超标农药名称及频次		
中国国家标准	1	1	克百威（1）		
欧盟标准	11	15	腐霉利（3）、生物苄呋菊酯（2）、抑芽唑（2）、敌敌畏（1）、噁霜灵（1）、腈菌唑（1）、克百威（1）、速灭威（1）、西玛通（1）、异丙威（1）、莠去通（1）		
日本标准	5	6	抑芽唑（2）、速灭威（1）、西玛通（1）、异丙威（1）、莠去通（1）		

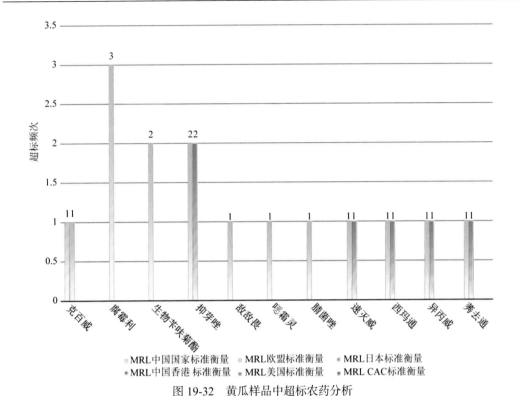

图 19-32　黄瓜样品中超标农药分析

19.4.3.3　冬瓜

这次共检测 16 例冬瓜样品，11 例样品中检出了农药残留，检出率为 68.8%，检出农药共计 10 种。其中棉铃威、西玛通、莠去通、二苯胺和扑灭通检出频次较高，分别检出了 8、3、3、2 和 2 次。冬瓜中农药检出品种和频次见图 19-33，超标农药见图 19-34 和表 19-27。

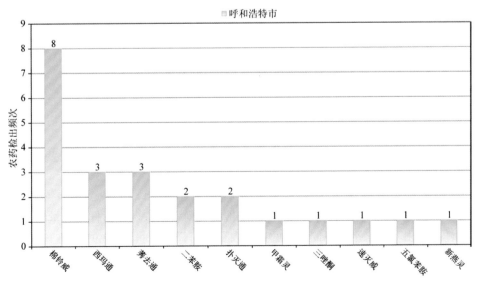

图 19-33　冬瓜样品检出农药品种和频次分析

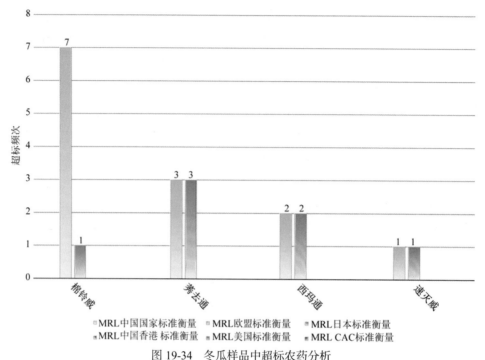

图 19-34　冬瓜样品中超标农药分析

表 19-27　冬瓜中农药残留超标情况明细表

样品总数		检出农药样品数	样品检出率（%）	检出农药品种总数
16		11	68.8	10
	超标农药品种	超标农药频次	按照 MRL 中国国家标准、欧盟标准和日本标准衡量超标农药名称及频次	
中国国家标准	0	0		
欧盟标准	4	13	棉铃威（7），莠去通（3），西玛通（2），速灭威（1）	
日本标准	4	7	莠去通（3），西玛通（2），棉铃威（1），速灭威（1）	

19.5　初　步　结　论

19.5.1　呼和浩特市市售水果蔬菜按 MRL 中国国家标准和国际主要 MRL 标准衡量的合格率

本次侦测的 223 例样品中，36 例样品未检出任何残留农药，占样品总量的 16.1%，187 例样品检出不同水平、不同种类的残留农药，占样品总量的 83.9%。在这 187 例检出农药残留的样品中：

按照 MRL 中国国家标准衡量，有 184 例样品检出残留农药但含量没有超标，占样品总数的 82.5%，有 3 例样品检出了超标农药，占样品总数的 1.3%。

按照 MRL 欧盟标准衡量，有 59 例样品检出残留农药但含量没有超标，占样品总数的 26.5%，有 128 例样品检出了超标农药，占样品总数的 57.4%。

按照 MRL 日本标准衡量，有 99 例样品检出残留农药但含量没有超标，占样品总数的 44.4%，有 88 例样品检出了超标农药，占样品总数的 39.5%。

按照 MRL 中国香港标准衡量，有 187 例样品检出残留农药但含量没有超标，占样品总数的 83.9%，无超标样品检出。

按照 MRL 美国标准衡量，有 186 例样品检出残留农药但含量没有超标，占样品总数的 83.4%，有 1 例样品检出了超标农药，占样品总数的 0.4%。

按照 MRL CAC 标准衡量，有 187 例样品检出残留农药但含量没有超标，占样品总数的 83.9%，无超标样品检出。

19.5.2　呼和浩特市市售水果蔬菜中检出农药以中低微毒农药为主，占市场主体的 90.1%

这次侦测的 223 例样品包括水果 11 种 112 例，食用菌 1 种 8 例，蔬菜 10 种 103 例，共检出了 81 种农药，检出农药的毒性以中低微毒为主，详见表 19-28。

表 19-28　市场主体农药毒性分布

毒性	检出品种	占比	检出频次	占比
剧毒农药	2	2.5%	2	0.4%
高毒农药	6	7.4%	35	6.8%
中毒农药	29	35.8%	213	41.3%
低毒农药	30	37.0%	205	39.7%
微毒农药	14	17.3%	61	11.8%
中低微毒农药，品种占比 90.1%，频次占比 92.8%				

19.5.3　检出剧毒、高毒和禁用农药现象应该警醒

在此次侦测的 223 例样品中有 5 种蔬菜和 8 种水果的 43 例样品检出了 10 种 47 频次的剧毒和高毒或禁用农药，占样品总量的 19.3%。其中剧毒农药甲拌磷和特丁硫磷以及高毒农药猛杀威、克百威和兹克威检出频次较高。

按 MRL 中国国家标准衡量，剧毒农药甲拌磷，检出 1 次，超标 1 次；高毒农药克百威，检出 8 次，超标 2 次；按超标程度比较，萝卜中甲拌磷超标 5.0 倍，黄瓜中克百威超标 0.2 倍，葡萄中克百威超标 0.1 倍。

剧毒、高毒或禁用农药的检出情况及按照 MRL 中国国家标准衡量的超标情况见表 19-29。

表 19-29 剧毒、高毒或禁用农药的检出及超标明细

序号	农药名称	样品名称	检出频次	超标频次	最大超标倍数	超标率
1.1	特丁硫磷*▲	芹菜	1	0	0	0.0%
2.1	甲拌磷*▲	萝卜	1	1	4.99	100.0%
3.1	三唑磷◇	桃	1	0	0	0.0%
4.1	克百威◇▲	芹菜	4	0	0	0.0%
4.2	克百威◇▲	葡萄	2	1	0.115	50.0%
4.3	克百威◇▲	黄瓜	1	1	0.245	100.0%
4.4	克百威◇▲	马铃薯	1	0	0	0.0%
5.1	兹克威◇	菠菜	6	0	0	0.0%
6.1	敌敌畏◇	桃	1	0	0	0.0%
6.2	敌敌畏◇	梨	1	0	0	0.0%
6.3	敌敌畏◇	萝卜	1	0	0	0.0%
6.4	敌敌畏◇	黄瓜	1	0	0	0.0%
7.1	氟氯氰菊酯◇	葡萄	1	0	0	0.0%
8.1	猛杀威◇	苹果	8	0	0	0.0%
8.2	猛杀威◇	李子	4	0	0	0.0%
8.3	猛杀威◇	哈密瓜	1	0	0	0.0%
8.4	猛杀威◇	杏	1	0	0	0.0%
8.5	猛杀威◇	香蕉	1	0	0	0.0%
9.1	氰戊菊酯▲	桃	1	0	0	0.0%
10.1	硫丹▲	桃	3	0	0	0.0%
10.2	硫丹▲	黄瓜	2	0	0	0.0%
10.3	硫丹▲	哈密瓜	1	0	0	0.0%
10.4	硫丹▲	梨	1	0	0	0.0%
10.5	硫丹▲	芹菜	1	0	0	0.0%
10.6	硫丹▲	葡萄	1	0	0	0.0%
合计			47	3		6.4%

注：超标倍数参照 MRL 中国国家标准衡量

这些超标的剧毒和高毒农药都是中国政府早有规定禁止在水果蔬菜中使用的，为什么还屡次被检出，应该引起警惕。

19.5.4 残留限量标准与先进国家或地区标准差距较大

516 频次的检出结果与我国公布的《食品中农药最大残留限量》（GB 2763—2014）对比，有 86 频次能找到对应的 MRL 中国国家标准，占 16.7%；还有 430 频次的侦测数据无相关 MRL 标准供参考，占 83.3%。

与国际上现行 MRL 标准对比发现：

有 516 频次能找到对应的 MRL 欧盟标准，占 100.0%；

有 516 频次能找到对应的 MRL 日本标准，占 100.0%；

有 106 频次能找到对应的 MRL 中国香港标准，占 20.5%；

有 67 频次能找到对应的 MRL 美国标准，占 13.0%；

有 63 频次能找到对应的 MRL CAC 标准，占 12.2%。

由上可见，MRL 中国国家标准与先进国家或地区标准还有很大差距，我们无标准，境外有标准，这就会导致我们在国际贸易中，处于受制于人的被动地位。

19.5.5 水果蔬菜单种样品检出 10~29 种农药残留，拷问农药使用的科学性

通过此次监测发现，葡萄、桃和李子是检出农药品种最多的 3 种水果，芹菜、黄瓜和冬瓜是检出农药品种最多的 3 种蔬菜，从中检出农药品种及频次详见表 19-30。

表 19-30 单种样品检出农药品种及频次

样品名称	样品总数	检出农药样品数	检出率	检出农药品种数	检出农药（频次）
芹菜	8	8	100.0%	29	吡螨灵（7），3,4,5-混杀威（6），腐霉利（4），克百威（4），五氯苯胺（4），2,3,5,6-四氯苯胺（3），嘧霉胺（3），棉铃威（3），四氯硝基苯（3），五氯苯（3），五氯硝基苯（3），异丙威（3），百菌清（2），虫螨腈（2），毒死蜱（2），噁霉灵（1），二甲戊灵（1），菲（1），氟丙菊酯（1），氟乐灵（1），甲霜灵（1），联苯菊酯（1），硫丹（1），马拉硫磷（1），扑灭通（1），特丁硫磷（1），西玛通（1），烯唑醇（1），乙霉威（1）
黄瓜	16	15	93.8%	21	哒螨灵（11），腐霉利（7），嘧霉胺（6），棉铃威（4），噁霉灵（2），硫丹（2），生物苄呋菊酯（2），抑芽唑（2），敌敌畏（1），二苯胺（1），氟吡菌酰胺（1），氟硅唑（1），甲霜灵（1），腈菌唑（1），克百威（1），喹螨醚（1），速灭威（1），西玛通（1），乙霉威（1），异丙威（1），莠去通（1）
冬瓜	16	11	68.8%	10	棉铃威（8），西玛通（3），莠去通（3），二苯胺（2），扑灭通（2），甲霜灵（1），三唑酮（1），速灭威（1），五氯苯胺（1），新燕灵（1）
葡萄	16	16	100.0%	24	棉铃威（10），腐霉利（6），嘧霉胺（4），γ-氟氯氰菊酯（3），稻瘟灵（3），二苯胺（3），扑灭通（3），戊唑醇（3），西玛通（3），莠去通（3），氟丙菊酯（2），克百威（2），三唑酮（2），新燕灵（2），啶酰菌胺（1），氟吡菌酰胺（1），氟氯氰菊酯（1），硫丹（1），氯氰菊酯（1），嘧菌环胺（1），嘧菌酯（1），噻菌灵（1），四氟醚唑（1），异丙威（1）
桃	16	16	100.0%	20	炔螨特（7），抑芽唑（7），毒死蜱（6），棉铃威（6），生物苄呋菊酯（6），二苯胺（5），吡螨灵（4），茚草酮（4），硫丹（3），三唑酮（3），多效唑（2），敌敌畏（1），庚酰草胺（1），螺螨酯（1），嘧菌酯（1），氰戊菊酯（1），噻嗪酮（1），三唑磷（1），戊唑醇（1），新燕灵（1）
李子	15	13	86.7%	15	毒死蜱（5），棉铃威（5），猛杀威（4），吡螨灵（2），扑灭通（2），γ-氟氯氰菊酯（1），稻瘟灵（1），二苯胺（1），腐霉利（1），联苯菊酯（1），螺螨酯（1），戊唑醇（1），西玛通（1），乙氧呋草黄（1），莠去通（1）

上述 6 种水果蔬菜，检出农药 10~29 种，是多种农药综合防治，还是未严格实施农业良好管理规范（GAP），抑或根本就是乱施药，值得我们思考。

第20章 GC-Q-TOF/MS 侦测呼和浩特市市售水果蔬菜农药残留膳食暴露风险与预警风险评估

20.1 农药残留风险评估方法

20.1.1 呼和浩特市农药残留侦测数据分析与统计

庞国芳院士科研团队建立的农药残留高通量侦测技术以高分辨精确质量数（0.0001 *m/z* 为基准）为识别标准，采用 GC-Q-TOF/MS 技术对 507 种农药化学污染物进行侦测。

科研团队于 2016 年 8 月~2017 年 7 月在呼和浩特市所属 4 个区的 10 个采样点，随机采集了 223 例水果蔬菜样品，采样点分布在超市和农贸市场，具体位置如图 20-1 所示，各月内水果蔬菜样品采集数量如表 20-1 所示。

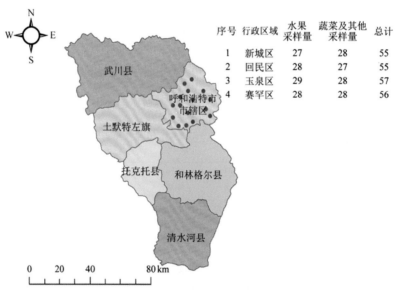

序号	行政区域	水果采样量	蔬菜及其他采样量	总计
1	新城区	27	28	55
2	回民区	28	27	55
3	玉泉区	29	28	57
4	赛罕区	28	28	56

图 20-1 GC-Q-TOF/MS 侦测呼和浩特市 10 个采样点 223 例样品分布示意图

表 20-1 呼和浩特市各月内采集水果蔬菜样品数

时间	样品数（例）
2016 年 8 月	120
2017 年 7 月	103

利用 GC-Q-TOF/MS 技术对 223 例样品中的农药进行侦测，侦测出残留农药 81 种，515 频次。侦测出农药残留水平如表 20-2 和图 20-2 所示。检出频次最高的前 10 种农药

如表 20-3 所示。从侦测结果中可以看出，在水果蔬菜中农药残留普遍存在，且有些水果蔬菜存在高浓度的农药残留，这些可能存在膳食暴露风险，对人体健康产生危害，因此，为了定量地评价水果蔬菜中农药残留的风险程度，有必要对其进行风险评价。

表 20-2　侦测出农药的不同残留水平及其所占比例

残留水平（μg/kg）	检出频次	占比（%）
1~5（含）	174	33.8
5~10（含）	86	16.7
10~100（含）	229	44.5
100~1000（含）	18	3.5
>1000	8	1.5
合计	515	100

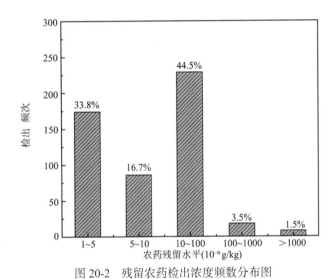

图 20-2　残留农药检出浓度频数分布图

表 20-3　检出频次最高的前 10 种农药列表

序号	农药	检出频次（次）
1	棉铃威	69
2	二苯胺	26
3	三唑酮	25
4	腐霉利	22
5	扑灭通	21
6	西玛通	19
7	仲丁威	19
8	抑芽唑	17

序号	农药	检出频次（次）
9	莠去通	17
10	吡喃灵	16

20.1.2　农药残留风险评价模型

对呼和浩特市水果蔬菜中农药残留分别开展暴露风险评估和预警风险评估。膳食暴露风险评估利用食品安全指数模型以水果蔬菜中的残留农药对人体可能产生的危害程度进行评价，该模型结合残留监测和膳食暴露评估评价化学污染物的危害；预警风险评价模型运用风险系数（risk index，R），风险系数综合考虑了危害物的超标率、施检频率及其本身敏感性的影响，能直观而全面地反映出危害物在一段时间内的风险程度。

20.1.2.1　食品安全指数模型

为了加强食品安全管理，《中华人民共和国食品安全法》第二章第十七条规定"国家建立食品安全风险评估制度，运用科学方法，根据食品安全风险监测信息、科学数据以及有关信息，对食品、食品添加剂、食品相关产品中生物性、化学性和物理性危害因素进行风险评估"[1]，膳食暴露评估是食品危险度评估的重要组成部分，也是膳食安全性的衡量标准[2]。国际上最早研究膳食暴露风险评估的机构主要是 JMPR（FAO、WHO农药残留联合会议），该组织自 1995 年就已制定了急性毒性物质的风险评估急性毒性农药残留摄入量的预测。1960 年美国规定食品中不得加入致癌物质进而提出零阈值理论，渐渐零阈值理论发展成在一定概率条件下可接受风险的概念[3]，后衍变为食品中每日允许最大摄入量（ADI），而国际食品农药残留法典委员会（CCPR）认为 ADI 不是独立风险评估的唯一标准[4]，1995 年 JMPR 开始研究农药急性膳食暴露风险评估，并对食品国际短期摄入量的计算方法进行了修正，亦对膳食暴露评估准则及评估方法进行了修正[5]，2002 年，在对世界上现行的食品安全评价方法，尤其是国际公认的 CAC 的评价方法、全球环境监测系统/食品污染监测和评估规划（WHO GEMS/Food）及 FAO、WHO 食品添加剂联合专家委员会（JECFA）和 JMPR 对食品安全风险评估工作研究的基础之上，检验检疫食品安全管理的研究人员提出了结合残留监控和膳食暴露评估，以食品安全指数 IFS 计算食品中各种化学污染物对消费者的健康危害程度[6]。IFS 是表示食品安全状态的新方法，可有效地评价某种农药的安全性，进而评价食品中各种农药化学污染物对消费者健康的整体危害程度[7, 8]。从理论上分析，IFS_c 可指出食品中的污染物 c 对消费者健康是否存在危害及危害的程度[9]。其优点在于操作简单且结果容易被接受和理解，不需要大量的数据来对结果进行验证，使用默认的标准假设或者模型即可[10, 11]。

1）IFS_c 的计算

IFS_c 计算公式如下：

$$\mathrm{IFS_c} = \frac{\mathrm{EDI_c} \times f}{\mathrm{SI_c} \times \mathrm{bw}} \qquad (20\text{-}1)$$

式中，c 为所研究的农药；$\mathrm{EDI_c}$ 为农药 c 的实际日摄入量估算值，等于 $\sum (R_i \times F_i \times E_i \times P_i)$（$i$ 为食品种类；R_i 为食品 i 中农药 c 的残留水平，mg/kg；F_i 为食品 i 的估计日消费量，g/（人·天）；E_i 为食品 i 的可食用部分因子；P_i 为食品 i 的加工处理因子）；$\mathrm{SI_c}$ 为安全摄入量，可采用每日允许最大摄入量 ADI；bw 为人平均体重，kg；f 为校正因子，如果安全摄入量采用 ADI，则 f 取 1。

$\mathrm{IFS_c} \ll 1$，农药 c 对食品安全没有影响；$\mathrm{IFS_c} \leqslant 1$，农药 c 对食品安全的影响可以接受；$\mathrm{IFS_c} > 1$，农药 c 对食品安全的影响不可接受。

本次评价中：

$\mathrm{IFS_c} \leqslant 0.1$，农药 c 对水果蔬菜安全没有影响；

$0.1 < \mathrm{IFS_c} \leqslant 1$，农药 c 对水果蔬菜安全的影响可以接受；

$\mathrm{IFS_c} > 1$，农药 c 对水果蔬菜安全的影响不可接受。

本次评价中残留水平 R_i 取值为中国检验检疫科学研究院庞国芳院士课题组利用以高分辨精确质量数（0.0001 m/z）为基准的 GC-Q-TOF/MS 检测技术于 2016 年 8 月~2017 年 7 月对呼和浩特市水果蔬菜农药残留的侦测结果，估计日消费量 F_i 取值 0.38 kg/（人·天），$E_i = 1$，$P_i = 1$，$f = 1$，$\mathrm{SI_c}$ 采用《食品安全国家标准　食品中农药最大残留限量》（GB 2763—2016）中 ADI 值（具体数值见表 20-4），人平均体重（bw）取值 60 kg。

表 20-4　呼和浩特市水果蔬菜中侦测出农药的 ADI 值

序号	农药	ADI	序号	农药	ADI	序号	农药	ADI
1	特丁硫磷	0.0006	16	氟吡菌酰胺	0.01	31	氟乐灵	0.025
2	甲拌磷	0.0007	17	甲草胺	0.01	32	三唑酮	0.03
3	克百威	0.001	18	毒死蜱	0.01	33	嘧菌环胺	0.03
4	三唑磷	0.001	19	哒螨灵	0.01	34	腈菌唑	0.03
5	异丙威	0.002	20	噁霜灵	0.01	35	生物苄呋菊酯	0.03
6	乙霉威	0.004	21	炔螨特	0.01	36	醚菊酯	0.03
7	敌敌畏	0.004	22	螺螨酯	0.01	37	戊唑醇	0.03
8	喹螨醚	0.005	23	五氯硝基苯	0.01	38	丙溴磷	0.03
9	烯唑醇	0.005	24	稻瘟灵	0.016	39	二甲戊灵	0.03
10	己唑醇	0.005	25	西玛津	0.018	40	虫螨腈	0.03
11	硫丹	0.006	26	莠去津	0.02	41	扑草净	0.04
12	氟硅唑	0.007	27	四氯硝基苯	0.02	42	氟氯氰菊酯	0.04
13	苯硫威	0.0075	28	氰戊菊酯	0.02	43	啶酰菌胺	0.04
14	噻嗪酮	0.009	29	氯氰菊酯	0.02	44	氯菊酯	0.05
15	联苯菊酯	0.01	30	百菌清	0.02	45	仲丁威	0.06

续表

序号	农药	ADI	序号	农药	ADI	序号	农药	ADI
46	二苯胺	0.08	58	烯虫酯	—	70	猛杀威	—
47	甲霜灵	0.08	59	3,4,5-混杀威	—	71	四氟醚唑	—
48	腐霉利	0.1	60	γ-氟氯氰菌酯	—	72	兹克威	—
49	噻菌灵	0.1	61	莠去通	—	73	五氯苯	—
50	多效唑	0.1	62	扑灭通	—	74	氟唑菌酰胺	—
51	嘧霉胺	0.2	63	茚草酮	—	75	速灭威	—
52	嘧菌酯	0.2	64	氟丙菊酯	—	76	解草腈	—
53	马拉硫磷	0.3	65	丁噻隆	—	77	抑芽唑	—
54	棉铃威	—	66	西玛通	—	78	菲	—
55	五氯苯胺	—	67	新燕灵	—	79	胺菊酯	—
56	2,3,5,6-四氯苯胺	—	68	乙氧呋草黄	—	80	庚酰草胺	—
57	吡喃灵	—	69	邻苯二甲酰亚胺	—	81	避蚊胺	—

注："—"表示为国家标准中无 ADI 值规定；ADI 值单位为 mg/kg bw

2）计算 IFS_c 的平均值 $\overline{IFS}$，评价农药对食品安全的影响程度

以 $\overline{IFS}$ 评价各种农药对人体健康危害的总程度，评价模型见公式（20-2）。

$$\overline{IFS} = \frac{\sum_{i=1}^{n} IFS_c}{n} \qquad (20\text{-}2)$$

$\overline{IFS} \ll 1$，所研究消费者人群的食品安全状态很好；$\overline{IFS} \leqslant 1$，所研究消费者人群的食品安全状态可以接受；$\overline{IFS} > 1$，所研究消费者人群的食品安全状态不可接受。

本次评价中：

$\overline{IFS} \leqslant 0.1$，所研究消费者人群的水果蔬菜安全状态很好；

$0.1 < \overline{IFS} \leqslant 1$，所研究消费者人群的水果蔬菜安全状态可以接受；

$\overline{IFS} > 1$，所研究消费者人群的水果蔬菜安全状态不可接受。

20.1.2.2　预警风险评估模型

2003 年，我国检验检疫食品安全管理的研究人员根据 WTO 的有关原则和我国的具体规定，结合危害物本身的敏感性、风险程度及其相应的施检频率，首次提出了食品中危害物风险系数 R 的概念[12]。R 是衡量一个危害物的风险程度大小最直观的参数，即在一定时期内其超标率或阳性检出率的高低，但受其施检频率的高低及其本身的敏感性（受关注程度）影响。该模型综合考察了农药在蔬菜中的超标率、施检频率及其本身敏感性，

能直观而全面地反映出农药在一段时间内的风险程度[13]。

1）R 计算方法

危害物的风险系数综合考虑了危害物的超标率或阳性检出率、施检频率和其本身的敏感性影响，并能直观而全面地反映出危害物在一段时间内的风险程度。风险系数 R 的计算公式如式（20-3）：

$$R = aP + \frac{b}{F} + S$$

（20-3）

式中，P 为该种危害物的超标率；F 为危害物的施检频率；S 为危害物的敏感因子；a，b 分别为相应的权重系数。

本次评价中 $F=1$；$S=1$；$a=100$；$b=0.1$，对参数 P 进行计算，计算时首先判断是否为禁用农药，如果为非禁用农药，P=超标的样品数（侦测出的含量高于食品最大残留限量标准值，即 MRL）除以总样品数（包括超标、不超标、未侦测出）；如果为禁用农药，则侦测出即为超标，P=能侦测出的样品数除以总样品数。判断呼和浩特市水果蔬菜农药残留是否超标的标准限值 MRL 分别以 MRL 中国国家标准[14]和 MRL 欧盟标准作为对照，具体值列于附表一中。

2）评价风险程度

$R \leq 1.5$，受检农药处于低度风险；

$1.5 < R \leq 2.5$，受检农药处于中度风险；

$R > 2.5$，受检农药处于高度风险。

20.1.2.3 食品膳食暴露风险和预警风险评估应用程序的开发

1）应用程序开发的步骤

为成功开发膳食暴露风险和预警风险评估应用程序，与软件工程师多次沟通讨论，逐步提出并描述清楚计算需求，开发了初步应用程序。为明确出不同水果蔬菜、不同农药、不同地域和不同季节的风险水平，向软件工程师提出不同的计算需求，软件工程师对计算需求进行逐一地分析，经过反复的细节沟通，需求分析得到明确后，开始进行解决方案的设计，在保证需求的完整性、一致性的前提下，编写出程序代码，最后设计出满足需求的风险评估专用计算软件，并通过一系列的软件测试和改进，完成专用程序的开发。软件开发基本步骤见图 20-3。

图 20-3 专用程序开发总体步骤

2）膳食暴露风险评估专业程序开发的基本要求

首先直接利用公式（20-1），分别计算 LC-Q-TOF/MS 和 GC-Q-TOF/MS 仪器侦测出的各水果蔬菜样品中每种农药 IFS$_c$，将结果列出。为考察超标农药和禁用农药的使用安全性，分别以我国《食品安全国家标准　食品中农药最大残留限量》（GB 2763—2016）和欧盟食品中农药最大残留限量（以下简称 MRL 中国国家标准和 MRL 欧盟标准）为标准，对侦测出的禁用农药和超标的非禁用农药 IFS$_c$ 单独进行评价；按 IFS$_c$ 大小列表，并找出 IFS$_c$ 值排名前 20 的样本重点关注。

对不同水果蔬菜 i 中每一种侦测出的农药 c 的安全指数进行计算，多个样品时求平均值。若监测数据为该市多个月的数据，则逐月、逐季度分别列出每个月、每个季度内每一种水果蔬菜 i 对应的每一种农药 c 的 IFS$_c$。

按农药种类，计算整个监测时间段内每种农药的 IFS$_c$，不区分水果蔬菜。若侦测数据为该市多个月的数据，则需分别计算每个月、每个季度内每种农药的 IFS$_c$。

3）预警风险评估专业程序开发的基本要求

分别以 MRL 中国国家标准和 MRL 欧盟标准，按公式（20-3）逐个计算不同水果蔬菜、不同农药的风险系数，禁用农药和非禁用农药分别列表。

为清楚了解各种农药的预警风险，不分时间，不分水果蔬菜，按禁用农药和非禁用农药分类，分别计算各种侦测出的农药全部检测时段内风险系数。由于有 MRL 中国国家标准的农药种类太少，无法计算超标数，非禁用农药的风险系数只以 MRL 欧盟标准为标准，进行计算。若侦测数据为多个月的，则按月计算每个月、每个季度内每种禁用农药残留的风险系数和以 MRL 欧盟标准为标准的非禁用农药残留的风险系数。

4）风险程度评价专业应用程序的开发方法

采用 Python 计算机程序设计语言，Python 是一个高层次地结合了解释性、编译性、互动性和面向对象的脚本语言。风险评价专用程序主要功能包括：分别读入每例样品 LC-Q-TOF/MS 和 GC-Q-TOF/MS 农药残留侦测数据，根据风险评价工作要求，依次对不同农药、不同食品、不同时间、不同采样点的 IFS$_c$ 值和 R 值分别进行数据计算，筛选出禁用农药、超标农药（分别与 MRL 中国国家标准、MRL 欧盟标准限值进行对比）单独重点分析，再分别对各农药、各水果蔬菜种类分类处理，设计出计算和排序程序，编写计算机代码，最后将生成的膳食暴露风险评估和超标风险评估定量计算结果列入设计好的各个表格中，并定性判断风险对目标的影响程度，直接用文字描述风险发生的高低，如"不可接受"、"可以接受"、"没有影响"、"高度风险"、"中度风险"、"低度风险"。

20.2　GC-Q-TOF/MS 侦测呼和浩特市市售水果蔬菜农药残留膳食暴露风险评估

20.2.1　每例水果蔬菜样品中农药残留安全指数分析

基于农药残留侦测数据，发现在 223 例样品中侦测出农药 515 频次，计算样品中每种残留农药的安全指数 IFS$_c$，并分析农药对样品安全的影响程度，结果详见附表二，农药残留对水果蔬菜样品安全的影响程度频次分布情况如图 20-4 所示。

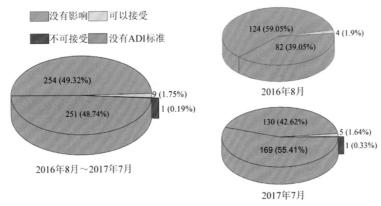

图 20-4　农药残留对水果蔬菜样品安全的影响程度频次分布图

由图 20-4 可以看出，农药残留对样品安全的影响可以接受的频次为 9，占 1.75%；农药残留对样品安全没有影响的频次为 254，占 49.32%。分析发现，在 2 个月份内只有 2017 年 7 月内有一种农药对样品安全影响不可接受，其他月份内，农药对样品安全的影响均在可以接受和没有影响的范围内。表 20-5 为对水果蔬菜样品中安全指数不可接受的农药残留列表。

表 20-5　水果蔬菜样品中安全影响不可接受的农药残留列表

序号	样品编号	采样点	基质	农药	含量（mg/kg）	IFS$_c$
1	20170706-150100-AHCIQ-CE-06A	***市场	芹菜	百菌清	5.3554	1.6959

部分样品侦测出禁用农药 5 种 20 频次，为了明确残留的禁用农药对样品安全的影响，分析侦测出的禁用农药残留的样品安全指数，禁用农药残留对水果蔬菜样品安全的影响程度频次分布情况如图 20-5 所示，其中农药残留对样品安全的影响可以接受的频次为 5，占 25%；农药残留对样品安全没有影响的频次为 15，占 75%。由图中可以看出，2 个月份内，禁用农药对样品安全的影响均在可以接受和没有影响的范围内。表 20-6 为水果蔬菜样品中侦测出的残留禁用农药的安全指数表。

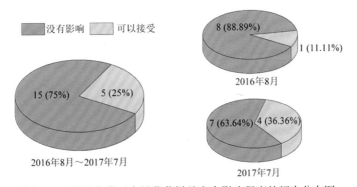

图 20-5　禁用农药对水果蔬菜样品安全影响程度的频次分布图

表 20-6 水果蔬菜样品中侦测出的残留禁用农药的安全指数表

序号	样品编号	采样点	基质	农药	含量（mg/kg）	IFS$_c$	影响程度
1	20160814-150100-AHCIQ-LB-08A	***市场	萝卜	甲拌磷	0.0599	0.5420	可以接受
2	20160813-150100-AHCIQ-CU-02A	***超市（新华西街店）	黄瓜	克百威	0.0249	0.1577	可以接受
3	20160813-150100-AHCIQ-GP-02A	***超市（新华西街店）	葡萄	克百威	0.0223	0.1412	可以接受
4	20160813-150100-AHCIQ-GP-06A	***超市（鄂尔多斯大街）	葡萄	克百威	0.0192	0.1216	可以接受
5	20170705-150100-AHCIQ-CE-01A	***超市（维多利购物中心店）	芹菜	克百威	0.0184	0.1165	可以接受
6	20170706-150100-AHCIQ-CE-06A	***市场	芹菜	克百威	0.0129	0.0817	没有影响
7	20170705-150100-AHCIQ-CE-04A	***超市（新华西街店）	芹菜	特丁硫磷	0.0075	0.0792	没有影响
8	20170705-150100-AHCIQ-CE-02A	***超市（兴安店）	芹菜	克百威	0.0111	0.0703	没有影响
9	20160813-150100-AHCIQ-CU-02A	***超市（新华西街店）	黄瓜	硫丹	0.0489	0.0516	没有影响
10	20170706-150100-AHCIQ-PH-05A	***市场	桃	硫丹	0.0370	0.0391	没有影响
11	20170705-150100-AHCIQ-CE-03A	***超市（太伟方恒广场店）	芹菜	克百威	0.0035	0.0222	没有影响
12	20160813-150100-AHCIQ-CU-03A	***超市（维多利购物中心店）	黄瓜	硫丹	0.0200	0.0211	没有影响
13	20160813-150100-AHCIQ-PO-02A	***超市（新华西街店）	马铃薯	克百威	0.0029	0.0184	没有影响
14	20170706-150100-AHCIQ-CE-05A	***市场	芹菜	硫丹	0.0167	0.0176	没有影响
15	20170705-150100-AHCIQ-HM-03A	***超市（太伟方恒广场店）	哈密瓜	硫丹	0.0108	0.0114	没有影响
16	20160813-150100-AHCIQ-GP-06A	***超市（鄂尔多斯大街）	葡萄	硫丹	0.0096	0.0101	没有影响
17	20160813-150100-AHCIQ-PE-02A	***超市（新华西街店）	梨	硫丹	0.0076	0.0080	没有影响
18	20160813-150100-AHCIQ-PH-06A	***超市（鄂尔多斯大街）	桃	硫丹	0.0040	0.0042	没有影响
19	20170705-150100-AHCIQ-PH-04A	***超市（新华西街店）	桃	硫丹	0.0040	0.0042	没有影响
20	20160813-150100-AHCIQ-PH-01A	***超市（兴安店）	桃	氰戊菊酯	0.0095	0.0030	没有影响

此外，本次侦测发现部分样品中非禁用农药残留量超过了 MRL 中国国家标准和欧

盟标准，为了明确超标的非禁用农药对样品安全的影响，分析了非禁用农药残留超标的样品安全指数。

水果蔬菜残留量超过 MRL 中国国家标准的非禁用农药的安全指数如表 20-7 所示。可以看出侦测出超过 MRL 中国国家标准的非禁用农药共 1 频次，农药残留对样品安全的影响为不可接受。

表 20-7　水果蔬菜样品中侦测出的非禁用农药残留安全指数表（MRL 中国国家标准）

序号	样品编号	采样点	基质	农药	含量（mg/kg）	中国国家标准	IFS$_c$	影响程度
1	20170706-150100-AHCIQ-CE-06A	***市场	芹菜	百菌清	5.3554	5	1.6959	不可接受

残留量超过 MRL 欧盟标准的非禁用农药对水果蔬菜样品安全的影响程度频次分布情况如图 20-6 所示。可以看出超过 MRL 欧盟标准的非禁用农药共 193 频次，其中农药没有 ADI 的频次为 147，占 76.17%；农药残留对样品安全没有影响的频次为 44，占 22.8%。表 20-8 为水果蔬菜样品中安全指数排名前 10 的残留超标非禁用农药列表。

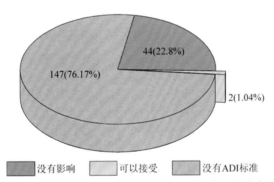

图 20-6　残留超标的非禁用农药对水果蔬菜样品安全的影响程度频次分布图（MRL 欧盟标准）

表 20-8　水果蔬菜样品中安全指数排名前 10 的残留超标非禁用农药列表（MRL 欧盟标准）

序号	样品编号	采样点	基质	农药	含量（mg/kg）	欧盟标准	IFS$_c$	影响程度
1	20170706-150100-AHCIQ-CE-05A	***市场	芹菜	异丙威	0.1799	0.01	0.5697	可以接受
2	20170705-150100-AHCIQ-CE-02A	***超市（兴安店）	芹菜	五氯硝基苯	0.5287	0.02	0.3348	可以接受
3	20170706-150100-AHCIQ-CE-06A	***市场	芹菜	五氯硝基苯	0.1456	0.02	0.0922	没有影响
4	20170705-150100-AHCIQ-CE-02A	***超市（兴安店）	芹菜	异丙威	0.0278	0.01	0.0880	没有影响
5	20160813-150100-AHCIQ-CU-07A	***超市（呼和浩特万达广场店）	黄瓜	异丙威	0.0267	0.01	0.0846	没有影响
6	20170706-150100-AHCIQ-PH-08A	***超市（呼和浩特万达广场店）	桃	炔螨特	0.1248	0.01	0.0790	没有影响

续表

序号	样品编号	采样点	基质	农药	含量（mg/kg）	欧盟标准	IFS$_c$	影响程度
7	20170705-150100-AHCIQ-CE-02A	***超市（兴安店）	芹菜	联苯菊酯	0.1015	0.05	0.0643	没有影响
8	20170705-150100-AHCIQ-CE-02A	***超市（兴安店）	芹菜	虫螨腈	0.2925	0.01	0.0618	没有影响
9	20170706-150100-AHCIQ-PH-06A	***市场	桃	炔螨特	0.0683	0.01	0.0433	没有影响
10	20170705-150100-AHCIQ-PH-04A	***超市（新华西街店）	桃	炔螨特	0.0663	0.01	0.0420	没有影响

在 223 例样品中，36 例样品未侦测出农药残留，187 例样品中侦测出农药残留，计算每例有农药侦测出的样品的 $\overline{IFS}$ 值，进而分析样品的安全状态结果如图 20-7 所示（未侦测出农药的样品安全状态视为很好）。可以看出，1.79% 的样品安全状态可以接受；75.34% 的样品安全状态很好。此外，可以看出 2016 年 8 月和 2017 年 7 月的样品安全状态均在很好的范围内。表 20-9 列出水果蔬菜安全指数排名前 10 的样品。

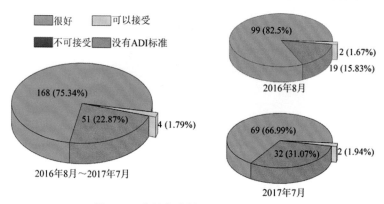

图 20-7 水果蔬菜样品安全状态分布图

表 20-9 水果蔬菜安全指数排名前 10 的样品列表

序号	样品编号	采样点	基质	$\overline{IFS}$	安全状态
1	20160814-150100-AHCIQ-LB-08A	***市场	萝卜	0.5420	可以接受
2	20170706-150100-AHCIQ-CE-06A	***市场	芹菜	0.2718	可以接受
3	20170706-150100-AHCIQ-CE-05A	***市场	芹菜	0.1552	可以接受
4	20160813-150100-AHCIQ-GP-02A	***超市（新华西街店）	葡萄	0.1412	可以接受
5	20170705-150100-AHCIQ-CE-04A	***超市（新华西街店）	芹菜	0.0792	很好
6	20170705-150100-AHCIQ-CE-01A	***超市（维多利购物中心店）	芹菜	0.0593	很好
7	20170705-150100-AHCIQ-CE-02A	***超市（兴安店）	芹菜	0.0549	很好
8	20170705-150100-AHCIQ-PH-03A	***超市（太伟方恒广场店）	桃	0.0458	很好
9	20160813-150100-AHCIQ-CU-02A	***超市（新华西街店）	黄瓜	0.0430	很好
10	20170705-150100-AHCIQ-LZ-01A	***超市（维多利购物中心店）	李子	0.0324	很好

20.2.2　单种水果蔬菜中农药残留安全指数分析

本次 22 种水果蔬菜侦测出 81 种农药，检出 515 频次，其中 28 种农药没有 ADI，53 种农药存在 ADI 标准。苦瓜侦测出农药残留全部没有 ADI，对其他的 21 种水果蔬菜按不同种类分别计算侦测出的具有 ADI 标准的各种农药的 IFS_c 值，农药残留对水果蔬菜的安全指数分布图如图 20-8 所示。

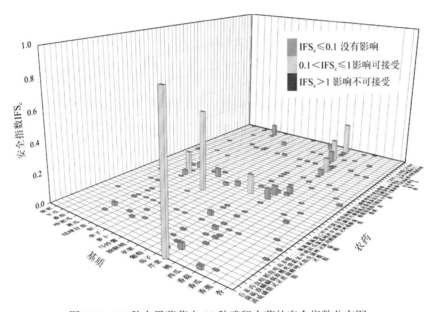

图 20-8　21 种水果蔬菜中 53 种残留农药的安全指数分布图

分析发现单种水果蔬菜中的农药残留对食品安全影响均为可以接受和没有影响，安全指数排名前 10 的残留农药如表 20-10 所示。

表 20-10　单种水果蔬菜中安全指数表排名前 10 的残留农药列表

序号	基质	农药	检出频次	检出率（%）	IFS>1 的频次	IFS>1 的比例	IFS_c	影响程度
1	芹菜	百菌清	2	3.03	1	1.52	0.9245	可以接受
2	萝卜	甲拌磷	1	16.67	0	0	0.5420	可以接受
3	芹菜	异丙威	3	4.55	0	0	0.2253	可以接受
4	黄瓜	克百威	1	2.04	0	0	0.1577	可以接受
5	芹菜	五氯硝基苯	3	4.55	0	0	0.1538	可以接受
6	葡萄	克百威	2	3.39	0	0	0.1314	可以接受
7	桃	噻嗪酮	1	1.61	0	0	0.1011	可以接受
8	黄瓜	异丙威	1	2.04	0	0	0.0846	没有影响
9	芹菜	特丁硫磷	1	1.52	0	0	0.0792	没有影响
10	芹菜	克百威	4	6.06	0	0	0.0727	没有影响

本次侦测中，22 种水果蔬菜和 81 种残留农药（包括没有 ADI）共涉及 225 个分析样本，农药对单种水果蔬菜安全的影响程度分布情况如图 20-9 所示。可以看出，54.22% 的样本中农药对水果蔬菜安全没有影响，3.11% 的样本中农药对水果蔬菜安全的影响可以接受。

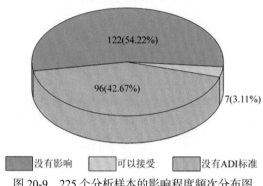

图 20-9　225 个分析样本的影响程度频次分布图

此外，分别计算 21 种水果蔬菜中所有侦测出农药的 IFS_c 的平均值 $\overline{IFS}$，分析每种水果蔬菜的安全状态，结果如图 20-10 所示，分析发现，1 种水果蔬菜（4.76%）的安全状态可接受，20 种（94.44%）水果蔬菜的安全状态很好。

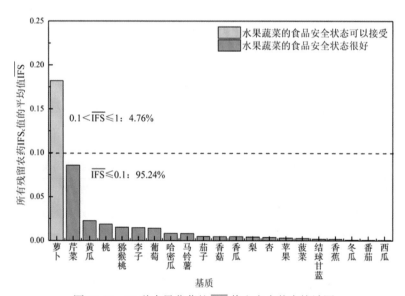

图 20-10　21 种水果蔬菜的 $\overline{IFS}$ 值和安全状态统计图

对每个月内每种水果蔬菜中农药的 IFS_c 进行分析，并计算每月内每种水果蔬菜的 $\overline{IFS}$ 值，以评价每种水果蔬菜的安全状态，结果如图 20-11 所示，可以看出，只有 2016 年 8 月萝卜的安全状态可以接受，该月份其余水果蔬菜和其他月份的所有水果蔬菜的安全状态均处于很好的范围内，各月份内单种水果蔬菜安全状态统计情况如图 20-12 所示。

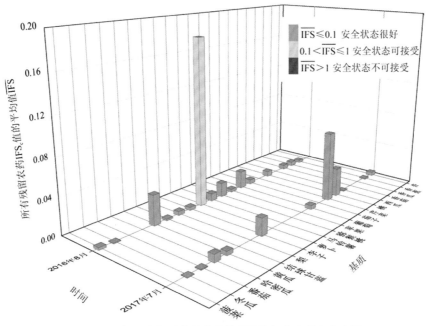

图 20-11　各月内每种水果蔬菜的 $\overline{\text{IFS}}$ 值与安全状态分布图

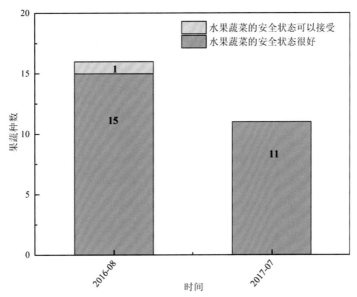

图 20-12　各月份内单种水果蔬菜安全状态统计图

20.2.3　所有水果蔬菜中农药残留安全指数分析

计算所有水果蔬菜中 53 种农药的 $\overline{\text{IFS}_c}$ 值，结果如图 20-13 及表 20-11 所示。

分析发现，所有农药对水果蔬菜安全的影响均在没有影响和可以接受的范围内，其中 9.43% 的农药对水果蔬菜安全的影响可以接受，90.57% 的农药对水果蔬菜安全没有影响。

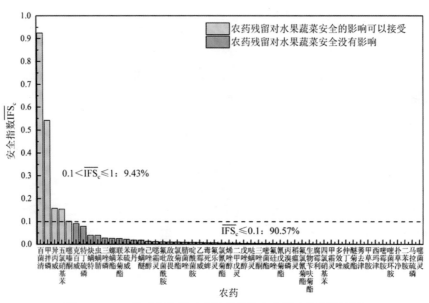

图 20-13　53 种残留农药对水果蔬菜的安全影响程度统计图

表 20-11　水果蔬菜中 53 种农药残留的安全指数表

序号	农药	检出频次	检出率(%)	$\overline{IFS_c}$	影响程度	序号	农药	检出频次	检出率（%）	$\overline{IFS_c}$	影响程度
1	百菌清	2	0.39	0.9245	可以接受	20	氯菊酯	1	0.19	0.0095	没有影响
2	甲拌磷	1	0.19	0.5420	可以接受	21	腈菌唑	4	0.78	0.0085	没有影响
3	异丙威	5	0.97	0.1577	可以接受	22	啶酰菌胺	1	0.19	0.0078	没有影响
4	五氯硝基苯	3	0.58	0.1538	可以接受	23	乙霉威	2	0.39	0.0071	没有影响
5	噻嗪酮	1	0.19	0.1011	可以接受	24	毒死蜱	14	2.72	0.0062	没有影响
6	克百威	8	1.55	0.0912	没有影响	25	氟乐灵	1	0.19	0.0061	没有影响
7	特丁硫磷	1	0.19	0.0792	没有影响	26	氯氰菊酯	1	0.19	0.0054	没有影响
8	炔螨特	7	1.36	0.0398	没有影响	27	烯唑醇	1	0.19	0.0052	没有影响
9	虫螨腈	2	0.39	0.0397	没有影响	28	二甲戊灵	1	0.19	0.0049	没有影响
10	三唑磷	1	0.19	0.0272	没有影响	29	戊唑醇	10	1.94	0.0048	没有影响
11	螺螨酯	2	0.39	0.0257	没有影响	30	哒螨灵	12	2.33	0.0047	没有影响
12	联苯菊酯	5	0.97	0.0252	没有影响	31	三唑酮	25	4.85	0.0044	没有影响
13	苯硫威	1	0.19	0.0212	没有影响	32	嘧菌酯	5	0.97	0.0040	没有影响
14	硫丹	9	1.75	0.0186	没有影响	33	氟硅唑	1	0.19	0.0033	没有影响
15	喹螨醚	2	0.39	0.0172	没有影响	34	氰戊菊酯	1	0.19	0.0030	没有影响
16	己唑醇	1	0.19	0.0130	没有影响	35	丙溴磷	2	0.39	0.0030	没有影响
17	噁霜灵	3	0.58	0.0117	没有影响	36	稻瘟灵	4	0.78	0.0026	没有影响
18	氟吡菌酰胺	3	0.58	0.0104	没有影响	37	氟氯氰菊酯	1	0.19	0.0023	没有影响
19	敌敌畏	4	0.78	0.0097	没有影响	38	生物苄呋菊酯	11	2.14	0.0021	没有影响

续表

序号	农药	检出频次	检出率(%)	$\overline{IFS_c}$	影响程度	序号	农药	检出频次	检出率（%）	$\overline{IFS_c}$	影响程度
39	腐霉利	22	4.27	0.0018	没有影响	47	西玛津	4	0.78	0.0006	没有影响
40	四氯硝基苯	3	0.58	0.0018	没有影响	48	嘧霉胺	15	2.91	0.0005	没有影响
41	甲霜灵	3	0.58	0.0013	没有影响	49	嘧菌环胺	1	0.19	0.0005	没有影响
42	多效唑	2	0.39	0.0010	没有影响	50	扑草净	1	0.19	0.0002	没有影响
43	仲丁威	19	3.69	0.0010	没有影响	51	二苯胺	26	5.05	0.0001	没有影响
44	醚菊酯	1	0.19	0.0009	没有影响	52	马拉硫磷	2	0.39	0.0001	没有影响
45	莠去津	4	0.78	0.0009	没有影响	53	噻菌灵	1	0.19	0.0001	没有影响
46	甲草胺	1	0.19	0.0008	没有影响						

　　对每个月内所有水果蔬菜中残留农药的 $\overline{IFS_c}$ 进行分析，结果如图 20-14 所示。分析发现，2016 年 8 月、2017 年 7 月 2 个月份的所有农药对水果蔬菜安全的影响均处于没有影响和可以接受的范围内。每月内不同农药对水果蔬菜安全影响程度的统计如图 20-15 所示。

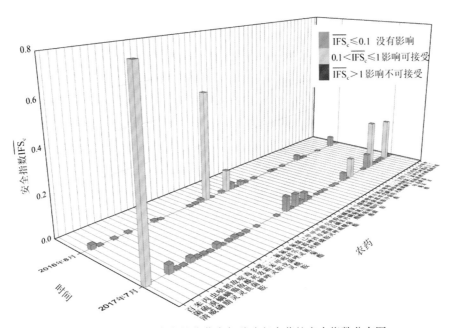

图 20-14　各月份内水果蔬菜中每种残留农药的安全指数分布图

　　计算每个月内水果蔬菜的 $\overline{IFS}$，以分析每月内水果蔬菜的安全状态，结果如图 20-16 所示，可以看出，2 个月份的水果蔬菜安全状态均处于很好的范围内。

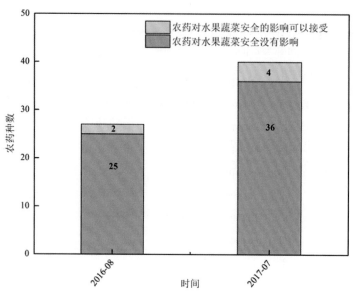

图 20-15　各月份内农药对水果蔬菜安全影响程度的统计图

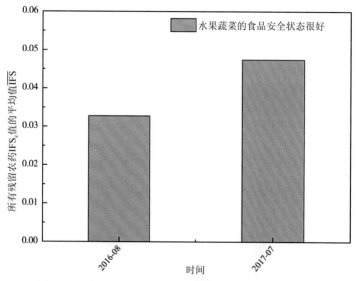

图 20-16　各月份内水果蔬菜的 $\overline{\text{IFS}}$ 值与安全状态统计图

20.3　GC-Q-TOF/MS 侦测呼和浩特市市售
水果蔬菜农药残留预警风险评估

基于呼和浩特市水果蔬菜样品中农药残留 GC-Q-TOF/MS 侦测数据，分析禁用农药的检出率，同时参照中华人民共和国国家标准 GB 2763—2016 和欧盟农药最大残留限量（MRL）标准分析非禁用农药残留的超标率，并计算农药残留风险系数。分析单种水果蔬菜中农药残留以及所有水果蔬菜中农药残留的风险程度。

20.3.1　单种水果蔬菜中农药残留风险系数分析

20.3.1.1　单种水果蔬菜中禁用农药残留风险系数分析

侦测出的 81 种残留农药中有 5 种为禁用农药，且它们分布在 8 种水果蔬菜中，计算 8 种水果蔬菜中禁用农药的超标率，根据超标率计算风险系数 R，进而分析水果蔬菜中禁用农药的风险程度，结果如图 20-17 与表 20-12 所示。分析发现 5 种禁用农药在 8 种水果蔬菜中的残留处均于高度风险。

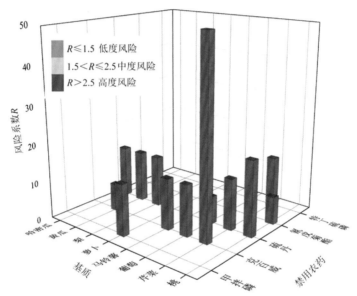

图 20-17　8 种水果蔬菜中 5 种禁用农药的风险系数分布图

表 20-12　8 种水果蔬菜中 5 种禁用农药的风险系数列表

序号	基质	农药	检出频次	检出率（%）	风险系数 R	风险程度
1	芹菜	克百威	4	50.00	51.10	高度风险
2	桃	硫丹	3	18.75	19.85	高度风险
3	哈密瓜	硫丹	1	12.50	13.60	高度风险
4	黄瓜	硫丹	2	12.50	13.60	高度风险
5	梨	硫丹	1	12.50	13.60	高度风险
6	萝卜	甲拌磷	1	12.50	13.60	高度风险
7	马铃薯	克百威	1	12.50	13.60	高度风险
8	葡萄	克百威	2	12.50	13.60	高度风险
9	芹菜	特丁硫磷	1	12.50	13.60	高度风险
10	芹菜	硫丹	1	12.50	13.60	高度风险
11	黄瓜	克百威	1	6.25	7.35	高度风险
12	葡萄	硫丹	1	6.25	7.35	高度风险
13	桃	氰戊菊酯	1	6.25	7.35	高度风险

20.3.1.2　基于 MRL 中国国家标准的单种水果蔬菜中非禁用农药残留风

险系数分析

参照中华人民共和国国家标准 GB 2763—2016 中农药残留限量计算每种水果蔬菜中每种非禁用农药的超标率，进而计算其风险系数，根据风险系数大小判断残留农药的预警风险程度，水果蔬菜中非禁用农药残留风险程度分布情况如图 20-18 所示。

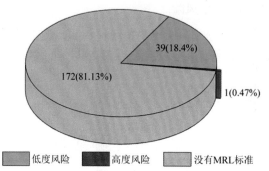

图 20-18　水果蔬菜中非禁用农药风险程度的频次分布图（MRL 中国国家标准）

本次分析中，发现在 22 种水果蔬菜中侦测出 76 种残留非禁用农药，涉及样本 212 个，在 212 个样本中，18.4%处于低度风险，此外发现有 172 个样本没有 MRL 中国国家标准值，无法判断其风险程度，有 MRL 中国国家标准值的 40 个样本涉及 15 种水果蔬菜中的 24 种非禁用农药，其风险系数 R 值如图 20-19 所示。表 20-13 为非禁用农药残留处于高度风险的水果蔬菜列表。

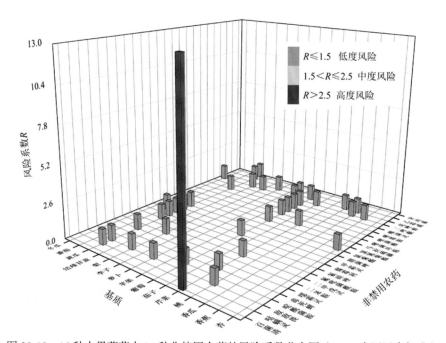

图 20-19　15 种水果蔬菜中 24 种非禁用农药的风险系数分布图（MRL 中国国家标准）

表 20-13　单种水果蔬菜中处于高度风险的非禁用农药风险系数表（MRL 中国国家标准）

序号	基质	农药	超标频次	超标率 P（%）	风险系数 R
1	芹菜	百菌清	1	12.50	13.60

20.3.1.3　基于 MRL 欧盟标准的单种水果蔬菜中非禁用农药残留风险系数分析

参照 MRL 欧盟标准计算每种水果蔬菜中每种非禁用农药的超标率，进而计算其风险系数，根据风险系数大小判断农药残留的预警风险程度，水果蔬菜中非禁用农药残留风险程度分布情况如图 20-20 所示。

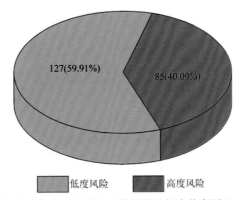

127(59.91%)　　85(40.09%)

　　■ 低度风险　　■ 高度风险

图 20-20　水果蔬菜中非禁用农药的风险程度的频次分布图（MRL 欧盟标准）

本次分析中，发现在 22 种水果蔬菜中共侦测出 76 种非禁用农药，涉及样本 172 个，其中，40.09%处于高度风险，涉及 20 种水果蔬菜和 39 种农药；59.91%处于低度风险，涉及 22 种水果蔬菜和 57 种农药。单种水果蔬菜中的非禁用农药风险系数分布图如图 20-21 所示。单种水果蔬菜中处于高度风险的非禁用农药风险系数如图 20-22 和表 20-14 所示。

表 20-14　单种水果蔬菜中处于高度风险的非禁用农药的风险系数表（MRL 欧盟标准）

序号	基质	农药	超标频次	超标率 P（%）	风险系数 R
1	苹果	猛杀威	8	100.00	101.10
2	香蕉	茚草酮	7	63.64	64.74
3	菠菜	兹克威	5	62.50	63.60
4	菠菜	抑芽唑	5	62.50	63.60
5	杏	棉铃威	5	62.50	63.60
6	香瓜	解草腈	4	57.14	58.24
7	马铃薯	棉铃威	4	50.00	51.10
8	冬瓜	棉铃威	7	43.75	44.85
9	葡萄	棉铃威	7	43.75	44.85

序号	基质	农药	超标频次	超标率 P（%）	风险系数 R
10	桃	抑芽唑	7	43.75	44.85
11	苦瓜	棉铃威	3	42.86	43.96
12	结球甘蓝	抑芽唑	3	37.50	38.60
13	芹菜	五氯硝基苯	3	37.50	38.60
14	芹菜	五氯苯胺	3	37.50	38.60
15	芹菜	嘧霉胺	3	37.50	38.60
16	芹菜	棉铃威	3	37.50	38.60
17	桃	棉铃威	6	37.50	38.60
18	桃	炔螨特	6	37.50	38.60
19	西瓜	棉铃威	3	37.50	38.60
20	李子	棉铃威	5	33.33	34.43
21	猕猴桃	棉铃威	2	28.57	29.67
22	香蕉	氟唑菌酰胺	3	27.27	28.37
23	香蕉	莠去通	3	27.27	28.37
24	香蕉	西玛通	3	27.27	28.37
25	香蕉	避蚊胺	3	27.27	28.37
26	李子	猛杀威	4	26.67	27.77
27	马铃薯	仲丁威	2	25.00	26.10
28	苹果	棉铃威	2	25.00	26.10
29	芹菜	五氯苯	2	25.00	26.10
30	芹菜	异丙威	2	25.00	26.10
31	芹菜	虫螨腈	2	25.00	26.10
32	桃	茚草酮	4	25.00	26.10
33	西瓜	西玛通	2	25.00	26.10
34	杏	莠去通	2	25.00	26.10
35	冬瓜	莠去通	3	18.75	19.85
36	黄瓜	腐霉利	3	18.75	19.85
37	香蕉	棉铃威	2	18.18	19.28
38	猕猴桃	喹螨醚	1	14.29	15.39
39	香瓜	己唑醇	1	14.29	15.39
40	香瓜	棉铃威	1	14.29	15.39
41	菠菜	仲丁威	1	12.50	13.60
42	冬瓜	西玛通	2	12.50	13.60
43	番茄	仲丁威	1	12.50	13.60
44	番茄	腐霉利	1	12.50	13.60
45	番茄	速灭威	1	12.50	13.60

序号	基质	农药	超标频次	超标率 P（%）	风险系数 R
46	哈密瓜	猛杀威	1	12.50	13.60
47	哈密瓜	腐霉利	1	12.50	13.60
48	哈密瓜	莠去通	1	12.50	13.60
49	黄瓜	抑芽唑	2	12.50	13.60
50	黄瓜	生物苄呋菊酯	2	12.50	13.60
51	结球甘蓝	仲丁威	1	12.50	13.60
52	结球甘蓝	胺菊酯	1	12.50	13.60
53	马铃薯	三唑酮	1	12.50	13.60
54	葡萄	腐霉利	2	12.50	13.60
55	芹菜	氟乐灵	1	12.50	13.60
56	芹菜	联苯菊酯	1	12.50	13.60
57	芹菜	腐霉利	1	12.50	13.60
58	芹菜	菲	1	12.50	13.60
59	芹菜	西玛通	1	12.50	13.60
60	香菇	仲丁威	1	12.50	13.60
61	香菇	生物苄呋菊酯	1	12.50	13.60
62	香菇	胺菊酯	1	12.50	13.60
63	香菇	苯硫威	1	12.50	13.60
64	杏	氯菊酯	1	12.50	13.60
65	杏	西玛通	1	12.50	13.60
66	香蕉	扑灭通	1	9.09	10.19
67	香蕉	猛杀威	1	9.09	10.19
68	香蕉	解草腈	1	9.09	10.19
69	李子	γ-氟氯氰菌酯	1	6.67	7.77
70	李子	稻瘟灵	1	6.67	7.77
71	李子	西玛通	1	6.67	7.77
72	冬瓜	速灭威	1	6.25	7.35
73	黄瓜	噁霜灵	1	6.25	7.35
74	黄瓜	异丙威	1	6.25	7.35
75	黄瓜	敌敌畏	1	6.25	7.35
76	黄瓜	腈菌唑	1	6.25	7.35
77	黄瓜	莠去通	1	6.25	7.35
78	黄瓜	西玛通	1	6.25	7.35
79	黄瓜	速灭威	1	6.25	7.35
80	葡萄	γ-氟氯氰菌酯	1	6.25	7.35
81	茄子	丙溴磷	1	6.25	7.35

续表

序号	基质	农药	超标频次	超标率 P（%）	风险系数 R
82	茄子	棉铃威	1	6.25	7.35
83	茄子	菲	1	6.25	7.35
84	桃	庚酰草胺	1	6.25	7.35
85	桃	新燕灵	1	6.25	7.35

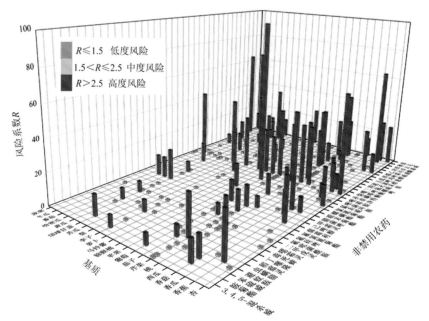

图 20-21　22 种水果蔬菜中 76 种非禁用农药的风险系数分布图（MRL 欧盟标准）

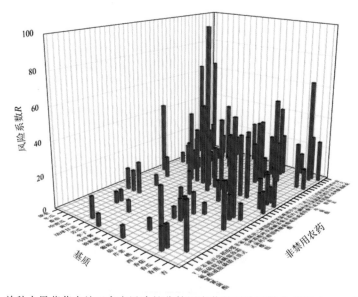

图 20-22　单种水果蔬菜中处于高度风险的非禁用农药的风险系数分布图（MRL 欧盟标准）

20.3.2　所有水果蔬菜中农药残留风险系数分析

20.3.2.1　所有水果蔬菜中禁用农药残留风险系数分析

在侦测出的 81 种农药中有 5 种为禁用农药，计算所有水果蔬菜中禁用农药的风险系数，结果如表 20-15 所示。禁用农药硫丹、克百威处于高度风险，甲拌磷、氰戊菊酯、特丁硫磷 3 种禁用农药处于中度风险。

表 20-15　水果蔬菜中 5 种禁用农药的风险系数表

序号	农药	检出频次	检出率 P（%）	风险系数 R	风险程度
1	硫丹	9	4.04	5.14	高度风险
2	克百威	8	3.59	4.69	高度风险
3	甲拌磷	1	0.45	1.55	中度风险
4	氰戊菊酯	1	0.45	1.55	中度风险
5	特丁硫磷	1	0.45	1.55	中度风险

对每个月内的禁用农药的风险系数进行分析，结果如图 20-23 和表 20-16 所示。

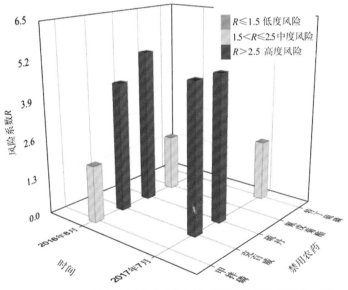

图 20-23　各月份内水果蔬菜中禁用农药残留的风险系数分布图

表 20-16　各月份内水果蔬菜中禁用农药的风险系数表

序号	年月	农药	检出频次	检出率（%）	风险系数 R	风险程度
1	2016 年 8 月	硫丹	5	4.17	5.27	高度风险
2	2016 年 8 月	克百威	4	3.33	4.43	高度风险

续表

序号	年月	农药	检出频次	检出率（%）	风险系数 R	风险程度
3	2016 年 8 月	甲拌磷	1	0.83	1.93	中度风险
4	2016 年 8 月	氰戊菊酯	1	0.83	1.93	中度风险
5	2017 年 7 月	克百威	4	3.88	4.98	高度风险
6	2017 年 7 月	硫丹	4	3.88	4.98	高度风险
7	2017 年 7 月	特丁硫磷	1	0.97	2.07	中度风险

20.3.2.2 所有水果蔬菜中非禁用农药残留风险系数分析

参照 MRL 欧盟标准计算所有水果蔬菜中每种非禁用农药残留的风险系数，如图 20-24 与表 20-17 所示。在侦测出的 76 种非禁用农药中，11 种农药（14.47%）残留处于高度风险，28 种农药（36.84%）残留处于中度风险，37 种农药（75.56%）残留处于低度风险。

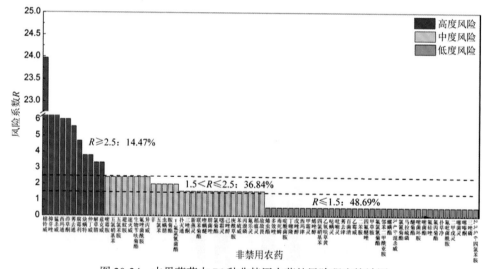

图 20-24 水果蔬菜中 76 种非禁用农药的风险程度统计图

表 20-17 水果蔬菜中 76 种非禁用农药的风险系数表

序号	农药	超标频次	超标率 P（%）	风险系数 R	风险程度
1	棉铃威	51	22.87	23.97	高度风险
2	抑芽唑	17	7.62	8.72	高度风险
3	猛杀威	14	6.28	7.38	高度风险
4	西玛通	11	4.93	6.03	高度风险
5	莔草酮	11	4.93	6.03	高度风险
6	莠去通	10	4.48	5.58	高度风险

序号	农药	超标频次	超标率 P（%）	风险系数 R	风险程度
7	腐霉利	8	3.59	4.69	高度风险
8	炔螨特	6	2.69	3.79	高度风险
9	仲丁威	6	2.69	3.79	高度风险
10	解草腈	5	2.24	3.34	高度风险
11	兹克威	5	2.24	3.34	高度风险
12	嘧霉胺	3	1.35	2.45	中度风险
13	五氯硝基苯	3	1.35	2.45	中度风险
14	五氯苯胺	3	1.35	2.45	中度风险
15	避蚊胺	3	1.35	2.45	中度风险
16	速灭威	3	1.35	2.45	中度风险
17	生物苄呋菊酯	3	1.35	2.45	中度风险
18	氟唑菌酰胺	3	1.35	2.45	中度风险
19	异丙威	3	1.35	2.45	中度风险
20	菲	2	0.90	2.00	中度风险
21	五氯苯	2	0.90	2.00	中度风险
22	虫螨腈	2	0.90	2.00	中度风险
23	胺菊酯	2	0.90	2.00	中度风险
24	γ-氟氯氰菌酯	2	0.90	2.00	中度风险
25	扑灭通	1	0.45	1.55	中度风险
26	三唑酮	1	0.45	1.55	中度风险
27	新燕灵	1	0.45	1.55	中度风险
28	联苯菊酯	1	0.45	1.55	中度风险
29	喹螨醚	1	0.45	1.55	中度风险
30	腈菌唑	1	0.45	1.55	中度风险
31	氯菊酯	1	0.45	1.55	中度风险
32	噁霜灵	1	0.45	1.55	中度风险
33	己唑醇	1	0.45	1.55	中度风险
34	庚酰草胺	1	0.45	1.55	中度风险
35	苯硫威	1	0.45	1.55	中度风险
36	丙溴磷	1	0.45	1.55	中度风险
37	氟乐灵	1	0.45	1.55	中度风险
38	稻瘟灵	1	0.45	1.55	中度风险
39	敌敌畏	1	0.45	1.55	中度风险
40	烯虫酯	0	0	1.10	低度风险
41	多效唑	0	0	1.10	低度风险

序号	农药	超标频次	超标率 P（%）	风险系数 R	风险程度
42	毒死蜱	0	0	1.10	低度风险
43	啶酰菌胺	0	0	1.10	低度风险
44	丁噻隆	0	0	1.10	低度风险
45	戊唑醇	0	0	1.10	低度风险
46	西玛津	0	0	1.10	低度风险
47	甲霜灵	0	0	1.10	低度风险
48	烯唑醇	0	0	1.10	低度风险
49	四氯硝基苯	0	0	1.10	低度风险
50	乙氧呋草黄	0	0	1.10	低度风险
51	哒螨灵	0	0	1.10	低度风险
52	吡喃灵	0	0	1.10	低度风险
53	莠去津	0	0	1.10	低度风险
54	百菌清	0	0	1.10	低度风险
55	乙霉威	0	0	1.10	低度风险
56	二苯胺	0	0	1.10	低度风险
57	四氟醚唑	0	0	1.10	低度风险
58	甲草胺	0	0	1.10	低度风险
59	氟氯氰菊酯	0	0	1.10	低度风险
60	邻苯二甲酰亚胺	0	0	1.10	低度风险
61	螺螨酯	0	0	1.10	低度风险
62	3,4,5-混杀威	0	0	1.10	低度风险
63	氯氰菊酯	0	0	1.10	低度风险
64	马拉硫磷	0	0	1.10	低度风险
65	醚菊酯	0	0	1.10	低度风险
66	嘧菌环胺	0	0	1.10	低度风险
67	嘧菌酯	0	0	1.10	低度风险
68	氟硅唑	0	0	1.10	低度风险
69	氟丙菊酯	0	0	1.10	低度风险
70	扑草净	0	0	1.10	低度风险
71	氟吡菌酰胺	0	0	1.10	低度风险
72	二甲戊灵	0	0	1.10	低度风险
73	噻菌灵	0	0	1.10	低度风险
74	噻嗪酮	0	0	1.10	低度风险
75	三唑磷	0	0	1.10	低度风险
76	2,3,5,6-四氯苯胺	0	0	1.10	低度风险

对每个月份内的非禁用农药的风险系数分析，每月内非禁用农药风险程度分布图如图 20-25 所示。2 个月份内处于高度风险的农药数排序为 2017 年 7 月（14）＞2016 年 8 月（11）。

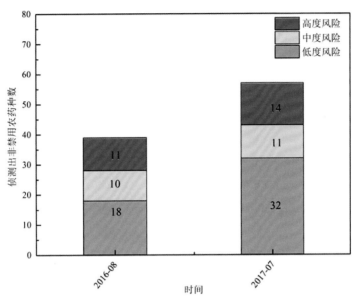

图 20-25　各月份水果蔬菜中非禁用农药残留的风险程度分布图

2 个月份内水果蔬菜中非禁用农药处于中度风险和高度风险的风险系数如图 20-26 和表 20-18 所示。

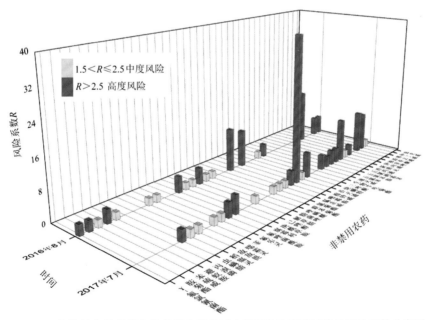

图 20-26　各月份水果蔬菜中非禁用农药处于中度风险和高度风险的风险系数分布图

表 20-18 各月份水果蔬菜中非禁用农药处于中度风险和高度风险的风险系数表

序号	年月	农药	超标频次	超标率 P（%）	风险系数 R	风险程度
1	2016 年 8 月	抑芽唑	17	14.17	15.27	高度风险
2	2016 年 8 月	猛杀威	13	10.83	11.93	高度风险
3	2016 年 8 月	棉铃威	11	9.17	10.27	高度风险
4	2016 年 8 月	仲丁威	5	4.17	5.27	高度风险
5	2016 年 8 月	兹克威	5	4.17	5.27	高度风险
6	2016 年 8 月	腐霉利	4	3.33	4.43	高度风险
7	2016 年 8 月	解草腈	4	3.33	4.43	高度风险
8	2016 年 8 月	避蚊胺	3	2.50	3.60	高度风险
9	2016 年 8 月	生物苄呋菊酯	3	2.50	3.60	高度风险
10	2016 年 8 月	γ-氟氯氰菌酯	2	1.67	2.77	高度风险
11	2016 年 8 月	胺菊酯	2	1.67	2.77	高度风险
12	2016 年 8 月	苯硫威	1	0.83	1.93	中度风险
13	2016 年 8 月	丙溴磷	1	0.83	1.93	中度风险
14	2016 年 8 月	噁霜灵	1	0.83	1.93	中度风险
15	2016 年 8 月	菲	1	0.83	1.93	中度风险
16	2016 年 8 月	庚酰草胺	1	0.83	1.93	中度风险
17	2016 年 8 月	己唑醇	1	0.83	1.93	中度风险
18	2016 年 8 月	腈菌唑	1	0.83	1.93	中度风险
19	2016 年 8 月	喹螨醚	1	0.83	1.93	中度风险
20	2016 年 8 月	三唑酮	1	0.83	1.93	中度风险
21	2016 年 8 月	异丙威	1	0.83	1.93	中度风险
22	2017 年 7 月	棉铃威	40	38.83	39.93	高度风险
23	2017 年 7 月	西玛通	11	10.68	11.78	高度风险
24	2017 年 7 月	莔草酮	11	10.68	11.78	高度风险
25	2017 年 7 月	莠去通	10	9.71	10.81	高度风险
26	2017 年 7 月	炔螨特	6	5.83	6.93	高度风险
27	2017 年 7 月	腐霉利	4	3.88	4.98	高度风险
28	2017 年 7 月	氟唑菌酰胺	3	2.91	4.01	高度风险
29	2017 年 7 月	嘧霉胺	3	2.91	4.01	高度风险
30	2017 年 7 月	速灭威	3	2.91	4.01	高度风险
31	2017 年 7 月	五氯苯胺	3	2.91	4.01	高度风险
32	2017 年 7 月	五氯硝基苯	3	2.91	4.01	高度风险
33	2017 年 7 月	虫螨腈	2	1.94	3.04	高度风险
34	2017 年 7 月	五氯苯	2	1.94	3.04	高度风险

序号	年月	农药	超标频次	超标率 P（%）	风险系数 R	风险程度
35	2017 年 7 月	异丙威	2	1.94	3.04	高度风险
36	2017 年 7 月	稻瘟灵	1	0.97	2.07	中度风险
37	2017 年 7 月	敌敌畏	1	0.97	2.07	中度风险
38	2017 年 7 月	菲	1	0.97	2.07	中度风险
39	2017 年 7 月	氟乐灵	1	0.97	2.07	中度风险
40	2017 年 7 月	解草腈	1	0.97	2.07	中度风险
41	2017 年 7 月	联苯菊酯	1	0.97	2.07	中度风险
42	2017 年 7 月	氯菊酯	1	0.97	2.07	中度风险
43	2017 年 7 月	猛杀威	1	0.97	2.07	中度风险
44	2017 年 7 月	扑灭通	1	0.97	2.07	中度风险
45	2017 年 7 月	新燕灵	1	0.97	2.07	中度风险
46	2017 年 7 月	仲丁威	1	0.97	2.07	中度风险

20.4　GC-Q-TOF/MS 侦测呼和浩特市市售水果蔬菜农药残留风险评估结论与建议

农药残留是影响水果蔬菜安全和质量的主要因素，也是我国食品安全领域备受关注的敏感话题和亟待解决的重大问题之一[15, 16]。各种水果蔬菜均存在不同程度的农药残留现象，本研究主要针对呼和浩特市各类水果蔬菜存在的农药残留问题，基于 2016 年 8 月~2017 年 7 月对呼和浩特市 223 例水果蔬菜样品中农药残留侦测得出的 515 个侦测结果，分别采用食品安全指数模型和风险系数模型，开展水果蔬菜中农药残留的膳食暴露风险和预警风险评估。水果蔬菜样品取自超市和农贸市场，符合大众的膳食来源，风险评价时更具有代表性和可信度。

本研究力求通用简单地反映食品安全中的主要问题，且为管理部门和大众容易接受，为政府及相关管理机构建立科学的食品安全信息发布和预警体系提供科学的规律与方法，加强对农药残留的预警和食品安全重大事件的预防，控制食品风险。

20.4.1　呼和浩特市水果蔬菜中农药残留膳食暴露风险评价结论

1）水果蔬菜样品中农药残留安全状态评价结论

采用食品安全指数模型，对 2016 年 8 月~2017 年 7 月期间呼和浩特市水果蔬菜食品农药残留膳食暴露风险进行评价，根据 IFS$_c$ 的计算结果发现，水果蔬菜中农药的 $\overline{\text{IFS}}$ 为 0.0456，说明呼和浩特市水果蔬菜总体处于很好的安全状态，但部分禁用农药、高残留农药在蔬菜、水果中仍有侦测出，导致膳食暴露风险的存在，成为不安全因素。

2）单种水果蔬菜中农药膳食暴露风险不可接受情况评价结论

单种水果蔬菜中农药残留安全指数分析结果显示，在单种水果蔬菜中未发现膳食暴露风险不可接受的残留农药，侦测出的残留农药对单种水果蔬菜安全的影响均在可以接受和没有影响的范围内，说明呼和浩特市的水果蔬菜中虽侦测出农药残留，但残留农药不会造成膳食暴露风险或造成的膳食暴露风险可以接受。

3）禁用农药膳食暴露风险评价

本次侦测发现部分水果蔬菜样品中有禁用农药残留，侦测出禁用农药 5 种，检出频次为 20，水果蔬菜样品中的禁用农药 IFS_c 计算结果表明，禁用农药残留的膳食暴露风险均在可以接受和没有影响的范围内，可以接受的频次为 5，占 25%，没有影响的频次为 15，占 75%。虽然残留禁用农药没有造成不可接受的膳食暴露风险，但为何在国家明令禁止禁用农药喷洒的情况下，还能在多种水果蔬菜中多次侦测出禁用农药残留，这应该引起相关部门的高度警惕，应该在禁止禁用农药喷洒的同时，严格管控禁用农药的生产和售卖，从根本上杜绝安全隐患。

20.4.2 呼和浩特市水果蔬菜中农药残留预警风险评价结论

1）单种水果蔬菜中禁用农药残留的预警风险评价结论

本次侦测过程中，在 8 种水果蔬菜中侦测超出 5 种禁用农药，禁用农药为：硫丹、克百威、甲拌磷、特丁硫磷、氰戊菊酯，水果蔬菜为：哈密瓜、黄瓜、梨、萝卜、马铃薯、葡萄、芹菜、桃，水果蔬菜中禁用农药的风险系数分析结果显示，5 种禁用农药在 8 种水果蔬菜中的残留均处于高度风险，说明在单种水果蔬菜中禁用农药的残留会导致较高的预警风险。

2）单种水果蔬菜中非禁用农药残留的预警风险评价结论

以 MRL 中国国家标准为标准，计算水果蔬菜中非禁用农药风险系数情况下，172 个样本中，39 个处于低度风险（18.4%），172 个样本没有 MRL 中国国家标准（81.13%）。以 MRL 欧盟标准为标准，计算水果蔬菜中非禁用农药风险系数情况下，发现有 85 个处于高度风险（40.09%），127 个处于低度风险（59.91%）。基于两种 MRL 标准，评价的结果差异显著，可以看出 MRL 欧盟标准比中国国家标准更加严格和完善，过于宽松的 MRL 中国国家标准值能否有效保障人体的健康有待研究。

20.4.3 加强呼和浩特市水果蔬菜食品安全建议

我国食品安全风险评价体系仍不够健全，相关制度不够完善，多年来，由于农药用药次数多、用药量大或用药间隔时间短，产品残留量大，农药残留所造成的食品安全问题日益严峻，给人体健康带来了直接或间接的危害。据估计，美国与农药有关的癌症患者数约占全国癌症患者总数的 50%，中国更高。同样，农药对其他生物也会形成直接杀伤和慢性危害，植物中的农药可经过食物链逐级传递并不断蓄积，对人和动物构成潜在威胁，并影响生态系统。

基于本次农药残留侦测数据的风险评价结果，提出以下几点建议：

1）加快食品安全标准制定步伐

我国食品标准中对农药每日允许最大摄入量 ADI 的数据严重缺乏，在本次评价所涉及的 81 种农药中，仅有 65.4% 的农药具有 ADI 值，而 34.6% 的农药中国尚未规定相应的 ADI 值，亟待完善。

我国食品中农药最大残留限量值的规定严重缺乏，对评估涉及的不同水果蔬菜中不同农药 225 个 MRL 限值进行统计来看，我国仅制定出 50 个标准，我国标准完整率仅为 22.2%，欧盟的完整率达到 100%（表 20-19）。因此，中国更应加快 MRL 标准的制定步伐。

表 20-19　我国国家食品标准农药的 ADI、MRL 值与欧盟标准的数量差异

分类		ADI	MRL 中国国家标准	MRL 欧盟标准
标准限值（个）	有	53	50	225
	无	28	175	0
总数（个）		81	225	225
无标准限值比例（%）		34.6	77.8%	0

此外，MRL 中国国家标准限值普遍高于欧盟标准限值，这些标准中共有 30 个高于欧盟。过高的 MRL 值难以保障人体健康，建议继续加强对限值基准和标准的科学研究，将农产品中的危险性减少到尽可能低的水平。

2）加强农药的源头控制和分类监管

在呼和浩特市某些水果蔬菜中仍有禁用农药残留，利用 GC-Q-TOF/MS 技术侦测出 5 种禁用农药，检出 20 频次，残留禁用农药均存在较大的膳食暴露风险和预警风险。早已列入黑名单的禁用农药在我国并未真正退出，有些药物由于价格便宜、工艺简单，此类高毒农药一直生产和使用。建议在我国采取严格有效的控制措施，从源头控制禁用农药。

对于非禁用农药，在我国作为"田间地头"最典型单位的县级蔬果产地中，农药残留的侦测几乎缺失。建议根据农药的毒性，对高毒、剧毒、中毒农药实现分类管理，减少使用高毒和剧毒高残留农药，进行分类监管。

3）加强残留农药的生物修复及降解新技术

市售果蔬中残留农药的品种多、频次高、禁用农药多次检出这一现状，说明了我国的田间土壤和水体因农药长期、频繁、不合理的使用而遭到严重污染。为此，建议中国相关部门出台相关政策，鼓励高校及科研院所积极开展分子生物学、酶学等研究，加强土壤、水体中残留农药的生物修复及降解新技术研究，切实加大农药监管力度，以控制农药的面源污染问题。

综上所述，在本工作基础上，根据蔬菜残留危害，可进一步针对其成因提出和采取严格管理、大力推广无公害蔬菜种植与生产、健全食品安全控制技术体系、加强蔬菜食品质量侦测体系建设和积极推行蔬菜食品质量追溯制度等相应对策。建立和完善食品安全综合评价指数与风险监测预警系统，对食品安全进行实时、全面的监控与分析，为我国的食品安全科学监管与决策提供新的技术支持，可实现各类检验数据的信息化系统管理，降低食品安全事故的发生。

参 考 文 献

[1] 全国人民代表大会常务委员会. 中华人民共和国食品安全法[Z]. 2015-04-24.

[2] 钱永忠, 李耘. 农产品质量安全风险评估: 原理、方法和应用[M]. 北京: 中国标准出版社, 2007.

[3] 高仁君, 陈隆智, 郑明奇, 等. 农药对人体健康影响的风险评估[J]. 农药学学报, 2004, 6(3): 8-14.

[4] 高仁君, 王蔚, 陈隆智, 等. JMPR 农药残留急性膳食摄入量计算方法[J]. 中国农学通报, 2006, 22(4): 101-104.

[5] FAO/WHO. Recommendation for the revision of the guidelines for predicting dietary intake of pesticide residues, Report of a FAO/WHO Consultaion, 2-6 May 1995, York, United Kingdom.

[6] 李聪, 张艺兵, 李朝伟, 等. 暴露评估在食品安全状态评价中的应用[J]. 检验检疫学刊, 2002, 12(1): 11-12.

[7] Liu Y, Li S, Ni Z, et al. Pesticides in persimmons, jujubes and soil from China: Residue levels, risk assessment and relationship between fruits and soils[J]. Science of the Total Environment, 2016, 542(Pt A): 620-628.

[8] Claeys W L, Schmit J F O, Bragard C, et al. Exposure of several Belgian consumer groups to pesticide residues through fresh fruit and vegetable consumption[J]. Food Control, 2011, 22(3): 508-516.

[9] Quijano L, Yusà V, Font G, et al. Chronic cumulative risk assessment of the exposure to organophosphorus, carbamate and pyrethroid and pyrethrin pesticides through fruit and vegetables consumption in the region of Valencia (Spain)[J]. Food & Chemical Toxicology, 2016, 89: 39-46.

[10] Fang L, Zhang S, Chen Z, et al. Risk assessment of pesticide residues in dietary intake of celery in China[J]. Regulatory Toxicology & Pharmacology, 2015, 73(2): 578-586.

[11] Nuapia Y, Chimuka L, Cukrowska E. Assessment of organochlorine pesticide residues in raw food samples from open markets in two African cities[J]. Chemosphere, 2016, 164: 480-487.

[12] 秦燕, 李辉, 李聪. 危害物的风险系数及其在食品检测中的应用[J]. 检验检疫学刊, 2003, 13(5): 13-14.

[13] 金征宇. 食品安全导论[M]. 北京: 化学工业出版社, 2005.

[14] 中华人民共和国国家卫生和计划生育委员会, 中华人民共和国农业部, 中华人民共和国国家食品药品监督管理总局. GB 2763—2016 食品安全国家标准—食品中农药最大残留限量[S]. 2016.

[15] Chen C, Qian Y Z, Chen Q, et al. Evaluation of pesticide residues in fruits and vegetables from Xiamen, China[J]. Food Control, 2011, 22: 1114-1120.

[16] Lehmann E, Turrero N, Kolia M, et al. Dietary risk assessment of pesticides from vegetables and drinking water in gardening areas in Burkina Faso[J]. Science of the Total Environment, 2017 , 601-602 :1208-1216.